NCS 기반 최근 출제기준 완벽 반영

공조냉동기계 기사 필기

허원회 · 박만재 지음

" 이 책을 선택한 당신, 당신은 이미 위너입니다! "

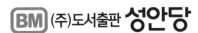

BM (주)도서출판 성안당

독자 여러분께 알려드립니다

공조냉동기계기사 [필기]시험을 본 후 그 문제 가운데 10여 문제를 재구성해서 성안당 출판사로 보내주시면, 채택된 문제에 대해서 성안당 도서 중 "공조냉동기계기사 [실기]" 1부를 증정해 드립니다. 독자 여러분이 보내주시는 기출문제는 더 나은 책을 만드는 데 큰 도움이 됩니다. 감사합니다.

e-mail coh@cyber.co.kr (최옥현)

★ 메일을 보내주실 때 성명, 연락처, 주소를 기재해 주시기 바랍니다.
★ 보내주신 기출문제는 집필자가 검토한 후에 도서를 증정해 드립니다.

도서 A/S 안내

성안당에서 발행하는 모든 도서는 저자와 출판사, 그리고 독자가 함께 만들어 나갑니다.

좋은 책을 펴내기 위해 많은 노력을 기울이고 있습니다. 혹시라도 내용상의 오류나 오탈자 등이 발견되면 "좋은 책은 나라의 보배"로서 우리 모두가 함께 만들어 간다는 마음으로 연락주시기 바랍니다. 수정 보완하여 더 나은 책이 되도록 최선을 다하겠습니다.

성안당은 늘 독자 여러분들의 소중한 의견을 기다리고 있습니다. 좋은 의견을 보내주시는 분께는 성안당 쇼핑몰의 포인트(3,000포인트)를 적립해 드립니다.

잘못 만들어진 책이나 부록 등이 파손된 경우에는 교환해 드립니다.

저자 문의 e-mail : drhwh@hanmail.net(허원회)
본서 기획자 e-mail : coh@cyber.co.kr(최옥현)
홈페이지 : http://www.cyber.co.kr 전화 : 031) 950-6300

공조냉동기계기사 [필기]

3회독 플래너

SMART

스스로 마스터하는 트렌디한 수험서

<table>
<tr><th>Part</th><th>Chapter</th><th>1회독</th><th>2회독</th><th>3회독</th></tr>
<tr><td rowspan="6">제1편
에너지관리</td><td>제1장 공기조화이론</td><td rowspan="2">1일</td><td rowspan="5">1일</td><td rowspan="6">1일</td></tr>
<tr><td>제2장 공기조화계획</td></tr>
<tr><td>제3장 공조기기 및 덕트</td><td rowspan="2">2일</td></tr>
<tr><td>제4장 TAB</td></tr>
<tr><td>제5장 보일러설비 시운전</td><td>3일</td></tr>
<tr><td>▶기출 및 예상문제</td><td>4~5일</td><td>2일</td></tr>
<tr><td rowspan="12">제2편
공조냉동
설계</td><td>제1장 냉동의 개요</td><td rowspan="2">6일</td><td rowspan="5">3일</td><td rowspan="12">2~4일</td></tr>
<tr><td>제2장 냉동설비 시운전 및 안전대책</td></tr>
<tr><td>제3장 냉매와 작동유(냉동기유)</td><td rowspan="2">7일</td></tr>
<tr><td>제4장 냉매선도와 냉동사이클</td></tr>
<tr><td>제5장 냉동장치의 구조</td><td>8일</td></tr>
<tr><td>제6장 열역학의 기본사항</td><td rowspan="2">9~10일</td><td rowspan="6">4일</td></tr>
<tr><td>제7장 열역학 제 법칙</td></tr>
<tr><td>제8장 완전 기체와 증기</td><td rowspan="4">11~13일</td></tr>
<tr><td>제9장 각종 사이클</td></tr>
<tr><td>제10장 연소</td></tr>
<tr><td>제11장 열전달</td></tr>
<tr><td>▶기출 및 예상문제</td><td>14~17일</td><td>5~6일</td></tr>
<tr><td rowspan="7">제3편
시운전 및
안전관리</td><td>제1장 전기 기초이론</td><td rowspan="2">18일</td><td rowspan="3">7일</td><td rowspan="7">5~6일</td></tr>
<tr><td>제2장 전기저항(정전용량, 자기회로)</td></tr>
<tr><td>제3장 교류회로</td><td rowspan="2">19일</td></tr>
<tr><td>제4장 전기기기와 계측기기</td><td rowspan="3">8일</td></tr>
<tr><td>제5장 시퀀스제어</td><td>20일</td></tr>
<tr><td>제6장 설치검사 및 설치 · 운영 안전관리</td><td>21일</td></tr>
<tr><td>▶기출 및 예상문제</td><td>22~24일</td><td>9~10일</td></tr>
<tr><td rowspan="5">제4편
유지보수
공사관리</td><td>제1장 배관재료</td><td rowspan="2">25일</td><td rowspan="4">11일</td><td rowspan="5">7일</td></tr>
<tr><td>제2장 공조(냉동)배관</td></tr>
<tr><td>제3장 배관 관련 설비</td><td rowspan="2">26일</td></tr>
<tr><td>제4장 유지보수공사 및 검사계획 수립</td></tr>
<tr><td>▶기출 및 예상문제</td><td>27~28일</td><td>12일</td></tr>
<tr><td rowspan="5">부록 I
과년도
출제문제</td><td>2018년도 출제문제</td><td>29~31일</td><td rowspan="2">13~15일</td><td rowspan="5">8~9일</td></tr>
<tr><td>2019년도 출제문제</td><td>32~34일</td></tr>
<tr><td>2020년도 출제문제</td><td>35~37일</td><td rowspan="2">16~18일</td></tr>
<tr><td>2021년도 출제문제</td><td>38~40일</td></tr>
<tr><td>2022년도 출제문제</td><td>41~42일</td><td>19일</td></tr>
<tr><td>부록 II
CBT 대비
실전 모의고사</td><td>제1~7회 실전 모의고사</td><td>43~45일</td><td>20일</td><td>10일</td></tr>
<tr><td></td><td></td><td>45일 완성!</td><td>20일 완성!</td><td>10일 완성!</td></tr>
</table>

“수험생 여러분을 성안당이 응원합니다!”

절취선

공조냉동기계기사 [필기]

스스로 체크하는 3회독 플래너

SMART
스스로 마스터하는 트렌디한 수험서

Part	Chapter	1회독	2회독	3회독
제1편 에너지관리	제1장 공기조화이론			
	제2장 공기조화계획			
	제3장 공조기기 및 덕트			
	제4장 TAB			
	제5장 보일러설비 시운전			
	▶기출 및 예상문제			
제2편 공조냉동 설계	제1장 냉동의 개요			
	제2장 냉동설비 시운전 및 안전대책			
	제3장 냉매와 작동유(냉동기유)			
	제4장 냉매선도와 냉동사이클			
	제5장 냉동장치의 구조			
	제6장 열역학의 기본사항			
	제7장 열역학 제 법칙			
	제8장 완전 기체와 증기			
	제9장 각종 사이클			
	제10장 연소			
	제11장 열전달			
	▶기출 및 예상문제			
제3편 시운전 및 안전관리	제1장 전기 기초이론			
	제2장 전기저항(정전용량, 자기회로)			
	제3장 교류회로			
	제4장 전기기기와 계측기기			
	제5장 시퀀스제어			
	제6장 설치검사 및 설치 · 운영 안전관리			
	▶기출 및 예상문제			
제4편 유지보수 공사관리	제1장 배관재료			
	제2장 공조(냉동)배관			
	제3장 배관 관련 설비			
	제4장 유지보수공사 및 검사계획 수립			
	▶기출 및 예상문제			
부록 I 과년도 출제문제	2018년도 출제문제			
	2019년도 출제문제			
	2020년도 출제문제			
	2021년도 출제문제			
	2022년도 출제문제			
부록 II CBT 대비 실전 모의고사	제1~7회 실전 모의고사			
		일 완성	일 완성	일 완성

“수험생 여러분을 성안당이 응원합니다!”

절취선

PREFACE

머리말

냉동공학의 발달은 해가 거듭될수록 얼음을 이용한 자연적 냉동으로부터 기계적 냉동공법(흡수식 냉동기와 압축식 냉동기 등)으로 발전 및 이용되고 있다. 또한 대형화 · 고층화된 인텔리전트 빌딩의 등장으로 우리 인간에게 공기조화의 필요성이 더욱 절실하게 되었다.

이에 따라 국가에서는 '공조냉동기계기사'를 국가기술자격증으로 채택하여 이론과 실무를 겸비한 유능한 기술인을 배출하고 있다.

이 책은 많은 수험생들이 '공조냉동기계기사'를 체계적으로 공부하여 보다 더 쉽게 취득할 수 있도록 집필하였다.

이 책의 특징

1. 최근 개정된 출제기준에 맞춰 과목별로 필수적으로 학습해야 할 핵심 이론을 알기 쉽게 정리하였다.
2. 학습한 내용을 점검할 수 있도록 단원별로 기출 및 예상문제를 수록하였다.
3. 상세한 해설과 함께 계산문제를 쉽게 풀어볼 수 있도록 과년도 출제문제를 수록하였다.
4. 자주 출제되는 중요한 문제와 출제 예상문제는 별표(★)로 강조하였다.
5. CBT 대비 실전 모의고사를 수록하였다.

오탈자 또는 미흡한 부분에 대해서는 아낌없는 격려와 질책을 바라며, 앞으로 시행되는 출제문제와 함께 자세한 해설을 계속 수정 및 보완할 것이다.

끝으로 수험생 여러분의 필독서가 되어 많은 도움이 되기를 바라며 무궁한 발전을 기원한다.

이 책이 출간되도록 물심양면으로 도와주신 성안당출판사 이종춘 회장님과 관계자분들께 진심으로 깊은 감사를 드린다. 아울러 늘 곁에서 용기를 북돋아 주고 힘을 주는 사랑하는 아내에게 진심으로 고마운 마음을 전한다.

저자 허원회

NCS 안내

1 국가직무능력표준(NCS)이란?

국가직무능력표준(NCS, National Competency Standards)은 산업현장에서 직무를 수행하기 위해 요구되는 지식·기술·태도 등의 내용을 국가가 산업부문별, 수준별로 체계화한 것이다.

(1) 국가직무능력표준(NCS) 개념도

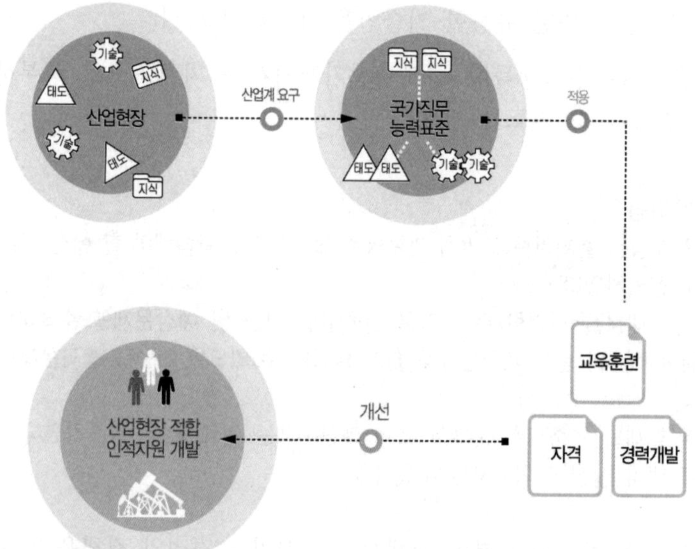

직무능력 : 일을 할 수 있는 On – spec인 능력

① 직업인으로서 기본적으로 갖추어야 할 공통 능력 → 직업기초능력

② 해당 직무를 수행하는 데 필요한 역량(지식, 기술, 태도) → 직무수행능력

보다 효율적이고 현실적인 대안 마련

① 실무 중심의 교육·훈련 과정 개편

② 국가자격의 종목 신설 및 재설계

③ 산업현장 직무에 맞게 자격시험 전면 개편

④ NCS 채용을 통한 기업의 능력 중심 인사관리 및 근로자의 평생경력 개발 관리 지원

(2) 국가직무능력표준(NCS) 학습모듈

국가직무능력표준(NCS)이 현장의 '**직무요구서**'라고 한다면, NCS **학습모듈**은 NCS **능력단위를 교육훈련에서 학습할 수 있도록 구성한 '교수·학습자료**'이다. NCS 학습모듈은 구체적 직무를 학습할 수 있도록 이론 및 실습과 관련된 내용을 상세하게 제시하고 있다.

2 국가직무능력표준(NCS)이 왜 필요한가?

능력 있는 인재를 개발해 핵심 인프라를 구축하고, 나아가 국가경쟁력을 향상시키기 위해 국가직무능력표준이 필요하다.

(1) 국가직무능력표준(NCS) 적용 전/후

지금은

- 직업 교육 · 훈련 및 자격제도가 산업현장과 불일치
- 인적자원의 비효율적 관리 운용

→ 국가직무능력표준 →

이렇게 바뀝니다.

- 각각 따로 운영되었던 교육 · 훈련, 국가직무능력표준 중심 시스템으로 전환 (일-교육 · 훈련-자격 연계)
- 산업현장 직무 중심의 인적자원 개발
- 능력중심사회 구현을 위한 핵심 인프라 구축
- 고용과 평생직업능력개발 연계를 통한 국가경쟁력 향상

(2) 국가직무능력표준(NCS) 활용범위

기업체 Corporation

- 현장 수요 기반의 인력채용 및 인사관리 기준
- 근로자 경력개발
- 직무기술서

교육훈련기관 Education and training

- 직업교육훈련과정 개발
- 교수계획 및 매체, 교재 개발
- 훈련기준 개발

자격시험기관 Qualification

- 자격종목의 신설 · 통합 · 폐지
- 출제기준 개발 및 개정
- 시험문항 및 평가방법

3 시험과목별 활용 NCS

국가기술자격의 현장성과 활용성 제고를 위해 국가직무능력표준(NCS)를 기반으로 자격의 내용(시험과목, 출제기준 등)을 직무 중심으로 개편하여 시행한다(적용시기 '22.1.1.부터).

필기과목명	NCS 능력단위	NCS 세분류
에너지관리	에너지관리 중앙시스템 제어관리	냉동공조 유지보수관리
	TAB 보일러설비 시운전 공조설비 시운전 급배수설비 시운전	냉동공조 설치
공조냉동 설계	냉난방부하 계산 냉동냉장부하 계산 공조프로세스 분석 냉동사이클 분석 장비용량 계산 부속기기 선정 원가관리	냉동공조 설계
	냉동설비 시운전	냉동공조 설치
시운전 및 안전관리	설치검사 설치 안전관리	냉동공조 설치
	운영 안전관리 제어밸브 점검관리	냉동공조 유지보수관리
유지보수공사관리	공사관리 설비 인계인수	냉동공조 설치
	유지보수공사 및 검사계획 수립 보일러설비 유지보수공사 냉동설비 유지보수공사 공조설비 유지보수공사 배관설비 유지보수공사 덕트설비 유지보수공사	냉동공조 유지보수관리
	냉동냉장설비 설계도면 작성	냉동공조 설계

★ NCS에 대한 자세한 사항은 국가직무능력표준 National Competency Standards 홈페이지(www.ncs.go.kr)에서 확인해주시기 바랍니다.★

CBT 안내

1 CBT란?

CBT란 Computer Based Test의 약자로, 컴퓨터 기반 시험을 의미한다.
정보기기운용기능사, 정보처리기능사, 굴삭기운전기능사, 지게차운전기능사, 제과기능사, 제빵기능사, 한식조리기능사, 양식조리기능사, 일식조리기능사, 중식조리기능사, 미용사(일반), 미용사(피부) 등은 이미 CBT 시험을 시행하고 있다.
CBT 필기시험은 컴퓨터로 보는 만큼 수험자가 답안을 제출함과 동시에 합격 여부를 확인할 수 있다.

2 CBT 시험과정

한국산업인력공단에서 운영하는 홈페이지 **큐넷(Q-net)**에서는 누구나 쉽게 **CBT 시험**을 볼 수 있도록 실제 자격시험 환경과 동일하게 구성한 **가상 웹 체험 서비스를 제공**하고 있으며, 그 과정을 요약한 내용은 아래와 같다.

(1) 시험시작 전 신분 확인절차

수험자가 자신에게 배정된 좌석에 앉아 있으면 신분 확인절차가 진행된다.
이것은 시험장 감독위원이 컴퓨터에 나온 수험자 정보와 신분증이 일치하는지를 확인하는 단계이다.

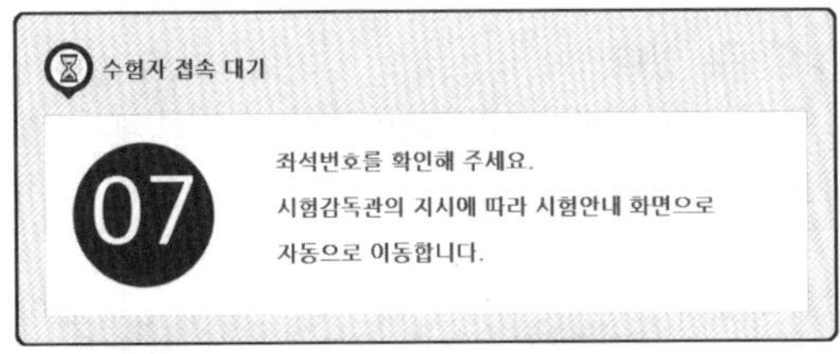

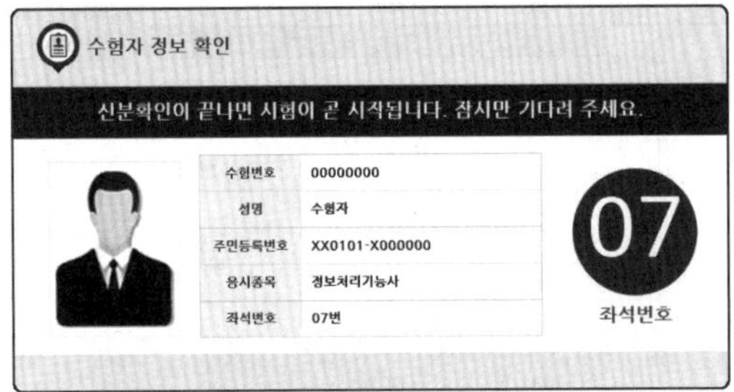

(2) CBT 시험안내 진행

신분 확인이 끝난 후 시험시작 전 CBT 시험안내가 진행된다.

안내사항 > 유의사항 > 메뉴 설명 > 문제풀이 연습 > 시험준비 완료

① 시험 [**안내사항**]을 확인한다.

- 시험은 총 5문제로 구성되어 있으며, 5분간 진행된다(자격종목별로 시험문제 수와 시험시간은 다를 수 있다.
- 시험 도중 수험자의 PC에 장애가 발생한 경우 손을 들어 시험감독관에게 알리면 긴급장애조치 또는 자리이동을 할 수 있다.
- 시험이 끝나면 합격 여부를 바로 확인할 수 있다.

② 시험 [**유의사항**]을 확인한다.

시험 중 금지되는 행위 및 저작권 보호에 관한 유의사항이 제시된다.

③ 문제풀이 [**메뉴 설명**]을 확인한다.

문제풀이 기능 설명을 유의해서 읽고 기능을 숙지해야 한다.

④ 자격검정 CBT [**문제풀이 연습**]을 진행한다.

실제 시험과 동일한 방식의 문제풀이 연습을 통해 CBT 시험을 준비한다.

- CBT 시험문제 화면의 기본 글자크기는 150%이다. 글자가 크거나 작을 경우 크기를 변경할 수 있다.
- 화면배치는 1단 배치가 기본 설정이다. 더 많은 문제를 볼 수 있는 2단 배치와 한 문제씩 보기 설정이 가능하다.

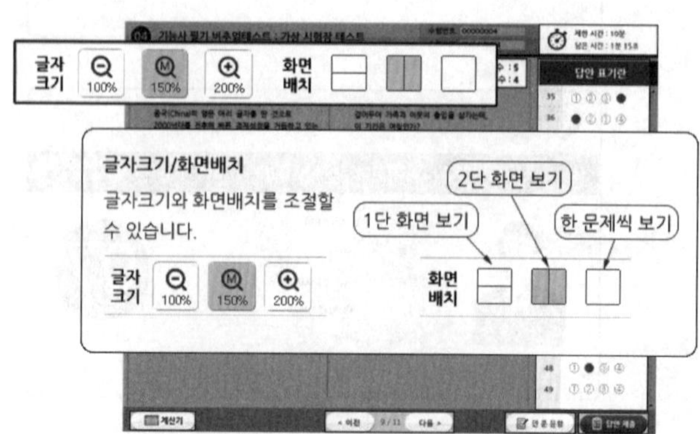

- 답안은 문제의 보기번호를 클릭하거나 답안표기 칸의 번호를 클릭하여 입력할 수 있다.
- 입력된 답안은 문제화면 또는 답안표기 칸의 보기번호를 클릭하여 변경할 수 있다.

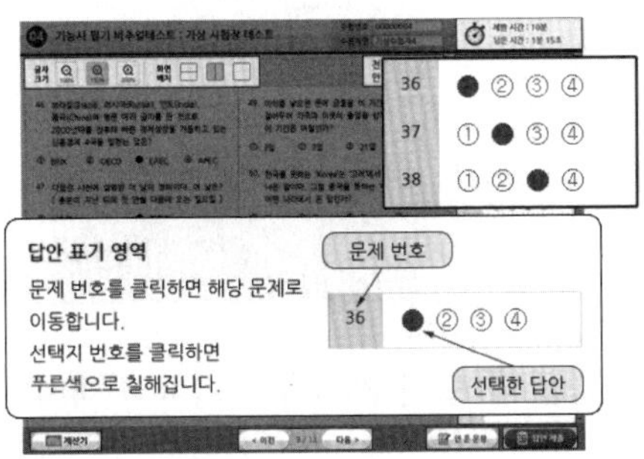

- 페이지 이동은 아래의 페이지 이동 버튼 또는 답안표기 칸의 문제번호를 클릭하여 이동할 수 있다.

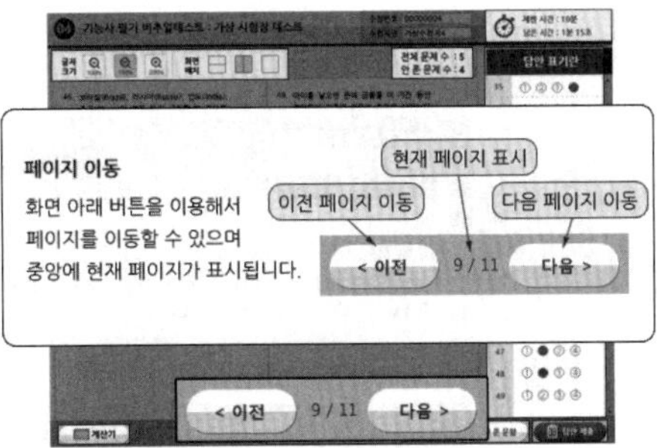

- 응시종목에 계산문제가 있을 경우 좌측 하단의 계산기 기능을 이용할 수 있다.

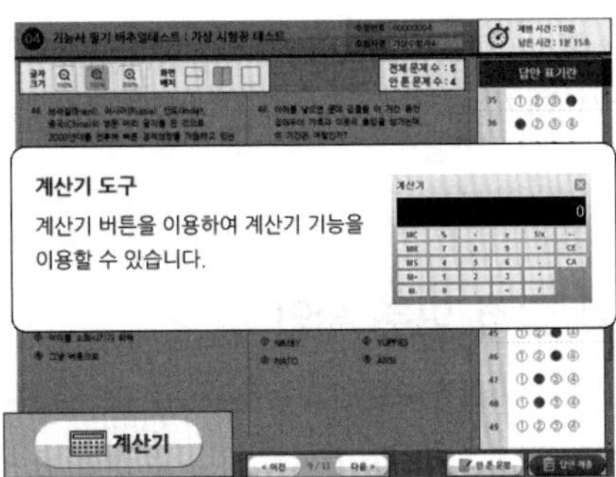

- 안 푼 문제 확인은 답안 표기란 좌측에 안 푼 문제 수를 확인하거나 답안 표기란 하단 [안 푼 문제] 버튼을 클릭하여 확인할 수 있다. 안 푼 문제번호 보기 팝업창에 안 푼 문제번호가 표시된다. 번호를 클릭하면 해당 문제로 이동한다.

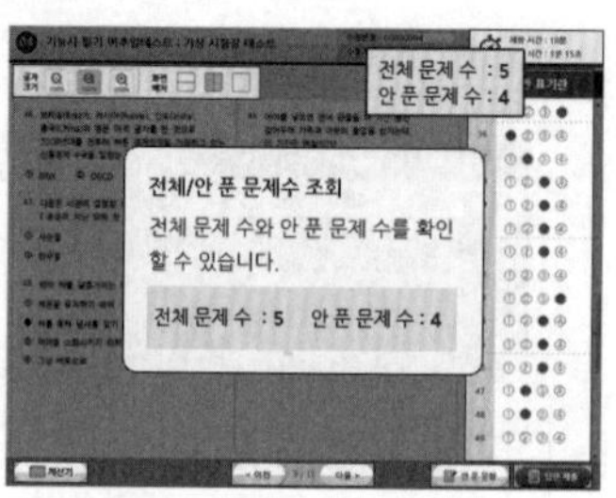

- 시험문제를 다 푼 후 답안 제출을 하거나 시험시간이 모두 경과되었을 경우 시험이 종료되며 시험결과를 바로 확인할 수 있다.
- [답안 제출] 버튼을 클릭하면 답안 제출 승인 알림창이 나온다. 시험을 마치려면 [예] 버튼을 클릭하고 시험을 계속 진행하려면 [아니오] 버튼을 클릭하면 된다. 답안 제출은 실수 방지를 위해 두 번의 확인 과정을 거친다. 이상이 없으면 [예] 버튼을 한 번 더 클릭하면 된다.

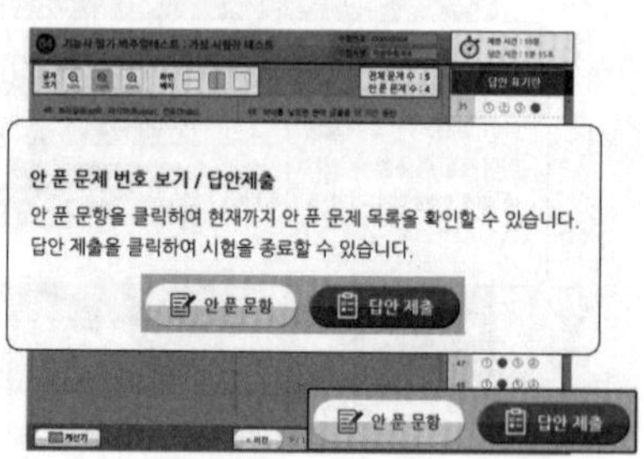

⑤ **[시험준비 완료]**를 한다.

시험 안내사항 및 문제풀이 연습까지 모두 마친 수험자는 [시험준비 완료] 버튼을 클릭한 후 잠시 대기한다.

(3) CBT 시험 시행

(4) 답안 제출 및 합격 여부 확인

★ 좀 더 자세한 내용은 Q-Net 홈페이지(www.q-net.or.kr)를 방문하여 참고하시기 바랍니다. ★

출제기준

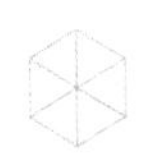

직무분야	기계	중직무분야	기계장비설비 · 설치	적용기간	2025.1.1.~2029.12.31.
직무내용 : 산업현장, 건축물의 실내환경을 최적으로 조성하고, 냉동냉장설비 및 기타 공작물을 주어진 조건으로 유지하기 위해 공학적 이론을 바탕으로 공조냉동, 유틸리티 등 필요한 설비를 계획, 설계, 시공관리하는 직무이다.					
필기검정방법	객관식	**문제수**	80	**시험시간**	2시간

필기과목명	문제수	주요 항목	세부항목	세세항목
에너지관리 (구 공기조화)	20	1. 공기조화의 이론	(1) 공기조화의 기초	① 공기조화의 개요 ② 보건공조 및 산업공조 ③ 환경 및 설계조건
			(2) 공기의 성질	① 공기의 성질 ② 습공기선도 및 상태변화
		2. 공기조화계획	(1) 공기조화방식	① 공기조화방식의 개요 ② 공기조화방식 ③ 열원방식
			(2) 공기조화부하	① 부하의 개요 ② 난방부하 ③ 냉방부하
			(3) 난방	① 중앙난방 ② 개별난방
			(4) 클린룸	① 클린룸방식 ② 클린룸 구성 ③ 클린룸장치
		3. 공기조화설비	(1) 공조기기	① 공기조화기장치 ② 송풍기 및 공기정화장치 ③ 공기냉각 및 가열코일 ④ 가 · 감습장치 ⑤ 열교환기
			(2) 열원기기	① 온열원기기 ② 냉열원기기
			(3) 덕트 및 부속설비	① 덕트 ② 급 · 환기설비 ③ 부속설비
		4. TAB	(1) TAB 계획	① 측정 및 계측기기

필기과목명	문제수	주요 항목	세부항목	세세항목
에너지관리 (구 공기조화)	20	4. TAB	(2) TAB 수행	① 유량, 온도, 압력 측정 · 조정 ② 전압, 전류 측정 · 조정
		5. 보일러설비 시운전	(1) 보일러설비 시운전	① 보일러설비 구성 ② 급탕설비 ③ 난방설비 ④ 가스설비 ⑤ 보일러설비 시운전 및 안전대책
		6. 공조설비 시운전	(1) 공조설비 시운전	① 공조설비 시운전 준비 및 안전대책
		7. 급배수설비 시운전	(1) 급배수설비 시운전	① 급배수설비 시운전 준비 및 안전대책
공조냉동 설계 (구 냉동공학 +기계 열역학)	20	1. 냉동이론	(1) 냉동의 기초 및 원리	① 단위 및 용어 ② 냉동의 원리 ③ 냉매 ④ 신냉매 및 천연냉매 ⑤ 브라인 및 냉동유 ⑥ 전열과 방열
			(2) 냉매선도와 냉동사이클	① 모리엘선도와 상변화 ② 역카르노 및 실제 사이클 ③ 증기압축냉동사이클 ④ 흡수식 냉동사이클
		2. 냉동장치의 구조	(1) 냉동장치 구성기기	① 압축기 ② 응축기 ③ 증발기 ④ 팽창밸브 ⑤ 장치 부속기기 ⑥ 제어기기
		3. 냉동장치의 응용과 안전관리	(1) 냉동장치의 응용	① 제빙 및 동결장치 ② 열펌프 및 축열장치 ③ 흡수식 냉동장치 ④ 신 · 재생에너지(지열, 태양열 이용 히트펌프 등) ⑤ 에너지 절약 및 효율 개선 ⑥ 기타 냉동의 응용
			(2) 냉동장치 안전관리	① 냉매 취급 시 유의사항
		4. 냉동 · 냉장부하	(1) 냉동 · 냉장부하 계산	① 냉동부하 계산 ② 냉장부하 계산
		5. 냉동설비 시운전	(1) 냉동설비 시운전	① 냉동설비 시운전 및 안전대책

필기과목명	문제수	주요 항목	세부항목	세세항목
공조냉동 설계 (구 냉동공학 +기계 열역학)	20	6. 열역학의 기본 사항	(1) 기본개념	① 물질의 상태와 상태량 ② 과정과 사이클 등
			(2) 용어와 단위계	① 질량, 길이, 시간 및 힘의 단위계 등
		7. 순수물질의 성질	(1) 물질의 성질과 상태	① 순수물질 ② 순수물질의 상평형 ③ 순수물질의 독립상태량
			(2) 이상기체	① 이상기체와 실제 기체 ② 이상기체의 상태방정식 ③ 이상기체의 성질 및 상태변화 등
		8. 일과 열	(1) 일과 동력	① 일과 열의 정의 및 단위 ② 일이 있는 몇 가지 시스템 ③ 일과 열의 비교
			(2) 열전달	① 전도, 대류, 복사의 기초
		9. 열역학의 법칙	(1) 열역학 제1법칙	① 열역학 제0법칙 ② 밀폐계 ③ 개방계
			(2) 열역학 제2법칙	① 비가역과정 ② 엔트로피
		10. 각종 사이클	(1) 동력사이클	① 동력시스템 개요 ② 랭킨사이클 ③ 공기표준동력사이클 ④ 오토, 디젤, 사바테사이클 ⑤ 기타 동력사이클
		11. 열역학의 응용	(1) 열역학의 적용 사례	① 압축기 ② 엔진 ③ 냉동기 ④ 보일러 ⑤ 증기터빈 등
시운전 및 안전관리 (구 전기제어공학)	20	1. 교류회로	(1) 교류회로의 기초	① 정현파 및 비정현파 교류의 전압, 전류, 전력 ② 각속도 ③ 위상의 시간표현 ④ 교류회로(저항, 유도, 용량)
			(2) 3상 교류회로	① 성형결선, 환상결선 및 V결선 ② 전력, 전류, 기전력 ③ 대칭좌표법 및 $Y-\Delta$변환

필기과목명	문제수	주요 항목	세부항목	세세항목
시운전 및 안전관리 (구 전기제어공학)	20	2. 전기기기	(1) 직류기	① 직류전동기 및 발전기의 구조 및 원리 ② 전기자 권선법과 유도기전력 ③ 전기자 반작용과 정류 및 전압변동 ④ 직류발전기의 병렬운전 및 효율 ⑤ 직류전동기의 특성 및 속도제어
			(2) 유도기	① 구조 및 원리 ② 전력과 역률, 토크 및 원선도 ③ 기동법과 속도제어 및 제동
			(3) 동기기	① 구조와 원리 ② 특성 및 용도 ③ 손실, 효율, 정격 등 ④ 동기전동기의 설치와 보수
			(4) 정류기	① 회전변류기 ② 반도체정류기 ③ 수은정류기 ④ 교류정류자기
		3. 전기계측	(1) 전류, 전압, 저항의 측정	① 직류 및 교류전압측정 ② 저전압 및 고전압측정 ③ 충격전압 및 전류측정 ④ 미소전류 및 대전류측정 ⑤ 고주파 전류측정 ⑥ 저저항, 중저항, 고저항, 특수저항측정
			(2) 전력 및 전력량측정	① 전력과 기기의 정격 ② 직류 및 교류 전력측정 ③ 역률측정
			(3) 절연저항측정	① 전기기기의 절연저항측정 ② 배선의 절연저항측정 ③ 스위치 및 콘센트 등의 절연저항측정
		4. 시퀀스제어	(1) 제어요소의 동작과 표현	① 입력기구 ② 출력기구 ③ 보조기구
			(2) 불대수의 기본정리	① 불대수의 기본 ② 드모르간의 법칙

필기과목명	문제수	주요 항목	세부항목	세세항목
시운전 및 안전관리 (구 전기제어공학)	20	4. 시퀀스제어	(3) 논리회로	① AND회로 ② OR회로(EX-OR) ③ NOT회로 ④ NOR회로 ⑤ NAND회로 ⑥ 논리연산
			(4) 무접점회로	① 로직시퀀스 ② PLC
			(5) 유접점회로	① 접점 ② 수동스위치 ③ 검출스위치 ④ 전자계전기
		5. 제어기기 및 회로	(1) 제어의 개념	① 제어계의 기초 ② 자동제어계의 기본적인 용어
			(2) 조작용 기기	① 전자밸브 ② 전동밸브 ③ 2상 서보전동기 ④ 직류서보전동기 ⑤ 펄스전동기 ⑥ 클러치 ⑦ 다이어프램 ⑧ 밸브포지셔너 ⑨ 유압식 조작기
			(3) 검출용 기기	① 전압검출기 ② 속도검출기 ③ 전위차계 ④ 차동변압기 ⑤ 싱크로 ⑥ 압력계 ⑦ 유량계 ⑧ 액면계 ⑨ 온도계 ⑩ 습도계 ⑪ 액체성분계 ⑫ 가스성분계
			(4) 제어용 기기	① 컨버터 ② 센서용 검출변환기 ③ 조절계 및 조절계의 기본동작 ④ 비례동작기구 ⑤ 비례미분동작기구 ⑥ 비례적분미분동작기구

필기과목명	문제수	주요 항목	세부항목	세세항목
시운전 및 안전관리 (구 전기제어공학)	20	6. 설치검사	(1) 관련 법규 파악	① 냉동공조기 제작 및 설치 관련 법규
		7. 설치안전관리	(1) 안전관리	① 근로자안전관리교육 ② 안전사고예방 ③ 안전보호구
			(2) 환경관리	① 환경요소 특성 및 대처방법 ② 폐기물 특성 및 대처방법
		8. 운영안전관리	(1) 분야별 안전관리	① 고압가스안전관리법에 의한 냉동기관리 ② 기계설비법 ③ 산업안전보건법
		9. 제어밸브 점검 관리	(1) 관련 법규 파악	① 냉동공조설비 유지보수 관련 관계법규
유지보수 공사관리 (구 배관일반)	20	1. 배관재료 및 공작	(1) 배관재료	① 관의 종류와 용도 ② 관이음 부속 및 재료 등 ③ 관지지장치 ④ 보온·보냉재료 및 기타 배관용 재료
			(2) 배관공작	① 배관용 공구 및 시공 ② 관이음방법
		2. 배관 관련 설비	(1) 급수설비	① 급수설비의 개요 ② 급수설비배관
			(2) 급탕설비	① 급탕설비의 개요 ② 급탕설비배관
			(3) 배수통기설비	① 배수통기설비의 개요 ② 배수통기설비배관
			(4) 난방설비	① 난방설비의 개요 ② 난방설비배관
			(5) 공기조화설비	① 공기조화설비의 개요 ② 공기조화설비배관
			(6) 가스설비	① 가스설비의 개요 ② 가스설비배관
			(7) 냉동 및 냉장설비	① 냉동설비의 배관 및 개요 ② 냉장설비의 배관 및 개요
			(8) 압축공기설비	① 압축공기설비 및 유틸리티 개요

GUIDE

필기과목명	문제수	주요 항목	세부항목	세세항목
유지보수 공사관리 (구 배관일반)	20	3. 유지보수공사 및 검사계획 수립	(1) 유지보수공사관리	① 유지보수공사계획 수립
			(2) 냉동기 정비 · 세관작업 관리	① 냉동기 오버홀 정비 및 세관공사 ② 냉동기 정비계획 수립
			(3) 보일러 정비 · 세관작업 관리	① 보일러 오버홀 정비 및 세관공사 ② 보일러 정비계획 수립
			(4) 검사관리	① 냉동기 냉수 · 냉각수 수질관리 ② 보일러 수질관리 ③ 응축기 수질관리 ④ 공기질기준
		4. 덕트설비 유지보수공사	(1) 덕트설비 유지보수공사 검토	① 덕트설비 보수공사기준, 공사매뉴얼, 절차서 검토 ② 덕트관경 및 장방형 덕트의 상당직경
		5. 냉동냉장설비 설계도면 작성	(1) 냉동냉장설비 설계도면 작성	① 냉동냉장계통도 ② 장비도면 ③ 배관도면(배관표시법) ④ 배관구경 산출 ⑤ 덕트도면 ⑥ 산업표준에 규정한 도면 작성법

차례

■ 핵심 요점노트 / 3

PART 1 에너지관리

Chapter 01 공기조화이론 3

1. 공기조화의 개요 / 3
2. 일반공조의 실내환경 / 4
3. 공기의 성질 / 7
4. 습공기선도 / 12
5. 공기선도의 상태변화 / 15
6. 실제 장치의 상태변화 / 21

Chapter 02 공기조화계획 27

1. 조닝 / 27
2. 공기조화방식 / 28
3. 열매체에 따른 각 공조방식의 특징 / 30
4. 공조설비의 구성 / 34
5. 냉방부하(여름, 냉각, 감습) / 34
6. 난방부하(겨울, 가열, 가습) / 40
7. 난방 / 44

Chapter 03 공조기기 및 덕트 48

1. 보일러 / 48
2. 방열기 / 51
3. 실내공기분포 / 53
4. 덕트 설계법 / 55
5. 덕트 시공법 / 56
6. 환기설비 / 57

Chapter 04 TAB 58

Chapter 05 보일러설비 시운전 61

• 기출 및 예상문제 / 63

PART 2 공조냉동 설계

Chapter 01 냉동의 개요 93

1. 냉동의 정의 / 93
2. 냉동의 분류 / 93
3. 열의 이동형식 / 94
4. 현열과 잠열 / 95
5. 비열과 비열비 / 95
6. 냉매와 워터재킷 / 96

CONTENTS

7. 냉동방법 / 97
8. 냉동능력과 제빙 / 103
9. 냉동・냉장부하 계산 / 105

Chapter 02 냉동설비 시운전 및 안전대책 107

1. 냉동설비 시운전 / 107
2. 냉동설비의 안전대책 / 108
3. 냉동기의 점검 및 보수 / 109

Chapter 03 냉매와 작동유(냉동기유) 116

1. 냉매 / 116
2. 간접냉매(2차 냉매) / 125
3. 냉동장치의 윤활유와 윤활 / 127

Chapter 04 냉매선도와 냉동사이클 129

1. 냉매몰리에르선도 / 129
2. 흡입가스의 상태에 따른 압축과정 / 133
3. 냉매몰리에르선도와 응용 / 134
4. 계산의 활용 / 136
5. 냉동사이클 / 139

Chapter 05 냉동장치의 구조 145

1. 압축기 / 145
2. 응축기 / 156
3. 팽창밸브 / 165
4. 증발기 / 170
5. 장치 부속기기 / 176

Chapter 06 열역학의 기본사항 185

Chapter 07 열역학 제 법칙 188

1. 열역학 제1법칙(에너지 보존의 법칙) / 188
2. 열역학 제2법칙(엔트로피 증가법칙, 비가역법칙) / 190

Chapter 08 완전 기체와 증기 194

1. 완전 기체 / 194
2. 증기 / 198
3. 기체 및 증기의 흐름 / 200

Chapter 09 각종 사이클 203

1. 공기압축기 / 203
2. 가스동력사이클 / 206
3. 증기원동소사이클 / 208
4. 냉동사이클 / 210

Chapter 10 연소 212

Chapter 11 열전달 214

1. 전도(conduction) / 214
2. 대류(convection) / 214
3. 열관류(고온측 유체 → 금속벽 내부 → 저온측 유체의 열전달) / 215
4. 복사(radiation) / 215

• 기출 및 예상문제 / 216

PART 3 시운전 및 안전관리

Chapter 01 전기 기초이론 279

1. 물질과 전기 / 279
2. 전하와 전기량 / 279
3. 관련 법칙 / 280
4. 전류와 전압 / 281

Chapter 02 전기저항(정전용량, 자기회로) 287

1. 전기저항의 성질 / 287
2. 축전기의 접속 / 287
3. 정전용량 / 288
4. 전력 / 288
5. 전력량 / 289
6. 효율 / 289
7. 줄(Joule)의 법칙 / 289
8. 전기현상 / 290
9. 전자력 / 290

Chapter 03 교류회로 293

1. 교류기전력의 발생 / 293
2. 교류의 표시 / 293
3. 단상회로(단독회로) / 296
4. 임피던스(Z) / 298
5. 교류의 전력과 역률 / 304

Chapter 04 전기기기와 계측기기 308

1. 전기기기 / 308
2. 계측기기 / 315

Chapter 05 시퀀스제어 317

1. 자동제어의 정의 / 317
2. 시퀀스제어용 부품 / 317
3. 논리시퀀스회로 / 320
4. 응용회로 / 323

5. 자동제어계의 분류 / 325
6. 제어계의 용어해설과 구성 / 327
7. 조절기기 / 328
8. 라플라스변환의 특징 / 328
9. 전달함수 / 329
10. 블록선도 / 334
11. 신호흐름선도 / 336

Chapter 06 설치검사 및 설치·운영 안전관리 339

1. 설치안전관리 / 339
2. 냉동 관련 법령 / 349
3. 운영안전관리 / 352
4. 보일러안전관리 / 355
5. 관련 법령 및 기준 / 361

• 기출 및 예상문제 / 388

PART 4 유지보수공사관리

Chapter 01 배관재료 437

1. 금속관 / 437
2. 비철금속관 / 439
3. 비금속관 / 440
4. 관의 접합(연결)방법 / 442
5. 보온재 및 기타 배관용 재료 / 446
6. 관 이음(joint) / 451
7. 각종 밸브 / 452
8. 배관도면의 표시방법 / 454

Chapter 02 공조(냉동)배관 461

1. 배관 일반 및 시공방법 / 461
2. 배관 / 466

Chapter 03 배관 관련 설비 468

1. 가스설비 / 468
2. 난방배관 / 469
3. 급배수배관 / 473
4. 공기조화배관 / 478
5. 배관의 피복공사 / 480
6. 배관시설의 기능시험 / 480

Chapter 04 유지보수공사 및 검사계획 수립 482

1. 유지보수공사 및 검사계획 수립 / 482
2. 냉동기 오버홀(over hall) 정비 / 484
3. 냉동기 오버홀 세관작업 / 485
4. 보일러 세관 / 486
5. 보일러 수처리설비 / 487
6. 덕트의 설계순서 / 489

• 기출 및 예상문제 / 491

부록 I 과년도 출제문제

1. 공조냉동기계기사(2018. 3. 4. 시행) / 3
2. 공조냉동기계기사(2018. 4. 28. 시행) / 19
3. 공조냉동기계기사(2018. 8. 19. 시행) / 34
4. 공조냉동기계기사(2019. 3. 3. 시행) / 50
5. 공조냉동기계기사(2019. 4. 27. 시행) / 66
6. 공조냉동기계기사(2019. 8. 4. 시행) / 81
7. 공조냉동기계기사(2020. 6. 7. 시행) / 97
8. 공조냉동기계기사(2020. 8. 22. 시행) / 113
9. 공조냉동기계기사(2020. 9. 26. 시행) / 130
10. 공조냉동기계기사(2021. 3. 7. 시행) / 146
11. 공조냉동기계기사(2021. 5. 15. 시행) / 161
12. 공조냉동기계기사(2021. 8. 14. 시행) / 177
13. 공조냉동기계기사(2022. 3. 5. 시행) / 193
14. 공조냉동기계기사(2022. 4. 24. 시행) / 205

부록 II CBT 대비 실전 모의고사

제1회 실전 모의고사 / 221
제2회 실전 모의고사 / 230
제3회 실전 모의고사 / 239
제4회 실전 모의고사 / 249
제5회 실전 모의고사 / 258
제6회 실전 모의고사 / 266
제7회 실전 모의고사 / 276
정답 및 해설 / 286

핵심 요점노트

Part 1. 에너지관리
Part 2. 공조냉동 설계
Part 3. 시운전 및 안전관리
Part 4. 유지보수공사관리

Engineer Air-Conditioning and Refrigerating Machinery

Part 01 에너지관리

CHAPTER 01 공기조화이론

01 | 공기조화의 4요소

① 온도 ② 습도
③ 기류 ④ 청정도

※ "벽면에 미치는 복사효과"를 고려하면 5대 효과라고도 함

02 | 보건용 공기조화의 기준 (중앙관리방식의 공기조화설비기준)

① **부유분진량** : 0.15mg/m^3 이하(입자직경 10μm 이하)
② **건구온도** : 17℃ 이상 28℃ 이하
③ **CO함유율** : 10ppm 이하(0.001% 이하)
④ **상대습도** : 40% 이상 70% 이하
⑤ **CO_2함유율** : 1,000ppm 이하(0.1% 이하)
⑥ **기류** : 0.5m/s 이하

[핵심 POINT]
- 인체대사량(Met)
  - 인체대사의 양은 주로 Met단위로 측정한다.
  - 1Met는 조용히 앉아서 휴식을 취하는 성인 남성의 신체 표면적 1m^2에서 발생되는 평균열량으로 58.2W/m^2에 해당한다.
  - 작업강도가 심할수록 Met값이 커진다.
- 서한도 : 인체에 해가 되지 않는 오염물질의 농도

03 | 인체의 쾌적조건

① 불쾌지수(DI)=0.72(DB+WB)+40.6
여기서, DB : 건구온도(℃), WB : 습구온도(℃)

② **유효온도(ET, 감각온도, 실감온도, 실효온도)** : 어떤 온도, 습도하에서 실내에서 느끼는 쾌감과 동일한 쾌감을 얻을 수 있는 바람이 없고 포화상태(상대습도 100%)인 실내온도(온도, 습도, 기류의 영향을 종합한 온도)

③ **수정유효온도(CET)** : 유효온도의 건구온도 대신에 흑구 내에 온도계를 삽입한 글로브온도계로 측정된 온도로 효과온도(OT)와 함께 복사의 영향이 있을 때 사용(온도, 습도, 기류, 복사열)
※ 출입하는 상호 간의 온도차가 5℃ 이상일 때는 불쾌감이 강한 콜드 쇼크(cold shock)나 히트 쇼크(heat shock)를 느낀다.

④ 작용온도(OT) $= \dfrac{\text{평균복사온도(MRT)} + \text{건구온도(DB)}}{2}$ [℃]

⑤ **평균복사온도(MRT)** : 어떤 측정위치에서 주변 벽체들의 온도를 평균한 온도

⑥ **예상평균온열감(PMV)** : 동일한 조건에서 대사량, 착의량, 건구온도, 복사온도, 기류, 습도(6가지 요소로 재실자의 열쾌적성을 평가하는 지표)를 측정하여 산정

04 | 건조공기

수증기를 전혀 함유하지 않은 건조한 공기이다.

05 | 공기의 상태치

① **절대습도(SH, x)**

$$x = 0.622\frac{P_w}{P-P_w} = 0.622\frac{\phi P_s}{P-\phi P_s}\ [\text{kg}'/\text{kg}]$$

② **상대습도(RH, ϕ)**

$$\phi = \frac{\gamma_w}{\gamma_s}\times 100[\%] = \frac{P_w}{P_s}\times 100[\%]$$

여기서, γ_w : 습공기 1m^3 중에 함유된 수분의 비중량(N)
γ_s : 포화습공기 1m^3 중에 함유된 수분의 비중량(N)
P_w : 습공기의 수증기분압(mmHg)
P_s : 동일 온도의 포화습공기의 수증기분압(mmHg)

③ 포화도(SD, ψ, 비교습도)

$$\psi = \frac{x}{x_s} \times 100[\%] = \phi \frac{P - P_s}{P - \phi P_s}[\%]$$

여기서, x : 습공기의 절대습도(kg′/kg)

x_s : 동일 온도의 포화습공기의 절대습도(kg′/kg)

④ 비체적(v)

$$v = \frac{T(R_a + xR_w)}{P} = (287 + 461x)\frac{T}{P}$$
$$= 461(0.622 + x)\frac{T}{P}[\mathrm{m^3/kg}]$$

⑤ 습공기의 비엔탈피(h)

$$h = h_a + xh_w = 0.24t + x(597.3 + 0.441t)[\mathrm{kcal/kg}]$$
$$= 1.005t + x(2{,}501 + 1.85t)[\mathrm{kJ/kg}]$$

⑥ 현열비(SHF, 감열비)

$$SHF = \frac{q_s}{q_t} = \frac{q_s}{q_s + q_L}$$

⑦ 열수분비(u)

$$u = \frac{dh}{dx} = \frac{h_2 - h_1}{x_2 - x_1} = \frac{q_s + Lh_L}{L} = \frac{q_s}{L} + h_L$$

여기서, h_1 : 변화 전의 습공기 비엔탈피(kJ/kg)

h_2 : 변화 후의 습공기 비엔탈피(kJ/kg)

h_L : 수분의 비엔탈피(kJ/kg)

x_1 : 변화 전의 습공기 절대습도(kg′/kg)

x_2 : 변화 후의 습공기 절대습도(kg′/kg)

L : 증감된 전수분량(kg′/kg)

q_s : 증감된 현열량(kJ/h)

※ $dh = 0$이면 $u = 0$, $dx = 0$이면 $u = \infty$ 이다.

⑧ 습공기의 단열포화온도(t')

$$\text{세정(분무)가습효율}(\eta_w) = \frac{x' - x}{x_s - x} \times 100[\%]$$
$$= \frac{t - t'}{t - t_s} \times 100[\%]$$

06 | 공기선도의 판독

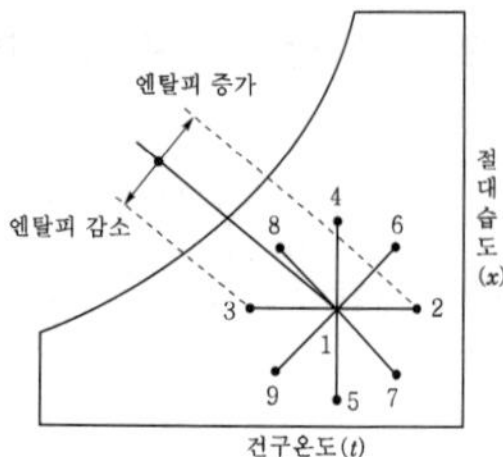

- 1 → 2 : 현열, 가열
- 1 → 3 : 현열, 냉각
- 1 → 4 : 가습
- 1 → 5 : 감습
- 1 → 6 : 가열, 가습
- 1 → 7 : 가열, 감습
- 1 → 8 : 냉각, 가습
- 1 → 9 : 냉각, 감습

07 | 공기선도의 상태변화

1) 가열, 냉각 ; 현열(감열)

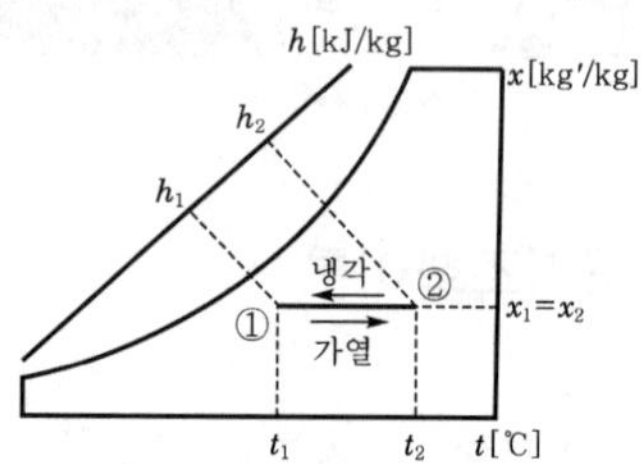

$$q_s = m(h_2 - h_1) = mC_p(t_2 - t_1)$$
$$= \rho QC_p(t_2 - t_1) \fallingdotseq 1.21Q(t_2 - t_1)[\mathrm{kW}]$$

여기서, q_s : 현열량(kW)

m : 공기량($= \rho Q = 1.2Q$)(kg/s)

C_p : 공기의 정압비열(=1.005kJ/kg·K)

ρ : 공기의 밀도(비질량)(=1.2kg/m³)

Q : 단위시간당 공기통과 체적량(m³/s)

t : 건구온도(℃)

2) 가습, 감습 ; 잠열(숨은열)

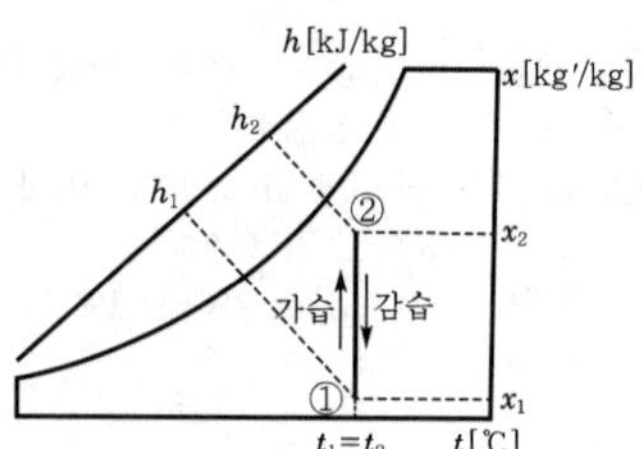

$$L = m(x_2 - x_1)$$
$$\therefore q_L = m(h_2 - h_1) = \gamma_o L$$
$$= 2{,}501m(x_2 - x_1) = 2{,}501\rho Q(x_2 - x_1)$$
$$= 3001.2Q(x_2 - x_1)[\mathrm{kW}]$$

여기서, L : 가습량(kg/s), q_L : 잠열량(kW)

m : 공기량(kg/s)

γ_o : 0℃일 때 수증기 잠열(=2,501kJ/kg)

x : 절대습도(kg′/kg)

3) 가열, 가습 ; 현열 & 잠열

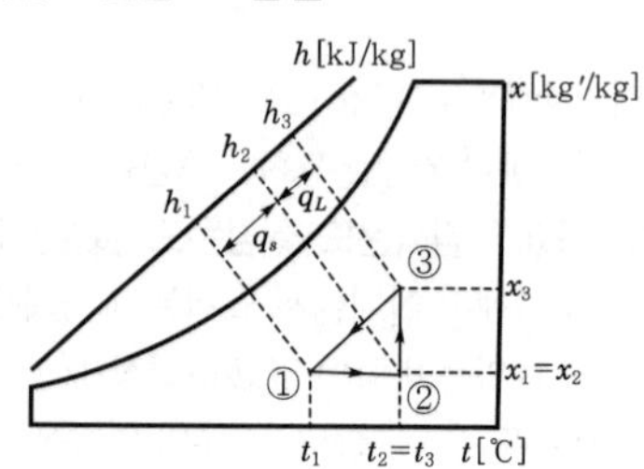

$$q_t = m(h_3 - h_1) = q_s + q_L\,[\mathrm{kW}]$$

$$SHF = \frac{q_s}{q_s + q_L}$$

여기서, q_t : 전열량(kW)

m : 공기량(kg/s)

q_s : 현열량(kW)

q_L : 잠열량(kW)

SHF : 현열비

4) 단열혼합

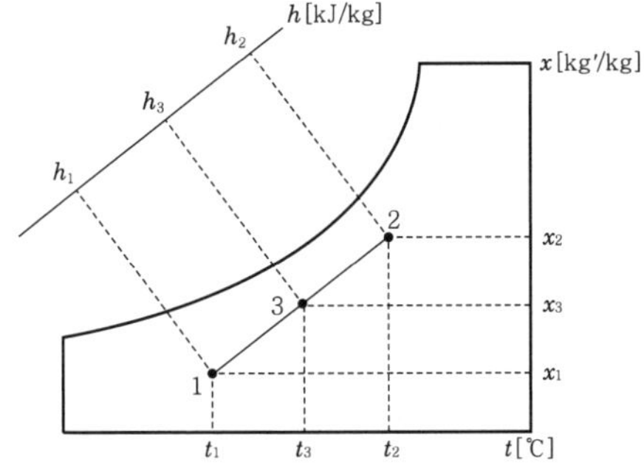

$$t_3 = \frac{Q_1 t_1 + Q_2 t_2}{Q}[℃]$$

$$x_3 = \frac{Q_1 x_1 + Q_2 x_2}{Q}[\mathrm{kg'/kg}]$$

$$h_3 = \frac{Q_1 h_1 + Q_2 h_2}{Q}[\mathrm{kJ/kg}]$$

급기량(송풍량, Q)=환기량(Q_1)+외기량(Q_2)[m^3/h]

08 | 바이패스 팩터(BF)

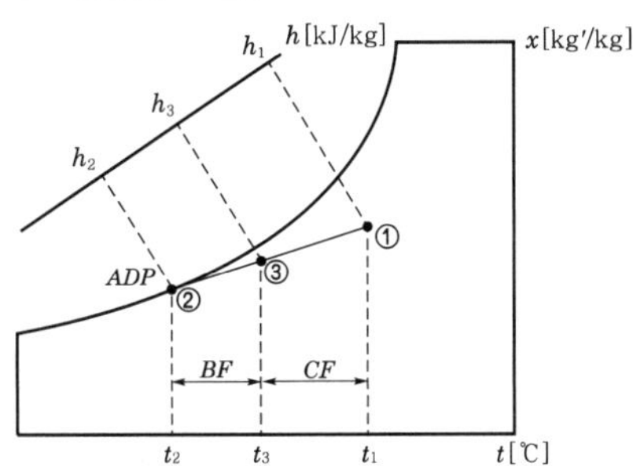

$BF = 1 - CF \rightarrow BF + CF = 1$

$$BF = \frac{t_3 - t_2}{t_1 - t_2} \times 100[\%]$$

$$CF = \frac{t_1 - t_3}{t_1 - t_2} \times 100[\%]$$

$\therefore\ t_3 = t_2 + BF(t_1 - t_2) = t_1 - CF(t_1 - t_2)[℃]$

09 | 순환수에 의한 가습

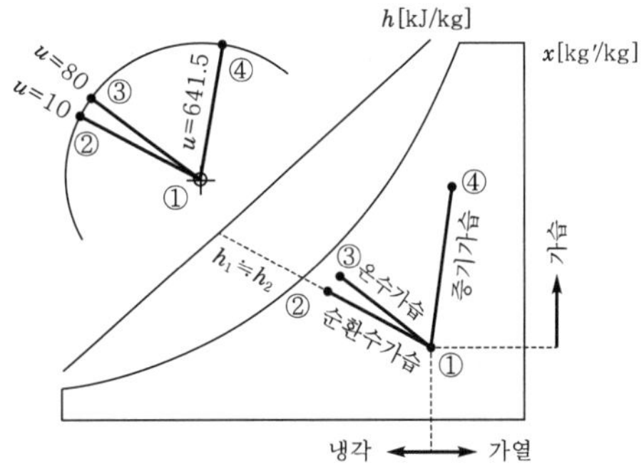

> [핵심 POINT] 열수분비(증기가습)
>
> 수분비(u)는 증기의 비엔탈피와 같다.
>
> $$u = \frac{\Delta h}{dx} = \frac{dx(2{,}501 + 1.85t)}{dx}$$
>
> $$= 2{,}501 + 1.85t\,[\mathrm{kJ/kg}]$$

10 | 혼합 → 냉각 → 바이패스

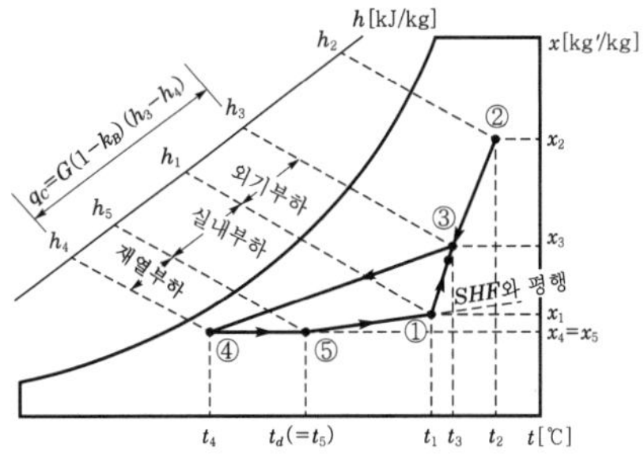

냉각코일부하(q_{cc})=외기부하+실내부하+재열부하

$= h_3 - h_4\,[\mathrm{kJ/kg}]$

※ $q_s = \rho Q C_p (t_1 - t_5)[\mathrm{kW}]$

$\therefore\ t_5$(취출온도)$= t_1 - \dfrac{q_s}{\rho Q C_p}[℃]$

02 공기조화계획
CHAPTER

01 | 공조방식의 분류

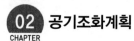

구분	열매체	공조방식
중앙방식	전공기 방식	정풍량 단일덕트방식, 이중덕트방식, 멀티존유닛방식, 변풍량 단일덕트방식, 각 층 유닛방식
	수(물)-공기방식	유인유닛방식(IDU), 복사냉난방방식(패널제어방식), 팬코일유닛(덕트병용)방식
	전수방식	2관식 팬코일유닛방식, 3관식 팬코일유닛방식, 4관식 팬코일유닛방식
개별방식	냉매방식	패키지유닛방식, 룸쿨러방식, 멀티존방식
	직접난방 방식	라디에이터(방열기), 컨벡터(대류방열기)

[핵심 POINT]

- 송풍기의 특성곡선 : x축에 풍량(Q)의 변동에 대하여 y축에 전압(P_t), 정압(P_s), 효율(%), 축동력(L)을 나타낸다.
- 서징(surging)영역 : 정압곡선에서 좌하향곡선 부분의 송풍기 동작이 불안전한 현상
- 오버로드(over load) : 풍량이 어느 한계 이상이 되면 축동력(L)은 급증하고, 압력과 효율은 낮아지는 현상

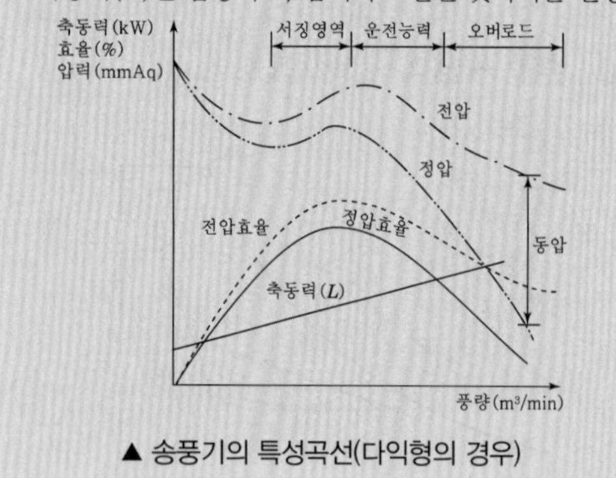

▲ 송풍기의 특성곡선(다익형의 경우)

02 | 전공기방식

장점	단점
• 송풍량이 많아 실내공기의 오염이 적다. • 중앙집중식이므로 운전 및 유지관리가 용이하다. • 방에 수배관이 없어 누수 우려가 없다.	• 송풍량이 많아 덕트 설치 공간이 증가한다. • 대형의 공조기계실이 필요하다. • 개별제어가 어렵다. • 설비비가 많이 든다.

① **단일덕트방식** : 중앙공조기에서 조화된 냉온풍공기를 1개의 덕트를 통해 실내로 공급하는 방식이다.
  ㉠ 정풍량(CAV)방식
    - 변풍량에 비해 에너지소비가 크다.
    - 존(zone)의 수가 적은 규모에서는 타 방식에 비해 설비비가 싸다.
  ㉡ 변풍량(VAV)방식 : 타 방식에 비해 에너지가 절약된다.

② **이중덕트방식** : 중앙공조기에서 냉풍과 온풍을 동시에 만들고 각각의 냉풍덕트와 온풍덕트를 통해 각 방까지 공급하여 혼합상자에 의해 혼합시켜 공조하는 방식이다.

장점	단점
• 부하에 따른 각 방의 개별제어가 가능하다. • 계절별로 냉난방변환운전이 필요 없다.	• 냉온풍의 혼합에 따른 에너지손실이 크다.

③ **멀티존방식**

④ **각 층 유닛방식**

03 | 수(물)－공기방식

① **유인유닛방식**

② **덕트 병용 팬코일유닛방식**

③ **복사냉난방방식** : 건물의 바닥, 천장, 벽 등에 파이프코일을 매설하고, 냉수 또는 온수를 보내 실내현열부하의 50~70%를 처리하고 동시에 덕트를 통해 냉온풍을 송풍하여 잔여실내현열부하와 잠열부하를 처리하는 공조방식이다.
  ㉠ 장점
    - 복사열을 이용하므로 쾌감도가 높다.
    - 덕트공간 및 열운반동력을 줄일 수 있다.
    - 건물의 축열을 기대할 수 있다.
    - 유닛을 설치하지 않으므로 실내 바닥의 이용도가 좋다.
    - 방높이에 의한 실온의 변화가 적어 천장이 높은 방, 겨울철 윗면이 차가워지는 방에 적합하다.
  ㉡ 단점
    - 냉각패널에 이슬이 발생할 수 있으므로 잠열부하가 큰 곳에는 부적당하다.
    - 열손실 방지를 위해 단열 시공을 완벽하게 해야 한다.

- 수배관의 매립으로 시설비가 많이 든다.
- 실내 방의 변경 등에 의한 융통성이 없다.
- 고장 시 발견이 어렵고 수리가 곤란하다.
- 중간기에 냉동기의 운전이 필요하다.

[핵심 POINT]

- 실내환경의 쾌적함을 위한 외기도입량은 급기량(송풍량)의 25~30% 정도를 도입한다.

$$Q \geq \frac{M}{C_r - C_o} [m^3/h]$$

여기서, Q : 시간당 외기도입량(m^3/h)
M : 전체 인원의 시간당 CO_2 발생량(m^3/h)
C_r : 실내 유지를 위한 CO_2함유량(%)
C_o : 외기도입공기 중의 CO_2함유량(%)

- 사무실의 1인당 신선공기량(외기량) : 25~30m^3/h

04 | 냉방부하(여름, 냉각, 감습)

구분	부하 발생요인	현열(감열)	잠열
실내부하	벽체로부터 취득열량	○	
	유리창으로부터 취득열량	○	
	일사(복사)열량	○	
	관류열량	○	
	극간풍(틈새바람) 취득열량	○	○
	인체 발생열량	○	○
	실내기구 발생열량	○	○
기기(장치)부하	송풍기에 의한 취득열량	○	
	덕트 취득열량	○	
재열부하	재열기 가열량	○	
외기부하	외기도입으로 인한 취득열량	○	○

암기 극, 인, 기, 외(극간풍, 인체, 기기, 외기)는 현열과 잠열을 모두 고려한다.

05 | 난방부하(겨울, 가열, 가습)

1) 극간풍의 침입을 방지하는 방법

① 회전문을 설치한다.
② 2중문을 설치한다.
③ 2중문의 중간에 강제 대류컨벡터를 설치한다.
④ 에어커튼을 설치한다.
⑤ 실내를 가압하여 외부압력보다 실내압력을 높게 유지한다.

2) 극간풍량(Q[m³/h]) 산출방법

① crack법 : crack 1m당 침입외기량×crack길이(m)
② 면적법 : 창면적 1m^2당 침입외기량×창면적(m^2)
③ 환기횟수법 : 환기횟수×실내체적(m^3)

3) 난방부하와 기기용량

(1) 직사각형(장방형) 덕트에서 원형 덕트의 지름 환산식

$$상당지름(d_e) = 1.3\left[\frac{(ab)^5}{(a+b)^2}\right]^{\frac{1}{8}}$$

(2) 풍량조절댐퍼

① 버터플라이댐퍼 : 소형 덕트 개폐용 댐퍼
② 루버댐퍼
　㉠ 대향익형 : 풍량조절형
　㉡ 평형익형 : 대형 덕트 개폐용(날개가 많다)
③ 스플릿댐퍼 : 분기부 풍량조절용 댐퍼
④ 방화댐퍼 : 화재 시 연소공기온도 약 70℃에서 덕트를 폐쇄시킴
⑤ 방연댐퍼 : 실내의 연기감지기 또는 화재 초기의 발생연기를 감지하여 덕트를 폐쇄시킴

(3) 환기방법

① 제1종 환기법(병용식) : 강제급기+강제배기, 송풍기와 배풍기 설치, 병원 수술실, 보일러실에 적용
② 제2종 환기법(압입식) : 강제급기+자연배기, 송풍기 설치, 반도체공장, 무균실, 창고에 적용
③ 제3종 환기법(흡출식) : 자연급기+강제배기, 배풍기 설치, 화장실, 부엌, 흡연실에 적용
④ 제4종 환기법(자연식) : 자연급기+자연배기

(4) 송풍기 동력

$$L_f = \frac{P_t Q}{\eta_t} = \frac{P_s Q}{\eta_s} [kW]$$

여기서, P_t : 전압력($= P_{t2} - P_{t1}$)(kPa)
P_s : 정압력(kPa)
η_t : 전압효율
η_s : 정압효율
Q : 송풍량(m^3/s)

(5) 펌프동력

$$L_p = \frac{\gamma_w QH}{\eta_p} = \frac{9.8QH}{\eta_p}[\text{kW}]$$

여기서, γ_w : 4℃ 순수한 물의 비중량(=9.8kN/m^3)

Q : 송풍량(m^3/s), H : 전양정(m)

06 | 난방

1) 난방방법의 분류

<table>
<tr><th colspan="2">구분</th><th>내용</th></tr>
<tr><td colspan="2">개별난방</td><td>화로, 난로, 벽난로</td></tr>
<tr><td rowspan="2">중앙
난방</td><td>직접난방</td><td>증기난방, 온수난방, 복사난방</td></tr>
<tr><td>간접난방</td><td>온풍난방, 공기조화기(AHU, 가열코일)</td></tr>
<tr><td colspan="2">지역난방</td><td>열병합발전소를 설치하여 발생한 온수나 증기를 이용하여 대단위 지역에 공급하는 난방방식</td></tr>
</table>

2) 증기난방

① 장점

㉠ 열용량이 적어 예열시간이 짧다.

㉡ 증기의 보유열량이 커서 방열기의 방열면적이 적어도 된다.

㉢ 동결 파손의 위험이 적다.

㉣ 배관의 시공성 및 제어성이 좋다.

㉤ 난방개시가 빠르고 간헐운전이 가능하다.

㉥ 열운반능력이 크다.

㉦ 온수난방보다 방열면적을 작게 할 수 있어 관지름이 작아도 된다. 즉 설비비가 저렴하다.

② 단점

㉠ 난방부하에 따른 방열량 조절이 곤란하다.

㉡ 실내의 상하온도차가 커서 쾌감도가 떨어진다.

㉢ 환수관에서 부식이 심하다. 즉 응축수관에서 부식과 한냉 시 동결 우려가 있다.

㉣ 방열기 표면온도가 높아 화상 우려 등 위험성이 크다.

㉤ 방열기 입구까지 배관길이가 8m 이상일 때 관지름이 큰 것을 사용한다.

㉥ 초기통기 시 주관 내 응축수를 배수할 때 열손실이 발생한다.

㉦ 소음이 발생한다(steam hammering현상).

3) 온수난방

① 장점

㉠ 난방부하에 따른 온도(방열량)조절이 용이하다.

㉡ 예열시간이 길지만 잘 식지 않아 환수관의 동결 우려가 적다(한냉지에서는 동결 우려가 있다).

㉢ 방열기 표면온도가 낮아 증기난방에 비해 쾌감도가 좋다.

㉣ 보일러 취급이 용이하고 안전하다.

㉤ 열용량이 증기난방보다 크고, 실온변동이 적다.

㉥ 연료소비량이 적고, 소음이 없다.

② 단점

㉠ 예열시간이 길고 공기혼입 시 온수순환이 어렵다.

㉡ 건축물의 높이에 제한을 받는다.

㉢ 증기난방보다 방열면적과 배관의 관지름이 커지므로 20~30% 정도 설비비가 비싸다.

㉣ 야간에 난방을 휴지 시 동결 우려가 있다.

㉤ 보유수량이 많아 열용량이 크기 때문에 온수순환시간이 길다.

4) 복사난방

① 장점

㉠ 실내온도분포가 균일하여 쾌감도가 가장 좋다.

㉡ 실의 천장이 높아도 난방이 가능하다.

㉢ 방열기 설치가 불필요하므로 바닥의 이용도가 높다.

㉣ 실내공기의 대류가 적어 공기의 오염도가 적다.

㉤ 인체가 방열면에서 직접 열복사를 받는다.

㉥ 실내가 개방상태에 있어도 난방효과가 좋다.

② 단점

㉠ 일시적인 난방에는 비경제적이다.

㉡ 가열코일을 매설하므로 시공, 수리 및 설비비가 비싸다.

㉢ 방열벽 배면으로부터 열손실을 방지하기 위해 단열 시공이 필요하다.

㉣ 방열체의 열용량이 크기 때문에 온도변화에 따른 방열량 조절이 어렵다.

㉤ 벽에 균열이 생기기 쉽고 매설배관이므로 고장 발견이 어렵다.

5) 온풍난방

① 장점

㉠ 직접난방(온수난방)에 비해 설비비가 저렴하다.

㉡ 열효율이 높고 연료비가 절약된다(예열시간이 짧다).

㉢ 예열부하가 적으므로 장치는 소형이 되어 설비비와 경상비가 절감된다.

㉣ 환기가 병용되므로 공기 중의 먼지가 제거되고 가습도 할 수 있다(실내온습도조절이 비교적 용이하다).

㉤ 배관, 방열관 등이 없기 때문에 작업성이 우수하다.

㉥ 설치면적이 작고 설치장소도 자유로이 택할 수 있다.

㉦ 설치공사도 간단하고 보수관리도 용이하다.

② 단점

㉠ 취출풍량이 적으므로 실내 상하온도차가 크다(쾌감도가 나쁘다).

㉡ 덕트의 보온에 주의하지 않으면 온도강하 때문에 마지막 방의 난방이 불충분하다.

㉢ 소음과 진동이 발생할 우려가 있다.

㉣ 불완전연소 시 시설 내 환기가 필요하다.

6) 지역난방

① 장점

㉠ 열효율이 좋고 연료비 및 인건비가 절감된다.

㉡ 적절하고 합리적인 난방으로 열손실이 적다.

㉢ 설비의 고도 합리화로 대기오염이 적다.

㉣ 개별건물의 보일러실 및 굴뚝(연돌)이 불필요하므로 건물 이용의 효용이 높다.

② 단점

㉠ 온수난방의 경우 관로저항손실이 크다.

㉡ 온수의 경우 급열량 계량이 어렵다(증기의 경우 쉽다).

㉢ 외기온도변화에 따른 예열부하손실이 크다.

㉣ 증기난방의 경우 순환배관에 부착된 기기가 많으므로 보수관리비가 많이 필요하다.

㉤ 온수의 경우 반드시 환수관이 필요하다(증기의 경우 불필요).

07 | 클린룸

1) 정의

클린룸(clean room, 공기청정실)이란 부유 먼지, 유해가스, 미생물 등과 같은 오염물질을 규제하여 기준 이하로 제어하는 청정공간으로, 실내의 기류, 속도, 압력, 온습도를 어떤 범위 내로 제어하는 특수한 공간을 의미한다.

2) 종류

① 산업용 클린룸(ICR)

㉠ 먼지 미립자가 규제대상(부유 분진이 제어대상)

㉡ 정밀기기 및 전자기기의 제작공장, 방적공장, 반도체공장, 필름공장 등

② 바이오클린룸(BCR)

㉠ 세균, 곰팡이 등의 미생물입자가 규제대상

㉡ 무균수술실, 제약공장, 식품가공공장, 동물실험실, 양조공장 등

3) 평가기준

① 입경 0.5μm 이상의 부유 미립자농도가 기준

② Super Clean Room에서는 0.3μm, 0.1μm의 미립자가 기준

[핵심 POINT]
Class란 1ft^{3}의 공기체적 내에 입경 0.5μm 이상의 입자가 몇 개 있느냐를 의미한다.
※ 1μm(마이크로미터) = 0.001mm

4) 고성능 필터의 종류

① HEPA필터(high efficiency particle air filter)

㉠ 0.3μm의 입자포집률이 99.97% 이상

㉡ 클린룸, 병원의 수술실, 방사성물질취급시설, 바이오클린룸 등에 사용

② ULPA필터(ultra low penetration air filter)

㉠ 0.1μm의 부유 미립자를 제거할 수 있는 것

㉡ 최근 반도체공장의 초청정 클린룸에서 사용

5) 여과기(에어필터)

① 효율측정방법

구분	측정방법
중량법	• 비교적 큰 입자를 대상으로 측정하는 방법 • 필터에서 집진되는 먼지의 양으로 측정
비색법 (변색도법)	• 비교적 작은 입자를 대상으로 측정하는 방법 • 필터에서 포집한 여과지를 통과시켜 광전관으로 오염도를 측정
계수법 (DOP법)	• 고성능 필터를 측정하는 방법 • 0.3μm 입자를 사용하여 먼지의 수를 측정

② 여과효율(η)

$$= \frac{\text{통과 전의 오염농도}(C_1) - \text{통과 후의 오염농도}(C_2)}{\text{통과 전의 오염농도}(C_1)} \times 100[\%]$$

03 공조기기 및 덕트
CHAPTER

01 | 보일러의 특징

1) 주철제보일러

섹션(section)을 조립한 것으로, 사용압력이 증기용은 0.1MPa 이하이고, 온수용은 0.3MPa 이하의 저압용으로 분할이 가능하므로 반입 시 유리하다.

① 장점

㉠ 전열면적이 크고 효율이 좋다.

㉡ 파열 시 저압이므로 피해가 적다.

② 단점

㉠ 강도가 약해 고압 대용량에 부적합하다.

㉡ 가격이 비싸다.

㉢ 인장 및 충격에 약하다.

㉣ 열에 의한 팽창으로 균열이 생긴다.

㉤ 내부청소 및 검사가 어렵다.

2) 수관식 보일러

동의 지름이 작은 드럼과 수관, 수냉벽 등으로 구성된 보일러이다. 물의 순환방법에 따라 자연순환식, 강제순환식, 관류식으로 구분된다.

① 장점

㉠ 보일러수의 순환이 좋고 효율이 가장 높다.

㉡ 구조상 고압 및 대용량에 적합하다.

㉢ 보유수량이 적기 때문에 무게가 가볍고 파열 시 재해가 적다.

② 단점

㉠ 전열면적에 비해 보유수량이 적기 때문에 부하변동에 대해 압력변화가 크다.

㉡ 구조가 복잡하여 청소, 보수 등이 곤란하다.

㉢ 스케일로 하여금 수관이 과열되기 쉬우므로 수관리를 철저히 해야 한다(양질의 급수처리가 필요하다).

㉣ 취급이 어려워 숙련된 기술이 필요하다.

3) 노통보일러

원통형 드럼과 양면을 막는 경판으로 구성되며 그 내부에 노통을 설치한 보일러이다. 노통을 한쪽 방향으로 기울어지게 하여 물의 순환을 촉진시킨다. 횡형으로 된 원통 내부에 노통이 1개 장착되어 있는 코르니시보일러와 노통이 2개 장착된 랭커셔보일러가 있다.

① 장점

㉠ 구조가 간단하고 제작 및 취급이 쉽다(원통형이라 강도가 높다).

㉡ 급수처리가 까다롭지 않다.

㉢ 내부청소 및 점검이 용이하다.

㉣ 수관식에 비하여 제작비가 싸다.

㉤ 노통에 의한 내분식이므로 열손실이 적다.

㉥ 운반이나 설치가 간단하고 설치면적이 작다.

② 단점

㉠ 보유수량이 많아 파열 시 피해가 크다.

㉡ 증발속도가 늦고 열효율이 낮다(보일러효율이 좋지 않다).

㉢ 구조상 고압 및 대용량에 부적당하다.

02 | 보일러용량

① 상당증발량(기준증발량, 환산증발량)

$$q = m_a(h_2 - h_1)[\text{kJ/kg}]$$

$$m_e = \frac{m_a(h_2 - h_1)}{2{,}256}[\text{kJ/kg}]$$

여기서, m_a : 실제 증발량(kg/h)

m_e : 상당증발량(kg/h)

h_1 : 급수(비)엔탈피(kJ/kg)

h_2 : 발생증기(비)엔탈피(kJ/kg)

② **보일러마력** : 급수온도가 100°F이고 보일러증기의 계기압력이 70psi(lb/in^2)일 때 1시간당 34.51lb/h (약 15.65kg/h)가 증발하는 능력

1BHP=15.65×2,256=35306.4kJ/h≒9.81kW

※ 상당방열면적(EDR)$=\dfrac{\text{난방부하(총손실열량)}}{\text{표준 방열량}}$

03 | 보일러부하

$q=q_1+q_2+q_3+q_4$[W]

여기서, q : 보일러의 전부하(W)

q_1 : 난방부하(W)

q_2 : 급탕 · 급기부하(W)

q_3 : 배관부하(W)

q_4 : 예열부하(W)

[핵심 POINT]

- 보일러효율 : $\eta_B=\dfrac{m_a(h_2-h_1)}{H_L\cdot m_f}$
- 보일러출력 표시법
  - 정격출력 : $q_1+q_2+q_3+q_4$
  - 상용출력 : $q_1+q_2+q_3$
  - 정미출력(방열기용량) : q_1+q_2

04 | 방열기 호칭법

종별	기호	종별	기호
2주형	Ⅱ	5세주형	5C
3주형	Ⅲ	벽걸이형(횡)	W-H
3세주형	3C	벽걸이형(종)	W-V

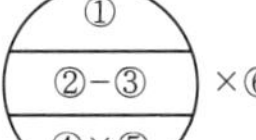

① 쪽수 ② 종별
③ 형(치수) ④ 유입관지름
⑤ 유출관지름 ⑥ 조(組)의 수

풍량제어방법 중 소요동력을 가장 경제적으로 할 수 있는 제어방법은 회전수제어 >가변피치제어 > 스크롤댐퍼제어 > 베인(vane)제어 > 흡입댐퍼제어 > 토출댐퍼제어 순이다.

05 | 덕트 설계 시 주의사항

① 풍속은 15m/s 이하, 정압 50mmAq 이하의 저속덕트를 이용하여 소음을 줄인다.

② 재료는 아연도금철판, 알루미늄판 등을 이용하여 마찰저항손실을 줄인다.

③ 종횡비(aspect ratio)는 최대 10 : 1 이하로 하고 가능한 한 6 : 1 이하로 하며, 일반적으로 3 : 2이고 한 변의 최소 길이는 15cm 정도로 억제한다.

④ 압력손실이 적은 덕트를 이용하고 확대각도는 20° 이하(최대 30°), 축소각도는 45° 이하로 한다.

⑤ 덕트가 분기되는 지점은 댐퍼를 설치하여 압력의 평형을 유지시킨다.

06 | 필요환기량

$q=1.2Q_oC_p(t_r-t_o)$

$\therefore\ Q_o=\dfrac{q}{1.2C_p(t_r-t_o)}$[m^3/s]

여기서, q : 실내열량(kW)

t_r : 실내온도(℃)

t_o : 외기온도(℃)

C_p : 공기의 정압비열(=1.0046kJ/kg · K)

TAB

01 | TAB의 적용범위

① 공기, 냉온수 분배의 균형

② 설계치를 공급할 수 있는 전 시스템의 조정

③ 전기계측

④ 모든 장비와 자동제어장치의 성능에 대한 확인

※ 최종적으로 설비계통을 평가하는 분야로, 보통 설계의 80% 정도 이상 완료 후 시작한다.

02 | TAB의 적용범위

① **초기설비투자비의 절감** : 설계도서상의 오류와 시스템 및 기기용량을 확인하여 적정하게 조정
② **시공의 품질 향상** : 공정별 시공상태를 확인하여 불합리한 부분 개선
③ **쾌적한 실내환경 조성** : 공조상태의 시공상태가 설계목적에 부합되는지 파악
④ **불필요한 열손실 방지** : 공기와 물에 대한 이송량을 측정하여 설계치와 비교, 분석하고 열손실요인 제거
⑤ **운전비용 절감** : 실내외온습도 및 공기분포상태를 균형 있게 유지하여 설비기기의 과다한 운전 방지
⑥ **공조설비의 수명 연장** : 과부하운전 및 불안정한 운전을 최상의 효율로 운전하도록 개선
⑦ **효율적인 시설관리** : 종합적인 시스템의 용량, 효율, 성능, 작동상태, 운전 및 유지관리에 필요한 자료 제공

05 CHAPTER 보일러설비 시운전

01 | 방열기의 표준 방열량

열매	표준 방열량 (kW/m^2)	표준 온도차 (℃)	표준 상태에서 온도(℃)		방열계수 ($k[W/m^2 \cdot ℃]$)
			열매 온도	실내 온도	
증기	0.756	83.5	102	18.5	9.05
온수	0.523	61.5	80	18.5	8.5

02 | 보일러수압시험 및 가스누설시험

1) 강철제보일러

① **0.43MPa 이하** : 최고사용압력×2배(시험압력이 0.2MPa 미만인 경우에는 0.2MPa)
② **0.43MPa 초과 1.5MPa 이하** : 최고사용압력×1.3배+0.3MPa
③ **1.5MPa 초과** : 최고사용압력×1.5배

2) 주철제보일러

① 증기보일러
㉠ 0.43MPa 이하 : 최고사용압력×2배
㉡ 0.43MPa 초과 : 최고사용압력×1.3배+0.3MPa
② **온수보일러** : 최고사용압력×1.5배(시험압력이 0.2MPa 미만인 경우에는 0.2MPa)

Part 02 공조냉동 설계

 냉동의 개요

01 | 현열과 잠열

1) 현열(감열, q_s)

물질의 상태는 변화 없이 온도만 변화시키는 열량

$q_s = C_p(t_2 - t_1)$[kJ/kg](단위질량당 가열량)

$Q_s = mq_s = mC(t_2 - t_1)$[kJ]

여기서, Q_s : 전체 현열량(kJ)

m : 질량(kg)

C_p : 물질의 비열(=4.186kJ/kg·K)

t_1 : 가열 전 온도(℃)

t_2 : 가열 후 온도(℃)

2) 잠열(숨은열, q_L)

물질의 상태만 변화시키고 온도는 일정한 상태의 열량

예 • 0℃ 얼음의 융해열(0℃ 물의 응고열) : 334kJ/kg
• 100℃ 물(포화수)의 증발열(100℃ 건포화증기의 응축열) : 2,256kJ/kg

※ 1kcal=3.968BTU=2.205CHU(PCU)=4.186kJ

※ 1therm(섬)=10^5BTU

02 | 물질의 상태변화

상태변화	열의 이동	잠열	예
액체 → 기체	흡열	증발열(물, 100℃)	2,256kJ/kg
기체 → 액체	방열	응축열(수증기, 100℃)	2,256kJ/kg
고체 → 액체	흡열	융해열(얼음, 0℃)	334kJ/kg
액체 → 고체	방열	응고열(물, 0℃)	334kJ/kg
고체 → 기체	흡열	승화열	CO_2(드라이아이스) 승화열 -78.5℃에서 574kJ/kg

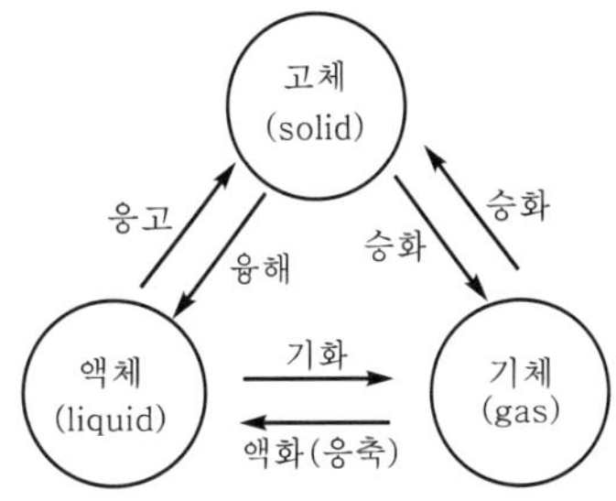

03 | 흡수식 냉동방법

① 냉매와 흡수제

냉매	흡수제
NH_3	H_2O
H_2O	KOH & NaOH
H_2O	LiBr & LiCl
C_2H_5Cl	$C_2H_2Cl_4$
H_2O	H_2SO_4
CH_3OH	LiBr+CH_3OH

② 흡수식 냉동사이클 : 냉매는 H_2O, 흡수제는 LiBr(브롬화리튬) 사용

㉠ 흡수식 냉동기의 냉매순환과정 : 증발기 → 흡수기 → 열교환기 → 발생기(재생기) → 응축기

㉡ 흡수제 순환과정 : 흡수기 → 용액 열교환기 → 발생기(재생기) → 용액 열교환기 → 흡수기

③ 흡수식 냉동기의 성적계수

$$(COP)_R = \frac{\text{증발기의 냉각열량}}{\text{고온재생기의 가열량} + \text{펌프일}} \fallingdotseq \frac{\text{증발기의 냉각열량}}{\text{고온재생기(발생기)의 가열량}}$$

04 | 냉동능력과 제빙

1) 냉동능력($Q_e = Q_2$)

냉동기가 단위시간(1시간) 동안에 증발기에서 흡수하는 열량으로, 기호는 Q_e, 단위는 kW 또는 RT(냉동톤)로 표시한다.

$$Q_e = \frac{60\,V(h_a - h_e)}{13897.52\,v_a}\eta_v[\text{RT}]$$

여기서, v_a : 흡입증기냉매의 비체적(m^3/kg)
V : 분당 피스톤압출량(m^3/min)
$h_a - h_e$: 냉동효과(kJ/kg)
η_v : 체적효율

2) 냉동톤

① 1한국냉동톤(1RT)

1RT= 3,320kcal/h=13897.52kJ/h=3.86kW

② 1미국냉동톤(1USRT)

1USRT=112,000BTU/h=3,024kcal/h
=12,658kJ/h=200BTU/min

3) 제빙톤

① 제빙톤

1제빙톤=1.65RT(냉동톤)

② 얼음의 결빙시간

$$H = \frac{0.56t^2}{-t_b}[\text{시간}]$$

여기서, t_b : 브라인온도(℃), t : 얼음두께(cm)

05 | 냉동효과(q_e)

증발기에서 냉매 1kg이 흡수하는 열량(kJ/kg)

06 | 냉동기 성적계수

$$COP_R(=\varepsilon_R) = \frac{q_e(\text{냉동효과})}{w_c(\text{압축기 소비일량})} = \frac{Q_e(\text{냉동능력})}{W_c(\text{압축기 소비동력})}$$

CHAPTER 02 냉매와 작동유(냉동기유)

01 | 냉매의 일반적인 구비조건

1) 물리적 성질

① 응고점이 낮을 것
② 증발열이 클 것
③ 증기의 비체적은 작을 것
④ 임계온도는 상온보다 높을 것
⑤ 증발압력이 너무 낮지 않을 것
⑥ 응축압력이 너무 높지 않을 것
⑦ 단위냉동량당 소요동력이 작을 것
⑧ 증기의 비열은 크고, 액체의 비열은 작을 것

2) 화학적 성질

① 안정성이 있을 것
② 부식성이 없을 것
③ 무해, 무독성일 것
④ 폭발의 위험성이 없을 것
⑤ 전기저항이 클 것
⑥ 증기 및 액체의 점성이 작을 것
⑦ 전열계수가 클 것
⑧ 윤활유에 되도록 녹지 않을 것

3) 기타

① 누설이 적을 것
② 가격이 저렴할 것
③ 구입이 용이할 것

02 | 냉매의 누설검사방법

1) 암모니아(NH_3)냉매의 누설검사

① 냄새로 알 수 있다.
② 유황초를 누설부에 접촉하면 흰 연기가 발생한다.
③ 적색 리트머스시험지를 물에 적셔 접촉하면 청색으로 변화한다.
④ 페놀프탈레인시험지를 물에 적셔 접촉하면 홍색으로 변화한다.
⑤ 만액식 증발기 및 수냉식 응축기 또는 브라인탱크 내의 누설검사는 네슬러시약을 투입하여 색깔의 변화로 정도를 알 수 있다(소량 누설 시 : 황색, 다량 누설 시 : 갈색(자색)).

2) 프레온냉매의 누설검사

① 비눗물 또는 오일 등의 기포성 물질을 누설부에 발라 기포 발생의 유무로 알 수 있다.
② 헬라이드토치(Halide torch) 누설검지기의 불꽃 색깔변화로 알 수 있다.
㉠ 누설이 없을 때 : 청색
㉡ 소량 누설 시 : 녹색
㉢ 다량 누설 시 : 자주색
㉣ 심할 때 : 불꽃이 꺼짐
③ 전자누설검지기를 이용하여 1년 중 1/200oz(온스)까지의 미소량의 누설 여부를 검지할 수 있다.

03 | 브라인의 구비조건

① 비열, 열전도율이 높고 열전달성능이 양호할 것
② 공정점과 점도가 작고 비중이 작을 것
③ 동결온도가 낮을 것(비등점이 높고 응고점이 낮아 항상 액체상태를 유지할 것)
④ 금속재료에 대한 부식성이 작을 것(pH가 중성(7.5~8.2)일 것)
⑤ 불연성일 것
⑥ 피냉각물질에 해가 없을 것
⑦ 구입 및 취급이 용이하고 가격이 저렴할 것

04 | 브라인의 종류

1) 무기질 브라인

금속에 대한 부식성이 큰 브라인
① 염화칼슘($CaCl_2$)
㉠ 제빙, 냉장 등의 공업용으로 가장 널리 이용된다.
㉡ 공정점은 −55.5℃(비중 1.286에서)이며 −40℃ 범위에서 사용된다.
㉢ 흡수성이 강하고 냉장품에 접목하면 떫은맛이 난다.
㉣ 비중 1.20~1.24(Be 24~28)가 권장된다.
② 염화마그네슘($MgCl_2$)
㉠ 염화칼슘의 대용으로 일부 사용되는 정도이다.
㉡ 공정점은 33.6℃(비중 1.286에서(농도 29~39%))이며 −40℃ 범위에서 사용된다.
③ 염화나트륨(NaCl)
㉠ 인체에 무해하며 주로 식품냉장용에 이용된다.
㉡ 금속에 대한 부식성은 염화마그네슘 브라인보다도 크다.
㉢ 공정점은 −21.2℃이며 −18℃ 범위에서 사용된다.
㉣ 비중은 1.15~1.18(Be 19~22)이 권장된다.

> **[핵심 POINT] 공정점**
> 서로 다른 여러 가지의 물질을 용해한 경우 그 농도가 진할수록 동결온도가 점차 낮아지면서 일정한 한계의 농도에서 최저의 동결온도(응고점)에 도달하게 되는데, 이때의 온도를 공정점이라고 한다. 공정점보다 농도가 짙거나 묽어도 동결온도는 상승하게 된다.

2) 유기질 브라인

금속에 대한 부식성이 작은 브라인
① 에틸렌글리콜($C_2H_6O_2$) : 금속에 대한 부식성이 작아서 모든 금속재료에 적용(부동액)
② 물(H_2O)
③ 프로필렌글리콜 : 부식성이 작고 독성이 없으며 식품동결용에 이용
④ 메틸클로라이드(R−40) : 극저온용에 이용(응고점 −97.8℃)

CHAPTER 03 냉매선도와 냉동사이클

01 | 냉매몰리에르선도($P-h$선도)의 작도

- a : 압축기 흡입지점(증발기 출구)
- b : 압축기 토출지점(응축기 입구)
- c : 응축기에서 응축이 시작되는 지점
- d : 과냉각이 시작되는 지점
- e : 팽창밸브 입구지점
- f : 팽창밸브 출구지점(증발기 입구)

$P-h$선도상 냉동사이클	열역학적 상태변화(과정)
a→b 압축과정 ($S=C$)	압력 상승, 온도 상승, 비체적 감소, 엔트로피 일정, 비엔탈피 증가
b→c 과열 제거과정	압력 일정, 온도강하, 비엔탈피 감소
c→d 응축과정	압력 일정, 온도 일정, 비엔탈피 감소, 건조도 감소
d→e 과냉각과정	압력 일정, 온도강하, 비엔탈피 감소
e→f 팽창과정	압력 감소, 온도강하, 비엔탈피 일정
f→a 증발과정	압력 일정, 온도 일정, 비엔탈피 증가, 건조도 증가

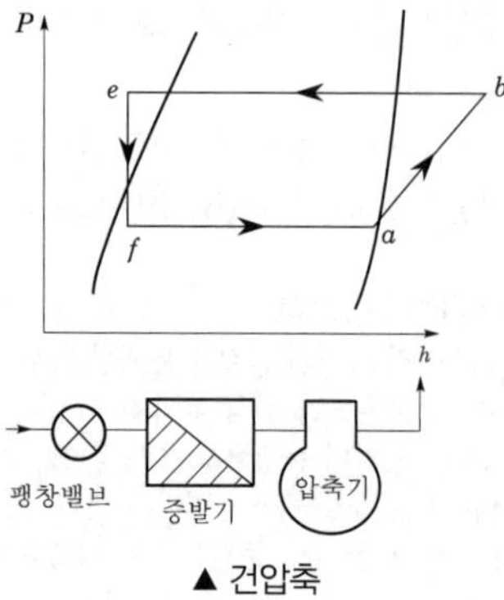

▲ 건압축

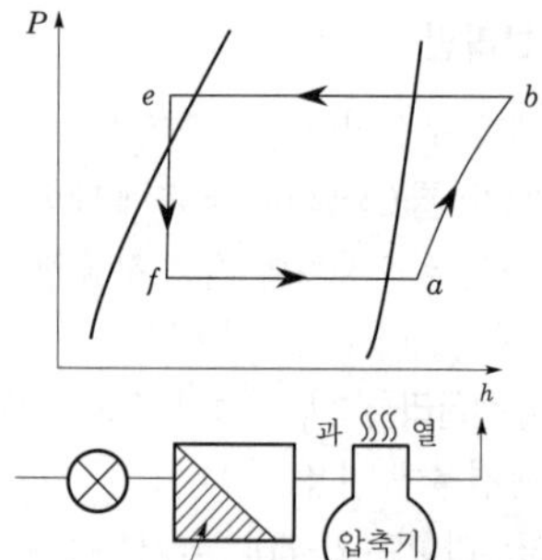

▲ 과열압축

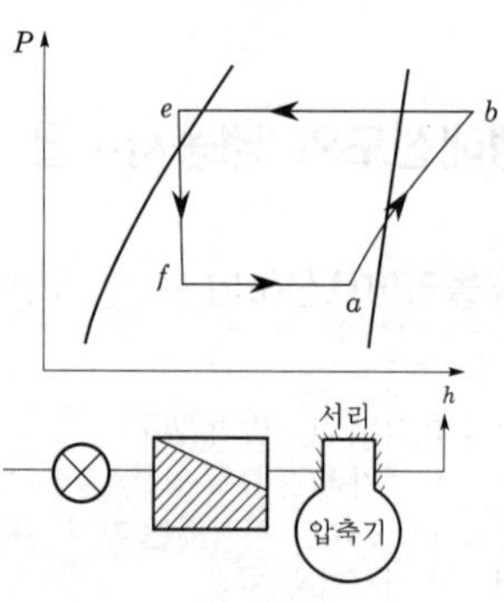

▲ 액압축

02 | 표준 냉동사이클의 $P-h$선도

1) 표준 냉동사이클

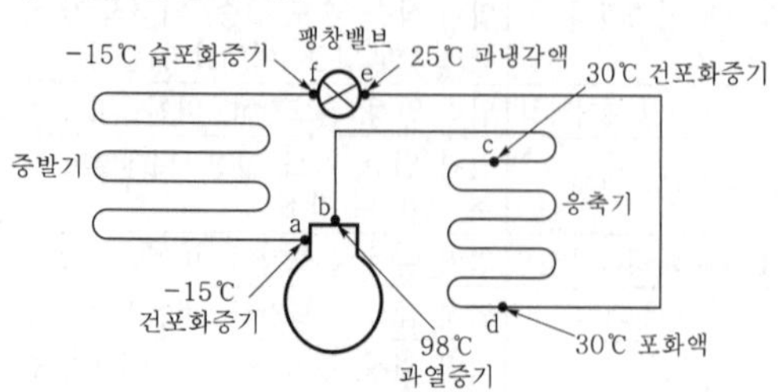

▲ 표준 냉동사이클

① 증발온도 : −15℃
② 응축온도 : 30℃
③ 압축기 흡입가스 : −15℃의 건포화증기
④ 팽창밸브 직전 온도 : 25℃

2) 냉매몰리에르선도($P-h$선도)

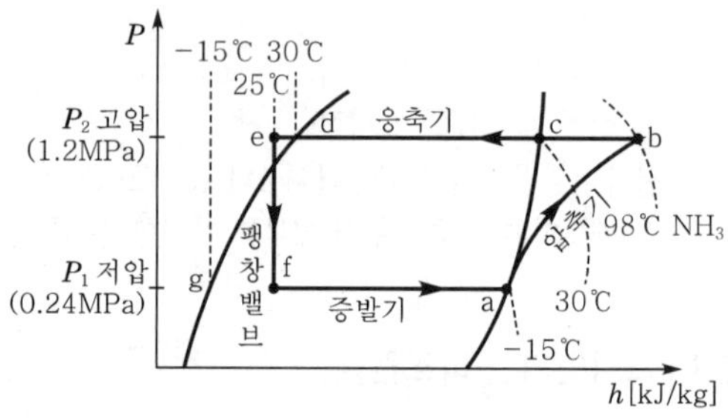

▲ $P-h$선도

① a → b : 압축기 → 압축과정(가역, 단열, 압축)
② b → e : 응축기(등압) → b−c → 과열 제거과정
c−d → 응축과정
d−e → 과냉각과정
③ e → f : 팽창밸브 → 팽창과정(교축팽창)
④ g → a : 증발기 → 증발과정(등온, 등압)
⑤ f → a : 냉동효과(냉동력)
⑥ g → f : 팽창 직후 플래시가스 발생량

03 | 1단(단단) 냉동사이클

① 냉동효과 : $q_e = h_a - h_f$[kJ/kg]
② 압축일 : $w_c = h_b - h_a$[kJ/kg]
③ 응축기 방출열량
$q_c = q_e + w_c = h_b - h_e$[kJ/kg]
④ 증발잠열 : $q = h_a - h_g$[kJ/kg]
⑤ 팽창밸브 통과 직후(증발기 입구) 플래시가스 발생량
$q_f = h_f - h_g$[kJ/kg]
⑥ 건조도 : $x = \dfrac{q_f}{q} = \dfrac{h_f - h_g}{h_a - h_g}$
⑦ 팽창밸브 통과 직후의 습도

$$y = 1 - x = \frac{q_e}{q} = \frac{h_a - h_f}{h_a - h_g}$$

⑧ 냉매순환량

$$\dot{m}=\frac{Q_e}{q_e}=\frac{V}{v_a}\eta_v=\frac{Q_c}{q_c}=\frac{N}{w_c}\text{[kg/h]}$$

여기서, V : 피스톤압출량(m^3/h)

v_a : 흡입가스 비체적(m^3/kg)

η_v : 체적효율

⑨ 냉동능력

$$Q_e=\dot{m}\,q_e=\dot{m}(h_a-h_e)$$

$$=\frac{V}{v_a}\eta_v(h_a-h_e)\text{[kW]}$$

⑩ 냉동톤

$$RT=\frac{Q_e}{13897.52}=\frac{\dot{m}\,q_e}{13897.52}$$

$$=\frac{V(h_a-h_e)}{13897.52v_a}\eta_v=\frac{V(h_a-h_e)\eta_v}{3.86v_a}\text{[RT]}$$

※ 1RT=3,320kcal/h=13897.52kJ/h=3.86kW

⑪ 냉동기 이론성적계수

$$(COP)_R=\frac{냉동효과(q_e)}{압축일(w_c)}=\frac{h_a-h_e}{h_b-h_a}$$

$$=\frac{냉동능력}{압축기\ 소요동력}=\frac{Q_e}{W_c}$$

$$=\frac{Q_e}{Q_c-Q_e}=\frac{T_2}{T_1-T_2}$$

여기서, Q_e : 냉동능력(kW)

W_c : 시간당 압축일(kW)

T_1 : 응축기 절대온도(K)

T_2 : 증발기 절대온도(K)

⑫ 압축비

$$\varepsilon=\frac{P_2(응축기\ 절대압력)}{P_1(증발기\ 절대압력)}=\frac{고압}{저압}$$

⑬ 냉동능력(Q_e)

㉠ $Q_e=\dfrac{60V(h_a-h_e)}{13897.52v_a}\eta_v\text{[RT]}$

여기서, v_a : 흡입증기냉매의 비체적(m^3/kg)

V : 분당 피스톤압출량(m^3/min)

h_a-h_e : 냉동효과(kJ/kg)

η_v : 체적효율

㉡ $R=\dfrac{V}{C}$

여기서, V : 시간당 피스톤압출량(m^3/h)

C : 압축가스의 상수

⑭ 체적효율

$$\eta_v=\frac{V_a(실제\ 피스톤압출량)}{V_{th}(이론피스톤압출량)}\times100[\%]$$

※ 폴리트로픽압축 시 체적효율

$$\eta_v=1-\varepsilon_c\left\{\left(\frac{P_2}{P_1}\right)^{\frac{1}{n}}-1\right\}[\%]$$

여기서, ε_c : 극간비$\left(=\dfrac{V_c}{V_s}\right)$

⑮ 압축기의 소요동력

㉠ 이론소요동력 : $N=\dfrac{Q_e}{3{,}600\varepsilon_R}\text{[kW]}$

㉡ 실제 소요동력 : $N_c=\dfrac{N}{\eta_c\eta_m}\text{[kW]}$

여기서, ε_R : 성적계수

N : 이론소요동력(kW)

η_c : 압축효율

η_m : 기계효율

04 | 2단 압축 냉동사이클

1) 중간 압력

$$P_m=\sqrt{P_cP_e}\text{[kPa]}$$

여기서, P_m : 중간냉각기 절대압력(kPa)

P_c : 응축기 절대압력(kPa)

P_e : 증발기 절대압력(kPa)

2) 냉동사이클과 선도

① 2단 압축 1단 팽창 냉동사이클의 $P-h$ 선도

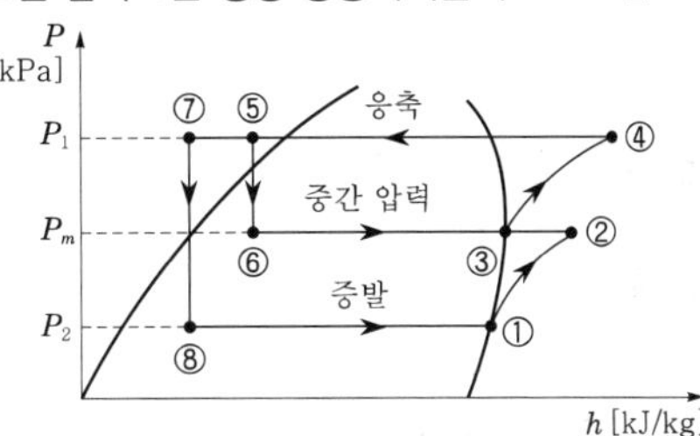

② 2단 압축 2단 팽창 냉동사이클의 $P-h$ 선도

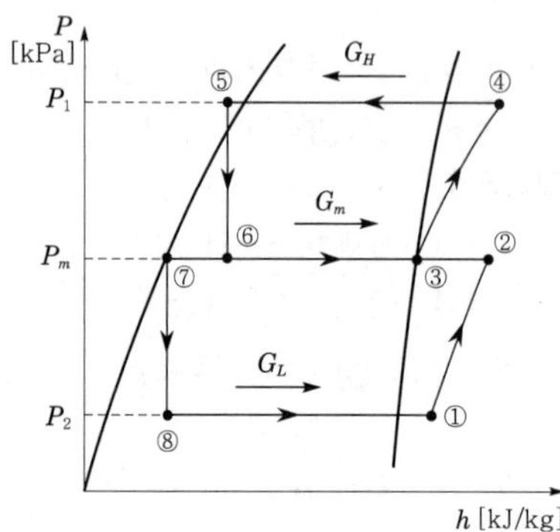

3) 중간냉각기의 역할

① 저단측 압축기 토출가스의 과열을 제거하여 고단측 압축기에서의 과열 방지(부스터의 용량은 고단압축기보다 커야 한다)

② 증발기로 공급되는 냉매액을 과냉시켜서 냉동효과 및 성적계수 증대

③ 고단측 압축기 흡입가스 중의 액을 분리시켜 액압축 방지

4) 2단 압축의 계산

① 저단측 냉매순환량

$$m_L = \frac{Q_e}{h_1 - h_7} = \frac{Q_e}{q_e}\,[\text{kg/h}]$$

② 중간냉각기 냉매순환량

$$m_m = \frac{m_L\{(h_2 - h_3) + (h_6 - h_7)\}}{h_3 - h_6}\,[\text{kg/h}]$$

③ 고단측 냉매순환량

$$m_H = m_L + m_m = m_L\left(\frac{h_2 - h_7}{h_3 - h_6}\right)[\text{kg/h}]$$

④ 냉동기 성적계수

$$(COP)_R = \frac{h_1 - h_8}{(h_2 - h_1) + (h_4 - h_3)\left(\frac{h_2 - h_7}{h_3 - h_6}\right)}$$

05 | 2원 냉동법(이원 냉동장치)

1) 사용냉매

① 고온측 냉매 : R-12, R-22 등 비등점이 높은 냉매

② 저온측 냉매 : R-13, R-14, 에틸렌(C_2H_4), 메탄(CH_4), 에탄(C_2H_6) 등 비등점이 낮은 냉매

2) 2원 냉동사이클의 $P-h$ 선도

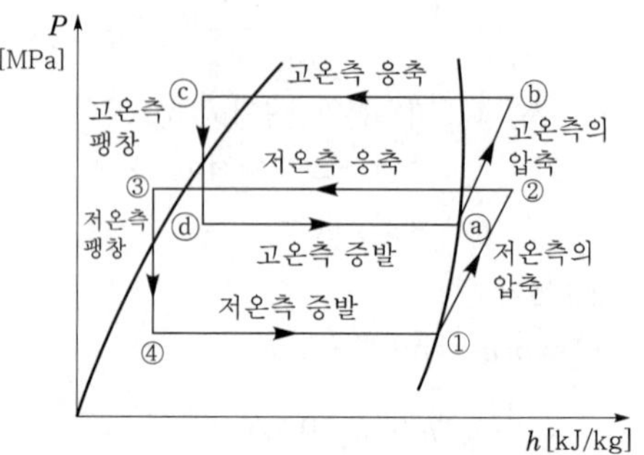

3) 캐스케이드응축기(cascade condenser)

저온측 응축기와 고온측의 증발기를 조합하여 저온측 응축기의 열을 효과적으로 제거해 응축, 액화를 촉진시켜 주는 일종의 열교환기이다.

06 | 중간냉각기의 역할

① 저단측 압축기(booster) 토출가스의 과열을 제거하여 고단측 압축기에서의 과열 방지(부스터의 용량은 고단압축기보다 커야 한다)

② 증발기로 공급되는 냉매액을 과냉시켜서 냉동효과 및 성적계수 증대

③ 고단측 압축기 흡입가스 중의 액을 분리시켜 액압축 방지

CHAPTER 04 냉동장치의 구조

01 | 압축기

증발기에서 증발한 저온 저압의 기체냉매를 흡입하여 응축기에서 응축, 액화하기 쉽도록 응축온도에 상당하는 포화압력까지 압력을 증대시켜 주는 기기이다.

> **[핵심 POINT]**
> • 용량제어(capacity control)의 목적
> 용량제어란 부하변동에 대하여 압축기를 단속 운전하는 것이 아니고 운전을 계속하면서 냉동기의 능력을 변화시키는 장치이다.
> – 부하변동에 따라 경제적인 운전을 도모한다.
> – 압축기를 보호하며 기계적 수명을 연장한다.

- 일정한 냉장실(증발온도)을 유지할 수 있다.
- 무부하와 경부하기동으로 기동 시 소비전력이 작다.

- **펌프아웃(pump out)** : 고압측 누설이나 이상 시 고압측 냉매를 저압측(저압측 수액기, 증발기)으로 이동시켜 고압측을 수리한다.
- **펌프다운(pump down)** : 저압측 냉매를 고압측(응축기, 고압측 수액기)으로 이동시켜 저압측을 수리하기 위해 실시한다.

02 | 응축기

[핵심 POINT]

- **열통과율이 가장 좋은 응축기** : 7통로식 응축기
- **냉각수가 가장 적게 드는 응축기** : 증발식 응축기(대기의 습구온도에 영향을 받는 응축기)
- **핀 튜브(finned tube)** : 냉동장치에서 냉매와 다른 유체(냉각수, 냉수, 공기 등)와의 열교환에서 전열이 불량한(전열저항이 큰) 측에 전열면적을 증가시켜 주기 위하여 튜브(tube, pipe)에 핀(fin, 냉각날개)을 부착한 것으로 일반적으로 전열이 불량한 프레온용 냉각관에서 이용되고 있으며, 부착형태에 따라 다음과 같이 구별된다.
  - 로 핀 튜브(low finned tube) : tube 외측면에 fin을 부착한 형태의 finned tube
  - 이너 핀 튜브(inner finned tube) : tube 내측면에 fin을 부착한 형태의 finned tube

1) 응축부하와 소요동력과의 관계

$W_c = Q_c - Q_e$[kW]

$\therefore\ Q_c = Q_e + W_c$[kW]

여기서, Q_e : 냉동능력(kW)

W_c : 압축일(kW)

2) 응축부하와 방열계수와의 관계

$Q_c = Q_e\,C$[kW]

여기서, Q_e : 냉동부하(kW)

C : 방열계수(응축부하와 냉동능력과의 비율, 즉 $C = \dfrac{Q_c}{Q_e}$로서 일반적으로 냉동, 제빙장치는 1.3배, 냉방공조 및 냉장장치는 1.2를 대입한다)

03 | 냉각탑과 수액기

1) 냉각탑(cooling tower)

① 특징

㉠ 수원(水源)이 풍부하지 못한 장소나 냉각수의 소비를 절감할 경우 사용된다.

㉡ 공기와의 접촉에 의한 냉각(감열)과 물의 증발에 의한 냉각(잠열)이 이루어진다.

㉢ 외기의 습구온도에 밀접한 영향을 받으며 습구온도는 냉각탑의 출구수온보다 항상 낮다.

㉣ 물의 증발로 냉각수를 냉각시킬 경우에는 2% 정도의 소비로 1℃의 수온을 저하시킬 수 있으며 95% 정도의 회수가 가능하다.

② 냉각탑의 냉각능력

㉠ 냉각능력(kJ/h)

=순환수량(l/min)×비열(C)×60×(냉각수 입구수온(℃)−냉각수 출구수온(℃))

=순환수량(l/min)×비열(C)×60×쿨링레인지

㉡ 쿨링 레인지(cooling range)=냉각탑 냉각수의 입구수온(℃)−냉각탑 냉각수의 출구수온(℃)

㉢ 쿨링 어프로치(cooling approach)=냉각탑 냉각수의 출구수온(℃)−입구공기의 습구온도(℃)

※ 1냉각톤=16,325.4kJ/h

※ 응축기 냉각수의 입구수온=냉각탑 냉각수의 출구수온

※ 응축기 냉각수의 출구수온=냉각탑 냉각수의 입구수온

[핵심 POINT]

냉각탑의 쿨링 레인지가 클수록, 쿨링 어프로치가 작을수록 냉동능력이 우수하다.

2) 수액기

응축기와 팽창밸브 사이의 액관 중에서 응축기 하부에 설치된 원통형 고압용기로서 액화냉매를 일시 저장하는 역할을 한다.

[핵심 POINT] 균압관(equalizer line)
응축기 내부압력과 수액기 내부압력은 이론상 같은 것으로 생각하나, 응축기에서 사용하는 냉각수온이 낮고 수액기가 설치된 기계실의 온도가 높은 경우 또는 불응축가스의 혼입으로 수액기의 압력이 더 높아지면 응축기 내의 액화냉매는 수액기로 순조롭게 유입할 수 없게 되므로 양자의 압력을 균등하게 유지하거나 수액기 내의 압력이 높아지지 않도록 응축기의 수액기 상부를 연결한 배관을 말한다.

04 | 팽창밸브

액냉매가 증발기에 공급되어 냉동부하로부터 액체의 증발에 의한 열흡수작용이 용이하도록 압력과 온도를 강하시키며 동시에 냉동부하의 변동에 대응하여 적정한 냉매유량을 조절 공급하는 기기이다.

[핵심 POINT] 냉매분배기(distridutor)
직접팽창식 증발기에서 증발기 입구에 설치하여 냉매공급을 균등하게 하기 위해 설치한다.

05 | 증발기

1) 개요

저온 저압의 액냉매가 증발작용에 의하여 주위의 냉동부하로부터 열을 흡수(증발잠열)하여 냉동의 목적을 달성시키는 기기이다.

2) 헤링본식(탱크형) 증발기

① 주로 NH_3 만액식 증발기는 제빙장치의 브라인냉각용 증발기로 사용한다.
② 상부에 가스헤더가, 하부에 액헤더가 있다.
③ 탱크 내에는 교반기(agitator)에 의해 브라인이 0.75m/s 정도로 순환된다.
④ 주로 플로트팽창밸브를 사용하며 다수의 냉각관을 붙여 만액식으로 사용하기 때문에 전열이 양호하다.

[핵심 POINT] CA냉장
청과물 저장 시보다 좋은 저장성을 확보하기 위해 냉장고 내의 산소를 3~5% 감소시키고 탄산가스를 증가시켜 청과물의 호흡을 억제하여 신선도를 유지하기 위한 냉장을 말한다.

06 | 장치 부속기기

1) 유분리기(oil separator)

① 역할 : 급유된 냉동기유가 냉매와 함께 순환하는 양이 많으면 압축기는 오일 부족의 상태가 되며 윤활 불량을 일으켜 압축기로부터 냉매가스가 토출될 때 실린더의 일부 윤활유는 응축기, 수액기, 증발기 및 배관 등의 각 기기에 유막 또는 유층을 형성하여 전열작용을 방해하고, 압축기에는 윤활공급의 부족을 초래하는 등 냉동장치에 악영향을 미치게 되므로 토출가스 중의 윤활유를 사전에 분리하기 위한 것이 유분리기이다.
② 설치위치
㉠ 압축기와 응축기 사이의 토출배관
㉡ 효과적인 유분리를 위해서는 다음과 같이 위치를 선정한다.
- 암모니아(NH_3)장치 : 응축기 가까운 토출관
- 프레온(freon)장치 : 압축기 가까운 토출관

2) 축압기(accumulator, 액분리기)

① 설치위치
㉠ 증발기와 압축기 사이의 흡입배관
㉡ 증발기의 상부에 설치하며 크기는 증발기 내용적의 20~25% 이상 크게 용량을 선정한다.
② 액백(liquid back)의 영향
㉠ 흡입관에 적상(積霜) 과대
㉡ 토출가스온도 저하(압축기에 이상음 발생)
㉢ 실린더가 냉각되고 심하면 이슬 부착 및 적상
㉣ 전류계의 지침이 요동
㉤ 소요동력 증대
㉥ 냉동능력 감소
㉦ 심하면 액해머 초래, 압축기 소손 우려(윤활유의 열화 및 탄화)

3) 냉매건조기(드라이어, 제습기)

프레온냉동장치의 운전 중에 냉매에 혼입된 수분을 제거하여 수분에 의한 악영향을 방지하기 위한 기기이다.

4) 열교환기 내 플래시가스(flash gas)

① 발생원인
㉠ 액관이 현저하게 입상한 경우
㉡ 액관 및 액관에 설치한 각종 부속기기의 구경이 작은 경우(전자밸브, 드라이어, 스트레이너, 밸브 등)

㉢ 액관 및 수액기가 직사광선을 받고 있을 경우
㉣ 액관이 방열되지 않고 따뜻한 곳을 통과할 경우

② 발생영향
㉠ 팽창밸브의 능력 감소로 냉매순환이 감소되어 냉동능력이 감소된다.
㉡ 증발압력이 저하하여 압축비의 상승으로 냉동능력당 소요동력이 증대한다.
㉢ 흡입가스의 과열로 토출가스온도가 상승하며 윤활유의 성능을 저하하여 윤활 불량을 초래한다.

③ 방지대책
㉠ 액-가스열교환기를 설치한다.
㉡ 액관 및 부속기기의 구경을 충분한 것으로 사용한다.
㉢ 압력강하가 작도록 배관 설계를 한다.
㉣ 액관을 방열한다.

5) 냉매분배기

① 역할 : 팽창밸브 출구와 증발기 입구 사이에 설치하여 증발기에 공급되는 냉매를 균등히 배분함으로써 압력강하의 영향을 방지하고 효율적인 증발작용을 하도록 한다.

② 설치경우
㉠ 증발기 냉각관에서 압력강하가 심한 장치
㉡ 외부균압형 온도식 자동팽창밸브를 사용하는 장치

05 CHAPTER 냉동장치의 구조

01 | 열역학 기초사항

① 강도성 상태량 : 온도(t), 압력(P), 비체적(v) 등

② 용량성 상태량 : 체적, 에너지, 질량, 내부에너지(U), 엔탈피(H), 엔트로피(S) 등

③ 비중량 : $\gamma = \dfrac{G}{V}$[N/m³]

④ 밀도 : $\rho = \dfrac{m}{V} = \dfrac{\gamma}{g}$[kg/m³, N·s²/m⁴]

⑤ 비체적 : $v = \dfrac{1}{\rho} = \dfrac{V}{m}$[m³/kg]

⑥ 온도
㉠ 섭씨온도 : $t_C = \dfrac{5}{9}(t_F - 32)$[℃]
㉡ 화씨온도 : $t_F = \dfrac{9}{5}t_C + 32$[°F]
㉢ 절대온도
$T = t_C + 273.15 \fallingdotseq t_C + 273$[K]
$T_R = t_F + 459.67 \fallingdotseq t_F + 460$[°R]

⑦ 동력
1PS=75kg·m/s,
1HP=76.04kg·m/s=550ft-lb/s
1kW=1,000J/s=102kg·m/s=1kJ/s
=860kcal/h=1.36PS=3,600kJ/h

⑧ 열효율 : $\eta = \dfrac{3,600kW}{H_L m_f} \times 100\%$

여기서, kW : 정격출력
H_L : 연료의 저위발열량(kJ/kg)
m_f : 시간당 연료소비량(kg/h)

02 | 절대일($_1W_2$)과 공업일(W_t)

① 절대일=밀폐계 일=팽창일=비유동계 일

$$_1W_2 = \int_1^2 PdV = P(V_2 - V_1)\,[\text{kJ}]$$

② 공업일=개방계 일=압축일=유동계 일

$$W_t = -\int_1^2 VdP\,[\text{kJ}]$$

03 | 비엔탈피

$$h = u + pv = u + \frac{P}{\rho}\,[\text{kJ/kg}]$$

04 | 열효율과 성적계수

① 열기관의 열효율

$$\eta = \frac{W_{net}}{Q_1} = \frac{Q_1 - Q_2}{Q_1} = 1 - \frac{Q_2}{Q_1}$$

여기서, W_{net} : 정미일량(kJ)
Q_1 : 공급열량(kJ)
Q_2 : 방출열량(kJ)

② 냉동기의 성적계수

$$\varepsilon_R = \frac{Q_2}{Q_1 - Q_2} = \frac{Q_2}{W_c} = \varepsilon_H - 1$$

여기서, Q_1 : 고온체(응축기) 발열량(kJ)

Q_2 : 저온체(증발기) 흡열량(kJ)

W_c : 압축기 소비일량(kJ)

③ 열펌프의 성적계수

$$\varepsilon_H = \frac{Q_1}{Q_1 - Q_2} = \frac{Q_1}{W_c} = 1 + \varepsilon_R$$

※ 열펌프의 성적계수(ε_H)는 냉동기의 성적계수(ε_R)보다 항상 1만큼 크다.

05 | 카르노사이클

1) 카르노사이클의 열효율

$$\eta_c = \frac{W_{net}}{Q_1} = \frac{Q_1 - Q_2}{Q_1} = 1 - \frac{Q_2}{Q_1} = 1 - \frac{T_2}{T_1}$$

2) 카르노사이클의 특성

① 열효율은 동작유체의 종류에 관계없이 양 열원의 절대온도에만 관계가 있다.

② 열기관의 이상사이클로서 최고의 열효율을 갖는다.

③ 열기관의 이론상의 이상적인 사이클이며 실제로 운전이 불가능한 사이클이다.

④ 공급열량(Q_1)과 고열원온도(T_1), 방출열량(Q_2)와 저열원온도(T_2)는 각각 비례한다.

$$\frac{Q_2}{Q_1} = \frac{T_2}{T_1}$$

06 CHAPTER 완전 기체와 증기

01 | Boyle의 법칙(Mariotte's law, 등온법칙)

$$T = C,\ Pv = C,\ P_1 v_1 = P_2 v_2,\ \frac{v_2}{v_1} = \frac{P_1}{P_2}$$

02 | Charles의 법칙 (Gay-Lussac's law, 등압법칙)

$$P = C,\ \frac{v}{T} = C,\ \frac{v_1}{T_1} = \frac{v_2}{T_2},\ \frac{v_2}{v_1} = \frac{T_2}{T_1}$$

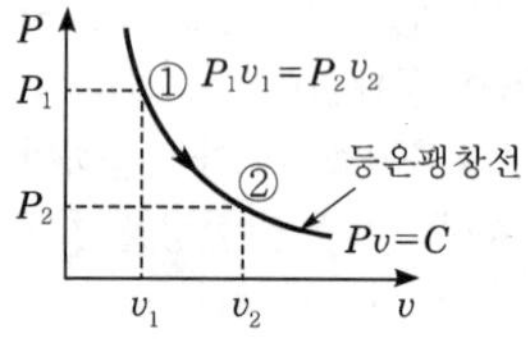

▲ Boyle의 법칙

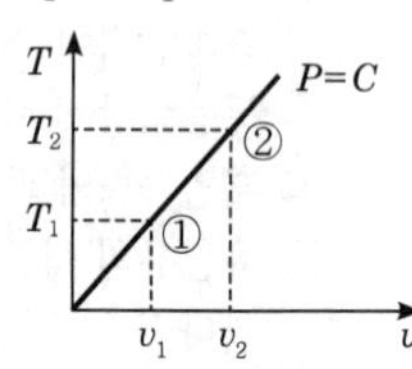

▲ Charles의 법칙

03 | 이상기체의 상태방정식

$$\frac{Pv}{T} = R[\text{J/kg}\cdot\text{K, kJ/kg}\cdot\text{K}]$$

$Pv = RT,\ PV = mRT$

여기서, R : 기체상수(kJ/kg · K)

04 | 일반기체상수($\overline{R}$ or R_u)

$$\overline{R} = mR = \frac{PV}{nT} = \frac{101.325 \times 22.41}{1 \times 273}$$
$$= 8.314\text{kJ/kmol} \cdot \text{K}$$

여기서, m : 분자량(kg/kmol)

05 | 비열 간의 관계식

$C_p - C_v = R$, $k = \frac{C_p}{C_v}$, 기체인 경우 $C_p > C_v$ 이므로 k는 항상 1보다 크다.

$$C_v = \frac{R}{k-1}[\text{kJ/kg}\cdot\text{K}]$$

$$C_p = \frac{kR}{k-1} = kC_v[\text{kJ/kg}\cdot\text{K}]$$

06 | 정압하에서의 증발($P = C$)

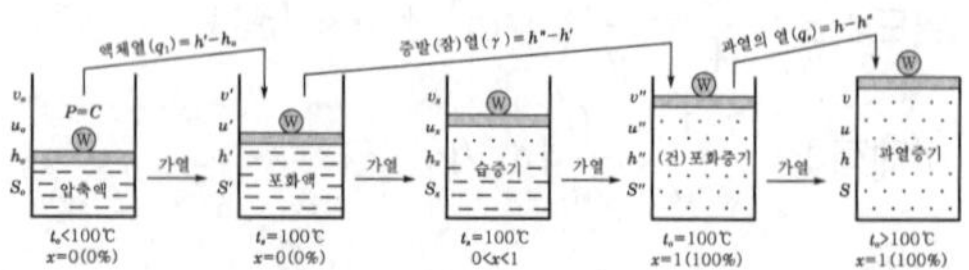

① 압축수(과냉액) : 쉽게 증발하지 않는 액체(100℃ 이하의 물)

② **포화수** : 쉽게 증발하려고 하는 액체(액체로서는 최대의 부피를 갖는 경우의 물, 포화온도(t_s)=100℃)
③ **습증기** : 포화액+증기혼합물(포화온도(t_s)=100℃)
④ **(건)포화증기** : 쉽게 응축되려고 하는 증기(포화온도(t_s)=100℃)
⑤ **과열증기** : 잘 응축하지 않는 증기(100℃ 이상)

07 | 습포화증기(습증기)

① 증발열(γ)$=h''-h'=u''-u'+p(v''-v')$
$=\rho+\phi$[kJ/kg]
② 내부증발열(ρ)$=u''-u'$[kJ/kg]
③ 외부증발열(ϕ)$=p(v''-v')$[kJ/kg]

$$h_x=h'+x(h''-h')=h'+x\gamma$$
$$u_x=u'+x(u''-u')=u'+x\rho$$
$$s_x=s'+x(s''-s')=s'+x\frac{\gamma}{T_s}$$
$$ds=\frac{\delta q}{T}=\frac{dh}{T}[\text{kJ/kg}\cdot\text{K}]$$

08 | 단열유동 시 노즐 출구속도

$$V_2=\sqrt{2(h_1-h_2)}=44.72\sqrt{h_1-h_2}\,[\text{m/s}]$$

여기서 h_1-h_2의 단위는 kJ/kg이다.

[핵심 POINT] 임계상태 시 온도, 비체적, 압력의 관계식

$$\frac{T_c}{T_1}=\left(\frac{v_1}{v_c}\right)^{k-1}=\left(\frac{P_c}{P_1}\right)^{\frac{k-1}{k}}=\frac{2}{k+1}$$

임계온도(T_c)$=T_1\left(\frac{2}{k+1}\right)$[K]

임계비체적(v_c)$=v_1\left(\frac{k+1}{2}\right)^{\frac{1}{k-1}}$[m³/kg]

09 | 노즐 속의 흐름

① 최대 유량

$$m_{\max}=A_2\sqrt{kg\left(\frac{2}{k+1}\right)^{\frac{k+1}{k-1}}\frac{P_1}{v_1}}$$
$$=A_2\sqrt{kg\frac{P_c}{v_c}}\,[\text{kg/s}]$$

② 최대 속도(한계속도, 임계속도)

$$V_{cr}=\sqrt{2g\left(\frac{k}{k+1}\right)P_1v_1}=\sqrt{kP_cv_c}$$
$$=\sqrt{kRT_c}\,[\text{m/s}]$$

※ 임계상태 시 노즐 출구유속은 음속의 크기와 같다.

CHAPTER 07 각종 사이클

01 | 단열효율

$$\eta_{ad}=\frac{\text{단열압축 시 이론일}}{\text{단열압축 시 실제 소요일}}=\frac{h_2-h_1}{h_2'-h_1}$$
$$=\frac{\text{가역단열압축}}{\text{비가역단열압축}}$$

02 | 오토사이클(Otto cycle, 정적사이클, 가솔린기관의 기본사이클)

$$\eta_{tho}=\frac{w_{net}}{q_1}=1-\frac{q_2}{q_1}=1-\frac{T_4-T_1}{T_3-T_2}$$
$$=1-\left(\frac{1}{\varepsilon}\right)^{k-1}$$

오토사이클은 비열비(k) 일정 시 압축비(ε)만의 함수로서, 압축비를 높이면 열효율은 증가된다.

03 | 디젤사이클(Diesel cycle, 정압사이클, 저속디젤기관의 기본사이클)

$$\eta_{thd}=1-\left(\frac{1}{\varepsilon}\right)^{k-1}\frac{\sigma^k-1}{k(\sigma-1)}$$

04 | 사바테사이클(Sabathe cycle, 복합사이클, 고속디젤기관의 기본사이클, 이중연소사이클)

$$\eta_{ths}=1-\left(\frac{1}{\varepsilon}\right)^{k-1}\frac{\rho\sigma^k-1}{(\rho-1)+k\rho(\sigma-1)}$$

> **[핵심 POINT] 각 사이클의 비교**
> • 가열량 및 압축비가 일정할 경우
> $\eta_{tho}(\text{Otto}) > \eta_{ths}(\text{Sabathe}) > \eta_{thd}(\text{Diesel})$
> • 가열량 및 최대 압력을 일정하게 할 경우
> $\eta_{tho}(\text{Otto}) < \eta_{ths}(\text{Sabathe}) < \eta_{thd}(\text{Diesel})$

05 | 가스터빈사이클(브레이턴사이클)

$$\eta_B = \frac{q_1 - q_2}{q_1} = 1 - \frac{T_4 - T_1}{T_3 - T_2}$$

$$= 1 - \frac{1}{\left(\frac{P_2}{P_1}\right)^{\frac{k-1}{k}}} = 1 - \left(\frac{1}{\gamma}\right)^{\frac{k-1}{k}}$$

① 터빈의 단열효율(η_t) $= \dfrac{h_3 - h_4'}{h_3 - h_4} = \dfrac{T_3 - T_4'}{T_3 - T_4}$

② 압축기의 단열효율(η_c) $= \dfrac{h_2 - h_1}{h_2' - h_1} = \dfrac{T_2 - T_1}{T_2' - T_1}$

③ 실제 사이클의 열효율

$$\eta_a = \frac{w'}{q_1'} = \frac{(h_3 - h_4) - (h_2' - h_1)}{h_3 - h_2'}$$

$$= \frac{(T_3 - T_4') - (T_2' - T_1)}{T_3 - T_2}$$

> **[핵심 POINT] 압축기 소요동력**
> $W_c = \dfrac{Q_e}{3{,}600\varepsilon_R} = \dfrac{13897.52RT}{3{,}600\varepsilon_R} = \dfrac{3.86RT}{\varepsilon_R}$ [kW]

08 CHAPTER 연소

01 | 탄화수소(C_mH_n)계 연료의 완전 연소반응식

$$C_mH_n + \left(m + \frac{n}{4}\right)O_2 \rightarrow mCO_2 + \frac{n}{2}H_2O$$

① 저위발열량

$$H_L = 33{,}907C + 120{,}557\left(H - \frac{O}{8}\right) + 10{,}465S - 2{,}512\left(w + \frac{9}{8}O\right) \text{[kJ/kg]}$$

② 고위발열량

$$H_h = H_l + 2{,}512(w + 9H) \text{[kJ/kg]}$$

09 CHAPTER 열전달

01 | 전도

① 푸리에의 열전도법칙 : $Q = -KA\dfrac{dT}{dx}$ [W]

여기서, Q : 시간당 전도열량(W)
K : 열전도계수(W/m · K)
A : 전열면적(m^2)
dx : 두께(m), $\dfrac{dT}{dx}$: 온도구배

② 원통에서의 열전도(반경방향)

$$Q = \frac{2\pi Lk}{\ln\frac{r_2}{r_1}}(t_1 - t_2) = \frac{2\pi L}{\frac{1}{k}\ln\frac{r_2}{r_1}}(t_1 - t_2) \text{[W]}$$

02 | 대류

$Q = hA(t_w - t_\infty)$ [W]

여기서, h : 대류열전달계수(W/m^2 · K)
A : 대류전열면적(m^2)
t_w : 벽면온도(℃)
t_∞ : 유체온도(℃)

03 | 열관류(고온측 유체 → 금속벽 내부 → 저온측 유체의 열전

$Q = KA(t_1 - t_2) = KA(LMTD)$ [W]

$$K = \frac{1}{R} = \frac{1}{\frac{1}{\alpha_1} + \Sigma\frac{l}{\lambda} + \frac{1}{\alpha_2}} \text{[W/m}^2 \cdot \text{K]}$$

여기서, K : 열관류율(열통과율)(W/m^2 · K)
A : 전열면적(m^2)
t_1 : 고온유체온도(℃)
t_2 : 저온유체온도(℃)
$LMTD$: 대수평균온도차(℃)

① 대향류(향류식)

$\Delta t_1 = t_1 - t_{w2}$, $\Delta t_2 = t_2 - t_{w1}$

$$\therefore LMTD = \frac{\Delta t_1 - \Delta t_2}{\ln\frac{\Delta t_1}{\Delta t_2}} \text{[℃]}$$

② 평행류(병류식)

$\Delta t_1 = t_1 - t_{w1}$, $\Delta t_2 = t_2 - t_{w2}$

$$\therefore\ LMTD = \frac{\Delta t_1 - \Delta t_2}{\ln\frac{\Delta t_1}{\Delta t_2}} = \frac{\Delta t_1 - \Delta t_2}{2.303\log\frac{\Delta t_1}{\Delta t_2}}[℃]$$

04 | 복사

$Q = \varepsilon\sigma A T^4$[W](스테판-볼츠만의 법칙)

여기서, ε : 복사율($0 < \varepsilon < 1$)

σ : 스테판-볼츠만상수(=5.67×10^{-8}W/m^2 · K^4)

A : 전열면적(m^2)

T : 물체 표면온도(K)

Part 03 시운전 및 안전관리

01 CHAPTER 전기 기초이론

01 | 옴의 법칙

① 전기저항 : $G=\frac{1}{R}[℧,\ \Omega^{-1},\ S]$

② 옴의 법칙 : $I=\frac{V}{R}[A],\ R=\frac{V}{I}[\Omega],\ V=IR[V]$

02 | 전류

$I=\frac{Q}{t}[A]\ \left(i=\frac{dQ}{dt}\right)$

여기서, Q : 전하량(C), t : 시간(s)

03 | 전압

$V=\frac{W}{Q}[V]$

여기서, W : 일의 양(J), Q : 전하량(C)

04 | 저항의 접속

① 직렬접속(전류 일정)

$R=R_1+R_2+R_3[\Omega]$

② 병렬접속(전압 일정)

$$R=\frac{1}{\frac{1}{R_1}+\frac{1}{R_2}+\frac{1}{R_3}}[\Omega]$$

③ 직·병렬접속

$$R=R_1+\frac{R_2R_3}{R_2+R_3}+\frac{R_4R_5R_6}{R_4R_5+R_5R_6+R_6R_4}[\Omega]$$

05 | 키르히호프의 법칙

① 키르히호프의 제1법칙(전류법칙)

$I_1+I_3=I_2+I_4+I_5$

$I_1+I_3+(-I_2)+(-I_4)+(-I_5)=0$

$\sum I=0$

② 키르히호프의 제2법칙(전압의 법칙, 폐회로에서 성립)

$V_1+V_2-V_3=I(R_1+R_2+R_3+R_4)$

[핵심 POINT] 전압과 전류의 측정

- 전압의 측정
  - 전압계 : 전압계의 내부저항을 크게 하여 회로에 병렬로 연결한다.
    ※ 이상적인 전압계의 내부저항은 ∞이다.
  - 배율기(multiplier) : 전압계의 측정범위를 넓히기 위해 전압계에 연결하는 저항(직렬접속)

    $\frac{V_o}{V}=\frac{R+R_m}{R}=1+\frac{R_m}{R}$

    $\therefore V_o=V\left(1+\frac{R_m}{R}\right)[V]$

    여기서, V_o : 측정할 전압(V)
    V : 전압계 전압(V)
    R_m : 배율기 저항(Ω)
    R : 전압계 내부저항(Ω)
- 전류의 측정
  - 전류계 : 전류계의 내부저항을 작게 하여 회로에 직렬로 연결한다.
    ※ 이상적인 전류계의 내부저항은 0이다.
  - 분류기(shunt) : 전류계의 측정범위를 넓히기 위해 전류계에 연결하는 저항(병렬접속)

    $\frac{I_o}{I}=\frac{R_s+R}{R_s}=1+\frac{R}{R_s}$

    $\therefore I_o=I\left(1+\frac{R}{R_s}\right)[A]$

    여기서 I_o : 측정할 전류(A)
    I : 전압계 전류(A)
    R_s : 분류기 저항(Ω)
    R : 전류계 내부저항(Ω)

06 | 전기저항

① 고유저항

$R = \rho \dfrac{l}{A}\,[\Omega]$

$\therefore \rho = \dfrac{RA}{l}\,[\Omega \cdot \text{m}]$

여기서, l : 물체의 길이(m)

A : 물체의 단면적(m^2)

ρ : 고유저항값($\Omega \cdot \text{m}$)

② 도전율

$\lambda = \dfrac{1}{\rho} = \dfrac{l}{RA}\,[\mho/\text{m}]$

교류회로

01 | 교류기전력의 발생

기전력$(e) = Blv\sin\theta = E_m\sin\theta = E_m\sin\omega t$[V]

여기서, θ : 자속과 도체가 이루는 각도(rad)

▶ 교류회로에 사용되는 주요 기호의 명칭 및 단위

명칭	기호	단위	명칭	기호	단위
저항	R	Ω	임피던스	Z	Ω
컨덕턴스	G	℧, S	어드미턴스	Y	℧, S
인덕턴스	L	H	주파수	f	Hz, sec^{-1}
정전용량	C	F	주기	T	sec
유도 리액턴스	X_L	Ω	각속도	ω	rad/s
용량 리액턴스	X_C	Ω	전기각	θ	rad

02 | 교류의 표시

① 주파수(f)와 주기(T)

$f = \dfrac{1}{T}$[Hz] → $T = \dfrac{1}{f}$[sec]

여기서, f : 주파수(1초 동안의 주파수, 반복되는 사이클 수)

T : 주기(1사이클의 변화에 필요한 시간)

※ 1kHz=10^3Hz, 1MHz=10^6Hz, 1GHz=10^9Hz

② 순시값

전압의 순시값$(v) = V_m\sin\omega t = \sqrt{2}\,V\sin\omega t$[V]
전류의 순시값$(i) = I_m\sin\omega t = \sqrt{2}\,I\sin\omega t$[A]

여기서, I_m : 전류의 최대값

V_m : 전압의 최대값

ω : 각주파수$(=2\pi f)$

t : 시간(sec)

③ 평균값

$V_a = \dfrac{2}{\pi}V_m = 0.637\,V_m$[V]

$I_a = \dfrac{2}{\pi}I_m = 0.637\,I_m$[A]

④ 실효값

$V = \sqrt{\text{순시값}^2\text{의 합의 평균}} = \dfrac{V_m}{\sqrt{2}} = 0.707\,V_m$

⑤ 파고율과 파형률

파형률$= \dfrac{\text{실효값}}{\text{평균값}} = \dfrac{\frac{V_m}{\sqrt{2}}}{\frac{2V_m}{\pi}} = \dfrac{\pi}{2\sqrt{2}} = 1.11$

파고율$= \dfrac{\text{최대값}}{\text{실효값}} = \dfrac{V_m}{V} = V_m \times \dfrac{\sqrt{2}}{V_m} = \sqrt{2} = 1.414$

⑥ 주파수와 회전각

$f = \dfrac{PN_s}{120}$[Hz]

$N_s = \dfrac{120f}{P}$[rpm]

03 | 공진

1) 직렬공진

$R-L-C$ 직렬회로에서 $X_L = X_C$라 놓으면 $I = \dfrac{V}{R}$[A]$(Z=R)$가 되고 흐르는 전류가 최대값을 가진다. 이와 같은 회로를 직렬공진이라 한다.

공진주파수$(f_e) = \dfrac{1}{2\pi\sqrt{LC}}$[Hz]($E$와 I는 동위상)

공진각주파수$(\omega_0) = \dfrac{1}{\sqrt{LC}}$

2) **병렬공진**

$R-L-C$ 병렬회로에서 $X_L = X_C$일 때 전류는 0이므로 이때를 병렬공진이라 한다. 공진주파수 $\omega^2 LC = 1$로부터

$$f_0 = \frac{1}{2\pi}\sqrt{\frac{1}{LC}}\,[\text{Hz}]$$

04 | 전력과 역률

① 유효전력(소비전력, 평균전력)
$P = VI\cos\theta = I^2 R\ [\text{W}]$

② 무효전력
$P_r = VI\sin\theta = I^2 X\,[\text{Var}]$

③ 피상전력(겉보기전력)
$P_a = VI = I^2 Z = \sqrt{P^2 + P_r^{\ 2}}\,[\text{VA}]$

④ 역률
$$\cos\theta = \frac{\text{유효전력}}{\text{피상전력}} = \frac{P}{P_a} = \frac{P}{VI}$$

⑤ 무효율
$$\sin\theta = \frac{\text{무효전력}}{\text{피상전력}} = \frac{P_r}{P_a} = \frac{P_r}{VI}$$

[핵심 POINT]
- 역률 개선을 위해 진상콘덴서를 병렬로 연결한다.
- 전부하전류
  - 단상회로 전류$(I) = \dfrac{\text{정격출력(W)}}{V\cos\theta\,\eta}$[A]
  - 3상회로 전류$(I) = \dfrac{\text{정격출력(W)}}{\sqrt{3}\,V\cos\theta\,\eta}$[A]

03 CHAPTER 교류회로

01 | 전기기기와 계측기기

① 전압과 권선횟수와의 관계 : $\dfrac{V_2}{V_1} = \dfrac{N_2}{N_1}$

② 전류와 권선횟수와의 관계 : $\dfrac{I_2}{I_1} = \dfrac{N_1}{N_2}$

③ 저항과 권선횟수와의 관계 : $\dfrac{R_2}{R_1} = \left(\dfrac{N_2}{N_1}\right)^2$

02 | 유도기

① 동기속도 : $N_s = \dfrac{120f}{P}$[rpm]

② 슬립 : $s = \dfrac{N_s - N}{N_s} = 1 - \dfrac{N}{N_s}$

③ 회전자의 회전자에 대한 상대속도
$N = (1-s)N_s$[rpm]

04 CHAPTER 시퀀스제어

01 | 릴레이접점

① a접점
 ㉠ 접점의 상태 : 열려 있는 접점(arbeit contact)
 ㉡ 별칭
  - 메이크접점(회로를 만드는 접점)
  - 상개접점(NO접점 : 항상 열려 있는 접점)

② b접점
 ㉠ 접점의 상태 : 닫혀 있는 점점
 ㉡ 별칭
  - 브레이크접점
  - 상폐접점(NC접점 : 항상 닫혀 있는 접점)

③ c접점
 ㉠ 접점의 상태 : 전환접점
 ㉡ 별칭
  - 브레이크메이크접점
  - 트랜스퍼접점

02 | 논리시퀀스회로

회로	논리식
AND회로(논리적회로)	$C = A \cdot B$
NAND회로	$C = \overline{A \cdot B}$
NOT회로(논리부정회로)	$C = \overline{A}$
X-NOR	$C = \overline{A \oplus B}$
OR회로(논리합회로)	$C = A + B$
NOR회로	$C = \overline{A + B}$
Exclusive-OR (배타적 논리합회로)	$C = \overline{A} \cdot B + A \cdot \overline{B}$ $= A \oplus B$

[핵심 POINT] 논리공식(불대수의 기본정리)

- 교환법칙 : A+B=B+A, AB=BA
- 결합법칙 : (A+B)+C=A+(B+C)
  (AB)C=A(BC)
- 분배법칙 : A(B+C)=AB+AC
  A+BC=(A+B)(B+C)
- 동일법칙 : A+A=A, AA=A
- 부정법칙 : $\overline{\overline{A}}=A$
- 흡수법칙 : A+AB=A, A(A+B)=A
- 항등법칙 : A+0=A, A+1=1
  A · 1=A, A · 0=0
- 드 모르간 정리 : $\overline{A+B}=\overline{A}\cdot\overline{B}$, $\overline{A\cdot B}=\overline{A}+\overline{B}$

접점회로		논리도	논리공식
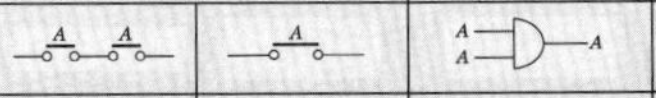			AA=A
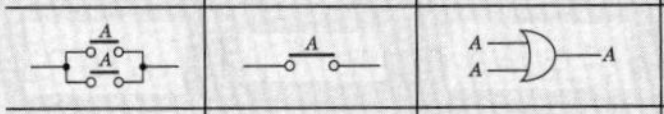			A+A=A
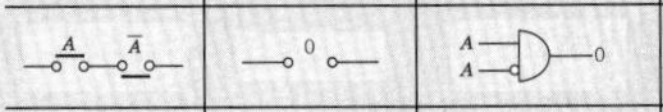			$A\overline{A}=0$
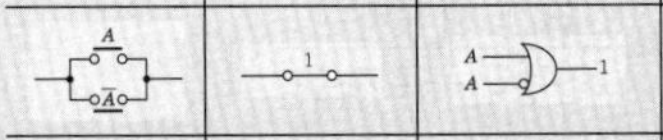			$A+\overline{A}=1$
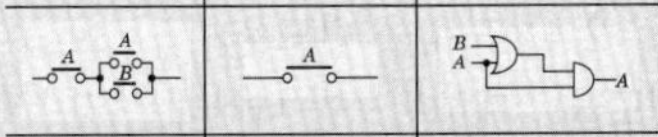			A(A+B)=A
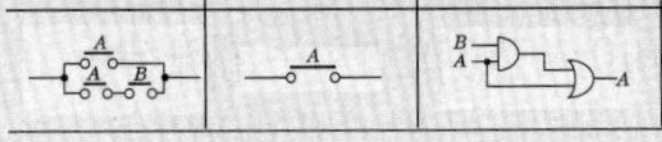			AB+A=A

03 | 자동제어계의 분류

1) 제어량의 성질에 의한 분류

① **프로세스기구** : 온도, 유량, 압력, 액위, 농도, 밀도 등의 플랜트나 생산공정 중의 상태량을 제어량으로 하는 제어로서 외란의 억제를 주목적으로 한다(온도, 압력제어장치).

② **서보기구** : 물체의 위치, 방위, 자세, 각도 등의 기계적 변위를 제어량으로 해서 목표값이 임의의 변화에 추종하도록 구성된 제어계이다(비행기 및 선박의 방향제어계, 미사일발사대의 자동위치제어계, 추적용 레이더의 자동평형기록계).

③ **자동조정기구** : 전압, 전류, 주파수, 회전속도, 힘 등 전기적 · 기계적 양을 주로 제어하는 것으로서 응답속도가 대단히 빨라야 하는 것이 특징이다(발전기의 조속기제어, 전전압장치제어).

2) 제어목적에 의한 분류

① **정치제어** : 제어량을 어떤 일정한 목표값으로 유지하는 것을 목적으로 하는 제어법

② **프로그램제어** : 미리 정해진 프로그램에 따라 제어량을 변화시키는 것을 목적으로 하는 제어법(엘리베이터, 무인열차)

③ **추종제어** : 미지의 임의 시간적인 변화를 하는 목표값에 제어량을 추종시키는 것을 목적으로 하는 제어법(대공포, 비행기)

④ **비율제어** : 목표값이 다른 것과 일정 비율관계를 가지고 변화하는 경우의 추종제어법(배터리)

3) 제어동작에 의한 분류

① **ON-OFF동작** : 설정값에 의하여 조작부를 개폐하여 운전한다. 제어결과가 사이클링(cycling)이나 오프셋(offset)을 일으키며 응답속도가 빨라야 되는 제어계에 사용 불가능하다(대표적인 불연속제어계).

② **비례동작(P동작)** : 검출값편차의 크기에 비례하여 조작부를 제어하는 것으로 정상오차를 수반한다. 사이클링은 없으나 오프셋을 일으킨다.

③ **미분동작(D동작)** : 제어오차가 검출될 때 오차가 변화하는 속도에 비례하여 조작량을 가감하는 동작이다(rate동작).

④ **적분동작(I동작)** : 적분값의 크기에 비례하여 조작부를 제어하는 것으로 오프셋을 소멸시키지만 진동이 발생한다.

⑤ **비례미분동작(PD동작)** : 제어결과에 속응성이 있도록 미분동작을 부가한 것이다.

⑥ **비례적분동작(PI동작)** : 오프셋을 소멸시키기 위하여 적분동작을 부가시킨 제어동작으로서 제어결과가 진동적으로 되기 쉽다(비례 reset동작).

⑦ **비례적분미분동작(PID동작)** : 오프셋 제거, 속응성 향상, 가장 안정된 제어로 온도, 농도제어 등에 사용한다.

04 | 전달함수

1) 개요

전달함수(transfer function)는 모든 초기값을 0으로 하였을 때 출력신호의 라플라스변환과 입력신호의 라플라스변환의 비이다.

$$G(s)=\frac{\text{출력}}{\text{입력}}=\frac{C(s)}{R(s)}$$

2) 제어요소의 전달함수

종류	입력과 출력의 관계	전달함수
비례요소	$Y(t)=Kx(t)$	$G(s)=\dfrac{Y(s)}{X(s)}=K$
미분요소	$Y(t)=K\dfrac{dx(t)}{dt}$	$G(s)=\dfrac{Y(s)}{X(s)}=KS$
적분요소	$Y(t)=\dfrac{1}{K}\int x(t)dt$	$G(s)=\dfrac{Y(s)}{X(s)}=\dfrac{K}{S}$
1차 지연요소	$b_1\dfrac{d}{dt}Y(t)+b_0Y(t)$ $=a_0x(t)$	$G(s)=\dfrac{Y(s)}{X(s)}$ $=\dfrac{a_0}{b_1s+b_0}$ $=\dfrac{K}{Ts+1}$
2차 지연요소	$b_2\dfrac{d^2}{dt^2}Y(t)$ $+b_1\dfrac{d}{dt}Y(t)+b_0Y(t)$ $=a_0x(t)$	$G(s)=\dfrac{Y(s)}{X(s)}$ $=\dfrac{K\omega_n{}^2}{s^2+2\delta\omega_ns+\omega_n{}^2}$ $=\dfrac{K}{1+2\delta Ts+T^2s^2}$
부동작 시간요소	$Y(t)=Kx(t-L)$	$G(s)=\dfrac{Y(s)}{X(s)}$ $=Ke^{-Ls}$

05 | 변환요소의 종류

① **압력 → 변위** : 벨로즈, 다이어프램, 스프링
② **변위 → 압력** : 노즐플래퍼, 유압분사관, 스프링
③ **변위 → 임피던스** : 가변저항기, 용량형 변환기, 가변저항스프링
④ **변위 → 전압** : 퍼텐쇼미터, 차동변압기, 전위차계
⑤ **전압 → 변위** : 전자석, 전자코일
⑥ **광 → 임피던스** : 광전관, 광전도 셀, 광전트랜지스터
⑦ **광 → 전압** : 광전지, 광전다이오드
⑧ **방사선 → 임피던스** : GM관, 전리함
⑨ **온도 → 임피던스** : 측온저항(열선, 서미스터, 백금, 니켈)
⑩ **온도 → 전압** : 열전대(백금-백금로듐, 철-콘스탄탄, 구리-콘스탄탄, 크로멜-알루멜)

05 CHAPTER 설치검사 및 설치 · 운영 안전관리

01 | 설치안전관리

1) 안전관리

(1) 안전관리의 목적

① 근로자의 생명을 존중하고 사회복지를 증진시킨다.
② 작업능률을 향상시켜 생산성이 향상된다.
③ 기업의 경제적 손실을 방지한다.

(2) 재해 발생률

① **연천인율** : 근로자 1,000명당 1년을 기준으로 한 재해 발생비율

$$\text{연천인율}=\frac{\text{연간 재해자수}}{\text{연평균근로자수}}\times 1{,}000$$
$$=2.4\times\text{도수율(빈도율)}$$

② **도수율(빈도율)** : 재해빈도를 나타내는 지수로서 근로시간 10^6시간당 발생하는 재해건수

$$\text{도수율(빈도율)}=\frac{\text{연간 재해 발생건수}}{\text{연근로총시간수}}\times 10^6$$
$$=\frac{\text{연천인율}}{2.4}$$

③ **강도율** : 재해의 심한 정도를 나타내는 것으로, 근로시간 1,000시간 중에 상해로 인해서 상실된 노동손실일수

※ 연천인율이나 도수율(빈도율)은 사상자의 발생빈도를 표시하는 것으로 경중 정도는 표시하지 않는다.

$$\text{강도율}=\frac{\text{근로손실일수}}{\text{연근로총시간수}}\times 1{,}000$$

여기서, 근로손실일수 = 입원일수(휴업일수) $\times\dfrac{360}{365}$

㉠ 사망자가 1명 있는 경우

$$\text{강도율}=\frac{7{,}500}{\text{연근로총시간수}}\times 1{,}000$$

㉡ 사망자+입원일수(휴업일수)가 있는 경우

$$\text{강도율}=\frac{7{,}500+\text{입원(휴업)일수}\times\frac{300}{365}}{\text{연근로총시간수}}\times 1{,}000$$

2) 안전보호구의 구비조건

① 외관이 양호할 것
② 착용이 간편하고 작업에 방해되지 않을 것
③ 가볍고 충분한 강도를 가질 것
④ 유해 및 위험요소에 대한 방호능력이 충분할 것
⑤ 가격이 싸고 품질이 좋을 것
⑥ 구조 및 표면가공이 우수할 것

3) 재해예방

(1) 5단계(기본원리)

① **1단계 관리조직** : 관리조직의 구성과 전문적 기술을 가진 조직을 통해 안전활동 수립
② **2단계 사실의 발견** : 사고활동기록 검토작업 분석, 안전점검 및 검사, 사고조사, 토의, 불안전요소 발견 등
③ **3단계 원인 규명** : 분석평가, 사고조사보고서 및 현장조사 분석, 사고기록관계자료의 검토 및 인적·물적 환경요인 분석, 작업의 공정 분석, 교육훈련 분석
④ **4단계 대책의 선정(시정책 선정)** : 기술적 개선, 인사조치 조정, 교육 및 훈련의 개선, 안전행정의 개선, 규정 및 제도의 개선, 효과적인 개선방법 선정
⑤ **5단계 대책의 적용(시정책 적용)** : 허베이 3E이론(기술, 교육, 관리 등) 적용
※ 3E : 안전기술(engineering), 안전교육(education), 안전독려(enforcement)
※ 3S : 표준화(standardization), 전문화(specification), 단순화(simplification)

(2) 하인리히의 4원칙(위험예지훈련 4라운드의 진행방식)

① **손실 우연의 법칙** : 재해손실은 우연성에 좌우됨
※ 우연성에 좌우되는 손실 방지보다 예방에 주력
② **원인계기의 원칙** : 우연적인 재해손실이라도 재해는 반드시 원인이 존재함
③ **예방 가능의 원칙** : 모든 사고는 원칙적으로 예방이 가능함
㉠ 조직 → 사실의 발견 → 분석평가 → 시정방법의 선정 및 시정책의 적용
㉡ 재해는 원칙적으로 예방 가능
㉢ 원인만 제거하면 예방 가능
④ 대책 선정의 원칙
㉠ 원인을 분석하여 가장 적당한 재해예방대책의 선정
㉡ 기술적, 안전 설계, 작업환경 개선
㉢ 교육적, 안전교육, 훈련 실시
㉣ 규제적·관리적 대책
㉤ Management

4) 보호구

(1) 보호구의 종류별 작업내용

① **안전모** : 물체가 떨어지거나 날아올 위험 또는 근로자가 추락할 위험이 있는 작업
② **안전대** : 높이 또는 깊이 2m 이상의 추락할 위험이 있는 장소에서 하는 작업
③ **안전화** : 물체의 낙하, 충격, 물체에 끼임, 감전 또는 정전기의 대전에 의한 위험이 있는 작업
④ **보안경** : 물체가 흩날릴 위험이 있는 작업
⑤ **보안면** : 용접 시 불꽃이나 물체가 흩날릴 위험이 있는 작업
⑥ **절연용 보호구** : 감전의 위험이 있는 작업
⑦ **방열복** : 고열에 의한 화상 등의 위험이 있는 작업
⑧ **방진마스크** : 선창 등에서 분진이 심하게 발생하는 하역작업
⑨ **방한모, 방한복, 방한화, 방한장갑** : −18℃ 이하인 급냉동어창에서 하는 하역작업

(2) 안전모의 구비조건

① 안전모는 모체, 착장체 및 턱끈을 가질 것
② 착장체의 머리고정대는 착용자의 머리 부위에 적합하도록 조절할 수 있을 것
③ 착장체의 구조는 착용자의 머리에 균등한 힘이 분배되도록 할 것
④ 모체, 착장체 등 안전모의 부품은 착용자에게 상해를 줄 수 있는 날카로운 모서리 등이 없을 것
⑤ 턱끈은 사용 중 탈락되지 않도록 확실히 고정되는 구조일 것
⑥ 안전모의 착용높이는 85mm 이상이고, 외부수직거리는 80mm 미만일 것
⑦ 안전모의 내부수직거리는 25mm 이상 50mm 미만일 것
⑧ 안전모의 수평간격은 5mm 이상일 것

⑨ 머리받침끈이 섬유인 경우에는 각각의 폭은 15mm 이상이어야 하며, 교차되는 끈의 폭의 합은 72mm 이상일 것
⑩ 턱끈의 폭은 10mm 이상일 것

02 | 냉동제조관리

1) 냉동제조사업관리

(1) 고압가스제조의 정의

① 기체의 압력을 변화시키는 것
  ㉠ 고압가스가 아닌 가스를 고압가스로 만드는 것
  ㉡ 고압가스를 다시 압력을 상승시키는 것
② 가스의 상태를 변화시키는 것
  ㉠ 기체는 고압의 액화가스로 만드는 것
  ㉡ 액화가스를 기화시켜 고압가스를 만드는 것
③ 고압가스를 용기에 충전하는 것

(2) 고압가스

① **압축고압가스** : 상용의 온도에서 1MPa 이상이 되는 가스가 실제로 그 압력이 1MPa 이상이거나 35℃에서의 압력이 1MPa 이상이 되는 압축가스
② **액화고압가스** : 상용의 온도에서 0.2MPa 이상이 되는 가스가 실제로 그 압력이 0.2MPa 이상이거나 0.2MPa이 되는 경우의 온도가 35℃ 이하인 액화가스
  ※ 압축가스 : 일정한 압력에 의하여 압축되어 있는 가스
  ※ 액화가스 : 가압, 냉동 등의 방법에 의하여 액체상태로 되어 있는 것으로서 대기압에서의 비점이 40℃ 이하 또는 상용의 온도 이하인 가스

2) 냉동제조 허가관리

(1) 냉동제조 인허가

① 고압가스제조 중 냉동제조를 하고자 하는 자는 그 제조소마다 시장・군수・구청장(자치구의 구청장을 말한다)의 허가를 받아야 하며, 허가받은 사항 중 산업통상자원부령이 정하는 중요사항을 변경하고자 할 때에도 또한 같다.
② 대통령령이 정하는 종류 및 규모 이하의 냉동제조자는 시장・군수・구청장에게 신고하여야 하며, 신고한 사항 중 산업통상자원부령이 정하는 중요한 사항을 변경하고자 할 때에도 또한 같다.

[핵심 POINT] 산업통상자원부령이 정하는 중요한 사항의 변경(변경허가・변경신고대상)

1. 사업소의 위치변경
2. 제조・저장 또는 판매하는 고압가스의 종류 또는 압력의 변경. 다만, 저장하는 고압가스의 종류를 변경하는 경우로서 법 제28조의 규정에 의해 설립된 한국가스안전공사가 위해의 우려가 없다고 인정하는 경우에는 이를 제외한다.
3. 저장설비의 교체 설치, 저장설비의 위치 또는 능력변경
4. 처리설비의 위치 또는 능력변경
5. 배관의 내경변경. 단, 처리능력의 변경을 수반하는 경우에 한한다.
6. 배관의 설치장소변경. 단, 변경하고자 하는 부분의 배관연장이 300m 이상인 경우에 한한다.
7. 가연성 가스 또는 독성가스를 냉매로 사용하는 냉동설비 중 압축기, 응축기, 증발기 또는 수액기의 교체설치 또는 위치변경

(2) 냉동제조의 허가・신고대상범위

① 허가
  ㉠ 가연성 가스 및 독성가스의 냉동능력 20톤 이상
  ㉡ 가연성 가스 및 독성가스 외의 산업용 및 냉동・냉장용 50톤 이상(단, 건축물 냉난방용의 경우에는 100톤 이상)
② 신고
  ㉠ 가연성 가스 및 독성가스의 냉동능력 3톤 이상 20톤 미만
  ㉡ 가연성 가스 및 독성가스 외의 산업용 및 냉동・냉장용 20톤 이상 50톤 미만(단, 건축물 냉난방용의 경우에는 20톤 이상 50톤 미만)
③ 고압가스 특정 제조 또는 고압가스 일반 제조의 허가를 받은 자, 도시가스사업법에 의한 도시가스사업의 허가를 받은 자가 그 허가받은 내용에 따라 냉동제조를 하는 경우에는 허가 또는 신고대상에서 제외

[핵심 POINT] 적용범위에서 제외되는 고압가스

1. 에너지이용합리화법의 적용을 받는 보일러 안과 그 도관 안의 고압증기
2. 철도차량의 에어컨디셔너 안의 고압가스
3. 선박안전법의 적용을 받는 선박 안의 고압가스
4. 광산보안법의 적용을 받는 광산에 소재하는 광업을 위한 설비 안의 고압가스
5. 항공법의 적용을 받는 항공기 안의 고압가스

6. 전기사업법에 의한 전기공작물 중 발전·변전 또는 송전을 위하여 설치하는 변압기, 리액틀, 개폐기, 자동차단기로서 가스를 압축 또는 액화, 그 밖의 방법으로 처리하는 그 전기공작물 안의 고압가스
7. 원자력법의 적용을 받는 원자로 및 그 부속설비 안의 고압가스
8. 내연기관의 시동, 타이어의 공기충전, 리베팅, 착암 또는 토목공사에 사용되는 압축장치 안의 고압가스
9. 오토클레이브 안의 고압가스(수소, 아세틸렌 및 염화비닐은 제외)
10. 액화브롬화메탄제조설비 외에 있는 액화브롬화메탄
11. 등화용의 아세틸렌가스
12. 청량음료수, 과실주 또는 발포성 주류에 포함되는 고압가스
13. 냉동능력이 3톤 미만인 냉동설비 안의 고압가스
14. 소방법의 적용을 받는 내용적 1리터 이하의 소화기용 용기 또는 소화기에 내장되는 용기 안에 있는 고압가스
15. 그 밖에 산업통상자원부장관이 위해 발생의 우려가 없다고 인정하는 고압가스

03 | 운영안전관리

1) 안전관리자

(1) 안전관리자별 임무

① 안전관리 총괄자 : 해당 사업소의 안전에 관한 업무총괄

② 안전관리 부총괄자 : 안전관리 총괄자를 보좌하여 해당 가스시설의 안전을 직접 관리

③ 안전관리 책임자 : 부총괄자를 보좌하여 기술적인 사항 관리, 안전관리원 지휘·감독

④ 안전관리원 : 안전관리 책임자의 지시에 따라 안전관리자의 직무 수행

(2) 안전관리자의 선임인원(냉동제조시설)

냉동능력	선임구분	
	안전관리자 구분 및 선임인원	자격구분
300톤 초과 (프레온 냉매 600톤 초과)	총괄자 1인	-
	책임자 1인	공조냉동기계산업기사
	관리원 2인 이상	공조냉동기계기능사 또는 냉동시설안전관리자 양성교육 이수자
100톤 초과 300톤 이하 (프레온 냉매 200톤 초과 600톤 이하)	총괄자 1인	-
	책임자 1인	공조냉동기계산업기사 또는 공조냉동기계기능사 중 현장 실무경력 5년 이상인 자
	관리원 1인 이상	공조냉동기계기능사 또는 냉동시설안전관리자 양성교육 이수자
50톤 초과 100톤 이하 (프레온 냉매 100톤 초과 200톤 이하)	총괄자 1인	-
	책임자 1인	공조냉동기계기능사
	관리원 1인 이상	공조냉동기계기능사 또는 냉동시설안전관리자 양성교육 이수자
50톤 이하 (프레온 냉매 100톤 이하)	총괄자 1인	-
	책임자 1인	공조냉동기계기능사 또는 냉동시설안전관리자 양성교육 이수자

2) 냉동기 제품 표시

① 냉동기 제조자의 명칭

② 냉매가스의 종류

③ 냉동능력(RT)

④ 원동기 소요동력 및 전류

⑤ 제조번호

⑥ 검사에 합격한 연, 월

⑦ 내압시험압력(TP[MPa])

⑧ 최고사용압력(DP[MPa])

04 | 보일러안전관리

1) 개요

(1) 사고의 원인

① 직접원인

㉠ 불안전한 행동(인적원인) : 안전조치 불이행, 불안전한 상태의 방치 등

㉡ 불안전한 상태(물적원인) : 작업환경의 결함, 보호구 복장 등의 결함 등

② 간접원인

㉠ 기술적 원인 : 기계, 기구, 장비 등의 방호설비, 경계설비 등의 기술적 결함

㉡ 교육적 원인 : 무지, 경시, 몰이해, 훈련미숙, 나쁜 습관 등

㉢ 신체적 원인 : 각종 질병, 피로, 수면 부족 등

㉣ 정신적 원인 : 태만, 반항, 불만, 초조, 긴장, 공포 등
㉤ 관리적 원인 : 책임감 부족, 작업기준의 불명확, 근로의욕 침체 등

(2) 안전관리 일반

① 안전색 표시
㉠ 적색 : 정지, 금지
㉡ 황적색 : 위험
㉢ 황색 : 주의
㉣ 녹색 : 안전안내, 진행유도, 구급구호
㉤ 청색 : 조심, 지시
㉥ 백색 : 통로, 정리정돈
㉦ 적자색 : 방사능

② 화재등급별 소화방법

분류	가연물	주된 소화효과	적응소화제	구분색
A급 화재 (일반화재)	• 일반 가연물 • 목재, 종이, 섬유 등 화재	냉각 소화	• 분말소화기 • 포말소화기 • 할로겐화합물소화기	백색
B급 화재 (유류화재)	• 가연성 액체 • 가연성 가스 • 액화가스화재 • 석유화재	질식 소화	• 분말소화기 • 포말소화기 • CO_2소화기 • 할로겐화합물소화기 • 가스식 소화기	황색
C급 화재 (전기화재)	• 전기설비	질식·냉각소화	• 분말소화기 • CO_2소화기 • 할로겐화합물소화기 • 가스식 소화기	청색
D급 화재 (금속화재)	• 가연성 금속(리튬, 마그네슘, 나트륨 등)	질식소화	• 건조사 • 팽창질식 • 팽창진주암	무색
E급 화재 (가스화재)	• LPG, LNG, 도시가스	제거소화	• 할로겐화합물소화기	황색
K급 화재 (주방화재)	• 식용유화재	질식·냉각소화	• 할로겐화합물소화기 • K급 소화기	–

※ 요즘 구분색의 의무규정은 없다.

③ 고압가스용기의 도색
㉠ 산소 : 녹색
㉡ 수소 : 주황색
㉢ 액화탄산가스 : 청색
㉣ 아세틸렌 : 황색
㉤ 액화염소 : 갈색
㉥ 액화암모니아 : 백색
㉦ 기타 가스 : 회색

2) 보일러 손상

① 마모(abrasion) : 국부적으로 반복작용에 의해 나타나는 것으로 다음의 경우에서 나타난다.
㉠ 매연취출에 의해 수관에 오래 증기를 취출하는 경우
㉡ 연소가스 중에 미립의 거친 성분을 함유하고 있는 경우
㉢ 수관이나 연관의 내부청소에 튜브클리너를 한 곳에 오래 사용한 경우

② 라미네이션(lamination) : 보일러 강판이나 관의 두께 속에 2장의 층을 형성하고 있는 상태이다.

③ 블리스터(blister) : 라미네이션상태에서 화염과 접촉하여 높은 열을 받아 부풀어 오르거나 표면이 타서 갈라지게 되는 상태이다.

④ 소손(burn) : 과열이 촉진되어 용해점 가까운 고온이 되면 함유탄소의 일부가 연소하므로 열처리를 하여도 근본의 성질로 회복되지 못하게 된다. 보일러에서는 노 내 가열을 통해 보일러수에 전달되는 것이므로 보일러 본체의 온도는 내부의 포화수보다 30~50℃ 정도 높은 상태이기 때문에 물 쪽으로의 열전달이 방해되거나 물이 부족하여 공관연소하게 되면 강재의 온도가 상승하여 과열, 소손하게 된다.

⑤ 팽출, 압궤 : 보일러 본체의 화염에 접하는 부분이 과열된 결과 내부의 압력에 의해 부풀어 오르는 현상을 팽출이라 하고, 외부로부터의 압력에 의해 짓눌린 현상을 압궤라 한다(팽출 : 인장능력, 압궤 : 압축응력).
㉠ 압궤가 일어나는 부분 : 노통, 연소실, 관판
㉡ 팽출이 일어나는 부분 : 횡연관, 보일러 동저부, 수관

⑥ 크랙(crack)
㉠ 무리한 응력을 받은 부분, 응력이 국부적으로 집중된 부분, 화염에 접촉된 부분 등에 압력변화, 가열로 인한 신축의 영향으로 조직이 파괴되고 천천히 금이 가는 현상이다. 특히 주철제 보일러의 경우에는 급열, 급냉의 부동팽창으로 크랙이 발생되기 쉽다.
㉡ 크랙이 발생되기 쉬운 부분
• 스테이 자체나 부근의 판
• 연소구 주변의 리벳
• 용접이음부와 열영향부

3) 보일러 사고원인별 구분

① **제작상의 원인** : 재료 불량, 구조 및 설계 불량, 강도 불량, 용접 불량 등

② **취급상의 원인** : 압력 초과, 저수위, 과열, 역화, 부식 등

※ 파열사고 : 압력 초과, 저수위(이상감수), 과열

※ 미연소가스폭발사고 : 역화

05 | 고압가스안전관리

1) 고압가스의 종류 및 범위

① 상용(常用)의 온도에서 압력(게이지압력)이 1MPa 이상이 되는 압축가스로서 실제로 그 압력이 1MPa 이상이 되는 것 또는 35℃에서 압력이 1MPa 이상이 되는 압축가스(아세틸렌가스는 제외)

② 15℃에서 압력이 0Pa을 초과하는 아세틸렌가스

③ 상용의 온도에서 압력이 0.2MPa 이상이 되는 액화가스로서 실제로 그 압력이 0.2MPa 이상이 되는 것 또는 압력이 0.2MPa이 되는 경우 35℃ 이하인 액화가스

④ 35℃에서 압력이 0Pa을 초과하는 액화가스 중 액화시안화수소, 액화브롬화메탄, 액화산화에틸렌가스

2) 고압가스 제조의 신고대상

① **고압가스 충전** : 용기 또는 차량에 고정된 탱크에 고압가스를 충전할 수 있는 설비로 고압가스(가연성 가스 및 독성가스는 제외)를 충전하는 것으로서 1일 처리능력이 10m^3 미만이거나 저장능력이 3톤 미만인 것

② **냉동제조** : 냉동능력이 3톤 이상 20톤 미만(가연성 가스 또는 독성가스 외의 고압가스를 냉매로 사용하는 것으로서 산업용 및 냉동·냉장용인 경우에는 20톤 이상 50톤 미만, 건축물의 냉난방용인 경우에는 20톤 이상 100톤 미만)인 설비를 사용하여 냉동을 하는 과정에서 압축 또는 액화의 방법으로 고압가스가 생성되게 하는 것. 다만, 다음의 어느 하나에 해당하는 자가 그 허가받은 내용에 따라 냉동제조를 하는 것은 제외한다.

㉠ 고압가스 특정 제조, 고압가스 일반 제조 또는 고압가스저장소 설치의 허가를 받은 자

㉡ 도시가스사업의 허가를 받은 자

3) 과태료의 부과기준

위반행위	과태료금액(만원)		
	1차 위반	2차 위반	3차 이상 위반
법 제4조 제1항 후단 또는 같은 조 제5항 후단을 위반하여 변경허가를 받지 않고 허가받은 사항 중 상호를 변경하거나 법인의 대표자를 변경한 경우	250	350	500
법 제4조 제2항 후단을 위반하여 변경신고를 하지 않고 신고한 사항을 변경한 경우(상호의 변경 및 법인의 대표자 변경은 제외한다)	1,000	1,500	2,000
법 제4조 제2항 후단을 위반하여 변경신고를 하지 않고 신고한 사항 중 상호를 변경하거나 법인의 대표자를 변경한 경우	250	350	500
법 제5조 제1항 후단, 제5조의3 제1항 후단 또는 제5조의4 제1항 후단을 위반하여 변경등록을 하지 않고 등록한 사항 중 상호를 변경하거나 법인의 대표자를 변경한 경우	250	350	500
법 제8조 제2항에 따른 신고를 하지 않거나 거짓으로 신고한 경우	150		
고압가스제조신고자가 법 제10조 제2항을 위반하여 시설을 개선하도록 하지 않은 경우	500	700	1,000
법 제10조 제3항, 제13조 제4항이나 제20조 제3항·제4항을 위반한 경우	800		
법 제10조 제4항에 따른 명령을 위반한 경우	300		
고압가스제조신고자가 법 제10조 제5항에 따른 안전점검자의 자격·인원, 점검장비 및 점검기준 등을 준수하지 않은 경우	250	350	500
고압가스제조신고자가 법 제11조 제1항을 위반하여 안전관리규정을 제출하지 않은 경우	1,000	1,500	2,000
법 제11조 제4항이나 제13조의2 제2항에 따른 명령을 위반한 경우	1,200		

06 | 기계설비유지관리자

1) 선임기준

① 특급 책임 1명, 보조 1명
- ㉠ 연면적 6만m^2 이상 건축물
- ㉡ 3천세대 이상 공동주택

② 고급 책임 1명, 보조 1명
- ㉠ 연면적 3만m^2 이상 연면적 6만m^2 미만 건축물
- ㉡ 2천세대 이상 3천세대 미만 공동주택

③ 중급 책임 1명
- ㉠ 연면적 1만5천m^2 이상 연면적 3만m^2 미만 건축물
- ㉡ 1천세대 이상 2천세대 미만 공동주택

④ 초급 책임 1명
- ㉠ 연면적 1만m^2 이상 연면적 1만5천m^2 미만 건축물
- ㉡ 500세대 이상 1천세대 미만 공동주택
- ㉢ 300세대 이상 500세대 미만으로서 중앙집중식 난방방식(지역난방방식 포함)의 공동주택

⑤ **초급 책임 또는 보조 1명** : 국토교통부장관이 정하여 고시하는 건축물 등(시설물, 지하역사, 지하도상가, 학교시설, 공공건축물)

※ 선임절차 : 기계설비유지관리자 수첩을 포함한 신고서류를 작성하여 관할 시・군・구청에 신고해야 한다.

※ 2020년 4월 18일 전부터 기존 건축물에서 유지관리업무를 수행 중인 사람은 선임신고 시 2026년 4월 17일까지 선임등급과 관계없이 선임된 것으로 본다.

2) 자격 및 등급

구분		자격 및 경력기준	
		보유자격	실무경력
책임	특급	기술사	–
		기능장, 기사, 특급 건설기술인	10년 이상
		산업기사	13년 이상
	고급	기능장, 기사, 고급 건설기술인	7년 이상
		산업기사	10년 이상
	중급	기능장, 기사, 중급 건설기술인	4년 이상
		산업기사	7년 이상
	초급	기능장, 기사, 초급 건설기술인	–
		산업기사	3년 이상
보조		산업기사	–
		기능사	3년 이상
		• 기계설비 관련 자격을 취득한 사람 • 기술자격을 보유하지 않은 사람으로서 신규교육을 이수한 사람 • 기계설비 관련 교육과정이나 학과를 이수하거나 졸업한 사람	5년 이상

※ 보유자격별 분야
- 기술사 : 건축기계설비・기계・건설기계・공조냉동기계・산업기계설비・용접분야
- 기능장 : 배관・에너지관리・용접분야
- 기사 : 일반기계・건축설비・건설기계설비・공조냉동기계・설비보전・용접・에너지관리분야
- 산업기사 : 건축설비・배관・건설기계설비・공조냉동기계・용접・에너지관리분야
- 기능사 : 배관・공조냉동기계・용접・에너지관리분야
- 건설기술인 : 공조냉동 및 설비 전문분야, 용접 전문분야

Part 04 유지보수공사관리

01 CHAPTER 배관재료

01 | 금속관

1) 주철관

① 강관에 비해 내식성, 내마모성, 내구성(압축강도)이 크다.
② 수도용 급수관, 가스공급관, 통신용 케이블매설관, 화학공업용 배관, 오수배수관 등에 사용한다(매설용 배관에 많이 사용).
③ 재질에 따라 보통주철(인장강도 100~200MPa)과 고급 주철(인장강도 250MPa)로 구분된다.
④ 압축강도는 크지만, 인장강도는 작다(충격에 약하다).

2) 강관

① 연관(납관), 주철관에 비해 가볍고 인장강도가 크다.
② 관의 접합작업이 용이하다.
③ 내충격성, 굴요성이 크다.
④ 연관, 주철관보다 가격이 싸고 부식되기 쉽다.

3) 스케줄번호(Sch. No)

관의 두께를 나타내는 번호로, 번호가 클수록 두께는 두꺼워진다.

① 공학단위일 때 스케줄번호(Sch. No)

$$= \frac{P(\text{사용압력}[\text{kgf/cm}^2])}{S(\text{허용응력}[\text{kgf/mm}^2])} \times 10$$

② 국제(SI)단위일 때 스케줄번호(Sch. No)

$$= \frac{P(\text{사용압력}[\text{MPa}])}{S(\text{허용응력}[\text{N/mm}^2])} \times 1{,}000$$

③ $\text{허용응력}(S) = \frac{\text{극한(인장)강도}}{\text{안전계수(율)}}$

02 | 비철금속관

1) 종류

동(구리)관, 연(납)관, 알루미늄관, 주석관, 규소청동관, 니켈관, 티탄관 등

2) 동관(구리관)

주로 이음매 없는 관(seamless pipe)으로 탄탈산동관, 황동관 등이 있다.

① 열전도율이 크고 내식성, 전성, 연성이 풍부하여 가공하기 쉽다(열교환기, 급수관에 사용).
② 담수에는 내식성이 양호하나, 연수에는 부식된다.
③ 아세톤, 휘발유, 프레온가스 등의 유기물에는 침식되지 않는다.
④ 수산화나트륨, 수산화칼리 등 알칼리성에는 내식성이 강하다.
⑤ 암모니아수, 암모니아가스, 황산 등에는 침식된다.

03 | 비금속관(합성수지관)

합성수지관은 석유, 석탄, 천연가스(LNG) 등으로부터 얻어지는 메틸렌, 프로필렌, 아세틸렌, 벤젠 등의 원료로 만들어지며 경질 염화비닐관(PVC)과 폴리에틸렌관으로 나눈다.

04 | 관의 접합(연결)방법

1) 강관의 이음

① 나사이음
㉠ 관의 방향을 변화시킬 경우 : 엘보, 밴드
㉡ 관의 도중에서 분리시킬 경우 : 티(tee), 와이(Y), 크로스 등
㉢ 동일 직경의 관을 직선으로 접합할 경우 : 소켓, 유니언, 플랜지, 니플 등

㉣ 서로 다른 직경(이경)의 관을 접합할 경우 : 리듀서, 부싱, 이경엘보, 이경티
㉤ 관의 끝을 막을 경우 : 플러그, 캡

② 플랜지이음
③ 용접이음

2) 주철관의 이음

① 소켓접합
② 플랜지접합
③ 메커니컬접합(기계적 접합)
④ 빅토릭접합
⑤ 타이톤접합

3) 동관의 이음

① 납땜접합　② 압축접합(플레어접합)
③ 용접접합　④ 경납땜접합
⑤ 분기관접합

4) 연관의 이음

① 플라스턴접합　② 납땜접합
③ 용접접합

> **[핵심 POINT] 영구이음(용접이음방식)의 특징**
> - 접합부의 강도가 높다.
> - 누설이 어렵다.
> - 중량이 가볍다.
> - 배관 내·외면에서 유체의 마찰저항이 작다.
> - 분해, 수리가 어렵다.

5) 신축이음(expansion joint)

동관은 20m마다, 강관은 30m마다 1개 정도 신축이음을 설치한다.

※ (신축)크기 : 루프형 > 슬리브형 > 벨로즈형 > 스위블형

> **[핵심 POINT]**
> - **동관의 신축**
>   - 루프(loop) : 동관의 팽창수축량(mm)에 대한 치수(m)×2
>   - 오프셋(offset) : 동관의 팽창수축량(mm)에 대한 치수(m)×3
> - **배관의 선팽창량(늘림량)** : $\lambda = L\alpha\Delta t$[mm]
>
>   여기서, L : 배관길이(mm)
> α : 선팽창계수(mm/mm·℃)
> Δt : 온도차(℃)

05 | 보온재(brine)

1) 보온재의 구비조건

① 내열성 및 내식성이 있을 것
② 기계적 강도, 시공성이 있을 것
③ 열전도율이 작을 것
④ 온도변화에 대한 균열 및 팽창, 수축이 작을 것
⑤ 내구성이 있고 변질되지 않을 것
⑥ 비중이 작고 흡수성이 없을 것
⑦ 섬유질이 미세하고 균일하며 흡습성이 없을 것

2) 종류

① **유기질 보온재** : 펠트, 텍스류, 기포성 수지, 코르크(cork) 등
② **무기질 보온재** : 탄산마그네슘($MgCO_3$), 암면, 석면(asbestos), 규조토, 규산칼슘, 유리섬유, 폼 글라스, 실리카파이버 보온재, 세라믹파이버 보온재, 바머큐라이트 보온재 등

06 | 패킹제

접합부로부터의 누설을 방지하기 위해 사용하는 것으로 동적인 부분(운동 부분)에 사용하는 것을 패킹(packing), 정적인 부분(고정 부분)에 사용하는 것을 개스킷(gasket)이라 한다.

07 | 패킹제

1) 게이트밸브(gate valve)

① 일명 슬루스밸브(sluice valve), 사절밸브, 간막이 밸브라고 한다.
② 수배관, 저압증기관, 응축수관, 유관 등에 사용된다.
③ 완전 개방 시 유체의 마찰저항손실은 작으나 절반 정도 열어놓고 사용할 경우에는 와류로 인한 유체의 저항이 커지고 밸브의 마모 및 침·부식되기 쉽다(유량조절은 부적합하고, 유로개폐용으로 적합).

2) 글로브밸브(globe valve)

① 일명 구(볼)형 밸브, 스톱밸브라고도 한다.
② 유량조절에 적합하다.
③ 게이트밸브에 비하여 단시간에 개폐가 가능하며 소형, 경량이다.
④ 유체의 흐름은 밸브시트 아래쪽에서 위쪽으로 흐르도록 장착한다.
⑤ 유체의 흐름에 대한 마찰저항이 크다.
⑥ 형식에 따라 앵글밸브, Y형 밸브, 니들밸브가 있다.

3) 체크밸브(check valve)

① 유체의 흐름을 한쪽 방향으로만 흐르도록 하고 역류를 방지한다(역지밸브).
② 형식상의 종류에 따라 리프트형과 스윙형이 있다.
㉠ 리프트형 : 유체의 압력에 의하여 밸브 디스크가 밀어 올려지면서 열리므로 배관의 수평 부분에만 사용
㉡ 스윙형 : 수평관, 입상(수직)관의 어느 배관에도 사용 가능
③ 밸브가 열릴 때 생기는 와류를 방지하거나 수격을 완화시킬 목적으로 설계된 스모렌스키 체크밸브도 있다.
④ 장착 시 화살표의 표시방향과 일치해야 한다.

08 | 유체의 표시

① **유체의 종류, 상태, 목적** : 문자기호에 의해 인출선을 사용하여 도시하는 것을 원칙으로 한다. 단, 유체의 종류를 표시하는 문자기호는 필요에 따라 관을 표시하는 선을 인출선 사이에 넣을 수 있다.

종류	공기	가스	유류	수증기	증기	물
기호	A	G	O	S	V	W

② **유체의 방향** : 유체가 흐르는 방향은 화살표로 표시한다.

▶ 유체의 종류에 따른 배관 도색

종류	도색	종류	도색
공기	백색	물	청색
가스	황색	증기	암적색
유류	암황적색	전기	미황적색
수증기	암황색	산·알칼리	회자색

09 | 일반배관 도시기호

① 관의 연결방법과 도시기호

㉠ 관이음

연결방식	도시기호	예
나사식		
용접식		
플랜지식		
턱걸이식		
유니언식		

㉡ 신축이음

연결방식	도시기호	연결방식	도시기호
루프형		벨로즈형	
슬리브형		스위블형	

※ 용접이음은 ─×─와 ──●── 모두 사용한다.

② 밸브 및 계기의 표시

종류		기호
글로브밸브		
슬루스밸브		
앵글밸브		
체크밸브		
버터플라이밸브		또는
다이어프램밸브		
감압밸브		
볼밸브		
안전밸브	스프링식	
	추식	
콕	일반	
	삼방	
전자밸브		S

종류	기호
공기빼기밸브	
온도계	T
압력계	P

③ 관 끝부분 표시

종류	기호
용접식 캡	
막힌 플랜지	
체크조인트	
핀치 오프 (pinch off)	
나사박음식 캡 (플러그)	

02 CHAPTER 공조(냉동)배관

01 | 배관 일반 및 시공방법

1) 배관의 선택 시 유의사항

① 냉매 및 윤활유의 화학적, 물리적인 작용에 의하여 열화되지 않을 것

② 냉매와 윤활유에 의해서 장치의 금속배관이 부식되지 않을 것. 냉매에 따라 부식되는 다음 금속은 사용해서는 안 된다.

㉠ 암모니아(NH_3) : 동 및 동합금을 부식시킨다(강관 사용).

㉡ 프레온(freon) : 마그네슘 및 2% 이상의 마그네슘(Mg)을 함유한 알루미늄합금을 부식시킨다(동관 사용).

㉢ 염화메틸(R-40) : 알루미늄 및 알루미늄합금을 부식시킨다(프레온냉매동관 사용).

③ 가요관(flexible tube)은 충분한 내압강도를 갖도록 하며 교환할 수 있는 구조일 것

④ 온도가 −50℃ 이하의 저온에 사용되는 배관은 2~4%의 니켈을 함유한 강관 또는 이음매 없는(seamless) 동관을 사용하고 저온에서도 기계적인 성질이 불변하고 충격치가 큰 재료를 사용할 것

⑤ 냉매의 압력이 1MPa을 초과하는 배관에는 주철관을 사용하지 않을 것

⑥ 가스배관(SPP)은 최소 기밀시험압력이 1.7MPa을 넘는 냉매의 부분에는 사용하지 말 것(단, 4MPa의 압력으로 냉매시험을 실시한 경우 2MPa 이하의 냉매배관에 사용)

⑦ 관의 외면이 물과 접촉되는 배관(냉각기 등)에는 순도 99.7% 미만의 알루미늄을 사용하지 않을 것(단, 내식 처리를 실시한 경우에는 제외)

⑧ 가공성이 좋고 내식성이 강한 것이어야 하며 누설이 없을 것

2) 배관 시공상의 유의사항

① 장치의 기기 및 배관은 완전히 기밀을 유지하고 충분한 내압강도를 지닐 것

② 사용하는 재료는 용도, 냉매의 종류, 온도에 대응하여 선택할 것

③ 냉매배관 내의 냉매가스의 유속은 적당할 것

④ 기기 상호 간의 연결배관은 가능한 최단거리로 할 것

⑤ 굴곡부는 가능한 한 작게 하고, 곡률반경은 크게 할 것

⑥ 밸브 및 이음매의 부분에서의 마찰저항을 작게 할 것

⑦ 수평관은 냉매의 흐르는 방향으로 적당한 정도의 구배(1/200~1/50)를 둘 것

⑧ 액냉매나 윤활유가 체류하기 쉬운 불필요한 곡부, 트랩 등은 설치하지 말 것

⑨ 온도변화에 의한 배관의 신축을 고려하여 루프배관 또는 고임방법을 채용할 것

⑩ 통로를 횡단하는 배관은 바닥에서 2m 이상 높게 하거나 견고한 보호커버를 취하여 바닥 밑에 매설할 것

02 | 배관

1) 배관의 설치

① 배관은 외부에 노출하여 시공하여야 한다. 다만, 동관, 스테인리스강관, 기타 내식성 재료로서 이음매(용접이음매를 제외한다) 없이 설치하는 경우에는 매몰하여 설치할 수 있다.

② 배관의 이음부(용접이음매 제외)와 전기계량기 및 전기개폐기와의 거리는 60cm 이상, 굴뚝(단열조치를 하지 아니한 경우에 한함), 전기점멸기 및 전기접속기와의 거리는 30cm 이상, 절연전선과의 거리는 10cm 이상, 절연조치를 하지 아니한 전선과의 거리는 30cm 이상의 거리를 유지하여야 한다.

2) 배관의 고정 및 매설

(1) 고정장치 설치간격

① 관경 13mm 미만 : 1m마다
② 관경 13mm 이상 33mm 미만 : 2m마다
③ 관경 33mm 이상 : 3m마다

(2) 배관의 위치에 따른 매설깊이

① 공동주택 등의 부지 안, 폭 4m 미만 도로 : 0.6m
② 산이나 들, 폭 4m 이상 8m 미만 도로 : 1m
③ 폭 8m 이상 도로, 시가지 외의 도로, 그 밖의 지역 : 1.2m
④ 시가지의 도로 : 1.5m

[핵심 POINT] 배관용 공구
- 동관용 공구 : 튜브커터, 익스팬더, 플레어링툴, 사이징툴, 리머, 튜브벤더
- 강관용 공구 : 파이프커터, 파이프렌치, 파이프바이스, 탁상(수평)바이스, 수동나사절삭기(리드형, 오스터형), 동력나사절삭기(오스터형, 다이헤드형, 호브형), 파이프벤딩머신
- 연관용 공구 : 토치램프, 봄볼, 맬릿, 턴핀, 연관톱, 드레서
- 주철관용 공구 : 클립, 코킹정, 납 용해용 공구세트, 링크형 파이프커터

배관 관련 설비

01 | 가스설비

1) 가스의 조성

① LPG(액화석유가스) : 프로판(C_3H_8), 부탄(C_4H_{10})
② LNG(액화천연가스) : 메탄(CH_4)

2) 가스배관의 원칙

① 직선 및 최단거리배관으로 할 것
② 옥외, 노출배관으로 할 것
③ 오르내림이 적을 것

3) 공급방식

① 고압 : 1MPa 이상
② 중압 : 0.1MPa 이상 1MPa 이하
③ 저압 : 0.1MPa 이하

[핵심 POINT] 가스유량
- 저압배관 시(폴(Pole)의 공식)

$$Q=K\sqrt{\frac{D^5H}{LS}}\ [\mathrm{m^3/h}]$$

- 중・고압배관 시(콕스(Cox)의 공식)

$$Q=K\sqrt{\frac{D^5(P_1^{\,2}-P_2^{\,2})}{LS}}\ [\mathrm{m^3/h}]$$

여기서, D : 관의 내경(cm)
H : 허용마찰손실수두(mmH_2O)
P_1 : 처음 압력(kgf/cm^2)
P_2 : 나중 압력(kgf/cm^2)
L : 관길이(m), S : 가스비중
K : 유량계수(저압 : 0.707, 중・고압 : 52.31)

4) 가스배관의 고정

① 13mm 미만 : 1m마다
② 13~33mm 미만 : 2m마다
③ 33mm 이상 : 3m마다

5) 가스계량기 설치

① 지면으로부터 1.6~2m 이내 설치
② 화기로부터 2m 이상 유지

02 | 난방배관

1) 증기난방배관

① 배관구배(기울기)
㉠ 단관 중력환수식
- 순류관(하향공급식) : 1/100~1/200의 끝내림구배

- 역류관(상향공급식) : 1/50~1/100의 끝내림구배
- 환수관 : 1/200~1/300

㉡ 복관 중력환수식

- 건식환수관 : 1/200의 끝내림구배, 환수관은 보일러수면보다 높게 설치. 반드시 트랩을 설치
- 습식환수관 : 환수관은 보일러수면보다 낮게 설치. 증기주관도 환수관의 수면보다 약 400mm 이상 높게 설치

㉢ 진공환수식 : 증기주관은 1/200~1/300의 끝내림구배를 주며 건식환수관을 사용. 리프트 피팅은 환수주관보다 지름이 1~2 정도 작은 치수를 사용하고, 1단의 흡상높이는 1.5m 이내로 하며, 그 사용개수를 가능한 한 적게 하고 급수펌프의 근처에 1개소만 설치

② 기기 주위 배관

㉠ 보일러 주변 배관 : 증기관과 환수관 사이에 표준 수면에서 50mm 아래에 균형관을 연결한다(하트포드연결법).

㉡ 방열기 주변 배관 : 방열기 지관은 스위블이음을 이용해 따내고, 지관의 증기관은 끝올림구배로, 환수관은 끝내림구배로 한다. 주형방열기는 벽에서 50~60mm 떼어서 설치하고, 벽걸이형은 바닥면에서 150mm 높게 설치하며, 베이스보드히터는 바닥면에서 최대 90mm 정도 높게 설치한다.

2) 온수난방배관

공기빼기밸브나 팽창탱크를 향해 1/250 이상 끝올림구배를 준다.

① 단관 중력순환식 : 온수주관은 끝내림구배를 주며 관 내 공기를 팽창탱크로 유인한다.

② 복관 중력순환식

㉠ 상향공급식 : 온수공급관은 끝올림구배, 복귀관은 끝내림구배

㉡ 하향공급식 : 온수공급관과 복귀관 모두 끝내림구배

③ 강제순환식 : 끝올림구배이든 끝내림구배이든 무관하다.

03 | 난방배관

1) 급탕배관

(1) 배관구배

중력순환식은 1/150, 강제순환식은 1/200의 구배로 하고, 상향공급식은 급탕관을 끝올림구배로, 복귀관은 끝내림구배로 하며, 하향공급식은 급탕관과 복귀관 모두 끝내림구배로 한다.

(2) 관지름

$$Q = AV = \frac{\pi D^2}{4} V[\mathrm{m^3/s}]$$

$$\therefore D = \sqrt{\frac{4Q}{\pi V}}[\mathrm{m}]$$

(3) 자연순환식(중력순환식)의 순환수두

$$H = h(\gamma_2 - \gamma_1)[\mathrm{mmAq}]$$

여기서, h : 탕비기에의 복귀관(환탕관) 중심에서 급탕관 최고위치까지의 높이(m)

γ_1 : 급탕비중량(kg/l)

γ_2 : 환탕비중량(kg/l)

(4) 강제순환식의 펌프 전양정

$$H = 0.01\left(\frac{L}{2} + l\right)[\mathrm{mH_2O}]$$

여기서, L : 급탕관의 전길이(m)

l : 복귀관(환탕관)의 전길이(m)

2) 배수배관

관의 종류	주철관	주철관
수직관	각 층마다	• 1.0m마다 1개소 • 수직관은 새들을 달아서 지지 • 바닥 위 1.5m까지 강판으로 보호
수평관	1.6m마다 1개소	• 1.0m마다 1개소 • 수평관이 1m를 넘을 때는 관을 아연제 반원홈통에 올려놓고 2군데 이상 지지
분기관 접촉 시	1.2m마다 1개소	• 0.6m이내에 1개소

04 | 공기조화배관

1) 냉온수배관

복관 강제순환식 온수난방법에 준하여 시공한다. 배관구배는 자유롭게 하되 공기가 고이지 않도록 주의한다. 배관의 벽, 천장 등의 관통 시에는 슬리브를 사용한다.

2) 냉매배관

① 토출관(압축기와 응축기 사이의 배관)의 배관

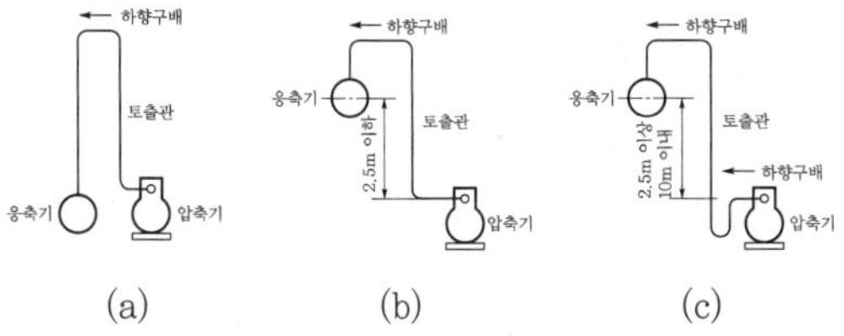

② 액관(응축기와 증발기 사이의 배관)의 배관

③ 흡입관(증발기와 압축기 사이의 배관)의 배관 : 수평관의 구배는 끝내림구배로 하며 오일트랩을 설치한다. 증발기와 압축기의 높이가 같을 경우에는 흡입관을 수직입상시키고 1/200의 끝내림구배를 주며, 증발기가 압축기보다 위에 있을 때에는 흡입관을 증발기 윗면까지 끌어올린다.

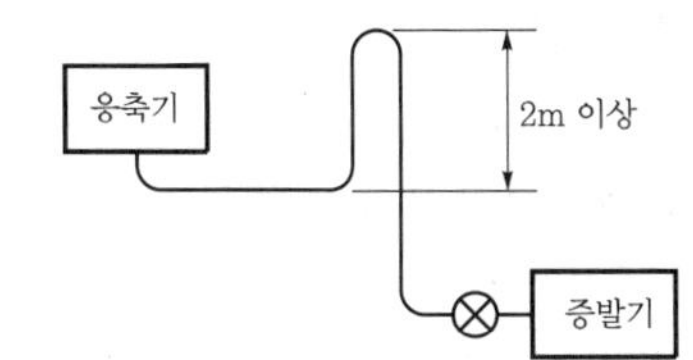

▲ 액관의 배관

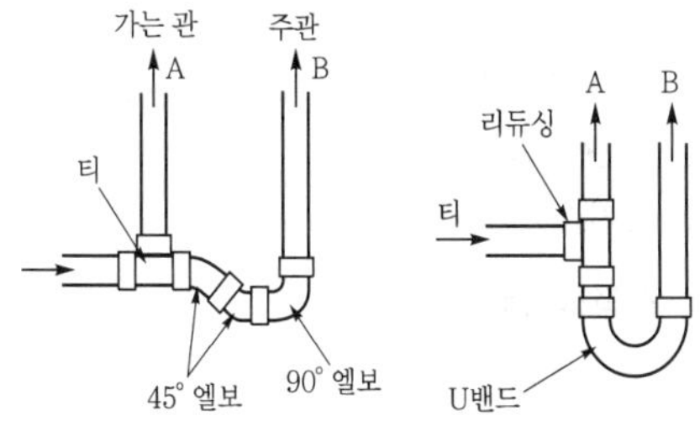

▲ 이중입상관의 배관

05 | 배관시험의 종류

① 통수시험
② 수압시험
③ 기압시험
④ 기밀시험 : 연기시험법, 박하시험법

04 CHAPTER 유지보수공사 및 검사계획 수립

01 | 개념

1) 주 1회 점검사항

① 압축기 크랭크케이스 유면을 장치운전 중 안정된 상태에서 점검할 것
② 유압을 체크할 경우 오일스트레이너의 막힘, 크랭크케이스의 유면을 확인할 것
③ 압축기를 정지하여 축봉(shaft seal)으로부터 기름이 누설되었는지를 확인할 것
④ 장치 전체에 이상이 없는지를 확인, 점검할 것
⑤ 운전기록을 조사하여 비정상적인 변화가 없는지를 확인할 것

2) 월 1회 점검사항

① 벨트의 장력을 체크하고 조정할 것
② 전동기의 윤활유를 점검할 것
③ 풀리 및 플렉시블커플링의 이완을 점검할 것
④ 냉매계통의 누설을 가스검지로 정밀하게 검사할 것
⑤ 고압가스스위치 작동을 확인하고 기타 안전장치도 필요에 따라 확인, 점검할 것
⑥ 냉각수의 오염상태를 확인하고 필요한 경우는 수질검사를 할 것
⑦ 흡입압력을 체크하여 이상발견 시 증발기 흡입배관을 점검하고 팽창밸브를 점검, 조절할 것
⑧ 토출압력을 체크하여 비정상적으로 높은 경우에는 냉각수측을 점검하고 공기의 유입 여부를 점검할 것

3) 연 1회 점검사항

① 전동기 베어링을 점검할 것
② 냉매계통의 필터를 청소할 것
③ 마모된 벨트를 교환할 것
④ 드라이어의 건조제를 점검, 교환할 것
⑤ 안전밸브를 점검할 것(필요한 경우 분출압력을 함)
⑥ 압축기를 개방, 점검할 것(피스톤, 밸브기구, 실린더, 축봉 등)

㉠ 대략 5000시간마다 1회 오버홀(over hall)한다.
㉡ 연 7000시간 되는 경우는 연 1회의 중간에 밸브 주위를 점검한다.

⑦ 응축기로부터 배수하여 점검하고, 냉각관을 청소하고 냉각수계통도 함께 실시할 것(수질이 나쁠 때는 더욱 빈번하게 점검 및 청소가 필요함)

02 | 냉동기 오버홀(over hall) 정비

1) 흡입 · 토출밸브 분해순서

① 실린더커버
② 안전두스프링
③ 토출밸브 어셈블리
④ 토출밸브 어셈블리 내부
⑤ 흡입밸브 가이드
⑥ 흡입밸브

2) 피스톤

① 실린더커버, 안전스프링, 밸브조립품의 순서로 떼어낸다.
② 연결봉(connecting rod) 대단부 조립볼트를 풀어낸다.
③ 피스톤과 로드를 함께 위로 뽑아낸다.

03 | 냉동기 오버홀 세관작업

① 화학(약품)세관과 기계(브러시)세관으로 구분한다.
② 화학세관의 종류
㉠ 무기산세정 : 염산, 황산, 인산, 불화수소산, 설파민산(sulfamic acid)
㉡ 유기산세정 : 구연산, 개미산
㉢ 유기산혼합세정
㉣ 킬레이트세정 : 고온형, 저온형
㉤ 탈지세정 : 가성소다, 탄산소다, 인산소다, 계면활성제 혼합 사용

04 | 보일러 세관

1) 공동현상(cavitation)

① 관로의 변화가 일어나는 부분(만곡부, 단면이 좁아진 곳)에서 저압이 되어 포화증기압보다 낮아지므로 증기가 발생하거나 수중에 혼합된 공기도 물과 분리되어 기포가 생긴 현상으로 저압부에서 고압부로 흐르면서 심한 소음과 진동이 나타낸다.
② 방지방법
㉠ 펌프의 회전수를 낮게 하여 유속을 적게 한다.
㉡ 설치위치를 수원과 가까이하여 흡입수의 양정을 작게 한다.
㉢ 가급적 만곡부를 줄인다.
㉣ 2단 이상의 펌프를 사용한다.
㉤ 흡입관의 손실수두를 줄인다.

2) 맥동현상(서징현상)

① 흡입관로에 공기, 관내 저항 등으로 펌프 입구 또는 출구측 압력계의 지침이 흔들리거나 송출유량이 변화하는 현상
② 송출압력과 송출유량 사이에 주기적인 변동이 일어나는 현상
③ 관 내의 생성된 기포가 깨어짐으로써 유체에 충격, 진동을 일으키는 것

05 | 보일러 점검사항

1) 수시점검사항

① **연료온도** : 펌프 흡입측, 버너전, 예열기 후
② **연료압력** : 펌프 흡입측, 펌프 토출측, 여과기 전 · 후, 조절밸브 전 · 후
③ **화염상태** : 색깔, 형태, 버터플라이
④ **버너타일** : 카본 부착상태, 손상
⑤ **공기압력** : 윈드박스 차압, 노 내압, 보일러 출구
⑥ **공연비제어장치** : 위치에 따른 유량변화
⑦ **배관** : 누설 여부
⑧ **본체증기압력** : 압력변동범위

2) 주간점검사항

① **공급탱크** : 수분분리상태, 유면의 지지상태, 온도조절기
② **수면변화** : 저수위감지장치, 배수 등
③ **저장탱크** : 수분분리, 온도조절기
④ **배기가스** : 가스분석, 스모크번호
⑤ **각종 계기** : 지시상태
⑥ **회전체** : 벨트 장력, 베어링 부분 발열

⑦ 버너 본체 : 벨트 장력
⑧ 전기배선 : 단자의 접촉, 발열상태

3) 월간점검사항

① 화염검출기, 압력제한장치, 공기흐름스위치, 온도스위치 : 기능
② 저수위감지장치 : 감지상태, 스케일 발생
③ 파일럿버너 : 점화 전극간격, 소손, 점화 트랜스 기능
④ 차단밸브 : 작동상태
⑤ 공연비제어장치 : 동작범위 및 위치

PART 01

에너지관리

01장 공기조화이론

02장 공기조화계획

03장 공조기기 및 덕트

04장 TAB

05장 보일러설비 시운전

Engineer Air-Conditioning Refrigerating Machinery

1 Chapter 공기조화이론

1 공기조화의 개요

(1) 개요

공기조화(air conditioning)라고 함은 실내의 온도, 습도, 기류, 박테리아, 유독가스 등의 조건을 실내에 있는 사람 또는 물품 등에 대하여 가장 좋은 조건으로 유지하는 것을 말한다. ASHRAE(미국공조냉동공학회)에서는 일정한 공간의 요구에 알맞은 온도, 습도, 청결도, 기류분포 등을 동시에 조절하기 위한 공기취급과정이라고 정의하였다.

① **보건용 공조(comfort air conditioning, 쾌감용 공조)** : 실내의 사람을 대상으로 하는 것으로 주택, 사무실, 오피스텔, 백화점, 병원, 호텔, 극장 등의 공기조화가 이에 속한다.

② **산업용 공조(industrial air conditioning)** : 실내에서 생산되는 물품을 대상으로 하는 것이며 실내에서 운전되는 기계에 대하여 가장 적당한 실내조건을 유지하고 부차적으로 실내인원의 쾌적성을 유지하는 것을 목적으로 한다. 공장, 전화국, 실험실, 창고, 측정실 등의 공기조화가 이에 속한다.

③ **의료용 공조** : 의료활동 및 환자를 위한 설비이다.

(2) 공기조화의 4요소

① 온도(temperature)

② 습도(humidity)

③ 기류(distribution)

④ 청정도(cleanliness)

※ "벽면에 미치는 복사효과"를 고려하면 5대 효과라고도 함

2 일반공조의 실내환경

(1) 인체의 열수지

인간은 매일 음식물을 섭취하고 호흡작용에 의해서 도입한 산소를 연소시켜 에너지로 변환하여 생명을 유지하며 노동이나 운동 등의 활동을 계속한다. 이 에너지의 일부는 일로 이용되고, 나머지는 열에너지로 체외로 방출된다.

인간은 체온을 항상 36~37℃ 정도로 거의 일정하게 유지해야 하는 항온동물로 체내의 열생산과 열방출이 평형되지 않으면 체온의 상승이나 저하를 초래하여 불쾌감을 가지게 되고 그 외 질병을 일으키기도 한다. 인체에 출입하는 에너지변화를 에너지대사라고 하며 생명의 유지에만 필요한 대사량을 기초대사, 작업을 하지 않을 때의 대사량을 안정대사라고 한다.

대사량은 대개 체표면적에 비례하고, 안정대사는 평균하면 기초대사보다 20% 정도 크다.

성인 남자의 기초대사는 40.83W/m^2 전후이다. 대사량을 나타내는 단위는 일반적으로 메트(Met)가 사용되며, 이것은 열적으로 쾌적한 상태에서의 안정 시 대사를 기준으로 한 것으로 1Met(인체대사량)=58.2W/m^{2}이다. 58.2W/m^{2}는 증발, 복사, 대류에 의해서 각각 20~25%, 40~50%, 20~30% 정도의 비율로 체외로 방출된다.

정상적으로 활동하고 있는 인체의 열평형은 다음 식으로 표시할 수 있다.

$$M = E \pm r \pm C \pm S$$

여기서, M: 신진대사량(W/인)

E: 증발에 의한 인체와 주위 환경과의 교환열량(W/인)

r: 복사에 의한 인체와 주위 환경과의 교환열량(W/인)

C: 대류에 의한 인체와 주위 환경과의 교환열량(W/인)

S: 인체에 축적되는 열량(W/인)

위의 식에서 (-)는 인체에서 주위로의 방열이고, (+)는 인체로의 입열을 나타낸다.

① $S=0$일 때 체온 일정
② $S>0$일 때 체온 상승(덥다고 느낀다)
③ $S<0$일 때 체온 강하(춥다고 느낀다)

clo의 조건(의복의 열저항)

- 기온 21℃, 상대습도 50%, 기류 0.15m/s의 실내에서 착석, 휴식상태의 쾌적 유지를 위한 의복의 열저항을 1clo라고 한다.
- 실온이 약 6.8℃ 내려갈 때마다 1clo의 의복을 겹쳐 입는다.
- 1clo는 6.5W/m^2 · K 열관류율값(또는 0.155m^2 · K/W의 열관류저항값)에 해당하는 단열성능을 나타낸다.

에너지대사율(체내 발생열량, RMR : Relative Metabolic Rate)

$$RMR = \frac{\text{작업 시 소비에너지} - \text{안정 시 소비에너지}}{\text{기초대사량}}$$

(2) 보건용 공기조화의 기준(중앙관리방식의 공기조화설비기준)

① 부유분진량 : 0.15mg/m^3 이하(입자직경 10μm 이하)
② 건구온도 : 17℃ 이상 28℃ 이하
③ CO함유율 : 10ppm 이하(0.001% 이하)
④ 상대습도 : 40% 이상 70% 이하
⑤ CO_2함유율 : 1,000ppm 이하(0.1% 이하)
⑥ 기류 : 0.5m/s 이하

장치노점온도(ADP : Apparatus Dew Point temperature)란 실내상태점으로부터 열수분비 $\left(u=\frac{dh}{dx}\right)$ 또는 현열비$\left(SHF=\frac{q_s}{q_t}=\frac{q_s}{q_s+q_L}\right)$선과 평행하게 그은 선과 포화곡선(상대습도 100%)과의 교점으로 냉각코일에서 공기 중의 수증기가 응결될 때의 온도로서 건구온도(DB), 습구온도(WB), 노점온도(DP)가 일치한다.

(3) 인체 발생열량

$$q_m = q_r + q_e + q_s[\text{W}]$$

여기서, q_r : 복사열량, q_e : 증발열량, q_s : 체내 축열량

인체대사량과 서한도

1. 인체대사량(Met)
   ① 인체대사의 양은 주로 Met단위로 측정한다.
   ② 1Met는 조용히 앉아서 휴식을 취하는 성인 남성의 신체 표면적 1m^2에서 발생되는 평균열량으로 58.2W/m^2에 해당한다.
   ③ 작업강도가 심할수록 Met값이 커진다.
2. 서한도 : 인체에 해가 되지 않는 오염물질의 농도

(4) 인체의 쾌적조건

사람에게 가장 쾌적한 상태란 체내 생산열량과 방산열량이 평형을 이룰 때이므로 옷을 입고 벗은 상태, 사람의 심리상태 등의 특성에 따라 쾌적영역이 달라진다. 이 쾌적도를 지표화시킨 것에 불쾌지수(DI), 유효온도(ET), 수정유효온도(CET), 신유효온도(NET) 등이 있다. 공

조에서 사용하는 실내조건은 여름이 26℃ DB, 60% RH, 기류 0.25m/s이고, 겨울은 20℃ DB, 40% RH이다.

① **불쾌지수(DI : Discomfort Index)** : 열환경에 의한 영향만 고려한 것으로 건구온도와 습구온도에 의하여 구한다.

불쾌지수(DI)=0.72(DB+WB)+40.6

여기서, DB : 건구온도(℃), WB : 습구온도(℃)

[불쾌지수에 따른 쾌감상태]

불쾌지수(DI)	쾌감상태
86 이상	매우 견디기 어려운 무더위
80 이상	대부분 불쾌감을 느낌
75 이상	50% 이상 불쾌감을 느낌
70 이상	일부 불쾌감을 느낌(불쾌감을 느끼기 시작)
70 미만	쾌적함을 느낌

② **유효온도(ET : Effective Temperature, 감각온도, 실감온도, 실효온도)** : 어떤 온도, 습도하에서 실내에서 느끼는 쾌감과 동일한 쾌감을 얻을 수 있는 바람이 없고 포화상태(상대습도 100%)인 실내온도로, 그 결정조건은 건구온도, 습구온도(습도), 기류가 있다(온도, 습도, 기류의 영향을 종합한 온도).

※ 정지공기 : 유속 0.08~0.13m/s의 공기

※ 유효온도 20℃라 함은 상대습도 100%, 정지공기 중에서 20℃에서 느끼는 체감온도를 말한다.

③ **수정유효온도(CET : Corrected Effective Temperature)** : 유효온도의 건구온도 대신에 흑구 내에 온도계를 삽입한 글로브온도계로 측정된 온도로 효과온도(OT)와 함께 복사의 영향이 있을 때 사용된다(온도, 습도, 기류, 복사열).

※ 출입하는 상호 간의 온도차가 5℃ 이상일 때는 불쾌감이 강한 콜드 쇼크(cold shock)나 히트 쇼크(heat shock)를 느낀다.

④ **신유효온도(NET : New Effective Temperature)** : 유효온도(ET)의 습도에 대한 과대평가를 보완하여 상대습도 100% 대신 상대습도 50%선과 건구온도 25℃선의 교차를 표시한 쾌적지표이다. 유효온도에 착의상태를 고려한 것으로 기류는 0.15m/s를 기준으로 한 온도이다.

⑤ **표준 유효온도(SET : Standard Effective Temperature)**

㉠ 신유효온도(NET)를 발전시킨 최신 쾌적지표로서 ASHRAE에서 채택하여 세계적으로 널리 사용하고 있다.

㉡ 상대습도 50%, 풍속 0.125m/s, 활동량 1Met, 착의량 0.6clo의 동일한 표준 환경에서 환경변수들을 조합한 쾌적지표이다.

㉢ 활동량, 착의량 및 환경조건에 따라 달라지는 온열감, 불쾌적 및 생리적 영향을 비교할 때 매우 유용하다.

⑥ **작용온도(OT : Operative Temperature)** : 실내기후의 더위 및 추위를 종합적으로 나타낸 온도로서 실내벽면(천장, 바닥 포함)의 평균복사온도와 실온의 평균으로 나타내며 인체가 느끼지 못할 정도의 미풍(0.18m/s)일 때에 글로브온도와 일치한다. 습도는 고려하지 않는다.

$$\text{작용온도(OT)} = \frac{\text{평균복사온도(MRT)} + \text{건구온도(DB)}}{2} [℃]$$

⑦ **평균복사온도(MRT : Mean Radiant Temperature)** : 어떤 측정위치에서 주변 벽체들의 온도를 평균한 온도이다.

⑧ **예상평균온열감(PMV : Predicted Mean Vote)** : 동일한 조건에서 대사량, 착의량, 건구온도, 복사온도, 기류, 습도(6가지 요소로 재실자의 열쾌적성을 평가하는 지표)를 측정하여 산정한다.

지표	−3	−2	−1	0	1	2	3
상태	매우 추움	추움	약간 추움	보통	약간 더움	더움	매우 더움

3 공기의 성질

지구상의 공기는 질소, 산소의 주성분과 아르곤, 탄산가스, 네온 등의 기타 미량의 기체로 조성되며, 여기에 수증기가 포함되어 있다. 대기 중에는 이들 공기의 구성물질 이외에 자연이나 인간이 발생하는 먼지나 가스, 증기 등도 포함되어 있다. 그러나 공기조화의 이론적인 계산에서는 건조공기와 수증기의 혼합물을 공기로 삼고 있다. 수증기를 포함하지 않는 공기를 건조공기라고 하고, 수증기를 포함하고 있는 공기를 습공기라고 한다.

3.1 공기의 종류

(1) 건조공기(dry air)

수증기를 전혀 함유하지 않은 건조한 공기이다.

① 조성비율 : N_2 78%, O_2 20.93%, Ar 0.933%, CO_2 0.03%, Ne 1.8×10^{-3}%, He 5.2×10^{-4}%

② 평균분자량(M_a) : 28.964kg/kmol

③ 기체상수(R_a) : 287N·m/kg·K(=0.287kJ/kg·K)

④ 비중량(r_a) : 20℃일 때 1.2kg/m^3(=12.67N/m^3)

⑤ 비체적(v_a) : 밀도(ρ_w)의 역수$\left(=\frac{1}{\rho_w}=\frac{1}{1.2}=0.83\text{m}^3/\text{kg}(20℃ \text{ 공기일 때})\right)$

⑥ 공기밀도(ρ_w) : 1.2kg/m^3(20℃ 공기일 때)

(2) 습공기(moist air)

건조공기 중에 수분을 함유한 것으로, 수분은 기계적인 상태로 혼합되어 있다.

구분	설명
상태	습공기=건공기+수증기
질량	건공기질량+수증기질량=1+x[kg]
압력(P)	대기압(전압)=건공기분압+수증기분압($P=P_a+P_w$)
비체적(v)	습공기 비체적(v)=건공기 비체적(v_a)+수증기 비체적(v_w)

(3) 포화공기(saturated air)

공기 중에 포함된 수증기량은 공기온도에 따라 한계가 있다(온도, 압력에 따라 변한다). 최대 한도의 수증기를 포함한 공기를 포화공기라 한다. 공기의 온도가 상승하면 포화압력도 상승하여 공기는 보다 많은 수증기를 함유할 수 있게 되며, 온도가 내려가면 공기가 함유할 수 있는 수증기의 한도는 작아져 포화압력은 내려간다.

(4) 무입공기(霧入空氣, 안개 낀 공기)

t[℃]인 포화공기의 온도를 서서히 내려 t'[℃]로 하면 $(x-x')$만큼 수증기는 응축하여 미세한 물방울이나 안개상태로 공중에 떠돌아다닌다. 이와 같은 공기를 무입공기라 한다.

(5) 불포화공기(unsaturated air)

포화점을 도달하지 못한 습공기로서, 실제 공기의 대부분은 불포화공기가 된다.

※ 포화공기를 가열하면 불포화공기가 되고, 냉각하면 과포화공기(과냉각공기)가 된다.

3.2 공기의 상태치

(1) 건구온도(DB : Dry Bulb temperature, t [℃])

보통의 온도계가 지시하는 온도이다.

(2) 습구온도(WB : Wet Bulb temperature, t' [℃])

습구온도계로 측정한 온도로서, 감온부를 천으로 싸고 물을 적셔 증발의 냉각효과를 고려한 온도이다. 습구온도는 건조할수록 낮아지며 건구온도보다 항상 낮고 포화상태일 때만 건구온도와 같다.

(3) 노점온도(DP : Dew Point temperature, t'' [℃])

습공기 중의 수증기가 공기로부터 분리되어 응축하기 시작할 때의 온도, 즉 습공기의 수증기분압과 동일한 분압을 갖는 포화습공기의 온도를 말한다.

(4) 절대습도(SH : Specific Humidity, x [kg′/kg DA])

습공기에 함유되어 있는 수증기의 질량을 건조공기의 질량으로 나눈 값, 즉 건조공기 1kg에 대한 수증기의 질량이다.

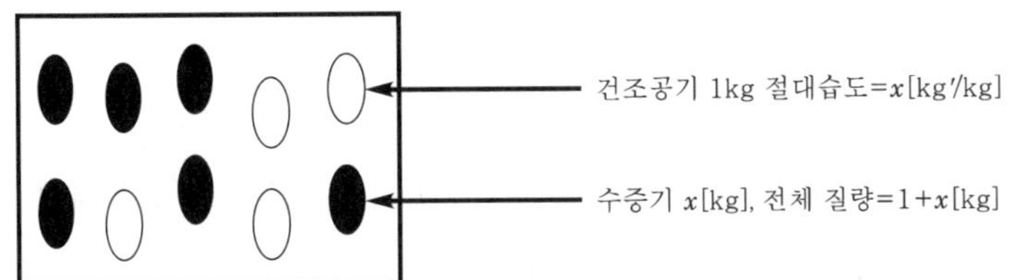

※ 감습, 가습함이 없이 냉각, 가열만 할 경우 절대습도는 변하지 않는다.

$$x = \frac{\gamma_w}{\gamma_a} = \frac{\frac{P_w}{R_w T}}{\frac{P_a}{R_a T}} = \frac{\frac{P_w}{461}}{\frac{P-P_w}{287}} = 0.622\frac{P_w}{P-P_w} = 0.622\frac{\phi P_s}{P-\phi P_s}$$

여기서, P_w : 수증기분압(Pa=N/m^2), P_a : 건공기분압(N/m^2)

R_w : 수증기의 가스정수(461N·m(J)/kg·K=0.461kJ/kg·K)

R_a : 건공기의 가스정수(287N·m(J)/kg·K=0.287kJ/kg·K)

(5) 상대습도(RH : Relative Humidity, ϕ [%])

수증기분압과 동일 온도의 포화습공기의 수증기분압의 비로서, 1m^{3}의 습공기 중에 함유된 수분의 비중량과 이와 동일 온도의 1m^{3}의 포화습공기에 함유되고 있는 수분의 비중량과의 비이다.

$$\phi = \frac{\gamma_w}{\gamma_s} \times 100[\%] = \frac{P_w}{P_s} \times 100[\%]$$

여기서, γ_w : 습공기 1m^3 중에 함유된 수분의 비중량

γ_s : 포화습공기 1m^3 중에 함유된 수분의 비중량

P_w : 습공기의 수증기분압, P_s : 동일 온도의 포화습공기의 수증기분압

(주) 공기를 가열하면 상대습도는 낮아지고, 냉각하면 높아진다.

$\phi = 0\%$(건조공기)

$\phi = 100\%$(포화공기)

$\phi = \frac{P_w}{P_s}[\%]$에서 $P_w = \phi P_s$, $x = 0.622\frac{\phi P_s}{P-\phi P_s}$이므로

$$\phi = \frac{xP}{(0.622+x)P_s}$$

PART 1

(6) 포화도(SD : Saturation Degree, ψ[%], 비교습도)

습공기의 절대습도와 동일 온도의 포화습공기의 절대습도의 비이다.

$$\psi = \frac{x}{x_s} \times 100[\%] = \frac{0.622\dfrac{\phi P_s}{P-\phi P_s}}{0.622\dfrac{P_s}{P-P_s}} = \phi\frac{P-P_s}{P-\phi P_s}[\%]$$

여기서, x : 습공기의 절대습도(kg'/kg), x_s : 동일 온도의 포화습공기의 절대습도(kg'/kg)

(7) 비체적(specific volume, v[m^3/kg])

1kg의 질량을 가진 건조공기를 함유하는 습공기가 차지하는 체적이다. 건조공기 1kg에 함유된 수증기량을 x[kg]이라고 하면

① 건조공기 1kg의 상태식(기체상태방정식) : $P_a v = R_a T$

② 수증기 x[kg]의 상태식 : $P_w v = xR_w T$

③ $P = P_a + P_w$에서 $Pv = (P_a + P_w)v = (R_a + xR_w)T$ 이므로

$$v = \frac{T(R_a + xR_w)}{P} = (287 + 461x)\frac{T}{P} = 461(0.622 + x)\frac{T}{P}[\text{m}^3/\text{kg}]$$

(8) 습공기의 비엔탈피(specific enthalpy, h)[kJ/kg])

습공기의 엔탈피는 건조공기가 그 상태에서 가지고 있는 열량(현열)과 동일 온도에서 수증기가 갖고 있는 열량(잠열+현열)과의 합이다. 즉 단위질량의 습공기가 갖는 현열량과 잠열량의 합이다.

Point

건조공기 1kg에 함유된 수증기량이 x[kg]일 때

- 건조공기의 현열량(h_a) : 0℃의 건조공기를 0으로 한다.

  $h_a = C_p t = 1.005t$[kJ/kg]

  여기서, C_p : 공기의 정압비열(=1.005kJ/kg·K)
- 수증기의 비엘탈피(h_w) : 0℃의 건조공기를 0으로 한다.

  $h_w = \gamma_0 + C_{pw} t = 2,501 + 1.85t$[kJ/kg]

  여기서, γ_0 : 수증기 0℃에서의 증발잠열(=2,501kJ/kg)

  C_{pw} : 수증기의 정압비열(=1.85kJ/kg)
- 습공기의 비엔탈피(h)

$$h = h_a + xh_w = 0.24t + x(597.3 + 0.441t)[\text{kcal/kg}]$$
$$= 1.005t + x(2,501 + 1.85t)[\text{kJ/kg}]$$

(9) 현열비(SHF : Sensible Heat Factor, 감열비)

전열량에 대한 현열량의 비로써, 실내로 취출되는 공기의 상태변화를 나타낸다.

$$SHF = \frac{q_s}{q_t} = \frac{q_s}{q_s + q_L}$$

(10) 열수분비(moisture ratio, u)

비엔탈피(전열량)변화량과 실내습도(수증기량)변화량의 비를 나타낸 값이다.

$$u = \frac{dh}{dx} = \frac{h_2 - h_1}{x_2 - x_1}$$

$dh = 0$이면 $u = 0$, $dx = 0$이면 $u = \infty$이다.

① **열평형과 물질평형** : 단열된 덕트 내에 공기를 통하고, 이것에 열량 q_s[kJ/h]과 수분 L [kg/h]을 가한다.

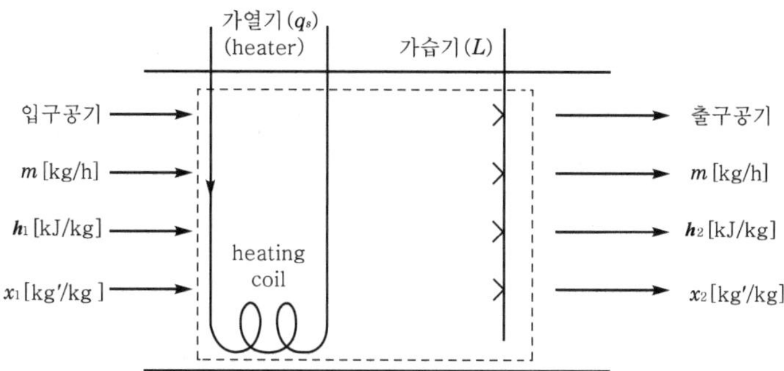

㉠ 열평형(energy balance)

장치로 들어오는 총열량$= m h_1 + q_s + L h_L$

장치로부터 나가는 총열량$= m h_2$

∴ 열평형식$= m h_1 + q_s + L h_L = m h_2$

$$h_2 - h_1 = \frac{q_s + L h_L}{m} \text{[kJ/kg]}$$

㉡ 수분에 대한 물질평형(mass balance)

장치에 들어간 총물질(수분)량$= m x_1 + L$

장치에서 나가는 총물질(수분)량$= m x_2$

∴ 물질평형식$= m x_1 + L = m x_2$

$$L = m(x_2 - x_1)$$

② 열수분비(u) : 열평형식을 물질평형식으로 나누면

$$u=\frac{h_2-h_1}{x_2-x_1}=\frac{q_s+Lh_L}{L}=\frac{q_s}{L}+h_L$$

여기서, h_1 : 변화 전의 습공기 비엔탈피(kJ/kg), h_2 : 변화 후의 습공기 비엔탈피(kJ/kg)
h_L : 수분의 비엔탈피(kJ/kg), x_1 : 변화 전의 습공기 절대습도(kg′/kg)
x_2 : 변화 후의 습공기 절대습도(kg′/kg), L : 증감된 전수분량(kg′/kg)
q_s : 증감된 현열량(kJ/h)

(11) 습공기의 단열포화온도(adiabatic saturation temperature, t'[℃])

외부와 단열된 용기 내에서 물이 포화습공기와 같은 온도로 되어 공존할 때의 온도, 즉 완전히 단열된 air washer를 사용하여 같은 물을 순환분무해서 공기를 포화시킬 때 출구공기의 온도를 단열포화온도라고 한다. 풍속이 5m/s 이상인 기류 중에서 놓인 습구온도계의 눈금은 단열포화온도와 같다.

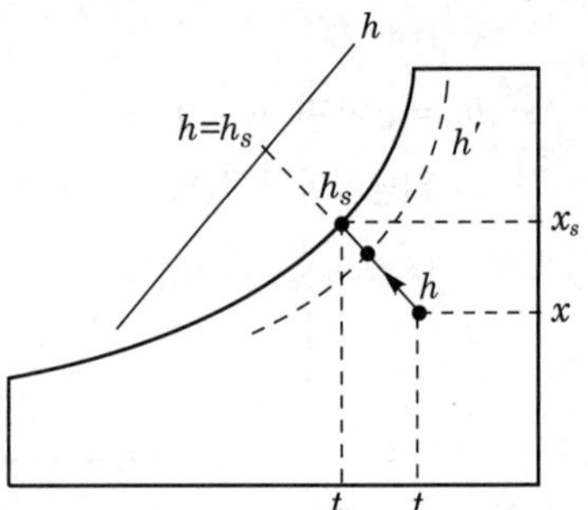

$$\text{세정(분무)가습효율}(\eta_w)=\frac{x'-x}{x_s-x}\times 100[\%]$$
$$=\frac{t-t'}{t-t_s}\times 100[\%]$$

4 습공기선도

4.1 습공기선도 구성과 읽는 방법

① 습공기선도를 구성하는 요소에는 건구온도, 습구온도, 노점온도, 절대습도, 상대습도, 수증기분압, 비체적, 비엔탈피, 현열비, 열수분비 등이 있다.
② 습공기선도를 구성하고 있는 요소들 중 2가지만 알면 나머지 모든 요소들을 알아낼 수 있다.
③ 공기를 냉각, 가열하여도 절대습도(x)는 변하지 않는다. 즉 공기를 냉각하면 상대습도는 높아지고, 공기를 가열하면 상대습도는 낮아진다.
④ 습구온도와 건구온도가 같다는 것은 상대습도가 100%인 포화공기임을 뜻한다.
⑤ 습구온도가 건구온도보다 높을 수는 없다.

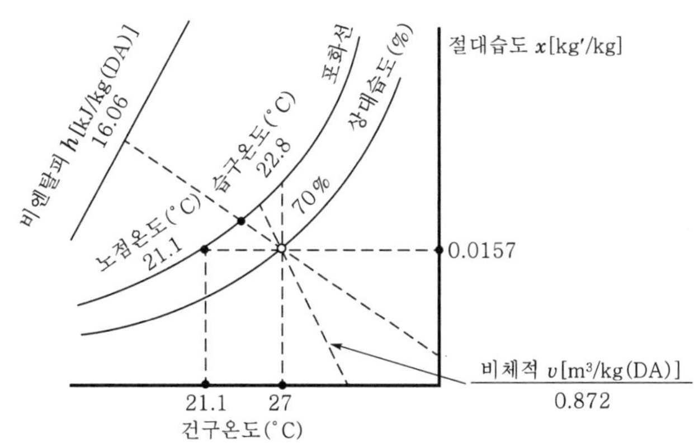

[습공기선도 보는 법]

4.2 공기선도의 종류

(1) $h-x$선도

절대습도(x)를 종축으로 하고 비엔탈피(h)를 여기에 사교하는 좌표축으로 선택해서 $h-x$의 사교좌표로 되어 있다. 실제로 작성된 선도에서는 그림의 하부에 건구온도(t)를 나타내고 있는 것이 많으며 건구온도선이 그 축에 대해서 수직으로 되어 있지 않고 상부로 감에 따라 차츰 열려 있는 것으로부터도 건구온도 t가 좌표축이 아닌 것을 알 수 있다.

(2) $t-x$선도

이 선도는 절대습도(x)를 종축에, 건구온도(t)를 횡축에 취한 직교좌표로 습구온도 t'가 같은 습공기의 비엔탈피(h)는 건구온도가 달라져도 근사적으로 같은 값을 나타낸다. 단열포화온도항에서도 동일한 습구온도의 공기라도 포화공기의 비엔탈피와 불포화공기의 비엔탈피 사이에는 절대습도의 차에 의한 온도 t'인 물의 비엔탈피분만큼 불포화공기의 비엔탈피는 작은 값을 지닌다.

(3) $t-h$선도

습구온도 0℃ 이상의 습공기에서 습구온도 t'가 일정한 경우에는 건구온도가 달라져도 비엔탈피의 차는 별로 크지 않다. 따라서 $h-x$선도상에서는 등비엔탈피선과 등습구온도선은 거의 평행선이며 실용상 그 차이를 무시해도 지장이 없다. 건구온도(t)를 횡축에, 포화공기의 비엔탈피(h)를 종축에 취한 것을 습공기의 $t-h$선도라고 한다.

※ $p-h$선도(냉매Mollier선도) : 냉동기 내에서 냉매의 상태를 도시한 선도로 냉동기의 성능계수를 구할 수 있다(압력-비엔탈피선도).

4.3 공기선도의 구성

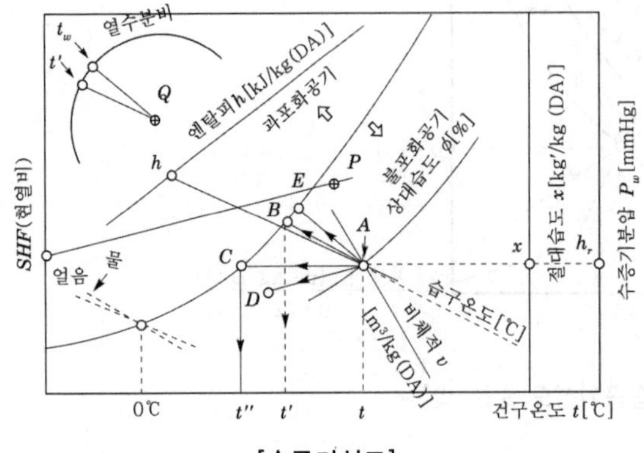

[습공기선도]

- SHF : 현열비
- RH : 상대습도(%)
- t' : 습구온도(℃)
- h : 엔탈피(kJ/kg)
- DB : 건구온도(℃)
- P_w : 수증기분압
- u : 열수분비
- SD : 포화도(%)
- v : 비체적(m^3/kg)
- DP : 노점온도(=t)(℃)
- x : 절대습도(kg′/kg)

$$u = \frac{\text{비엔탈피변화량}}{\text{절대습도변화량}} = \frac{dh}{dx} = \frac{h_2 - h_1}{x_2 - x_1}$$

$$\text{현열비}(SHF) = \frac{\text{현열량}}{\text{비엔탈피변화량(전열량)}} = \frac{q_s}{q_t} = \frac{q_s}{q_s + q_L}$$

4.4 공기선도의 판독

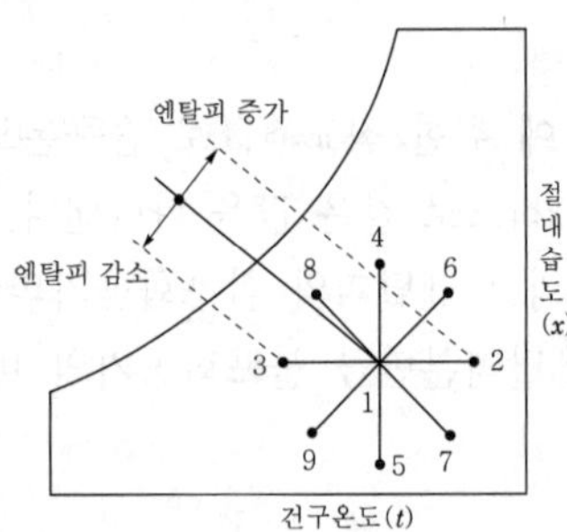

- 1→2 : 현열, 가열(sensible heating)
- 1→3 : 현열, 냉각(sensible cooling)
- 1→4 : 가습(humidification)
- 1→5 : 감습(dehumidification)
- 1→6 : 가열, 가습(heating and humidifying)
- 1→7 : 가열, 감습(heating and dehumidifying)
- 1→8 : 냉각, 가습(cooling and humidifying)
- 1→9 : 냉각, 감습(cooling and dehumidifying)

[공기조화의 각 과정]

절대습도와 노점온도는 서로 평행하므로 상태점을 찾을 수 없다.

습공기($h-x$)선도의 구성

표준 대기압상태에서 습공기의 성질을 표시하고 건구온도(t), 습구온도(t'), 노점온도(t''), 상대습도(ϕ), 절대습도(x), 수증기분압(P_w), 비엔탈피(h), 비체적(v), 현열비(SHF), 열수분비(u) 등으로 구성되어 있다.

• 습공기선도에서의 각 상태점

구분	기호	단위	구분	기호	단위
건구온도	DB(t)	℃	수증기분압	P_w	mmHg
습구온도	WB(t')	℃	상대습도	ϕ	%
노점온도	DP(t'')	℃	비엔탈피	h	kJ/kg
절대습도	x	kg′/kg	비체적	v	m^3/kg

• 습공기선도

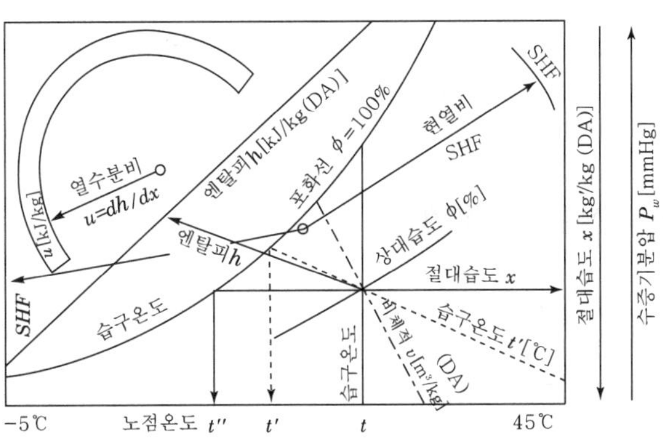

5 공기선도의 상태변화

5.1 가열, 냉각 ; 현열(감열)

$$q_s = m(h_2 - h_1) = mC_p(t_2 - t_1)$$
$$= \rho Q C_p(t_2 - t_1) \fallingdotseq 1.21\,Q(t_2 - t_1)[\text{kW}]$$

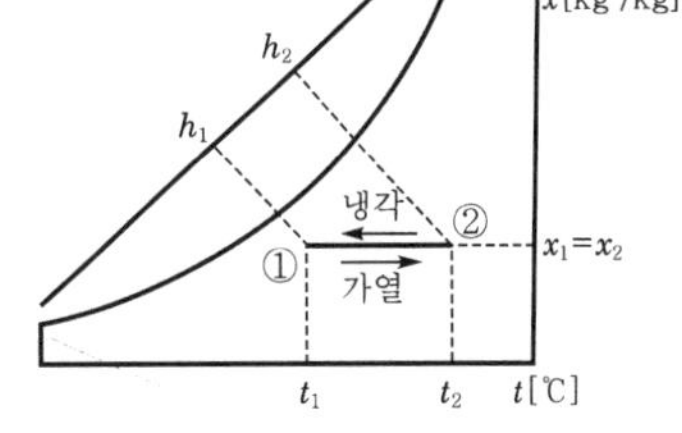

여기서, q_s : 현열량(kW)

m : 공기량($= \rho Q = 1.2Q$)(kg/s)

C_p : 공기의 정압비열(=1.005kJ/kg·K)

ρ : 공기의 밀도(비질량)(=1.2kg/m^3)

Q : 단위시간당 공기통과 체적량(m^3/s), t : 건구온도(℃)

냉각 시 냉각코일의 표면온도가 통과공기의 노점온도 이상일 때는 절대습도가 일정한 상태에서 냉각되고, 그 이하일 때는 냉각과 동시에 제습된다.

5.2 가습, 감습 ; 잠열(숨은열)

$$L = m(x_2 - x_1)$$

$$\therefore\ q_L = m(h_2 - h_1) = \gamma_o L$$
$$= 2{,}501m(x_2 - x_1) = 2{,}501\rho Q(x_2 - x_1)$$
$$= 2{,}501 \times 1.2Q(x_2 - x_1)$$
$$= 3001.2Q(x_2 - x_1)[\text{kW}]$$

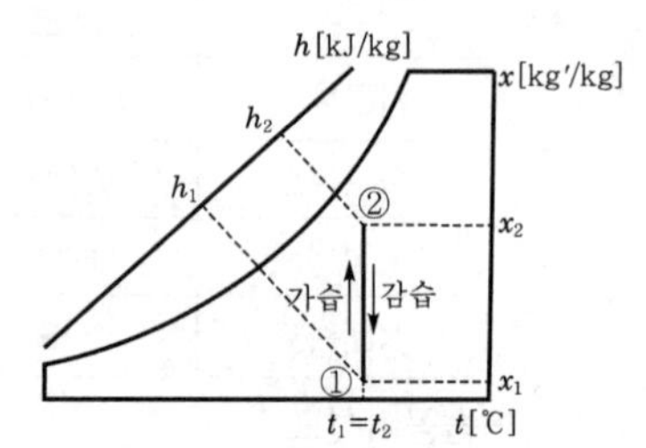

여기서, L : 가습량(kg/s), q_L : 잠열량(kW), m : 공기량(kg/s)
γ_o : 수증기 잠열(=2,501kJ/kg), x : 절대습도(kg′/kg)

5.3 가열, 가습 ; 현열 & 잠열

$$q_t = m(h_3 - h_1) = q_s + q_L[\text{kW}]$$

$$SHF = \frac{q_s}{q_s + q_L}$$

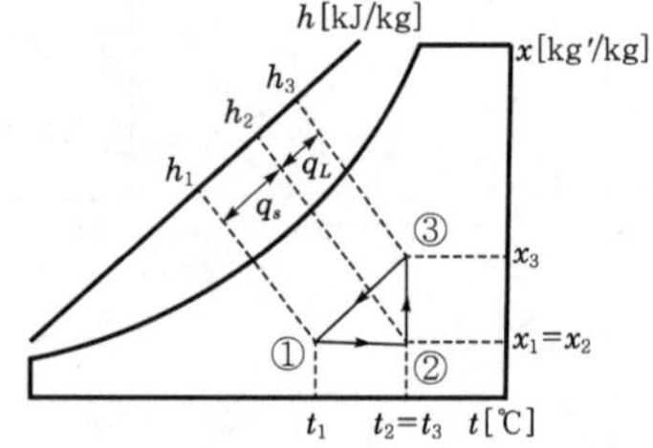

여기서, q_t : 전열량(kW), m : 공기량(kg/s)
q_s : 현열량(kW), q_L : 잠열량(kW), SHF : 현열비

5.4 단열혼합

외기(OA)를 2, 외기풍량(외기량)을 Q_2, 실내환기(RA)를 1, 실내풍량을 Q_1이라고 할 때 혼합공기 3의 온도이다.

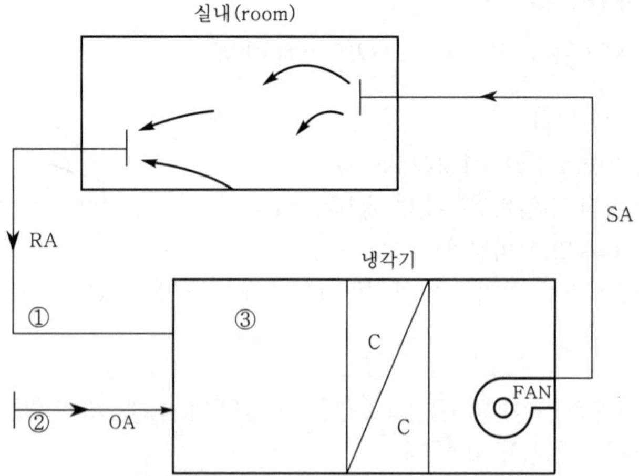

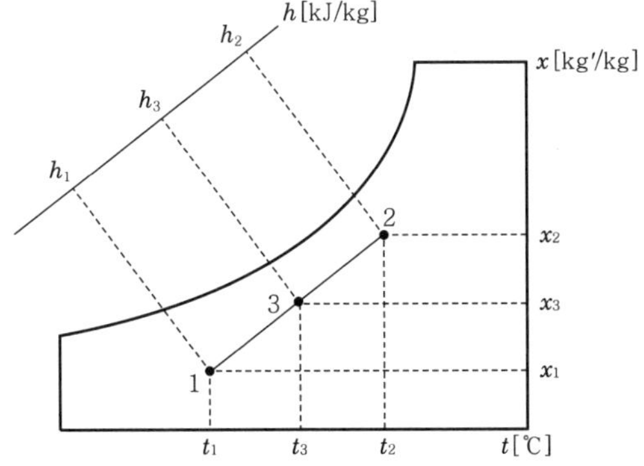

핵심 체크

$$t_3 = \frac{Q_1 t_1 + Q_2 t_2}{Q_1 + Q_2 (= Q)} [℃]$$

$$x_3 = \frac{Q_1 x_1 + Q_2 x_2}{Q_1 + Q_2 (= Q)} [kg'/kg]$$

$$h_3 = \frac{Q_1 h_1 + Q_2 h_2}{Q_1 + Q_2 (= Q)} [kJ/kg]$$

급기량(송풍량, Q) = 환기량(Q_1)+외기량(Q_2)[m^3/h]

5.5 가습방법의 분류

(1) 순환수분무가습(단열, 가습, 세정)

순환수를 단열하여 공기세정기(air washer)에서 분무할 경우 입구공기 '1'은 선도에서 점 '1'을 통과하는 습구온도선상이 포화곡선을 향하여 이동한다. 이때 엔탈피는 일정하며($h_1 = h_2$), 이것을 단열변화(단열가습)라 한다. 공기세정기의 효율은 100%가 되며, 통과공기는 최종적으로 포화공기가 되어 점 '2'의 상태로 되나, 실제로는 효율 100% 이하이기 때문에 선도에서 '3'과 같은 상태에서 그친다.

$$\text{가습기(AW)의 효율} = \frac{t_1 - t_3}{t_1 - t_2} \times 100[\%] = \frac{x_3 - x_1}{x_2 - x_1} \times 100[\%]$$

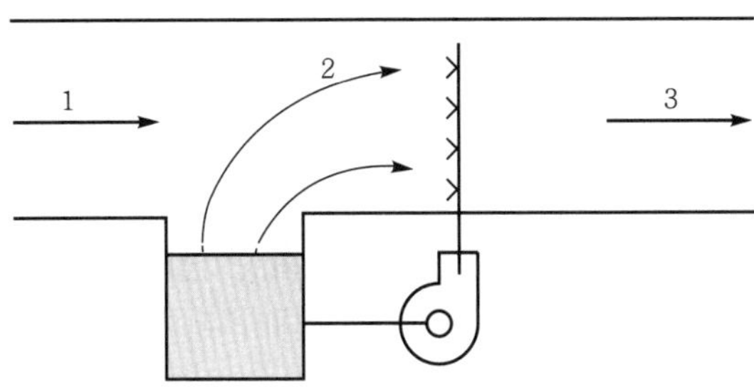

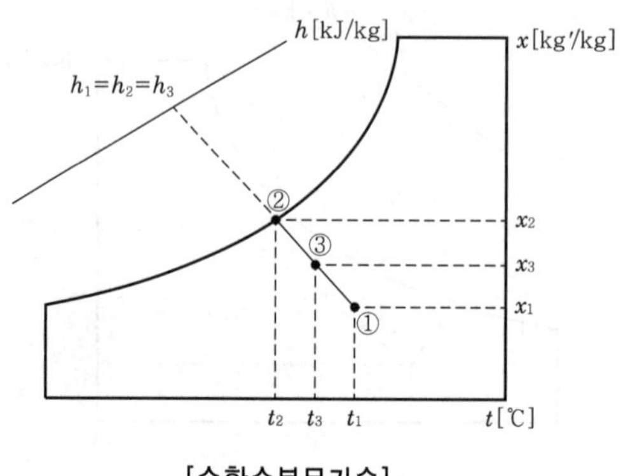

[순환수분무가습]

(2) 온수분무가습

순환수를 가열하여 공기에 분무하면 통과공기는 가습됨과 동시에 분무하는 물의 온도와 양에 따라 건구온도가 변화한다. 선도에 표시할 때에는 입구공기 '1'은 포화공기선상에서 온수온도 '2'를 취하고, 이를 직선으로 연결하여 공기세정기(AW)의 효율점 '3'을 출구상태로 한다.

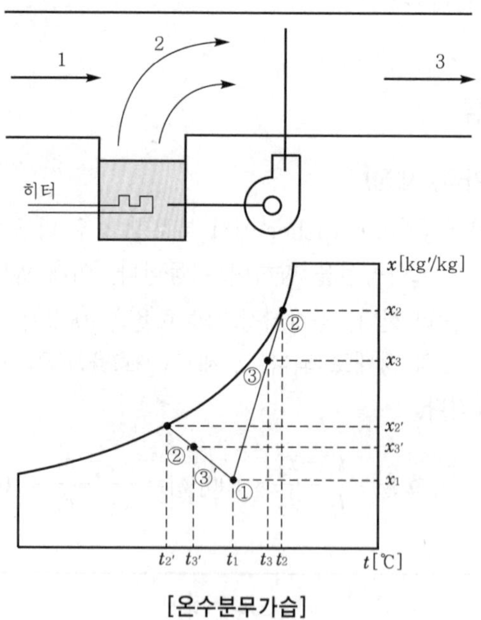

[온수분무가습]

(3) 증기가습

가습기(AW)에서 가장 많이 사용되는 방법으로 포화증기를 직접 통과공기 중에 분무하여 건구온도와 습도가 모두 상승하는 가열, 가습의 상태가 된다.

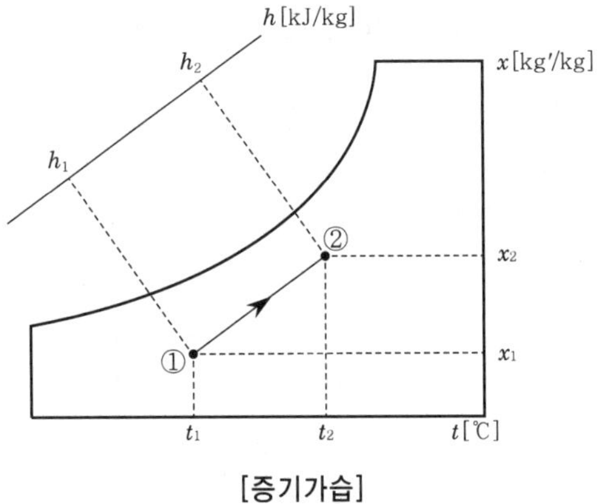

[증기가습]

5.6 현열비(SHF)

실내를 DB t_2[℃], x_2[kg′/kg]가 되도록 냉방을 하는 경우 송풍기 온도는 실내보다 낮은 DB t_1[℃], x_1[kg′/kg]의 상태이어야 한다.

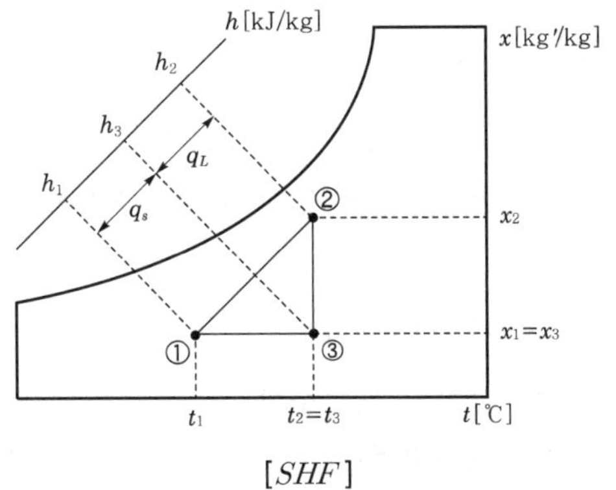

[SHF]

$$\text{현열}(q_s) = mC_p(t_2 - t_1) = 1.21Q(t_2 - t_1)[\text{kW=kJ/s}]$$

$$\text{잠열}(q_L) = \gamma_o m(x_2 - x_1) = 3001.2Q(x_2 - x_1)[\text{kW=kJ/s}]$$

$$\text{현열비}(SHF) = \frac{q_s}{q_s + q_L} = \frac{mC_p(t_2 - t_1)}{mC_p(t_2 - t_1) + \gamma_o m(x_2 - x_1)}$$

$$= \frac{C_p(t_2 - t_1)}{C_p(t_2 - t_1) + \gamma_o(x_2 - x_1)}$$

위 식에서 알 수 있는 바와 같이 SHF는 송풍량(m)에는 관계없으며 C_p와 γ_o는 상수이므로 SHF가 일정하면 $(t_2 - t_1)$에 비례한다. 따라서 SHF가 일정하면 최초 상태 ①과 최후 상태 ②는 선도상에서 일정한 직선상에 존재하게 된다.

※ 현열비(SHF)선은 항상 취출공기에서 시작하여 실내공기로 끝난다.

5.7 장치노점온도(ADP : Apparatus Dew Point)

*SHF*가 일정한 경우 B상태인 실내공기를 A상태로 냉방을 하는 경우에는 B-A의 연장선상인 B-A=A-B′인 점 B′상태로 송풍하면 된다(*SHF*선상에서 벗어나면 E와 같은 상태가 된다). 이 경우 B′인 공기보다 C, C보다는 D의 공기를 송풍하는 것이 공기량이 적게 든다. 또 그 극한점이 E의 상태인 온도를 장치노점온도라 하며 DB, WB, ADP가 일치한다($t''=t'=t$).

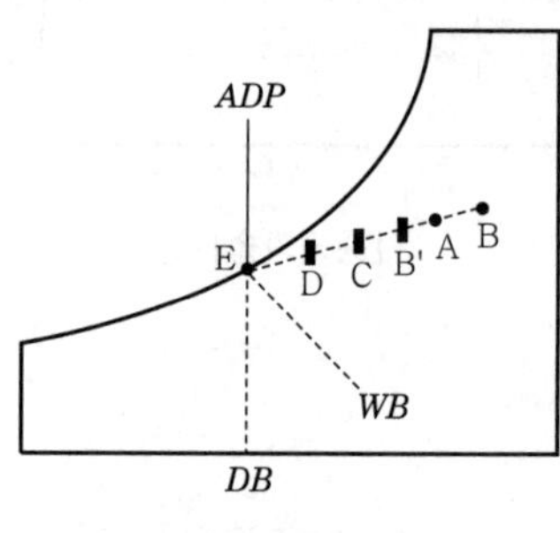

[장치노점온도]

5.8 바이패스 팩터(BF)

바이패스 팩터(BF : Bypass Factor)란 냉각 또는 가열코일과 접촉하지 않고 그대로 통과하는 공기의 비율을 말하며, 완전히 접촉하는 공기의 비율을 콘택트 팩터(CF : Contact Factor)라 한다.

$$BF=1-CF \rightarrow BF+CF=1$$

냉각 또는 가열코일을 통과할 공기는 포화상태로는 되지 않는다. 이상적으로 포화되었을 경우 ②의 상태로 되나, 실제로는 ③의 상태로 된다.

$$BF=\frac{t_3-t_2}{t_1-t_2}\times 100[\%]$$

$$CF=\frac{t_1-t_3}{t_1-t_2}\times 100[\%]$$

$$\therefore\ t_3=t_2+BF(t_1-t_2)$$

$$=t_1-CF(t_1-t_2)[℃]$$

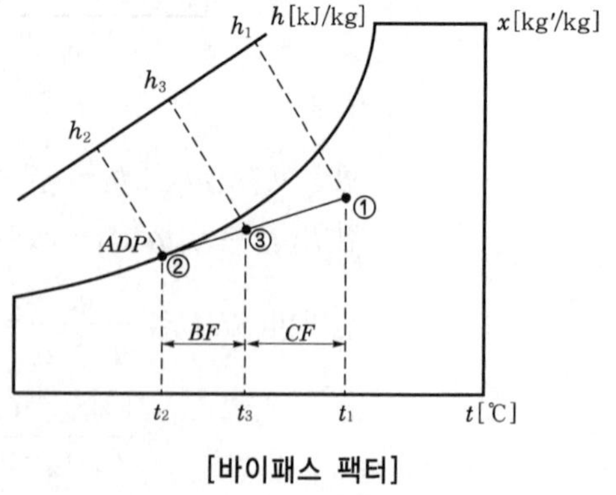

[바이패스 팩터]

※ 코일의 열수가 증가하면 *BF*는 감소한다.
2열 : $(BF)^2$, 4열 : $(BF)^4$, 6열 : $(BF)^6$

5.9 순환수에 의한 가습

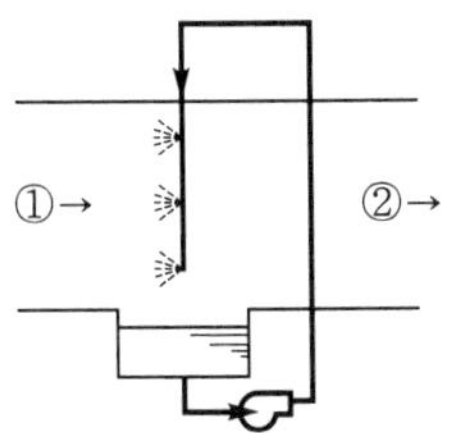

(a) 순환수가습 (단열분무가습)

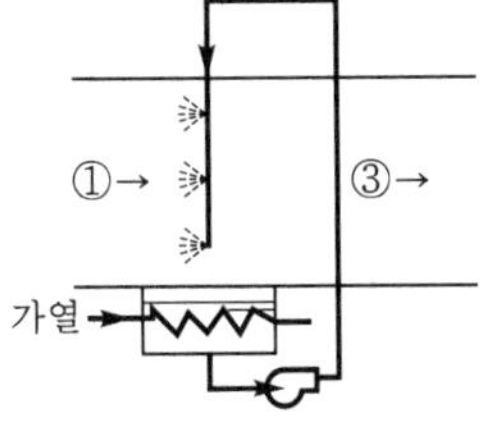

(b) 온수가습

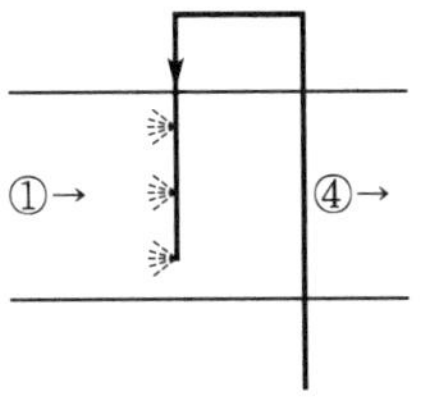

(c) 증기가습

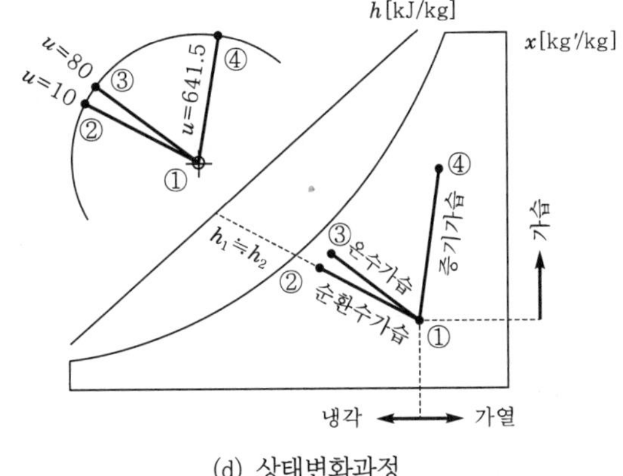

(d) 상태변화과정

열수분비(증기가습)

열수분비(u)는 증기의 비엔탈피와 같다.

$$u = \frac{\Delta h}{dx} = \frac{dx(2{,}501 + 1.85t)}{dx} = 2{,}501 + 1.85t\text{[kJ/kg]}$$

6 실제 장치의 상태변화

6.1 혼합가열(순환수분무가습)

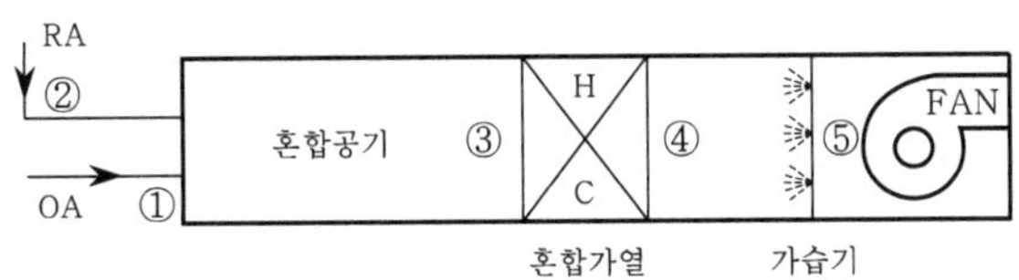

- OA : 외기도입공기(Out Air)
- RA : 실내리턴공기(Return Air)

• HC : 가열코일(Heating Coil)

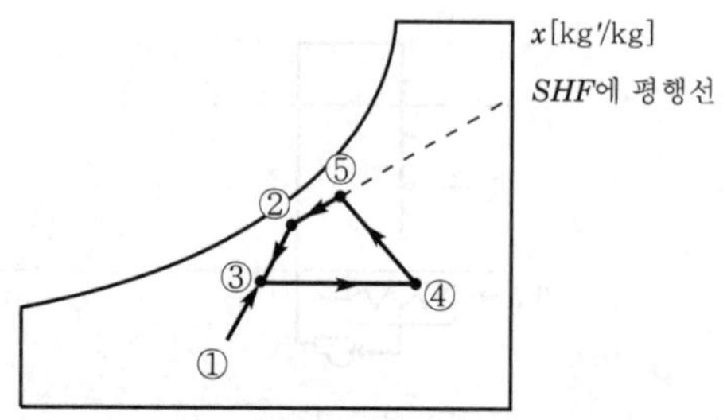

• ①→③, ②→③과정 : 외부의 도입공기와 실내의 리턴공기가 혼합되는 과정
• ③→④과정 : 혼합공기가 가열코일을 지나면서 에너지(열)를 받아 상대습도는 내려가고, 건구온도와 엔탈피는 올라간다.

상태	건구온도(t)	상대습도(ϕ)	절대습도(x)	엔탈피(h)
①→③	상승	감소	상승	증가
②→③	강하	증가	감소	감소
③→④	상승	감소	일정	증가
④→⑤	강하	증가	증가	일정

6.2 혼합냉각(냉각, 감습)

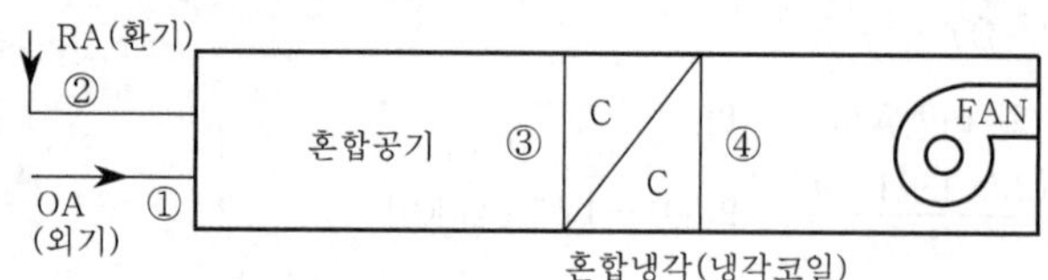

• RA : 실내리턴공기(Return Air)

• CC : 냉각코일(Cooling Coil)

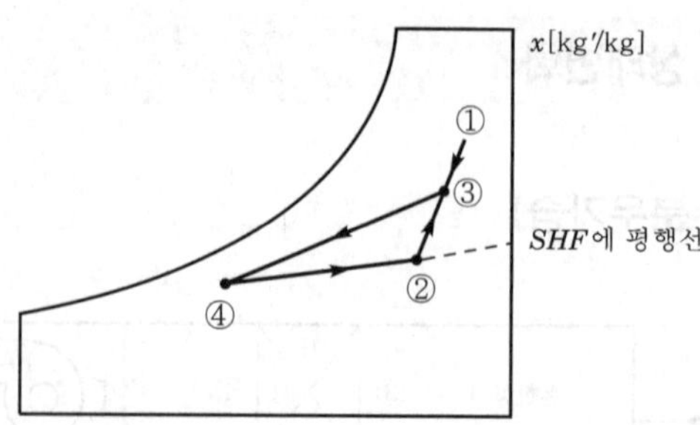

• ①→③←②과정 : 외부의 도입공기와 실내의 리턴공기가 혼합되는 과정
• ③→④과정 : 혼합공기가 냉각코일을 지나면서 에너지(열)를 빼앗겨 상대습도는 올라가고, 건구온도와 엔탈피는 내려간다. 이때 냉각코일을 지나면서 노점온도까지 내려가고, 이후에

절대습도도 내려간다. 이슬 맺힘(노점온도)은 보통 상대습도 90~95%에서 일어난다.

상태	건구온도(t)	상대습도(ϕ)	절대습도(x)	엔탈피(h)
①→③	감소	감소	감소	감소
②→③	상승	상승	상승	상승
③→④	감소	상승	감소	감소

6.3 혼합 → 가열 → 온수분무가습

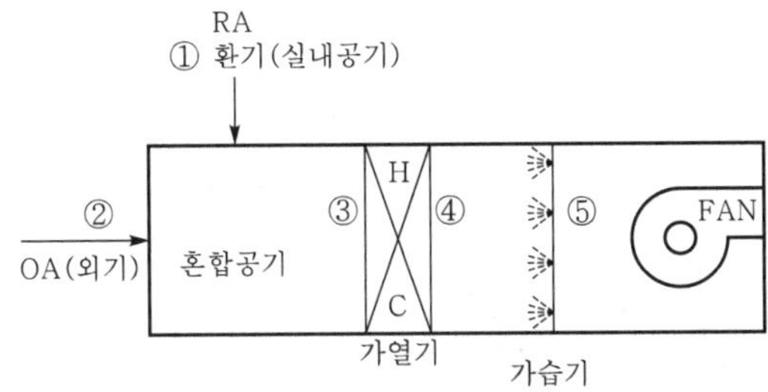

- OA : 외기도입공기
- RA : 실내리턴공기
- HC : 가열코일

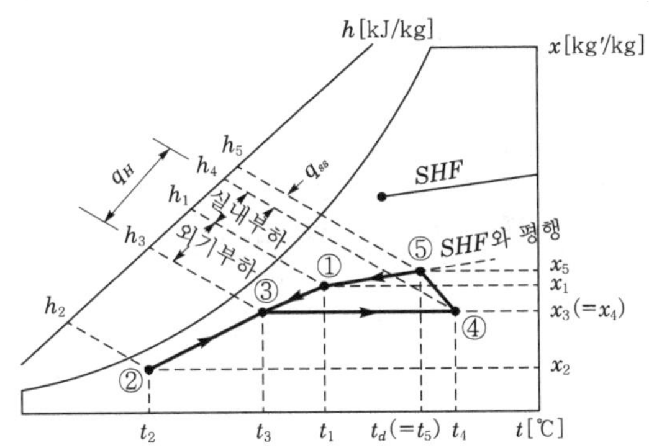

- ①→③←②과정 : 외부의 도입공기와 실내의 리턴공기가 혼합되는 과정
- ③→④과정 : 혼합공기가 히터로 가열된 온수분무를 지나면서 습도가 높아지는 과정
- ④→⑤←①과정 : 가열코일이 지난 공기가 일부 바이패스한 공기와 만나는 과정

상태	건구온도(t)	상대습도(ϕ)	절대습도(x)	비엔탈피(h)
①→③	감소	증가	감소	감소
②→③	증가	감소	증가	증가
③→④	증가	감소	일정	증가
④→⑤	감소	증가	증가	일정
⑤→①	감소	증가	감소	감소

6.4 혼합 → 예열 → 세정(순환수분무) → 가열

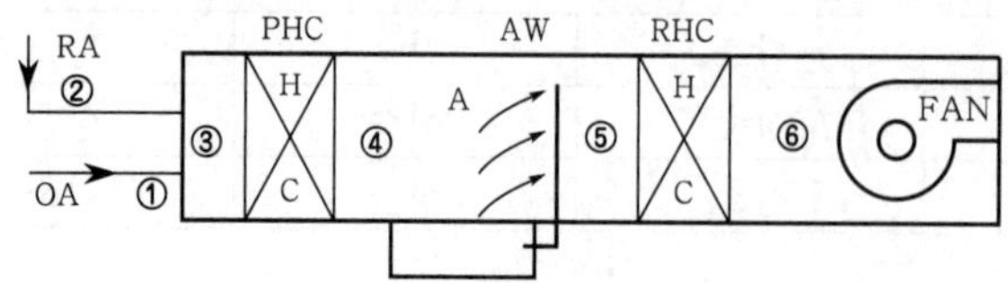

- OA : 외기도입공기
- RA : 실내리턴공기
- PHC : 예열코일
- AW : 에어워셔
- RHC : 재열코일

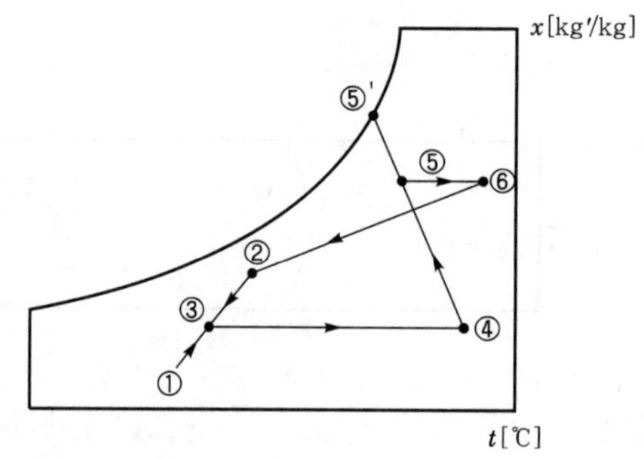

- ① → ③ ← ②과정 : 외부의 도입공기와 실내의 리턴공기가 혼합되는 과정
- ③ → ④과정 : 예열코일로 가열과정
- ④ → ⑤과정 : 세정을 지나면서 습도가 높아지는 과정
- ⑤ → ⑥과정 : 가열코일로 가열하는 과정

상태	건구온도(t)	상대습도(ϕ)	절대습도(x)	비엔탈피(h)
① → ③	상승	변화	상승	증가
② → ③	감소	변화	감소	감소
③ → ④	상승	감소	일정	증가
④ → ⑤	감소	상승	상승	일정
⑤ → ⑥	상승	감소	일정	증가
⑥ → ②	감소	증가	감소	감소

6.5 외기 예열 → 혼합 → 세정(순환수분무가습) → 재열

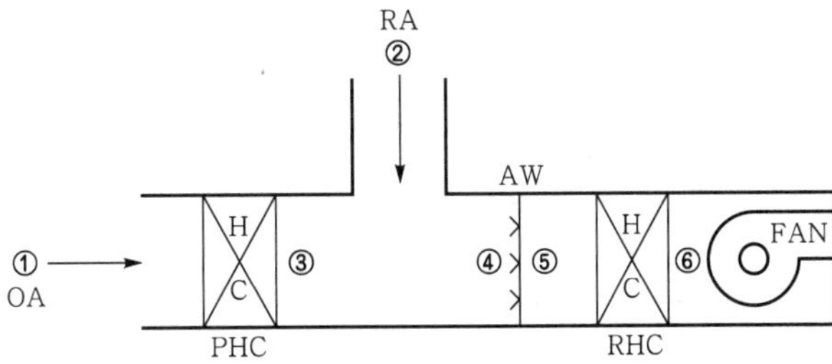

- OA : 외기도입공기
- RA : 실내리턴공기
- PHC : 예열코일
- RHC : 재열코일

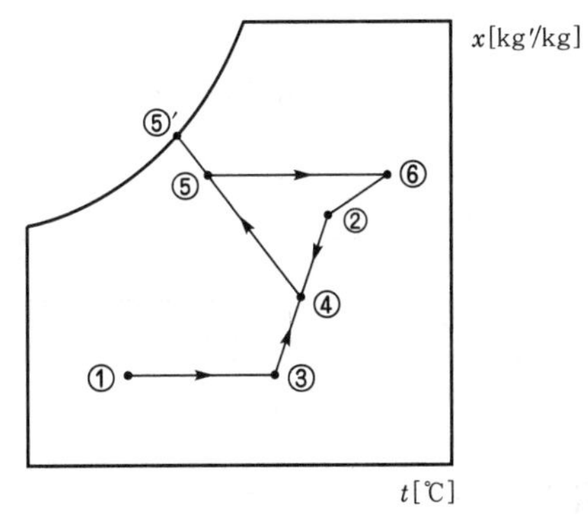

- ①→③과정 : 외기(OA) 예열
- ②→④←③과정 : 외부의 도입공기와 실내의 리턴공기(RA)가 혼합되는 과정
- ④→⑤과정 : 세정(A/W)분무(단열가습)
- ⑤→⑥과정 : 재가열과정
- ⑥→②과정 : 장치 출구에서 실내로 유입되는 과정

6.6 외기 예냉 → 혼합 → 냉각

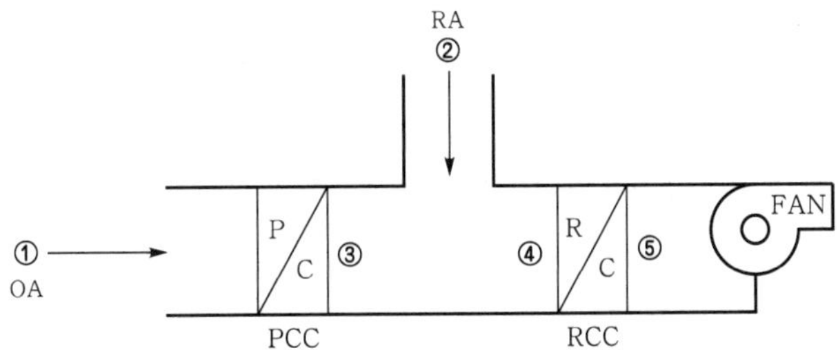

- PCC : 예냉코일
- RCC : 재냉각코일

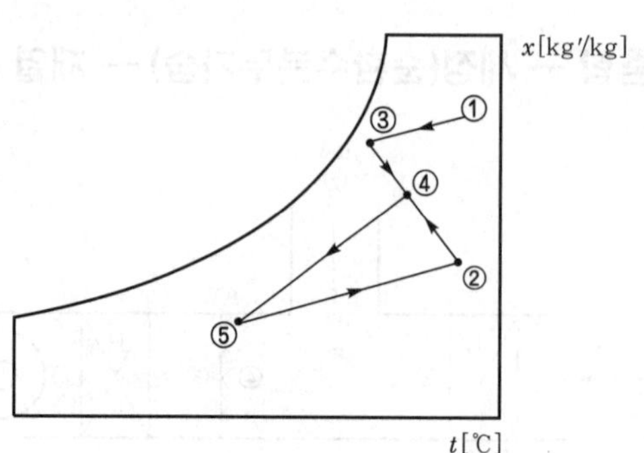

- ①→③과정 : 예냉코일로 외부의 도입공기를 냉각하는 과정
- ③→④←②과정 : 냉각된 외부의 도입공기와 실내리턴공기를 혼합되는 과정
- ④→⑤과정 : 냉각코일이 지나는 과정

상태	건구온도(t)	상대습도(ϕ)	절대습도(x)	비엔탈피(h)
①→③	하락	증가	감소	감소
②→④	하락	증가	증가	증가
③→④	증가	감소	감소	감소
④→⑤	하락	증가	감소	감소

6.7 혼합 → 냉각 → 바이패스

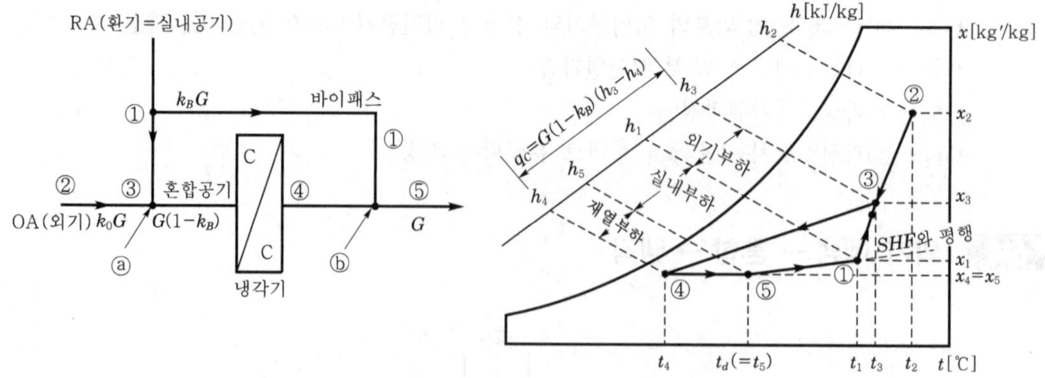

$$\text{냉각코일부하}(q_{cc}) = \text{외기부하} + \text{실내부하} + \text{재열부하} = h_3 - h_4 [\text{kJ/kg}]$$

※ $q_s = \rho Q C_p (t_1 - t_5)[\text{kW}]$

$$\therefore\ t_5(\text{취출온도}) = t_1 - \frac{q_s}{\rho Q C_p}[℃]$$

Chapter 2 공기조화계획

1 조닝

(1) 조닝

공기조화설비의 효율적인 제어 및 관리를 위하여 건축물 내의 공간을 동일한 부하특성을 나타내는 몇 개의 공조계통으로 구분하여 각 구역에 별개의 계통으로 덕트나 냉온수배관을 하여 시스템을 구성하는 것을 조닝(zoning)이라 하고, 이와 같이 각각 구분된 구역을 존(zone)이라고 한다.

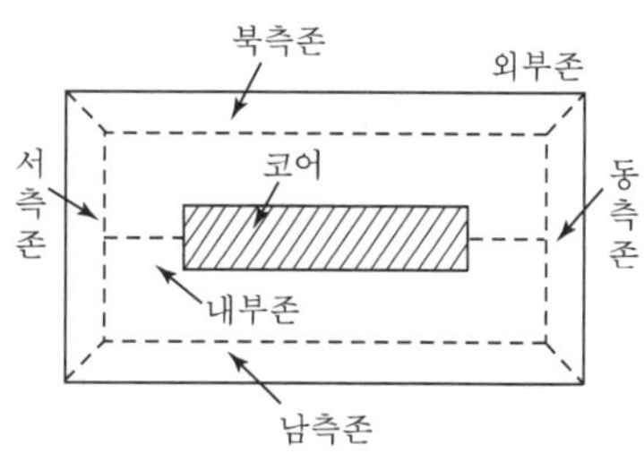

① 외부존(perimeter zone) : 건물의 외부는 태양에 의한 일사나 외기온도에 의한 영향이 크다.

② 내부존(interior aone) : 건물의 내부는 일사의 의한 열취득이나 열손실이 작아 부하의 변동이 크지 않으므로 주로 조명이나 재실인원에 의한 냉방부하를 주로 처리한다.

(2) 조닝의 필요성

① 각 구역의 온습도조건을 유지하기 위해서
② 합리적인 공조시스템을 적용하기 위해서
③ 에너지를 절약하기 위해서

(3) 조닝계획 시 고려사항

① 실의 용도 및 기능 ② 실내온습도조건 ③ 실의 방위
④ 실의 사용시간대 ⑤ 실의 부하량 및 특성 ⑥ 실내로의 열운송경로
⑦ 실의 요구청정도 등

(4) 방위별 존의 부하성질

외부존 동쪽 아침 8시의 냉방부하가 최대이고, 오후는 최소이다.

2 공기조화방식

(1) 중앙공조방식

① 송풍량이 많으므로 실내공기의 오염이 작다.
② 공조기가 기계실에 집중되어 있으므로 유지관리가 쉽다.
③ 대형 건물에 적합하며 리턴팬을 설치하면 외기냉방이 가능하다.
④ 덕트가 대형이고 개별식에 비해 덕트 스페이스가 크다.
⑤ 송풍동력이 크며 유닛 병용의 경우를 제외하고는 개별제어가 좋지 않다.

(2) 개별제어방식

① 개별제어가 가능하고 설비비와 운전비가 싸다.
② 이동 및 보관, 자동조작이 가능하여 편리하다(증설, 이동이 쉽다).
③ 여과기의 불완전으로 실내공기의 청정도가 나쁘고 소음이 크다.
④ 설치가 간단하나 대용량의 경우 공조기 수가 증가하므로 중앙식보다 설비비가 많이 들 수 있다(대규모에는 부적당하다).
⑤ 외기냉방이 어렵다.
⑥ 덕트가 필요 없다.

(3) 공조방식의 목적

공기조화는 인간을 대상으로 하는 보건공조와 물품을 주된 대상으로 하는 산업공조로 대별되며, 공장 등에서는 주된 목적과 부수되는 목적을 명확하게 해야 한다. 공기조화시스템을 공조방식이라 하며 보통 공조설비 전체 중 열설비를 1차측이라 하고, 공기처리설비를 2차측이라 한다.

(4) 공조방식의 분류

구분	열매체	공조방식
중앙방식	전공기방식	정풍량 단일덕트방식, 이중덕트방식, 멀티존유닛방식, 변풍량 단일덕트방식, 각 층 유닛방식
	수(물)-공기방식	유인유닛방식(IDU), 복사냉난방방식(패널제어방식), 팬코일유닛(덕트 병용)방식
	전수방식	2관식 팬코일유닛방식, 3관식 팬코일유닛방식, 4관식 팬코일유닛방식
개별방식	냉매방식	패키지유닛방식, 룸쿨러방식, 멀티존방식
	직접난방방식	라디에이터(radiator, 방열기), 컨벡터(convector, 대류방열기)

핵심 체크

1. 클린룸(clean room, 공기청정실)

부유 먼지, 유해가스, 미생물 등과 같은 오염물질을 규제하여 기준 이하로 제어하는 청정공간으로, 실내의 기류, 속도, 압력, 온습도를 어떤 범위 내로 제어하는 특수 건축물

① 종류 및 필요분야

㉠ ICR(industrial clean room)

- 먼지 미립자가 규제대상(부유 분진이 제어대상)
- 정밀기기 및 전자기기의 제작공장, 방적공장, 반도체공장, 필름공장 등

㉡ BCR(bio clean room)

- 세균, 곰팡이 등의 미생물입자가 규제대상
- 무균수술실, 제약공장, 식품가공공장, 동물실험실, 양조공장 등

② 평가기준

㉠ 입경 0.5μm 이상의 부유 미립자농도가 기준

㉡ super clean room에서는 0.3μm, 0.1μm의 미립자가 기준

③ 고성능 필터의 종류

㉠ HEPA필터(high efficiency particle air filter)

- 0.3μm의 입자포집률이 99.97% 이상
- 클린룸, 병원의 수술실, 방사성물질취급시설, 바이오클린룸 등에 사용

㉡ ULPA필터(ultra low penetration air filter)

- 0.1μm의 부유 미립자를 제거할 수 있는 것
- 최근 반도체공장의 초청정 클린룸에서 사용

2. 여과기(에어필터)의 효율측정방법

구분	측정방법
중량법	• 비교적 큰 입자를 대상으로 측정하는 방법 • 필터에서 집진되는 먼지의 양으로 측정
비색법 (변색도법)	• 비교적 작은 입자를 대상으로 측정하는 방법 • 필터에서 포집한 여과지를 통과시켜 광전관으로 오염도를 측정
계수법 (DOP법)	• 고성능 필터를 측정하는 방법 • 0.3μm 입자를 사용하여 먼지의 수를 측정

3. 여과효율$(\eta)=\dfrac{\text{통과 전의 오염농도}(C_1)-\text{통과 후의 오염농도}(C_2)}{\text{통과 전의 오염농도}(C_1)}\times 100[\%]$

4. 송풍기의 특성곡선 : x축에 풍량(Q)의 변동에 대하여 y축에 전압(P_t), 정압(P_s), 효율(%), 축동력(L)을 나타낸다.

5. 서징(surging)영역 : 정압곡선에서 좌하향곡선 부분의 송풍기 동작이 불안전한 현상

6. 오버로드(over load) : 풍량이 어느 한계 이상이 되면 축동력(L)은 급증하고, 압력과 효율은 낮아지는 현상

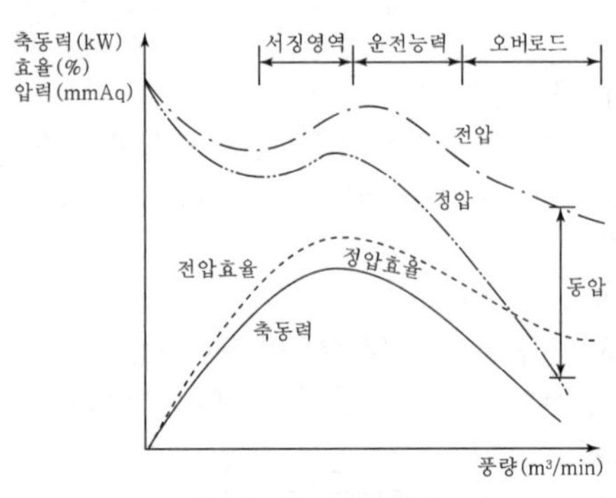

[송풍기의 특성곡선(다익형의 경우)]

3 열매체에 따른 각 공조방식의 특징

(1) 전공기방식

각 실로 열을 운반하는 매체로 공기만을 사용하는 방식으로 송풍량을 바꾸거나 온도를 바꾸는 등의 제어방법이다.

장점	단점
• 송풍량이 많아 실내공기의 오염이 적다. • 리턴팬을 설치하면 중간기에 외기냉방이 가능하다. • 중앙집중식이므로 운전 및 유지관리가 용이하다. • 취출구의 설치로 실내유효면적이 증가한다. • 소음이나 진동이 전달되지 않는다. • 방에 수배관이 없어 누수 우려가 없다.	• 송풍량이 많아 덕트 설치공간이 증가한다. • 냉온풍운반에 따른 송풍기 소요동력이 크다. • 대형의 공조기계실이 필요하다. • 개별제어가 어렵다. • 설비비가 많이 든다. • 열운반능력이 작아 원거리 열수송에는 부적합하다.

① **단일덕트방식** : 중앙공조기에서 조화된 냉온풍공기를 1개의 덕트를 통해 실내로 공급하는 방식

정풍량(CAV)방식	변풍량(VAV)방식
• 급기량이 일정하여 실내가 쾌적하다. • 변풍량에 비해 에너지소비가 크다. • 각 방의 개별제어가 어렵다. • 존(zone)의 수가 적은 규모에서는 타 방식에 비해 설비비가 싸다.	• 각 실이나 존의 온도를 개별제어하기 쉽다. • 타 방식에 비해 에너지가 절약된다. • 공조기 및 덕트의 크기가 작아도 된다. • 실내부하 감소 시 송풍량이 적어지므로 실내공기의 오염도가 높다. • 운전 및 유지관리가 어렵다. • 설비비가 많이 든다.

② 이중덕트(double duct)방식 : 중앙공조기에서 냉풍과 온풍을 동시에 만들고 각각의 냉풍덕트와 온풍덕트를 통해 각 방까지 공급하여 혼합상자에 의해 혼합시켜 공조하는 방식

장점	단점
• 부하에 따른 각 방의 개별제어가 가능하다. • 계절별로 냉난방변환운전이 필요 없다. • 방의 설계변경이나 용도변경에도 유연성이 있다. • 부하변동에 따라 냉온풍의 혼합취출로 대응이 빠르다. • 실내에 유닛이 노출되지 않는다.	• 냉온풍의 혼합에 따른 에너지손실이 크다. • 혼합상자에서 소음과 진동이 발생한다. • 덕트공간이 크고 설비비가 많이 든다. • 여름에도 보일러를 운전할 필요가 있다. • 실내습도의 완전한 제어가 어렵다.

③ 멀티존(multi zone)방식 : 실내온도조절기의 작동에 의하여 냉풍과 온풍을 공조기의 혼합댐퍼로 제어하며, 혼합된 공기는 각 존 또는 각 실의 개별적인 덕트에 의해 실내로 취출되는 방식

④ 각 층 유닛방식 : 건물의 각 층 또는 각 층의 각 구역마다 공조기를 설치하는 방식으로 대형, 중규모 이상의 고층 건축물 등의 방송국, 백화점, 신문사, 다목적빌딩, 임대사무소 등에 많이 사용

장점	단점
• 각 층마다 부하변동에 대응할 수 있다. • 각 층 및 각 존별로 부분부하운전이 가능하다. • 기계실의 면적이 작고 송풍동력이 적게 든다. • 환기덕트가 필요 없으므로 덕트공간이 작게 든다.	• 각 층마다 공조기를 설치하므로 설비비가 많이 든다. • 공조기의 분산배치로 유지관리가 어렵다. • 각 층의 공조기 설치로 소음 및 진동이 발생한다. • 각 층에 수배관을 하므로 누수 우려가 있다.

(2) 수(물) – 공기방식

이 방식은 열운반의 수단으로 물과 공기 양쪽을 사용하는 방식이다.

장점	단점
• 부하가 큰 방에서도 덕트의 치수가 작아질 수 있다. • 전공기방식에 비해 반송동력이 작다. • 유닛별로 제어하면 개별제어가 가능하다.	• 유닛에 고성능 필터를 사용할 수 없다. • 필터의 보수, 기기의 점검이 증대하여 관리비가 증가한다. • 실내기기를 바닥 위에 설치하는 경우 바닥유효면적이 감소한다.

① 유인유닛(induction unit)방식 : 중앙에 설치된 공조기에서 1차 공기를 고속으로 유인유닛에 보내 유닛의 노즐에서 불어내고, 그 압력으로 실내의 2차 공기를 유인하여 송풍하는 방식이다.

PART 1

장점	단점
• 각 유닛마다 제어가 가능하여 각 방의 개별제어가 가능하다. • 고속덕트를 사용하므로 덕트의 설치공간을 작게 할 수 있다. • 중앙공조기는 1차 공기만 처리하므로 작게 할 수 있다. • 풍량이 적게 들어 동력소비가 적다.	• 수배관으로 인한 누수 우려가 있다. • 송풍량이 적어 외기냉방효과가 적다. • 유닛의 설치에 따른 실내유효공간이 감소한다. • 유닛 내의 여과기가 막히기 쉽다. • 고속덕트이므로 송풍동력이 크고 소음이 발생한다.

② **덕트 병용 팬코일유닛방식(덕트 병용 FCU방식)** : 냉난방부하를 덕트와 배관의 냉온수를 이용하여 처리하는 방식으로 대규모 빌딩에 주로 이용하며, 내부존부하는 공기방식(취출구)으로, 외부존부하는 수방식(팬코일유닛)을 이용하여 처리한다.

장점	단점
• 실내유닛은 수동제어할 수 있어 개별제어가 가능하다. • 유닛을 창문 아래에 설치하여 콜드 드래프트(cold draft)를 방지할 수 있다. • 전공기에서 담당할 부하를 줄일 수 있으므로 덕트의 설치공간이 작아도 된다. • 부분 사용이 많은 건물에 경제적인 운전이 가능하다.	• 수배관으로 인한 누수 우려가 있다. • 외기량 부족으로 실내공기가 오염될 우려가 있다. • 유닛 내에 있는 팬으로부터 소음이 발생된다.

③ **복사냉난방방식** : 건물의 바닥, 천장, 벽 등에 파이프코일을 매설하고, 냉수 또는 온수를 보내 실내현열부하의 50~70%를 처리하고 동시에 덕트를 통해 냉온풍을 송풍하여 잔여실내현열부하와 잠열부하를 처리하는 공조방식이다.

장점	단점
• 복사열을 이용하므로 쾌감도가 높다. • 덕트공간 및 열운반동력을 줄일 수 있다. • 건물의 축열을 기대할 수 있다. • 유닛을 설치하지 않으므로 실내 바닥의 이용도가 좋다. • 방높이에 의한 실온의 변화가 적어 천장이 높은 방, 겨울철 윗면이 차가워지는 방에 적합하다.	• 냉각패널에 이슬이 발생할 수 있으므로 잠열부하가 큰 곳에는 부적당하다. • 열손실 방지를 위해 단열 시공을 완벽하게 해야 한다. • 수배관의 매립으로 시설비가 많이 든다. • 실내 방의 변경 등에 의한 융통성이 없다. • 고장 시 발견이 어렵고 수리가 곤란하다. • 중간기에 냉동기의 운전이 필요하다.

(3) 전수방식

냉난방부하를 냉온수의 물로만 처리하는 방식으로 주로 실내에 설치된 팬코일유닛을 이용한다. 덕트가 없으므로 설치면에서는 유리하지만, 외기 도입이 어려워 실내공기가 오염되기 쉽고 실내배관으로 인한 누수 우려도 있다. 그러나 개별적인 실온제어가 가능하므로 사무소 건물의 외주부용, 여관, 주택 등과 같이 거주인원이 적고 틈새바람에 의하여 외기를 도입하는 건물에서 많이 채용한다.

- **팬코일유닛(fan coil unit)방식** : 팬코일유닛은 냉각·가열코일, 송풍기, 공기여과기를 케이싱 내에 수납한 것으로써 기계실에서 냉온수를 코일에 공급하여 실내공기를 팬으로 코일에 순환시켜 부하를 처리하는 방식으로 주로 외주부에 설치하여 콜드 드래프트를 방지하며 주택, 호텔의 객실, 사무실 등에 많이 설치한다.

장점	단점
• 덕트를 설치하지 않으므로 설비비가 싸다. • 각 방의 개별제어가 가능하다. • 증설이 간단하고 에너지 소비가 적다.	• 외기 도입이 어려워 실내공기오염의 우려가 있다. • 수배관으로 누수 우려 및 유지관리가 어렵다. • 송풍량이 적어 고성능 필터를 사용할 수 없다. • 외기송풍량을 크게 할 수 없다.

(4) 냉매방식(개별방식)

건물의 각 실마다 공조유닛을 배치하고 각 실에서 적당하게 온도, 습도, 기류를 조절할 수 있도록 한 방식으로 주택, 호텔의 객실, 소점포의 비교적 소규모 건물에 적합하다.

장점	단점
• 유닛에 냉동기를 내장하고 있으므로 부분운전이 가능하고 에너지 절약형이다. • 장래의 부하 증가, 증축 등에 대해서는 유닛을 증설함으로써 쉽게 대응할 수 있다. • 온도조절기를 내장하고 있어 개별제어가 가능하다. • 취급이 간편하고 대형의 것도 쉽게 운전한다.	• 유닛에 냉동기를 내장하고 있으므로 소음, 진동이 발생하기 쉽다. • 외기냉방이 어렵다. • 다른 방식에 비하여 기기수명이 짧다.

[각 공조방식의 특성]

분류	공기방식	공기-수방식	수방식
환기 및 청정도	양호	중간	불량
기계식 및 덕트면적	크다	중간	작다
송풍기 동력	크다	중간	-
개별제어	불가능	가능	양호
누수, 부식	없다	약간	많다
외기난방	양호	중간	불가

PART 1

4 공조설비의 구성

(1) 공기조화기(AHU)

에어필터 공기냉각기, 공기가열기, 가습기(air washer), 송풍기(fan) 등으로 구성된다.

(2) 열운반장치

팬, 덕트, 펌프, 배관 등으로 구성된다.

(3) 열원장치

보일러, 냉동기 등을 운전하는 데 필요한 보조기기이다.

(4) 자동제어장치

실내온습도를 조정하고 경제적인 운전을 한다.

- 실내환경의 쾌적함을 위한 외기도입량은 급기량(송풍량)의 25～30% 정도를 도입한다.

$$Q \geq \frac{M}{C_r - C_o}[\text{m}^3/\text{h}]$$

여기서, Q : 시간당 외기도입량(m^3/h), M : 전체 인원의 시간당 CO_2 발생량(m^3/h)
C_r : 실내 유지를 위한 CO_2함유량(%), C_o : 외기도입공기 중의 CO_2함유량(%)

- 사무실의 1인당 신선공기량(외기량) : 25～30m^3/h

5 냉방부하(여름, 냉각, 감습)

5.1 냉방부하 발생요인 및 현열과 잠열

구분	부하 발생요인	현열(감열)	잠열
실내부하	벽체로부터 취득열량	○	
	유리창으로부터 취득열량	○	
	일사(복사)열량	○	
	관류열량	○	
	극간풍(틈새바람) 취득열량	○	○
	인체 발생열량	○	○
	실내기구 발생열량	○	○

구분	부하 발생요인	현열(감열)	잠열
기기(장치)부하	송풍기에 의한 취득열량	○	
	덕트 취득열량	○	
재열부하	재열기(reheater) 가열량	○	
외기부하	외기도입으로 인한 취득열량	○	○

암기 극, 인, 기, 외(극간풍, 인체, 기기, 외기)는 현열과 잠열을 모두 고려한다.

PART 1

5.2 실내 취득열량

외부에서 벽체나 유리를 통해 들어오는 침입열과 실내의 사람이나 기구 등에 의해 발생하는 실내 발생열이 있다.

(1) 외부침입열량

① **벽체침입열량(전도에 의한 침입열량)** : $q_w = kA\Delta t_e$[W]

여기서, k : 벽체의 열통과율(W/m^2 · K), A : 전열면적(m^2), Δt_e : 상당온도차(℃)

- **상당온도차(Δt_e)** : 일사를 받는 외벽이나 지붕 같이 열용량을 갖는 구조체를 통과하는 열량을 산출하기 위하여 외기온도나 일사량을 고려하여 정한 근사적인 외기온도

[상당온도차의 예(콘크리트벽, 설계외기온도 31.7℃, 실내온도 26℃)]

벽	시각	Δt_e[℃]								
		수평	북	북동	동	남동	남	남서	서	북서
콘크리트 두께 5cm	8	14.2	6.6	21.4	24.4	15.5	2.6	2.8	3.0	2.5
	10	32.8	5.9	18.7	27.7	24.6	10.1	6.2	6.3	5.8
	12	43.5	8.2	8.6	17.1	20.4	16.6	9.4	8.5	8.0
	14	44.4	8.7	8.8	9.0	10.5	17.4	20.2	16.4	8.5
	16	36.2	8.1	8.2	8.4	8.4	12.8	26.5	29.1	19.8
콘크리트 두께 10cm	8	5.4	1.3	6.5	7.5	4.9	1.8	2.5	2.8	2.0
	10	20.1	4.8	19.8	24.6	18.8	4.5	4.6	4.8	4.2
	12	33.5	6.6	14.6	21.2	20.8	11.4	7.4	7.6	7.1
	14	40.7	7.8	8.2	11.3	15.8	15.6	11.2	8.6	8.2
	16	38.7	8.1	5.8	8.9	9.1	14.6	19.8	13.3	10.4
콘크리트 두께 15cm	8	6.5	1.7	3.1	4.7	3.8	2.5	3.7	4.2	2.9
	10	10.5	5.3	11.6	12.4	8.7	3.4	4.5	5.0	3.8
	12	23.7	4.7	15.5	19.9	17.6	6.6	6.3	6.4	5.6
	14	32.3	6.7	10.5	15.3	16.5	11.7	8.3	8.0	7.5
	16	35.6	7.3	8.0	8.9	11.6	13.6	13.2	9.1	8.1

벽	시각	Δt_e[℃]								
		수평	북	북동	동	남동	남	남서	서	북서
콘크리트 두께 20cm	8	8.6	2.3	4.1	5.7	4.9	3.4	4.7	5.4	4.9
	10	8.6	2.3	4.0	5.7	4.8	3.3	4.7	5.3	4.8
	12	15.5	5.7	13.5	15.1	11.4	4.4	5.7	6.3	5.9
	14	25.3	5.3	12.3	16.4	15.4	8.0	7.2	7.7	7.5
	16	30.9	6.5	7.7	12.1	13.6	11.5	8.8	8.6	8.6
경량 콘크리트 두께 10cm	8	5.0	1.3	2.6	3.9	8.7	2.0	2.9	3.4	2.3
	10	14.9	5.9	16.9	18.8	13.3	3.6	4.3	4.9	3.8
	12	28.8	5.6	15.0	20.7	19.2	8.9	6.8	7.2	6.3
	14	37.0	7.2	7.9	14.0	16.5	13.4	9.0	8.6	7.8
	16	37.7	7.8	8.3	9.0	9.9	14.2	16.5	14.1	8.4
경량 콘크리트 두께 15cm	8	8.5	2.3	4.0	5.7	4.8	3.4	4.6	5.2	3.8
	10	8.4	2.2	3.9	5.7	4.8	3.3	4.6	5.1	3.8
	12	16.0	5.7	14.6	15.5	12.0	1.5	5.7	6.2	7.8
	14	25.8	5.4	12.4	16.2	15.4	8.4	7.3	7.7	6.6
	16	31.4	6.6	7.6	11.8	13.5	11.5	8.8	8.6	7.6

- 상당온도차의 보정 : $\Delta t_e' = \Delta t_e + (t_o' - t_o) - (t_i' - t_i)$[℃]

여기서, $\Delta t_e'$: 수정상당온도차(℃), Δt_e : 상당온도차(℃), t_o' : 실제 외기온도(℃)
t_o : 설계외기온도(℃), t_i' : 실제 실내온도(℃), t_i : 설계실내온도(℃)

② **유리창침입열량(q_G)** : 외부에서 유리를 통해서 침입하는 열은 세 가지로 분류할 수 있다.

㉠ q_{GR}(복사열) : 유리면에 도달한 일사량 중 직접 유리를 통과하여 침입하는 열량

㉡ q_{GA}(대류열) : 복사열 중 일단 유리에 흡수되어 유리온도를 높여준 다음, 다시 대류 및 복사에 의해 실내로 침입하는 열

㉢ q_{GC}(전도열) : 유리면의 실내외온도차에 의해 실내로 침입하는 열로 태양입사각에 따라 달라짐

- 반사율(r)= $\frac{q_{GI}}{I}$, 흡수율(a)= $\frac{q_{GA}}{I}$, 투과율(τ)= $\frac{q_{GR}}{I}$
- **복사열량** : $q_{GR} = I_g K_s A$[W]

여기서, I_g : 유리의 일사량(W/m^2), K_s : 차폐계수, A : 유리면적(m^2)

- **전도열량** : $q_{GC} = KA(t_o - t_i)$[W]

여기서, K: 유리의 열관류율(W/m^2·K), A : 유리면적(m^2), t_o : 외기온도(℃), t_i : 실내온도(℃)

- **대류열량(q_{GA}[W])** : 유리에 흡수되었던 일사량 중 일부는 외부로 방출되고, 일부는 유리의 온도를 상승시킨 후 실내로 이동한다. 이때 전도에 의한 열량과 함께 이동하므로 따로 떼어서 계산하기가 곤란하다. 따라서 일반적으로 대류에 의한 침입열량은 전도열량과 같이 계산한다.

• **전도대류열량** : $q_{GA}' = I_{GA} A$[W]

여기서, A : 유리면적(m^2), I_{GA} : 창면적당 전도대류열량(W/m^2)

[유리창의 일사량(kcal/m^2·h)(북위 37도, 7월 말)]

방위 \ 시각	6	7	8	9	10	11	12	13	14	15	16	17	18
북(N)	68	50	38	38	42	42	42	42	42	38	38	50	68
북동(NE)	294	383	334	230	107	44	42	42	42	38	36	25	13
동(E)	322	466	485	427	292	129	42	42	42	38	36	25	13
남동(SE)	142	264	324	332	285	200	95	43	42	38	36	25	13
남(S)	13	28	37	59	95	133	147	133	95	59	37	25	13
남서(SW)	13	28	36	38	45	43	95	200	285	332	324	264	142
서(W)	13	28	36	38	45	42	42	129	292	427	485	466	322
북서(NW)	13	28	36	38	45	42	42	44	107	230	337	383	294
수평(flat)	58	206	368	513	616	681	707	681	616	513	368	206	58

※ 각 값에 1.162를 곱하면 W/m^{2}이 된다.

[차폐계수(K_s)]

종류	색조	보통유리	후판유리(6mm)
안쪽에 베니션블라인드	밝은 색	0.56	0.56
	중간 색	0.65	0.65
	어두운 색	0.75	0.74
안쪽에 롤러블라인드	밝은 색	0.41	0.41
	중간 색	0.62	0.62
	어두운 색	0.81	0.80
바깥쪽에 베니션블라인드	밝은 색	0.15	0.14
	바깥-밝은 색	0.13	0.12
	안쪽-어두운 색	0.13	0.12
바깥쪽에 차양	밝은 색	0.20	0.19
	바깥-밝은 색	0.25	0.24
	안쪽-어두운 색	0.25	0.24

• **축열에 의한 부하** : 일반부하 계산법은 24시간 연속 운전하는 경우에 해당된다. 그러나 간헐운전의 경우에는 실온의 변동에 의한 축열부하를 고려해야 한다. 즉 운전열의 방출 또는 회수가 부하가 되어 보통의 계산방법으로 얻어진 공조부하에 추가하게 된다. 또한 유리창을 통과하는 태양복사열도 전부 즉시 실내냉방부하가 되는 것은 아니고, 실제로는 복사열의 일부가 벽에 일단 흡수되므로 냉방부하가 되는 실제 상태는 어느 정도 달라지게 된다. 따라서 유리를 통한 복사열의 계산식은 다음과 같다.

$q_{GR} = I_g K_s A \times$축열계수

여기서, q_{GR} : 유리의 복사열량(W), I_g : 유리의 일사량(W/m^2), K_s : 차폐계수, A : 유리면적(m^2)

PART 1

③ 극간풍부하(q_I) : 틈새바람에 의한 열량

$$q_I = q_{IS} + q_{IL}\,[\text{kW}]$$
$$q_{IS} = mC_p(t_o - t_i) = \rho Q_I C_p(t_o - t_i)[\text{kW}]$$
$$q_{IL} = m\gamma_o(x_o - x_i) = 3001.2\,Q(x_o - x_i)[\text{kW}]$$

여기서, γ_o : 0℃ 물의 증발잠열(=2,501kJ/kg)

(2) 실내 발생열량

① 인체침입열량(q_H) : 인체로부터 발생하는 열은 체온에 의한 현열부하와, 호흡기류나 피부 등에 의한 수분의 형태인 잠열부하가 있다.

㉠ 인체 발생현열량(q_{HS})=재실인원×1인당 발생현열량[W/인]

㉡ 인체 발생잠열량(q_{HS})=재실인원×1인당 발생잠열량[W/인]

[인체발열량(kcal/h · 인)]

작업상태	실온(℃) / 장소	현열					잠열				
		28	27	25.5	24	21	28	27	25.5	24	21
착석 정지	극장	35	39	42	46	52	35	31	28	24	18
착석 경작업	학교	36	39	43	48	55	44	41	37	32	25
사무	사무실, 호텔	36	40	43	49	57	54	50	46	41	33
가벼운 보행	백화점, 소매점	36	40	43	49	57	54	50	46	41	33
기립 · 착석의 반복	은행	36	40	44	51	58	65	60	56	49	42
착석(식사)	레스토랑	38	44	48	56	64	72	66	62	54	46
착석작업	공장 (경작업)	38	44	49	59	73	112	106	102	91	78
보통의 댄스	댄스홀	44	49	55	65	80	126	122	115	106	90
보행작업	공장 (중노동)	54	60	65	76	92	146	140	134	124	108
볼링	볼링장	90	94	97	106	122	202	198	195	186	170

※ 각 값에 1.162를 곱하면 W/인이 된다.

② 기구 발생열량(q_B) : 조명기구의 발생열량으로 백열등인 경우 1kW당 3,600kJ/h, 형광등은 밸러스트(ballast)의 발열량을 포함해서 1kW당 4,186kJ/h로 본다.

[각종 기구의 발열량(kcal/h)]

기구	현열	잠열
전등전열기(kW당)	860	0
형광등(kW당)	1,000	0
전동기(94~37kW)	1,060	0
전동기(0.375~2.25kW)	920	0
전동기(2.25~15kW)	740	0
가스 커피포트(1.8l)	100	25
가스 커피포트(11l)	720	720
토스터(전열 15×28×23cm 높이)	610	110
분젠버너(도시가스, ϕ10mm)	240	60
가정용 가스스토브	1,800	200
가정용 가스오븐	2,000	1,000
기구소독기(전열 15cm×20cm×43cm)	680	600
기구소독기(전열 23cm×25cm×50cm)	1,300	100
미장원 헤어드라이어(헬멧형 115V, 15A)	470	80
미장원 헤어드라이어(블로형 115V, 15A)	600	100
퍼머넌트 웨이브(25W 히터 60개)	220	40

※ 각 값에 4.186을 곱하면 kJ/h이 된다.

5.3 장치 내 취득열량

장치 내 취득열량의 합계가 일반적인 경우 취득감열의 10%이고, 급기덕트가 없거나 짧은 경우는 취득열량의 5% 정도이다.

① **송풍기 동력에 의한 취득열량** : 송풍기에 의해 공기가 압축될 때 주어지는 에너지는 열로 바뀌어 급기온도를 높게 해 주므로 현열부하로 가산된다.

② **덕트에서의 취득열량(q_D)** : 급기덕트가 냉방되지 않고 있는 온도가 높은 장소를 통과할 때는 그 표면으로부터 열의 침입이 있게 된다. 또한 덕트에서 누설이 있게 되며, 그만큼 실내부하에 가산하여야 한다.

㉠ 급기덕트의 열취득 : 실내 취득감열량의 1~3%

㉡ 급기덕트의 누설손실 : 시공오차로 인한 손실(누설)은 송풍량×5% 정도

5.4 환기용 외기부하

외기를 실내온도까지 냉각, 감습하는 열량, 공조설비에서 기계환기가 필요하며, 이를 위해 고온 다습한 외기를 도입하기 때문에 실내공기의 온도와 습도가 상승한다. 따라서 냉각코일로 이것을 제습할 필요가 있다.

$$q_F = q_{FS} + q_{FL}[\text{kW}]$$
$$q_{FS} = mC_p(t_o - t_i) = 1.21Q_F(t_o - t_i)[\text{kW}]$$
$$q_{FL} = m\gamma_o(x_o - x_i) = 3001.2Q_F(x_o - x_i)[\text{kW}]$$

여기서, q_{FS} : 외기의 현열 취득열량(kW), m : 송풍공기량($=\rho Q = 1.2Q$)(kg/s)
q_{FL} : 외기의 잠열 취득열량(kW), Q_F : 도입외기량(m^3/h)
t_i, t_o : 실내외공기의 건구온도(℃), x_i, x_o : 실내외공기의 절대습도(%)
C_p : 공기의 정압비열(=1.0046kJ/kg·K)

5.5 재열부하

공조장치의 용량은 하루 동안의 최대 부하에 대처할 수 있게 선정하므로, 부하가 작을 때는 과냉되는 결과를 초래한다. 이와 같은 때에는 송풍계통의 도중이나 공조기 내에 가열기를 설치하여 이것을 자동제어함으로써 송풍공기의 온도를 올려 과냉을 방지한다. 이것을 재열이라 하고, 이 가열기에 걸리는 부하를 재열부하라고 한다.

$$q_R = mC_p(t_2 - t_1) = 1.21Q(t_2 - t_1)[\text{kW}]$$

여기서, q_R : 재열부하(kW), t_1 : 재열기 입구온도(℃), t_2 : 재열기 출구온도(℃)
Q : 송풍공기량(m^3/s), m : 송풍공기량(kg/s), C_p : 공기의 정압비열(=1.0046kJ/kg·K)

5.6 냉방부하와 기기용량

① 송풍량은 실내부하(현열부하)로 결정한다.

$$q_s = \rho QC_p\Delta t[\text{kW}]$$

② 냉각코일용량 : 외기부하+실내부하+재열부하
※ 냉동기의 용량 : 냉각코일용량+냉수펌프 및 배관부하

6 난방부하(겨울, 가열, 가습)

6.1 전도에 의한 열손실

(1) 외벽, 유리창, 지붕에서의 열손실

$$q_w = KAK_D\Delta t = KAK_D(t_i - t_o)[\text{kW}]$$

여기서, K : 구조체의 열관류율(W/m^2 · K), A : 전열(구조체)면적(m^2)

K_D : 방위계수(외벽에서만 고려), t_i, t_o : 실내외공기온도(℃)

(2) 내벽, 창문, 천장, 바닥에서의 열손실

$$q_w = KA\Delta t\,[\mathrm{W}]$$

※ 비난방실온도= $\dfrac{t_i + t_o}{2}$ [℃], 비난방실과 온도차(Δt)= $t_r - \dfrac{t_i + t_o}{2}$ [℃]

$$K = \frac{1}{R} = \frac{1}{\dfrac{1}{\alpha_i} + \Sigma\dfrac{l}{\lambda} + \dfrac{1}{C} + \dfrac{1}{\alpha_o}}\,[\mathrm{W/m^2 \cdot K}]$$

여기서, R : 열저항, α_i, α_o : 실내외열전달계수(W/m^2 · K), l : 재료의 두께(m)

λ : 열전도율(W/m · K), C : 공기층의 컨덕턴스

[지중벽, 바닥으로부터의 열손실]

지표면으로부터의 깊이(cm)	열손실계수 (W/m^2 · K)	지표면으로부터의 깊이(cm)	열손실계수 (W/m^2 · K)
+0.6(지상)	1.81	−1.2(지하)	1.81
0(지표면)	1.2	−1.8(지하)	2.1
−0.6(지하)	1.51	−2.4(지하)	2.42

6.2 틈새바람(극간풍)에 의한 열손실

겨울철에 문틈, 유리틈, 창문, 문 등의 틈새로 침입하는 외기는 실내공기에 비해 온도와 습도가 낮다. 따라서 이 침입공기를 실온까지 상승시키기 위한 현열부하와 가습에 소요되는 잠열부하가 있다.

Point

극간풍의 침입을 방지하는 방법

- 회전문을 설치한다.
- 2중문을 설치한다.
- 2중문의 중간에 강제 대류컨벡터를 설치한다.
- 에어커튼(air curtain)을 설치한다.
- 실내를 가압하여 외부압력보다 실내압력을 높게 유지한다.

$$q_{IS} = m_I C_p (t_i - t_o) = \rho Q_I C_p (t_i - t_o) = 1.21 Q_I (t_i - t_o)[\text{kW}]$$
$$q_{IL} = m_I \gamma_o (x_i - x_o) = \rho Q_I \gamma_o (x_i - x_o) = 3001.2 Q_I (x_i - x_o)[\text{kW}]$$
$$\therefore\ q_I = q_{IS} + q_{IL} = 1.21 Q_I (t_i - t_o) + 3001.2 Q_I (x_i - x_o)[\text{kW}]$$

여기서, q_{IS} : 극간풍의 현열손실(kW), m_I : 외기도입량(kg/s)
ρ : 공기밀도(=1.2kg/m^3), C_p : 공기의 정압비열(=1.0046kJ/kg·K)
Q_I : 극간풍량(kg/s), t_i : 실내온도(℃), t_o : 실외온도(℃)
q_{IL} : 극간풍의 잠열손실(kW), γ_o : 수증기의 증발잠열(=2,501kJ/kg)
x_i : 실내절대습도(kg′/kg), x_o : 실외절대습도(kg′/kg)

Point

극간풍량(Q[m^3/h]) 산출법
- crack법 : crack 1m당 침입외기량×crack길이(m)
- 면적법 : 창면적 1m^{2}당 침입외기량×창면적(m^2)
- 환기횟수법 : 환기횟수×실내체적(m^3)

[침입외기의 환기횟수(n[회/h])]

건축구조	환기횟수(n)	
	난방 시	냉방 시
콘크리트조(대규모 건축)	0.0~0.2	0
콘크리트조(소규모 건축)	0.2~0.6	0.0~0.2
서양식 목조	0.3~0.6	0.1~0.2
일본식 목조	0.5~1.0	0.2~0.6

[창의 침입외기량(창면적 1m^{2}당)(m^3/h)]

명칭		소형창(0.75×1.8m)			대형창(1.35×2.4m)		
		바람막이 없음	바람막이 있음	기밀 섀시	바람막이 없음	바람막이 있음	기밀 섀시
여름	목제섀시	7.9	4.8	4.0	5.0	3.1	2.6
	기밀성이 불량한 목제섀시	22.0	6.8	11.0	14.0	4.4	7.0
	금속섀시	14.6	6.4	7.4	9.4	4.0	4.6
겨울	목제섀시	15.6	9.5	7.7	9.7	6.0	4.7
	기밀성이 불량한 목제섀시	44.0	13.5	22.0	27.8	8.6	13.6
	금속섀시	29.2	12.6	14.6	18.5	8.0	9.2

※ 외부풍속 : 여름 3.46m/s, 겨울 7.0m/s

6.3 환기용 도입외기에 의한 열손실

환기를 위해 도입하는 외기도 극간풍과 마찬가지로 현열부하와 잠열부하가 있으며, 그 계산식은 극간풍에 의한 손실열량 계산식과 같다.

$$q_{FS}=m_o C_p(t_i-t_o)=\rho Q_F C_p(t_i-t_o)=1.21 Q_F(t_i-t_o)[\text{kW}]$$
$$q_{FL}=m_o \gamma_o(x_i-x_o)=\rho Q_F \gamma_o(x_i-x_o)=3001.2 Q_F(x_i-x_o)[\text{kW}]$$
$$\therefore\ q_F=q_{FS}+q_{FL}=1.21 Q_F(t_i-t_o)+3001.2 Q_F(x_i-x_o)[\text{kW}]$$

여기서, q_{FS} : 외기의 현열손실(kW), m_o : 외기도입량(kg/s)
ρ : 공기밀도(=1.2kg/m^3), C_p : 공기의 정압비열(=1.0046kJ/kg · K)
Q_F : 극간풍량(kg/s), t_i : 실내온도(℃), t_o : 실외온도(℃)
q_{FL} : 외기의 잠열손실(kW), γ_o : 수증기의 증발잠열(=2,501kJ/kg)
x_i : 실내절대습도(kg′/kg), x_o : 실외절대습도(kg′/kg)

6.4 난방부하와 기기용량

난방되지 않는 공간을 통과하는 급기덕트에서의 전열손실과 누설손실을 말하며 실내손실열량의 3~7% 정도(5%)로 잡는다.

(1) 직사각형(장방형) 덕트에서 원형 덕트의 지름 환산식

$$\text{상당지름}(d_e)=1.3\left[\frac{(ab)^5}{(a+b)^2}\right]^{\frac{1}{8}}$$

a
b = d_e

aspect ratio(종횡비)는 최대 10 : 1 이하로 하고 4 : 1 이하가 바람직하다. 일반적으로 3 : 2 이고, 한 변의 최소 길이는 15cm로 제한한다.

(2) 풍량조절댐퍼(volume damper)

① 버터플라이댐퍼(butterfly damper) : 소형 덕트 개폐용 댐퍼이다(풍량조절용).
② 루버댐퍼(louver damper)
  ㉠ 대향익형 : 풍량조절형
  ㉡ 평형익형 : 대형 덕트 개폐용(날개가 많다)
③ 스플릿댐퍼(split damper) : 분기부 풍량조절용 댐퍼이다.
④ 방화댐퍼(fire damper) : 화재 시 연소공기온도는 약 70℃에서 덕트를 폐쇄시키도록 되어 있다.
⑤ 방연댐퍼(smoke damper) : 실내의 연기감지기 또는 화재 초기의 발생연기를 감지하여 덕트를 폐쇄시킨다.

(3) 환기방법

① 제1종 환기법(병용식) : 강제급기+강제배기, 송풍기와 배풍기 설치, 병원 수술실, 보일러실에 적용
② 제2종 환기법(압입식) : 강제급기+자연배기, 송풍기 설치, 반도체공장, 무균실, 창고에 적용
③ 제3종 환기법(흡출식) : 자연급기+강제배기, 배풍기 설치, 화장실, 부엌, 흡연실에 적용
④ 제4종 환기법(자연식) : 자연급기+자연배기

(4) 송풍기 동력

$$L_f = \frac{P_t Q}{\eta_t} = \frac{P_s Q}{\eta_s} [\text{kW}]$$

여기서, P_t : 전압력$(= P_{t2} - P_{t1})$(kPa), P_s : 정압력(kPa), η_t : 전압효율, η_s : 정압효율
Q : 송풍량(m^3/s)

(5) 펌프동력

$$L_p = \frac{\gamma_w Q H}{\eta_p} = \frac{9.8 Q H}{\eta_p} [\text{kW}]$$

여기서, γ_w : 4℃ 순수한 물의 비중량(=9.8kN/m^3), Q : 송풍량(m^3/s)
H : 전양정(m), η_p : 펌프의 효율

※ 1kW=1,000W=102kg·m/s=1kJ/s=3,600kJ/h=1.36PS

7 난방

7.1 개요

직접난방에는 열매(熱媒)로 포화증기를 이용한 증기난방과, 온수를 이용한 온수난방 등을 주로 사용한다.

(1) 개별난방법

가스, 석탄, 석유, 전기 등의 스토브 또는 온돌, 벽난로에서 발생되는 열기구의 대류 및 복사에 의해 난방하는 방식

(2) 중앙난방법

일정한 장소에 열원(보일러 등)을 설치하여 열매를 난방하고자 하는 특정 장소에 공급하여 공조하는 방식

① **직접난방** : 실내에 방열기(라디에이터)를 두고 여기에 열매를 공급하는 방법
② **간접난방** : 일정 장소에서 공기를 가열하여 덕트를 통하여 공급하는 방법
③ **복사난방** : 실내 바닥, 벽, 천장 등에 온도를 상승시켜 복사열에 의한 방법(패널방식)

(3) 지역난방법

특정한 곳에서 열원을 두고 한정된 지역으로 열매를 공급하는 방법

[난방방법의 분류]

구분		내용
개별난방		화로, 난로, 벽난로
중앙난방	직접난방	증기난방, 온수난방, 복사난방
	간접난방	온풍난방, 공기조화기(AHU, 가열코일)
지역난방		열병합발전소를 설치하여 발생한 온수나 증기를 이용하여 대단위 지역에 공급하는 난방방식

7.2 분류에 따른 장단점

(1) 증기난방

증기보일러에서 발생한 증기를 통해 각 방에 설치된 방열기로 공급되어 증기가 응축수로 되면서 발생하는 증기의 응축잠열(숨은열)을 이용하는 난방방식

장점	단점
• 열용량이 적어 예열시간이 짧다. • 증기의 보유열량이 커서 방열기의 방열면적이 적어도 된다. • 동결 파손의 위험이 적다. • 배관의 시공성 및 제어성이 좋다. • 난방개시가 빠르고 간헐운전이 가능하다. • 열운반능력이 크다. • 온수난방보다 방열면적을 작게 할 수 있어 관지름이 작아도 된다. 즉 설비비가 저렴하다.	• 난방부하에 따른 방열량 조절이 곤란하다. • 실내의 상하온도차가 커서 쾌감도가 떨어진다. • 환수관에서 부식이 심하다. 즉 응축수관에서 부식과 한냉 시 동결 우려가 있다. • 방열기 표면온도가 높아 화상 우려 등 위험성이 크다. • 방열기 입구까지 배관길이가 8m 이상일 때 관지름이 큰 것을 사용한다. • 초기통기 시 주관 내 응축수를 배수할 때 열손실이 발생한다. • 소음이 발생한다(steam hammering현상).

(2) 온수난방

온수보일러에서 발생한 온수를 배관을 통해 각 방에 설치된 방열기로 순환시켜 감열(현열)을 이용하는 난방방식

장점	단점
• 난방부하에 따른 온도(방열량)조절이 용이하다. • 예열시간이 길지만 잘 식지 않아 환수관의 동결 우려가 적다(한냉지에서는 동결 우려가 있다). • 방열기 표면온도가 낮아 증기난방에 비해 쾌감도가 좋다. • 보일러 취급이 용이하고 안전하다. • 열용량이 증기난방보다 크고, 실온변동이 적다. • 연료소비량이 적고, 소음이 없다.	• 예열시간이 길고 공기혼입 시 온수순환이 어렵다. • 건축물의 높이에 제한을 받는다. • 증기난방보다 방열면적과 배관의 관지름이 커지므로 20~30% 정도 설비비가 비싸다. • 야간에 난방을 휴지 시 동결 우려가 있다. • 보유수량이 많아 열용량이 크기 때문에 온수순환시간이 길다.

(3) 복사난방

건물의 바닥, 천장, 벽 등에 파이프코일을 매설하고 열원에 의해 패널을 직접 가열하여 실내를 난방하는 방식

장점	단점
• 실내온도분포가 균일하여 쾌감도가 가장 좋다. • 실의 천장이 높아도 난방이 가능하다. • 방열기 설치가 불필요하므로 바닥의 이용도가 높다. • 실내공기의 대류가 적어 공기의 오염도가 적다. • 인체가 방열면에서 직접 열복사를 받는다. • 실내가 개방상태에 있어도 난방효과가 좋다.	• 일시적인 난방에는 비경제적이다. • 가열코일을 매설하므로 시공, 수리 및 설비비가 비싸다. • 방열벽 배면으로부터 열손실을 방지하기 위해 단열 시공이 필요하다. • 방열체의 열용량이 크기 때문에 온도변화에 따른 방열량 조절이 어렵다. • 벽에 균열(crack)이 생기기 쉽고 매설배관이므로 고장 발견이 어렵다.

(4) 온풍난방

가열한 온풍을 덕트를 통해 실내로 공급하여 난방하는 방식

장점	단점
• 직접난방(온수난방)에 비해 설비비가 저렴하다. • 열효율이 높고 연료비가 절약된다(예열시간이 짧다). • 예열부하가 적으므로 장치는 소형이 되어 설비비와 경상비가 절감된다. • 환기가 병용되므로 공기 중의 먼지가 제거되고 가습도 할 수 있다(실내온습도조절이 비교적 용이하다). • 배관, 방열관 등이 없기 때문에 작업성이 우수하다. • 설치면적이 작고 설치장소도 자유로이 택할 수 있다. • 설치공사도 간단하고 보수관리도 용이하다.	• 취출풍량이 적으므로 실내 상하온도차가 크다(쾌감도가 나쁘다). • 덕트의 보온에 주의하지 않으면 온도강하 때문에 마지막 방의 난방이 불충분하다. • 소음과 진동이 발생할 우려가 있다. • 불완전연소 시 시설 내 환기가 필요하다.

(5) 지역난방

중앙냉난방의 일종으로 일정한 장소의 기계실에서 넓은 지역 내 여러 건물에 증기나 고온수 또는 냉수를 공급하여 냉난방을 하는 방식

장점	단점
• 열효율이 좋고 연료비 및 인건비가 절감된다. • 적절하고 합리적인 난방으로 열손실이 적다. • 설비의 고도 합리화로 대기오염이 적다. • 개별건물의 보일러실 및 굴뚝(연돌)이 불필요하므로 건물 이용의 효용이 높다.	• 온수난방의 경우 관로저항손실이 크다. • 온수의 경우 급열량 계량이 어렵다(증기의 경우 쉽다). • 외기온도변화에 따른 예열부하손실이 크다. • 증기난방의 경우 순환배관에 부착된 기기가 많으므로 보수관리비가 많이 필요하다. • 온수의 경우 반드시 환수관이 필요하다(증기의 경우 불필요).

지역난방의 열매체

- 온수 : 100℃ 이상의 고온수 사용
- 증기 : 0.1～1.5MPa의 고온수 사용

3 Chapter 공조기기 및 덕트

1 보일러

밀폐된 용기에 물을 가열하여 온수 또는 증기를 발생시키는 열매공급장치이다.

1.1 보일러(boiler)의 구성

① 기관 본체 : 원통형 보일러(shell)와 수관식 보일러(drum)로 구성

② 연소장치 : 연료를 연소시키는 장치로 연소실, 버너, 연도, 연통으로 구성

㉠ 외부연소실의 특징
- 설치에 많은 장소가 필요하다
- 복사열의 흡수가 작다.
- 연소실의 크기를 자유롭게 할 수 있다.
- 완전 연소가 가능하고 저질연료도 연소가 용이하다.
- 연소율을 높일 수 있다.

㉡ 내부연소실의 특징
- 복사열의 흡수가 크다.
- 설치하는 데 장소가 적게 든다.
- 역화의 위험성이 크다.
- 완전 연소가 어렵다.
- 연소실의 크기가 보일러 본체에 제한을 받는다.

③ 부속설비

㉠ 지시기구 : 압력계, 수면계, 수고계, 온도계, 유면계, 통풍계, 급수량계, 급유량계, CO 미터기 등

㉡ 안전장치 : 안전밸브, 방출관, 가용마개, 방폭문, 저수위제한기, 화염검출기, 전자밸브 등

㉢ 급수장치 : 급수탱크, 급수배관, 급수펌프, 정지밸브, 역지밸브, 급수내관 등

㉣ 송기장치 : 비수방지관, 기수분리기, 주증기관, 주증기밸브, 증기헤더, 신축장치, 증기트랩, 감압밸브 등

㉤ 분출장치 : 분출관, 분출밸브, 분출콕 등
㉥ 여열장치 : 과열기, 재열기, 절탄기, 공기예열기 등
㉦ 통풍장치 : 송풍기, 댐퍼, 통풍계, 연통 등
㉧ 처리장치 : 급수처리장치, 집진장치, 재처리장치, 배풍기, 스트레이너 등

1.2 보일러의 특징

(1) 주철제보일러

주철제보일러는 섹션(section)을 조립한 것으로, 사용압력이 증기용은 0.1MPa 이하이고, 온수용은 0.3MPa 이하의 저압용으로 분할이 가능하므로 반입 시 유리하다.

장점	단점
• 전열면적이 크고 효율이 좋다. • 복잡한 구조로 주형으로 제작이 가능하다. • 조립식이므로 좁은 장소에 설치 가능하다. • 파열 시 저압이므로 피해가 적다. • 내식성, 내열성이 좋다. • 섹션의 증감으로 용량조절이 가능하다.	• 강도가 약해 고압 대용량에 부적합하다. • 가격이 비싸다. • 인장 및 충격에 약하다. • 열에 의한 팽창으로 균열이 생긴다. • 내부청소 및 검사가 어렵다.

(2) 수관식 보일러

수관식 보일러는 동의 지름이 작은 드럼과 수관, 수냉벽 등으로 구성된 보일러이다. 물의 순환방법에 따라 자연순환식, 강제순환식, 관류식으로 구분된다.

장점	단점
• 보일러수의 순환이 좋고 효율이 가장 높다. • 구조상 고압 및 대용량에 적합하다. • 전열면적이 작기 때문에 증발량이 많고 증기 발생에 소요시간이 매우 짧다. • 보유수량이 적기 때문에 무게가 가볍고 파열 시 재해가 적다. • 전열면적을 임의로 설계할 수 있다. • 관의 직경이 작아 고압보일러에 적합하며 외분식이므로 연소실의 크기를 자유로이 할 수 있다.	• 전열면적에 비해 보유수량이 적기 때문에 부하변동에 대해 압력변화가 크다. • 구조가 복잡하여 청소, 보수 등이 곤란하다. • 스케일로 하여금 수관이 과열되기 쉬우므로 수관리를 철저히 해야 한다(양질의 급수처리가 필요하다). • 수위변동이 매우 심하여 수위조절이 다소 곤란하다. • 제작이 까다로워 가격이 비싸다. • 취급이 어려워 숙련된 기술이 필요하다.

(3) 노통보일러

노통보일러는 원통형 드럼과 양면을 막는 경판으로 구성되며 그 내부에 노통을 설치한 보일러이다. 노통을 한쪽 방향으로 기울어지게 하여 물의 순환을 촉진시킨다. 횡형으로 된 원통

내부에 노통이 1개 장착되어 있는 코르니시(cornish)보일러와 노통이 2개 장착된 랭커셔(Lancashire)보일러가 있다.

장점	단점
• 구조가 간단하고 제작 및 취급이 쉽다(원통형이라 강도가 높다). • 급수처리가 까다롭지 않다. • 내부청소 및 점검이 용이하다. • 수관식에 비하여 제작비가 싸다. • 노통에 의한 내분식이므로 열손실이 적다. • 운반이나 설치가 간단하고 설치면적이 작다.	• 보유수량이 많아 파열 시 피해가 크다. • 증발속도가 늦고 열효율이 낮다(보일러효율이 좋지 않다). • 구조상 고압 및 대용량에 부적당하다.

1.3 보일러용량

① **상당증발량(equivalent evaporation)** : 발생증기의 압력과 온도를 함께 쓰는 대신 어떤 기준의 증기량으로 환산한 것이다(기준=환산증발량).

$$q = m_a(h_2 - h_1)[\text{kJ/kg}]$$

$$m_e = \frac{m_a(h_2 - h_1)}{2,256}[\text{kJ/kg}]$$

여기서, m_a : 실제 증발량(kg/h), m_e : 상당증발량(kg/h), h_1 : 급수(비)엔탈피(kJ/kg)
h_2 : 발생증기(비)엔탈피(kJ/kg)

※ 1atm(=101.325kPa) : 100℃에서 물의 증발열은 2,256kJ/kg이다.

② **보일러마력(boiler horsepower)** : 급수온도가 100°F이고 보일러증기의 계기압력이 70psi(lb/in^2)일 때 1시간당 34.51lb/h(약 15.65kg/h)가 증발하는 능력을 1보일러마력(BHP)이라 한다.

※ 1BHP=15.65×2,256=35,306kJ/h=9.8kW

※ 상당방열면적(EDR)$=\dfrac{\text{난방부하(총손실열량)}}{\text{표준 방열량}}$

1.4 보일러부하

$$q = q_1 + q_2 + q_3 + q_4[\text{W}]$$

여기서, q : 보일러의 전부하(W), q_1 : 난방부하(W), q_2 : 급탕, 급기부하(W)
q_3 : 배관부하(W), q_4 : 예열부하(W)

① **난방부하(q_1)** : 증기난방인 경우 1m^2 EDR당 0.756kW 혹은 증기응축량 1.21kg/m^2 · h로 계산하고, 온수난방인 경우는 수온에 의한 환산치를 사용하여 계산한다.

② 급탕·급기부하(q_2)

㉠ 급탕부하 : 급탕량 1l당 약 252kJ/h로 계산한다.

㉡ 급기부하 : 세탁설비, 부엌 등이 급기를 필요로 할 경우 그 증기량의 환산열량으로 계산한다.

③ 배관부하(q_3) : 난방용 배관에서 발생하는 손실열량으로 (q_1+q_2)의 20% 정도로 계산한다.

④ 예열부하(q_4) : $(q_1+q_2+q_3)$에 대한 예열계수를 적용한다.

핵심 체크

- 보일러효율(efficiency of boiler)

$$\eta_B = \frac{m(h_2-h_1)}{H_L \cdot m_f} = \eta_c\ \eta_k = 0.85 \sim 0.98$$

여기서, η_c : 절탄기, 공기예열기가 없는 것(=0.60~0.80)

η_k : 절탄기, 공기예열기가 있는 것(=0.85~0.90)

- 보일러출력 표시법
  - 정격출력 : $q_1+q_2+q_3+q_4$
  - 상용출력 : $q_1+q_2+q_3$
  - 정미출력(방열기용량) : q_1+q_2

2 방열기

(1) 방열기(radiator)의 종류

① **주형 방열기(column radiator)** : 1절(section)당 표면적으로 방열면적을 나타내며 2주, 3주, 3세주형, 5세주형 등이 있다.

② **벽걸이형 방열기(wall radiator)** : 가로형과 세로형 등 주철방열기이다.

③ **길드형 방열기(gilled radiator)** : 방열면적을 증가시키기 위해 파이프에 핀이 부착되어 있다.

④ **대류형 방열기(convector)** : 강판제 캐비닛 속에 컨벡터(주철 또는 강판제) 또는 핀 튜브의 가열기를 장착하여 대류작용으로 난방하는 것으로 효율이 좋다.

(2) 방열량 계산

① 표준 방열량

㉠ 증기 : 열매온도 102℃(증기압 1.1ata), 실내온도 18.5℃일 때의 방열량

$$Q = k(t_s - t_i) = 9.05 \times (102-18.5) \fallingdotseq 756\text{W/m}^2$$

여기서, k : 방열계수(증기 : 9.05W/m^2·℃), t_s : 증기온도(℃), t_i : 실내온도(℃)

㉡ 온수 : 열매온도 80℃, 실내온도 18.5℃일 때의 방열량

$$Q = k(t_w - t_i) = 8.5 \times (80 - 18.5) \fallingdotseq 523\text{W/m}^2$$

여기서, k : 방열계수(온수 : 8.5W/m² · ℃), t_w : 열매온도(℃), t_i : 실내온도(℃)

② 표준 방열량의 보정

$$Q' = \frac{Q}{C}$$

증기난방의 보정계수 $C = \left(\dfrac{102 - 18.5}{t_s - t_i}\right)^n$

온수난방의 보정계수 $C = \left(\dfrac{80 - 18.5}{t_w - t_i}\right)^n$

여기서, Q' : 실제 상태의 방열량(W/m²), Q : 표준 방열량(W/m²), C : 보정계수
n : 보정지수(주철·강판제 방열기 : 1.3, 대류형 방열기 : 1.4, 파이프방열기 : 1.25)

(3) 방열기 호칭법

종별	기호
2주형	Ⅱ
3주형	Ⅲ
3세주형	3C
5세주형	5C
벽걸이형(횡)	W-H
벽걸이형(종)	W-V

[방열기의 도시기호]

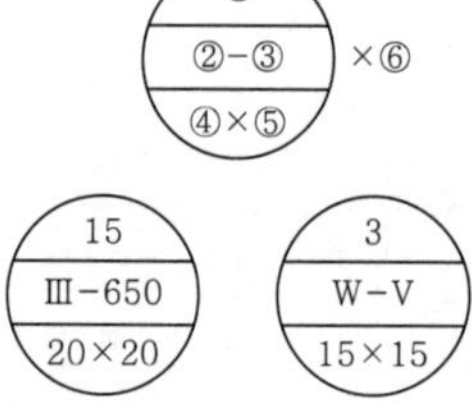

① 쪽수
② 종별
③ 형(치수)
④ 유입관지름
⑤ 유출관지름
⑥ 조(組)의 수

(4) 방열기 내의 증기응축량

$$G_w = \frac{q}{R}[\text{W/m}^2]$$

여기서, q : 방열기의 방열량(W/m²)
R : 증발압력에서의 증발잠열(kJ/kg)

※ 풍량제어방법 중 소요동력을 가장 경제적으로 할 수 있는 제어방법은 회전수제어 >가변피치제어 > 스크롤댐퍼제어 > 베인(vane)제어 > 흡입댐퍼제어 > 토출댐퍼제어 순이다.

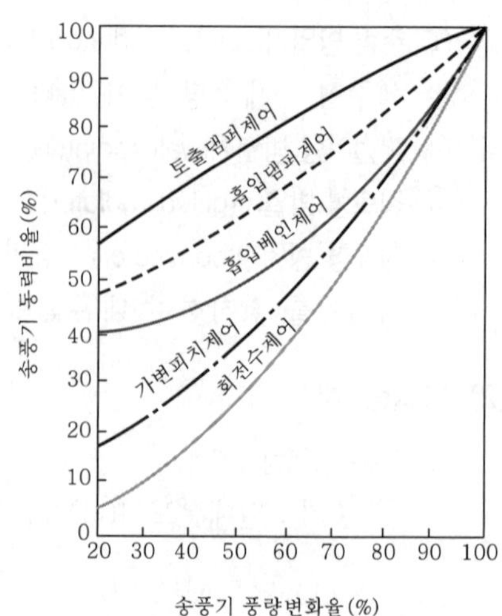

[송풍기 풍량변화율에 따른 송풍기 동력비율의 변화]

3 실내공기분포

(1) 토출기류의 성질과 토출풍속

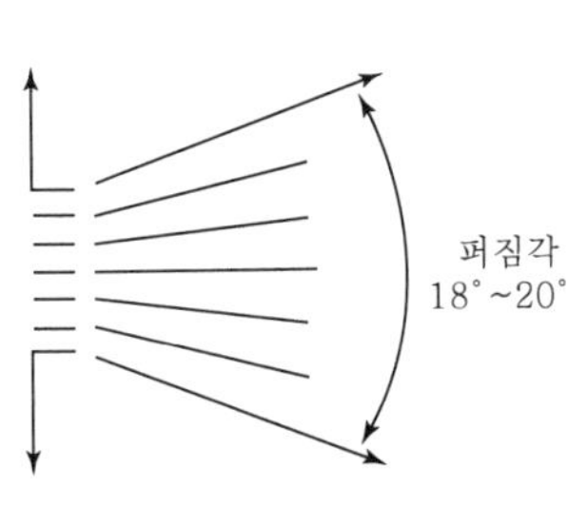

[토출공기의 퍼짐각]

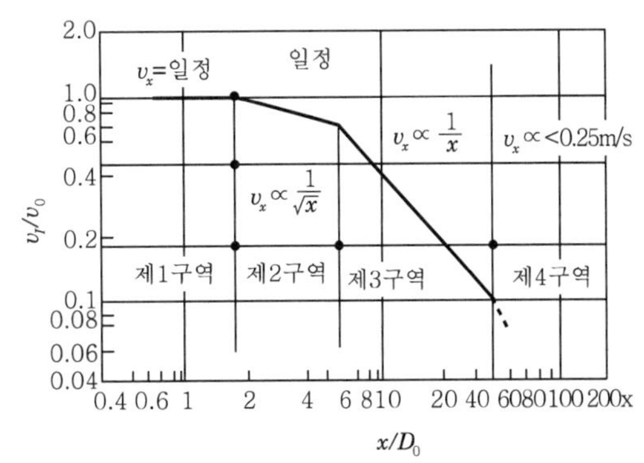

[토출기류의 4구역]

$$Q_1 V_1 = (Q_1 + Q_2) V_2$$

여기서, Q_1 : 토출공기량(m^3/s), Q_2 : 유인공기량(m^3/s)
V_1 : 토출풍속(m/s), V_2 : 혼합공기의 풍속(m/s)

위의 그림에서 v_0은 토출풍속이고, v_x는 토출구에서의 거리 x[m]에 있어서 토출기류의 중심풍속(m/s)이며, D_0는 토출구의 지름(m)이다.

① **제1구역** : 중심풍속이 토출풍속과 같은 영역($v_x = v_0$)으로 토출구에서 D_0의 2~4배($x/D_0 = 2\sim4$) 정도의 범위이다.

② **제2구역** : 중심풍속이 토출구에서의 거리 x의 제곱근에 역비례($v_x \propto 1/\sqrt{x}$)하는 범위이다.

③ **제3구역** : 중심풍속이 토출구에서의 거리 x에 역비례($v_x \propto 1/x$)하는 영역으로서 공기조화에서 일반적으로 이용되는 것은 이 영역의 기류이다.

$$x = (10 \sim 100) D_0$$

④ **제4구역** : 중심풍속이 벽체나 실내의 일반기류에서 영향을 받는 부분으로 기류의 최대 풍속은 급격히 저하하여 정지한다.

(2) 취출구

① 도달거리

㉠ 최소 도달거리 : 취출구로부터 기류의 중심속도가 0.5m/s로 되는 곳까지의 수평거리

㉡ 최대 도달거리 : 취출구로부터 기류의 중심속도가 0.25m/s로 되는 곳까지의 수평거리

② 강하거리 : 기류의 풍속 및 실내공기와의 온도차에 비례한다(취출공기온도<실내공기온도).
③ 상승거리 : 기류의 풍속 및 실내공기와의 온도차에 비례한다(취출공기온도>실내공기온도).

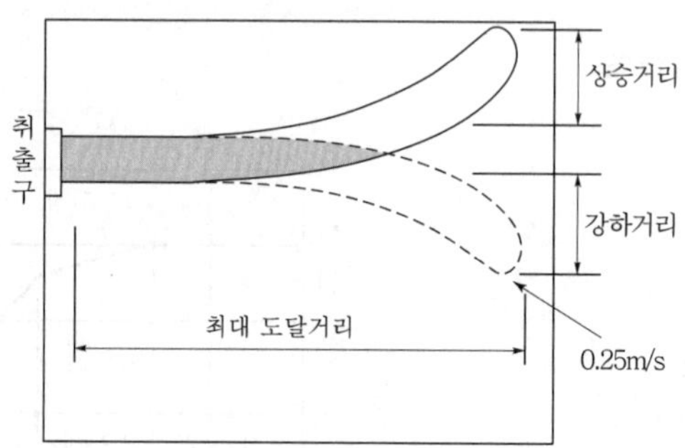

[도달거리, 강하거리, 상승거리]

(3) 실내기류분포

① 실내기류와 쾌적감 : 공기조화를 행하고 있는 실내에서 거주자의 쾌적감은 실내공기의 온도, 습도, 기류에 의해 좌우되며, 일반적으로 바닥면에서 높이 1.8m 정도까지의 거주구역의 상태가 쾌적감을 좌우한다.

② 드래프트(draft) : 습도와 복사가 일정한 경우에 실내기류와 온도에 따라 인체의 어떤 부위에 차가움이나 과도한 뜨거움을 느끼는 것이다.

③ 콜드 드래프트(cold draft) : 겨울철 외기 또는 외벽면을 따라 존재하는 냉기가 토출기류에 의해 밀려 내려와서 바닥을 따라 거주구역으로 흘러 들어오는 것으로 다음과 같은 원인이 현상을 더 크게 한다.

㉠ 인체 주위의 공기온도가 너무 낮을 때
㉡ 인체 주위의 기류속도가 클 때
㉢ 주위 공기의 습도가 낮을 때
㉣ 주위 벽면의 온도가 낮을 때
㉤ 겨울철 창문의 틈새를 통한 극간풍이 많을 때

④ 유효 드래프트온도(EDT : Effective Draft Temperature) : ASHRAE에서는 거주구역 내의 인체에 대한 쾌적상태를 나타내는데 바닥 위 750mm, 기류 0.15m/s일 때 공기온도 24℃를 기준으로 한다.

$$EDT=(t_x-t_c)-8(V_x-0.15)[℃]$$

여기서, t_c : 실내평균온도(℃), t_x : 실내의 어떤 국부온도(℃)
V_x : 실내의 어떤 장소 x에서의 미풍속(m/s)

※ EDT가 −1.7~1.1℃의 범위에서 기류속도가 0.35m/s 이내이면 앉아있는 거주자가 쾌적감을 느낀다고 한다.

4 덕트 설계법

(1) 덕트 설계순서

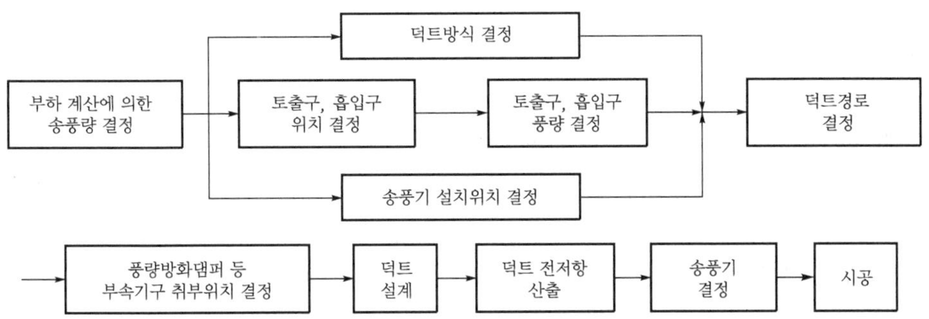

(2) 덕트 설계 시 주의사항

① 풍속은 15m/s 이하, 정압 50mmAq 이하의 저속덕트를 이용하여 소음을 줄인다.

② 재료는 아연도금철판, 알루미늄판 등을 이용하여 마찰저항손실을 줄인다.

③ 종횡비(aspect ratio)는 최대 10 : 1 이하로 하고 가능한 한 6 : 1 이하로 하며, 일반적으로 3 : 2이고 한 변의 최소 길이는 15cm 정도로 억제한다.

④ 압력손실이 적은 덕트를 이용하고 확대각도는 20° 이하(최대 30°), 축소각도는 45° 이하로 한다.

⑤ 덕트가 분기되는 지점은 댐퍼를 설치하여 압력의 평형을 유지시킨다.

(3) 등마찰손실법(등압법)

덕트 1m당 마찰손실과 동일값을 사용하여 덕트치수를 결정한 것으로, 선도 또는 덕트 설계용으로 개발한 계산으로 결정할 수 있다.

※ 1m당 마찰저항손실이 저속덕트에서 급기덕트의 경우 0.1~0.12mmAq/m, 환기덕트의 경우 0.08~0.1mmAq/m 정도이고, 고속덕트에서는 1mmAq/m, 정도이며, 주택 또는 음악감상실은 0.07mmAq/m, 일반건축물은 0.1mmAq/m, 공장과 같이 소음제한이 없는 곳은 0.15mmAq/m이다.

(4) 정압재취득법

급기덕트에서는 일반적으로 주덕트에서 말단으로 감에 따라 분기부를 지나면 차츰 덕트 내 풍속은 줄어든다. 베르누이의 정리에 의해 풍속이 감소하면 그 동압의 차만큼 정압이 상승하기 때문에 이 정압 상승분을 다음 구간의 덕트의 압력손실에 이용하면 덕트의 각 분기부에서 정압이 거의 같아지고 토출풍량이 균형을 유지한다. 이와 같이 분기덕트를 따낸 다음의 주덕트에서의 정압 상승분을 거기에 이어지는 덕트의 압력손실로 이용하는 방법을 정압재취득법이라고 한다.

$$\Delta p = k\left(\frac{\rho v_1^{\ 2}}{2} - \frac{\rho v_2^{\ 2}}{2}\right)$$

여기서, k : 정압재취득계수(일반적으로 1, 실험에 의하면 0.5~0.9 정도, 단면변화가 없는 경우 0.8 정도)

(5) 전압법

① 정압법에서는 덕트 내에서의 풍속변화에 따른 정압의 상승, 강하 등을 고려하지 않고 있기 때문에 급기덕트의 하류측에서 정압재취득에 의한 정압이 상승하여 상류측보다 하류측에서의 토출풍량이 설계치보다 많아지는 경우가 있다. 이와 같은 불합리한 상태를 없애기 위해 각 토출구에서의 전압이 같아지도록 덕트를 설계하는 방법을 전압법이라고 한다.

② 전압법은 가장 합리적인 덕트 설계법이지만 일반적으로 정압법에 의해 설계한 덕트계를 검토하는 데 이용되고 있으며, 전압법을 사용하게 되면 정압재취득법은 필요 없게 된다.

(6) 등속법

① 덕트 주관이나 분기관의 풍속을 권장 풍속 내의 임의의 값으로 선정하여 덕트치수를 결정하는 방법이다.

② 등속법은 정확한 풍량분배가 이루어지지 않기 때문에 일반공조에서는 이용하지 않으며, 주로 공장의 환기용이나 분체 수송용 덕트 등에서 사용되고 있다.

③ 송풍기 용량을 구하기 위해서 덕트 전체 구간의 압력손실을 구해야 된다.

④ 덕트 내에서 분진이 침적되지 않는 풍속

분진의 종류	항목	풍속(m/s)
매우 가벼운 분진	가스, 증기, 연기, 차고 등의 배기가스 배출	10
중간 정도 비중의 건조분진	목재, 섬유, 곡물 등의 취급 시 발생한 먼지 배출	15
일반공업용 분진	연마, 연삭, 스프레이도장, 분체작업장 등의 먼지 배출	20
무거운 분진	납, 주조작업, 절삭작업장 등에서 발생한 먼지 배출	25
기타	미분탄의 수송 및 시멘트분말의 수송	20~35

5 덕트 시공법

① 아연도금판(KS D 3506)이 사용되며 표준 판두께는 0.5mm, 0.6mm, 0.8mm, 1.0mm, 1.2mm가 사용된다.

② 온도가 높은 공기에 사용하는 덕트, 방화댐퍼, 보일러용 연도, 후드 등에 열관 또는 냉간 아연강판을 사용한다.

③ 다습한 공기가 통하는 덕트에는 동판, Al판, STS판, PVC판 등을 이용한다.

④ 단열 및 흡음을 겸한 글라스 파이버판으로 만든 글라스울 덕트(fiber glass duct)를 이용한다.

6 환기설비

(1) 필요환기량

① 환기량

$$q = 1.2 Q_o C_p (t_r - t_o)$$

$$\therefore \ Q_o = \frac{q}{1.2 C_p (t_r - t_o)} [\mathrm{m^3/s}]$$

여기서, q : 실내열량(kW), t_r : 실내온도(℃), t_o : 외기온도(℃)

C_p : 공기의 정압비열(=1.0046kJ/kg · K)

② 변압기 열량 : $q_T = (1 - \eta_T)\phi K_{VA}$[kW]

여기서, η_T : 변압기 효율, ϕ : 역률, K_{VA} : 변압기 용량(kW)

③ 오염물질에 따른 외기도입량 : $Q = \dfrac{M}{K - K_o}$[m³/h]

여기서, M : 오염가스 발생량($\mathrm{m^3}$/h, mg/h)

K : 실내오염물질의 농도 또는 오염가스서한량($\mathrm{m^3/m^3}$, $\mathrm{mg/m^3}$)

K_o : 외기의 오염가스함유량($\mathrm{m^3/m^3}$, $\mathrm{mg/m^3}$)

※ CO_2서한량 1,000ppm(서한도, 허용한계농도)는 0.1%이다. 서한량(허용한계량)은 일산화탄소(CO)가 인체에 직접 해롭게 작용하는 최소한의 양을 말한다.

(2) 자연환기량

① 온도차에 의한 환기 : $Q = \varepsilon A V$ [m³/s]

여기서, ε : 환기계수(=0.65=ε_v(속도환기계수)ε_ν(수축환기계수))

A : 유입 또는 유출면적($\mathrm{m^2}$), V : 기류속도$\left(= \sqrt{\dfrac{2gh(t_r - t_o)}{273 + \dfrac{t_r + t_o}{2}}}\right)$(m/s)

g : 중력가속도(9.8m/s²), h : 중성대에서 유출 입구 중심까지의 높이(m)

② 동력에 의한 환기 : $Q = \varepsilon A V$ [m³/s]

여기서, ε : 동압계수

4 Chapter TAB

TAB란 Testing(시험), Adjusting(조정), Balancing(평가)의 약어로, 건물 내의 모든 공기조화 시스템 설계에서 의도하는 바대로 설계목적에 부합되도록 기능을 발휘하게 점검, 조정하는 것이다. 성능, 효율, 사용성 등을 현장에 맞게 에너지 소비 억제를 통해 경제성을 도모할 수 있도록 최적화시킨다.

1.1 TAB의 적용범위

① 공기, 냉온수 분배의 균형
② 설계치를 공급할 수 있는 전 시스템의 조정
③ 전기계측
④ 모든 장비와 자동제어장치의 성능에 대한 확인
※ 최종적으로 설비계통을 평가하는 분야로, 보통 설계의 80% 정도 이상 완료 후 시작한다.

1.2 TAB의 필요성과 효과

① **초기설비투자비의 절감** : 설계도서상의 오류와 시스템 및 기기용량을 확인하여 적정하게 조정
② **시공의 품질 향상** : 공정별 시공상태를 확인하여 불합리한 부분 개선
③ **쾌적한 실내환경 조성** : 공조상태의 시공상태가 설계목적에 부합되는지 파악
④ **불필요한 열손실 방지** : 공기와 물에 대한 이송량을 측정하여 설계치와 비교, 분석하고 열손실요인 제거
⑤ **운전비용 절감** : 실내외온습도 및 공기분포상태를 균형 있게 유지하여 설비기기의 과다한 운전 방지
⑥ **공조설비의 수명 연장** : 과부하운전 및 불안정한 운전을 최상의 효율로 운전하도록 개선
⑦ **효율적인 시설관리** : 종합적인 시스템의 용량, 효율, 성능, 작동상태, 운전 및 유지관리에 필요한 자료 제공

1.3 공기분배시스템

① 주덕트(main duct)의 풍량 측정
② 송풍기 회전수시험 및 조정
③ 전동기 부하전류시험 및 기록
④ 외기풍량 점검 및 조정
⑤ 흡입·토출측 시스템의 정압시험 및 기록
⑥ 재순환풍량 조정 및 점검
⑦ 흡입·토출측 공기온도 점검 및 조정
⑧ 주급기 및 주환기덕트의 풍량 조정
⑨ 디퓨저(diffuser), 그릴(grill), 레지스터(register)의 풍량 점검 및 조정
⑩ 디퓨저, 그릴, 레지스터의 크기, 모양, 제조회사명, 설치위치, 풍량기록
⑪ 제어기기의 적정 작동 여부 및 보정

1.4 TAB의 수행순서

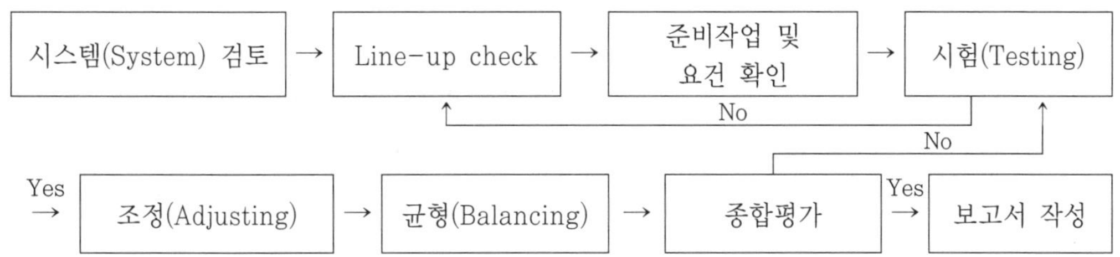

1.5 TAB의 적용대상 건물 및 설비

① 건물 : 냉난방설비가 구비되어 있는 모든 건물
② 설비 : 공기조화설비를 구성하는 모든 기기와 장비가 포함

1.6 TAB계측장비와 TAB 수행(유량, 온도, 압력, 전류, 전압측정)

(1) 공통장비

① 회전수측정(0~500rpm)장비 : 허용오차지시값의 ±2%
② 온도측정(−40~120℃)장비 : 지시값의 ±0.5℃
③ 소음측정(25~130dB)장비 : 지시값의 ±2dB
④ 전기계측(0~100A)장비 : 최대값의 ±3%

(2) 공기계통장비

① 공기압력측정장비 : 허용오차지시값의 ±2%
② 피토관(Pitot tube)
③ 풍량·풍속측정장비 : 지시값의 ±10%
④ 습도측정장비 : 상대습도(RH)지시값의 ±2%

(3) 물계통장비

① 압력측정장비 : 최대값의 ±1.5%
② 초음파유량계(ultrasonic flowmeter) : 최대값의 ±3%
③ 차압측정장비 : 최대값의 ±1.5%

(4) 공기분배계통장비

① 공기조화기(AHU) ② 팬(fan) ③ 덕트 및 덕트기구
④ 전열교환기 ⑤ 유인유닛 ⑥ 정풍량 및 변풍량유닛

(5) 물계통장비

① 보일러 ② 냉동기
③ 펌프 ④ 냉각탑
⑤ 가열코일, 냉각코일 ⑥ 방열기(radiator) 및 복사패널
⑦ 냉온수, 냉각수 및 증기배관 ⑧ 각종 조절밸브 등

5 Chapter 보일러설비 시운전

1.1 보일러설비의 3대 구성요소

① 보일러 본체(기관 본체) : 원통형 보일러에서는 통(shell), 수관식 보일러에서는 드럼(drum)이라고 한다.

② 연소장치
  ㉠ 각종 연료를 경제적으로 연소시키는 데 필요한 장치
  ㉡ 연소실, 버너(burner), 연도, 연통 등

③ 부속장치
  ㉠ 보일러에 부설되는 장치
  ㉡ 급수장치, 송기장치, 분출장치, 통풍장치, 여열장치, 안전장치, 처리장치, 지시기구 등

1.2 방열기의 표준 방열량

열매	표준 방열량	표준 온도차	표준 상태에서 온도		방열계수(k)
			열매온도	실내온도	
증기	0.756kW/m^2	83.5℃	102℃	18.5℃	9.05W/m^2 · ℃
온수	0.523kW/m^2	61.5℃	80℃	18.5℃	8.5W/m^2 · ℃

※ 1kW=860kcal/h=1kJ/s=60kJ/min=3,600kJ/h, 1kcal=4.186kJ

1.3 보일러수압시험 및 가스누설시험

(1) 강철제보일러

① 0.43MPa 이하 : 최고사용압력×2배(시험압력이 0.2MPa 미만인 경우에는 0.2MPa)

② 0.43MPa 초과 1.5MPa 이하 : 최고사용압력×1.3배+0.3MPa

③ 1.5MPa 초과 : 최고사용압력×1.5배

(2) 주철제보일러

① 증기보일러

㉠ 0.43MPa 이하 : 최고사용압력×2배

㉡ 0.43MPa 초과 : 최고사용압력×1.3배+0.3MPa

② 온수보일러 : 최고사용압력×1.5배(시험압력이 0.2MPa 미만인 경우에는 0.2MPa)

1 PART

에너지관리 기출 및 예상문제

01 아네모스탯(anemostat)형 취출구에서 유인비의 정의로 옳은 것은? (단, 취출구로부터 공급된 조화공기를 1차 공기(PA), 실내공기가 유인되어 1차 공기와 혼합한 공기를 2차 공기(SA), 1차와 2차 공기를 모두 합한 것을 전공기(TA)라 한다.)

① $\frac{TA}{PA}$　② $\frac{TA}{SA}$
③ $\frac{PA}{TA}$　④ $\frac{SA}{TA}$

해설 유인비(induction ratio)$=\frac{TA}{PA}=\frac{PA+SA}{PA}$

★
02 건구온도 30℃, 절대습도 0.017kg′/kg인 습공기의 비엔탈피는 약 몇 kJ/kg인가?

① 33　② 50
③ 60　④ 74

해설 $h=0.24t+(597.3+0.44t)x$[kcal/kg]
$=1.005t+(2,501+1.85t)x$[kJ/kg]
$=1.005\times30+(2,501+1.85\times30)\times0.017$
≒ 74kJ/kg

★
03 원심송풍기 번호가 No.2일 때 회전날개(깃)의 직경(mm)은 얼마인가?

① 150　② 200
③ 250　④ 300

해설 No.2$=\frac{\text{회전날개(깃)의 지름}(D[\text{mm}])}{150}$
∴ 직경(D)$=2\times150=300$mm

04 보일러에서 급수내관(feed water injection pipe)을 설치하는 목적으로 가장 적합한 것은?

① 보일러수 역류 방지
② 슬러지 생성 방지
③ 부동 팽창 방지
④ 과열 방지

해설 보일러에서 급수내관을 설치하는 목적은 부동 팽창을 방지하기 위함이다.

05 열교환기의 입구측 공기 및 물의 온도가 각각 30℃, 10℃, 출구측 공기 및 물의 온도가 각각 15℃, 13℃일 때 대향류의 대수평균온도차($LMTD$)는 약 얼마인가?

① 6.8℃　② 7.8℃
③ 8.8℃　④ 9.8℃

해설 $LMTD=\frac{\Delta_1-\Delta_2}{\ln\frac{\Delta_1}{\Delta_2}}=\frac{(30-13)-(15-10)}{\ln\frac{30-13}{15-10}}=9.8℃$

★
06 습공기를 노점온도까지 냉각시킬 때 변하지 않는 것은?

① 엔탈피　② 상대습도
③ 비체적　④ 수증기분압

해설 습공기를 노점온도까지 냉각시킬 때 절대습도(x)와 수증기분압(P_w)은 일정하다.

★
07 극간풍이 비교적 많고 재실인원이 적은 실의 중앙공조방식으로 가장 경제적인 방식은?

① 변풍량 2중덕트방식
② 팬코일유닛방식
③ 정풍량 2중덕트방식
④ 정풍량 단일덕트방식

해설 팬코일유닛(FCU)방식은 극간풍이 비교적 많고 재실인원이 적은 실의 중앙공조방식으로 가장 경제적인 방식이다.

정답 01 ① 02 ④ 03 ④ 04 ③ 05 ④ 06 ④ 07 ②

08 **보일러의 수위를 제어하는 궁극적인 목적이라 할 수 있는 것은?**

① 보일러의 급수장치가 동결되지 않도록 하기 위하여
② 보일러의 연료공급이 잘 이루어지도록 하기 위하여
③ 보일러가 과열로 인해 손상되지 않도록 하기 위하여
④ 보일러에서의 출력을 부하에 따라 조절하기 위하여

해설 보일러수위를 제어하는 궁극적인 목적은 보일러가 과열로 인해 손상되지 않도록 하기 위함이다.

09 **습공기 100kg이 있다. 이때 혼합되어 있는 수증기의 질량를 2kg이라고 한다면 공기의 절대습도는 약 얼마인가?**

① 0.02kg′/kg　② 0.002kg′/kg
③ 0.2kg′/kg　④ 0.0002kg′/kg

해설 공기의 절대습도$(x)=\frac{\text{수증기질량}}{\text{습공기 전체 질량}}=\frac{2}{100}$
$=0.02\text{kg}'/\text{kg}$

★
10 **다음은 어느 방식에 대한 설명인가?**

> ㉠ 각 실이나 존의 온도를 개별제어하기가 쉽다.
> ㉡ 일사량변화가 심한 페리미터존에 적합하다.
> ㉢ 실내부하가 작아지면 송풍량이 적어지므로 실내공기의 오염도가 높다.

① 정풍량 단일덕트방식
② 변풍량 단일덕트방식
③ 패키지방식
④ 유인유닛방식

해설 제시된 설명은 변풍량(VAV) 단일덕트방식에 대한 것이다.

11 **덕트의 크기를 결정하는 방법이 아닌 것은?**

① 등속법　② 등마찰법
③ 등중량법　④ 정압재취득법

해설 덕트의 크기를 결정하는 방법 : 등속법, 등마찰법, 정압재취득법 등

★
12 **냉각부하의 종류 중 현열부하만을 포함하고 있는 것은?**

① 유리로부터의 취득열량
② 극간풍에 의한 열량
③ 인체 발생부하
④ 외기도입으로 인한 취득열량

해설 극간풍부하, 인체부하, 외기부하, 기구부하 등은 현열부하와 잠열부하를 모두 포함한다.

13 **냉각탑(cooling tower)에 대한 설명 중 잘못된 것은?**

① 어프로치(approach)는 5℃ 정도로 한다.
② 냉각탑은 응축기에서 냉각수가 얻은 열을 공기 중에 방출하는 장치이다.
③ 쿨링 레인지란 냉각탑에서의 냉각수 입출구수온차이다.
④ 보급수량은 순환수량의 15% 정도이다.

해설 냉각탑의 보급수량은 순환수량의 3% 정도의 물을 항상 보충해야 한다.

참고 토출공기량에 비해 비산되는 수량은 1~2%이다.

★
14 **두께 5cm, 면적 10m^{2}인 어떤 콘크리트벽의 외측이 40℃, 내측이 20℃라 할 때 10시간 동안 이 벽을 통하여 전도되는 열량은? (단, 콘크리트의 열전도율은 1.3W/m·K로 한다.)**

① 5.2kWh　② 52kWh
③ 7.8kWh　④ 78kWh

해설 $Q=\lambda A\frac{\Delta t}{L}=(1.3\times10^{-3})\times10\times\frac{40-20}{0.05}\times10$
=52kWh

★
15 **1,000명을 수용하는 극장에서 1인당 CO_2토출량이 15L/h이면 실내CO_2량을 0.1%로 유지하는데 필요한 환기량은? (단, 외기의 CO_2량은 0.04%이다.)**

① 2,500m^3/h　② 25,000m^3/h
③ 3,000m^3/h　④ 30,000m^3/h

정답 08 ③ 09 ① 10 ② 11 ③ 12 ① 13 ④ 14 ② 15 ②

해설 $Q=\frac{M}{C_i-C_o}=\frac{1,000\times0.015}{0.01-0.0004}=25,000\text{m}^3/\text{h}$

★
16 다음 중 콜드 드래프트의 발생원인과 가장 거리가 먼 것은?

① 인체 주위의 공기온도가 너무 낮을 때
② 기류의 속도가 낮고 습도가 높을 때
③ 수직벽면의 온도가 낮을 때
④ 겨울에 창문의 극간풍이 많을 때

해설 콜드 드래프트(cold draft)의 발생원인
㉠ 인체 주위의 공기온도가 너무 낮을 때
㉡ 인체 주위의 기류속도가 클 때
㉢ 주위 벽면온도가 낮을 때
㉣ 인체 주위의 습도가 낮을 때
㉤ 겨울철 창문의 틈새를 통한 극간풍이 많을 때

17 다음 중 바이패스 팩터(BF)가 작아지는 경우는?

① 코일 통과풍속을 크게 할 때
② 전열면적이 작을 때
③ 코일의 열수가 증가할 때
④ 코일의 간격이 클 때

해설 바이패스 팩터는 코일의 열수가 증가할 때 감소한다.

★
18 복사냉난방방식(panel air system)에 대한 설명 중 틀린 것은?

① 건물의 축열을 기대할 수 있다.
② 쾌감도가 전공기식에 비해 떨어진다.
③ 많은 환기량을 요하는 장소에 부적당하다.
④ 냉각패널에 결로 우려가 있다.

해설 복사냉난방방식은 물-공기방식으로 쾌감도가 제일 좋으나 설비비가 가장 비싸다.

19 일반 공기냉각용 냉수코일에서 가장 많이 사용되는 코일의 열수는?

① 0.5~1 ② 1.5~2
③ 3~3.5 ④ 4~8

해설 일반 공기냉각용 냉수코일에서 가장 많이 사용되는 코일의 열수는 4~8열이다.

★
20 다음 중 보일러부하로 옳은 것은?

① 난방부하+급탕부하+배관부하+예열부하
② 난방부하+배관부하+예열부하-급탕부하
③ 난방부하+급탕부하+배관부하-예열부하
④ 난방부하+급탕부하+배관부하

해설 보일러부하=난방부하+급탕부하+배관부하+예열부하

★
21 다음 증기난방의 설명 중 옳은 것은?

① 예열시간이 짧다.
② 실내온도조절이 용이하다.
③ 방열기 표면의 온도가 낮아 쾌적한 느낌을 준다.
④ 실내에서 상하온도차가 작으며 방열량의 제어가 다른 난방에 비해 쉽다.

해설 증기난방은 열용량이 작아 예열시간이 짧다.

★
22 냉각코일의 장치노점온도(ADP)가 7℃이고, 여기를 통과하는 입구공기의 온도가 27℃라고 한다. 코일의 바이패스 팩터를 0.1이라고 할 때 출구공기의 온도는?

① 8.0℃ ② 8.5℃
③ 9.0℃ ④ 9.5℃

해설 $BF=\frac{t_o-ADP}{t_i-ADP}$

$\therefore\ t_o=ADP+BF(t_i-ADP)=7+0.1\times(27-7)$
=9℃

23 공조설비를 구성하는 공기조화에는 공기여과기, 냉온수코일, 가습기, 송풍기로 구성되어 있는데, 이들 장치와 직접 연결되어 사용되는 설비가 아닌 것은?

① 공급덕트 ② 주증기관
③ 냉각수관 ④ 냉수관

해설 냉각수관은 냉각탑과 응축기 사이에 설치되어 고온 고압의 냉매기체를 응축, 액화시키는 역할을 한다.

정답 16 ② 17 ③ 18 ② 19 ④ 20 ① 21 ① 22 ③ 23 ③

24 연간 에너지소비량을 평가할 수 있는 기간열부하 계산법이 아닌 것은?

① 동적 열부하 계산법
② 디그리데이법
③ 확장 디그리데이법
④ 최대 열부하 계산법

해설 연간 에너지소비량의 열부하 계산법
㉠ 동적 열부하 계산법
㉡ 디그리데이법(degree day method)
㉢ 확장 디그리데이법

★
25 다음 그림과 같은 외벽의 열관류율값은? (단, 외표면열전달률 α_o =20W/m^2 · K, 내표면열전달률 α_i =7.5Wm^2 · K이다.)

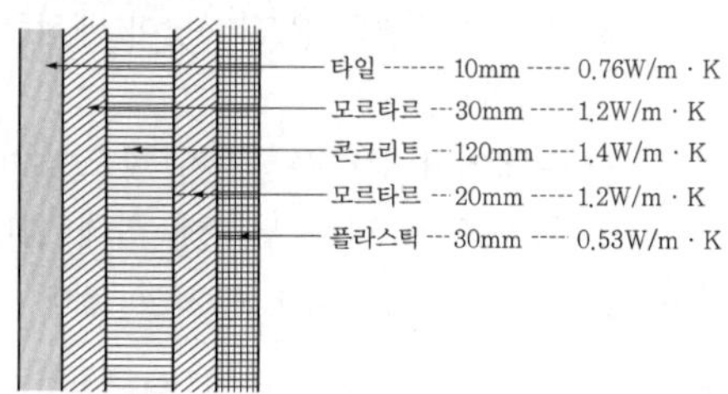

① 약 3.03W/m^2 · K
② 약 10.1W/m^2 · K
③ 약 12.5W/m^2 · K
④ 약 17.7W/m^2 · K

해설 $$K=\frac{1}{R}=\frac{1}{\frac{1}{\alpha_o}+\frac{l_1}{\lambda_1}+\frac{l_2}{\lambda_2}+\frac{l_3}{\lambda_3}+\frac{l_4}{\lambda_4}+\frac{l_5}{\lambda_5}+\frac{1}{\alpha_i}}$$
$$=\frac{1}{\frac{1}{20}+\frac{0.01}{0.76}+\frac{0.03}{1.2}+\frac{0.12}{1.4}+\frac{0.02}{1.2}+\frac{0.003}{0.53}+\frac{1}{7.5}}$$
$$=3.03\text{W/m}^2\cdot\text{K}$$

26 송풍덕트 내의 정압제어가 필요 없고 소음 발생이 적은 변풍량유닛은?

① 유인형　　② 슬롯형
③ 바이패스형　　④ 노즐형

해설 ㉠ 바이패스형 : 부하변동에 대한 덕트 내 정압변동이 없어 소음 발생이 적은 변풍량유닛
㉡ 변풍량방식(VAV) : 송풍온도를 일정하게 하고 부하변동에 따라 송풍량을 조절하여 실온을 일정하게 유지하는 방식
㉢ 풍량제어에 따른 분류 : 바이패스형, 교축형(슬롯형), 유인형

27 공기의 온도나 습도를 변화시킬 수 없는 것은?

① 공기필터　　② 공기재열기
③ 공기예열기　　④ 공기가습기

해설 공기의 온습도변화장치 : 공기재열기, 공기예열기, 공기가습기(air washer) 등

28 공기조화설비에서 공기의 경로로 옳은 것은?

① 환기덕트 → 공조기 → 급기덕트 → 취출구
② 공조기 → 환기덕트 → 급기덕트 → 취출구
③ 냉각탑 → 공조기 → 냉동기 → 취출구
④ 공조기 → 냉동기 → 환기덕트 → 취출구

해설 공기의 경로 : 환기덕트 → 공조기 → 급기덕트 → 취출구

★
29 온수난방 설계 시 달시-바이스바흐(Darcy-Weibach)의 수식을 적용한다. 이 식에서 마찰저항계수와 관련이 있는 인자는?

① 누셀수(N_u)와 상대조도
② 프란틀수(P_r)와 절대조도
③ 레이놀즈수(R_e)와 상대조도
④ 그라쇼프수(G_r)와 절대조도

해설 관마찰계수(f)는 레이놀즈수(R_e)와 상대조도(relative roughness)만의 함수이다.
$$f=F\left(R_e,\ \frac{\varepsilon}{d}\right)$$

30 직접팽창코일의 습면코일열수를 산출하기 위하여 필요한 인자는?

① 대수평균온도차(MTD)
② 상당외기온도차(ETD)
③ 대수평균엔탈피차(MED)
④ 산술평균엔탈피차(AED)

해설 습면코일은 코일의 표면온도가 통과공기의 노점보다 낮을 때 사용하며 대수평균엔탈피차(MED)로 열수를 산출한다.

정답 24 ④ 25 ① 26 ③ 27 ① 28 ① 29 ③ 30 ③

★
31 다음 중 에너지 절약에 가장 효과적인 공기조화방식은? (단, 설비비는 고려하지 않는다.)

① 각 층 유닛방식 ② 이중덕트방식
③ 멀티존유닛방식 ④ 가변풍량방식

해설 VAV(가변풍량방식)은 공기조화방식 중 에너지 절약에 가장 효과적이다(설비비를 고려하지 않는 조건에서).

32 공기 중의 악취 제거를 위한 공기정화 에어필터로 가장 적합한 것은?

① 유닛형 필터 ② 점착식 필터
③ 활성탄 필터 ④ 전기식 필터

해설 공기 중의 악취나 유해가스 제거를 위한 공기정화 에어필터로 가장 적합한 것은 활성탄 필터이다.

33 일반적으로 난방부하를 계산할 때 실내손실열량으로 고려해야 하는 것은?

① 인체에서 발생하는 잠열
② 극간풍에 의한 잠열
③ 조명에서 발생하는 현열
④ 기기에서 발생하는 현열

해설 인체, 조명, 기기에서 발생하는 열량은 냉방부하에 해당한다.

★
34 다음 중 축류취출구의 종류가 아닌 것은?

① 펑커 루버 ② 그릴형 취출구
③ 라인형 취출구 ④ 팬형 취출구

해설 **축류형 취출구의 종류** : 베인격자형(그릴형, 유니버설형, 레지스터형), 펑커 루버형, 라인형, 다공판형 등

참고 팬(pan)형은 천장의 덕트 개구부 아래쪽에 원형 또는 원추형 팬을 매달아 여기에 토출기류를 부딪치게 하여 천장면을 따라 수평 반사형으로 공기를 취출하는 방식이다.

35 에어와셔 내에 온수를 분무할 때 공기는 습공기선도에서 어떠한 변화과정이 일어나는가?

① 가습·냉각 ② 과냉각
③ 건조·냉각 ④ 감습·과열

해설 Air washer(에어와셔) 내에서 온수가습 시 습공기선도에서 가습·냉각된다(단열분무 가능, 세정가습).

★
36 다음의 냉방부하 중 실내취득열량에 속하지 않는 것은?

① 인체의 발생열량
② 조명기기에 의한 열량
③ 송풍기에 의한 취득열량
④ 벽체로부터의 취득열량

해설 냉방부하 중 실내취득열량은 인체 발생열량, 조명 발생열량, 실내기구 발생열량 등이 있고, 송풍기에 의한 취득열량과 덕트로부터의 취득열량은 장치(기기)취득부하에 속한다.

PART 1

37 다음 중 증기난방에 사용되는 기기로 가장 거리가 먼 것은?

① 팽창탱크
② 응축수저장탱크
③ 공기배출밸브
④ 증기트랩

해설 팽창탱크(expansion tank)는 온수보일러(온수난방)에서 온수의 팽창에 따른 이상압력의 상승을 흡수하여 장치나 배관의 파손을 방지하는 것으로 사용온도에 따라 개방식(85~95℃)과 밀폐식(100℃ 이상)이 있다.

★
38 냉수코일 설계 시 공기의 통과방향과 물의 통과방향을 역으로 배치하는 방법에 대한 설명으로 틀린 것은? (단 Δt_1 : 공기 입구측에서의 온도차, Δt_2 : 공기 출구측에서의 온도차)

① 열교환형식은 대향류방식이다.
② 가능한 한 대수평균온도차를 크게 하는 것이 좋다.
③ 공기 출구측에서의 온도차는 5℃ 이상으로 하는 것이 좋다.
④ 대수평균온도차($LMTD$)인 $\dfrac{\Delta t_1 - \Delta t_2}{\ln\dfrac{\Delta t_2}{\Delta t_1}}$ 를 이용한다.

해설 대수평균온도차($LMTD$) $= \dfrac{\Delta t_1 - \Delta t_2}{\ln\dfrac{\Delta t_1}{\Delta t_2}}$ [℃]

정답 31 ④ 32 ③ 33 ② 34 ④ 35 ① 36 ③ 37 ① 38 ④

39 보일러에서 방열기까지 보내는 증기관과 환수관을 따로 배관하는 방식으로서 증기와 응축수가 유동하는데 서로 방해가 되지 않도록 증기트랩을 설치하는 증기난방방식은?

① 트랩식 ② 상향급기관
③ 건식환수법 ④ 복관식

해설 증기난방배관방식 중 복관식은 증기관과 환수관을 따로 배관하는 방식으로 증기와 응축수가 유동하는데 서로 방해가 되지 않도록 증기트랩(stream trap)을 설치하는 방식이다.

40 습공기의 상태변화에 관한 설명으로 틀린 것은?

① 습공기를 가열하면 건구온도와 상대습도가 상승한다.
② 습공기를 냉각하면 건구온도와 습구온도가 내려간다.
③ 습공기를 노점온도 이하로 냉각하면 절대습도가 내려간다.
④ 냉방할 때 실내로 송풍되는 공기는 일반적으로 실내공기보다 냉각, 감습되어 있다.

해설 습공기를 가열하면 건구온도 상승, 상대습도 감소, 절대습도(x)는 변화 없다.

41 냉수코일의 설계에 관한 설명으로 옳은 것은?

① 코일의 전면풍속은 가능한 빠르게 하며 통상 5m/s 이상이 좋다.
② 코일의 단수에 비해 유량이 많아지면 더블서킷으로 설계한다.
③ 가능한 한 대수평균온도차를 작게 취한다.
④ 코일을 통과하는 공기와 냉수는 열교환이 양호하도록 평행류로 설계한다.

해설 냉수코일 설계 시 코일의 단수에 비해 유량이 많아지면 더블서킷(double circuit)으로 설계한다.

42 다음 중 공기여과기(air filter) 효율측정법이 아닌 것은?

① 중량법 ② 비색법(변색도법)
③ 계수법(DOP법) ④ HEPA필터법

해설 헤파필터(HEPA filter)란 미세먼지나 바이러스 등 0.3μm 크기 이상의 입자를 95~99.97% 제거하는 고성능 공기필터이다.

★ **43** 건물의 지하실, 대규모 조리장 등에 적합한 기계환기법(강제급기+강제배기)은?

① 제1종 환기 ② 제2종 환기
③ 제3종 환기 ④ 제4종 환기

해설 ② 제2종 환기방식 : 강제급기+자연배기
③ 제3종 환기방식 : 자연급기+강제배기
④ 제4종 환기방식 : 자연급기+자연배기

44 공조설비의 구성은 열원설비, 열운반장치, 공조기, 자동제어장치로 이루어진다. 이에 해당하는 장치로서 직접적인 관계가 없는 것은?

① 펌프 ② 덕트
③ 스프링클러 ④ 냉동기

해설 스프링클러는 소방설비(소화설비)의 구성요소로 스프링클러의 헤드를 실내천장에 설치해 67~75% 정도에서 가용합금편이 녹으면 자동적으로 화염에 물을 분사하는 자동소화설비이다.

45 건구온도 38℃, 절대습도 0.022kg′/kg인 습공기 1kg의 엔탈피는? (단, 수증기의 정압비열은 1.846kJ/kg·K이다.)

① 38.19kJ/kg ② 55.02kJ/kg
③ 66.56kJ/kg ④ 94.75kJ/kg

해설 $h_x = C_p t + (\gamma_o + C_{pw} t)x$
$= 1.005 \times 38 + (2{,}501 + 1.846 \times 38) \times 0.022$
$= 94.75\text{kJ/kg}$

★ **46** 다음 중 개별식 공조방식의 특징이 아닌 것은?

① 국소적인 운전이 자유롭다.
② 개별제어가 자유롭게 된다.
③ 외기냉방을 할 수 없다.
④ 소음, 진동이 작다.

정답 39 ④ 40 ① 41 ② 42 ④ 43 ① 44 ③ 45 ④ 46 ④

해설 개별공조방식의 특징
㉠ 국소적인 운전이 자유롭다.
㉡ 개별제어가 용이하다.
㉢ 외기냉방을 할 수 있다.
㉣ 소음, 진동이 크다.

47 공조기에서 냉·온풍을 혼합댐퍼(mixing damper)에 의해 일정한 비율로 혼합한 후 각 존 또는 각 실로 보내는 공조방식은?

① 단일덕트재열방식
② 멀티존유닛방식
③ 단일덕트방식
④ 유인유닛방식

해설 멀티존유닛방식은 공조기에서 냉·온풍을 혼합댐퍼에 의해 일정한 비율로 혼합한 후 각 존 또는 각 실로 보내는 공조방식이다.

48 증기압축식 냉동기의 냉각탑에서 표준 냉각능력을 산정하는 일반적 기준으로 틀린 것은?

① 입구수온 37℃
② 출구수온 32℃
③ 순환수량 23L/min
④ 입구공기 습구온도 27℃

해설 입구온도 37℃, 출구온도 32℃, 순환수량 13L/min, 입구공기 습구온도 27℃이다.

49 열펌프에 대한 설명으로 틀린 것은?

① 공기－물방식에서 물회로변환의 경우 외기가 0℃ 이하에서는 브라인을 사용하여 채열한다.
② 공기－공기방식에서 냉매회로변환의 경우는 장치가 간단하나 축열이 불가능하다.
③ 물－물방식에서 냉매회로변환의 경우는 축열조를 사용할 수 없으므로 대형에 적합하지 않다.
④ 열펌프의 성적계수(COP)는 냉동기의 성적계수보다는 1만큼 더 크게 얻을 수 있다.

해설 물－물방식은 냉매회로변환 시 축열조를 사용할 수 있으며 대형에 적합한 방식이다.

★
50 엔탈피변화가 없는 경우의 열수분비는?

① 0 ② 1
③ －1 ④ ∞

해설 열수분비$(u)=\dfrac{\text{엔탈피(전체 열량)변화량}(dh)}{\text{절대습도(수증기)변화량}(dx)}$에서

$dh=0$이면 $u=0$이다.

참고 $dx=0$이면 $u=\infty$이다.

★
51 1년 동안의 냉난방에 소요되는 열량 및 연료비용의 산출과 관계되는 것은?

① 상당외기온도차
② 풍향 및 풍속
③ 냉난방도일
④ 지중온도

해설 냉난방도일은 1년 동안의 냉난방에 소요되는 열량 및 연료비용의 산출과 관계가 있다.

52 다음 중 보온, 보냉, 방로의 목적으로 덕트 전체를 단열해야 하는 것은?

① 급기덕트 ② 배기덕트
③ 외기덕트 ④ 배연덕트

해설 급기덕트는 보온, 보냉, 방로의 목적으로 덕트 전체를 단열해야 한다.

★
53 덕트 설계 시 주의사항으로 틀린 것은?

① 덕트 내 풍속을 허용풍속 이하로 선정하여 소음, 송풍기 동력 등의 문제가 발생하지 않도록 한다.
② 덕트의 단면은 정방형이 좋으나, 그것이 어려울 경우 적정 종횡비로 하여 공기이동이 원활하게 한다.
③ 덕트의 확대부는 15° 이하로 하고, 축소부는 40° 이상으로 한다.
④ 곡관부는 가능한 크게 구부리며, 내측 곡률반경이 덕트폭보다 작을 경우는 가이드베인을 설치한다.

해설 덕트의 확대부는 20° 이하로 하고, 축소부는 40° 이하로 한다.

PART 1

정답 47 ② 48 ③ 49 ③ 50 ① 51 ③ 52 ① 53 ③

54 어느 실의 냉방장치에서 실내취득 현열부하가 40,000W, 잠열부하가 15,000W인 경우 송풍공기량은? (단, 실내온도 26℃, 송풍공기온도 12℃, 외기온도 35℃, 공기밀도 1.2kg/m³, 공기의 정압비열은 1.005kJ/kg·K이다.)

① 1,658m³/s ② 2,280m³/s
③ 2,369m³/s ④ 3,258m³/s

해설 $q_s = \rho Q C_p \Delta t$

$$\therefore Q = \frac{q_s}{\rho C_p \Delta t} = \frac{40{,}000}{1.2 \times 1.005 \times (26-12)} = 2{,}369\text{m}^3/\text{s}$$

55 공기조화설비에서 처리하는 열부하로 가장 거리가 먼 것은?

① 실내열취득부하
② 실내열손실부하
③ 실내배연부하
④ 환기용 도입외기부하

해설 공기조화설비에서 처리하는 열부하는 실내열취득부하, 실내열손실부하, 환기용 도입외기부하 등이다.

56 다음의 그림은 공조기에 ① 상태의 외기와 ② 상태의 실내에서 되돌아온 공기가 공조기로 들어와 ⑥ 상태로 실내로 공급되는 과정을 습공기선도에 표현한 것이다. 공조기 내 과정을 알맞게 나열한 것은?

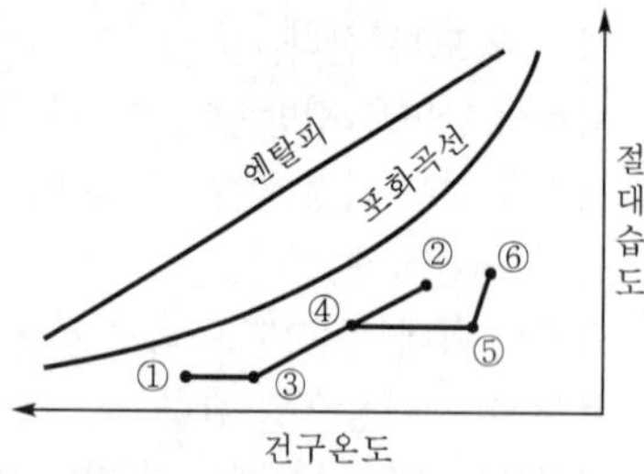

① 예열-혼합-증기가습-가열
② 예열-혼합-가열-증기가습
③ 예열-증기가습-가열-증기가습
④ 혼합-제습-증기가습-가열

해설 ㉠ ①-③ : 예열(pre-heating)
㉡ ④ : 혼합점(외기+환기)
㉢ ③-④ : 가열, 가습
㉣ ②-④ : 냉각, 감습
㉤ ④-⑤ : 가열($P=C$)
㉥ ⑤-⑥ : 증기가습

★
57 덕트 시공도 작성 시 유의사항으로 틀린 것은?

① 소음과 진동을 고려한다.
② 설치 시 작업공간을 확보한다.
③ 덕트의 경로는 될 수 있는 한 최장거리로 한다.
④ 댐퍼의 조작 및 점검이 가능한 위치에 있도록 한다.

해설 덕트의 경로는 될 수 있는 한 최단거리로 한다.

58 펌프의 공동현상에 관한 설명으로 틀린 것은?

① 흡입배관경이 클 경우 발생한다.
② 소음 및 진동이 발생한다.
③ 임펠러 침식이 생길 수 있다.
④ 펌프의 회전수를 낮추어 운전하면 이 현상을 줄일 수 있다.

해설 펌프에서 공동현상(캐비테이션현상)은 흡입배관경이 작을 경우 발생한다(흡입양정이 클 경우).

★
59 증기보일러의 발생열량이 69.77kW, 환산증발량이 111.3kg/h이다. 이 증기보일러의 상당방열면적(EDR)은? (단, 표준 방열량을 이용한다.)

① 32.1m² ② 92.3m²
③ 133.3m² ④ 539.8m²

해설 $EDR = \frac{\text{증기보일러 발생열량}}{\text{증기 표준 방열량}} = \frac{69.77}{0.756} \fallingdotseq 92.3\text{m}^2$

참고 표준 방열량
- 온수 : 0.523kW/m²
- 증기 : 0.756kW/m²

정답 54 ③ 55 ③ 56 ② 57 ③ 58 ① 59 ②

60 온도 20℃, 포화도 60% 공기의 절대습도는? (단, 온도 20℃의 포화습공기의 절대습도 x_s =0.01469kg′/kg이다.)

① 0.001623kg′/kg
② 0.004321kg′/kg
③ 0.006712kg′/kg
④ 0.008814kg′/kg

해설 포화도(비교습도, ψ) = $\frac{x}{x_s}\times 100[\%]$

$\therefore$ x=포화도(ψ)×포화습공기의 절대습도(x_s)
$= 0.6\times 0.01469 = 0.008814\text{kg}'/\text{kg}$

61 유인유닛방식에 관한 설명으로 틀린 것은?

① 각 실의 제어를 쉽게 할 수 있다.
② 유닛에는 가동 부분이 없어 수명이 길다.
③ 덕트 스페이스를 작게 할 수 있다.
④ 송풍량이 비교적 커 외기냉방효과가 크다.

해설 유인유닛방식은 송풍량이 적어 외기냉방효과가 적다.

62 온수난방에서 온수의 순환방식과 가장 거리가 먼 것은?

① 중력순환방식 ② 강제순환방식
③ 역귀환방식 ④ 진공환수방식

해설 진공환수방식은 증기난방에서 환수관이 표준 수면보다 낮을 때 리프트피팅을 해야 한다.

참고 리프트피팅의 1단 흡상높이는 1.5m 이내로 한다.

63 다음 중 정압의 상승분을 다음 구간덕트의 압력손실에 이용하도록 한 덕트설계법은?

① 정압법 ② 등속법
③ 등온법 ④ 정압재취득법

해설 정압재취득법은 정압의 상승분을 다음 구간덕트의 압력손실에 이용하도록 한 덕트설계법이다.

★
64 송풍기의 회전수가 1,500rpm인 송풍기의 압력이 300Pa이다. 송풍기 회전수를 2,000rpm으로 변경할 경우 송풍기 압력은?

① 423.3Pa ② 533.3Pa
③ 623.5Pa ④ 713.3Pa

해설 $\frac{P_2}{P_1}=\left(\frac{N_2}{N_1}\right)^2$

$\therefore\ P_2=P_1\left(\frac{N_2}{N_1}\right)^2=300\times\left(\frac{2,000}{1,500}\right)^2=533.3\text{Pa}$

65 다음 공조방식 중 냉매방식이 아닌 것은?

① 패키지방식 ② 팬코일유닛방식
③ 룸쿨러방식 ④ 멀티유닛방식

해설 개별방식(냉매방식) : 패키지방식, 룸쿨러(room cooler)방식, 멀티유닛방식

참고 팬코일유닛(FCU)방식은 물(수)방식이다.

★
66 두께 20mm, 열전도율 40W/m·K인 강판의 전달되는 두 면의 온도가 각각 200℃, 50℃일 때 전열면 1m^{2}당 전달되는 열량은?

① 125kW ② 200kW
③ 300kW ④ 420kW

해설 $Q_c=\lambda A\left(\frac{t_1-t_2}{L}\right)=0.04\times 1\times\frac{200-50}{0.02}=300\text{kW}$

67 온수난방에 대한 설명으로 틀린 것은?

① 온수의 체적팽창을 고려하여 팽창탱크를 설치한다.
② 보일러가 정지하여도 실내온도의 급격한 강하가 적다.
③ 밀폐식일 경우 배관의 부식이 많아 수명이 짧다.
④ 방열기에 공급되는 온수온도와 유량조절이 용이하다.

해설 온수난방 시 개방식일 경우 배관의 부식이 많아 수명이 짧다.

★
68 공기냉각용 냉수코일의 설계 시 주의사항으로 틀린 것은?

① 코일을 통과하는 공기의 풍속은 2~3m/s로 한다.
② 코일 내 물의 속도는 5m/s 이상으로 한다.
③ 물과 공기의 흐름방향은 역류가 되게 한다.
④ 코일의 설치는 관이 수평으로 놓이게 한다.

정답 60 ④ 61 ④ 62 ④ 63 ④ 64 ② 65 ② 66 ③ 67 ③ 68 ②

해설 공기냉각용 냉수코일의 설계 시 코일 내 물의 속도는 1m/s 전후로 한다.

참고 공기는 냉수코일 정면풍속이 2.5m/s이다.

69 각 층 유닛방식에 대한 설명 중 옳은 것은?

① 물–공기방식이며 부분부하운전이 가능하다.
② 설비비가 적으며 관리도 용이하다.
③ 덕트 스페이스가 크고 시간차운전이 불가능하다.
④ 전공기방식이며 구역별 제어가 가능하다.

해설 각 층 유닛방식(step unit type)
㉠ 전공기방식이며 구역별 제어가 가능하고 시공 설계가 용이하다.
㉡ 송풍용 덕트길이가 짧아지고 환기덕트가 필요 없으므로 덕트 스페이스가 작다.

★
70 32℃의 외기와 26℃의 환기를 1 : 2의 비로 혼합하여 BF(Bypass Factor) 0.2인 코일로 냉각 제습하는 경우의 코일 출구온도는 몇 도인가? (단, 코일 표면의 온도는 13℃이다.)

① 12℃ ② 16℃
③ 20℃ ④ 25℃

해설 $t_m = \frac{m_1}{m}t_1 + \frac{m_2}{m}t_2 = \frac{1}{3}\times 32 + \frac{2}{3}\times 26 = 28℃$

$\therefore\ t_o = t_s + BF(t_m - t_s) = 13 + 0.2\times(28-13)$
$= 16℃$

71 풍량 5,000kg/h의 공기(절대습도 0.002kg′/kg)를 온수분무로 절대습도 0.00375kg′/kg까지 가습할 때의 분무수량은 얼마인가? (단, 가습효율은 60%라 한다.)

① 5.25kg/h ② 8.75kg/h
③ 14.58kg/h ④ 20.01kg/h

해설 $L = \frac{G(x_2 - x_1)}{\eta_w} = \frac{5,000\times(0.00375-0.002)}{0.6}$
$= 14.58\text{kg/h}$

72 다음 그림에 나타낸 장치로 냉방운전을 할 때 A실에 필요한 송풍량은 얼마인가? (A실의 냉방부하는 현열부하 31,920kJ/h, 잠열부하 10,080kJ/h, 각 점에서 온·습도는 A : 26℃ DB, 50% RH, B : 17℃ DB, C : 16℃ DB, 85% RH이고, 덕트에서의 열손실은 무시한다. 공기의 정압비열은 1.005kJ/kg·℃이며, 공기밀도는 1.2kg/m³이다.)

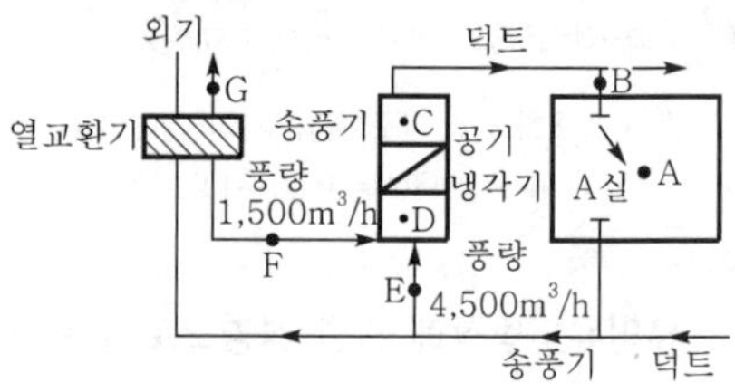

① 2,382m³/h ② 2,620m³/h
③ 2,941m³/h ④ 3,831m³/h

해설 $q_s = \rho Q_A C_p(t_A - t_B)$[kJ/h]

$\therefore\ Q_A = \frac{q_s}{\rho C_p(t_A - t_B)} = \frac{31,920}{1.2\times 1.005\times(26-17)}$
$≒ 2,941\text{m}^3/\text{h}$

★
73 다음과 같은 특징을 갖는 공조방식은?

> • 개별제어가 용이하다.
> • 외주부에 설치하여 콜드 드래프트를 방지한다.
> • 전공기식에 비해 외주부풍량을 줄일 수 있다.

① 단일덕트방식 ② VAV방식
③ FCU방식 ④ 패키지방식

74 온풍로난방에 대한 특징을 설명한 것으로 옳지 않은 것은 어느 것인가?

① 시스템 전체의 열용량이 적고 예열소요시간이 짧다.
② 취출온도차가 커서 온도분포가 나쁘다.
③ 설비비가 저렴하다.
④ 열효율이 나쁘고 연료가 많이 든다.

해설 온풍로난방은 간접난방으로 열효율이 좋고 연료소비가 작다. 또한 송풍온도가 높아 덕트를 소형으로 할 수 있다.

정답 69 ④ 70 ② 71 ③ 72 ③ 73 ③ 74 ④

★
75 원심송풍기의 풍량제어방법 중 풍량제어에 의한 소요동력을 가장 경제적으로 할 수 있는 방법은?

① 회전수제어 ② 베인제어
③ 스크롤댐퍼제어 ④ 댐퍼제어

해설 소요동력을 가장 경제적으로 할 수 있는 풍량제어방법은 회전수제어 > 가변피치제어 > 스크롤댐퍼제어 > 베인제어 > 흡입댐퍼제어 >토출댐퍼제어 순이다.

★
76 20℃, 압력 100kPa인 공기에서 밀도는 몇 kg/m^{3}인가? (단, 공기를 이상기체로 가정하고 공기의 기체상수(R)는 287N · m/kg · K이다.)

① 1.15 ② 1.19
③ 2.31 ④ 2.43

해설 $Pv = RT$
$P = \rho RT$
$\therefore \ \rho = \dfrac{P}{RT} = \dfrac{100}{0.287 \times (20+273)} \fallingdotseq 1.19\text{kg/m}^3$

77 다음의 공기조화장치에 대한 설명 중 틀린 것은?

① 냉각탑(cooling tower)은 신선한 외기의 바람이 잘 통하는 곳에 설치한다.
② 팬코일유닛(fan coil unit)은 열원장치로부터 증기나 냉풍을 받아 공기를 조화하는 장치이다.
③ 히트펌프(heat pump)방식은 보일러 대신 냉동기를 운전해서 난방하는 것이다.
④ 에어필터(air filter)는 공기 중의 먼지를 제거하는 장치이다.

해설 팬코일유닛(FCU)은 물(수)방식이고, 팬코일유닛(FCU)+덕트 병용 방식은 물(수)-공기방식이다.

78 압력 760mmHg, 기온 15℃의 대기가 수증기분압 9.5mmHg를 나타낼 때 대기 1kg 중에 포함되어 있는 수증기량(절대습도)은 얼마인가?

① 0.00623kg′/kg ② 0.00787kg′/kg
③ 0.00821kg′/kg ④ 0.00931kg′/kg

해설 $x = 0.622\dfrac{P_w}{P-P_w}$
$= 0.622 \times \dfrac{9.5}{760-9.5} = 0.00787\text{kg}'/\text{kg}$

★
79 다음 틈새바람에 의한 손실열량 중 잠열부하는?

① $0.29Q(t_o - t_i)$
② $720Q(t_o - t_i)$
③ $0.29Q(x_o - x_i)$
④ $3001.2Q(x_o - x_i)$

해설 $q_L = m\gamma_o(x_o - x_i) = \rho Q\gamma_o(x_o - x_i)$
$= 1.2 \times 2{,}501Q(x_o - x_i)$
$= 3001.2Q(x_o - x_i)$[kW]

80 고온수난방의 특징으로 옳지 않은 것은?

① 온수난방의 장점에 증기난방의 장점을 갖춘 것과 같다.
② 보통 온수난방에 비해 방열면적이 적어도 된다.
③ 보통 온수난방보다 안전하다.
④ 강판제 방열기를 써야 한다.

해설 고온수난방은 100℃ 이상(130~150℃ 이상)으로 보통 온수난방보다 위험하다(화상위험).

★
81 습공기선도상에 나타나 있지 않은 것은?

① 상대습도 ② 건구온도
③ 절대습도 ④ 포화도

해설 포화도(비교습도)는 습공기선도상에서 찾을 수 없다.

참고 포화도(비교습도) = $\dfrac{\text{불포화공기의 절대습도}(x)}{\text{포화습공기의 절대습도}(x_s)}$

82 다음은 온수난방의 특징을 기술한 것이다. 적합하지 못한 것은?

① 온수온도를 계절적으로 중앙기계실에서 자동적으로 용이하게 조절할 수 있다.
② 연속운전 시 종합열손실이 크다.
③ 증기난방보다 일반적으로 설비비가 많이 든다.
④ 저온방열이므로 안전하고 양호한 온열환경이 얻어진다.

정답 75 ① 76 ② 77 ② 78 ① 79 ④ 80 ③ 81 ④ 82 ②

해설 온수난방은 열용량이 커서 예열시간은 길지만 쾌감도가 좋고 열효율도 좋다(열손실이 작다).

★
83 체감을 나타내는 척도로서 사용되고 있는 수정유효온도는 다음 중 어느 것인가?

① 온도, 습도
② 습도, 기류
③ 온도, 습도, 기류
④ 온도, 습도, 기류, 복사

해설 수정유효온도(CET) = 유효온도(ET) + 복사
= 온도 + 습도 + 기류 + 복사

★
84 600rpm으로 운전되는 송풍기의 풍량이 400m^3/min, 정압 40mmAq, 소요동력 4kW의 성능을 나타낸다. 이때에 회전수를 700rpm으로 변화시키면 몇 kW의 소요동력이 필요한가?

① 5.44kW ② 6.35kW
③ 7.27kW ④ 8.47kW

해설 $\frac{L_2}{L_1} = \left(\frac{N_2}{N_1}\right)^3$

$\therefore L_2 = L_1\left(\frac{N_2}{N_1}\right)^3 = 4\times\left(\frac{700}{600}\right)^3 = 6.35\text{kW}$

85 다음은 손실수두공식으로 마찰손실수두를 구하는 식은? (단, d : 관의 안지름, l : 관의 길이, g : 중력가속도, V : 유속, f : 마찰계수, γ : 물의 비중량)

① $h_l = f\frac{l}{d}\frac{V^2}{2g}$

② $h_l = f\frac{v^2}{2g}\gamma$

③ $h_l = \frac{(V_1 - V_2)^2}{2g}\gamma$

④ $h_l = \left(\frac{r}{f} - 1\right)^2\frac{V^2}{2g}\gamma$

해설 다르시-바이스바흐방정식

$\Delta P = \gamma h_l = f\frac{l}{d}\frac{\gamma V^2}{2g}$[kg/cm^2]

$\therefore h_l = f\frac{l}{d}\frac{V^2}{2g}$[m]

★
86 다음에서 증기난방의 장점이 아닌 것은?

① 방열면적이 작다.
② 설비비가 저렴하다.
③ 방열량 조절이 용이하다.
④ 예열시간이 짧다.

해설 증기난방
㉠ 설비비와 유지비가 저렴하다.
㉡ 열의 운반능력이 크다.
㉢ 온수난방보다 방열면적을 작게 할 수 있으며, 관지름이 작아도 된다.
㉣ 온수난방보다 예열시간이 짧고, 증기순환이 빠르다.
㉤ 증기량제어가 어려워 방열량 조절이 어렵다.

87 다음의 전공기식 공기조화에 관한 설명 중 옳지 않은 것은?

① 덕트가 소형으로 되므로 스페이스가 작게 된다.
② 송풍량이 충분하므로 실내공기의 오염이 작다.
③ 극장과 같이 대용량을 필요로 하는 장소에 적합하다.
④ 병원의 수술실과 같이 높은 공기의 청정도를 요구하는 것에 적합하다.

해설 덕트는 대형이므로 스페이스가 크게 된다.

★
88 다음 용어 중에서 습공기선도와 관계가 없는 것은?

① 비체적 ② 열용량
③ 노점온도 ④ 엔탈피

해설 습공기선도와 관계있는 것은 비체적, 노점온도, (비)엔탈피, 절대습도, 상대습도, 건구온도, 습구온도, 현열비, 열수분비 등이다.

89 에어와셔와 같이 물과 공기가 직접 접촉하여 열교환을 하는 경우 작용하기 쉬운 선도는?

① $t-x$ ② $i-x$
③ $t-i$ ④ $p-i$

해설 공기세정기(air washer)는 단열, 가습으로 습구온도선상이 포화곡선을 향해 이동한다($i_1 = i_2$). 따라서 $t-i$선도가 용이하다.

정답 83 ④ 84 ② 85 ① 86 ③ 87 ① 88 ② 89 ③

90 다음 중 보일러의 부속장치가 아닌 것은?

① 급수장치 ② 집진장치
③ 통풍장치 ④ 연소장치

해설 보일러 부속설비에는 지시기구(압력계, 수면계 등), 안전장치, 급수장치, 통풍장치, 처리장치(집진장치), 여열장치, 분출장치, 송기장치 등이 있다.

★
91 2중덕트방식을 설명한 것 중 관계없는 사항은?

① 전공기방식이다.
② 복열원방식이다.
③ 개별제어가 가능하다.
④ 열손실이 거의 없다.

해설 이중덕트방식
㉠ 2중덕트가 설치되므로 설비비가 높다.
㉡ 혼합상자에서 소음과 진동이 발생되며 냉온풍을 혼합하는데 따른 에너지손실(열손실)이 크다.

92 다음의 공기선도상에 수분의 증가 없이 가열 또는 냉각되는 경우를 나타낸 것은?

①
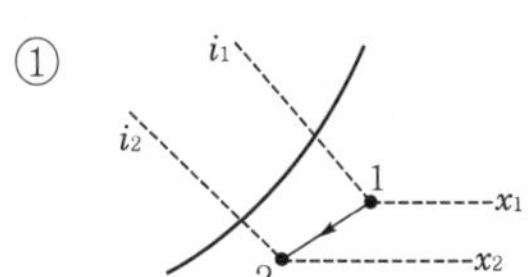

②
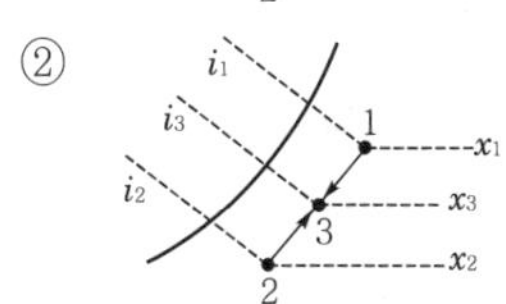

③
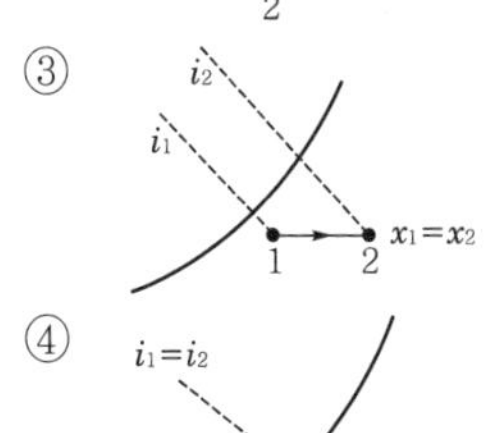

④ $i_1=i_2$, 2 — x_2, 1 — x_1

해설 ① 냉각, 감습
② 외기와 환기의 혼합
③ 가열(절대습도 일정, 상대습도 감소)
④ 순환수분무가습(단열, 가습)

93 습공기에 대한 설명으로서 틀린 것은?

① 습공기는 온도가 높을수록 수증기를 많이 포함할 수 있다.
② 습공기가 최대한의 수증기를 포함할 때 포화습공기라 한다.
③ 습공기 중의 수증기가 응축하기 시작하는 온도를 노점온도라 한다.
④ 습공기 중에 미세한 물방울을 함유한 공기를 불포화공기라고 한다.

해설 습공기 중에 미세한 물방울을 함유한 공기는 무입공기(fogged air, 안개 낀 공기)를 의미한다.

★
94 다음 그림과 같은 주철제방열기의 도시법에서 최상단에서 표시한 것은 무엇을 나타낸 것인가?

① 절수
② 방열기의 길이
③ 방열기의 종류
④ 높이

20
5-650
25×20

해설 ㉠ 20 : 섹션수
㉡ 5-650 : 5세주형, 높이 650mm
㉢ 25×20 : 유입관과 유출관의 지름(25mm×20mm)

★
95 다음 조건과 같은 외기와 실내공기를 1 : 4의 비율로 혼합했을 때 혼합공기의 상태는? (단, 실내공기 : 20℃, 0.008kg′/kg, 외기 : −10℃ DB, 0.001kg′/kg)

① $t=14℃$, $x=0.0066$kg′/kg
② $t=16℃$, $x=0.0055$kg′/kg
③ $t=18℃$, $x=0.0045$kg′/kg
④ $t=18℃$, $x=0.0066$kg′/kg

해설 ㉠ $t=\dfrac{m_1t_1+m_2t_2}{m_1+m_2}=\dfrac{1\times(-10)+4\times20}{1+4}=14℃$

㉡ $x=\dfrac{m_1x_1+m_2x_2}{m_1+m_2}=\dfrac{1\times0.001+4\times0.008}{1+4}$
$=0.0066$kg′/kg

정답 90 ④ 91 ④ 92 ③ 93 ④ 94 ① 95 ①

96 다음 중 복사난방의 특징과 관계가 없는 것은?

① 외기온도가 갑자기 변할 때 열용량이 크므로 난방효과가 좋다.
② 실내의 온도분포가 균등하며, 열이 위쪽으로 빠지지 않으므로 경제적이다.
③ 복사열에 의한 난방이므로 쾌감도가 높다.
④ 온수관이 매립식이므로 시공, 수리 등에 문제가 적다.

해설 복사난방은 매입배관(가열코일을 매설)으로 고장 시 수리 및 점검이 어려우며, 설비비가 비싸다.

★ **97** 유인유닛방식에서 유인비는 일반적으로 어느 정도인가?

① 1~2 ② 3~4
③ 5~6 ④ 9~10

해설 유인유닛방식(induction unit system)에서 1차 공기와 2차 공기의 비는 1 : (3~4)이고, 더블코일일 때는 1 : (6~7)이다.

$$\text{유인비} = \frac{\text{2차 공기(합계공기)}}{\text{1차 공기(토출공기)}}$$

98 덕트 병용 팬코일유닛(fan coil unit)방식의 특징이 아닌 것은?

① 각 실 부하변동을 용이하게 처리할 수 있다.
② 각 유닛의 수동제어가 가능하다.
③ 덕트의 치수가 작게 된다.
④ 청정구역에 많이 사용된다.

해설 덕트 병용 팬코일유닛방식은 도입외기량 부족으로 실내 공기의 오염 우려가 있다.

★ **99** 건구온도 32℃, 절대습도 0.02kg′/kg의 공기 5,000CMH와 건구온도 25℃, 절대습도 0.002kg′/kg의 공기 10,000CMH가 혼합되었을 때 건구온도는 몇 ℃인가?

① 25.6℃ ② 27.3℃
③ 28.3℃ ④ 29.6℃

해설 $m_1 : m_2$ =5,000 : 10,000=1 : 2

$$\therefore t_m = \frac{m_1 t_1 + m_2 t_2}{m_1 + m_2} = \frac{1\times32+2\times25}{1+2} \fallingdotseq 27.3℃$$

참고 CMH(Cubic Meter Hour)는 m^3/h를 나타낸다.

100 클린룸의 청결도등급을 나타내는 클래스란 무엇인가?

① 공기 $1m^3$ 속에 $0.5\mu m$ 크기의 미립자 수
② 공기 $1ft^3$ 속에 $0.2\mu m$ 크기의 미립자 수
③ 공기 $1m^3$ 속에 $0.2\mu m$ 크기의 미립자 수
④ 공기 $1ft^3$ 속에 $0.5\mu m$ 크기의 미립자 수

해설 1클래스(class)란 공기 $1ft^3$ 속에 $0.5\mu m$ 크기의 미립자 수를 말한다.

★ **101** 다음 중 공기조화설비와 관계가 없는 것은?

① 냉각탑 ② 보일러
③ 냉동기 ④ 압력탱크

해설 공기조화설비의 구성
㉠ 공조기(AHU) : 송풍기, 에어필터, 냉각기, 가습기, 가열기
㉡ 열원장치(보일러, 냉동기) 및 보조기기
㉢ 열운반장치 : 덕트, 펌프, 배관
㉣ 자동제어장치(실내온습도 조정)

102 풍량 $500m^3$/min, 정압 50mmAq, 회전수 400rpm의 특성을 갖는 송풍기의 회전수를 500rpm으로 하면 동력은 몇 kW가 되는가? (단, 정압효율은 50%이다.)

① 12 ② 16
③ 20 ④ 24

해설 ㉠ 풍량 $500m^3$/min, 정압 50mmAq일 때

$$W_b = \frac{500\times50}{102\times60\times0.5} = 8.1699\text{kW}$$

㉡ 회전수가 500rpm으로 변환할 때

$$W_b{}' = 8.1699\times\left(\frac{500}{400}\right)^3 = 15.9\text{kW}$$

★ **103** 직접난방방식이 아닌 것은?

① 온수난방 ② 복사난방
③ 단일덕트난방 ④ 온풍난방

해설 온풍난방은 간접난방방식이다.

정답 96 ④ 97 ② 98 ④ 99 ② 100 ④ 101 ④ 102 ② 103 ④

★
104 다음 그림에서 상태 ①인 공기를 ②로 변화시켰을 때의 현열비를 바르게 나타낸 것은?

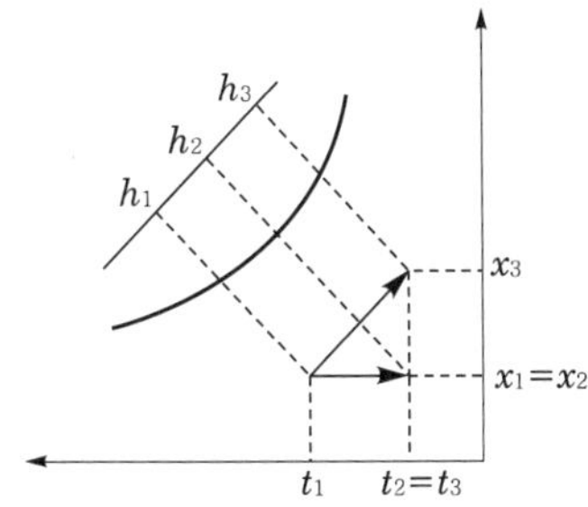

① $(h_2-h_1)/(h_3-h_1)$
② $(h_2-h_3)/(h_3-h_1)$
③ $(x_2-x_1)/(t_1-t_2)$
④ $(t_1-t_2)/(h_3-h_1)$

해설 현열비(SHF)$=\frac{\text{현열량}}{\text{전열량}}=\frac{h_2-h_1}{h_3-h_1}$

★
105 복사난방에 대한 다음 설명 중 옳지 않은 것은?
① 실내공기의 온도분포가 균일하므로 천장이 낮은 방에 유리하다.
② 실내평균온도가 낮기 때문에 같은 방열량에 대해서 손실열량이 작다.
③ 실내공기의 대류가 작기 때문에 공기유동에 의한 먼지가 작다.
④ 배관의 시공이나 수리가 어렵고 설치비가 비싸다.

해설 복사난방은 상하온도차가 작아 천장이 높은 방, 조명부하가 많은 방, 겨울철 윗면이 차가워지는 방에 적합하다.

★
106 수평으로 취출된 공기의 어느 거리만큼 진행했을 때의 기류 중심선과 취출구 중심과의 거리를 무엇이라고 하는가?
① 강하도 ② 도달거리
③ 취출온도차 ④ 셔터

해설 도달거리(throw distance)는 취출구에서 기류풍속이 0.25m/s로 되는 위치까지의 수평거리를 말한다.

★
107 손실열량을 구하는 공식에서 R_t는 무엇을 나타내는가? (단, H_t : 손실열량, A : 면적, t : 온도)

$$H_t=\frac{1}{R_t A(t_R-t_0)}[\mathrm{kW}]$$

① 열복사율 ② 열전도계수
③ 열통과저항 ④ 열관류율

해설 R_t : 열통과저항

108 HEPA필터에 적합한 효율측정법은?
① Weigh법(중량법)
② NBS법
③ Dust Spot법
④ DOP법(계수법)

해설 고성능 에어필터(HEPA)에 적합한 여과효율측정법은 Dust Spot법이다.

109 공기조화를 하고 있는 건축물의 출입구로부터 들어오는 틈새바람을 줄이기 위한 가장 효과적인 방법은?
① 출입구에 자동 개폐되는 문을 사용한다.
② 출입구에 회전문을 사용한다.
③ 출입구에 플로힌지를 부착한 자재문을 사용한다.
④ 출입구에 수동문을 사용한다.

해설 극간풍(틈새바람)을 방지하는 방법
㉠ 회전문 설치
㉡ 에어커튼(air curtain) 사용
㉢ 충분한 간격을 두고 이중문 설치
㉣ 이중문 중간에 강제 대류나 컨벡터 설치
㉤ 실내를 가압하여 외부압력보다 높게 유지

110 다음 중 습공기선도상에서 확인할 수 있는 사항이 아닌 것은?
① 노점온도(℃)
② 습공기의 엔탈피(kJ/kg)
③ 수증기분압(mmHg)
④ 유효온도(ET)

정답 104 ① 105 ① 106 ② 107 ③ 108 ③ 109 ② 110 ④

PART 1

해설 유효온도(ET)는 온습도기류의 영향을 종합한 온도로 습공기선도상에서 확인할 수 있는 사항이 아니다.

★111 공기조화(AHU)의 냉온수코일 선정 시 일반사항이다. 이 중 옳지 않은 것은?

① 냉수코일의 정면풍속은 2~3m/s를, 온수코일은 2~3.5m/s를 기준으로 한다.
② 코일 내의 유속은 1.0m/s 전후로 한다.
③ 공기의 흐름방향과 냉온수의 흐름방향은 평행류보다 대향류로 하는 것이 전열효과가 크다.
④ 코일의 통과수온의 변화는 10℃ 전후로 하는 것이 적당하다.

해설 냉온수코일 선정 시 일반사항
㉠ 유속이 커지면 마찰저항이 증가하므로 더블서킷으로 한다.
㉡ 공기냉각용으로 4~8열이 많이 사용된다.
㉢ 냉온수 겸용 코일인 경우 냉수코일을 기준으로 선정한다(냉수유량이 많기 때문에).
㉣ 코일 입출구수온차는 5℃ 전후로 한다.

★112 각종 난방방식에 따른 수직온도분포 중 바닥패널난방방식일 경우의 온도분포를 나타내는 것은?

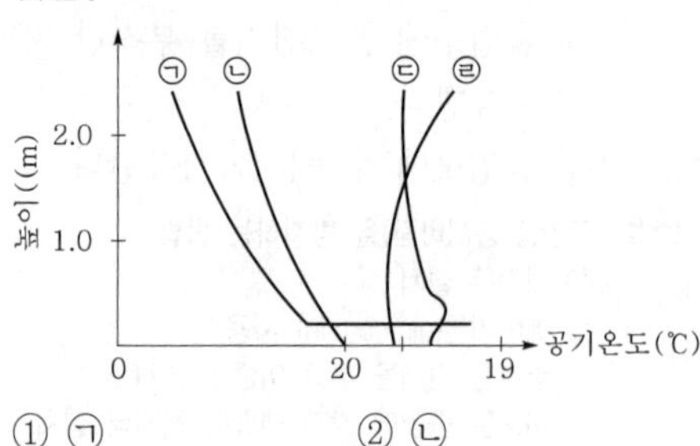

① ㉠　② ㉡
③ ㉢　④ ㉣

해설 ㉡ 온수난방
㉢ 증기난방
㉣ 온풍난방(전공기방식)

113 열교환기에서 냉수코일 입구측의 공기와 물의 온도차를 13℃, 냉수코일 출구측의 공기와 물의 온도차를 5℃라 하면 대수평균온도차는?

① 8.00℃　② 8.37℃
③ 9.25℃　④ 9.38℃

해설 $LMTD=\dfrac{\Delta t_1-\Delta t_2}{\ln\dfrac{\Delta t_1}{\Delta t_2}}=\dfrac{13-5}{\ln\dfrac{13}{5}}$=8.37℃

114 다음 그림은 난방 설계도에서 컨벡터의 종류, 능력 등을 표시한 것이다. 상단(C-1000)은 무엇을 뜻하는가?

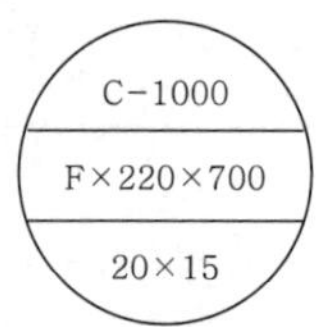

① 케이싱길이　② 높이
③ 형식　④ 지름

★115 보일러의 안전수면을 유지시키는 역할을 하는 배관설비는 어떤 것인가?

① 하트포드배관　② 리버스리턴배관
③ 신축이음　④ 리턴콕

해설 하트포드배관이음은 보일러 내 안전수면을 유지(수위 저하 방지)하는 역할을 하는 배관설비이다.

★116 다음 그림은 환기(RA)와 외기(OA)를 혼합한 후 가습하고, 이 공기를 다시 가열하는 과정을 공기선도상에 표시한 것이다. 가습과정은 어느 부분인가?

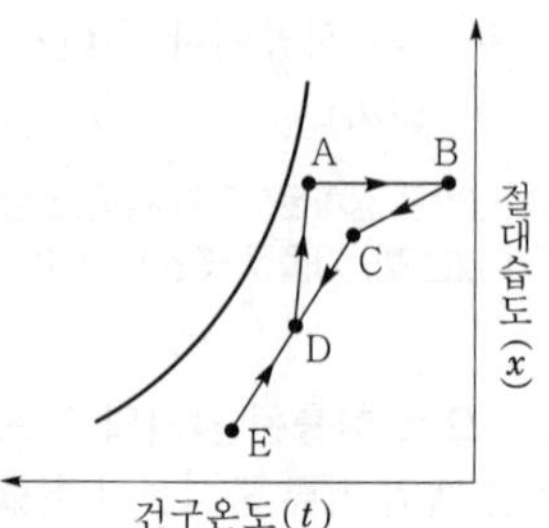

① $\overline{ED}$　② $\overline{DC}$
③ $\overline{DA}$　④ $\overline{CB}$

정답 111 ④ 112 ① 113 ② 114 ① 115 ① 116 ③

★
117 상당방열면적 $EDR=\frac{H_r}{q_0}$[m^2]에서 q_0는 무엇을 가리키는가?

① 증발량
② 방열기의 전방열량
③ 응축수량
④ 표준 방열량

해설 H_r : 난방부하, q_0 : 표준 방열량

참고 표준 방열량
- 온수 : 0.523kW/m^2
- 증기 : 0.756KW/m^2

★
118 어떤 송풍기가 풍량이 Q_1, 회전수 N_1이 운전될 때 전동기의 마력이 HP_1이었다. 이 송풍기의 회전수를 N_2로 바꿀 때 동력의 변화는 다음 중 어느 것이 옳은가?

① $L_2=\left(\frac{N_2}{N_1}\right)L_1$ ② $L_2=\left(\frac{N_2}{N_1}\right)^2 L_1$

③ $L_2=\left(\frac{N_2}{N_1}\right)^3 L_1$ ④ $L_2=\left(\frac{N_2}{N_1}\right)^{\frac{1}{2}} L_1$

해설 전동기 동력은 회전수의 세제곱에 비례한다.

$$\frac{L_2}{L_1}=\left(\frac{N_2}{N_1}\right)^3=\left(\frac{d_2}{d_1}\right)^5$$

119 두께 8mm 유리창의 열관류율(W/m^2·K)은 얼마인가? (단, 내측 열전달률 5W/m^2·K, 외측 열전달률 10W/m^2·K, 유리의 열전도율 0.65W/m·K)

① 0.5 ② 1.2
③ 2.7 ④ 3.2

해설 $$K=\frac{1}{R}=\frac{1}{\frac{1}{\alpha_i}+\frac{l}{\lambda}+\frac{1}{\alpha_o}}=\frac{1}{\frac{1}{5}+\frac{0.008}{0.65}+\frac{1}{10}}$$
$$=3.2\text{W/m}^2\cdot\text{K}$$

★
120 온도 30℃, 압력 400kPa인 공기의 비체적은 얼마인가?

① 0.15m^3/kg ② 4m^3/kg
③ 0.22m^3/kg ④ 2.13m^3/kg

해설 $Pv=RT$

$$\therefore v=\frac{RT}{P}=\frac{0.287\times(30+273)}{400}=0.22\text{m}^3/\text{kg}$$

★
121 냉수를 쓰는 향류형 공기냉각코일에서 30℃의 공기를 16℃까지 냉각하는 데 7℃의 냉수를 통하고, 냉수온도는 열교환에 의해 5℃ 상승되었을 때 냉각열량은 얼마인가? (단, 코일의 전체 열통과율은 850W/m^2·K이고, 전열면적은 2.5m^{2}이었다.)

① 15,575W ② 17,525W
③ 27,592W ④ 32,000W

해설 $\Delta t_1=30-(7+5)=18$℃
$\Delta t_2=16-7=9$℃

$$LMTD=\frac{\Delta t_1-\Delta t_2}{\ln\frac{\Delta t_1}{\Delta t_2}}=\frac{18-9}{\ln\frac{18}{9}}\fallingdotseq 12.984℃$$

$$\therefore Q=KA(LMTD)$$
$$=850\times2.5\times12.984\fallingdotseq 27,592\text{W}$$

122 다음 중 덕트의 설계 시 고려하지 않아도 되는 것은?

① 덕트로부터의 소음
② 덕트로부터의 열손실
③ 공기의 흐름에 따른 마찰저항
④ 덕트 내를 흐르는 공기의 엔탈피

해설 덕트 내를 흐르는 공기의 엔탈피는 덕트 설계 시 고려사항이 아니다.

123 화실 내의 현열부하가 8.72kW, 실내 및 말단장치(diffuser)의 온도가 각각 27℃ 및 17℃일 때 송풍량(kg/h)은?

① 3,125 ② 2,586
③ 2,325 ④ 2,186

해설 $q_s=mC_p(t_2-t_1)$[kW]

$$\therefore m=\frac{q_s}{C_p(t_2-t_1)}=\frac{8.72\times3,600}{1.0046\times(27-17)}$$
$$\fallingdotseq 3,125\text{kg/h}$$

정답 117 ④ 118 ③ 119 ④ 120 ③ 121 ③ 122 ④ 123 ①

124 온풍로(furance)난방의 특징이 아닌 것은?

① 설치면적이 좁으므로 설치장소에 제한을 받지 않는다.
② 열용량이 크므로 예열시간이 많이 걸린다.
③ 열효율이 높다.
④ 보수 취급이 간단하다.

해설 온풍로난방
㉠ 간접난방으로 열용량이 작고 예열시간이 짧으며 간헐운전이 가능하다
㉡ 설치가 간단하고 설비비가 싸다.

125 방열기를 창의 아래쪽 벽면에 설치할 때 벽면에서 몇 mm 정도 떨어지게 설치하는 것이 좋은가?

① 5~10　　② 20~30
③ 50~60　　④ 90~100

해설 방열기(라디에이터)는 벽면에서 50~60mm 정도 떨어지게 하여 설치하는 것이 좋다.

★
126 유인유닛공조방식의 특징이 아닌 것은?

① 각 실의 제어가 용이하다.
② 유닛의 여과기가 막히기 쉽다.
③ 유닛이 실내의 유효공간을 감소시킨다.
④ 덕트공간이 비교적 크다.

해설 유인유닛(IDU)방식은 고속덕트를 사용하므로 덕트의 설치공간을 작게 한다.

127 증발기에서 나오는 냉매가스의 과열도를 일정하게 조정하는 밸브는?

① 모세관
② 자동팽창밸브
③ 온도식 팽창밸브
④ 플로트(float)형 밸브

해설 온도식 자동팽창밸브(TEV)는 흡입가스의 과열도를 일정하게 유지하는 것으로, 부하변동이 작은 곳은 3℃, 부하변동이 큰 곳은 7℃, 일반적으로 5℃의 과열도를 유지한다.

128 다음 공조방식 중 팬, 펌프의 동력비가 가장 큰 것은?

① 단일덕트방식　　② 멀티존방식
③ 유인유닛방식　　④ 패키지방식

해설 공조방식 중 팬, 펌프의 동력비가 가장 큰 것은 유인유닛방식(IDU)이다.

★
129 다음 온풍로난방방식의 특징 중 옳지 않은 것은?

① 열용량이 작으며 예열시간이 짧다.
② 신선한 공기를 공급할 수 있다.
③ 실내온도의 분포가 고르다.
④ 온습도조정을 할 수 있다.

해설 온풍로방식
㉠ 실내온도분포가 좋지 않다.
㉡ 쾌적성이 떨어진다.

130 유리를 투과한 일사에 의한 취득열량과 관계가 없는 것은?

① 유리창면적　　② 일사량
③ 환기횟수　　④ 차폐계수

해설 유리를 투과(침입)한 일사(복사)열량=최대 일사량×유리창면적×차폐계수×축열계수

★
131 병원이나 식품공장 등 미생물오염을 방지하기 위한 공기조화설비는?

① 바이오 클린룸　　② 제습실
③ 항온 항습실　　④ VAV시스템

해설 바이오 클린룸(biological clean room)은 병원이나 식품공장 등에서 세균, 곰팡이 등의 미생물에 의한 오염 방지 제어를 주목적으로 하는 공기조화설비이다.

132 건물의 사무실에 재실인원이 40명이며, 실에 도입되는 외기량은 1,000m^3/h이고, 리턴공기(return air)량은 4,000m^3/h일 때 사무실의 분진농도(분자량)를 0.15mg/m^{3}로 유지하기 위한 필터의 효율은 얼마이어야 하는가? (단, 한 사람당 분진의 발진량은 5mg/h · 명, 외기분진량은 0.25mg/m^{3}이다.)

① 37%　　② 43%
③ 48%　　④ 52%

정답 124 ② 125 ③ 126 ④ 127 ③ 128 ③ 129 ③ 130 ③ 131 ① 132 ③

해설 ㉠ $1m^3$당 분진량 $= \dfrac{40명 \times 5mg/h \cdot 명}{1,000m^3/h + 4,000m^3/h}$

$= 0.04mg/m^3$

㉡ 필터의 효율

$\eta = \left\{ \dfrac{(0.25+0.04)mg/m^3 - 0.15mg/m^3}{(0.25+0.04)mg/m^3} \right\} \times 100$

$\fallingdotseq 48\%$

133 유효온도(effective temperature)의 3요소는?

① 밀도, 습도, 비열
② 온도, 기류, 밀도
③ 온도, 습도, 비열
④ 온도, 습도, 기류

해설 유효온도(ET)는 온도, 습도, 기류 등이고, 수정유효온도(CET)는 유효온도(ET)에 복사열을 가미한 온도이다(기류속도 0m/s, 상대습도 100% 기준).

134 다음 그림은 냉방의 한 과정이다. 설명 중 틀린 것은?

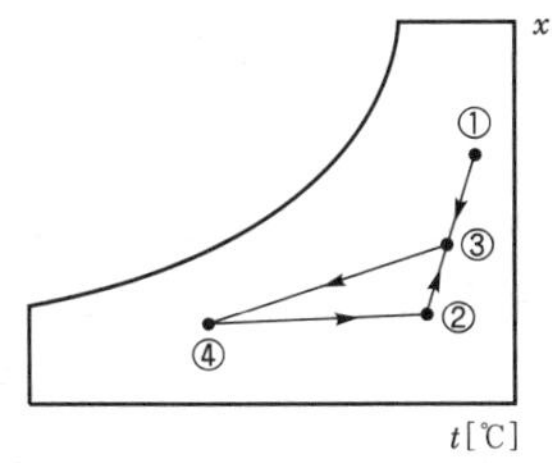

① ①은 신선 외기의 상태이다.
② ②는 공조기에 들어오는 실내공기의 상태이다.
③ ③→④의 과정은 냉각 제습과정이다.
④ ②의 상태는 공조기의 출구상태점이다.

해설 ④ 공조기의 출구상태점(냉각기 취출구온도)

135 ★ 흡출식이라고 하며 배출기만을 설치하여 송기는 개구부를 통해 자연히 도입되도록 하고 배기만 기계적으로 하는 방법으로 화장실, 주방 등에 적용되는 환기법은?

① 제1종 환기　　② 제2종 환기
③ 제3종 환기　　④ 제4종 환기

해설 제3종 환기방식은 흡출식이라고도 하며 자연급기 배출구에 배풍기만을 설치하고, 실내는 진공(부압)으로 주방, 화장실 등에 적용되는 환기법이다.

136 송풍량 $600m^3/min$을 공급하여 다음의 공기선도와 같이 난방하는 실의 가습열량(kJ/h)은 얼마인가? (단, 공기의 밀도는 $1.2kg/m^3$, 공기의 정압비열은 1.0046kJ/kg·K이다.)

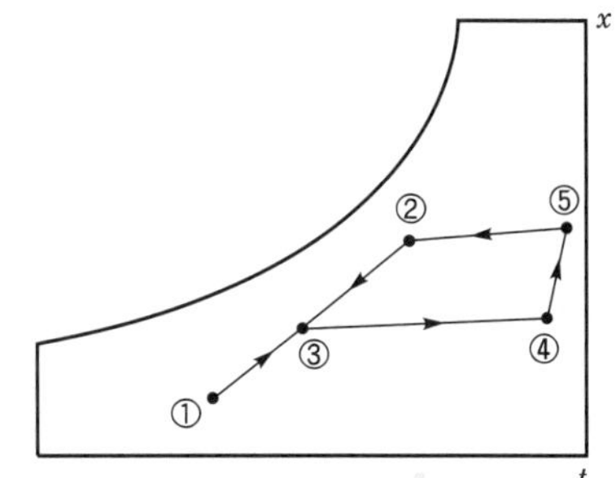

상태점	온도(℃)	엔탈피(kJ//kg)
①	0	2
②	20	37
③	15	33
④	28	42
⑤	29	50

① 31,425　　② 824,525
③ 345,600　　④ 534,256

해설 $Q = m\Delta h = \rho Q(h_5 - h_4) = 1.2 \times 600 \times (50-42)$
$= 5,760kJ/min = 345,600kJ/h = 96kW$

137 취출구에서 나온 기류의 속도가 어느 정도 감소할 때까지 도달한 거리를 도달거리(throw of blow)라 한다. 여기서 기준되는 감속된 기류속도는 몇 m/s인가?

① 0.5　　② 0.15
③ 0.25　　④ 0.35

해설 도달거리(throw)는 토출구에서 토출기류의 풍속이 0.25m/s로 되는 위치까지의 거리이다.

138 ★ 바이패스 팩터(bypass factor)란?

① 신선한 공기와 순환공기의 중량비율
② 흡입공기 중의 온난공기의 비율
③ 송풍공기 중에 있는 습공기의 비율
④ 냉각 또는 가열코일에 접촉하지 않고 그대로 통과하는 공기의 비율

정답 133 ④ 134 ④ 135 ③ 136 ③ 137 ③ 138 ④

139 **조용히 앉아 있는 성인 남자의 신체 표면적 $1m^2$에 발산하는 평균열량으로 대사량을 나타내는 단위는?**

① clo ② MRT
③ Met ④ CET

해설 1Met(인체대사량)=58.2W/m^2

참고 1clo=0.155m^2 · K/W

140 **제2종 환기에 필요한 설비는?**

① 송풍기, 배풍기 ② 송풍기, 배기구
③ 급기구, 배풍기 ④ 급기구, 배기구

해설 제2종 기계환기법은 급기구에 송풍기를 설치하고, 배기구는 자연배기되도록 한 설비이다.

141 **공기조화설비의 계획 시 조닝(zoning)을 하는 이유로서 부적당한 것은?**

① 효과적인 실내환경의 유지
② 설비비의 경감
③ 운전가동면에서의 에너지 절약
④ 부하특성에 대한 대처

해설 조닝은 설비비가 증가된다.

★
142 **다음 복사난방의 특징에 관한 설명 중 잘못된 것은?**

① 방열기가 불필요하여 바닥 이용도가 크다.
② 실내온도분포가 균등하여 쾌감도가 높다.
③ 열손실을 막기 위한 단열층이 필요하다.
④ 예열시간이 짧아서 쉽게 난방효과를 얻을 수 있다.

해설 복사난방
㉠ 장점
- 실내에 유닛이 노출되지 않으므로 이용공간이 넓고 미관상 좋다.
- 복사열을 이용하므로 강제적 기류 발생이 없어 쾌감도가 높다.
- 실내의 면적이 넓거나 천장이 높아도 온도구배가 적다.
- 현열부하가 큰 경우에는 효과적으로 이용할 수 있다.
- 열의 운반동력을 감소할 수 있고 열축적이 가능하며 외기의 부족현상이 적다.

㉡ 단점
- 단열 시공을 완벽하게 해야 하므로 시설 설비비가 고가이다.
- 점검, 보수가 노출된 것보다 어렵다.
- 예열시간이 길고 자연대류방식이므로 풍량 가감이 불가능하다.

143 **다음 그림과 같은 시스템으로 구성되어 있는 공기조화방식은?**

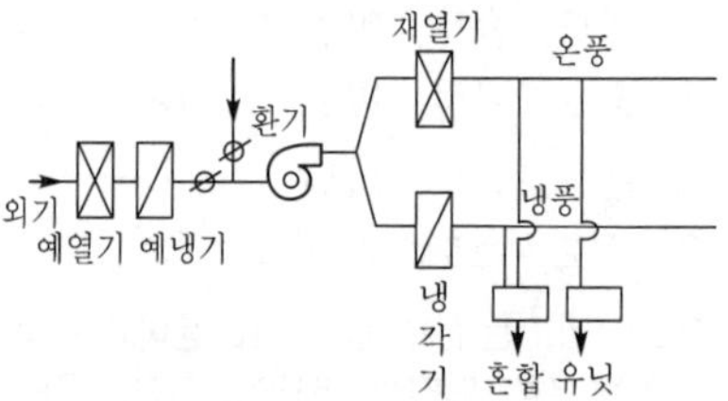

① 유인유닛방식
② 멀티존유닛방식
③ 팬코일유닛방식
④ 2중덕트방식

해설 제시된 그림은 2중덕트방식이다.

144 **습공기의 성질을 나타낸 공기선도에서 다음 열거 중 나타나지 않은 상태는? (단, 온도 : t, 압력 : p, 절대습도 : x, 엔탈피 : h)**

① t와 x의 관계 ② h와 x의 관계
③ t와 h의 관계 ④ p와 h의 관계

해설 $p-h$선도는 냉매몰리에르선도이다.

★
145 **고속덕트의 특징으로 옳지 않은 것은?**

① 마찰에 의한 압력손실이 크다.
② 소음이 작다.
③ 운전비가 증대한다.
④ 직사각형 대신에 스파이럴관이나 원형덕트를 사용하는 경우가 많다.

해설 고속덕트
㉠ 원형 덕트를 말하며 일반적으로 강도가 크고 공기저항이 작다.
㉡ 내부 풍속 및 풍압이 높아 소음 발생이 크므로 시공 시 많은 주위를 필요로 한다(풍속 15m/s 이상).

정답 139 ③ 140 ② 141 ② 142 ④ 143 ④ 144 ④ 145 ②

146 ★ 다음 그림은 냉방 시의 공기조화과정을 나타낸다. 그림과 같은 조건일 경우 냉각코일의 바이패스 팩터(bypass factor)는 얼마인가? (단, ① : 실내공기의 상태점, ② : 외기의 상태점, ③ : 혼합공기의 상태점, ④ : 취출공기의 상태점, ⑤ : 코일의 장치노점온도)

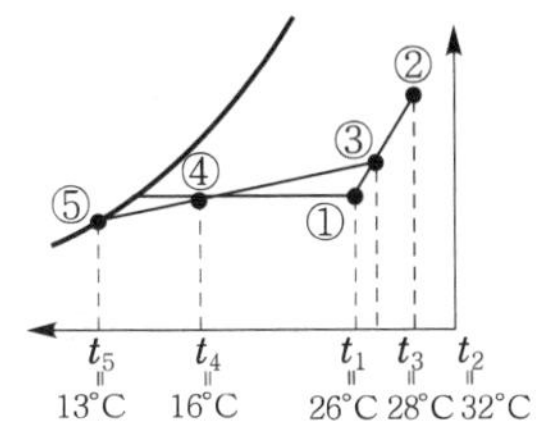

① 0.15 ② 0.20
③ 0.25 ④ 0.30

해설 $BF=\dfrac{t_4-t_5}{t_3-t_5}=\dfrac{16-13}{28-13}=0.2$

147 ★ 다음 중 에너지 소비가 가장 큰 공조방식은?

① 팬코일유닛방식 ② 각 층 유닛방식
③ 2중덕트방식 ④ 유인유닛방식

해설 2중덕트방식
㉠ 장점
- 운전, 점검, 보수가 용이하다.
- 열운반매체가 공기이므로 실내부하에 대응하는 속도가 빠르다.
- 유닛이 실내에 노출되지 않으므로 미관상 좋다.
- 각각 다른 실내조건에도 운전이 가능하다.
- 실내의 부하가 감소하더라도 취출공기량 부족현상은 없다.
- 용도가 변경되더라도 시설의 변경이 쉽다.

㉡ 단점
- 덕트의 점유면적이 커지므로 고속송풍방식을 사용하게 되므로 송풍기의 소비동력이 크게 든다.
- 실내의 온도를 일정하게 유지하려면 사계절 보일러 가동이 불가피하다.
- 공기혼합실의 열손실로 냉동기 운전시간이 길어지므로 소비동력이 증대한다.
- 시설 설비비가 많이 든다.

148 증기난방의 장점을 설명한 것으로 옳은 것은?

① 부하의 변동에 따라 방열량을 조절하기가 쉽다.
② 소규모 난방에 적당하며 연료비가 적게 든다.
③ 방열면적이 작으며 단시간 내에 실내온도를 올릴 수 있다.
④ 장거리 열수송이 용이하며 배관의 소음 발생이 작다.

해설 증기난방
㉠ 방열량 조절이 어렵고 공급관이 부식될 염려가 있다.
㉡ 대형 건물의 난방에 적합하다.
㉢ 증기를 예열하는 시간이 빠르며 온수난방에 비해 공급관경은 작아도 된다.
㉣ 소음이 많고 실내에서 방열량 조절이 어렵다.

149 다음 그림은 공기조화기 내부에서의 공기의 변화를 나타낸 것이다. 이 중에서 냉각코일에서 나타나는 상태변화는 공기선도상 어느 점을 나타내는가?

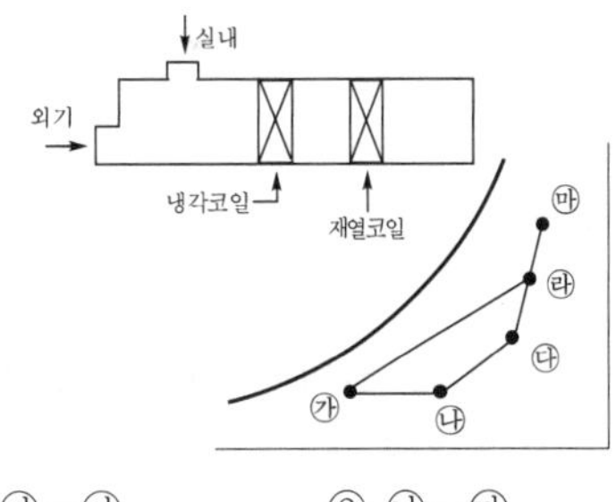

① ㉮－㉯ ② ㉯－㉰
③ ㉱－㉮ ④ ㉱－㉲

해설 ㉠ ㉱－㉮ : 냉각, 감습과정(냉각코일)
㉡ ㉮－㉯ : 재열과정(재열기)
㉢ ㉯－㉰ : 현열비의 상태선

150 ★ 기계환기 중 송풍기와 배풍기를 이용하며 대규모 보일러실, 변전실 등에 적용하는 환기법은?

① 1종 환기 ② 2종 환기
③ 3종 환기 ④ 4종 환기

해설 ㉠ 제1종 환기 : 급·배기 모두 송풍기를 설치하는 가장 안전한 환기. 보일러실, 전기실에 사용
㉡ 제2종 환기 : 급기에 송풍기만 설치하여 실내를 정압으로 유지. 클린룸에 사용
㉢ 제3종 환기 : 배기에 송풍기만 설치하여 실내를 부압으로 유지. 실내의 냄새나 유해물질을 다른 실로 흘려보내지 않으므로 주방, 화장실, 유해가스 발생장소 등에 사용

정답 146 ② 147 ③ 148 ③ 149 ③ 150 ①

★ 151 공조용 저속덕트를 등마찰법으로 설계할 때 사용하는 단위마찰저항으로 가장 적당한 것은?

① 0.08~0.15mmAq/m
② 0.8~1.5mmAq/m
③ 8~15mmAq/m
④ 80~150mmAq/m

해설 1m당 마찰저항손실
㉠ 저속덕트
- 급기덕트 : 0.01~0.12mmAq/m
- 환기덕트 : 0.08~0.1mmAq/m

㉡ 고속덕트
- 주택, 음악감상실 : 0.07mmAq/m
- 일반건축물 : 0.1mmAq/m
- 공장 : 0.15mmAq/m

152 공기조화기의 구성요소가 아닌 것은?

① 송풍기 ② 가열 및 냉각코일
③ 가습기 ④ 디퓨저

해설 공기조화장치에는 공기가열기, 공기냉각기, 가습기, 에어필터, 송풍기 등이 있다.

★ 153 다음 여과기 중에서 유해가스나 냄새 등을 제거할 수 있는 것은?

① 건식 여과기 ② 점성식 여과기
③ 전자식 여과기 ④ 활성탄 여과기

해설 활성탄은 야자나무를 불연소시켜 만든 것으로 악취 제거 능력이 좋다.

★ 154 증기트랩(steam trap)의 설명으로 옳은 것은?

① 고압의 증기를 만들기 위하여 가열하는 장치
② 증기가 환수관에서 새어 나오는 것을 방지하기 위해 방열기의 출구에 설치된 자동밸브
③ 증기가 역류하는 것을 방지하기 위해 만든 자동밸브
④ 간헐운전을 하기 위해서 고압의 증기를 만드는 자동밸브

해설 증기트랩은 열교환으로 발생된 응축수와 증기를 배출하여 열교환기기능을 유지하여 주는 기기이다.

★ 155 다음 중 전공기방식이 아닌 것은?

① 이중덕트방식 ② 단일덕트방식
③ 멀티존유닛방식 ④ 유인유닛방식

해설 ㉠ 전공기방식
- 단일덕트방식 : 정풍량방식, 변풍량방식
- 이중덕트방식 : 정풍량 2중덕트방식, 멀티존유닛방식, 각 층 유닛방식

㉡ 공기-수방식 : 덕트 병용 팬코일유닛방식, 유인유닛방식, 복사냉난방방식(물-공기방식)
㉢ 전수방식 : 팬코일유닛방식

★ 156 냉방 시 열의 종류와 설명이 틀린 것은?

① 인체의 발생열-현열, 잠열
② 틈새바람에 의한 열량-현열, 잠열
③ 외기도입량-현열, 잠열
④ 조명부하-현열, 잠열

해설 조명부하는 현열(감열)이다.

157 병원 건물의 공기조화 시 가장 중요시해야 할 사항은?

① 온도, 압력조건 ② 공기의 청정도
③ 기류속도 ④ 소음

해설 병원 건물의 공기조화 시 가장 중요한 것은 공기의 청정도이다.

158 덕트 내 풍속을 측정하는 피토관을 이용하여 전압 23.8mmAq, 정압 10mmAq를 측정하였다. 이 경우 풍속은 얼마인가?

① 10m/s ② 15m/s
③ 20m/s ④ 2m/s

해설 전압(P_d)=정압(P_t)+동압(P_s)

$P_s = P_d - P_s = 23.8 - 10 = 13.8$mmHg

$$P_s = \frac{\gamma V^2}{2g}$$

$$\therefore V = \sqrt{\frac{2g P_d}{\gamma}} = \sqrt{\frac{2\times 9.8\times 13.8}{1.2}} = 15\text{m/s}$$

정답 151 ① 152 ④ 153 ④ 154 ② 155 ④ 156 ④ 157 ② 158 ②

159 **다음의 공기조화방식 중 전공기방식의 장점이 아닌 것은?**

① 실내공기의 오염이 적다.
② 외기냉방이 가능하다.
③ 개별제어가 용이하다.
④ 대형의 공조기계실을 필요로 한다.

해설 전공기방식
㉠ 장점
• 실내공기오염이 적다.
• 외기냉방이 가능하다.
• 실내유효면적이 증가한다.
• 실내에 배관으로 인한 누수의 염려가 없다.
㉡ 단점
• 큰 덕트 스페이스가 필요하다.
• 팬의 동력이 크다.

160 **다음은 습공기의 성질에 관한 설명이다. 옳지 않은 것은?**

① 비교습도는 수증기분압과 그 온도에 있어서의 포화공기의 수증기분압과의 비를 말한다.
② 절대습도는 습공기에 함유되어 있는 수분량과 건조공기량의 중량비이다.
③ 포화공기의 수증기분압은 그 온도의 포화수증기압과 같다.
④ 상대습도는 습공기 중에 함유되는 수증기분압과 동일 온도에서 포화상태에 있는 습공기의 수증기분압의 비이다.

해설 비교습도란 습공기의 절대습도와 동일 온도의 포화습공기의 절대습도와의 비이다.

★
161 **보일러의 상용출력은?**

① 난방부하＋급탕부하＋예열부하
② 난방부하＋급탕부하＋배관부하
③ 난방부하＋급탕부하＋배관부하＋예열부하7
④ 난방부하＋배관부하＋예열부하

해설 상용출력＝난방부하+급탕부하+배관부하
＝정격출력－예열부하
＝정미출력+배관부하

참고 정미출력＝난방부하＋급탕부하
정격출력＝난방부하＋급탕부하＋배관부하＋예열부하

162 **다음 공기필터(air filter)의 종류 중 성능이 가장 우수한 것은?**

① bag filter ② roll filter
③ HEPA filter ④ 전기집진기

해설 HEPA필터(High Efficiency Particle Air filter)는 초고성능 필터로 방사성 물질의 취급시설 및 병원 수술실(클린룸) 등에 사용되며 성능이 가장 좋다.

163 **일반적으로 온수난방이 증기난방과 다른 점 중 틀리는 것은?**

① 부하에 대한 조절이 용이하다.
② 쾌적성이 좋다.
③ 배관의 부식이 적다.
④ 방열기의 방열면적이 작다.

해설 동일 방열량일 경우 온수난방이 증기난방보다 방열면적이 크다.

164 **복사난방(패널히팅)의 특징을 설명한 것 중 맞지 않는 것은?**

① 외기온도변화에 따라 실내의 온도 및 습도조절이 쉽다.
② 방열기가 불필요하므로 가구배치가 용이하다.
③ 실내의 온도분포가 균등하다.
④ 복사열에 의한 난방이므로 쾌감도가 크다.

해설 복사난방은 습도조절이 불가능하다.

165 **다음은 공기조화방식 중 유인유닛방식에 대한 설명이다. 부적당한 것은?**

① 다른 방식에 비해 덕트 스페이스가 작게 소요된다.
② 비교적 높은 운전비로서 개실제어가 불가능하다.
③ 자동제어가 전공기방식에 비해 복잡하다.
④ 송풍량이 적어서 외기냉방효과가 낮다.

PART 1

정답 159 ③ 160 ① 161 ② 162 ③ 163 ④ 164 ① 165 ②

해설 유인유닛방식은 고속덕트에 의해 1차 공기를 유입하므로 송풍동력은 커지나 개별제어가 가능하다.

166 증기난방의 장점이 아닌 것은?

① 방열기가 소형이 되므로 비용이 적게 든다.
② 열의 운반능력이 크다.
③ 예열시간이 온수난방에 비해 짧고 증기 순환이 빠르다.
④ 한냉지방에서 동결사고가 적다.

해설 증기난방
㉠ 보일러에서 생산된 열을 방열기로 보내 증기의 응축잠열을 이용하는 난방이다.
㉡ 방열면적이 온수난방보다 작아도 된다.
㉢ 온수의 경우보다 가열시간 및 증기순환이 빠르다.
㉣ 열운반능력이 크다.
㉤ 주관의 관경이 작아도 된다.
㉥ 설비비가 싸다.

167 코일의 필요한 열수(N)를 계산하는 식으로 옳은 것은? (단, q_t : 전열부하, F : 코일의 전면적, K : 열관류율, $LMTD$: 대수평균온도차, C_{ws} : 습면보정계수)

① $N=\dfrac{q_t(LMTD)}{FKC_{ws}}$

② $N=\dfrac{q_t}{FKC_{ws}(LMTD)}$

③ $N=\dfrac{q_t C_{ws}}{FK(LMTD)}$

④ $N=\dfrac{FK(LMTD)C_{ws}}{q_t}$

해설 $q_t = KFN(LMTD)C_{ws}$[W]

$\therefore N=\dfrac{q_t}{KF(LMTD)C_{ws}}$[열]

★
168 다음은 환기방식에 관한 설명이다. 맞지 않는 것은?

① 1종 환기는 기계환기의 일종으로 실내압을 임의로 조절할 수 있다.
② 2종 환기는 급기만 기계식이며 청정실에 적합하다.
③ 3종 환기는 배기만 기계식으로, 실내는 항상 정압(+)이며 오염실에 적합하다.
④ 4종 환기는 자연환기방식으로 실내외온도차, 압력차에 의해 이루어진다.

해설 제3종 환기법은 배기에 송풍기만 설치하여 실내를 부압으로 유지하며 실내의 냄새나 유해물질을 다른 실로 흘려보내지 않으므로 주방, 화장실, 유해가스 발생장소 등에 사용한다.

★
169 축류송풍기의 크기를 결정하는 송풍기 번호는 회전날개의 지름(mm)을 얼마의 수로 나눈 값인가?

① 50 ② 100
③ 150 ④ 200

해설 ㉠ 원심식 송풍기 번호(No)$=\dfrac{\text{날개의 지름(mm)}}{150}$

㉡ 축류식 송풍기 번호(No)$=\dfrac{\text{날개의 지름(mm)}}{100}$

★
170 대기압하의 동일 건구온도에서 공기의 상태변화에 대한 설명 중에 알맞은 말은?

상대습도가 증가되면 엔탈피는 (㉠)하며, 습구온도는 (㉡)하고, 비체적은 (㉢)하며, 절대습도는 (㉣)한다.

① ㉠ 증가, ㉡ 증가, ㉢ 증가, ㉣ 증가
② ㉠ 감소, ㉡ 증가, ㉢ 감소, ㉣ 증가
③ ㉠ 감소, ㉡ 감소, ㉢ 감소, ㉣ 감소
④ ㉠ 증가, ㉡ 감소, ㉢ 증가, ㉣ 감소

★
171 취출구에서 레지스터(register)란?

① 취출구의 개구부를 덮는 면판
② 눈비의 침입을 막는 장치
③ 곤충의 침입을 막는 장치
④ 풍량조절이 가능한 덕트 취출구

해설 취출구에서 레지스터는 토출 흡입구에 셔터가 있는 것이다.

정답 166 ④ 167 ② 168 ③ 169 ② 170 ① 171 ④

172 방열기의 EDR이란?

① 상당방열면적 ② 표준 방열면적
③ 최소 방열면적 ④ 최대 방열면적

해설 방열기의 EDR(Equivalent Direct Radiation)은 상당방열면적이다.

★ 173 다음 중 서로 올바르지 않게 연결된 것은?

① 열통과율 : $W/m^2 \cdot K$
② 열전달률 : $W/m^2 \cdot K$
③ 열전도율 : $W/m \cdot K$
④ 열통과저항 : $m \cdot K/W$

해설 열통과저항 : $R=\frac{1}{K}[m^2 \cdot K/W]$

174 에어워셔 단열, 가습 시 포화효율은 어떻게 표시하는가? (단, 입구공기의 건구온도 : t_1, 출구공기의 건구온도 : t_2, 입구공기의 습구온도 : t_1', 출구공기의 습구온도 : t_2')

① $\eta=\frac{t_1-t_2}{t_2-t_1'}$ ② $\eta=\frac{t_1-t_2}{t_1-t_1'}$
③ $\eta=\frac{t_2-t_1'}{t_2-t_1}$ ④ $\eta=\frac{t_1-t_1'}{t_2-t_1}$

해설 가습효율(η_{AW})$=\frac{t_1-t_2}{t_1-t_1'}$

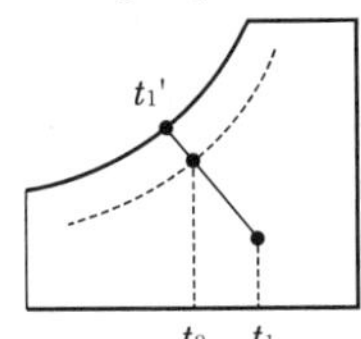

175 다음 설명 중 옳지 않은 것은?

① 주철제보일러는 섹션의 증감으로 용량조절이 용이하다.
② 노통연관식 보일러는 증기 발생량이 크고 고압증기를 얻을 수 있다.
③ 주철제보일러의 효율은 일반적으로 노통연관식 보일러에 비해 높다.
④ 노통연관식 보일러는 효율이 높으며 높이가 낮아서 높은 천장을 요구하지 않는다.

해설 주철제보일러는 노통연관식 보일러에 비해 효율이 낮다.

참고
- 주철제보일러의 효율 : 70~80%
- 노통연관식 보일러의 효율 : 80~90%

176 풍량이 800m³/h인 공기를 건구온도 33℃, 습구온도 27℃(h_1=85kJ/kg)의 상태에서 건구온도 16℃, 상대습도 90%(h_2=42kJ/kg) 상태까지 냉각할 경우 필요한 냉각열량은 얼마인가? (단, 건공기의 비체적(v)은 0.83m³/kg이다.)

① 34,215kJ/h ② 40,025kJ/h
③ 41,446kJ/h ④ 51,236kJ/h

해설 $q_e=\frac{Q}{v}(h_1-h_2)=\frac{800}{0.83}\times(85-42)\fallingdotseq 41,446\text{kJ/h}$

★ 177 에어워셔에 대한 다음 설명 중 틀린 것은?

① 냉각, 가습, 감습이 가능하다.
② 통과풍속은 일반적으로 2~3m/s이다.
③ 분사수온이 입구공기의 습구온도와 같은 경우 엔탈피변화는 없다.
④ 분무수압은 일반적으로 0.5MPa 이하로 한다.

해설 에어워셔의 분무수압은 일반적으로 0.1~0.2MPa이다.

★ 178 덕트 시공에서 올바르지 않은 것은? (단, R은 곡률반경이고, W는 덕트의 폭이다.)

① 덕트의 아스펙트비는 4 이내로 한다.
② 굽힘 부분은 되도록 큰 곡률반경을 취한다.
③ 덕트의 확대각도는 15도(고속덕트에서는 8도) 이하, 축소각도는 30도(고속덕트에서는 15도) 이하로 한다.
④ 덕트의 굴곡부에서 R/W가 2.0 이상일 때에는 가이드베인을 설치한다.

해설 덕트의 폭보다 곡률반경이 작은 경우나 직각엘보를 사용하는 경우에는 내부에 가이드베인(guide vane)을 설치한다.

정답 172 ① 173 ④ 174 ② 175 ③ 176 ③ 177 ④ 178 ④

★
179 코일의 바이패스 팩터가 증가하는 요인 중 틀린 것은?

① 송풍량이 증가할 때
② 코일의 열수가 증가할 때
③ 코일의 표면적이 감소할 때
④ 코일의 튜브간격이 증가할 때

해설 코일의 열수가 증가하면 표면적이 증가하므로 바이패스 팩터는 감소한다.

★
180 코일의 통과풍량이 3,000m³/min이고, 통과풍속이 2.5m/s일 때 냉수코일의 유효면적(m²)은 얼마인가?

① 20　② 3.3
③ 0.33　④ 0.28

해설 $Q = AV \times 60$[m³/min]

$\therefore A = \frac{Q}{60V} = \frac{3,000}{60 \times 2.5} = 20\text{m}^2$

181 어느 지방의 7월 중 콘크리트벽의 상당온도차가 16.6℃(설계조건상의 외기온도 32.5℃), 실온 26℃라면 외기온도 34℃, 실온 27℃일 때의 상당온도차는 어떻게 되는가?

① 14.1℃　② 17.1℃
③ 19.1℃　④ 23.6℃

해설 $\Delta t_e = \Delta t_e + (t_o' - t_o) + (t_i - t_i')$
$= 16.6 + (34 - 32.5) + (26 - 27) = 17.1℃$

★
182 공장의 저속덕트방식에서는 주덕트 내의 최적 풍속은?

① 23~27m/s　② 17~22m/s
③ 12~16m/s　④ 6~9m/s

해설 저속덕트방식(15m/s 이하)에서 주덕트 내의 최적 풍속은 6~9m/s이다.

★
183 동일 송풍기에서 회전수를 2배로 했을 경우의 성능의 변화량에 대하여 옳은 것은 어느 것인가?

① 정압 : 2배, 풍량 : 4배, 동력 : 8배
② 정압 : 8배, 풍량 : 4배, 동력 : 2배
③ 정압 : 4배, 풍량 : 8배, 동력 : 2배
④ 정압 : 4배, 풍량 : 2배, 동력 : 8배

해설 송풍기 상사법칙에서 $D_1 = D_2$일 때

$\frac{Q_2}{Q_1} = \frac{N_2}{N_1}$, $\frac{P_2}{P_1} = \left(\frac{N_2}{N_1}\right)^2$, $\frac{L_2}{L_1} = \left(\frac{N_2}{N_1}\right)^3$

184 대기의 절대습도가 일정할 때 하루 동안의 상대습도변화를 설명한 것 중 올바른 것은?

① 절대습도가 일정하므로 상대습도의 변화는 없다.
② 낮에는 상대습도가 높아지고, 밤에는 상대습도가 낮아진다.
③ 낮에는 상대습도가 낮아지고, 밤에는 상대습도가 높아진다.
④ 낮에는 상대습도가 정해지면 하루 종일 그 상태로 일정하게 된다.

해설 상대습도(ϕ)는 온도가 높으면(낮) 감소하고, 온도가 낮으면(밤) 높아진다.

185 열부하 계산 시 적용되는 열관류율(K)에 대한 설명 중 틀린 것은?

① 열전도와 대류열전달이 조합된 열전달을 열관류라 한다.
② 단위는 W/m²·K이다.
③ 열관류율이 커지면 열부하는 감소한다.
④ 고체벽을 사이에 두고 한쪽 유체에서 반대쪽 유체로 이동하는 열량의 척도로 볼 수 있다.

해설 열관류율(K)이 커지면 열부하는 증가한다.

★
186 유량 1,500m³/h, 양정이 12m인 펌프의 축동력(kW)은 얼마인가? (단, 물의 비중량은 9,800N/m³, 펌프효율(η_p)은 70%이다.)

① 28kW　② 35kW
③ 54kW　④ 70kW

해설 $L_s = \frac{9.8QH}{\eta_p} = \frac{9.8 \times \frac{1,500}{3,600} \times 12}{0.7} = 70\text{kW}$

정답 179 ② 180 ① 181 ② 182 ④ 183 ④ 184 ③ 185 ③ 186 ④

★
187 **다음 덕트의 풍향조절댐퍼 중 2개 이상의 날개를 가진 것으로 대형 덕트에 사용되며 일명 루버댐퍼라고 하는 것은?**

① 다익댐퍼　　② 스플릿댐퍼
③ 단익댐퍼　　④ 클로드댐퍼

해설 루버댐퍼(다익댐퍼)는 대형 덕트나 공조기 풍량조절용에 사용하며 2개 이상의 날개를 웜기어로 움직인다. 취출구에서 풍량을 조절하며 평형익형과 대향익형이 있다.

참고 스플릿댐퍼는 분기댐퍼이다.

188 **공조설비 시운전 전 점검사항 중 잘못된 것은?**

① 냉매 MSDS(물질안전보건자료)를 확인한다.
② 코일 내 열원공급 유무를 점검한다.
③ 접지선이 잘 연결되어 있는지 확인한다.
④ 송풍기의 상태를 점검해서 임펠러에 많은 먼지가 부착된 경우가 확인되면 냉수로 세척한다.

해설 임펠러에 많은 먼지가 부착된 경우가 확인되면 50℃ 온수로 세척한다.

189 **보일러의 시운전보고서에 관한 내용으로 가장 관련이 없는 것은?**

① 제어기 세팅값과 입출수조건 기록
② 입출구공기의 습구온도
③ 연도가스의 분석
④ 성능과 효율측정값을 기록, 설계값과 비교

해설 보일러 시운전보고서 내용
㉠ 제어기 세팅값과 입출수조건 기록
㉡ 연도가스의 분석
㉢ 성능과 효율측정값을 기록, 설계값과 비교

★
190 **다음 표는 암모니아냉매설비의 운전을 위한 안전관리절차서에 대한 설명이다. 이 중 틀린 내용은?**

> ㉠ 노출확인절차서 : 반드시 호흡용 보호구를 착용한 후 감지기를 이용하여 공기 중 암모니아농도를 측정한다.
> ㉡ 노출로 인한 위험관리절차서 : 암모니아가 노출되었을 때 호흡기를 보호할 수 있는 호흡보호프로그램을 수립하여 운영하는 것이 바람직하다.
> ㉢ 근로자 작업 확인 및 교육절차서 : 암모니아설비가 밀폐된 곳이나 외진 곳에 설치된 경우 해당 지역에서 근로자 작업을 할 때에는 다음 중 어느 하나에 의해 근로자의 안전을 확인할 수 있어야 한다.
> (가) CCTV 등을 통한 육안 확인
> (나) 무전기나 전화를 통한 음성 확인
> ㉣ 암모니아설비 및 안전설비의 유지관리절차서 : 암모니아설비 주변에 설치된 안전대책의 작동 및 사용 가능 여부를 최소한 매년 1회 확인하고 점검하여야 한다.

① ㉠　　② ㉡
③ ㉢　　④ ㉣

해설 암모니아설비 및 안전설비의 유지관리절차서는 암모니아설비 주변에 설치된 안전대책의 작동 및 사용 가능 여부를 최소한 분기별로 1회 확인하고 점검하여야 한다.

★
191 **TAB의 목적이 아닌 것은?**

① 설계 및 시공의 오류수정
② 시설 및 기기의 수명 연장
③ 설계목적에 부합되는 시설의 완성
④ 에너지 소비 촉진

해설 TAB이란 Testing(시험), Adjusting(조정), Balancing(평가)의 약어로, 현장에 맞게 에너지 소비의 억제를 통해 경제성을 도모하여 최적화하는 것을 목적으로 한다.

★
192 **TAB의 필요성에 해당하지 않는 사항은 어느 것인가?**

① 설비투자비의 절감
② 쾌적한 실내환경 조성
③ 공조설비의 수명 연장
④ 운전비용의 증대

해설 설비의 온습도 및 공기분포상태를 균형 있게 유지하여 설비기기의 과다한 운전을 방지한다.

정답 187 ① 188 ④ 189 ② 190 ④ 191 ④ 192 ④

★
193 TAB의 적용범위에 해당하지 않는 것은?

① 공기, 냉온수 분배의 균형
② 설계치를 공급할 수 있는 전 시스템의 조정
③ 전기계측
④ 모든 장비 중 자동제어장치 성능에 대한 확인은 제외

해설 TAB은 최종적으로 설비계통을 평가하는 분야로 보통 설계가 80% 이상 완료 후 시작하며, 모든 장비 중 자동제어장치의 성능에 대한 확인도 적용범위에 해당한다.

194 공기조화기의 TAB측정절차 중 측정요건으로 틀린 것은?

① 시스템의 검토공정이 완료되고 시스템 검토보고서가 완료되어야 한다.
② 설계도면 및 관련 자료를 검토한 내용을 토대로 하여 보고서양식에 장비규격 등의 기준이 완료되어야 한다.
③ 댐퍼, 말단유닛, 터미널의 개도는 완전 밀폐되어야 한다.
④ 제작사의 공기조화기 시운전이 완료되어야 한다.

해설 댐퍼, 말단유닛, 터미널의 개도는 완전 개방되어야 한다.

195 TAB 수행을 위한 계측기기의 측정위치로 가장 적절하지 않은 것은?

① 온도측정위치는 증발기 및 응축기의 입·출구에서 최대한 가까운 곳으로 한다.
② 유량측정위치는 펌프의 출구에서 가장 가까운 곳으로 한다.
③ 압력측정위치는 입·출구에 설치된 압력계용 탭에서 한다.
④ 배기가스온도측정위치는 연소기의 온도계 설치위치 또는 시료채취 출구를 이용한다.

해설 유량측정위치는 펌프 출구측 배관 끝부분에 설치한다.

정답 193 ④ 194 ③ 195 ②

PART 02

공조냉동 설계

01장 냉동의 개요
02장 냉동설비 시운전 및 안전대책
03장 냉매와 작동유(냉동기유)
04장 냉매선도와 냉동사이클
05장 냉동장치의 구조
06장 열역학의 기본사항
07장 열역학 제 법칙
08장 완전 기체와 증기
09장 각종 사이클
10장 연소
11장 열전달

Engineer Air-Conditioning Refrigerating Machinery

1 Chapter 냉동의 개요

1 냉동의 정의

냉동(refrigeration)이란 물체(특정 장소)를 상온보다 낮게 하여 소정의 저온을 유지하는 것으로, 이를 위해 사용하는 기계를 냉동기(refrigerator)라고 한다.

2 냉동의 분류

① **냉각(cooling)** : 주위 온도보다 높은 온도의 물체로부터 열을 흡수하여 그 물체가 필요로 하는 온도까지 낮게 유지하는 것

② **냉장(storage)** : 저온의 물체를 동결하지 않을 정도로 그 물체가 필요로 하는 온도까지 낮추어 저장하는 상태

③ **동결(freezing)** : 그 물체의 동결온도 이하로 낮추어 유지하는 상태로 좁은 의미의 냉동을 일컬음

④ **1제빙톤** : 1일 얼음생산능력을 1톤(1ton)으로 나타낸 것으로, 25℃의 원수 1ton을 24시간 동안에 -9℃의 얼음으로 만드는 데 제거해야 할 열량을 냉동능력으로 나타낸 것(외부손실열량 20% 고려)

$$1\text{제빙톤}=\frac{1,000\times(1\times25+79.68+0.5\times9)\times1.2}{24\times3,320}=1.65\text{RT}(\text{냉동톤})$$

⑤ **저빙** : 상품된 얼음을 저장하는 것
※ 제빙 : 얼음의 생산

3 열의 이동형식

(1) 열이동(heat transfer, 열전달)

열에너지는 온도가 높은 부분에서 낮은 부분으로 이동하는 현상을 열이동(heat transfer)이라고 한다. 열이동은 일반적으로 전도・대류・복사가 복합적으로 이루어진다.

(2) 열전도(heat conduction)

고체 열전달은 푸리에(Fourier) 열전도법칙을 이용하여

$$Q=-\lambda A\frac{\partial t}{\partial x}[\mathrm{W}]$$

열유속(heat flux)이란 단위시간, 단위면적당 통과열량으로

$$q=\frac{Q}{A}=-\lambda\frac{\partial t}{\partial x}[\mathrm{W/m^2}]$$

여기서, λ : 열전도계수(물질에 따른 특성치(비례정수))(W/m・K)

온도구배는 $\frac{\partial t}{\partial x}<0$가 된다.

(3) 대류(convection) 열전달

고체 표면이 유체와 접하고 있으면서 유체가 유동할 때 이 양자 간에 유동하는 열의 수수(授受)과정에서의 열이동으로, 뉴턴의 냉각법칙(Newton's cooling law)은

$$Q=hA(t_s-t_f)[\mathrm{W}]$$

여기서, h : 대류열전달계수(표면전열계수(비례정수))(W/m^2・K), A : 고체 표면적(m^2)
t_s : 고체의 표면온도(℃), t_f : 유체온도(℃)

(4) 복사 열전달(Stefan-Boltzmann의 법칙)

절대온도(T)인 완전 흑체 표면에서 그 상반부인 반구상 공간에 단위시간, 단위면적당 방사되는 전에너지(복사 표면에너지)는

$$E=\varepsilon\sigma T^4[\mathrm{W/m^2}]$$

여기서, ε : 복사율($0<\varepsilon<1$), σ : 스테판-볼츠만상수(흑체복사계수)($=5.67\times10^{-8}\mathrm{W/m^2\cdot K^4}$)

이것을 스테판-볼츠만의 법칙이라고 한다.

4 현열과 잠열

(1) 현열(sensible heat, 감열)(q_s)

물질의 상태는 변화 없이 온도만 변화시키는 열량

$$q_s = C_p(t_2 - t_1)[\text{kJ/kg}](\text{단위질량당 가열량})$$
$$Q_s = mq_s = mC(t_2 - t_1)[\text{kJ}]$$

여기서, Q_s : 전체 현열량(kJ), m : 질량(kg), C_p : 물질의 비열(=4.186kJ/kg·K)
t_1 : 가열 전 온도(℃), t_2 : 가열 후 온도(℃)

(2) 잠열(latent heat, 숨은열)(q_L)

물질의 상태만 변화시키고 온도는 일정한 상태의 열량

예 • 0℃ 얼음의 융해열(0℃ 물의 응고열) : 334kJ/kg
• 100℃ 물(포화수)의 증발열(100℃ 건포화증기의 응축열) : 2,256kJ/kg

※ 1kcal=3.968BTU=2.205CHU(PCU)=4.186kJ

※ 1therm(섬)=10^5BTU

5 비열과 비열비

(1) 비열(specific of heat)

① 단위질량(1kg)을 단위온도(1℃)만큼 높이는 데 필요로 하는 열량(kJ)

② 단위 : kJ/kg·K, BTU/lb·°F, CHU/lb·℃

③ 분류

㉠ 정압비열(C_p) : 압력이 일정한 상태($P=C$)하에서 기체 1kg을 1℃ 높이는 데 필요로 하는 열량(kJ)

공기의 정압비열(C_p)=1.005kJ/kg·K

㉡ 정적비열(C_v) : 체적이 일정한 상태($V=C$)하에서 기체 1kg을 1℃ 높이는 데 필요로 하는 열량(kJ)

공기의 정적비열(C_v)=0.72kJ/kg·K

(2) 비열비(ratio of specific heat)

비열비(k)란 기체의 정압비열(C_p)과 정적비열(C_v)의 비를 말한다.

$$k = \frac{C_p(\text{정압비열})}{C_v(\text{정적비열})}$$

기체인 경우 $C_p > C_v$이므로 비열비(k)는 항상 1보다 크다($k > 1$).

기체(냉매)명	비열비(k)	기체(냉매)명	비열비(k)
암모니아(NH_3)	1.31	공기	1.4
R-12	1.13	아황산가스(SO_2)	1.25
R-22	1.18	탄산가스(CO_2)	1.41

6 냉매와 워터재킷

(1) 냉동장치에 사용되는 냉매

비열비(k)가 클수록 동일한 운전조건에서 압축 후 토출되는 냉매가스의 온도(토출가스온도)가 상승하여 압축기 실린더가 과열되고 윤활유가 열화(온도가 올라가고) 및 탄화(증기가 발생)하며 체적효율(η_v)이 감소한다. 냉동능력당 소요동력이 증대되고 냉매순환량이 감소하여 결과적으로 냉동능력이 감소하게 되는 나쁜 영향을 초래하게 된다. 이런 이유에서 암모니아(NH_3)를 냉매로 사용하는 냉동장치의 압축기 실린더는 워터재킷(water jacket)을 설치하여 토출가스온도를 낮추기(냉각) 위해 수냉각시키고 있다.

(2) 워터재킷(water jacket, 물주머니)

수냉식 기관에서 압축기 실린더 헤드(head)의 외측에 설치한 부분으로 냉각수를 순환시켜 실린더를 냉각시킴으로써 기계효율(η_m)을 증대시키고 기계적 수명도 연장시킨다. 워터재킷을 설치하는 압축기는 냉매의 비열비(k)값이 1.31 이상인 경우가 효과적이다.

[물질의 상태변화]

상태변화	열의 이동	잠열	예
액체 → 기체	흡열	증발열(물, 100℃)	2,256kJ/kg
기체 → 액체	방열	응축열(수증기, 100℃)	2,256kJ/kg
고체 → 액체	흡열	융해열(얼음, 0℃)	334kJ/kg
액체 → 고체	방열	응고열(물, 0℃)	334kJ/kg
고체 → 기체	흡열	승화열	CO_2(드라이아이스) 승화열 -78.5℃에서 574kJ/kg

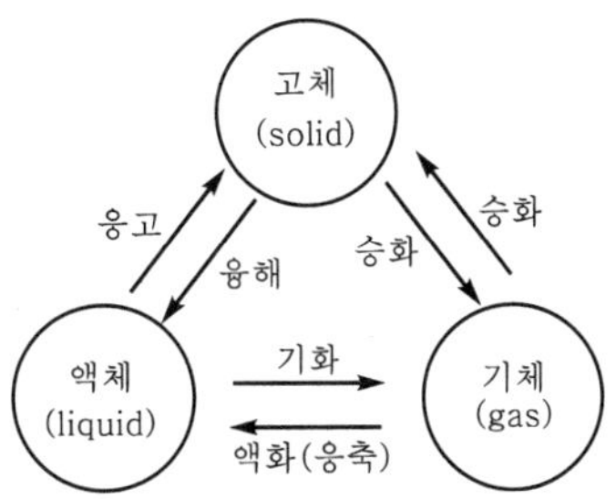

7 냉동방법

(1) 자연적인 냉동방법(natural refrigeration)

물질의 물리적·화학적인 특성을 이용하여 행하는 냉동방법

① **융해잠열(melting heat) 이용법** : 고체에서 액체로 변화할 때 흡수하는 열을 이용하여 행하는 냉동

$$0℃의\ 얼음 \xrightleftharpoons[\text{물의 응고잠열 334kJ/kg}]{\text{얼음의 융해잠열 334kJ/kg}} 0℃의\ 물$$

② **증발잠열(boiling heat) 이용법** : 액체에서 기체로 변화할 때 흡수하는 열을 이용하여 행하는 냉동으로 물, 액화암모니아, 액화질소, R-12, R-22 등

※ 액화질소는 -196℃의 저온에서 증발열로써 약 200.93kJ/kg의 열을 흡수하며 급속동결장치나 식품 수송용 냉동차에서 이용되고 있다.

※ 증발잠열의 비교(압력 101.325kPa)

물질	온도(℃)	증발잠열량(kJ/kg)	물질	온도(℃)	증발잠열량(kJ/kg)
물	100	2,256	R-12	-29.8	167
NH_3	-33.3	1,369	R-22	-40.8	234

③ **승화잠열(sublimate heat) 이용법** : 고체에서 직접 기체로 변화할 때 흡수하는 열을 이용하여 행하는 냉동

고체 이산화탄소=드라이아이스

※ 고체 이산화탄소(dry ice)는 탄산가스(CO_2)가 고체화된 것으로 고체에서 직접 기체로 변화하며, 〈승화〉 -78.5℃에서 승화잠열은 573.48kJ/kg이다.

기한제(起寒劑, freezer mixture) 이용법

서로 다른 두 가지의 물질을 혼합하여 온도강하에 의한 저온을 이용하여 행하는 냉동방법으로 얼음과 염류(소금) 및 산류를 혼합하면 저온을 얻을 수 있다.

예 소금+얼음, 염화칼슘+얼음

(2) 기계적인 냉동방법(mechanical refrigeration)

인위적인 냉동방법이라 하며 열을 직접 적용시키거나 전력, 증기(steam), 연료 등의 에너지를 이용하여 연속적으로 행하는 냉동방법

(3) 증기압축식 냉동방법(vapor compression refrigeration)

냉(冷)을 운반하는 매개물질인 액화가스(냉매)가 기계적인 일에 의하여 냉동체계 내를 순환하면서 액체 및 기체상태로 연속적인 변화를 하여 행하는 냉동방법

① 구성기기 및 역할

㉠ 압축기(compressor) : 증발기에서 증발한 저온 저압의 기체냉매를 흡입하여 다음의 응축기에서 응축, 액화하기 쉽도록 응축온도에 상당하는 포화압력까지 압력을 증대시켜주는 기기(등엔트로피과정(isentropic))

[공조용 냉동기기의 종류 및 특성]

종류		특성(용도)
압축식 냉동기	원심식	대량의 가스압축에 적당하며 공조용으로 사용된다.
	왕복동식	압축비가 높을 경우 적합하며 소용량 공조용 또는 산업용으로 사용된다.
	스크루식	회전식의 일종으로 압축비가 높을 경우 적합하며 소·중형의 공조 및 산업용으로, 최근에는 스크루식의 경우 산업용 중·대용량(300~1,000RT)으로 확대되는 추세이다.
흡수식 냉동기		고온수(증기)를 열원으로 하여 압축용의 전력은 불필요하며 공조용에 사용된다.

㉡ 응축기(condenser) : 압축기에서 압축되어 토출된 고온 고압의 기체냉매를 주위의 공기나 냉각수와 열교환하여 기체냉매의 고온의 열을 방출시킴으로써 응축, 액화시키는 기기(등압과정)

㉢ 팽창밸브(expansion valve) : 응축기에서 응축, 액화한 고온 고압의 액체냉매를 교축작용(throttling)에 의하여 저온 저압의 액체냉매로 강하시켜 다음의 증발기에서 액체의 증발에 의한 열흡수작용이 용이하도록 하며, 아울러 증발기에서 충분히 열을 흡수할 수 있도록 적정량의 냉매유량을 조절하여 공급하는 밸브(등엔탈피과정)

㉣ 증발기(evaporator) : 팽창밸브를 통과하여 저온 저압으로 감압된 액체냉매를 유의하여 주위의 피냉각물체와 열교환시켜 액체 증발에 의한 열흡수로 냉동의 목적을 달성시키는 기기(등온, 등압과정)

② 소형 냉동장치의 기본 구성기기

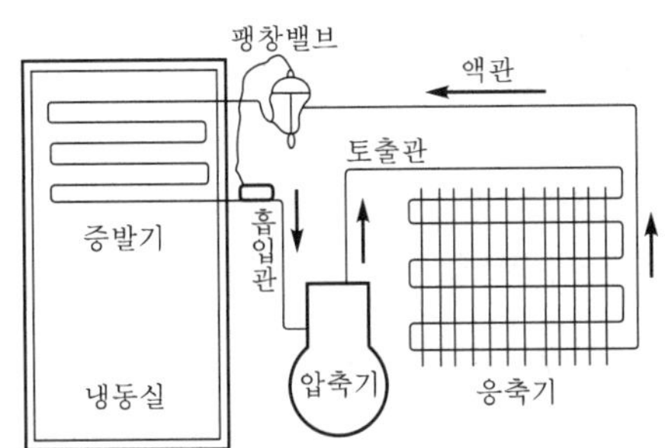

- 증발기 : 열흡수장치($q_e = q_2$)
- 응축기 : 열방출장치($q_c = q_1$)
- 압축기 : 압력 증대장치(W_c)
- 팽창밸브 : 압력 감소장치($P_1 > P_2$)

③ 중 · 대형 냉동장치의 기본 구성기기(칠링유닛의 경우)

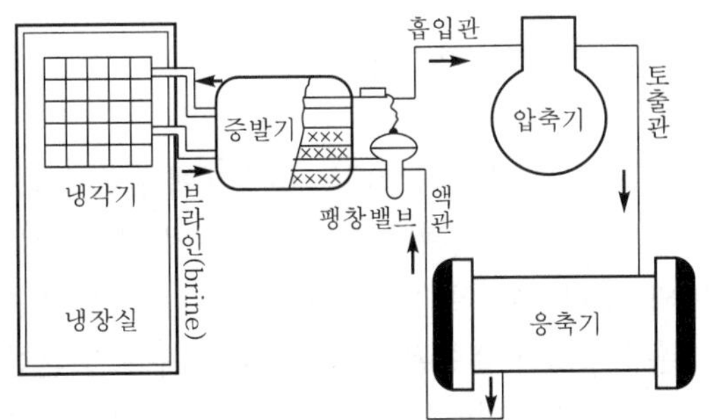

④ 냉동사이클

㉠ 냉동장치의 고압측 명칭 : 압축기 토출측 → 토출관 → 응축기 → (수액기) → 액관 → 팽창밸브 직전

㉡ 냉동장치의 저압측 명칭 : 팽창밸브 직후 → 증발기 → 흡입관 → 압축기 흡입측

※ 압축기의 크랭크케이스 내부압력은 왕복동식 압축기의 경우는 저압이고, 회전식 압축기의 경우는 고압이다.

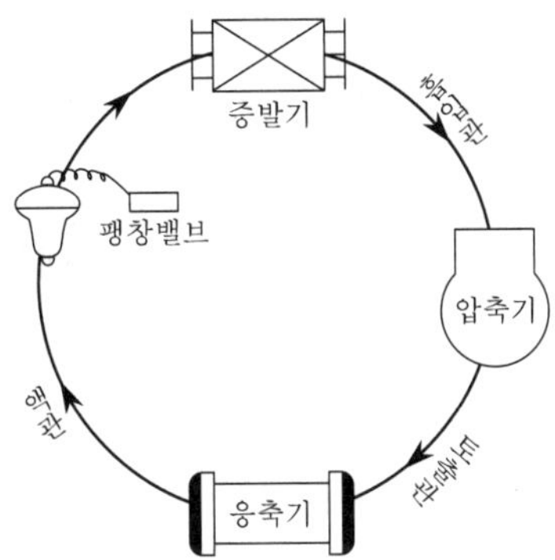

Point

교축과정(throttling, 등엔탈피과정)
유체가 밸브, 기타 저항이 크고 좁은 곳을 통과할 때 마찰이나 흐름의 흐트러짐(난류)에 의하여 압력이 강하하게 되는 작용이며, 이와 같이 좁혀진 부분에 있어서의 압력강하를 교축이라 하며, 냉동장치에서의 교축 부분은 팽창밸브이다. 실제 기체(냉매, 증기)가 교축팽창 시 압력과 온도가 떨어지는 현상(Joule-Thomson effect)이라고 한다.

$$\text{줄-톰슨계수}(\mu_T)=\left(\frac{\partial T}{\partial P}\right)_h=\frac{T_1-T_2}{P_1-P_2}$$

완전 기체인 경우 $T_1=T_2$이므로 $\mu_T=0$이다. 실제 기체(냉매)인 경우 온도강하($T_1>T_2$) 시 $\mu_T>0$이고, 온도 상승($T_1<T_2$) 시 $\mu_T<0$이다.

(4) 흡수식 냉동방법(absorption refrigeration)

직접 고온의 열에너지를 이용(공급)하여 행하는 냉동방법. 흡수식 냉동기에서 압축기 역할을 하는 것(발생기(재생기), 흡수기, 흡수용액펌프)

① 주요 구성기기 및 역할

㉠ 흡수기 : 증발기로부터 증발된 기체냉매는 흡수제액에 흡수되어 희용액(냉매+흡수제)이 되어 용액펌프(흡수액펌프)에 의해 열교환기를 거쳐 발생기로 보내진다. 즉 열교환기는 발생기에서 냉매와 분리되어 흡수기로 되돌아오는 고온의 농용액과 열교환한다.

㉡ 발생기(재생기) : 흡수기에서 흡수된 기체냉매와 흡수제가 혼합된 희용액이 증기(steam) 및 열원(heat)으로 가열되어 냉매를 증발 분리시켜 냉매는 응축기로 보내고, 농흡수액은 열교환기를 통해 다시 흡수기로 회수시킨다.

㉢ 응축기 : 발생기에서 흡수제액과 분리된 기체냉매는 응축기를 순환하는 냉각수에 의해 응축, 액화되어 직접 진공상태의 증발기로 공급되거나 감압밸브를 거쳐 증발기로 유입된다. 즉 냉각수와 열교환하여 응축, 액화된다.

㉣ 감압밸브 : 증발기에서 액체의 증발이 원활히 행해지도록 압력을 강하시키는 역할을 하는 밸브이다. 냉동부하에 따른 적정량의 냉매유량조절은 별도의 용량조절밸브를 설치하고 있다.

㉤ 증발기 : 냉매펌프에 의해서 공급(또는 분사)되어 냉매의 증발열에 의한 냉동부하로부터 열을 흡수하여 냉동작용을 행한다.

냉매	흡수제	냉매	흡수제	냉매	흡수제
암모니아(NH_3)	물(H_2O)	물(H_2O)	LiBr & LiCl	물(H_2O)	황산(H_2SO_4)
물(H_2O)	가성칼리(KOH) & 가성소다(NaOH)	염화에틸(C_2H_5Cl)	4클로르에탄($C_2H_2Cl_4$)	메탄올(CH_3OH)	LiBr+CH_3OH

② 흡수식 냉동사이클 : 냉매는 H_2O, 흡수제는 LiBr(브롬화리튬) 사용

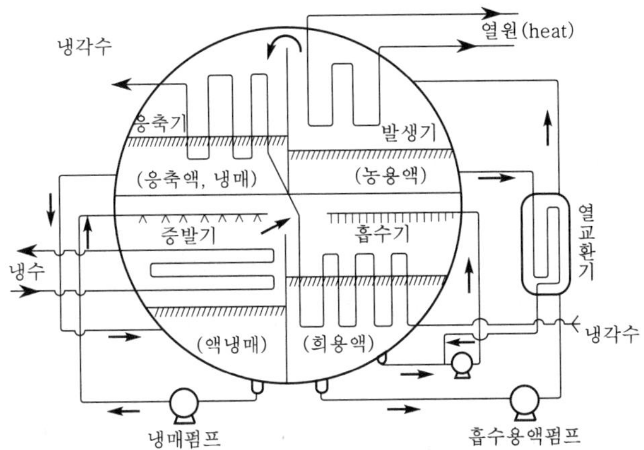

예 증발기 내의 압력을 7mmHg abs 유지하면 물의 증발온도 5℃, 냉수의 입구온도 12℃, 출구온도 7℃

㉠ 흡수식 냉동기의 냉매순환과정 : 증발기 → 흡수기 → 열교환기 → 발생기(재생기) → 응축기

㉡ 흡수제 순환과정 : 흡수기 → 용액 열교환기 → 발생기(재생기) → 용액 열교환기 → 흡수기

③ 흡수식 냉동기의 장단점

㉠ 장점
- 전력수요가 적다(운전비용이 저렴하다).
- 소음 · 진동이 적다(소음 85dB 이하).
- 운전경비가 절감된다(부분부하운전특성이 좋다).
- 사고 발생 우려가 작다.
- 진공상태에서 운전되므로 취급자격자가 필요 없다.

㉡ 단점
- 예냉시간이 길다.
- 증기압축식 냉동기보다 성능계수가 낮다(1중 단효용 : 0.65~0.75, 2중 효용 : 1.0~1.3, 3중 효용 : 1.4~1.6).
- 초기운전 시 정격성능 발휘점까지 도달속도가 느리다.
- 일반적으로 5℃ 이하의 낮은 냉수 출구온도를 얻기가 어렵다.
- 설비비가 많이 든다.
- 급냉으로 결정사고가 발생되기 쉽다.
- 부속설비가 압축식의 2배 정도로 커진다.
- 설치 시 천장이 높아야 한다.

④ 흡수식 냉동기의 성적계수 : $(COP)_R = \dfrac{\text{증발기의 냉각열량}}{\text{고온재생기의 가열량+펌프일}}$

$$\fallingdotseq \frac{\text{증발기의 냉각열량}}{\text{고온재생기(발생기)의 가열량}}$$

(5) 증기분사식 냉동방법(steam jet refrigeration)

증기이젝터(steam ejector)를 사용하여 부압작용(負壓作用)으로 증발기 내를 진공(750mmHg(vac) 정도)으로 형성하여 냉매(물)를 증발시켜(5.6℃ 정도) 증발잠열에 의하여 저온의 냉수(브라인)를 만들어 냉수펌프에 의해 냉동부하측으로 순환하면서 냉동의 목적을 달성하는 방법이다.

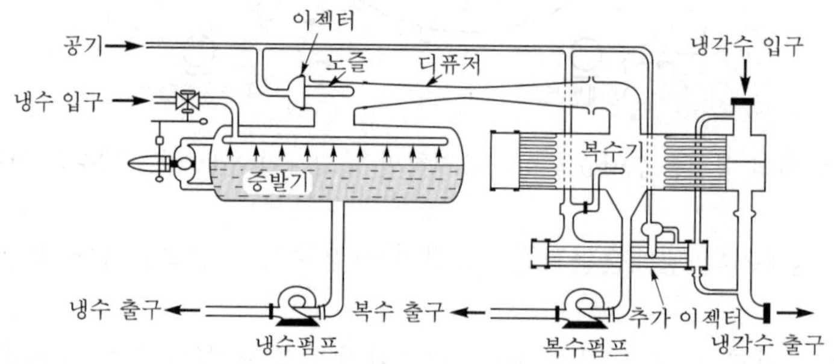

(6) 전자냉동방법

펠티에효과(Peltier effect)를 이용한 냉동방법으로, 펠티에효과란 다음 그림처럼 서로 다른 (2종) 금속선의 각각의 끝을 접합하여 양 접점을 서로 다른 온도로 하여 전류를 흐르게 하면 한쪽의 접합부에서는 고온의 열이 발생하고, 다른 한쪽에서는 저온이 얻어지는데, 이 저온을 이용하여 냉동의 목적을 달성하는 방법이다.

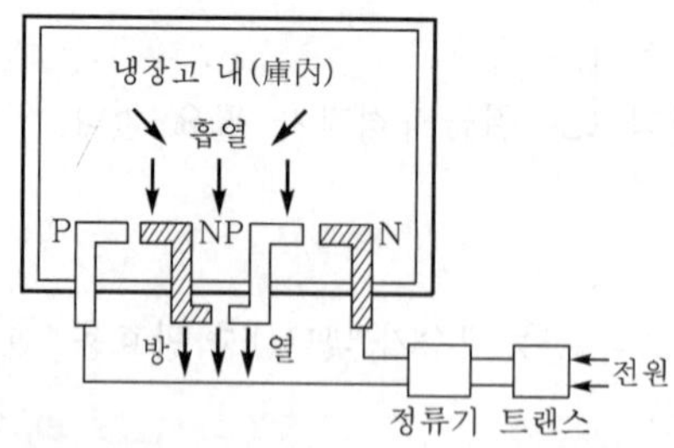

[전자냉동방법과 증기압축식 냉동방법의 비교]

전자냉동	증기압축식 냉동	전자냉동	증기압축식 냉동
P-N소자	압축기	전원	압축기, 전동기
고온측 방열부	응축기	도선	배관
저온측 접합부	팽창밸브	전자	냉매
저온측 흡열부	증발기		

(7) 진공냉각법(vacuum cooling)

증기분사식 냉동방법의 증기이젝터의 역할 대신에 진공펌프를 사용하여 냉각하는 원리이다.

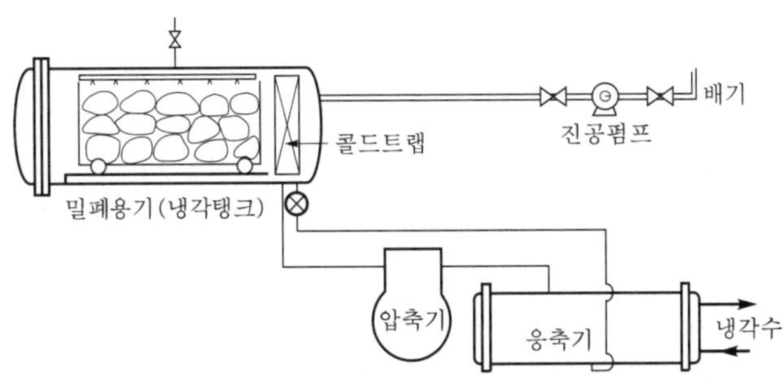

※ 수분은 증발 시에 비체적이 크므로(수분 1g은 표준 상태에서 1cc이나, 4.6mmHg에서는 20만cc이다) 냉각탱크 내에 냉각코일을 설치하여 증발된 수분은 응결, 제거시킴으로써 진공펌프의 용량을 최소화할 수 있다.

PART 2

8 냉동능력과 제빙

(1) 냉동능력($Q_e = Q_2$)

냉동기가 단위시간(1시간) 동안에 증발기에서 흡수하는 열량으로, 기호는 Q_e, 단위는 kW 또는 RT(냉동톤)로 표시한다.

(2) 냉동톤(ton of refrigeration)

냉동능력의 단위로 사용되는 kcal/h, kW는 그 수치가 커짐으로 인하여 실용상 복잡성을 고려하여 간편한 단위로 설정하여 냉동장치의 능력을 RT로 표시한 것이다.

① **1한국냉동톤(1RT)** : 0℃의 물 1ton(=1,000kg)을 하루(24시간)에 0℃의 얼음으로 만들 수 있는 열량(응고열 또는 융해열)과 동등한 능력을 1RT라 한다. 1RT에 상당하는 열량을 산출하면

$$Q_e = G\gamma_0 = 1{,}000 \times 79.68 = \frac{79{,}680\text{kcal}}{24\text{h}} = 3{,}320\text{kcal/h} = 13{,}897.52\text{kJ/h}$$

$$1\text{RT} = 3{,}320\text{kcal/h} = 13{,}897.52\text{kJ/h} = 3.86\text{kW}$$

② **1미국냉동톤(1USRT)** : 32°F의 물 1ton(=2,000lb)을 하루(24시간)에 32°F의 얼음으로 만들 수 있는 열량과 동등한 능력을 1USRT라 한다. 즉 1USRT에 상당하는 열량을 산출하면

$$Q_e = G\gamma_0 = 2,000\times 144 = \frac{288,000\text{BTU}}{24\text{h}} = 12,000\text{BTU/h}$$
$$= 3,024\text{kcal/h} = 12,658\text{kJ/h} \fallingdotseq 3.52\text{kW}$$
$$1\text{BTU} = 0.252\text{kcal}$$

1USRT = 12,000BTU/h = 3,024kcal/h = 12,658kJ/h = 200BTU/min

③ 냉동능력의 비교

단위 국명	RT(냉동톤)	kcal/h	kJ/h	BTU/min	RT	한국	미국	영국
한국	1	3,320	13,898	219.56	한국	1	1.097	0.994
미국	1	3,024	12,658.46	200.0	미국	0.911	1	0.985
영국	1	3,340	13,981.24	220.9	영국	1.006	1.104	1

(3) 제빙톤

하루(24시간) 동안에 생산되는 얼음의 중량(ton)으로서 제빙공장의 능력을 표시하는 단위이다. 즉 제빙 10톤의 제빙공장의 능력이라 함은 하루에 10톤의 얼음을 생산하는 규모를 뜻한다.

① **제빙톤** : 원료수(물)를 이용하여 1일 1ton의 얼음을 −9℃로 생산하기 위하여 제거해야 하는 열량에 상당하는 능력을 1제빙톤이라 하며, 원료수의 처음 온도에 따라서 상당하는 열량의 값은 다르게 된다. 여기서는 일반적으로 1제빙톤의 상당열량을 산출하는 조건인 25℃의 원료수(물) 1ton을 1일 동안에 −9℃의 얼음으로 만들 때 제거해야 하는 열량의 값을 구해보기로 한다.

㉠ $Q_w = WC(t_0 - t_1) = 1,000\times 1\times(25-0) = 25,000\text{kcal} = 104,650\text{kJ}$

㉡ $Q = W\gamma_0 = 1,000\times 79.68 = 79,680\text{kcal} = 333,541\text{kJ}$

㉢ $Q_i = WC(t_0 - t_1) = 1,000\times 0.5\times(0-(-9)) = 4,500\text{kcal} = 18,837\text{kJ}$

㉣ 제빙의 과정에서는 열손실량을 20% 정도 가산하여 계산하므로 총열량=(㉠+㉡+㉢)×(1+0.2)=(25,000+79,680+4,500)×1.2=131,016kcal=548,433kJ이며, 이것은 하루 동안에 상당하는 열량으로 131,016kcal/24h이다.

㉤ 위의 1제빙톤(131,016kcal/24h)과 1냉동톤(79,680kcal/24h)을 비교하면 131,016÷79,680≒1.65이다. 즉 원료수 25℃의 1제빙톤은 1.65RT에 해당한다(1제빙톤=1.65RT).

② **얼음의 결빙시간** : 얼음의 결빙시간은 얼음두께의 제곱에 비례하며 다음의 계산식에 의한다.

$$H = \frac{0.56t^2}{-t_b}[\text{시간}]$$

여기서, t_b : 브라인온도(℃), t : 얼음두께(cm)

9 냉동 · 냉장부하 계산

(1) 손실열량(Q_L)

① 외부침입열(Q_o)$= KA\Delta T$ [kW]

여기서, K : 구조체 열관류율(W/m^2 · K), A : 전열면적(m^2), ΔT : 냉장고와 외기온도차(K, ℃)

② 냉각열(Q_c)$= \dfrac{mC_p\Delta T}{24}$ [kW]

여기서, m : 1일 중 입고되는 냉장품의 질량(kg/day), C_p : 냉장품의 정압비열(kJ/kg · K)

③ 발생열(Q_g) : 전동송풍기, 하역기계, 작업원, 전등(작업등)

④ 환기열(Q_r)$= \dfrac{V(h_a - h_r)n}{24}$ [kW]

⑤ 기타 : 냉동고 저장산물의 호흡열

$$Q = \frac{mRn}{24} \text{ [kW]}$$

여기서, m : 1회 입고량, R : 호흡열(kW/kg), n : 입고횟수

(2) 냉동효과(q_e)

증발기에서 냉매 1kg이 흡수하는 열량(kJ/kg)

(3) 냉동능력(Q_e)

냉동기가 단위시간 동안 증발기에서 흡수하는 열량(kJ/h, BTU/lb, RT)

① 1RT(냉동톤) : 0℃의 물 1톤을 하루 동안에 0℃의 얼음으로 만드는 데 제거시켜야 할 열량

$$1\text{RT} = \frac{1{,}000 \times 79.68}{24} = 3{,}320\text{kcal/h} = 3.86\text{kW}$$

$$1\text{USRT(미국냉동톤)} = \frac{2{,}000 \times 144}{24} = 12{,}000\text{BTU/h} = 3{,}024\text{kcal/h} = 3.52\text{kW}$$

② 물의 응고잠열 : 144BTU/lb

※ 1BTU=0.252kcal

(4) 냉동기 성적계수

$$COP_R(=\varepsilon_R) = \frac{q_e(\text{냉동효과})}{w_c(\text{압축기 소비일량})} = \frac{Q_e(\text{냉동능력})}{W_c(\text{압축기 소비동력})}$$

PART 2

(5) 냉동기 선정 시 고려사항(냉동기 최적 선정을 위한 검토)

① 에너지의 특성과 절약성
② 경제성
③ 소음, 진동
④ 보수관리성
⑤ 목적성
⑥ 디자인

Air-Conditioning Refrigerating Machinery

2
Chapter

냉동설비 시운전 및 안전대책

PART 2

1 냉동설비 시운전

1.1 운전 준비(가동 시 주의사항)

① 냉매량을 확인한다.
② 압축기 유면을 점검한다.
③ 운전 중 열어두어야 할 밸브를 모두 연다.
④ 전자밸브(solenoid)의 작동을 확인한다.
⑤ 압축기의 흡입·토출측 스톱밸브(stop valve)를 모두 연다.

1.2 운전 중

① 압축기의 크랭크케이스 유면을 수시로 체크한다.
② 리퀴드백 방지와 불응축가스를 배출한다.
※ 액분리기는 증발기보다 높은 위치에 설치한다.
③ 흡입가스가 과열되지 않도록 한다.
④ 토출가스의 압력 및 온도가 너무 높지 않도록 냉각수량(냉각수)조절밸브를 조정한다.

1.3 운전 정지

① 팽창밸브 직전의 밸브를 잠근다.
② 압축기의 토출측 스톱밸브를 모두 잠근다(외부공기가 압축기 내부로 유입될 수 없는 구조).
③ 응축기 실린더재킷의 냉각수를 정지시킨다.
④ 겨울철 동파의 위험이 있는 경우 기내의 물을 제거한다.

2 냉동설비의 안전대책

2.1 내압시험

① 내압시험은 압축기, 냉매펌프, 흡수용액펌프, 윤활유펌프, 압력용기 등 조립품 또는 그들의 부품마다 실시하는 액체압력시험으로 할 것
② 내압시험압력은 설계압력의 1.5배 이상의 압력으로 할 것
③ 내압시험에 사용하는 문자판의 크기가 75mm 이상으로서 최고눈금은 내압시험압력의 1.5배 이상 2배 이하일 것
④ 압력계는 2개 이상 사용하고, 가압펌프와 피시험품과의 사이에 스톱밸브가 있을 때는 적어도 1개의 압력계는 스톱밸브와 피시험품과의 사이에 부착할 것

2.2 기밀시험

① 기밀시험압력은 설계압력 이상의 압력으로 할 것
② 기밀시험에 사용하는 가스는 공기 또는 불연성 가스(산소 및 독성가스는 제외)일 것
③ 기밀시험에 공기압축기를 사용하여 압축공기를 공급할 때 공기의 온도는 140℃ 이하일 것
④ 프레온을 사용하여 기밀시험을 하는 경우 가스누설탐지기로 누설 유무를 확인할 것

2.3 누설시험

① 압축기의 흡입·토출측 밸브를 닫고 압축기를 차단할 것
② 팽창밸브 입구는 플러그하여 고압측과 저압측의 구분을 붙일 것

2.4 진공시험

① 누설시험에 의하여 냉매계통이 완전하게 기밀이 확인되었으면 계통 내를 진공건조함으로써 계통 내를 진공, 공기, 기타 불응축가스를 배출하고, 동시에 계통 내의 수분을 완전하게 제거할 것
② 진공계를 팽창밸브의 양쪽 고압측과 저압측에 설치할 것

3 냉동기의 점검 및 보수

3.1 일상점검

냉동기의 운전상황은 최소한 1일 2회 이상 반드시 운전일지에 기록하여 관리하도록 한다. 운전일지를 정확히 기록해두면 냉동기를 효율적이고 안전하게 운전할 수 있을 뿐 아니라, 만일 고장이 발생해도 원인을 일찍 발견할 수 있다. 필요한 최소 운전기록항목은 다음과 같다.

① 냉매흡입압력 및 온도
② 냉매토출압력 및 온도
③ 유압, 유온, 유량, 오염 정도(혼탁도)
④ 압축기 모터의 전류, 전력, 권선온도 및 베어링온도
⑤ 운전 시 소음, 진동
⑥ 냉각수의 온도 및 유량
⑦ 냉수(브라인)의 입출구온도 및 유량
⑧ 운전시간

PART 2

3.2 정기점검

냉동기는 제조사의 사용설명서에 준하여 정기적으로 점검해야 한다. 일반적인 경우에 대해 예를 들어보면 다음과 같다.

(1) 가동 후 50~100시간 내의 점검

① 모든 고정된 나사부의 풀림이 없는지 확인한다.
② 냉동기의 누설부가 없는지 확인한다.
③ 개방형 압축기의 경우 V벨트 또는 커플링의 정렬상태를 확인한다.
④ 압축기 흡입스트레이너, 오일필터를 청소 혹은 교체한다.
⑤ 냉동유를 교환한다.

(2) 보수정비기준표

점검항목		점검빈도	규격 및 처치법
전체	소음	수시	청각(귀)으로 이상감지
	진동	수시	시각(눈)으로 이상감지
	전압	수시	• 정지 시 전압 : 정격전압±10% • 운전 시 전압 : 정격전압±10% • 시동 시 전압 : 정격전압의 85% 이상

점검항목		점검빈도	규격 및 처치법
압축기	냉동유	수시	유면계에 유면이 있도록 하고 이물질이 없을 것
	절연저항	연 1회	500MV(메가볼트)에서 3MΩ 이상일 것
	중간점검	1회/3,000시간	소음, 진동, 누설 등에 주의할 것
	분해점검	1회/12,000시간	문가에 의해 분해점검할 것
응축기	가용전	연 1회	가용금속이 이상하게 부풀어 있지 않을 것
	냉각수수량	수시	기준 내에 있을 것
	수온, 수질	월 1회	기준 내에 있을 것
	청소	수시	고압압력이 기준 내에 있을 것
	드레인	필요시	사용하지 않을 때(겨울철 등)에는 응축기 내 물을 배수할 것
수냉각기	수량, 온도	수시	기준 내에 있을 것
	브라인농도	월 1회	설정농도 내에 있을 것
	수질	월 1회	기준 내에 있을 것
	청소	수시	저압압력이 기준 내에 있을 것
	드레인	필요시	사용하지 않을 때(겨울철 등)에는 수냉기 내 물을 배수할 것
팽창밸브	작동	수시	조정나사에 의해 저압측 압력변동이 순조로울 것
압력계	지침	1회/6월	기준압력계와 비교할 것
냉동사이클	냉매의 누설	월 1회	각 기기 및 배관접속부를 점검할 것
	불응축가스 혼입	월 1회	냉매를 응축기에 회수하여 4분 이상 냉각수를 흘려 방치한 경우 냉매압력은 '포화압력+30kPa≥게이지압력'일 것
밸브	작동	월 1회	개·폐동작이 부드러울 것
전기기기	절연저항	월 1회	각 기기 모두 500MV에서 1MΩ 이상일 것
	전선의 접속	월 1회	느슨하고 피복이 벗겨지지 않을 것
	전자접촉기	월 1회	접점이 On-Off를 수회 반복하여 소리나 불꽃이 발생하지 않을 것
	조작스위치	월 1회	작동에 무리가 없을 것
	보조계전기	월 1회	작동에 이상이 없을 것

3.3 특별점검

운전 중에 다음과 같은 이상현상이 발생한 경우에는 신속하게 냉동기를 정지하고 점검해야 한다.

① 압축기 및 모터의 운전음이 현저히 변화한 때
② 압축기 및 모터의 진동이 비정상적으로 커진 때
③ 축봉(shaft seal)의 누설량이 급증한 때
④ 압축기가 부분적으로 온도가 높아진 때
⑤ 윤활유가 갑자기 더러워진 때
⑥ 운전조건은 동일한데 전류값이 크게 변화한 때

3.4 이상운전 시의 진단과 대책

현상		원인	대책
(1) 가동 후 이상진동 발생	① 가동 후 단시간 진동 후 안정됨	• 압축기 내에 윤활유가 고여 있어 액압축 발생	• 윤활유 드레인
		• 흡입배관 내에 액이 고여 있다가 일시적으로 액흡입	• 운전 전에 손으로 2~3회 압축기 회전
	② 가동 후에도 연속 진동	• 기초볼트가 풀림	• 꼭 조임
		• 압축기와 보터의 축정렬 불량	• 재조정
		• 모터로터의 밸런스 불량	• 점검
	③ 진동이 주기적으로 발생	• 배관, 냉동기, 바닥과의 고유진동에 의한 공진	• 배관의 지지위치를 변경
(2) 운전 중 주기적으로 이상음 발생		• 압축기 내에 이물질이 들어가 로터 사이에 끼여 있음	• 흡입스트레이너의 점검청소, 압축기 분해점검
		• 압축기 베어링의 마모	• 교환
		• 베어링의 마모로 로터와 케이싱이 닿아 마찰	• 분해점검, 교환
		• 커플링의 그리스 부족	• 그리스 보충
(3) 압축기가 자동으로 정지	① 고압차단스위치 (이상고압)	• 응축기의 능력 저하	• 냉각수계통의 점검
		• 냉각수 부족 및 단수	• 점검
		• 스케일의 부착	• 청소
		• 물펌프의 고장, 능력 저하	• 수리 또는 교환
		• 장치 내에 공기가 혼입됨	• 공기의 추출

현상		원인	대책
(3) 압축기가 자동으로 정지	① 고압차단스위치 (이상고압)	• 설정압력이 낮음	• 조정
		• 압력스위치 고장	• 교환
		• 냉매량이 많음	• 냉매의 추출
	② 유압보호스위치 (유압 저하)	• 오일필터 막힘	• 필터 청소 또는 교환
		• 설정압력 부적당	• 조정
		• 오일배관 막힘	• 청소
		• 오일량 부족	• 오일 보충
		• 오일점도 부족	• 오일 점도분석 후 교환
	③ 급유배관의 이상고온	• 유냉각기의 능력 저하	• 오일 점검
		• 서모밸브 고장	• 점검, 수리, 교환
		• 과열운전	• 증발기 및 에코너마이저 팽창밸브 조정
		• 냉매 부족, 팽창밸브 조정 불량, 필터 막힘	• 점검, 조정, 청소
		• 온도센서 불량	• 점검, 수리, 교환
	④ 과전류보호장치 작동	• 과부하로 인한 OCR작동	• 냉각수계통의 점검
		• 제어회로 내의 부품 고장	• 점검
		• 액압축에 의한 모터의 과부하	• 팽창밸브 조정
		• 모터 파손에 의한 과부하	• 수리 또는 교환
		• 제어회로의 일시적 정전	• 공기의 추출
		• 운전회로의 단락, 접점, 접촉 불량	• 조정
		• 압축기 고장	• 점검, 수리
		• 전압의 이상상승, 이상강하 불평형	• 냉매의 추출
		• 운전압력이 높음	• (13)~(14) 참조
(4) 운전 중 유분리기 유면이 비정상	① 오일소비량이 많음	• 설계조건과 운전조건이 상이	• 전문가에 의한 재검토
		• 운전조건이 불안정 – 부분부하운전이 김 – 부하변동이 심함 – 고압이 급격히 변함 – 습압축운전	• 안정된 운전을 할 수 있도록 조치
		• 증발기에서 오일이 회수 안 됨	• 배관 점검 및 수정

현상		원인	대책
(4) 운전 중 유분리기 유면이 비정상	② 운전 중 유면 증가	• 냉매가 오일에 혼입되어 겉보기 유면 상승(습압축인 경우)	• 프레온계 냉매 사용 시 가동할 때 간혹 발생, 계속 운전
		• 운전개시 시 유분리기 유온이 낮음	• 유온을 상승시킴 – 팽창밸브를 조정하여 안전운전을 하면 유분리기의 온도가 올라가면서 정상으로 회복, 유냉각기의 냉매량을 일시적으로 줄임
		• 증발기로부터 오일이 돌아옴	• 정상유면까지 추출함 – 일시적으로 고여 있던 오일이 넘어오는 경우도 있음
	③ 유분리기 내의 오일오염	• 증발기로부터 열화된 오일이 돌아옴	• 오일 분석 후 교환 – 그대로 장시간 운전하면 작동 부분이 점착하는 사고원인이 됨
(5) 운전 중 유압계가 심하게 진동		• 오일필터의 막힘	• 청소, 교환
		• 유온이 너무 낮음	• 습압축인지 점검하고 조치, (4) 참조
(6) 압축기 본체의 온도가 이상고온	① 유온은 정상범위임	• 극단적인 과열운전(흡입스트레이너의 막힘, 냉매 부족이 원인일 때도 있음)	• 팽창밸브의 조정, 용량제어를 하여 부하 감소운전
		• 부품 마모로 인한 이상마찰	• 점검, 수리
		• 이물질 등에 의한 고착	• 점검, 수리
		• 고압 상승에 의한 압축비의 증대	• 고압을 내리거나 부분부하로 운전, (3), (15) 참조
	② 유온 상승	• 유냉각기의 능력 저하	• 오일 점검
		• 오일점도 감소에 의한 마찰열 증가	• 오일 점검
		• 압축비의 증대	• 고압을 내리거나 부분부하로 운전, (3), (15) 참조
(7) 유분리기의 온도가 높음(유온보호 장치는 아직 작동하지 않음)		• 유냉각기의 능력 저하	• 오일 점검
		• 흡입가스의 과열운전	• 팽창밸브 조정
		• 압축비의 증대	• 고압을 내리거나 부분부하로 운전, (3), (15) 참조
		• 오일히팅용 온도컨트롤러의 고장으로 오일히터 계속 통전	• 점검, 수리

현상	원인	대책
(8) 압축기 및 유분리기의 온도가 낮음	• 습압축운전의 계속	• 팽창밸브 조정
	• 무부하운전의 계속	• 용량제어장치 점검
	• 유온이 낮음	• 냉매액 조정
	• 고압이 낮음	• 냉각수량 조정
	• 외기가 낮음	• 계속 운전
(9) 압축기 축봉(shaft seal)의 누설	• 축봉(shaft seal)면에 먼지 부착 등으로 손상	• 분해수리 또는 교환
	• 패킹 손상	• 교환
	• 축정렬 불량에 의한 진동	• 재정렬
(10) 압축기의 용량제어 불능	• 용량제어피스톤의 고착	• 분해청소, 오일 점검
	• 유압계통의 막힘	• 밸브, 배관의 점검 및 청소
	• 제어회로의 고장 – 컨트롤러의 고장 – 전자밸브의 코일 단선 및 누설	• 점검, 수리, 교환
(11) 증발압력과 흡입압력의 차이가 큼 (냉각능력 저하)	• 흡입스트레이너의 막힘	• 청소
	• 배관의 막힘	• 원인조사 후 제거
	• 압력계의 불량	• 수리 및 교체
(12) 냉동기 용량제어가 잘 작동하지 않음	• 컨트롤러의 조정 불량	• 점검, 수리
	• 온도(압력)감지부의 고장	• 교환
	• 유압 부족	• 점검, 수리((10) 참조)
(13) 저압측 압력이 높음	• 고압측 압력 높음	• (14) 참조
	• 팽창밸브가 지나치게 열려있음	• 팽창밸브 조정
(14) 고압측 압력이 높음	• 응축기 내에 불응축가스의 혼입	• 불응축가스 방출
	• (3) ①항 참조	• (3) ①항 참조
(15) 저압측 압력이 낮음	• 냉매배관 중 밸브가 충분히 열려있지 않음	• 각 밸브의 점검
	• 냉매배관 막힘	• 점검, 청소
	• 수분에 의한 팽창밸브의 막힘	• 팽창밸브의 청소, 필터 드라이어 건조제 교환
	• 냉매량 부족	• 가스 누설 점검 후 보충
	• 오일량 과다	• 오일 추출
	• 팽창밸브의 개도가 작음	• 개도 조정
	• 고압측 압력이 낮음	• (16) 참조
	• 흡입스트레이너의 막힘	• 청소

현상	원인	대책
(16) 고압측 압력이 낮음	• 냉각수량이 많거나 수온 낮음	• 수량을 줄이거나 수온제어
	• 냉매량 부족	• 가스 누설 점검 후 보충
(17) 안전밸브의 작동	• 고압보호스위치 고장	• 수리 또는 교체
	• 고압이 높음	• (14) 참조

PART 2

냉매와 작동유 (냉동기유)

1 냉매

1.1 냉매의 정의

냉동사이클 내를 순환하면서 냉동부하로부터 흡수한 열을 고온부에서 방출하도록 열을 운반하면서 냉동을 행하는 동작유체(working fluid)를 냉매(refrigerant)라고 한다.

1.2 냉매의 구비조건

(1) 물리적인 조건

① 저온에서 증발압력은 대기압 이상이어야 하고, 상온에서 응축압력은 가능한 낮을 것

㉠ 증발압력이 대기압 이하이면 운전 중에 외기(공기)의 침입 우려가 있기 때문이다.

㉡ 상온에서 응축이 용이해야 응축압력이 낮고 활용범위가 넓으며, 응축압력이 높아지게 되면 기기·기구·배관재료의 강도가 요구되며 비경제성을 초래한다.

② 임계온도(critical temperature)는 높고, 응고점은 낮을 것

㉠ 임계점(critical point) : 기체에 압력을 가하면 그 기체는 액체로 응축, 액화하게 되는데, 어느 일정한 한계점에서는 물리적으로 증발과 응축이 일어나지 않은 상태가 되어 어떠한 압력을 가해도 그 기체는 응축, 액화하지 않게 된다. 이때의 한계점을 임계점이라 하며, 임계점에 해당하는 압력은 임계압력(P_c), 이때의 온도는 임계온도(T_c)라고 한다.

㉡ 물질의 임계점

물질	임계압력 (MPa)	임계온도 (℃)	임계체적 (cm³/kg)	물질	임계압력 (MPa)	임계온도 (℃)	임계체적 (cm³/kg)
암모니아	11.65	113	4.24	공기	3.76	-141	3.20
R-12	4.06	111.5	1.79	아황산가스	7.87	157.5	1.92
R-22	4.98	96	1.90	물	22.57	374.1	3.10
R-40	6.68	142.8	2.70	알코올	6.39	243.0	3.60
탄산가스	7.3	31	2.16	수은	9.8	1,470	0.20

㉢ 공기와 같이 임계온도가 낮아서 상온에서는 응축, 액화가 어려운 기체를 불응축가스(non condensible gas)라고 한다.

③ 증발잠열과 기체의 비열은 크고, 증발잠열에 대한 액체의 비열은 작을 것

㉠ 기체의 비열이 작으면 흡입가스의 과열도가 커지고 팽창 시 비체적이 커져 압축효율이 저하한다.

㉡ 증발잠열이 큼으로써 동일 냉동능력에 대한 냉매순환량(kg/h, RT)이 감소하게 되고 설치 시에 배관의 구경이 크지 않아도 되는 장점이 있다.

㉢ 액체의 비열이 크면 플래시가스의 발생량이 증가하여 냉동능력이 감소한다.

④ 점도가 작고 전열은 양호하며 표면장력이 작을 것

㉠ 점도가 크면 유체의 통과저항이 증가한다.

㉡ 전열이 불량하면 응축기 및 증발기의 용량을 증가시켜 전열면적을 넓혀야 한다.

⑤ 윤활유가 수분과 작용하여 냉동작용에 악영향을 초래하지 않을 것

⑥ 누설 시에 누설 발견이 용이할 것

⑦ 절연내력이 크고 전기절연물을 침식하지 않을 것

⑧ 기체 및 액체의 비중이 적을 것(단, 원심식 냉동기의 냉매의 경우는 기체의 비중이 약간 클 것)

⑨ 오존층 파괴와 지구 온난화에 영향을 주지 않을 것

(2) 화학적인 조건

① 화학적으로 결합이 양호하여 고온에서도 분해하지 않고 금속에 대한 부식성이 없을 것. 단, 냉매의 배관을 선택할 경우 다음의 냉매는 금속을 부식하므로 사용해서는 안 된다.

> ㉠ 암모니아(NH_3) : 구리(Cu) 및 구리합금
> ㉡ 프레온(freon) : 마그네슘(Mg) 및 2% 이상의 마그네슘을 함유한 알루미늄(Al)합금
> ㉢ 메틸클로라이드(염화메틸 : R-40) : 알루미늄(Al), 마그네슘(Mg), 아연(Zn) 및 그 합금

② 인화성 및 폭발성이 없을 것

(3) 생물학적인 조건

① 독성 및 악취가 없을 것

② 인체에 해가 없고 냉장품을 손상시키지 않을 것

※ 전열효과 : 암모니아(NH_3) > 물(H_2O) > 프레온(freon) > 공기(air)

PART 2

1.3 냉매의 종류

(1) 직접냉매(1차 냉매)

냉동장치 내를 순환하면서 냉동부하로부터 직접 상태변화(증발잠열)를 하여 열을 흡수하는 물질을 말한다(암모니아, 프레온 등),

(2) 간접냉매(2차 냉매)

냉동사이클 밖을 순환하면서 냉동부하로부터 감열과정(온도차)으로 열을 흡수하여 증발기 내의 직접냉매에 전달하는 매개체로서, 일명 브라인(brine)이라고 한다($CaCl_2$, NaCl, $MgCl_2$ 등).

1.4 일반적인 냉매의 특성

(1) 암모니아(NH_3, R-717)

① 연소성, 폭발성, 독성, 악취가 있다(폭발범위 13~27%).

② 표준 대기압상태에서의 비등점은 -33.3℃, 응고점은 -77.7℃이다.

③ 임계점에서의 임계온도는 133℃, 임계압력은 11.47MPa이고, 배관재료는 강관(SPPS)이다.

④ 물과 암모니아는 대단히 잘 용해된다. 반면 윤활유와는 잘 용해하지 않는다.

⑤ 표준 냉동사이클의 온도조건에서 냉동효과는 1,126kJ/kg로 현재 사용 중인 냉매 중에서 가장 우수하며, 증발압력은 236.18kPa, 응축압력은 1,166kPa로 다른 냉매에 비하여 높지 않은 편이므로 배관 선정에 무리가 없으며 흡입증기의 비체적은 0.509m^3/kg이다.

㉠ 표준 냉동사이클에서 증발온도는 -15℃(5°F), 응축온도는 30℃(86°F), 과냉각도는 5℃(팽창밸브 직전의 온도는 25℃를 뜻함), 흡입가스상태는 건포화증기이다.

㉡ 냉동효과가 크므로 동일 냉동능력당 냉매순환량이 적어도 되기 때문에 그만큼 소요동력이 감소하게 되고, 기기 및 배관의 용량이 적어도 운전이 가능하여 설비비가 절감된다.

⑥ 전열이 양호하여 냉각관에 핀(fin)을 부착시킬 필요가 없다.

⑦ 비열비(C_p/C_v)의 값이 크다. 비열비의 값이 커서 압축 후 토출가스온도가 높아 유분리기에서 분리된 윤활유도 열화 또는 탄화되어 있으므로 폐유 처분해야 하며, 실린더에도 워터재킷(water jacket)을 설치하고 있다.

⑧ 구리 및 구리합금의 금속재료는 부식한다. 단, 암모니아용 압축기의 축봉부(shaft seal)의 베어링은 구리합금의 재질이나 유막의 형성으로 침식(부식)되지 않아 사용할 수 있다.

⑨ 480℃에서 분해가 시작되고, 870℃에서 질소와 수소로 분해한다.

⑩ 물에 잘 용해하고 15℃에서 물은 약 900배(용적)의 암모니아기체를 흡수한다.

⑪ 윤활유와는 거의 용해하지 않는다. 장치 내로 유출된 윤활유는 냉매와 분리되어 기기(응축기, 수액기, 증발기 등) 하부에 체류하면서 유막 및 유층을 형성하여 전열을 악화시킨다.

이러한 이유에서 암모니아장치에서는 토출관상에 반드시 유분리기(oil separator)를 설치하여 사전에 분리하는 배유(oil drain)작업이 필요하다.

⑫ 공기와의 혼합농도가 15~20%(용적비)이면 폭발한다. 유탁액(emulsion)현상과 영향으로 암모니아냉동장치에 다량의 수분이 혼입하면 냉매와 작용하여 암모니아수(NH_4OH)를 생성한 후 윤활유와 다시 반응하여 윤활유의 색깔을 우윳빛처럼 탁하게 변화시키는 현상으로 윤활유의 점도가 저하하여 유분리기에서도 분리되기 어려우며 장치 내로 유출된 윤활유에 의해 전열이 불량해지고, 유압이 저하되는 결과로 마찰 부분의 윤활 부족에 의한 운전 불능의 위험까지 초래될 수 있다.

(2) 프레온그룹(freon group) 냉매

① 탄화할로겐화수소냉매(Cl, C, F, H)의 총칭으로 특허국에 등록된 제조회사의 상품이며, 현재 한국(kofron), 일본(flon : fluorocarbon) 등 여러 나라에서 제조되고 있다.

② 화학적으로 안정하며 연소성, 폭발성, 독성, 악취가 없다.

③ 비열비가 암모니아에 비해 크지 않아 압축기 실린더를 반드시 수냉각시키지 않아도 된다.

④ 열에는 안정하나, 800℃ 이상의 고온과 접촉하면 포스겐가스(phosgen gas, $COCl_2$)인 독성가스가 발생하게 된다.

⑤ 전기절연물을 침식하지 않으므로 밀폐형 압축기에 사용 가능하다.

⑥ 수분과의 용해성이 극히 작아 장치 내에 혼입된 공기 중의 수분과는 분리되어 팽창밸브 통과 시 저온에서 빙결되어 밸브를 폐쇄해 냉매의 순환을 방해하게 되므로, 액관에는 반드시 드라이어(제습기)를 설치하고 있다.

⑦ 윤활유와는 잘 용해한다.

㉠ 동부착현상(copper plating, 동도금현상) : 프레온냉동장치에 수분이 혼입되면 냉매와 작용하여 산성을 생성한 후 공기 중의 산소와 화합하여 구리와 반응을 일으켜서 석출된 구리가루가 냉매와 함께 장치 내 순환하면서 뜨겁고 정밀하게 연마된 부분(즉 실린더벽, 피스톤, 밸브 등)에 부착되는 현상으로, 심하면 밸브 플레이트(valve plate)의 소손으로부터 압축기 운전 불능을 초래하게 된다(체적효율 감소, 냉동능력 감소, 실린더의 과열로 윤활유의 열화 및 탄화).

㉡ 동부착현상이 발생하기 쉬운 경우

- 냉매 중 수소원자가 많을수록
- 윤활유 중 왁스(wax)분이 많을수록
- 장치 내에 수분이 많을수록(온도가 높을수록)

㉢ 오일포밍현상(oil foaming) : 프레온냉동장치의 압축기가 정지 중에 냉매와 윤활유가 용해되어 있는 상태에서 압축기를 기동하면 크랭크케이스 내의 압력이 급격히 낮아져 냉매가 증발하면서 윤활유와 분리되면서 유면이 약동하고 기포(거품)가 발생하게 되는 현상으로, 심할 경우에는 다량의 윤활유가 실린더 상부로 유입되어 오일압축에 의

PART 2

한 오일해머링(oil hammering)으로 압축기 소손의 위험을 초래하게 된다. 이런 현상을 방지하기 위하여 크랭크케이스 내에 오일히터(oil heater)를 설치하여 기동 전에 통전시킬 필요가 있다. 프레온냉매와 윤활유는 용해성이 크며, 그 용해도는 압력이 높을수록, 온도는 낮을수록 커진다.

(3) 현재 사용도가 많은 냉매

① R-12(CCl_2F_2)

㉠ 임계온도는 111.5℃, 임계압력은 4.06MPa, 표준 대기압상태에서의 비등점은 −29.8℃, 응고점은 −158℃이며 공냉식 또는 수냉식으로 응축, 액화가 용이하다.

㉡ 표준 냉동사이클에서 증발압력은 0.18MPa, 응축압력은 0.74MPa로 낮은 편이므로 배관 내 압력이 크지 않아도 된다.

㉢ 기준 온도조건에서 냉동효과는 123.49kJ/kg으로 암모니아의 1/9배 정도이며, 동일 냉동능력당 냉매순환량은 많아야 한다.

㉣ 기준 온도조건에서 흡입증기냉매의 비체적은 0.093m^3/kg으로, 동일 냉동능력당 피스톤압출량은 암모니아보다 많다.

㉤ 비중이 커서 유동저항에 의한 압력강하가 크다.

㉥ 패킹의 재료로서 천연고무는 침식하므로 합성고무를 사용해야 한다.

② R-22($CHClF_2$)

㉠ 임계온도는 96℃, 임계압력은 4.92MPa, 표준 대기압상태에서의 비등점은 −40.8℃, 응고점은 −160℃이다.

㉡ 기준 온도조건에서 증발압력은 0.297MPa, 응축압력은 1.2MPa, 냉동효과는 168.07kJ/kg이며, 흡입증기냉매의 비체적은 0.078m^3/kg이다.

㉢ 1단 압축으로도 암모니아보다 낮은 온도를 얻을 수 있고 2단 압축에 의해 극저온을 얻을 수 있다.

㉣ 피스톤압출량은 암모니아와 비슷하나, 배관 선정은 암모니아에 비해 액관은 1.7배, 흡입관은 1.4배 커야 한다.

㉤ 윤활유와의 일정한 고온에서는 용해성이 양호하나, 저온에서는 윤활유가 많은 상부층과 냉매가 많이 용해된 하부층으로 분리된다.

㉥ 동일 냉동능력에 대해 암모니아보다 7배 정도의 냉매순환량이 필요하며 중・소형 공기조화용 장치에 이용된다.

③ R-11(CCl_3F)(터보냉동기용으로 많이 사용, 100RT 대용량 공기조화용으로도 사용)

㉠ 표준 대기압상태에서의 비등점은 +23.7℃로 높고, 응고점은 −111℃, 임계온도는 198℃, 임계압력은 4.38MPa이다.

㉡ 냉매가스의 비중이 무겁고 압력이 낮아 원심식 압축기의 공기조화용에 적당하다.

※ 표준 냉동사이클의 온도조건에서 증발압력은 0.021MPa이며, 응축압력은 0.126MPa 정도로 대단히 낮다(증발온도 5℃에서 0.049MPa 정도로 대단히 낮다).

㉢ −15℃의 건포화증기의 비체적은 0.76m^3/kg으로 크다.

④ R-13($CClF_3$)

㉠ 임계온도는 +28.8℃로 대단히 낮으며, 임계압력은 3.86MPa이다.

㉡ 표준 대기압상태에서 비등점은 −81.5℃, 응고점은 −181℃로 대단히 낮고, 포화압력은 대단히 높아 극저온을 얻는 저온냉동장치의 냉매로만 사용한다.

※ −100℃의 증발압력은 0.033MPa로 대기압 이상이며, 상온의 응축온도 30℃에서의 포화압력은 임계점 이상이다.

㉢ 포화압력이 대단히 높아 R−13만으로는 사용하지 못하고 R−22 등과 조합한 2원 냉동방식으로 적합하다.

⑤ R-113($C_2Cl_3F_3$)

㉠ 임계온도는 214.1℃, 임계압력은 3.41MPa, 응고점은 −35℃, 비등점은 +47.6℃이다.

㉡ 포화압력이 대단히 낮고 가스단위체적당 냉동효과가 작으며 압축비가 크다(공조용 터보냉동기에 많이 사용).

㉢ 냉매순환량은 R−11보다 많고 가스의 비체적이 크므로 피스톤압출량은 R−11의 2배 이상이며, 원심식 압축기의 공기조화용에서는 2단 압축기가 사용된다.

⑥ R-21($CHCl_2F$) : 비등점은 8.9℃로 높고, 포화압력은 낮은 편이므로 냉각수의 불편이 많고 과열에 노출되는 제강소의 크레인조정실과 같은 냉방장치에 이용된다.

⑦ R-114($C_2Cl_2F_4$)

㉠ 비등점은 3.6℃이고 사용도에 있어서 R−21보다 우수하다.

㉡ 회전식 압축기용 냉매로서 소형에서 많이 사용된다.

⑧ 물(H_2O, R-718)

㉠ 증발온도를 0℃ 이하로 할 수 없는 조건이 최대의 단점이다.

㉡ 저온용에는 사용할 수 없고 공기조화용으로 흡수식 냉동장치의 냉매로 사용된다.

⑨ 탄산가스(CO_2, R-744)

㉠ 불연성이며 인체에 무독하다.

㉡ 임계온도는 31℃로 상온에서의 응축이 곤란하며 포화압력이 높아 배관 및 기기의 내압강도가 커야 한다.

㉢ 가스의 체적이 작아 선박 같은 좁은 장소의 냉동장치의 냉매로 사용된다.

⑩ 아황산가스(SO_2, R-764)

㉠ 비등점은 −10℃, 응고점은 −75.5℃, 임계온도는 157.1℃, 임계압력은 7.87MPa이다.

㉡ 응축압력은 암모니아의 1/3 정도이며 금속재료 선택에서도 구리 및 구리합금을 사용할 수 있다.

㉢ 불연성, 폭발성이 없다.

㉣ 공기 중의 수분과 화합하여 황산을 생성해 금속을 부식한다.

㉤ 강한 독성가스이다.

⑪ 기타 냉매 : 부탄(C_4H_{10}), 프로판(C_3H_8), 에탄(C_2H_6), 에틸렌(C_2H_4) 등이 있으나 연소성, 폭발성 또는 독성의 위험이 있어 특수한 목적에 이용되고 있다.

(4) 혼합냉매

① **단순혼합냉매** : 서로 다른 두 가지의 냉매를 일정한 비율에 관계없이 혼합한 냉매로서 사용할 때 액상과 기상의 조성이 변화하여 증발할 경우에는 비등점이 낮은 냉매가 먼저 증발하고, 비등점이 높은 냉매는 남게 되어 운전상태가 조성에까지 영향을 미치는 혼합냉매를 뜻한다.

② **공비혼합냉매** : 서로 다른 두 가지의 냉매를 일정한 비율에 의하여 혼합하면 마치 한 가지 냉매와 같은 특성을 갖게 되는 혼합냉매로서 일정한 비등점 및 동일한 액상, 기상의 조성이 나타나는 온도가 일정하고 성분비가 변하지 않는 냉매를 뜻한다.

[공비혼합냉매의 특성]

종류	조합	혼합비율(%)	증발온도(℃)		비고
R-500	R-152	26.2	-24	-33.3	• R-12보다 압력이 높음 • 냉동능력은 R-12보다 20% 증대 • R-12 대신 50주파수 전원에 사용
	R-12	73.8	-29.8		
R-501	R-12	25	-29.8	-41	• R-22 사용으로 윤활유 회수가 곤란한 경우 사용
	R-22	75	-40.8		
R-502	R-115	51.2	-38	-45.5	• R-22보다 냉동능력은 증가, 응축압력은 저하 • 전기절연내력이 크므로 밀폐형에도 적합
	R-22	48.8	-40.8		

③ **비공비혼합냉매** : 서로 다른 두 가지 이상의 냉매가 혼합된 것으로 응축, 증발과정에서 조성비가 변하고 온도구배가 나타나는 냉매이다. 냉매 누설 시 혼합냉매의 조성비가 변화한다. 따라서 냉매 누설이 생겨 재충전을 하는 경우 시스템에 남아 있는 냉매를 전량 회수하여 새로이 냉매를 주입해야 하는 것이 단점이다(R-404A, R-407C, R-410A 등).

1.5 프레온냉매의 번호 기입방법

프레온냉매에서 R 또는 F 다음에 기입하는 번호는, 두 자릿수 냉매는 메탄(methane)계 냉매로, 세 자릿수 냉매는 에탄(ethane)계 냉매로 구분하여 기입한다.

(1) 메탄(CH_4)계 냉매

메탄계 냉매(두 자릿수 냉매)는 H_4를 F, Cl로 치환한다. 일의 자릿수는 F(불소)의 수가 되고, 십의 자리에서 −1을 하면 H(수소)의 수가 되며, C(탄소)를 표기하면 화학기호가 결정된다. 따라서 메탄계 냉매의 결합은 C(탄소)를 중심으로

```
      Cl                 Cl                 Cl                 H
      |                  |                  |                  |
Cl —  C  — Cl      F  —  C  — Cl      F  —  C  — Cl      F  —  C  — Cl
      |                  |                  |                  |
      Cl                 H                  F                  F
```

CCl_4=R-10　$CHCl_2F$=R-21　CCl_2F_2=R-12　$CHClF_2$=R-22

이와 같이 H, F, Cl의 어느 것과 결합되고 있다.

[저온에 사용되는 냉매의 특성]

냉매명	R-13	R-14	R-22	프로판	에탄	에틸렌
화학기호	$CClF_3$	CF_4	$CHClF_2$	C_3H_8	C_2H_6	C_2H_4
분자량	104.5	88.01	86.5	44.1	30.07	28.05
비등점(℃)	-81.5	-128	-40.8	-421	-88.5	-10.39
응고점(℃)	-181	-184	-160	-187.7	-183	-169.2
임계온도(℃)	28.8	-45.5	96.0	94.2	32.2	9.9
임계압력(MPa)	3.94	3.81	5.03	4.65	4.98	5.05
응축온도 -40℃, 증발온도 -90℃에서의 냉동력(kJ/kg)	108.42	-	208.5	348.3	362	332.8
-90℃에서의 포화증기의 비체적(m^3/kg)	0.225	0.019	3.64	4.17	0.517	0.236
한국냉동톤(RT)에 대한 이론적인 피스톤압출량(m^3/h)	29.3	-	24.3	16.5	19.7	9.85

(2) 에탄(C_2H_6)계 냉매

에탄계 냉매(세 자릿수 냉매)는 H_6를 F, Cl로 치환한다. 일의 자리는 F(불소)의 수가 되고, 십의 자리에서 -1을 하면 H(수소)의 수가 되며, 백의 자리에 +1을 하면 C(탄소)의 수가 된다. 따라서 에탄계 냉매의 결합은 C_2를 중심으로

```
      Cl   Cl                 H    Cl                 H    H
      |    |                  |    |                  |    |
Cl —  C  — C  — Cl      F  —  C  — C  — Cl      H  —  C  — C  — H
      |    |                  |    |                  |    |
      Cl   Cl                 F    F                  H    H
```

C_2Cl_6=R-110　$C_2HCl_2F_3$=R-123　C_2H_6=R-170

※ 공비혼합냉매는 R- 다음에 500단위, 무기화합물냉매는 R- 다음에 700단위를 사용하고, 뒷자리 두 수는 물질의 분자량으로 결정한다.

(3) CFC(chloro fluoro carbon)냉매

염소(Cl), 불소(F), 탄소(C)만으로 화합된 냉매로 규제대상이다. R-11, R-12, R-113, R-114, R-115 등이 있으며 ODP(Ozone Depletion Potential, 오존층파괴지수)는 0.6~10이다.

> **GWP(Global Warming Potential)**
>
> 지구온난화지수, 즉 온실가스별로 지구 온난화에 영향을 미치는 정도를 나타내는 수치이다. 이산화탄소(CO_2) 1kg과 비교할 때 특정 가스 1kg이 지구 온난화에 얼마나 영향을 미치는가를 측정하는 지수로서 이산화탄소 1을 기준으로 메탄(CH_4) 21, NO_2(이산화질소) 310, 수소불화탄소 140~11,700, 과불화탄소 6,500~9,200, 육불화황(SF_6) 23,000 등이다.

(4) HCFC냉매

수소(H), 염소(Cl), 불소(F), 탄소(C)로 구성된 냉매로 염소가 포함되어 있어도 공기 중에서 쉽게 분해되지 않아 오존층에 대한 영향이 작으므로 대체냉매로 쓰이나 역시 규제대상이다. R-22, R-123, R-124 등이 있으며 ODP는 0.02~0.05이다.

(5) HFC(hydro fluoro carbon)냉매

수소(H), 불소(F), 탄소(C)로 구성된 냉매로 염소(Cl)가 혼합물에 포함되지 않아 몬트리올의정서에 규제되는 CFC 대체냉매로 각광받고 있다. R-134a, R-125, R-32, R-143a 등이 있다.

1.6 냉매의 누설검사방법

(1) 암모니아(NH_3)냉매의 누설검사

① 냄새로 알 수 있다.
② 유황초를 누설부에 접촉하면 흰 연기가 발생한다.
③ 적색 리트머스시험지를 물에 적셔 접촉하면 청색으로 변화한다.
④ 페놀프탈레인시험지를 물에 적셔 접촉하면 홍색으로 변화한다.
⑤ 만액식 증발기 및 수냉식 응축기 또는 브라인탱크 내의 누설검사는 네슬러시약을 투입하여 색깔의 변화로 정도를 알 수 있다(소량 누설 시 : 황색, 다량 누설 시 : 갈색(자색)).

(2) 프레온냉매의 누설검사

① 비눗물 또는 오일 등의 기포성 물질을 누설부에 발라 기포 발생의 유무로 알 수 있다.
② 헬라이드토치(Halide torch) 누설검지기의 불꽃색깔변화로 알 수 있다.
㉠ 누설이 없을 때 : 청색
㉡ 소량 누설 시 : 녹색
㉢ 다량 누설 시 : 자주색
㉣ 심할 때 : 불꽃이 꺼짐

③ 전자누설검지기를 이용하여 1년 중 1/200oz(온스)까지의 미소량의 누설 여부를 검지할 수 있다.

1.7 냉매의 취급 시 유의사항

(1) 암모니아의 취급

독성가스이므로 소량을 호흡해도 신체에 유해하고, 특히 눈에 들어간 경우나 다량 호흡 시에는 치명적인 상해를 입게 되어 평소 취급에 특별히 주의를 요하며, 상해에 대한 구급법은 다음과 같다.

① 피부에 묻은 경우에는 물로 깨끗이 세척하고 피크린산용액을 바른다.

② 눈에 들어간 경우에는 비비거나 자극을 피하고 깨끗한 물로 세척한 후 2%의 붕산액을 떨어뜨려서 5분 정도 씻어내고 유동파라핀을 2~3방울 점안한다.

③ 구급약품으로는 2%의 붕산액, 농피크린산용액, 탈지면, 유동파라핀과 점안기 등이 있다.

(2) 프레온의 취급

무독 무취의 가스로서 치명적인 상해는 없으나 부주의로 인한 동상의 위험이 크며 상해에 대한 구급법은 다음과 같다.

① 피부에 묻은 경우의 구급법은 암모니아와 동일하다.

② 눈에 들어간 경우에는 살균된 광물유를 떨어뜨려서 세안한다.

③ 심할 경우에는 희붕산액(5%) 또는 염화나트륨 2% 이하의 살균 식염수로 세안한다.

2 간접냉매(2차 냉매)

간접냉매는 직접냉매에 구별되는 냉매로서 2차 냉매라고 하며, 냉동장치 밖을 순환하면서 감열(현열)상태로 열을 운반하는 냉매로 기체냉매(공기, 공기와의 혼합기체), 액체냉매(브라인, 물, 알코올), 고체냉매(얼음, 드라이아이스) 등이 있다. 여기서는 냉동장치에서 주로 이용되는 브라인(brine)을 다루기로 한다.

2.1 브라인의 구비조건

① 비열, 열전도율이 높고 열전달성능이 양호할 것

② 공정점과 점도가 작고 비중이 작을 것

③ 동결온도가 낮을 것(비등점이 높고 응고점이 낮아 항상 액체상태를 유지할 것)

④ 금속재료에 대한 부식성이 작을 것(pH가 중성(7.5~8.2)일 것)

⑤ 불연성일 것
⑥ 피냉각물질에 해가 없을 것
⑦ 구입 및 취급이 용이하고 가격이 저렴할 것

2.2 브라인의 종류

(1) 무기질 브라인

금속에 대한 부식성이 큰 브라인으로 염화칼슘, 염화마그네슘, 염화나트륨 등이 있다.

① 염화칼슘($CaCl_2$)
㉠ 제빙, 냉장 등의 공업용으로 가장 널리 이용된다.
㉡ 공정점은 -55.5℃(비중 1.286에서)이며 -40℃ 범위에서 사용된다.
㉢ 흡수성이 강하고 냉장품에 접목하면 떫은맛이 난다.
㉣ 비중 1.20~1.24(Be 24~28)가 권장된다.

② 염화마그네슘($MgCl_2$)
㉠ 염화칼슘의 대용으로 일부 사용되는 정도이다.
㉡ 공정점은 33.6℃(비중 1.286에서(농도 29~39%))이며 -40℃ 범위에서 사용된다.

③ 염화나트륨(NaCl)
㉠ 인체에 무해하며 주로 식품냉장용에 이용된다.
㉡ 금속에 대한 부식성은 염화마그네슘 브라인보다도 크다.
㉢ 공정점은 -21.2℃이며 -18℃ 범위에서 사용된다.
㉣ 비중은 1.15~1.18(Be 19~22)이 권장된다.

공정점

서로 다른 여러 가지의 물질을 용해한 경우 그 농도가 진할수록 동결온도가 점차 낮아지면서 일정한 한계의 농도에서 최저의 동결온도(응고점)에 도달하게 되는데, 이때의 온도를 공정점이라고 한다. 공정점보다 농도가 짙거나 묽어도 동결온도는 상승하게 된다.

(2) 유기질 브라인

금속에 대한 부식성이 작은 브라인으로서 에틸렌글리콜, 프로필렌글리콜, 에틸알코올, 글리세린(글리세롤) 등이 있다.

① 에틸렌글리콜($C_2H_6O_2$) : 금속에 대한 부식성이 작아서 모든 금속재료에 적용(부동액)
② 물(H_2O)
③ 프로필렌글리콜 : 부식성이 작고 독성이 없으며 식품동결용에 이용
④ 메틸클로라이드(R-40) : 극저온용에 이용(응고점 -97.8℃)

2.3 브라인의 부식 방지대책

① pH(산도측정)값은 7.5~8.2를 유지함이 이상적이다.
② 방식아연 처리를 한다.
③ 방청재료를 첨가하여 사용한다.
㉠ 방청재료는 중크롬산소다($Na_2Cr_2O_7$)를 사용한다.
- 염화칼슘($CaCl_2$) 브라인의 경우 : 브라인 1L에 대하여 중크롬산소다 1.6g씩을 첨가하고, 중크롬산소다 100g마다 가성소다 27g씩을 첨가한다.
- 염화나트륨(NaCl) 브라인의 경우 : 브라인 1L에 대하여 중크롬산소다 3.2g씩을 첨가하고, 중크롬산소다 100g마다 가성소다는 27g씩을 첨가하여 중화시키고 있다.

㉡ 브라인의 pH값은 다음과 같이 유지해야 하며, 중화작업을 위해서는 다음의 중화제를 사용한다.

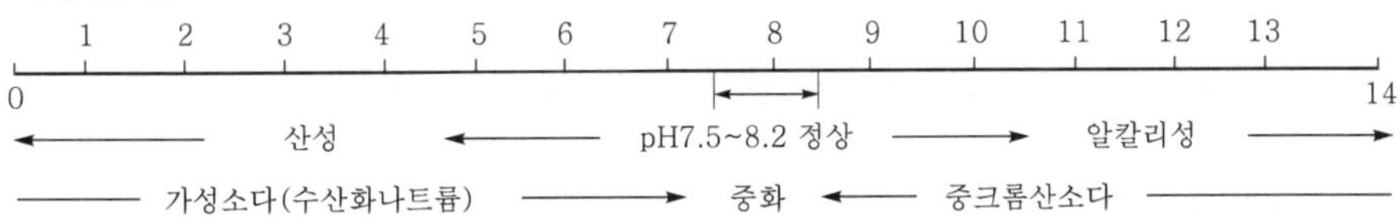

※ 중크롬산소다는 중화제 및 방청제의 역할을 겸하고 있다.

3 냉동장치의 윤활유와 윤활

3.1 윤활유(냉동기유)의 구비조건

① 응고점(유동점)이 낮고, 인화점이 높을 것(유동점은 응고점보다 2.5℃ 높다)
② 점도가 적당하고, 온도계수가 작을 것
③ 냉매와의 친화력이 약하고, 분리성이 양호할 것
④ 산에 대한 안전성이 높고, 화학반응이 없을 것
⑤ 전기절연내력이 클 것
⑥ 왁스(wax)성분이 적고, 수분의 함유량이 적을 것
⑦ 방청능력이 클 것

유압계의 정상 압력

- 입형 저속압축기 : 정상 흡입압력(저압)+49~147kPa
- 고속다기통압축기 : 정상 흡입압력(저압)+147~294kPa

3.2 윤활유(냉동기유)의 규격

종류	1호	특2호	2호	특3호	3호
통칭	90 냉동기유	150 냉동기유	150 냉동기유	300 전기 냉동기유	300 냉동기유
인화점(℃)	145 이상	155 이상	155 이상	165 이상	165 이상
점도 30(℃)	16~26	32~42	32~42	69~79	69~79
(센티스토크스) 50(℃)	9.0 이상	13.5 이상	13.5 이상	22.0 이상	22.0 이상
유동점(℃)	-35 이하	-27.5 이하	-27.5 이하	-22.5 이하	-22.5 이하
절연파괴전압(kV)	-	25 이상	-	25 이상	-
부식시험	합격	합격	합격	합격	합격

3.3 윤활유(냉동기유)와 프레온냉매와의 용해성 비교

① 용해성이 큰 냉매 : R-11, R-12, R-113, R-500

② 용해성이 중간인 냉매 : R-22, R-114

③ 용해성이 비교적 작은 냉매 : R-13, R-14, R-502

4 Chapter 냉매선도와 냉동사이클

1 냉매몰리에르선도

(1) 몰리에르선도와 냉동사이클

① 몰리에르선도(Moliere chart) : 세로축에 절대압력(P), 가로축에 비엔탈피(h)를 나타낸 선도로서 냉매 1kg이 냉동장치 내를 순환하며 일어나는 물리적인 변화(액체, 기체, 온도, 압력, 건조도, 비체적, 열량 등의 변화)를 쉽게 알아볼 수 있도록 선으로 나타낸 그림이며, $P-h$선도(압력-비엔탈피선도)라 부르며 냉동장치의 운전상태 및 계산 등에 활용된다.

② 몰리에르선도에 나타나는 냉매상태와 구성

㉠ 과냉각액 : 동일 압력하에서 포화온도 이하로 냉각된 액의 구역

㉡ 포화액선 : 포화온도와 압력이 일치하는 비등(증발) 직전 상태의 액선

㉢ 습포화증기 : 동일 온도, 동일 압력하에서 포화액과 증기가 2상영역으로 공존할 때의 구역

㉣ 건포화증기선 : 포화액이 증발하여 100% 증기로 변환한 증기선

㉤ 과열증기구역 : 일정한 압력하에서 건포화증기를 더욱 가열하여 포화온도 이상으로 상승시킨 구역

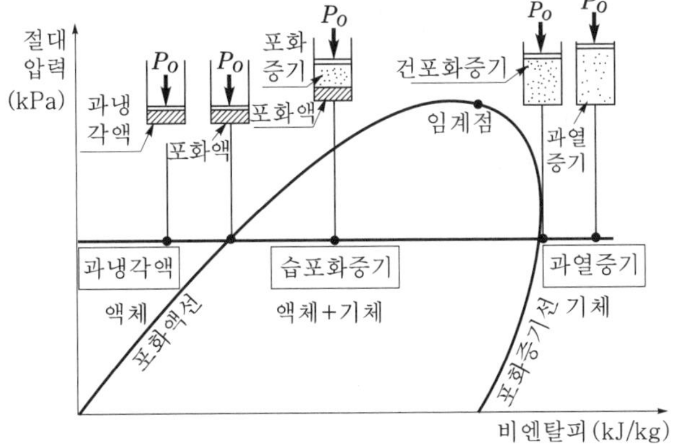

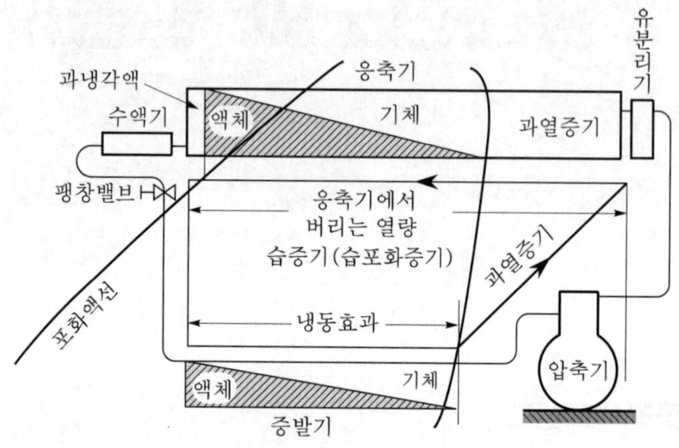

(2) 냉매몰리에르선도에 나타나는 구성요소

분류	기호	공학(중력)단위	FPS단위	국제(SI)단위
절대압력	P	kg/cm^2 a(ata)	lb/in^2 a(psia)	Pa(kPa)
비엔탈피	h	kcal/kg	BTU/lb	kJ/kg
비엔트로피	s	kcal/kg·K	BTU/lb·°R	kJ/kg·K
온도	t	℃	°F	℃(K)
비체적	v	m^3/kg	ft^3/lb	m^3/kg
건조도	x	kg′/kg	lb′/lb	kg′/kg

① 등압선($P = C$)

㉠ 선도에 나타난 절대압력선을 말하며 좌우를 연결하는 수평선으로 표시한다.

㉡ 등압선상의 압력은 일정하다.

㉢ 증발압력과 응축압력을 알 수 있으며 압축비를 구할 수 있다.

$$압축비 = \frac{응축기\ 절대압력(고압)}{증발기\ 절대압력(저압)}$$

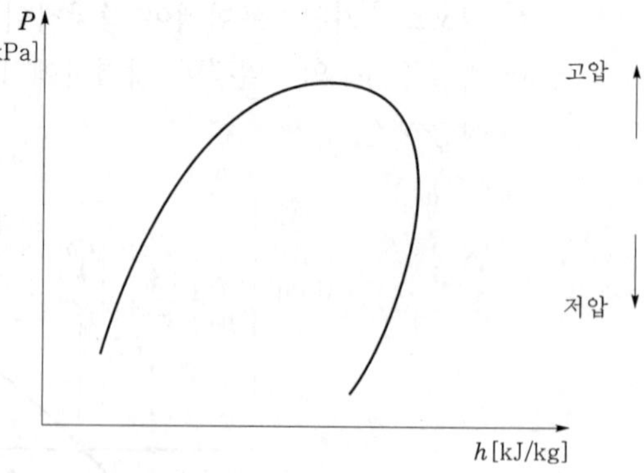

㉣ 선도의 양측에 대수의 눈금으로 표시되어 있다.

㉤ 등엔탈피선과는 직교한다(x축과 수직).

② 등엔탈피선($h = C$)

㉠ 상하를 연결하는 수직선으로 표시한다(등압선과 직교).

㉡ 냉동효과, 압축일(w_c), 부하량을 구할 수 있다.

㉢ 선도의 상하에 그 수치가 기입되어 있다.

㉣ 성적계수(ε_R), 플래시가스량을 구할 수 있다.

㉤ 0℃ 포화액의 엔탈피는 418.6kJ/kg으로 기준한다.

※ 비엔탈피(specific enthalpy) : 단위질량당의 전체의 열량으로 냉매 1kg이 함유한 내부에너지와 외부에너지의 합, $h = u + pv = u + \frac{p}{\rho}$[kJ/kg]

※ 단, 건조공기 0℃의 엔탈피는 0kJ/kg으로 기준한다.

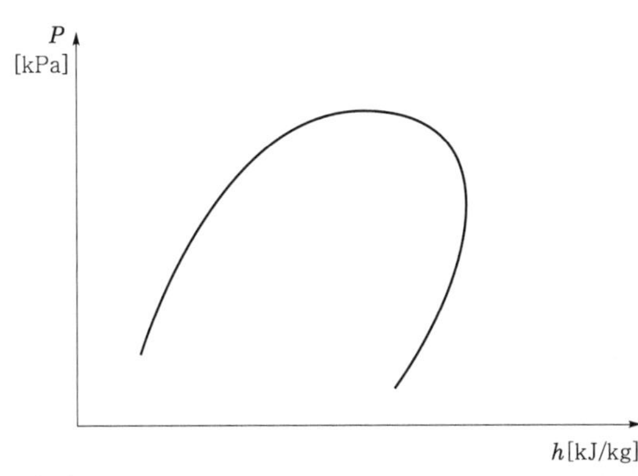

③ **등엔트로피선($S = C$)**

㉠ 습포화증기(습공기)구역과 과열증기구역에서 존재하며 급경사를 이루며 상향하는 직선에 가까운 곡선으로 실선으로 표시한다.

㉡ 압축기는 이론적으로 단열압축으로 간주하므로 압축과정은 등엔트로피선을 따라 행해진다.

㉢ 압축 중 엔트로피값은 불변(일정)이며, 온도와 압력은 상승한다.

㉣ 0℃ 포화액의 엔트로피값은 1이다.

④ **등온선($t = C$)**

㉠ 선도에 나타난 온도선으로 증발온도, 흡입가스온도, 토출가스온도 등을 알 수 있다.

㉡ 온도선은 과냉각액체구역에서는 등엔탈피선과 평행하는 수직선(점선)으로 나타나며, 등압선과는 직교한다.

㉢ 습포화증기(습증기)구역에서는 등압선과 평행하는 수평선이며, 등엔탈피선과는 직교한다.

㉣ 과열증기구역에서는 압력과는 무관하게 우측 아래로 향하는 곡선(점선)으로 표시된다.

㉤ 온도 표시는 포화액선과 포화증기선상에 기입되어 있다.

⑤ **등비체적선($v = C$)**

㉠ 습포화증기구역과 과열증기구역에 존재하며 우측 상부로 행한 곡선(점선)으로 표시된다.

㉡ 흡입증기냉매의 비체적을 구하는 데 이용된다.

※ 비체적 : 단위질량당의 체적, $v=\frac{V}{m}=\frac{1}{\rho}[\mathrm{m^3/kg}]$

※ 흡입가스의 온도가 낮을수록 비체적은 증가한다.

⑥ 등건조도선(x)

㉠ 습포화증기구역에서만 존재하며 10등분 또는 20등분한 곡선으로 냉매 1kg 중에 포함된 기체의 양을 알 수 있다.

㉡ 증발기에 유입되는 냉매 중 플래시가스(flash gas)의 발생량을 알 수 있다.

※ 건조도 : 냉매 1kg 중에 포함된 액체에 대한 기체의 양을 표시하며, 포화증기의 건조도(x)는 1이고, 포화액의 건조도(x)는 0이다.

(3) 냉매몰리에르선도($P-h$선도)의 작도

- a : 압축기 흡입지점(증발기 출구)
- b : 압축기 토출지점(응축기 입구)
- c : 응축기에서 응축이 시작되는 지점
- d : 과냉각이 시작되는 지점
- e : 팽창밸브 입구지점
- f : 팽창밸브 출구지점(증발기 입구)

$P-h$선도상 냉동사이클	열역학적 상태변화(과정)
a → b 압축과정($S=C$)	압력 상승, 온도 상승, 비체적 감소, 엔트로피 일정, 비엔탈피 증가
b → c 과열 제거과정	압력 일정, 온도강하, 비엔탈피 감소
c → d 응축과정	압력 일정, 온도 일정, 비엔탈피 감소, 건조도 감소
d → e 과냉각과정	압력 일정, 온도강하, 비엔탈피 감소
e → f 팽창과정	압력 감소, 온도강하, 비엔탈피 일정
f → a 증발과정	압력 일정, 온도 일정, 엔탈피 증가, 건조도 증가

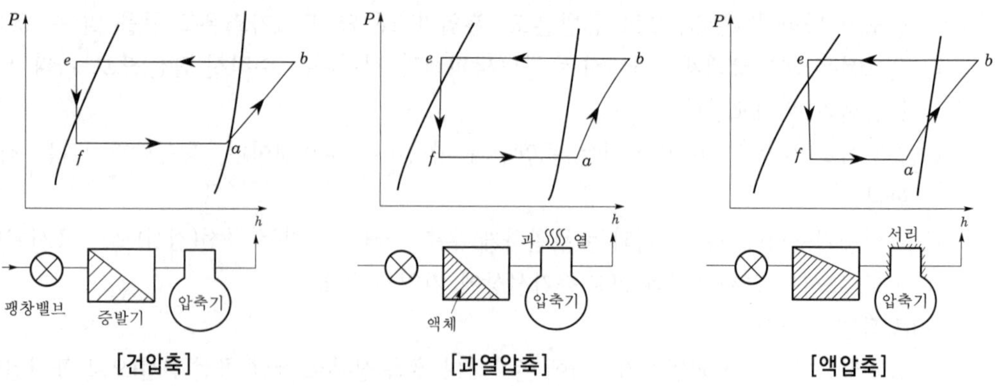

[건압축] [과열압축] [액압축]

2 흡입가스의 상태에 따른 압축과정

(1) 건포화압축

압축기로 흡입되는 가스가 건포화증기인 상태를 말하며 모든 냉동기의 표준 압축방식이다. 실제로는 불가능한 압축방식이나, 이론적으로는 이상적인 압축이다.

(2) 과열압축

냉동부하가 증대하거나 증발기로 유입되는 냉매유량이 감소하게 되면 흡입가스는 과열하여 압축기는 과열압축을 하게 되며, 토출가스의 온도가 상승하고 실린더의 온도가 과열, 윤활유의 열화 및 탄화, 체적효율 감소, 냉동능력당 소요동력 증대, 냉동능력 감소 등의 현상을 초래하게 된다.

냉매의 비열비가 큰 암모니아장치에서는 채용하지 않으며, 프레온(R-12, R-500)장치에서 과열도 3~8℃ 정도 유지함으로써 리퀴드백(liquid back)을 방지할 수 있고 냉동효과를 증가시키며 냉동능력당 소요동력을 절감시킬 수 있다.

과열압축의 원인

- 냉동부하의 급격한 변동(증대현상)
- 팽창밸브의 과소 개도
- 플래시가스량의 과대
- 냉매량의 누설 및 부족
- 흡입관의 방열보온상태 불량
- 액관의 막힘 등

(3) 습압축(액압축)

냉동기의 운전 중 압축기로 흡입되는 냉매 중에 일부의 액냉매가 혼입되어 압축하는 현상(리퀴드백)을 말하며, 심한 경우에는 리퀴드해머(liquid hammer)를 초래하여 압축기 소손의 위험이 있게 된다.

리퀴드백(liquid back)의 원인

- 냉매의 과잉충전
- 증발기의 냉각관에 유막 및 적상(frost) 과대
- 압축기 용량의 과대
- 운전 중 흡입밸브의 급격한 전개조작
- 팽창밸브의 과대 개도
- 냉동부하의 급격한 변동(감소현상)
- 액분리기의 기능 불량 및 용량 부족
- 흡입관에 트랩 등 액이 체류할 곡부가 설치된 경우 등

3 냉매몰리에르선도와 응용

(1) 냉동효과(냉동력, 냉동량)

냉매 1kg이 증발기에서 흡수하는 열량

$$q_e = h_a - h_e[\text{kJ/kg}]$$

여기서, h_a : 증발기 출구증기냉매의 엔탈피(kJ/kg)
h_e : 팽창밸브 직전 고압액냉매의 엔탈피(kJ/kg)

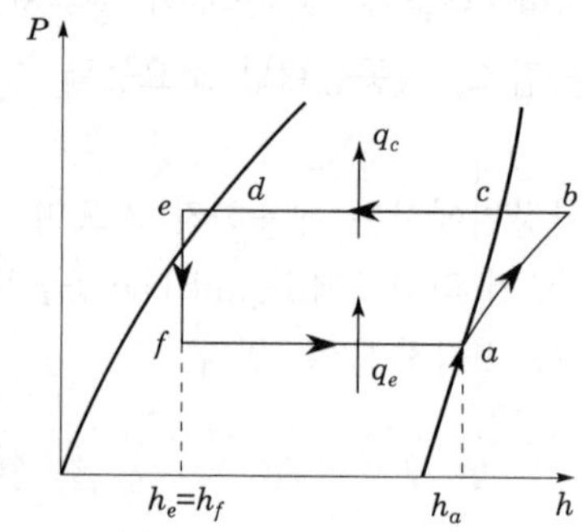

(2) 압축일(소비일)

압축기에 흡입된 저압증기냉매 1kg을 응축압력까지 압축하는 데 소요되는 일의 열당량

$$w_c = h_b - h_a[\text{kJ/kg}]$$

여기서, h_b : 압축기 토출 고압증기냉매의 엔탈피(kJ/kg)
h_a : 압축기 흡입증기(증발기 출구)냉매의 엔탈피(kJ/kg)

(3) 응축기부하(응축기의 방출열량)

압축기에서 토출된 고압증기냉매 1kg을 응축하기 위해 공기 및 냉각수에 방출 제거해야 할 열량

$$q_c = q_e + w_c = h_b - h_e\,(= h_b - h_f)[\text{kJ/kg}]$$

여기서, q_e : 냉동효과$(= h_a - h_e)$(kJ/kg), w_c : 압축일(kJ/kg)
h_e : 팽창밸브 직전 고압액냉매의 엔탈피(kJ/kg)

(4) 냉동기 성적계수

냉동기의 능률을 나타내는 값으로 압축일에 대한 냉동능력과의 비

① 이론적 성적계수 : $(COP)_R = \frac{\text{냉동효과}(q_e)}{\text{압축일}(w_c)} = \frac{h_a - h_e}{h_b - h_a}$

$$= \frac{\text{냉동능력}}{\text{압축기 소요동력}} = \frac{Q_e}{W_c}$$

$$= \frac{Q_e}{\text{PS} \times 632 \times 4.2} = \frac{Q_e}{Q_c - Q_e} = \frac{T_2}{T_1 - T_2}$$

여기서, Q_e : 냉동능력(kW), W_c : 시간당 압축일(kW)

T_1 : 응축기 절대온도(K), T_2 : 증발기 절대온도(K)

② 실제 성적계수 : $(COP)_R = \frac{q_e}{w_c} \times \text{압축효율}(\eta_c) \times \text{기계효율}(\eta_m)$

※ 성적계수의 값이 크다는 것은 작은 동력을 소비하여 큰 냉동능력을 얻은 결과이므로, 성적계수는 클수록 좋으며 항상 1보다 큰 값이 된다.

PART 2

(5) 압축비(compression ration)

증발기 절대압력(P_1)에 대한 응축기 절대압력(P_2)과의 비를 말한다.

$$\text{압축비}(\varepsilon) = \frac{P_2(\text{응축기 절대압력})}{P_1(\text{증발기 절대압력})} = \frac{\text{고압}}{\text{저압}}$$

① 압축비가 크면 토출가스온도가 상승하여 실린더가 과열하고 윤활유의 열화 및 탄화, 냉동능력당 소요동력이 증대하며, 체적효율의 감소로 결국 냉동능력이 감소하게 된다(피스톤 마모 증대, 축수하중 증대)

$$\text{토출가스온도(단열압축 후 온도, } T_2) = T_1\left(\frac{P_2}{P_1}\right)^{\frac{k-1}{k}} [\text{K}]$$

$$\text{가역단열변화 시 절대온도와 절대압력의 관계식} = \frac{T_2}{T_1} = \left(\frac{P_2}{P_1}\right)^{\frac{k-1}{k}}$$

여기서, T_2 : 토출가스 절대온도(K), T_1 : 흡입가스 절대온도(K)

P_1 : 흡입가스 절대압력(kPa), P_2 : 토출가스 절대압력(kPa), k : 비열비

② 냉매가스의 비열비(k)값이 클수록 토출가스온도의 상승은 커진다.

(6) 냉매순환량

$$\dot{m} = \frac{Q_e}{q_e} = \frac{V_a}{v_a}\eta_v[\text{kg/h}]$$

여기서, Q_e : 냉동능력(kJ/h), q_e : 냉동효과(kJ/kg), V_a : 피스톤의 실제 압출량(m^3/h)

v_a : 흡입가스냉매의 비체적(m^3/kg), η_v : 체적효율

[표준 냉동사이클에서의 냉동능력 1RT당 냉매순환량(kg/h)과 순환증기냉매의 체적(m^3/h)]

냉매	Q_e [kJ/h]	q_e [kJ/kg]	$\dot{m}=\frac{Q_e}{q_e}$[kg/h]	v_a [m^3/kg]	V_a [m^3/h]
NH_3	13,898	1,126	$\frac{3,320}{269}$=12.34	0.509	6.28
R-12	13,898	4,384	$\frac{3,320}{29.5}$=112.54	0.093	10.46
R-22	13,898	1.683	$\frac{3,320}{40.2}$=82.58	0.078	6.42

(7) 순환증기냉매의 체적

$$V_g = \dot{m}\,v = \frac{Q_e}{q_e}v[\text{m}^3/\text{h}]$$

여기서, $\dot{m}$: 냉매순환량$\left(=\frac{Q_e}{q_e}\right)$(kg/h), v : 흡입가스의 비체적(m^3/kg)
Q_e : 냉동능력(kJ/h), q_e : 냉동효과(kJ/kg)

(8) 이론적인 피스톤압출량(piston displacement)

① 왕복동압축기의 경우 : $V_a = \frac{\pi}{4}D^2LNZ\times 60[\text{m}^3/\text{h}]$

여기서, D : 피스톤의 지름(m), L : 피스톤의 행정(m)
N : 분당 회전수(rpm), Z : 기통수(실린더수)

② 회전식 압축기의 경우 : $V_a = \frac{\pi}{4}(D^2-d^2)tNZ\times 60[\text{m}^3/\text{h}]$

여기서, D : 실린더의 안지름(m), d : 로터(rotor)의 지름(m)
t : 실린더의 높이(m), N : 회전피스톤의 1분간의 표준 회전수(rpm), Z : 실린더수

4 계산의 활용

(1) 냉동능력(Q_e)

① $Q_e = \frac{60V(h_a-h_e)}{13897.52v_a}\eta_v[\text{RT}]$

여기서, v_a : 흡입증기냉매의 비체적(m^3/kg), V : 분당 피스톤압출량(m^3/min)
h_a-h_e : 냉동효과(kJ/kg), η_v : 체적효율

② $R=\frac{V}{C}$

여기서, V : 시간당 피스톤압출량(m^3/h)

C : 압축가스의 상수$\left(=\frac{60(h_a-h_e)}{3{,}320v_a}\eta_v\right)$(고압가스안전관리법에 의한 다음의 값)

냉매	압축기 기통 1개의 체적 5,000cm³ 초과	압축기 기통 1개의 체적 5,000cm³ 이하	냉매	압축기 기통 1개의 체적 5,000cm³ 초과	압축기 기통 1개의 체적 5,000cm³ 이하
NH_3	7.9	8.4	R-13	4.2	4.4
R-12	13.1	13.9	R-500	11.3	12.0
R-22	7.9	8.5	프로판	9.0	9.9

③ 회전식 압축기의 냉동능력 : $Q_e=\frac{60\times 0.785tR(D^2-d^2)}{C}$[RT]

④ 원심식 압축기의 냉동능력 : $Q_e=\frac{\text{압축기 전동기의 정격출력(kW)}}{1.2}$

※ 1RT=압축기 전동기의 정격출력 1.2kW

⑤ 흡수식 냉동기의 냉동능력 : $Q_e=\frac{\text{발생기를 가열하는 1시간의 입열량(kW)}}{7.72}$

⑥ 다단 압축 및 다원 냉동기의 냉동능력 : $Q_e=\frac{V_H+0.08V_L}{C}$

여기서, V_H : 압축기의 표준 회전속도에서 최종단 또는 최종원기통의 1시간의 피스톤압출량(m^3/h)

V_L : 압축기의 표준 회전속도에서 최종단 또는 최종원 앞의 기통의 1시간의 피스톤압출량(m^3/h)

(2) 체적효율(volume efficiency)

$$\eta_v=\frac{V_a(\text{실제 피스톤압출량})}{V_{th}(\text{이론피스톤압출량})}\times 100[\%]$$

※ 폴리트로픽압축 시 체적효율 : $\eta_v=1-\varepsilon_c\left\{\left(\frac{P_2}{P_1}\right)^{\frac{1}{n}}-1\right\}$[%]

여기서, ε_c : 극간비$\left(=\frac{V_c}{V_s}\right)$

[실린더 1개의 크기에 따른 체적효율(η_v)]

기통 1개의 체적이 5,000cm^3 초과	기통 1개의 체적이 5,000cm^3 이하
0.8	0.75

① 이론적인 피스톤압출량과 실제적인 피스톤압출량의 비교 : 실제적인 피스톤압출량은 이론적인 피스톤압출량보다 항상 작아지고 있는 이유는 다음과 같다($V_g < V_a$).

㉠ 통극(top clearance)에서의 냉매의 잔류

㉡ 통극에 잔류한 냉매의 재팽창체적

㉢ 흡입밸브, 토출밸브, 피스톤링에서의 냉매의 누설

㉣ 냉매 통과 시의 유동저항

㉤ 실제적인 흡입행정체적의 감소

㉥ 실린더 과열에 의한 가스의 체적팽창

② 체적효율이 감소되는 원인

㉠ 통극이 클수록

㉡ 압축비가 클수록

㉢ 기통(실린더)의 체적이 작을수록

㉣ 압축기의 회전수가 빠를수록(wire drawing현상 발생)(개폐가 확실치 못하고 저항이 커질수록)

(3) 압축효율(compression efficiency)

$$\eta_c = \frac{\text{이론적으로 가스를 압축하는 데 소요되는 동력}}{\text{실제로 가스를 압축하는 데 소요되는 동력}}$$

압축효율은 냉매의 종류, 온도 및 압력에 따라 다르게 되며 보통 65~85%로 취급한다

(4) 기계효율(mechanical efficiency)

$$\eta_m = \frac{\text{실제로 가스를 압축하는 데 소요되는 동력}}{\text{압축기를 운전하는 데 소요되는 동력}} = \frac{\text{도시마력}}{\text{축마력}}$$

기계효율은 기계의 크기, 마찰면적, 회전수 등에 따라 다르게 되며 보통 70~90%로 취급한다.

(5) 압축일량

① SI단위일 경우 이론소요동력 : $N = \dfrac{Q_e}{3,600\varepsilon_R}$[kW]

② 실제 소요동력 : 실제 압축운전에 필요한 동력

$$N_c = \frac{N}{\eta_c \eta_m}[\text{kW}]$$

여기서, ε_R : 성적계수, N : 이론소요동력(kW), η_c : 압축효율, η_m : 기계효율

5 냉동사이클

5.1 표준 냉동사이클의 $P-h$선도

(1) 표준 냉동사이클

① 증발온도 : −15℃

② 응축온도 : 30℃

③ 압축기 흡입가스 : −15℃의 건포화증기

④ 팽창밸브 직전 온도 : 25℃

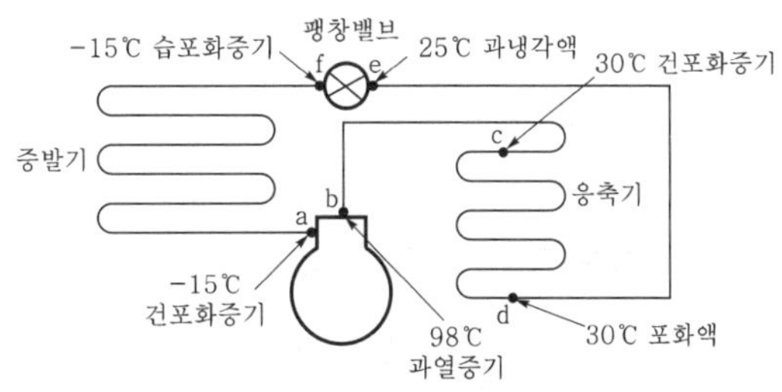

[표준 냉동사이클]

(2) 몰리에르선도

① a→b : 압축기 → 압축과정

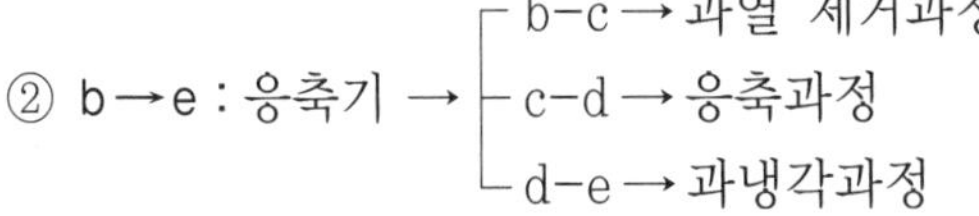

② b→e : 응축기 → b−c → 과열 제거과정 / c−d → 응축과정 / d−e → 과냉각과정

③ e→f : 팽창밸브 → 팽창과정

④ g→a : 증발기 → 증발과정

⑤ f→a : 냉동효과(냉동력)

⑥ g→f : 팽창 직후 플래시가스 발생량

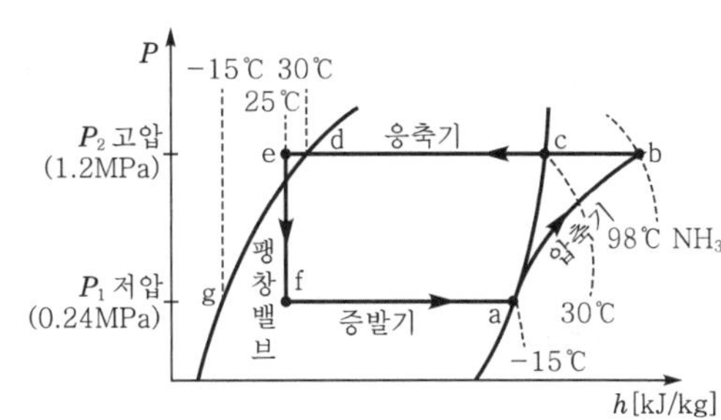

[$P-h$선도]

5.2 1단(단단) 냉동사이클

① 냉동효과(q_e) : 냉매 1kg이 증발기에서 흡수하는 열량

$$q_e = h_a - h_f[\text{kJ/kg}]$$

② 압축일 : $w_c = h_b - h_a[\text{kJ/kg}]$

③ 응축기 방출열량 : $q_c = q_e + w_c = h_b - h_e[\text{kJ/kg}]$

④ 증발잠열 : $q = h_a - h_g[\text{kJ/kg}]$

⑤ 팽창밸브 통과 직후(증발기 입구) 플래시가스 발생량 : $q_f = h_f - h_g[\text{kJ/kg}]$

⑥ 건조도 : 팽창밸브 통과 직후 건조도(x)는 선도에서 f점의 건조도(x)를 찾는다.

$$x = \frac{q_f}{q} = \frac{h_f - h_g}{h_a - h_g}$$

⑦ 팽창밸브 통과 직후의 습도 : $y = 1 - x = \frac{q_e}{q} = \frac{h_a - h_f}{h_a - h_g}$

⑧ 냉동기 성적(성능)계수(ε_R)

㉠ 이상적 성적계수(ε_R)$= \frac{T_2}{T_1 - T_2}$

㉡ 이론적 성적계수(ε_R)$= \frac{q_e}{w_c}$

㉢ 실제적 성적계수(ε_R)$= \frac{q_e}{w_c}\eta_c\eta_m = \frac{Q_e}{N}$

여기서, T_1 : 고압(응축) 절대온도(K), T_2 : 저압(증발) 절대온도(K)

η_c : 압축효율, η_m : 기계효율, Q_e : 냉동능력(kW), N : 축동력(kW)

⑨ 냉매순환량 : 시간당 냉동장치를 순환하는 냉매의 질량

$$\dot{m} = \frac{Q_e}{q_e} = \frac{V}{v_a}\eta_v = \frac{Q_c}{q_c} = \frac{N}{w_c}\,[\mathrm{kg/h}]$$

여기서, V : 피스톤압출량(m³/h), v_a : 흡입가스 비체적(m³/kg), η_v : 체적효율

⑩ 냉동능력 : 증발기에서 시간당 흡수하는 열량

$$Q_e = \dot{m}\,q_e = \dot{m}(h_a - h_e) = \frac{V}{v_a}\eta_v(h_a - h_e)\,[\mathrm{kW}]$$

⑪ 냉동톤 : $RT = \frac{Q_e}{3{,}320} = \frac{\dot{m}\,q_e}{3{,}320} = \frac{V(h_a - h_e)}{3{,}320 v_a}\eta_v = \frac{V(h_a - h_e)\eta_v}{3.86 v_a}$ [RT]

⑫ 압축비 : $\varepsilon = \frac{P_2}{P_1} = \frac{\text{고압}}{\text{저압}} = \frac{\text{응축기 절대압력}}{\text{증발기 절대압력}}$

5.3 2단 압축 냉동사이클

(1) 2단 압축의 채택

① 압축비가 6 이상인 경우

② 온도

㉠ 암모니아(NH_3) : −35℃ 이하의 증발온도를 얻고자 하는 경우(압축비 6 이상)

㉡ 프레온(freon) : −50℃ 이하의 증발온도를 얻고자 하는 경우(압축비 9 이상)

(2) 중간 압력의 선정

$$P_m = \sqrt{P_c P_e}\,[\text{kPa}]$$

여기서, P_m : 중간냉각기 절대압력(kPa), P_c : 응축기 절대압력(kPa), P_e : 증발기 절대압력(kPa)

(3) 냉동사이클과 선도

① 2단 압축 1단 팽창 냉동사이클의 구성도와 $P-h$선도

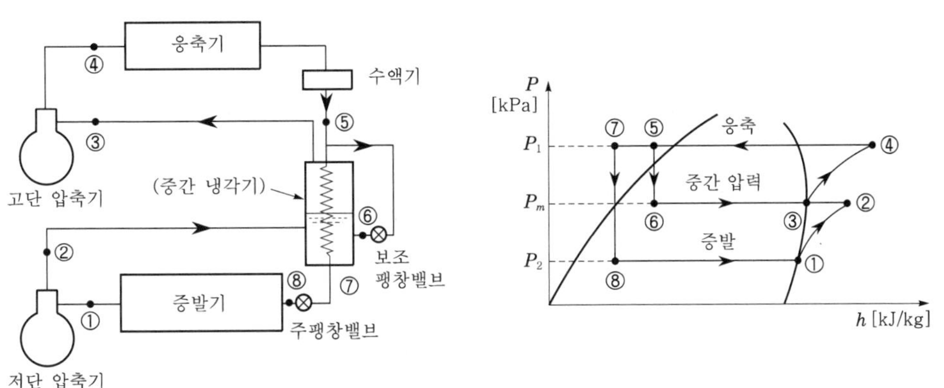

② 2단 압축 2단 팽창 냉동사이클의 구성도와 $P-h$선도

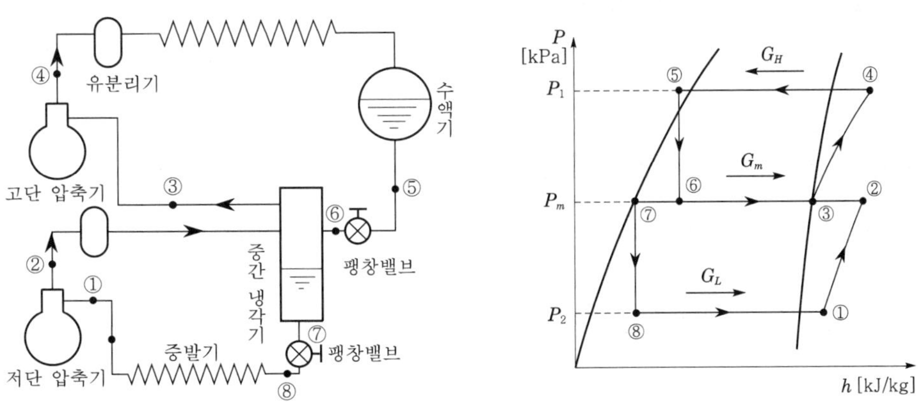

(4) 중간냉각기(inter cooler)의 역할

① 저단측 압축기(booster) 토출가스의 과열을 제거하여 고단측 압축기에서의 과열 방지(부스터의 용량은 고단압축기보다 커야 한다)

② 증발기로 공급되는 냉매액을 과냉시켜서 냉동효과 및 성적계수 증대

③ 고단측 압축기 흡입가스 중의 액을 분리시켜 액압축 방지

PART 2

콤파운드압축방식(단기 2단 압축방식)

2단 압축 냉동장치에서 압축기 2대를 이용한 저단측 압축기와 고단측 압축기를 1대의 압축기로 기동을 2단(저단측 기통과 고단측 기통)으로 나누어 사용한 것으로 설치면적, 중량, 설비비 등의 절감을 위하여 채택하는 방식이다.

(5) 2단 압축의 계산

① 저단측 냉매순환량 : $m_L = \dfrac{Q_e}{h_1 - h_7} = \dfrac{Q_e}{q_e}$[kg/h]

② 중간냉각기 냉매순환량 : $m_m = \dfrac{m_L\{(h_2 - h_3) + (h_6 - h_7)\}}{h_3 - h_6}$[kg/h]

③ 고단측 냉매순환량 : $m_H = m_L + m_m = m_L\left(\dfrac{h_2 - h_7}{h_3 - h_6}\right)$[kg/h]

④ 압축기 소요동력

㉠ 저단측 압축열량 : $w_L = m_L(h_2 - h_1)$

㉡ 고단측 압축열량 : $w_H = m_H(h_4 - h_3)$

㉢ 압축기 소요동력 : $w_c = \dfrac{w_L + w_H}{3,600}$

⑤ 냉동기 성적계수 : $(COP)_R = \dfrac{h_1 - h_8}{(h_2 - h_1) + (h_4 - h_3)\left(\dfrac{h_2 - h_7}{h_3 - h_6}\right)}$

5.4 2원 냉동법(이원 냉동장치)

단일 냉매로서는 2단 또는 다단 압축을 하여도 냉매의 특성(극도의 진공운전, 압축비 과대) 때문에 초저온을 얻을 수 없으므로 비등점이 각각 다른 2개의 냉동사이클을 병렬로 형성시켜 고온측 증발기로 저온측 응축기를 냉각해 -70℃ 이하의 초저온을 얻고자 할 경우 채택한다.

(1) 사용냉매

① 고온측 냉매 : R-12, R-22 등 비등점이 높은 냉매

② 저온측 냉매 : R-13, R-14, 에틸렌, 메탄, 에탄 등 비등점이 낮은 냉매

(2) 2원 냉동사이클과 $P-h$선도

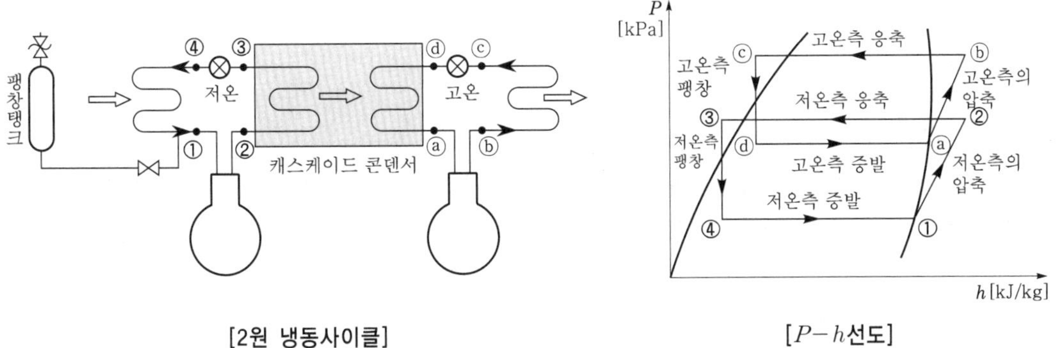

[2원 냉동사이클]　　　　[$P-h$선도]

(3) 캐스케이드응축기(cascade condenser)

저온측 응축기와 고온측의 증발기를 조합하여 저온측 응축기의 열을 효과적으로 제거해 응축, 액화를 촉진시켜 주는 일종의 열교환기이다.

> **팽창탱크(expansion tank)**
>
> 2원 냉동장치 중 저온(저압)측 증발기 출구에 설치하여 장치운전 중 저온측 냉동기를 정지하였을 경우 초저온냉매의 증발로 체적이 팽창되어 압력이 일정 이상 상승하게 되면 저온측 냉동장치가 파손되기 때문에 설치한다.

5.5 다효압축(multi effect compression)

증발온도가 다른 2대의 증발기에서 나온 압력이 서로 다른 가스를 2개의 흡입구가 있는 압축기로 동시에 흡입시켜 압축하는 방식으로 하나는 피스톤의 상부에 흡입밸브가 있어 저압증기만을 흡입하고, 다른 하나는 피스톤의 행정 최하단 가까이에서 실린더벽에 뚫린 제2의 흡입구가 자연히 열려 고압증기를 흡입하고 고·저압의 증기를 혼합하여 동시에 압축한다.

5.6 제상장치(defrost system)

공기냉각용 증발기에서 대기 중의 수증기가 응축, 동결되어 서리상태로 냉각관 표면에 부착하는 현상을 적상(frost)이라 하며, 이를 제거하는 작업을 제상(defrost)이라 한다.

(1) 적상의 영향

① 전열불량으로 냉장실 내 온도 상승 및 액압축 초래
② 증발압력 저하로 압축비 상승
③ 증발온도 저하

④ 실린더 과열로 토출가스온도 상승
⑤ 윤활유의 열화 및 탄화 우려
⑥ 체적효율 저하 및 압축기 소비동력 증대
⑦ 성적계수 및 냉동능력 감소

(2) 제상방법

① **압축기 정지 제상(off cycle defrost)** : 1일 6~8시간 정도 냉동기를 정지시키는 제상
② **온풍 제상(warm air defrost)** : 압축기 정지 후 팬을 가동시켜 실내공기로 6~8시간 정도 제상
③ **전열 제상(electric defrost)** : 증발기에 히터를 설치하여 제상
④ **살수식 제상(water spray defrost)** : 10~25℃의 온수를 살수시켜 제상
⑤ **브라인분무 제상(brine spray defrost)** : 냉각관 표면에 부동액 또는 브라인을 살포시켜 제상
⑥ **온수브라인 제상(hot brine defrost)** : 순환 중인 차가운 브라인을 주기적으로 따뜻한 브라인으로 바꾸어 순환시켜 제상
⑦ **고압가스 제상(hot gas defrost)** : 압축기에서 토출된 고온 고압의 냉매가스를 증발기로 유입시켜 고압가스의 응축잠열에 의해 제상하는 방법으로 제상시간이 짧고 쉽게 설비할 수 있어 대형의 경우 가장 많이 사용
　㉠ 소형 냉동장치에서의 제상 : 제상타이머 이용
　㉡ 증발기가 1대인 경우 제상
　㉢ 증발기가 1대인 경우 재증발코일을 이용한 제상
　㉣ 증발기가 2대인 경우 제상
　㉤ 증발기가 1대인 경우 제상용 수액기를 이용한 제상
　㉥ 열펌프를 이용한 제상 등

브라인의 동파 방지대책

• 동결 방지용 온도조절기(Temperature Control)를 설치한다.
• 증발압력조정밸브(EPR)를 설치한다.
• 단수 릴레이를 설치한다.
• 브라인에 부동액을 첨가하여 사용한다.
• 냉수순환펌프와 압축기를 인터록(interlock)시킨다.

5 Chapter 냉동장치의 구조

1 압축기

1.1 개요

증발기에서 증발한 저온 저압의 기체냉매를 흡입하여 응축기에서 응축, 액화하기 쉽도록 응축온도에 상당하는 포화압력까지 압력을 증대시켜 주는 기기이다.

용량제어의 목적

용량제어(capacity control)란 부하변동에 대하여 압축기를 단속 운전하는 것이 아니고 운전을 계속하면서 냉동기의 능력을 변화시키는 장치이다.

- 부하변동에 따라 경제적인 운전을 도모한다.
- 압축기를 보호하며 기계적 수명을 연장한다.
- 일정한 냉장실(증발온도)을 유지할 수 있다.
- 무부하와 경부하기동으로 기동 시 소비전력이 작다.

1.2 분류

(1) 구조(외형)에 의한 분류

① **개방형(open type) 압축기** : 압축기와 전동기(motor)가 분리된 구조

㉠ 직결구동식 압축기 : 압축기의 축(shaft)과 전동기의 축이 직접 연결되어 동력을 전달하는 형태

㉡ 벨트구동식 압축기 : 압축기의 플라이휠(fly wheel)과 전동기의 풀리(pully) 사이에 V 벨트로 연결하여 동력을 전달하는 형태

② **밀폐형(hermetic type) 압축기** : 압축기와 전동기가 하나의 용기(housing) 내에 내장되어 있는 구조

㉠ 반밀폐형 압축기

- 볼트로 조립되어 분해 및 조립이 가능하다.

• 서비스밸브(service valve)가 흡입측 및 토출측에 부착되어 있다.
• 오일플러그(oil plug) 및 오일사이트글라스(oil sight glass)가 부착되어 유량측정이 가능하다.

㉡ 완전 밀폐형 압축기
• 밀폐된 용기 내에 압축기와 전동기가 동일한 축에 연결되어 있다.
• 가정용 냉장고 및 룸쿨러(room cooler) 등에 사용되고 있다.

㉢ 전밀폐형 압축기 : 완전 밀폐형과 동일한 구조로서 흡입측 또는 토출측에 1개의 서비스밸브가 부착되어 있다(주로 흡입부에 부착).

[개방형 압축기와 밀폐형 압축기 비교]

구분	개방형 압축기	밀폐형 압축기
장점	• 압축기의 회전수 가감이 가능하다. • 고장 시에 분해 및 조립이 가능하다. • 전원이 없는 곳에서도 타 구동원으로 운전이 가능하다. • 서비스밸브를 이용하여 냉매, 윤활유의 충전 및 회수가 가능하다.	• 과부하운전이 가능하다. • 소음이 작다. • 냉매의 누설 우려가 작다. • 소형이며 경량으로 제작된다. • 대량 생산으로 제작비가 저렴하다.
단점	• 외형이 커서 설치면적이 커진다. • 소음이 커서 고장 발견이 어렵다. • 냉매 및 윤활유의 누설 우려가 있다. • 제작비가 비싸다.	• 수리작업이 불편하다. • 전원이 없으면 사용할 수 없다. • 회전수 가감이 불가능하다. • 냉매 및 윤활유의 충전, 회수가 불편하다.

(2) 압축방식에 의한 분류

① **왕복동식 압축기** : 실린더(기통) 내에서 피스톤의 상하 또는 좌우 왕복운동에 의해 가스를 압축하는 구조

② **회전식 압축기** : 로터(rotor)의 회전운동에 의해 냉매를 연속 흡입, 토출하는 구조

③ **스크루압축기** : 암(female), 수(male)의 치형(lobe)을 갖는 2개의 로터가 서로 맞물려 회전하면서 가스를 압축하는 구조

④ **원심식 압축기** : 터보냉동기라고도 하며 임펠러(impeller)의 고속회전에 의한 원심력을 이용하여 가스를 압축하는 구조

(3) 기통(실린더)의 배열에 의한 분류

① 입형 압축기(vertical type compressor)

② 횡형 압축기(horizontal type compressor)

③ 고속다기통압축기(high speed multi type compressor)

(4) 기타

속도에 의한 분류 및 사용냉매에 의한 분류(암모니아, 프레온, 탄산가스 등)로 대별할 수 있다.

1.3 종류와 특징

1) 왕복동압축기

(1) 입형 압축기

① 암모니아 및 프레온용으로 제작하고 있다.

② 기통수는 1~4기통이며 보통 2기통이다.

③ 회전수는 저・중속으로 제작되고 있다.

④ 톱 클리어런스(top clearance)는 0.8~1mm 정도로 좁고 실린더 상부에 안전두(safety head)를 설치한다.

⑤ 암모니아용은 실린더를 냉각하기 위해 워터재킷(water jacket)을 설치하고, 프레온용은 냉각핀(fin)을 부착한다.

㉠ 통극(top clearance) : 피스톤의 최상부의 위치(상사점)와 밸브 플레이트(valve plate)와의 사이에 해당하는 공간

㉡ 안전두(safety) : 실린더의 헤드커버(head cover)와 밸브 플레이트의 토출밸브 시트(seat) 사이를 강한 스프링으로 지지하고 있는 것으로 냉동장치의 운전 중에 실린더 내로 이물질이나 액냉매가 유입되어 압축 시에 이상압력의 상승으로 압축기가 소손되는 것을 방지하는 역할을 하며, 작동압력은 정상 토출압력보다 294kPa 정도 높을 경우이다.

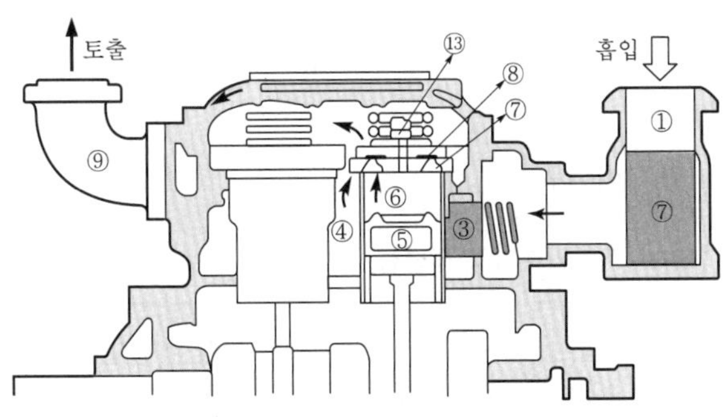

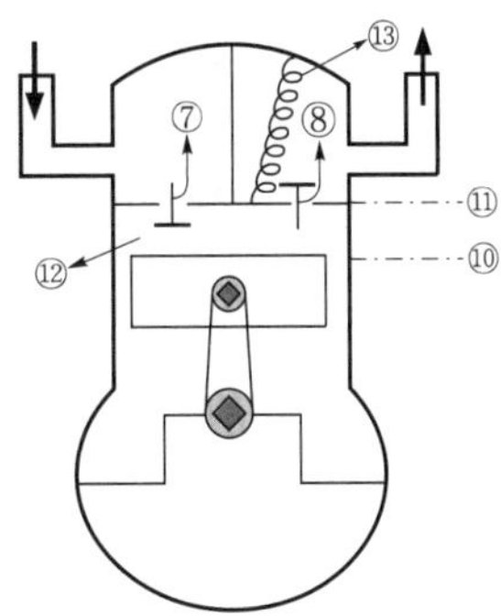

① 흡입관(흡입밸브)	② 스케일 트랩(scale trap)	③ 흡입여과망(suction strainer)
④ 크랭크케이스 흡입실	⑤ 피스톤	⑥ 실린더
⑦ 흡입밸브	⑧ 토출밸브	⑨ 토출판(discharge line)
⑩ 상사점	⑪ 밸브 플레이트	⑫ 통극
⑬ 안전두 스프링		

[입형 압축기]

PART 2

(2) 횡형 압축기

① 안전두가 없다.
② 통극은 3mm 정도로 커서 체적효율이 작다.
③ 주로 1기통이며 복동식이다.
④ 중량 및 설치면적이 크며 진동이 심하므로 대형 이외는 제작하지 않는다.
⑤ 크랭크케이스가 대기 중에 노출되어 있다.

- 단동(single acting)식 : 크랭크축(crank shaft)의 1회전으로 흡입행정과 토출행정이 1회에 한정되는 압축
- 복동(double acting)식 : 크랭크축의 1회전으로 흡입행정과 토출행정이 각각 2회에 한정되는 압축
- 행정(stroke) : 피스톤의 상사점과 하사점 사이의 왕복운동의 구간(거리)

(3) 고속다기통압축기

① 회전수가 빠르고(900~3,500rpm) 실린더수가 많기 때문에(4~16기통) 능력에 비하여 소형이며 경량으로 설치면적이 작다.
② 동적 및 정적인 균형이 양호하고 진동이 작으며 기초공사가 용이하다.
③ 실린더 라이너를 교환할 수 있는 구조로 부품의 호환성이 있다.
④ 용량제어와 기동 시 경부하운전이 가능하며 자동운전이 용이하다.
⑤ 고속회전에 의해 실린더가 과열하기 쉽고 윤활유의 소비량이 많으며 냉각장치(oil cooler)가 필요하다.
⑥ 통극이 비교적 크며 마찰저항이 커서 체적효율이 저하하며 고진공을 얻기 어렵다.
⑦ 활동부의 마찰 마모가 크다.
⑧ 운전 중 기계소리가 커서 고장 발견이 어렵다.

[고속다기통압축기의 장단점]

장점	단점
• 고속으로 능력에 비해 소형이다. • 동적·정적 밸런스가 양호하여 진동이 작다. • 용량제어(무부하기동)가 가능하다. • 부품의 호환성이 좋다. • 강제 급유식을 채택하여 윤활이 용이하다.	• 체적효율이 낮고 고진공을 얻기 어렵다. • 고속으로 윤활유소비량이 많다. • 윤활유의 열화 및 탄화가 쉽다. • 마찰이 커 베어링의 마모가 심하다. • 소음으로 고장 발견이 어렵다.

2) 회전식 압축기

(1) 고정날개형

① 축과 실린더는 동심이며 축에 편심인 회전피스톤(rotor)의 회전에 의해 가스를 압축한다.

② 로터의 한쪽 면은 실린더 내벽면에 접촉되어 있고, 다른 한쪽 면은 2개의 블레이드(blade)에 밀착되어 있다.

(2) 회전날개형

① 축과 로터는 동심이며, 실린더에는 편심으로 고정되어 있다.

② 로터 속에는 2~4개의 날개(vane)가 삽입되어 있으며 회전 시 원심력에 의해 실린더벽면에 밀착되어 가스를 압축한다.

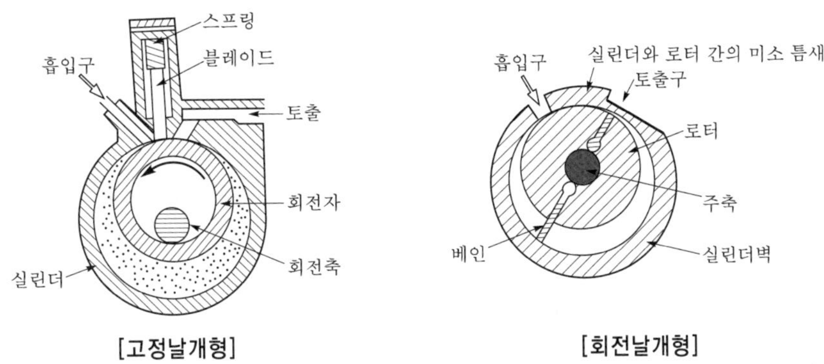

[고정날개형] [회전날개형]

(3) 특징

① 로터의 회전에 의한 압축이다.

② 왕복동식에 비해 부품수가 작고 간단하다.

③ 진동 및 소음이 작다.

④ 오일냉각기(oil cooler)가 있다.

⑤ 체적효율이 양호하다.

⑥ 흡입밸브가 없고 토출밸브는 체크밸브(역지밸브)이며, 크랭크케이스 내부는 고압이다.

⑦ 압축이 연속적이며 고진공을 얻을 수 있어 진공펌프용으로 적합하다.

⑧ 활동 부분은 정밀도와 내마모성을 요구한다.

⑨ 기동 시에 경부하기동이 가능하다.

⑩ 원심력에 의한 베인의 밀착으로 압축되므로 회전수는 빨라야 한다.

3) 스크루(screw)압축기

① 수로터(male rotor)와 암로터(female rotor)가 회전하면서 냉매가스를 흡입하여 압축 및 토출한다.

② 흡입밸브 및 토출밸브가 없어 밸브의 마모와 소음이 없다.

③ 냉매압력손실이 없어서 효율이 향상된다.

④ 운전 및 정지 중에 고압가스가 저압측으로의 역류를 방지하기 위해 흡입과 토출측에 체크밸브를 설치해야 한다.

⑤ 크랭크샤프트, 피스톤링, 커넥팅로드 등의 마모 부분이 없어 고장률이 작다.
⑥ 왕복동식과 동일 냉동능력일 때 압축기 체적이 작다.
⑦ 무단계 용량제어가 가능하며 연속적으로 행해진다.
⑧ 체적효율이 크다.
⑨ 독립된 오일펌프가 필요하다.
⑩ 고속 회전(보통 3,500rpm)이므로 소음이 많다.
⑪ 경부하 시에 동력이 많이 소요된다.
⑫ 유지비가 비싸다.

4) 원심식 압축기

① 회전운동으로 동적인 균형이 안정되고 진동이 작다.
② 마찰 부분(흡입 및 토출밸브, 실린더, 피스톤, 크랭크샤프트 등)이 없어 고장이 적고 마모에 의한 손상이나 성능 저하가 작다.
③ 보수가 용이하고 수명이 길다.
④ 중·대용량의 경우에 다른 기기에 비해서 냉동능력당 설치면적이 작다.
⑤ 저압냉매의 사용으로 위험이 작다.
⑥ 용량제어가 간단하고 제어범위가 넓다.
⑦ 소용량의 경우에는 제작상의 한계로 채용하기 어렵다.

- 유압계에 나타나는 압력=순수 유압+정상 저압(크랭크케이스 내 압력)
- 정상 유압
  - 소형=정상 저압+50kPa
  - 입형 저속=정상 저압+50~150kPa
  - 고속다기통=정상 저압+150~300kPa
  - 터보형=정상 저압+600kPa
  - 스크루형=토출압력(고압)+200~300kPa

1.4 왕복동식 압축기의 구조(주요 구성부품)

(1) 실린더(cylinder)

피스톤의 운동으로 증기냉매를 압축하는 기통이다.

① 입형 저·중속압축기는 본체와 일체이며, 실린더지름은 최대 300mm(안지름) 정도의 고급 주철로 되어 있다.
② 고속다기통압축기는 실린더라이너(cylinder liner)가 있어 분해, 교환할 수 있으며, 실린더지름은 최대 180mm 정도의 강력주철이다.

③ 제작 후 3,000kPa 이상의 수압으로 내압시험을 행한다.
④ 간극(실린더벽과 피스톤과의 사이)은 입형에서는 지름의 0.7/1,000~1/1,000이고, 다기통에서는 0.8/1,000이다(2/1,000 이상이면 보링을 필요로 한다).

(2) 피스톤(piston)

실린더 내에서 왕복운동으로 증기냉매를 압축하는 기구이다.

① 중량 감소와 냉각을 위해서 중공(中空)상태로 제작한다.
② 재질은 강력주물 또는 알루미늄합금이다.
③ 본체에는 2~3개의 피스톤링(압축링과 오일링)이 끼워져 있다.
④ 피스톤의 형태에 따라 구별하는 종류는 다음과 같다.

㉠ 플러그형(plug type, 평두형)
- 냉매가스를 피스톤 상부에서 흡입하여 압축 후 상부로 토출하는 형식이다.
- 흡입밸브와 토출밸브는 밸브 플레이트(valve plate)에 부착되어 있다.
- 실린더의 헤드 부분은 저압측과 고압측으로 구분된다.
- 크랭크케이스(crank case) 내의 윤활유와 접촉하지 않은 형태이므로 오일포밍(oil foaming)현상이 감소될 수 있다.
- 소형 프레온용에 사용되고 있다.

㉡ 개방형(open type, single trunk type)
- 피스톤 하부에서 흡입하여 압축 후 상부로 토출하는 형식이다.
- 흡입밸브는 피스톤 헤드에, 토출밸브는 밸브 플레이트(valve plate)에 부착되어 있다.
- 오일포밍현상을 유발할 가능성이 많다.

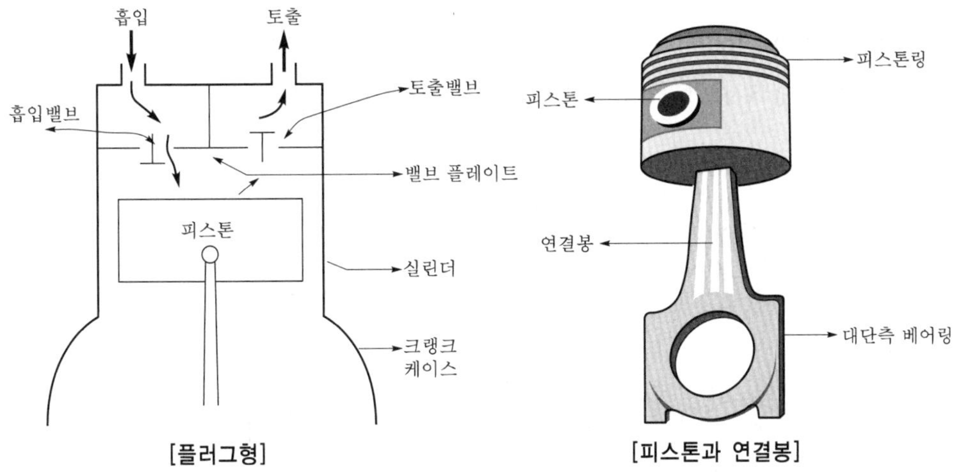

[플러그형] [피스톤과 연결봉]

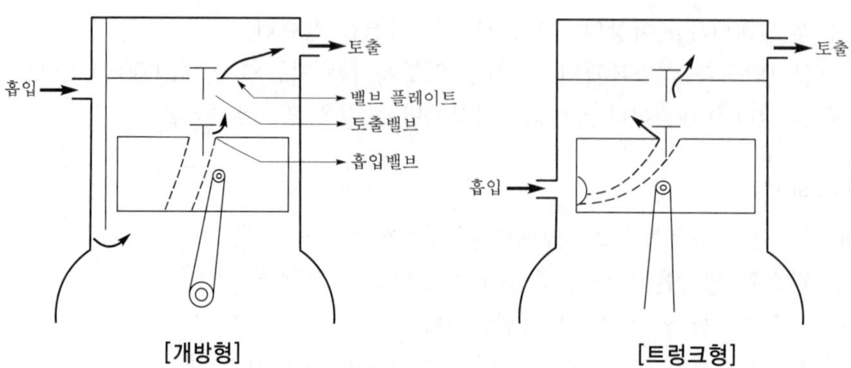

[개방형] [트렁크형]

(3) 피스톤링(piston ring)

① 압축행정 시에 가스의 누설을 방지하고 실린더벽면에 윤활작용을 한다.

② 원형의 링으로 한 곳이 절단되어 있으며 절단형식에 따라 평면절단형, 사면절단형, 계단절단형으로 구분한다.

③ 역할에 따라 압축링과 오일링으로 구분하다.

④ 피스톤링을 절단할 때는 절단면이 일치하지 않도록 하여 가스의 누설을 최소화해야 한다.

(4) 피스톤핀(piston pin)

① 피스톤의 보스(boss)에 끼워져 연결봉과 피스톤을 결합시킨다.

② 중량 감소를 위해 중공(中空)상태로 제작되며 실린더벽으로 윤활을 용이하게 한다.

③ 고정식(set screw type)은 암모니아용에, 유동식(floating type)은 프레온용에 주로 사용한다.

(5) 연결봉(connecting rod)

① 피스톤과 크랭크샤프트를 연결하여 크랭크샤프트의 회전운동을 피스톤의 왕복운동으로 전달한다.

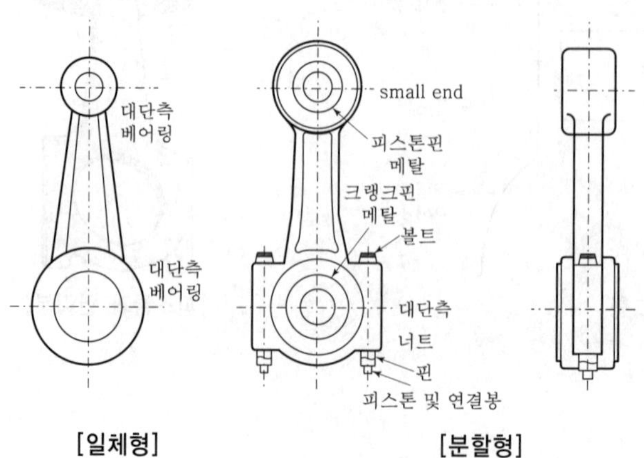

[일체형] [분할형]

② 대단측 베어링(big end bearing)의 형태에 따라 분할형과 일체형으로 구분한다.

㉠ 분할형 : 대단측 베어링이 볼트와 너트로 조립되어 있으며, 행정(行程)이 큰 대형에 주로 사용된다.

㉡ 일체형 : 대단측 베어링은 분해되지 않으며, 연결되는 크랭크축은 편심형으로 행정이 짧은 소형에 주로 사용된다.

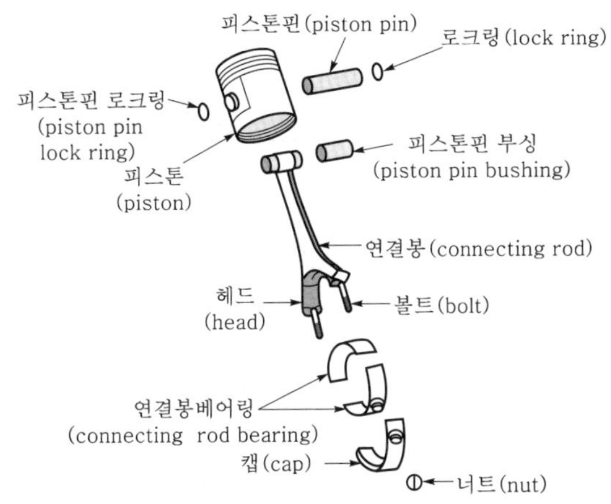

PART 2

(6) 크랭크축(crank shaft)

① 압축기의 주축으로 회전에너지를 전달받아 연결봉을 통해 피스톤에 운동에너지를 공급한다.

② 제원은 탄소강으로 제작되며 내마모성을 증가시키기 위해 표면처리를 한다.

③ 형태에 따른 종류에는 크랭크형, 편심형, 스카치 요크형 등이 있다.

㉠ 크랭크형 : 축 자체가 휘어져 있으며 피스톤행정이 큰 대형에 사용하고, 연결되는 연결봉은 분할형이다.

㉡ 편심형 : 축심은 휘어져 있지 않고 행정이 짧은 소형에 사용되며, 연결봉은 일체형이 연결된다.

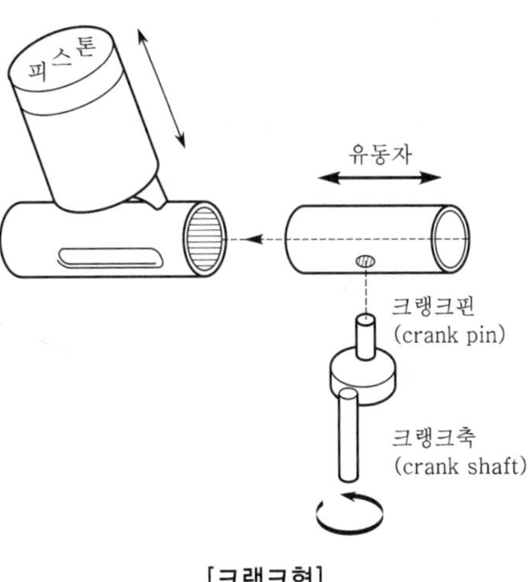

[크랭크형]

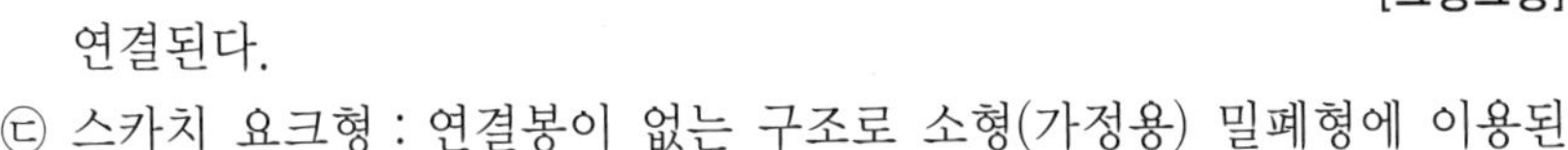
㉢ 스카치 요크형 : 연결봉이 없는 구조로 소형(가정용) 밀폐형에 이용된다.

(7) 축봉(shaft seal)

크랭크샤프트가 크랭크케이스 외부로 관통하는 개방형 압축기(open type compressor)에서 냉매, 윤활유 누설 및 외기의 침입을 방지하고 기밀을 유지하기 위한 장치이다.

① 축상형 축봉장치(stuffing box type)

㉠ 그랜드패킹형(gland packing type)이라고도 한다.

㉡ 저속용에 사용한다.

㉢ 스터핑박스 안에 패킹이 들어 있고 윤활유가 공급되어 누설을 방지하는 구조로 되어 있다.

㉣ 기동할 때는 그랜드패킹조임볼트를 풀어주고, 정지 중에는 조인다.

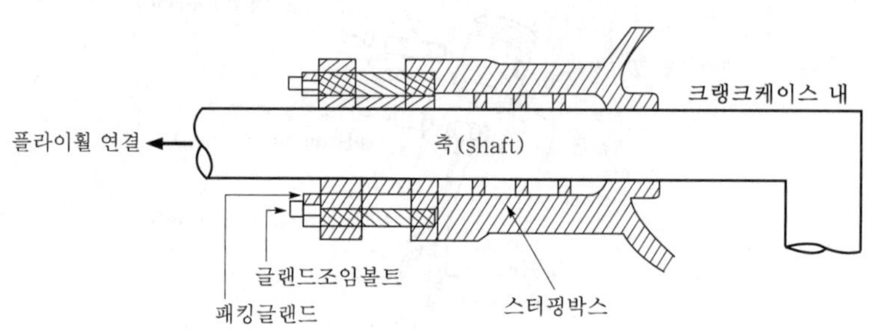

[축상형 축봉장치]

② 기계적 축봉장치(mechanical seal, 활윤식)

㉠ 일명 러빙링식이라고도 하며 고속용에 사용된다.

㉡ 재질은 금속재와 고무류를 사용한다.

㉢ 형식에는 주름통식(bellows type)과 막상형(diaphragm type)이 있다.

> **주름통식**
>
> • 회전식 : 주름통 내측에 냉매가스압력이 걸린다(축과 함께 회전).
> • 고정식 : 주름통 외측에 냉매가스압력이 걸린다(축만 회전).

(8) 흡입밸브와 토출밸브

① 밸브의 구비조건

㉠ 동작이 경쾌하고 가벼울 것

㉡ 냉매통과저항이 작을 것

㉢ 마모와 파손에 강하고 변형이 작을 것

㉣ 닫히면 가스의 누설이 없을 것

② 밸브의 종류

㉠ 포핏밸브(poppet valve)

- 구조가 견고하고 파손이 적으며 밸브의 운동을 안내하는 밸브스템(stem)이 있다.
- 개폐가 확실하나 중량이 무거워 고속다기통에는 부적당하며 저속용의 흡입밸브로 적당하다.
- 가스의 통과속도는 40m/s 정도이며, 밸브의 리프트는 3mm 정도이다.

㉡ 리드밸브(reed valve)

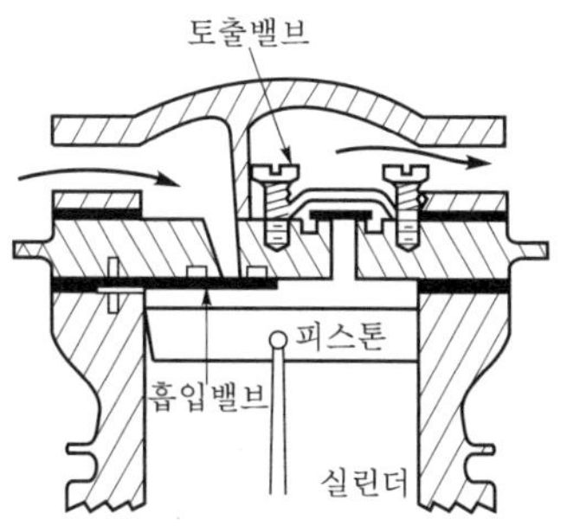

[흡입 및 토출밸브]

- 얇은 판상변으로 유체흐름을 각 면의 압력변화에 따라 열고 닫는 단일방향으로 제한하는 체크밸브의 유형이다.
- 자체의 탄성에 의해서 개폐된다.
- 중량이 가볍고 작동이 경쾌하며 소형 프레온용에 적합하다.
- 상부의 밸브 플레이트(valve plate)에 흡입밸브와 토출밸브가 부착되어 있다.
- 밸브를 보호하는 리테이너(retainer)가 부착되어 있다.

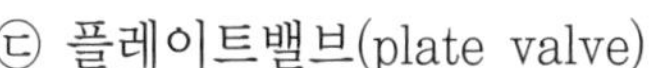
㉢ 플레이트밸브(plate valve)

- 얇은 원형 또는 환형(ring)으로 중량이 가볍고 작동이 경쾌하다.
- 고속다기통압축기의 흡입 및 토출밸브로 사용된다.

(9) 서비스밸브(service valve)

① 냉매의 통로를 개폐 조절하며 냉매, 윤활유의 충전 및 회수, 공기의 방출, 압력측정 등 고장탐구 등에 이용된다.

② 압축기의 흡입측 또는 토출측에 부착되어 있다.

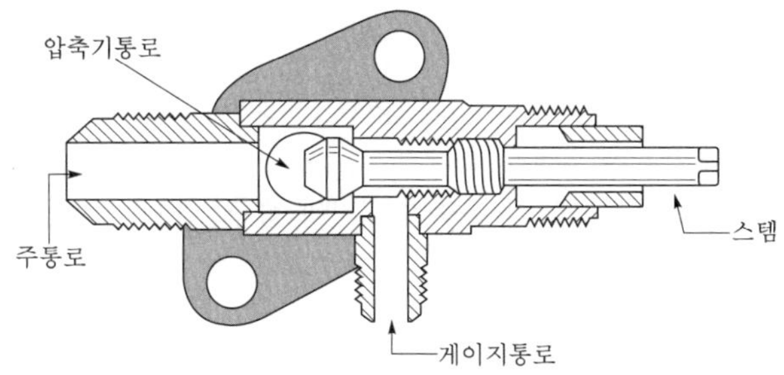

③ 밸브의 개폐상태

스템의 위치	주통로	압축기통로	게이지통로
앞자리	닫힘	열림	열림
중간자리	열림	열림	열림
뒷자리	열림	열림	닫힘

PART 2

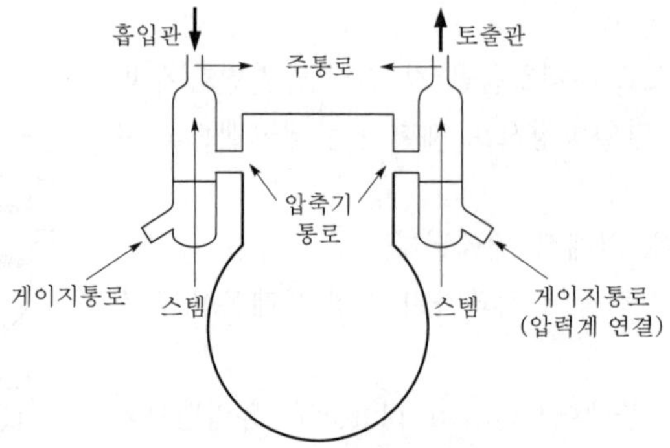

- **펌프아웃(pump out)** : 고압측 누설이나 이상 시 고압측 냉매를 저압측(저압측 수액기, 증발기)으로 이동시켜 고압측을 수리한다.
- **펌프다운(pump down)** : 저압측 냉매를 고압측(응축기, 고압측 수액기)으로 이동시켜 저압측을 수리하기 위해 실시한다.

2 응축기

Point

- 열통과율이 가장 좋은 응축기 : 7통로식 응축기
- 냉각수가 가장 적게 드는 응축기 : 증발식 응축기(대기의 습구온도에 영향을 받는 응축기)

2.1 개요

압축기에서 압축된 고온 고압의 기체냉매의 열을 주위의 공기 및 냉각수에 방출함으로써 응축, 액화시키는 기기이다.

2.2 종류와 특징

(1) 공냉식 응축기

① **특징** : 응축기의 냉각관 사이로 공기를 자연 또는 강제적으로 순환시켜 응축시키는 방법으로, 전열이 불량하고 응축온도 및 압력이 높아지는 이유로 소형 프레온장치에서만 사용이 가능하다.

② 종류

㉠ 자연대류식 : 공기의 자연순환에 의한 응축방법으로 전열이 불량(전열계수(열통과율) : 24.42W/m^2·K)하여 소형 냉장고에 사용할 수 있다.

㉡ 강제대류식 : 송풍기(fan)를 설치하여 공기를 강제적으로 순환시킴으로써 전열의 효과를 증대시켜(전열계수 : 29.17W/m^2·K) 응축하는 방법으로 냉각수의 공급이 복잡한 장소에서 이용가치가 크다.

(2) 수냉식 응축기

① 응축기 내에 냉각수를 통과시켜 냉매의 열을 방출하여 응축하는 방법으로, 전열이 양호하며 응축온도 및 응축압력이 낮고 동일 냉동능력에서 공냉식보다 기기가 소형화될 수 있으므로 대용량의 암모니아 및 프레온용에 많이 사용된다.

② 종류

㉠ 입형 셸 앤드 튜브식 응축기(vertical shell and tube type condenser)

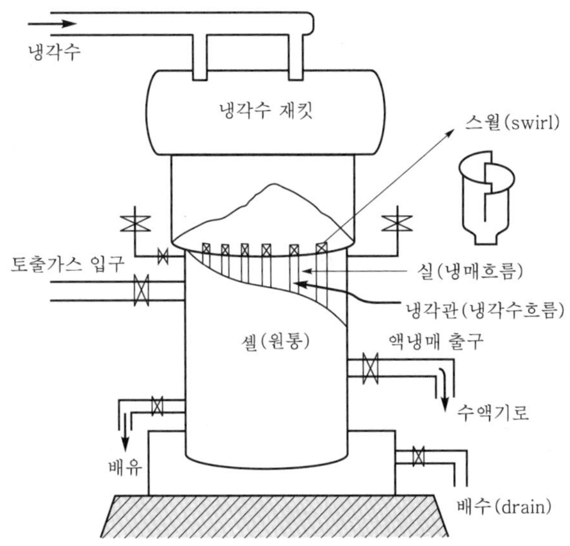

- NH_3용의 대용량(10~150RT)에 이용된다.
- 구조는 여러 개의 냉각관(유효길이 4,190~4,800mm, 외경 51mm, 두께 2.9mm)을 원통(shell, 외경 560~965mm) 내에 수직으로 세우고 원통의 상·하 경판에 용접하였다.
- 원통 내에는 냉매가, 냉각관에는 냉각수가 순환한다.
- 냉각관의 상부에는 개별적으로 스월(swirl)을 삽입하여 냉각수가 냉각관 내를 선회하도록 하여 전열을 증가시키고 냉각수의 소비를 절감시킨다.

㉡ 횡형 셸 앤드 튜브식 응축기(horizontal shell and tube type condenser)

- NH_3 및 프레온용의 대·중·소형에 공통으로 이용된다.

- 냉각수의 수속이 1.5~2.0m/s 정도로 일반적으로 냉각관 내를 2패스(2~16pass까지 있음) 순환한다.
- 냉매는 원통(셸) 상부로 유입되어 하부로 흐르고, 냉각수는 원통 하부의 냉각관으로 유입되어 냉매와 열교환한 후 상부로 흐른다.
- 냉각관은 NH_3용은 강관을, 프레온용은 로 핀 튜브(low finned tube)를 사용한다.
- 수액기의 역할을 겸용할 수 있으며, 이런 경우에는 별도로 수액기를 설치하지 않아도 된다.

핀 튜브(finned tube)

냉동장치에서 냉매와 다른 유체(냉각수, 냉수, 공기 등)와의 열교환에서 전열이 불량한(전열저항이 큰) 측에 전열면적을 증가시켜 주기 위하여 튜브(tube, pipe)에 핀(fin, 냉각날개)을 부착한 것으로 일반적으로 전열이 불량한 프레온용 냉각관에서 이용되고 있으며, 부착형태에 따라 다음과 같이 구별된다.

- **로 핀 튜브(low finned tube)** : tube 외측면에 fin을 부착한 형태의 finned tube
- **이너 핀 튜브(inner finned tube)** : tube 내측면에 fin을 부착한 형태의 finned tube

㉢ 7통로식 응축기(sever pass shell and tube type condenser)
- 1대당 10RT용으로 제작되어 냉동능력에 대응하여 증감하여 설치할 수 있다.
- 원통(직경 200mm, 길이 4,800mm) 내에 외경 51mm의 냉각관을 7본 삽입배열하고 냉각수를 순차적으로 순환시켜 원통 내의 냉매와 열교환시킨다.

(3) 2중관식 응축기(double tube condenser)

① 특징

㉠ 내관과 외관의 2중관으로 제작되어 중・소형이나 패키지에어컨에 주로 사용한다.
㉡ 내측관에 냉각수가, 외측관에 냉매가 있어 역류하므로 과냉각이 양호하다.
㉢ 열통과율 $1,047W/m^2 \cdot K$, 냉각수량 $10\sim12l/min \cdot RT$로 냉각수가 작게 든다.

② 장점

㉠ 관경이 작아 고압에 잘 견딘다.
㉡ 냉각수량이 적게 든다.
㉢ 과냉각이 우수하다.
㉣ 구조가 간단하고 설치면적이 작게 든다.

③ 단점

㉠ 냉각관 청소가 어렵다.
㉡ 냉각관의 부식 발견이 어렵다.
㉢ 냉매에 누설 발견이 어렵다.
㉣ 대형에는 관이 길어지므로 부적합하다.

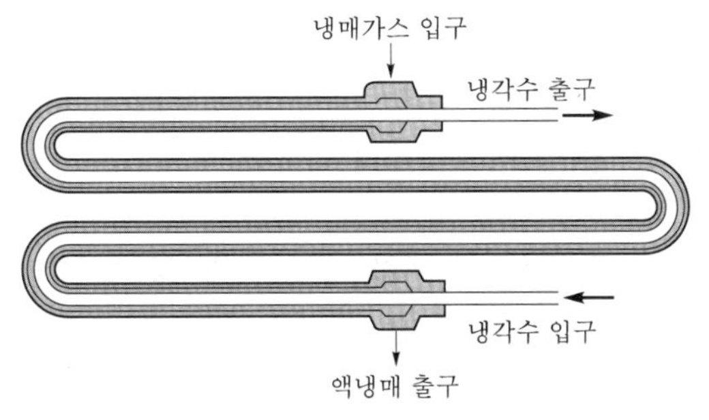

[이중관식 응축기]

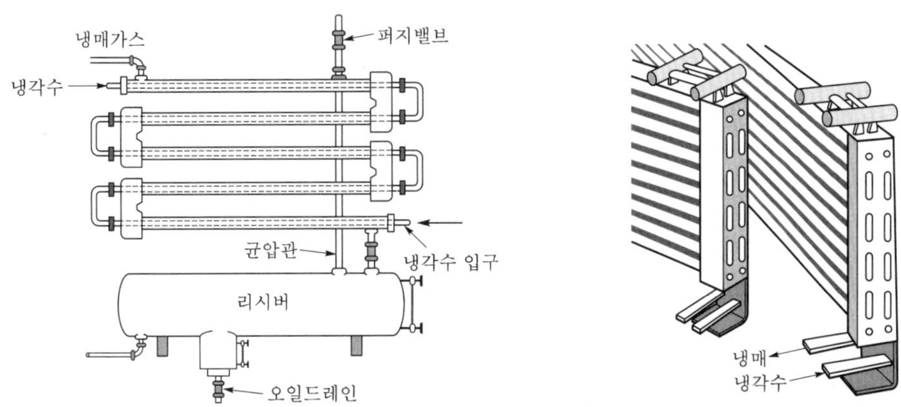

[이중관식 응축기의 외형]

(4) 셸 앤드 코일식 응축기(shell and coil type condenser)

① 원통 내에 나관(bare pipe) 및 동관제의 핀코일(fin coil)이 1~여러 개 감겨 있다.

② 원통 내에는 냉매가, 코일 내에는 냉각수가 순환하며 응축한다.

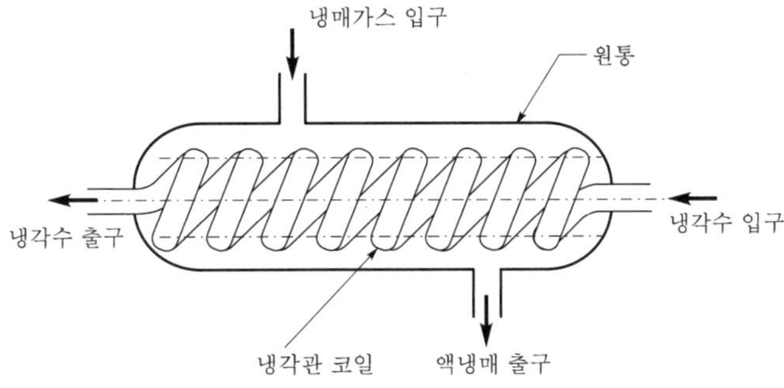

(5) 대기식 응축기(atmospheric condenser)

① 냉매는 냉각관 내의 하부에서 상부로 흐르고, 냉각수는 상부에서 하부로 냉각관 외표면을 흐르며 열교환하여 응축한다.

② 응축된 액냉매는 냉각관 4단마다 설치된 블리더(bleeder)를 통하여 액헤더(liquid header)에 모인다.
③ 냉각수는 냉각수펌프에 의해 관상부에서 분산된다.
④ 겨울철에는 공냉식으로만 사용할 수 있다.
⑤ 냉각수의 분사로 물의 증발작용에 의한 냉각이 병행된다.
⑥ 블리더식(bleeder type)이라고도 한다.

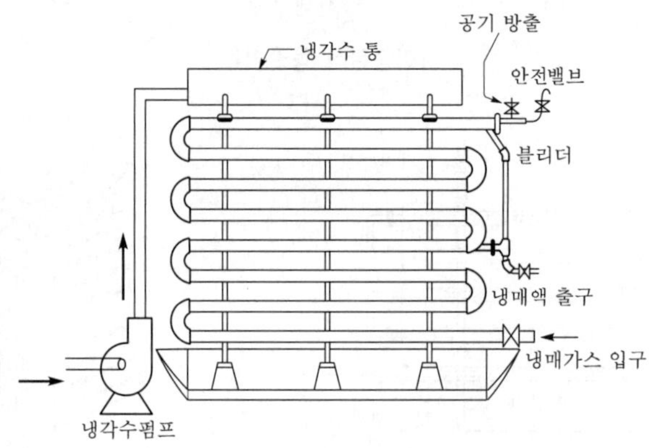

(6) 증발식 응축기(evaporative condenser, 물 회수율 95%)

① 냉매와 냉각수의 열교환에 의한 온도차와 물의 증발잠열을 병행하여 응축한다.
② 냉각수의 소비수량은 증발된 수량과 비산수량 등에 불과하여 다른 수냉식 응축기에 비하여 작다.
③ 외기(외부공기)의 습구온도와 풍속은 응축기의 능력에 밀접한 영향을 미친다.
④ 냉각관 내에서의 압력강하가 다른 응축기에 비해서 크다.
⑤ 겨울철에는 공냉식으로만 사용할 수 있다.

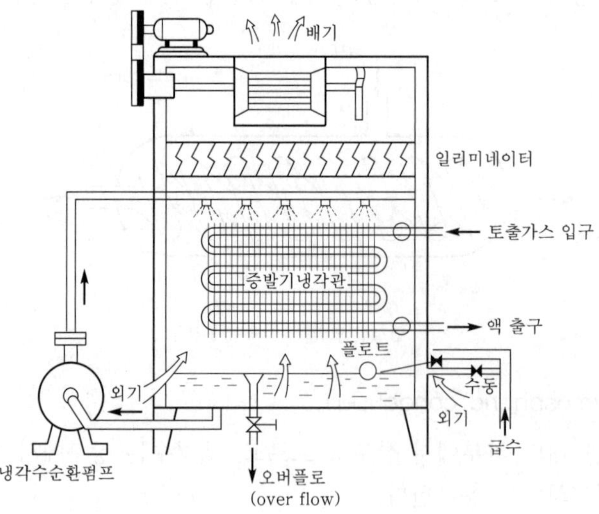

2.3 응축부하의 계산

응축부하란 냉동장치의 응축기에서 단위시간 동안에 냉매의 응축을 위해서 외부공기 및 냉각수로 방출하는 열량(kW)이다.

(1) 응축부하와 소요동력과의 관계

$$W_c = Q_c - Q_e[\text{kW}]$$
$$\therefore\ Q_c = Q_e + W_c[\text{kW}]$$

여기서, Q_e : 냉동능력(kW), W_c : 압축일(kW)

즉 응축부하는 증발기에서 흡수하는 열량으로 냉동능력(kW)과 압축일의 합과 같다.

(2) 응축부하와 방열계수와의 관계

$$Q_c = Q_e\, C[\text{kW}]$$

여기서, Q_e : 냉동부하(kW)

C : 방열계수(응축부하와 냉동능력과의 비율, 즉 $C=\dfrac{Q_c}{Q_e}$로서 일반적으로 냉동, 제빙장치는 1.3배, 냉방공조 및 냉장장치는 1.2를 대입한다)

(3) 응축부하와 소요냉각수량(순환수량)과의 관계

$$Q_c = WC(t_2 - t_1)[\text{kW}]$$
$$\therefore\ W = \frac{Q_c}{C(t_2 - t_1)}[\text{kg/h}]$$

여기서, C : 냉각수의 비열(kJ/kg · K), $t_2 - t_1$: 응축기의 냉각수 출입구온도차(℃)

> **응축부하와 냉각공기와의 관계식**
>
> $$Q_c = mC_p(t_2 - t_1) = \rho QC_p(t_2 - t_1) = 1.21Q(t_2 - t_1)[\text{W}]$$
>
> 여기서, m : 냉각풍량(kg/s), C_p : 냉각공기의 정압비열(=1.005kJ/kg · K)
>
> $t_2 - t_1$: 냉각공기의 출입구온도차(℃), ρ : 20℃일 때 공기의 밀도(=1.2kg/m^3)

(4) 응축부하와 냉각관면적과의 관계

$$Q_c = KA\Delta t\ [\text{kW}]$$
$$\therefore\ A = \frac{Q_c}{K\Delta t}[\text{m}^2]$$

PART 2

여기서, K : 냉각관의 열통과율(W/m^2 · K)

Δt : 냉매의 응축온도와 냉각수 입출구수온의 평균온도와의 차이(℃)

위 식의 Δt는 냉각수 입출구온도의 대수평균온도와의 차이이며 편의상 산술평균온도와의 차이로 계산되고 있다.

① **산술평균온도차** : $\Delta t = \text{응축온도} - \dfrac{\text{냉각수 입구수온} + \text{냉각수 출구수온}}{2}$[℃]

② **대수평균온도차** : $LMTD = \dfrac{\Delta t_1 - \Delta t_2}{\ln\dfrac{\Delta t_1}{\Delta t_2}} = \dfrac{\Delta t_1 - \Delta t_2}{\ln\dfrac{t_c - t_{w1}}{t_c - t_{w2}}}$[℃]

응축온도

$$Q_c = WC\Delta t \times 60 = KA\left(t_c - \frac{t_{w1} + t_{w2}}{2}\right)$$

$$\therefore\ t_c = \frac{WC\Delta t \times 60}{KA} + \frac{t_{w1} + t_{w2}}{2}[℃]$$

(5) 열통과율

응축기(또는 증발기, 방열벽 등) 냉각관에서 전열을 평면벽을 통한 전열이라 간주할 때 열통과율(전열계수, K)은 다음과 같다.

$$K = \frac{1}{\dfrac{1}{\alpha_r} + \dfrac{l_1}{\lambda_1} + \dfrac{l_2}{\lambda_2} + \dfrac{l_3}{\lambda_3} + \cdots + \dfrac{1}{\alpha_w}}[\text{W/m}^2 \cdot \text{K}]$$

여기서, α_r : 응축기 냉각관에 있어서의 냉매측의 표면열전달률(W/m^2 · K)

α_w : 응축기 냉각관에 있어서의 냉각수측의 표면열전달률(W/m^2 · K)

λ_1, λ_2, λ_3 : 냉각관의 유막, 관의 재질, 물때 등의 열전도율(계수)(W/m · K)

l_1, l_2, l_3 : 냉각관의 유막, 관의 재질, 물때 등의 두께(m)

(6) 오염계수(fouling factor)

물체의 열전도율(W/m · ℃)에 대한 물체의 두께(m)의 비율, 즉 더러운 정도에 대한 열저항의 값$\left(\dfrac{l}{\lambda}\right)$을 뜻하며, 단위는 m^2 · K/W이다.

2.4 냉각탑과 수액기

(1) 냉각탑(cooling tower)

① 개요 : 응축기에서 냉매로부터 열을 흡수하여 상승한 냉각수 출구수온을 냉각시켜 다시 사용함으로써 냉각수의 소비를 절감하여 경제적인 운전을 도모한다.

② 특징

㉠ 수원(水源)이 풍부하지 못한 장소나 냉각수의 소비를 절감할 경우 사용된다.

㉡ 공기와의 접촉에 의한 냉각(감열)과 물의 증발에 의한 냉각(잠열)이 이루어진다.

㉢ 외기의 습구온도에 밀접한 영향을 받으며 습구온도는 냉각탑의 출구수온보다 항상 낮다.

㉣ 물의 증발로 냉각수를 냉각시킬 경우에는 2% 정도의 소비로 1℃의 수온을 저하시킬 수 있으며 95% 정도의 회수가 가능하다.

③ 분류

㉠ 송기(送氣)방법에 따른 종류 : 대기식, 자연대류식, 강제통풍식

㉡ 물의 흐름과 공기의 통과방향에 따른 종류 : 대향류(역류형, counter flow type), 직교류형, 평행류(병류형)

㉢ 송풍기의 위치에 따른 종류 : 흡입식, 압입식

④ 냉각탑의 냉각능력

㉠ 냉각능력(kJ/h) = 순환수량(l/min) × 비열(C) × 60 × (냉각수 입구수온(℃) − 냉각수 출구수온(℃)) = 순환수량(l/min) × 비열(C) × 60 × 쿨링 레인지

㉡ 쿨링 레인지(cooling range) = 냉각탑 냉각수의 입구수온(℃) − 냉각탑 냉각수의 출구수온(℃)

㉢ 쿨링 어프로치(cooling approach) = 냉각탑 냉각수의 출구수온(℃) − 입구공기의 습구온도(℃)

㉣ 1냉각톤 = 16,325.4kJ/h로 기준한다.

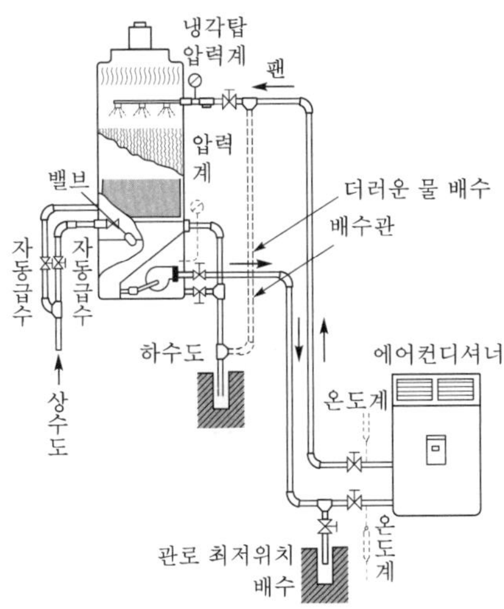

※ 응축기 냉각수의 입구수온=냉각탑 냉각수의 출구수온
응축기 냉각수의 출구수온=냉각탑 냉각수의 입구수온

Point

냉각탑의 쿨링 레인지(cooling range)가 클수록, 쿨링 어프로치(cooling approach)가 작을수록 냉동능력이 우수하다.

(2) 수액기(receiver tank)

응축기와 팽창밸브 사이의 액관 중에서 응축기 하부에 설치된 원통형 고압용기로서 액화냉매를 일시 저장하는 역할을 한다.

① 수액기의 용량은 암모니아장치의 경우 충전냉매량의 1/2을 저장할 수 있는 크기를, 프레온장치의 경우 충전냉매량의 전량(全量)을 저장할 수 있는 크기를 표준하여 정한다.
② 수액기 내의 액저장량은 장치의 운전상태에 따라 증발기 내의 냉매량이 변해도 항상 액냉매가 잔류할 수 있도록 하며 어떠한 경우에도 만액시켜서는 안 된다.
③ 수액기 상부와 응축기에 균압관을 설치하여 응축기의 액화냉매가 수액기로 순조롭게 유입되도록 한다.
④ 직경이 서로 다른 2대 이상의 수액기를 병렬로 설치할 경우에는 상단끼리 일치시키는 것이 위험으로부터 안전하다.
⑤ 액면계는 파손의 위험을 대비하여 금속제에 커버(cover)를 씌우고 파손 시 냉매의 분출을 방지하기 위해 자동밸브(ball valve)를 설치한다.

균압관(equalizer line)

응축기 내부압력과 수액기 내부압력은 이론상 같은 것으로 생각하나, 응축기에서 사용하는 냉각수온이 낮고 수액기가 설치된 기계실의 온도가 높은 경우 또는 불응축가스의 혼입으로 수액기의 압력이 더 높아지면 응축기 내의 액화냉매는 수액기로 순조롭게 유입할 수 없게 되므로 양자의 압력을 균등하게 유지하거나 수액기 내의 압력이 높아지지 않도록 응축기의 수액기 상부를 연결한 배관을 말한다.

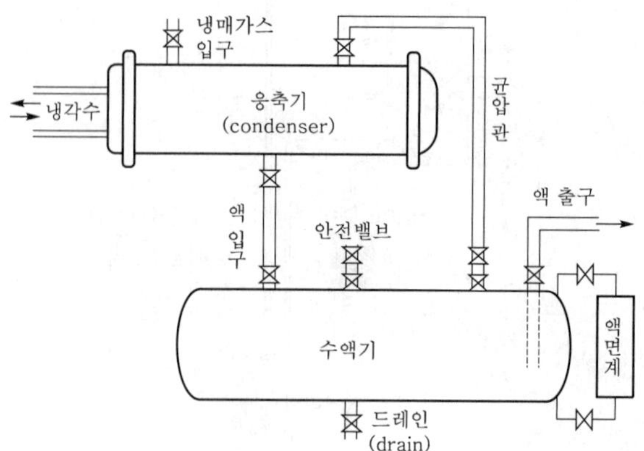

3 팽창밸브

3.1 개요

팽창밸브(expansion valve)는 액냉매가 증발기에 공급되어 냉동부하로부터 액체의 증발에 의한 열흡수작용이 용이하도록 압력과 온도를 강하시키며 동시에 냉동부하의 변동에 대응하여 적정한 냉매유량을 조절 공급하는 기기이다.

3.2 종류와 특징

(1) 수동팽창밸브(manual expansion valve)

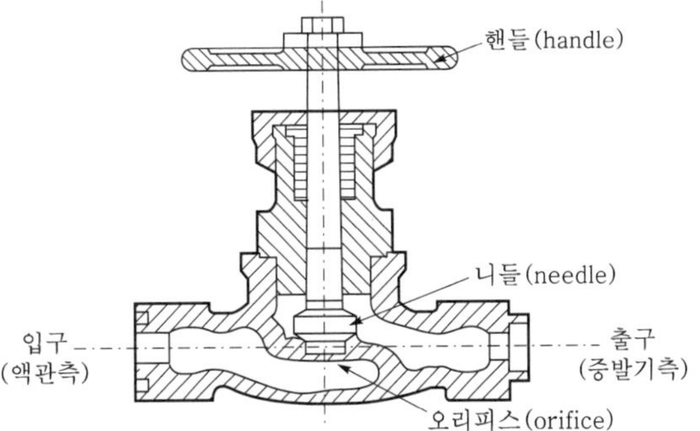

① 프레온용 및 암모니아용으로 이용되며 재질은 주철제이다.

② 냉동부하의 변동에 대응하여 냉매소요량을 수동에 의해 조절 공급한다.

③ 니들밸브(needle valve)로 되어 있다.

④ 수동으로 운전되는 냉동장치 이외에는 만액식 증발기의 저압측 플로트밸브(LFV)의 바이패스(bypass)팽창밸브로 사용되거나, 플로트스위치(float switch)와 전자밸브(solenoid valve)를 결합시켜 정액면(定液面)을 유지할 경우의 팽창밸브로 사용된다.

(2) 정압식 자동팽창밸브(AEV : constant pressure automatic expansion valve)

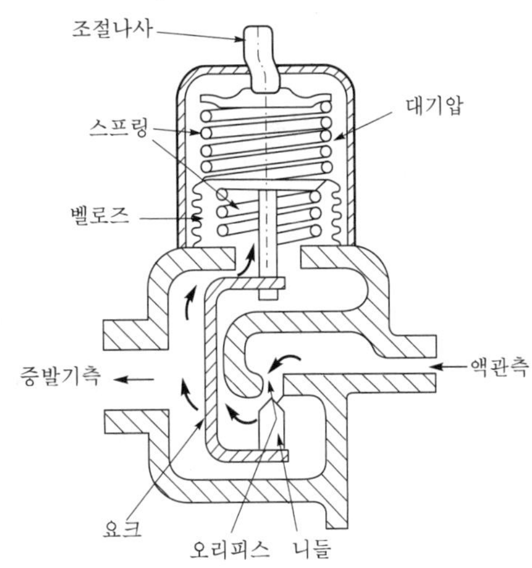

① 증발기 내의 압력(증발압력)을 일정하게 유지하며 개폐된다.

② 냉동부하의 변동에 관계없이 증발압력에 의해서만 작동되므로 부하변동이 작은 소용량에 적합하다. 즉 부하변동에 민감하지 못한 결점이 있다.

③ 냉동부하의 변동이 심한 장치에서는 과열압축 및 액압축이 유발되기 쉽다.

④ 내부구조에 따라 벨로즈형(bellows type)과 다이어프램형(diaphragm type)이 있으며 작동원리는 동일하다.

⑤ 증발기 내 압력이 높아지면 벨로즈(bellows)가 밀어 올려 밸브가 닫히고, 압력이 낮아지면 벨로즈가 줄어들어 밸브가 열려 냉매가 많이 들어온다.
⑥ 냉동기가 정지하면 증발압력이 상승하여 자동적으로 AEV는 닫힌다.
⑦ 조절나사의 조정은 우회전(CW)하면 열리게 되고, 좌회전(CCW)하면 개도는 닫히게 된다(일반밸브와 반대작동).
⑧ 압력식 자동팽창밸브 또는 자동팽창밸브라고도 한다.

(3) 온도식 자동팽창밸브(TEV : thermal automatic expansion valve)

증발기 출구에 감온통을 설치하여 감온통에서 감지한 냉매가스의 과열도가 증가하면 열리고, 부하가 감소하여 과열도가 작아지면 닫혀 팽창작용 및 냉매량을 제어하는 것으로 가장 많이 사용한다. 증발기 출구냉매의 과열도를 일정하게 유지하여 냉매유량을 조절하는 밸브이다.

팽창밸브의 능력 계산

$$C_2 = \frac{C_1}{\left(\frac{P_1}{P_2}\right)^{0.3}}$$

여기서, C_1 : 기준상태 이외의 냉동능력, C_2 : 기준상태에서 냉동능력
P_1 : 기준상태에서 고・저압차, P_2 : 상태가 변화될 때 고・저압차

① 특징
㉠ 주로 프레온 건식 증발기에 사용한다.
㉡ 냉동부하의 변동에 따라 냉매량이 조절된다.
㉢ 본체구조에 따라 벨로즈식과 다이어프램식이 있다.
㉣ 감온구 충전방식에 따라 가스충전식, 액충전식, 크로스충전식이 있다.
㉤ 팽창밸브 직전에 전자밸브를 설치하여 압축기 정지 시 증발로 액이 유입되는 것을 방지한다.
※ 증발기 관내의 압력강하가 작으면 내부균압형을, 압력강하가 크면(14kPa 이상) 외부균압형을 사용한다.

② 종류
㉠ 내부균압형
- $P_1 > P_2 + P_3$ → 냉동부하 증대, 팽창밸브 열림
- $P_1 < P_2 + P_3$ → 냉동부하 감소, 팽창밸브 닫힘

여기서, P_1 : 과열도에 의해 다이어프램에 전해지는 압력
P_2 : 증발기 내 냉매의 증발압력, P_3 : 과열도 조절나사에 의한 스프링압력

㉡ 외부균압형

- 설치목적 : 증발기 관 내의 압력강하가 크면 증발기 출구온도가 입구온도보다 낮아져 과열도가 감소됨으로써 팽창밸브가 작게 열리게 되어 냉매순환량의 감소로 인한 냉동능력의 감소를 초래하게 되므로 이를 해소하기 위해 설치한다.
- 외부균압관의 설치위치 : 증발기 출구 감온통 부착위치를 넘어 압축기 흡입관
- 설치경우 : 증발기 코일 내 압력강하가 14kPa 이상 시 채택

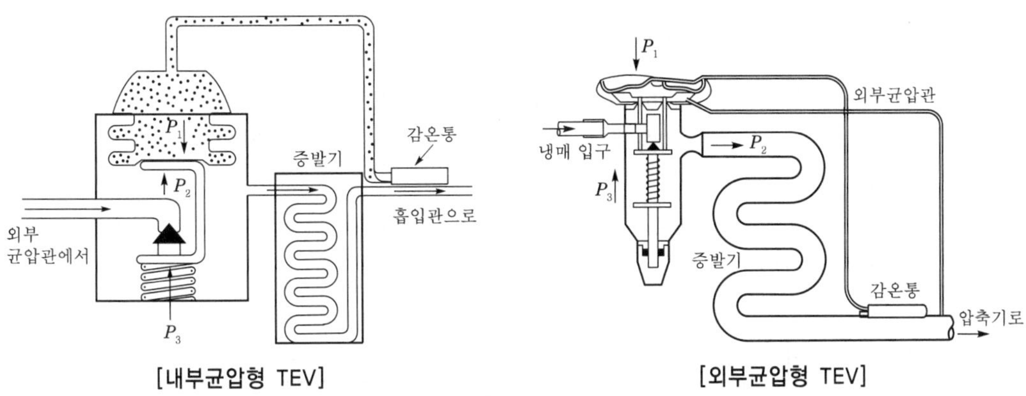

[내부균압형 TEV] [외부균압형 TEV]

냉매분배기(distridutor)

직접팽창식 증발기에서 증발기 입구에 설치하여 냉매공급을 균등하게 하기 위해 설치

③ 과열도 조절나사의 조절방법

㉠ 다이어프램형 및 단일 벨로즈형의 TEV의 경우에는 우회전하면 닫히게 되고, 좌회전하면 열리게 되어 냉매의 유량이 증가하여 과열도는 감소하게 된다.

㉡ 2중 벨로즈형의 TEV의 경우에는 우회전하면 열리고, 좌회전하면 닫히게 된다.

과열도(super heat)

과열증기의 온도와 동일 압력에 상당하는 포화증기의 온도와의 차이를 뜻하며, TEV의 과열도 유지는 일반적으로 3~8℃ 범위로 조정하기 위한 흡입관의 위치에 감온통을 부착하고 있다.

④ 감온구(감온통)의 부착위치

㉠ 증발기 출구측 흡입관의 수평 또는 수직배관에 설치하되 어떠한 경우에도 트랩 부분에 설치해서는 안 된다.

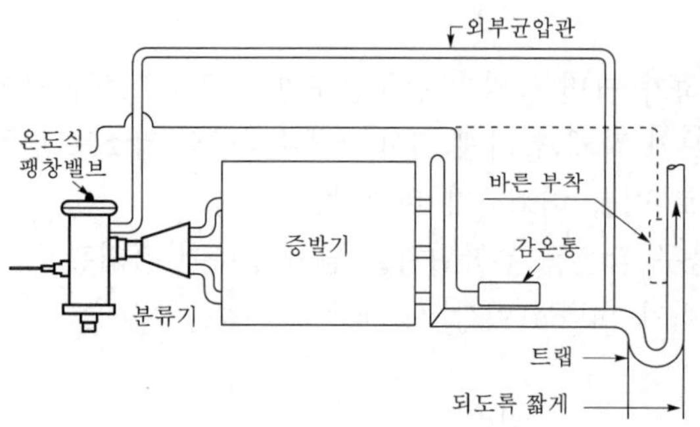

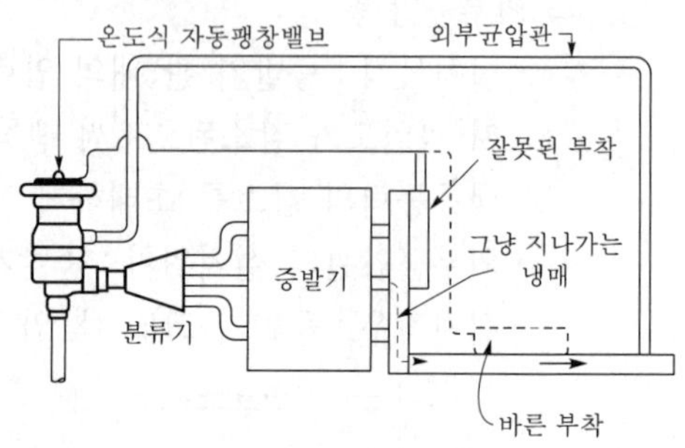

㉡ 흡입관경이 7/8인치(20mm) 이하인 경우에는 흡입관 상부에 밀착하여 부착한다.

㉢ 흡입관경이 7/8인치 이상인 경우에는 흡입관의 중심부 수평에서 45° 아래의 위치에 밀착하여 부착한다.

㉣ 외기흐름의 영향을 받거나 감온통의 감도를 증가시키기 위해서는 흡입관 내에 포켓을 설치하여 삽입한다.

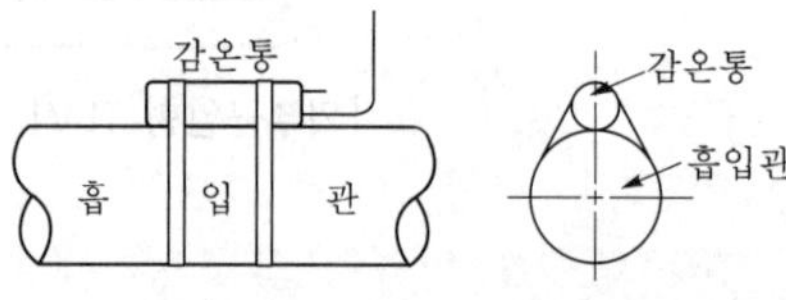

[7/8인치(20mm) 이하 흡입관의 경우]

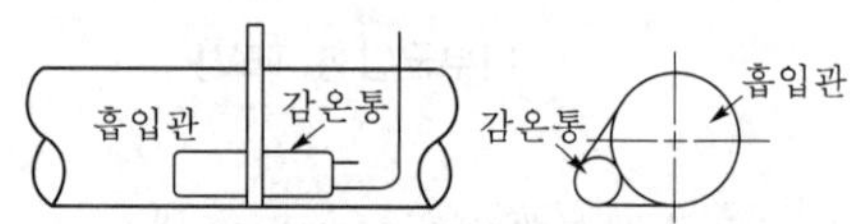

[7/8인치(20mm) 이상 흡입관의 경우]

⑤ 감온구(감온통) 내의 봉입가스의 상태에 따른 종류

㉠ 가스충전식(gas charge type)

- 사용하는 냉매와 동일한 가스가 봉입되어 있다.
- 감온통의 내용적이 비교적 작고 냉매충전량이 한정되어 있다(감온통의 내용적<다이어프램 상부용적+모세관의 용적).
- 설치위치는 TEV 본체보다 낮은 온도의 위치에 부착한다(저온의 본체에서 응축하면 올바른 포화압력을 나타낼 수 없기 때문).
- 한정된 냉매량으로 감온통 내의 온도가 일정 이상이 되면 모두 증발하게 되고 압력에는 변함없이 과열된 상태이므로 감온통의 최대 작동압력을 한정시킨다.

  ※ 최대 작동압력(maximum operating pressure) : 감온통 내의 액화가스가 증발이 완료되었을 때의 압력
- MOP(최대 작동압력)를 제한함으로써 전동기(모터)의 과부하를 방지하고 초기부하가 너무 높아 압축기가 시동할 수 없을 정도로 흡입압력이 상승하는 것을 방지하는데 목적이 있다.
- 일반적으로 많이 사용되는 감온통의 형식이다.

㉡ 액충전식(liquid charge type)

- 사용하는 냉매와 동일한 액화가스가 봉입되어 있다.

• 감온통의 용적을 다이어프램 상부의 용적과 모세관용적의 합(合)보다 크게 설정한다 (어떠한 경우에도 액과 기체가 공존).
• TEV 본체와 감온통의 설치위치는 온도의 고, 저에 관계없다.
• 부하변동이 클 경우에도 대응하여 냉매유량을 조절할 수 있다.
• 동작은 민감하지 못하나 저온용에 적합하다.

ⓒ 액크로스충전식(liquid cross charge type)
• 사용하는 냉매와 서로 다른 액 또는 가스가 봉입되어 있다.
• 저온냉동장치에 적합한 방식이다(액압축과 과부하가 방지된다).
• 동력부 내의 액화가스의 압력과 사용하는 냉매의 압력이 교차(cross)함으로써 일컫는 명칭이다.

(4) 저압측 플로트밸브(LFV : low side float valve)

① 저압측에 설치하여 부하변동에 대응한 LFV의 개도를 조절함으로써 증발기 내의 액면을 일정하게 유지한다.
② 증발기 내의 액면이 낮아지면 LFV는 열리고, 액면이 높아지면 LFV는 닫히게 되어 냉매 공급을 감소시킨다.
③ 일반적으로 만액식 증발기의 액면제어용 팽창밸브가 사용된다(원통지름의 5/8~2/3 정도 유지가 이상적이다).
④ 설치방법으로는 증발기 내에 직접 플로트(float, 부자)를 띄우는 직접식과 별도의 플로트 실을 설치하는 방법이 있다.
⑤ 액관에는 전자밸브(solenoid valve)를 설치하여 압축기가 정지하면 폐쇄시켜 냉매액과 공급을 차단해야 한다.

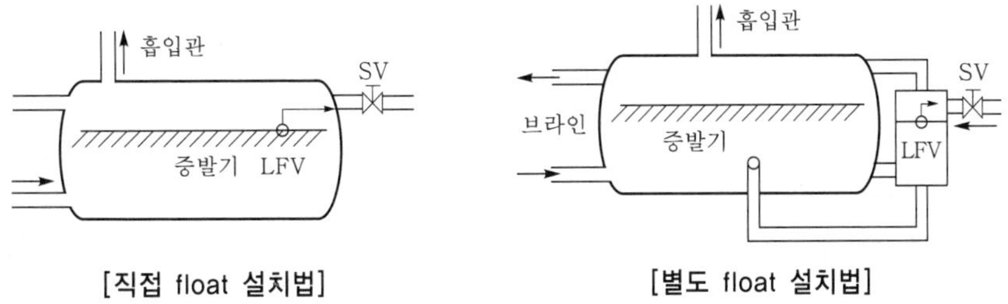

[직접 float 설치법] [별도 float 설치법]

(5) 고압측 플로트밸브(VHFV : high side float valve)

① 고압측에 설치하여 부하변동에 대응한 HFV의 개도를 조절함으로써 증발기 내의 액면을 일정하게 유지한다(만액식 증발기에 적당).
② 고압측(수액기 또는 별도의 플로트실 내)의 액면이 높아지면 HFV는 열리고, 액면이 낮아지면 닫히게 되어 냉매공급을 감소시킨다(LFV의 작동과 반대작용).
③ 부하변동에 신속히 대응할 수 없는 단점을 지니고 있다.

④ 터보냉동기의 이코노마이저(economizer), 유분리기 내의 감압밸브로 사용되고 있다.
⑤ 플로트실 상부에 불응축가스가 모일 염려가 있다.

(6) 모세관(capillary in tube)

① 프레온용 소형 냉장고, 룸쿨러(roomcooler) 등의 팽창밸브로 적합하다.
② 구조가 간단한 가는 구리관(직경 0.8~2mm)으로 통과저항에 의한 교축감압역할을 한다.
③ 양단의 흡입관경을 일정하게 유지할 뿐이므로 냉동부하의 변동에 대응한 용량 조절은 불가능하다.
④ 압축기 정지 중에는 고·저압이 균압되어 기동 시 경부하운전이 가능하다.
⑤ 냉동능력, 성적계수를 증가시키기 위해서 모세관과 흡입관을 밀착시키고 있다.
㉠ 양단의 압력강하는 직경에 반비례하고, 길이에 비례한다.
㉡ 양단의 압력차가 크면 냉매유량이 증가하여 습(액)압축이 되며, 동절기 운전 중에는 고압이 낮아져 냉매유량이 감소하게 된다.

4 증발기

4.1 개요

저온 저압의 액냉매가 증발작용에 의하여 주위의 냉동부하로부터 열을 흡수(증발잠열)하여 냉동의 목적을 달성시키는 기기이다.

4.2 분류

(1) 냉동부하로부터 열을 흡수하는 방법에 따른 분류

① **직접팽창식 증발기(direct expansion type evaporator)** : 증발기가 냉동공간(냉장실) 내에 설치되어 냉동부하로부터 액체의 증발잠열에 의해 직접 열을 흡수하는 증발기
② **간접팽창식 증발기(indirect expansion type evaporator)** : 일명 브라인(brine)식이라고도 하며, 액냉매의 증발에 의해 냉각된 브라인(2차 냉매)을 냉동부하에 순환시켜 브라인과의 온도차(감열과정)로 열을 흡수하는 증발기

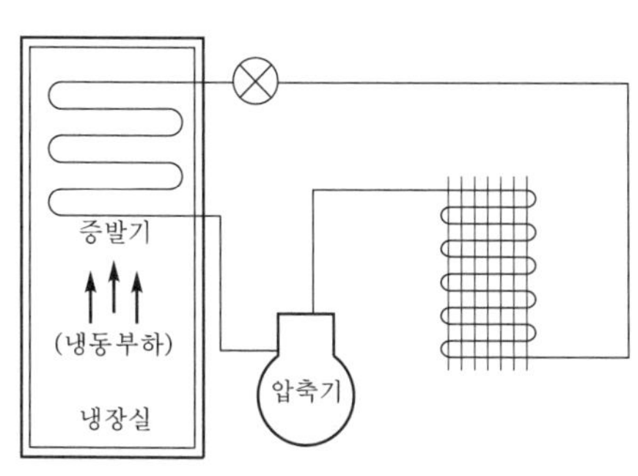

[직접팽창식 증발기]

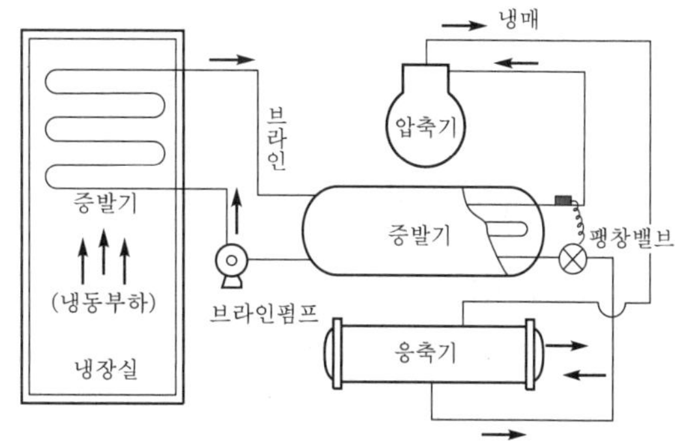

[간접팽창식 증발기]

(2) 냉매상태에 따른 분류

① 건식 증발기(dry expansion type evaporator)

㉠ 냉매는 증발기 상부에서 하부로 공급되고 있다(down feed).

㉡ 냉매의 소요량이 적고 윤활유의 회수가 용이하다.

㉢ 냉매상태는 습증기가 건포화증기로 되면서 열을 흡수하므로 전열이 불량하여 대용량의 증발기로는 적합하지 않다.

㉣ 공기냉각용으로 주로 이용된다(냉매액 25%, 가스 75%).

② 습식 증발기(wet expansion type evaporator)

㉠ 냉매는 증발기 하부에서 상부로 공급되고 있다(up feed).

㉡ 건식 증발기에 비해 냉매소요량이 많고 전열이 양호하다.

㉢ 증발기 냉각관 내에 윤활유가 체류할 가능성이 있다.

③ 만액식 증발기(flood type evaporator)

㉠ 증발기 내에는 일정량의 액냉매가 들어 있으며 습식에 비해 전열이 양호하다(냉매액 75%, 가스 25%).

㉡ 증발기 내에서 윤활유가 냉매와 함께 체류할 가능성이 많다.

㉢ 대용량의 액체냉각용에 이용되고 있다.

㉣ 증발기 내의 액면조절은 저압측 플로트밸브(LFV) 또는 플로트스위치(FS)와 전자밸브(SV)를 조합시켜 사용한다.

※ 구조는 저압측 플로트밸브(LFV) 도면 참조

④ 액순환식(액펌프) 증발기(liquid circulation type evaporator)

㉠ 저압수액기와 증발기 입구 사이에는 액펌프를 설치한다.

㉡ 증발하는 액냉매량의 4~6배의 액냉매를 강제 순환시킨다.

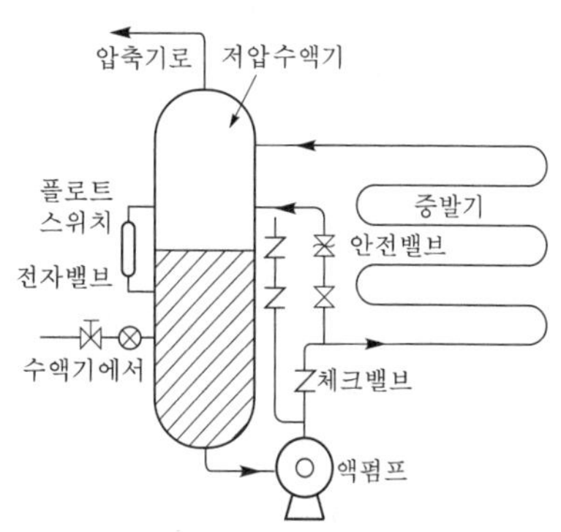

[액순환식 증발기의 순환계통도]

㉢ 전열이 양호하며 증발기 내에 윤활유가 체류할 염려가 없다.
㉣ liquid back을 방지할 수 있으며 제상의 자동화가 용이하다.
㉤ 증발기 냉각관 내에서의 압력강하의 문제를 해소한다.
㉥ 대용량 및 저온용에 적합하다.

(3) 구조에 따른 분류

① 관코일식 증발기(나관형, bare pipe type evaporator)

㉠ 냉장실 내의 천장, 벽면, 바닥면에 설치하여 공기냉각용 증발기로 이용된다.
㉡ 동관 및 강관으로 벤딩(bending)하여 제작한다.
㉢ 냉장고, 쇼케이스(show case)용으로 건식 및 습식으로 제작된다.

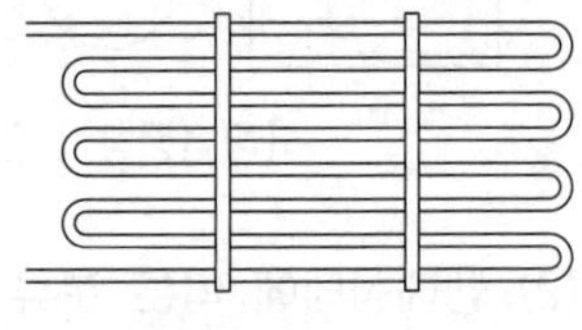
[관코일식 증발기]

㉣ 전열이 불량한 편이며 표면적이 작아 냉각관의 길이가 길어지기 쉽기 때문에 압력강하의 문제가 수반된다.
㉤ 냉각관의 길이에 알맞은 팽창밸브의 선정에 유의해야 한다.

② 핀코일식 증발기(finned coil type evaporator)

㉠ 나관(裸管)에 핀(fin)을 부착한 구조로 동관 또는 암모니아용으로 제작된다. 알루미늄 핀을 사용하기도 한다.
㉡ 송풍기를 이용한 강제대류식을 주로 이용하며 핀(fin)의 수는 1인치당 2~4매(냉동용 증발기) 또는 8~12매(냉방용 증발기)를 부착하고 있다.

③ 판형 증발기(plate type evaporator)

㉠ 알루미늄판을 압접(Al 롤본드가공)하여 만든 구조로 재질이 약한 편이다.
㉡ 누설 부위는 화학접착제인 에폭시나 데브콘을 사용하여 밀봉한다.
㉢ 가정용 냉장고에 주로 사용되고 있다.

④ 캐스케이드증발기(cascade type evaporator)

㉠ 냉매액을 냉각관 내에 순차적으로 순환시켜 도중에 증발된 냉매가스를 분리하면서 냉각한다.
㉡ 충분한 용량의 액분리기가 있어 압축기에서의 액압축은 방지할 수 있으나 NH_3냉동장치에서는 과열 우려가 있다.
㉢ 코일 내 냉매가, 외측에 공기가 흐르며, 플로트식 팽창밸브를 많이 사용한다.
㉣ 공기동결용 선반 및 벽의 코일로 제작 사용한다.

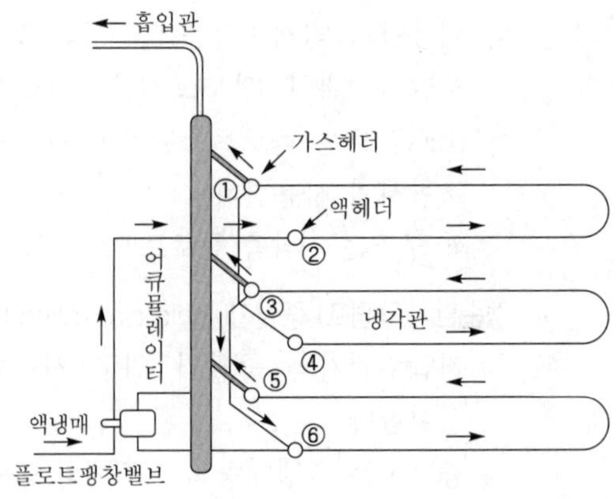

㉤ 냉매순환순서는 ②→①→④→③→⑥→⑤이다.

⑤ 멀티피드 멀티석션 증발기(multi feed multi suction evaporator)

㉠ 공기동결용의 선반 및 벽의 코일로 제작 사용된다.

㉡ 암모니아용으로 액냉매를 공급하고 가스를 분리하는 형식이다.

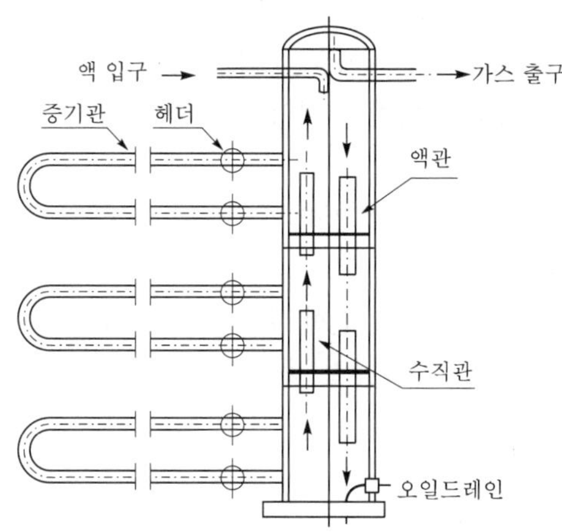

⑥ 건식 셸 앤드 튜브식 증발기

㉠ 원통 내에 다수의 냉각관이 삽입되어 있고 냉각관 내에는 냉매가, 원통 내에는 브라인이 순환하면서 열교환하는 구조이다.

㉡ 원통 내에 윤활유가 체류하는 일이 없어 특별한 유회수장치의 설치가 필요 없다.

㉢ 브라인의 흐름을 유도하는 배플 플레이트(baffle plate)를 설치하여 냉매와의 열교환을 증대시키고 있다.

㉣ 만액식 셸 앤드 튜브식 증발기에 비해 냉각관의 동파위험이 작다.

㉤ 프레온용의 공기조화장치의 칠러유닛(chillier unit)에 적합하다.

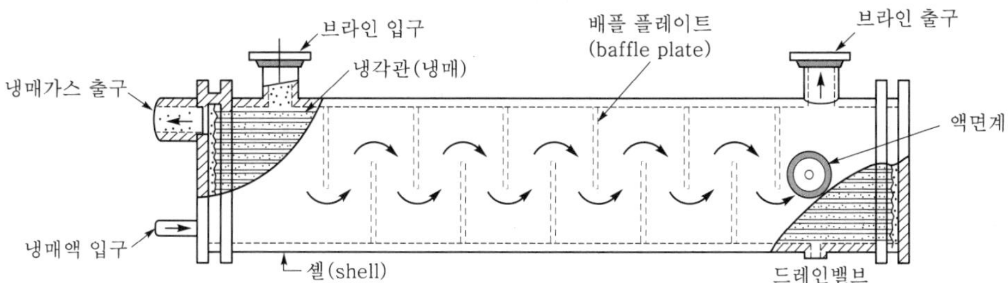

⑦ 만액식 셸 앤드 튜브식 증발기

㉠ 원통 내에 다수의 냉각관이 삽입되어 있으며 냉각관 내에는 브라인이, 원통 내에는 냉매가 순환하면서 열교환하는 구조이다.

㉡ 원통 내에 일정한 높이의 액면유지는 저압측 플로트밸브(LFV)나 플로트스위치(FS)와 전자밸브(SV)의 조합으로 행해진다.

㉢ 건식 셸 앤드 튜브식 증발기에 비해 냉각관의 동파위험이 크다.
㉣ 증발기 내에 윤활유가 체류할 경우가 많으므로 특별한 유회수장치(프레온장치)가 필요하다.
㉤ 브라인 출구측의 온도조절기(TC)는 브라인의 온도가 일정 이하로 낮아지면 작동하여 압축기를 정지시켜 브라인의 통경에 의한 냉각관의 동파를 방지할 수 있다.
㉥ 원통(shell) 내 냉매가, 튜브 내에는 브라인이 흐른다.
㉦ 원통 상부에 열교환기를 설치하여 액압축 방지와 과냉각을 증대시켜 냉동능력을 증대시켜 준다.
㉧ 원통 하부에 액헤드를 설치하여 냉매액의 분포를 고르게 한다.
㉨ 냉매측의 열전달이 불량하므로 로 핀 튜브(low fin tube)를 사용한다.
㉩ 브라인 또는 냉수 등의 동결로 인한 튜브의 동파에 주의한다.
㉪ 공기조화장치, 화학공업, 식품공업 등의 브라인냉각에 사용한다.

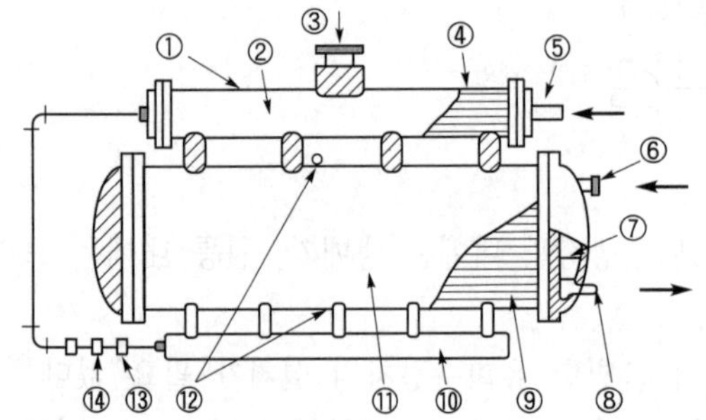

① 퍼지밸브	② 열교환기
③ 냉매가스 출구	④ 고압 액냉매 액관
⑤ 고압 액냉매 입구	⑥ 브라인 입구
⑦ 격판	⑧ 브라인 출구
⑨ 전자밸브	⑩ 팽창밸브
⑪ 액면계	⑫ 셸(shell)
⑬ 냉매액헤더	⑭ 냉각관(브라인)

[프레온용 만액식 증발기]

⑧ 헤링본식(탱크형) 증발기(herring bone type evaporator)

㉠ 주로 NH_3 만액식 증발기는 제빙장치의 브라인냉각용 증발기로 사용한다.
㉡ 상부에 가스헤더가, 하부에 액헤더가 있다.
㉢ 탱크 내에는 교반기(agitator)에 의해 브라인이 0.75m/s 정도로 순환된다.
㉣ 주로 플로트팽창밸브를 사용하며 다수의 냉각관을 붙여 만액식으로 사용하기 때문에 전열이 양호하다.

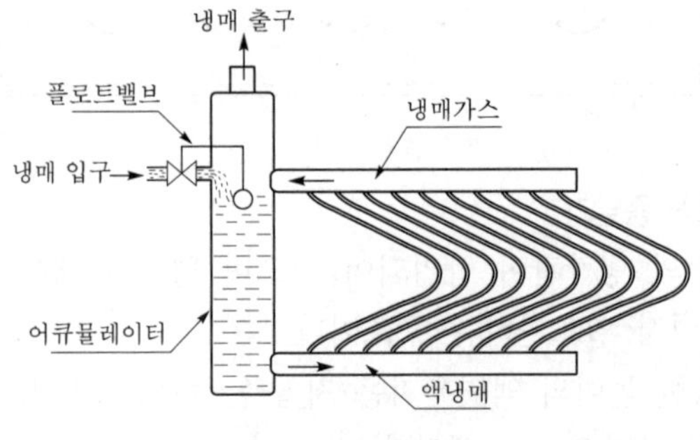

[탱크형 증발기]

> **CA냉장(controller atmosphere stlorage room)**
>
> 청과물 저장 시보다 좋은 저장성을 확보하기 위해 냉장고 내의 산소를 3~5% 감소시키고 탄산가스를 증가시켜 청과물의 호흡을 억제하여 신선도를 유지하기 위한 냉장을 말한다.

⑨ 셸 앤드 코일식 증발기

㉠ 원통 내에는 브라인이, 코일 내에는 냉매가 순환하면서 열교환하는 구조이다.

㉡ 음료수냉각기 등 비교적 소형 장치의 증발기로 이용되고 있다.

㉢ 입형 또는 횡형으로 제작할 수 있다.

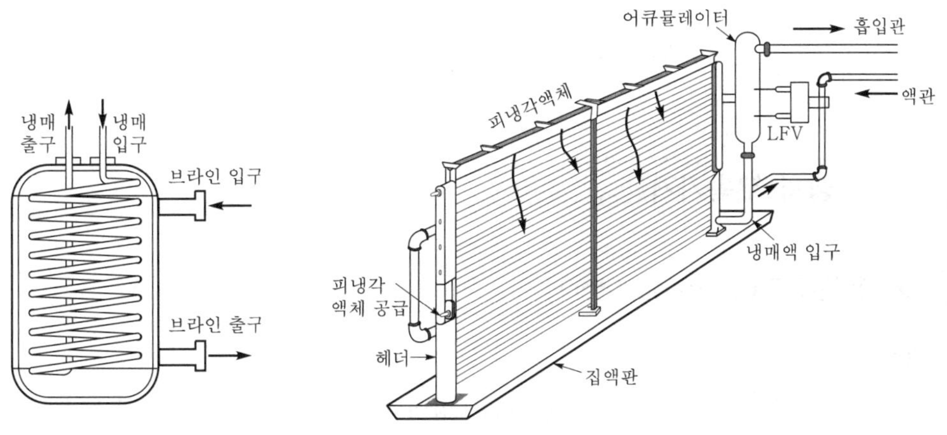

[셸 앤드 코일식 증발기]

⑩ 보델로증발기(Baudelot evaporator)

㉠ 음료수(물, 우유 등)냉각용에 이용되고 있다.

㉡ 냉각관의 상부에서 피냉각물체(액체)가 흘러내리고 냉매는 냉각관 내를 순환한다.

㉢ 냉각관의 재질을 스테인리스 스틸로 사용하여 위생적이며 청소가 용이하다.

4.3 냉각능력의 계산

(1) 냉동부하와 브라인유량과의 관계

$$Q = WC(t_2 - t_1)[\text{kW}]$$

여기서, W : 브라인의 유량(kg/s), C : 브라인의 비열(kJ/kg · ℃)

$t_2 - t_1$: 증발기 입출구브라인의 온도차(℃)

(2) 냉동부하와 냉각관면적과의 관계

$$Q = KA\Delta t[\text{kW}]$$

여기서, K : 증발기 냉각관의 열통과율(W/m^2 · k), A : 냉각관의 전열면적(m^2)
Δt : 브라인 입출구의 평균온도와 증발온도와의 차이(℃)

※ 평균온도차는 대수평균에 의한 값을 원칙으로 하며 편의상 산술평균으로 계산하고 있음은 참고할 것

(3) 냉동부하와 온도차와의 관계

① 대수평균온도차 : $\Delta t = \dfrac{\Delta t_1 - \Delta t_2}{\ln \dfrac{\Delta t_1}{\Delta t_2}}$ [℃]

② 산술평균온도차

$$\Delta t = \frac{t_{b1} + t_{b2}}{2} - t_e \text{ 또는 } \Delta t = \frac{\Delta t_1 + \Delta t_2}{2} [℃]$$

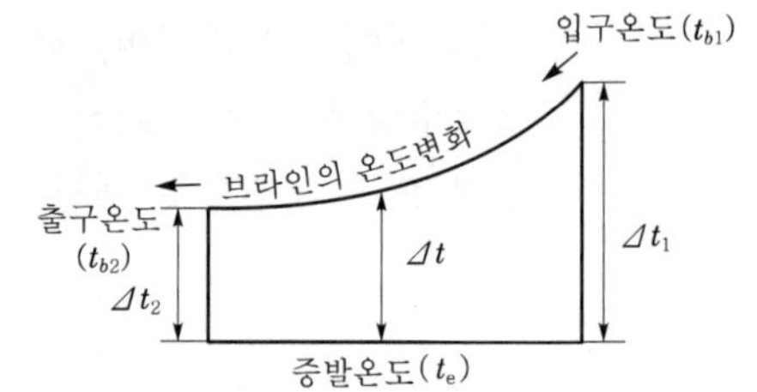

5 장치 부속기기

5.1 유분리기(oil separator)

(1) 역할

급유된 냉동기유가 냉매와 함께 순환하는 양이 많으면 압축기는 오일 부족의 상태가 되며 윤활불량을 일으켜 압축기로부터 냉매가스가 토출될 때 실린더의 일부 윤활유는 응축기, 수액기, 증발기 및 배관 등의 각 기기에 유막 또는 유층을 형성하여 전열작용을 방해하고, 압축기에는 윤활공급의 부족을 초래하는 등 냉동장치에 악영향을 미치게 되므로 토출가스 중의 윤활유를 사전에 분리하기 위한 것이 유분리기(oil separator)이다.

(2) 종류

① 원심분리형 ② 가스충돌분리형 ③ 유속감소분리형

(3) 설치위치

① 압축기와 응축기 사이의 토출배관
② 효과적인 유분리를 위해서는 다음과 같이 위치를 선정한다.
㉠ 암모니아(NH_3)장치 : 응축기 가까운 토출관
㉡ 프레온(freon)장치 : 압축기 가까운 토출관

(4) 설치경우

① 암모니아용 냉동장치
② 증발기에 윤활유가 체류하기 쉬운 만액식 증발기를 사용하는 냉동장치

③ 운전 중에 다량의 윤활유가 토출가스와 함께 유출되는 프레온용 냉동장치
④ 저온용으로 사용하는 프레온용 냉동장치(증발온도가 낮은 경우)
⑤ 토출배관이 길어지게 되는 프레온용 냉동장치

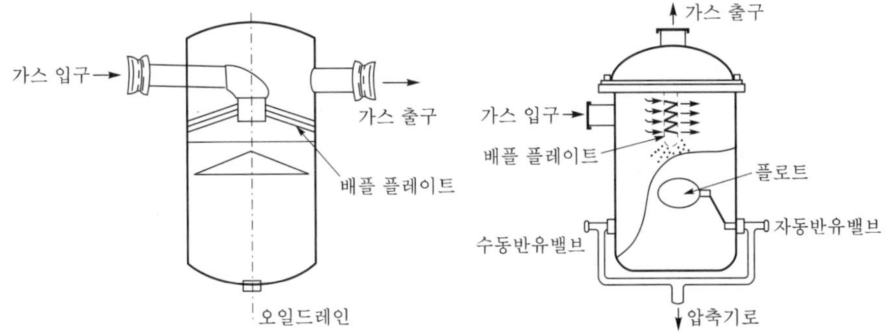

5.2 축압기(accumulator, 액분리기)

(1) 개요

압축기로 흡입되는 가스 중의 액체냉매를 분리 제거하여 리퀴드백(liquid back)에 의한 영향을 방지하기 위한 기기이다(압축기 보호).

(2) 설치위치

① 증발기와 압축기 사이의 흡입배관
② 증발기의 상부에 설치하며 크기는 증발기 내용적의 20~25% 이상 크게 용량을 선정한다.

(3) 분리된 냉매의 처리방법

① 증발기로 재순환하는 방법(만액식 증발기의 경우)
② 압축기로 회수하는 방법(열교환기를 설치하는 경우)
③ 고압측 수액기에 복귀시키는 방법(액펌프를 사용하여 수액기로 복귀)

(4) 액백(liquid back, 리퀴드백)

① 영향
㉠ 흡입관에 적상(積霜) 과대
㉡ 토출가스온도 저하(압축기에 이상음 발생)
㉢ 실린더가 냉각되고 심하면 이슬 부착 및 적상
㉣ 전류계의 지침이 요동
㉤ 소요동력 증대
㉥ 냉동능력 감소
㉦ 심하면 액해머(liquid hammer) 초래, 압축기 소손 우려(윤활유의 열화 및 탄화)

② 대책(운전 중인 상태)

㉠ 경미한 liquid back의 경우
- 흡입밸브를 닫고
- 팽창밸브를 약간 닫은 후
- 운전을 계속하여 정상으로 회복되면
- 흡입밸브를 서서히 연 후에 팽창밸브를 원상태로 조절한다.

㉡ 심한 liquid back의 경우
- 흡입밸브를 닫고
- 전원을 차단하여 압축기 정지 후
- 토출밸브를 닫는다.
- 워터재킷(water jacket)을 차단한다.
- 크랭크케이스(crank case)를 가열하여 냉매를 증발시킨다.
- 기동순서에 의해 압축기를 기동 후 정상 운전에 들어간다.

※ 증상에 따라서는 윤활유를 교환하고 각부의 이상 유무 확인

③ liquid back을 방지하기 위한 운전상의 유의점

㉠ 팽창밸브의 조정을 신중히 행할 것
㉡ 증발기의 제상 및 배유작업을 적시에 행할 것
㉢ 냉동부하의 급격한 변동을 삼갈 것
㉣ 기동조작에 신중을 기할 것
㉤ 극단적인 습(액)압축을 피할 것

5.3 냉매건조기(드라이어(drier), 제습기)

(1) 개요

프레온냉동장치의 운전 중에 냉매에 혼입된 수분을 제거하여 수분에 의한 악영향을 방지하기 위한 기기이다.

혼입된 수분이 장치에 미치는 영향

- 프레온냉매와 수분과는 용해성이 극히 작아 유리된 상태로 팽창밸브를 통과 시 빙결(동결)되어 오리피스(orifice)의 폐쇄로 냉매순환을 저해한다.
- 냉매와의 가수분해현상에 의해 생성된 염산 또는 불화수소산이 장치의 금속을 부식시킨다.
- 윤활유와의 작용으로 윤활성능을 열화시킨다.

(2) 설치

① 프레온냉매를 사용하는 냉동장치(NH_3용은 제외)
② 팽창밸브 직전의 액관에 설치(가능한 수직 설치)

(3) 구조

① 밀폐형 : 내부의 제습제를 교환할 수 없는 구조

② 개방형 : 제습제를 교환할 수 있도록 볼트로 조립된 구조

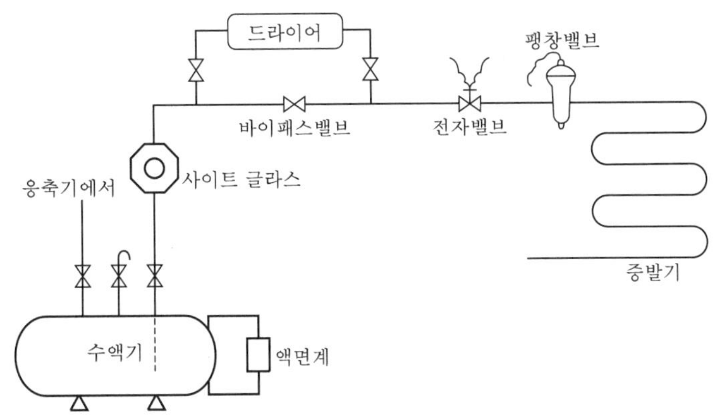

(4) 제습제

① 구비조건

㉠ 냉매, 윤활유와의 반응으로 용해되지 않을 것

㉡ 높은 건조도와 효율이 좋을 것

㉢ 다량의 수분을 흡수해도 분말화되지 않을 것

㉣ 취급이 편리하고 안전성이 높고 염가일 것

② 종류 : 실리카겔(silica gel), 활성 알루미나(activated alumina), S/V 소바비드(sovabead), 몰레큘러 시브(molecular sieve)

[제습제의 특성]

종류		실리카겔	활성 알루미나	S/V 소바비드	몰레큘러 시브
성분		$SiO_2\ nH_2O$	$Al_2O_3\ nH_2O$	규소의 일종	합성 제올라이트
외관	흡수 전	무색 반투명 가스재질	백색	반투명 구상	미립 결정체
	흡수 후	변화 없음	변화 없음	변화 없음	변화 없음
독성, 연소성, 위험성		없음	없음	없음	없음
미각		무미 무취	무미 무취	무미 무취	무미 무취
건조강도 (공기 중의 성분)		• A형 : 0.3mg/l • B형 : A형보다 약간	실리카겔과 같다.	실리카겔과 대략 같다.	실리카겔보다 크다.
포화흡수량		• A형 : 약 40% • B형 : 약 80%	실리카겔보다 작다.	실리카겔과 대략 같다.	실리카겔보다 크다.

종류	실리카겔	활성 알루미나	S/V 소바비드	몰레큘러 시브
건조제 충진용기	용기재질에 제한이 없다.	좌동	좌동	좌동
재생	약 150~200℃로 1~2시간 가열해서 재생한다. 재생 후 성질의 변화는 없다.	실리카겔과 같다.	200℃로 8시간 내에 재생할 것	가열에 의해 재생용이 약 200~250℃
수명	반영구적	좌동	반영구적 액상수에 접촉하면 파괴	반영구적

5.4 열교환기(liquid-gas heat exchanger)

(1) 역할

① 증발기로 유입되는 고압액냉매를 과냉각시켜 플래시가스의 발생을 억제하여 냉동효과를 증발시킨다.

② 흡입가스를 가열시켜 압축기로의 리퀴드백(liquid back)을 방지한다.

③ 흡입가스를 과열시킴으로써 성적계수의 향상과 냉동능력당 소요동력을 감소시킨다(특히 R-12, R-500의 경우, 5℃ 과열 : 3.7% HP/RT 감소).

(2) 종류

① **셸 앤드 튜브식** : 대형 장치용으로 원통(셸) 내에는 흡입가스가, 관(튜브) 내에는 고압액냉매가 흐르며 열교환한다.

② **관 접촉식** : 소형 장치용(가정용 등)으로 흡입관을 모세관으로 감아서 접촉시킨다.

③ **이중관식** : 외측관에는 가스를, 내측관에는 액냉매를 흐르게 하는 것이 일반적이다.

(3) 플래시가스(flash gas)

① **발생원인**

㉠ 액관이 현저하게 입상한 경우

㉡ 액관 및 액관에 설치한 각종 부속기기의 구경이 작은 경우(전자밸브, 드라이어, 스트레이너, 밸브 등)

㉢ 액관 및 수액기가 직사광선을 받고 있을 경우

㉣ 액관이 방열되지 않고 따뜻한 곳을 통과할 경우

② **발생영향**

㉠ 팽창밸브의 능력 감소로 냉매순환이 감소되어 냉동능력이 감소된다.

㉡ 증발압력이 저하하여 압축비의 상승으로 냉동능력당 소요동력이 증대한다.

㉢ 흡입가스의 과열로 토출가스온도가 상승하며 윤활유의 성능을 저하하여 윤활불량을 초래한다.

③ 방지대책

㉠ 액-가스열교환기를 설치한다.

㉡ 액관 및 부속기기의 구경을 충분한 것으로 사용한다.

㉢ 압력강하가 작도록 배관 설계를 한다.

㉣ 액관을 방열한다.

5.5 투시경(sight glass)

(1) 개요

냉동장치 내의 충전냉매량의 부족 여부를 확인하기 위한 기기로 적정 냉매량의 충전 및 기름 발생 유무를 확인하여 플래시가스의 존재 등을 확인하는 장치이다.

(2) 설치위치

액관상에 설치하며 응축기(또는 수액기) 가까운 곳이 이상적이다.

(3) 냉매의 부족상태 확인방법

사이트 글라스 내에서 연속적으로 심한 기포를 발생하며 흐를 경우

※ 공기조화용 장치 등에서는 냉매 중에 수분의 혼입량을 식별하기 위해서 투시경 내에 드라이아이(dry eye, 수부지시기(moisture indicator))를 설치하여 변화된 색깔의 정도로 확인할 수 있다.

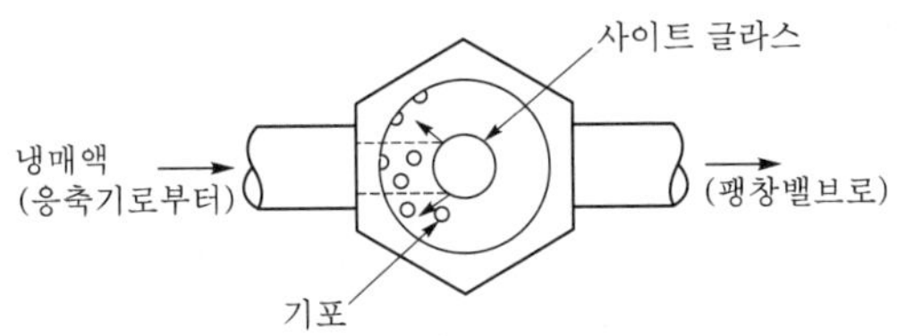

5.6 여과기(strainer)

(1) 개요

냉동장치의 계통 중에 혼입된 이물질(scale)을 제거하기 위한 기기로 팽창밸브, 전자밸브 및 압축기 흡입측에 설치한다.

(2) 특징

① 형태(구조)에 따라 Y형, L형, U형 라인(line)형 등이 있다.

② 액관에 설치하는 여과망(liquid filter)의 규격은 80~100mesh 정도이며, 흡입관에 설치하는 여과망(suction strainer)은 40~60mesh 정도이다(가스관 40mesh 정도).

③ 여과기의 설치에서는 충분한 단면적을 확보하여 통과저항을 최소화해야 한다.

④ 냉매용 여과기는 70~100mesh 사이로 팽창밸브에 삽입하거나 직전 밸브에 설치되며, 흡입측에는 압축기에 내장되어 있다.

5.7 플로트스위치(float switch, 액면스위치)

① 액면높이에 따른 플로트(float, 부자)의 위치변화에 의해서 전원을 공급하거나 차단시키는 일종의 수위스위치이다.

② 액면의 상승 또는 저하에 따라 전기접점이 개폐(ON, OFF)된다.

③ 만액식 증발기, 액화수장치, 2단 압축장치의 중간냉각기의 액면조절을 위하여 전자밸브와 조합하여 전기적인 액면제어방법으로 널리 사용된다.

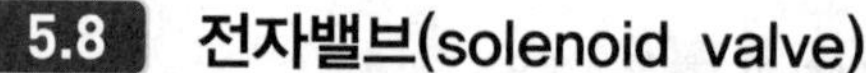

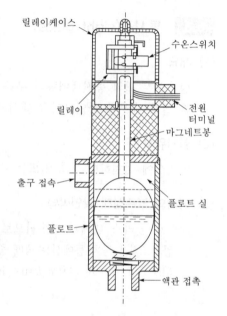

5.8 전자밸브(solenoid valve)

(1) 역할

전기적인 조작에 의하여 밸브 본체를 자동적으로 개폐하여 유량을 제어한다.

(2) 종류 및 구조

① **직동식 전자밸브(direct operative solenoid valve)** : 전자코일에 전류가 흐르면 플런저(plunger)가 들어올려져 밸브가 열리게 되고, 전류가 차단되면 플런저의 자중(自重)에 의해 밸브는 닫히게 되며, 밸브시트(밸브 플레이트)의 제한으로 소용량에 이용된다.

② **파일럿식 전자밸브(pilot operative solenoid valve)** : 대용량에서는 필연적으로 플런저 및 밸브의 구조가 커지게 되어 전자코일의 힘만으로는 확실한 밸브의 작동을 기대할 수 없기 때문에 밸브와 플런저를 분리한 파일럿전자밸브가 사용되며, 메인밸브(main valve)는 밸브의 출입구압력차에 의해서 개폐된다.

(3) 설치 시 유의사항

① 코일 부분이 상부에 위치하도록 수직으로 설치해야 한다.

② 유체의 흐름방향(입・출구측)을 일치시켜야 한다.

③ 용량에 맞춰 사용하고 사용전압에 유의해야 한다.

④ 용접 시에는 코일 부분이 타지 않도록 분해하거나 물수건 등으로 보호해야 한다.

5.9 냉매분배기(distributor)

(1) 역할

팽창밸브 출구와 증발기 입구 사이에 설치하여 증발기에 공급되는 냉매를 균등히 배분함으로써 압력강하의 영향을 방지하고 효율적인 증발작용을 하도록 한다.

(2) 설치경우

① 증발기 냉각관에서 압력강하가 심한 장치
② 외부균압형 온도식 자동팽창밸브를 사용하는 장치

PART 2

5.10 온도조절기(thermostat)

(1) 역할

측온부의 온도를 감지하여 전기적인 작동으로 기기를 가동(ON) 및 정지(OFF)시키는 역할을 한다.

(2) 종류

① **바이메탈식** : 팽창계수가 서로 다른 두 가지의 금속을 접합시켜 변형되는 성질을 이용한 구조
  ㉠ 와권형 : 저온의 경우에 OFF 되는 냉방용과 ON 되는 난방용이 있으며 스냅액션을 주기 위해 영구자석이 사용된다.
  ㉡ 원판형 : 원판형의 바이메탈로 자체에 전류가 흐르면서 온도변화에 의해 ON, OFF 된다.
  ㉢ 평판형 : 전동기(motor)의 권선(coil) 중에 삽입하여 권선의 온도 상승에 의한 소손을 방지하기 위해 ON, OFF 된다.

② **감온통식** : 감온통을 감지할 부분에 접촉시켜서 감온통 내에 봉입된 액화가스의 포화압력 변화에 따라 ON, OFF 된다.
  ㉠ 가스충전식, 액충전식, 크로스충전식으로 구분된다.
  ㉡ 냉동장치의 온도조절기로 많이 사용되고 있다.

③ **전기저항식** : 온도변화에 의하여 전기적인 저항이 변하는 금속의 성질을 이용하여 ON, OFF 되며 공기조화용에 이용되고 있다.

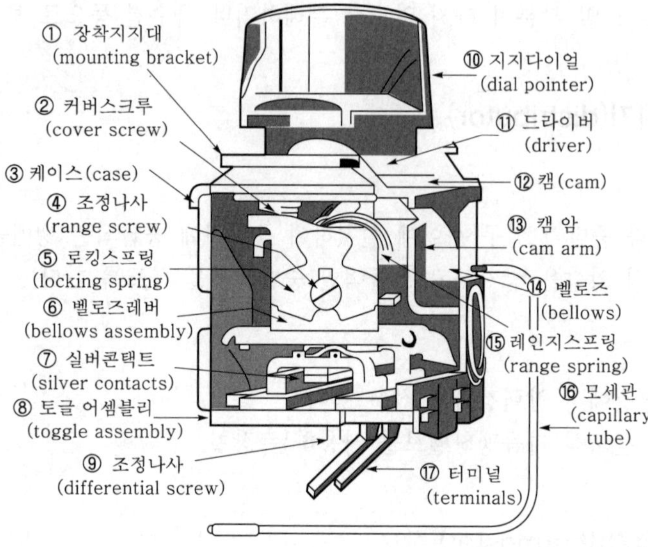
① 장착지지대
(mounting bracket)
② 커버스크루
(cover screw)
③ 케이스(case)
④ 조정나사
(range screw)
⑤ 로킹스프링
(locking spring)
⑥ 벨로즈레버
(bellows assembly)
⑦ 실버콘택트
(silver contacts)
⑧ 토글 어셈블리
(toggle assembly)
⑨ 조정나사
(differential screw)
⑩ 지지다이얼
(dial pointer)
⑪ 드라이버
(driver)
⑫ 캠(cam)
⑬ 캠 암
(cam arm)
⑭ 벨로즈
(bellows)
⑮ 레인지스프링
(range spring)
⑯ 모세관
(capillary tube)
⑰ 터미널
(terminals)

[소형 장치용 감온통식 온도조절기]

Chapter 6 열역학의 기본사항

1.1 열역학 기초사항

(1) 계(system)

① 밀폐계(closed system, 비유동계(nonflow system)) : 계의 경계를 통하여 물질의 유동은 없으나 에너지 수수는 있는 계(계 내 물질은 일정)

② 개방계(open system, 유동계(flow system)) : 계의 경계를 통하여 물질의 유동과 에너지 수수가 모두 있는 계

③ 절연계(isolated system, 고립계) : 계의 경계를 통하여 물질이나 에너지의 전달이 전혀 없는 계

④ 단열계(adiabatic system) : 계의 경계를 통한 외부와 열전달이 전혀 없다고 가정한 계

(2) 성질과 상태량(property & quantity of state)

① 강도성 상태량(intensive quantity of state) : 계의 질량에 관계없는 성질(온도(t), 압력(P), 비체적(v) 등)

② 용량성 상태량(extensive quantity of state) : 계의 질량에 비례하는 성질(체적, 에너지, 질량, 내부에너지(U), 엔탈피(H), 엔트로피(S) 등)

③ 비중량(specific weight) : $\gamma = \frac{G}{V}[\mathrm{N/m^3}]$

④ 밀도(density) : $\rho = \frac{m}{V} = \frac{\gamma}{g}[\mathrm{kg/m^3},\ \mathrm{N \cdot s^2/m^4}]$

⑤ 비체적(specific volume) : $v = \frac{1}{\rho} = \frac{V}{m}[\mathrm{m^3/kg}]$

⑥ 압력(pressure)

표준 대기압(1atm) $= 1.0332\mathrm{kgf/cm^2} = 760\mathrm{mmHg} = 10.33\mathrm{mAq} = 101.325\mathrm{kPa}$
$= 14.7\mathrm{psi(lb/in^2)} = 1.01325\mathrm{bar} = 1{,}013.25\mathrm{mbar(mmbar)}$

수주 $1\mathrm{mmAq} = \frac{1}{10{,}000}\mathrm{kgf/cm^2} = 1\mathrm{kgf/m^2}$

$1\mathrm{bar} = 10^3\mathrm{m \cdot bar} = 10^5\mathrm{N/m^2}(=\mathrm{Pa}) = 0.1\mathrm{MPa}$

$1\mathrm{Pa} = 1\mathrm{N/m^2}$

$1\mathrm{kgf/m^2} \fallingdotseq 9.8\mathrm{N/m^2}(=\mathrm{Pa})$

$$절대압력(P_a) = 대기압력(P_o) \pm 게이지압력(P_g)[ata]$$

⑦ 온도(temperature)

㉠ 섭씨온도와 화씨온도 : 섭씨온도를 t_C, 화씨온도를 t_F라 할 때

$$t_C = \frac{5}{9}(t_F - 32)[℃],\ t_F = \frac{9}{5}t_C + 32[°F]$$

[섭씨온도와 화씨온도와의 관계]

구분	빙점	증기점	등분
섭씨온도	0℃	100℃	100
화씨온도	32°F	212°F	180

㉡ 절대온도

$$T = t_C + 273.15 \fallingdotseq t_C + 273[K]$$
$$T_R = t_F + 459.67 \fallingdotseq t_F + 460[°R]$$

※ R은 Rankine의 머리글자이고, K는 Kelvin의 머리글자이다.

(3) 비열, 열량, 열효율

① 비열(specific heat) : 단위 kcal/kg · ℃, kJ/kg · ℃(K)

$$\delta Q = mCdt[kJ],\ {}_1Q_2 = mC(t_2 - t_1)[kJ]$$
물의 비열(C)=4.186kJ/kg · K

② 열량(quantity of heat)

㉠ 15℃ kcal : 표준 대기압하에서 순수한 물 1kg을 14.5℃에서 15.5℃까지 높이는 데 필요한 열량이다.

㉡ 평균kcal : 표준 대기압하에서 순수한 물 1kg을 0℃에서 100℃까지 높이는 데 필요한 열량을 100등분한 것이다.

㉢ BTU(British Thermal Unit) : 영국열량단위이며 물 1lb의 온도를 32°F로부터 212°F까지 높이는 데 필요한 열량의 1/180을 말한다.

㉣ CHU(Centigrade Heat Unit) : 물 1lb를 0℃로부터 100℃까지 높이는 데 필요한 열량의 1/100을 말한다(1CHU=1PCU).

[열량의 단위 비교]

kcal	BTU	CHU(PCU)	kJ
1	3.968	2.205	4.186
0.252	1	0.556	1.0548
0.454	1.800	1	1.9

③ **동력(power)** : 일의 시간에 대한 비율, 즉 단위시간당의 일량으로 공률(일률)이라고도 한다. 실용단위로는 W, kW, PS(마력) 등이 사용된다.

1PS=75kg·m/s, 1HP=76.04kg·m/s=550ft-lb/s
1kW=1,000J/s=102kg·m/s=1kJ/s=860kcal/h=3,600kJ/h=1.36PS

④ 열효율$(\eta)=\dfrac{\text{정미일량}}{\text{공급열량}}=\dfrac{860\text{kW}}{\text{연료의 저위발열량}\times\text{시간당 연료소비량}}\times 100[\%]$

$=\dfrac{632.3\text{PS}}{\text{연료의 저위발열량}\times\text{시간당 연료소비량}}\times 100[\%]$

※ SI단위인 경우 $\eta=\dfrac{3,600\text{kW}}{H_L m_f}\times 100[\%]$

여기서, kW : 정격출력, H_L : 연료의 저위발열량(kJ/kg), m_f : 시간당 연료소비량(kg/h)

⑤ **사이클(cycle)**

㉠ 가역사이클(reversible cycle) : 가역과정(등온·등적·등압·가역단열변화)로만 구성된 사이클(이론적 사이클)

㉡ 비가역사이클(irreversible cycle) : 비가역적 인자가 내포된 사이클(실제 사이클)

⑥ **열역학 제0법칙** : 열평형상태(법칙)로 온도계의 원리를 적용한 법칙(흡열량=방열량)

PART 2

열역학 제 법칙

1 열역학 제1법칙(에너지 보존의 법칙)

열량(Q)과 일량(W)은 본질적으로 동일한 에너지임을 밝힌 법칙이다.

- 열역학 제1법칙(에너지 보존의 법칙, 가역법칙, 양적법칙)

$$\oint \delta W \propto \oint \delta Q$$

$${}_1Q_2 = {}_1W_2[\text{kJ}]$$

SI단위에서는 변환정수(A)를 삭제한다.

> 일의 열상당량 $A = \frac{1}{427}\text{kcal/kg}\cdot\text{m}$
>
> 열의 일상당량 $J = 427\text{kg}\cdot\text{m/kcal}$

- 열역학 제1법칙의 식(에너지 보존의 법칙을 적용한 밀폐계 에너지식)

$$\delta Q = dU + \delta W[\text{kJ}],\ \delta Q = dU + PdV[\text{kJ}]$$

$$\delta q = du + \delta w[\text{kJ/kg}],\ \delta q = du + pdv[\text{kJ/kg}]$$

1.1 엔탈피(enthalpy, H)

어떤 물질이 보유한 전체 에너지(상태함수)

$$H = U + PV[\text{kJ}],\ H = U + mRT[\text{kJ}]$$

$$H_2 - H_1 = (U_2 - U_1) + (P_2V_2 - P_1V_1)[\text{kJ}]$$

- 절대일($_1W_2$)과 공업일(W_t)

  $_1W_2 = \int_1^2 PdV = P(V_2 - V_1)$[kJ], 절대일=밀폐계 일=팽창일=비유동계 일

  $W_t = -\int_1^2 VdP$[kJ], 공업일=개방계 일=압축일=유동계 일
- 비엔탈피(specific enthalpy, h) : 단위질량당 엔탈피

  $h = u + pv = u + \frac{P}{\rho}$[kJ/kg]

1.2 비열(specific of heat, C)

(1) 정적비열(C_v)

$$\delta Q = dU = mC_v dT \text{[kJ]}$$

$$_1W_2 = \int_1^2 PdV = 0 \text{(정적변화 시 밀폐계 일은 0이다)}$$

$$C_v = \left(\frac{\partial u}{\partial T}\right)_v = \frac{\partial u}{\partial T} \text{[kJ/kg · K]}$$

$$du = C_v dT \text{[kJ/kg]},\ dU = mC_v dT \text{[kJ]}$$

정적변화 시 가열량은 (비)내부에너지변화량과 같다. 즉 $_1Q_2 = U_2 - U_1 = mC_v(T_2 - T_1)$[kJ]이다.

(2) 정압비열(C_p)

$$\delta Q = dH = mC_p dT \text{[kJ]}$$

$$W_t = -\int_1^2 VdP = 0 \text{(정압변화 시 공업일은 0이다)}$$

$$Q = H_2 - H_1 = mC_p(T_2 - T_1) \text{[kJ]}$$

$$C_p = \left(\frac{\partial h}{\partial T}\right)_p = \frac{dh}{dT} \text{[kJ/kg · ℃]}$$

정압변화 시 가열량과 (비)엔탈피변화량은 같다. 즉 $_1Q_2 = H_2 - H_1 = mC_p(T_2 - T_1)$[kJ]이다.

PART 2

1.3 $P-V$선도에서 절대일과 공업일의 관계식

$$W_t = P_1 V_1 + {}_1W_2 - P_2 V_2 [\mathrm{kJ}]$$

2 열역학 제2법칙(엔트로피 증가법칙, 비가역법칙)

열역학 제2법칙은 고립계에서 총엔트로피(무질서도)의 변화는 항상 증가하는 방향으로 일어난다는 법칙이다.

- Kelvin-Plank의 표현 : 계속적으로 열을 바꾸기 위해서는 그 일부를 저온체에 버리는 것이 필요하다는 것으로서, 효율이 100%인 열기관은 존재할 수 없음을 의미한다.
- Clausius의 표현 : 열은 그 자신만의 힘으로는 다른 물체에 아무 변화도 주지 않고 저온체에서 고온체로 흐를 수 없다. 즉 Clausius의 표현은 성능계수가 무한대인 냉동기의 제작은 불가능하다.

2.1 열효율과 성능계수

(1) 열기관의 열효율

$$\eta = \frac{W_{net}}{Q_1} = \frac{Q_1 - Q_2}{Q_1} = 1 - \frac{Q_2}{Q_1}$$

여기서, W_{net} : 정미일량(kJ), Q_1 : 공급열량(kJ), Q_2 : 방출열량(kJ)

(2) 냉동기의 성능(성적)계수

$$\varepsilon_R = \frac{Q_2}{Q_1 - Q_2} = \frac{Q_2}{W_c} = \varepsilon_H - 1$$

여기서, Q_1 : 고온체(응축기) 발열량(kJ), Q_2 : 저온체(증발기) 흡열량(kJ)
W_c : 압축기 소비일량(kJ)

(3) 열펌프의 성능계수

$$\varepsilon_H = \frac{Q_1}{Q_1 - Q_2} = \frac{Q_1}{W_c} = 1 + \varepsilon_R$$

열펌프의 성능계수(ε_H)는 냉동기의 성능계수(ε_R)보다 항상 1만큼 크다.

2.2 카르노사이클(Carnot cycle)

가역사이클이며 열기관사이클 중에서 가장 이상적인 사이클이다.

(1) 카르노사이클의 열효율

$$\eta_c = \frac{W_{net}}{Q_1} = \frac{Q_1 - Q_2}{Q_1} = 1 - \frac{Q_2}{Q_1} = 1 - \frac{T_2}{T_1}$$

(2) 카르노사이클의 특성

① 열효율은 동작유체의 종류에 관계없이 양 열원의 절대온도에만 관계가 있다.
② 열기관의 이상사이클로서 최고의 열효율을 갖는다.
③ 열기관의 이론상의 이상적인 사이클이며 실제로 운전이 불가능한 사이클이다.
④ 공급열량(Q_1)과 고열원온도(T_1), 방출열량(Q_2)와 저열원온도(T_2)는 각각 비례한다.

$$\frac{Q_2}{Q_1} = \frac{T_2}{T_1}$$

PART 2

2.3 클라우지우스(Clausius)의 적분

(1) 가역사이클(reversible cycle)

카르노사이클에서의 열효율은

$$\eta = 1 - \frac{T_2}{T_1} = 1 - \frac{Q_2}{Q_1}$$

여기서, $\frac{T_2}{T_1} = \frac{Q_2}{Q_1}$, $\frac{Q_1}{T_1} = \frac{Q_2}{T_2}$

$$\therefore \ \frac{Q_1}{T_1} + \frac{Q_2}{T_2} = 0$$

동작물질이 받은 열량은 정(+)이고, 방출열량은 부(−)이므로

$$\frac{Q_1}{T_1} - \left(\frac{-Q_2}{T_2}\right) = \frac{Q_1}{T_1} + \frac{Q_2}{T_2} = 0$$

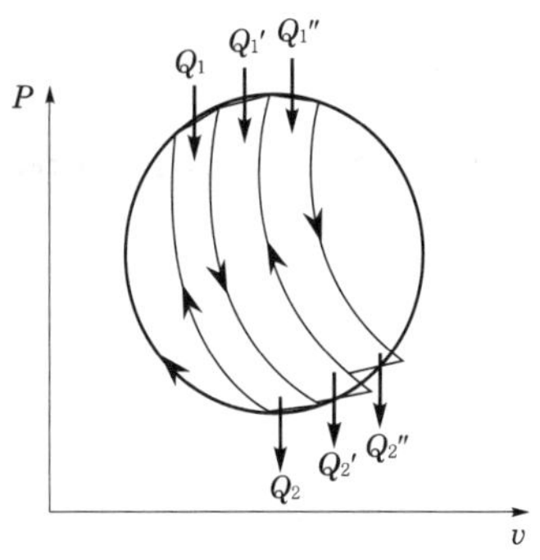

[임의의 가역사이클]

가역사이클을 무수한 미소카르노사이클의 집합이라고 생각하면

$$\left(\frac{\delta Q_1}{T_1}+\frac{\delta Q_2}{T_2}\right)+\left(\frac{\delta Q_1{}'}{T_1{}'}+\frac{\delta Q_2{}'}{T_2{}'}\right)+\left(\frac{\delta Q_1{}''}{T_1{}''}+\frac{\delta Q_2{}''}{T_2{}''}\right)+\cdots=0$$

$$\therefore\ \Sigma\frac{\delta Q}{T}=0\ \text{또는}\ \oint\frac{\delta Q}{T}=0$$

(2) 비가역사이클(irreversible cycle)

$$\oint\frac{\delta Q}{T}<0$$

2.4 엔트로피(entropy, Δs)

열에너지를 이용하여 기계적 일을 하는 과정의 불완전도 환원하면 과정의 비가역성을 표현하는 것이 열에너지의 변화과정에 관계되는 양이다.

$$\Delta s=\frac{\delta Q}{T}[\text{kJ/K}]$$

$$\text{비엔트로피}(ds)=\frac{\delta q}{T}[\text{kJ/kg}\cdot\text{K}]$$

2.5 완전 가스의 비엔트로피(ds)

$$ds=\frac{\delta q}{T}[\text{kJ/kg}\cdot\text{K}]$$

$$\delta q=du+p\,dv[\text{kJ/kg}],\ \ \delta q=dh-v\,dp[\text{kJ/kg}]$$

(1) 정적변화($v=c$)

$$s_2-s_1=C_p\ln\frac{T_2}{T_1}+R\ln\frac{P_1}{P_2}=C_v\ln\frac{P_2}{P_1}[\text{kJ/kg}\cdot\text{K}]$$

(2) 정압변화($p=c$)

$$s_2-s_1=C_p\ln\frac{T_2}{T_1}=C_p\ln\frac{v_2}{v_1}[\text{kJ/kg}\cdot\text{K}]$$

(3) 등온변화($t=c$)

$$s_2-s_1=R\ln\frac{P_1}{P_2}=C_v\ln\frac{P_2}{P_1}+C_p\ln\frac{v_2}{v_1}[\text{kJ/kg}\cdot\text{K}]$$

(4) 가역단열변화(${}_1Q_2=0$, $\Delta s=0$, 등엔트로피변화)

$ds=\dfrac{\delta q}{T}$에서 $\delta q=0$이므로 $ds=0$이다. 즉 $s_2-s_1=0(s=c)$이다.

(5) 폴리트로픽변화

$$s_2-s_1=C_n\ln\frac{T_2}{T_1}=C_v\frac{n-k}{n-1}\ln\frac{T_2}{T_1}=C_v(n-k)\ln\frac{v_1}{v_2}$$

$$=C_v\left(\frac{n-k}{n}\right)\ln\frac{P_2}{P_1}[\text{kJ/kg}\cdot\text{K}]$$

PART 2

2.6 유효에너지와 무효에너지

열량 Q_1을 받고 열량 Q_2를 방열하는 열기관에서 기계적 에너지로 전환된 에너지를 유효에너지 Q_a라 하면

$$Q_a=Q_1-Q_2$$

① 유효에너지 : $Q_a=Q\eta_c=Q_1\left(1-\dfrac{T_2}{T_1}\right)=Q_1-T_2\Delta S[\text{kJ}]$

여기서, $\Delta S=\dfrac{Q_1}{T_1}$

② 무효에너지 : $Q_2=Q_1(1-\eta_c)=Q_1\dfrac{T_2}{T_1}=T_2\Delta S[\text{kJ}]$

8 Chapter 완전 기체와 증기

1 완전 기체

완전 기체(perfect gas) 또는 이상기체(ideal gas)란 완전 기체의 상태방적식($Pv=RT$)을 만족시키는 가스를 말한다. 반면 반완전 기체(semi-perfect gas)란 비열이 온도만의 함수로 $C=f(t)$된 가스를 말한다.

- Boyle의 법칙(Mariotte's law, 등온법칙)

$$T=C,\ Pv=C,\ P_1v_1=P_2v_2,\ \frac{v_2}{v_1}=\frac{P_1}{P_2}$$

- Charles의 법칙(Gay-Lussac's law, 등압법칙)

$$P=C,\ \frac{v}{T}=C,\ \frac{v_1}{T_1}=\frac{v_2}{T_2},\ \frac{v_2}{v_1}=\frac{T_2}{T_1}$$

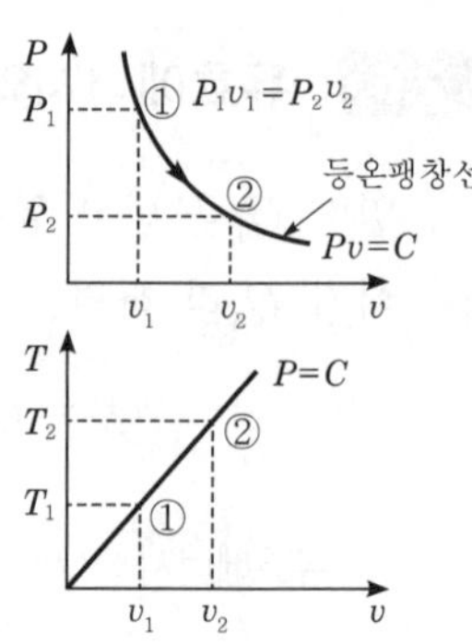

1.1 이상기체의 상태방정식

(1) 이상기체의 상태방정식

$$\frac{Pv}{T}=R[\text{J/kg}\cdot\text{K, kJ/kg}\cdot\text{K}]$$

$$Pv=RT$$

$$PV=mRT$$

여기서, R : 기체상수(kJ/kg · K)

(2) 일반기체상수(universal gas constant, $\overline{R}$ or R_u)

$$\overline{R}=mR=\frac{PV}{nT}=\frac{101.325\times22.41}{1\times273}=8.314\text{kJ/kmol}\cdot\text{K}$$

여기서, m : 분자량(kg/kmol)

(3) 비열 간의 관계식

$$\delta q = du + p\,dv = C_v\,dT + p\,dv\,[\text{kJ/kg}]$$

$$\delta q = dh - v\,dp = C_p\,dT - v\,dp\,[\text{kJ/kg}]$$

$$C_v = \left(\frac{\partial q}{\partial T}\right)_{v=c} = \frac{du}{dT},\quad C_p = \left(\frac{\partial q}{\partial T}\right)_{p=c} = \frac{dh}{dT}$$

$$C_v\,dT + p\,dv = C_p\,dT - v\,dp$$

$$(C_p - C_v)\,dT = (p\,dv + v\,dp) = d(pv) = d(RT) = R\,dT$$

> $C_p - C_v = R$, $k = \dfrac{C_p}{C_v}$, 기체인 경우 $C_p > C_v$이므로 k는 항상 1보다 크다.
>
> $C_v = \dfrac{R}{k-1}[\text{kJ/kg}\cdot\text{K}]$, $C_p = \dfrac{kR}{k-1} = k\,C_v[\text{kJ/kg}\cdot\text{K}]$

PART 2

1.2 교축(throttling)과정

단열유로($dq = 0$)의 경우

$$h_1 + \frac{{w_1}^2}{2} = h_2 + \frac{{w_2}^2}{2}$$

만약 저속유동(30~50m/s 이하)을 가정하면 운동에너지(KE)항을 무시할 수 있다.

$$h_1 = h_2$$

즉 교축에서 엔탈피는 변하지 않는다(비가역과정이므로 엔트로피는 증가한다. $\Delta S > 0$).

1.3 혼합가스

> **Point**
>
> Dalton의 분압법칙
> 두 가지 이상의 다른 이상기체를 하나의 용기에 혼합시킬 경우 혼합기체의 전압력은 각 기체분압의 합과 같다.

① 혼합 후 전압력(P)과 각 가스의 분압

$$P_1 + P_2 + P_3 + \cdots + P_n = P\frac{V_1}{V} + P\frac{V_2}{V} + P\frac{V_3}{V} + \cdots + P\frac{V_n}{V}$$

$$P_n = P\frac{V_n}{V} = P\frac{n_n}{n}\,[\text{Pa}]$$

② 혼합가스의 비중량(γ)

㉠ 혼합기체의 중량$(G) = G_1 + G_2 + G_3 + \cdots + G_n$

$$= \gamma_1 V_1 + \gamma_2 V_2 + \gamma_3 V_3 + \cdots + \gamma_n V_n$$

$$= \Sigma \gamma_i V_i$$

㉡ 혼합기체의 비중량$(\gamma) = \gamma_1 \dfrac{V_1}{V} + \gamma_2 \dfrac{V_2}{V} + \gamma_3 \dfrac{V_3}{V} + \cdots + \gamma_n \dfrac{V_n}{V} = \Sigma \gamma_i \dfrac{V_i}{V}$[N/m^3]

$$= \gamma_1 \frac{P_1}{P} + \gamma_2 \frac{P_2}{P} + \gamma_3 \frac{P_3}{P} + \cdots + \gamma_n \frac{P_n}{P} = \Sigma \gamma_i \frac{P_i}{P}[\text{N/m}^3]$$

③ 혼합가스의 중량비 : $\dfrac{G_i}{G} = \dfrac{\gamma_i}{V} \dfrac{V_i}{V} = \dfrac{M_i}{M} \dfrac{V_i}{V} = \dfrac{R}{R_i} \dfrac{V_i}{V}$

④ 혼합가스의 분자량(M) 및 가스정수(R) : $\gamma V = \sum_{i=1}^{n} \gamma_i V_i$에서

$$\gamma = \sum_{i=1}^{n} \gamma_i \frac{V_i}{M} = \sum_{i=1}^{n} \gamma \frac{M_i}{M} \frac{V_i}{V} = \sum_{i=1}^{n} \gamma \frac{M_i}{M} \frac{P_i}{P}$$

㉠ 혼합가스의 분자량$(M) = \sum_{i=1}^{n} M_i \dfrac{P_i}{P}$

㉡ 가스상수$(R) = \dfrac{848}{\sum_{i=1}^{n} M_i \dfrac{V_i}{V}} = \dfrac{848}{\sum_{i=1}^{n} M_i \dfrac{P_i}{P}} = \dfrac{848}{\Sigma M_i \gamma_i}$[kg · m/kg · K]

$$= \frac{8{,}314}{M}[\text{J/kg} \cdot \text{K}]$$

1.4 공기

(1) 건공기와 습공기

① 건공기 : 산소 21%, 질소 78%, 탄산가스, 아르곤 등의 기체가 혼합된 공기

② 습공기 : 대기와 같이 수분을 함유한 공기

(2) 습공기의 상태량

① 전압력(대기압)과 수증기분압

$$P = P_w + P_a = \text{수증기분압} + \text{건공기분압}$$

② 절대습도 : 습공기 중에 함유된 건공기 1kg에 대한 수증기의 질량 x[kg′/kg]이다.

③ 포화습공기 : 습공기 중의 수증기분압 P_w가 그 온도의 포화증기압 P_s와 같은 습공기를 말한다.

※ 포화습공기보다 적은 양의 수증기를 포함하고 있는 공기를 불포화습공기라 한다.

④ 상대습도(ψ)와 비교습도(ϕ)

$$\psi = \frac{P_w}{P_s} \times 100[\%] = \frac{\gamma_w}{\gamma_s} \times 100[\%]$$

$$\phi = \frac{x}{x_s} \times 100[\%] = \frac{\text{불포화공기의 절대습도}}{\text{포화공기의 절대습도}} \times 100[\%]$$

(3) 습공기의 상태값

① 절대습도(x)$= \dfrac{m_w(G_w)}{m_a(G_a)} = \dfrac{\text{수증기질량(중량)}}{\text{습공기 중 건공기질량(중량)}}[\text{kg}'/\text{kg}]$

$$G_w = \gamma_w V = \frac{P_w V}{R_w T} = \frac{P_w V}{462T} = \frac{\phi P_s V}{462T}[\text{kg}]$$

여기서, m_a : 습공기 중의 건공기질량(kg), m_w : 수증기질량(kg)

G_w : 수증기의 중량(kg), G_a : 건공기의 중량$\left(= \gamma_a V = \dfrac{P_a V}{R_a T} = \dfrac{P - \phi P_s V}{287T}\right)$(kg)

$$x = \frac{G_w}{G_a} \fallingdotseq 0.622\frac{\phi P_s}{P - \phi P_s}[\text{kg}'/\text{kg}]$$

$$\phi = \frac{xP}{(0.622 + x)P_s}[\%]$$

$\phi = 1$일 때 포화습공기의 절대습도(x_s)$= 0.622\dfrac{P_s}{P - P_s} = 0.622\dfrac{\phi P_s}{P - \phi P_s}[\text{kg}'/\text{kg}]$

② 비교습도(ϕ)$= \dfrac{x}{x_s} = \phi\left(\dfrac{P - P_s}{P - \phi P_s}\right)[\%]$

③ 비체적(v)$= \dfrac{T(R_a + xR_w)}{P} = (287 + 462x)\dfrac{T}{P} = 462(0.622 + x)\dfrac{T}{P}[\text{m}^3/\text{kg}]$

$$h = h_a + x h_w = C_{pa} t + (\gamma_o + C_{pw} t)x[\text{kJ/kg}]$$

여기서 h_a, h_w, C_{pa}, C_{pw}는 각각 건공기-수증기의 엔탈피와 정압비열, 공기압력 80mmHg, 온도범위 −30~+150℃에 대하여 다음과 같은 근사값을 갖는다.

$$h_a = 0.240t$$
$$h_w = 597.3 + 0.441t$$
$$h = 0.24t + (597.3 + 0.441t)x[\text{kcal/kg}]$$
$$= 1.005t + (2{,}501 + 185t)x[\text{kJ/kg}]$$

2 증기

2.1 증기(vapour)의 일반적 성질

(1) 정압하에서의 증발($P=C$)

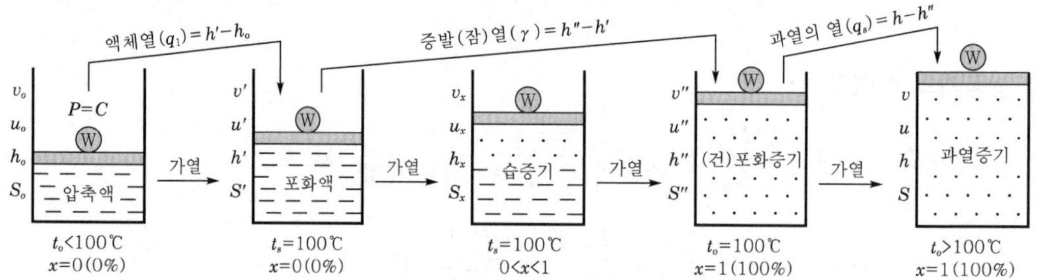

① 압축수(과냉액) : 쉽게 증발하지 않는 액체(100℃ 이하의 물)

② 포화수 : 쉽게 증발하려고 하는 액체(액체로서는 최대의 부피를 갖는 경우의 물, 포화온도 (t_s)=100℃)

③ 습증기 : 포화액+증기혼합물(포화온도(t_s)=100℃)

④ (건)포화증기 : 쉽게 응축되려고 하는 증기(포화온도(t_s)=100℃)

⑤ 과열증기 : 잘 응축하지 않는 증기(100℃ 이상)

(2) 정압하에서의 $P-v$선도와 $T-s$선도

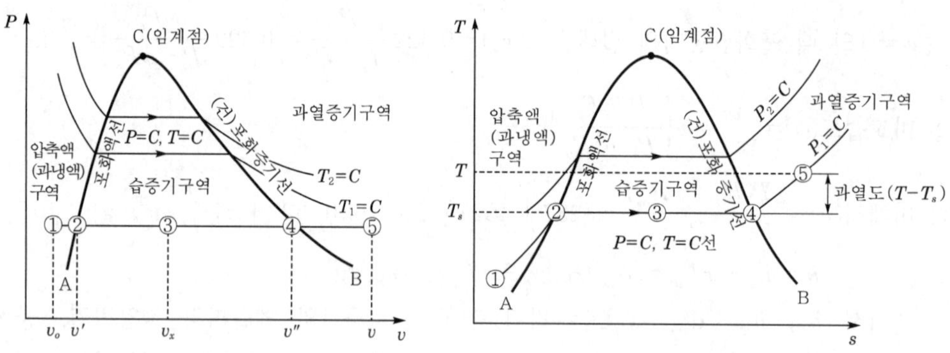

2.2 증기의 열적 상태량

(1) 포화액(수)

① 포화수의 엔탈피(h')

$$h' = h_0 + \int_{273}^{T_s} c\,dt$$

$$\therefore\ h' - h_0 = \int_{273}^{T_s} c\,dt = q_t = (u' - u_0) + P(v' - v_0)[\text{kJ/kg}]$$

② 포화수의 엔트로피(s')

$$s' = s_0 + \int_{T_s}^{T} \frac{\delta q}{T} = s_0 + \int_{T_s}^{T} \frac{C_p\,dT}{T}$$

$$\therefore\ s' - s_0 = \int_{273}^{T} \frac{C\,dT}{T} = C\ln\frac{T}{273}[\text{kJ/kg}\cdot\text{K}]$$

(2) 습포화증기(습증기)

① 증발열(γ)$= h'' - h' = u'' - u' + p(v'' - v') = \rho + \phi[\text{kJ/kg}]$

② 내부증발열(ρ)$= u'' - u'[\text{kJ/kg}]$

③ 외부증발열(ϕ)$= p(v'' - v')[\text{kJ/kg}]$

$$h_x = h' + x(h'' - h') = h' + x\gamma$$

$$u_x = u' + x(u'' - u') = u' + x\rho$$

$$s_x = s' + x(s'' - s') = s' + x\frac{\gamma}{T_s}$$

$$ds = \frac{\delta q}{T} = \frac{dh}{T}[\text{kJ/kg}\cdot\text{K}]$$

(3) 과열증기

① 과열증기의 엔탈피(h)

$$h = h'' + \int_{T_s}^{T} C_p\,dT$$

$$\therefore\ h - h'' = \int_{T_s}^{T} C_p\,dT[\text{kJ/kg}]$$

② 과열증기의 엔트로피(s)

$$s = s'' + \int_{T_s}^{T} C_p\frac{dT}{T}$$

$$\therefore\ s - s'' = \int_{T_s}^{T} C_p \frac{dT}{T} [\text{kJ/kg}\cdot\text{K}]$$

3 기체 및 증기의 흐름

3.1 기체 및 증기의 1차원 흐름

(1) 연속방정식

관로에서 단면 ①에서 ②로 흐르는 유체의 흐름은 각 단면에 대하여 직각이다. 이 단면을 거쳐 나가는 흐름은 연속적이며 층류라 하고, 각 단면에서의 압력, 단면적, 비체적을 각각, P_1, A_1, v_1, P_2, A_2, v_2라 하면 유량 m는 다음과 같이 표시된다.

$$m = \frac{A_1 V_1}{v_1} = \frac{A_2 V_2}{v_2} [\text{kg/s}]$$

이 관계식을 기체의 연속방정식이라 한다.

(2) 정상유동의 에너지방정식

$$q = (h_2 - h_1) + \frac{1}{2}(V_2^{\,2} - V_1^{\,2}) + g(z_2 - z_1) + w_t [\text{kJ/kg}]$$

(3) 단열유동 시 노즐 출구속도

SI단위에서 노즐 출구유속(V_2)은 단위에 주의한다.

$$V_2 = \sqrt{2(h_1 - h_2)} = 44.72\sqrt{h_1 - h_2} [\text{m/s}]$$

여기서 $h_1 - h_2$의 단위는 kJ/kg이다.

3.2 노즐 속의 흐름

(1) 유출량(질량유량)

$$m = F_2 \sqrt{2g\left(\frac{k}{k-1}\right)\frac{P_1}{v_1}\left[\left(\frac{P_2}{P_1}\right)^{\frac{2}{k}} - \left(\frac{P_2}{P_1}\right)^{\frac{k+1}{k}}\right]}$$

임계상태 시 온도, 비체적, 압력의 관계식

$$\frac{T_c}{T_1}=\left(\frac{v_1}{v_c}\right)^{k-1}=\left(\frac{P_c}{P_1}\right)^{\frac{k-1}{k}}=\frac{2}{k+1}$$

$$\text{임계온도}(T_c)=T_1\left(\frac{2}{k+1}\right)[\text{K}]$$

$$\text{임계비체적}(v_c)=v_1\left(\frac{k+1}{2}\right)^{\frac{1}{k-1}}[\text{m}^3/\text{kg}]$$

(2) 임계압력비

$$\frac{P_2}{P_1}=\left(\frac{2}{k+1}\right)^{\frac{k}{k-1}}$$

$$P_2=P_c$$

① 공기의 경우($k=1.4$) : $P_c=0.528282P_1$

② 과열증기의 경우($k=1.3$) : $P_c=0.545727P_1$

③ 건포화증기의 경우($k=1.135$) : $P_c=0.57743P_1$

(3) 최대 유량

$$m_{\max}=F_2\sqrt{kg\left(\frac{2}{k+1}\right)^{\frac{k+1}{k-1}}\frac{P_1}{v_1}}=F_2\sqrt{kg\frac{P_c}{v_c}}\,[\text{kg/s}]$$

(4) 최대 속도(한계속도, 임계속도)

$$V_{cr}=\sqrt{2g\left(\frac{k}{k+1}\right)P_1v_1}=\sqrt{kP_cv_c}=\sqrt{kRT_c}\,[\text{m/s}]$$

임계상태 시 노즐 출구유속은 음속의 크기와 같다.

3.3 노즐 속의 마찰손실

(1) 노즐효율

$$\eta_n=\frac{\text{단열열낙차}}{\text{진정열낙차}}=\frac{h_A-h_C}{h_A-h_B}=\frac{h_A-h_D}{h_A-h_B}$$

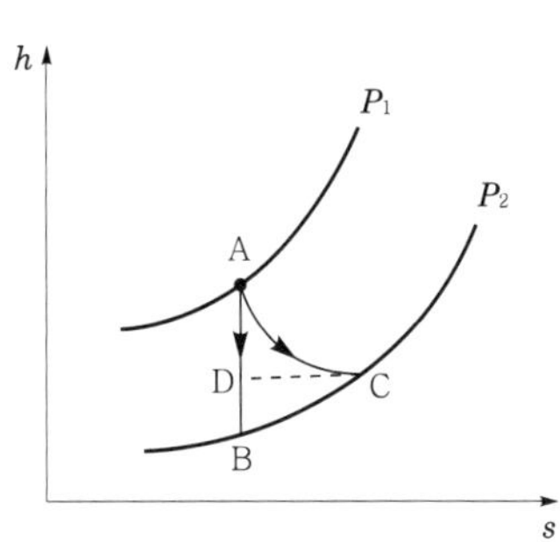

[노즐 속의 마찰손실]

(2) 노즐의 손실계수

$$S = \frac{\text{에너지손실}}{\text{단열열낙차}} = \frac{h_D - h_B}{h_A - h_B} = 1 - \eta_n$$

(3) 속도계수(ϕ)

$$\phi = \frac{V_2'}{V_2} = \sqrt{\frac{h_A - h_C}{h_A - h_B}} = \sqrt{\eta_n} = \sqrt{1 - S}$$

$$\phi^2 = \eta_n = 1 - S$$

Air-Conditioning Refrigerating Machinery

9
Chapter

각종 사이클

1 공기압축기

1.1 공기압축기(air compressor)

작동유체가 공기로써 외부에서 일을 공급받아 저압의 유체를 압축하여 고압으로 송출하는 기계이다.

PART 2

1.2 단열효율

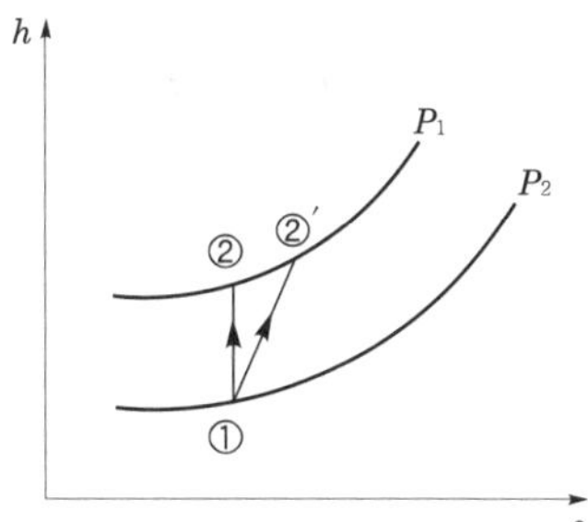

$$\eta_{ad} = \frac{\text{단열압축 시 이론일}}{\text{단열압축 시 실제 소요일}}$$

$$= \frac{h_2 - h_1}{h_2{}' - h_1} = \frac{\text{가역단열압축}}{\text{비가역단열압축}}$$

1.3 용어정의

① 통경(筒徑, D) : 실린더의 지름
② 행정(S) : 실린더 내에서 피스톤이 이동하는 거리
③ 상사점(上死點) : 실린더 체적이 최소일 때 피스톤의 위치
④ 하사점(下死點) : 실린더 체적이 최대일 때 피스톤의 위치
⑤ 간극체적(틈새용적, clearance volume) : 피스톤이 상사점에 있을 때 가스가 차지하는 체적(실린더의 최소 체적)으로 보통 행정체적의 백분율로 표시

$$\lambda = \frac{\text{간극체적}}{\text{행정체적}} = \frac{V_C}{V_D}$$

⑥ 행정체적(배기량) : 피스톤이 움직이는 실린더 안의 체적(부피)

$$V_D = \frac{\pi}{4} D^2 S^2 [\text{cm}^3]$$

⑦ 압축비 : 왕복내연기관의 성능을 좌우하는 중요한 변수로서 기통체적과 통극체적의 비

$$\varepsilon = \frac{V_D + V_C}{V_C} = \frac{1+\lambda}{\lambda}$$

1.4 정상류 압축일

$$W_t = \Delta H + Q = m\,C_p(T_1 - T_2) + Q[\text{kJ}]$$

(1) 정온(등온)압축일

$$W_t = W_C = P_1 V_1 \ln\frac{P_2}{P_1} = P_1 V_1 \ln\frac{V_1}{V_2} = mRT_1 \ln\frac{P_2}{P_1} = mRT_1 \ln\frac{V_1}{V_2}[\text{kJ}]$$

(2) 가역단열압축일(등엔트로피)

$$W_c = \frac{k}{k-1} mRT_1 \left\{ \left(\frac{P_2}{P_1} \right)^{\frac{k-1}{k}} - 1 \right\} = \frac{k}{k-1} P_1 V_1 \left\{ \left(\frac{P_2}{P_1} \right)^{\frac{k-1}{k}} - 1 \right\}$$

$$= \frac{k}{k-1} P_1 V_1 \left\{ \left(\frac{V_1}{V_2} \right)^{k-1} - 1 \right\} = -k_1 W_2$$

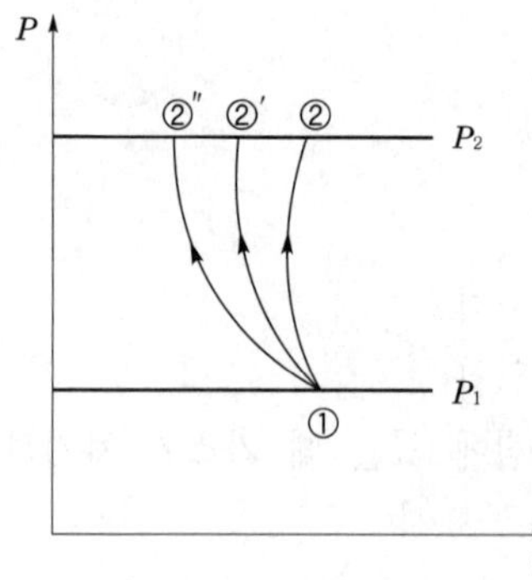

여기서, ① → ② : 가역단열압축
① → ②′ : 폴리트로프압축
① → ②″ : 가역등온압축

[$P-v$ 선도의 압축일]

(3) 폴리트로프(polytrope)압축일

$$W_c = \frac{n}{n-1} GRT_1\left(\frac{T_2}{T_1} - 1\right) = \frac{n}{n-1} P_1 V_1 \left(\frac{T_2}{T_1} - 1\right)$$

$$= \frac{n}{n-1} P_1 V_1 \left\{\left(\frac{V_1}{V_2}\right)^{n-1} - 1\right\} = \frac{n}{n-1} P_1 V_1 \left\{\left(\frac{P_2}{P_1}\right)^{\frac{n-1}{n}} - 1\right\}$$

(4) 단열압축기의 효율

$$\eta_c = \frac{\text{상태 ①에서 ②까지 가역단열압축하는 데 필요한 이상적인 일}}{\text{상태 ①에서 ②'까지 가역단열압축하는 데 필요한 실제 일}}$$

$$= \frac{h_2 - h_1}{h_2' - h_1}$$

PART 2

1.5 왕복식 압축기

(1) 간극비(통극비)

$$\varepsilon_v = \frac{\text{간극체적}(V_c)}{\text{행정체적}(V_s)}$$

(2) 체적효율

$$\eta_v = \frac{\text{행정당 흡인된 가스량}(V_s')}{\text{행정체적을 차지하는 가스량}(V_s)} = \frac{V_1 - V_4}{V_s} = \frac{V_s + V_c - V_4}{V_s}$$

$$= 1 + \varepsilon_v - \varepsilon_v \left(\frac{P_2}{P_1}\right)^{\frac{1}{n}}$$

(3) 간극이 있는 압축기의 일

$$W_v = W_1 - W_2 = \frac{n}{n-1} P_1 (V_1 - V_4)\left\{\left(\frac{P_2}{P_1}\right)^{\frac{n-1}{n}} - 1\right\}$$

$$= \frac{n}{n-1} P_1 \eta_v V_s \left\{\left(\frac{P_2}{P_1}\right)^{\frac{n-1}{n}} - 1\right\}$$

1.6 다단 압축기

압력비를 크게 하면 체적효율이 저하되고 배출온도가 높아져 기계윤활의 기밀성에 문제가 생기므로, 압력비를 높이고자 할 때와 체적효율의 감소를 방지하기 위하여 다단 압축을 한다. 다단 압축기는 2대 이상의 압축기가 직렬로 구성되어 있다.

2 가스동력사이클

(1) 오토사이클(Otto cycle, 정적사이클, 가솔린기관의 기본사이클)

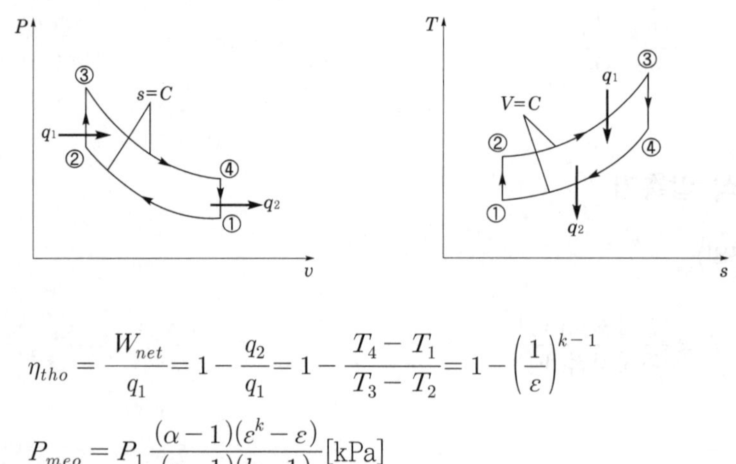

$$\eta_{tho} = \frac{W_{net}}{q_1} = 1 - \frac{q_2}{q_1} = 1 - \frac{T_4 - T_1}{T_3 - T_2} = 1 - \left(\frac{1}{\varepsilon}\right)^{k-1}$$

$$P_{meo} = P_1 \frac{(\alpha - 1)(\varepsilon^k - \varepsilon)}{(\varepsilon - 1)(k-1)} [\text{kPa}]$$

오토사이클은 비열비(k) 일정 시 압축비(ε)만의 함수로서, 압축비를 높이면 열효율은 증가된다.

(2) 디젤사이클(Diesel cycle, 정압사이클, 저속디젤기관의 기본사이클)

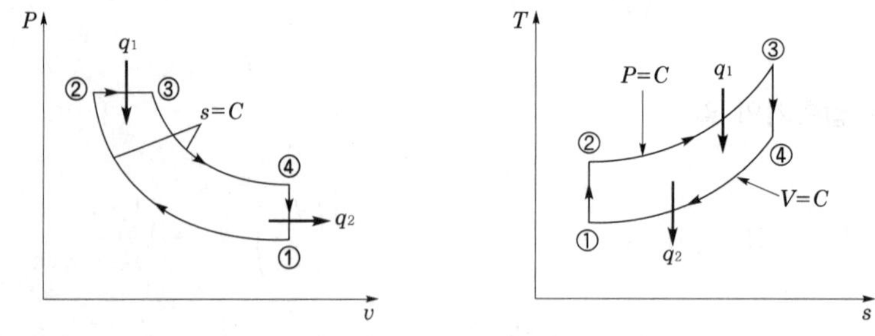

$$\eta_{thd} = 1 - \left(\frac{1}{\varepsilon}\right)^{k-1} \frac{\sigma^k - 1}{k(\sigma - 1)}$$

(3) 사바테사이클(Sabathe cycle, 복합사이클, 고속디젤기관의 기본사이클, 이중연소사이클)

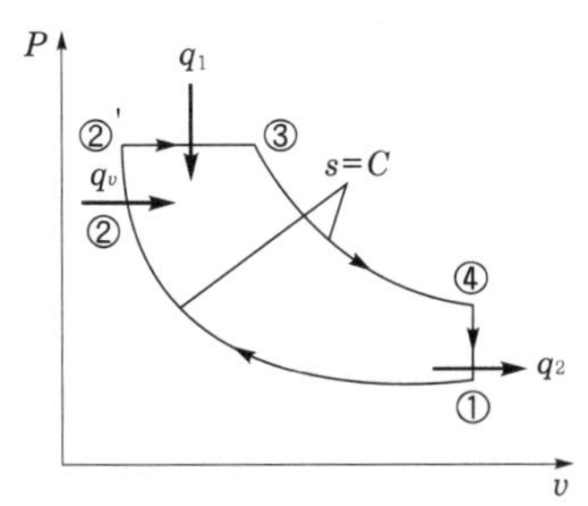

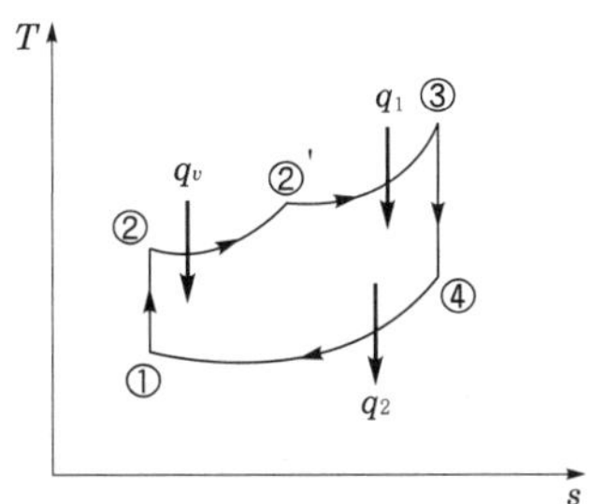

$$\eta_{ths} = 1 - \left(\frac{1}{\varepsilon}\right)^{k-1} \frac{\rho\sigma^k - 1}{(\rho - 1) + k\rho(\sigma - 1)}$$

사바테사이클은 압축비(ε)와 폭발비(ρ)를 증가시키고 단절비(σ)를 작게 할수록 이론열효율은 증가된다.

Point

각 사이클의 비교

- 가열량 및 압축비가 일정할 경우 : η_{tho}(Otto) > η_{ths}(Sabathe) > η_{thd}(Diesel)
- 가열량 및 최대 압력을 일정하게 할 경우 : η_{tho}(Otto) < η_{ths}(Sabathe) < η_{thd}(Diesel)

(4) 가스터빈사이클(브레이턴사이클)

$$\eta_B = \frac{q_1 - q_2}{q_1} = 1 - \frac{T_4 - T_1}{T_3 - T_2} = 1 - \frac{1}{\left(\frac{P_2}{P_1}\right)^{\frac{k-1}{k}}} = 1 - \left(\frac{1}{\gamma}\right)^{\frac{k-1}{k}}$$

① 터빈의 단열효율(η_t)$= \dfrac{h_3 - h_4'}{h_3 - h_4} = \dfrac{T_3 - T_4'}{T_3 - T_4}$

② 압축기의 단열효율(η_c)$= \dfrac{h_2 - h_1}{h_2' - h_1} = \dfrac{T_2 - T_1}{T_2' - T_1}$

③ 실제 사이클의 열효율

$$\eta_a = \frac{w'}{q_1'} = \frac{(h_3 - h_4) - (h_2' - h_1)}{h_3 - h_2'}$$
$$= \frac{(T_3 - T_4') - (T_2' - T_1)}{T_3 - T_2}$$

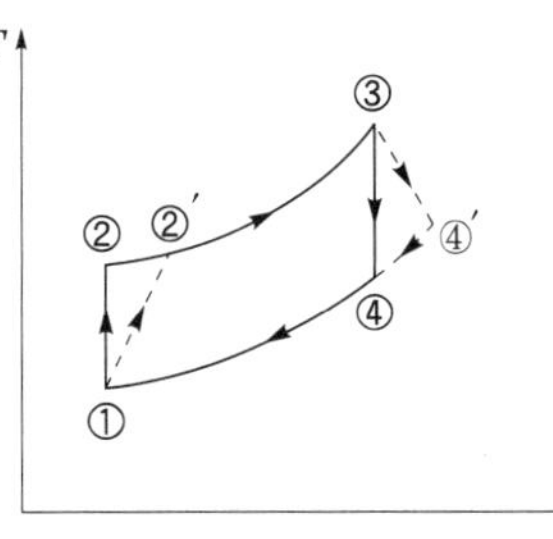

[브레이턴사이클의 $T-s$선도]

(5) 기타 사이클

① **에릭슨사이클**(Ericsson cycle) : 브레이턴사이클의 단열압축, 단열팽창을 각각 등온압축, 등온팽창으로 바꾸어 놓은 사이클로서 구체적으로는 실현이 곤란한 이론적인 사이클이다(등온과정 2개와 등압과정 2개로 구성).

② **스털링사이클**(Stirling cycle) : 동작물질과 주위와의 열교환은 카르노사이클에서와 마찬가지로 2개의 등온과정에서 이루어진다. 열교환에 의하여 압력이 변화하고 에릭슨사이클과 흡입열량과 방출열량이 같고, 방출열량을 완전히 이용할 수 있으며 열효율은 카르노사이클과 같다(등온과정 2개와 등적과정 2개로 구성).

③ **앳킨슨사이클**(Atkinson cycle) : 오토사이클과 등압방열과정만이 다르며, 오토사이클의 배기로 운전되는 가스터빈의 이상사이클로서 등적가스터빈사이클이라고도 한다. 이 사이클은 오토사이클로부터 팽창비를 압축비보다 크게 함으로써 더 많은 일을 할 수 있도록 수정한 것이다(등적과정 1개, 가역단열과정 2개, 등압과정 1개로 구성).

④ **르누아르사이클**(Lenoir cycle) : 동작물질의 압축과정이 없으며, 정적하에서 급열되어 압력이 상승한 후 기체가 팽창하면서 일을 하고 정압하에 배열된다. 이 사이클은 펄스제트(pulse jet)추진계통의 사이클과 비슷하다(등적과정 1개, 가역단열과정 1개, 등압과정 1개로 구성).

3 증기원동소사이클

(1) 랭킨사이클(Rankine cycle)

증기원동소의 기본사이클로서 2개의 단열과정과 2개의 등압과정으로 구성되어 있다. 랭킨사이클의 열효율(η_R)은

$$\eta_R = 1 - \frac{q_2}{q_1} = 1 - \frac{h_4 - h_1}{h_3 - h_2}$$

$$= \frac{(h_3 - h_4) - (h_2 - h_1)}{h_3 - h_2} \times 100[\%]$$

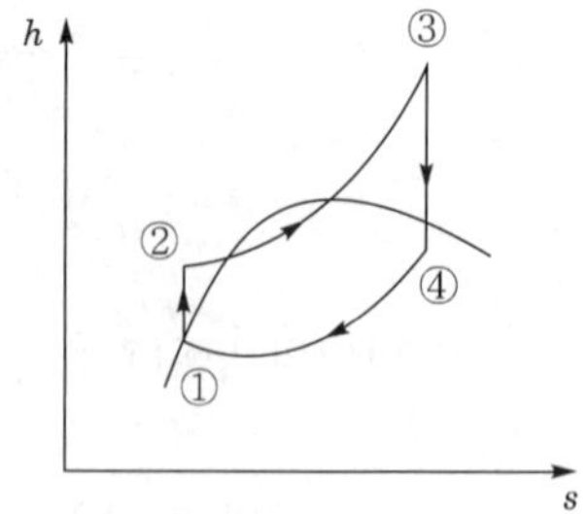

[랭킨사이클 $h-s$선도]

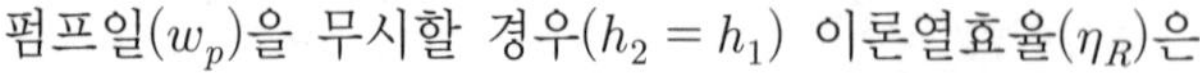

펌프일(w_p)을 무시할 경우($h_2 = h_1$) 이론열효율(η_R)은

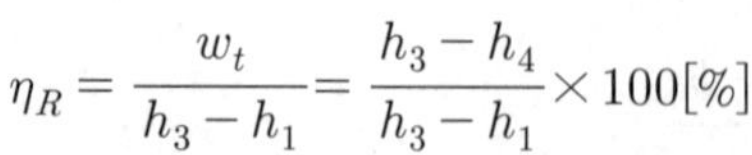

$$\eta_R = \frac{w_t}{h_3 - h_1} = \frac{h_3 - h_4}{h_3 - h_1} \times 100[\%]$$

랭킨사이클의 이론열효율은 초온·초압이 높을수록, 배압이 낮을수록 커진다.

(2) 재열사이클(reheating cycle)

터빈날개의 부식을 방지하고 팽창일을 증대시키는 데 주로 사용된다. 1단 재열사이클의 열효율(η_{RH})은

$$\eta_{RH} = 1 - \frac{q_2}{q_1} = 1 - \frac{q_2}{q_b + q_R}$$

$$= 1 - \frac{h_5 - h_1}{(h_3 - h_2) + (h_4 - h_3{}')}$$

$$= \frac{\{(h_3 - h_3{}') + (h_4 - h_5)\} - (h_2 - h_1)}{(h_3 - h_2) + (h_4 - h_3{}')}$$

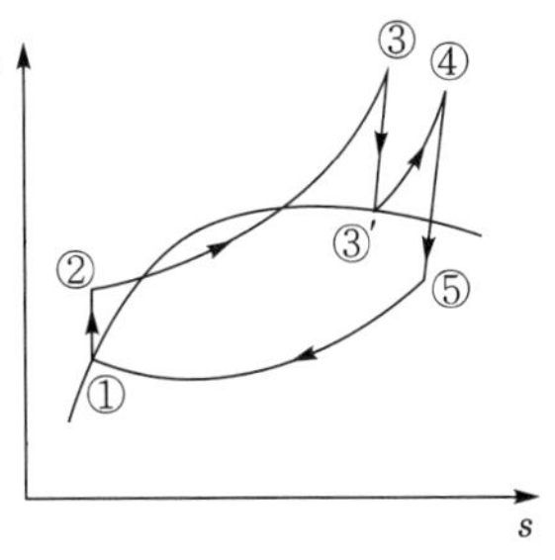

[재열사이클 $h-s$ 선도]

펌프일(w_p)을 무시할 경우($h_2 \fallingdotseq h_1$(put)) 이론열효율(η_{RH})은

$$\eta_{RH} = \frac{(h_3 - h_3{}') + (h_4 - h_5)}{(h_3 - h_1) + (h_4 - h_3{}')} \times 100[\%]$$

(3) 재생사이클(regenerative cycle)

이 사이클은 증기원동소에서는 복수기에서 방출되는 열량이 많아 열손실이 크므로 방출열량을 회수하여 공급열량을 가능한 한 감소시켜 열효율을 향상시키는 사이클이다.

$$w_t = h_4 - h_7 - m_1(h_5 - h_7) + m_2(h_6 - h_7)$$

공급열량 $q_1 = h_4 - h_5{}'$

여기서, $m_1(h_5 - h_7)$: m_1[kg] 추가로 인한 터빈일 감소량

$m_2(h_6 - h_7)$: m_2[kg] 추가로 인한 터빈일 감소량

펌프일(w_p)을 무시할 경우 이론열효율(η_{RG})은

$$\eta_{RG} = \frac{w_t}{q_1} = \frac{h_4 - h_7 - m_1(h_5 - h_7) + m_2(h_6 - h_7)}{h_4 - h_5{}'} \times 100[\%]$$

(4) 실제 사이클

① **배관손실** : 열전달이 터빈에 들어갈 때까지 $(h_a - h_1)$[kJ/kg]만큼의 배관손실이 있게 된다.

② 터빈손실(η_g)= $\dfrac{h_1 - h_2{}'}{h_1 - h_2} = \dfrac{w_t{}'(\text{실제})}{w_t(\text{이상})}$

③ 펌프효율(η_p)= $\dfrac{h_B - h_3}{h_B{}' - h_3} = \dfrac{w_p(\text{이상})}{w_p{}'(\text{실제})}$

④ 복수기 또는 응축기 손실

4 냉동사이클

(1) 역카르노사이클(냉동기 이상사이클)

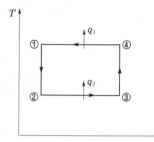

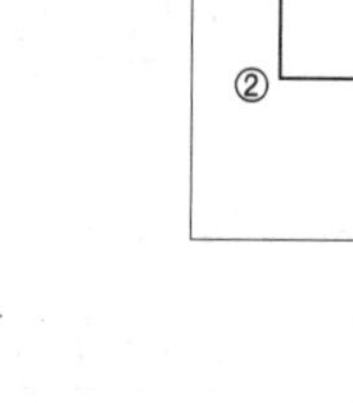

① 냉동기의 성능계수$(\varepsilon_R)=\dfrac{q_2}{w_c}$

$$=\frac{\text{저온체에서의 흡수열량(냉동효과)}}{\text{공급일}}$$

$$=\frac{T_2}{T_1-T_2}=\varepsilon_H-1$$

② 열펌프의 성능계수$(\varepsilon_H)=\dfrac{q_1}{w_c}=\dfrac{\text{고온체에 공급한 열량}}{\text{공급일}}$

$$=\frac{T_1}{T_1-T_2}=\varepsilon_R+1$$

(2) 공기 표준 냉동(역브레이턴)사이클

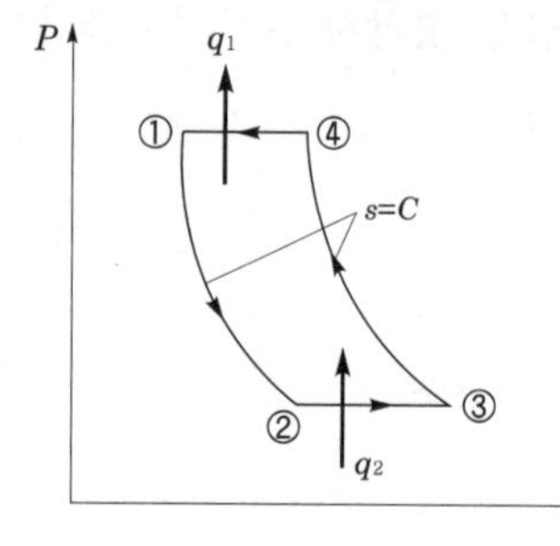

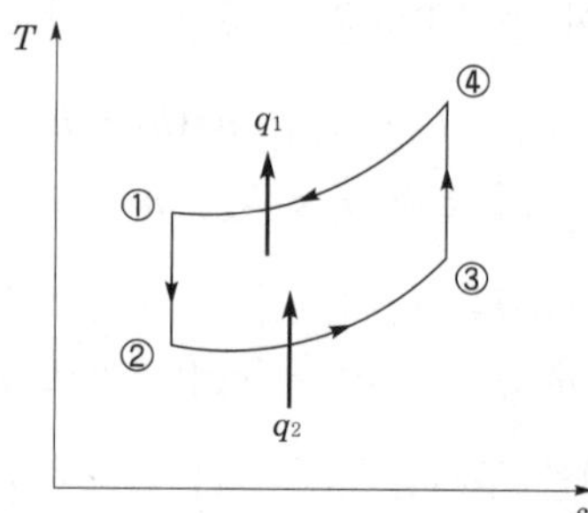

① 방열량(등압일 때)$(q_1)=C_p(T_1-T_4)$

② 흡열량(등압) 또는 냉동효과$(q_2)=C_p(T_3-T_2)$

③ 성적계수$(\varepsilon_R)=\dfrac{q_2}{q_1-q_2}=\dfrac{T_2}{T_1-T_2}$

(3) 증기압축냉동사이클

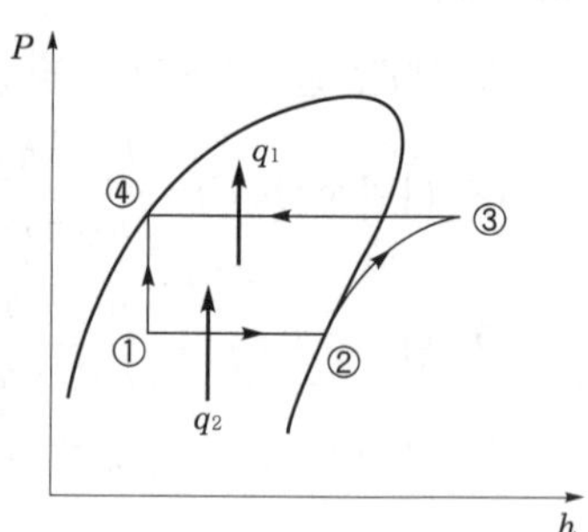

① 흡입열량(냉동효과)$(q_2)=h_2-h_1=h_2-h_4$

② 방열량$(q_1)=h_3-h_4$

③ 압축일$(w_c)=h_3-h_2$

④ 성적계수$(\varepsilon_R)=\dfrac{q_2}{w_c}=\dfrac{h_2-h_1}{h_3-h_2}=\dfrac{h_2-h_4}{h_3-h_2}$

1. 냉동능력 표시방법

① 냉동능력($Q_2 = Q_e$) : 1시간 동안 냉동기가 흡수하는 열량(kW)이다(1kW=3,600kJ/h).

② 냉동효과($q_2 = q_e$) : 냉매 1kg이 흡수하는 열량(kJ/kg)이다.

③ 체적냉동효과 : 압축기 입구에서의 증기(건포화)의 체적당 흡열량(kJ/m^3)이다.

④ 냉동톤(ton of refrigeration) : 1냉동톤(1RT)은 0℃의 물 1ton(1,000kg)을 1일간(24시간) 0℃의 얼음으로 냉동시키는 능력이다.

$$1냉동톤 = 1RT = \frac{79.68 \times 1,000}{24} = 3,320kcal/h = 13897.52kJ/h = 3.86kW$$

※ 1USRT=200BTU/min=3,024kcal/h≒3.52kW

2. 냉매(refrigerant)

냉매의 종류에는 암모니아(NH_3), 탄산가스(CO_2), 아황산가스(SO_2), 할로겐화탄화수소, 프레온-11($CFCl_3$), 프레온-12(CF_2Cl_2), 프레온-22(CHF_2Cl) 등이 있다.

[냉매의 일반적인 구비조건]

구분	조건	조건
물리적 성질	• 응고점이 낮을 것 • 증기의 비체적은 작을 것 • 증발압력이 너무 낮지 않을 것 • 단위냉동량당 소요동력이 작을 것 • 증기의 비열은 크고, 액체의 비열은 작을 것	• 증발열이 클 것 • 임계온도는 상온보다 높을 것 • 응축압력이 너무 높지 않을 것
화학적 성질	• 안정성이 있을 것 • 무해, 무독성일 것 • 전기저항이 클 것 • 전열계수가 클 것	• 부식성이 없을 것 • 폭발의 위험성이 없을 것 • 증기 및 액체의 점성이 작을 것 • 윤활유에 되도록 녹지 않을 것
기타	• 누설이 적을 것 • 구입이 용이할 것	• 가격이 저렴할 것

3. 압축기 소요동력

$$W_c = \frac{Q_e}{3,600\varepsilon_R} = \frac{13897.52RT}{3,600\varepsilon_R} = \frac{3.86RT}{\varepsilon_R}[kW]$$

Chapter 10 연소

1.1 개요

어떤 물질이 급격한 산화작용을 일으킬 때 다량의 열과 빛을 발생하는 현상을 연소(combustion)라 하며, 연소열을 경제적으로 이용할 수 있는 물질을 연료(fuel)라 한다. 연료는 그 상태에 따라 고체연료, 액체연료, 기체연료로 구분한다. 연료비(fuel ratio)는 고정탄소와 휘발분의 비로 정의된다.

> **가스**
>
> 액화천연가스(LNG)의 주성분은 메탄(CH_4)이고, 액화석유가스(LPG)의 주성분은 프로판(C_3H_8), 부탄(C_4H_{10}) 등이고, 발열량은 46,046kJ/kg 정도로 도시가스보다 크며 독성이 없고 폭발한계가 좁기 때문에 위험성이 작다.

1.2 연소의 기초식(반응식)

(1) 탄소(C)의 완전 연소반응식

$$C+O_2 \rightarrow CO_2+406,879\text{kJ/kmol}$$

반응물의 중량 : 12kg+16×2kg=44kg(생성물의 질량)

탄소 1kg당 1kg+2.67kg=3.67kg

즉 탄소 1kg이 산소(O_2) 2.67kg과 결합하여 3.67kg의 탄산가스를 생성하며, 이때 발열량은 $\frac{406,879}{12}$=33,907kJ/kg이다.

(2) 수소(H_2)의 연소반응식

$$H_2+\frac{1}{2}O_2 \rightarrow H_2O(\text{수증기})+241,114\text{kJ/kmol}$$

H_2O(물) : 286,322kJ/kmol

반응물의 중량 : 2kg+16kg=18kg(생성물의 질량)
수소 1kg당 1kg+8kg=9kg

즉 수소 1kg이 산소(O_2) 8kg과 결합하여 증기(물) 9kg을 생성하며, 이때 발열량은 $\frac{241,114}{2}$= 120,557kJ/kg이다.

(3) 황(S)의 연소반응식

$S+O_2 \rightarrow SO_2+334,880$kJ/kmol
반응물의 중량 : 32kg+(16×2)kg=64kg(생성물의 질량)
황 1kg당 1kg+1kg=2kg

즉 황 1kg이 산소(O_2) 1kg과 결합하여 2kg의 이산화황(아황산가스)을 생성하며, 이때 발열량은 $\frac{334,880}{32}$=10,465kJ/kg이다.

(4) 탄화수소(C_mH_n)계 연료의 완전 연소반응식

$$C_mH_n+\left(m+\frac{n}{4}\right)O_2 \rightarrow mCO_2+\frac{n}{2}H_2O$$

① 저위발열량 : $H_L=33,907C+120,557\left(H-\frac{O}{8}\right)+10,465S-2,512\left(w+\frac{9}{8}O\right)$[kJ/kg]
② 고위발열량 : $H_h=H_l+2,512(w+9H)$[kJ/kg]

PART 2

11 Chapter 열전달

1 전도(conduction)

$$Q = -KA\frac{dT}{dx}[W]\text{(푸리에의 열전도법칙)}$$

여기서, Q : 시간당 전도열량(W), K : 열전도계수(W/m・K), A : 전열면적(m^2), dx : 두께(m)

$\frac{dT}{dx}$: 온도구배(temperature gradient)

① 다층벽을 통한 열전도계수

$$\frac{1}{k} = \frac{x_1}{k_1} + \frac{x_2}{k_2} + \frac{x_3}{k_3} = \sum_{i=1}^{n}\frac{x_i}{k_i}$$

② 원통에서의 열전도(반경방향) : $Q = \dfrac{2\pi Lk}{\ln\dfrac{r_2}{r_1}}(t_1 - t_2) = \dfrac{2\pi L}{\dfrac{1}{k}\ln\dfrac{r_2}{r_1}}(t_1 - t_2)[W]$

2 대류(convection)

보일러나 열교환기 등과 같이 고체표면과 이에 접한 유체(liquid or gas) 사이의 열의 흐름을 말한다. 뉴턴의 냉각법칙(Newton's cooling law)은

$$Q = hA(t_w - t_\infty)[W]$$

여기서, h : 대류열전달계수(W/m^2・K), A : 대류전열면적(m^2), t_w : 벽면온도(℃), t_∞ : 유체온도(℃)

3 열관류(고온측 유체 → 금속벽 내부 → 저온측 유체의 열전달)

$$Q = KA(t_1 - t_2) = KA(LMTD)[\text{W}]$$

$$K = \frac{1}{R} = \frac{1}{\frac{1}{\alpha_1} + \sum \frac{l}{\lambda} + \frac{1}{\alpha_2}} [\text{W/m}^2 \cdot \text{K}]$$

여기서, K : 열관류율(열통과율)(W/m² · K), A : 전열면적(m²), t_1 : 고온유체온도(℃)
t_2 : 저온유체온도(℃), $LMTD$: 대수평균온도차(℃)

(1) 대향류(향류식)

$$\Delta t_1 = t_1 - t_{w2}$$

$$\Delta t_2 = t_2 - t_{w1}$$

$$\therefore LMTD = \frac{\Delta t_1 - \Delta t_2}{\ln \frac{\Delta t_1}{\Delta t_2}} [℃]$$

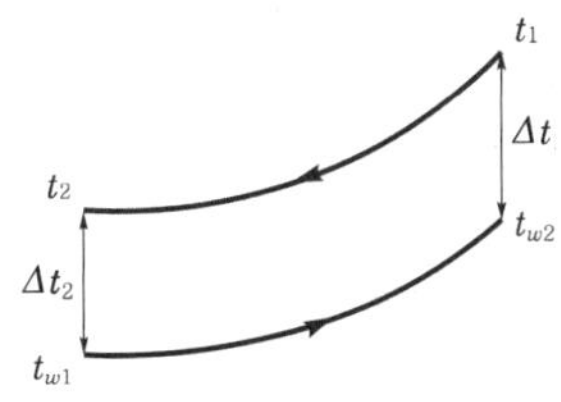

(2) 평행류(병류식)

$$\Delta t_1 = t_1 - t_{w1}, \ \Delta t_2 = t_2 - t_{w2}$$

$$\therefore LMTD = \frac{\Delta t_1 - \Delta t_2}{\ln \frac{\Delta t_1}{\Delta t_2}} = \frac{\Delta t_1 - \Delta t_2}{2.303 \log \frac{\Delta t_1}{\Delta t_2}} [℃]$$

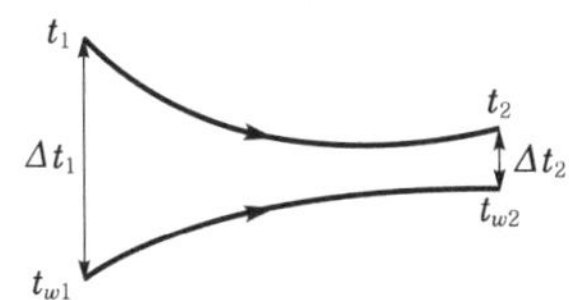

4 복사(radiation)

스테판-볼츠만(Stefan-Boltzmann)의 법칙은

$$Q = \varepsilon \sigma A T^4 [\text{W}]$$

여기서, ε : 복사율($0 < \varepsilon < 1$), σ : 스테판-볼츠만상수($=5.67 \times 10^{-8}\text{W/m}^2 \cdot \text{K}^4$)
A : 전열면적(m²), T : 물체 표면온도(K)

공조냉동 설계
기출 및 예상문제

★
01 이상기체 1kg이 가역등온과정에 따라 $P_1 =$ 2kPa, $V_1 =$0.1m^{3}로부터 $V_2 =$0.3m^{3}로 변화했을 때 기체가 한 일은 몇 줄(J)인가?

① 9,540 ② 2,200
③ 954 ④ 220

해설 등온변화 시 공업일(W_t)과 절대일(W)은 같다.

$$W(=W_t)=P_1V_1\ln\frac{P_1}{P_2}=P_1V_1\ln\frac{V_2}{V_1}$$
$$=2\times10^3\times0.1\times\ln\frac{0.3}{0.1}=220\text{J}$$

02 공기 표준 Carnot열기관사이클에서 최저온도는 280K이고, 열효율은 60%이다. 압축 전 압력과 열을 방출한 후 압력은 100kPa이다. 열을 공급하기 전의 온도와 압력은? (단, 공기의 비열비는 1.4이다.)

① 700K, 2,470kPa
② 700K, 2,200kPa
③ 600K, 2,470kPa
④ 600K, 2,200kPa

해설 ㉠ $\eta_c=1-\dfrac{T_2}{T_1}$

$$\therefore T_1=\frac{T_2}{1-\eta_c}=\frac{280}{1-0.6}=700\text{K}$$

㉡ $\dfrac{T_2}{T_1}=\left(\dfrac{P_2}{P_1}\right)^{\frac{k-1}{k}}$

$$\therefore P_1=P_2\left(\frac{T_1}{T_2}\right)^{\frac{k}{k-1}}=100\times\left(\frac{700}{280}\right)^{\frac{1.4}{1.4-1}}$$
$$=2,470\text{kPa}$$

★
03 어떤 냉장고의 소비전력이 200W이다. 이 냉장고가 부엌으로 배출하는 열이 500W라면, 이때 냉장고의 성능계수는 얼마인가?

① 1 ② 2
③ 0.5 ④ 1.5

해설 $\varepsilon_R=\varepsilon_H-1=\dfrac{Q_1}{W_c}-1=\dfrac{500}{200}-1=1.5$

별해 $Q_e=Q_c-W_c=500-200=300\text{W}$

$$\therefore \varepsilon_R=\frac{Q_e}{W_c}=\frac{300}{200}=1.5$$

★
04 10kg의 증기가 온도 50℃, 압력 38kPa, 체적 7.5m^{3}일 때 총내부에너지는 6,700kJ이다. 이와 같은 상태의 증기가 가지고 있는 엔탈피는 몇 kJ인가?

① 1,606 ② 1,794
③ 2,305 ④ 6,985

해설 $H=U+PV=6,700+38\times7.5=6,985\text{kJ}$

★
05 열펌프의 성능계수를 높이는 방법이 아닌 것은?

① 응축온도를 낮춘다.
② 증발온도를 낮춘다.
③ 손실일을 줄인다.
④ 생성엔트로피를 줄인다.

해설 열펌프의 성능계수(ε_H)를 높이면 압축비를 작게 하여야 하므로 증발온도를 높여야 한다.

★
06 압력 5kPa, 체적이 0.3m^{3}인 기체가 일정한 압력하에서 압축되어 0.2m^{3}로 되었을 때 이 기체가 한 일은? (단, +는 외부로 기체가 일을 한 경우이고, −는 기체가 외부로부터 일을 받은 경우)

① 500J ② −500J
③ 1,000J ④ −1,000J

정답 01 ④ 02 ① 03 ④ 04 ④ 05 ② 06 ②

해설 $_1W_2=\int_1^2 pdV=p(V_2-V_1)$

$=5\times10^3\times(0.2-0.3)=-500\text{J}$

★

07 매시간 20kg의 연료를 소비하는 100PS인 가솔린기관의 열효율은 약 얼마인가? (단, 1PS=750W이고 가솔린의 저위발열량은 43,470kJ/kg이다.)

① 18% ② 22%
③ 31% ④ 43%

해설 열효율(η)

$$=\frac{3{,}600\times\text{정격출력(kW)}}{\text{저위발열량}(H_L)\times\text{시간당 연료소비량}(m_f)}\times100$$

$$=\frac{3{,}600\times(100\times0.75)}{43{,}470\times20}\times100=31\%$$

★

08 가정용 냉장고를 이용하여 겨울에 난방을 할 수 있다고 주장하였다면 이 주장은 이론적으로 열역학법칙과 어떠한 관계를 갖겠는가?

① 열역학 1법칙에 위배된다.
② 열역학 2법칙에 위배된다.
③ 열역학 1, 2법칙에 위배된다.
④ 열역학 1, 2법칙에 위배되지 않는다.

해설 ㉠ 열역학 제1법칙 : 어떤 계의 내부에너지의 증가량은 계에 더해진 열에너지에서 계가 외부에 해준 일을 뺀 양과 같다는 법칙이다(에너지 보존법칙).
㉡ 열역학 제2법칙 : 열은 스스로 저온의 물체로부터 고온의 물체로 이동될 수 없다는 법칙이다(엔트로피 증가법칙, 비가역법칙).

★

09 온도 5℃와 35℃ 사이에서 작동되는 냉동기의 최대 성능계수는?

① 10.3 ② 5.3
③ 7.3 ④ 9.3

해설 $\varepsilon_R=\frac{T_2}{T_1-T_2}=\frac{5+273}{(35+273)-(5+273)}=9.3$

10 온도가 127℃, 압력이 0.5MPa, 비체적이 0.4m^3/kg인 이상기체가 같은 압력하에서 비체적이 0.3m^3/kg으로 되었다면 온도는 약 몇 ℃인가?

① 16 ② 27
③ 96 ④ 300

해설 $P=C$

$\frac{V}{T}=C$

$\therefore\ T_2=T_1\left(\frac{V_2}{V_1}\right)=(127+273)\times\frac{0.3}{0.4}$

$=300\text{K}-273=27℃$

11 흡수식 냉동기에서 고온의 열을 필요로 하는 곳은?

① 응축기 ② 흡수기
③ 재생기 ④ 증발기

해설 재생기(발생기)에서 고온의 열이 필요하며 냉매와 흡수제를 분리한다.

12 4kg의 공기를 온도 15℃에서 일정 체적으로 가열하여 엔트로피가 3.35kJ/K 증가하였다. 가열 후 온도는 어느 것에 가장 가까운가? (단, 공기의 정적비열은 0.717kJ/kg·℃이다)

① 927K ② 337K
③ 535K ④ 483K

해설 $\Delta S=mC_v\ln\frac{T_2}{T_1}$

$\therefore\ T_2=T_1e^{\frac{\Delta S}{mC_v}}=(15+273)\times e^{\frac{3.35}{4\times0.717}}\fallingdotseq927\text{K}$

★

13 이상기체를 단열팽창시키면 온도는 어떻게 되는가?

① 내려간다. ② 올라간다.
③ 변화하지 않는다. ④ 알 수 없다.

해설 이상기체를 단열팽창($S=C$)시키면 온도와 압력은 내려간다.

★

14 시스템의 열역학적 상태를 기술하는 데 열역학적 상태량(또는 성질)이 사용된다. 다음 중 열역학적 상태량으로 올바르게 짝지어진 것은?

① 열, 일 ② 엔탈피, 엔트로피
③ 열, 엔탈피 ④ 일, 엔트로피

정답 07 ③ 08 ④ 09 ④ 10 ② 11 ③ 12 ① 13 ① 14 ②

해설 열역학적 상태량 : 엔탈피, 엔트로피, 내부에너지 등

참고 일과 열은 상태량이 아니다.

15 단열과정으로 25℃의 물과 50℃의 물이 혼합되어 열평형을 이루었다면 다음 중 올바른 것은?

① 열평형에 도달되었으므로 엔트로피의 변화가 없다.
② 전계의 엔트로피는 증가한다.
③ 전계의 엔트로피는 감소한다.
④ 온도가 높은 쪽의 엔트로피가 증가한다.

해설 혼합과정은 비가역과정으로 계의 전체 엔트로피는 증가한다.

★ **16** 단열 밀폐된 실내에서 A의 경우는 냉장고 문을 닫고, B의 경우는 냉장고 문을 연 채 냉장고를 작동시켰을 때 실내온도의 변화는?

① A는 실내온도 상승, B는 실내온도변화 없음
② A는 실내온도변화 없음, B는 실내온도 하강
③ A, B 모두 실내온도 상승
④ A는 실내온도 상승, B는 실내온도 하강

해설 응축기에서 방열량이 냉동능력보다 크므로 A, B 모두 실내온도가 상승한다.

★ **17** 이상기체의 폴리트로픽과정을 일반적으로 $PV^n = C$로 표현할 때 n에 따른 과정을 설명한 것으로 맞는 것은? (단, C는 상수이다.)

① $n=0$이면 등온과정
② $n=1$이면 정압과정
③ $n=1.5$이면 등온과정
④ $n=k$(비열비)이면 가역단열과정

해설 $PV^n = C$에서
㉠ $n=0$: 등압과정
㉡ $n=1$: 등온과정
㉢ $n=k$: 가역단열과정
㉣ $n=\infty$: 등적과정

★ **18** 랭킨사이클의 각 점에서 작동유체의 엔탈피가 다음과 같다면 열효율은 약 얼마인가?

- 보일러 입구 : $h=69.4$kJ/kg
- 보일러 출구 : $h=830.6$kJ/kg
- 응축기 입구 : $h=626.4$kJ/kg
- 응축기 출구 : $h=68.6$kJ/kg

① 26.7% ② 28.9%
③ 30.2% ④ 32.4%

해설 $\eta_R = \frac{w_{net}}{q_1} = \frac{w_t - w_p}{q_1}$

$= \frac{(830.6-626.4)-(69.4-68.6)}{830.6-69.4} \times 100 = 26.7\%$

19 온도 600℃의 고온열원에서 열을 받고, 온도 150℃의 저온열원에 방열하면서 5.5kW의 출력을 내는 카르노기관이 있다면 이 기관의 공급열량은?

① 20.2kW ② 14.3kW
③ 12.5kW ④ 10.7kW

해설 ㉠ $\eta_c = 1-\frac{Q_2}{Q_1} = 1-\frac{T_2}{T_1} = 1-\frac{150+273}{600+273} = 0.515$

㉡ $\eta_c = \frac{W_{net}}{Q_1} \times 100[\%]$

$\therefore Q_1 = \frac{W_{net}}{\eta_c} = \frac{5.5}{0.515} = 10.68\text{kW}$

20 체적 2,500L인 탱크에 압력 294kPa, 온도 10℃의 공기가 들어 있다. 이 공기를 80℃까지 가열하는 데 필요한 열량은? (단, 공기의 기체상수 R=0.287kJ/kg·K, 정적비열 C_v=0.717kJ/Kg·K이다.)

① 약 408kJ ② 약 432kJ
③ 약 454kJ ④ 약 469kJ

해설 ㉠ $PV=mRT$

$\therefore m = \frac{PV}{RT} = \frac{294\times2.5}{0.287\times(10+273)} = 9.05\text{kg}$

㉡ $Q = mC_v(t_2-t_1) = 9.05\times0.717\times(80-10)$

$=454.19\text{kJ}$

정답 15 ② 16 ③ 17 ④ 18 ① 19 ④ 20 ③

★
21 냉매 R-134a를 사용하는 증기-압축냉동사이클에서 냉매의 엔트로피가 감소하는 구간은 어디인가?

① 증발구간 ② 압축구간
③ 팽창구간 ④ 응축구간

해설 응축구간에서는 냉매의 엔트로피가 감소한다.

22 교축과정(throttling process)에서 처음 상태와 최종 상태의 엔탈피는 어떻게 되는가?

① 처음 상태가 크다.
② 최종 상태가 크다.
③ 같다.
④ 경우에 따라 다르다.

해설 교축과정에서 처음 상태와 최종 상태의 엔탈피는 같다.

★
23 두께 10mm, 열전도율 15W/m·℃인 금속판의 두 면의 온도가 각각 70℃와 50℃일 때 전열면 $1m^2$당 1분 동안에 전달되는 열량은 몇 kJ인가?

① 1,800 ② 14,000
③ 92,000 ④ 162,000

해설 $Q=\lambda A\left(\frac{t_1-t_2}{L}\right)\times 60\times 10^{-3}$

$=15\times 1\times\frac{70-50}{0.01}\times 60\times 10^{-3}=1,800\text{kJ}$

★
24 저온실로부터 46.4kW의 열을 흡수할 때 10kW의 동력을 필요로 하는 냉동기가 있다면 이 냉동기의 성능계수는?

① 4.64 ② 5.65
③ 56.5 ④ 46.4

해설 $\varepsilon_R=\frac{Q_e}{W_c}=\frac{46.4}{10}=4.64$

25 10℃에서 160℃까지의 공기의 평균정적비열은 0.7315kJ/kg·℃이다. 이 온도변화에서 공기 1kg의 내부에너지변화는?

① 107.1kJ ② 109.7kJ
③ 120.6kJ ④ 121.7kJ

해설 $U_2-U_1=mC_v(t_2-t_1)=1\times 0.7315\times(160-10)$
$=109.7\text{kJ}$

★
26 이상적인 냉동사이클을 따르는 증기압축냉동장치에서 증발기를 지나는 냉매의 물리적 변화로 옳은 것은?

① 압력이 증가한다.
② 엔트로피가 감소한다.
③ 엔탈피가 증가한다.
④ 비체적이 감소한다.

해설 증발기에서의 과정은 등온 등압과정으로써 비엔탈피는 증가한다. 즉 저온체로부터 열량을 흡열하는 과정이다.

27 과열과 과냉이 없는 증기압축냉동사이클에서 응축온도가 일정할 때 증발온도가 높을수록 성능계수는?

① 증가한다.
② 감소한다.
③ 증가할 수도 있고, 감소할 수도 있다.
④ 증발온도는 성능계수와 관계없다.

해설 증기압축냉동사이클에서 응축온도가 일정 시 증발온도가 높을수록 압축비가 작아지므로 압축기의 압축일(소비동력) 감소로 냉동기의 성능계수는 증가한다.

28 실린더 내의 유체가 68kJ/kg의 일을 받고 주위에 36kJ/kg의 열을 방출하였다. 내부에너지의 변화는?

① 32kJ/kg 증가 ② 32kJ/kg 감소
③ 104kJ/kg 증가 ④ 104kJ/kg 감소

해설 $\delta q=du+\delta w$ [kJ/kg]
$\therefore du=\delta q-\delta w=-36-(-68)=32$kJ/kg 증가

★
29 열역학 제1법칙은 다음의 어떤 과정에서 성립하는가?

① 가역과정에서만 성립한다.
② 비가역과정에서만 성립한다.
③ 가역등온과정에서만 성립한다.
④ 가역이나 비가역과정을 막론하고 성립한다.

PART 2

정답 21 ④ 22 ③ 23 ① 24 ① 25 ② 26 ③ 27 ① 28 ① 29 ④

해설 열역학 제1법칙(에너지 보존법칙)은 가역, 비가역 모두 성립한다.

★
30 경로함수(path function)인 것은?

① 엔탈피 ② 열
③ 압력 ④ 엔트로피

해설 열량과 일량은 경로(도정)함수이다.

31 이상기체의 비열에 대한 설명으로 옳은 것은?

① 정적비열과 정압비열의 절대값의 차이가 엔탈피이다.
② 비열비는 기체의 종류에 관계없이 일정하다.
③ 정압비열은 정적비열보다 크다.
④ 일반적으로 압력은 비열보다 온도의 변화에 민감하다.

해설 이상기체(ideal gas)의 비열은 정압비열(C_p)이 정적비열(C_v)보다 항상 크다. 따라서 비열비$\left(k=\frac{C_p}{C_v}\right)$도 항상 1보다 크다.

★
32 단열된 노즐에 유체가 10m/s의 속도로 들어와서 200m/s의 속도로 가속되어 나간다. 출구에서의 비엔탈피가 h_e=2,770kJ/kg일 때 입구에서의 비엔탈피는 얼마인가?

① 4,370kJ/kg ② 4,210kJ/kg
③ 2,850kJ/kg ④ 2,790kJ/kg

해설 $v_2 = 44.72\sqrt{h_1 - h_2}$ [m/s]

$$h_1 - h_2 = \left(\frac{v_2}{44.72}\right)^2 = \left(\frac{200}{44.72}\right)^2 = 20\text{kJ/kg}$$

$$\therefore\ h_1 = 20 + h_2 = 20 + 2,770 = 2,790\text{kJ/kg}$$

33 5kg의 산소가 정압하에서 체적이 0.2m^{3}에서 0.6m^{3}로 증가했다. 산소를 이상기체로 보고 정압비열 C_p=0.92kJ/kg·℃로 하여 엔트로피의 변화를 구하였을 때 그 값은 얼마인가?

① 1.857kJ/K ② 2.746kJ/K
③ 5.054kJ/K ④ 6.507kJ/K

해설 $$\Delta s = mC_p\ln\frac{T_2}{T_1} = mC_p\ln\frac{V_2}{V_1}$$

$$= 5\times0.92\times\ln\frac{0.6}{0.2} = 5.054\text{kJ/K}$$

★
34 $T-S$선도에서 어느 가역상태변화를 표시하는 곡선과 S축 사이의 면적은 무엇을 표시하는가?

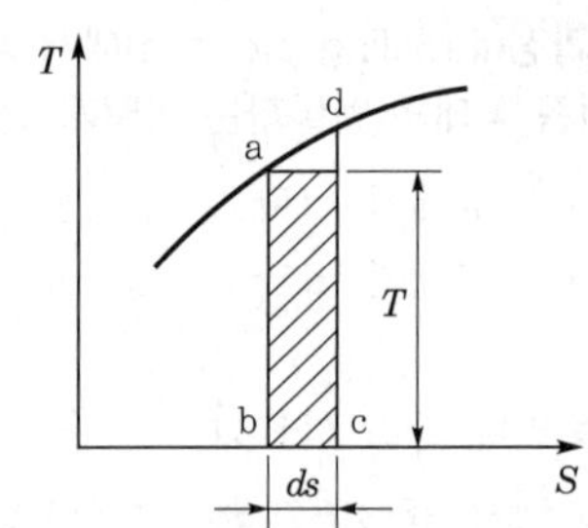

① 힘 ② 열량
③ 압력 ④ 비체적

해설 $T-S$선도(열량선도)에서 도시된 면적은 열량(kJ)을 나타낸다.

★
35 카르노사이클이 500K의 고온체에서 360kJ의 열을 받아서 300K의 저온체에 열을 방출한다면 이 카르노사이클의 출력일은 얼마인가?

① 120kJ ② 144kJ
③ 216kJ ④ 599kJ

해설 $$\eta_c = \frac{W_{net}}{Q_1} = 1 - \frac{T_2}{T_1}$$

$$\therefore\ W_{net} = \eta_c Q_1 = \left(1-\frac{T_2}{T_1}\right)Q_1 = \left(1-\frac{300}{500}\right)\times360$$

$$= 144\text{kJ}$$

★
36 온도 T_1의 고온열원으로부터 온도 T_2의 저온열원으로 열량 Q가 전달될 때 두 열원의 총 엔트로피변화량을 옳게 표현한 것은?

① $-\frac{Q}{T_1}+\frac{Q}{T_2}$ ② $\frac{Q}{T_1}-\frac{Q}{T_2}$
③ $\frac{Q(T_1+T_2)}{T_1 T_2}$ ④ $\frac{T_1-T_2}{Q(T_1 T_2)}$

정답 30 ② 31 ③ 32 ④ 33 ③ 34 ② 35 ② 36 ①

해설 $\Delta S_{total} = \Delta S_1 + \Delta S_2 = -\frac{Q}{T_1} + \frac{Q}{T_2}$

$$= Q\left(\frac{1}{T_2} + \frac{1}{T_1}\right) = Q\left(\frac{T_1 - T_2}{T_1 T_2}\right) > 0$$

★
37 **카르노사이클에 대한 설명으로 옳은 것은?**

① 이상적인 2개의 등온과정과 이상적인 2개의 정압과정으로 이루어진다.
② 이상적인 2개의 정압과정과 이상적인 2개의 단열과정으로 이루어진다.
③ 이상적인 2개의 정압과정과 이상적인 2개의 정적과정으로 이루어진다.
④ 이상적인 2개의 등온과정과 이상적인 2개의 단열과정으로 이루어진다.

해설 카르노(Carnot)사이클은 가역사이클로 2개의 등온과정과 2개의 단열과정으로 구성된 이상적인 사이클로써 실제로 작동은 불가능하다.

★
38 **물질의 양을 1/2로 줄이면 강도성(강성적) 상태량의 값은?**

① 1/2로 줄어든다. ② 1/4로 줄어든다.
③ 변화가 없다. ④ 2배로 늘어난다.

해설 강도성 상태량(성질)은 물질의 양과는 관계없는 상태량이다.

39 **냉동능력이 70kW인 카르노냉동기의 방열기 온도가 20℃, 흡열기 온도가 -10℃이다. 이 냉동기를 운전하는데 필요한 이론동력(일률)은?**

① 약 6.02kW ② 약 6.98kW
③ 약 7.98kW ④ 약 8.99kW

해설 $(COP)_R = \frac{T_L}{T_H - T_L} = \frac{-10+273}{(20+273)-(-10+273)}$

$= 8.77$

$\therefore \; W_r = \frac{Q_e}{(COP)_R} = \frac{70}{8.77} = 7.98\text{kW}$

★
40 **저온열원의 온도가 T_L, 고온열원의 온도가 T_H인 두 열원 사이에서 작동하는 이상적인 냉동사이클의 성능계수를 향상시키는 방법으로 옳은 것은?**

① T_L을 올리고, $(T_H - T_L)$을 올린다.
② T_L을 올리고, $(T_H - T_L)$을 줄인다.
③ T_L을 내리고, $(T_H - T_L)$을 올린다.
④ T_L을 내리고, $(T_H - T_L)$을 줄인다.

해설 이상적인 냉동사이클의 성능계수는 저온체(증발기) 온도(T_L)를 올리고, 고온체 온도(T_H)와 저온체 온도(T_L)의 차를 줄이면 성능계수는 향상된다.

41 **이상기체의 등온과정에 관한 설명 중 옳은 것은?**

① 엔트로피변화가 없다.
② 엔탈피변화가 없다.
③ 열이동이 없다.
④ 일이 없다.

해설 이상기체($PV = RT$)인 경우 엔탈피는 온도만의 함수이므로 등온과정인 경우 엔탈피변화는 없다.

★
42 **실린더에 밀폐된 8kg의 공기가 다음 그림과 같이 P_1 =800kPa, 체적 V_1 =0.27m^{3}에서 P_2 =350kPa, 체적 V_2 =0.80m^{3}로 직선변화하였다. 이 과정에서 공기가 한 일은 약 몇 kJ인가?**

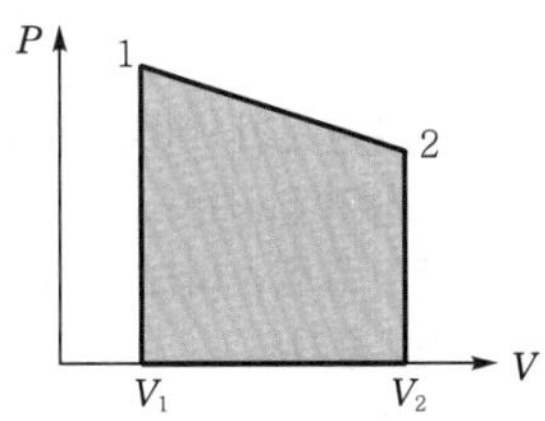

① 254 ② 305
③ 382 ④ 390

해설 $P-V$선도의 면적은 일량이므로

$\therefore \; {}_1W_2$ = 면적 12 $V_2 V_1$1

$= \frac{1}{2} \times (800-350) \times (0.8-0.27)$
$+ 350 \times (0.8-0.27) = 305\text{kJ}$

43 **자연계의 비가역변화와 관련 있는 법칙은?**

① 제0법칙 ② 제1법칙
③ 제2법칙 ④ 제3법칙

해설 열역학 제2법칙은 엔트로피 증가법칙, 비가역법칙이다.

정답 37 ④ 38 ③ 39 ③ 40 ② 41 ② 42 ② 43 ③

PART 2

44 두께 1cm, 면적 0.5m²의 석고판의 뒤에 가열판이 부착되어 1,000W의 열을 전달한다. 가열판의 뒤는 완전히 단열되어 열은 앞면으로만 전달된다. 석고판 앞면의 온도는 100℃이다. 석고의 열전도율이 $k=0.79$W/m·K일 때 가열판에 접하는 석고면의 온도는 약 몇 ℃인가?

① 110 ② 125
③ 150 ④ 212

해설 $q_c = KA\left(\frac{t_1-t_2}{L}\right)$[W]

$\therefore\ t_2 = t_1 + \frac{q_c L}{kA} = 100 + \frac{1{,}000\times0.01}{0.79\times0.5} = 125℃$

★
45 클라우지우스(Clausius)부등식을 표현한 것으로 옳은 것은? (단, T는 절대온도, Q는 열량을 표시한다.)

① $\oint\frac{\delta Q}{T}\geq 0$ ② $\oint\frac{\delta Q}{T}\leq 0$
③ $\oint\delta Q\geq 0$ ④ $\oint\delta Q\leq 0$

해설 클라우지우스(Clausius)의 적분값은 가역사이클인 경우는 등호(=), 비가역사이클인 경우는 부등호(<)이다.

$\oint\frac{\delta Q}{T}\leq 0$

★
46 압축기 입구온도가 -10℃, 압축기 출구온도가 100℃, 팽창기 입구온도가 5℃, 팽창기 출구온도가 -75℃로 작동되는 공기냉동기의 성능계수는? (단, 공기의 C_p는 1.0035kJ/kg·℃로서 일정하다.)

① 0.56 ② 2.17
③ 2.34 ④ 3.17

해설 $\varepsilon_R = \frac{q_L}{q_H-q_L} = \frac{C_p(-10-(-75))}{C_p(100-5)-C_p(-10-(-75))}$

$\fallingdotseq 2.17$

47 효율이 40%인 열기관에서 유효하게 발생되는 동력이 110kW라면 주위로 방출되는 총열량은 약 몇 kW인가?

① 375 ② 165
③ 155 ④ 110

해설 $\eta = \frac{W_{net}}{Q_1}$

$Q_1 = \frac{W_{net}}{\eta} = \frac{110}{0.4} = 275\text{kW}$

$\therefore\ Q_2 = Q_1 - W_{net} = 275-110 = 165\text{kW}$

48 배기체적이 1,200cc, 간극체적이 200cc인 가솔린기관의 압축비는 얼마인가?

① 5 ② 6
③ 7 ④ 8

해설 $\varepsilon = 1+\frac{V_s}{V_c} = 1+\frac{1{,}200}{200} = 7$

49 과열, 과냉이 없는 이상적인 증기압축냉동사이클에서 증발온도가 일정하고, 응축온도가 내려갈수록 성능계수는?

① 증가한다.
② 감소한다.
③ 일정하다.
④ 증가하기도 하고 감소하기도 한다.

해설 증발온도 일정 시 응축온도(압력)가 감소하면
㉠ 압축비 감소
㉡ 압축일 감소(압축가스 비동력 감소)
㉢ 체적효율 증가
㉣ 냉동기 성능계수 증가

50 공기 표준 Brayton사이클에 대한 설명 중 틀린 것은?

① 단순 가스터빈에 대한 이상사이클이다.
② 열교환기에서의 과정은 등온과정으로 가정한다.
③ 터빈에서의 과정은 가역단열팽창과정으로 가정한다.
④ 터빈에서 생산되는 일의 40% 내지 80%를 압축기에서 소모한다.

해설 열교환기(흡열과 방열)과정은 Brayton cycle인 경우 등압흡열, 등압방열과정이다.

정답 44 ② 45 ② 46 ② 47 ② 48 ③ 49 ① 50 ②

51 순수 물질의 압력을 일정하게 유지하면서 엔트로피를 증가시킬 때 엔탈피는 어떻게 되는가?

① 증가한다.
② 감소한다.
③ 변함없다.
④ 경우에 따라 다르다.

해설 순수 물질의 압력 일정 시 엔트로피를 증가시킬 때 엔탈피는 증가한다.

52 2개의 정적과정과 2개의 등온과정으로 구성된 동력사이클은?

① 브레이턴(brayton)사이클
② 에릭슨(ericsson)사이클
③ 스털링(stirling)사이클
④ 오토(otto)사이클

해설 스털링사이클은 2개의 정적(등적)과정과 2개의 정온(등온)과정으로 구성된 동력사이클이다.

53 4kg의 공기가 들어 있는 용기 A(체적 $0.5m^3$)와 진공용기 B(체적 $0.3m^3$) 사이를 밸브로 연결하였다. 이 밸브를 열어서 공기가 자유팽창하여 평형에 도달했을 경우 엔트로피 증가량은 약 몇 kJ/K인가? (단, 온도변화는 없으며, 공기의 기체상수는 0.287kJ/kg·K이다.)

① 0.54 ② 0.49
③ 0.42 ④ 0.37

해설 $\Delta S = \frac{\delta Q}{T} = mR\ln\frac{V_B}{V_A} = 4 \times 0.287 \times \ln\frac{0.3}{0.5}$
=0.54kg/K

★
54 열역학적 상태량은 일반적으로 강도성 상태량과 용량성 상태량으로 분류할 수 있다. 강도성 상태량에 속하지 않는 것은?

① 압력 ② 온도
③ 밀도 ④ 체적

해설 ㉠ 강도성 상태량
• 계의 질량에 관계없는 성질
• 온도(t), 압력(P), 비체적(v) 등
㉡ 용량성 상태량
• 계의 질량에 비례하는 성질
• 체적, 에너지, 질량, 내부에너지(U), 엔탈피(H), 엔트로피(S) 등

★
55 수소(H_2)를 이상기체로 생각하였을 때 절대압력 1MPa, 온도 100℃에서의 비체적은 약 몇 m^3/kg인가? (단, 일반기체상수는 8.3145 kJ/kmol·K이다.)

① 0.781 ② 1.26
③ 1.55 ④ 3.46

해설 $Pv = RT$

$$\therefore v = \frac{RT}{P} = \frac{\frac{8.3145}{2} \times (100+273)}{1 \times 10^3} = 1.55\text{m}^3/\text{kg}$$

★
56 냉동기 냉매의 일반적인 구비조건으로서 적합하지 않은 사항은?

① 임계온도가 높고, 응고온도가 낮을 것
② 증발열이 작고, 증기의 비체적이 클 것
③ 증기 및 액체의 점성이 작을 것
④ 부식성이 없고, 안정성이 있을 것

해설 냉매는 증발열이 크고, 증기의 비체적은 작을 것

57 밀도 1,000kg/m^3인 물이 단면적 0.01m^2인 관속을 2m/s의 속도로 흐를 때 질량유량은?

① 20kg/s ② 2.0kg/s
③ 50kg/s ④ 5.0kg/s

해설 $\dot{m} = \rho A V = 1,000 \times 0.01 \times 2 = 20\text{kg/s}$

★
58 과열증기를 냉각시켰더니 포화영역 안으로 들어와서 비체적이 0.2327m^3/kg이 되었다. 이때의 포화액과 포화증기의 비체적이 각각 $1.079 \times 10^{-3} m^3/kg$, 0.5243$m^3$/kg이라면 건도는?

① 0.964 ② 0.772
③ 0.653 ④ 0.443

해설 $v_x = v' + x(v'' - v')[\text{m}^3/\text{kg}]$

$$\therefore x = \frac{v_x - v'}{v'' - v'} = \frac{0.2327 - 1.079 \times 10^{-3}}{0.5243 - 1.079 \times 10^{-3}} = 0.444$$

정답 51 ① 52 ③ 53 ① 54 ④ 55 ③ 56 ② 57 ① 58 ④

PART 2

59 체적이 150m^{3}인 방 안에 질량이 200kg이고 온도가 20℃인 공기(이상기체상수=0.287 kJ/kg·K)가 들어 있을 때 이 공기의 압력은 약 몇 kPa인가?

① 112 ② 124
③ 162 ④ 184

해설 $PV=mRT$

$$\therefore P=\frac{mRT}{V}=\frac{200\times0.287\times(20+273)}{150}=112\text{kPa}$$

60 온도 150℃, 압력 0.5MPa의 이상기체 0.287kg이 정압과정에서 원래 체적의 2배로 늘어난다. 이 과정에서 가해진 열량은 약 얼마인가? (단, 공기의 기체상수는 0.287kJ/kg·K이고, 정압비열은 1.004kJ/kg·K이다)

① 98.8kJ ② 111.8kJ
③ 121.9kJ ④ 134.9kJ

해설 $Q=mC_p(T_2-T_1)=mC_p\,T_1\left(\frac{T_2}{T_1}-1\right)$

$$=mC_p\,T_1\left(\frac{V_2}{V_1}-1\right)$$

$$=0.287\times1.004\times(150+273)\times(2-1)\fallingdotseq121.9\text{kJ}$$

61 시스템 내의 임의의 이상기체 1kg이 채워져 있다. 이 기체의 정압비열은 1.0kJ/kg·K이고, 초기온도가 50℃인 상태에서 323kJ의 열량을 가하여 팽창시킬 때 변경 후 체적은 변경 전 체적의 약 몇 배가 되는가? (단, 정압과정으로 팽창한다)

① 1.5배 ② 2배
③ 2.5배 ④ 3배

해설 $Q=mC_p(T_2-T_1)=mC_p\,T_1\left(\frac{T_2}{T_1}-1\right)$

$$=mC_p\,T_1\left(\frac{V_2}{V_1}-1\right)$$

$$\therefore \frac{V_2}{V_1}=1+\frac{Q}{mC_p\,T_1}=1+\frac{323}{1\times1.0\times(50+273)}$$

$$=2\text{배}$$

62 일정한 정적비열 C_v와 정압비열 C_p를 가진 이상기체 1kg의 절대온도와 체적이 각각 2배로 되었을 때 엔트로피의 변화량으로 옳은 것은?

① $C_v\ln2$ ② $C_p\ln2$
③ $(C_p-C_v)\ln2$ ④ $(C_p+C_v)\ln2$

해설 $\Delta s=C_p\ln\frac{T_2}{T_1}+C_v\ln\frac{V_2}{V_1}=(C_p+C_v)\ln2$[kJ/kg·K]

★
63 복사열을 방사하는 방사율과 면적이 같은 2개의 방열판이 있다. 각각의 온도가 A방열판은 120℃, B방열판은 80℃일 때 단위면적당 복사열전달량(Q_A/Q_B)의 비는?

① 1.08 ② 1.22
③ 1.54 ④ 2.42

해설 $Q_R\propto T^4$

$$\frac{Q_A}{Q_B}=\left(\frac{T_A}{T_B}\right)^4=\left(\frac{120+273}{80+273}\right)^4=1.54$$

64 이상기체의 압력(P), 체적(V)의 관계식 "PV^n=일정"에서 가역단열과정을 나타내는 n의 값은? (단, C_p는 정압비열, C_v는 정적비열이다)

① 0
② 1
③ 정적비열에 대한 정압비열의 비(C_p/C_v)
④ 무한대

해설 $PV^n=C$에서 가역단열변화인 경우 $n=\frac{C_p}{C_v}$이다.

65 순수한 물질로 되어 있는 밀폐계가 단열과정 중에 수행한 일의 절대값에 관련된 설명으로 옳은 것은? (단, 운동에너지와 위치에너지의 변화는 무시한다)

① 엔탈피의 변화량과 같다.
② 내부에너지의 변화량과 같다.
③ 단열과정 중의 일은 0이 된다.
④ 외부로부터 받은 열량과 같다.

해설 가역단열변화($\delta q=0$)인 경우 밀폐계($_1W_2$) 일은 내부에너지 감소량과 같다.

정답 59 ① 60 ③ 61 ② 62 ④ 63 ③ 64 ③ 65 ②

66 물질의 온도변화 없이 상태만 변화시키는 열은?

① 잠열　② 감열
③ 습열　④ 건열

해설 ㉠ 잠열(숨은열) : 온도변화 없이 물질의 상태만 변화시키는 열
예 • 0℃ 얼음의 융해열(0℃ 물의 응고열) : 334kJ/kg
• 100℃ 물(포화수)의 증발열(100℃ 포화증기 응축열) : 2,256kJ/kg
㉡ 현열(감열) : 물질의 상태는 변화시키지 않고 온도만 변화시키는 열

★
67 열은 고온체에서 저온체로 흐르고 스스로 저온체에서 고온체로의 이동이 불가능하다는 것은 열역학 몇 법칙인가?

① 열역학 제0법칙　② 열역학 제1법칙
③ 열역학 제2법칙　④ 열역학 제3법칙

해설 ① 열역학 제0법칙 : 열평형법칙, 온도계 원리를 적용한 법칙
② 열역학 제1법칙 : 에너지 보존의 법칙, 가역법칙
③ 열역학 제2법칙 : 엔트로피 증가법칙($\Delta S>0$), 비가역법칙(방향성 제시)
④ 열역학 제3법칙 : Nernst 열정리, 즉 자연계의 어떤 방법으로도 어떤 물질의 온도를 절대 0도(K)에 이르게 할 수 없다.

★
68 열전도율의 단위는?

① $\mathrm{J/K \cdot m^3}$　② $\mathrm{kJ/kg \cdot m}$
③ $\mathrm{W/m^2 \cdot ℃}$　④ $\mathrm{W/m \cdot K}$

해설 푸리에(Fourier)의 열전도법칙 $q=\lambda A\left(\frac{t_1-t_2}{x}\right)$[W]

$$\therefore \lambda=\frac{qx}{A(t_1-t_2)}=\frac{[\mathrm{W \cdot m}]}{[\mathrm{m^2 \cdot K}]}=[\mathrm{W/m \cdot K}]$$

69 비열(specific of heat)의 설명 중 옳은 것은?

① 단위는 kJ/kg이다.
② 어떤 물질의 단위질량(kg)을 단위온도(1℃) 높이는 데 필요한 열량을 말한다.
③ 정압비열(C_p)이나 정적비열(C_v)의 값은 같다.
④ 정압비열(C_p)은 정적비열(C_v)로 나눈 값을 폴리트로픽지수라고 한다.

해설 비열의 단위는 kJ/kg·℃이고, 기체인 경우 정압비열(C_p)은 정적비열(C_v)보다 항상 크다.

$$\text{비열비}(k)=\frac{C_p(\text{정압비열})}{C_v(\text{정적비열})}$$

★
70 상대습도(RH)에 대한 설명 중 옳은 것은?

① 포화증기를 수증기압력으로 나눈 값이다.
② 습공기 비중량과 그것과 같은 온도의 포화습공기의 비중량과의 비이다.
③ 습공기에 대한 수분량과 건조공기량의 질량(중량)의 비이다.
④ 단위중량의 건공기 중에 함유된 수증기의 중량이다.

해설 상대습도(RH, ϕ)는 온도 상승에 따라 감소하고, 온도강하에 따라 증가하며, 절대습도는 일정하다.

$$\phi=\frac{\gamma_w(\text{불포화상태 시 습공기 비중량})}{\gamma_s(\text{포화상태 시 포화습공기 비중량})}$$
$$=\frac{P_w(\text{불포화상태 시 습공기 수증기분압})}{P_s(\text{포화상태 시 포화습공기 수증기분압})}[\%]$$

★
71 절대습도(x)에 대한 설명 중 옳은 것은?

① 습도계에 나타나는 온도를 절대습도라고 한다.
② 공기 1kg에 포함되어 있는 증기량이다.
③ 건조공기 1kg에 포함되어 있는 수증기량이다.
④ 수증기 비중량과 건조공기 비중량의 비를 말한다.

해설
$$\text{절대습도}(x)=\frac{\text{수증기 비중량}}{\text{건공기 비중량}}=\frac{\gamma_w}{\gamma_a}$$
$$=0.622\frac{\phi P_s}{P-\phi P_s}$$
$$=0.622\frac{P_w}{P-P_w}[\mathrm{kg'/kg}]$$

정답 66 ① 67 ③ 68 ④ 69 ② 70 ② 71 ④

PART 2

★
72 **비체적(specific volume)이란?**

① 단위체적당 질량
② 단위체적당 중량
③ 단위질량당 엔탈피
④ 단위질량당 체적

해설 비체적(v)이란 단위질량(m)당 체적(V)으로 정의되며 밀도(비질량)의 역수이다.

$v = \frac{V}{m} = \frac{1}{\rho}$[m³/kg]

$\therefore \rho = \frac{1}{v} = \frac{m}{V}$[kg/m³]

73 **공기 중의 수증기는 온도가 내려가면 응축하여 물방울이 맺히기 시작한다. 이때의 온도를 무엇이라 하는가?**

① 습구온도 ② 건구온도
③ 절대온도 ④ 노점온도

해설 공기 중의 수증기는 온도가 내려가면 응축하여 물방울이 맺히기 시작하는 온도, 즉 상대습도(ϕ)=100%인 포화선에 이르게 되는 온도를 노점온도(dew point)라고 한다. 냉각코일의 표면온도(t_s)는 노점온도(t)와 같다.

★
74 **압축기(compressor)에서의 압축과정은?**

① 등적변화 ② 등온변화
③ 등압변화 ④ 가역단열변화

해설 압축기에서의 압축과정은 가역단열압축과정(등엔트로피변화, $S=C$)이다.

75 **단열압축, 등온압축, 폴리트로픽압축에 관한 설명 중 옳지 않은 것은?**

① 압축일량은 등온압축이 가장 작다.
② 압축일량은 단열압축이 가장 크다.
③ 실제 냉동기압축방식은 폴리트로픽(polytropic)압축과정이다.
④ 압축일량은 폴리트로픽압축일이 가장 작다.

해설 압축기의 압축일은 가역단열압축일>polytropic압축일>등온압축일 순이다.

76 **표준 냉동사이클에서 응축온도는 몇 도인가?**

① 25℃ ② 30℃
③ 40℃ ④ 45℃

해설 표준 냉동사이클에서 응축온도 30℃, 증발온도 −15℃, 팽창밸브 직전온도 25℃로 하고, 압축기 입구에서 냉매는 건포화증기를 기준으로 한다.

77 **기체(gas)의 압축에 관한 설명 중 옳지 않은 것은?**

① 압축비 일정 시 간극체적이 클수록 체적효율은 감소한다.
② 등온압축 시 소비동력은 단열압축 시 소비동력보다 크다.
③ 단열압축 시 온도 상승은 폴리트로픽압축 시보다 높다.
④ 비열비가 클수록 압축기에서 토출가스 온도가 상승한다.

해설 등온압축 시 소비동력인 압축일은 가역단열압축 시 소비동력(일)보다 작다.

★
78 **플래시가스(flash gas)는 어느 곳을 통과하며 발생되는가?**

① 증발기 ② 응축기
③ 팽창밸브 ④ 압축기

해설 ㉠ 액배관계통에서 중요한 점은 적어도 0.5℃ 이상 과냉각된 상태로 팽창밸브에 도달하도록 운전하는 것이다. 액관 내에 플래시가스 또는 증기가 발생하면 팽창밸브의 능력은 현저히 감소한다.
㉡ 플래시가스의 발생이유
- 액관 내의 저항
- 드라이어나 필터의 막힘
- 열을 높은 곳으로 이동 시 액의 수압에 의한 압력감소
- 전자밸브구경의 과소 등

참고 증기의 발생은 배관 도중의 열침입에 의한 것이 많다.

★
79 **동력(power)을 나타낸 것 중 옳지 않은 것은?**

① 힘×속도 ② 일량/시간
③ 압력×체적유량 ④ 힘/일량

해설 동력(공률, 일률)은 단위시간당 행한 일량이다. 공학단위는 kg·m/s이고, SI단위는 N·m/s=J/s=Watt이다.

정답 72 ④ 73 ④ 74 ④ 75 ④ 76 ② 77 ② 78 ③ 79 ④

★
80 흡수식 냉동기에서 냉매를 암모니아로 할 때 흡수제는?

① 물(H_2O) ② 질소(N_2)
③ 오일(oil) ④ 브롬화리튬(LiBr)

해설

냉매	흡수제	냉매	흡수제
암모니아 (NH_3)	물(H_2O)	물(H_2O)	브롬화리튬 (LiBr)

★
81 증기압축식 냉동기의 압축기 역할과 동일한 흡수식 냉동장치의 기기는?

① 열교환기(heat exchanger)
② 흡수기와 발생기
③ 발생기
④ 발생기와 재생기

해설 증기압축식 냉동기의 압축기 역할과 동일한 흡수식 냉동장치의 기기는 흡수기와 발생기이다.

★
82 온도가 상승할 때 냉매의 증발잠열은?

① 증발잠열은 커지고, 비체적은 작아진다.
② 증발잠열은 작아지고, 비체적도 작아진다.
③ 증발잠열은 작아지고, 비체적은 커진다.
④ 증발잠열은 커지고, 비체적도 커진다.

해설 온도 상승 시 증발잠열은 작아지고, 비체적(v)도 작아진다.

83 한국냉동톤(1RT)을 미국냉동톤(1USRT)으로 환산하면 얼마인가?

① 0.911 ② 1.098
③ 1.342 ④ 1.732

해설 한국냉동톤(1RT)은 0℃의 물 1ton을 24hr 동안에 0℃ 얼음으로 만들 수 있는 냉동능력(제거해야 할 열량)을 말한다.

$$1RT = \frac{1,000 \times 79.68}{24hr} = 3,320kcal/h = 13897.52kJ/h$$

$= 3.86kW$

1USRT = 3,024kcal/h = 12658.46kJ/h = 3.52kW

∴ 1RT = 1.098USRT

84 1분에 25℃ 순수한 물 40l를 5℃로 냉각하기 위해 필요한 냉동기의 냉동능력은 몇 RT인가?

① 12.5RT ② 13.5RT
③ 14.5RT ④ 15.5RT

해설 $Q_e = mC_p(t_2 - t_1) \times 60 = 40 \times 4.186 \times (25-5) \times 60$

$= 200,928kJ/h$

$$\therefore \text{냉동능력(RT)} = \frac{Q_e}{13897.52} = \frac{200,928}{13897.52} \fallingdotseq 14.5RT$$

참고 1RT = 3,320kcal/h = 13897.52kJ/h

★
85 냉동능력이 62,790kJ/h인 프레온-12 압축식 냉동기가 있다. 이것을 운전하기 위하여 10kW의 전동기가 작동되어 있다면 실제 성적계수는 얼마로 나타내야 되겠는가?

① 1.27 ② 1.54
③ 1.74 ④ 3.48

해설 $$(COP)_R = \frac{Q_e}{W_c} = \frac{62,790}{10 \times 3,600} = 1.74$$

참고 1kW = 1kJ/s = 3,600kJ/h

★
86 암모니아(NH_3) 부르동관의 압력계 재질은 무엇인가?

① 청동 ② Al강
③ 황동 ④ 연강

해설 암모니아는 동 및 동합금, 알루미늄(Al) 등을 사용할 수 없다. 즉 강관을 사용한다.

87 섭씨온도 20℃는 몇 °R인가?

① 310°R ② 425°R
③ 528°R ④ 625°R

해설 $t_R = 1.8t_K = 1.8(t_c + 273) = 1.8 \times (20+273) \fallingdotseq 528°R$

★
88 비엔트로피(specific entropy)의 단위는?

① kJ/kg·h ② kJ/m·℃
③ kJ/K·m ④ kJ/kg·K

해설 $$\text{비엔트로피} = \frac{\Delta S}{m} = \frac{\delta Q}{mT} = \frac{\delta q}{T}[kJ/kg \cdot K]$$

정답 80 ① 81 ② 82 ② 83 ② 84 ③ 85 ③ 86 ④ 87 ③ 88 ④

PART 2

★
89 다음 중 암모니아냉동장치에서 워터재킷(water jacket)을 설치해야 하는 이유로 옳은 것은?

① 다른 냉매에 비해 압축비가 크기 때문에
② 다른 냉매에 비해 비열비가 크기 때문에
③ 체적효율을 저하시키기 위해
④ 냉동능력을 크게 하기 위해

해설 암모니아(NH_3)는 프레온보다 비열비(k=1.3)가 크므로 압축 후 토출가스온도가 높고 실린더가 과열되므로 워터재킷을 설치해서 냉각시킨다.

★
90 증기압축식 냉동장치에서 냉매순환경로로 맞는 것은?

① 압축기 → 수액기 → 응축기 → 증발기
② 압축기 → 팽창밸브 → 증발기 → 응축기
③ 압축기 → 응축기 → 팽창밸브 → 증발기
④ 압축기 → 팽창밸브 → 수액기 → 응축기

해설 증기압축식 냉동기의 냉매순환경로 : 증발기 → 압축기 → 응축기 → 수액기 → 팽창밸브 → 증발기

91 유체온도가 70℃ 고체관의 표면온도가 10℃ 전열면적이 2m²일 때 열전달량은? (단, 열전달계수(K)=16.74W/m²·K)

① 2008.8W ② 2100.5W
③ 2150.3W ④ 2225.4W

해설 $Q=KA(t_2-t_1)$=16.74×2×(70−10)=2008.8W

★
92 실제 기체가 이상(완전)기체상태방정식을 근사적으로 만족시킬 수 있는 조건은?

① 압력이 낮고, 온도가 높을수록
② 압력이 높고, 온도가 낮을수록
③ 압력과 온도가 모두 낮은 경우
④ 압력과 온도가 모두 높은 경우

해설 실제 기체(real gas)가 이상기체상태방정식($PV=RT$)을 근사적으로 만족시킬 수 있는 조건은 압력이 낮고 온도가 높을수록, 분자량이 작을수록, 비체적(v)이 클수록 만족한다.

★
93 건압축 냉동사이클의 성적계수(ε_R)를 옳게 나타낸 것은?

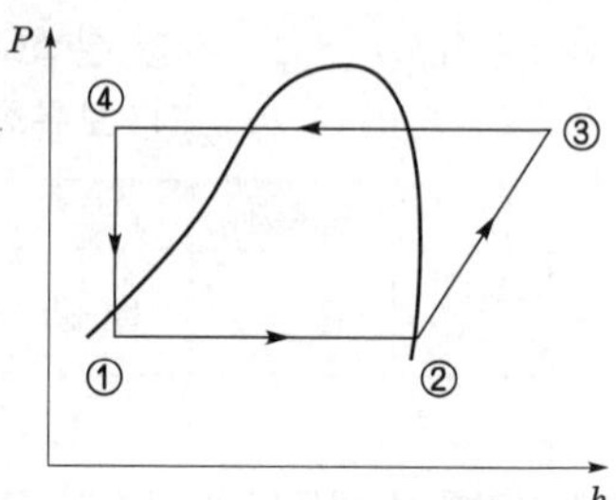

① $\dfrac{h_2-h_4}{h_3-h_2}$ ② $\dfrac{h_3-h_2}{h_2-h_1}$

③ $\dfrac{h_2-h_1}{h_3-h_4}$ ④ $\dfrac{h_3-h_4}{h_3-h_2}$

해설 $(COP)_R=\varepsilon_R=\dfrac{q_2}{w_c}=\dfrac{h_2-h_4}{h_3-h_2}=\dfrac{h_2-h_1}{h_3-h_2}$

94 20℃의 물 1,000kg이 들어 있는 용기에 100℃ 건포화증기(증발열 2256.25kJ/kg)를 혼합시켜 60℃의 물을 만드는 데 증기량은 몇 kg이 필요한가?

① 59.3kg ② 69.3kg
③ 79.3kg ④ 89.3kg

해설 물의 흡열량=증기의 방열량(잠열+현열)

$mC_p(t_2-t_1)=m_1\gamma_0+m_1C_p(100-t_2)$

1,000×4.2×(60−20)

$=m_1$×2256.25$+m_1$×4.2×(100−60)

$\therefore m_1=69.3$kg

★
95 물의 빙점(0℃)과 비등점(100℃) 사이에서 역카르노사이클로 작동되는 냉동기의 성적계수(ε_R)와 열펌프의 성적계수(ε_H)는?

① $\varepsilon_R=1.25$, $\varepsilon_H=2.25$
② $\varepsilon_R=2.73$, $\varepsilon_H=3.73$
③ $\varepsilon_R=3.52$, $\varepsilon_H=4.52$
④ $\varepsilon_R=4.52$, $\varepsilon_H=5.52$

정답 89 ② 90 ③ 91 ① 92 ① 93 ① 94 ② 95 ②

해설 ㉠ 냉동기 성적계수(ε_R)

$$=\frac{T_2}{T_1-T_2}=\frac{273}{373-273}=2.73$$

㉡ 열펌프 성적계수(ε_H)

$$=\frac{T_1}{T_1-T_2}=\frac{373}{373-273}=3.73$$

참고 냉동기 성적계수(ε_R)는 열펌프 성적계수(ε_H)보다 항상 1만큼 작다($\varepsilon_R=\varepsilon_H-1$).

96 25℃에서 팽창 직전의 냉매액의 비엔탈피가 535.8kJ/kg이고 -15℃에서 압축기에 흡입되는 냉매가스의 비엔탈피가 1,662kJ/kg이다. 압축기 토출가스 비엔탈피가 1892.07kJ/kg일 때 냉동효과는 몇 kJ/kg인가?

① 1126.2kJ/kg ② 112.6kJ/kg
③ 11.26kJ/kg ④ 1,356kJ/kg

해설 냉동효과(q_2)=1,662−535.8=1126.2kJ/kg

참고 냉동효과란 증발기에서 냉매 1kg이 기화되면서 저온체로부터 흡수한 열량(kJ)을 말한다.

97 매시 2,000kg의 30℃ 물을 -10℃ 얼음으로 만드는 능력을 가진 냉동장치에 있다. 다음 조건에서 이 냉동장치의 압축기 소요동력(kW)을 구하면? (단, 열손실은 무시하고, 소수점 이하는 반올림한다.)

- 응축기 냉각수 입구온도 : 32℃
- 냉각수 출구온도 : 37℃
- 냉각수의 유량 : 60m³/h

① 73kW ② 76kW
③ 78kW ④ 83kW

해설 $W_c=\frac{Q_1-Q_2}{3,600}$

$$=\frac{(60\times1,000)\times4.186\times(37-32)-2,000\times4.186\times30+2,000\times333.54+2,000\times2.093\times(0-(-10))}{3,600}$$

≒ 83kW

참고 1kW=3,600kJ/h=1kJ/s

★
98 열역학 제2법칙의 설명 중 옳은 것은?

① 에너지 보존의 법칙을 적용한 것이다.
② 열과 일은 동일한 에너지다.
③ 엔트로피의 절대값을 정의한다.
④ 일은 용이하게 열로 변화하지만, 열을 전부 일로 변화시키는 것은 불가능하다.

해설 ①, ②는 열역학 제1법칙, ③은 열역학 제3법칙에 대한 설명이다.

참고 열역학 제2법칙은 엔트로피 증가법칙($\Delta S>0$)으로 제2종 영구운동기관, 즉 효율이 100%인 기관은 제작이 불가능하다는 의미로서 비가역과정(방향성)을 제시한 법칙이다.

★
99 다음 냉동법 중 펠티에효과(Peltier's effect)를 이용하는 냉동법은?

① 증발식 냉동법 ② 열전도 냉동장치
③ 기계적 냉동법 ④ 보르텍스튜브

해설 펠티에효과는 종류가 다른 금속을 링모양으로 접속하여 전류를 흐르게 하면 한쪽의 접합점은 고온이 되고, 다른 한쪽의 접합점은 저온이 된다.

100 다음은 열이동(heat transfer)에 대한 설명이다. 옳지 않는 것은?

① 고체에서 서로 접하고 있는 물질분자 간의 이동열을 열전도라 한다.
② 고체표면에 접한 유동유체 간의 이동열을 열전달이라 한다.
③ 열관류율이 클수록 단열재로 적당하다.
④ 고체, 액체, 기체에서 전자파의 형태로 에너지를 방출하거나 흡수하는 현상을 열복사라고 한다.

해설 열관류율이 작을수록 단열재(보온재)로 적당하다.

101 증기압축기 냉동장치의 주요 구성요소가 아닌 것은?

① 압축기 ② 흡수기
③ 응축기 ④ 팽창밸브

해설 흡수기는 흡수식 냉동장치의 주요 구성품으로 증기압축식 냉동장치의 압축기와 같은 역할을 하는 기기이다.

정답 96 ① 97 ④ 98 ④ 99 ② 100 ③ 101 ②

PART 2

102 12kW 펌프의 회전수가 800rpm인 경우 토출량이 1.5m^3/min일 때 펌프의 토출량 1.8m^3/min으로 하기 위해 회전수는 몇 rpm으로 변화시키면 되는가?

① 850　② 960
③ 1,250　④ 1,450

해설 펌프의 상사법칙에서 토출량과 회전수는 비례하므로

$$\frac{Q_2}{Q_1}=\frac{N_2}{N_1}$$

$$\therefore N_2=N_1\frac{Q_2}{Q_1}=800\times\frac{1.8}{1.5}=960\,\text{rpm}$$

★
103 열역학 제1법칙과 관계없는 것은?

① 에너지 보존의 법칙이다.
② 열은 고온체에서 저온체로 흐른다.
③ 가열량은 내부에너지와 절대일과의 합이다.
④ 열량과 일량은 본질적으로 동일한 에너지이다.

해설 열이 고온체에서 저온체로 이동하는 것(엔트로픽 증가법칙, $\Delta S>0$)은 비가역법칙으로 열역학 제2법칙이다.

★
104 비스무트, 텔루르 비스무트, 셀렌이라는 반도체를 이용하여 냉각작용을 유도하는 냉동장치는 무엇인가?

① 공기팽창식 냉동장치
② 진공분사식 냉동장치
③ 열전도 냉동장치
④ 증기분사식 냉동장치

해설 ㉠ 열전도 냉동장치 : 비스무트, 텔루르 비스무트, 셀렌이라는 반도체를 이용해서 냉각작용을 유도하는 냉동장치
㉡ 증기분사식 냉동장치 : 기계적인 힘을 이용해서 증발하기 쉬운 액체를 기화시켜 냉동작용을 하는 냉동장치

★
105 브라인(brine)의 구비조건으로 틀린 것은?

① 상변화가 일어나서는 안 된다.
② 응고점이 낮아야 한다.
③ 비열이 작아야 한다.
④ 유동성이 커야 한다.

해설 브라인의 구비조건
㉠ 비열이 클 것
㉡ 열전도율이 클 것
㉢ 응고점이 낮을 것
㉣ 점도가 작을 것
㉤ 금속에 대한 부식성이 없을 것
㉥ 불연성이고 독성이 없을 것
㉦ 누설 시 냉장품을 손상시키지 말 것
㉧ 상(相)변화가 일어나지 않을 것

106 얼음을 이용하는 냉각방법은 다음 중 어느 것과 관계가 있는가?

① 융해열　② 증발열
③ 승화열　④ 펠티에효과

해설 얼음은 융해열(333.54kJ/kg)을 이용하여 냉각효과를 얻는다.

107 암모니아응축기에 물이 15℃로 들어가 21℃로 나온다. 암모니아는 23.5℃에서 응축한다고 하면 이 경우 대수평균온도차($LMTD$)는 얼마인가?

① 0.3℃　② 4.9℃
③ 5.1℃　④ 10℃

해설 $\Delta_1=23.5-15=8.5$℃, $\Delta_2=23.5-21=2.5$℃

$$\therefore LMTD=\frac{\Delta_1-\Delta_2}{\ln\frac{\Delta_1}{\Delta_2}}=\frac{8.5-2.5}{\ln\frac{8.5}{2.5}}=4.9℃$$

★
108 다음 압축기의 1시간에 대한 냉매배출량은? (단, 피스톤의 직경 8cm, 스트로크 7cm, 회전수 500rpm, 기통수 2기통, 체적효율(η_v)=70%)

① 13.8m^3/h　② 14.8m^3/h
③ 15.8m^3/h　④ 16.8m^3/h

해설 $$\eta_v=\frac{\text{실제 피스톤압출량}}{\text{이론적 피스톤압출량}}\times100=\frac{V_a}{V}\times100[\%]$$

$$\therefore V_a=\eta_v V=\eta_v ASNZ\times60$$

$$=0.7\times\frac{\pi\times0.08^2}{4}\times0.07\times500\times2\times60$$

$$\fallingdotseq 14.8\text{m}^3/\text{h}$$

정답 102 ② 103 ② 104 ③ 105 ③ 106 ① 107 ② 108 ②

109 냉매의 비열비와 가장 관계가 깊은 것은 어느 것인가?

① 워터재킷　② 플래시가스
③ 오일포밍현상　④ 에멀션현상

해설 암모니아(NH_3)는 비열비(k=1.31)가 커 압축 후 토출가스 온도가 높으므로 워터재킷을 설치해서 실린더를 냉각시킴으로써 성능계수를 크게 한다.

$$T_2 = T_1\left(\frac{P_2}{P_1}\right)^{\frac{k-1}{k}}$$

★
110 압축기의 과열원인이 아닌 것은 어느 것인가?

① 냉매량 부족
② 압축비 증대
③ 윤활유 부족
④ 증발기 부하가 감소했을 경우

해설 증발기 부하 감소 시 액냉매가 충분히 증발하지 못해 액백(liquid back)의 원인이 된다.

111 15RT 브라인냉각기에서 브라인 입구온도(t_{b1}) =−10℃, 출구온도(t_{b2})=−22℃, 냉매증발온도 −30℃라 할 때 냉각면적이 15m²이라 하면 이 브라인냉동장치의 열통과율(K)은 얼마인가?

① 993kJ/m²·h·℃
② 1,020kJ/m²·h·℃
③ 237kJ/m²·h·℃
④ 362kJ/m²·h·℃

해설 ㉠ $\Delta t_m = \frac{t_{b1}+t_{b2}}{2} - t_e = \frac{-10+(-22)}{2} - (-30)$
$= 14℃$
㉡ $Q_e = AK\Delta t_m$
$\therefore K = \frac{Q_e}{A\Delta t_m} = \frac{15\times 13897.52}{15\times 14}$
≒993kJ/m²·h·℃

★
112 냉매의 구비조건이 아닌 것은?

① 인화점이 높고, 증발열이 클 것
② 점도가 작고, 전열이 양호하며 표면장력이 작을 것
③ 전기적 절연내력이 크고, 절연물질을 침식하지 않을 것
④ 비열비가 크고, 비등점이 높으며 임계온도가 높을 것

해설 냉매의 구비조건
㉠ 물리적 조건
- 대기압 이상에서 쉽게 증발할 것
- 임계온도가 높아 상온에서 쉽게 액화할 것
- 응고온도가 낮을 것
- 증발잠열이 크고 액체의 비열은 작을 것
- 비열비 및 가스의 비체적이 작을 것
- 점도와 표면장력이 작고 전열이 양호할 것
- 인화점이 높고 누설 시 발견이 양호할 것
- 전기절연이 크고 전기절연물질을 침식하지 않을 것
- 패킹재료에 영향이 없고 오일과 혼합하여도 영향이 없을 것

㉡ 화학적 조건
- 화학적으로 결합이 안정하여 분해하지 않을 것
- 금속을 부식시키지 않을 것
- 연소성 및 폭발성이 없을 것

㉢ 기타
- 인체에 무해하고 누설 시 냉장물품에 영향이 없을 것
- 악취가 없을 것
- 가격이 싸고 소요동력이 작게 들 것

113 다음 그림과 같이 2단 압축(1단 팽창)을 하는 냉동사이클이 R−22를 냉매로 작용하고 있을 때 성적계수(ε_R)는 얼마인가? (단, 각 상태점의 비엔탈피는 ⓐ, ⓑ : 482kJ/kg, ⓒ : 600kJ/kg, ⓓ : 645kJ/kg, ⓔ : 625kJ/kg, ⓕ : 660kJ/kg, ⓖ, ⓗ : 500kJ/kg이다.)

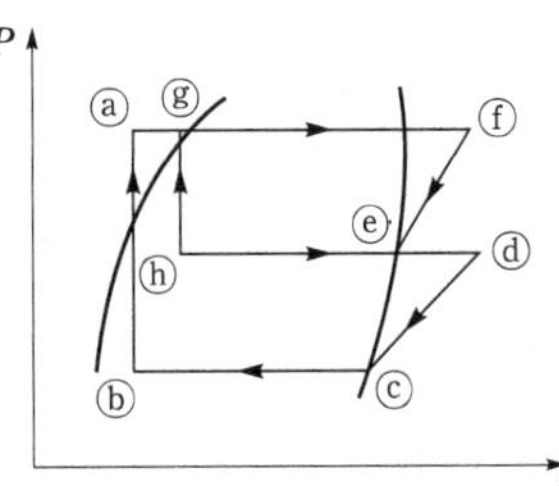

① 0.9　② 1.3
③ 2.4　④ 3.4

정답 109 ①　110 ④　111 ①　112 ④　113 ②

해설 $(COP)_R = \varepsilon_R = \dfrac{q_2}{w_L + w_H}$

$$= \frac{i_c - i_b}{(i_d - i_c) + (i_f - i_e)\left(\dfrac{i_d - i_a}{i_e - i_g}\right)}$$

$$= \frac{600-482}{(645-600)+(660-625)\times\dfrac{645-482}{625-500}}$$

$$= 1.3$$

114 **냉동장치에서 수냉식 응축기의 운전조건이 냉각수 입구온도 20℃, 냉각수 출구온도 28℃, 응축온도 32℃, 냉각수량 200l/min, 전열면적 15m^{2}일 때 응축기의 열통과율(K)을 구하면? (단, 냉매와의 평균온도차는 산술평균에 의해서 계산한다.)**

① 698.34W/m^2 · K
② 825.66W/m^2 · K
③ 934.08W/m^2 · K
④ 1047.23W/m^2 · K

해설 ㉠ $\Delta t_m = t_c - \dfrac{t_1 + t_2}{2} = 32 - \dfrac{20+28}{2} = 8°C$

㉡ $Q_e = KA\Delta t_m$

$$\therefore K = \frac{Q_c}{A\Delta t_m} = \frac{mC_p(t_2 - t_1)}{A\Delta t_m}$$

$$= \frac{200\times4.2\times(28-20)\times60}{15\times8}$$

$= 3,360$kJ/m^2 · h · ℃ $= 934.08$W/m^2 · K

★115 **다음 중 건압축을 채택하는 목적 중 틀린 것은?**

① 압축비를 감소시키기 위해
② 냉동능력을 증가시키지 위해
③ 체적효율을 증가시키기 위해
④ 압축비가 8 이상이면 2단 압축을 채택

해설 2단 압축(two stage compression)을 채택하는 경우는 압축비$\left(=\dfrac{\text{응축기 절대압력}}{\text{증발기 절대압력}}\right)$가 6 이상이거나 암모니아($NH_3$)용인 경우 증발기온도가 -35℃ 이하, 프레온(freon)용인 경우는 압축비가 9 이상이거나 증발기온도가 -50℃ 이하일 때 채택한다.

116 **다음은 기름분리기에 대한 기술이다. 틀린 것은?**

① 기름이 응축기에 들어가면 냉각면에 유막이 생겨 열전달이 나빠진다.
② 기름이 응축기에 들어가면 팽창밸브가 동결하는 수도 있다.
③ 기름분리기는 응축기와 팽창밸브 사이에 설치한다.
④ 기름분리기는 압축기 윤활유와 냉매가스 중에 혼합되어 배출되는 것을 분리하기 위한 장치이다.

해설 유분리기(oil separator)는 압축기 토출가스 중에 혼합된 오일을 분리하여 압축기 윤활불량을 방지하고 응축기, 증발기에서 유막(oil film)으로 인한 전열방해를 방지하며, 소음 제거 및 토출가스의 맥동을 방지한다. 설치위치는 압축기와 응축기 사이에 설치하며, 암모니아(NH_3)용은 필수로 설치하고, 프레온용은 저온장치, 만액식 증발기 사용 시 토출가스배관이 길어질 때 토출가스에 많은 오일이 혼입되어 나간다고 생각될 때 설치한다.

117 **핫가스(hot gas)로 제상하는 장비에 있어서 핫가스의 흐름을 제어하는 것은?**

① 모세관(capillary)
② 자동팽창밸브(AEV)
③ 솔레노이드밸브(SV)
④ 4방향 밸브(4-way valve)

해설 핫가스(hot gas)의 흐름을 제어하는 밸브는 전자밸브(솔레노이드밸브)이다.

118 **냉각수 입구온도(t_{w1}) 32℃, 출구온도(t_{w2}) 37℃, 냉각수량이 100l/min인 수냉식 응축기가 있다. 압축기에 사용되는 동력이 8kW이면 이 냉동장치의 냉동능력은 몇 냉동톤인가? (단, 1RT=13,944kJ/h)**

① 7RT ② 8RT
③ 9RT ④ 10RT

해설 $Q_e = \dfrac{Q_1 - W_c}{13,944} = \dfrac{mC_p(t_{w2} - t_{w1}) - W_c}{13,944}$

$$= \frac{100\times4.2\times(37-32)\times60 - 8\times3,600}{13,944}$$

$≒ 7$RT

정답 114 ③ 115 ④ 116 ③ 117 ③ 118 ①

★
119 1RT의 냉동능력을 얻기 위한 냉동기가 있다. 수냉식 응축기에 있어서 냉각수 입구 및 출구 온도를 20℃ 및 30℃로 하기 위해서는 몇 l/min의 냉각수가 필요한가? (단, 응축기에서 방출하는 열량은 증발기에서 흡수하는 열량의 1.25배이다.)

① $6.9l$/min ② $9.2l$/min
③ $10.2l$/min ④ $15.3l$/min

해설 응축부하(Q_c)=냉동능력(Q_e)×1.25= $WC_p(t_2-t_1)$

$$\therefore W=\frac{1.25Q_e}{C_p(t_2-t_1)}=\frac{1.25\times3,320\times4.2}{4.2\times(30-20)\times60}$$

=$6.9l$/min

★
120 다음 중 공기냉각용 증발기 적상의 영향이 아닌 것은?

① 증발압력 저하
② 냉동능력 증가
③ 압축비 상승
④ RT당 소요동력 증가

해설 적상의 영향
㉠ 증발압력 저하
㉡ 냉동능력 감소
㉢ 압축비 상승
㉣ RT당 소요동력 증가
㉤ 액백(liquid back)의 우려(수동팽창밸브 사용 시)
㉥ RT당 소요동력 증가

121 다음 중 제상(defrost)방법 중 잘못 설명된 것은?

① 브라인분무 제상 : 냉각관 표면에 부동액 또는 brine을 살포한다.
② 압축기 정지 제상 : 1일 10~12시간 이상 냉동기를 정지시키는 제상
③ 살수식 제상 : 10~25℃의 물을 살포하는 방법(고압가스 제상과 병행한다)
④ 온수브라인 제상 : 순환 중인 차가운 브라인을 주기적으로 따뜻한 브라인으로 바꾸어 순환 제상

해설 ㉠ 압축기 정지 제상(off cycle defrost) : 1일 6~8시간 정도 냉동기를 정지시키는 제상
㉡ 고압가스 제상(hot gas defrost) : 압축기에서 토출된 고온의 냉매증기를 증발기에 유입시켜 응축열에 의해 제상

122 다음 그림과 같은 냉수형 코일에 있어서 물의 입구온도(t_{w1})를 공기의 입구온도(t_1), 물의 출구온도(t_{w2})를 공기의 출구온도(t_2)라 할 때 물과 공기의 대수평균온도차($LMTD$)는?

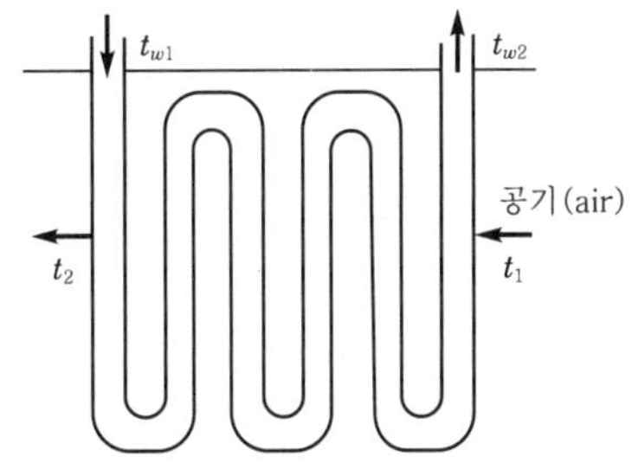

① $\dfrac{t_1-t_2}{\ln(t_1-t_2)/(t_{w1}-t_{w2})}$

② $\dfrac{(t_1-t_{w2})-(t_2-t_{w1})}{\ln(t_1-t_{w2})/(t_2-t_{w1})}$

③ $\dfrac{t_{w1}-t_{w2}}{\ln(t_1-t_2)/(t_{w1}-t_{w2})}$

④ $\dfrac{(t_1-t_2)-(t_{w1}-t_{w2})}{\ln(t_1-t_{w2})/(t_2-t_{w2})}$

해설 $LMTD=\dfrac{\Delta_1-\Delta_2}{\ln\dfrac{\Delta_1}{\Delta_2}}=\dfrac{(t_1-t_{w2})-(t_2-t_{w1})}{\ln\left(\dfrac{t_1-t_{w2}}{t_2-t_{w1}}\right)}$

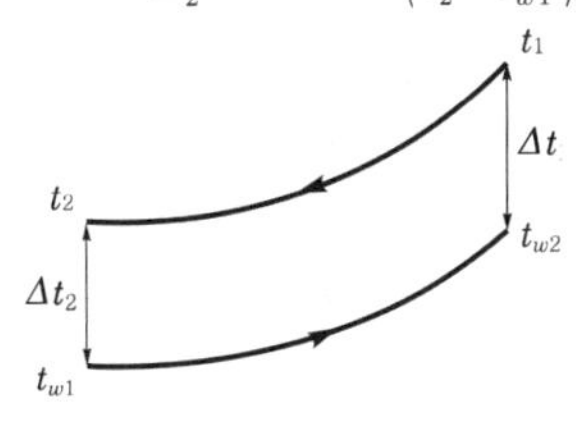

[대향류]

★
123 압축냉동사이클에서 엔트로피가 증가하고 있는 과정은 어느 과정인가?

① 증발과정 ② 압축과정
③ 응축과정 ④ 팽창과정

정답 119 ① 120 ② 121 ② 122 ② 123 ④

PART 2

해설 증기압축냉동사이클에서 교축과정(throttling)
㉠ $P_1 > P_2$
㉡ $T_1 > T_2$(줄-톰슨효과)
㉢ $h_1 = h_2$
㉣ $\Delta S > 0$(비가역과정으로 엔트로피는 증가한다)

124 2원 냉동기의 저온측 냉매로 사용되지 않는 것은?

① 메탄 ② 에탄
③ R-14 ④ R-22

해설 2원 냉동기의 냉매
㉠ 저온측 : 메탄(CH_4), 에탄(C_2H_6), R-13, R-14, 에틸렌 등
㉡ 고온측 : R-12, R-22, 프로판(C_3H_8) 등

★
125 내벽의 열전달률(α_i)=20W/m^2·K, 외벽의 열전달률(α_o)=40W/m^2·K, 벽의 열전도율(λ)=16.74W/m·K, 벽두께 20cm, 외기온도 0℃, 실내온도 20℃일 때 열통과율(K)은?

① 11.5W/m^2·K ② 13.46W/m^2·K
③ 15.75W/m^2·K ④ 20.45W/m^2·K

해설 $K = \frac{1}{R} = \frac{1}{\frac{1}{\alpha_i} + \frac{l}{\lambda} + \frac{1}{\alpha_o}} = \frac{1}{\frac{1}{20} + \frac{0.2}{16.74} + \frac{1}{40}}$
$= 11.5\text{W/m}^2\cdot\text{K}$

126 다음은 스크루(screw)압축기의 특징을 설명한 것이다. 옳지 않은 것은?

① 경부하 시는 비교적 동력 소모가 작다.
② 밸브나 섭동부가 없으므로 장시간의 무개방 연속 운전이 가능하다.
③ 소형 경량이므로 설치면적이 작다.
④ 소음이 비교적 크다.

해설 스크루냉동기는 경부하 시에도 비교적 동력 소모가 크다.

127 몰리에르선도상에서 건조도 x에 관한 설명으로 옳은 것은?

① 몰리에르선도의 포화액선상 건조도는 1이다.
② 액체 70%, 증기 30%인 냉매의 건조도는 0.7이다.
③ 건조도는 습포화증기구역 내에서만 존재한다.
④ 건조도라 함은 과열증기 중 증기에 대한 포화액체의 양을 말한다.

해설 건조도(x)는 습증기구역 내에서만 존재한다($0 < x < 1$).

★
128 열과 일 사이의 에너지 보존의 원리를 표현한 것은?

① 열역학 제1법칙
② 열역학 제2법칙
③ 보일-샤를의 법칙
④ 열역학 제0법칙

해설 ㉠ 열역학 제0법칙 : 열평형의 법칙(흡열량=방열량)
㉡ 열역학 제1법칙 : 에너지 보존의 법칙, 가역법칙
㉢ 열역학 제2법칙 : 열이동에 관한 법칙(방향성을 밝힌 법칙), 비가역법칙, 엔트로피 증가법칙($\Delta S > 0$)
㉣ 열역학 제3법칙 : 어떤 방법으로도 물질의 온도를 절대 0도(0K)에 이르게 할 수 없다는 법칙(엔트로피의 절대값을 제시한 법칙)

129 NH_3를 냉매로 하고, 물을 흡수제로 하는 흡수식 냉동기에서 열교환기의 기능을 잘 나타낸 것은?

① 흡수기의 물과 발생기의 NH_3와의 열교환
② 흡수기의 진한 NH_3수용액과 발생기의 묽은 NH_3수용액과의 열교환
③ 응축기에서 냉매와 brine과의 열교환
④ 증발기에서 NH_3냉매액과 brine과의 열교환

해설 흡수식 냉동기에서의 열교환기의 기능 : 흡수기에서 진한 NH_3수용액과 발생기(재생기)의 묽은 NH_3수용액을 열교환시킨다.

★
130 CA냉장고를 설명한 것은?

① 가정용 냉장고이다.
② 제빙용으로 주로 쓰인다.
③ 청과물 저장에 쓰인다.
④ 공조용으로 철도, 항공에 주로 쓰인다.

정답 124 ④ 125 ① 126 ① 127 ③ 128 ① 129 ② 130 ③

해설 CA냉장고(Controlled Atmosphere storage room) : 청과물 저장 시 주로 사용되며 보다 좋은 저장성을 확보하기 위해 냉장고 내의 산소를 3~5% 감소시키고 탄산가스를 3~5% 증가시켜 청과물의 호흡을 억제하여 냉장하는 냉장고

★131 제빙장치에 주로 사용되며, 상부에는 가스헤더가 있고, 하부에는 액헤더가 있으며 상하의 헤드 사이에는 다수의 구부러진 증발관이 부착되어져 있는 형태의 증발기는?

① 탱크형 증발기
② 보델로증발기
③ 이중관식 증발기
④ 원통다관식 증발기

해설 헤링본식(탱크형) 증발기는 주로 NH_3 만액식 증발기로 제빙장치의 브라인냉각용 증발기로 사용된다. 다음 그림에 도시된 것과 같이 상부에 가스헤더가 있고, 하부에 액헤더가 있다.

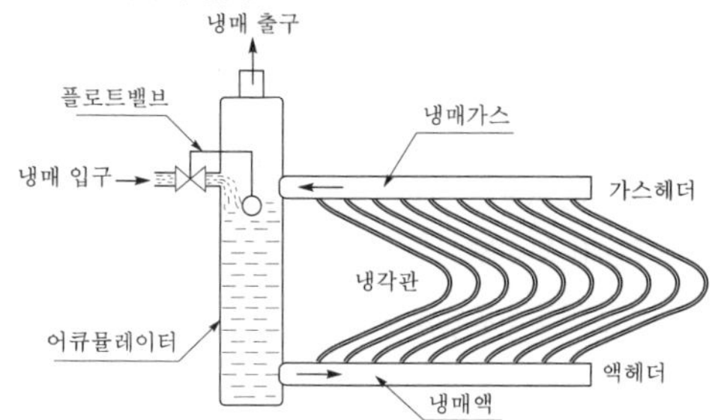

132 수액기 gauge glass의 파손원인에 해당되지 않는 것은?

① 외부로부터의 타격
② 냉매 부족
③ 운전 중 압력변화
④ 무리하게 조임으로 일어나는 힘의 불균형

해설 수액기 gauge glass(액면계)의 파손원인
㉠ 외부로부터의 타격
㉡ 운전 중 압력변화
㉢ 냉매 과충전
㉣ 무리하게 조임으로 일어나는 힘의 불균형

133 증발식 응축기에 대한 설명 중 옳지 않은 것은?

① 물의 소비량이 적다.
② 옥상에 설치 가능하다.
③ 쿨링 타워(cooling tower)를 쓰는 것보다 응축온도가 내려간다.
④ 냉각관의 부식이 일어나지 않는다.

해설 물의 증발잠열을 이용하므로 냉각수 소비량이 가장 적은 응축기로, 냉각관이 대기 중에 노출되어 있어 부식이 일어나기 쉽다.

134 콤파운드(compound)냉동방식을 옳게 설명한 것은?

① 증발기가 2개 이상 있어서 필요에 따라 다른 온도에서 냉매를 증발시킬 수 있는 방식
② 냉매를 한 가지만 쓰지 않고 두 가지 이상을 써서 낮은 온도를 얻을 수 있게 하는 방식
③ 한쪽 냉동기의 증발기가 다른 쪽 냉동기의 응축기를 냉각시키도록 배열하는 방식
④ 동일 냉매를 점차적으로 높은 압력으로 압축시킬 수 있는 방식

해설 ①은 다효압축냉동방식을, ②와 ③은 2원 냉동방식을 설명한 것이다.

★135 냉매 R-12의 표준 냉동사이클에서의 냉동효과(kJ/kg)는 동일한 사이클의 암모니아에 비하여 얼마나 되는가?

① 7%　　② 9%
③ 11%　　④ 16%

해설 표준 냉동사이클에서 냉동효과(q_2)는 NH_3=1,126kJ/kg, R-12=124kJ/kg이므로

$$\therefore \text{ 상승률} = \frac{124}{1,126} \times 100 \fallingdotseq 11\%$$

★136 다음 응축기 중에서 용량이 비교적 크며 열통과율이 가장 좋은 것은?

① 공냉식 응축기
② 7통로식 응축기
③ 증발식 응축기
④ 입형 셸 앤드 튜브식 응축기

정답 131 ① 132 ② 133 ④ 134 ④ 135 ③ 136 ②

PART 2

해설 **열통과율** : 7통로식 응축기>입형 셸 앤드 튜브식 응축기>증발식 응축기>공냉식 응축기

137 **다음 표에 나타난 재료로 구성된 냉장고의 단열벽이 있다. 외기온도가 30℃, 냉장실온도가 −20℃, 단열벽의 내면적이 20m²이라면 그 내면적을 통하여 외부에서 냉장실 내로 침입하는 열량 Q[kW]은?**

재료	두께 (cm)	열전도율 (W/m·K)
콘크리트	30	0.116
발포 스티로폼	20	0.058
내장판	1	0.233

표면	열전달률(W/m²·K)
외표면	18
내표면	6

① 0.058 ② 0.159
③ 0.508 ④ 0.809

해설 $K=\frac{1}{R}=\frac{1}{\frac{1}{\alpha_i}+\Sigma\frac{l_i}{\lambda_i}+\frac{1}{\alpha_o}}$

$=\frac{1}{\frac{1}{6}+\frac{0.3}{0.116}+\frac{0.2}{0.058}+\frac{0.01}{0.233}+\frac{1}{18}}$

$\fallingdotseq 0.159\text{W/m}^2\cdot\text{K}$

$\therefore\ Q=KA\Delta t=KA(t_o-t_i)$

$=0.159\times20\times[30-(-20)]$

$=159\text{W}=0.159\text{kW}$

★138 **다음 중 플래시가스(flash gas) 발생원인이 아닌 것은?**

① 액관이 직사광선에 노출될 때
② 액관, 전자밸브 등의 구경이 클 때
③ 액관이 현저히 입상할 때
④ 액관이 지나치게 길 때

해설 플래시가스의 발생원인은 액관 및 전자밸브 등의 관경이 작거나 막힌 경우에 발생된다.

139 **이상기체를 체적이 일정한 상태에서 가열하면 온도와 압력은 어떻게 변하는가?**

① 온도가 상승하고, 압력도 높아진다.
② 온도가 상승하지만, 압력은 낮아진다.
③ 온도는 저하하고, 압력이 높아진다.
④ 온도가 저하하고, 압력도 낮아진다.

해설 이상(완전)기체는 체적이 일정한 상태에서 가열하면 온도와 압력이 모두 상승된다.

140 **외기온도 32℃, 냉장고 실내온도 −25℃일 때 방열벽의 열통과열은 0.56W/m²이었다. 방열벽의 열통과율은 몇 W/m²·℃인가?**

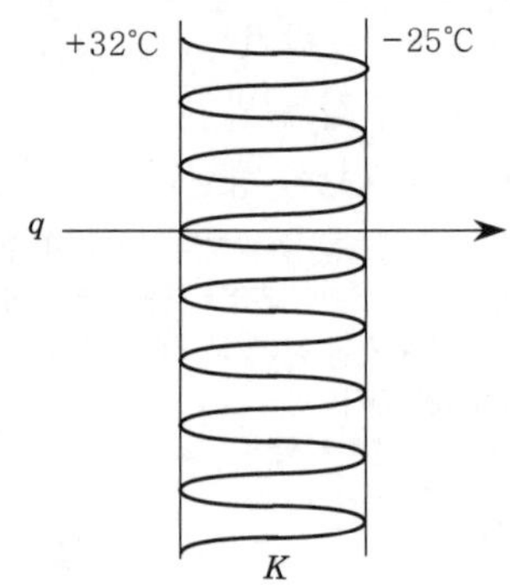

① 0.0028 ② 0.0035
③ 0.0098 ④ 0.028

해설 $q=\frac{Q}{A}=K\Delta t[\text{W/m}^2]$

$\therefore\ K=\frac{q}{\Delta t}=\frac{0.56}{32-(-25)}$

$=0.0098\text{W/m}^2\cdot℃$

141 **수액기의 역할은 다음 중 어느 것인가?**

① 압축기에서 나온 냉매액체를 저장하는 것
② 압축기 출구에서의 냉매액체를 저장하는 것
③ 응축기의 냉매액체를 일시적으로 저장하는 것
④ 만액식 증발기에서 저온의 냉매를 저장하는 것

해설 수액기(receiver)는 응축기에서 응축된 고온 고압의 냉매를 일시 저장하는 고압용기로 크기의 75% 이하로 저장한다.

정답 137 ② 138 ② 139 ① 140 ③ 141 ③

★

142 다음 장치도에서 증발압력조정밸브(EPR)의 부착위치는 어디인가?

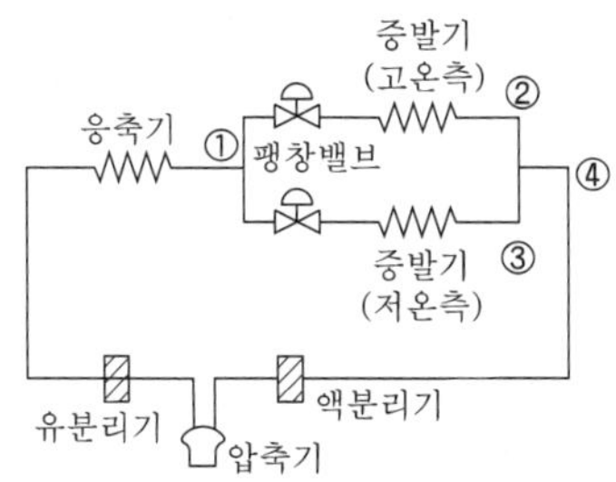

① ① ② ②
③ ③ ④ ④

해설 증발압력조정밸브(EPR)의 설치위치는 증발기가 여러 대일 경우에는 증발온도가 높은 증발기 출구측 ②에 설치하고, 가장 낮은 곳에는 체크밸브(check valve)를 설치한다.

143 공냉식 응축기에 있어서 냉매가 응축하는 온도는 어떻게 결정하는가?

① 대기온도보다 30℃(54°F) 높게 잡는다.
② 대기온도보다 19℃(35°F) 높게 잡는다.
③ 대기온도보다 10℃(18°F) 높게 잡는다.
④ 증발기 속의 냉매증기를 과열도에 따라 높인 온도로 잡는다.

해설 공냉식 응축기에 있어서 냉매가 응축하는 온도는 대기보다 18~20℃ 정도 높게 잡는다.

144 다음 그림에서 가역단열변화선에 해당하는 것은?

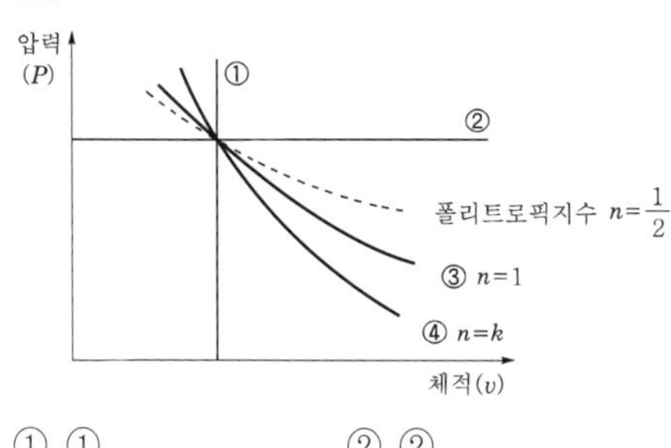

① ① ② ②
③ ③ ④ ④

해설 제시된 그림에서 ①은 등적선, ②는 등압선, ③은 등온선, ④는 가역단열선이다.

145 소형 냉동기에서 사용되면서 냉각수용 배관 및 배수설비가 필요하지 않는 응축기는?

① 횡형 원통다관식 응축기
② 대기식 응축기
③ 증발식 응축기
④ 공냉식 응축기

해설 소형 냉동기에서 사용되면서 냉각수용 배관 및 배수설비가 필요하지 않는 응축기는 공냉식 응축기이다(공냉식 응축기는 냉각수를 사용하지 않으므로).

146 냉매의 물리적 성질로 적당한 것은?

① 증발열은 크고 액체의 비열은 작을 것
② 증기 및 액체의 밀도가 작을 것
③ 점도가 적고 전열률이 양호할 것
④ 임계온도와 응고온도가 모두 낮을 것

해설 냉매의 물리적 성질
㉠ 증발열(잠열)은 크고, 액체의 비열은 작을 것(과냉각 양호)
㉡ 증기 및 액체의 밀도는 클 것(비체적이 작을 것)
㉢ 점도가 적당하고 전도열(전열)이 양호할 것
㉣ 임계온도는 높고, 응고온도는 낮을 것

147 증발기를 냉매액의 공급방식에 따라 구분할 때 각 방식에 대한 설명 중 옳은 것은?

① 건식 증발기 : 냉매액이 많아야 한다.
② 만액식 증발기 : 열전달률이 비교적 낮기 때문에 액체냉각용으로 많이 사용된다.
③ 액순환식 증발기 : 증발기가 많아도 팽창밸브는 하나만 있으면 된다.
④ 액순환식 증발기 : 증발기 내에 항상 액이 충만해 있기 때문에 열전달률은 좋지 못하다.

해설 ① 건식 증발기 : 냉매액이 적어 공기냉각에 사용(액 25%, 가스 75%)
② 만액식 증발기 : 열전달률이 좋아 액체냉각용에 사용(액 75%, 가스 25%)
④ 액순환식 증발기 : 냉매액이 충분하며 액펌프로 순환시키므로 열전달률이 가장 양호(액 80%, 가스 20%)

정답 142 ② 143 ② 144 ④ 145 ④ 146 ① 147 ③

PART 2

★
148 온도식 팽창밸브(thermostatic expansion valve)에 있어서 과열도란 무엇인가?

① 고압측 압력이 너무 높아져서 액냉매의 온도가 충분히 낮아지지 못할 때 그 온도차
② 팽창밸브가 너무 오랫동안 작동하면 밸브시트가 뜨겁게 되어 오동작할 때 정상 시와의 온도차
③ 증발기 내의 액체 및 냉매온도와 감온구 온도와의 차
④ 감온구의 온도는 증발한 수의 온도보다 1℃ 정도 낮게 설치되어 있는데, 이 온도를 말한다.

해설 온도식 팽창밸브에서 과열도란 증발기 출구냉매가스온도(감온구온도)와 증발온도와의 차를 말한다.

149 냉동장치에 대해서 설명한 것 중 옳은 것은?

① 흡수식 냉동기는 장치면적이 크나 분해, 조립이 간단하며 편리하다.
② 터보냉동기는 진동, 소음이 많아 대용량의 것에 적합하지 않다.
③ 흡수식 냉동기는 가동 때 소음이 나지 않는다.
④ 가정용 터보냉동기는 압축기, 응축기 등이 하나의 유닛으로 되어 있지 않다.

해설 ① 흡수식 냉동기는 장치면적이 크고 분해, 조립이 어렵다.
② 터보냉동기는 진동, 소음이 작아 대용량에 적합하다.
④ 가정용 터보냉동기는 압축기, 응축기 등이 하나의 유닛(unit)으로 되어 있다.

150 어떤 완전 가스가 일정 온도하에서 압력 250kPa, 비체적 $2.5m^3/kg$인 상태로부터 압력 450kPa 상태로 변화하였다. 비체적은 몇 m^3/kg인가?

① 1.39 ② 1.45
③ 1.72 ④ 1.85

해설 Boyle's law=등온법칙=반비례법칙($pv=c$)

$p_1v_1=p_2v_2$

$\therefore v_2=v_1\left(\frac{p_1}{p_2}\right)=2.5\times\frac{250}{450}\fallingdotseq 1.39m^3/kg$

★
151 방열벽의 열통과율은 $0.175W/m^2\cdot K$, 외기와 벽면 사이의 열전달률은 $20W/m^2\cdot K$, 실내공기와 벽면 사이의 열전달률은 $10W/m^2\cdot K$, 벽의 열전도도는 $0.05W/m\cdot K$일 때 이 벽면의 최소 두께를 구하면 얼마인가?

① 0.362m ② 0.326m
③ 0.278m ④ 0.236m

해설 $K=\frac{1}{\frac{1}{\alpha_1}+\frac{l}{\lambda}+\frac{1}{\alpha_2}}$

$\therefore l=\lambda\left(\frac{1}{K}-\frac{1}{\alpha_1}-\frac{1}{\alpha_2}\right)$

$=0.05\times\left(\frac{1}{0.175}-\frac{1}{20}-\frac{1}{10}\right)$

$=0.278m$

★
152 증발압력이 저하되면 증발잠열과 비체적은 어떻게 되는가?

① 증발잠열은 커지고, 비체적은 작아진다.
② 증발잠열은 작아지고, 비체적은 커진다.
③ 증발잠열과 비체적 모두 커진다.
④ 증발잠열과 비체적 모두 작아진다.

해설 증발압력이 저하되면 증발잠열과 비체적은 모두 커진다.

153 왕복동압축기의 유압이 운전 중에 저하했을 경우에 대한 다음 설명 중 옳은 것은?

> ⓐ 오일 스트레이너가 막혀 있다.
> ⓑ 토출압력이 저하했다.
> ⓒ 흡입압력이 높아졌다.
> ⓓ 크랭크실 내의 냉동유에 냉매가 너무 많이 섞여 있다.

① ⓐ, ⓑ ② ⓐ, ⓒ
③ ⓐ, ⓓ ④ ⓑ, ⓒ

해설 유압이 운전 중 저하되는 경우
㉠ 오일여과기(스트레이너)가 막혀 있다.
㉡ 크랭크실 내의 냉동유에 냉매가 너무 많이 섞여 있다.

정답 148 ③ 149 ③ 150 ① 151 ③ 152 ③ 153 ③

★
154 **냉동사이클에서 응축온도를 일정하게 하고 증발온도를 상승시키면 나타나는 현상이 아닌 것은?**

① 압축비 감소
② 압축일량 감소
③ 성적계수 감소
④ 토출가스온도 감소

해설 냉동사이클에서 응축온도를 일정하게 하고 증발온도를 상승시키면
㉠ 압축비 감소(압축일 감소)
㉡ 성적계수 증가
㉢ 토출가스온도 감소

155 **냉동장치 내의 불응축가스가 혼입되었을 때 냉동장치의 운전에 미치는 영향 중 부적당한 것은?**

① 열교환작용을 방해하므로 응축압력이 낮게 된다.
② 냉동능력이 감소한다.
③ 소비전력이 증가한다.
④ 실린더가 과열되고, 윤활유가 열화 및 탄화된다.

해설 냉동장치에 불응축가스가 혼입되었을 때 영향
㉠ 소비동력이 증가된다.
㉡ 실린더가 과열되고, 윤활유가 열화 및 탄화된다.
㉢ 체적효율이 감소된다.
㉣ 냉동능력이 감소된다.
㉤ 전열이 불량하여 응축압력이 높게 된다.

156 **냉동장치에서 일반적으로 가스퍼저(gas purger)를 설치할 경우 불응축가스 인출관의 위치로 적당한 곳은?**

① 수액기와 팽창밸브의 액관
② 응축기와 수액기의 액관
③ 응축기와 수액기의 균압관
④ 응축기 직전의 토출관

해설 ㉠ 불응축가스 인출관의 위치는 응축기와 수액기 상부를 연결한 균압관에서 인출한다.
㉡ 불응축가스가 체류하는 곳 : 응축기 상부, 수액기 상부, 액헤더(증발식 응축기만 해당)

★
157 **체적효율에 대한 다음 설명 중 옳은 것은 어느 것인가?**

① 피스톤압출량을 압축기 흡입 직전의 상태로 환산한 흡입가스량으로 나눈 값이다.
② 체적효율은 압축비가 증가할수록 증가한다.
③ 동일 냉매라도 운전조건에 따라 다르다.
④ 피스톤간격이 클수록 증가한다.

해설 체적효율은 압축비가 증가할수록 감소하며 동일 냉매라도 운전조건에 따라 다르고 피스톤간격이 클수록 감소한다(간극이 클수록 감소).

$$체적효율(\eta_v)=\frac{실제\ 피스톤압출량}{이론\ 피스톤압출량}$$

★
158 **다음 중 암모니아냉매의 특성이 아닌 것은?**

① 산업분야에 광범위하게 사용된다.
② 가격이 저렴하다.
③ 초저온을 요하는 냉동에 사용된다.
④ 공기 중에 다량 함유되면 폭발할 위험성이 있다.

해설 암모니아는 대기압에서 증발온도가 −33.3℃, 응고점이 −77.7℃이므로 증발온도가 −70℃ 이하의 초저온냉매로는 부적당하다.

★
159 **온도작동식 팽창밸브가 감지하는 온도는 무엇인가?**

① 증발온도　　② 응축온도
③ 과열도　　④ 압축기온도

해설 온도작동식 팽창밸브(TEV)는 증발기 출구에 감온통을 설치하여 증발기 출구냉매가스의 과열도를 감지하여 부하변동에 따라 냉매량을 조절한다.

★
160 **다음 중 냉각탑의 능력 산정 중 쿨링 레인지의 설명이 옳은 것은?**

① 냉각수 입구수온×냉각수 출구수온
② 냉각수 입구수온−냉각수 출구수온
③ 냉각수 출구수온×냉각수 입구수온
④ 냉각수 출구수온−냉각수 입구수온

해설 쿨링 레인지(cooling range)=냉각수 입구수온−냉각수 출구수온

PART 2

정답 154 ③ 155 ① 156 ③ 157 ③ 158 ③ 159 ③ 160 ②

161 1단 압축 1단 팽창 냉동장치에서 흡입증기가 어느 상태일 때 성적계수가 제일 큰가?

① 습증기 ② 과열증기
③ 과냉각액 ④ 건포화증기

해설 압축기 흡입증기가 과열증기일 때 압축일 감소, 냉동효과가 크므로 성적계수가 크다.

참고 냉동기 성적계수(ε_R)$=\dfrac{q_2}{w_c}$

$=\dfrac{\text{증발기 출구(압축기 입구)비엔탈피}-\text{증발기 입구비엔탈피}}{\text{압축기 출구비엔탈피}-\text{압축기 입구비엔탈피}}$

162 증기압축식 냉동장치에서 압축기의 저압측 압력이 현저하게 낮아지는 경우에 나타나는 현상 중 잘못된 것은?

① 냉동능력이 감소한다.
② 압축기의 체적효율이 증가한다.
③ 압축기의 토출가스온도가 상승한다.
④ 압축기의 흡입가스온도가 저하한다.

해설 저압이 낮아지면 압축기 흡입가스의 비체적이 커져 체적효율은 감소한다.

★ **163** 압축기의 클리어런스(극간)가 크면 다음과 같은 사항이 일어난다. 틀린 것은?

① 윤활유가 열화된다.
② 체적효율이 저하한다.
③ 냉동능력이 감소한다.
④ 압축기의 냉동능력당 소요동력이 감소한다.

해설 압축기 틈새(clearance)가 클 경우
㉠ 피스톤압출량 감소로 체적효율 감소
㉡ 냉동능력 감소 및 소요동력 증가
㉢ 실린더 과열로 토출가스온도 상승 등

164 일반적으로 압축식 냉동기의 냉각탑용량은 냉동열량의 몇 배 정도인가?

① 1.2~1.3배 ② 2.0~2.2배
③ 3.5~3.9배 ④ 4.5~5.0배

해설 $\dfrac{\text{냉각탑용량(응축부하)}}{\text{냉동열량(냉동능력)}}=1.2\sim1.3\text{배}$

★ **165** 다음과 같은 2단 압축 1단 팽창사이클에 있어서 압축기의 소요일(w_c)을 구하는 식은 어느 것인가?

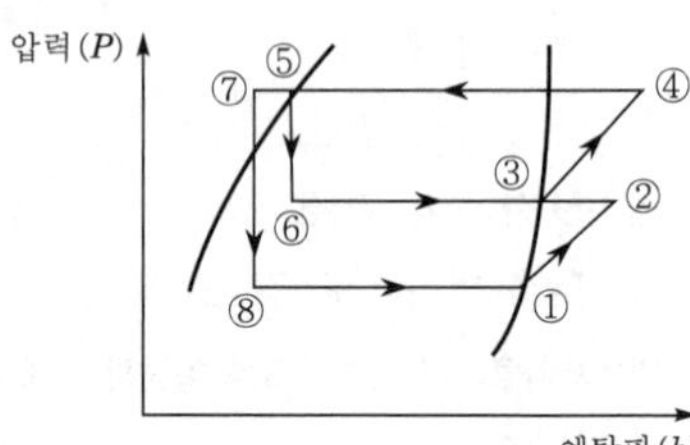

① $w_c=(h_2-h_1)+(h_4-h_3)$
② $w_c=(h_2-h_3)+(h_3-h_6)$
③ $w_c=(h_1-h_8)+(h_5-h_7)$
④ $w_c=(h_4-h_3)+(h_1-h_8)$

해설 압축기 소요일량(w_c)
=저단측 압축기 소요일량(w_L)+고단측 압축기 소요일량(w_H)
$=(h_2-h_1)+(h_4-h_3)$

★ **166** 프레온냉동장치에서 가용전(fusible plug)은 주로 어디에 설치하는가?

① 열교환기 ② 증발기
③ 수액기 ④ 팽창밸브

해설 프레온냉동장치에서 가용전은 주로 수액기에 설치한다. 용융온도는 68~75℃이며, 합금성분은 납(Pb), 주석(Sn), 안티몬(Sb), 카드뮴(Cd), 비스무트(Bi) 등이다.

★ **167** 방열재의 선택요건에 해당되지 않는 것은?

① 열전도도가 크고 방습성이 클 것
② 수축, 변형이 작을 것
③ 흡수성이 없을 것
④ 내압강도가 클 것

해설 방열재(단열재)의 선택요건
㉠ 열전도도가 작고 방습성이 클 것
㉡ 수축, 변형이 작을 것
㉢ 내압강도가 클 것
㉣ 흡수성이 없을 것
㉤ 다공성이고 가벼워 시공이 용이할 것
㉥ 불연성 및 난연성 재료일 것

정답 161 ② 162 ② 163 ④ 164 ① 165 ① 166 ③ 167 ①

168 **다음은 −15℃ 대형 냉장고용 증발기의 제상(defrost)에 관한 설명이다. 옳은 것은 어느 것인가?**

① 제상방식에는 hot gas, 전열기, 온수 spray, 감압방식 등에 의한 것이 있다.
② hot gas 제상은 유용한 방식이지만 증발기 1대로서는 사용할 수가 없다.
③ 제상은 가열에 의한 방식이 일반적이기 때문에 defrost에 의해 생기는 물은 배수관에서 빙결될 우려는 없다.
④ 유닛쿨러(unit cooler)의 경우 defrost 시 일반적으로 송풍기를 정지시킨다.

해설 제상(defrost)이란 공기냉각용 증발기에서 코일 표면에 서리를 제거하는 작업으로 유닛쿨러(unit cooler)의 경우 제상 시 수분 비산 방지를 위해 일반적으로 송풍기를 정지시킨다.

★
169 **다음은 유분리기를 사용해야 될 경우의 설명이다. 옳지 않은 것은 어느 것인가?**

① 만액식 증발기를 사용하는 경우에 사용한다.
② 다량의 기름이 토출가스에 혼입될 때 사용한다.
③ 증발온도가 높은 경우에 사용한다.
④ 토출가스배관이 길어지는 경우에 사용한다.

해설 유분리기(oil separator)는 암모니아(NH_3)냉매 사용 시 필수적으로 설치한다. 프레온냉동장치에서는 만액식 증발기 사용 시, 토출가스배관이 길어지는 경우, 증발온도가 낮은 경우, 다량의 기름이 토출가스에 혼입될 때 사용한다.

★
170 **다음 중 냉동기유로서의 구비조건이 아닌 것은 어느 것인가?**

① 저온에서 응고하지 않을 것
② 열에 대한 안전성이 높을 것
③ 냉매와 화학반응을 일으키지 않을 것
④ 전기절연저항이 낮을 것

해설 **냉동기 윤활유의 구비조건**
㉠ 응고점 및 유동점이 낮을 것
㉡ 열에 대한 안정하고 인화점이 높을 것
㉢ 점도가 적당하고 항유화성이 있을 것
㉣ 냉매와 화학반응을 일으키지 않을 것
㉤ 불순물이 적고 전기절연저항이 클 것
㉥ 왁스성분이 적고 저온에서 왁스성분이 분리되지 않을 것

★
171 **압축기 실린더 내에 냉매가 액상으로 들어올 때의 안전장치로서 실린더 압력의 이상 상승을 미연에 방지하기 위하여 설치된 기구는?**

① 샤프트실(shaft seal)
② 언로더(unloader)
③ 안전헤드(safety head)
④ 드럼(drum)

해설 안전두(safety head)는 실린더헤드커버와 밸브판의 토출밸브시트 사이를 강한 스프링이 누르고 있는 것으로써 압축기 내로 이물질이나 냉매액이 유입되어 압축 시 이상 압력 상승으로 인하여 압축기가 파손되는 것을 방지하며 정상 토출압력보다 294kPa 정도 높아질 때 작동한다.

172 **프레온냉동장치에 수분이 혼입했을 때 일어나는 현상이라고 볼 수 있는 것은?**

① 프레온은 수분과 반응하는 양이 매우 적어 뚜렷한 영향을 나타내지 않는다.
② 프레온과 수분이 혼합하면 황산이 생성된다.
③ 프레온은 수분과 화합하여 동 표면에 강도금현상이 나타난다.
④ 프레온과 수분은 분리되어 장치의 저온부에서 수분이 동결한다.

해설 프레온냉동장치에 수분이 혼입되면 프레온과 수분은 분리되어 장치의 저온부에서 동결되어 관로를 폐쇄시킬 수 있으므로 팽창밸브 직전에 드라이어(drier)를 설치해야 한다.

173 **왕복동압축기가 운전 중 유압이 상승하였다. 다음 중 유압 상승의 원인과 관계가 있는 것은 어느 것인가?**

① 오일쿨러기능 불량 또는 막힘
② 유온의 높음
③ 오일펌프 불량
④ 여과기의 기능 불량

PART 2

정답 168 ④ 169 ③ 170 ④ 171 ③ 172 ④ 173 ④

해설 여과기(strainer, filter)가 막혀 기능이 불량하면 운전 중 유압 상승의 원인이 된다.

★174 냉동사이클에서 증발온도를 일정하게 하고 압축기 흡입가스의 상태를 건포화증기라 할 때 응축온도를 상승시키는 경우 나타나는 현상이 아닌 것은?

① 토출압력 상승 ② 압축비 상승
③ 냉동효과 감소 ④ 압축일량 감소

해설 응축온도 상승 시(증발압력 일정)
㉠ 응축압력(토출압력) 상승
㉡ 압축비 상승(압축일 증대)
㉢ 압축기 토출가스온도 상승
㉣ 냉동능력 감소(성적계수 감소)

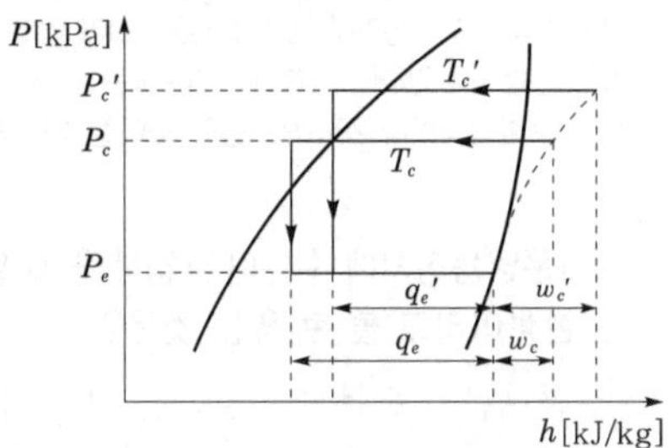

★175 왕복동압축기의 토출밸브에 누설이 있을 경우에 대한 다음 설명 중 옳은 것은?

ⓐ 체적효율이 증가한다.
ⓑ 냉동능력이 감소한다.
ⓒ 토출가스온도가 상승한다.
ⓓ 흡입압력이 이상저하한다.

① ⓐ, ⓒ ② ⓑ, ⓒ
③ ⓒ, ⓓ ④ ⓑ, ⓓ

해설 왕복동압축기의 토출밸브에 누설이 있는 경우는 냉동능력이 감소하며, 토출가스온도가 상승한다. 체적효율은 감소되고, 흡입압력은 상승된다. 실린더 과열, 축수하중 증대, 윤활유의 열화 및 탄화 등의 영향을 미친다.

176 Brine의 중화제로서 올바른 것은?

① 염화칼슘 100l, 중크롬산소다 100g, 가성소다 40g
② 염화칼슘 100l, 중크롬산소다 100g, 가성소다 20g
③ 염화칼슘 100l, 중크롬산소다 150g, 가성소다 20g
④ 염화칼슘 100l, 중크롬산소다 150g, 가성소다 40g

해설 염화칼슘($CaCl_2$)은 브라인 1l 중 중크롬산소다 1.6g씩 첨가, 중크롬산소다 100g마다 가성소다 27g씩 첨가(염화칼슘 100l, 중크롬산소다 150g, 가성소다 40g)

★177 냉매의 독성이 큰 순으로 나열된 것은?

① $NH_3 > CO_2 > CH_3Cl > CF_2Cl_2$
② $NH_3 > CH_3Cl > CO_2 > CF_2Cl_2$
③ $NH_3 > CO_2 > CF_2Cl_2 > CH_3Cl$
④ $NH_3 > CH_3Cl > CF_2Cl_2 > CO_2$

해설 냉매의 독성순서
$NH_3 > CH_3Cl$(R-40) $> CO_2 > CF_2Cl_2$(R-12)

178 냉동장치에 다소 습기가 있을 때 냉동장치에 가장 큰 영향을 주는 냉매는 어느 것인가?

① NH_3(암모니아)
② SO_2(아황산가스)
③ CH_3Cl(메틸클로라이드)
④ CO_2(탄산가스)

해설 아황산가스(SO_2)는 수분이 50ppm을 초과하면 금속을 부식시킨다.

★179 다음 그림과 같은 냉동사이클에서 냉동능력이 40냉동톤이라면 압축기의 이론소요동력은 몇 kW인가?

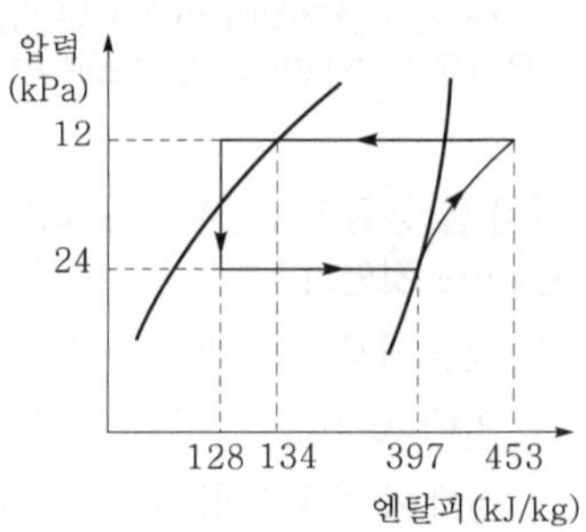

① 28kW ② 32kW
③ 38kW ④ 43kW

정답 174 ④ 175 ② 176 ④ 177 ② 178 ② 179 ②

해설 $W_c = \frac{(13897.52RT)q_e}{3,600\varepsilon_R} = \frac{(13897.52RT)w_c}{3,600q_e}$

$= \frac{13897.52 \times 40 \times (453-397)}{3,600 \times (397-128)} = 32.15\text{kW}$

여기서, $\varepsilon_R = \frac{q_e}{w_c}$

★ 180 극저온 냉동사이클 중 2원 냉동사이클에서 캐스케이드콘덴서(cascade condenser)의 구성으로 옳은 것은?

① 저온측 냉동기의 응축코일과 고온측 냉동기의 증발코일
② 저온측 냉동기의 증발코일과 고온측 냉동기의 응축코일
③ 저온측 냉동기의 응축코일과 고온측 냉동기의 응축코일
④ 저온측 냉동기의 증발코일과 고온측 냉동기의 증발코일

해설 **2원 냉동사이클** : −70℃ 이하의 극저온을 얻기 위해 각각 다른 2개의 냉동사이클을 병렬로 하여 저온측 응축기의 열을 고온측 증발기를 이용하여 제거시키는 캐스케이드응축기(cascade condenser)를 이용한 냉동사이클

181 증발압력조절밸브(EPR)에 대한 설명 중 틀린 것은?

① 증발기 내 냉매의 증발압력을 일정 압력 이상이 되게 한다.
② 증발기 내의 압력을 일정 압력 이하가 되지 않게 한다.
③ 밸브 입구의 압력으로 작동한다.
④ 1대의 압축기로써 증발온도가 다른 여러 대의 증발기를 유지할 때 설치한다.

해설 증발압력조절밸브(EPR)는 증발기 내 냉매의 증발압력을 일정 압력 이하가 되게 해야 한다.

★ 182 다음 중 열통과율의 단위는?

① m·K/W　② W/m·K
③ $\text{W/m}^2\cdot\text{K}$　④ W

해설 ㉠ 열전도율(λ) : W/m·K
㉡ 열전달률(α), 열통과율(K) : $\text{W/m}^2\cdot\text{K}$
㉢ 열저항(R) : $\text{m}^2\cdot\text{K/W}$

183 냉동창고의 기기에 대한 다음 설명 중 운전전력량의 절감에 알맞은 것은?

ⓐ 수액기의 용량이 크다.
ⓑ 증발기의 전열면적이 크다.
ⓒ 응축기의 전열면적이 크다.
ⓓ 증발기의 송풍기가 매우 크다.
ⓔ 냉동톤(RT)당 압축기 동력이 크다.

① ⓐ, ⓑ　② ⓑ, ⓒ
③ ⓒ, ⓓ　④ ⓐ, ⓒ

해설 냉동기의 운전동력을 절감시키려면 증발기와 응축기의 전열면적을 크게 해야 한다.

★ 184 브라인의 구비조건 중 부식성이 큰 순서로 된 것은?

① NaCl, $MgCl_2$, $CaCl_2$
② $CaCl_2$, NaCl, $MgCl_2$
③ NaCl, $CaCl_2$, $MgCl_2$
④ $MgCl_2$, $CaCl_2$, NaCl

해설 브라인의 부식성 : NaCl>$MgCl_2$>$CaCl_2$

★ 185 자연계에 어떠한 변화도 남기지 않고 일정 온도의 열을 계속해서 일로 변환시킬 수 있는 기관은 존재하지 않는다는 표현을 잘 나타내는 것은?

① 열역학 제0법칙　② 열역학 제1법칙
③ 열역학 제2법칙　④ 열역학 제3법칙

해설 **열역학 제2법칙의 표현(엔트로피 증가법칙, 비가역법칙, 방향성의 법칙)**
㉠ Clausius 표현 : 열은 저온물체에서 고온물체로 자발적인 이동이 불가능하다. 즉 성능계수가 무한대인 냉동기는 제작할 수 없다.
㉡ Kelvin-Planck 표현 : 열기관이 일을 하려면 고온열원과 저온열원이 필요하다. 즉 효율이 100%인 기관은 제작할 수 없다.
㉢ Ostwald 표현 : 자연계에 아무 변화도 남가지 않고 어느 열원의 열을 계속해서 일로 바꾸는 제2종 영구기관은 존재하지 않는다(제2종 영구기관 존재 부정).

정답 180 ① 181 ① 182 ③ 183 ② 184 ① 185 ③

★
186 흡수식 냉동기의 냉매가 아닌 것은?

① 물　② 암모니아
③ 메탄올용액　④ CO_2

해설 흡수식 냉동기의 냉매

냉매	흡수제
암모니아(NH_3)	물, 로단 암모니아
물(H_2O)	리튬브로마이드, 가성소다, 황산
염화메틸	사염화에탄
메탄올	브롬화리튬, 메탄올 용액
톨루엔	파라핀유

★
187 R-502는 R-22와 R-115의 혼합냉매이다. 혼합비율은?

① R-22 : 48.8%, R-115 : 51.2%
② R-22 : 25%, R-115 : 75%
③ R-22 : 26.2%, R-115 : 73.8%
④ R-22 : 40.1%, R-115 : 59.9%

해설

종류	조합	증발온도
R-500	R-12(73.8%)+R-152(26.2%)	-33.3℃
R-501	R-12(25%)+R-22(75%)	-41℃
R-502	R-22(48.8%)+R-115(51.2%)	-45.5℃
R-503	R-13(59.9%)+R-23(40.1%)	-89.1℃

188 암모니아냉동장치에서 토출압력이 올라가지 않는 이유는?

① 습증기를 흡입했기 때문이다.
② 냉매 중에 공기가 섞여 있기 때문이다.
③ 응축기와 압축기를 순환하는 냉각수가 부족하기 때문이다.
④ 장치 내에 냉매가 과잉충전되었기 때문이다.

해설 암모니아냉동장치에서 토출압력이 올라가지 않는 이유는 습증기를 흡입했기 때문이다(액압축 발생).

★
189 표준 냉동사이클로 운전 시 흡입가스 $1m^3$당 냉동량이 큰 냉매 순으로 나열한 것은?

① R-12>R-11>R-22
② R-11>R-12>R-22
③ R-22>R-12>R-11
④ R-22>R-11>R-12

해설 표준 냉동사이클에서의 냉동효과(냉동력, 냉동량)

구분	R-11	R-12	R-22
냉동효과 (kJ/kg)	161.45	123.65	168.32
냉동효과 (kJ/m^3)	210.77	1334.75	2172.28
흡입가스 비체적 (m^3/kg)	0.766	0.0927	0.0778

★
190 다음 중 증기압축식 냉동법과 전자냉동법 비교 중 틀린 것은?

① 압축기-소자대(P-N)
② 압축기 모터-전원
③ 냉매-전자
④ 응축기-저온접합부

해설 증기압축식 냉동법과 전자냉동법의 비교
㉠ 압축기-소자대(P-N)
㉡ 압축기 모터-전원
㉢ 냉매-전자
㉣ 응축기-고온접합부
㉤ 증발기-저온접합부

참고 전자냉동법은 성질이 다른 두 개의 금속을 접속시켜 전류를 보내면 한쪽은 고온이 되고, 반대쪽은 저온이 되는데, 이 저온측을 이용하여 냉동하는 방법이다. 이러한 원리를 펠티에효과라 한다.

191 냉동장치의 운전 중에 리퀴드백(liquid back) 현상이 일어나고 있는 원인 중 틀린 것은?

① 냉동부하의 급격한 변동이 있을 때
② 팽창밸브의 개도가 과소할 때
③ 액분리기, 열교환기의 기능불량일 때
④ 증발기, 냉각관에 과대한 서리가 있을 때

해설 ㉠ 팽창밸브의 개도가 과소하면 냉매순환량이 감소하여 과열압축된다.
㉡ 액압축(liquid back)은 증발기에서 냉매가 전부 증발하지 못하고 압축기로 흡입되어 압축되는 현상이다.
㉢ 액압축의 원인
- 냉동부하의 급격한 변동 시(감소 시)
- 팽창밸브의 개도가 과대할 때
- 액분리기 및 열교환기의 기능불량 시
- 증발기 냉각관의 유막 및 적상이 과대할 때
- 냉매충전량 과대 및 흡입밸브 급개 시

정답 186 ④ 187 ① 188 ① 189 ③ 190 ④ 191 ②

★
192 압축기 실린더 직경 110mm, 행정 80mm, 회전수 900rpm, 기통수가 8기통인 암모니아냉동장치의 냉동능력은 얼마인가? (단, 냉동능력은 $R=\frac{V}{C}$로 산출하며, 여기서 R은 냉동능력(RT), V는 피스톤토출량(m^3/h), C는 정수로서 8.4이다.)

① 30.8RT ② 35.4RT
③ 39.1RT ④ 48.2RT

해설 $V=ASNZ\times 60=\frac{\pi\times 0.11^2}{4}\times 0.08\times 900\times 8\times 60$
$=328.27m^3/h$
$\therefore R=\frac{V}{C}=\frac{328.27}{8.4}=39.1RT$

★
193 냉동장치 내의 냉매가 부족하면 여러 가지 현상이 일어나게 되는데 다음 중 옳은 것은?

① 토출압력이 높아진다.
② 냉동능력이 증가한다.
③ 흡입관에 상이보다 많이 붙는다.
④ 흡입압력이 낮아진다.

해설 냉매가 부족하면 토출압력이 낮아지며, 냉동능력이 감소하고 흡입가스가 과열되며, 압축기가 과열되고 토출가스 온도는 상승되며, 흡입압력(저압측)이 낮아진다.

★
194 증기압축식 냉동사이클에서 응축온도를 일정하게 하고 증발온도를 상승시킬 경우 다음 중 옳은 것은?

① 압축비 증가
② 성적계수 증가
③ 압축일량 증가
④ 토출가스온도 상승

해설 증기압축 냉동사이클에서 응축온도를 일정하게 하고 증발온도를 상승시킬 때는 압축비 감소, 압축일 감소, 토출가스온도 감소, 성적계수는 증가한다.

★
195 다음 그림은 디젤사이클의 압력(P)−체적(V) 선도이다. 이론열효율은 다음 중 어느 것인가? (단, T_1, T_2, T_3, T_4는 각 점에서의 절대온도이고, k는 비열이다.)

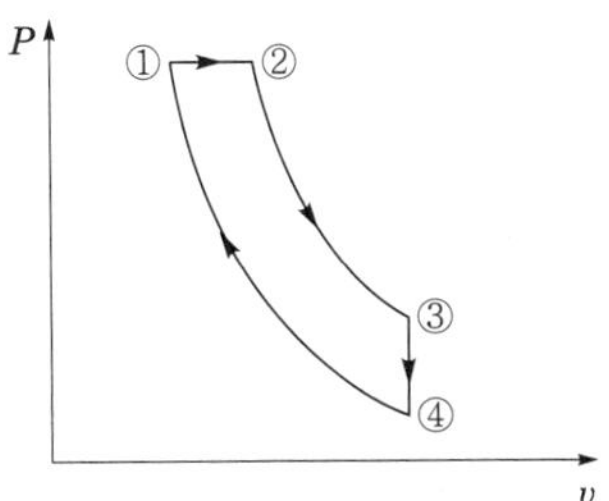

① $1-\frac{k(T_2-T_1)}{T_3-T_4}$

② $1-\frac{k(T_3-T_4)}{T_2-T_1}$

③ $1-\frac{T_3-T_4}{k(T_2-T_1)}$

④ $1-\frac{k(T_2-T_1)}{T_3-T_4}$

해설 $\eta_{thd}=1-\frac{q_2}{q_1}=1-\frac{C_v(T_3-T_4)}{C_p(T_2-T_1)}$
$=1-\frac{C_v(T_3-T_4)}{kC_v(T_2-T_1)}=1-\frac{T_3-T_4}{k(T_2-T_1)}$

196 2단 압축식 냉동장치에서 증발압력부터 중간압력까지 압력을 높이는 장치(저단측 압축기)를 무엇이라고 하는가?

① 부스터(booster)
② 이코노마이저(economizer)
③ 터보(turbo)
④ 루트(roots)

해설 부스터(저단측 압축기)는 2단 압축냉동장치에서 증발기에서 나온 저압의 냉매가스(증발압력)를 중간 압력까지 압력을 상승시키는 압축기로 고단측 압축기보다 용량이 크다.

★
197 흡수식 냉동기에서 발생기에 들어가는 진한 용액의 암모니아농도가 62%, 발생증기의 암모니아농도가 84%, 발생기에서 나오는 희용액의 암모니아농도가 58%일 때 용액순환비는 얼마인가?

① 12.5 ② 6.5
③ 1.5 ④ 0.5

정답 192 ③ 193 ④ 194 ② 195 ③ 196 ① 197 ②

해설 $f=\frac{G}{G_v}=\frac{\varepsilon_d-\varepsilon_a}{\varepsilon_r-\varepsilon_a}=\frac{84-58}{62-58}=6.5$

참고 **용액순환비** : 발생기에서 냉매증기 1kg을 응축기로 발생시키기 위해 발생기로 유입시키는 희석용액의 비

★ 198 암모니아냉동장치에서 압축비가 증가하면 체적효율은 어떠한가?

① 증가한다.
② 감소한다.
③ 변하지 않는다.
④ 외기온도에 따라 다르다.

해설 암모니아냉동장치에서 압축비가 증가하면 토출가스온도 상승, 기계효율·체적효율·압축효율 감소, 압축일 증가, 냉동능력(성적계수) 감소, 실린더 과열, 윤활유 열화 및 탄화, 피스톤 마모 증대한다.

199 압력이 낮은 냉매를 압축하는 데 가장 적합한 압축기는 어느 것인가?

① 왕복동식 ② 회전식
③ 원심식 ④ 스크롤식

해설 원심식 압축기는 압력이 낮은 냉매(저압냉매), R-11, R-113를 압축시키는 데 적합한 압축기이다.

★ 200 다음 무기질 brine 중에 공정점이 제일 낮은 것은?

① $MgCl_2$ ② $CaCl_2$
③ H_2O ④ NaCl

해설 **무기질 브라인(brine)의 공정점** : H_2O(0℃) > NaCl(−21.2℃) > $MgCl_2$(−33.6℃) > $CaCl_2$(−55℃)

201 다음 설명 중 옳지 못한 것은?

① 불응축가스는 응축기에 모이기 쉽다.
② 액압축은 과열도가 클 때 일어나기 쉽다.
③ 불응축가스는 진공, 건조의 불충분이 원인인 것이 많다.
④ 밀폐형 압축기는 냉매에 의해 냉각된다.

해설 액압축은 증발기 내 냉매가 주위 열을 흡수하지 못해 증발기 출구의 과열도가 작을 때 일어나기 쉽다.

202 열통과율에 사용되는 오염계수(열저항)의 단위로 옳은 것은?

① m·h·℃/kcal
② m^2·K/W
③ W/m·K
④ kcal·m/·h·℃

해설 열통과율(W/m^2·K)은 열저항(오염계수, m^2·K/W)의 역수이다.

$$K=\frac{1}{R}=\frac{1}{\frac{1}{\alpha_1}+\sum_{i=1}^{n}\frac{l_i}{\lambda_i}+\frac{1}{\alpha_2}}\,[\mathrm{W/m^2\cdot K}]$$

참고 SI단위계 : $K=\frac{1}{R}=\frac{1}{\mathrm{m^2\cdot K/W}}\,[\mathrm{W/m^2\cdot K}]$

★ 203 압축기용 안전밸브의 구경은?

① 냉매상수×(표준 회전속도에서 피스톤 압출량)1/2
② 냉매상수×(표준 회전속도에서 피스톤 압출량)1/3
③ 냉매상수×(표준 회전속도에서 피스톤 압출량)1/4
④ 냉매상수×(표준 회전속도에서 피스톤 압출량)1/5

★ 204 다음과 같이 운전되고 있는 R-22 냉동사이클에 있어서 냉매순환량(kg/h)은 약 얼마인가? (단, 피스톤압출량은 189.8m^3/h, 체적효율은 0.65로 한다)

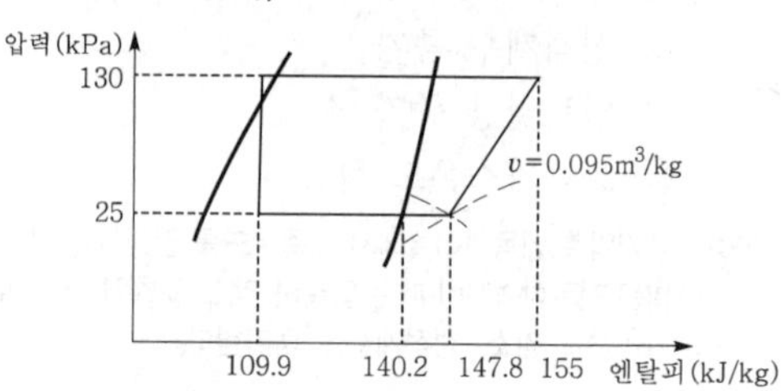

① 1,030 ② 1,300
③ 1,450 ④ 1,520

해설 $\dot{m}=\frac{Q_e}{q_e}=\frac{V\eta_v}{v}=\frac{189.8\times0.65}{0.095}\fallingdotseq1{,}300\mathrm{kg/h}$

정답 198 ② 199 ③ 200 ② 201 ② 202 ② 203 ① 204 ②

205 냉매에 대한 다음 설명 중 옳은 것은?

> ㉠ 암모니아는 물에 잘 녹는다.
> ㉡ R-12는 기름에는 잘 용해되나, 물에는 잘 녹지 않는다.
> ㉢ 단열압축지수가 크면 토출가스온도는 낮다.
> ㉣ 증발면에서 열전달률이 암모니아가 프레온계 냉매보다 매우 크다.
> ㉤ R-12는 철을 부식하므로 동배관을 하지 않으면 안 된다.

① ㉢, ㉤ ② ㉡, ㉤
③ ㉢, ㉣ ④ ㉠, ㉣

206 팽창밸브로 모세관을 사용하는 냉동장치에 관한 설명 중 옳지 않은 것은?

① 교축 정도가 일정하므로 증발부하변동에 따라 유량조절이 불가능하다.
② 밀폐형으로 제작되는 소형 냉동장치에 적합하다.
③ 모세관을 사용하는 냉동장치는 냉매순환량이 중요하며 응축기 용량에 맞도록 적정량을 선정한다.
④ 감압 정도가 크면 냉매순환량이 적어 냉동능력을 감소시킨다.

해설 모세관을 사용하는 냉동기는 냉매충전량이 정확해야 한다. 만일 정확하지 않을 때는 재기동이 불가능해진다.

★
207 다음 중 입형 셸 앤드 튜브식 응축기의 설명 중 맞는 것은?

① 설치면적이 큰 데 비해 응축용량이 적다.
② 냉각수소비량이 비교적 크고 설치장소가 부족한 경우에 설치한다.
③ 냉각수의 배분이 불균등하고 유량을 많이 함유하므로 과부하를 처리할 수 없다.
④ 설치면적이 작고 냉각관 청소가 용이하다.

해설 입형 셸 앤드 튜브식 응축기
㉠ 장점
- 운전 중 냉각관 청소가 가능하다.
- 입형이므로 설치면적이 작게 든다.
- 과부하에 잘 견디며 전열이 양호하다.
- 옥외 설치가 가능하다.

㉡ 단점
- 외부에 노출 설치되므로 부식량이 크다.
- 냉각수를 버리므로 냉각수 소비가 많아 지하수를 사용한다.
- 냉매와 냉각수가 병행하므로 냉매액 과냉이 잘 안 된다.

208 냉동장치의 팽창밸브 입구의 고압액체냉매는 팽창밸브를 통과한 후 어떤 상태로 되어 증발기에 들어가는가?

① 모두 기화하여 저압, 저온의 증기가 된다.
② 액체 그대로 감압 및 냉각된다.
③ 그 일부가 기화하여 저압, 저온의 액체로 된다.
④ 팽창밸브 직전의 온도로 감압된 증기가 된다.

해설 팽창밸브를 고온, 고압의 액냉매를 교축작용에 의하여 저온, 저압의 상태로 되면 냉매는 습증기(습포화증기)가 된다.

★
209 다음의 2원 냉동사이클 설명 중 옳은 것은?

① 일반적으로 고온측에는 R-13, R-22, 프로판 등을 냉매로 사용한다.
② 저온측에 사용하는 냉매는 R-12, R-22, 에탄, 에틸렌 등이다.
③ 팽창탱크는 저온 저압측에 설치하는 안전장치이다.
④ 고온측과 저온측에 사용하는 윤활유는 같다.

해설 2원 냉동사이클
㉠ 사용냉매
- 고온측 : R-12, R-22, R-151, NH_3, C_3H_8
- 저온측 : R-13, R-14, R-503, NH_4

㉡ 팽창탱크 : 저압측 증발기 출구에 설치한다.
㉢ 고온측과 저온측에 사용하는 윤활유는 각각 다르다.

PART 2

정답 205 ④ 206 ③ 207 ④ 208 ③ 209 ③

210 다음 냉동장치의 여러 시험에 관한 기술 중 타당한 것들로 이루어진 것은?

> ㉠ 기밀시험에 탄산가스는 이용되지 않는다.
> ㉡ 기밀시험에 이어서 진공시험한다.
> ㉢ 일반적으로 프레온냉동장치에서 진공방치시험과 진공건조시험은 겸해서 한다.
> ㉣ 기밀시험압력은 허용압력의 0.8배로 한다.

① ㉠, ㉡, ㉢ ② ㉠, ㉡
③ ㉡, ㉢ ④ ㉡, ㉣

211 R-12의 특성과 거리가 먼 것은?

① 암모니아냉매보다 응고점이 극히 낮다.
② 동일 온도에 대한 포화압력이 암모니아보다 상당히 낮다.
③ 증기의 비체적이 암모니아보다 크다.
④ 물에 대한 용해도가 매우 작다.

해설 NH_3(암모니아)의 비체적이 R-12(프레온냉매)의 비체적보다 크다.

★
212 고속다기통압축기의 단점을 나타내었다. 다음 중 옳지 않은 것은?

① 윤활유의 소비량이 많다.
② 토출가스의 온도와 유온도가 높다.
③ 압축비의 증가에 따른 체적효율의 저하가 크다.
④ 수리가 복잡하며 부품은 호환성이 없다.

해설 고속다기통압축기의 단점
㉠ 고속운전이 되므로 오일소비량이 많다.
㉡ 토출가스의 온도와 유온도가 높다.
㉢ 고속운전이 되므로 체적효율 저하, 능력이 감소한다.
㉣ NH_3용 고속다기통은 실린더 과열로 오일이 열화 및 탄화되기 쉽다.
㉤ 기계의 소음이 커서 고장 발견이 어렵다.
㉥ 부품의 호환성이 좋다.

213 암모니아 입형 저속압축기에 많이 사용되는 포핏밸브(poppet valve)에 관한 설명으로 틀린 것은?

① 구조가 튼튼하고 파손되는 일이 적다.
② 회전수가 높아지면 밸브의 관성 때문에 개폐가 자유롭지 못하다.
③ 가스 통과속도는 40m/s 정도이다.
④ 중량이 가벼워 밸브 개폐가 불확실하다.

해설 Poppet valve는 중량이 무겁고 고장이 거의 없다.

★
214 물체 간의 온도차에 의한 열의 이동현상을 열전도라 한다. 이 과정에서 전달되는 열량을 올바르게 설명한 것은?

① 단면적이 반비례한다.
② 열전도계수에 반비례한다.
③ 온도차에 반비례한다.
④ 경로의 길이에 반비례한다.

해설 푸리에의 열전도법칙 $Q=\lambda A\frac{\Delta t}{L}$[W]
여기서, λ : 열전도계수(W/m·K), A : 단면적(m^2)
Δt : 온도차(℃), L : 경로길이(두께)(m)

★
215 화학식이 $CHClF_2$인 냉매는?

① R-12 ② R-13
③ R-22 ④ R-21

해설 ① R-12 : CCl_2F_2, ② R-13 : $CClF_3$, ④ R-21 : $CHCl_2F$
참고 두 자릿수 냉매는 메탄(CH_4)계 냉매이다.

216 냉동장치의 액관 중에 플래시가스가 발생하면 냉각작용에 영향을 미치는데, 이 가스의 발생원인이 아닌 것은?

① 액관의 입상높이가 매우 작을 때
② 냉매순환량에 비하여 액관의 관경이 너무 작을 때
③ 배관에 설치된 스트레이너, 필터 등이 막혀 있을 때
④ 배관에 설치된 밸브류의 사이즈가 냉매순환량에 비해 너무 작을 때

해설 플래시가스의 발생원인
㉠ 액관이 현저히 입상되었을 경우
㉡ 냉매순환량에 비하여 액관의 관경이 너무 작을 경우
㉢ 전자밸브, 스트레이너, 드라이어 등이 막힌 경우
㉣ 액관의 방열상태가 불량한 경우
㉤ 응축온도가 지나치게 낮을 경우

정답 210 ③ 211 ③ 212 ④ 213 ④ 214 ④ 215 ③ 216 ①

★

217 **다음 응축기의 종류별 특징이 옳게 설명된 것은?**

① 대기식 응축기 : 설치장소가 작다.
② 7통로식 응축기 : 전열이 불량하다.
③ 횡형 셸 앤드 튜브식 응축기 : 냉각관 청소가 용이하다.
④ 입형 셸 앤드 튜브식 응축기 : 설치장소가 작다.

해설 ㉠ 대기식 응축기
- 겨울철에는 공냉식이 가능하며 주로 NH_3용에 이용된다.
- 냉각수는 지하수를 사용하며 NH_3냉동기의 저장, 동결, 제빙에 사용된다.
- 설치장소가 크고 구조가 복잡하며 가격이 비싸다.

㉡ 7통로식 응축기
- 셸 내에는 냉매가스가 통과되고, 튜브 내로는 냉각수가 흐른다.
- 능력에 따라 조립, 분해 사용이 가능하다.
- 주로 NH_3용에 사용되며 1개의 셸 내에 작은 7개 튜브가 있다.
- 전열이 가장 양호하다(1,163W/m^2 · K).

㉢ 횡형 셸 앤드 튜브식 응축기
- 셸 내에는 냉매가스, 튜브 내에는 냉각수가 흐른다.
- NH_3, 프레온계통의 냉매를 함께 사용 가능하다.
- 냉각관 청소는 기계적 세관이 불가능하며 화학세관(쿨민, 염신 등)을 해야 한다.

㉣ 입형 셸 앤드 튜브식 응축기
- 운전 중 냉각관 청소가 가능하다.
- 입형이므로 설치면적이 작게 든다.
- 과부하에 잘 견디며 전열이 양호하다.
- 옥외 설치가 가능하다.

218 **R-22 수냉식 응축기에서 최초 설치 시에는 냉매응축온도가 35℃이며 입출구수온이 30℃, 27℃이었던 것이 장기간 사용 후에는 출구수온이 29℃가 되었다. 최초 설치보다 열통과율이 약 몇 %나 저하하였는가?**

① 15%　　② 27%
③ 53%　　④ 75%

해설 $\Delta t_1 = 35 - \dfrac{27+30}{2} = 6.5$℃

$\Delta t_2 = 35 - \dfrac{29+30}{2} = 5.5$℃

∴ 열통과율(ϕ)$= \dfrac{\Delta t_1 - \Delta t_2}{\Delta t_1} \times 100 = \dfrac{6.5-5.5}{6.5} \times 100$

$\fallingdotseq 15.4\%$ 저하

219 **냉매와 기름과의 관계 중 맞는 것은?**

㉠ 냉동기유는 NH_3액보다 가볍다. ㉡ NH_3는 기름에 용해하기 어렵지만, R-22는 기름에 잘 용해한다. ㉢ R-22와 기름의 혼합액 중에서 천연고무는 팽창하기 쉽다. ㉣ 증발기 중에서 기름은 R-22의 액 위에 분리하여 뜬다.

① ㉠, ㉡　　② ㉠, ㉢
③ ㉡, ㉢　　④ ㉠, ㉣

220 **저온용 냉장고의 제상에 대한 다음 설명 중 옳은 것은?**

㉠ 온수 제상의 경우는 수온이 높을수록 좋다. ㉡ 강제통풍식 공기냉각기에는 제상이 필요 없다. ㉢ 제상방식에는 온수식, 고압가스식, 전열식 등이 사용된다. ㉣ 제상 종료 후는 증발기의 수분을 제거한 후 정상 운전으로 들어가야 한다.

① ㉠, ㉡　　② ㉡, ㉢
③ ㉢, ㉣　　④ ㉠, ㉢

★

221 **회전수가 일정할 때 고양정 소유량일수록 펌프의 비속도(비교회전도)의 값은 어떻게 되겠는가? (단, 1일 경우)**

① 비속도 η_s의 값은 적게 된다.
② 비속도 η_s의 값은 크게 된다.
③ 비속도 η_s의 값은 변동 없다.
④ 비속도 η_s의 값은 크게 될 때도, 적게 될 때도 있다.

해설 비속도(η_s)$= \dfrac{N\sqrt{Q}}{H^{\frac{3}{4}}}$[rpm, l/min, m]

정답 217 ④ 218 ① 219 ③ 220 ③ 221 ①

PART 2

222 **온도식 팽창밸브(TEV)는 다음과 같은 압력에 의해 작동된다. 맞지 않는 것은?**

① 증발기압력 ② 스프링의 압력
③ 감온통의 압력 ④ 응축압력

해설 온도식 팽창밸브(TEV)의 작동압력 : 증발기압력, 과열도 조정 스프링의 압력, 감온통의 다이어프램압력

참고 과열도 : 증발기 내의 액체냉매온도와 감온구온도의 차이

223 **팽창밸브가 냉동용량에 비해 너무 작을 때 일어나는 현상은?**

① 증발기 내의 압력 상승
② 리퀴드백
③ 소요전류 증대
④ 압축기 흡입가스의 과열

해설 팽창밸브가 냉동용량에 비해 너무 작을 때
㉠ 증발기 내 압력 저하
㉡ 냉매 부족 현상
㉢ 팽창밸브 통과유량 감소
㉣ 압축기 흡입가스의 과열

224 **다음은 증기압축식 냉동장치를 운전할 때 나타나는 현상이다. 옳지 않은 것은?**

① 냉매액관 중에 플래시가스(flash gas)가 현저히 발생하면 저압측 압력이 높아진다.
② 냉동장치 내에 냉매가 부족하면 증발압력이 저하된다.
③ 응축액의 과냉각도가 클수록 액관 중에서 플래시가스의 발생이 어렵다.
④ 증발기 출구가스의 과열도가 커지면 압축기 토출가스의 온도는 높아진다.

해설 냉매액관 중에 플래시가스가 현저히 발생하면 저압측 압력이 낮아진다.

225 **압축기의 압축비 및 체적효율에 관한 설명 중 틀린 것은?**

① 압축비는 고압측의 게이지압력을 저압측의 게이지압력으로 나눈 값이다.
② 압축비가 작을수록 체적효율은 커진다.
③ 간극이 작을수록 체적효율은 커진다.
④ 흡입온도가 같을 경우 압축비가 커질수록 토출가스의 온도는 높아진다.

해설 압축비는 고압측 절대압력과 저압측 절대압력의 비이다.

226 **압축식 냉동기와 흡수식 냉동기에 대한 설명 중 잘못된 것은 어느 것인가?**

① 증기를 값싸게 얻을 수 있는 장소에서는 흡수식이 경제적으로 유리하다.
② 흡수식에 비해 압축식이 COP가 높다.
③ 냉매를 압축하기 위해서는 압축식에서는 기계적 에너지를, 흡수식에서는 화학적 에너지를 이용한다.
④ 동일한 냉동능력을 갖기 위해서는 흡수식은 압축식에 비해 장치가 커진다.

해설 냉매를 압축하기 위해서는 압축식에서는 기계적 에너지를, 흡수식에서는 열에너지를 이용한다.

★227 **다음 냉매 중 에탄계 프레온족이라고 할 수 없는 것은?**

① R-22 ② R-113
③ R-123 ④ R-134a

해설 두 자릿수 냉매는 메탄(CH_4)계열이고, 세 자릿수 냉매는 에탄(C_2H_6)계열이다.

228 **냉동장치의 운전에 대한 다음 설명 중 옳지 않은 것은?**

① 일반적으로 히트펌프사이클의 성적계수는 냉동사이클의 성적계수보다 크다.
② 냉매의 과냉각도는 클수록 좋으므로 10℃ 이상이 되도록 한다.
③ 증발기 출구의 냉매과열도는 5~10℃ 정도가 적당하며 온도자동팽창밸브를 사용하여 냉매유량을 조절할 수 있다.
④ 팽창밸브의 교축팽창은 팽창밸브를 통한 냉매액이 압력강하할 때 액의 일부가 증발잠열에 의해 냉매 자체의 온도가 내려가는 변화를 말한다.

해설 냉매의 과냉각도는 5℃ 정도가 적당하다.

정답 222 ④ 223 ④ 224 ① 225 ① 226 ③ 227 ① 228 ②

★

229 **다음은 스크루(screw)냉동기의 특징을 설명한 것이다. 틀린 것은?**

① 동일 용량의 왕복동식 냉동기에 비해 부품의 수가 적고 수명이 길다.
② 10~100% 사이의 무단계 용량제어가 되므로 자동운전에 적합하다.
③ 타 냉동기에 비해 오일해머의 발생이 적다.
④ 소형 경량이긴 하나 진동이 많으므로 강고(强固)한 기초가 필요하다.

해설 스크루압축기는 두 로터의 회전운동에 의해 압축이 되므로 진동이나 맥동이 적어 견고한 기초가 필요하지 않다.

★

230 **듀링선도란?**

① 수용액의 농도, 온도 및 압력관계
② 압력, 엔탈피관계
③ 온도, 엔트로피관계
④ 압력, 체적관계

해설 듀링선도란 흡수식 냉동기에서 수용액의 농도, 온도 및 압력관계를 나타낸 선도이다.

231 **다음 설명 중 옳은 것은?**

㉠ 프레온(Freon)용 입형 응축기에서 냉각수의 pH는 3 이하로 유지해야 한다.
㉡ 냉동장치의 증발식 응축기에서 보급수 온도가 약간 높아져도 응축부하, 외기조건, 풍량이 변화하지 않으면 고압은 거의 변화하지 않는다.
㉢ 공냉식 응축기에서 외기의 건구온도가 높아지고 습구온도가 낮으면 고압은 높아진다.
㉣ 공냉식 입형 응축기의 열통과율은 수속에 비례하여 변화한다.

① ㉠, ㉡ ② ㉡, ㉢
③ ㉢, ㉣ ④ ㉠, ㉣

232 **다음 중 고압차단스위치가 하는 역할은?**

① 유압의 이상고압을 자동적으로 감소시킨다.
② 수액기 내의 이상고압을 자동으로 감소시킨다.
③ 증발기 내의 이상고압을 자동으로 감소시킨다.
④ 이상고압이 되었을 때 압축기를 정지시킨다.

해설 고압차단스위치(HPS)는 안전장치로 이상고압이 되었을 때 압축기를 정지시켜 보호한다.

★

233 **다음은 프레온 만액식 셸튜브증발기에 관한 설명이다. 틀린 것은?**

① 냉매액으로 충만되어 전열이 좋다.
② 유회수가 용이하므로 별도의 유회수장치가 필요 없다.
③ 공기조화장치, 화학공업, 식품공업 등에서 물 또는 브라인을 냉각하는 경우에 많이 사용된다.
④ 하부에 액헤더를 설치하여 액의 분포를 고르게 한다.

해설 프레온 만액식 셸튜브증발기에서는 증발기 내에 윤활유가 체류할 가능성이 많으므로 유회수장치가 필요하다.

234 **다음 응축기 중 냉동톤당 냉각수량이 가장 많은 것은?**

① 횡형 응축기 ② 대기식 응축기
③ 이중관식 응축기 ④ 입형 응축기

해설 ① 횡형 응축기 : 12l/min · RT
② 대기식 응축기 : 10~12l/min · RT
③ 이중관식 응축기 : 12l/min · RT
④ 입형 응축기 : 20l/min · RT

235 **초저온냉동장치(super chilling unit)로 적당하지 않은 냉동장치는 어느 것인가?**

① 다단 압축식(multi-stage)
② 다원 압축식(multi-stage cascade)
③ 2원 압축식(cascade system)
④ 단단 압축식(single-stage)

해설 초저온냉동장치(-70℃ 이하)로 단단 압축기는 부적당하다.

정답 229 ④ 230 ① 231 ② 232 ④ 233 ② 234 ④ 235 ④

★
236 균압관에 대한 설명 중 맞는 것은?

① 응축기와 유분리기의 상부를 연결한다.
② 유분리기와 수액기의 상부를 연결한다.
③ 응축기에서 수액기로 흐르는 액체의 흐름에 영향을 준다.
④ 응축기의 응축작용에 직접 영향을 준다.

해설 균압관은 냉매액의 흐름을 원활하게 하기 위해 응축기 상부와 수액기 상부에 연결한 관이다.

★
237 제상방식에 대한 설명이다. 옳지 않은 것은?

① 살수방식은 저온의 냉장창고용 공기냉각기 등에서 많이 사용된다.
② 부동액 살포방식은 공기 중의 수분이 부동액에 흡수되므로 일정한 농도관리가 필요하다.
③ 핫가스 제상방식은 응축기 출구의 고온의 액냉매를 이용한다.
④ 전기히터방식은 냉각관 배열의 일부에 핀튜브형태의 전기히터를 삽입하여 착상부를 가열한다.

해설 핫가스(hot gas) 제상방식은 압축기 출구의 고압가스를 제상용으로 이용한다.

238 플로트스위치를 설치할 장소로 옳은 것은?

① LPS와 조합하여 unloder용으로 설치
② 수액기 출구 스톱밸브와 팽창밸브 사이의 액관
③ 냉매유량 확보를 위한 응축기에 설치
④ 액분리기에 설치

해설 플로트스위치(float switch)는 액분리기에 설치한다.

239 압축냉동사이클에서 응축온도가 일정할 때 증발온도가 낮아지면 일어나는 현상 중 틀린 것은?

① 압축일의 열당량 증가
② 압축기 토출가스온도 상승
③ 성적계수 감소
④ 냉매순환량 증가

해설 압축냉동사이클에서 응축온도 일정 시 증발온도가 낮아지면 압축비 증가, 압축일 증가, 토출가스온도 증가, 성적계수 감소, 체적효율 감소, 냉매순환량이 감소된다.

240 수브라인냉각장치에서 수브라인측과 응축기 냉각수측과의 수온 및 수량을 측정하였더니 다음과 같았다. 이 장치의 성적계수는? (단, 열손실은 무시한다.)

- 수브라인 : 입구온도 12℃, 출구온도 6℃, 수량 100l/min
- 응축기 냉각수축 : 입구온도 31℃, 출구온도 38.5℃, 수량 100l/min

① 2.5　　② 3.0
③ 3.5　　④ 4.0

해설 $(COP)_R = \dfrac{Q_2}{Q_1 - Q_2}$

$$= \frac{60m_2 C_p(t_2 - t_1)}{60m_1 C_p(t_2 - t_1) - 60m_2 C_p(t_2 - t_1)}$$

$$= \frac{60\times100\times1\times(12-6)}{(60\times100\times1\times(38.5-31)) - (60\times100\times1\times(12-6))}$$

$= 4$

★
241 스테판-볼츠만(Stefan-Boltzmann)의 법칙과 관계있는 열이동현상은 무엇인가?

① 열전도　　② 열대류
③ 열복사　　④ 열통과

해설 복사열전달은 스테판-볼츠만법칙과 관계있다.
$Q_R = \sigma A T^4$[W]
$\therefore Q_R \propto T^4$(흑체표면의 복사열전달량은 흑체표면의 절대온도 4승에 비례한다.)

참고 $\sigma = 5.67\times10^{-8}W/m^2\cdot$K^4

★
242 증기터빈에서의 상태변화 중 가장 이상적인 과정은?

① 가역정압과정　　② 가역단열과정
③ 가역정적과정　　④ 가역등온과정

해설 증기터빈에서의 상태변화는 가역단열팽창과정이다.

정답 236 ③ 237 ③ 238 ④ 239 ④ 240 ④ 241 ③ 242 ②

243 **일반적으로 사용되고 있는 제상방법이라고 할 수 없는 것은?**

① 핫가스에 의한 방법
② 전기가열기에 의한 방법
③ 운전 정지에 의한 방법
④ 액냉매 분사에 의한 방법

해설 **일반 제상(defrost)방법** : 핫가스(hot gas) 제상, 전기가열기에 의한 방법, 운전 정지에 의한 방법

244 **프레온냉매의 경우 흡입배관에 이중입상관을 설치하는 목적으로 적합한 것은?**

① 오일의 회수를 용이하게 하기 위하여
② 흡입가스의 과열을 방지하기 위하여
③ 냉매액의 흡입을 방지하기 위하여
④ 흡입관에서의 압력강하를 줄이기 위하여

해설 Freon(프레온)냉매의 경우 흡입배관에 이중입상관을 설치하는 것은 오일회수를 용이하게(쉽게) 하기 위함이다.

★
245 **압축기 과열의 원인으로 가장 적합한 것은?**

① 냉각수 과대
② 수온 저하
③ 냉매 과충전
④ 압축기 흡입밸브 누설

해설 **압축기 과냉원인** : 냉각수 과대, 수온 저하, 냉매 과충전

★
246 **다음 그림에서와 같이 어떤 사이클에서 응축온도만 변화하였을 때 틀린 것은? (단, 사이클 A : (A–B–C–D–A), 사이클 B : (A–B′–C′–D′–A), 사이클 C : (A–B″–C″–D″–A))**

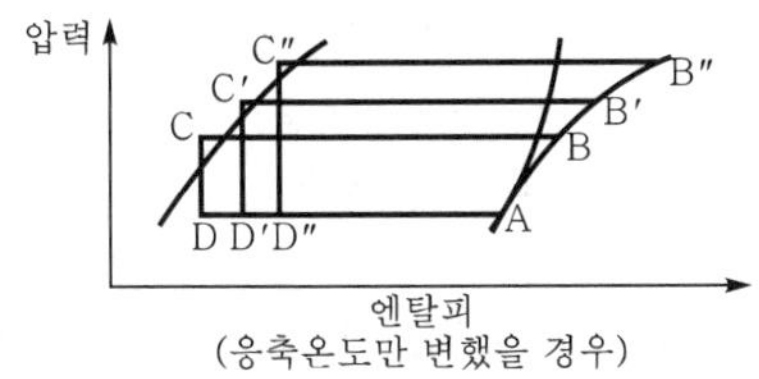

① 압축비 : 사이클 C > 사이클 B > 사이클 A
② 압축일량 : 사이클 C > 사이클 B > 사이클 A
③ 냉동효과 : 사이클 C > 사이클 B > 사이클 A
④ 성적계수 : 사이클 C< 사이클 B < 사이클 A

해설 **냉동효과(q_e)** : 사이클 C < 사이클 B < 사이클 A

★
247 **프레온냉매를 사용하는 냉동장치에 공기가 침입하면 어떤 현상이 일어나는가?**

① 고압압력이 높아지므로 냉매순환량이 많아지고 냉동능력도 증가한다.
② 냉동톤당 소요동력이 증가한다.
③ 고압압력은 공기의 분압만큼 낮아진다.
④ 배출가스의 온도가 상승하므로 응축기의 열통과율이 높아지고 냉동능력도 증가한다.

해설 **프레온냉동장치에 공기 침입 시**
㉠ 침입한 공기의 분압만큼 압력 상승
㉡ 압축비 증대로 소요동력 증대
㉢ 실린더 과열 및 윤활유의 열화 및 탄화
㉣ 윤활불량으로 활동부 마모
㉤ 체적효율 감소로 냉동능력 감소
㉥ 성적계수 감소

248 **나선상의 관에 냉매를 통과시키고, 그 나선관을 원형 또는 구형의 수조에 담그고 물을 순환시켜서 냉각하는 방식의 응축기는?**

① 대기식 응축기 ② 이중관식 응축기
③ 지수식 응축기 ④ 증발식 응축기

해설 지수식 응축기는 셀 앤드 코일식이라 하며 나선상의 관에 냉매를 통과시키는 방식이다.

★
249 **증발식 응축기의 보급수량 결정요인과 관계가 없는 것은?**

① 냉각수 상·하부의 온도차
② 냉각할 때 소비한 증발수량
③ 탱크 내의 불순물의 농도를 증가시키지 않기 위한 보급수량
④ 냉각공기와 함께 외부로 비산되는 소비수량

정답 243 ④ 244 ① 245 ④ 246 ③ 247 ② 248 ③ 249 ①

PART 2

해설 증발식 응축기의 보급수량 결정요인
㉠ 순환수의 증발
㉡ 불순물의 농도 증가 방지
㉢ 비산손실
㉣ 강제 배수 및 누수

250 제빙에 필요한 시간을 구하는 식으로 $\tau=(0.53\sim0.6)\dfrac{a^2}{-b}$과 같은 식이 사용된다. 이 식에서 a와 b가 의미하는 것은?

① 결빙두께, 브라인온도
② 브라인온도, 결빙두께
③ 결빙두께, 브라인유량
④ 브라인유량, 결빙두께

해설 a는 결빙두께(cm)이고, b는 brine온도(℃)이다.

251 다음 중 냉동장치의 액분리기와 유분리기의 설치위치를 올바르게 나타낸 것은?

① 액분리기 : 증발기와 압축기 사이, 유분리기 : 압축기와 응축기 사이
② 액분리기 : 증발기와 압축기 사이, 유분리기 : 응축기와 팽창밸브 사이
③ 액분리기 : 응축기와 팽창밸브 사이, 유분리기 : 증발기와 압축기 사이
④ 액분리기 : 응축기와 팽창밸브 사이, 유분리기 : 압축기와 응축기 사이

해설 액분리기(liquid separator)는 증발기와 압축기 사이에, 유분리기(oil separator)는 압축기와 응축기 사이에 설치한다.

★
252 실린더 직경 80mm, 행정 50mm, 실린더수 6개, 회전수 1,750rpm인 왕복동식 압축기의 피스톤압출량은 약 얼마인가?

① 158m³/h ② 168m³/h
③ 178m³/h ④ 188m³/h

해설 $V=ASNZ\times60=\dfrac{\pi d^2}{4}SNZ\times60$

$=\dfrac{\pi\times0.08^2}{4}\times0.05\times1,750\times6\times60$

$=158.26\text{m}^3/\text{h}$

253 응축기에서 냉매가스의 열이 제거되는 방법은?

① 대류와 전도 ② 증발과 복사
③ 승화와 휘발 ④ 복사와 액화

해설 열교환기(응축기)에서 냉매가스의 열이 제거되는 방법은 대류와 전도(conduction)이다.

★
254 왕복동식 압축기의 회전수를 n[rpm], 피스톤의 행정을 S[m]라 하면 피스톤의 평균속도 V_m[m/s]를 나타내는 식은?

① $\dfrac{\pi Sn}{60}$ ② $\dfrac{Sn}{60}$
③ $\dfrac{Sn}{30}$ ④ $\dfrac{Sn}{120}$

해설 $V_m=\dfrac{2Sn}{60}=\dfrac{Sn}{30}$[m/s]

255 암모니아(NH_3)냉매의 특성 중 잘못된 것은?

① 기준증발온도(-15℃)와 기준응축온도(30℃)에서 포화압력이 별로 높지 않으므로 냉동기 제작 및 배관에 큰 어려움이 없다.
② 암모니아수는 철 및 강을 부식시키므로 냉동기와 배관재료로 강관을 사용할 수 없다.
③ 리트머스시험지와 반응하면 청색을 띠고, 유황불꽃과 반응하여 흰 연기를 발생시킨다.
④ 오존파괴계수(ODP)와 지구온난화계수(GWP)가 각각 0이므로 누설에 의해 환경을 오염시킬 위험이 없다.

해설 암모니아수는 동 및 동합금은 부식시키므로 냉동기냉매 배관으로 강관을 사용한다.

256 일반적으로 냉방시스템에 물을 냉매로 사용하는 냉동방식은?

① 터보식 ② 흡수식
③ 전자식 ④ 증기압축식

해설 흡수식 냉동기는 냉매는 물(H_2O)을, 흡수제는 브롬화리튬(LiBr)을 사용한다.

정답 250 ① 251 ① 252 ① 253 ① 254 ③ 255 ② 256 ②

257 열의 이동에 관한 설명으로 옳지 않은 것은?

① 고체 표면과 이에 접하는 유동유체 간의 열이동을 열전달이라 한다.
② 자연계의 열이동은 비가역현상이다.
③ 열역학 제1법칙에 따라 고온체에서 저온체로 이동한다.
④ 자연계의 열이동은 엔트로피가 증가하는 방향으로 흐른다.

해설 열의 이동은 열역학 제2법칙에 따라 고온체에서 저온체로 이동한다.

★
258 냉동기유가 갖추어야 할 조건으로 알맞지 않은 것은?

① 응고점이 낮고, 인화점이 높아야 한다.
② 냉매와 잘 반응하지 않아야 한다.
③ 산화가 되기 쉬운 성질을 가져야 된다.
④ 수분, 산분을 포함하지 않아야 된다.

해설 냉동기유의 구비조건
㉠ 응고점(유동점)이 낮고, 인화점이 높을 것(유동점은 응고점보다 2.5℃ 높다)
㉡ 점도가 적당하고, 온도계수가 작을 것
㉢ 냉매와의 친화력이 약하고, 분리성이 양호할 것
㉣ 산에 대한 안전성이 높고, 화학반응이 없을 것
㉤ 전기절연내력이 클 것
㉥ 왁스(wax)성분이 적고, 수분의 함유량이 적을 것
㉦ 방청능력이 클 것

259 2원 냉동사이클에 대한 설명으로 옳은 것은?

① −100℃ 정도의 저온을 얻고자 할 때 사용되며 보통 저온측에는 임계점이 높은 냉매를, 고온측에는 임계점이 낮은 냉매를 사용한다.
② 저온부 냉동사이클의 응축기 방열량을 고온부 냉동사이클의 증발기가 흡열하도록 되어 있다.
③ 일반적으로 저온측에 사용하는 냉매는 R−12, R−22, 프로판 등이다.
④ 일반적으로 고온측에 사용하는 냉매는 R−13, R−14 등이다.

해설 2원 냉동사이클은 초저온(−70℃ 이하)을 얻고자 할 경우 사용하며 저온부 응축기의 방열량을 고온부 증발기가 흡열되도록 되어 있다(캐스케이드콘덴서).

★
260 증기압축식 냉동사이클에서 증발온도를 일정하게 유지하고 응축온도를 상승시킬 경우에 나타나는 현상 중 잘못된 것은?

① 성적계수 감소
② 토출가스온도 상승
③ 소요동력 증대
④ 플래시가스 발생량 감소

해설 증기압축냉동사이클에서 증발온도를 일정하게 유지하고 응축온도를 상승시킬 경우 압축비 증가로 인해 성적계수 감소, 토출가스온도 상승, 소요동력 증대(압축기), 플래시가스 발생 증가, 냉동능력 감소, 체적효율 감소 등의 현상이 나타난다.

★
261 2단 냉동사이클에서 응축압력을 P_c, 증발압력을 P_e라 할 때 이론적인 최적의 중간 압력으로 가장 적당한 것은?

① P_cP_e ② $(P_cP_e)^{\frac{1}{2}}$
③ $(P_cP_e)^{\frac{1}{3}}$ ④ $(P_cP_e)^{\frac{1}{4}}$

해설 2단 압축냉동사이클에서 중간냉각기의 평균압력(P_m)은 증발기 절대압력(P_e)과 응축기 절대압력(P_c)을 곱한 값의 제곱근이다.

$P_m = \sqrt{P_eP_c} = (P_eP_c)^{\frac{1}{2}}$[kPa]

262 냉매로서의 갖추어야 할 중요요건에 대한 설명으로 틀린 것은?

① 동일한 냉동능력에 대하여 냉매가스의 용적이 작을 것
② 저온에 있어서도 대기압 이상의 압력에서 증발하고 비교적 저압에서 액화할 것
③ 점도가 크고 열전도율이 좋을 것
④ 증발열이 크며 액체의 비열이 작을 것

해설 냉매는 열전도율이 좋고 점도는 작아야 한다. 점도가 크면 냉매유동의 저항 증가로 온도가 상승하기 때문이다.

정답 257 ③ 258 ③ 259 ② 260 ④ 261 ② 262 ③

PART 2

★
263 냉동장치 내 팽창밸브를 통과한 냉매의 상태로 옳은 것은?

① 엔탈피 감소 및 압력강하
② 온도 저하 및 엔탈피 감소
③ 압력강하 및 온도 저하
④ 엔탈피 감소 및 비체적 감소

해설 냉동장치에서 팽창밸브 통과 시(교축팽창과정)
㉠ 압력강하($P_1 > P_2$)
㉡ 온도강하($T_1 > T_2$)
㉢ 등엔탈피($h_1 = h_2$)
㉣ 엔트로피 증가($\Delta S > 0$)

264 만액식 증발기에 대한 설명 중 틀린 것은?

① 증발기 내에서는 냉매액이 항상 충만되어 있다.
② 증발된 가스는 액 중에서 기포가 되어 상승 분리된다.
③ 피냉각물체와 전열면적이 거의 냉매액과 접촉하고 있다.
④ 전열작용이 건식 증발기에 비해 미흡하지만 냉매액은 거의 사용되지 않는다.

해설 만액식 증발기(증발기 내 액 75%, 가스 25%)는 냉매액량이 많으므로 건식 증발기보다 전열이 양호하고 액체냉각용에 주로 사용한다.

★
265 불응축가스를 제거하는 가스퍼저(gas purger)의 설치위치로 적당한 곳은?

① 고압수액기 상부 ② 저압수액기 상부
③ 유분리기 상부 ④ 액분리기 상부

해설 불응축가스는 응축기에서 액화되지 않는 가스로 불응축가스의 분압만큼 압력이 상승하며 압축기 과열, 소요동력 증대, 냉동능력 감소 등 악영향을 미치므로 가스퍼저를 이용하여 불응축가스를 퍼저(방출)시킨다. 가스퍼저는 고압수액기 상부에 설치한다.

266 냉동장치의 윤활목적에 해당되지 않는 것은?

① 마모 방지 ② 부식 방지
③ 냉매 누설 방지 ④ 동력손실 증대

해설 윤활유의 목적 : 마모 방지, 냉각작용, 냉매 누설(밀봉작용), 부식 방지, 동력손실 감소

267 암모니아냉동장치에서 증발온도 −30℃, 응축온도 30℃의 운전조건에서 2단 압축과 1단 압축을 비교한 설명 중 옳은 것은? (단, 냉동부하는 동일하다고 가정한다.)

① 부하에 대한 피스톤압출량은 같다.
② 냉동효과는 1단 압축의 경우가 크다.
③ 고압측 토출가스온도는 2단 압축의 경우가 높다.
④ 필요동력은 2단 압축의 경우가 작다.

해설 2단 압축(two stage compression)은 한 대의 압축기를 이용하여 −30℃ 이하의 저온을 얻으려면 증발온도에 따른 증발압력 저하와 압축비의 상승으로 압축기를 2단으로 나누어 저단 압축기는 저압을 중간 압력까지 상승시키고, 이 중간 압력이 된 가스를 중간냉각기로 냉각한 후 고단 압축기로 고압까지 상승시켜 주는 방식으로 체적효율 감소, 압축기 과열 및 소요동력 증가를 방지한다.

★
268 격간(Clearance)에 의한 체적효율은? (단, 압축비 : $\frac{P_2}{P_1}=5$, n지수=1.25, 격간 체적비 : $\frac{V_c}{V}=0.05$이다.)

① 75% ② 80.5%
③ 87% ④ 92%

해설 $\eta_v = 1-\varepsilon_v\left\{\left(\frac{P_2}{P_1}\right)^{\frac{1}{n}}-1\right\} = 1-\frac{V_c}{V}\left\{\left(\frac{P_2}{P_1}\right)^{\frac{1}{n}}-1\right\}$
$= \left[1-0.05\times\left(5^{\frac{1}{1.25}}-1\right)\right]\times 100 \fallingdotseq 87\%$

★
269 냉동기에 사용되고 있는 냉매로 대기압에서 비등점이 가장 낮은 냉매는?

① SO_2 ② NH_3
③ CO_2 ④ CH_3Cl

해설 대기압하에서 냉매의 비등점
㉠ 탄산가스(CO_2) : 78.5℃
㉡ 아황산가스(SO_2) : 10℃
㉢ 암모니아(NH_3) : 33.3℃
㉣ 메틸클로라이드(CH_3Cl, R−40) : 23.8℃

정답 263 ③ 264 ④ 265 ① 266 ④ 267 ④ 268 ③ 269 ③

★
270 냉동장치에서 증발온도를 일정하게 하고 응축온도를 높일 때 일어나는 현상은?

① 성적계수 증가
② 압축일량 감소
③ 토출가스온도 감소
④ 플래시가스 발생량 증가

해설 냉동장치에서 증발온도를 일정하게 하고 응축온도를 높이면
㉠ 압축비 증가
㉡ 압축일 증가(소비동력 증대)
㉢ 성적계수 감소
㉣ 체적효율 감소
㉤ 토출가스온도 상승
㉥ 플래시가스 발생량 증가

★
271 제빙장치에서 브라인온도가 −10℃, 결빙시간이 48시간일 때 얼음의 두께는? (단, 결빙계수는 0.56이다.)

① 약 29.3cm ② 약 39.3cm
③ 약 2.93cm ④ 약 3.93cm

해설 $H=\frac{0.56t^2}{-t_b}$[시간]

$\therefore\ t=\sqrt{\frac{-t_bH}{0.56}}=\sqrt{\frac{-(-10)\times 48}{0.56}}\fallingdotseq 29.3\text{cm}$

★
272 냉매와 흡수제로 NH_3-H_2O를 이용한 흡수식 냉동기의 냉매의 순환과정으로 옳은 것은?

① 증발기(냉각기) → 흡수기 → 재생기 → 응축기
② 증발기(냉각기) → 재생기 → 흡수기 → 응축기
③ 흡수기 → 증발기(냉각기) → 재생기 → 응축기
④ 흡수기 → 재생기 → 증발기(냉각기) → 응축기

해설 냉매순환과정 : 증발기(냉각기) → 흡수기 → 재생기(발생기) → 응축기

273 실제 냉동사이클에서 냉매가 증발기에서 나온 후 압축기에서 압축될 때까지 흡입가스변화는?

① 압력은 떨어지고, 엔탈피는 증가한다.
② 압력과 엔탈피는 떨어진다.
③ 압력은 증가하고, 엔탈피는 떨어진다.
④ 압력과 엔탈피는 증가한다.

해설 실제 냉동사이클에서 냉매는 증발기에서 나온 후 압력은 떨어지고, 비엔탈피는 증가한다($T=C$, $P=C$).

274 흡수식 냉동기에 관한 설명으로 옳지 않은 것은?

① 비교적 소용량보다는 대용량에 적합하다.
② 발생기에는 증기에 의한 가열이 이루어진다.
③ 냉매는 브롬화리튬(LiBr), 흡수제는 물(H_2O)의 조합으로 이루어진다.
④ 흡수기에서는 냉각수를 사용하여 냉각시킨다.

해설 흡수식 냉동기에서 냉매는 물(H_2O), 흡수제는 브롬화리튬(LiBr)의 조합으로 이루어진다.

★
275 흡수식 냉동기에 대한 설명으로 틀린 것은?

① 흡수식 냉동기는 열의 공급과 냉각으로 냉매와 흡수제가 함께 분리되고 섞이는 형태로 사이클을 이룬다.
② 냉매가 암모니아일 경우에는 흡수제로서 리튬브로마이드(LiBr)를 사용한다.
③ 리튬브로마이드수용액 사용 시 재료에 대한 부식성문제로 용액 중에 미량의 부식 억제제를 첨가한다.
④ 압축식에 비해 열효율이 나쁘며 설치면적을 많이 차지한다.

해설 흡수식 냉동기의 냉매와 흡수제
㉠ 냉매 NH_3, 흡수제 H_2O
㉡ 냉매 H_2O, 흡수제 LiBr

276 일반적으로 증발온도의 작동범위가 −70℃ 이하일 때 사용되기 적절한 냉동사이클은?

① 2원 냉동사이클
② 다효 압축사이클
③ 2단 압축 1단 팽창사이클
④ 1단 압축 2단 팽창사이클

정답 270 ④ 271 ① 272 ① 273 ① 274 ③ 275 ② 276 ①

해설 초저온(-70℃ 이하)을 얻고자 할 경우 2원 냉동사이클을 사용한다.

★ 277 증기압축냉동사이클에 대한 설명 중 옳은 것은?

① 응축압력과 증발압력의 차이가 작을수록 압축기의 소비동력은 작아진다.
② 팽창과정을 통해 유체의 압력은 상승한다.
③ 압축과정에서는 과열도가 작을수록 압축일량은 커진다.
④ 증발압력이 낮을수록 비체적은 작아진다.

해설 증기압축냉동사이클에서 압축비가 작을수록 압축기 소비동력이 작아진다. 즉 냉동기 성능계수가 증가한다.

참고 압축비$=\frac{\text{고압}}{\text{저압}}=\frac{\text{응축기 절대압력}}{\text{증발기 절대압력}}$

278 흡수식 냉동기를 이용함에 따른 장점으로 가장 거리가 먼 것은?

① 여름철 피크전력이 완화된다.
② 대기압 이하로 작동하므로 취급에 위험성이 완화된다.
③ 가스수요의 평준화를 도모할 수 있다.
④ 야간에 열을 저장하였다가 주간의 부하에 대응할 수 있다.

해설 야간에 열을 저장하였다가 주간의 부하에 대응할 수 있는 냉동기는 빙축열을 이용한 냉동기이다.

279 다음 중 열전도도가 가장 큰 것은?

① 수은 ② 석면
③ 동관 ④ 질소

해설 열전도도의 크기 : Ag>Cu>Au>Al>Mg>Ni>Fe>Pb

★ 280 압축기 토출압력 상승원인으로 가장 거리가 먼 것은?

① 응축온도가 낮을 때
② 냉각수온도가 높을 때
③ 냉각수의 양이 부족할 때
④ 공기가 장치 내에 혼입했을 때

해설 응축온도가 낮으면 토출압력도 감소한다.

281 냉동장치의 불응축가스를 제거하기 위한 장치는?

① 중간냉각기 ② 가스퍼저
③ 제상장치 ④ 여과기

해설 가스퍼저(gas purger)는 불응축가스를 제거시키는 장치이다.

282 표준 냉동사이클의 냉매상태변화에 대한 설명으로 틀린 것은?

① 압축과정 : 온도 상승
② 응축과정 : 압력 불변
③ 과냉각과정 : 엔탈피 감소
④ 팽창과정 : 온도 불변

해설 팽창과정 시 압력강하, 온도강하, 엔탈피 일정, 엔트로피(ΔS)는 증가한다.

283 2원 냉동사이클의 주요 장치로 가장 거리가 먼 것은?

① 저온압축기 ② 고온압축기
③ 중간냉각기 ④ 팽창밸브

해설 중간냉각기(inter cooler)는 2단 압축냉동사이클과 관계있다.

참고 2원 냉동사이클은 캐스케이드 콘덴서와 관계있다.

★ 284 불응축가스가 냉동장치에 미치는 영향이 아닌 것은?

① 체적효율 상승 ② 응축압력 상승
③ 냉동능력 감소 ④ 소요동력 증대

해설 불응축가스가 냉매계통 내에 침입하면 응축압력을 높이고 토출가스온도를 상승시킨다. 또한 냉동능력 감소, 압축기 소요동력 증대, 체적효율 감소, 냉동기 성적계수가 감소한다.

285 저온용 단열재의 성질이 아닌 것은?

① 내구성 및 내약품성이 양호할 것
② 열전도율이 좋을 것
③ 밀도가 작을 것
④ 팽창계수가 작을 것

해설 단열재(보온재)는 열전도율이 낮아야 한다.

정답 277 ① 278 ④ 279 ③ 280 ① 281 ② 282 ④ 283 ③ 284 ① 285 ②

★
286 **왕복동식 압축기의 체적효율이 감소하는 이유로 적합한 것은?**

① 단열압축지수의 감소
② 압축비의 감소
③ 극간비의 감소
④ 흡입 및 토출밸브에서의 압력손실의 감소

해설 왕복동식 압축기의 체적효율이 감소하는 이유
㉠ 극간비 증가
㉡ 압축비 증가
㉢ 단열압축지수의 감소
㉣ 흡입 및 토출밸브에서 압력손실의 증가 등

참고 체적효율 $=1-\varepsilon_v\left[\left(\frac{P_2}{P_1}\right)^{\frac{k-1}{k}}-1\right]$[%]

여기서, ε_v : 극간비, $\frac{P_2}{P_1}$: 압축비

k : 비열비(단열지수)

287 **열펌프(heat pump)의 성적계수를 높이기 위한 방법으로 가장 거리가 먼 것은?**

① 응축온도와 증발온도와의 차를 줄인다.
② 증발온도를 높인다.
③ 응축온도를 높인다.
④ 압축동력을 줄인다.

해설 열펌프의 성적계수를 높이는 방법
㉠ 압축소비동력을 줄인다.
㉡ 증발온도를 높인다.
㉢ 응축온도를 낮춘다.
㉣ 응축온도와 증발온도와의 차를 줄인다.

★
288 **다음 그림은 단효용 흡수식 냉동기에서 일어나는 과정을 나타낸 것이다. 각 과정에 대한 설명으로 틀린 것은?**

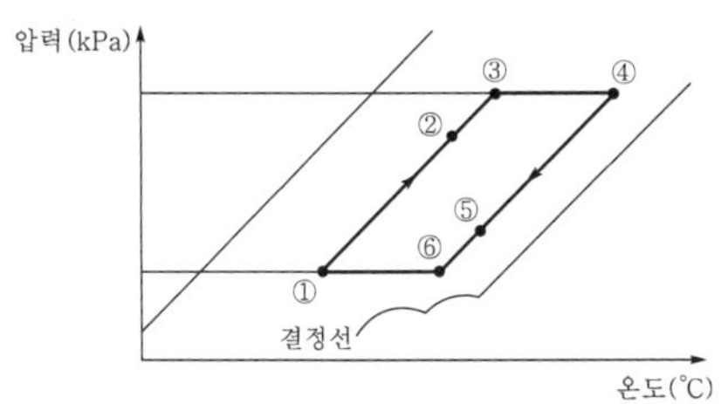

① ①→②과정 : 재생기에서 돌아오는 고온농용액과 열교환에 의한 희용액의 온도 상승
② ②→③과정 : 재생기 내에서 비등점에 이르기까지의 가열
③ ③→④과정 : 재생기 내에서의 가열에 의한 냉매응축
④ ④→⑤과정 : 흡수기에서의 저온희용액과 열교환에 의한 농용액의 온도강하

해설 ㉠ ⑥→① : 흡수기에서의 흡수작용
㉡ ①→② : 용액열교환기에서(고온농용액과 희용액) 열교환에 의한 온도 상승
㉢ ②→③ : 재생기에서 비등점에 이를 때까지 가열
㉣ ③→④ : 재생기에서 용액농축
㉤ ④→⑤ : 흡수기에서 저온 희용액과 열교환에 의한 농용액의 온도강하
㉥ ⑤→⑥ : 흡수기에서 외부로부터 냉각에 의한 농용액의 온도강하

★
289 **냉동사이클에서 응축온도 상승에 의한 영향과 가장 거리가 먼 것은? (단, 증발온도는 일정하다.)**

① COP 감소
② 압축기 토출가스온도 상승
③ 압축비 증가
④ 압축기 흡입가스압력 상승

해설 증발온도 일정 시 응축온도 상승하면
㉠ 냉동기 성적계수($(COP)_R$) 감소
㉡ 압축기 토출가스온도 상승
㉢ 압축비 증가
㉣ 압축기 소비동력 증대

★
290 **응축압력이 이상고압으로 나타나는 원인으로 가장 거리가 먼 것은?**

① 응축기의 냉각관 오염 시
② 불응축가스가 혼입 시
③ 응축부하 증대 시
④ 냉매 부족 시

해설 응축압력의 이상고압 발생원인
㉠ 응축기의 냉각관 오염 시
㉡ 불응축가스가 혼입 시
㉢ 응축부하 증대 시
㉣ 냉매가 충만할 때

정답 286 ① 287 ③ 288 ③ 289 ④ 290 ④

291 물과 리튬브로마이드용액을 사용하는 흡수식 냉동기의 특징으로 틀린 것은?

① 흡수기의 개수에 따라 단효용 또는 다중 효용 흡수식 냉동기로 구분된다.

② 냉매로 물을 사용하고, 흡수제로 리튬브로마이드를 사용한다.

③ 사이클은 압력-엔탈피선도가 아닌 듀링선도를 사용하여 작동상태를 표현한다.

④ 단효용 흡수식 냉동기에서 냉매는 재생기, 응축기, 냉각기, 흡수기의 순서로 순환한다.

해설 흡수식 냉동기에서 단효용(1중효용)은 발생기가 1대, 2중효용은 발생기(재생기)가 2대인 냉동기로 발생기의 개수에 따라 구분된다.

★
292 냉각탑에 대한 설명으로 틀린 것은?

① 밀폐식은 개방식 냉각탑에 비해 냉각수가 외기에 의해 오염될 염려가 적다.

② 냉각탑의 성능은 입구공기의 습구온도에 영향을 받는다.

③ 쿨링 레인지(cooling range)는 냉각탑의 냉각수 입출구온도의 차이값이다.

④ 쿨링 어프로치(cooling approach)는 냉각탑의 냉각수 입구온도에서 냉각탑 입구공기의 습구온도를 제한값이다.

해설 쿨링 어프로치는 냉각탑의 냉각수 출구온도에서 냉각탑 입구공기의 습구온도를 뺀 값이다.

293 브라인(2차 냉매) 중 무기질 브라인이 아닌 것은?

① 염화마그네슘 ② 에틸렌글리콜
③ 염화칼슘 ④ 식염수

해설 ㉠ 유기질 브라인 : 프로필렌글리콜, 에틸알코올, 에틸렌글리콜 등
㉡ 무기질 브라인 : 염화마그네슘($MgCl_2$), 염화나트륨(식염수), 염화칼슘($CaCl_2$)

★
294 압축냉동사이클에서 응축기 내부압력이 일정할 때 증발온도가 낮아지면 나타나는 현상으로 가장 거리가 먼 것은?

① 압축기 단위흡입체적당 냉동효과 감소

② 압축기 토출가스온도 상승

③ 성적계수 감소

④ 과열도 감소

해설 응축기 압력 일정 시 증발기 온도를 낮추면
㉠ 압축비 증대(상승)
㉡ 압축기 일량 증가
㉢ 토출가스온도 상승
㉣ 냉동기 성능계수 감소
㉤ 체적효율 감소

295 다음 그림은 이상적인 냉동사이클을 나타낸 것이다. 각 과정에 대한 설명으로 틀린 것은?

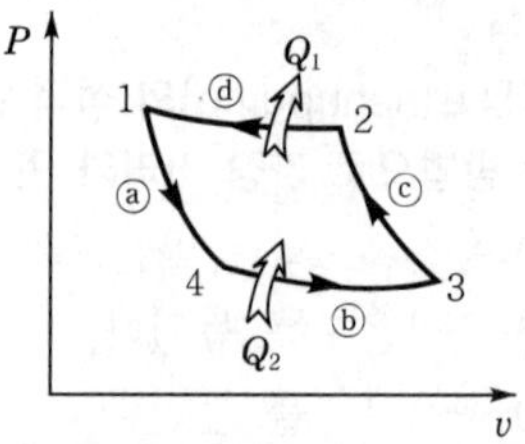

① ⓐ과정은 단열팽창이다.

② ⓑ과정은 등온압축이다.

③ ⓒ과정은 단열압축이다.

④ ⓓ과정은 등온압축이다.

해설 ⓑ과정은 등온팽창(등온흡열)과정이다.

296 다음 중 이중효용 흡수식 냉동기는 단효용 흡수식 냉동기와 비교하여 어떤 장치가 복수개로 설치되는가?

① 흡수기 ② 증발기
③ 응축기 ④ 재생기

해설 단효용(1중효용) 흡수식 냉동기는 발생기(재생기)가 1개, 2중효용 흡수식 냉동기는 발생기(재생기)가 2개 설치되어 있다.

정답 291 ① 292 ④ 293 ② 294 ④ 295 ② 296 ④

★
297 **냉동장치의 제상에 대한 설명으로 옳은 것은?**

① 제상은 증발기의 성능 저하를 막기 위해 행해진다.
② 증발기에 착상이 심해지면 냉매증발압력은 높아진다.
③ 살수식 제상장치에 사용되는 일반적인 수온은 약 50~80℃로 한다.
④ 핫가스 제상이라 함은 뜨거운 수증기를 이용하는 것이다.

해설 냉동장치에서 제상(defrost)은 증발기의 성능 저하를 막기 위하여 적상된 것을 제거하는 작업이다.

★
298 **두께 30cm의 벽돌로 된 벽이 있다. 내면의 온도가 21℃, 외면의 온도가 35℃일 때 이 벽을 통해 흐르는 열량은? (단, 벽돌의 열전도율 K는 0.793W/m·K이다.)**

① $32W/m^2$　　② $37W/m^2$
③ $40W/m^2$　　④ $43W/m^2$

해설 $Q_c = q_c A = AK\left(\frac{t_1 - t_2}{L}\right)$[W]

$\therefore q_c = K\left(\frac{t_1 - t_2}{L}\right) = 0.793 \times \frac{35-21}{0.3} = 37W/m^2$

299 **압축기에 사용되는 냉매의 이상적인 구비조건으로 옳은 것은?**

① 임계온도가 낮을 것
② 비열비가 작을 것
③ 증발잠열이 작을 것
④ 비체적이 클 것

해설 압축기에 사용되는 냉매는 비열비(k)가 작아야 한다.

참고 비열비가 크면 압축기 토출 후 온도와 압력이 상승한다.

$k = \frac{정압비열(C_p)}{정적비열(C_v)}$

★
300 **흡수식 냉동기에서 냉매의 과냉원인이 아닌 것은?**

① 냉수 및 냉매량 부족
② 냉각수 부족
③ 증발기 전열면적 오염
④ 냉매에 용액혼입

해설 흡수식 냉동기에서 냉각수의 부족은 과열의 원인이 된다.

301 **압축기 실린더의 체적효율이 감소되는 경우가 아닌 것은?**

① 클리어런스(clearance)가 작을 경우
② 흡입·토출밸브에서 누설될 경우
③ 실린더피스톤이 과열될 경우
④ 회전속도가 빨라질 경우

해설 클리어런스가 크면 체적효율이 감소된다.

★
302 **드라이어(dryer)에 관한 설명으로 옳은 것은?**

① 주로 프레온냉동기보다 암모니아냉동기에 주로 사용된다.
② 냉동장치 내에 수분이 존재하는 것은 좋지 않으므로 냉매종류에 관계없이 소형 냉동장치에 설치한다.
③ 프레온은 수분과 잘 용해하지 않으므로 팽창밸브에서의 동결을 방지하기 위하여 설치한다.
④ 건조제로는 황산, 염화칼슘 등의 물질을 사용한다.

해설 프레온냉매는 물(수분)과 용해하지 않으므로 팽창밸브에서 교축팽창 시(압력강하, 온도강하, 엔트로피 증가, 등엔탈피) 결빙될 위험이 있으므로 팽창밸브 입구에 드라이어(건조기)를 설치한다.

★
303 **다음 중 신재생에너지와 가장 거리가 먼 것은?**

① 지열에너지　　② 태양에너지
③ 풍력에너지　　④ 원자력에너지

해설 ㉠ 재생에너지(8개) : 수력에너지, 풍력에너지, 지열에너지, 바이오에너지, 폐기물에너지, 태양열에너지, 태양광에너지, 해양에너지
㉡ 신에너지(3개) : 연료전지, 수소에너지, 석탄을 액체가스화한 에너지

PART 2

정답 297 ① 298 ② 299 ② 300 ② 301 ① 302 ③ 303 ④

304 냉각관의 열관류율이 500W/m^2·℃이고, 대수평균온도차가 10℃일 때, 100kW의 냉동부하를 처리할 수 있는 냉각관의 면적은?

① 5m^2　② 15m^2
③ 20m^2　④ 40m^2

해설 $Q_e = KA(LMTD)$[kW]

$\therefore A = \dfrac{Q_e}{K(LMTD)} = \dfrac{100\times10^3}{500\times10} = 20\text{m}^2$

305 식품의 평균초온이 0℃일 때 이것을 동결하여 온도 중심점을 -15℃까지 내리는 데 걸리는 시간을 나타내는 것은?

① 유효동결시간　② 유효냉각시간
③ 공칭동결시간　④ 시간상수

해설 공칭동결시간이란 식품의 평균초온이 0℃일 때 이것을 동결하여 온도 중심점을 -15℃까지 내리는 데 걸리는 시간이다.

306 팽창밸브 중에서 과열도를 검출하여 냉매유량을 제어하는 것은?

① 정압식 자동팽창밸브
② 수동팽창밸브
③ 온도식 자동팽창밸브
④ 모세관

해설 온도식 자동팽창밸브는 팽창밸브 중에서 과열도를 검출하여 냉매유량을 제어하는 밸브이다.

307 다음은 이론공기사이클인 오토사이클(η_{tho}), 디젤사이클(η_{thd}), 사바테사이클(η_{ths})을 비교하여 설명한 것이다. 이 중 맞지 않는 것은?

① 오토사이클에 있어서 공급열량에는 관계가 없이 압축비의 증가만으로써 효율(η_{tho})은 높아진다.
② 디젤사이클에 있어서는 압축비의 증가와 더불어 효율(η_{thd})은 높아지나, 반대로 차단비의 증가와 더불어 효율(η_{tho})은 감소함으로 공급열량에 관계된다.
③ 사바테사이클에 있어서 압축비 및 압력비의 증가와 더불어 효율(η_{ths})는 높아진다.
④ 공급열량 및 최대 압력이 일정할 때 각 효율의 크기는 $\eta_{tho} < \eta_{thd} < \eta_{ths}$ 이다.

해설 공급열량 및 최대 압력이 일정할 때 각 사이클의 열효율은 $\eta_{thd} > \eta_{ths} > \eta_{tho}$ 이다.

308 효율이 85%인 터빈에 들어갈 때의 증기의 엔탈피가 3,390kJ/kg이고, 가역단열과정에 의해 팽창할 경우에 출구에서의 엔탈피가 2,135kJ/kg이 된다. 이때 터빈의 실제 일은 몇 kJ/kg인가?

① 1,476　② 1,255
③ 1,067　④ 906

해설 단열효율(η_t) $= \dfrac{\text{비가역일(실제 일)}}{\text{가역일(이론일)}}$

$= \dfrac{h_2 - h_3{}'}{h_2 - h_3}$[%]

$\therefore h_2 - h_3{}' = \eta_t(h_2 - h_3) = 0.85\times(3{,}390 - 2{,}135)$

$\fallingdotseq 1{,}067$kJ/kg

309 300kPa의 압력하에서 물 1kg이 증발하여 체적이 800l만큼 늘어났다. 증발열이 2,184kJ/kg이면 내부증발열(ρ)과 외부증발열(ϕ)은 얼마인가?

① $\rho = 1{,}944$kJ/kg, $\phi = 240$kJ/kg
② $\rho = 1{,}652$kJ/kg, $\phi = 120$kJ/kg
③ $\rho = 1{,}944$kJ/kg, $\phi = 280$kJ/kg
④ $\rho = 1{,}652$kJ/kg, $\phi = 240$kJ/kg

해설 등압상태($P = C$)하에서 물의 상태변화 시 습증기구역($0 < x < 1$)의 등온선과 등압선은 일치한다($P = C$, $T = C$).

㉠ $\phi = P\Delta v = 300\times0.8 = 240$kJ/kg
㉡ 증발열(γ) $= \rho + \phi$
　$\therefore \rho = \gamma - \phi = 2{,}184 - 240 = 1{,}944$kJ/kg

정답 304 ③ 305 ③ 306 ③ 307 ④ 308 ③ 309 ①

310 복합사이클(Sabathe cycle)의 이론열효율은 다음과 같다.

$$\eta = 1 - \left(\frac{1}{\varepsilon}\right)^{k-1} \frac{\rho\sigma^k - 1}{(\rho-1) + k\rho(\sigma-1)}$$

어떠할 때 디젤사이클의 이론열효율과 일치하는가? (단, ε : 압축비, ρ : 폭발비, σ : 연료단절비, k : 비열비)

① $\rho = 1$ ② $k = 1$
③ $\varepsilon = 1$ ④ $\sigma = 1$

해설 ㉠ $\sigma = 1$이면 $\eta_{tho} = 1 - \left(\frac{1}{\varepsilon}\right)^{k-1}$

㉡ $\rho = 1$이면 $\eta_{thd} = 1 - \left(\frac{1}{\varepsilon}\right)^{k-1} \frac{\sigma^k - 1}{k(\sigma-1)}$

311 어떤 증기터빈에 0.4kg/s 증기가 공급되어 260kW의 출력을 낸다. 입구의 증기엔탈피 및 속도는 각각 h_1 =3,000kJ/kg, v_1 =720m/s, 출구의 증기엔탈피 및 속도는 각각 h_2= 2,500kJ/kg, v_2=120m/s이면 이 터빈의 열손실은 몇 kW가 되는가?

① 15.9kW ② 40.8kW
③ 20.0kW ④ 104kW

해설 $Q = W_t + m(h_2 - h_1) + \dfrac{m({v_2}^2 - {v_1}^2)}{2}$

$= 260 + 0.4 \times (2{,}500 - 3{,}000) + \dfrac{0.4 \times (120^2 - 720^2)}{2 \times 10^3}$

$= -40.8\text{kJ/s} (= \text{kW})$

312 1kg의 물을 등압하에서 가열할 때의 상태변화를 나타내는 $P-v$선도는 다음 그림과 같다. 이 그림에서 압축수를 나타내는 점은?

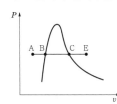

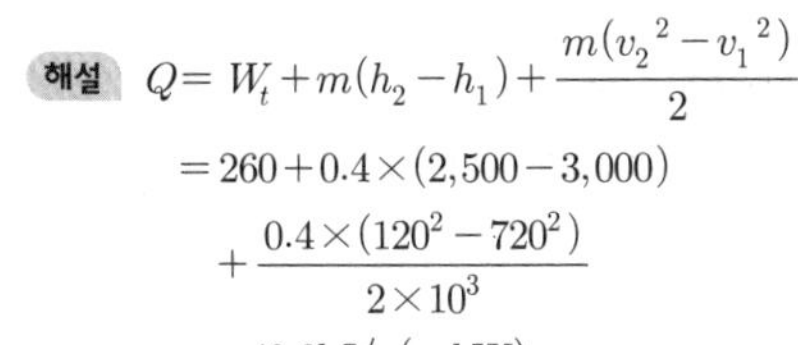

① C점 ② E점
③ A점 ④ B점

해설 압축수(과냉액체)(A) → 포화수(B) → 습증기(습포화증기, $0 < x < 1$)(C) → 건포화증기(E) → 과열증기(F)

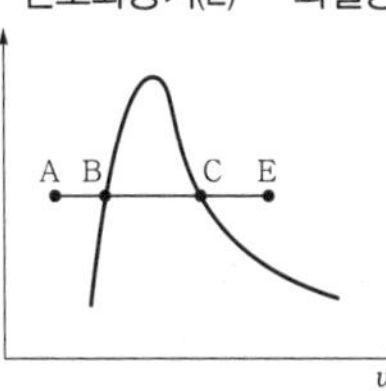

참고 D점은 critical point(임계점)이다.

313 무게 1kg의 강구를 50m 높이에서 낙하시킬 때 운동에너지는 전부 강구의 온도를 높여준다고 할 때 강구의 온도 상승은 얼마인가? (단, 강구의 비열은 0.42kJ/kg · ℃이다.)

① 0.585℃ ② 0.854℃
③ 8.54℃ ④ 1.17℃

해설 가열량(Q)$= mC_p\Delta t$=위치에너지($P.E$)$= mgh$[kJ]

$\therefore \Delta t = \dfrac{gh}{C_p} = \dfrac{9.8 \times 50 \times 10^{-3}}{0.42} = 1.17℃$

314 다음 그림과 같은 단열상태를 유지하는 노즐에서 저속으로 입구 ①에 들어오는 수증기의 엔탈피는 700kJ/kg이고, 출구 ②에서의 엔탈피는 491kJ/kg이다. 출구에서 수증기의 속도는 얼마인가?

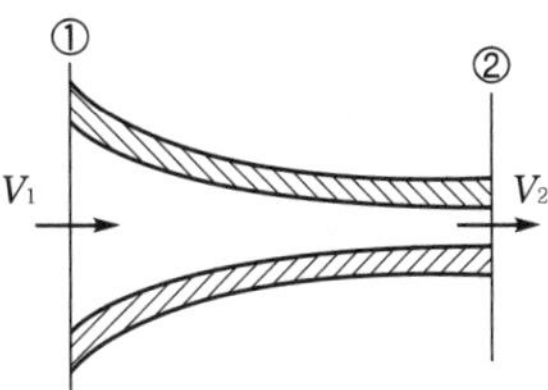

① 14m/s ② 206m/s
③ 457m/s ④ 647m/s

해설 $v_2 = \sqrt{2(h_1 - h_2)} = \sqrt{2 \times (700 - 491) \times 10^3}$
$= 647\text{m/s}$

315 어느 가스 1kg이 압력 98kPa, 온도 30℃의 상태에서 체적 0.8m³를 점유한다면 이 가스의 가스 상수는 몇 N · m/kg · K인가?

① 240.65 ② 258.75
③ 264.55 ④ 287.75

정답 310 ① 311 ② 312 ③ 313 ④ 314 ④ 315 ②

해설 $PV=mRT$

$$\therefore R=\frac{PV}{mT}=\frac{98\times10^3\times0.8}{1\times(30+273)}$$
$$≒258.75\text{N}\cdot\text{m/kg}\cdot\text{K}$$

316 피스톤-실린더로 된 용기 내에 압력이 10kPa, 체적이 0.04m³의 상태로 이상기체가 들어 있다. 기체의 온도를 일정하게 유지하며 피스톤이 이동하여 최종체적이 0.1m³가 되었다면 이동한 기체가 행한 일의 양은?

① 0.0318N·m ② 0.0733N·m
③ 318N·m ④ 733N·m

해설 등온변화 시 절대일과 공업일은 같다.

$$_1W_2=\int_1^2 PdV=\int_1^2\left(\frac{mRT}{V}\right)dV$$
$$=mRT\int_1^2\frac{1}{V}dV=mRT[\ln V]_1^2$$
$$=mRT(\ln V_2-\ln V_1)=mRT\ln\frac{V_2}{V_1}$$
$$=mRT\ln\frac{P_1}{P_2}=P_1V_1\ln\frac{V_2}{V_1}$$
$$=20\times10^3\times0.04\times\ln\frac{0.1}{0.04}=733\text{N}\cdot\text{m}$$

317 공기 10kg이 압력 196kPa, 체적 5m³인 상태에서 압력 392kPa, 온도 300℃인 상태로 변했다면 체적의 변화는? (단, 기체상수 $R=287$N·m/kg·K)

① 약 +0.6m³ ② 약 +0.8m³
③ 약 −0.6m³ ④ 약 −0.8m³

해설 $P_2V_2=mRT_2$

$$V_2=\frac{mRT_2}{P_2}=\frac{10\times287\times(300+273)}{392\times10^3}=4.195\text{m}^3$$
$$\therefore \Delta V=V_2-V_1=4.195-5=-0.8\text{m}^3$$

318 ★ 392kPa, 500℃의 공기를 노즐에서 팽창시킬 때 임계압력은? (단, $k=1.4$)

① 207kPa ② 250kPa
③ 271.4kPa ④ 314.2kPa

해설 $\frac{T_c}{T_1}=\left(\frac{P_c}{P_1}\right)^{\frac{k-1}{k}}=\frac{2}{k+1}$

$$\therefore P_c=P_1\left(\frac{2}{k+1}\right)^{\frac{k}{k-1}}=392\times\left(\frac{2}{1.4+1}\right)^{\frac{1.4}{1.4-1}}$$
$$=207.09\text{kPa}$$

319 ★ 노즐에서 단열팽창하였을 때 비가역과정에서보다 가역과정의 경우 출구속도는?

① 늦다.
② 빠르다.
③ 변화가 없다.
④ 가역, 비가역과 무관하다.

해설 단열팽창 시 노즐 출구유속(v_2)은 단열열낙차(비엔탈피 감소량(J/kg))와 관계가 있다. 즉 가역과정이 비가역과정보다 단열열낙차값이 크므로 출구유속이 더 빠르다.

참고 노즐 출구유속(v_2)$=44.72\sqrt{h_1-h_2}$ [m/s]

320 ★ 비열비 $k=\frac{C_p}{C_v}$의 값은?

① 1보다 작다.
② 1보다 크다.
③ 1보다 크기도 하고, 작기도 하다.
④ 1이다.

해설 비열비(단열지수)는 정압비열(C_p)과 정적비열(C_v)의 비로, 기체인 경우 $C_p>C_v$이므로 k는 항상 1보다 크다 ($k>1$).

321 ★ 봄베(bomb)열량계의 봄베 내에 연료와 산소를 채우고 연소실험을 하였다. 실험 도중 수조 내의 물의 온도가 상승함을 관찰할 수 있었다. 봄베 내의 연료와 산소의 혼합물의 열역학적 계의 내부에너지는?

① 증가하였다.
② 감소하였다.
③ 변하지 않았다.
④ 증가하였는지 감소하였는지 알 수 없다.

해설 내부에너지(u)는 온도(T)의 상승에 따라 증가되는 에너지이다.

정답 316 ④ 317 ④ 318 ① 319 ② 320 ② 321 ①

322 증기엔탈피-엔트로피선도(Mollier chart)에서 압력 1ata, 건도 0.9인 포화증기의 엔트로피값은 압력 1ata, 건도 0.8인 포화증기의 엔트로피값보다 어떻게 되는가?

① 크다. ② 작다.
③ 같다. ④ 비교할 수 없다.

해설 건조도(x)가 클수록 포화증기(습증기)의 엔트로피값은 증가한다.

$$s_x = s' + x(s'' - s') = s' + \frac{\gamma x}{T_s} \text{[kJ/kg·K]}$$

323 15℃인 공기 1kg을 10kPa에서 30kPa까지 가역적으로 단열압축을 할 경우 압축일은 약 몇 kJ인가?

① 402kJ ② 4,020kJ
③ 106kJ ④ 3,020kJ

해설 가역단열팽창 시

$$w_t = \frac{k}{k-1} P_1 V_1 \left[\left(\frac{P_2}{P_1}\right)^{\frac{k-1}{k}} - 1\right]$$
$$= \frac{k}{k-1} mRT \left[\left(\frac{P_2}{P_1}\right)^{\frac{k-1}{k}} - 1\right]$$
$$= \frac{1.4}{1.4-1} \times 1 \times 0.287 \times (15+273) \times \left[\left(\frac{30}{10}\right)^{\frac{1.4-1}{1.4}} - 1\right]$$
$$= 106.8\text{kJ}$$

324 단열지수, 폴리트로프지수가 각각 1.4, 1.3일 때 정적비열이 0.655kJ/kg·K이면 이 가스의 폴리트로프비열은 얼마인가?

① −0.034kJ/kg·K
② −0.049kJ/kg·K
③ −0.2183kJ/kg·K
④ −0.028kJ/kg·K

해설 $$C_n = C_v\left(\frac{n-k}{n-1}\right) = 0.655 \times \frac{1.3-1.4}{1.3-1}$$
$$= -0.2183\text{kJ/kg·K}$$

★ **325** 건포화증기를 정적하에서 압력을 낮추면 건도는 어떻게 되는가?

① 증가한다. ② 감소한다.
③ 불변이다. ④ 증가할 수도 있다.

해설 건포화증기($x=1$)를 정적하에서 압력을 낮추면 건도가 감소하여 습증기($0<x<1$)가 된다.

★ **326** 고속디젤기관에 사용되는 사이클은 다음 중 어느 사이클인가?

① 정적사이클(Otto cycle)
② 정압사이클(Diesel cycle)
③ 합성사이클(Sabathe cycle)
④ 카르노사이클(Carnot cycle)

해설 고속디젤기관의 기본사이클은 사바테사이클(합성사이클)이다. 정적사이클은 오토사이클로 기본사이클이고, 정압사이클은 디젤사이클로서 저속디젤기관의 기본사이클이다.

PART 2

327 2kg의 산소를 327℃에서 $PV^{1.2} = C$에 따라 784,000J의 일을 하였다. 변화 후의 온도는 어느 것에 가까운가? (단, R=259.6N·m/kg·K)

① 20℃ ② 25℃
③ 30℃ ④ 35℃

해설 $${}_1W_2 = \frac{mRT_1}{n-1}\left(1 - \frac{T_2}{T_1}\right)$$
$$\therefore T_2 = T_1\left(1 - \frac{n-1}{mRT_1}\,{}_1W_2\right)$$
$$= (327+273) \times \left(1 - \frac{(1.2-1) \times 784{,}000}{2 \times 259.6 \times (327+273)}\right)$$
$$= 298\text{K} - 273 = 25℃$$

★ **328** 체적 400L의 탱크 안에 습포화증기 64kg이 들어 있다. 온도가 350℃일 경우 포화수 및 포화증기의 비체적 v'=0.0017468m³/kg, v''=0.008811m³/kg이라면 건조도는 몇 %인가?

① 52 ② 61
③ 64 ④ 69

해설 $$v_x = v' + x(v'' - v')$$
$$\therefore x = \frac{v_x - v'}{v'' - v'} = \frac{\frac{V}{m} - v'}{v'' - v'} = \frac{\frac{0.4}{64} - 0.0017468}{0.008811 - 0.0017468}$$
$$= 0.64 = 64\%$$

정답 322 ① 323 ③ 324 ③ 325 ② 326 ③ 327 ② 328 ③

★
329 대기 100kg의 성분이 산소 23.2kg, 질소 76.8kg이라면 이 대기의 기체상수는 몇 J/kg·K인가? (단, 산소의 분자량은 32, 질소의 분자량은 28이다.)

① 288.3 ② 293
③ 296 ④ 299.3

해설 $mR=\Sigma m_i R_i$(Dalton의 분압법칙 적용)

$\therefore R=R_{O_2}\frac{m_{O_2}}{m}+R_{N_2}\frac{m_{N_2}}{m}$

$=8.314\times\frac{0.232}{32}+8,314\times\frac{0.768}{28}$

$=288.3\text{N}\cdot\text{m/kg}\cdot\text{K}=288.3\text{J/kg}\cdot\text{K}$

★
330 아음속으로부터 초음속으로 속도를 변화시킬 수 있는 노즐은?

① 축소노즐 ② 축소-확대노즐
③ 확대노즐 ④ 일정 단면적노즐

해설 아음속($Ma<1$)을 초음속($Ma>1$)으로 변화시킬 수 있는 노즐은 축소-확대노즐(라발노즐)이다.

331 열효율이 25%이고 수증기 1kg당의 출력 800kJ/kg인 증기기관의 증기소비율은 몇 kg/kWh인가?

① 1.125 ② 4.5
③ 800 ④ 18

해설 1kWh=3,600kJ이고, $\frac{800}{\eta}=\frac{800}{0.25}=3,200\text{kJ/kg}$이므로

$\therefore$ 증기소비율$=\frac{3,600\text{kJ/kWh}}{3,200\text{kJ/kg}}=1.125\text{kg/kWh}$

★
332 고온 400℃, 저온 50℃의 온도범위에서 작동하는 카르노사이클의 열효율을 구하면 몇 %인가?

① 22 ② 32
③ 42 ④ 52

해설 $\eta_c=\frac{W_{net}}{Q_1}=1-\frac{T_2}{T_1}=\left(1-\frac{50+273}{400+273}\right)\times100$

$=52\%$

★
333 10mol의 탄소(C)를 완전 연소시키는 데 필요한 최소 산소량은 몇 mol인가?

① 30 ② 15
③ 10 ④ 20

해설 C + O_2 = CO_2
1mol 1mol 1mol
탄소(C) 10mol이면 산소(O_2) 10mol이 필요하다.

334 압력이 800kPa, 온도가 600℃인 공기가 노즐(nozzle)에서 등엔트로피적으로 팽창하여 압력이 100kPa, 온도가 150℃로 되었다면 출구 상태의 마하수는?

① 2.11 ② 2.21
③ 2.31 ④ 2.41

해설 $\frac{T_2}{T_1}=1+\frac{k-1}{2}M^2$

$\frac{600+273}{150+273}=1+\frac{1.4-1}{2}\times M^2$

$\therefore M=\sqrt{\frac{1.064}{0.2}}\fallingdotseq2.31$

★
335 왕복형 압축기의 극간체적 V_c, 행정체적 V_s의 비인 극간비 ε_v를 옳게 나타낸 것은?

① $\frac{V_s}{V_c}$ ② $\frac{V_c}{V_s}$
③ $1-\frac{V_s}{V_c}$ ④ $1+\frac{V_c}{V_s}$

해설 극간비(틈새비, ε_v)$=\frac{\text{극간체적}(V_c)}{\text{행정체적}(V_s)}$

336 노즐에서 증기가 압력 30bar에서 1bar까지 팽창할 때 임계압력은 몇 bar인가? (단, $k=1.135$)

① 17.3 ② 27.3
③ 37.3 ④ 0.05

해설 $\frac{T_c}{T_1}=\left(\frac{v_1}{v_c}\right)^{k-1}=\left(\frac{P_c}{P_1}\right)^{\frac{k-1}{k}}=\frac{2}{k+1}$

$\therefore P_c=P_1\left(\frac{2}{k+1}\right)^{\frac{k}{k-1}}=30\times\left(\frac{2}{1.135+1}\right)^{\frac{1.135}{1.135-1}}$

$=17.3\text{bar}$

정답 329 ① 330 ② 331 ① 332 ④ 333 ③ 334 ③ 335 ② 336 ①

337 디젤기관의 압축비가 16일 때 압축 전의 공기 온도가 90℃라면 압축 후의 공기온도는 얼마인가? (단, 공기의 비열비 $k=1.4$이다.)

① 1,101℃ ② 798℃
③ 808℃ ④ 827℃

해설 $\frac{T_2}{T_1}=\left(\frac{V_1}{V_2}\right)^{k-1}=\left(\frac{P_2}{P_1}\right)^{\frac{k-1}{k}}$

$\therefore T_2=T_1\left(\frac{V_1}{V_2}\right)^{k-1}=T_1\varepsilon^{k-1}$
$=(90+273)\times16^{1.4-1}$
$\fallingdotseq 1100.41\text{K}-273=827.4℃$

★
338 랭킨사이클(Rankine cycle)에서 보일러의 압력과 온도가 일정할 때 복수기압력이 높을수록 열효율은 어떻게 되는가?

① 감소한다.
② 증가한다.
③ 불변이다.
④ 증가도 하고, 감소도 한다.

해설 랭킨사이클의 이론열효율은 초온 초압이 일정할 때 복수기압력(배압)이 높을수록 열효율은 감소한다.

★
339 수증기몰리에르선도(Mollier chart)는?

① 종축에 엔탈피 h, 횡축에 엔트로피 S를 취한 증기표에 대한 선도이다.
② 종축에 엔탈피 h, 횡축에 온도 T를 취한 증기표에 대한 선도이다.
③ 종축에 엔트로피 S, 횡축에 온도 T를 취한 증기표에 대한 선도이다.
④ 종축에 온도 T, 횡축에 엔트로피 S를 취한 증기표에 대한 선도이다.

해설 수증기몰리에르선도는 종축에 비엔탈피(h), 횡축에 비엔트로피(S)를 취한 증기표에 대한 선도이다.

★
340 내부에너지가 30kJ인 물체에 열을 가하여 내부에너지가 50kJ로 증가하는 동시에 외부에 대하여 10kJ의 일을 하였다. 이 물체에 가해진 열량은?

① 10kJ ② 20kJ
③ 30kJ ④ 60kJ

해설 밀폐계 에너지식 적용
${}_1Q_2=\Delta U+{}_1W_2=(50-30)+10=30\text{kJ}$

★
341 정압과정에서의 전달열량은?

① 내부에너지변화량과 같다.
② 이루어진 일량과 같다.
③ 체적의 변화량과 같다.
④ 엔탈피변화량과 같다.

해설 $\delta q=dh-vdP$[kJ/kg]에서 $P=C(dP=0)$이므로
$\delta q=dh=C_p dT$[kJ/kg]
정압과정($P=C$)인 경우 가열량(δq)은 비엔탈피변화량(dh)과 같다.

342 실린더-피스톤시스템에 분자량이 24인 이상기체가 100kPa, 25℃ 상태로 10kg 들어 있다. 이 시스템의 온도를 일정하게 유지하며 추를 더 올려놓아 압력을 2배로 증가시킬 때 체적은 얼마인가?

① 4.27m^3 ② 5.16m^3
③ 8.55m^3 ④ 10.33m^3

해설 ㉠ $R=\frac{\overline{R}}{m}=\frac{8,314}{24}=346.42\text{J/kg}\cdot\text{K}$
$=3.4642\text{kJ/kg}\cdot\text{K}$
㉡ $P_1V_1=mRT_1$
$\therefore V_1=\frac{mRT_1}{P_1}=\frac{10\times346.42\times(25+273)}{100\times10^3}$
$=10.32\text{m}^3$
㉢ $P_1V_1=P_2V_2$
$\therefore V_2=V_1\left(\frac{P_1}{P_2}\right)=10.32\times\frac{1}{2}=5.16\text{m}^3$

343 어떤 계(system)의 내부에너지가 400kJ 증가하면서 주위로 300kJ의 일을 행하였다. 다음 중 옳은 것은?

① 계에서 주위로 700kJ의 열이 전달되었다.
② 주위에서 계로 700kJ의 열이 전달되었다.
③ 계에서 주위로 100kJ의 열이 전달되었다.
④ 주위에서 계로 100kJ의 열이 전달되었다.

해설 ${}_1Q_2=(U_2-U_1)+{}_1W_2=400+300=700\text{kJ}$
∴ 주위에서 계로 700kJ의 열이 전달되었다.

정답 337 ④ 338 ① 339 ① 340 ③ 341 ④ 342 ② 343 ②

★
344 이상기체의 엔탈피가 변하지 않는 과정은?

① 가역단열과정　② 비가역단열과정
③ 교축과정　④ 등적과정

해설 이상기체(완전 기체)의 교축은 압력강하, 온도 일정, 엔탈피 일정, 비가역과정으로 엔트로피는 증가한다.

★
345 대기의 온도가 낮아져서 습공기가 노점온도에 이를 때까지 어떤 현상이 일어나는가?

① 수분의 부분압이 낮아진다.
② 절대습도가 낮아진다.
③ 절대습도가 높아진다.
④ 상대습도가 높아진다.

해설 온도가 낮아지면 절대습도(x)는 일정하고, 상대습도는 높아지면서 포화상태에 이르게 되고, 상대습도(ϕ)는 100%에 이른다.

346 압축비 5인 가솔린기관이 $k=1.3$인 고온공기로 작동되고 있다. 기계효율 86%, 기관효율 70%라면 제동열효율은?

① 약 19.6%　② 약 23.1%
③ 약 25.3%　④ 약 28.6%

해설 $\eta_m = \dfrac{\eta_b}{\eta_i}$, $\eta_e = \dfrac{\eta_i}{\eta_{th}}$

$\therefore \eta_b = \eta_m \eta_i = \eta_m \eta_e \eta_{th}$

$= \eta_m \eta_e \left[1-\left(\dfrac{1}{\varepsilon}\right)^{k-1}\right] \times 100$

$= 0.86 \times 0.7 \times \left[1-\left(\dfrac{1}{5}\right)^{1.3-1}\right] \times 100$

$= 23.1\%$

★
347 노즐의 출구압력을 감소시키면 질량유량이 증가하다가 어느 압력 이상 감소하면 질량유량이 더 이상 증가하지 않는 현상을 무엇이라 하는가?

① 초킹(choking)　② 초음속
③ 단열열낙차　④ 충격

해설 노즐 출구압력 감소 시 질량유량이 증가하다가 어느 압력 이상 감소하면 질량유량이 더 이상 증가되지 않는데, 이것을 초킹(choking)이라 한다.

★
348 습증기구역에서 등온변화와 일치하는 변화는?

① 단열변화　② 정적변화
③ 정압변화　④ 교축변화

해설 습증기구역($0<x<1$)에서 등압선과 등온선은 일치된다 ($P=C$, $T_s=C$).

★
349 523℃의 고열원으로부터 1MW의 열을 받아서 300K의 대기 중으로 600kW의 열을 방출하는 열기관이 있다. 이 열기관의 효율은?

① 0.4　② 0.43
③ 0.6　④ 0.625

해설 ㉠ 가역사이클(카르노사이클)의 열효율

$$\eta_c = 1-\frac{T_2}{T_1} = 1-\frac{300}{523+273} = 0.623(=62.3\%)$$

㉡ 비가역사이클의 열효율

$$\eta = 1-\frac{Q_2}{Q_1} = 1-\frac{600}{1,000} = 0.4(=40\%)$$

350 에너지의 소비 없이 연속적으로 동력을 발생시키는 기계가 있다면 이 기계는 어떤 종류인가?

① 증기원동소　② 오토기관
③ 제1종 영구기관　④ 카르노기관

해설 제1종 영구운동기관이란 에너지 소비 없이 연속적으로 영구히 동력을 발생시키는 기계로서, 열역학 제1법칙(에너지 보존법칙)에 위배되는 기관이다.

★
351 랭킨사이클을 터빈 입구상태와 응축기 압력을 그대로 두고 재생사이클로 바꾸었다. 재생사이클의 특징을 원래의 랭킨사이클에 비교해서 말한 것 중 틀린 것은?

① 터빈일이 크다.
② 사이클효율이 높다.
③ 응축기의 방열량이 작다.
④ 보일러에서 가해야 할 열량이 작다.

해설 재생사이클은 터빈에서 추기(출) 시 팽창일이 감소되기 때문에 동일 조건((터빈일 일정) 시 터빈일이 랭킨사이클보다 작다.

정답 344 ③ 345 ④ 346 ② 347 ① 348 ③ 349 ① 350 ③ 351 ①

★
352 이상기체의 Joule-Thomson계수를 바르게 나타낸 것은?

① 0보다 크다. ② 0보다 작다.
③ 0과 같다. ④ 알 수 없다.

해설 이상기체 시 Joule-Thomson계수(μ_T)= $\frac{\partial T}{\partial P}$= 0이고, 이상기체 시 교축과정은 $P_1 < P_2$, $T_1 = T_2$, $h_1 = h_2$, $\Delta S > 0$이다.

★
353 고열원 500℃와 저열원 35℃ 사이에 열기관을 설치하였을 때 사이클당 10MJ의 공급열량에 대해서 7MJ의 일을 하였다고 주장한다면 이 주장은?

① 타당함
② 가역기관이면 가능함
③ 마찰이 없으면 가능함
④ 타당하지 않음

해설 $\eta_c = 1 - \frac{T_2}{T_1} = 1 - \frac{35+273}{500+273} = 0.6$

$\eta = \frac{W_{net}}{Q_1} = \frac{7}{10} = 0.7$

$\therefore$ $\eta > \eta_c$이므로 카르노사이클보다 효율이 높은 기관의 주장은 타당하지 않다(열역학 제2법칙에 위배).

354 체적 0.5m³의 용기에 액체상태와 증기상태의 물 2kg이 들어 있으며 압력 0.5MPa에서 평형을 이루고 있다. 용기 내의 액체상태 물의 질량은? (단, 0.5MPa에서 수증기포화액의 비체적은 0.001093m³/kg, 포화증기의 비체적은 0.3749m³/kg이다.)

① 0.3788kg ② 1.6659kg
③ 1.3318kg ④ 0.6682kg

해설 $v_x = v' + x(v'' - v')$

$x = \frac{v_x - v'}{v'' - v'} = \frac{\frac{v}{m} - v'}{v'' - v'} = \frac{\frac{0.5}{2} - 0.001093}{0.3749 - 0.001093}$

$= 0.66587$

$\therefore$ 습기량$= 2(1-x) = 2 \times (1 - 0.66587)$=0.66826kg

참고 증기량$= 2x = 2 \times 0.66587 = 1.33174$kg

355 탄소(C) 1kg이 완전 연소할 때 생성되는 CO_2의 양은?

① 2.66kg ② 1.667kg
③ 3.667kg ④ 4.667kg

해설 C + O_2 → CO_2 + 406,879kJ/kmol
12kg 32kg 44kg
탄소 12kg이 완전 연소 시 생성되는 양은 44kg이므로, 1kg 완전 연소 시는 $\frac{44}{12} = 3.667$kg이다.

★
356 $2C_2H_6 + 7O_2 = 4CO_2 + 6H_2O$의 식에서 1kmol의 C_2H_6가 완전 연소하기 위하여 필요한 산소량은?

① 1.5kmol ② 2.5kmol
③ 3.5kmol ④ 4.5kmol

해설 $2C_2H_6 + 7O_2 = 4CO_2 + 6H_2O$
$C_2H_6 + 3.5O_2 = 2CO_2 + 3H_2O$
에탄(C_2H_6) 2kmol과 산소(O_2) 7kmol이므로, 에탄(C_2H_6) 1kmol일 때 완전 연소를 필요로 하는 산소량은 3.5kmol이다.

★
357 열기관이나 냉동기에서 작동유체(또는 냉매)의 고온쪽 온도를 T_a, 저온쪽 온도를 T_b, 외부의 고온열원 및 저온열원의 온도를 가각 T_a', T_b'라고 하고, 여기서 사이클이 가역이라면 다음 온도관계가 우선 성립해야 한다. 옳은 것은?

① $T_a = T_a'$, $T_b = T_b'$
② $T_a > T_a'$, $T_b' > T_b$
③ $T_a > T_a'$, $T_b > T_b'$
④ $T_a' > T_a$, $T_b > T_b'$

해설 가역사이클인 경우 $T_a = T_a'$, $T_b = T_b'$가 만족되어야 한다.

★
358 비가역사이클의 내부에너지변화량 ΔU는?

① $\Delta U = 0$ ② $\Delta U > 0$
③ $\Delta U < 0$ ④ $\Delta U < 1$

해설 내부에너지(U)는 상태량이므로 $\Delta U = 0$(가역 및 비가역사이클 모두)이다.

정답 352 ③ 353 ④ 354 ④ 355 ③ 356 ③ 357 ① 358 ①

359 계기압력이 0.6MPa인 보일러에서 온도 15℃의 물을 급수하여 건포화증기 20kg을 발생하기 위해 필요한 열량을 다음 표를 이용하여 산출하면 그 값은? (단, 대기압은 0.1MPa, 물의 평균비열은 4.18kJ/kg·℃이다.)

압력 (MPa)	수증기의 증발잠열	포화온도 (℃)
0.6	2086.3kJ/kg	162.0
0.7	2066.3kJ/kg	165.0

① 약 2.7MJ ② 약 13.2MJ
③ 약 53.9MJ ④ 약 85.1MJ

해설 $_1Q_2 = mC_p(t_2 - t_1) + mr$
$= 20 \times 4.18 \times (165-15) + 20 \times 2066.3$
$= 53{,}866\text{kJ} = 53.9\text{MJ}$

★
360 두 개의 등엔트로피과정과 두 개의 정적과정으로 이루어진 사이클은?

① Stirling사이클 ② Otto사이클
③ Ericsson사이클 ④ Carnot사이클

해설 ① 스털링사이클 : 등온변화 2개, 등적변화 2개로 구성
③ 에릭슨사이클 : 등온변화 2개, 등압변화 2개로 구성
④ 카르노사이클 : 등엔트로피 2개, 등온변화 2개로 구성

361 공기 1kg의 체적 0.85m³로부터 압력 500kPa, 온도 300℃로 변화하였다. 체적의 변화는 약 얼마인가? (단, 공기의 기체상수 0.287kJ/kg·K)

① 0.351m³ 증가 ② 0.351m³ 감소
③ 0.521m³ 감소 ④ 0.521m³ 증가

해설 $P_2V_2 = mRT_2$
$$V_2 = \frac{mRT_2}{P_2} = \frac{1 \times 0.287 \times (300+273)}{500} = 0.3289\text{m}^3$$
$\therefore \Delta V = V_2 - V_1 = 0.3289 - 0.85 = -0.521\text{m}^3$(감소)

★
362 속도 250m/s, 온도 30℃인 공기의 마하수를 구하면? (단, 공기의 비열비 k=1.4)

① 0.716 ② 0.532
③ 0.213 ④ 0.433

해설 $$\text{마하수}(Ma) = \frac{\text{물체속도}(V)}{\text{음속}(C)} = \frac{V}{\sqrt{kRT}}$$
$$= \frac{250}{\sqrt{1.4 \times 287 \times (30+273)}} = 0.716$$

363 단열된 용기 안에 이상기체로 온도와 압력이 같은 산소 1kmol과 질소 2kmol이 얇은 막으로 나뉘어져 있다. 막이 터져 두 기체가 혼합될 경우 엔트로피의 변화는 어떻게 되는가?

① 변화가 없다.
② 증가한다.
③ 감소한다.
④ 증가한 후 감소한다.

해설 기체의 확산에 의한 혼합과정은 비가역과정이므로 엔트로피는 증가한다($\Delta S > 0$).

364 이론정적사이클에서 단열압축을 할 때 압축이 시작될 때의 게이지압력이 91kPa이고, 압축이 끝났을 때의 게이지압력이 1,317kPa이라고 하면 이 사이클의 압축비는? (단, k=1.4)

① 약 4.16 ② 약 5.24
③ 약 5.75 ④ 약 6.74

해설 $$\varepsilon = \frac{V_1}{V_2} = \left(\frac{P_1}{P_2}\right)^{\frac{1}{k}} = \left(\frac{1{,}317+101.325}{91+101.325}\right)^{\frac{1}{1.4}} \fallingdotseq 4.16$$

★
365 50℃, 25℃, 10℃의 온도인 3가지 종류의 액체 A, B, C가 있다. A와 B를 동일 질량으로 혼합하면 40℃로 되고, A와 C를 동일 질량으로 혼합하면 30℃로 된다. B와 C를 동일 질량으로 혼합할 때는 몇 ℃로 되겠는가?

① 16℃ ② 18.4℃
③ 20℃ ④ 22.5℃

해설 열역학법칙(열평형의 법칙) 적용
㉠ $C_A(50-40) = C_B(40-25) \quad \therefore C_A = 1.5C_B$
㉡ $C_A(50-30) = C_C(30-10) \quad \therefore C_A = C_C$
㉢ $C_B(25-t) = C_C(t-10)$
$$\frac{C_C}{C_B} = \frac{25-t}{t-10} = 1.5$$
$25 - t = 1.5(t-10)$
$\therefore t = 16℃$

정답 359 ③ 360 ② 361 ③ 362 ① 363 ② 364 ① 365 ①

★
366 수소 1kg이 완전 연소할 때 9kg의 H_2O가 생성된다면 최소 산소량은 몇 kg인가?

① 1　② 2
③ 4　④ 8

해설 $H_2 + \frac{1}{2}O_2 = H_2O$

2kg　16kg　18kg
1kg　8kg　9kg
수소 1kg이 완전 연소 시 필요로 하는 최소 산소량은 8kg이다.

367 1.2MPa, 300℃의 과열증기가 있다. 이 증기의 질량유량 18,000kg/h를 속도 30m/s로 보내려면 지름 몇 cm의 관이 필요한가? (단, 1.2MPa, 300℃ 과열증기의 비체적은 0.213m^3/kg이다.)

① 18.6　② 12.5
③ 20.6　④ 21.5

해설 $\dot{m} = \frac{18,000}{3,600} = 5\text{kg/s}$

$\dot{m} = \rho A V = \frac{P}{RT} A V = \frac{1}{v}\frac{\pi d^2}{4} V = \rho \frac{\pi d^2}{4} V$[kg/s]

$\therefore d = \sqrt{\frac{4\dot{m}}{\pi \rho V}} = \sqrt{\frac{4 \times 5}{\pi \times 4.58 \times 30}}$ =0.215m =21.5cm

368 체적 0.2m^3의 용기 내에 압력 1.5MPa, 온도 20℃의 공기가 들어 있다. 온도를 15℃로 유지하면서 1.5kg의 공기를 빼내면 용기 내의 압력은? (단, 공기의 기체상수 R=0.287kJ/kg·K)

① 약 0.43MPa　② 약 0.85MPa
③ 약 0.60MPa　④ 약 0.98MPa

해설 $m_1 = \frac{P_1 V_1}{RT_1} = \frac{1.5 \times 10^6 \times 0.2}{287 \times (20+273)} = 3.567\text{kg}$

$m = m_1 - m' = 3.567 - 1.5 = 2.0675\text{kg}$

$\therefore P_2 = \frac{mRT_2}{V} = \frac{2.0675 \times 287 \times (15+273)}{0.2}$
$= 854,482\text{Pa} = 0.85\text{MPa}$

★
369 노점온도가 25℃인 습공기의 온도가 40℃이다. 25℃와 40℃에서의 수증기의 포화압력이 각각 3.17kPa, 7.38kPa이라면 상대습도는?

① 0.76　② 0.66
③ 0.56　④ 0.43

해설 상대습도$(\phi) = \frac{\text{수증기분압}(P_w)}{\text{수증기포화압력}(P_s)} = \frac{3.17}{7.38} = 0.43$

370 공기 1kg이 카르노기관의 실린더 내에서 온도 100℃에서 100kJ의 열량을 받고 등온팽창하였다. 주위 온도를 0℃라 할 때 비가용에너지(unavailable energy)는?

① 약 43.9kJ　② 약 64.4kJ
③ 약 73.2kJ　④ 약 100kJ

해설 ㉠ $\eta_c = 1 - \frac{T_2}{T_1} = 1 - \frac{0+273}{100+273} = 0.268(=26.8\%)$

㉡ $\eta_c = 1 - \frac{Q_1}{Q_2}$

$\therefore Q_2 = Q_1(1-\eta_c) = 100 \times (1-0.268) = 73.2\text{kJ}$

★
371 환산온도(T_r)와 환산압력(P_r)을 이용하여 나타낸 다음과 같은 상태방정식이 있다.

$$Z = \frac{PV}{RT} = 1 - 0.8\frac{P_r}{T_r}$$

어떤 물질의 기체상수가 0.189kJ/kg·K, 임계온도가 305K, 임계압력이 7,380kPa이다. 이 물질의 비체적을 위의 방정식을 이용하여 20℃, 1,000kPa 상태에서 구하면?

① 0.0011m^3/kg　② 0.0443m^3/kg
③ 0.0492m^3/kg　④ 0.0554m^3/kg

해설 $P_r = \frac{P}{P_c} = \frac{1,000}{7,380} = 0.136\text{Pa}$

$T_r = \frac{T}{T_c} = \frac{20+273}{305} = 0.96\text{K}$

$\therefore V = \frac{ZRT}{P} = \frac{RT}{P}\left(1 - 0.8\frac{P_r}{T_r}\right)$
$= \frac{0.186 \times (20+273)}{1,000} \times \left(1 - 0.8 \times \frac{0.136}{0.96}\right)$
$= 0.0491\text{m}^3/\text{kg}$

★
372 초기에 300K, 150kPa인 공기 0.5m^3을 등온과정으로 600kPa까지 천천히 압축하였다. 이 과정 동안 일을 계산하면?

① −104kJ　② −208kJ
③ −52kJ　④ −312kJ

정답 366 ④ 367 ④ 368 ② 369 ④ 370 ③ 371 ③ 372 ①

PART 2

해설 등온과정 시 절대일($_1W_2$)과 공업일(W_t)은 같다.

$$_1W_2 = P_1V_1\ln\frac{V_2}{V_1} = P_1V_1\ln\frac{P_1}{P_2}$$

$$= 150\times0.5\times\ln\frac{150}{600} = -104\text{kJ}$$

373 다음은 기계 열역학에서 일과 열에 대한 설명이다. 이 중 틀린 것은?

① 일과 열은 전달되는 에너지이지 열역학적 성질은 아니다.
② 일의 기본단위는 J(joule)이다.
③ 일(work)의 크기는 무게(힘)와 힘이 작용하는 거리를 곱한 값이다.
④ 일과 열은 점함수이다.

해설 열량과 일량은 점함수(상태함수)가 아니고 경로에 따라 값이 변화하는 경로(과정)함수이다. 즉 불완전 미분적분 함수이다.

$$\int_1^2 \delta W \neq W_2 - W_1 = {}_1W_2 \text{ or } W[\text{kJ}]$$

$$\int_1^2 \delta Q \neq Q_2 - Q_1 = {}_1Q_2 \text{ or } Q[\text{kJ}]$$

374 다음 중 이상기체의 정적비열(C_v)과 정압비열(C_p)에 관한 관계식 중 옳은 것은? (단, R은 각각의 기체상수)

① $C_v - C_p = 0$　　② $C_v + C_p = R$
③ $C_p - C_v = R$　　④ $C_v - C_p = R$

해설 이상기체의 정압비열(C_p)과 정적비열(C_v)의 차는 항상 일정하다.
$C_p - C_v = R$[kJ/kg·K]

375 다음 중 물질의 엔트로피가 증가한 경우는?

① 컵에 있는 물이 증발하였다.
② 목욕탕의 수증기가 차가운 타일 벽에 물로 응결되었다.
③ 실린더 안의 공기가 가역단열적으로 팽창되었다.
④ 뜨거운 커피가 식어 주위 온도와 같게 되었다.

해설 열역학 제2법칙(비가역법칙)=엔트로피 증가법칙($\Delta S > 0$)

★
376 물의 증발잠열은 101.325kPa에서 2,256kJ/kg이고, 비체적은 0.00104m³/kg에서 1.67m³/kg으로 변화한다. 이 증발과정에 있어서 내부에너지의 변화량(kJ/kg)은?

① 237.5　　② 2,375
③ 208.8　　④ 2,087

해설 증발열(γ)=내부증발열(ρ)+외부증발열(ϕ)[kJ/kg]

$$\therefore \rho = \gamma - \phi = \gamma - P(v'' - v')$$

$$= 2,256 - 101.325\times(1.67 - 0.00104)$$

$$= 2,087\text{kJ/kg}$$

377 이상적인 오토사이클의 효율을 증가시키는 방안으로 모두 맞는 것은?

① 최고온도 증가, 압축비 증가, 비열비 증가
② 최고온도 증가, 압축비 감소, 비열비 증가
③ 최고온도 증가, 압축비 증가, 비열비 감소
④ 최고온도 감소, 압축비 증가, 비열비 감소

해설 $\eta_{tho} = 1 - \left(\frac{1}{\varepsilon}\right)^{k-1} = f(\varepsilon, k)$

오토사이클의 이론열효율(η_{tho})은 압축비(ε) 증가, 비열비(k) 증가, 최고온도를 증가시킬 때 증가한다.

★
378 1kg의 헬륨이 1atm에서 정압가열되어 온도가 300K에서 350K로 변하였을 때 엔트로피의 변화량은 몇 kJ/kg·K인가? (단, $h = 5.238T$의 관계를 갖는다. h의 단위는 kJ/kg, T의 단위는 K이다.)

① 0.694　　② 0.756
③ 0.807　　④ 0.968

해설 등압상태($P = C$)에서 가열량은 비엔탈피변화량과 같다($\delta q = dh$).

$$ds = \frac{\delta q}{T} = \frac{dh}{T} = \frac{C_p dT}{T} = C_p\ln\frac{T_2}{T_1}$$

$$= 5.238\times\ln\frac{350}{300} = 0.807\text{kJ/kg}\cdot\text{K}$$

379 대기압력이 0.099MPa일 때 용기 내 기체의 게이지압력이 1MPa이었다. 용기 내 기체의 절대압력은 몇 MPa인가?

① 약 0.901　　② 약 1.135
③ 약 1.099　　④ 약 1.275

정답 373 ④ 374 ③ 375 ① 376 ④ 377 ① 378 ③ 379 ③

해설 $P_a = P_o + P_g = 1 + 0.099 = 1.099\text{MPa}$

★
380 비가역단열변화에 있어서 엔트로피변화량은 어떻게 되는가?

① 증가한다.
② 감소한다.
③ 변화량은 없다.
④ 증가할 수도, 감소할 수도 있다.

해설 비가역단열변화인 경우 엔트로피는 항상 증가된다 $(\Delta S > 0)$.

381 기체혼합물의 체적분석결과가 다음과 같을 때 이 데이터로부터 혼합물의 질량기준 기체상수(kJ/kmol·K)를 구하면? (단, 일반기체상수 R =8.314kJ/kmol·K이고, 원자량은 C=12, O=16, N=14이다.)

물질	체적분율
CO_2	12%
O_2	4%
N_2	82%
CO	2%
계	100%

① 0.2764 ② 0.3325
③ 0.4628 ④ 0.5716

해설 각 성분의 기체상수

㉠ CO_2 : $R_1 = \dfrac{8.314}{12+16\times2} = 0.189\text{kJ/kmol}\cdot\text{K}$

㉡ O_2 : $R_2 = \dfrac{8.314}{16\times2} = 0.259\text{kJ/kmol}\cdot\text{K}$

㉢ N_2 : $R_3 = \dfrac{8.314}{14\times2} = 0.297\text{kJ/kmol}\cdot\text{K}$

㉣ CO : $R_4 = \dfrac{8.314}{12+16} = 0.297\text{kJ/kmol}\cdot\text{K}$

$$\therefore R = \frac{1}{\dfrac{0.12}{R_1}+\dfrac{0.04}{R_2}+\dfrac{0.82}{R_3}+\dfrac{0.02}{R_4}} = \frac{1}{\dfrac{0.12}{0.189}+\dfrac{0.04}{0.259}+\dfrac{0.82}{0.297}+\dfrac{0.02}{0.297}}$$
$$= 276.36\text{J/kmol}\cdot\text{K} = 0.2764\text{kJ/kmol}\cdot\text{K}$$

★
382 실린더 내의 공기가 200kPa, 10℃ 상태에서 600kPa이 될 때까지 "$PV^{1.3}$=일정"인 과정으로 압축된다. 공기의 질량이 3kg이라면 이 과정 중 공기가 한 일은?

① −23.5kJ ② −235kJ
③ 12.5kJ ④ 125kJ

해설
$$_1W_2 = \frac{1}{n-1}(P_1V_2 - P_2V_2)$$
$$= \frac{mR}{n-1}(T_1 - T_2) = \frac{mRT_1}{n-1}\left[1 - \frac{T_2}{T_1}\right]$$
$$= \frac{mRT_1}{n-1}\left[1 - \left(\frac{P_2}{P_1}\right)^{\frac{n-1}{n}}\right]$$
$$= \frac{3\times0.287\times(10+273)}{1.3-1}\times\left[1-\left(\frac{600}{200}\right)^{\frac{1.3-1}{1.3}}\right]$$
$$\fallingdotseq -235\text{kJ}$$

★
383 10냉동톤의 능력을 갖는 카르노냉동기의 응축온도가 25℃, 증발온도가 −20℃이다. 이 냉동기를 운전하기 위하여 필요한 이론동력은 몇 kW인가? (단, 1냉동톤은 3.85kW이다.)

① 6.85 ② 4.65
③ 6.63 ④ 1.37

해설 $\varepsilon_R = \dfrac{T_2}{T_1 - T_2} = \dfrac{-20+273}{(25+273)-(-20+273)} = 5.62$

$\therefore W_r = \dfrac{Q_e}{\varepsilon_R} = \dfrac{10\times3.85}{5.62} = 6.85\text{kW}$

★
384 다음 그림과 같이 2개의 탱크가 연결되어 있다. 초기에 탱크 A에 20kg의 공기가 들어 있으며, 탱크 B는 진공이다. 탱크 A의 공기 엔트로피는 초기에는 0.821kJ/kg·K이며, 최종적으로 1.356kJ/kg·K로 변하였다. 이 과정 중 외부에서 2,500kJ의 열량을 받았다면 이 과정에서 비가역성의 값은? (단, 외기의 온도는 20℃이다.)

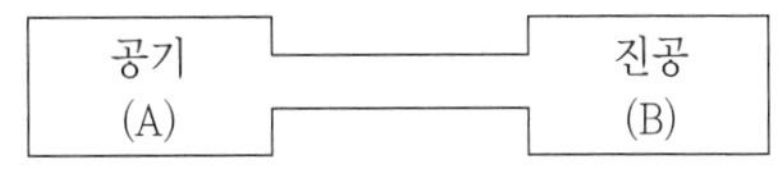

① 448.6kJ ② 635.1kJ
③ 1824.6kJ ④ 8136.7kJ

정답 380 ① 381 ① 382 ② 383 ① 384 ②

PART 2

해설 비가역성(I_0)=무효에너지
$= Q_2 - Q_2' = T_2 m\Delta S - Q_2'$
$=(20+273)\times 20\times(1.356-0.821)-2{,}500$
$=635.1$kJ

★
385 열과 일에 대한 설명 중 맞는 것은?

① 열과 일은 경계현상이 아니다.
② 열과 일의 차이는 내부에너지만의 차이로 나타난다.
③ 열과 일은 항상 양의 수로 나타낸다.
④ 열과 일은 경로에 따라 변한다.

해설 열량(Q)과 일량(W)은 도정(경로)함수이므로 과정(경로)에 따라 값이 변화하는 양이다.

★
386 산소 2몰과 질소 3몰을 100kPa, 25℃에서 단열정적과정으로 혼합한다. 이때 엔트로피 증가량은 얼마인가? (단, 일반기체상수 $R=$ 8.31434kJ/kmol·K)

① 25J/K ② 20.5J/K
③ 28J/K ④ 30.5J/K

해설 $\Delta S = R\left(n_1 \ln\frac{n}{n_1} + n_2 \ln\frac{n}{n_2}\right)$

$= 8.31434\times\left(2\times\ln\frac{5}{2} + 3\times\ln\frac{5}{3}\right) = 28\text{J/K}$

★
387 실제 가스터빈사이클에서 최고온도가 630℃이고, 터빈효율이 80%이다. 손실 없이 단열팽창한다고 가정했을 때의 온도가 290℃라면 실제 터빈 출구에서의 온도는? (단, 가스의 비열은 일정하다고 가정한다.)

① 348℃ ② 358℃
③ 368℃ ④ 378℃

해설 $\eta_r = \frac{\text{비가역일(실제 일)}}{\text{가역일(이론일)}} = \frac{T_3 - T_4'}{T_3 - T_4}$

$\therefore T_4' = T_3 - \eta_r (T_3 - T_4)$
$=(630+273)-0.8\times((630+273)-(290+273))$
$=631\text{K}-273=358℃$

★
388 어떤 액체 1몰을 P_1[atm]으로부터 P_2[atm]으로 T[℃]에서 등온가역압축한다. 이 범위에서 등온압축률(isothermal compressibility) K와 비체적(specific volume) v가 일정하다고 할 때 이 액체가 한 일(W)을 구하는 식은? (단, 등온압축률 $K=-\frac{1}{v}\left(\frac{\partial v}{\partial P}\right)_T$)

① $W = vK(P_2 - P_1)$
② $W = -TK^2({P_2}^2 - {P_1}^2)$
③ $W = \frac{vK}{T}(P_2 - P_1)$
④ $W = -\frac{vK}{2}({P_2}^2 - {P_1}^2)$

해설 $W = \int_1^2 Pdv = -\int_1^2 vKPdP = -Kv\int_1^2 PdP$

$= -Kv\left[\frac{P^2}{2}\right]_1^2 = -\frac{Kv}{2}({P_2}^2 - {P_1}^2)$[kJ/kg]

이때 $dv = -vKdP$이므로 $K = -\frac{1}{v}\left(\frac{\partial v}{\partial P}\right)_T$

389 지름이 20cm, 길이 5cm인 원통 외부에 5cm 두께의 석면이 씌워져 있다. 석면 내면, 외면온도가 각각 100℃, 20℃이면 손실되는 열량은 몇 W인가? (단, 석면의 열전도율은 0.116W/m²·K로 가정한다.)

① 620 ② 720
③ 820 ④ 920

해설 $Q = -kA\frac{dT}{dx} = \frac{k(2\pi)L(t_1 - t_2)}{\ln\frac{r_2}{r_1}}$

$= \frac{0.116\times 2\pi\times 5\times(100-20)}{\ln\frac{15}{10}} ≒ 720\text{W}$

★
390 이상기체의 등온과정에서 압력이 증가하면 엔탈피는?

① 증가 또는 감소 ② 증가
③ 불변 ④ 감소

해설 이상기체인 경우 내부에너지(U)는 온도만의 함수이다(Joule's law). 완전 기체인 경우 엔탈피(H or I)도 절대온도만의 함수이다($H=f(T)$). 따라서 등온과정 시 압력이 증가해도 엔탈피는 변화 없다(불변).

정답 385 ④ 386 ③ 387 ② 388 ④ 389 ② 390 ③

★
391 비열비에 관한 설명으로 옳지 않은 것은?

① 공기의 비열비는 온도가 높을수록 증가한다.
② 단원자 기체의 비열비는 1.67로 일정하다.
③ 공기의 정압비열은 온도에 따라서 다르다.
④ 액체의 비열비는 1에 가깝다.

해설 비열비(ratio of specific heat)는 기체의 분자를 구성하는 원자수에 따라 변화하며, 온도에는 관계없다.

㉠ 다원자 가스비열비(k)$=1.33=\frac{4}{3}$

㉡ 단원자 가스비열비(k)$=1.67=\frac{5}{3}$

㉢ 2원자 가스비열비(k)$=1.4=\frac{7}{5}$

★
392 보일러 입구의 압력이 9,800kN/m²이고, 복수기의 압력이 4,900N/m²일 때 펌프일은? (단, 물의 비체적은 0.001m³/kg이다.)

① −9.795kJ/kg ② −15.173kJ/kg
③ −87.25kJ/kg ④ −180.52kJ/kg

해설 $w_p=-\int_1^2 vdP=-v(P_2-P_1)$
$=-0.001\times(9{,}800-4.9)=-9.795\text{kJ/kg}$

★
393 시속 30km로 주행하고 있는 질량 306kg의 자동차가 브레이크를 밟았더니 8.8m에서 정지했다. 베어링마찰을 무시하고 브레이크에 의해서 제동된 것으로 보았을 때 브레이크로부터 발생한 열량은? (단, 차륜과 도로면의 마찰계수는 0.4로 한다.)

① 약 25.6kJ ② 약 20.6kJ
③ 약 15.6kJ ④ 약 10.6kJ

해설 $Q=\mu WS=\mu(mg)S=0.4\times(306\times9.8)\times8.8$
$=10555.78\text{N}\cdot\text{m}(=\text{J})=10.56\text{kJ}$

참고 $K.E=\frac{1}{2}mV^2=\frac{1}{2}\times306\times\left(\frac{30}{3.6}\right)^2\times10^{-3}$
$=10.625\text{kJ}$

394 600kPa, 300K 상태의 아르곤(argon)기체 1kmol이 엔탈피가 일정한 과정을 거쳐 압력이 원래의 1/3배가 되었다. 일반기체상수 $R=$ 8.31451kJ/kmol·K이다. 이 과정 동안 아르곤(이상기체)의 엔트로피변화량은?

① 0.782kJ/K ② 8.31kJ/K
③ 9.13kJ/K ④ 60.0kJ/K

해설 $\Delta S=-R\ln\left(\frac{P_2}{P_1}\right)=R\ln\left(\frac{P_1}{P_2}\right)$
$=8.31451\times\ln\frac{3}{1}=9.134\text{kJ/K}$

참고 • 아르곤(Ar)의 분자량(m)=39.94
• 기체상수(R)=21.23kgf·m/kg·K=0.208kJ/kg·K

★
395 압축비가 7.5이고 비열비 k=1.4인 오토(Otto)사이클의 열효율은?

① 48.7% ② 51.2%
③ 55.3% ④ 57.6%

해설 $\eta_{tho}=1-\left(\frac{1}{\varepsilon}\right)^{k-1}=1-\left(\frac{1}{7.5}\right)^{1.4-1}$
$=0.5538=55.38\%$

★
396 열역학 제2법칙에 대한 설명 중 맞는 것은?

① 과정(process)의 방향성을 제시한다.
② 에너지의 양을 결정한다.
③ 에너지의 종류를 판단할 수 있다.
④ 공학적 장치의 크기를 알 수 있다.

해설 열역학 제2법칙(엔트로피 증가법칙)
㉠ Clausius의 표현 : 열은 그 자신만으로는 저온체에서 고온체로 이동할 수 없다. 즉 과정의 방향성을 제시한다(비가역법칙).
㉡ Kelvin-Plank의 표현 : 열기관이 일을 하려면 반드시 고온열원과 저온열원이 필요하다.
㉢ Ostwald의 표현 : 자연계에 아무런 변화도 남기지 않고 어느 열원의 열을 계속해서 일로 바꾸는 제2종 영구기관은 존재하지 않는다. 즉 열기관의 효율이 100%일 수는 없다.

★
397 계가 온도 300K인 주위로부터 단열되어 있고 주위에 대하여 1,200kJ의 일을 할 때 옳지 않은 것은?

① 계의 내부에너지는 1,200kJ 감소한다.
② 계의 엔트로피는 감소하지 않는다.
③ 주위의 엔트로피는 4kJ/K 증가한다.
④ 계와 주위를 합한 총엔트로피는 감소하지 않는다.

정답 391 ① 392 ① 393 ④ 394 ③ 395 ③ 396 ① 397 ③

PART 2

해설 $\Delta S = \frac{\delta Q}{T} = \frac{-1,200}{300} = -4\text{kJ/K}$

즉 주위의 엔트로피는 4kJ/K 감소한다.

★
398 냉동기의 성능계수를 높이는 것이 아닌 것은?

① 증발기의 온도를 높인다.
② 증발기의 온도를 낮춘다.
③ 압축기의 효율을 높인다.
④ 증발기와 응축기에서 마찰압력손실을 줄인다.

해설 증발온도를 높게 할수록 성능계수($(COP)_R$)는 증가한다.

정답 398 ②

PART 03

시운전 및 안전관리

01장 전기 기초이론
02장 전기저항(정전용량, 자기회로)
03장 교류회로
04장 전기기기와 계측기기
05장 시퀀스제어
06장 설치검사 및 설치 · 운영 안전관리

Engineer Air-Conditioning Refrigerating Machinery

1 Chapter 전기 기초이론

1 물질과 전기

모든 물질은 매우 작은 분자 및 원자의 집합으로 되어 있는데, 원자는 양전기를 가진 원자핵과 음전기를 가진 전자로 되어 있다. 전자 중에는 전자궤도를 이탈하지 않는 구속전자와 궤도를 이탈하는 자유전자가 있는데, 이 자유전자가 움직이는 것이 전기의 본질을 나타내는 것이다.

원자핵＝양자+중성자(양자의 수＝전자의 수)

① 양자는 양전기(+)를, 전자는 음전기(−)를 가지고 있다. 같은 전기를 가진 것끼리는 서로 반발하고, 다른 종류의 전기는 서로 흡인력을 가진다.
② 전자의 질량은 9.10956×10^{-31}kg이며, 양자는 전자보다 매우 무겁고 1.67261×10^{-27}kg으로 전자의 약 1,840배가 된다.
③ 한 개의 전자와 양자가 가지는 음전기와 양전기 양의 절대값은 같으며 1.60219×10^{-19}C이다(전자 1개의 전하량).
④ 원자 전체에서는 같은 양자수와 전자수를 가지므로 외부로 나타나는 것은 중성(neutral)상태이다.

2 전하와 전기량

물질은 외부의 에너지(energy), 즉 마찰이나 열 등에 의해 대전된 전기를 전하(electric charge)라고 하고, 전하가 가지고 있는 전기의 양을 전기량(quantity of electricity)이라 한다. 전기량의 단위는 쿨롱(C)이다.

$1C = 1.602 \times 10^{-19}$개의 전자가 가지는 전기량

(1) 도체와 부도체(절연체)

① 도체(conductor) : 금속과 같이 전하의 이동이 쉬운 물체

② 부도체(nonconductor) : 공기, 유리, 비닐과 같이 전하의 이동이 어려운 물질

③ 반도체(semi-conductor) : 게르마늄(Ge), 규소(Si), 셀렌(Se) 등은 저온상태에서는 부도체이지만, 온도가 높아지면 도체의 성질을 갖는 물질

④ 모든 물질은 완전 도체라고 부를 수 있는 것도 없고, 완전 부도체라고 할 수 있는 것도 없다.

(2) 전원과 부하

① 전원(power source) : 전지나 발전기와 같이 계속하여 전류를 흘릴 수 있는 원동력이 될 수 있는 것

② 부하(load) : 전원에서 전기를 받아 전류를 흘리면서 어떤 일(열 또는 에너지)을 소비하는 것

③ 전기회로(electric circuit) : 전류를 흘릴 수 있게 구성되는 상태로 회로(circuit)라고도 함

3 관련 법칙

(1) 쿨롱의 법칙(Coulomb's law)

두 전하 사이에 작용하는 기전력(힘의 크기)은 두 전하의 곱에 비례하고, 두 전하 사이의 직선거리의 제곱에 반비례한다.

$$F = \frac{1}{4\pi\varepsilon_0}\frac{m_1 m_2}{r^2} = 9\times10^9\frac{m_1 m_2}{r^2}\ [\mathrm{N}]$$

여기서, F : 두 대전체 사이에 작용하는 힘(N), ε_0 : 진공의 유전율($=8.855\times10^{-12}$F/m)

r : 두 대전체 사이의 거리(m), m_1, m_2 : 각 대전체가 갖는 전기량(C)

(2) 옴의 법칙(Ohm's law)

① 전기저항(electric resistance) : 전자의 흐름을 방해하는 성질을 전기저항이라고 하는데, 이 저항값은 도체에서나 부도체에서 모두 모양이나 굵기, 재질, 길이 등에 따라 달라진다. 단위는 옴(Ω)으로 표시하며, 전류 1A를 흘리기 위하여 전압 1V가 필요할 때의 저항값을 1Ω이라고 한다. 저항 표시기호는 MΩ, kΩ, Ω, mΩ, μΩ 등이다.

$$1\mathrm{M}\Omega = 10^3\mathrm{k}\Omega = 10^6\Omega$$
$$1\Omega = 10^3\mathrm{m}\Omega = 10^6\mu\Omega$$

전자의 이동(전류)이 흐르기 쉬운 정도를 나타내기 위해서는 저항의 역수인 컨덕턴스(conductance)를 쓰는데, 이것을 G라 할 때 단위는 모우(mho) 또는 지멘스(S)를 쓰며 저항값의 역수이다.

$$G=\frac{1}{R}\,[℧,\ \Omega^{-1},\ \mathrm{S}]$$

② 옴의 법칙 : 전류는 전압에 비례하고, 저항에 반비례한다.

$$I=\frac{V}{R}\,[\mathrm{A}],\ R=\frac{V}{I}\,[\Omega],\ V=IR\,[\mathrm{V}]$$

4 전류와 전압

(1) 전류(current)

전류는 양전하가 흐르는 방향으로, 즉 전자이동의 방향과 반대로 흐른다. 단위는 암페어(ampere, A)를 사용하며, 크기는 1초 동안 얼마만큼의 전기량(coulomb)이 이동했는가로 결정된다.

$$I=\frac{Q}{t}[\mathrm{A}]$$

여기서, Q : 전하량(C), t : 시간(s)

(2) 전압(voltage)

물질의 전기적인 높이를 전위라 하고, 전류는 높은 곳에서 낮은 곳으로 흐르며 그 차를 전압(전위차)이라 한다. 단위는 볼트(volt, V)로 표시하며, 전하량이 도체를 이동하면서 한 일이다. 즉 1C 전하량이 이동하여 1J의 일을 했을 때 전위차로 전압을 1V라 한다. 또 계속하여 전위차를 만들어 줄 수 있는 힘을 기전력이라 한다(전기가 흐르게 하는 힘).

$$V=\frac{W}{Q}[\mathrm{V}]$$

여기서, W : 일의 양(J), Q : 전하량(C)

(3) 저항의 접속

① 직렬접속(series connection, 전류 일정) : 다음 그림과 같이 저항 $R_1[\Omega]$, $R_2[\Omega]$, $R_3[\Omega]$를 직렬로 접속하여 V[V]의 전압을 가하면 각 저항의 전압값은 다음과 같다.

PART 3

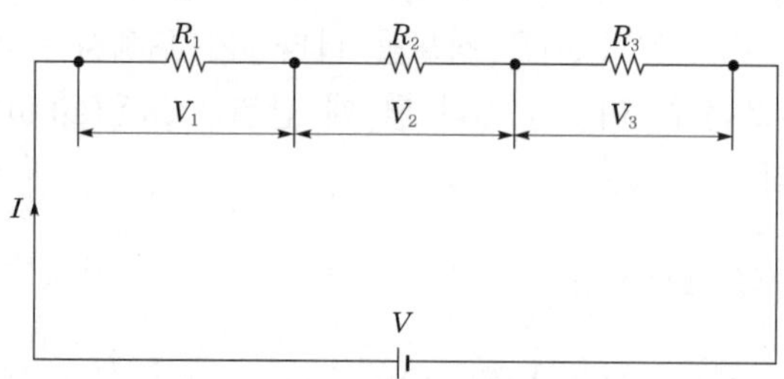

$$V_1 = IR_1,\ \ V_2 = IR_2,\ \ V_3 = IR_3$$
$$V = V_1 + V_2 + V_3 = IR_1 + IR_2 + IR_3 = I(R_1 + R_2 + R_3) = IR\,[\mathrm{V}]$$
$$\therefore \text{합성저항}(R) = R_1 + R_2 + R_3[\Omega]$$

n개의 저항이 직렬로 접속되었을 경우 합성저항 R은

$$R = R_1 + R_2 + R_3 + \cdots + R_n = \sum_{k=1}^{n} R_k[\Omega]$$

또한 가해준 전압과 각 저항의 전압강하와의 관계는

$$V_1 : V_2 : V_3 : \cdots : V_n = R_1 + R_2 + R_3 + \cdots + R_n$$
$$\therefore\ V_1 = \frac{R_1}{R}V[\mathrm{V}],\ \ V_2 = \frac{R_2}{R}V[\mathrm{V}],\ \ V_3 = \frac{R_3}{R}V[\mathrm{V}]$$

② **병렬접속(parallel connection, 전압 일정)** : 다음 그림과 같이 저항 $R_1[\Omega]$, $R_2[\Omega]$, $R_3[\Omega]$를 병렬로 접속하고 $V[\mathrm{V}]$의 전압을 가하면 각 저항에는 같은 전압이 가해지므로 전전류(I) $= I_1 + I_2 + I_3[\mathrm{A}]$가 된다.

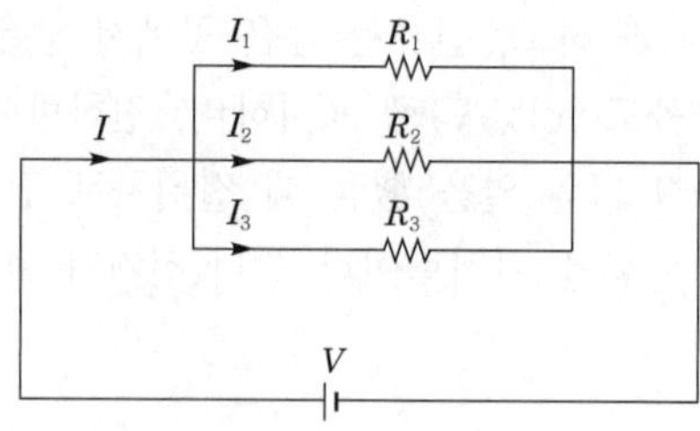

$$I_1 = \frac{V}{R_1},\ \ I_2 = \frac{V}{R_2},\ \ I_3 = \frac{V}{R_3}$$
$$I = \frac{V}{R_1} + \frac{V}{R_2} + \frac{V}{R_3} = V\left(\frac{1}{R_1} + \frac{1}{R_2} + \frac{1}{R_3}\right) = \frac{V}{R}[\mathrm{A}]$$

합성저항값은 $\frac{1}{R} = \frac{1}{R_1} + \frac{1}{R_2} + \frac{1}{R_3}$이므로

$$R = \frac{1}{\frac{1}{R_1} + \frac{1}{R_2} + \frac{1}{R_3}} [\Omega]$$

이 된다. 위 그림에서 각 저항에 흐르는 전류값은

$$I_1 = \frac{V}{R_1} = \frac{IR}{R_1},\ I_2 = \frac{V}{R_2} = \frac{IR}{R_2},\ I_3 = \frac{V}{R_3} = \frac{IR}{R_3}$$

③ **직 · 병렬접속**(series parallel connection) : 합성저항 $R[\Omega]$은

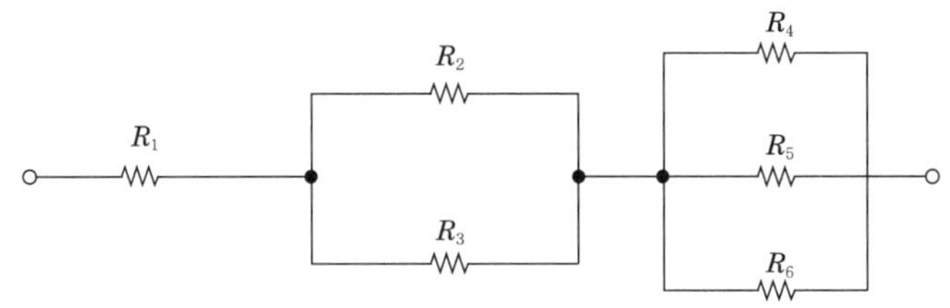

$$R = R_1 + \frac{1}{\frac{1}{R_2} + \frac{1}{R_3}} + \frac{1}{\frac{1}{R_4} + \frac{1}{R_5} + \frac{1}{R_6}}$$

$$= R_1 + \frac{R_2 R_3}{R_2 + R_3} + \frac{R_4 R_5 R_6}{R_4 R_5 + R_5 R_6 + R_6 R_4} [\Omega]$$

④ **키르히호프의 법칙**(Kirchhoff's law) : 전원이나 회로가 단일이 아니고 복잡한 회로를 회로망(network)이라 하고, 회로망 중의 임의의 폐회로를 망목(mesh) 또는 폐로(closed circuit)라 한다. 이와 같은 회로를 푸는 데는 옴의 법칙만으로는 충분치 못하여 더 발전시킨 것이 키르히호프의 법칙이다.

㉠ 키르히호프의 제1법칙(전류법칙) : 오른쪽 그림과 같이 O을 향하여 들어오는 전류와 나가는 전류의 대수적인 합은 0(zero)이다.

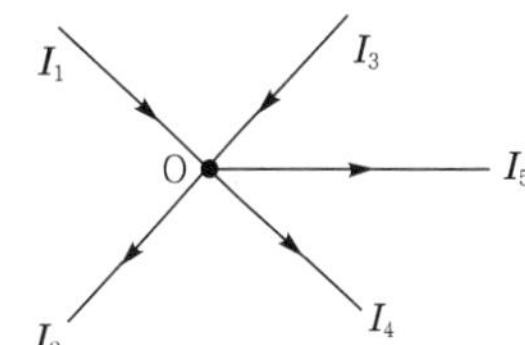

$$I_1 + I_3 = I_2 + I_4 + I_5$$
$$I_1 + I_3 + (-I_2) + (-I_4) + (-I_5) = 0$$
$$\sum I = 0$$

㉡ 키르히호프의 제2법칙(전압의 법칙, 폐회로에서 성립) : 임의의 폐회로를 따라 1회전하며 취한 전압대수의 합은 그 폐회로의 저항에 생기는 전압강하의 대수합과 같다.

기전력의 대수합=전압강하의 대수합($\sum V = \sum IR$)

※ 키르히호프 제1법칙은 어느 순간에서도 각 접합점에서 성립하며, 키르히호프 제2법칙 역시 어느 순간에서도 폐회로에서 성립한다.

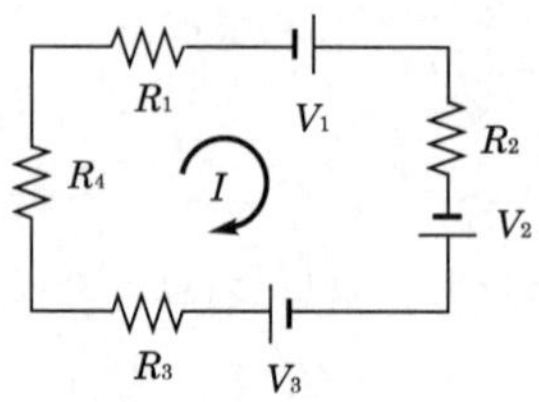

$$V_1 + V_2 - V_3 = I(R_1 + R_2 + R_3 + R_4)$$

(4) 전압계와 전류계

① 배율기(multiplier) : 전압계의 측정범위를 넓히기 위하여 전압계에서 직렬로 저항을 접속한다. 이러한 저항을 배율기라 한다.

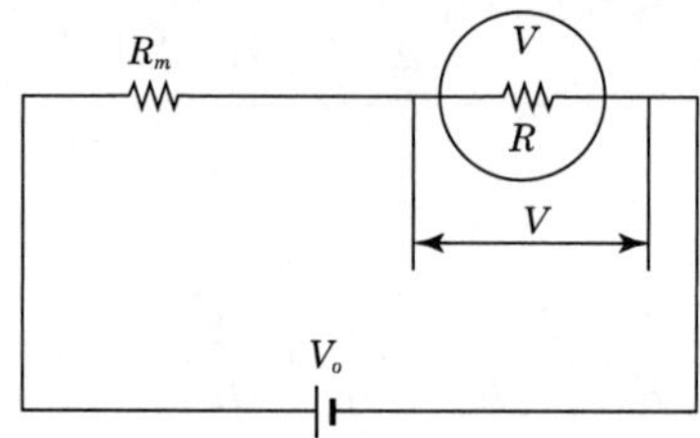

$$V_o = I(R_m + R) = \frac{V}{R}(R_m + R) = V\left(\frac{R_m}{R} + 1\right)[\text{V}]$$

여기서, V_o : 측정할 전압(V), V : 전압계의 눈금(V), R_m : 배율기의 저항(Ω)

R : 전압계의 내부저항(Ω), $\frac{R_m}{R}+1$: 배율기의 배율

② 분류기(shunt) : 전류계의 측정범위를 넓히기 위하여 전류계에 병렬로 저항을 접속한다. 이러한 저항을 분류기라 한다.

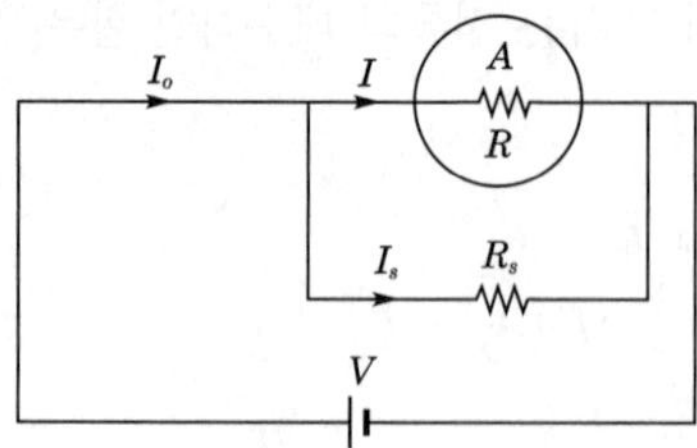

$$IR = I_s R_s = (I_o - I)R_s$$

$$I_o = \frac{I}{R_s}(R + R_s) = I\left(\frac{R}{R_s} + 1\right)[\text{A}]$$

여기서, I_o : 측정할 전류값(A), I : 전류계의 눈금(A), R_s : 분류기의 저항(Ω)

R : 전류계의 내부저항(Ω), $\frac{R}{R_s}+1$: 분류기의 배율

전압과 전류의 측정

1. 전압의 측정

① 전압계 : 전압계의 내부저항을 크게 하여 회로에 병렬로 연결한다.

※ 이상적인 전압계의 내부저항은 ∞이다.

② 배율기(multiplier) : 전압계의 측정범위를 넓히기 위해 연결하는 저항(직렬접속)

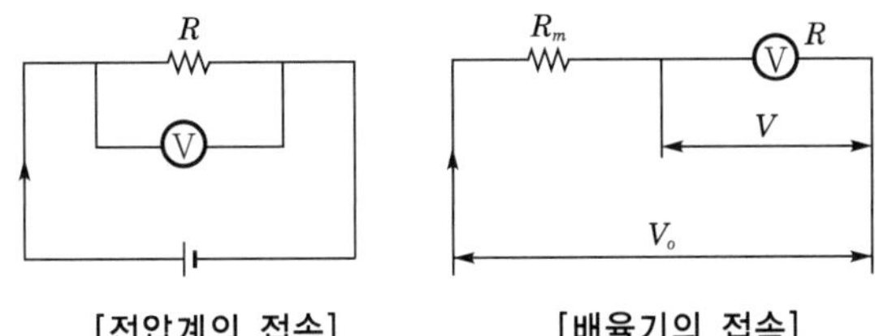

[전압계의 접속] [배율기의 접속]

$$\frac{V_o}{V} = \frac{R+R_m}{R} = 1 + \frac{R_m}{R}$$

$$\therefore \ V_o = V\left(1+\frac{R_m}{R}\right)[\text{V}]$$

여기서, V_o : 측정할 전압(V), V : 전압계 전압(V), R_m : 배율기 저항(Ω), R : 전압계 내부저항(Ω)

2. 전류의 측정

① 전류계 : 전류계의 내부저항을 작게 하여 회로에 직렬로 연결한다.

※ 이상적인 전류계의 내부저항은 0이다.

② 분류기(shunt) : 전류계의 측정범위를 넓히기 위해 전류계에 연결하는 저항(병렬접속)

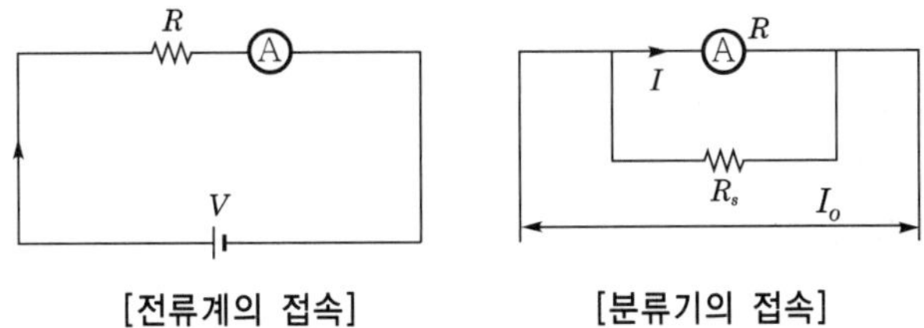

[전류계의 접속] [분류기의 접속]

$$\frac{I_o}{I} = \frac{R_s+R}{R_s} = 1 + \frac{R}{R_s}$$

$$\therefore \ I_o = I\left(1+\frac{R}{R_s}\right)[\text{A}]$$

여기서 I_o : 측정할 전류(A), I : 전압계 전류(A), R_s : 분류기 저항(Ω), R : 전류계 내부저항(Ω)

PART 3

(5) 휘트스톤브리지(Wheatstone bridge)

저항 P, Q, R, X와 검류계를 접속한 회로를 휘트스톤브리지회로라 한다.

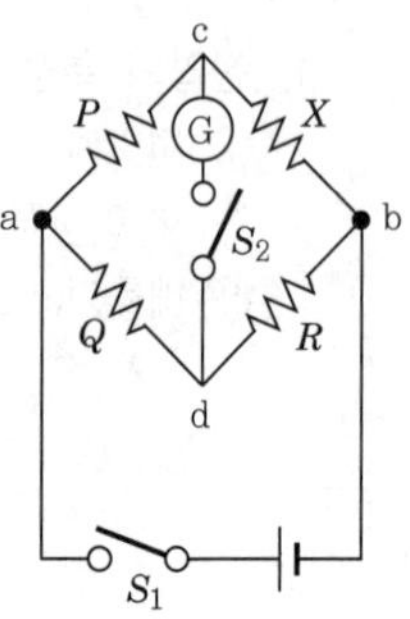

① 평행조건 : $PR = QX$

② 미지저항 : $X = \dfrac{P}{Q}R$

※ 평행조건이 만족된 때는 a–c 및 a–d 간의 전압강하가 같아 c–d 간의 전위차가 0V가 된다. 따라서 검류계에는 전류가 흐르지 않게 된다.

(6) 저항의 $\Delta - Y$접속 등가변환

① Δ접속을 Y접속으로 등가변환($\Delta \rightarrow Y$)

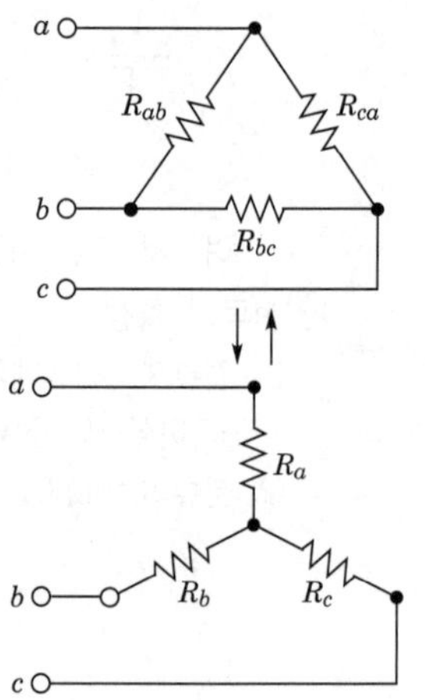

$$R_a = \frac{R_{ab}R_{ca}}{R_{ab}+R_{bc}+R_{ca}}$$

$$R_b = \frac{R_{ab}R_{bc}}{R_{ab}+R_{bc}+R_{ca}}$$

$$R_c = \frac{R_{bc}R_{ca}}{R_{ab}+R_{bc}+R_{ca}}$$

② Y접속을 Δ접속으로 등가변환($Y \rightarrow \Delta$)

$$R_{ab} = \frac{R_aR_b+R_bR_c+R_cR_a}{R_c}$$

$$R_{bc} = \frac{R_aR_b+R_bR_c+R_cR_a}{R_a}$$

$$R_{ca} = \frac{R_aR_b+R_bR_c+R_cR_a}{R_b}$$

2 Chapter 전기저항 (정전용량, 자기회로)

1 전기저항의 성질

(1) 고유저항(R)

$$R=\rho\frac{l}{A}[\Omega] \rightarrow \rho=\frac{RA}{l}[\Omega\cdot\text{m}]$$

여기서, l : 물체의 길이(m), A : 물체의 단면적(m^2), ρ : 고유저항값($\Omega\cdot\text{m}$)

길이 1m, 단면적 1m^2인 물체의 저항을 물질에 따라 표시한 것을 그 물체의 고유저항이라 한다. 이때 저항은 길이에 비례하고, 단면적에 반비례한다.

$$1\Omega\cdot\text{m}=10^2\Omega\cdot\text{cm}=10^3\Omega\cdot\text{mm}$$

(2) 도전율(conductivity, λ)

도전율은 물체가 얼마나 전자이동이 잘 되는가를 나타낸 것으로 고유저항의 역수와 같다. 단위는 $\Omega^{-1}/\text{m}=\mho/\text{m}$, 기호는 $\lambda[\mho/\text{m}]$이다.

$$\lambda=\frac{1}{\rho}=\frac{l}{RA}[\mho/\text{m}]$$

2 축전기의 접속

콘덴서의 접속방법에는 직렬접속과 병렬접속이 있는데, 이것은 저항연결법과 반대로 생각하면 이해하기 쉽다.

(1) 직렬접속(series connection)

직렬접속인 경우에는 면적은 일정하고 거리가 멀어지므로 합성용량은 감소하게 된다. 즉 평행판 정전용량에서 $C = \dfrac{\varepsilon A}{d}$[F]이므로 줄어든다.

(2) 병렬접속(parallel connection)

병렬접속인 경우에는 면적이 넓어지고 거리가 일정하므로 합성용량은 증가하게 된다.

(3) 직 · 병렬혼합접속

전기기기나 장치에 전압을 가하여 전류를 흘리면 전기에너지가 발생하여 여러 가지 일을 하게 된다. 1J의 일을 했다면 1V의 전압을 가하여 1C의 전하가 이동할 때다. 그러므로 VQ[J]의 일을 하게 된다. 따라서 전기에너지는 다음과 같다.

$$VQ = VIt[\mathrm{J}]$$

3 정전용량

(1) 한 도체의 정전용량

$$Q = CV[\mathrm{C}] \rightarrow C = \frac{Q}{V}[\mathrm{C/V,\ F}]$$

(2) 두 도체 간의 정전용량

$$Q = CV_{AB}[\mathrm{C}] \rightarrow C = \frac{Q}{V_{AB}}[\mathrm{F}]$$

> **역용량(정전용량의 역수)**
>
> 엘라스턴스(elastance)= $\dfrac{V}{Q}\left[\dfrac{1}{\mathrm{F}}\right]$

4 전력

전력은 전기에너지에 의한 일의 속도로 1초 동안의 전기에너지로 표시한다.

$$P = \frac{VQ}{t} = VI = I^2R = \frac{V^2}{R}[\mathrm{W}]$$

$1\mathrm{mW} = 10^{-3}\mathrm{W}$, $1\mathrm{W} = 1{,}000\mathrm{mW} = 10^{-3}\mathrm{kW}$, $1\mathrm{kW} = 1{,}000\mathrm{W}$

이와 같이 단위시간의 전기에너지를 전력이라 하고, 단위시간의 기계에너지는 동력 또는 공률이라 한다. 그리고 전동기와 같은 기계동력은 마력(HP : Horse Power)으로 표시한다.

$$1\text{HP}=746\text{W}=0.746\text{kW}$$

5 전력량

전력량은 전력에 시간을 곱한 것이다.

$$W= VIt = Pt[\text{J}]$$

단위는 Wh(watt-hour) 또는 kWh(kilowatt-hour)로 표시한다.

$$1\text{kWh}=10^3\text{Wh}=3.6\times10^6\text{J}=3.6\times10^6\times\frac{1}{4,186}=860\text{kcal}=3,600\text{kJ}$$

$$1\text{kW}=1\text{kJ/s}=3,600\text{kJ/h}$$

$$1\text{kcal}=4,186\text{kJ}$$

$$1\text{kJ} = \frac{1}{4,186}\text{kcal} \fallingdotseq 0.24\text{kcal}$$

6 효율

$$\text{효율}=\frac{\text{출력}}{\text{입력}}=\frac{\text{입력}-\text{손실}}{\text{입력}}=\frac{\text{출력}}{\text{출력}+\text{손실}}\times100[\%]$$

7 줄(Joule)의 법칙

$$H= I^2Rt[\text{J}]$$

여기서, H : 도체에서 발생하는 열량, I : 도체에 흐르는 전류(A), t : 전류가 흐른 시간

1cal의 열량은 4.186J의 일에 상당하기 때문에 I^2Rt[J]의 일에 해당하므로 발생열량은

$$H= \frac{I^2Rt}{4.186} \fallingdotseq 0.241I^2Rt[\text{cal}]$$

$$H' = mC(t_2 - t_1)[\text{kJ}]$$

여기서, H' : 주어진 열량(kJ), m : 질량(kg), C : 물의 비열(4.186kJ/kg·K)
t_2 : 가열 후의 온도(℃), t_1 : 가열 전의 온도(℃)

8 전기현상

(1) 제벡효과

도체에 전류를 흘리면 열이 발생하며, 반대로 여기에 열을 가하면 전류가 흐른다. 이와 같은 기전력을 열기전력이라 하고, 전류를 열전류라 하며, 이런 장치를 열전쌍이라고 한다. 이와 같은 효과를 제벡효과(Seebeck effect)라 한다.

(2) 앙페르의 오른나사법칙

도체에 전류가 흐르면 주위에 자장이 생기는데, 전류가 오른나사진행방향으로 흐르면 자력선은 오른나사를 돌리는 방향으로 생기며, 오른나사 돌리는 방향으로 전류가 흐르면 나사진행방향으로 자력선이 발생하는 현상을 앙페르의 오른나사법칙(Ampere's right-handed screw rule)이라 한다.

9 전자력

(1) 자기회로의 옴의 법칙

$$F = NI = Hl\,[\mathrm{AT}]$$

$$\phi = \frac{F}{R}\,[\mathrm{Wb}] \rightarrow R = \frac{F}{\phi}\,[\mathrm{AT/Wb}]$$

여기서, ϕ : 자속(Wb), I : 전류(A), R : 자기저항(AT/Wb), l : 자기회로의 길이(m)
H : 자장의 세기(AT/m), A : 자기회로의 단면적(m^2)

(2) 누설자속

코일을 철심의 일부에만 감으면 누설자속이 공기 중으로 누설된다. 그러나 환상철심에 평등하게 감은 솔레노이드에 있어서는 누설자속이 거의 없다.
전기회로에서는 전류를 옴의 법칙으로 간단히 구할 수 있으나, 자기회로에서는 누설자속이 있으므로 예정된 회로에 대한 자속수를 간단히 계산할 수 없는 경우가 많다. 전체 자속과 예정된 회로를 통하는 유효자속과의 비를 누설계수(leakage coefficient)라 하고, 다음과 같은 식으로 표시한다.

$$누설계수=\frac{전체\ 자속}{유효자속}=\frac{유효자속+누설자속}{유효자속}=1.1\sim1.4\ 정도$$

(3) 자기저항

$$R=\frac{1}{\mu A}[\mathrm{AT/Wb}]$$

(4) 플레밍의 왼손법칙(Fleming's left-hand rule)

왼손의 세 손가락(엄지손가락, 집게손가락, 가운뎃손가락)을 서로 직각으로 펼치고, 가운뎃손가락을 전류, 집게손가락을 자장의 방향으로 하면 엄지손가락의 방향이 힘의 방향이다. 이것을 플레밍의 왼손법칙이라 한다(전동기에 적용).

(5) 플레밍의 오른손법칙(Fleming's right-hand rule)

유도기전력의 방향은 자장의 방향을 오른손의 집게손가락이 가리키는 방향으로 하고, 도체를 엄지손가락방향으로 움직이면 가운뎃손가락방향으로 전류가 흐른다. 이 현상을 플레밍의 오른손법칙이라 한다(발전기에 적용).

PART 3

(6) 패러데이의 법칙(Faraday's law, 유도기전력의 크기)

유도기전력의 크기는 코일을 지나는 자속의 매초 변화량과 코일의 권수에 비례한다.

$$V=-N\frac{\Delta\phi}{\Delta t}[\mathrm{V}]$$

여기서, V: 유도기전력의 크기, $\frac{\Delta\phi}{\Delta t}$: 자속의 변화율(자속의 매초 변화량)

N : 코일의 권수(감김수)

자속의 정의

1Wb의 자속은 1권선의 코일과 쇄교하여 1초간에 일정한 비율로 감소하여 0으로 될 때 1V의 기전력을 유도하는 자속의 크기로 정의한다.

(7) 렌츠의 법칙(Lenz's law)

전자유도현상에 의해 생기는 유도기전력의 방향을 정하는 법칙이다. 즉 전자유도에 의해 생긴 기전력의 방향은 전류가 만드는 자속이 항상 원래 자속의 증가 또는 감속을 방해하는 방향이다.

교류회로의 옴(Ohm)의 법칙

회로소자의 저항(R), 인덕턴스(L), 커패시턴스(C)에 있어 전압(V), 전류(I)로 하면 임피던스(impedance, Z)는

$$V = IR = I(j\omega L) = I\frac{1}{j\omega C}$$

$$Z = R = j\omega L = \frac{1}{j\omega C}$$

Air-Conditioning Refrigerating Machinery

3 Chapter 교류회로

1 교류기전력의 발생

자속밀도 $B[\mathrm{Wb/m^2}]$인 평등자장 속에 자력선과 직각으로 놓인 길이 $l[\mathrm{m}]$의 도체가 도체의 심축을 중심으로 시계바늘의 반대방행으로 $v[\mathrm{m/s}]$의 속도로 돌려주면 도체에 플레밍의 오른손법칙에 따르는 기전력이 발생한다.

$$\text{기전력}(e) = Blv\sin\theta = E_m\sin\theta = E_m\sin\omega t[\mathrm{V}]$$

여기서, θ : 자속과 도체가 이루는 각도(rad)

[교류회로에 사용되는 주요 기호의 명칭 및 단위]

명칭	기호	단위	명칭	기호	단위
저항	R	Ω	임피던스	Z	Ω
컨덕턴스	G	℧, S	어드미턴스	Y	℧, S
인덕턴스	L	H	주파수	f	Hz, sec^{-1}
정전용량	C	F	주기	T	sec
유도리액턴스	X_L	Ω	각속도	ω	rad/s
용량리액턴스	X_C	Ω	전기각	θ	rad

2 교류의 표시

(1) 주파수(f)와 주기(T)

$$f = \frac{1}{T}[\mathrm{Hz}] \rightarrow T = \frac{1}{f}[\mathrm{sec}]$$

여기서, f : 주파수(1초 동안의 주파수, 반복되는 사이클 수)

T : 주기(1사이클의 변화에 필요한 시간)

※ $1\mathrm{kHz} = 10^3\mathrm{Hz}$, $1\mathrm{MHz} = 10^6\mathrm{Hz}$, $1\mathrm{GHz} = 10^9\mathrm{Hz}$

PART 3

(2) 각속도(ω)

$$\omega = \frac{\text{1Hz 동안 회전한 각}}{\text{1Hz 동안의 시간}} = \frac{\theta}{t} = \frac{2\pi}{T} = 2\pi f\,[\text{rad/s}]$$

도체가 1회전하면 1Hz의 변화를 하므로 1초 동안의 각도변화율을 각속도라고 한다. 시간의 변화에 따라 크기와 방향이 주기적으로 변화하는 전류, 전압을 교류라 하며, 변화하는 파형이 사인파의 형태를 가지므로 사인파 교류라 한다.

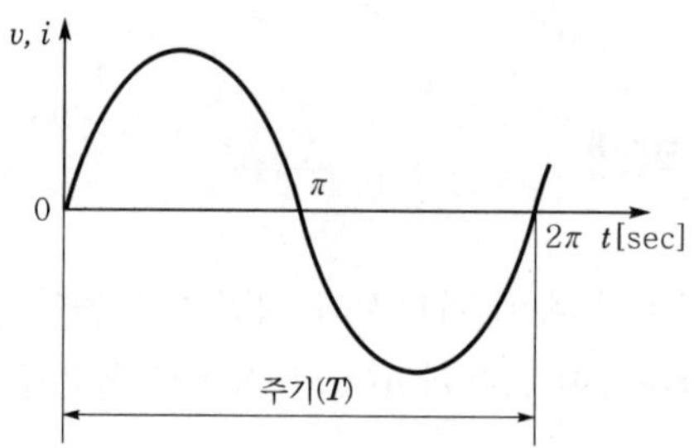

사인파 교류(sinusoidal wave AC)＝정현파 교류(AC)

(3) 교류의 크기

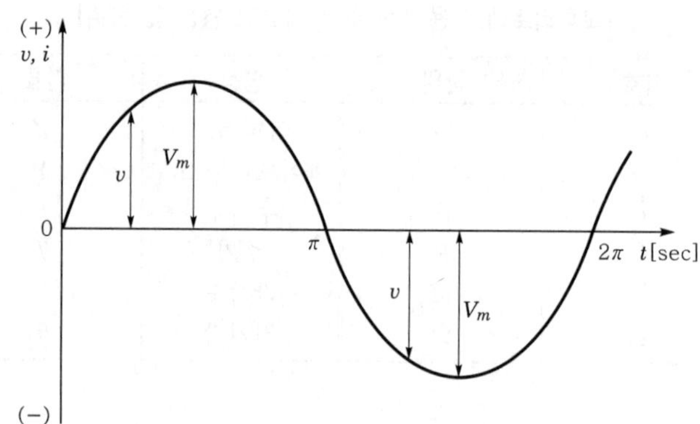

[순시값과 최대값]

① 순시값(instantaneous value) : 교류(AC)의 임의의 시간에 있어서 전압 또는 전류의 값을 순시값이라 한다.

$$\text{전압의 순시값}(v) = V_m \sin\omega t == \sqrt{2}\, V \sin\omega t\,[\text{V}]$$
$$\text{전류의 순시값}(i) = I_m \sin\omega t = \sqrt{2}\, I \sin\omega t\,[\text{A}]$$

여기서, I_m : 전류의 최대값, V_m : 전압의 최대값, ω : 각주파수($=2\pi f$), t : 시간(sec)

$I_m = \sqrt{2}\, I\,[\text{A}]$로 표시하며 시시각각 변하는 교류의 임의 순간(t)의 크기를 말한다.

② **최대값(maximum value)** : 교류의 순시값 중에서 가장 큰 값을 말하며 V_m, I_m으로 표시한다.

③ **평균값(mean value)** : 교류의 반파에서 순시값의 평균을 말하며, 사인파에서

$$V_a = \frac{2}{\pi} V_m = 0.637\,V_m[\mathrm{V}]$$

$$I_a = \frac{2}{\pi} I_m = 0.637\,I_m[\mathrm{A}]$$

④ **실효값(effective value)** : 교류의 크기를 직류의 크기로 바꿔놓은 값을 실효값이라고 한다. RMS(Root-Mean-Square)로 사인파 교류에서는 다음과 같이 나타낸다.

$$V = \sqrt{\text{순시값}^2\text{의 합의 평균}} = \frac{V_m}{\sqrt{2}} = 0.707\,V_m$$

⑤ **파고율과 파형률** : 이것은 실효값과 평균값, 그리고 최대값 상호 간의 관계를 나타내는 것이다.

$$\text{파형률} = \frac{\text{실효값}}{\text{평균값}} = \frac{V_m}{\sqrt{2}} \times \frac{\pi}{2\,V_m} = \frac{\pi}{2\sqrt{2}} = 1.11$$

$$\text{파고율} = \frac{\text{최대값}}{\text{실효값}} = \frac{V_m}{V} = V_m \times \frac{\sqrt{2}}{V_m} = \sqrt{2} = 1.414$$

왜형률(일그러짐율)

파형이 정현파(사인파)에 비해 얼마나 일그러졌는가를 나타내는 비율

$$\text{왜형률} = \frac{\text{전 고조파의 실효값}}{\text{기본피의 실효값}}$$

(4) 주파수와 회전각

$$f = \frac{PN_s}{120}\ [\mathrm{Hz}]$$

$$N_s = \frac{120f}{P}\ [\mathrm{rpm}]$$

3 단상회로(단독회로)

(1) 저항(R)만 있는 회로

그림 (a)에서 $v=\sqrt{2}\,V\sin\omega t$[V]의 교류전압을 가하면 저항 R에 흐르는 전류 i는

$$i=\frac{v}{R}=\sqrt{2}\,\frac{V}{R}\sin\omega t=\sqrt{2}\,I\sin\omega t\text{[A]}$$

$$\text{전류의 실효값}(I)=\frac{V}{R}\text{[A]}\rightarrow V=IR\text{[V]}$$

이때 전압과 전류는 그림 (b)와 같이 동위상이 된다(저항(R)만의 회로이므로).

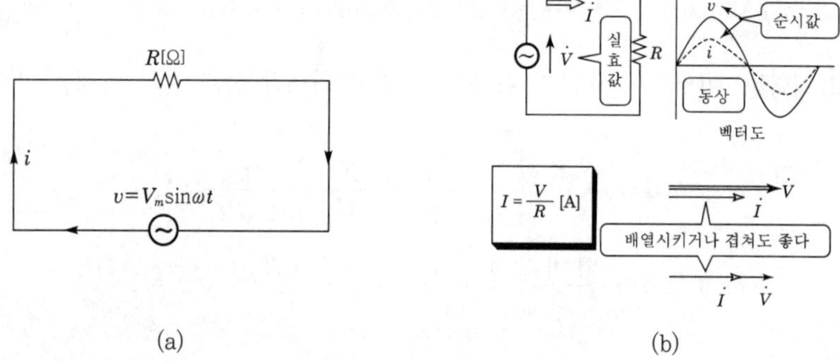

(a) (b)

(2) 인덕턴스(L)만 있는 회로(유도성회로)

① 인덕턴스에 직류를 가한 경우 : 리액턴스 $X_L=0$이고 일정 방향의 자력선만 생긴다.

② 인덕턴스에 교류를 가한 경우 : 다음 그림에서 $v=\sqrt{2}\,V\sin\omega t$[V]의 교류전압을 가하면 i는

$$i=\sqrt{2}\,I\sin\left(\omega t-\frac{\pi}{2}\right)=\frac{V_m}{X_L}\sin\left(\omega t-\frac{\pi}{2}\right)=I_m\sin\left(\omega t-\frac{\pi}{2}\right)\text{[A]}$$

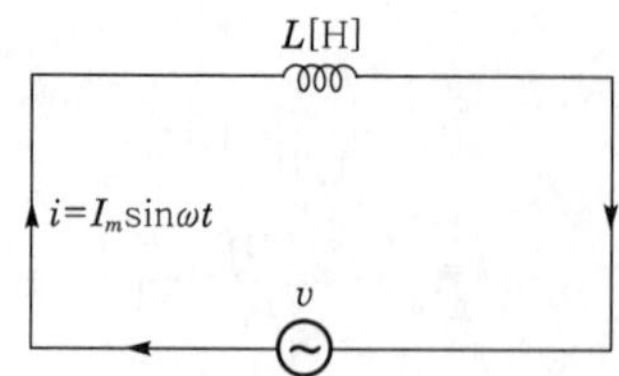

따라서 전류는 전압보다 $\frac{\pi}{2}$[rad]만큼 뒤진 전류가 흐른다.

$$\text{전류의 실효값}(I)=\frac{V}{X_L}=\frac{V}{\omega L}$$

여기서, $X_L=\omega L=2\pi fL$

이 ωL을 유도성 리액턴스(inductive reactance)라고 하며 보통 X_L로 표시하고, 단위는 저항과 같이 옴(Ω)을 사용한다.

(3) 정전용량(C)만 있는 회로(용량성회로, 커패시턴스)

① 콘덴서 C에 직류전압을 가한 경우 충전전류만이 흐르며, 최대 충전전하량 Q는

$$Q = CV$$

② 콘덴서에 교류전압을 가한 경우 그림 (a)에서 $v = \sqrt{2}\,V\sin\omega t$[V]일 때 전류 i는

$$i = \sqrt{2}\,I\sin\left(\omega t + \frac{\pi}{2}\right) = \frac{V_m}{X_L}\sin\left(\omega t + \frac{\pi}{2}\right) = I_m\sin\left(\omega t + \frac{\pi}{2}\right)[\text{A}]$$

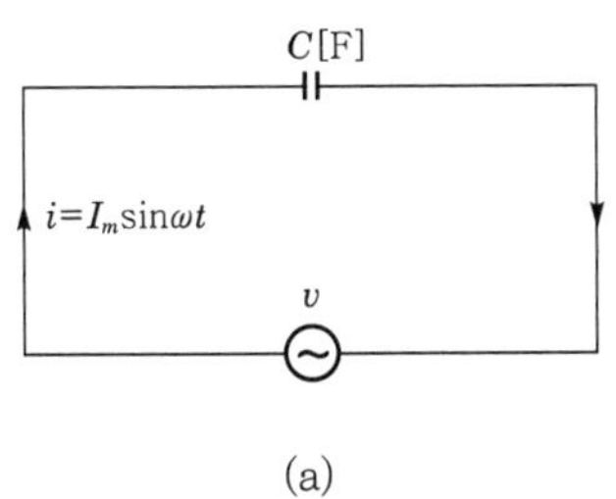

(a)

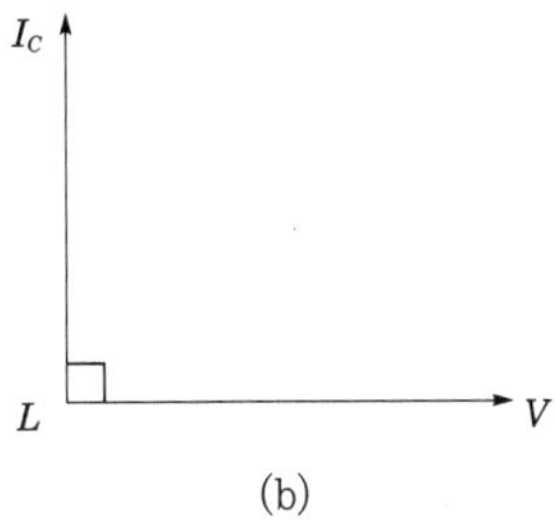

(b)

따라서 그림 (b)와 같이 전류는 전압보다 $\frac{\pi}{2}$[rad]만큼 앞서서 흐른다.

$$\text{전류의 실효값}(I) = \frac{V}{X_C} = \omega CV$$

여기서, $X_C = \dfrac{1}{\omega C} = \dfrac{1}{2\pi f C}$

이 $\frac{1}{\omega C}$을 용량성 리액턴스(capacitive reactance)라 하며 보통 X_C로 표시하고, 단위는 옴(Ω)을 사용한다.

PART 3

4 임피던스(Z)

(1) $R-L$ 직렬회로

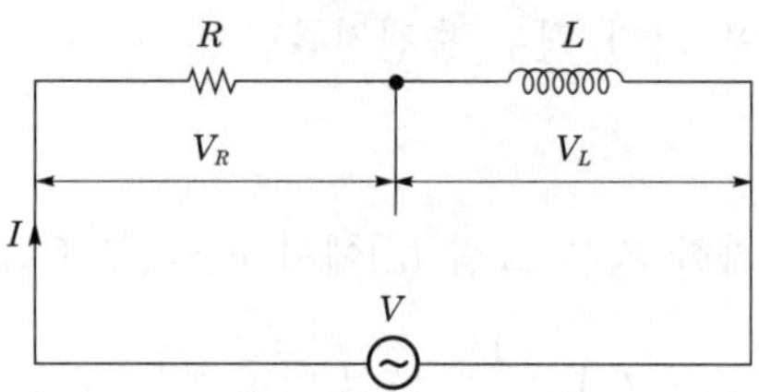

위 그림에서 R 양단의 전압 V_R은 전류 I와 동상이고, 그 크기는 다음과 같다.

$$V_R = IR\,[\mathrm{V}]$$

또 L 양단의 전압 V는 전류 I보다 $\frac{\pi}{2}$만큼 위상이 앞서고, 그 크기는 다음과 같다.

$$V_L = \omega LI\,[\mathrm{V}]$$

이 회로의 전전압 V는 다음과 같다.

$$V = V_R + V_L\,[\mathrm{V}]$$

이 관계를 벡터그림으로 나타내면 그림 (a)와 같다.

$$V = \sqrt{{V_R}^2 + {V_L}^2} = \sqrt{(RI)^2 + (\omega LI)^2} = I\sqrt{R^2 + (\omega L)^2}\,[\mathrm{V}]$$

$$I = \frac{V}{\sqrt{R^2 + (\omega L)^2}} = \frac{V}{\sqrt{R^2 + (2\pi fL)^2}} = \frac{V}{Z}\,[\mathrm{A}]$$

단, $Z = \sqrt{R^2 + (\omega L)^2} = \sqrt{R^2 + (2\pi fL)^2}\,[\Omega]$

위 식의 Z를 임피던스(impedance)라 하고, 단위는 Ω을 사용한다. 위에서 알 수 있는 바와 같이 R, ωL, Z는 그림 (b)와 같은 관계가 있으며, 이것을 임피던스삼각형이라 한다.

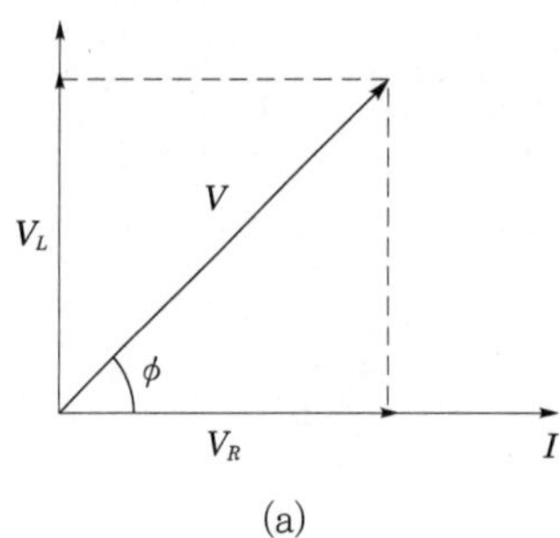

(a)

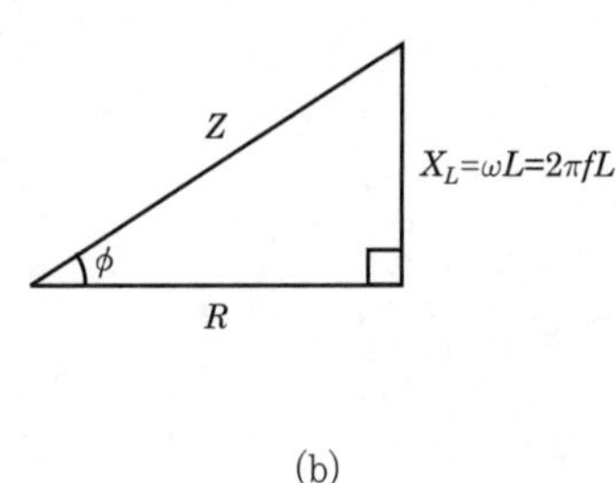

(b)

여기서 위상차는 다음과 같다.

$$\phi = \tan^{-1}\frac{\omega L}{R}[\text{rad}]$$

※ 전압과 전류의 위상차를 cos으로 취한 것을 역률(power factor, P_f)이라고 한다.

$$P_f = \cos\phi$$

(2) $R-C$ 직렬회로

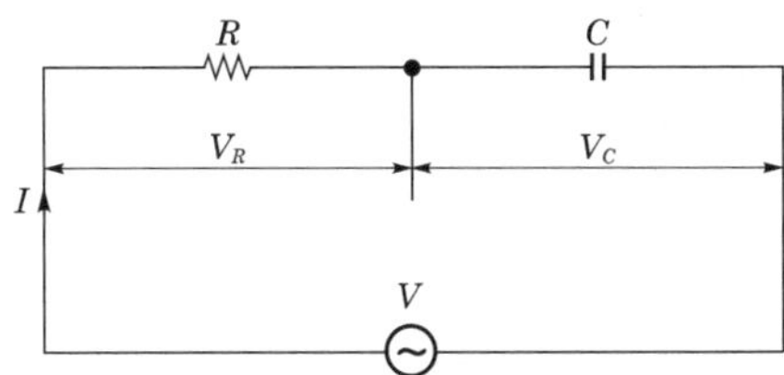

위 그림에서 R 양단의 전압 V_R은 전류 I와 동상이고, 크기는 다음과 같다.

$$V_R = RI[\text{V}]$$

C 양단의 전압 V_C는 전류 I보다 $\frac{\pi}{2}$만큼 위상이 뒤지고, 그 크기는 다음과 같다.

$$V_C = \frac{1}{\omega C}I[\text{V}]$$

이 회로의 전전압 V는 다음과 같다.

$$V = V_R + V_C[\text{V}]$$

이 관계를 벡터그림으로 나타내면 그림 (a)와 같으며, $R-C$회로의 임피던스삼각형은 그림 (b)와 같다.

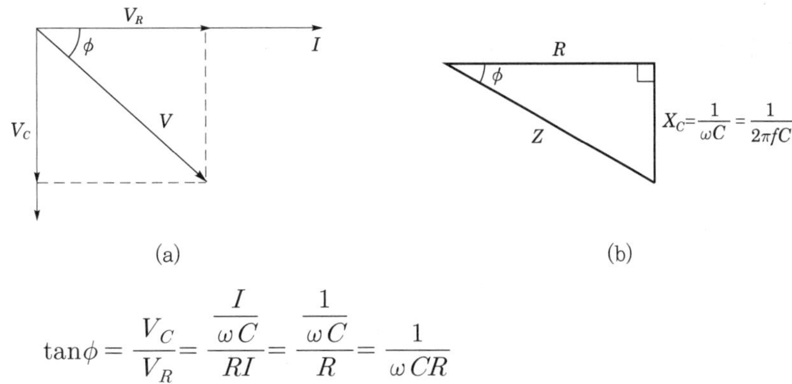

(a) (b)

$$\tan\phi = \frac{V_C}{V_R} = \frac{\frac{I}{\omega C}}{RI} = \frac{\frac{1}{\omega C}}{R} = \frac{1}{\omega CR}$$

$$\therefore\ \phi = \tan^{-1}\frac{V_C}{V_R} = \tan^{-1}\frac{1}{\omega CR}[\text{rad}]$$

그림 (a)로부터

$$V = \sqrt{V_R^{\,2} + V_C^{\,2}} = \sqrt{(RI)^2 + \left(\frac{1}{\omega C}I\right)^2} = \sqrt{\left(R^2 + \left(\frac{1}{\omega C}\right)^2\right)I^2}$$

$$= I\sqrt{R^2 + \left(\frac{1}{\omega C}\right)^2} = I\sqrt{R^2 + \left(\frac{1}{2\pi f C}\right)^2}\ [\text{V}]$$

$$\therefore\ I = \frac{V}{\sqrt{R^2 + \left(\frac{1}{\omega C}\right)^2}} = \frac{V}{\sqrt{R^2 + \left(\frac{1}{2\pi f C}\right)^2}} = \frac{V}{Z}[\text{A}]$$

단, $Z = \sqrt{R^2 + \left(\frac{1}{\omega C}\right)^2} = \sqrt{R^2 + \left(\frac{1}{2\pi f C}\right)^2}\ [\Omega]$

(3) $R-L-C$ 직렬회로

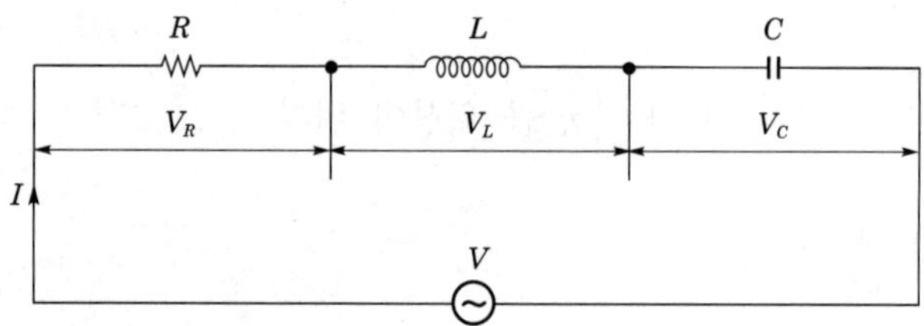

위 그림에서 $V_R = RI$[V](I와 동상)이다.

$V_L = \omega LI$[V](I보다 $\frac{\pi}{2}$만큼 앞선다.)

$V_C = \frac{I}{\omega C}$[V](I보다 $\frac{\pi}{2}$만큼 뒤진다.)

이들 관계를 벡터그림으로 표시하면 그림의 (a) 또는 (b)와 같다.

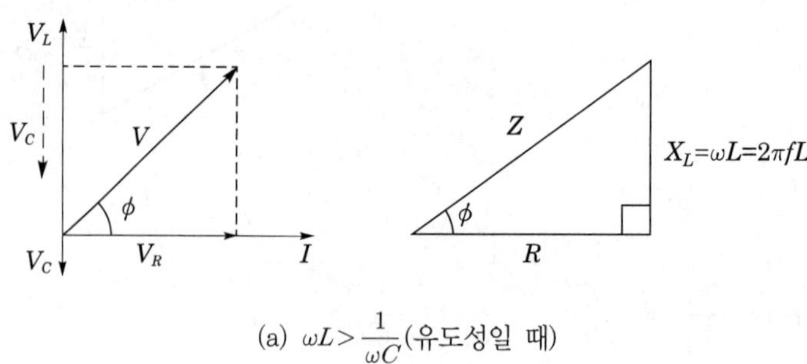

(a) $\omega L > \frac{1}{\omega C}$(유도성일 때)

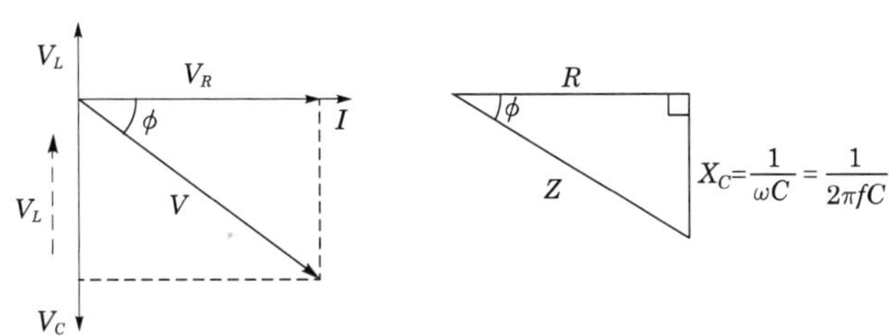

(b) $\omega L < \frac{1}{\omega C}$(용량성일 때)

$$V = \sqrt{{V_R}^2 + (V_L - V_C)^2} = \sqrt{(RI)^2 + \left(\omega LI - \frac{1}{\omega C}I\right)^2}$$

$$= I\sqrt{R^2 + \left(\omega L - \frac{1}{\omega C}\right)^2}\,[\mathrm{V}]$$

$$I = \frac{V}{\sqrt{R^2 + \left(\omega L - \frac{1}{\omega C}\right)^2}}[\mathrm{A}]$$

$$Z = \frac{V}{I} = \sqrt{R^2 + \left(\omega L - \frac{1}{\omega C}\right)^2} = \sqrt{R^2 + X^2}\,[\Omega]$$

$$\phi = \tan^{-1}\frac{V_L - V_C}{V_R} = \tan^{-1}\frac{\omega L - \frac{1}{\omega C}}{R}[\mathrm{rad}]$$

$$\cos\theta = \frac{R}{Z} = \frac{R}{\sqrt{R^2 + (X_L - X_C)^2}}$$

$$\sin\theta = \frac{X}{Z} = \frac{X_L - X_C}{Z} = \frac{X_L}{\sqrt{R^2 + (X_L - X_C)^2}}$$

(4) 직렬공진

$R-L-C$ 직렬회로에서 $X_L = X_C$라 놓으면 $I = \frac{V}{R}$[A]($Z = R$)가 되고 흐르는 전류가 최대값을 가진다. 이와 같은 회로를 직렬공진이라 한다.

> 공진주파수(f_e)$= \frac{1}{2\pi\sqrt{LC}}$[Hz]($E$와 I는 동위상)
>
> 공진각주파수(ω_0)$= \frac{1}{\sqrt{LC}}$

(5) $R-L$ 병렬회로

① $I_R = \frac{V}{R}$[A] (I_R은 V와 위상이 같다.)

② $I_L = \frac{V}{X_L}$[A] (I_L은 V보다 위상이 $\frac{\pi}{2}$만큼 뒤진다.)

③ $I = \sqrt{{I_R}^2 + {I_L}^2} = \sqrt{\left(\frac{V}{R}\right)^2 + \left(\frac{V}{X_L}\right)^2} = V\sqrt{\left(\frac{1}{R}\right)^2 + \left(\frac{1}{X_L}\right)^2} = V\sqrt{\left(\frac{1}{R}\right)^2 + \left(\frac{1}{\omega L}\right)^2}$ [A]

④ $\theta = \tan^{-1}\frac{I_L}{I_R} = \tan^{-1}\frac{R}{\omega L}$

⑤ $Z = \frac{V}{I} = \frac{V}{V\sqrt{\left(\frac{1}{R}\right)^2 + \left(\frac{1}{X_L}\right)^2}} = \frac{1}{\sqrt{\left(\frac{1}{R}\right)^2 + \left(\frac{1}{X_L}\right)^2}} = \frac{RX_L}{\sqrt{R^2 + {X_L}^2}}$ [Ω]

⑥ $Y = \frac{1}{Z} = \sqrt{\left(\frac{1}{R}\right)^2 + \left(\frac{1}{X_L}\right)^2}$ [℧]

⑦ $\cos\theta = \frac{I_R}{I} = \frac{\frac{V}{R}}{\frac{V}{Z}} = \frac{Z}{R} = \frac{X_L}{\sqrt{R^2 + {X_L}^2}}$

⑧ $\sin\theta = \frac{I_L}{I} = \frac{\frac{V}{X_L}}{\frac{V}{Z}} = \frac{Z}{X_L} = \frac{R}{\sqrt{R^2 + {X_L}^2}}$

(6) $R-C$ 병렬회로

① $I_R = \frac{V}{R}$[A] (I_R은 V와 위상이 같다.)

② $I_C = \frac{V}{X_C}$[A] (I_C는 V보다 위상이 $\frac{\pi}{2}$만큼 앞선다.)

③ $I = \sqrt{{I_R}^2 + {I_C}^2} = \sqrt{\left(\frac{V}{R}\right)^2 + \left(\frac{V}{X_C}\right)^2} = V\sqrt{\left(\frac{1}{R}\right)^2 + \left(\frac{1}{X_C}\right)^2} = V\sqrt{\left(\frac{1}{R}\right)^2 + \left(\frac{1}{\omega C}\right)^2}$ [A]

④ $\theta = \tan^{-1}\frac{I_C}{I_R} = \tan^{-1}\frac{R}{X_C} = \tan^{-1}\omega CR$[rad]

⑤ $Z = \frac{V}{I} = \frac{V}{V\sqrt{\left(\frac{1}{R}\right)^2 + \left(\frac{1}{X_C}\right)^2}} = \frac{1}{\sqrt{\left(\frac{1}{R}\right)^2 + \left(\frac{1}{X_C}\right)^2}} = \frac{RX_C}{\sqrt{R^2 + {X_C}^2}}$ [Ω]

⑥ $Y = \frac{1}{Z} = \sqrt{\left(\frac{1}{R}\right)^2 + \left(\frac{1}{X_C}\right)^2}$ [℧]

⑦ $\cos\theta = \dfrac{I_R}{I} = \dfrac{Z}{R} = \dfrac{X_C}{\sqrt{R^2 + X_C^{\ 2}}}$

⑧ $\sin\theta = \dfrac{I_C}{I} = \dfrac{Z}{X_C} = \dfrac{R}{\sqrt{R^2 + X_C^{\ 2}}}$

(7) $R-L-C$ 병렬회로

① $I_R = \dfrac{V}{R}$[A] (I_R은 V와 위상이 같다.)

② $I_L = \dfrac{V}{X_L}$[A] (I_L은 V보다 위상이 $\dfrac{\pi}{2}$만큼 뒤진다.)

③ $I_C = \dfrac{V}{X_C}$ [A] (I_C는 V보다 위상이 $\dfrac{\pi}{2}$만큼 앞선다.)

④ $I = \sqrt{I_R^{\ 2} + (I_L - I_C)^2} = \sqrt{\left(\dfrac{V}{R}\right)^2 + \left(\dfrac{V}{X_L} - \dfrac{V}{X_C}\right)^2} = V\sqrt{\left(\dfrac{1}{R}\right)^2 + \left(\dfrac{1}{X_L} - \dfrac{1}{X_C}\right)^2}$ [A]

⑤ $Z = \dfrac{V}{I} = \dfrac{V}{V\sqrt{\left(\dfrac{1}{R}\right)^2 + \left(\dfrac{1}{X_L} - \dfrac{1}{X_C}\right)^2}} = \dfrac{1}{\sqrt{\left(\dfrac{1}{R}\right)^2 + \left(\dfrac{1}{X_L} - \dfrac{1}{X_C}\right)^2}}$ [Ω]

⑥ $Y = \dfrac{1}{Z} = \sqrt{\left(\dfrac{1}{R}\right)^2 + \left(\dfrac{1}{X_L} - \dfrac{1}{X_C}\right)^2}$ [℧]

⑦ $X_L > X_C (I_C > I_L)$: 용량성회로(I가 V보다 앞선다.)
$X_L < X_C (I_C < I_L)$: 유도성회로(I가 V보다 뒤진다.)
$X_L = X_C (I_C = I_L)$: 병렬공진(I는 V와 위상이 같다. 이때 전류는 최소치가 흐른다.)

(8) 병렬공진

$R-L-C$ 병렬회로에서 $X_L = X_C$일 때 전류는 0이므로 이때를 병렬공진이라 한다. 공진주파수 $\omega^2 LC = 1$로부터

$$f_0 = \frac{1}{2\pi}\sqrt{\frac{1}{LC}}\ [\text{Hz}]$$

5 교류의 전력과 역률

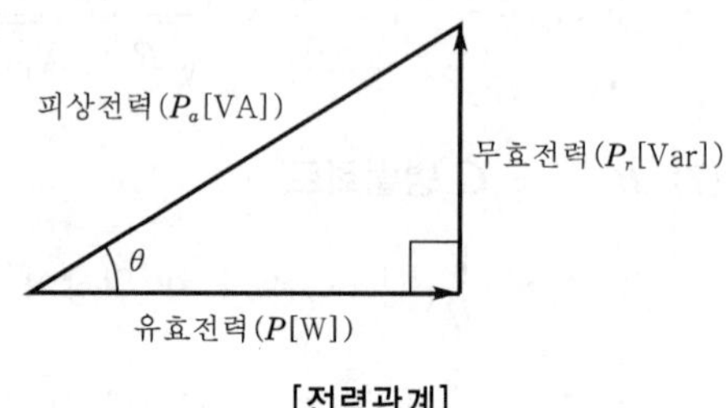

[전력관계]

(1) 유효전력(소비전력, 평균전력)

$$P = VI\cos\theta = I^2R\,[\text{W}]$$

(2) 무효전력

$$P_r = VI\sin\theta = I^2X\,[\text{Var}]$$

(3) 피상전력(겉보기전력)

$$P_a = VI = I^2Z = \sqrt{P^2 + {P_r}^2}\,[\text{VA}]$$

(4) 역률

$$\cos\theta = \frac{\text{유효전력}}{\text{피상전력}} = \frac{P}{P_a} = \frac{R}{Z} = \frac{P}{VI}$$

(5) 무효율

$$\sin\theta = \frac{\text{무효전력}}{\text{피상전력}} = \frac{P_r}{P_a} = \frac{X}{Z} = \frac{P_r}{VI}$$

① 역률 개선을 위해 진상콘덴서를 병렬로 연결한다.

② 전부하전류

- 단상회로 전류$(I) = \dfrac{\text{정격출력(W)}}{V\cos\theta\eta}$[A]
- 3상회로 전류$(I) = \dfrac{\text{정격출력(W)}}{\sqrt{3}\,V\cos\theta\eta}$[A]

③ Y결선

- $I_l = I_p$
- $I_l = \dfrac{\frac{E}{\sqrt{3}}}{Z}$
- $I_p = \dfrac{V_p}{|Z|} = \dfrac{\frac{E}{\sqrt{3}}}{|Z|} = \dfrac{E}{\sqrt{3}\,Z}$

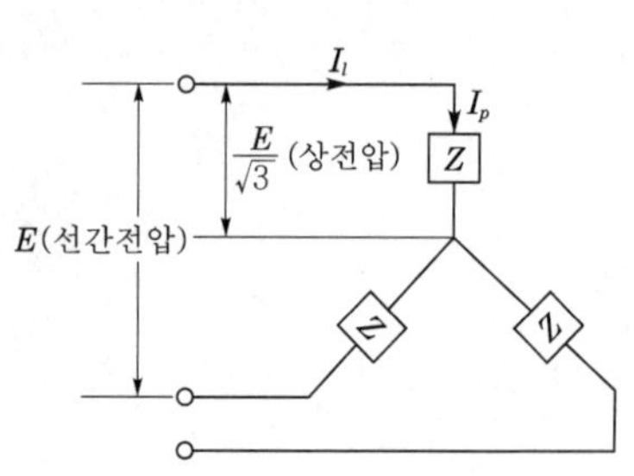

④ Δ결선

- $V_l = V_p = E$
- $I_p = \dfrac{E}{|Z|}$
- $I_l = \sqrt{3}\,I_p = \dfrac{\sqrt{3}\,E}{Z}$

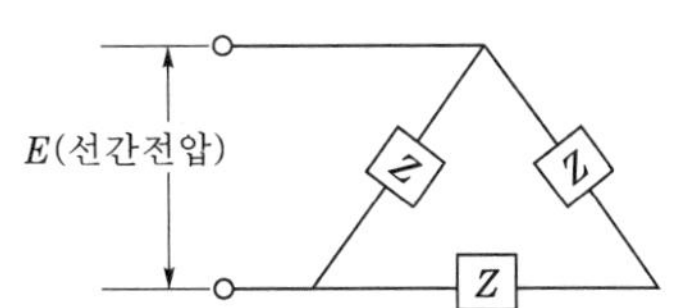

(6) 3상 교류전력

① 유효전력 : $P = 3\,V_p I_p \cos\theta = \sqrt{3}\,V_l I_l \cos\theta = 3{I_p}^2 R$[W]

② 무효전력 : $P_r = 3\,V_p I_p \sin\theta = \sqrt{3}\,V_l I_l \sin\theta = 3{I_p}^2 X$[Var]

③ 피상전력 : $P_a = 3\,V_p I_p = \sqrt{3}\,V_l I_l = \sqrt{P^2 + {P_r}^2} = 3{I_p}^2 Z$[VA]

여기서, V_p : 상전압, I_p : 상전류(A), V_l : 선간전압, I_l 선간전류(A)

(7) Δ결선과 Y결선의 환산

① Δ결선 → Y결선 환산

$$Z_a = \frac{Z_{ab} Z_{ca}}{Z_{ab} + Z_{bc} + Z_{ca}}$$

$$Z_b = \frac{Z_{bc} Z_{ab}}{Z_{ab} + Z_{bc} + Z_{ca}}$$

$$Z_c = \frac{Z_{ca} Z_{bc}}{Z_{ab} + Z_{bc} + Z_{ca}}$$

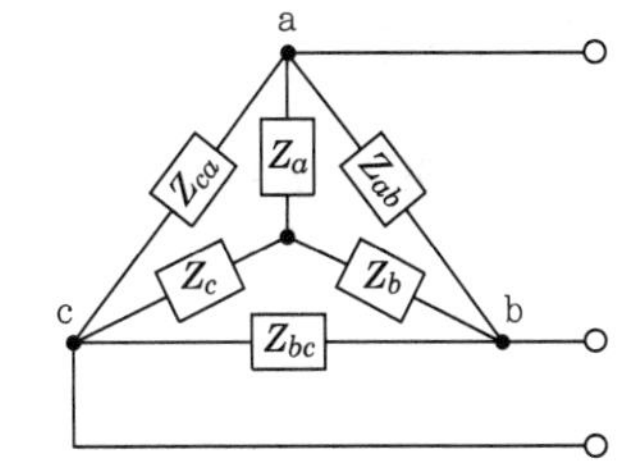

평형부하인 경우 $\Delta \rightarrow Y$로 환산하면 $\dfrac{1}{3}$배, 즉 $Z_Y = \dfrac{1}{3} Z_\Delta$이다.

② Y결선 → Δ결선 환산

$$Z_{ab} = \frac{Z_a Z_b + Z_b Z_c + Z_c Z_a}{Z_c}$$

$$Z_{bc} = \frac{Z_a Z_b + Z_b Z_c + Z_c Z_a}{Z_a}$$

$$Z_{ca} = \frac{Z_a Z_b + Z_b Z_c + Z_c Z_a}{Z_b}$$

평형부하인 경우 $Y \rightarrow \Delta$로 환산하면 3배, 즉 $Z_\Delta = 3Z_Y$이다.

(8) 브리지회로

평형조건	브리지회로
$Z_1 Z_4 = Z_2 Z_3$	

[회로소자의 축척에너지 및 변화]

회로	축척에너지	에너지변화
R(저항)	$W_R = I^2 R$[J]	열로 소모되는 전기에너지
L(인덕턴스)	$W_L = \frac{1}{2} L I^2$[J]	축척되는 자계에너지
C(커패시턴스)	$W_C = \frac{1}{2} C V^2$[J]	축척되는 전계에너지

(9) V결선

① 출력 : $P = V_{ab} I_{ab} \cos\left(\frac{\pi}{6} - \theta\right) + V_{ca} I_{ca} \cos\left(\frac{\pi}{6} + \theta\right) = \sqrt{3}\, VI\cos\theta$[W]

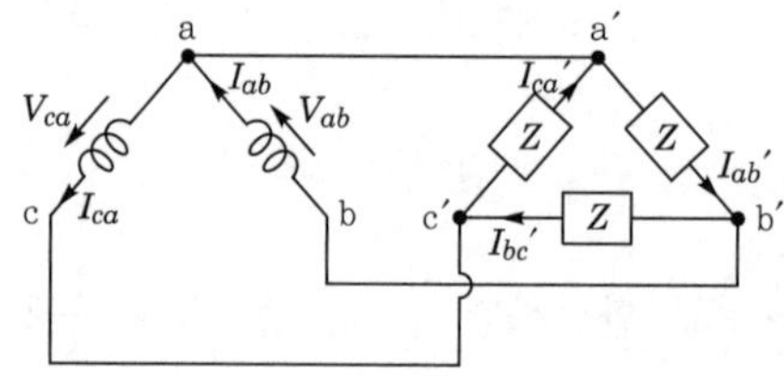

② 변압기 이용률 및 출력비

㉠ 이용률(U)$= \dfrac{\text{2대의 } V\text{결선 출력}}{\text{2대 단독 출력의 합}} = \dfrac{\sqrt{3}\, VI\cos\theta}{2\,VI\cos\theta} = \dfrac{\sqrt{3}}{2} = 0.866$

㉡ 출력비$= \dfrac{V\text{결선 출력}}{\Delta\text{결선 출력}} = \dfrac{\sqrt{3}\, VI\cos\theta}{3\,VI\cos\theta} = \dfrac{\sqrt{3}}{3} = 0.577$

(10) 위상과 위상차

① 위상 : 전기적 파의 어떤 임의의 기점에 대한 상대적인 위치로서 여러 개의 사인파 교류에서 각 파의 상승이 시작되는 순간에 대한 시간적인 차

$$V = V_m \sin wt \text{[V]}$$
$$V_1 = V_m \sin(wt + \theta_1) \text{[V]}$$

$$V_2 = V_m \sin(wt + \theta_2)[\text{V}]$$

㉠ V_1은 V보다 위상 θ_1만큼 빠르다.

㉡ V_2은 V보다 위상 θ_2만큼 느리다.

② **동상** : 2개 이상의 교류파형에서 위상차가 0이고 교류파형의 변화가 항상 동시에 일어나는 교류를 “위상이 같다” 또는 “동상이다”라고 한다.

$$V_1 = V_{m1}\sin wt[\text{V}]$$

$$V_2 = V_{m2}\sin wt[\text{V}]$$

V_1과 V_2는 위상이 동위상이다.

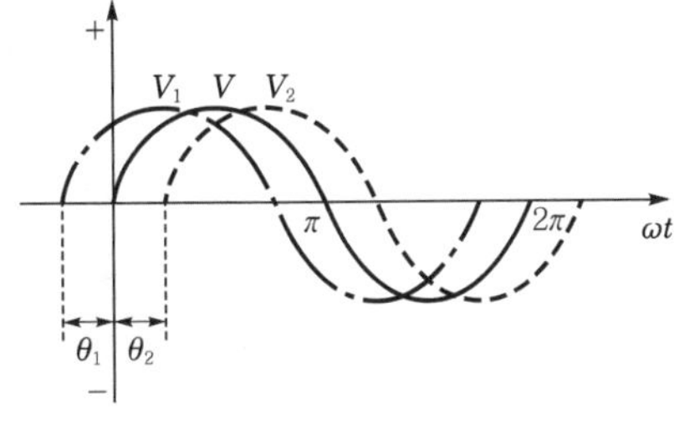

[위상]

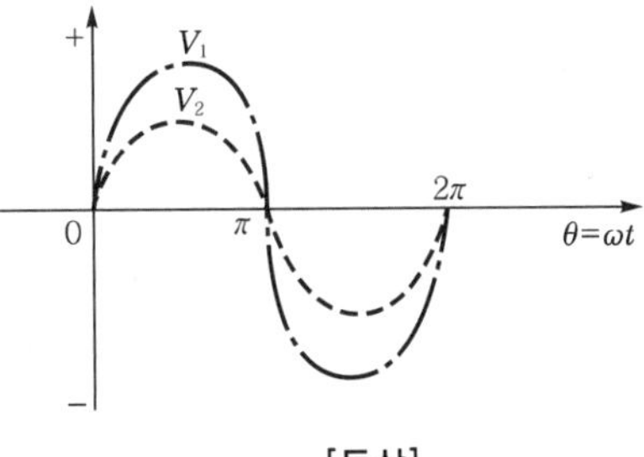

[동상]

PART 3

Air-Conditioning Refrigerating Machinery

Chapter 4 전기기기와 계측기기

1 전기기기

1.1 변압기

변압기(transformer)의 원리는 전자유도의 응용으로서 1차측 코일의 전류 I_1, 전압 V_1, 저항 R_1이고, 2차측 코일의 전류 I_2, 전압 V_2, 저항 R_2일 때 N_1과 N_2를 각각 1차측 권선횟수와 2차측 권선횟수라 하면

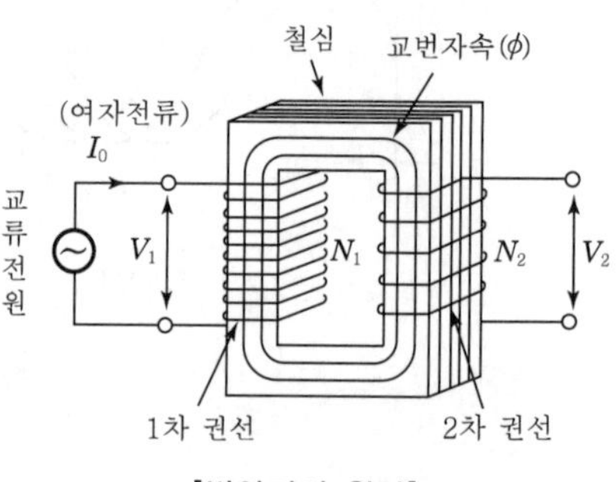

[변압기의 원리]

(1) 전압과 권선횟수와의 관계

$$\frac{V_2}{V_1} = \frac{N_2}{N_1}$$

전압비와 권선비는 비례한다.

(2) 전류와 권선횟수와의 관계

$$\frac{I_2}{I_1} = \frac{N_1}{N_2}$$

전류비와 권선비는 반비례한다.

(3) 저항과 권선횟수와의 관계

$$\frac{R_2}{R_1} = \left(\frac{N_2}{N_1}\right)^2$$

저항비는 권선비의 제곱에 비례한다.

1.2 직류기

직류기란 직류전동기, 직류발전기 등의 직류회전기를 통틀어 이르는 말이다.

(1) 직류기의 3요소

① 전기자(armature) : 원동기로 회전시켜 자속을 끊어서 기전력을 유도하는 부분

② 계자(field magnet) : 전기자가 쇄교하는 자속을 만들어주는 부분

③ 정류자(commutator) : 브러시와 접촉하여 유도기전력을 정류시켜 직류로 바꾸어주는 부분

※ 브러시 : 정류자면에 접촉해서 전기자권선과 외부회로를 연결해주는 것으로 탄소질브러시, 흑연질브러시, 전기흑연질브러시, 금속흑연질브러시 등이 있다.

(2) 직류기의 유기기전력

① 전기자 도체 1개당 유기기전력 : $e = Blv = \frac{p}{60}\pi N[\mathrm{V}]$

여기서, B : 자속밀도(Wb/m^2), l : 코일의 유효길이(m), v : 도체의 주변 속도(m/s)
p : 자극수, N : 회전수(rpm)

② 직류기의 단자 간에 얻어지는 유기기전력 : $E = \frac{Z}{a}e = \frac{pZ}{60}\phi N[\mathrm{V}]$

여기서, Z : 전기자 도체수, a : 권선의 병렬회로수(중권에서는 $a=p$, 파권에서는 $a=2$)
ϕ : 1극당의 자속(Wb)

③ 직류발전기의 단자전압(V)과 유기기전력(E)의 관계 : $V = E - IR - e_b - e_a[\mathrm{V}]$

여기서, IR : 부하전류에 의한 전기자권선, 직권권선, 보상권선 등의 전전압강하(V)
e_b : 브러시전압강하(V), e_a : 전기자 반작용에 의한 전압강하(V)

1.3 유도기

유도기(induction machine)란 전자기 유도를 응용한 전기기계를 통틀어 이르는 말이다.

(1) 유도전동기의 동기속도와 슬립

① 동기속도 : $N_s = \frac{120f}{P}[\mathrm{rpm}]$

② 슬립 : $s = \frac{N_s - N}{N_s} = 1 - \frac{N}{N_s}$

③ 회전자의 회전자에 대한 상대속도 : $N = (1-s)N_s[\mathrm{rpm}]$

PART 3

(2) 유도전동기의 2차 입력, 출력, 2차 동손

① 2차 입력과 2차 동손의 관계 : 2차 동손 P_{c2}[W]는 슬립 s로 운전 중 2차 입력이 P_{2i}[W]일 것

$$P_{c2} = sP_{2i}[\mathrm{W}]$$

② 2차 입력과 기계적 출력의 관계 : 기계적 출력 P_o[W]는 슬립 s로 운전 중 2차 입력이 P_{2i}[W] 일 것

$$P_o = (1-s)P_{2i}[\mathrm{W}]$$

③ 2차 입력과 2차 동손, 기계적 출력의 관계 : $P_{2i} : P_{c2} : P_o = 1 : s : (1-s)$

(3) 유도전동기의 손실 및 효율

① 손실

㉠ 고정손 : 철손, 베어링마찰손, 브러시전기손, 풍손

㉡ 직접부하손 : 1차 권선의 저항손, 2차 회로의 저항손, 브러시전기손

㉢ 표유부하손 : 도체 및 철 속에 발생하는 손실

② 효율 : $\eta = \dfrac{\text{출력}}{\text{입력}} \times 100 = \dfrac{\text{입력} - \text{손실}}{\text{입력}} \times 100 = \dfrac{P}{\sqrt{3}\, V_1 I_1 \cos\theta_1} \times 100[\%]$

③ 2차 효율 : $\eta_2 = \dfrac{\text{2차 출력}}{\text{2차 입력}} \times 100 = \dfrac{P_{2o}}{P_{2i}} \times 100 = \dfrac{P_{2i}(1-s)}{P_{2i}} \times 100 = (1-s) \times 100$

$$= \frac{N}{N_s} \times 100[\%]$$

(4) 리액터(reactor)의 기동법

펌프나 송풍기와 같이 기동토크가 작은 부하일 때 전원 1차측에 철심리액터를 직렬로 접속시켜 기동전류를 적당히 제한시키는 방법이다. 이 기동기의 전압은 50%, 65%, 80%로 가감하게 되며, 주로 22kW 이상의 3상 농형 전동기에 사용된다. 그리고 자동운전, 원격조작에 적합하다.

(5) 권선형 전동기의 기동법

권선형 전동기의 기동은 슬립링을 통하여 회전자회로에 저항을 삽입하면 기동전류가 제한되는 동시에 토크의 비례추이에 따라 기동토크를 증대시킬 수 있다. 이 방법에 의하면 기동전류를 전부하전류의 200% 이하로 제한시킬 수 있으며 기동토크를 최대 토크 부근에서 전동기를 기동시킬 수 있다.

(6) 변압기의 3상 결선

① $\Delta-\Delta$결선

㉠ 단상 변압기 3대로 하고, 이 중 1대가 고장 났을 때 남은 2대를 V결선으로 하여 송전할 수 있다.

㉡ 제3 고조파는, 각 상은 동상이 되며 권선 내에 순환전류를 흐르게 하나 외부에 나타나지 않으므로 통신장애가 없다.

㉢ 동일 선간전압에 대해서 Y결선보다 $\sqrt{3}$배의 전압이 가해지므로 권수가 많고 높은 절연이 필요하다.

② $\Delta-Y$, $Y-\Delta$결선

㉠ 이 결선에는 1차나 2차 중 어느 것 한 편이 Δ결선이기 때문에 여자전류의 제3 고조파분의 통로가 있고 제3 고조파의 장애가 없다.

㉡ 1차, 2차 어느 것인가가 Y결선이므로 중성점이 접지된다.

㉢ 1차, 2차 선간전압은 서로 $\frac{\pi}{6}$의 위상차가 생긴다.

③ $Y-Y$결선

㉠ 중성점을 접지할 수 있다.

㉡ 1상의 전압이 선간전압의 $\frac{1}{\sqrt{3}}$이 되므로 절연이 용이하다.

㉢ 여자전류의 제3 고조파분의 통로가 없으므로 1상의 기전력에 제3 고조파를 포함하여 통신장애가 있다. 따라서 3차 권선을 설치하여 $Y-Y-\Delta$결선으로 하여 널리 채용되고 있다.

1.4 전동기(motor)

전기에너지를 기계적인 에너지로 바꾸어 회전운동을 일으켜 동력을 얻는 기계이다.

※ 발동기 : 동력을 일으키는 기계

(1) 단상 유도전동기의 기동법

단상 교류전원으로 작동하는 유도전동기이다.

① **반발기동형** : 고정자에 주권선이 감겨져 있고, 회전자에 직류전동기처럼 정류자와 권선이 감겨져 있으며 정격속도 75%에서 원심력으로 정류자를 단락하여 농형 회전자가 된다. 기동토크가 크다.

※ 기동토크크기 : 반발기동형 > 반발유도형 > 콘덴서기동형 > 분산기동형

② **콘덴서기동형** : 기동권선에 콘덴서를 직렬로 접속하여 전류를 90° 앞서게 하면 기동토크가 크게 되고 기동전류를 작게 할 수 있다.

※ 영구 콘덴서기동형은 기동토크는 작으나 운전 중 역률이 좋고 회전이 양호하다.

PART 3

③ **분산기동형** : 기동권선은 주전선보다 20~30° 앞선 전류가 흘러서 회전계가 형성되며 동기속도의 70~80%에서 보조권선이 전원에서 분리되며 기동토크가 작다.

④ **셰이딩코일형** : 회전방향을 바꿀 수 없고(역회전 불가능) 구조는 간단하나 기동토크가 작고 역률과 효율도 나쁘다.

(2) 3상 유도전동기의 기동법

3상 유도전동기에서 큰 출력인 경우 정격전압을 그대로 공급하면 기동전류가 전부하전류의 5~7배 가까이 흘러서 배전선이나 기계 자신에 장애를 일으킨다. 이러한 장애를 방지하기 위하여 여러 가지 기동방법을 채택하고 있다.

① 농형

㉠ 전전압기동 : 3.7kW까지는 기동장치 없이 직접 정격전압을 걸어 기동한다.

㉡ $Y-\Delta$기동 : 10~15kW 이하의 전동기로서 3상 전환스위치를 사용하여 기동 시에는 Y로 기동하고, 운전 시에는 Δ로 기동한다. 이 방법으로 하면 1차 각 상에 정격전압의 $1/\sqrt{3}$이 가해지고 기동전류가 전전압기동에 비해 $1/\sqrt{3}$이 되므로 전부하전류의 200~250%로 제한되며 기동토크도 $1/\sqrt{3}$로 줄어든다.

㉢ 리액터기동법 : 전동기의 1차쪽에 직렬로 철심이 든 리액터를 연결한다.

㉣ 기동보상기법 : 15kW 이상의 전동기를 기동 시 사용하며 3상 단권변압기를 써서 기동전압을 떨어뜨려 공급함으로써 기동전류를 제한하도록 한다.

② **권선형** : 기동저항기법으로 슬립링을 통하여 외부에서 조절할 수 있는 저항기를 접속해 기동 시 저항을 조정하여 기동전류를 억제하고 속도가 커짐에 따라 저항을 원위치시킨다.

(3) 전동기 회전방향 및 속도제어법

① 전원에 접속된 3개의 단자 중 어느 2개를 서로 바꾸어 접속하면 1차 권선에 흐르는 3상 교류의 상회전이 반대가 되므로 자장의 회전방향도 바뀌어 역전한다.

② **2차 회로의 저항을 조정하는 방법** : 권선형 유도전동기의 2차 회로에 저항을 넣어 저항변화에 의한 토크속도특성의 비례추이를 응용한 것이다.

③ **전원의 주파수를 바꾸는 방법** : 동기속도$(n_s)=\dfrac{120f}{p}$이므로 회전속도는 다음과 같다.

$$n=n_s(1-s)=\frac{120}{p}f(1-s)\,[\text{rpm}]$$

④ **극수를 바꾸는 방법** : 농형 전동기의 1차 권선의 극수를 바꾸는 방법이다.

⑤ **2차 여자방법** : 권선형 유도전동기의 2차 회로에 2차 주파수와 같은 주파수의 적당한 크기의 전압을 가하는 방법이며 전동기의 속도를 동기속도보다 크게 할 수도, 작게 할 수도 있다.

(4) 토크(torque)

물체를 어떤 회전축 주위로 회전시키는 힘의 동기(힘의 모멘트)이다.

$$T = Fr = \text{접선방향의 힘} \times \text{반지름}[\text{N} \cdot \text{m} = \text{J}]$$

※ 동력(power=공률(일률)) : 단위시간(s)당 행한 일량(N・m)

$$\text{동력}(P) = FV = Fr\omega = T\omega = T\frac{2\pi N}{60}[\text{W}]$$

1.5 직류(DC)발전기

(1) 여자방법

① 자석발전기 : 영구자석을 계자로 한 것

② 타여자발전기 : 계자전류를 다른 직류전원에서 얻는 것

③ 자여자발전기 : 전기자(armature)에서 발생한 기전력으로 계자권선에 전류를 흘리는 것

(2) 전기자와 계자권선의 접속방법

① 직권발전기 : 전기자와 계자권선이 직렬로 접속된 것

② 분권발전기 : 전기자와 계자권선이 병렬로 접속된 것

③ 복권발전기 : 직권의 계자권선과 분권의 계자권선이 있음

(3) 자속의 방향에 따라

① 기동복권 : 두 권선의 자속이 합해지도록 접속한 것

② 차동복권 : 두 권선의 자속이 지워지도록 접속한 것

(4) 분권권선의 접속방법에 따라

① 내분권 : 전기자회로와 분권계자회로를 병렬로 접속한 것에 직권계자코일을 직렬로 연결한 것

② 외분권 : 전기자와 직권계자코일을 직렬로 접속한 것에 분권계자코일을 병렬로 연결한 것

(5) 용도

① 타여자발전기 : 전압강하가 작고 계자전압은 전기자전압과는 관계없이 설계할 수 있으므로 전기화학공업용의 저전압 대전류용 발전기, 단자전압을 넓은 범위로 세밀하게 조정하는 동기발전기의 주여자기 등에 사용된다.

② 분권발전기 : 타여자발전기와 같이 전압강하가 작고 자여자이므로 다른 여자전원이 필요 없으며 계자충전용, 동기기와 여자기의 여자용 일반직류전원용에 적당하다.

③ **직권발전기** : 부하전류로 여자되므로 부하저항에 따르는 전압변동이 심하므로 승압기로 사용될 뿐이다.

④ **복권발전기** : 부하에 관계없이 일정한 전압이 얻어지므로 일반적인 직류 전원 및 여자기 등에 가장 많이 쓰인다.

㉠ 가동복권발전기 : 부하가 변하더라도 전압이 항상 일정해야 하는 부하로서 전등이나 선박용에 사용된다.

㉡ 차동복권발전기 : 부하의 증가에 따라 전압이 내려가는 부하특성이 필요한 부하로서 전기용접용에 쓰인다.

1.6 직류전동기

(1) 종류

① 타여자전동기

② 자여자전동기 ┬ 분권전동기
　　　　　　　├ 직권전동기
　　　　　　　└ 복권전동기 ┬ 가동복권전동기
　　　　　　　　　　　　　└ 차동복권전동기

(2) 용도

① **타여자전동기** : 외부에서 계자전류 ϕ를 일정하게 조절할 수 있다. 따라서 속도공식 $n=\dfrac{V-I_aR_a}{k_\varepsilon\phi}$의 ϕ를 일정하게 하면 n은 $V-I_aR_a$에 비례하므로 발생전압을 넓은 범위로 조정할 수 있는데, 이들을 조합한 제어장치에 워드-레오나드(Ward-Leonard)방식이나 엘리베이터의 주전동기로 널리 사용된다.

② **자여자전동기**

㉠ 분권전동기 : 부하변화에 대한 회전속도의 변동이 작으므로 직류 전원이 있는 선박의 펌프, 환기용 송풍기 등에 사용되며 계자저항기로 쉽게 회전속도를 조정할 수 있으므로 공작기계 압연기의 보조용 전동기에 사용된다.

㉡ 직권전동기 : 부하전류가 여자전류가 되므로 토크공식 $T=k_T\phi I$에서 $I\propto\phi$이므로 $T=k_TI^2$이 되어 기동토크가 크고 입력이 과대하게 되지 않으므로 전차, 권상기, 크레인 등과 같이 기동횟수가 빈번하고 토크변동도 심한 부하에 적당하고 무부하 시에 속도가 최대가 되어 원심력에 의해 회전자가 돌출하는 위험이 있으므로 벨트운전은 조심해야 한다.

㉢ 복권전동기

- 가동복권전동기 : 분권전동기와 직권전동기의 중간 특성을 가지고 있으며 기동토크가 분권전동기보다 크고 무부하가 되어도 직권전동기처럼 위험속도가 되지 않으므로 크레인, 엘리베이터, 공작기계, 공기압축기 등의 운전에 적합하다.
- 차동복권전동기 : 기동토크가 작고 기동 시 계자자속이 분권계자자속보다 우세하면 역회전할 염려가 있으므로 거의 사용하지 않는다.

(3) 직류전동기의 속도제어

① **계자제어** : 직류전동기의 회전속도공식에서 계자자속 ϕ를 변화시키는 방법으로 계자저항기로 계자전류를 조정하여 ϕ를 변화시킨다.

② **저항제어** : 전기자회로에 직렬로 저항을 넣어 R_a를 변화시킨다.

③ **전압제어** : 주로 타여자전동기에 사용되며 전기자에 가한 전압을 변화시킨다. 워드-레오나드방식과 일그너방식이 있다.

(4) 전기제동

① **발전제동** : 운전 중의 전동기를 전원에서 분리하여 단자에 적당한 저항을 접속하고, 이것을 발전기로 동작시켜 부하전류로 역토크에 의해 제동하는 방법이다.

② **회생제동** : 전동기를 발전기로 동작시켜 그 유도기전력을 전원전압보다 크게 하여 전력을 전원에 되돌려 보내면서 제동시키는 방법이다.

③ **플러깅제동(역상제동)** : 전동기를 전원에 접속한 채로 전기자의 접속을 반대로 바꾸어 회전방향과 반대의 토크를 발생시켜 갑자기 정지 또는 역전시키는 방법이다.

PART 3

2 계측기기

2.1 구동장치(driving device)

측정하려는 전기적인 양에 비례하는 구동토크(driving torque)를 발생시킨다. 계기에 흐르는 전압, 전류, 전력에 비례한다.

① 자장과 전류와의 사이에 작용하는 힘을 이용한 가동코일(coil)형 계기
② 충전된 두 물체 사이에 작용하는 힘을 이용한 정전형 계기
③ 열기전력을 전자력에 이용한 열전쌍계기(열전형 계기)
④ 자장 내에 있는 철편에 작용하는 힘을 이용한 가동철편형 계기
⑤ 두 전류 사이에 작용하는 힘을 이용한 전류력계형 계기
⑥ 전류에 의한 전기분해작용을 이용한 전해형 계기
⑦ 이동 및 회전자장 내에 있는 금속도체에 작용하는 힘을 이용한 유도형 계기

2.2 제어장치(control device)

제어토크(control torque)를 발생시켜 구동토크와 평형이 되는 점에서 지침을 정지시킨다.

① 스프링제어(spring control) : 스프링을 가동 부분의 축에 달아 스프링의 탄력을 이용할 것

② 중력제어(gravity control) : 지구의 중력을 이용할 것

③ 전자제어(electromagnetic control) : 적산전력계에 사용되는 와전류제어(eddy current control)와 절연저항계(megohmmeter)나 역률계에 사용되는 교차코일제어(cross coil control)가 있음

2.3 제동장치(damping device)

지침이 평행위치에서 좌우로 진동이 발생하는 것을 방지하는 장치로 제동날개를 운동시킴으로써 발생하는 제동력을 이용한 공기제동(air damping)과 액체제동(liquid damping) 및 맴돌이전류와 영구자석의 상호작용을 이용한 전자제동이 있다.

2.4 지시계기

① 가동코일형 계기 : 영구자석의 자극 사이에 원통형의 연철철심과 동심으로 코일이 설치된 구조로 되어 있다.

② 가동철편형 계기 : 고정코일에 전류가 흐를 때 발생하는 자계가 가동부에 취부된 철편에 작용하는 전자력에 의해서 구동토크를 얻는 계기이다.

5 Chapter 시퀀스제어

1 자동제어의 정의

제어란 어떤 목적에 적합하도록 제어대상에 필요한 조작을 가하는 것이라고 정의할 수 있다. 일반적으로 자동화의 기초기술이 되는 자동제어는 피드백제어(feedback control)와 시퀀스제어(sequential control)로 구분할 수 있다. 여기서 어떤 목적에 적합하다는 의미는 피드백제어에서 물리량(제어량)의 값을 목표치에 일치시키는 것을 의미하고, 시퀀스제어에서는 미리 정해진 순서에 따라 동작시키는 것을 의미한다.

2 시퀀스제어용 부품

2.1 버튼스위치

버튼스위치(BS : Button Switch)는 수동으로 버튼을 누르면 접점기구부가 개폐동작을 행하여 전로를 개로 또는 폐로하며, 손을 떼게 되면 자동적으로 스프링의 힘에 의해서 원상태로 돌아가는 제어용 조작스위치를 말한다. 버튼스위치는 손가락으로 조작되는 버튼기구부와 버튼기구부에서 받은 힘에 의해 전기회로를 개폐하는 접점기구부로 구성되어 있다.

2.2 릴레이

릴레이(R : Relay)는 전자계전기라고도 불리며 전자석에 의한 철편의 흡입력을 이용해서 접점을 개폐하는 기능을 가진 기기를 말한다. 릴레이시퀀스제어에서 제어기기 가운데 주역이 되는 것으로서 소형으로 접점의 수가 많은 제어용 전자계전기에서부터 큰 전류의 개폐도 할 수 있는 전력용 전자계전기 등 여러 가지가 있다.

릴레이의 작동원리는 봉상의 철심에 코일을 감아서 여기에 스위치와 전지를 연결한다. 그리고 스위치를 닫으면 코일에 전류가 흘러서 봉상의 철심은 전자석이 되어 철편을 흡인하는 원리를 이용한 것이다. 릴레이의 접점은 a접점, b접점, c접점이 있다.

(1) a접점

릴레이의 a접점이란 릴레이의 코일에 전류가 흐르지 않은 상태(복귀상태)에서는 가동접점과 고정접점이 떨어져서 '개로'하고 있지만, 코일에 전류가 흐르게 되면(동작상태) 가동접점이 고정접점에 접촉되어 '폐로'하는 접점을 말한다.

(2) b접점

릴레이의 b접점이란 릴레이의 코일에 전류가 흐르지 않은 상태(복귀상태)에서는 가동접점과 고정접점이 접촉되어서 '폐로'하고 있지만, 코일에 전류가 흐르게 되면(동작상태) 가동접점과 고정접점에서 떨어져서 '개로'하는 접점을 말한다.

(3) c접점

릴레이의 c접점이란 a접점과 b접점이 1개의 가동접점을 공유하여 조합된 구조의 접점을 말한다. 따라서 c접점이 있는 릴레이의 전자코일에 전류가 흐르지 않은 복귀상태에서는 a접점은 '개로'하고 있고, b접점은 '폐로'하고 있으나, 전자코일에 전류가 흘러 동작상태가 되면 상호 공통인 가동접점이 아래쪽으로 이동하기 때문에 a접점은 '폐로'하고, b접점은 '개로'하게 된다. 이와 같이 릴레이의 c접점은 회로의 전환을 할 수 있다.

[릴레이접점의 종류와 호칭]

접점의 이름	접점의 상태	별칭
a접점	열려 있는 접점 (arbeit contact)	• 메이크접점(make contact) (회로를 만드는 접점) • 상개접점(normally open contact) (NO접점 : 항상 열려 있는 접점)
b접점	닫혀 있는 점점 (break contact)	• 브레이크접점(break contact) • 상폐접점(normally close contact) (NC접점 : 항상 닫혀 있는 접점)
c접점	전환접점 (change-over contact)	• 브레이크메이크접점(break make contact) • 트랜스퍼접점(transfer contact)

명칭	그림기호		설명
	a접점	b접점	
접점(일반) 또는 수동조작	(a) (b)	(a) (b)	• a접점 : 평시에 열려 있는 접점(NO) • b접점 : 평시에 닫혀 있는 접점(NC) • c접점 : 전환접점
수동조작 자동복귀접점	(a) (b)	(a) (b)	손을 떼면 복귀하는 접점이며 누름형, 당김형, 비틈형으로 공통이고 버튼스위치, 조작스위치 등의 접점에 사용된다.
기계적 접점	(a) (b)	(a) (b)	리밋스위치 같이 접점의 개폐가 전기적 이외의 원인에 의하여 이루어지는 것에 사용된다.
조작스위치 잔류점검	(a) (b)	(a) (b)	
전기접점 또는 보조스위치접점	(a) (b)	(a) (b)	
한시동작접점	(a) (b)	(a) (b)	특히 한시접접이라는 것을 표시할 필요가 있는 경우에 사용한다.
한시복귀접점	(a) (b)	(a) (b)	
수동복귀접점	(a) (b)	(a) (b)	인위적으로 복귀시키는 것인데, 전자식으로 북귀시키는 것도 포함한다. 예를 들면, 수동복귀의 열전계전기접점, 전자복귀식 벨계전기접점 등에 사용된다.
전자접촉기접점	(a) (b)	(a) (b)	잘못이 생길 염려가 없을 때는 계전접점 또는 보조스위치접점과 똑같은 그림기호를 사용해도 된다.
제어기접점 (드럼형 또는 캡형)			그림은 하나의 접점을 가리킨다.

3 논리시퀀스회로

(1) AND회로(논리적회로)

2개의 입력 A와 B 모두 "1"일 때만 출력이 "1"이 되는 회로로서 논리식은 C=A·B이다.

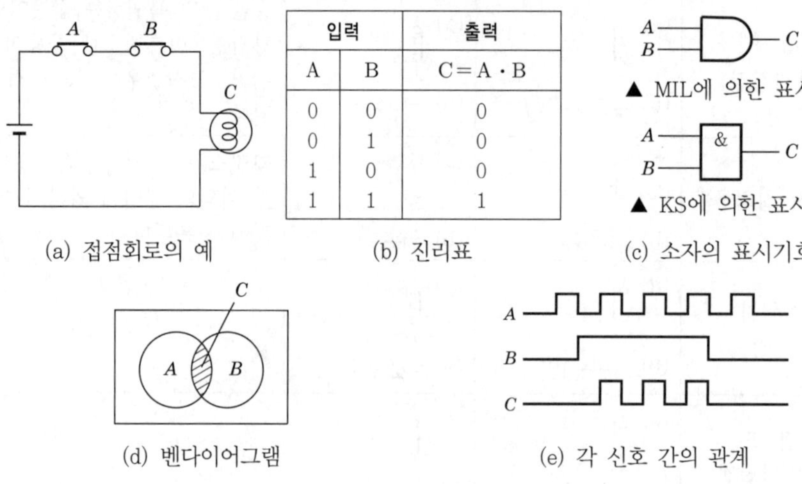

입력		출력
A	B	C=A·B
0	0	0
0	1	0
1	0	0
1	1	1

(a) 접점회로의 예 (b) 진리표 (c) 소자의 표시기호

(d) 벤다이어그램 (e) 각 신호 간의 관계

[AND회로]

(2) OR회로(논리합회로)

입력 A 또는 B의 어느 한쪽이 "1"이든가 2개 모두 "1"일 때 출력이 "1"이 되는 회로로서 논리식은 C=A+B이다.

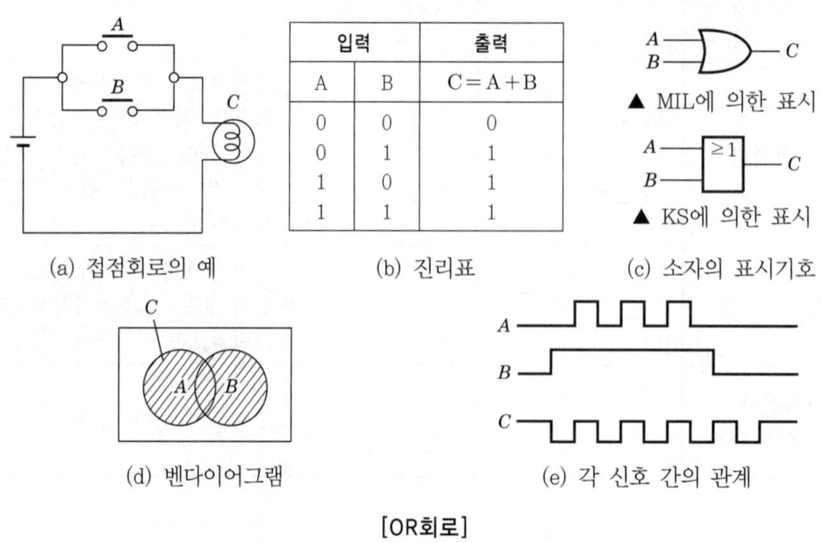

입력		출력
A	B	C=A+B
0	0	0
0	1	1
1	0	1
1	1	1

(a) 접점회로의 예 (b) 진리표 (c) 소자의 표시기호

(d) 벤다이어그램 (e) 각 신호 간의 관계

[OR회로]

(3) NOT회로(논리부정회로)

입력이 “0”일 때 출력은 “1”, 입력이 “1”일 때 출력은 “0”이 되는 회로로서 입력신호에 대하여 부정(NOT)의 출력이 나오는 것이다. 논리식은 $C = \overline{A}$ 이다.

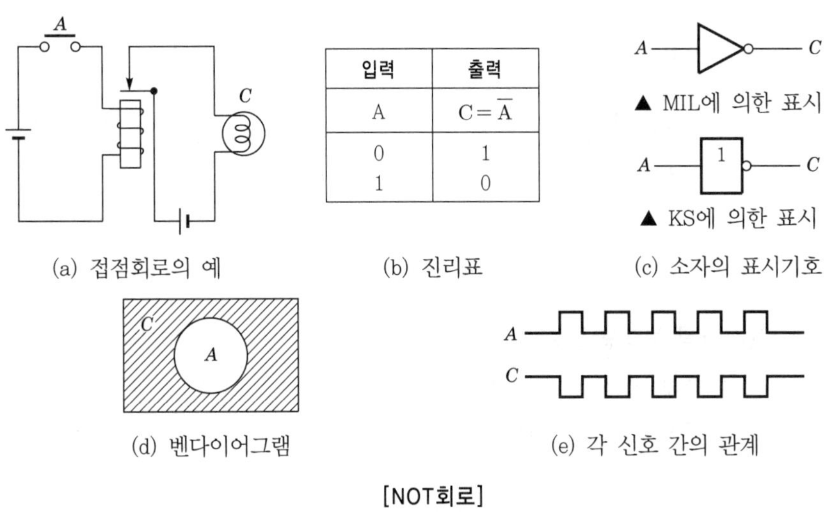

입력	출력
A	$C=\overline{A}$
0 1	1 0

(a) 접점회로의 예 (b) 진리표 (c) 소자의 표시기호

(d) 벤다이어그램 (e) 각 신호 간의 관계

[NOT회로]

(4) NAND회로

AND회로에 NOT회로를 접속한 AND-NOT회로로서 논리식은 $C = \overline{A \cdot B}$ 이다.

입력		출력
A	B	$C=\overline{A \cdot B}$
0	0	1
0	1	1
1	0	1
1	1	0

(a) 진리표

▲ MIL에 의한 표시

▲ KS에 의한 표시

(b) 소자의 표시기호

(c) 벤다이어그램 (d) 각 신호 간의 관계

[NAND회로]

(5) NOR회로

OR회로에 NOT회로를 접속한 OR-NOT회로로서 논리식은 $C = \overline{A+B}$ 이다.

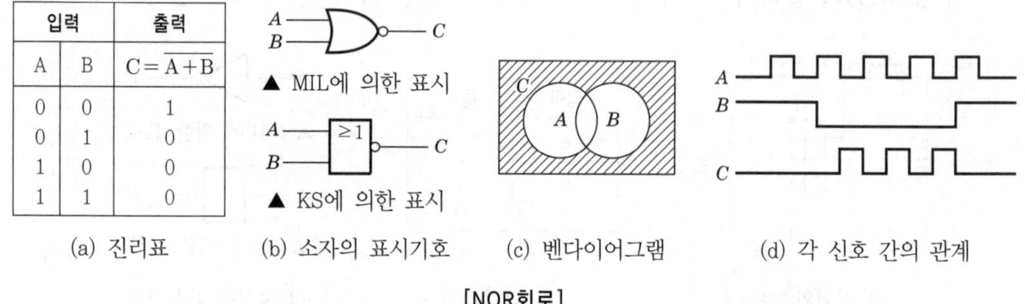

입력		출력
A	B	$C=\overline{A+B}$
0	0	1
0	1	0
1	0	0
1	1	0

(a) 진리표 (b) 소자의 표시기호 (c) 벤다이어그램 (d) 각 신호 간의 관계

[NOR회로]

(6) Exclusive-OR(배타적 논리합회로)

입력 A, B가 서로 같지 않을 때만 출력이 "1"이 되는 회로로서 A, B가 모두 "1"이어서는 안 된다. 논리식은 $C = \overline{A} \cdot B + A \cdot \overline{B} = A \oplus B$ 이다.

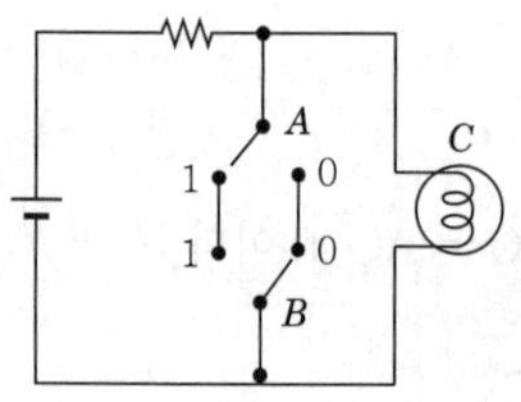

(a) 접점회로의 예

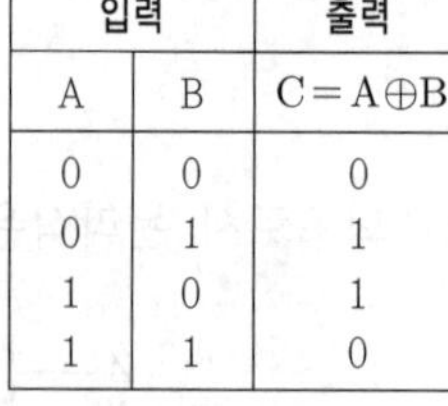

입력		출력
A	B	$C=A\oplus B$
0	0	0
0	1	1
1	0	1
1	1	0

(b) 진리표

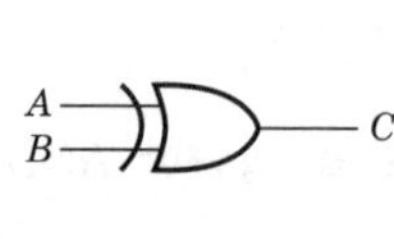

(c) 소자의 표시기호

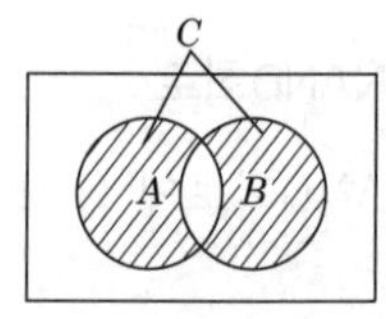

(d) 벤다이어그램

[EX-OR회로]

(7) X-NOR회로

논리식은 $C = \overline{A \oplus B}$ 이다.

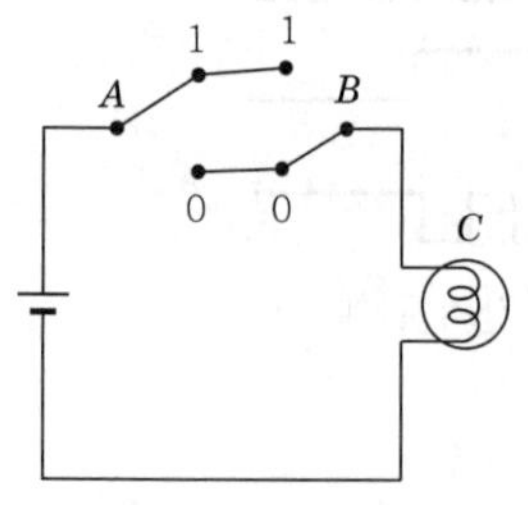

(a) 접점회로의 예

입력		출력
A	B	$C=\overline{A\oplus B}$
0	0	1
0	1	0
1	0	0
1	1	1

(b) 진리표

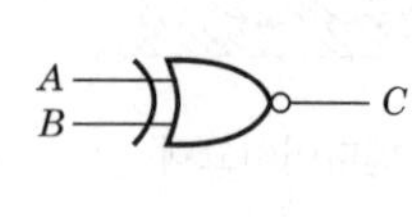
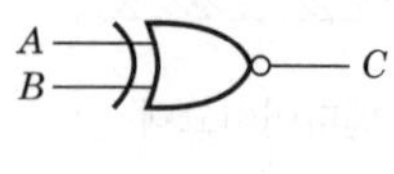

(c) 소자의 표시기호

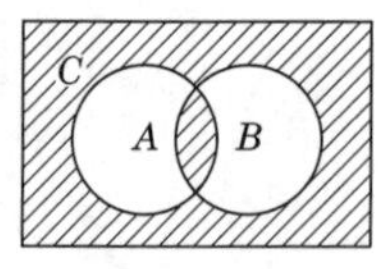

(d) 벤다이어그램

[X-NOR회로]

(8) 한시회로

① 한시동작회로 : 입력신호가 "0"에서 "1"로 변화할 때만 출력신호의 변화가 뒤지는 회로
② 한시복귀회로 : 입력신호가 "1"에서 "0"으로 변화할 때만 출력신호의 변화가 뒤지는 회로
③ 뒤진 회로 : 어느 때나 출력신호의 변화가 뒤지는 회로

4 응용회로

(1) 자기유지회로(memory holding circuit)

회로상태에서 전기를 연결하면 릴레이에 전자석이 발생되어 접점을 연결시키므로 계속적인 전류가 흐르는 회로

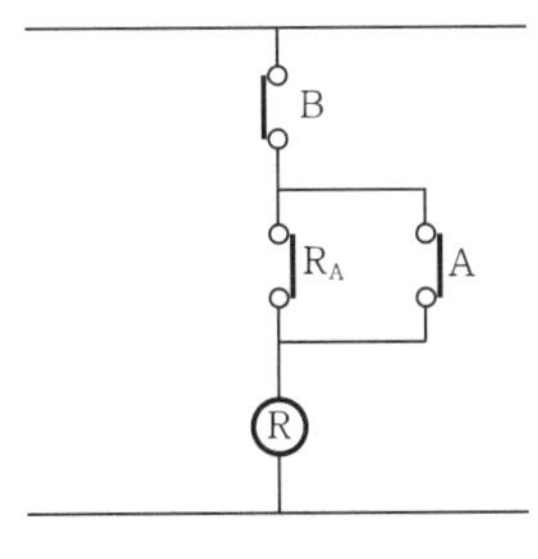

[자기유지회로]

(2) 인터록(interlock)회로

2대 이상의 기기를 운전하는 경우에 그 운전순서를 결정 또는 동시 기동을 피하거나 일정한 조건이 충전되지 않았을 때는 다음 기기가 운전되지 않도록 할 필요가 있는 경우에 사용하는 전기적 회로

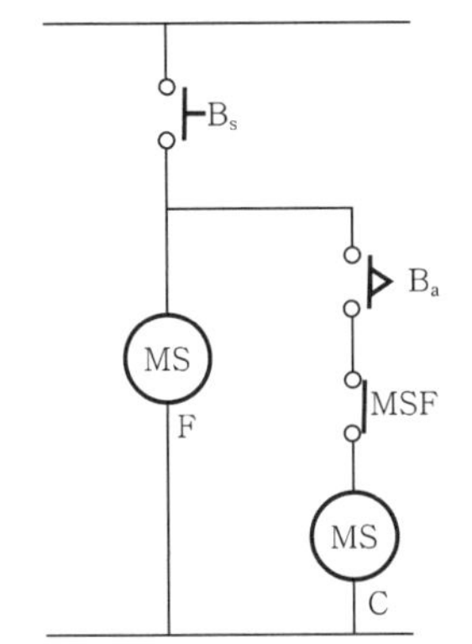

[팬모터가 운전되지 않으면 압축기가 운전되지 않는 회로]

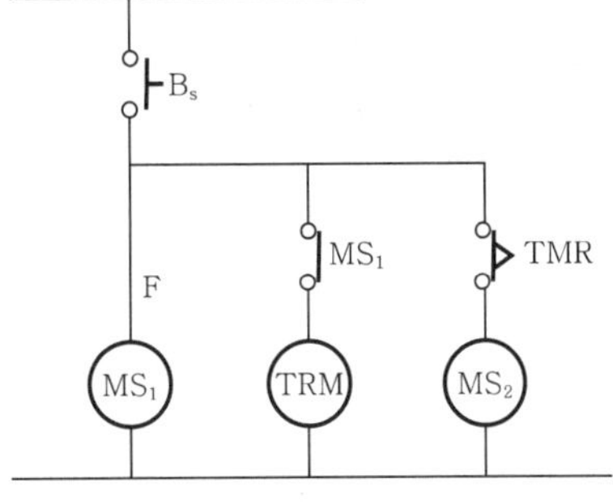

[모터 2대를 운전하는 경우 동시에 기동되지 않도록 한 회로]

Point

- 논리공식
  - 교환법칙 : A+B=B+A, AB=BA
  - 결합법칙 : (A+B)+C=A+(B+C), (AB)C=A(BC)
  - 분배법칙 : A(B+C)=AB+AC, A+BC=(A+B)(B+C)
  - 동일법칙 : A+A=A, AA=A
  - 부정법칙 : $\overline{\overline{A}}=A$
  - 흡수법칙 : A+AB=A, A(A+B)=A
  - 항등법칙 : 0+A=A, 1·A=A, 1+A=1, 0·A=0
  - 드 모르간 정리 : $\overline{A+B}=\overline{A}\cdot\overline{B}$, $\overline{A\cdot B}=\overline{A}+\overline{B}$

접점회로		논리도	논리공식
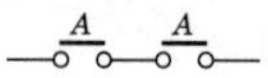 A A (직렬)	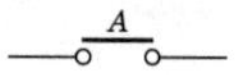 A	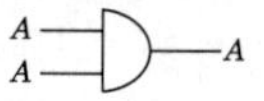 A, A → A	AA=A
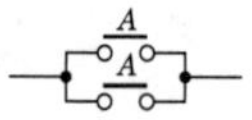 A, A (병렬)	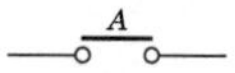 A	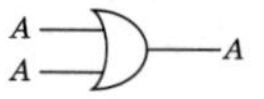 A, A → A	A+A=A
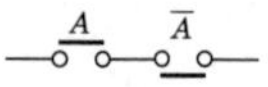 A $\overline{A}$ (직렬)	 0	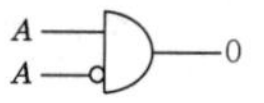 A, A → 0	$A\overline{A}=0$
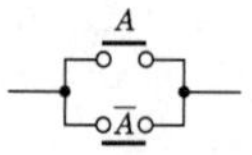 A, $\overline{A}$ (병렬)	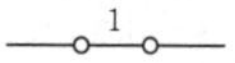 1	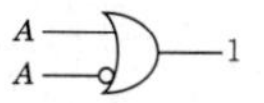 A, A → 1	$A+\overline{A}=1$
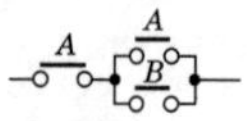 A, A, B	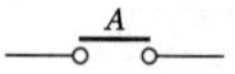 A	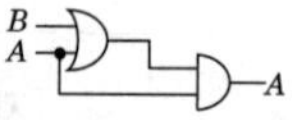 B, A → A	A(A+B)=A
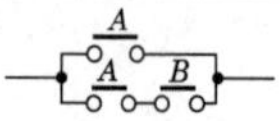 A, A, B	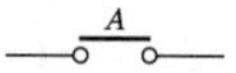 A	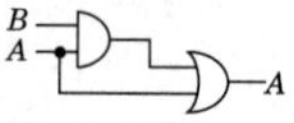 B, A → A	AB+A=A

- 블록선도(block diagram) : 입력신호 $r(t)$에 대하여 출력신호 $c(t)$를 발생하는 요소의 전달함수 $G(s)$는 $r(t)$와 $c(t)$의 라플라스변환을 각각 $R(s)$, $C(s)$라 하면

$$G(s)=\frac{C(s)}{R(s)}$$

와 같이 표시되고 보통 다음 그림과 같이 블록선도로 표시한다. 위의 식에서 출력은

$$C(s)=G(s)R(s)$$

로 표시된다.

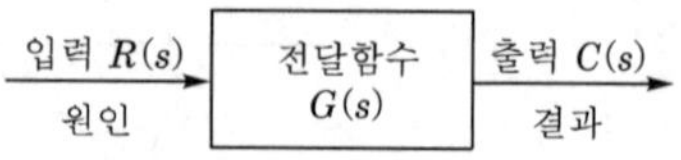

입력 $R(s)$ 원인 → 전달함수 $G(s)$ → 출력 $C(s)$ 결과

[블록선도]

5 자동제어계의 분류

(1) 직렬접속(cascade)

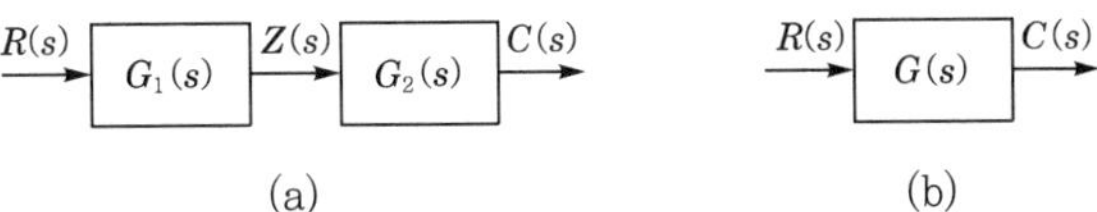

(a) (b)

전달함수에 대한 정의로부터

$$Z(s) = G_1(s)R(s)$$
$$C(s) = G_2(s)Z(s) = G_1(s)G_2(s)R(s)$$

$Z(s)$를 소거한 것이 되어 $G(s) = G_1(s)G_2(s)$로 된다.

$$G(s) = \frac{C(s)}{R(s)} = G_1(s)\,G_2(s)$$

(2) 병렬접속

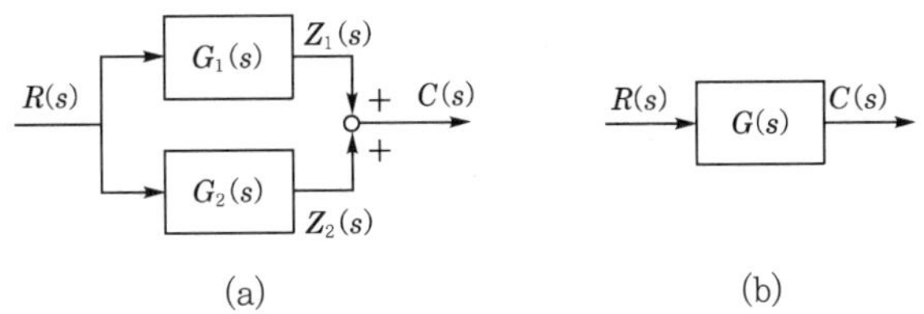

(a) (b)

위 그림과 같이 병렬로 접속된 계를 생각하면

$$Z_1(s) = G_1(s)R(s),\ Z_2(s) = G_2(s)R(s)$$
$$C(s) = Z_1(s) + Z_2(s) = G_1(s)R(s) + G_2(s)R(s) = [G_1(s) + G_2(s)]R(s)$$

$Z_1(s)$, $Z_2(s)$는 소거되어 $G(s) = G_1(s) + G_2(s)$로 된다.

$$G(s) = \frac{C(s)}{R(s)} = G_1(s) + G_2(s)$$

(3) 피드백접속

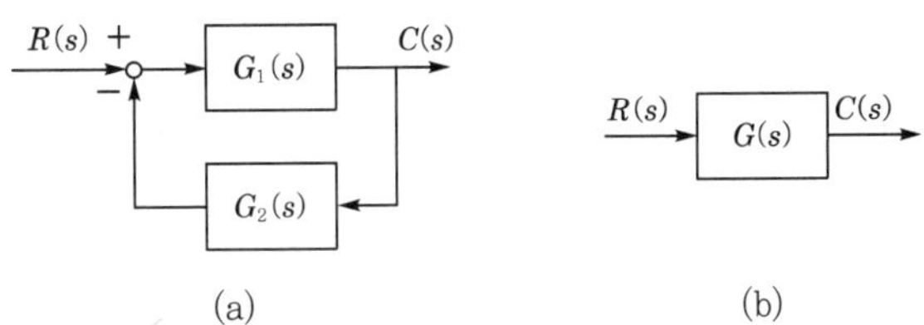

(a) (b)

$$C(s) = R(s)G_1(s) - C(s)G_1(s)G_2(s)$$
$$C(s)[1 + G_1(s)G_2(s)] = R(s)G_1(s)$$
$$\therefore\ G(s) = \frac{C(s)}{R(s)} = \frac{G_1(s)}{1 + G_1(s)G_2(s)}$$

(4) 제어량의 성질에 의한 분류

① 프로세스기구 : 온도, 유량, 압력, 액위, 농도, 밀도 등의 플랜트나 생산공정 중의 상태량을 제어량으로 하는 제어로서 외란의 억제를 주목적으로 한다(온도, 압력제어장치).

② 서보기구 : 물체의 위치, 방위, 자세, 각도 등의 기계적 변위를 제어량으로 해서 목표값이 임의의 변화에 추종하도록 구성된 제어계이다(비행기 및 선박의 방향제어계, 미사일발사대의 자동위치제어계, 추적용 레이더의 자동평형기록계).

③ 자동조정기구 : 전압, 전류, 주파수, 회전속도, 힘 등 전기적 · 기계적 양을 주로 제어하는 것으로서 응답속도가 대단히 빨라야 하는 것이 특징이다(발전기의 조속기제어, 전전압장치제어).

(5) 제어목적에 의한 분류

① 정치제어 : 제어량을 어떤 일정한 목표값으로 유지하는 것을 목적으로 하는 제어법이다.

② 프로그램제어 : 미리 정해진 프로그램에 따라 제어량을 변화시키는 것을 목적으로 하는 제어법이다(엘리베이터, 무인열차).

③ 추종제어 : 미지의 임의시간적인 변화를 하는 목표값에 제어량을 추종시키는 것을 목적으로 하는 제어법이다(대공포, 비행기).

④ 비율제어 : 목표값이 다른 것과 일정 비율관계를 가지고 변화하는 경우의 추종제어법이다(배터리).

(6) 제어동작에 의한 분류

① ON-OFF동작 : 설정값에 의하여 조작부를 개폐하여 운전한다. 제어결과가 사이클링(cycling)이나 오프셋(offset)을 일으키며 응답속도가 빨라야 되는 제어계에 사용 불가능하다(대표적인 불연속제어계).

② 비례동작(P동작) : 검출값편차의 크기에 비례하여 조작부를 제어하는 것으로 정상오차를 수반한다. 사이클링은 없으나 오프셋을 일으킨다.

③ 미분동작(D동작) : 제어오차가 검출될 때 오차가 변화하는 속도에 비례하여 조작량을 가감하는 동작이다(rate동작).

④ 적분동작(I동작) : 적분값의 크기에 비례하여 조작부를 제어하는 것으로 오프셋을 소멸시키지만 진동이 발생한다.

⑤ 비례미분동작(PD동작) : 제어결과에 속응성이 있도록 미분동작을 부가한 것이다.

⑥ **비례적분동작(PI동작)** : 오프셋을 소멸시키기 위하여 적분동작을 부가시킨 제어동작으로서 제어결과가 진동적으로 되기 쉽다(비례 reset동작).
⑦ **비례적분미분동작(PID동작)** : 오프셋 제거, 속응성 향상, 가장 안정된 제어로 온도, 농도제어 등에 사용한다.

6 제어계의 용어해설과 구성

① **제어대상(control system)** : 제어의 대상으로 제어하려고 하는 기계 전체 또는 그 일부분을 말한다.
② **제어장치(control device)** : 제어를 하기 위해 제어대상에 부착되는 장치로 조절부, 설정부, 검출부 등이 이에 해당된다.
③ **제어요소(control element)** : 동작신호를 조작량으로 변화하는 요소로 조절부와 조작부로 이루어진다.
④ **제어량(controlled value)** : 제어대상에 속하는 양으로 제어대상을 제어하는 것을 목적으로 하는 물리적인 양을 말한다(출력 발생장치).
⑤ **목표값(desired value)** : 제어량이 어떤 값을 목표로 정하도록 외부에서 주어지는 값이다(피드백제어계에서는 제외되는 신호).
⑥ **기준입력(reference input)** : 제어계를 동작시키는 기준으로 직접 제어계에 가해지는 신호를 말한다(목표치와 비례관계).
⑦ **기준입력요소(reference input element)** : 목표값을 제어할 수 있는 신호로 변환하는 요소이며 설정부라고 한다(목표치 비례기준 입력신호 → 설정부).
⑧ **외란(disturbance)** : 제어량의 변화를 일으키는 신호로 변환하는 장치이다(외부신호).
⑨ **검출부(detecting element)** : 제어대상으로부터 제어에 필요한 신호를 인출하는 부분이다(제어량 검출 주궤환신호 발생요소).
⑩ **조절기(blind type controller)** : 설정부, 조절부, 비교부를 합친 것이다.
⑪ **조절부(controlling units, 제어기)** : 제어계가 작용을 하는 데 필요한 신호를 만들어 조작부로 보내는 부분이다.
⑫ **비교부(comparator)** : 목표값과 제어량의 신호를 비교하여 제어동작에 필요한 신호를 만들어 내는 부분이다.
⑬ **조작량(manipulated value)** : 제어량을 지배하기 위해 조작부에서 제어대상에 가해지는 물리량이다.
⑭ **편차검출기(error detector)** : 궤환요소가 변환기로 구성되고 입력에도 변환기가 필요할 때에 제어계의 일부를 말한다.

7 조절기기

(1) 정의

조절기는 제어량이 목표치에 신속, 정확하게 일치하도록 제어동작신호를 연산하여 조작부에 신호를 보내는 부분으로 설정부와 조절부로 구성된다.

(2) 조절부에 의한 제어동작

① 비례동작(P동작) : $y(t) = K_P\, x(t)$

② 미분동작(D동작) : $y(t) = T_D \dfrac{dx(t)}{dt}$

③ 적분동작(I동작) : $y(t) = \dfrac{1}{T_I}\displaystyle\int x(t)dt$

④ 비례미분동작(PD동작) : $y(t) = K_P\left[x(t) + T_D \dfrac{dx(t)}{dt}\right]$

⑤ 비례적분동작(PI동작) : $y(t) = K_P\left[x(t) + \dfrac{1}{T_I}\displaystyle\int x(t)dt\right]$

⑥ 비례적분미분동작(PID동작) : $y(t) = K_P\left[x(t) + \dfrac{1}{T_I}\displaystyle\int x(t)dt + T_D \dfrac{dx(t)}{dt}\right]$

여기서, $y(t)$: 조작량, $x(t)$: 동작신호(편차), K_P : 비례이득(비례감도), T_D : 미분시간
T_I : 적분시간

8 라플라스변환의 특징

① 연산을 간단히 할 수 있다.
② 함수를 간단히 대수적인 형태로 변형할 수 있다.
③ 임펄스(impulse)나 계단(step)응답을 효과적으로 사용할 수 있다.
④ 미분방정식에서 따로 적분상수를 결정할 필요가 없다.

[함수명과 라플라스변환]

함수명	$f(t)$	$F(t)$	함수명	$f(t)$	$F(t)$
단위임펄스함수	$\delta(t)$	1	지수감쇠 n차 램프함수	$t^n e^{-at}$	$\dfrac{n!}{(s+a)^{n+1}}$
단위계단함수	$u(t)=1$	$\dfrac{1}{s}$	정현파함수	$\sin\omega t$	$\dfrac{\omega}{s^2+\omega^2}$

함수명	$f(t)$	$F(t)$	함수명	$f(t)$	$F(t)$
단위램프함수	t	$\frac{1}{s^2}$	여현파함수	$\cos\omega t$	$\frac{s}{s^2+\omega^2}$
포물선함수	t^2	$\frac{2}{s^3}$	지수감쇠 정현파함수	$e^{-at}\sin\omega t$	$\frac{\omega}{(s+a)^2+\omega^2}$
n차 램프함수	t^n	$\frac{n!}{s^{n+1}}$	지수감쇠 여현파함수	$e^{-at}\cos\omega t$	$\frac{s+a}{(s+a)^2+\omega^2}$
지수감쇠함수	e^{-at}	$\frac{1}{s+a}$	쌍곡정현파함수	$\sinh at$	$\frac{a}{s^2-a^2}$
지수감쇠 램프함수	te^{-at}	$\frac{1}{(s+a)^2}$	쌍곡여현파함수	$\cosh at$	$\frac{s}{s^2-a^2}$
지수감쇠 포물선함수	t^2e^{-at}	$\frac{2}{(s+a)^3}$			

9 전달함수

9.1 개요

전달함수(transfer function)는 모든 초기값을 0으로 하였을 때 출력신호의 라플라스변환과 입력신호의 라플라스변환의 비이다.

$$G(s)=\frac{\text{출력}}{\text{입력}}=\frac{C(s)}{R(s)}$$

입력 $\frac{r(t)}{R(s)}$ → 시스템 $G(s)$ → 출력 $\frac{c(t)}{C(s)}$

9.2 제어요소의 전달함수

종류	입력과 출력의 관계	전달함수	비고
비례요소	$Y(t)=Kx(t)$	$G(s)=\frac{Y(s)}{X(s)}=K$	K : 비례감도(비례이득)
미분요소	$Y(t)=K\frac{dx(t)}{dt}$	$G(s)=\frac{Y(s)}{X(s)}=KS$	
적분요소	$Y(t)=\frac{1}{K}\int x(t)dt$	$G(s)=\frac{Y(s)}{X(s)}=\frac{K}{S}$	
1차 지연요소	$b_1\frac{d}{dt}Y(t)+b_0Y(t)$ $=a_0x(t)$	$G(s)=\frac{Y(s)}{X(s)}$ $=\frac{a_0}{b_1s+b_0}=\frac{K}{Ts+1}$	$K=\frac{a_0}{b_0}$, $T=\frac{b_1}{b_0}$ (T : 시정수)

PART 3

종류	입력과 출력의 관계	전달함수	비고
2차 지연요소	$b_2 \frac{d^2}{dt^2} Y(t) + b_1 \frac{d}{dt} Y(t) + b_0 Y(t) = a_0 x(t)$	$G(s) = \frac{Y(s)}{X(s)} = \frac{K\omega_n^{\ 2}}{s^2 + 2\delta\omega_n s + \omega_n^{\ 2}} = \frac{K}{1 + 2\delta Ts + T^2 s^2}$	$K = \frac{a_0}{b_0}$, $T^2 = \frac{b_2}{b_0}$ $2\delta T = \frac{b_1}{b_0}$, $\omega_n = \frac{1}{T}$ (δ : 감소계수, ω_n : 고유각주파수)
부동작시간요소	$Y(t) = Kx(t-L)$	$G(s) = \frac{Y(s)}{X(s)} = Ke^{-Ls}$	L : 부동작시간

※ 2위치(ON-OFF)동작 : 대표적인 불연속동작이다.

Point

동작에 의한 조작량변화를 I동작만큼 일으키는 데 필요한 시간 T_I을 적분시간이라 하며 P동작의 세기에 대한 I동작의 세기를 나타낸다. T_I을 분(minute)으로서 나타낸 것의 역수를 리셋률이라 한다. 리셋률을 어느 값으로 조정하면 이동속도는 제어량의 편차에 비례하며, 편차가 없어지면 이동도 정지한다.

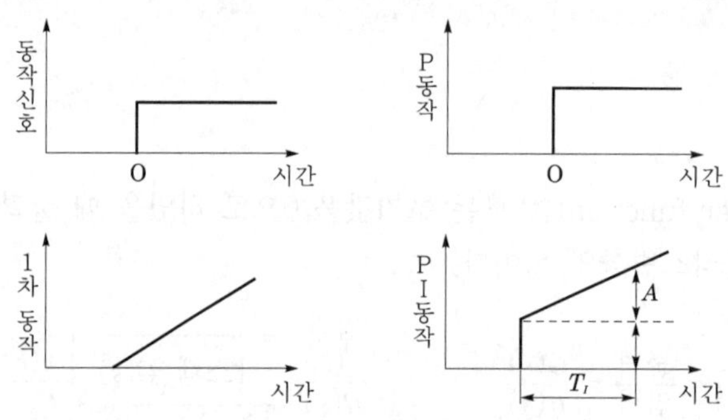

[스텝상 동작신호에 대한 PI(비례적분)동작과 적분시간]

[반도체소자의 부호]

명칭	설명	부호
정류용 다이오드	주로 실리콘다이오드가 사용된다.	※ 원은 혼동할 우려가 없을 때는 생략해도 된다.
제너다이오드(zener diode)	주로 정전압전원회로에 사용된다.	
발광다이오드(LED)	화합물반도체로 만든 다이오드로 응답속도가 빠르고 정류에 대한 광출력이 직선성을 가진다.	

명칭	설명	부호
TRIAC	양방향성 스위칭소자로서 SCR 2개를 역병렬로 접속한 것과 같다.	T_2 T_1 G
DIAC	네온관과 같은 성질을 가진 것으로서 주로 SCR, TRIAC 등의 트리거소자로 이용된다.	T_2 T_1
배리스터	주로 서지전압에 대한 회로보호용으로 사용된다.	
SCR	단방향 대전류스위칭소자로서 제어할 수 있는 정류소자이다.	A K G
PUT	SCR과 유사한 특성으로 게이트(G)레벨보다 애노드(A)레벨이 높아지면 스위칭하는 기능을 가진 소자이다.	A K G
CDS	광-저항변환소자로서 감도가 특히 높고 값이 싸며 취급이 용이하다.	
서미스터	부온도특성을 가진 저항기의 일종으로서 주로 온도보상용으로 쓰인다.	Th
UJT(단일 접합트랜지스터)	증폭기로는 사용이 불가능하며 톱니파나 펄스 발생기로 작용하며 SCR의 트리거소자로 쓰인다.	E B_1 B_2

[단상 정류회로]

파형	최대값	실효값	평균값	파형률	파고율	일그러짐률
사인파	V_m	$\frac{V_m}{\sqrt{2}}$	$\frac{2V_m}{\pi}$	$\frac{\pi}{2\sqrt{2}}=1.11$	$\sqrt{2}=1.414$	0
구형파	V_m	V_m	V_m	1	1	0.4834
전파정류	V_m	$\frac{V_m}{\sqrt{2}}$	$\frac{2V_m}{\pi}$	$\frac{\pi}{2\sqrt{2}}=1.11$	$\sqrt{2}=1.414$	0.2273
반파정류	V_m	$\frac{V_m}{2}$	$\frac{V_m}{\pi}$	$\frac{\pi}{2}=1.571$	2	0.4352
삼각파	V_m	$\frac{V_m}{\sqrt{3}}$	$\frac{V_m}{2}$	$\frac{2}{\sqrt{3}}=1.155$	$\sqrt{3}=1.732$	0.1212

[변환요소의 종류]

변환량	변환요소
압력 → 변위	벨로즈, 다이어프램, 스프링
변위 → 압력	노즐플래퍼, 유압분사관, 스프링
변위 → 임피던스	가변저항기, 용량형 변환기, 가변저항스프링
변위 → 전압	퍼텐쇼미터, 차동변압기, 전위차계
전압 → 변위	전자석, 전자코일
광 → 임피던스	광전관, 광전도 셀, 광전트랜지스터
광 → 전압	광전지, 광전다이오드
방사선 → 임피던스	GM관, 전리함
온도 → 임피던스	측온저항(열선, 서미스터, 백금, 니켈)
온도 → 전압	열전대(백금-백금로듐, 철-콘스탄탄, 구리-콘스탄탄, 크로멜-알루멜)

9.3 회로망의 전달함수

회로망	전달함수
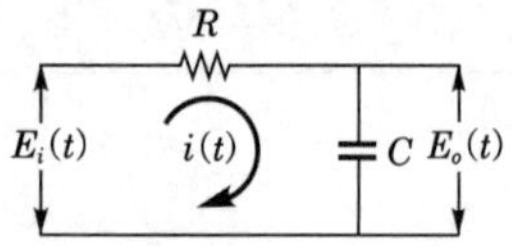	$\frac{E_o(s)}{E_i(s)} = \frac{1}{RCs+1}$
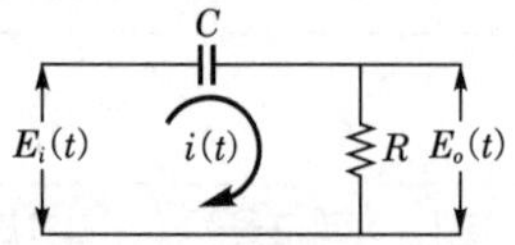	$\frac{E_o(s)}{E_i(s)} = \frac{RCs}{RCs+1}$
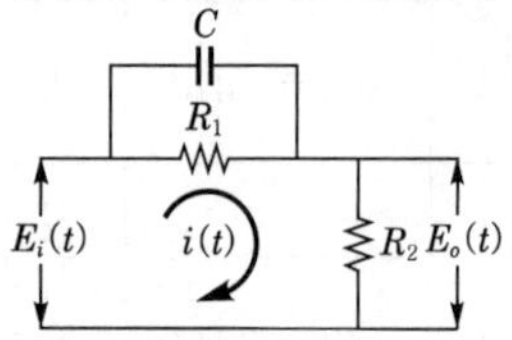	$\frac{E_o(s)}{E_i(s)} = \frac{1+R_1Cs}{1+\left(\frac{R_2}{R_1+R_2}\right)R_1Cs}\left(\frac{R_2}{R_1+R_2}\right)$
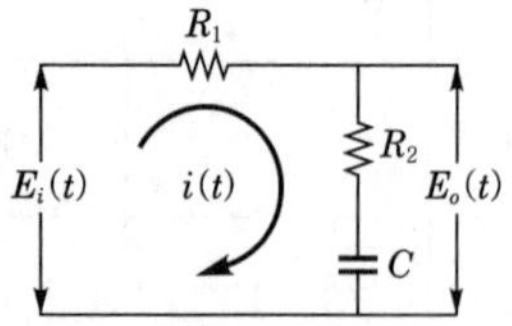	$\frac{E_o(s)}{E_i(s)} = \frac{R_2Cs+1}{(R_1+R_2)Cs+1}$
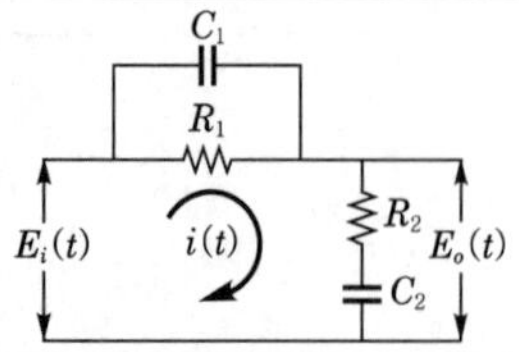	$\frac{E_o(s)}{E_i(s)} = \frac{(R_1C_1s+1)(R_2C_2s+1)}{R_1R_2C_1C_2s^2+(R_1C_1+R_1C_2+R_2C_2)s+1}$

회로망	전달함수
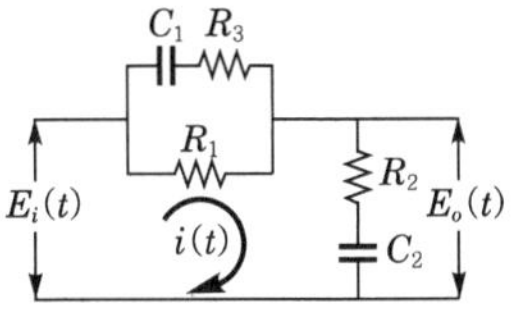	$\dfrac{E_o(s)}{E_i(s)}=\dfrac{R_2(R_1+R_2)C_1C_2s^2+(R_1C_1+R_2C_2+R_3C_1)s+1}{(R_1R_2+R_2R_3+R_1R_3)C_1C_2s^2+(R_1C_1+R_2C_2+R_1C_2+R_3C_1)s+1}$
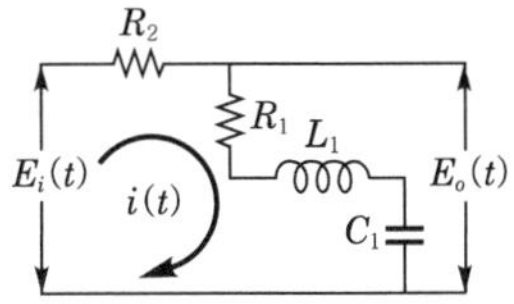	$\dfrac{E_o(s)}{E_i(s)}=\dfrac{(L_1C_1s+R_1C_1)s+1}{L_1C_1s^2+(R_1+R_2)C_1s+1}$
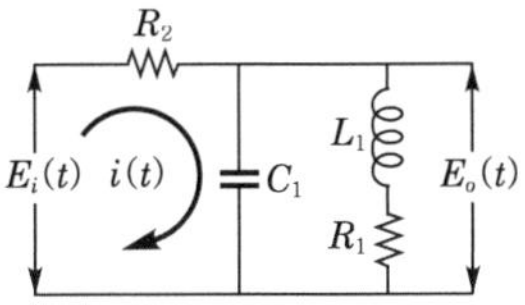	$\dfrac{E_o(s)}{E_i(s)}=\dfrac{\dfrac{L_1}{R_1}s+1}{\dfrac{L_1}{R_1}R_2C_1s^2+\left(\dfrac{L_1}{R_1}+R_2C_1\right)s+\dfrac{R_1+R_2}{R_1}}$

9.4 물리계통의 각 변량과 정수의 상대적 관계

전기계	운동계		열계	유체계
	병진형	회전형		
전하 [C]	위치(변위) [m]	각도 [rad]	열량 [kJ]	액량 [m^3]
전압 [V]	힘 [N]	토크 [N・m]	온도 [℃]	액위, 압력 [m], [Pa=N/m^2]
전류 [A]	속도 [m/s]	각속도 [rad/s]	열유량 [kJ/s]	유량 [m^3/s]
전기저항 [Ω] 	점성저항 (점성마찰) [N/m/s] 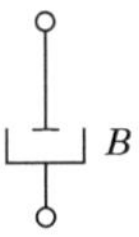	회전점성저항 (회전마찰) [N・m/rad/s] 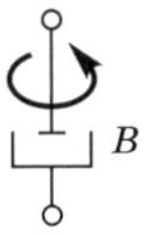	열저항 [m^2・K/W]	유동저항 (관로저항)
정전용량 [F] 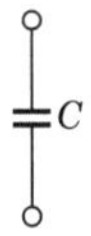	탄성 [N/m] 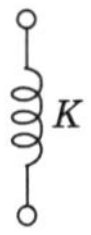	비틀림강도 [N・m/rad] 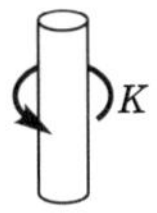	열용량 [kJ/K]	액면적 [m^2]

전기계	운동계		열계	유체계
	병진형	회전형		
인덕턴스 [H]	질량 [kg]	관성모멘트 (관성능률) [kg · m^2]		액질량 [kg]

10 블록선도

10.1 개요

자동제어계에서 각 구성요소 간의 신호가 어떤 모양으로 전달되고 있는가를 나타내는 선도를 블록선도(block diagram)라 하며 블록(block), 가산점(summing point), 인출점(take off point) 및 화살표 등의 네 가지 구성성분으로 되어 있다.

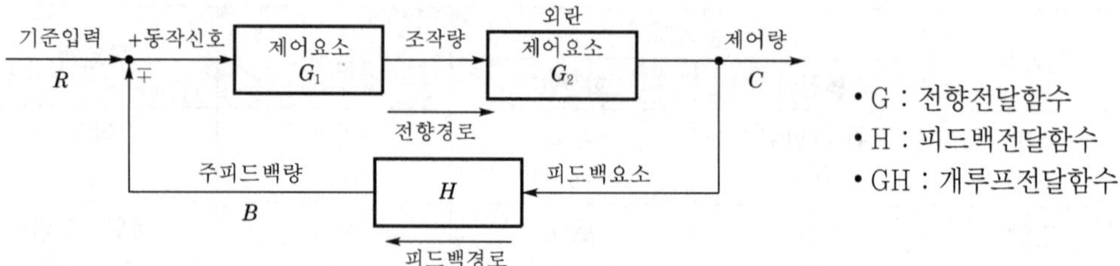

10.2 블록선도의 작성

(1) 전달요소

① 전달요소는 블록(ㅁ)으로 둘러싼다.

② 신호의 전달방향은 화살표를 써서 나타내고, 전달요소의 입력 및 출력신호는 블록의 좌우에 나타낸다.

③ 화살표의 반대방향으로 신호의 전달이 이루어지지 않는 것으로 한다.

(2) 가산점

① 두 가지 이상의 신호가 있을 때 이들 신호의 합과 차를 만드는 점이다.

② ㅇ로 나타내고 화살표 옆에 +, −기호를 붙여 합인지 차인지를 나타낸다.

(3) 인출점

① 하나의 신호를 두 계통으로 분리하기 위한 점이다.

② 신호의 방향은 분기 전후가 같다.

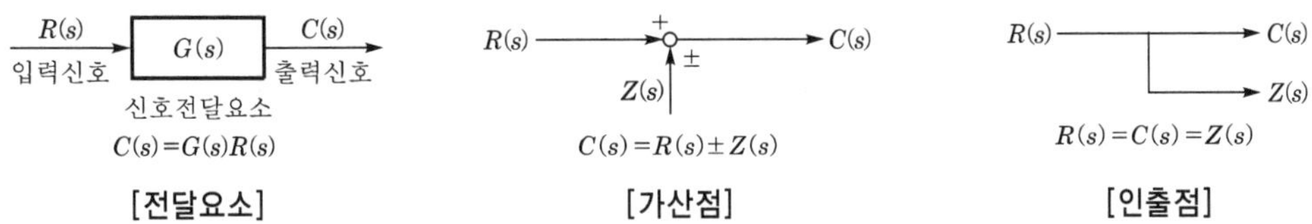

[전달요소] [가산점] [인출점]

10.3 블록선도의 등가변환

(1) 직렬접속

$$G(s) = G_1(s)G_2(s)$$

(2) 병렬접속

$$G(s) = G_1(s) \pm G_2(s)$$

(3) 피드백접속

$$G(s) = \frac{G_1(s)}{1 \pm G_1(s)G_2(s)}$$

(4) 블록선도 등가변환

변환	블록선도	블록선도 등가변환
인출점을 블록 뒤로 이동	$R(s)$, $G(s)$, $C(s)$, $B(s)$	$R(s)$, $G(s)$, $C(s)$, $B(s)$, $1/G(s)$
인출점을 블록 앞으로 이동	$R(s)$, $G(s)$, $C(s)$, $B(s)$	$R(s)$, $G(s)$, $C(s)$, $B(s)$, $G(s)$
가산점을 블록 뒤로 이동	$R(s)$, +, −, $G(s)$, $C(s)$, $B(s)$	$R(s)$, $G(s)$, +, −, $C(s)$, $G(s)$, $B(s)$
가산점을 블록 앞으로 이동	$R(s)$, $G(s)$, +, −, $C(s)$, $B(s)$	$R(s)$, +, −, $G(s)$, $C(s)$, $1/G(s)$, $B(s)$
궤환루프 없앰	$R(s)$, +, −, $G(s)$, $C(s)$, $H(s)$	$R(s)$, $\frac{G(s)}{1+G(s)H(s)}$, $C(s)$

11 신호흐름선도

11.1 개요

신호흐름선도는 일련의 선형방정식을 도식적으로 모델링하는 방법의 하나이고 몇 개의 방향성 가지를 연결하는 마디들로 구성된다. 이 선도는 특히 피드백제어시스템에 있어서 유용하며, 그 이유는 피드백제어이론이 주로 시스템 내의 신호의 흐름과 처리에 관한 것이기 때문이다.

11.2 신호흐름선도의 성질

① 신호흐름선도는 선형시스템에만 적용된다.

② 신호흐름선도를 도시하는 데 쓰이는 방정식은 결과가 원인의 함수로 표현되는 형태의 대수방정식이어야 한다.

③ 마디는 변수를 나타내는 데 쓰이고 원인과 결과의 순서로 왼쪽으로부터 차례로 배열한다.

④ 신호흐름선도의 신호는 가지의 화살표방향으로만 전송한다.

⑤ 입력마디에서 출력까지 연결된 가지는 입력의 변수가 출력의 종속됨을 나타내고, 역은 성립하지 않는다.

⑥ 입력마디와 출력마디 사이의 가지를 따라 이동하는 신호입력은 가지의 이득을 곱해져서, 출력마디에는 가지의 이득과 입력을 곱한 신호를 전송하게 된다.

11.3 용어설명

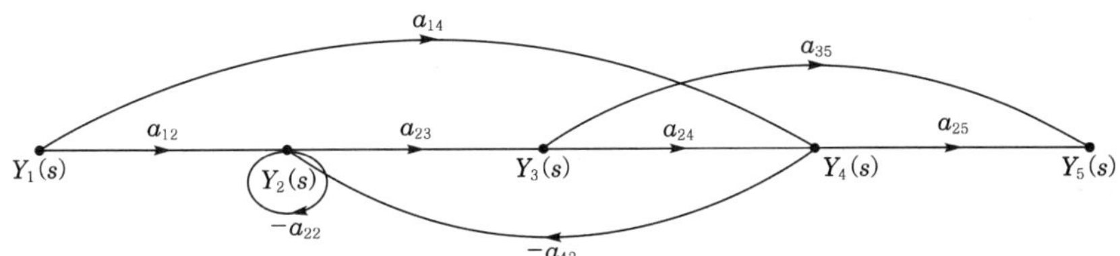

(1) 입력마디

① 신호가 밖으로 나가는 방향의 가지만을 갖는 마디이다.

② 마디 $Y_1(s)$이다.

(2) 출력마디

① 신호가 들어오는 방향의 가지만을 갖는 마디이다.

② 출력마디가 없을 때는 단위이득을 갖는 다른 변수마디 $Y_5(s)$를 도시하면 된다.

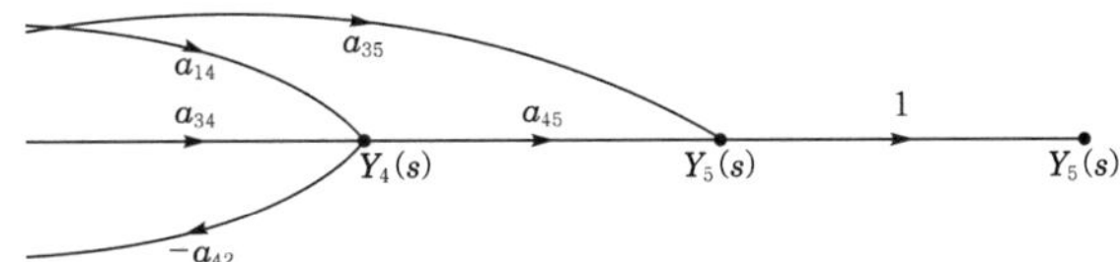

(3) 경로

동일한 진행방향을 갖는 연결된 가지의 집합이다.

$$Y_1(s) \rightarrow Y_2(s) \rightarrow Y_3(s) \rightarrow Y_4(s) \rightarrow Y_5(s)$$
$$Y_1(s) \rightarrow Y_4(s) \rightarrow Y_5(s)$$
$$Y_1(s) \rightarrow Y_2(s) \rightarrow Y_3(s) \rightarrow Y_5(s)$$

(4) 경로이득

경로를 형성하고 있는 가지들의 이득의 곱이다.

$$Y_1(s) \rightarrow Y_2(s) \rightarrow Y_3(s) \rightarrow Y_5(s)$$

여기서 경로이득은 $a_{12}\,a_{23}\,a_{34}\,a_{45}$이다.

PART 3

(5) 전향경로

입력마디에서 시작하여 두 번 이상 거치지 않고 출력마디까지 도달하는 경로이다.

$$Y_1(s) \rightarrow Y_2(s) \rightarrow Y_3(s) \rightarrow Y_4(s) \rightarrow Y_5(s)$$
$$Y_1(s) \rightarrow Y_4(s) \rightarrow Y_5(s)$$
$$Y_1(s) \rightarrow Y_2(s) \rightarrow Y_3(s) \rightarrow Y_5(s)$$

(6) 전향경로이득

전향경로의 이득을 말한다.

(7) 루프(loop)

① 한 마디에서 시작하여 다시 그 마디로 돌아오는 경로이다.

② 모든 마디는 두 번 이상 지날 수 없다.

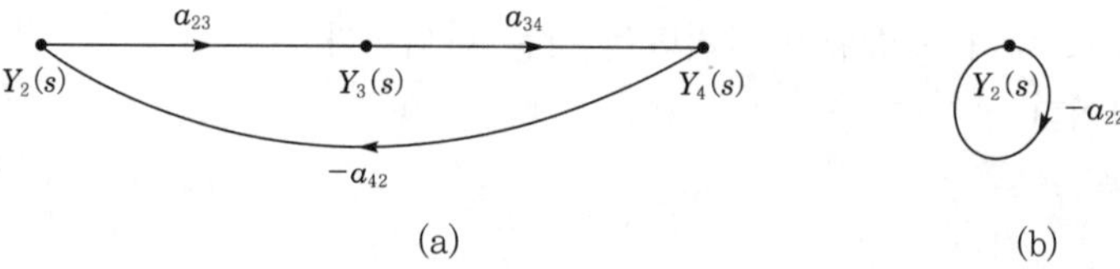

(8) 루프이득

① 루프의 경로이득이다.

② 위 그림 (a)의 루프이득은 $-a_{23}a_{34}a_{42}$이고, 그림 (b)의 루프이득은 $-a_{22}$이다.

11.4 신호흐름선도의 이득공식

출력과 입력과의 비, 즉 계통의 이득 또는 전달함수 T는 다음 메이슨(Mason)의 정리에 의하여 구할 수 있다.

$$T = \frac{\sum_k G_k \Delta_k}{\Delta}$$

여기서, G_k : k번째의 전향경로(forward path)의 이득

Δ : $1 - \sum_n L_{n1} + \sum_n L_{n2} - \sum_n L_{n3} + \cdots$

Δ_k : k번째의 전향경로와 접하지 않은 부분에 대한 Δ의 값

L_{n1} : 개개의 폐루프의 개루프이득

L_{n2} : 2개의 비접 폐루프의 개루프이득의 곱

L_{n3} : 3개의 비접 폐루프의 개루프이득의 곱

6 Chapter 설치검사 및 설치 · 운영 안전관리

1 설치안전관리

1.1 안전관리

(1) 안전관리의 정의

안전관리(safety management)란 근로자에 대한 직무수행상의 위험이나 상해로부터 자유롭고 안전한 산태를 유지하게 하는 관리활동의 시책으로 인간 존중의 이념을 토대로 하여 사업장 내 산업재해요인을 정확히 파악하고, 이를 배제하여 산업재해의 발생을 미연에 방지함은 물론, 발생한 재해에 대해서도 적절한 조치와 대책을 강구해가는 조직적이고 과학적인 관리체계를 의미한다.

(2) 안전관리의 목적

① 근로자의 생명을 존중하고 사회복지를 증진시킨다.
② 작업능률을 향상시켜 생산성이 향상된다.
③ 기업의 경제적 손실을 방지한다.

(3) 재해 발생률

① **연천인율** : 근로자 1,000명당 1년을 기준으로 한 재해 발생비율

$$\text{연천인율} = \frac{\text{연간 재해자수}}{\text{연평균근로자수}} \times 1{,}000 = 2.4 \times \text{도수율(빈도율)}$$

② **도수율(빈도율)** : 재해빈도를 나타내는 지수로서 근로시간 10^6시간당 발생하는 재해건수

$$\text{도수율(빈도율)} = \frac{\text{연간 재해 발생건수}}{\text{연근로총시간수}} \times 10^6 = \frac{\text{연천인율}}{2.4}$$

③ **강도율** : 재해의 심한 정도를 나타내는 것으로, 근로시간 1,000시간 중에 상해로 인해서 상실된 노동손실일수

※ 연천인율이나 도수율(빈도율)은 사상자의 발생빈도를 표시하는 것으로 경중 정도는 표시하지 않는다.

$$강도율=\frac{근로손실일수}{연근로총시간수}\times 1,000$$

여기서, 근로손실일수=입원일수(휴업일수)$\times \frac{360}{365}$

㉠ 사망자가 1명 있는 경우 : 강도율$=\frac{7,500}{연근로총시간수}\times 1,000$

㉡ 사망자+입원일수(휴업일수)가 있는 경우

$$강도율=\frac{7,500+입원(휴업)일수\times\frac{300}{365}}{연근로총시간수}\times 1,000$$

1.2 안전점검

① **일일점검** : 운전 중 제조설비는 1일 1회 이상 작동상태의 이상 유무를 점검한다.
 ㉠ 수액기 액면의 지시상태 확인
 ㉡ 제조설비로부터 누출 여부 점검
 ㉢ 계측기기의 지시경보·제어상태 확인
 ㉣ 제조설비의 부식, 마모, 균열상태 확인
 ㉤ 회전기계의 소음, 진동 등 이상상태 점검
 ㉥ 접지접속선의 단락, 단선 및 손상 유무 확인 점검

② **정기점검** : 안전상 주요 부분의 마모, 손상상태의 유무를 확인, 점검하는 것으로 일정한 기간이나 날짜를 정해놓고 정기적으로 시설이나 기계를 점검한다.

③ **일상점검(수시점검)** : 기계를 가동하기 전, 가동 중, 가동 종료 시 작동상태의 이상 유무를 점검한다.

④ **임시점검** : 정기점검기일 전에 임시로 실시하는 것으로 위험한 부분이나 특정한 부분을 비정기적으로 확인, 점검하는 것이다.

⑤ **특별점검** : 설비의 신설, 변경 또는 천재지변 발생 후 실시한다.

1.3 안전보호구의 구비조건

① 외관이 양호할 것
② 착용이 간편하고 작업에 방해되지 않을 것
③ 가볍고 충분한 강도를 가질 것

④ 유해 및 위험요소에 대한 방호능력이 충분할 것
⑤ 가격이 싸고 품질이 좋을 것
⑥ 구조 및 표면가공이 우수할 것

1.4 재해예방

(1) 5단계(기본원리)

① **1단계 관리조직 :** 관리조직의 구성과 전문적 기술을 가진 조직을 통해 안전활동 수립
② **2단계 사실의 발견 :** 사고활동기록 검토작업 분석, 안전점검 및 검사, 사고조사, 토의, 불안전요소 발견 등
③ **3단계 원인 규명 :** 분석평가. 사고조사보고서 및 현장조사 분석, 사고기록관계자료의 검토 및 인적·물적환경요인 분석, 작업의 공정 분석, 교육훈련 분석
④ **4단계 대책의 선정(시정책 선정) :** 기술적 개선, 인사조치 조정, 교육 및 훈련의 개선, 안전행정의 개선, 규정 및 제도의 개선, 효과적인 개선방법 선정
⑤ **5단계 대책의 적용(시정책 적용) :** 허베이 3E이론(기술, 교육, 관리 등) 적용
※ 3E : 안전기술(engineering), 안전교육(education), 안전독려(enforcement)
※ 3S : 표준화(standardization), 전문화(specification), 단순화(simplification)

PART 3

(2) 하인리히의 4원칙(위험예지훈련 4라운드의 진행방식)

① **손실 우연의 법칙 :** 재해손실은 우연성에 좌우됨
※ 우연성에 좌우되는 손실방지보다 예방에 주력
② **원인계기의 원칙 :** 우연적인 재해손실이라도 재해는 반드시 원인이 존재함
③ **예방 가능의 원칙 :** 모든 사고는 원칙적으로 예방이 가능함
㉠ 조직 → 사실의 발견 → 분석평가 → 시정방법의 선정 및 시정책의 적용
㉡ 재해는 원칙적으로 예방 가능
㉢ 원인만 제거하면 예방 가능
④ **대책 선정의 원칙**
㉠ 원인을 분석하여 가장 적당한 재해예방대책의 선정
㉡ 기술적, 안전설계, 작업환경 개선
㉢ 교육적, 안전교육, 훈련 실시
㉣ 규제적·관리적 대책
㉤ Management

1.5 산업재해의 분류

(1) 재해의 발생형태

① 단순 자극형 : 상호작용에 의하여 재해가 순간적으로 일어나는 유형으로, 재해가 일어난 장소 및 시기에 집중해서 발생하므로 집중형이라고 한다.

② 연쇄형(단순 · 복합) : 앞선 재해요인이 뒤의 재해를 가져오는 유형으로 단순 연쇄형과 복합 연쇄형이 있다.

③ 복합형 : 앞의 두 요인, 즉 단순 자극형과 연쇄형이 복합적으로 작용하여 발생하는 유형이다.

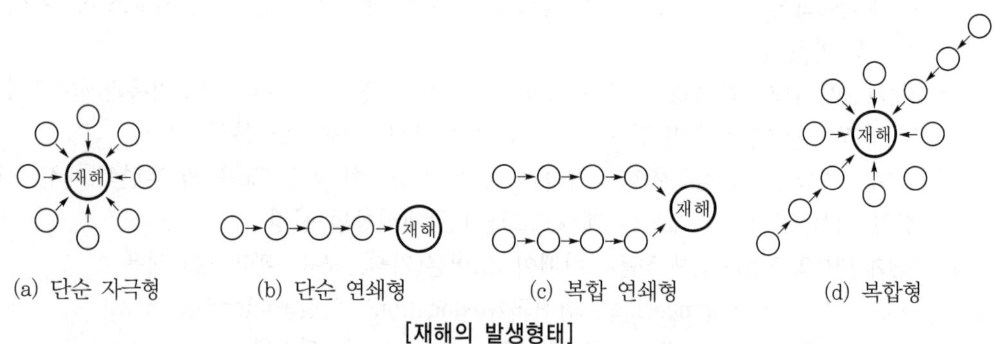

[재해의 발생형태]

(2) 재해 발생형태의 정의(산업재해 기록 · 분류에 관한 지침)

① 발생형태 : 재해 및 질병이 발생된 형태 또는 근로자(사람)에게 상해를 입힌 기인물과 상관된 현상을 말한다.

② 떨어짐(추락) : 사람이 인력(중력)에 의하여 건축물, 구조물, 가설물, 수목, 사다리 등의 높은 장소에서 떨어지는 것을 말한다.

③ 넘어짐(전도) : 사람이 거의 평면 또는 경사면, 층계 등에서 구르거나 넘어짐 또는 미끄러진 경우와 물체가 전도, 전복된 경우를 말한다.

④ 깔림, 뒤집힘(전복) : 기대어져 있거나 세워져 있는 물체 등이 쓰러져 깔린 경우 및 지게차 등의 건설기계 등이 운행 또는 작업 중 뒤집어진 경우를 말한다.

⑤ 부딪힘(충돌), 접촉 : 재해자 자신의 움직임 · 동작으로 인하여 기인물에 접촉 또는 부딪히거나, 물체가 고정부에서 이탈하지 않은 상태로 움직임(규칙, 불규칙) 등에 의하여 접촉한 경우이다.

⑥ 맞음(낙하, 비래) : 구조물, 기계 등에 고정되어 있던 물체가 중력, 원심력, 관성력 등에 의하여 고정부에서 이탈하거나 또는 설비 등으로부터 물질이 분출되어 사람을 가해하는 경우를 말한다.

⑦ 끼임(협착, 감김) : 두 물체 사이의 움직임에 의하여 일어난 것으로 직선운동하는 물체 사이의 끼임, 회전부와 고정체 사이의 끼임, 롤러 등 회전체 사이에 물리거나 또는 회전체 · 돌기부 등에 감긴 경우를 말한다.

⑧ **무너짐(붕괴, 도괴)** : 토사, 적재물, 구조물, 건축물, 가설물 등이 전체적으로 허물어져 내리거나 또는 주요 부분이 꺾어져 무너지는 경우를 말한다.

⑨ **압박, 진동** : 재해자가 물체의 취급과정에서 신체 특정 부위에 과도한 힘이 편중, 집중, 눌려진 경우나 마찰 접촉 또는 진동 등으로 신체에 부담을 주는 경우를 말한다.

⑩ **신체반작용** : 물체의 취급과 관련 없이 일시적이고 급격한 행위·동작, 균형상실에 따른 반사적 행위 또는 놀람, 정신적 충격, 스트레스 등을 말한다.

⑪ **부자연스런 자세** : 물체의 취급과 관련 없이 작업환경 또는 설비의 부적절한 설계 또는 배치로 작업자가 특정한 자세·동작을 장시간 취하여 신체의 일부에 부담을 주는 경우를 말한다.

⑫ **과도한 힘·동작** : 물체의 취급과 관련하여 근육의 힘을 많이 사용하는 경우로서 밀기, 당기기, 지탱하기, 들어올리기, 돌리기, 잡기, 운반하기 등과 같은 행위·동작을 말한다.

⑬ **반복적 동작** : 물체의 취급과 관련하여 근육의 힘을 많이 사용하지 않는 경우로서 지속적 또는 반복적인 업무수행으로 신체의 일부에 부담을 주는 행위·동작을 말한다.

⑭ **이상온도 노출·접촉** : 고·저온환경 또는 물체에 노출·접촉된 경우를 말한다.

⑮ **이상기압 노출** : 고·저기압 등의 환경에 노출된 경우를 말한다.

⑯ **유해·위험물질 노출·접촉** : 유해·위험물질에 노출·접촉 또는 흡입하였거나 독성동물에 쏘이거나 물린 경우를 말한다.

⑰ **소음 노출** : 폭발음을 제외한 일시적·장기적인 소음에 노출된 경우를 말한다.

⑱ **유해광선 노출** : 전리 또는 비전리방사선에 노출된 경우를 말한다.

⑲ **산소결핍·질식** : 유해물질과 관련 없이 산소가 부족한 상태·환경에 노출되었거나 이물질 등에 의하여 기도가 막혀 호흡기능이 불충분한 경우를 말한다.

⑳ **화재** : 가연물에 점화원이 가해져 비의도적으로 불이 일어난 경우를 말하며, 방화는 의도적이기는 하나 관리할 수 없으므로 화재에 포함시킨다.

㉑ **폭발** : 건축물, 용기 내 또는 대기 중에서 물질의 화학적, 물리적 변화가 급격히 진행되어 열, 폭음, 폭발압이 동반하여 발생하는 경우를 말한다.

㉒ **감전** : 전기설비의 충전부 등에 신체의 일부가 직접 접촉하거나 유도전류의 통전으로 근육의 수축, 호흡곤란, 심실세동 등이 발생한 경우 또는 특별고압 등에 접근함에 따라 발생한 섬락 접촉, 합선, 혼촉 등으로 인하여 발생한 아크에 접촉된 경우를 말한다.

㉓ **폭력행위** : 의도적인 또는 의도가 불분명한 위험행위(마약, 정신질환 등)로 자신 또는 타인에게 상해를 입힌 폭력·폭행을 말하며, 협박, 언어, 성폭력 및 동물에 의한 상해 등도 포함한다.

(3) 상해의 형태

① **골절** : 뼈가 부러진 상태

② **동상** : 저온물 접촉으로 생긴 동상상해

③ **부종** : 국부의 혈액순환의 이상으로 몸이 퉁퉁 부어오르는 상해

④ 찔림(좌상) : 칼날 등 날카로운 물건에 찔린 상해
⑤ 타박상 : 타박, 충돌, 추락 등으로 피부표면보다는 피하조직 또는 근육부를 다친 상해
⑥ 절단 : 신체 부위가 절단된 상해
⑦ 중독 · 질식 : 음식, 약물, 가스 등에 의한 중독이나 질식된 상해
⑧ 찰과상 : 스치거나 문질러서 벗겨진 상해
⑨ 베임(창상) : 창, 칼 등에 베인 상해
⑩ 화상 : 화재 또는 고온물 접촉으로 인한 상해
⑪ 청력장해 : 청력이 감퇴 또는 난청이 된 상해
⑫ 시력장해 : 시력이 감퇴 또는 실명된 상해
⑬ 기타 : 골절~시력장해항목으로 분류 불능 시 상해명칭을 기재할 것
⑭ 그 외 : 뇌진탕, 익사, 피부병이 있음

(4) 결과에 의한 분류

① 통계적 분류
㉠ 사망
㉡ 중경상 : 부상으로 8일 이상 노동상실을 가져오는 상해
㉢ 경상해 : 부상으로 1~7일 이하의 노동상실을 가져오는 상해
㉣ 무상해사고 : 응급처치 이하의 상처로 치료 후 바로 노동을 재개하며 작업에 종사하면서 치료를 받을 정도의 상해

② 상해의 종류
㉠ 휴업상해 : 영구 일부 노동불능 및 일시 전 노동불능
㉡ 통원상해 : 일시 일부 노동불능 및 의사의 통원조치가 필요한 상해
㉢ 응급조치상해 : 응급조치를 받는 정도의 상해, 또는 8시간 미만 휴업의료조치상해
㉣ 무상해사고 : 의료조치가 필요치 않은 상해사고나 미화(미국기준) 20달러 이상의 재산손실, 또는 8시간 이상의 손실을 발생한 사고
㉤ 시몬즈에 의하면 사망이나 영구노동불능상해는 이곳의 재해구분에서 제외

③ 상해 정도별 분류(ILO의 근로불능상해의 구분)
㉠ 사망
㉡ 영구 전 노동불능 : 신체 전체의 노동기능 완전 상실(1~3급)
㉢ 영구 일부 노동불능 : 신체 일부의 노동기능 상실(4~14급)
㉣ 일시 전 노동불능 : 일정 기간 노동종사 불가(휴업상해)
㉤ 일시 일부 노동불능 : 일정 기간 일부 노동에 종사 불가(통원상해)
㉥ 구급조치상해
㉦ 노동손실일수
- 1~3급 : 사망, 영구노동상실(7,500일)
- 영구 일부 노동불능 : 노동손실일수

1.6 보호구

(1) 보호구의 종류별 작업내용

① 안전모 : 물체가 떨어지거나 날아올 위험 또는 근로자가 추락할 위험이 있는 작업

② 안전대 : 높이 또는 깊이 2m 이상의 추락할 위험이 있는 장소에서 하는 작업

③ 안전화 : 물체의 낙하, 충격, 물체에 끼임, 감전 또는 정전기의 대전에 의한 위험이 있는 작업

④ 보안경 : 물체가 흩날릴 위험이 있는 작업

⑤ 보안면 : 용접 시 불꽃이나 물체가 흩날릴 위험이 있는 작업

⑥ 절연용 보호구 : 감전의 위험이 있는 작업

⑦ 방열복 : 고열에 의한 화상 등의 위험이 있는 작업

⑧ 방진마스크 : 선창 등에서 분진이 심하게 발생하는 하역작업

⑨ 방한모, 방한복, 방한화, 방한장갑 : −18℃ 이하인 급냉동어창에서 하는 하역작업

(2) 안전모

① 안전모의 종류

종류(기호)	사용구분	모체의 재질	실험
AB	물체의 낙하 또는 비래 및 추락[1]에 의한 위험을 방지 또는 경감시키기 위한 것	합성수지	충격흡수성 난연성
AE	물체의 낙하 및 비래에 의한 위험을 방지 또는 경감하고, 머리 부위 감전에 의한 위험을 방지하기 위한 것	합성수지	내전압성[2] 내수성 내관통성
ABE	물체의 낙하 또는 비래 및 추락에 의한 위험을 방지 또는 경감하고, 머리 부위 감전에 의한 위험을 방지하기 위한 것	합성수지	내전압성[2] 내수성 내관통성

주 1) 추락이란 높이 2m 이상의 고소작업, 굴착작업 및 하역작업 등에 있어서의 추락을 의미한다.
2) 내전압성이란 7,000V 이하의 전압에 견디는 것을 말한다.

② 안전모의 구비조건

㉠ 안전모는 모체, 착장체 및 턱끈을 가질 것

㉡ 착장체의 머리고정대는 착용자의 머리 부위에 적합하도록 조절할 수 있을 것

㉢ 착장체의 구조는 착용자의 머리에 균등한 힘이 분배되도록 할 것

㉣ 모체, 착장체 등 안전모의 부품은 착용자에게 상해를 줄 수 있는 날카로운 모서리 등이 없을 것

㉤ 턱끈은 사용 중 탈락되지 않도록 확실히 고정되는 구조일 것

㉥ 안전모의 착용높이는 85mm 이상이고, 외부수직거리는 80mm 미만일 것

㉦ 안전모의 내부수직거리는 25mm 이상 50mm 미만일 것

ⓞ 안전모의 수평간격은 5mm 이상일 것

ⓧ 머리받침끈이 섬유인 경우에는 각각의 폭은 15mm 이상이어야 하며, 교차되는 끈의 폭의 합은 72mm 이상일 것

ⓩ 턱끈의 폭은 10mm 이상일 것

③ 안전모의 시험성능기준

항목	시험성능기준
내관통성	AE, ABE종 안전모는 관통거리가 9.5mm 이하이고, AB종 안전모는 관통거리가 11.1mm 이하이어야 한다.
충격흡수성	최고전달충격력이 4,450N을 초과해서는 안 되며, 모체와 착장체의 기능이 상실되지 않아야 한다.
내전압성	AE, ABE종 안전모는 교류 20kV에서 1분간 절연파괴 없이 견뎌야 하고, 이때 누설되는 충전전류는 10mA 이하이어야 한다.
내수성	AE, ABE종 안전모는 질량 증가율이 1% 미만이어야 한다.
난연성	모체가 불꽃을 내며 5초 이상 연소되지 않아야 한다.
턱끈 풀림	150N 이상 250N 이하에서 턱끈이 풀려야 한다.

(3) 호흡보호구

① 방독마스크

㉠ 방독마스크의 가스와 시험가스

가스이름	시험가스	정화통 외부측면의 색상
유기화합물용	시클로헥산(C_6H_{12}) 디메틸에테르(CH_3OCH_3) 이소부탄(C_4H_{10})	갈색
암모니아용	암모니아가스(NH_3)	녹색
아황산용	아황산가스(SO_2)	노란색
할로겐용	염소가스(Cl_2)	회색
황화수소용	황화수소가스(H_2S)	회색
시안화수소용	시안화수소가스(HCN)	회색

㉡ 방독마스크의 산소농도의 기준 : 흡수제의 유효사용기간으로 결정

$$유효사용시간 = \frac{표준\ 유효시간 \times 시험가스농도}{공기\ 중\ 유해가스농도}$$

㉢ 사용장소 : 산소농도가 18% 이상인 장소에서 사용해야 하고, 고농도와 중농도에서 사용하는 방독마스크는 전면형(격리식, 직결식)을 사용해야 한다.

등급	사용장소
고농도	가스 또는 증기의 농도가 100분의 2(암모니아에 있어서는 100분의 3) 이하의 대기 중에서 사용하는 것
중농도	가스 또는 증기의 농도가 100분의 1(암모니아에 있어서는 100분의 1.5) 이하의 대기 중에서 사용하는 것
저농도 및 최저농도	가스 또는 증기의 농도가 100분의 0.1 이하의 대기 중에서 사용하는 것으로서 긴급용이 아닌 것

② 방진마스크

㉠ 사용환경 : 반드시 산소농도 18% 이상인 장소에서 사용

㉡ 구비조건

- 여과효율이 좋을 것
- 흡배기저항이 낮을 것
- 사용면적이 적을 것
- 중량이 가벼울 것
- 시야가 넓을 것
- 안면 밀착성이 좋을 것
- 피부 접촉 부위의 고무질이 좋을 것

(4) 안전(절연)장갑

등급	00등급	0등급	1등급	2등급	3등급	4등급
사용 전압	• 교류 : 500V • 직류 : 750V	• 교류 : 1,000V • 직류 : 1,500V	• 교류 : 7,500V • 직류 : 11,250V	• 교류 : 17,000V • 직류 : 25,500V	• 교류 : 26,500V • 직류 : 39,750V	• 교류 : 36,000V • 직류 : 54,000V
색상	갈색	빨간색	흰색	노란색	녹색	등색

(5) 안전화

① 내압박성시험하중

등급	중작업용	보통작업용	경작업용
시험하중	15kN	10kN	4.4kN

② 안전화의 종류

㉠ 가죽제(찔림 방지)

㉡ 고무제(찔림보호, 내수성보호)

㉢ 정전기보호제

㉣ 발등안전화(찔림보호, 발과 발등보호)

㉤ 절연화(저압전기보호)

㉥ 절연장화(고압방전 방지, 방수)

(6) 보안경

① 유리보안경 ② 플라스틱보안경 ③ 도수렌즈보안경

(7) 귀마개

등급	기호	성능
1종	EP-1	저음부터 고음까지 차음하는 것
2종	EP-2	주로 고음을 차음하고 저음(회화음영역)은 차음하지 않는 것

(8) 안전대

① 필수 착용대상작업

㉠ 2m 이상의 고소작업
㉡ 비계의 조립·해체작업
㉢ 달비계의 조립·해체작업
㉣ 슬레이트지붕 위 작업
㉤ 분쇄기 또는 혼합기의 개구부 등

② 종류별 사용방법 및 특성

종류		사용방법	비고
벨트식 (B식)	1종	U자 걸이 전용, 전기작업용	-
	2종	1개 걸이 전용, 건설현장, 비계작업형	클립 부착 전용
안전그네식 (H식)	4종	1개 걸이 U자 걸이 공용(안전블록, 추락방지대)	보조훅 부착
	5종	추락방지대	-

※ 주의 : 3종은 없음

③ 안전대용 로프의 구비조건

㉠ 충격 및 인장강도에 강한 것
㉡ 내마모성이 높을 것
㉢ 내열성이 높을 것
㉣ 완충성이 높을 것
㉤ 습기나 약품류에 침범당하지 않을 것
㉥ 부드럽고 되도록 매끄럽지 않을 것

1.7 안전보건표지

안전보건표지의 색도기준 및 용도는 다음과 같다(산업안전보건법 시행규칙 제38조 제3항 관련).

색채	색도기준	용도	사용례
빨간색	7.5R 4/14	금지	정지신호, 소화설비 및 그 장소, 유해행위의 금지
		경고	화학물질취급장소에서의 유해·위험경고
노란색	5Y 8.5/12	경고	화학물질취급장소에서의 유해·위험경고 이외의 위험경고, 주의표지 또는 기계방호물
파란색	2.5PB 4/10	지시	특정 행위의 지시 및 사실의 고지
녹색	2.5G 4/10	안내	비상구 및 피난소, 사람 또는 차량의 통행표지
흰색	N9.5		파란색 또는 녹색에 대한 보조색
검은색	N0.5		문자 및 빨간색 또는 노란색에 대한 보조색

※ 허용오차범위 H=±2, V=±0.3, C=±1(H : 색상, V : 명도, C : 채도)

※ 위의 색도기준은 한국산업규격(KS)에 따른 색의 3속성에 의한 표시방법(KSA 0062 기술표준원 고시 제2008-0759)에 따른다.

2 냉동 관련 법령

2.1 냉동제조사업관리

(1) 냉동제조사업(냉동제조)

① 냉동을 하는 과정에서 압축 또는 액화의 방법에 의하여 고압가스가 생성(고압가스제조) 되게 하는 것이다.

② 고압가스제조의 정의

㉠ 기체의 압력을 변화시키는 것

- 고압가스가 아닌 가스를 고압가스로 만드는 것
- 고압가스를 다시 압력을 상승시키는 것

㉡ 가스의 상태를 변화시키는 것

- 기체는 고압의 액화가스로 만드는 것
- 액화가스를 기화시켜 고압가스를 만드는 것

㉢ 고압가스를 용기에 충전하는 것

(2) 고압가스

① **압축고압가스** : 상용의 온도에서 1MPa 이상이 되는 가스가 실제로 그 압력이 1MPa 이상이거나 35℃에서의 압력이 1MPa 이상이 되는 압축가스

② **액화고압가스** : 상용의 온도에서 0.2MPa 이상이 되는 가스가 실제로 그 압력이 0.2MPa 이상이거나 0.2MPa이 되는 경우의 온도가 35℃ 이하인 액화가스

※ 1MPa=10^6Pa

※ 압축가스 : 일정한 압력에 의하여 압축되어 있는 가스

※ 액화가스 : 가압, 냉동 등의 방법에 의하여 액체상태로 되어 있는 것으로서 대기압에서의 비점이 40℃ 이하 또는 상용의 온도 이하인 가스

(3) 냉동사이클

냉동기의 기준사이클은 냉매가스가 압축기, 응축기, 팽창밸브, 증발기 등 4개의 장치를 순환하면서 1회의 사이클을 완료하는 것이다.

2.2 허가관리

(1) 냉동제조 인허가

① 고압가스제조 중 냉동제조를 하고자 하는 자는 그 제조소마다 시장·군수·구청장(자치구의 구청장을 말한다)의 허가를 받아야 하며, 허가받은 사항 중 산업통상자원부령이 정하는 중요사항을 변경하고자 할 때에도 또한 같다.

② 대통령령이 정하는 종류 및 규모 이하의 냉동제조자는 시장·군수·구청장에게 신고하여야 하며, 신고한 사항 중 산업통상자원부령이 정하는 중요한 사항을 변경하고자 할 때에도 또한 같다.

산업통상자원부령이 정하는 중요한 사항의 변경(변경허가·변경신고대상)

1. 사업소의 위치변경
2. 제조·저장 또는 판매하는 고압가스의 종류 또는 압력의 변경. 다만, 저장하는 고압가스의 종류를 변경하는 경우로서 법 제28조의 규정에 의해 설립된 한국가스안전공사가 위해의 우려가 없다고 인정하는 경우에는 이를 제외한다.
3. 저장설비의 교체 설치, 저장설비의 위치 또는 능력변경
4. 처리설비의 위치 또는 능력변경
5. 배관의 내경변경. 단, 처리능력의 변경을 수반하는 경우에 한한다.
6. 배관의 설치장소변경. 단, 변경하고자 하는 부분의 배관연장이 300m 이상인 경우에 한한다.
7. 가연성 가스 또는 독성가스를 냉매로 사용하는 냉동설비 중 압축기, 응축기, 증발기 또는 수액기의 교체설치 또는 위치변경

(2) 냉동제조의 허가·신고대상범위

① 허가
  ㉠ 가연성 가스 및 독성가스의 냉동능력 20톤 이상
  ㉡ 가연성 가스 및 독성가스 외의 산업용 및 냉동·냉장용 50톤 이상(단, 건축물 냉난방용의 경우에는 100톤 이상)

② 신고
  ㉠ 가연성 가스 및 독성가스의 냉동능력 3톤 이상 20톤 미만
  ㉡ 가연성 가스 및 독성가스 외의 산업용 및 냉동·냉장용 20톤 이상 50톤 미만(단, 건축물 냉난방용의 경우에는 20톤 이상 50톤 미만)

③ 고압가스 특정 제조 또는 고압가스 일반제조의 허가를 받은 자, 도시가스사업법에 의한 도시가스사업의 허가를 받은 자가 그 허가받은 내용에 따라 냉동제조를 하는 경우에는 허가 또는 신고대상에서 제외

적용범위에서 제외되는 고압가스

1. 에너지이용합리화법의 적용을 받는 보일러 안과 그 도관 안의 고압증기
2. 철도차량의 에어컨디셔너 안의 고압가스
3. 선박안전법의 적용을 받는 선박 안의 고압가스
4. 광산보안법의 적용을 받는 광산에 소재하는 광업을 위한 설비 안의 고압가스
5. 항공법의 적용을 받는 항공기 안의 고압가스
6. 전기사업법에 의한 전기공작물 중 발전・변전 또는 송전을 위하여 설치하는 변압기, 리액틀, 개폐기, 자동차단기로서 가스를 압축 또는 액화, 그 밖의 방법으로 처리하는 그 전기공작물 안의 고압가스
7. 원자력법의 적용을 받는 원자로 및 그 부속설비 안의 고압가스
8. 내연기관의 시동, 타이어의 공기충전, 리베팅, 착암 또는 토목공사에 사용되는 압축장치 안의 고압가스
9. 오토클레이브 안의 고압가스(수소, 아세틸렌 및 염화비닐은 제외)
10. 액화브롬화메탄제조설비 외에 있는 액화브롬화메탄
11. 등화용의 아세틸렌가스
12. 청량음료수, 과실주 또는 발포성 주류에 포함되는 고압가스
13. 냉동능력이 3톤 미만인 냉동설비 안의 고압가스
14. 소방법의 적용을 받는 내용적 1리터 이하의 소화기용 용기 또는 소화기에 내장되는 용기 안에 있는 고압가스
15. 그 밖에 산업통상자원부장관이 위해 발생의 우려가 없다고 인정하는 고압가스

PART 3

2.3 냉동능력 산정기준

구분		1일 냉동능력
원심식 압축기		압축기 원동기 정격출력 1.2kW를 1일 냉동능력 1톤
흡수식 냉동설비		발생기를 가열하는 1시간의 입열량 27,795kJ을 1일 냉동능력 1톤
그 밖의 것	다단 압축방식 또는 다원냉동장치	$R=\frac{VH+0.08\,VL}{C}$
	회전피스톤형 압축기	$R=\frac{60\times 0.758tn(D^2-d^2)}{C}$
	스크루형 압축기	$R=\frac{60KD^2nL}{C}$
	왕복동형 압축기	$R=\frac{60\times 0.758D^2LNn}{C}$
	그 밖의 압축기	압축기의 표준 회전속도에 있어서의 1시간의 피스톤압출량(m^3)

여기서, VH : 압축기 최종단 또는 최종원기통의 1시간 피스톤압출량(m^3)

VL : 압축기 최종단 또는 최종원 앞의 기통의 1시간 피스톤압출량(m^3)

t : 회전피스톤 가스압축 부분의 두께(m)

n : 회전피스톤 1분간의 표준 회전수(스크루형의 것은 로터의 회전수)
D : 기통의 안지름(스크루형은 로터의 직경)(m)
d : 회전피스톤의 바깥지름(m)
L : 로터의 압축에 유효한 부분의 길이 또는 피스톤의 행정(m)
N : 실린더 수
K : 치형의 종류에 따른 계수로서의 값
C : 냉매가스의 종류에 따른 수치

3 운영안전관리

3.1 안전관리자

(1) 안전관리자별 임무

① 안전관리 총괄자 : 해당 사업소의 안전에 관한 업무총괄
② 안전관리 부총괄자 : 안전관리 총괄자를 보좌하여 해당 가스시설의 안전을 직접 관리
③ 안전관리 책임자 : 부총괄자를 보좌하여 기술적인 사항 관리, 안전관리원 지휘·감독
④ 안전관리원 : 안전관리 책임자의 지시에 따라 안전관리자의 직무 수행

(2) 안전관리자의 선임인원(냉동제조시설)

냉동능력	선임구분	
	안전관리자 구분 및 선임인원	자격구분
300톤 초과 (프레온을 냉매로 사용하는 것은 600톤 초과)	안전관리 총괄자 1인	-
	안전관리 책임자 1인	공조냉동기계산업기사
	안전관리원 2인 이상	공조냉동기계기능사 또는 냉동시설안전관리자 양성교육 이수자
100톤 초과 300톤 이하 (프레온을 냉매로 사용하는 것은 200톤 초과 600톤 이하)	안전관리 총괄자 1인	-
	안전관리 책임자 1인	공조냉동기계산업기사 또는 공조냉동기계기능사 중 현장 실무경력 5년 이상인 자
	안전관리원 1인 이상	공조냉동기계기능사 또는 냉동시설안전관리자 양성교육 이수자
50톤 초과 100톤 이하 (프레온을 냉매로 사용하는 것은 100톤 초과 200톤 이하)	안전관리 총괄자 1인	-
	안전관리 책임자 1인	공조냉동기계기능사
	안전관리원 1인 이상	공조냉동기계기능사 또는 냉동시설안전관리자 양성교육 이수자

냉동능력	선임구분	
	안전관리자 구분 및 선임인원	자격구분
50톤 이하 (프레온을 냉매로 사용하는 것은 100톤 이하)	안전관리 총괄자 1인	-
	안전관리 책임자 1인	공조냉동기계기능사 또는 냉동시설안전관리자 양성교육 이수자

※ 비고

① 시설구분의 처리 또는 저장능력에 따른 자격자는 기술자격종목의 상위자격소지자로 할 수 있다. 이 경우 가스기술사, 가스기능장, 가스기사, 가스산업기사, 가스기능사 순으로, 공조냉동기계기술사, 공조냉동기계기사, 공조냉동기계산업기사, 공조냉동기계기능사의 순으로 먼저 규정한 자격을 상위자격으로 한다.

② 일반시설안전관리자 양성교육 이수자, 판매시설안전관리자 양성교육 이수자, 사용시설안전관리자 양성교육 이수자의 순으로 먼저 규정한 자격을 상위자격으로 본다.

③ 안전관리 책임자의 자격을 가진 자는 해당 시설의 안전관리원의 자격을 가진 것으로 본다.

④ 고압가스기계기능사보, 고압가스취급기능사보 및 고압가스화학기능사보의 자격소지자는 이 자격구분에 있어서 일반시설안전관리자 양성교육 이수자로 보고, 고압가스냉동기계기능사보의 자격소지자는 냉동시설안전관리자 양성교육 이수자로 본다.

⑤ 안전관리 총괄자 또는 안전관리 부총괄자가 안전관리 책임자의 기술자격을 가지고 있는 경우에는 안전관리 책임자를 겸할 수 있다.

⑥ 고압가스특정제조자가 냉동제조를 하는 경우에는 냉동능력에 따른 안전관리원을 추가로 선임하여야 한다.

⑦ 사업소 안에 고압가스제조시설과 냉동제조시설이 같이 설치되어 있는 경우 고압가스제조시설을 위한 안전관리자를 선임한 때에는 별도로 냉동제조시설에 관한 안전관리자를 선임하지 아니할 수 있다.

⑧ 냉동제조의 경우로서 여러 개의 사업소가 동일 지역 내에 있고, 공동관리할 수 있는 안전관리체계를 갖춘 경우에는 안전관리 책임자를 공동으로 선임할 수 있다.

⑨ 법 제9조 제1항 제3호의 규정에 의하여 휴지한 사업소 내의 고압가스시설에 고압가스가 없는 경우에는 안전관리원을 선임하지 아니할 수 있다.

⑩ 고압가스특정제조시설, 고압가스일반제조시설, 고압가스충전시설, 냉동제조시설, 저장시설, 판매시설, 용기제조시설, 냉동기제조시설 또는 특정설비제조시설을 설치한 자가 동일한 사업장에 특정고압가스사용신고시설, 액화석유가스의 안전 및 사업관리법에 의한 액화석유가스 특정사용시설 또는 도시가스사업법에 의한 특정가스사용시설을 설치하는 경우에는 해당 사용신고시설 또는 사용시설에 대한 안전관리자는 선임하지 아니할 수 있다.

3.2 사업자, 안전관리자, 종사자, 관할 관청의 임무

(1) 사업자

① 사업개시 전 안전관리자 선임 → 관할 관청에 신고

② 안전관리자 해임, 퇴직 시 → 관할 관청에 신고 → 30일 이내에 재선임

※ 선임 · 해임 · 퇴직신고는 안전관리 책임자에 한함

③ 여행, 질병, 기타 사유로 안전관리자 직무 불가 시 → 대리자 지정

④ 안전관리자의 의견을 존중하고 안전관리자의 권고에 따라야 함

⑤ 안전관리자에게 본연의 직무 외의 다른 일을 맡겨서는 아니 됨

(2) 안전관리자

① 시설 및 작업과정의 안전유지

② 용기 등의 제조공정관리

③ 공급자의 의무이행 확인

④ 안전관리규정 시행 및 실시기록 작성

⑤ 종사자의 안전관리 지휘 · 감독

⑥ 그 밖의 위해방지조치

(3) 종사자

안전관리자의 의견을 존중하고 안전관리자의 권고에 따라야 함

(4) 관할 관청

① 안전관리자가 직무를 불성실하게 수행 시 사업자에게 안전관리자 해임요구

② 산업통상자원부장관에서 위에 해당하는 자의 기술자격 취소 또는 정지요청

3.3 안전관리규정

① 제출대상 : 고압가스냉동제조허가자

② 준수절차

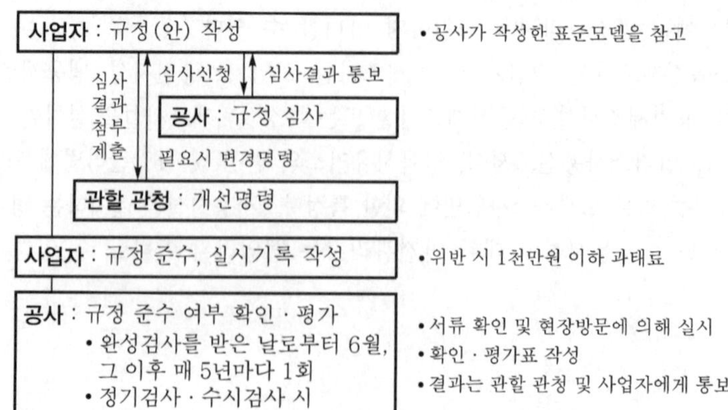

3.4 시설검사

(1) 종류

① 중간검사 : 냉동제조시설의 설치공사 또는 변경공사를 한 때에는 그 공사의 공정별로 중간검사를 받아야 한다.

② 완성검사 : 냉동제조시설의 설치공사 또는 변경공사를 한 때에는 완성검사를 받아야 한다.

③ 정기검사

㉠ 가연성 가스 또는 독성가스를 냉매로 사용하는 경우 : 최초완성검사필증을 교부한 날로부터 매 1년마다

㉡ 불연성 가스(독성가스 제외)를 냉매로 사용하는 경우 : 최초완성검사필증을 교부한 날로부터 매 2년마다

④ 수시검사 : 위해의 우려가 있어 필요한 경우 수시검사를 받아야 한다.

(2) 중간검사공정

① 가스설비 또는 배관의 설치가 완료되어 기밀시험 또는 내압시험을 할 수 있는 상태의 공정

② 저장탱크를 지하에 매설하기 직전의 공정

③ 배관을 지하에 설치하는 경우 공사가 지정하는 부분을 매몰하기 직전의 공정

④ 공사가 지정하는 부분의 비파괴시험을 하는 공정

⑤ 방호벽 또는 저장탱크의 기초설치공정

PART 3

3.5 냉동기 제품 표시

① 냉동기 제조자의 명칭

② 냉매가스의 종류

③ 냉동능력(RT)

④ 원동기 소요동력 및 전류

⑤ 제조번호

⑥ 검사에 합격한 연, 월

⑦ 내압시험압력(TP[MPa])

⑧ 최고사용압력(DP[MPa])

4 보일러안전관리

4.1 개요

(1) 안전관리의 의의

① 인간의 생명을 존중하는 것을 목적으로 항시 작업자의 안전을 도모하여 위해를 방지하고 사고로 인한 재산적 피해를 입지 않도록 하기 위함이다.

② 목적 : 인명존중, 사회복지 증진, 생산성 향상, 경제성 향상, 안전사고 발생 방지

(2) 사고의 원인

① 직접원인

㉠ 불안전한 행동(인적원인) : 안전조치 불이행, 불안전한 상태의 방치 등

㉡ 불안전한 상태(물적원인) : 작업환경의 결함, 보호구 복장 등의 결함 등

② 간접원인

㉠ 기술적 원인 : 기계, 기구, 장비 등의 방호설비, 경계설비 등의 기술적 결함

㉡ 교육적 원인 : 무지, 경시, 몰이해, 훈련미숙, 나쁜 습관 등

㉢ 신체적 원인 : 각종 질병, 피로, 수면 부족 등

㉣ 정신적 원인 : 태만, 반항, 불만, 초조, 긴장, 공포 등

㉤ 관리적 원인 : 책임감 부족, 작업기준의 불명확, 근로의욕 침체 등

(3) 안전점검의 목적

① 결함이나 불안전조건의 제거

② 기계설비 본래의 성능유지

③ 합리적인 생산관리

(4) 안전관리 일반

① 온도 : 안전활동에 가장 적당한 온도, 18~21℃

② 습도 : 가장 바람직한 상대습도, 30~35%

③ 불쾌지수 : 불쾌지수의 위험한계, 75 이상

④ 유해가스

㉠ CO_2의 영향

- 1~2% : 작업능률 저하, 실수 유발
- 3% 이상 : 호흡장해
- 5~10% : 일정 시간 머물면 치명적
- CO_2의 농도가 0.1%를 넘으면 환기를 해야 한다.

㉡ CO의 영향

- 두통, 현기증, 귀울림, 경련, 질식
- CO의 농도가 0.01% 이상일 경우 환기상태를 개선해야 한다.

⑤ 안전색 표시

㉠ 적색 : 정지, 금지
㉡ 황적색 : 위험
㉢ 황색 : 주의
㉣ 녹색 : 안전안내, 진행유도, 구급구호
㉤ 청색 : 조심, 지시
㉥ 백색 : 통로, 정리정돈
㉦ 적자색 : 방사능

⑥ 화재등급별 소화방법

분류	A급 화재 (보통화재)	B급 화재 (유류화재)	C급 화재 (전기화재)	D급 화재 (금속화재)	E급 화재 (가스화재)	K급 화재 (주방화재)
가연물	• 일반 가연물 • 목재, 종이, 섬유 등 화재	• 가연성 액체 • 가연성 가스 • 액화가스화재 • 석유화재	• 전기설비	• 가연성 금속 (리튬, 마그네슘, 나트륨 등)	• LPG • LNG • 도시가스	• 식용유화재
주소화 효과	냉각소화	질식소화	질식·냉각소화	질식소화	제거소화	질식·냉각소화
소화기	• 분말소화기 • 포말소화기 • 할로겐화합물소화기	• 분말소화기 • 포말소화기 • CO_2소화기 • 할로겐화합물소화기 • 가스식 소화기	• 분말소화기 • CO_2소화기 • 할로겐화합물소화기 • 가스식 소화기	• 건조사 • 팽창질석 • 팽창진주암	• 할로겐화합물소화기	• 할로겐화합물소화기 • K급 소화기
구분색	백색	황색	청색	무색	황색	–

※ 요즘 구분색의 의무규정은 없다.

⑦ 고압가스용기의 도색

㉠ 산소 : 녹색
㉡ 수소 : 주황색
㉢ 액화탄산가스 : 청색
㉣ 아세틸렌 : 황색
㉤ 액화염소 : 갈색
㉥ 액화암모니아 : 백색
㉦ 기타 가스 : 회색

PART 3

4.2 보일러 손상과 방지대책

(1) 부식

보일러의 전열재는 일반 강재(Fe)로 구성되어 있어 물이 닿는 내부부식과, 고온의 화염 또는 저온의 가스가 닿는 외부부식으로 구분된다.

① **내부부식** : 보일러의 내부, 즉 수면과 맞닿는 부분에서의 부식을 말하여, 그 원인은 용존산소, 가스분, 탄산가스, 유지분 등이다.

㉠ 점식(pitting)

- 동 내부의 물은 전해액이 되고, 동의 강재는 양극화가 되어 국부전지가 일시적으로 일어남으로써 그때의 관수 중 용전산소(OH^-)가 양극(Fe^{2+})에 집중적으로 발생되어 강재 내부에($Fe(OH)_2$) 깊게 부식되어 외형상으로는 좁쌀알크기의 반점으로 나타나는 부식이다.
- 발생장소
  - 강재의 표면이 불균일한 곳
  - 산화철의 보호피막이 파괴된 곳
  - 스케일이 생성되어 쌓인 곳
- 방지방법 : 용존산소 제거(탈기), 방청도장(보호피막), 약한 전류의 통전, 아연판 매달기

㉡ 국부부식 : 내면이나 외면에 얼룩모양으로 생기는 국부적인 부식이다.

㉢ 전면식(일반부식) : 물과 접촉하고 있는 강재의 표면에서 Fe^{2+}(철이온)이 용출한다.

$$Fe \rightleftharpoons Fe^{2+} + 2e^{+}$$

물은 전리되어 $H_2O \rightleftharpoons H^{+} + OH^{-}$로 되었을 때 철의 Fe^{2+}와 물의 OH^{-}의 결합으로 수산화 제1철($Fe(OH)_2$)을 침전시킨다.

$$Fe^{2+} + 2OH^{-} \rightleftharpoons Fe(OH)_2,\ 2H^{+} + 2e^{-} \rightleftharpoons -H_2$$

$Fe(OH)_2$은 물에 잘 용해된다.

$$Fe + 2H_2O = Fe(OH) + H_2$$

이것은 관수의 pH와 관계가 있으며, 낮을수록 용해가 잘 되며 가장 용해되기 어려운 때의 pH(25℃)는 11~12 정도이다. 직접 물과 접촉되어 있는 부분의 부식으로 전면적으로 일어나는 형태이다.

㉣ 구식(grooving) : 열팽창에 의한 신축으로 팽창, 수축의 반복적인 응력에 의해 도량형태(V, U자)의 홈을 만들며 나타나는 부식으로 보일러 연결 부위 및 만곡부에 발생한다.

㉤ 알칼리부식 : 관수 중 알칼리(수산화나트륨)의 농도가 높아 수산화 제1철($Fe(OH)_2$)이 용해되어 강은 알칼리에 의해 부식된다.

㉥ 내부부식 방지방법
- 예열된 급수를 사용하여 열응력을 적게 한다.
- 급수처리를 철저히 한다(탈기, 관수연화).
- 아연판을 매단다.
- 약한 전류도 통전한다.

② 외부부식

㉠ 저온부식
- 황분이 많은 연료를 사용하는 보일러에서 일어나는 부식으로 저온대의 가스와 응축된 수증기가 화합하여 발생하므로 연도 내 저온대에 설치된 공기예열기, 절탄기의 부대설비 및 수관이나 노통관 등 본체에서도 나타난다. 배기가스 중 황산화물의 노점온도는 황분 1%당 4℃ 상승하는 관계를 유지하며, 그로 인해 150~170℃ 이하에서 일어나는 부식현상이다.

$$SO_2 \rightarrow SO_2$$
$$2SO_2 + O_2 \rightarrow SO_3$$
$$SO_3 + H_2O \rightarrow H_2SO_4$$

- 방지방법
  - 노점강하제를 사용하여 황산화물의 노점을 낮출 것
  - 양질의 연료를 선택할 것

- 배기가스온도를 노점온도 이상으로 유지할 것
- 적정 공기비로 연소할 것
- 저온부식방지제로 돌로마이트 및 암모니아를 사용할 것

ⓛ 고온부식

- 고체연료, 중질유를 사용하는 연소장치 중에서 일어나는 부식으로 고온으로 접촉되어지는 과열기, 수관보일러의 천장 등에 V_2O_5(오산화바나듐), SO_x, Na_2O의 성분이 고온에서 용융, 침착하는 현상으로 침착된 부분에는 강재가 강하게 침식된다(약 550~600℃).
- 방지방법
  - 회분개질제를 첨가하여 회분의 융점을 높인다.
  - 양질의 연료를 사용하며 연료 속의 V, Na, S를 제거 후 사용한다.
  - 고온가스가 접촉되는 부분에 보호피막을 한다.
  - 연소가스온도를 융점온도 이하로 유지한다.

(2) 보일러 손상

① **마모(abrasion)** : 국부적으로 반복작용에 의해 나타나는 것으로 다음의 경우에서 나타난다.

㉠ 매연취출에 의해 수관에 오래 증기를 취출하는 경우

ⓛ 연소가스 중에 미립의 거친 성분을 함유하고 있는 경우

ⓒ 수관이나 연관의 내부청소에 튜브클리너를 한 곳에 오래 사용한 경우

② **라미네이션(lamination), 블리스터(blister)** : 보일러 강판이나 관의 두께 속에 2장의 층을 형성하고 있는 상태는 라미네이션이라 하고, 이러한 상태에서 화염과 접촉하여 높은 열을 받아 부풀어 오르거나 표면이 타서 갈라지게 되는 상태를 블리스터라 한다.

③ **소손(burn)** : 과열이 촉진되어 용해점 가까운 고온이 되면 함유탄소의 일부가 연소하므로 열처리를 하여도 근본의 성질로 회복되지 못하게 된다. 보일러에서는 노 내 가열을 통해 보일러수에 전달되는 것이므로 보일러 본체의 온도는 내부의 포화수보다 30~50℃ 정도 높은 상태이기 때문에 물 쪽으로의 열전달이 방해되거나 수가 부족하여 공관연소하게 되면 강재의 온도가 상승하여 과열, 소손하게 된다.

④ **팽출, 압궤** : 보일러 본체의 화염에 접하는 부분이 과열된 결과 내부의 압력에 의해 부풀어 오르는 현상을 팽출이라 하고, 외부로부터의 압력에 의해 짓눌린 현상을 압궤라 한다(팽출 : 인장능력, 압궤 : 압축응력).

㉠ 압궤가 일어나는 부분 : 노통, 연소실, 관판

ⓛ 팽출이 일어나는 부분 : 횡연관, 보일러 동저부, 수관

⑤ **크랙(crack)**

㉠ 무리한 응력을 받은 부분, 응력이 국부적으로 집중된 부분, 화염에 접촉된 부분 등에 압력변화, 가열로 인한 신축의 영향으로 조직이 파괴되고 천천히 금이 가는 현상이다. 특히 주철제보일러의 경우에는 급열, 급냉의 부동팽창으로 크랙이 발생되기 쉽다.

㉡ 크랙이 발생되기 쉬운 부분
- 스테이 자체나 부근의 판
- 연소구 주변의 리벳
- 용접이음부와 열영향부

4.3 보일러사고 및 방지대책

(1) 개요

보일러는 내부에 열매체(온수, 증기)를 보유한 일종의 압력용기로 증기의 체적 증가로 인한 압력 초과, 연소실 내의 미연소가스폭발사고 등 언제라도 대형사고와 직결된다.

(2) 원인별 구분

① **제작상의 원인** : 재료 불량, 구조 및 설계 불량, 강도 불량, 용접 불량 등
② **취급상의 원인** : 압력 초과, 저수위, 과열, 역화, 부식 등
※ 파열사고 : 압력 초과, 저수위(이상감수), 과열
※ 미연소가스폭발사고 : 역화

(3) 발생 및 대책

보일러사고는 제작상의 원인보다는 취급상의 원인이 주사고원인이다. 이에 대한 발생원인과 대책은 다음과 같다.

① 압력 초과

㉠ 원인
- 안전장치의 작동 불량
- 압력계의 기능이상
- 이상감수
- 급수계통의 이상
- 수면계의 기능이상

㉡ 대책
- 안전장치의 작동시험 및 점검
- 압력계의 작동시험 및 점검
- 항시 상용수위의 유지관리 철저
- 펌프 및 밸브류의 누설점검
- 수면계의 작동시험 및 점검

② 저수위(이상감수)

㉠ 원인
- 수면계 수위의 오판
- 수면계 주시 태만
- 급수계통의 이상
- 분출계통의 누수
- 증발량의 과잉

㉡ 대책
- 수면계 연락관 청소 및 기능점검
- 수면계의 철저한 감시

- 펌프 및 밸브류의 기능 및 누설점검
- 수저분출밸브의 누설점검
- 상용수위의 유지

③ 과열

㉠ 원인

- 이상감수
- 전열면의 국부가열
- 관수의 농축
- 관수의 순환 불량
- 스케일의 생성

㉡ 대책

- 상용수위의 유지
- 연소장치의 개선, 분사각 조절
- 분출을 통한 한계값 유지
- 전열의 확산 및 순환펌프의 기능점검
- 급수처리 철저 및 적기의 분출

④ 역화(미연소가스의 폭발)

㉠ 원인

- 프리퍼지 부족
- 점화 시 착화가 늦은 경우
- 과다한 연료공급
- 흡입통풍의 부족
- 압입통풍의 과대
- 공기보다 연료의 공급이 우선된 경우
- 연료의 불완전 및 미연소

㉡ 대책

- 점화 시 송풍기 미작동일 때 연료누입방지장치
- 착화장치의 기능점검
- 적절한 연료공급
- 흡입(유인)통풍의 증대
- 댐퍼의 개도를 적절히 조절
- 우선하여 공기공급
- 연료의 과대 공급 방지 및 연소장치의 개선

5 관련 법령 및 기준

5.1 고압가스안전관리

(1) 고압가스의 종류 및 범위

① 상용(常用)의 온도에서 압력(게이지압력을 말함)이 1MPa 이상이 되는 압축가스로서 실제로 그 압력이 1MPa 이상이 되는 것 또는 35℃에서 압력이 1MPa 이상이 되는 압축가스(아세틸렌가스는 제외)

② 15℃에서 압력이 0Pa을 초과하는 아세틸렌가스
③ 상용의 온도에서 압력이 0.2MPa 이상이 되는 액화가스로서 실제로 그 압력이 0.2MPa 이상이 되는 것 또는 압력이 0.2MPa이 되는 경우 35℃ 이하인 액화가스
④ 35℃에서 압력이 0Pa을 초과하는 액화가스 중 액화시안화수소, 액화브롬화메탄, 액화산화에틸렌가스

(2) 경미한 사항의 변경

"대통령령으로 정하는 경미한 사항을 변경하려는 경우"란 다음의 어느 하나에 해당하는 경우를 말한다.

① 가스안전관리에 관한 기본계획(이하 "기본계획")에서 정한 부문별 사업규모의 100분의 15의 범위에서 그 규모를 변경하려는 경우
② 기본계획에서 정한 부문별 사업기간의 1년의 범위에서 그 기간을 변경하려는 경우
③ 계산 착오, 오기, 누락 또는 이에 준하는 명백한 오류를 수정하려는 경우
④ 그 밖에 기본계획의 목적 및 방향에 영향을 미치지 아니하는 것으로서 산업통상자원부장관이 고시하는 사항을 변경하려는 경우

(3) 자료의 제출 또는 협력의 요청 등

① 산업통상자원부장관은 관계 중앙행정기관의 장이나 특별시장·광역시장·특별자치시장·도지사·특별자치도지사(이하 "시·도지사") 또는 공공기관의 장에게 다음 사항에 관한 자료의 제출이나 협력을 요청할 수 있다.
㉠ 고압가스, 액화석유가스 및 도시가스(이하 "고압가스 등")의 안전과 관련된 규제의 정비
㉡ 고압가스 등의 시설에 대한 관계기관 합동 가스안전점검의 실시
㉢ 고압가스 등으로 인한 사고 관련 통계 및 사례의 산출 및 관리
㉣ 고압가스 등 관련 안전의식 정착을 위한 가스안전문화운동의 추진
㉤ 고압가스 등으로 인한 사고예방을 위한 홍보의 지원
㉥ 그 밖에 기본계획을 효율적으로 시행하기 위하여 산업통상자원부장관이 필요하다고 인정하는 사항
② 산업통상자원부장관은 기본계획을 수립 또는 변경한 경우에는 그 수립 또는 변경일부터 1개월 이내에 관계 중앙행정기관의 장, 시·도지사 및 공공기관(가스안전에 관한 업무를 수행하는 공공기관에 한정)의 장에게 해당 사항을 통보하고, 산업통상자원부 인터넷 홈페이지에 공고하여야 한다.

(4) 고압가스 제조허가 등의 종류 및 기준 등

① 고압가스 제조허가의 종류와 그 대상범위
㉠ 고압가스 특정 제조 : 산업통상자원부령으로 정하는 시설에서 압축·액화 또는 그 밖의 방법으로 고압가스를 제조(용기 또는 차량에 고정된 탱크에 충전하는 것을 포함)

하는 것으로서 그 저장능력 또는 처리능력이 산업통상자원부령으로 정하는 규모 이상인 것

㉡ 고압가스 일반제조 : 고압가스 제조로서 고압가스 특정 제조의 범위에 해당하지 아니하는 것

㉢ 고압가스 충전 : 용기 또는 차량에 고정된 탱크에 고압가스를 충전할 수 있는 설비로 고압가스를 충전하는 것으로서 다음의 어느 하나에 해당하는 것. 다만, 고압가스 특정 제조 또는 고압가스 일반제조의 범위에 해당하는 것은 제외한다.

- 가연성 가스(액화석유가스와 천연가스는 제외) 및 독성가스의 충전
- 가연성 가스 외의 고압가스(액화석유가스와 천연가스는 제외)의 충전으로서 1일 처리능력이 $10m^3$ 이상이고 저장능력이 3톤 이상인 것

㉣ 냉동제조 : 1일의 냉동능력(이하 "냉동능력")이 20톤 이상(가연성 가스 또는 독성가스 외의 고압가스를 냉매로 사용하는 것으로서 산업용 및 냉동·냉장용인 경우에는 50톤 이상, 건축물의 냉·난방용인 경우에는 100톤 이상)인 설비를 사용하여 냉동을 하는 과정에서 압축 또는 액화의 방법으로 고압가스가 생성되게 하는 것. 다만, 다음의 어느 하나에 해당하는 자가 그 허가받은 내용에 따라 냉동제조를 하는 것은 제외한다.

- 고압가스 특정 제조의 허가를 받은 자
- 고압가스 일반제조의 허가를 받은 자
- 도시가스사업의 허가를 받은 자

② 고압가스저장소 설치허가의 대상범위는 산업통상자원부령으로 정하는 양 이상의 고압가스를 저장하는 시설로 한다. 다만, 다음의 어느 하나에 해당하는 자가 그 허가받은 내용에 따라 고압가스를 저장하는 것은 제외한다.

㉠ 고압가스 제조허가를 받은 자
㉡ 고압가스 판매허가를 받은 자
㉢ 액화석유가스저장소의 설치허가를 받은 자
㉣ 도시가스사업의 허가를 받은 자

(5) 고압가스 제조의 신고대상

① **고압가스 충전** : 용기 또는 차량에 고정된 탱크에 고압가스를 충전할 수 있는 설비로 고압가스(가연성 가스 및 독성가스는 제외)를 충전하는 것으로서 1일 처리능력이 $10m^3$ 미만이거나 저장능력이 3톤 미만인 것

② **냉동제조** : 냉동능력이 3톤 이상 20톤 미만(가연성 가스 또는 독성가스 외의 고압가스를 냉매로 사용하는 것으로서 산업용 및 냉동·냉장용인 경우에는 20톤 이상 50톤 미만, 건축물의 냉·난방용인 경우에는 20톤 이상 100톤 미만)인 설비를 사용하여 냉동을 하는 과정에서 압축 또는 액화의 방법으로 고압가스가 생성되게 하는 것. 다만, 다음의 어느 하나에 해당하는 자가 그 허가받은 내용에 따라 냉동제조를 하는 것은 제외한다.

㉠ 고압가스 특정 제조, 고압가스 일반제조 또는 고압가스저장소 설치의 허가를 받은 자

㉡ 도시가스사업의 허가를 받은 자

(6) 용기 등의 제조등록

① 용기 · 냉동기 또는 특정 설비(이하 "용기 등")의 제조등록 대상범위

㉠ 용기 제조 : 고압가스를 충전하기 위한 용기(내용적 3dL 미만의 용기는 제외), 그 부속품인 밸브 및 안전밸브를 제조하는 것

㉡ 냉동기 제조 : 냉동능력이 3톤 이상인 냉동기를 제조하는 것

㉢ 특정 설비 제조 : 고압가스의 저장탱크(지하 암반동굴식 저장탱크는 제외), 차량에 고정된 탱크 및 산업통상자원부령으로 정하는 고압가스 관련 설비를 제조하는 것

② 용기 등의 제조등록기준

㉠ 용기의 제조등록기준 : 용기별로 제조에 필요한 단조(鍛造 : 금속을 두들기거나 눌러서 필요한 형체로 만드는 일)설비 · 성형설비 · 용접설비 또는 세척설비 등을 갖출 것

㉡ 냉동기의 제조등록기준 : 냉동기 제조에 필요한 프레스설비 · 제관설비 · 건조설비 · 용접설비 또는 조립설비 등을 갖출 것

㉢ 특정 설비의 제조등록기준 : 특정 설비의 제조에 필요한 용접설비 · 단조설비 또는 조립설비 등을 갖출 것

③ 제조등록기준 : 산업통상자원부령으로 정하는 시설기준 및 기술기준에 적합할 것

④ 대통령령으로 정하는 구분에 따라 일정 자격을 갖춘 자 : 용기 등 수리감독자의 자격을 갖춘 자

(7) 외국용기 등의 제조등록 · 재등록의 대상범위 및 기준

외국용기 등(외국에서 국내로 수출하기 위한 용기 등)의 제조등록 및 재등록대상범위는 다음과 같다. 다만, 산업통상자원부령으로 정하는 용기 등을 제조하는 것은 제외한다.

① 고압가스를 충전하기 위한 용기(내용적 3dL 미만의 용기는 제외), 그 부속품인 밸브 및 안전밸브를 제조하는 것

② 고압가스 특정 설비 중 다음의 어느 하나에 해당하는 설비를 제조하는 것

㉠ 저장탱크

㉡ 차량에 고정된 탱크

㉢ 압력용기

㉣ 독성가스배관용 밸브

㉤ 냉동설비(일체형 냉동기는 제외)를 구성하는 압축기 · 응축기 · 증발기 또는 압력용기

㉥ 긴급차단장치

㉦ 안전밸브

(8) 고압가스 수입업자의 등록대상범위 등

① 고압가스수입업자의 등록대상범위는 산업통상자원부령으로 정하는 고압가스를 수입하는 것으로 한다.

② 고압가스수입업자의 등록기준

㉠ 고압가스용기보관실을 보유할 것

㉡ 고압가스수입업을 하는 데에 필요한 시설 및 기술이 산업통상자원부령으로 정하는 시설기준 및 기술기준에 적합할 것

(9) 고압가스운반자의 등록대상범위 등

① 고압가스운반자의 등록대상범위는 다음의 어느 하나에 해당하는 차량(이하 "고압가스 운반차량")으로 고압가스를 운반하는 것으로 한다.

㉠ 허용농도가 100만분의 200 이하인 독성가스를 운반하는 차량

㉡ 차량에 고정된 탱크로 고압가스를 운반하는 차량

㉢ 차량에 고정된 2개 이상을 이음매가 없이 연결한 용기로 고압가스를 운반하는 차량

㉣ 다음의 어느 하나에 해당하는 자가 수요자에게 용기로 고압가스를 운반하는 차량. 다만, 접합용기 또는 납붙임용기로 고압가스를 운반하거나 스킨스쿠버 등 여가목적의 장비에 사용되는 충전용기로 고압가스를 운반하는 경우 해당 차량은 제외한다.

- 고압가스 제조허가를 받거나 신고를 한 자
- 고압가스 판매허가를 받은 자
- 고압가스 수입업자의 등록을 한 자

㉤ 다음의 어느 하나에 해당하는 자가 수요자에게 용기로 액화석유가스를 운반하는 차량. 다만, 이륜자동차를 이용하여 액화석유가스를 운반하는 경우 해당 이륜자동차는 제외한다.

- 용기 충전사업자
- 가스난방기용기 충전사업자
- 액화석유가스 판매사업자

㉥ 산업통상자원부령으로 정하는 탱크컨테이너로 고압가스를 운반하는 차량

② 고압가스운반자의 등록기준

㉠ 고압가스 운반차량이 밸브의 손상방지조치, 액면요동방지조치 등 고압가스를 안전하게 운반하기 위하여 필요한 시설이 설치되어 있을 것

㉡ 고압가스 운반차량에 필요한 시설이 산업통상자원부령으로 정하는 기준에 적합할 것

(10) 과징금 부과 등

① 과징금의 금액은 과징금 산정기준을 적용하여 산정한다.

② 과징금을 부과할 때에는 사업자의 사업규모, 위반행위의 정도 및 횟수 등을 고려하여 과징금금액의 5분의 1의 범위에서 과징금을 늘리거나 줄일 수 있다. 다만, 늘리는 경우에도 과징금총액이 4천만원을 초과할 수 없다.

③ 과징금의 부과권자가 과징금을 부과할 때에는 그 위반행위의 종류와 해당 과징금의 금액을 분명히 적어 이를 낼 것을 서면으로 알려야 한다.

④ 통지를 받은 자는 20일 이내에 그 부과권자가 지정하는 수납기관에 내야 한다. 다만, 천재지변이나 그 밖의 부득이한 사유로 그 기간까지 과징금을 낼 수 없을 때에는 그 사유가 없어진 날부터 7일 이내에 내야 한다.

⑤ 과징금을 수납한 수납기관은 과징금납부자에게 영수증을 발급하여야 한다.

⑥ 과징금의 수납기관은 과징금을 수납한 때에는 지체 없이 그 사실을 허가관청 또는 등록관청에 알려야 한다.

(11) 공급자의 의무 등

① 고압가스의 제조허가를 받거나 제조신고를 한 자(이하 "고압가스제조자") 또는 고압가스의 판매허가를 받은 자(이하 "고압가스판매자")가 고압가스를 수요자에게 공급할 때에는 그 수요자의 시설에 대하여 안전점검을 하여야 하며, 산업통상자원부령으로 정하는 바에 따라 수요자에게 위해 예방에 필요한 사항을 계도하여야 한다.

② 고압가스제조자나 고압가스판매자는 안전점검을 한 결과 수요자의 시설 중 개선되어야 할 사항이 있다고 판단되면 그 수요자에게 그 시설을 개선하도록 하여야 한다.

③ 고압가스제조자나 고압가스판매자는 고압가스의 수요자가 그 시설을 개선하지 아니하면 그 수요자에 대한 고압가스의 공급을 중지하고 지체 없이 그 사실을 시장·군수 또는 구청장에게 신고하여야 한다.

④ 신고를 받은 시장·군수 또는 구청장은 고압가스의 수요자에게 그 시설의 개선을 명하여야 한다.

⑤ 안전점검에 필요한 점검자의 자격·인원, 점검장비, 점검기준 등은 산업통상자원부령으로 정한다.

(12) 종합적 안전관리대상자

"대통령령으로 정하는 사업자 등"이란 고압가스제조자 중 다음의 어느 하나에 해당하는 시설을 보유한 자를 말한다.

① 석유정제사업자의 고압가스시설로서 저장능력이 100톤 이상인 것

② 석유화학공업자 또는 지원사업을 하는 자의 고압가스시설로서 1일 처리능력이 1만m^3 이상 또는 저장능력이 100톤 이상인 것

③ 비료생산업자의 고압가스시설로서 1일 처리능력이 10만m^3 이상 또는 저장능력이 100톤 이상인 것

(13) 안전관리자의 종류 및 자격 등

① **안전관리자의 종류** : 안전관리 총괄자, 안전관리 부총괄자, 안전관리 책임자, 안전관리원

② 안전관리 총괄자는 해당 사업자(법인인 경우에는 그 대표자) 또는 특정 고압가스 사용신고시설(이하 "사용신고시설")을 관리하는 최상급자로 하며, 안전관리 부총괄자는 해당 사업자의 시설을 직접 관리하는 최고 책임자로 한다.

③ 안전관리자의 자격과 선임인원

시설구분	저장 또는 처리능력	안전관리자의 구분	선임인원
고압가스 특정 제조시설		안전관리 총괄자	1명
		안전관리 부총괄자	1명
		안전관리 책임자	1명
		안전관리원	2명 이상
고압가스 일반제조시설·충전시설	저장능력 500톤 초과 또는 처리능력 1시간당 2,400m^3 초과	안전관리 총괄자	1명
		안전관리 부총괄자	1명
		안전관리 책임자	1명
		안전관리원	2명 이상
	저장능력 100톤 초과 500톤 이하 또는 처리능력 1시간당 480m^3 초과 2,400m^3 이하	안전관리 총괄자	1명
		안전관리 부총괄자	1명
		안전관리 책임자	1명
		안전관리원	
		- 자동차의 연료로 사용되는 특정 고압가스(이 표에서 "특정 고압가스")를 충전하는 시설의 경우	1명 이상
		- 위의 시설 외의 경우	2명 이상
	저장능력 100톤 이하 또는 처리능력 1시간당 60m^3 초과 480m^3 이하	안전관리 총괄자	1명
		안전관리 부총괄자	1명
		안전관리 책임자	1명
		안전관리원(자동차의 연료로 사용되는 특정 고압가스를 충전하는 시설의 경우는 제외)	1명 이상
	처리능력 1시간당 60m^3 이하	안전관리 총괄자	1명
		안전관리 책임자	1명
		안전관리원(자동차의 연료로 사용되는 특정 고압가스 또는 공기를 충전하는 시설의 경우는 제외)	1명 이상
냉동제조시설	냉동능력 300톤 초과(프레온을 냉매로 사용하는 것은 냉동능력 600톤 초과)	안전관리 총괄자	1명
		안전관리 책임자	1명
		안전관리원	2명 이상

시설구분	저장 또는 처리능력	안전관리자의 구분	선임인원
냉동제조시설	냉동능력 100톤 초과 300톤 이하(프레온을 냉매로 사용하는 것은 냉동능력 200톤 초과 600톤 이하)	안전관리 총괄자	1명
		안전관리 책임자	1명
		안전관리원	1명 이상
	냉동능력 50톤 초과 100톤 이하(프레온을 냉매로 사용하는 것은 냉동능력 100톤 초과 200톤 이하)	안전관리 총괄자	1명
		안전관리 책임자	1명
		안전관리원	1명 이상
	냉동능력 50톤 이하(프레온을 냉매로 사용하는 것은 냉동능력 100톤 이하)	안전관리 총괄자	1명
		안전관리 책임자	1명
저장시설	저장능력 100톤 초과(압축가스의 경우는 저장능력 1만m^3 초과)	안전관리 총괄자	1명
		안전관리 부총괄자	1명
		안전관리 책임자	1명
		안전관리원	2명 이상
	저장능력 30톤 초과 100톤 이하(압축가스의 경우에는 저장능력 3천m^3 초과 1만m^3 이하)	안전관리 총괄자	1명
		안전관리 책임자	1명
		안전관리원	1명 이상
	저장능력 30톤 이하(압축가스의 경우에는 저장능력 3천m^3 이하)	안전관리 총괄자	1명
		안전관리 책임자	1명 이상
판매시설		안전관리 총괄자	1명
		안전관리 책임자	1명 이상
특정 고압가스 사용신고시설	저장능력 250kg(압축가스의 경우에는 저장능력 100m^3) 초과	안전관리 총괄자	1명
		안전관리 책임자(자동차의 연료로 사용되는 특정 고압가스를 사용하는 시설의 경우는 제외)	1명 이상
	저장능력 250kg(압축가스의 경우에는 저장능력 100m^3) 이하	안전관리 총괄자	1명
용기제조시설	용기제조시설	안전관리 총괄자	1명
		안전관리 부총괄자	1명
		안전관리 책임자	1명 이상
	용기부속품제조시설	안전관리 총괄자	1명
		안전관리 부총괄자	1명
		안전관리 책임자	1명 이상
냉동기제조시설		안전관리 총괄자	1명
		안전관리 부총괄자	1명
		안전관리 책임자	1명
		안전관리원	1명 이상

시설구분	저장 또는 처리능력	안전관리자의 구분	선임인원
특정 설비제조시설	저장탱크 및 압력용기제조시설	안전관리 총괄자	1명
		안전관리 부총괄자	1명
		안전관리 책임자	1명
		안전관리원	1명 이상
	저장탱크 및 압력용기 외의 특정 설비제조시설	안전관리 총괄자	1명
		안전관리 부총괄자	사업장마다 1명
		안전관리 책임자	1명 이상

(14) 안전관리자의 업무

① 안전관리자는 다음의 안전관리업무를 수행한다.

㉠ 사업소 또는 사용신고시설의 시설·용기 등 또는 작업과정의 안전유지

㉡ 용기 등의 제조공정관리

㉢ 공급자의 의무이행 확인

㉣ 안전관리규정의 시행 및 그 기록의 작성·보존

㉤ 사업소 또는 사용신고시설의 종사자(사업소 또는 사용신고시설을 개수 또는 보수하는 업체의 직원을 포함)에 대한 안전관리를 위하여 필요한 지휘·감독

㉥ 그 밖의 위해방지조치

② 안전관리 책임자 및 안전관리원은 이 특별한 규정이 있는 경우 외에는 직무 외의 다른 일을 맡아서는 아니 된다.

③ 각 안전관리자의 업무

㉠ 안전관리 총괄자 : 해당 사업소 또는 사용신고시설의 안전에 관한 업무의 총괄

㉡ 안전관리 부총괄자 : 안전관리 총괄자를 보좌하여 해당 가스시설의 안전에 대한 직접 관리

㉢ 안전관리 책임자 : 안전관리 부총괄자(안전관리 부총괄자가 없는 경우에는 안전관리 총괄자)를 보좌하여 사업장의 안전에 관한 기술적인 사항의 관리 및 안전관리원에 대한 지휘·감독

㉣ 안전관리원 : 안전관리 책임자의 지시에 따라 안전관리자의 직무 수행

④ 안전관리자를 선임한 자는 안전관리자가 다음에 해당하는 경우에는 그에 따른 기간 동안 대리자를 지정하여 그 직무를 대행하게 하여야 한다.

㉠ 안전관리자가 여행·질병이나 그 밖의 사유로 일시적으로 그 직무를 수행할 수 없는 경우 : 직무를 수행할 수 없는 30일 이내의 기간

㉡ 안전관리자의 해임 또는 퇴직과 동시에 다른 안전관리자가 선임되지 아니한 경우 : 다른 안전관리자가 선임될 때까지의 기간

⑤ 안전관리자의 직무를 대행하게 하는 경우 다음의 구분에 따른 자가 그 직무를 대행하게 하여야 한다.
   ㉠ 안전관리 총괄자 및 안전관리 부총괄자의 직무대행 : 각각 그를 직접 보좌하는 직무를 하는 자
   ㉡ 안전관리 책임자의 직무대행 : 안전관리원. 다만, 안전관리원을 선임하지 아니할 수 있는 시설의 경우에는 해당 사업소의 종업원으로서 가스 관련 업무에 종사하고 있는 사람 중 가스안전관리에 관한 지식이 있는 사람으로 한다.
   ㉢ 안전관리원의 직무대행 : 해당 사업소의 종업원으로서 가스 관련 업무에 종사하고 있는 사람 중 가스안전관리에 관한 지식이 있는 사람

(15) 정밀안전검진의 실시기관

① 한국가스안전공사
② 한국산업안전보건공단

(16) 용기 등의 검사 생략

① 검사의 전부 생략
   ㉠ 시험용 또는 연구개발용으로 수입하는 것(해당 용기를 직접 시험하거나 연구개발하는 경우만 해당)
   ㉡ 수출용으로 제조하는 것
   ㉢ 주한 외국기관에서 사용하기 위하여 수입하는 것으로서 외국의 검사를 받은 것
   ㉣ 산업기계설비 등에 부착되어 수입하는 것
   ㉤ 용기 등의 제조자 또는 수입업자가 견본으로 수입하는 것
   ㉥ 소화기에 내장되어 있는 것
   ㉦ 고압가스를 수입할 목적으로 수입되어 1년(산업통상자원부장관이 정하여 고시하는 기준을 충족하는 용기의 경우에는 2년) 이내에 반송되는 외국인 소유의 용기로서 산업통상자원부장관이 정하여 고시하는 외국의 검사기관으로부터 검사를 받은 것
   ㉧ 수출을 목적으로 수입하는 것
   ㉨ 산업통상자원부령으로 정하는 경미한 수리를 한 것
② 검사의 일부 생략
   ㉠ 인증을 받은 용기 등 중 용기 등의 제조자(외국용기 등의 제조자를 포함)의 품질관리 능력이 우수하여 안전상 위해가 없는 것으로 산업통상자원부령으로 정하는 용기 등
   ㉡ ①의 ㉠, ㉢~㉤, ㉦~㉧ 외에 수입하는 용기 등
③ ①~② 외에 산업통상자원부령으로 정하는 기준에 해당하는 용기 등으로서 검사를 받아야 할 자가 검사 생략의 신청을 하는 것에 대하여는 그 검사를 생략할 수 있다.
④ 특별자치시장 · 특별자치도지사 · 시장 · 군수 또는 구청장(구청장은 자치구의 구청장을 말하며, 이하 "시장 · 군수 또는 구청장")은 검사의 일부가 생략된 용기 등이 검사기준에

맞지 아니하다고 인정되면 그 사실을 국가기술표준원장에게 알려야 한다.

(17) 특정 설비에 대한 재검사의 면제

① 재검사의 전부 또는 일부를 면제받을 수 있는 특정 설비

㉠ 안전관리규정의 준수상태 및 정기검사 및 수시검사의 수검실적이 우수하고, 검사인력·장비 및 검사규정을 확보하여 안전에 지장이 없다고 한국가스안전공사가 인정하는 자가 자체검사를 한 압력용기

㉡ 최근 2년간 고압가스 관련 설비로 인한 재해가 발생되지 아니한 자로서 다음의 요건을 갖춘 보험에 가입하고, 산업통상자원부장관이 정하는 시설 및 기술기준을 갖춘 전문기관이 검사를 한 압력용기

- 압력용기를 계속 사용하는 데에 따른 재물종합위험 및 기계위험을 담보하고, 보험가입금액이 보험가액 이상일 것
- 압력용기를 계속 사용하는 데에 따른 사고로 인한 제3자의 법률상 손해배상책임을 담보할 것
- 약정 보험금액이 500억원 이상일 것

② 면제되는 검사대상 및 검사면제의 절차와 확인방법, 그 밖에 필요한 사항은 산업통상자원부령으로 정한다.

PART 3

(18) 품질유지대상인 고압가스의 종류

"냉매로 사용되는 가스 등 대통령령으로 정하는 종류의 고압가스"란 냉매로 사용되는 고압가스 또는 연료전지용으로 사용되는 고압가스로서 산업통상자원부령으로 정하는 종류의 고압가스를 말한다. 다만, 다음의 어느 하나에 해당하는 고압가스는 제외한다.

① 수출용으로 판매 또는 인도되거나 판매 또는 인도될 목적으로 저장·운송 또는 보관되는 고압가스

② 시험용 또는 연구개발용으로 판매 또는 인도되거나 판매 또는 인도될 목적으로 저장·운송 또는 보관되는 고압가스(해당 고압가스를 직접 시험하거나 연구개발하는 경우만 해당)

③ 1회 수입되는 양이 40kg 이하인 고압가스

(19) 고압가스 품질검사기관

"대통령령으로 정하는 고압가스 품질검사기관"이란 한국가스안전공사를 말한다.

(20) 안전설비 인증면제

다음의 어느 하나에 해당하는 안전설비는 인증의 전부를 면제한다.

① 독성가스 검지기

② 독성가스 스크러버

③ 다음의 어느 하나에 해당하는 안전설비
  ㉠ 시험용 또는 연구개발용으로 수입하는 것(해당 안전설비를 직접 시험하거나 연구개발하는 경우만 해당)
  ㉡ 수출용으로 제조하는 것
  ㉢ 주한 외국기관에서 사용하기 위하여 수입하는 것으로서 외국의 검사 또는 인증을 받은 것
  ㉣ 산업기계설비 등에 부착되어 수입하는 것
  ㉤ 견본으로 수입하는 것
  ㉥ 다른 법령에 따라 안전성에 관한 검사나 인증을 받은 것
  ㉦ 국내에서 제조되지 않고 외국에서 수입하는 안전설비로서 산업통상자원부장관이 인정하는 방법에 따라 안전성을 확인받은 것

(21) 특정 고압가스

① 포스핀	② 셀렌화수소	③ 게르만	④ 디실란
⑤ 오불화비소	⑥ 오불화인	⑦ 삼불화인	⑧ 삼불화질소
⑨ 삼불화붕소	⑩ 사불화유황	⑪ 사불화규소	

(22) 위해방지조치 명령

허가관청・신고관청・등록관청 또는 사용신고관청은 법에 따른 허가를 받았거나 신고를 한 자, 등록을 한 자 또는 고압가스사용자에게 위해 방지를 위하여 필요한 다음의 조치를 할 것을 명령할 수 있다.

① 월동기・해빙기, 그 밖에 가스안전사고의 취약시기에 있어서의 가스시설에 대한 특별안전점검
② 가스사고의 우려가 있는 가스사용시설에 대한 가스공급의 중지
③ 그 밖에 안전관리에 필요한 조치

(23) 사고의 통보 등

① 사업자 등과 특정 고압가스사용신고자는 그의 시설이나 제품과 관련하여 다음의 어느 하나에 해당하는 사고가 발생하면 산업통상자원부령으로 정하는 바에 따라 즉시 한국가스안전공사에 통보하여야 하며, 통보를 받은 한국가스안전공사는 이를 시장・군수 또는 구청장에게 보고하여야 한다.
  ㉠ 사람이 사망한 사고
  ㉡ 사람이 부상당하거나 중독된 사고
  ㉢ 가스 누출에 의한 폭발 또는 화재사고
  ㉣ 가스시설이 손괴되거나 가스 누출로 인하여 인명대피나 공급 중단이 발생한 사고

㉤ 그 밖에 가스시설이 손괴(損壞)되거나 가스가 누출된 사고로서 산업통상자원부령으로 정하는 사고

② 통보를 받은 한국가스안전공사는 사고재발 방지와 그 밖의 가스사고예방을 위하여 필요하다고 인정하면 그 원인과 경위 등 사고에 관한 조사를 할 수 있다.

(24) 가스사고조사위원회의 구성 · 운영

① 가스사고조사위원회(이하 "위원회")는 위원장 1명을 포함한 12명 이내의 위원으로 구성한다.

② 위원회의 위원은 다음의 어느 하나에 해당하는 사람 중에서 산업통상자원부장관이 임명 또는 위촉하고, 위원장은 위원 중에서 산업통상자원부장관이 임명 또는 위촉한다.

㉠ 가스안전업무를 수행하는 공무원

㉡ 가스안전업무와 관련된 단체 및 연구기관 등의 임직원

㉢ 가스안전업무에 관한 학식과 경험이 풍부한 사람

③ 위원회에 출석한 위원에게는 예산의 범위에서 수당과 여비를 지급할 수 있다. 다만, 공무원인 위원이 그 소관 업무와 직접적으로 관련하여 위원회의 회의에 출석하는 경우에는 그러하지 아니하다.

(25) 위원의 제척 · 기피 · 회피

① 위원이 다음의 어느 하나에 해당하는 경우에는 위원회의 심의 · 의결에서 제척(除斥)된다.

㉠ 위원 또는 그 배우자나 배우자이었던 사람이 해당 안건의 당사자(당사자가 법인 · 단체 등인 경우에는 그 임원을 포함)가 되거나 그 안건의 당사자와 공동권리자 또는 공동의무자인 경우

㉡ 위원이 해당 안건의 당사자와 친족이거나 친족이었던 경우

㉢ 위원이 해당 안건에 대하여 증언, 진술, 자문, 연구, 용역, 조사 또는 감정을 한 경우

㉣ 위원이 최근 2년 이내에 해당 안건의 당사자가 속한 법인 · 단체 등에 재직한 경우

㉤ 위원이나 위원이 속한 법인 · 단체 등이 해당 안건의 당사자의 대리인이거나 대리인이었던 경우

② 해당 안건의 당사자는 위원에게 공정한 심의 · 의결을 기대하기 어려운 사정이 있는 경우에는 위원회에 기피(忌避)신청을 할 수 있고, 위원회는 의결로 이를 결정한다. 이 경우 기피신청의 대상인 위원은 그 의결에 참여하지 못한다.

③ 위원이 제척사유에 해당하는 경우에는 스스로 해당 안건의 심의 · 의결에서 회피(回避)하여야 한다.

(26) 지도 · 감독

① 산업통상자원부장관은 시 · 도지사나 시장 · 군수 또는 구청장에게 다음의 조치를 할 수 있다.

㉠ 가스안전관리업무 수행에 관한 조언 · 권고 또는 지도

㉡ 가스안전관리업무 처리의 기준·절차의 제정 및 통보
㉢ 가스안전사고예방을 위한 가스시설의 검사에 관한 지시
㉣ 가스안전을 위하여 특별한 관리가 필요하다고 인정되는 시설에 대한 특별안전관리에 관한 지시
㉤ 가스안전관리업무를 게을리하여 공공의 안전을 해치거나 위해 발생의 우려가 있다고 인정되는 경우의 그 업무이행에 관한 지시
㉥ 가스안전관리업무를 수행하는 소속 공무원에 대한 가스안전관리에 관한 전문교육 실시
㉦ 그 밖에 가스안전관리를 위하여 긴급한 조치가 필요한 경우 그 조치에 관한 지시

② 시·도지사, 시장·군수 또는 구청장은 전문교육 실시에 관한 지도를 받았을 때에는 가스안전관리업무를 수행하는 소속 공무원으로 하여금 한국가스안전공사가 실시하는 가스안전관리에 관한 전문교육을 받도록 하여야 한다.

(27) 한국가스안전공사의 정관 기재사항

① 한국가스안전공사의 정관
㉠ 목적
㉡ 명칭
㉢ 사무소에 관한 사항
㉣ 이사회에 관한 사항
㉤ 임직원에 관한 사항
㉥ 업무와 그 집행에 관한 사항
㉦ 회계에 관한 사항
㉧ 정관 변경에 관한 사항
㉨ 규약·규정의 제정, 개정 및 폐지에 관한 사항

② 한국가스안전공사가 정관을 변경하려면 산업통상자원부장관의 인가를 받아야 한다.

(28) 승인 및 보고

① 한국가스안전공사는 다음 사항에 관하여 산업통상자원부장관의 승인을 받아야 한다.
㉠ 사업계획
㉡ 세입·세출의 예산
㉢ 그 밖에 정관에 따라 승인을 받아야 할 사항

② 한국가스안전공사는 다음 사항을 산업통상자원부장관에게 보고하여야 한다.
㉠ 사업실적
㉡ 세입·세출의 결산

(29) 가스기술기준위원회 위원의 선임 등

① 가스기술기준위원회의 위원은 당연직위원과 위촉위원으로 구성한다.

② 당연직위원은 다음의 사람으로 한다.
㉠ 산업통상자원부의 가스기술기준 관련 업무를 담당하는 과장
㉡ 한국가스안전공사의 가스기술기준 관련 업무를 담당하는 임원
㉢ 중앙행정기관의 4급 이상 또는 이에 상당하는 공무원(고위공무원단에 속하는 공무원

포함)으로서 가스기술기준 관련 업무를 담당하는 공무원 중에서 산업통상자원부장관이 지명하는 공무원

③ 위촉위원은 다음의 어느 하나에 해당하는 사람 중에서 산업통상자원부장관이 위촉하는 사람으로 한다.

㉠ 전문대학 이상의 학교에서 기계·화공·금속·안전관리·토목·건축·전기·전자 또는 가스 관련 학과의 조교수 이상의 직에 있거나 있었던 사람

㉡ 기계·화공·금속·안전관리·토목·건축·전기·전자 또는 가스분야에서 5년 이상 근무한 경력이 있는 사람으로서 해당 분야의 박사학위 또는 기술사의 자격을 취득한 사람

㉢ 가스분야에서 10년 이상 근무한 경력이 있는 사람으로서 가스 관련 사업자단체 또는 업체의 기술담당 임원급 이상의 직에 있는 사람

㉣ 과학기술분야 정부출연연구기관 또는 특정 연구기관에서 책임연구원 이상의 직에 있는 사람

④ 산업통상자원부장관은 위촉위원을 위촉하기 위하여 한국가스안전공사 또는 관련 학계·단체 등에 위원의 추천을 요청할 수 있다.

(30) 과태료의 부과기준

<table>
<tr><th rowspan="2">위반행위</th><th colspan="3">과태료금액(만원)</th></tr>
<tr><th>1차 위반</th><th>2차 위반</th><th>3차 이상 위반</th></tr>
<tr><td>법 제4조 제1항 후단 또는 같은 조 제5항 후단을 위반하여 변경허가를 받지 않고 허가받은 사항 중 상호를 변경하거나 법인의 대표자를 변경한 경우</td><td>250</td><td>350</td><td>500</td></tr>
<tr><td>법 제4조 제2항 후단을 위반하여 변경신고를 하지 않고 신고한 사항을 변경한 경우(상호의 변경 및 법인의 대표자 변경은 제외한다)</td><td>1,000</td><td>1,500</td><td>2,000</td></tr>
<tr><td>법 제4조 제2항 후단을 위반하여 변경신고를 하지 않고 신고한 사항 중 상호를 변경하거나 법인의 대표자를 변경한 경우</td><td>250</td><td>350</td><td>500</td></tr>
<tr><td>법 제5조 제1항 후단, 제5조의3 제1항 후단 또는 제5조의4 제1항 후단을 위반하여 변경등록을 하지 않고 등록한 사항 중 상호를 변경하거나 법인의 대표자를 변경한 경우</td><td>250</td><td>350</td><td>500</td></tr>
<tr><td>법 제8조 제2항에 따른 신고를 하지 않거나 거짓으로 신고한 경우</td><td colspan="3">150</td></tr>
<tr><td>고압가스 제조신고자가 법 제10조 제2항을 위반하여 시설을 개선하도록 하지 않은 경우</td><td>500</td><td>700</td><td>1,000</td></tr>
<tr><td>법 제10조 제3항, 제13조 제4항이나 제20조 제3항·제4항을 위반한 경우</td><td colspan="3">800</td></tr>
<tr><td>법 제10조 제4항에 따른 명령을 위반한 경우</td><td colspan="3">300</td></tr>
<tr><td>고압가스 제조신고자가 법 제10조 제5항에 따른 안전점검자의 자격·인원, 점검장비 및 점검기준 등을 준수하지 않은 경우</td><td>250</td><td>350</td><td>500</td></tr>
</table>

위반행위	과태료금액(만원)		
	1차 위반	2차 위반	3차 이상 위반
고압가스 제조신고자가 법 제11조 제1항을 위반하여 안전관리규정을 제출하지 않은 경우	1,000	1,500	2,000
법 제11조 제4항이나 제13조의2 제2항에 따른 명령을 위반한 경우	1,200		
법 제11조 제5항을 위반하여 안전관리규정을 지키지 않거나 안전관리규정의 실시기록을 거짓으로 작성한 경우	500	700	1,000
고압가스 제조신고자가 법 제11조 제5항을 위반하여 안전관리규정의 실시기록을 작성·보존하지 않은 경우	500	700	1,000
법 제11조 제6항에 따른 확인을 거부·방해 또는 기피한 경우	1,000	1,500	2,000
법 제11조의2를 위반하여 용기 등에 표시를 하지 않은 경우	250	350	500
고압가스 제조신고자가 법 제13조 제5항을 위반하여 충전·판매기록을 작성·보존하지 않은 경우	500	700	1,000
고압가스 제조신고자 또는 특정 고압가스 사용신고자가 법 제15조 제4항을 위반하여 대리자를 지정하여 그 직무를 대행하게 하지 않은 경우	1,000	1,500	2,000
고압가스 제조신고자, 특정 고압가스 사용신고자, 수탁관리자 및 종사자가 법 제15조 제5항을 위반하여 안전관리자의 안전에 관한 의견을 존중하지 않거나 권고에 따르지 않은 경우	150	200	300
법 제16조 제4항 후단을 위반하여 고압가스의 제조·저장 또는 판매시설을 사용한 경우	1,000	1,500	2,000
고압가스제조자나 고압가스판매자가 법 제20조 제6항을 위반하여 특정 고압가스를 공급할 때 같은 항 각 호의 사항을 확인하지 않은 경우	150	200	300
고압가스제조자나 고압가스판매자가 법 제20조 제7항을 위반하여 특정 고압가스 공급을 중지하지 않거나 공급중지사실을 신고하지 않은 경우	150	200	300
법 제23조 제1항과 제2항을 위반한 경우	150	200	300
법 제24조에 따른 명령을 위반한 경우	500		
고압가스 제조신고자, 특정 고압가스 사용신고자 또는 용기 등을 수입한 자가 법 제25조 제1항을 위반하여 보험에 가입하지 않은 경우	1,000	1,500	2,000
법 제26조 제1항을 위반하여 사고 발생사실을 공사에 통보하지 않거나 거짓으로 통보한 경우	500	700	1,000
법 제28조의2를 위반하여 한국가스안전공사 또는 이와 유사한 명칭을 사용한 경우	1,000		

5.2 기계설비유지관리자

(1) 선임기준

선임대상	선임자격	선임인원
• 연면적 6만m^2 이상 건축물 • 3천세대 이상 공동주택	특급 책임	1
	보조	1
• 연면적 3만m^2 이상 연면적 6만m^2 미만 건축물 • 2천세대 이상 3천세대 미만 공동주택	고급 책임	1
	보조	1
• 연면적 1만5천m^2 이상 연면적 3만m^2 미만 건축물 • 1천세대 이상 2천세대 미만 공동주택	중급 책임	1
• 연면적 1만m^2 이상 연면적 1만5천m^2 미만 건축물 • 500세대 이상 1천세대 미만 공동주택 • 300세대 이상 500세대 미만으로서 중앙집중식 난방방식(지역난방방식 포함)의 공동주택	초급 책임	1
• 국토교통부장관이 정하여 고시하는 건축물 등(시설물, 지하역사, 지하도상가, 학교시설, 공공건축물)	초급 책임 또는 보조	1

※ 선임절차 : 기계설비유지관리자 수첩을 포함한 신고서류를 작성하여 관할 시·군·구청에 신고해야 한다.

※ 2020년 4월 18일 전부터 기존 건축물에서 유지관리업무를 수행 중인 사람은 선임신고 시 2026년 4월 17일까지 선임등급과 관계없이 선임된 것으로 본다.

(2) 자격 및 등급

① 일반기준

㉠ 실무경력 : 해당 자격의 취득 이전의 실무경력까지 포함

㉡ 점수범위

- 실무경력 : 30점 이내
- 보유자격·학력 : 30점 이내
- 교육 : 40점 이내

㉢ 외국인의 인정범위 및 등급 : 해당 외국인의 국가와 우리나라 간의 상호인정협정 등에서 정하는 바에 따라 인정

㉣ 그 밖에 실무경력 인정, 등급 산정 및 인정범위 등에 필요한 방법 및 절차에 관한 세부기준은 국토교통부장관이 정하여 고시

② 세부기준

구분		자격 및 경력기준	
		보유자격	실무경력
책임	특급	기술사	–
		기능장, 기사, 특급 건설기술인	10년 이상
		산업기사	13년 이상
	고급	기능장, 기사, 고급 건설기술인	7년 이상
		산업기사	10년 이상
	중급	기능장, 기사, 중급 건설기술인	4년 이상
		산업기사	7년 이상
	초급	기능장, 기사, 초급 건설기술인	–
		산업기사	3년 이상
보조		산업기사	–
		기능사	3년 이상
		• 기계설비 관련 자격을 취득한 사람 • 기술자격을 보유하지 않은 사람으로서 신규교육을 이수한 사람 • 기계설비 관련 교육과정이나 학과를 이수하거나 졸업한 사람	5년 이상

※ 보유자격별 분야

- 기술사 : 건축기계설비 · 기계 · 건설기계 · 공조냉동기계 · 산업기계설비 · 용접분야
- 기능장 : 배관 · 에너지관리 · 용접분야
- 기사 : 일반기계 · 건축설비 · 건설기계설비 · 공조냉동기계 · 설비보전 · 용접 · 에너지관리분야
- 산업기사 : 건축설비 · 배관 · 건설기계설비 · 공조냉동기계 · 용접 · 에너지관리분야
- 기능사 : 배관 · 공조냉동기계 · 용접 · 에너지관리분야
- 건설기술인 : 공조냉동 및 설비 전문분야, 용접 전문분야

(3) 실무경력 인정기준

구분	실무경력
① 자격취득 후 경력기간의 100%를 적용하는 경력	• 시설물관리를 전문으로 하는 자에게 소속되어 기계설비유지관리자로 선임되거나 기계설비유지관리자로 선임되어 기계설비유지관리업무를 수행한 경력 • 유지관리교육 수탁기관에서 기계설비유지관리에 관한 교수 · 교사업무를 수행한 경력 • 기계설비성능점검업자에게 소속되어 기계설비성능점검업무를 수행한 경력

구분	실무경력
① 자격취득 후 경력기간의 100%를 적용하는 경력	• 국가, 지방자치단체, 공공기관, 정부출자기관, 지방공사 또는 지방공단에서 기계설비유지관리 또는 성능점검업무를 수행한 경력 • 그 밖에 기계설비유지관리 또는 성능점검업무를 수행한 경력
② 자격취득 후 경력기간의 80%를 적용하는 경력	• 건설기술용역사업자(종합 및 설계·사업관리 전문분야 중 일반 또는 설계 등 용역일반 세부분야에 한한다), 엔지니어링사업자(설비부문의 설비 전문분야에 한한다), 기술사사무소(설비부문의 설비 전문분야에 한한다), 건축사사무소에 소속되어 기계설비 설계 또는 감리업무를 수행한 경력 • 종합공사를 시공하는 업종 또는 전문공사를 시공하는 업종 중 기계설비공사업을 등록한 건설사업자에게 소속되어 기계설비 시공업무를 수행한 경력 • 국가, 지방자치단체, 공공기관, 정부출자기관, 지방공사 또는 지방공단에서 기계설비의 설계, 시공, 감리업무를 수행한 경력 • 그 밖에 기계설비의 설계, 시공, 감리업무를 수행한 경력
③ 자격취득 전 경력기간의 70%를 적용하는 경력	①과 ② 각각에 의하여 환산된 경력

※ 합산한 실무경력기간의 1년은 365일로 계산한다.

※ 동일한 기간에 수행한 경력이 두 가지 이상일 경우에는 하나에 대해서만 그 기간을 인정한다.

※ 관련 법령에 따라 자격이 정지된 기간은 경력기간에서 제외한다.

※ 임시등급은 자격사항으로 경력기간에 영향이 가지 않으므로 자격취득 전후 전부 경력기간의 100%를 적용한다.

5.3 기계설비의 설계 및 시공기준

(1) 기계설비 설계의 일반원칙

① 기계설비의 시공, 감리, 유지관리 등 전 과정을 고려하여 합리적으로 설계할 것

② 공정관리에 지장이 없고 하자책임 구분이 용이하도록 기계설비와 건축 등 타 분야의 공종을 구분하여 설계할 것

③ 에너지 절약을 위한 설계 및 환경친화적인 설비의 우선 사용을 검토할 것

④ 신기술 및 신공법의 적용 가능 여부를 검토할 것

(2) 기계설비의 설계 및 시공기준

① 열원설비 및 냉난방설비

② 공기조화설비

③ 환기설비

④ 위생기구설비

⑤ 급수·급탕설비

⑥ 오배수·통기 및 우수배수설비

⑦ 오수정화·물재이용설비

⑧ 배관설비

⑨ 덕트설비 ⑩ 보온설비
⑪ 자동제어설비 ⑫ 방음·방진·내진설비
⑬ 플랜트설비 ⑭ 특수 설비

5.4 기계설비의 착공 전 확인과 사용 전 검사

(1) 기계설비의 착공 전 확인과 사용 전 검사

① 대통령령으로 정하는 기계설비공사를 발주한 자는 해당 공사를 시작하기 전에 전체 설계도서 중 기계설비에 해당하는 설계도서를 특별자치시장·특별자치도지사·시장·군수·구청장(자치구의 구청장)에게 제출하여 기술기준에 적합한지를 확인받아야 하며, 그 공사를 끝냈을 때에는 특별자치시장·특별자치도지사·시장·군수·구청장의 사용 전 검사를 받고 기계설비를 사용하여야 한다. 다만, 착공신고 및 사용승인과정에서 기술기준에 적합한지 여부를 확인받은 경우에는 이에 따른 착공 전 확인 및 사용 전 검사를 받은 것으로 본다.

② 특별자치시장·특별자치도지사·시장·군수·구청장은 필요한 경우 기계설비공사를 발주한 자에게 착공 전 확인과 사용 전 검사에 관한 자료의 제출을 요구할 수 있다. 이 경우 기계설비공사를 발주한 자는 특별한 사유가 없으면 자료를 제출하여야 한다.

③ 착공 전 확인과 사용 전 검사의 절차, 방법 등은 대통령령으로 정한다.

(2) 대상건축물 등의 확인

기계설비의 착공 전 확인과 사용 전 검사의 대상건축물 등의 연면적 및 바닥면적은 다음의 기준에 따라 계산한다.

① 연면적 : 하나의 건축물 각 층의 바닥면적의 합계

② 바닥면적 : 건축물의 각 층 또는 그 일부로서 벽, 기둥, 그 밖에 이와 비슷한 구획의 중심선으로 둘러싸인 부분의 수평투영면적

(3) 착공 전 확인절차 등

① 특별자치시장·특별자치도지사·시장·군수·구청장(구청장은 자치구의 구청장을 말하며, 이하 "시장·군수·구청장")은 기계설비공사 착공 전 확인신청서를 받은 경우에는 해당 설계도서의 내용이 기계설비의 설계기준에 적합하게 작성되었는지 확인해야 한다.

② 시장·군수·구청장은 기계설비공사 착공 전 확인신청서가 다음 내용에 따라 올바르게 작성되었는지 확인해야 한다.

㉠ 신청인(건축주) : 발주자 또는 그 대리인

㉡ 공사현장 명칭 및 주소 : 기계설비공사현장의 명칭 및 주소

㉢ 공사의 종류 : 기계설비공사의 종류

㉣ 구조 및 용도 : 건축허가서에 기재된 해당 건축물 등의 구조 및 용도
㉤ 건축면적 및 연면적/규모(층) : 건축허가서에 기재된 건축면적 및 연면적 등
㉥ 건축허가번호 및 허가일 : 건축허가서에 기재된 건축허가번호 및 허가일
㉦ 착공 및 준공예정일 : 기계설비공사의 착공 및 준공예정일
㉧ 기계설비설계자 : 건설기술용역사업자, 엔지니어링사업자, 기술사사무소 또는 건축사사무소 등에 소속되어 기계설비공사의 설계업무를 수행하는 자
㉨ 기계설비시공자 : 건설업을 등록하고 기계설비공사를 하는 자(하도급의 경우 하도급자 포함)
㉩ 기계설비감리업무수행자 : 기계설비공사와 관련된 건설사업관리 및 감리업무 등을 수행하는 자
㉪ 현장배치기계설비기술인 : 기계설비공사현장에 배치된 건설기술인
㉫ 현장배치기계설비감리인 : 기계설비공사현장에 배치되어 기계설비공사의 감리업무를 수행하는 건설기술인, 공사감리자 또는 감리자

(4) 기계설비감리업무수행자의 확인 등

① 기계설비설계자 또는 기계설비시공자는 기계설비공사를 시작하기 전에 기계설비 착공 전 확인표를 작성하여 기계설비감리업무수행자에게 제출해야 한다.
② 기계설비감리업무수행자는 제출받은 서류의 적합성을 확인하여 기계설비가 설계기준에 적합하게 설계되었는지 검토해야 한다.
③ 기계설비감리업무수행자는 검토를 마친 경우에는 기계설비착공적합확인서를 작성하고, 이를 제출받은 서류와 함께 발주자에게 제출해야 한다.
④ 기계설비시공자는 기계설비공사를 끝낸 경우 기계설비의 성능 및 안전평가를 수행하고, 다음 서류를 작성하여 기계설비감리업무수행자에게 제출해야 한다.
  ㉠ 기계설비 사용 전 확인표
  ㉡ 기계설비성능확인서
  ㉢ 기계설비안전확인서
⑤ 기계설비감리업무수행자는 성능 및 안전평가에 입회하여 기계설비가 시공기준에 적합하게 시공되었는지 검토해야 한다.
⑥ 기계설비감리업무수행자는 제출받은 서류의 적합성을 확인하고 검토를 마친 경우에는 기계설비사용적합확인서를 작성하고, 이를 제출받은 서류와 함께 발주자에게 제출해야 한다.

(5) 사용 전 검사절차 등

① 시장·군수·구청장은 기계설비 사용 전 검사신청서를 받은 경우에는 해당 기계설비공사가 기계설비의 시공기준에 적합하게 시공되었는지 검사해야 한다.
② 시장·군수·구청장은 기계설비공사 사용 전 검사신청서가 다음 내용에 따라 올바르게 작성되었는지 확인해야 한다.

PART 3

㉠ 신청인(건축주) : 발주자 또는 대리인
㉡ 기계설비시공자 : 건설업을 등록하고 기계설비공사를 하는 자(하도급의 경우 하도급자 포함)
㉢ 기계설비감리업무수행자 : 기계설비공사와 관련된 건설사업관리 및 감리업무 등을 수행하는 자
㉣ 건축허가번호 및 허가일 : 건축허가서에 기재된 건축허가번호 및 허가일
㉤ 공사의 종류 : 기계설비공사의 종류
㉥ 구조 및 용도 : 건축허가서에 기재된 해당 건축물 등의 구조 및 용도
㉦ 건축면적 및 연면적/규모(층수) : 건축허가서에 기재된 건축면적 및 연면적 등
㉧ 착공일 및 완공일 : 기계설비공사의 착공 및 완공일
㉨ 검사희망 연월일 : 기계설비공사의 사용 전 검사희망일

(6) 업무매뉴얼 제작 및 배포

국토교통부장관은 착공 전 확인과 사용 전 검사업무의 효율적인 집행과 관계 행정기관 및 이해당사자 간의 민원 해소 등을 위하여 업무매뉴얼을 제작하여 배포할 수 있다.

5.5 공기조화설비의 설계 및 시공기준

(1) 공기조화설비 일반사항

① **목적** : 이 기준은 건축물, 시설물 등에 필요한 온도, 습도, 청정도, 기류 등을 조절하여 쾌적한 환경조건을 제공하기 위한 공기조화설비 설계 및 시공방법 등 세부기술기준을 정함을 목적으로 한다.
② **적용범위** : 이 기준은 건축물, 시설물 등에 공기조화설비를 설치하는 경우에 대하여 적용한다.

(2) 공기조화설비 설계 시 부하 계산

① 부하 계산은 건축물, 시설물 등에 설치되는 냉난방열원장비와 공기조화장비를 선정하고 공기조화배관과 덕트를 설계하기 위하여 수행한다.
② 공기조화설비는 시간 최대 냉난방부하를 고려하여 선정한다.
③ 냉난방부하는 실내환경조건에 따라 변하며, 외기온습도와 일사, 공간에 거주하는 재실자 수, 환기 등에 의해 결정된다.
④ 열원장치부하는 공기조화장비 부하와 배관 및 덕트의 열손실이나 취득열을 고려하여 안전율을 반영한다.

⑤ 부하 계산조건

㉠ 실내온습도조건

용도 \ 구분	난방	냉방	
	건구온도(℃)	건구온도(℃)	상대습도(%)
공동주택	20~22	26~28	50~60
학교(교실)	20~22	26~28	50~60
병원(병실)	21~23	26~28	50~60
관람집회시설(객석)	20~22	26~28	50~60
숙박시설(객실)	20~24	26~28	50~60
판매시설	18~21	26~28	50~60
사무소	20~23	26~28	50~60
목욕장	26~29	26~29	50~75
수영장	27~30	27~30	50~70

㉡ 외기온습도조건

도시명 \ 구분	냉방		난방	
	건구온도(℃)	습구온도(℃)	건구온도(℃)	상대습도(%)
서울	31.2	25.5	-11.3	63
인천	30.1	25.0	-10.4	58
수원	31.2	25.5	-12.4	70
춘천	31.6	25.2	-14.7	77
강릉	31.6	25.1	-7.9	42
대전	32.3	25.5	-10.3	71
청주	32.5	25.8	-12.1	76
전주	32.4	25.8	- 8.7	72
서산	31.1	25.8	- 9.6	78
광주	31.8	26.0	- 6.6	70
대구	33.3	25.8	- 7.6	61
부산	30.7	26.2	- 5.3	46
진주	31.6	26.3	- 8.4	76
울산	32.2	26.8	- 7.0	70
포항	32.5	26.0	- 6.4	41
목포	31.1	26.3	- 4.7	75
제주	30.9	26.3	0.1	70

ⓒ 건축물의 부위별 열관류율

(단위 : $W/m^2 \cdot K$)

<table>
<tr><th colspan="4">지역
건축물의 부위</th><th>중부1지역[1]</th><th>중부2지역[2]</th><th>남부지역[3]</th><th>제주도</th></tr>
<tr><td rowspan="4">거실의 외벽</td><td rowspan="2">외기에 직접 면하는 경우</td><td colspan="2">공동주택</td><td>0.150 이하</td><td>0.170 이하</td><td>0.220 이하</td><td>0.290 이하</td></tr>
<tr><td colspan="2">공동주택 외</td><td>0.170 이하</td><td>0.240 이하</td><td>0.320 이하</td><td>0.410 이하</td></tr>
<tr><td rowspan="2">외기에 간접 면하는 경우</td><td colspan="2">공동주택</td><td>0.210 이하</td><td>0.240 이하</td><td>0.310 이하</td><td>0.410 이하</td></tr>
<tr><td colspan="2">공동주택 외</td><td>0.240 이하</td><td>0.340 이하</td><td>0.450 이하</td><td>0.560 이하</td></tr>
<tr><td rowspan="2">최상층에 있는 거실의 반자 또는 지붕</td><td colspan="3">외기에 직접 면하는 경우</td><td colspan="2">0.150 이하</td><td>0.180 이하</td><td>0.250 이하</td></tr>
<tr><td colspan="3">외기에 간접 면하는 경우</td><td colspan="2">0.210 이하</td><td>0.260 이하</td><td>0.350 이하</td></tr>
<tr><td rowspan="4">최하층에 있는 거실의 바닥</td><td rowspan="2">외기에 직접 면하는 경우</td><td colspan="2">바닥난방인 경우</td><td>0.150 이하</td><td>0.170 이하</td><td>0.220 이하</td><td>0.290 이하</td></tr>
<tr><td colspan="2">바닥난방이 아닌 경우</td><td>0.170 이하</td><td>0.200 이하</td><td>0.250 이하</td><td>0.330 이하</td></tr>
<tr><td rowspan="2">외기에 간접 면하는 경우</td><td colspan="2">바닥난방인 경우</td><td>0.210 이하</td><td>0.240 이하</td><td>0.310 이하</td><td>0.410 이하</td></tr>
<tr><td colspan="2">바닥난방이 아닌 경우</td><td>0.240 이하</td><td>0.290 이하</td><td>0.350 이하</td><td>0.470 이하</td></tr>
<tr><td colspan="4">바닥난방인 층간바닥</td><td colspan="4">0.810 이하</td></tr>
<tr><td rowspan="6">창 및 문</td><td rowspan="3">외기에 직접 면하는 경우</td><td colspan="2">공동주택</td><td>0.900 이하</td><td>1.000 이하</td><td>1.200 이하</td><td>1.600 이하</td></tr>
<tr><td rowspan="2">공동 주택 외</td><td>창</td><td>1.300 이하</td><td rowspan="2">1.500 이하</td><td rowspan="2">1.800 이하</td><td rowspan="2">2.200 이하</td></tr>
<tr><td>문</td><td>1.500 이하</td></tr>
<tr><td rowspan="3">외기에 간접 면하는 경우</td><td colspan="2">공동주택</td><td>1.300 이하</td><td>1.500 이하</td><td>1.700 이하</td><td>2.000 이하</td></tr>
<tr><td rowspan="2">공동 주택 외</td><td>창</td><td>1.600 이하</td><td rowspan="2">1.900 이하</td><td rowspan="2">2.200 이하</td><td rowspan="2">2.800 이하</td></tr>
<tr><td>문</td><td>1.900 이하</td></tr>
<tr><td rowspan="2">공동주택 세대 현관문 및 방화문</td><td colspan="3">외기에 직접 면하는 경우</td><td colspan="4">1.400 이하</td></tr>
<tr><td colspan="3">외기에 간접 면하는 경우</td><td colspan="4">1.800 이하</td></tr>
</table>

[비고]

1) 중부1지역 : 강원도(고성, 속초, 양양, 강릉, 동해, 삼척 제외), 경기도(연천, 포천, 가평, 남양주, 의정부, 양주, 동두천, 파주), 충청북도(제천), 경상북도(봉화, 청송)

2) 중부2지역 : 서울특별시, 대전광역시, 세종특별자치시, 인천광역시, 강원도(고성, 속초, 양양, 강릉, 동해, 삼척), 경기도(연천, 포천, 가평, 남양주, 의정부, 양주, 동두천, 파주 제외), 충청북도(제천 제외), 충청남도, 경상북도(봉화, 청송, 울진, 영덕, 포항, 경주, 청도, 경산 제외), 전라북도, 경상남도(거창, 함양)

3) 남부지역 : 부산광역시, 대구광역시, 울산광역시, 광주광역시, 전라남도, 경상북도(울진, 영덕, 포항, 경주, 청도, 경산), 경상남도(거창, 함양 제외)

㉣ 최소 외기도입량

㉤ 실내부하기준

- 일반사항 : 냉방부하 계산에 사용하는 실내부하요소에는 인체, 조명 및 기기부하가 포함되며 계산서에 실내부하기준을 명기한다.
- 재실인원, 조명 및 부하기기 : 실내부하를 명확하게 알 수 없는 경우에는 바닥면적(m^2)당 예상재실인원, 조명 및 기기부하로 냉방부하를 계산한다.
- 인체발열부하 : 인체에서 발생하는 현열(SH)과 잠열(LH)은 실내온도 및 작업상태를 고려하여 부하에 반영한다.

⑥ 외기냉방시스템과 가변속제어방식 등 에너지 절약적 제어방식을 적용할 수 있다.

5.6 유해위험방지계획서

(1) 유해위험방지계획서 제출대상

① "대통령령으로 정하는 사업의 종류 및 규모에 해당하는 사업"이란 다음의 어느 하나에 해당하는 사업으로서 전기계약용량이 300kW 이상인 경우를 말한다.

㉠ 금속가공제품 제조업 : 기계 및 가구 제외

㉡ 비금속광물제품 제조업

㉢ 기타 기계 및 장비 제조업

㉣ 자동차 및 트레일러 제조업

㉤ 식료품 제조업

㉥ 고무제품 및 플라스틱제품 제조업

㉦ 목재 및 나무제품 제조업

㉧ 기타 제품 제조업

㉨ 1차 금속 제조업

㉩ 가구 제조업

㉪ 화학물질 및 화학제품 제조업

㉫ 반도체 제조업

㉬ 전자부품 제조업

② "대통령령으로 정하는 기계·기구 및 설비"란 다음의 어느 하나에 해당하는 기계·기구 및 설비를 말한다. 이 경우 다음 각 호에 해당하는 기계·기구 및 설비의 구체적인 범위는 고용노동부장관이 정하여 고시한다.

㉠ 금속이나 그 밖의 광물의 용해로

㉡ 화학설비

㉢ 건조설비

㉣ 가스집합용접장치

PART 3

ⓜ 근로자의 건강에 상당한 장해를 일으킬 우려가 있는 물질로서 고용노동부령으로 정하는 물질의 밀폐·환기·배기를 위한 설비

③ "대통령령으로 정하는 크기 높이 등에 해당하는 건설공사"란 다음의 어느 하나에 해당하는 공사를 말한다.

㉠ 다음의 어느 하나에 해당하는 건축물 또는 시설 등의 건설·개조 또는 해체(이하 "건설 등")공사

- 지상높이가 31m 이상인 건축물 또는 인공구조물
- 연면적 3만m^2 이상인 건축물
- 연면적 5천m^2 이상인 시설로서 다음의 어느 하나에 해당하는 시설
  - 문화 및 집회시설(전시장 및 동물원·식물원은 제외)
  - 판매시설, 운수시설(고속철도의 역사 및 집배송시설은 제외)
  - 종교시설
  - 의료시설 중 종합병원
  - 숙박시설 중 관광숙박시설
  - 지하도상가
  - 냉동·냉장창고시설

㉡ 연면적 5천m^2 이상인 냉동·냉장창고시설의 설비공사 및 단열공사

㉢ 최대 지간(支間)길이(다리의 기둥과 기둥의 중심사이의 거리)가 50m 이상인 다리의 건설 등 공사

㉣ 터널의 건설 등 공사

㉤ 다목적댐, 발전용 댐, 저수용량 2천만톤 이상의 용수 전용 댐 및 지방상수도 전용 댐의 건설 등 공사

㉥ 깊이 10m 이상인 굴착공사

(2) 유해위험방지계획서의 작성·제출 등

① 사업주는 다음의 어느 하나에 해당하는 경우에는 유해·위험 방지에 관한 사항을 적은 계획서(이하 "유해위험방지계획서")를 작성하여 고용노동부령으로 정하는 바에 따라 고용노동부장관에게 제출하고 심사를 받아야 한다. 다만, 사업주 중 산업재해발생률 등을 고려하여 고용노동부령으로 정하는 기준에 해당하는 사업주는 유해위험방지계획서를 스스로 심사하고, 그 심사결과서를 작성하여 고용노동부장관에게 제출하여야 한다.

㉠ 대통령령으로 정하는 사업의 종류 및 규모에 해당하는 사업으로서 해당 제품의 생산공정과 직접적으로 관련된 건설물·기계·기구 및 설비 등 전부를 설치·이전하거나 그 주요 구조 부분을 변경하려는 경우

㉡ 유해하거나 위험한 작업 또는 장소에서 사용하거나 건강장해를 방지하기 위하여 사용하는 기계·기구 및 설비로서 대통령령으로 정하는 기계·기구 및 설비를 설치·이전하거나 그 주요 구조 부분을 변경하려는 경우

㉢ 대통령령으로 정하는 크기, 높이 등에 해당하는 건설공사를 착공하려는 경우

② 건설공사를 착공하려는 사업주(① 외의 부분 단서에 따른 사업주는 제외)는 유해위험방지계획서를 작성할 때 건설안전분야의 자격 등 고용노동부령으로 정하는 자격을 갖춘 자의 의견을 들어야 한다.

③ 사업주가 공정안전보고서를 고용노동부장관에게 제출한 경우에는 해당 유해·위험설비에 대해서는 유해위험방지계획서를 제출한 것으로 본다.

④ 고용노동부장관은 제출된 유해위험방지계획서를 고용노동부령으로 정하는 바에 따라 심사하여 그 결과를 사업주에게 서면으로 알려주어야 한다. 이 경우 근로자의 안전 및 보건의 유지·증진을 위하여 필요하다고 인정하는 경우에는 해당 작업 또는 건설공사를 중지하거나 유해위험방지계획서를 변경할 것을 명할 수 있다.

⑤ 사업주는 부분 단서에 따라 스스로 심사하거나 고용노동부장관이 심사한 유해위험방지계획서와 그 심사결과서를 사업장에 갖추어 두어야 한다.

⑥ 건설공사를 착공하려는 사업주로서 유해위험방지계획서 및 그 심사결과서를 사업장에 갖추어 둔 사업주는 해당 건설공사의 공법의 변경 등으로 인하여 그 유해위험방지계획서를 변경할 필요가 있는 경우에는 이를 변경하여 갖추어 두어야 한다.

(3) 유해위험방지계획서 이행의 확인 등

① 유해위험방지계획서에 대한 심사를 받은 사업주는 고용노동부령으로 정하는 바에 따라 유해위험방지계획서의 이행에 관하여 고용노동부장관의 확인을 받아야 한다.

② 사업주는 고용노동부령으로 정하는 바에 따라 유해위험방지계획서의 이행에 관하여 스스로 확인하여야 한다. 다만, 해당 건설공사 중에 근로자가 사망(교통사고 등 고용노동부령으로 정하는 경우는 제외)한 경우에는 고용노동부령으로 정하는 바에 따라 유해위험방지계획서의 이행에 관하여 고용노동부장관의 확인을 받아야 한다.

③ 고용노동부장관은 확인결과 유해위험방지계획서대로 유해·위험 방지를 위한 조치가 되지 아니하는 경우에는 고용노동부령으로 정하는 바에 따라 시설 등의 개선, 사용중지 또는 작업중지 등 필요한 조치를 명할 수 있다.

④ 시설 등의 개선, 사용중지 또는 작업중지 등의 절차 및 방법, 그 밖에 필요한 사항은 고용노동부령으로 정한다.

시운전 및 안전관리 기출 및 예상문제

★
01 60Hz, 4극, 슬립 6%인 유도전동기를 어느 공장에서 운전하고자 할 때 예상되는 회전수는 약 몇 rpm인가?

① 1,300 ② 1,400
③ 1,700 ④ 1,800

해설 $N=N_s(1-s)=\dfrac{120f}{P}(1-s)$

$=\dfrac{120\times 60}{4}\times(1-0.06)≒1,700\text{rpm}$

02 R=100Ω, L=20mH, C=47μF인 $R-L-C$ 직렬회로에 순시전압 $v=141.4\sin 377t$[V]를 인가하면 이 회로의 임피던스는 약 몇 Ω 인가?

① 97 ② 111
③ 122 ④ 130

해설 $Z=\sqrt{R^2+\left(\omega L-\dfrac{1}{\omega C}\right)^2}$

$=\sqrt{100^2+\left(377\times 20\times 10^{-3}-\dfrac{1}{377\times 47\times 10^{-6}}\right)^2}$

$=111\Omega$

03 PLC프로그래밍에서 여러 개의 입력신호 중 하나 또는 그 이상의 신호가 ON 되었을 때 출력이 나오는 회로는?

① AND회로 ② OR회로
③ NOT회로 ④ 자기유지회로

해설 OR회로는 여러 개의 입력신호 중 하나 또는 그 이상의 신호가 ON 되었을 때 출력이 나오는 회로이다.

04 어떤 단상변압기의 무부하 시 2차 단자전압이 250V이고, 정격부하 시 2차 단자전압이 240V일 때 전압변동률은 약 몇 %인가?

① 4.0 ② 4.17
③ 5.65 ④ 6.35

해설 전압변동률(ϕ)$=\dfrac{\text{무부하전압}-\text{정격부하전압}}{\text{정격부하전압}}$

$=\dfrac{250-240}{240}=0.04166≒4.17\%$

05 주파수 50Hz, 슬립 0.2일 때 회전수가 600rpm인 3상 유도전동기의 극수는?

① 4 ② 6
③ 8 ④ 10

해설 $N_s=\dfrac{120f}{P}(1-s)$

$\therefore\ P=\dfrac{120f}{N_s}(1-s)=\dfrac{120\times 50}{600}\times(1-0.2)$=8극

★
06 전동기의 회전방향을 알기 위한 법칙은?

① 플레밍의 오른손법칙
② 플레밍의 왼손법칙
③ 렌츠의 법칙
④ 암페어의 법칙

해설 **플레밍의 왼손법칙(전동기)** : 왼손의 엄지, 검지, 중지 세 손가락을 직각으로 만들고, 중지를 전류(I)의 방향으로, 검지를 자기장(자계, B)의 방향으로 가리키면 엄지손가락의 방향이 전자기력(F), 즉 자계 내에서 전류가 받는 힘(도선의 이동)의 방향이 된다.

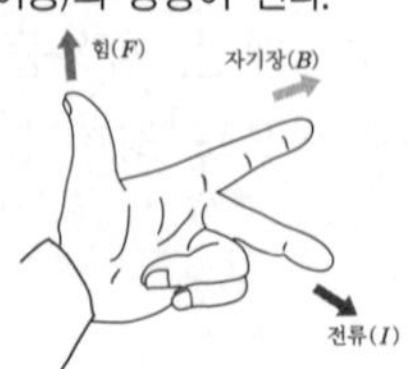

★
07 다음 중 kVA는 무엇의 단위인가?

① 유효전력 ② 피상전력
③ 효율 ④ 무효전력

해설 ① 유효전력 : kW, ③ 효율 : %, ④ 무효전력 : Var

정답 01 ③ 02 ② 03 ② 04 ② 05 ③ 06 ② 07 ②

08 200V의 전원에 접속하여 1kW의 전력을 소비하는 부하를 100V의 전원에 접속하면 소비전력은 몇 W가 되겠는가?

① 100 ② 150
③ 200 ④ 250

해설 $P_2 = P_1\left(\frac{V_2}{V_1}\right)^2 = 1,000 \times \left(\frac{100}{200}\right)^2 = 250\text{W}$

★ 09 논리식 $\overline{\text{A}}\text{B} + \text{AB}$ 와 같은 것은?

① B ② $\overline{\text{B}}$
③ $\overline{\text{A}}$ ④ A

해설 $\overline{\text{A}}\text{B} + \text{AB} = \text{B}(\overline{\text{A}} + \text{A}) = \text{B}(0+1) = \text{B}$

★ 10 다음 중 프로세스제어에 속하는 제어량은?

① 온도 ② 전류
③ 전압 ④ 장력

해설 프로세스제어(process control)는 온도, 유량, 압력, 액위, 농도, pH(수소이온농도), 효율 등 공업프로세스의 상태량을 제어량으로 하는 제어이다.

11 실리콘제어정류기(SCR)는 어떤 형태의 반도체인가?

① P형 반도체 ② N형 반도체
③ PNPN형 반도체 ④ PNP형 반도체

해설 실리콘제어정류기(SCR)는 PNPN형 반도체이다.

12 200V, 300W의 전열선의 길이를 1/3로 하여 200V의 전압을 인가하였다. 이때의 소비전력은 몇 W인가?

① 100 ② 300
③ 600 ④ 900

해설 ㉠ $P = \frac{V^2}{R_1}$

$\therefore R_1 = \frac{V^2}{P} = \frac{200^2}{300} = 133.33\,\Omega$

㉡ $R_2 = \frac{1}{3}R_1 = \frac{1}{3} \times 133.33 = 44.44\,\Omega$

㉢ $P' = \frac{V^2}{R_2} = \frac{200^2}{44.44} = 900\text{W}$

13 2개의 입력이 "1"일 때 출력이 "0"이 되는 회로는?

① AND회로 ② OR회로
③ NOT회로 ④ NOR회로

해설 2개의 입력이 1일 때 출력이 0이 되는 회로는 NOR회로이다.

★ 14 3상 유도전동기의 출력이 5kW, 전압 200V, 효율 90%, 역률 80%일 때 이 전동기에 유입되는 선전류는 약 몇 A인가?

① 15 ② 20
③ 25 ④ 30

해설 $I = \frac{\text{출력[W]}}{\sqrt{3}\,V\cos\theta\,\eta} = \frac{5,000}{\sqrt{3} \times 200 \times 0.8 \times 0.9} = 20\text{A}$

★ 15 다음 그림과 같은 블록선도에서 $C(s)$는? (단, $G_1 = 5$, $G_2 = 2$, $H = 0.1$, $R(s) = 1$이다.)

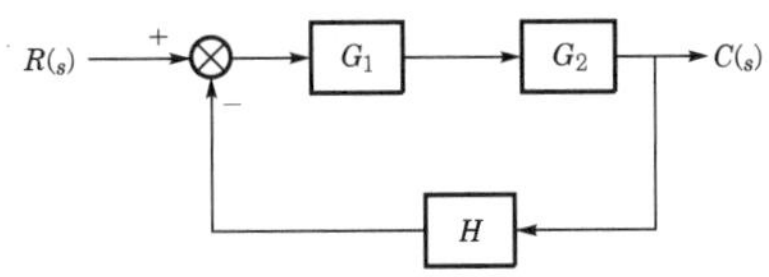

① 0 ② 1
③ 5 ④ ∞

해설 $C(s) = R(s)G_1G_2 - C(s)G_1G_2H$

$C(s)(1 + G_1G_2H) = R(s)G_1G_2$

$\therefore \frac{C(s)}{R(s)} = \frac{G_1G_2}{1+G_1G_2H} = \frac{5\times2}{1+5\times2\times0.1} = 5$

16 저항체에 전류가 흐르면 줄열이 발생하는데, 이때 전류 I와 전력 P의 관계는?

① $I = P$ ② $I = P^{0.5}$
③ $I = P^{1.5}$ ④ $I = P^2$

해설 $P = I^2R$

$I = \left(\frac{P}{R}\right)^{\frac{1}{2}} = \left(\frac{P}{R}\right)^{0.5}$

∴ 저항이 없을 경우 $I = P^{0.5}$

정답 08 ④ 09 ① 10 ① 11 ③ 12 ④ 13 ④ 14 ② 15 ③ 16 ②

PART 3

17 직류기의 전기자 반작용에 대한 설명으로 옳지 않은 것은?

① 중성축이 이동한다.
② 전동기는 속도가 저하된다.
③ 국부적 섬락이 발생한다.
④ 발전기는 기전력이 감소한다.

해설 직류기의 전기자 반작용
㉠ 중성축 이동
㉡ 전동기는 속도 증가
㉢ 국부적 섬락 발생
㉣ 발전기는 기전력 감소

★
18 역률이 80%이고, 유효전력이 80kW라면 피상전력은 몇 kVA인가?

① 100 ② 120
③ 160 ④ 200

해설 역률$(\cos\theta)=\dfrac{P(\text{유효전력})}{P_a(\text{피상전력})}$

$\therefore P_a=\dfrac{P}{\cos\theta}=\dfrac{80}{0.8}=100\text{kVA}$

19 직류기에서 전압 정류의 역할을 하는 것은?

① 탄소브러시 ② 보상권선
③ 리액턴스코일 ④ 보극

해설 ㉠ 직류기 : 정류자와 브러시에 의해 외부회로에 대하여 직류전력을 공급하는 발전기
㉡ 보극 : 직류기에서 전압 정류의 역할을 하는 것

★
20 100V용 전구 30W와 60W 두 개를 직렬로 연결하고 직류 100V 전원에 접속하였을 때 두 전구의 상태로 옳은 것은?

① 30W가 더 밝다.
② 60W가 더 밝다.
③ 두 전구가 모두 켜지지 않는다.
④ 두 전구의 밝기가 모두 같다.

해설 $P=VI=I^2R=\dfrac{V^2}{R}$[W]에서 30W 전구의 저항이 60W 전구의 저항보다 크기 때문에 30W 전구가 밝다.

★
21 변압기의 1차 및 2차의 전압, 권선수, 전류 V_1, N_1, I_1 및 V_2, N_2, I_2라 할 때 성립하는 식으로 알맞은 것은?

① $\dfrac{V_2}{V_1}=\dfrac{N_1}{N_2}=\dfrac{I_2}{I_1}$ ② $\dfrac{V_1}{V_2}=\dfrac{N_2}{N_1}=\dfrac{I_1}{I_2}$

③ $\dfrac{V_2}{V_1}=\dfrac{N_2}{N_1}=\dfrac{I_1}{I_2}$ ④ $\dfrac{V_1}{V_2}=\dfrac{N_1}{N_2}=\dfrac{I_1}{I_2}$

해설 전압과 권선수에 비례하고, 전류에는 반비례한다.

$\dfrac{V_2}{V_1}=\dfrac{N_2}{N_1}=\dfrac{I_1}{I_2}$

22 PLC(Programmable Logic Controller) CPU부의 구성과 거리가 먼 것은?

① 데이터 메모리부
② 프로그램 메모리부
③ 연산부
④ 전원부

해설 PLC 중앙처리장치(CPU)의 구성 : 프로그램부, 데이터의 기억 및 처리기능, 연산부(연산장치)

23 PLC의 구성에 해당되지 않는 것은?

① 입력장치 ② 제어장치
③ 주변용 장치 ④ 출력장치

해설 PLC(Programmable Logic Controller)의 구성요소 : 입력장치, 제어장치, 출력장치

★
24 정격 600W 전열기에 정격전압의 80%를 인가하면 전력은 몇 W로 되는가?

① 384 ② 486
③ 545 ④ 614

해설 $P=VI=(IR)I=I^2R=\dfrac{V^2}{R}$[W]

$\dfrac{P_2}{P_1}=\left(\dfrac{V_2}{V_1}\right)^2$

$\therefore P_2=P_1\left(\dfrac{V_2}{V_1}\right)^2=600\times0.8^2=384\text{W}$

정답 17 ② 18 ① 19 ④ 20 ① 21 ③ 22 ④ 23 ③ 24 ①

25 전류계와 병렬로 연결되어 전류계의 측정범위를 확대해 주는 것은?

① 배율기 ② 분류기
③ 절연저항 ④ 접지저항

해설 분류기(shunt)는 전류계와 병렬로 연결되어 전류계의 측정범위를 확대시켜 주는 계기이다.

26 $R-L-C$ 직렬회로에서 전압(V)과 전류(I) 사이의 관계가 잘못 설명된 것은?

① $X_L > X_C$인 경우는 I는 V보다 θ만큼 뒤진다.
② $X_L < X_C$인 경우는 I는 V보다 θ만큼 앞선다.
③ $X_L = X_C$인 경우 I는 V와 동상이다.
④ $X_L < X_C - R$인 경우 I는 V보다 θ만큼 뒤진다.

해설 $R-L-C$직렬회로에서 $X_L < X_C - R$인 경우 I는 V보다 θ만큼 앞선다(직렬공진, $X_L = X_C$).

27 논리식 $X = (A+B)(\overline{A}+B)$를 간단히 하면?

① A ② B
③ AB ④ A+B

해설 $X = (A+B)(\overline{A}+B) = A\overline{A} + AB + \overline{A}B + BB$
$= 0 + B(A+\overline{A}) + B = B \cdot 1 + B = B$

28 자기인덕턴스 377mH에 200V, 60Hz의 교류전압을 가했을 때 흐르는 전류는 약 몇 A인가?

① 0.4 ② 0.7
③ 1.0 ④ 1.4

해설 $I = \dfrac{V}{X_L} = \dfrac{V}{2\pi fL} = \dfrac{200}{2\pi \times 60 \times 377 \times 10^{-3}} = 1.4\text{A}$

29 SCR에 대한 설명으로 틀린 것은?

① PNPN소자이다.
② 스위칭소자이다.
③ 쌍방향성 사이리스터이다.
④ 직류, 교류의 전력제어용으로 사용된다.

해설 실리콘제어정류소자(SCR : Silicon Controlled Rectifier)는 PNPN소자, 즉 P에 게이트단자를 달아 P, N 사이에 전류를 흘릴 수 있게 만든 단방향성 소자이다.

30 다음 그림과 같은 블록선도에서 $\dfrac{C}{R}$의 값은?

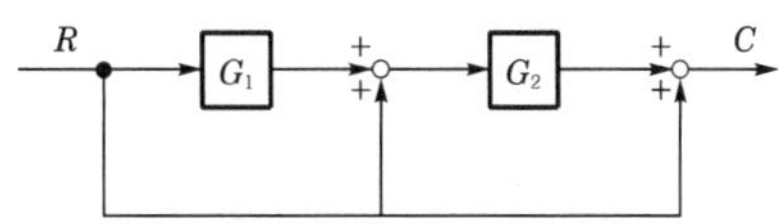

① $G_1G_2 + G_2 + 1$ ② $G_1G_2 + 1$
③ $G_1G_2 + G_2$ ④ $G_1G_2 + G_1 + 1$

해설 $(RG_1 + R)G_2 + R = C$
$RG_1G_2 + RG_2 + R = C$
$R(G_1G_2 + G_2 + 1) = C$
$\therefore G = \dfrac{C}{R} = G_1G_2 + G_2 + 1$

31 $R = 4\Omega$, $X_L = 9\Omega$, $X_C = 6\Omega$인 직렬접속회로의 어드미턴스는 몇 ℧인가?

① $4+j8$ ② $0.16-j0.12$
③ $4-j5$ ④ $0.16+j0.12$

해설 $Z = 4 + (9-6)j = 4 + 3j$
$\therefore Y = \dfrac{1}{Z} = \dfrac{1}{4+3j} = \dfrac{4-3j}{(4+3j)(4-3j)}$
$= 0.16 - 0.12j$

32 다음 논리식 중에서 그 결과가 다른 값을 나타낸 것은?

① $(A+B)(A+\overline{B})$
② $A(A+B)$
③ $A+\overline{A}B$
④ $AB+A\overline{B}$

해설 ① $(A+B)(A+\overline{B}) = AA + A\overline{B} + AB + B\overline{B}$
$= A + A(\overline{B}+B) + 0$
$= A + A(0+1) = A$
② $A(A+B) = AA + AB = A + AB$
$= A(1+B) = A$
③ $A + \overline{A}B = A(1+B) + \overline{A}B = A + AB + \overline{A}B$
$= A + B(A+\overline{A}) = A + B(1+0)$
$= A + B$
④ $AB + A\overline{B} = A(B+\overline{B}) = A(1+0) = A$

정답 25 ② 26 ④ 27 ② 28 ④ 29 ③ 30 ① 31 ② 32 ③

★
33 피상전력 100kVA, 유효전력 80kW인 부하가 있다. 무효전력은 몇 kVar인가?

① 20 ② 60
③ 80 ④ 100

해설 무효전력^2+유효전력^2=피상전력^2

∴ 무효전력= $\sqrt{피상전력^2 - 유효전력^2}$

$= \sqrt{100^2 - 80^2} = 60\text{kVar}$

★
34 제어동작에 따른 분류 중 불연속제어에 해당되는 것은?

① ON/OFF동작 ② 비례제어동작
③ 적분제어동작 ④ 미분제어동작

해설 ㉠ 연속제어 : 비례(P)제어, 미분(D)제어, 적분(I)제어, 비례미분(PD)제어, 비례적분(PI)제어, 비례적분미분(PID)제어
㉡ 불연속제어 : 온-오프제어, 다위치제어, 샘플값제어

★
35 다음 그림과 같은 회로에서 단자 a, b 간에 주파수 f[Hz]의 정현파 전압을 가했을 때 전류값 A_1과 A_2의 지시가 같았다면 f, L, C 간의 관계는?

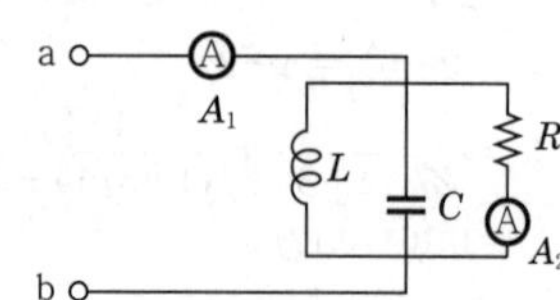

① $f = \dfrac{1}{\sqrt{LC}}$ ② $f = \sqrt{LC}$
③ $f = \dfrac{2\pi}{\sqrt{LC}}$ ④ $f = \dfrac{1}{2\pi\sqrt{LC}}$

해설 $X_L = X_C$

$wL = \dfrac{1}{wC}$

$2\pi fL = \dfrac{1}{2\pi fC}$

$\therefore f = \dfrac{1}{2\pi\sqrt{LC}}$[Hz]

36 PI동작의 전달함수는? (단, K_P는 비례감도이다.)

① K_P ② $K_P s T$
③ $K_P(1+sT)$ ④ $K_P\left(1+\dfrac{1}{sT}\right)$

해설 비례적분(PI)동작의 전달함수(G)$= K_P\left(1+\dfrac{1}{sT}\right)$

37 유도전동기에서 슬립이 "0"이란 의미와 같은 것은?

① 유도제동기의 역할을 한다.
② 유도전동기가 정지상태이다.
③ 유도전동기가 전부하운전상태이다.
④ 유도전동기가 동기속도로 회전한다.

해설 ㉠ $s=0$: 회전자가 동기속도로 회전
㉡ $s=1$: 회전자 정지
㉢ $s<0$: 유도발전기
㉣ $s>1$: 유도제동

★
38 $R-L-C$ 병렬회로에서 회로가 병렬공진되었을 때 합성전류는 어떻게 되는가?

① 최소가 된다.
② 최대가 된다.
③ 전류는 흐르지 않는다.
④ 전류는 무한대가 된다.

해설 병렬공진($X_C = X_L$) 시 합성전류는 최소가 된다.

39 시간에 대해서 설정값이 변화하지 않는 것은?

① 비율제어 ② 추종제어
③ 프로세스제어 ④ 프로그램제어

해설 시간에 대해서 설정값이 변화하지 않는 것은 프로세스제어이다.

★
40 잔류편차와 사이클링이 없어 널리 사용되는 동작은?

① I동작 ② D동작
③ P동작 ④ PI동작

해설 잔류편차(offset)와 사이클링이 없어 널리 사용되는 동작은 비례적분(PI)동작이다.

정답 33 ② 34 ① 35 ④ 36 ④ 37 ④ 38 ① 39 ③ 40 ④

41 제어동작에 대한 설명 중 틀린 것은?

① 비례동작 : 편차의 제곱에 비례한 조작신호를 낸다.
② 적분동작 : 편차의 적분값에 비례한 조작신호를 낸다.
③ 미분동작 : 조작신호가 편차의 증가속도에 비례하는 동작을 한다.
④ 2위치동작 : ON-OFF동작이라고도 하며 편차의 정부(+, -)에 따라 조작부를 전폐 또는 전개하는 것이다.

해설 **비례동작(P동작)**
㉠ 조작량이 동작신호의 현재값에 비례한다(출력과 입력 사이에 연속적인 선형관계가 있는 동작).
㉡ 잔류편차(offset)가 발생한다.

★ 42 지시계기의 구성 3대 요소가 아닌 것은?

① 유도장치 ② 제어장치
③ 제동장치 ④ 구동장치

해설 **지시계기의 3대 구성요소** : 제어장치, 제동장치, 구동장치

★ 43 100mH의 인덕턴스를 갖는 코일에 10A의 전류를 흘릴 때 축적되는 에너지는 몇 J인가?

① 0.5 ② 1
③ 5 ④ 10

해설 $W = \frac{1}{2}LI^2 = \frac{1}{2} \times 0.1 \times 10^2 = 5\text{J}$

44 주파수 응답에 필요한 입력은?

① 계단 입력 ② 램프 입력
③ 임펄스 입력 ④ 정현파 입력

해설 주파수(frequence) 응답에 필요한 입력은 정현파(sine wave) 입력이다.

★ 45 변압기 절연내력시험이 아닌 것은?

① 가압시험 ② 유도시험
③ 절연저항시험 ④ 충격전압시험

해설 **변압기 절연내력시험** : 가압시험, 유도시험, 충격전압시험

46 변압기유로 사용되는 절연유에 요구되는 특성으로 틀린 것은?

① 점도가 클 것
② 인화점이 높을 것
③ 응고점이 낮을 것
④ 절연내력이 클 것

해설 **절연유의 요구조건**
㉠ 적정한 점도를 가질 것
㉡ 인화점이 높을 것
㉢ 응고점이 낮을 것
㉣ 절연내력이 클 것

47 유도전동기를 유도발전기로 동작시켜 그 발생전력을 전원으로 반환하여 제동하는 유도전동기 제동방식은?

① 발전제동 ② 역상제동
③ 단상제동 ④ 회생제동

해설 유도전동기를 유도발전기로 동작시켜 그 발생전력을 전원으로 반환하여 제동하는 유도전동기의 제동방식은 회생제동이다.

PART 3

★ 48 전압을 V, 전류를 I, 저항을 R, 그리고 도체의 비저항을 ρ라 할 때 옴의 법칙을 나타낸 식은?

① $V = \frac{R}{I}$ ② $V = \frac{I}{R}$
③ $V = IR$ ④ $V = IR\rho$

해설 **옴의 법칙(Ohm's law)** : 도체를 흐르는 전류(I)는 전압(V)에 비례하고, 저항(R)에 반비례한다.
$I = \frac{V}{R}$[A], $V = IR$[V], $R = \frac{V}{I}$[Ω]

49 동작신호에 따라 제어대상을 제어하기 위하여 조작량으로 변환하는 장치는?

① 제어요소 ② 외란요소
③ 피드백요소 ④ 기준입력요소

해설 동작신호에 따라 제어대상을 제어하기 위하여 조작량으로 변환하는 장치는 제어요소이다.

정답 41 ① 42 ① 43 ③ 44 ④ 45 ③ 46 ① 47 ④ 48 ③ 49 ①

50 제어기의 설명 중 틀린 것은?

① P제어기 : 잔류편차 발생
② I제어기 : 잔류편차 소멸
③ D제어기 : 오차예측제어
④ PD제어기 : 응답속도 지연

해설 비례미분제어(PD제어)는 응답속도가 빠르다.

★
51 다음 그림의 블록선도에서 $C(s)/R(s)$를 구하면?

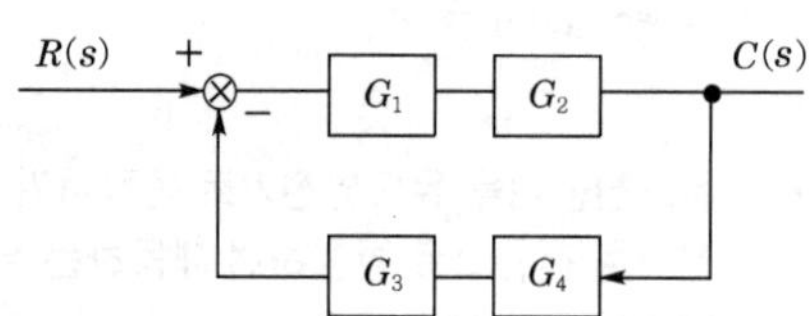

① $\dfrac{G_1G_2}{1+G_1G_2G_3G_4}$

② $\dfrac{G_3G_4}{1+G_1G_2G_3G_4}$

③ $\dfrac{G_1+G_2}{1+G_1G_2+G_3G_4}$

④ $\dfrac{G_1G_2}{1+G_1G_2+G_3G_4}$

해설 $C(s)=R(s)G_1G_2-C(s)G_1G_2G_3G_4$

$C(s)(1+G_1G_2G_3G_4)=R(s)G_1G_2$

$\therefore \dfrac{C(s)}{R(s)}=\dfrac{G_1G_2}{1+G_1G_2G_3G_4}$

52 PLC(Programmable Logic Controller)의 출력부에 설치하는 것이 아닌 것은?

① 전자개폐기 ② 열동계전기
③ 시그널램프 ④ 솔레노이드밸브

해설 PLC의 출력부에 전자개폐기, 시그널램프, 솔레노이드(solenoid)밸브 등을 설치한다.

★
53 Q[C]의 전기량이 이동해서 W[J]의 일을 했을 때 전위차 V[V]는?

① $V=QW$ ② $V=\dfrac{W}{Q}$
③ $V=\dfrac{Q}{W}$ ④ $V=\dfrac{W}{Q_2}$

해설 $V=\dfrac{W}{Q}$[V] → $W=QV$[J]

54 110V의 전위차로 5A의 전류가 3분 동안 흘렀다면 이때 전기가 행한 일(J)은?

① 990 ② 1,000
③ 9,990 ④ 99,000

해설 $W=VQ=VIt=110\times5\times3\times60=99{,}000$J

★
55 옴의 법칙에 대한 옳은 설명은 어느 것인가?

① 전압은 전류에 반비례한다.
② 전압은 전류에 비례한다.
③ 전압은 전류의 2승에 비례한다.
④ 전압은 저항에 반비례한다.

해설 옴의 법칙 : 도체에 흐르는 전류의 크기는 전압에 비례하고, 도체의 저항에 반비례한다.

$I(\text{전류})=\dfrac{V(\text{전압})}{R(\text{저항})}$[A]

56 1개의 전자가 가지는 전기량은?

① 1.602×10^{-17}C ② 1.602×10^{-18}C
③ 1.602×10^{-19}C ④ 1.602×10^{-20}C

해설 1개의 전자가 가지는 전기량은 1.602×10^{-19}C이다.

★
57 I[A]의 전류가 t초 동안 흘렀을 때 이동된 전기량(C)은?

① It[C] ② $\dfrac{I}{t}$[C]
③ $\dfrac{t}{I}$[C] ④ $\dfrac{I}{It}$[C]

해설 $Q=\int Idt=It$[C]

58 3Ω과 6Ω의 저항을 직렬로 할 경우는 병렬로 하였을 때의 몇 배인가?

① $\dfrac{1}{4.5}$ ② 4.5
③ 6.5 ④ 9

정답 50 ④ 51 ① 52 ② 53 ② 54 ④ 55 ② 56 ③ 57 ① 58 ②

해설 직렬저항(R_s)$= R_1 + R_2 = 3+6 = 9\,\Omega$

병렬저항(R_p)$= \dfrac{R_1 R_2}{R_1 + R_2} = \dfrac{3\times 6}{3+6} = 2\,\Omega$

$\therefore\ \dfrac{R_s}{R_p} = \dfrac{9}{2} = 4.5$

★ 59 저항 R_1, R_2가 병렬일 때 전전류를 I라 하면 R_1에 흐르는 전류는?

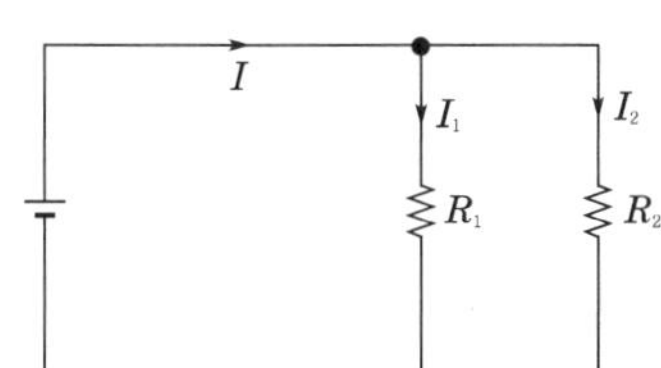

① $I\left(\dfrac{R_1}{R_1+R_2}\right)$　② $I\left(\dfrac{R_2}{R_1+R_2}\right)$

③ $I\left(\dfrac{1}{R_1+R_2}\right)$　④ $I\left(\dfrac{R_1+R_2}{R_2}\right)$

해설 $I_1 R_1 = I_2 R_2 = IR$에서 $R = \dfrac{R_1 R_2}{R_1+R_2}$이므로

$I_1 R_1 = I\left(\dfrac{R_1 R_2}{R_1+R_2}\right)$

$\therefore\ I_1 = I\left(\dfrac{R_2}{R_1+R_2}\right)$[A]

★ 60 e[C]의 전하가 V[V]의 전위차를 가진 두 점 사이를 이동할 때 전자가 얻는 에너지 W[J]는?

① $W = \dfrac{V}{e}$　② $W = \dfrac{e}{V}$

③ $W = eV$　④ $W = \dfrac{1}{eV}$

해설 $V = \dfrac{W}{e}$[V] → $W = eV$[J]

61 0.2℧의 컨덕턴스를 가진 저항체에 3A의 전류를 흘리려면 몇 V의 전압을 가하면 되겠는가?

① 15V　② 30V

③ 45V　④ 60V

해설 $R = \dfrac{1}{G} = \dfrac{1}{0.2} = 5\,\Omega$

$\therefore\ V = IR = 3\times 5 = 15$V

별해 $I = GV$

$\therefore\ V = \dfrac{I}{G} = \dfrac{3}{0.2} = 15$V

참고 저항의 역수를 컨덕턴스라 하며, 단위는 ℧(mho)이다.

★ 62 다음 그림과 같은 회로에 전압 100V를 가할 때 저항 10Ω에 흐르는 전류 I_1의 값은?

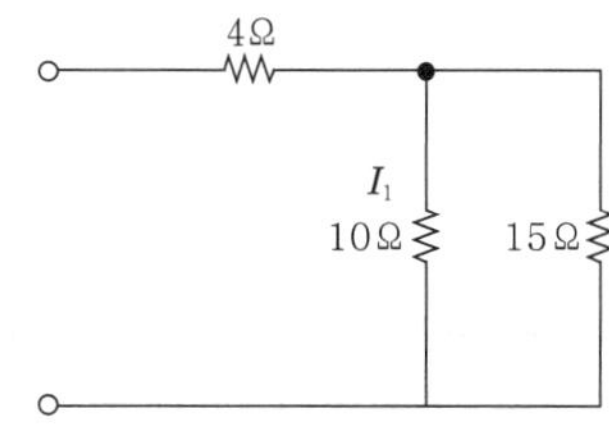

① 4A　② 6A

③ 7.1A　④ 8A

해설 ㉠ 회로의 합성저항(R)$= R_0 + \dfrac{R_1 R_2}{R_1+R_2}$

$= 4 + \dfrac{10\times 15}{10+15} = 10\,\Omega$

㉡ 회로에 흐르는 전전류(I)$= \dfrac{V}{R} = \dfrac{100}{10} = 10$A

㉢ 10Ω에 흐르는 전류(I_1)$= \dfrac{IR}{R_1} = \dfrac{I}{R_1}\left(\dfrac{R_1 R_2}{R_1+R_2}\right)$

$= I\left(\dfrac{R_2}{R_1+R_2}\right)$

$= 10\times\dfrac{15}{10+15} = 6$A

63 동선의 길이를 2배, 반지름을 1/2배로 할 때 저항은?

① 2배　② 4배

③ 8배　④ 16배

해설 ㉠ 길이를 l, 단면적을 A라 할 때

$R = \rho\dfrac{l}{A} = \rho\dfrac{l}{\pi r^2}$

㉡ 길이를 $2l$, 반지름을 $r/2$로 하면

$R' = \rho\dfrac{2l}{\pi\left(\dfrac{r}{2}\right)^2} = \rho\dfrac{8l}{\pi r^2} = 8\rho\dfrac{l}{S}$

정답 59 ② 60 ③ 61 ① 62 ② 63 ③

64 일정 전압의 직류전원에 저항을 접속하여 전류를 흘릴 때 저항값을 10% 감소시키면 흐르는 전류는 어떻게 되겠는가?

① 10% 증가 ② 10% 감소
③ 11% 증가 ④ 11% 감소

해설 옴의 법칙에서 $I=\frac{V}{R}$[A]이므로 처음 전류 $I_1=\frac{V}{R}$[A]이고, 저항이 10% 감소하였을 때의 전류는

$$I_2=\frac{V}{(1-0.1)R}=\frac{V}{0.9R}=\frac{1}{0.9}I_1[\text{A}]$$

$$\therefore \frac{I_2}{I_1}=\frac{1}{0.9}\text{배}=1.11\text{배}=11.1\%(\text{증가})$$

★
65 기전력 1.87V 전지의 두 극을 전선으로 이어 0.45A의 전류를 통하였을 때 두 극 사이의 전지위차가 1.42V로 되었다. 전자의 내부저항(Ω)은?

① 10.45 ② 4.5
③ 1 ④ 0.98

해설 $E-V=IR$

$1.87-1.42=0.45\times R$

$$\therefore R=\frac{0.45}{0.45}=1\Omega$$

★
66 다음 그림과 같이 접속된 회로에서 저항 R의 값을 E, V, r로 나타내면?

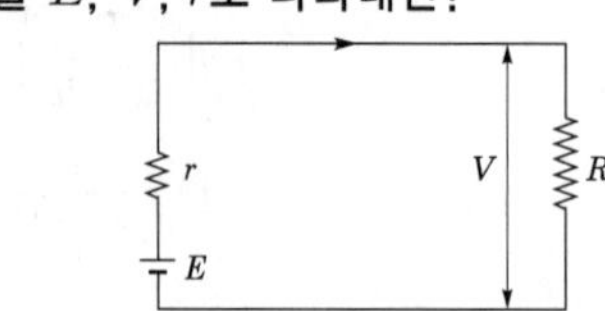

① $\left(\frac{V}{E-V}\right)r$ ② $\left(\frac{E}{E-V}\right)r$
③ $\left(\frac{E-V}{V}\right)r$ ④ $\left(\frac{E-V}{E}\right)r$

해설 회로에 흐르는 전류를 I라 하면

$$I=\frac{E}{r+R}=\frac{V}{R}$$

$$\frac{R}{r+R}=\frac{V}{E}$$

$$\frac{r+R}{R}=\frac{E}{V}$$

$$\frac{r}{R}+1=\frac{E}{V}$$

$$\frac{r}{R}=\frac{E}{V}-1=\frac{E-V}{V}$$

$$\therefore R=\left(\frac{V}{E-V}\right)r[\Omega]$$

67 기전력 2V, 내부저항 0.5Ω인 전지 2개를 직렬로 한 것을 두 줄 병렬로 접속한 끝에 1.5Ω의 저항을 접속하면 부하전류는?

① 4A ② 3A
③ 2A ④ 1A

해설 $$I=\frac{nE}{\frac{nr}{n}+R}=\frac{2\times2}{\frac{2\times0.5}{2}+1.5}=2\text{A}$$

참고
- 전지의 직렬연결 시 부하전류 : $I=\frac{nE}{nr+R}$
- 전지의 병렬연결 시 부하전류 : $I=\frac{nE}{\frac{nr}{n}+R}$

★
68 100V의 전압계가 있다. 이 전압계를 써서 300V의 전압을 재려면 배율기의 저항은 몇 Ω이어야 하는가? (단, 전압계의 내부저항은 5,000Ω이다.)

① 25,000 ② 10,000
③ 5,000 ④ 1,000

해설 $$V_0=V\left(\frac{R_m}{R}+1\right)$$

$$\therefore R_m=R\left(\frac{V_0}{V}-1\right)=5{,}000\times\left(\frac{300}{100}-1\right)=10{,}000\,\Omega$$

69 고유저항 ρ, 길이 l, 지름 D인 전선의 저항은?

① $\rho\frac{l}{2\pi D^2}$ ② $\rho\frac{2l}{\pi D^2}$
③ $\rho\frac{l}{\pi D^2}$ ④ $\rho\frac{4l}{\pi D^2}$

해설 $$R=\rho\frac{l}{A}=\rho\frac{l}{\frac{\pi D^2}{4}}=\rho\frac{4l}{\pi D^2}$$

70 배전선을 2배로 하여도 선로저항에 의한 전압강하가 변하지 않으려면 전선의 지름을 몇 배로 하면 되는가?

① 2 ② $\frac{1}{2}$
③ $\sqrt{2}$ ④ $\frac{1}{\sqrt{2}}$

정답 64 ③ 65 ③ 66 ① 67 ③ 68 ② 69 ④ 70 ③

해설 배전선을 늘이기 전의 저항(R_1)$=\rho\dfrac{l_1}{\pi {r_1}^2}$,

배전선을 늘인 후의 저항(R_2)$=\rho\dfrac{l_2}{\pi {r_2}^2}$에서 $l_2=2l_1$이고 $R_1=R_2$이므로

$\therefore r_2=\sqrt{2}r_1$

★
71 다음 그림과 같은 회로를 등가 Y결선으로 변환할 때 각 변의 저항값(Ω)은?

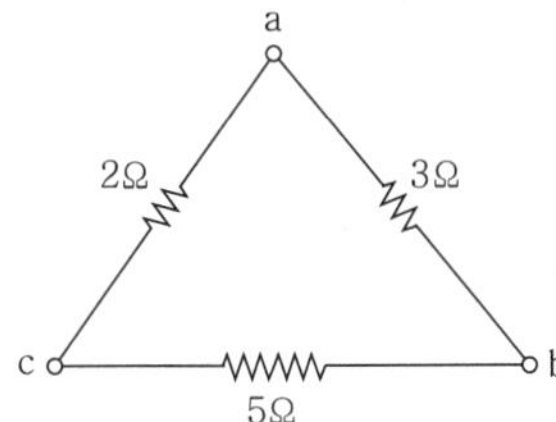

① 0.6, 1.5, 1 ② 5, 8, 7
③ 5, 4, 3 ④ 6, 8, 5

해설 ㉠ $R_a=\dfrac{2\times3}{2+3+5}=0.6\Omega$

㉡ $R_b=\dfrac{3\times5}{2+3+5}=1.5\Omega$

㉢ $R_c=\dfrac{5\times2}{2+3+5}=1\Omega$

★
72 단면적 50mm², 길이 1km의 경알루미늄선의 전기저항은 약 몇 Ω인가?

① 0.57 ② 5.7
③ 3.22 ④ 10.83

해설 경알루미늄선의 %도전율은 약 60%이므로

$\rho=\dfrac{1}{58\times0.6}=0.0287\,\Omega\cdot\text{mm}^2/\text{m}$

$\therefore R=\rho\dfrac{l}{A}=0.0287\times\dfrac{1,000}{50}\fallingdotseq0.57\Omega$

★
73 MKS단위계에서 고유저항의 단위는?

① Ω·m ② Ω·mm²/m
③ Ω·cm ④ Ω·mm

74 MKS단위계에서 도전율의 단위는?

① V·m ② ℧/m
③ m ④ Ω·m

해설 $\lambda=\dfrac{1}{\rho}=\dfrac{1}{\Omega\cdot\text{m}}$에서 $℧=\dfrac{1}{\Omega}$이므로 ℧/m가 된다.

75 60℃에서 저항이 50Ω인 구리선은 10℃에서 몇 Ω인가?

① 50Ω ② 55Ω
③ 41.5Ω ④ 48.2Ω

해설 ㉠ 60℃일 때의 온도계수

$a_{60}=\dfrac{1}{234.5+60}=\dfrac{1}{294.5}$

㉡ 10℃일 때의 저항

$R_{10}=R[1+a_{60}(t_2-t_1)]$

$=50\times\left(1+\dfrac{1}{294.5}\times(10-60)\right)=41.5\Omega$

★
76 어떤 회로에 전류가 3분 동안 흘러서 90,000J의 일을 하였다. 소비된 전력(W)은?

① 300 ② 400
③ 500 ④ 600

해설 $P=\dfrac{W}{t}=\dfrac{90,000}{3\times60}=500\text{W}$

★
77 어떤 회로에 100V의 전압을 가하니 5A의 전류가 흘러 2,400cal의 열량이 발생하였다. 전류가 흐른 시간은 몇 sec인가?

① 10 ② 20
③ 0.33 ④ 4.8

해설 $H=0.24VIt$[cal]

$\therefore t=\dfrac{H}{0.24VI}=\dfrac{2,400}{0.24\times100\times5}=20\text{sec}$

★
78 정격 100V, 100W인 전등을 90V에 사용할 때 소비전력은?

① 100 ② 91
③ 81 ④ 75

해설 ㉠ 100V, 100W인 전등의 저항

$P=VI=I^2R=\dfrac{V^2}{R}$[W]

$\therefore R=\dfrac{{V_1}^2}{P_1}=\dfrac{100^2}{100}=100\Omega$

PART 3

정답 71 ① 72 ① 73 ① 74 ② 75 ③ 76 ③ 77 ② 78 ③

㉡ 90V에 사용 시 전력

$$P_2 = \frac{V_2^{\ 2}}{R} = \frac{90^2}{100} = 81\text{W}$$

79 전자력에 관계되는 법칙은?

① 플레밍의 오른손법칙
② 플레밍의 왼손법칙
③ 렌츠의 법칙
④ 앙페르의 오른나사법칙

해설 플레밍의 왼손법칙은 전자력에 관계되는 법칙으로 엄지손가락은 힘, 집게손가락은 자장, 가운데손가락은 전류의 방향을 나타낸다(전동기원리).

80 100V의 전위차가 있는 곳에 50A의 전류가 6분간 흘렀을 때 전력량은 몇 J인가?

① 18×10^5J ② 18×10^4J
③ 18×10^3J ④ 18×10^2J

해설 $W = Pt = VIt = 100\times50\times6\times60 = 18\times10^5$J

★
81 110V의 전원에 20Ω의 저항을 가진 2개의 전열기 A, B를 직렬로 연결하여 사용하였다. 이때 A와 B에서 소비되는 전기적 에너지의 합은 A만을 단독으로 사용할 때와 비교하면 어떠한가?

① 소비전력이 같다.
② 소비전력이 2배이다.
③ 소비전력이 1/2배이다.
④ 소비전력이 4배이다.

해설 소비전력의 공식에 적용시키면 A와 B의 소비전력의 합은 A만 단독으로 사용할 때에 비해 1/2배가 된다.

★
82 다음과 같은 회로에 흐르는 전류 I는 몇 A인가? (단, 기전력은 35V이다.)

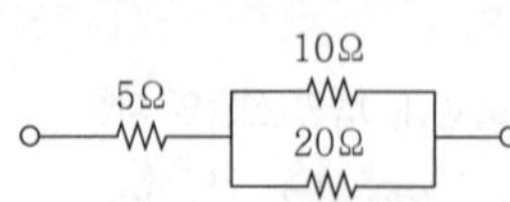

① 1A ② 2A
③ 3A ④ 4A

해설 $R = R_1 + \frac{R_2 R_3}{R_2 + R_3} = 5 + \frac{10\times20}{10+20} = \frac{35}{3}\ \Omega$

$$\therefore I = \frac{E}{R} = \frac{35}{\frac{35}{3}} = 3\text{A}$$

★
83 전류에 의한 자장의 방향을 결정해주는 법칙은?

① 앙페르의 오른나사법칙
② 플레밍의 왼손법칙
③ 렌츠의 법칙
④ 플레밍의 오른손법칙

해설 앙페르의 오른나사법칙 : 오른나사가 진행하는 방향으로 전류가 흐르면 나사가 도는 방향으로 자력선이 생기고, 이와 반대로 나사가 회전하는 방향으로 전류가 흐르면 진행하는 방향으로 자력선이 생긴다.

★
84 다음 그림에서 전류 I는 몇 A인가?

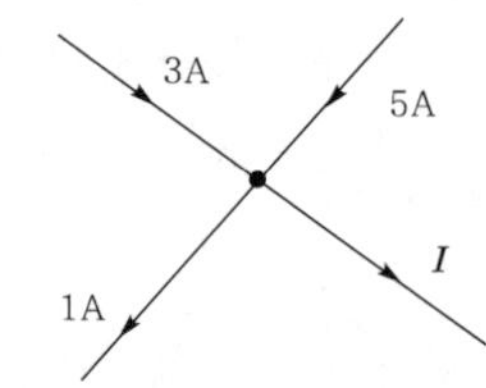

① 6A ② 7A
③ 8A ④ 11A

해설 $\sum I = 0$
유입전류=유출전류
$5+3=1+I$
$\therefore I = 7$A

★
85 금속도체의 전기저항은 일반적으로 어떤 관계가 있는가?

① 온도의 상승에 따라 저항은 증가한다.
② 온도의 상승에 따라 저항은 감소한다.
③ 온도의 상승에 따라 저항은 증가 또는 감소한다.
④ 온도에 관계없이 저항은 일정하다.

해설 금속도체는 일반적으로 온도의 상승에 따라 저항은 증가한다.

참고 반도체는 온도의 상승에 따라 저항은 감소한다.

정답 79 ② 80 ① 81 ③ 82 ③ 83 ① 84 ② 85 ①

86 납축전지의 전해액으로는 무엇이 사용되는가?

① 염산 ② 묽은 황산
③ 질산 ④ 묽은 초산

해설 납축전지의 전해액으로는 비중이 1.2~1.3 정도의 묽은 황산을 사용한다.

87 은 전량계에 1시간 동안 전류를 통과시켜 8.054g의 은이 석출되면 이때 흐른 전류의 세기는 약 얼마인가? (단, 은의 전기화학당량은 0.001118g/C이다.)

① 2A ② 3A
③ 6A ④ 8A

해설 $W = KIt$[g]

$\therefore I = \frac{W}{Kt} = \frac{8.054}{0.001118 \times 3,600} \fallingdotseq 2\text{A}$

★ **88** 납축전지의 용량은 어떻게 나타내는가?

① Ah ② V
③ A ④ VA

해설 전지의 용량 : Ah(암페어아워)

89 다음 중 납축전지의 양극재료는?

① PbO_2 ② Pb
③ $PbSO_4$ ④ H_2SO_4

해설 충전 : $PbSO_4$, 방전 : PbO_2

PbO_2(양극)+$2H_4SO_4$(전해액)+Pb(음극)

↔ $PbSO_4$(양극)+$2H_2O$+$PbSO_4$(음극)

★ **90** 다음 그림과 같은 회로에 전압 200V를 가할 때 저항 2Ω에 흐르는 전류 I_1의 값은 몇 A인가?

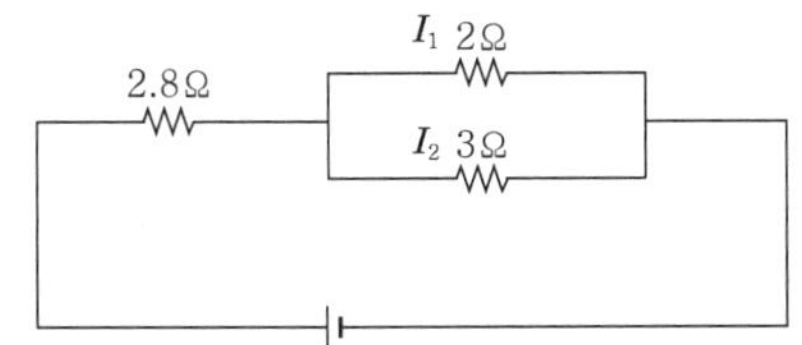

① 40A ② 30A
③ 50A ④ 60A

해설 $R = R_0 + \frac{R_1 R_2}{R_1 + R_2} = 2.8 + \frac{2 \times 3}{2+3} = 4\,\Omega$

$I = \frac{V}{R} = \frac{200}{4} = 50\text{A}$

$\therefore I_1 = I\left(\frac{R_2}{R_1 + R_2}\right) = 50 \times \frac{3}{2+3} = 30\text{A}$

★ **91** 정전용량 C_1, C_2가 직렬로 접속되어 있을 때의 합성정전용량은?

① $C_1 + C_2$ ② $\frac{1}{C_1 + C_2}$
③ $\frac{1}{C_1} + \frac{1}{C_2}$ ④ $\frac{C_1 C_2}{C_1 + C_2}$

해설 $\frac{1}{C} = \frac{1}{C_1} + \frac{1}{C_2}$[1/F]

$\therefore C = \frac{C_1 C_2}{C_1 + C_2}$[F]

92 C_1, C_2인 콘덴서가 직렬로 연결되어 있다. 그 합성정전용량을 C라 하면 C는 C_1, C_2와 어떤 관계가 있는가?

① $C > C_1$ ② $C = C_1 + C_2$
③ $C > C_2$ ④ $C < C_1$

해설 콘덴서를 직렬로 연결했을 때 합성정전용량은 어느 한 개의 정전용량값보다 작아진다.

★ **93** 자기인덕턴스 1H의 코일에 10A의 전류가 흐르고 있을 때 저장되는 에너지(J)는?

① 10J ② 50J
③ 100J ④ 200J

해설 $W = \frac{1}{2}LI^2 = \frac{1}{2} \times 1 \times 10^2 = 50$

94 같은 규격의 축전지 2개를 병렬로 연결하면 어떻게 되는가?

① 전압과 용량이 모두 2배가 된다.
② 전압과 용량이 모두 1/2배가 된다.
③ 전압은 불변이고, 용량은 2배가 된다.
④ 전압은 2배가 되고, 용량은 불변이다.

해설 같은 규격의 축전지 2개를 병렬로 연결하면 전압은 불변이고, 용량은 2배가 된다.

정답 86 ② 87 ① 88 ① 89 ① 90 ② 91 ④ 92 ④ 93 ② 94 ③

PART 3

95 다음 그림에서 저항 R이 소비하는 전력은?

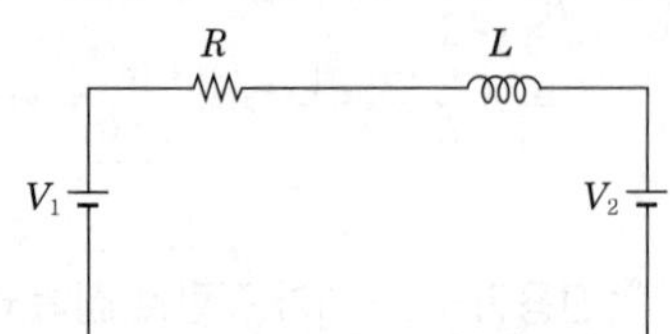

① $\dfrac{V_1 - V_2}{R}$ ② $\dfrac{(V_1 - V_2)^2}{R}$

③ $(V_1 - V_2)R$ ④ $(V_1 - V_2)^2 R$

해설 $P = I^2 R = \dfrac{(V_1 - V_2)^2}{R^2} R = \dfrac{(V_1 - V_2)^2}{R}$[W]

★
96 자기인덕턴스 L_1, L_2, 상호인덕턴스 M인 두 회로의 결합계수가 1이면?

① $M = L_1 L_2$ ② $M = \sqrt{L_1 L_2}$

③ $M < \sqrt{L_1 L_2}$ ④ $M < L_1 L_2$

해설 $k = \dfrac{M}{\sqrt{L_1 L_2}}$에서 $k = 1$이면 $M = \sqrt{L_1 L_2}$이다.

참고 결합계수(k)는 두 코일이 자기적으로 결합된 상태를 나타내는 계수로 두 코일의 모양, 크기, 상태적인 위치에 따라 결정된다.

$k = \dfrac{M}{\sqrt{L_1 L_2}}$

㉠ 밀결합(密結合) : k가 1이나 −1에 가까울 때
㉡ 소결합(疎結合) : k가 0에 가까울 때

★
97 다음 그림에서 a, b 간의 합성정전용량은?

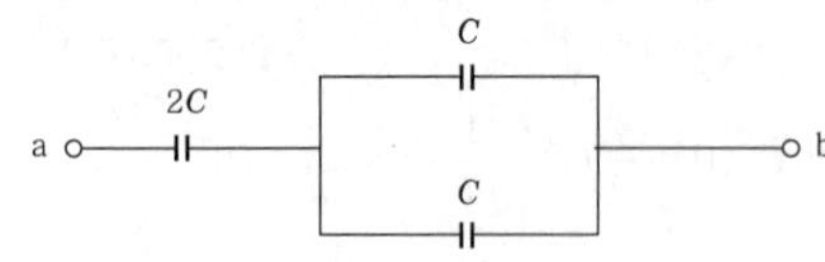

① $4C$ ② $3C$

③ $2C$ ④ C

해설 $C_0 = \dfrac{2C \times 2C}{2C + 2C} = \dfrac{4C^2}{4C} = C$[F]

98 저항 100Ω의 부하에서 10kW의 전력이 소비되었다면 이때 흐르는 전류값(A)은?

① 1 ② 2

③ 5 ④ 10

해설 $P = I^2 R$[W]

$\therefore I = \sqrt{\dfrac{P}{R}} = \sqrt{\dfrac{10 \times 10^3}{100}} = 10\text{A}$

★
99 다음 그림과 같은 회로의 합성용량값은?

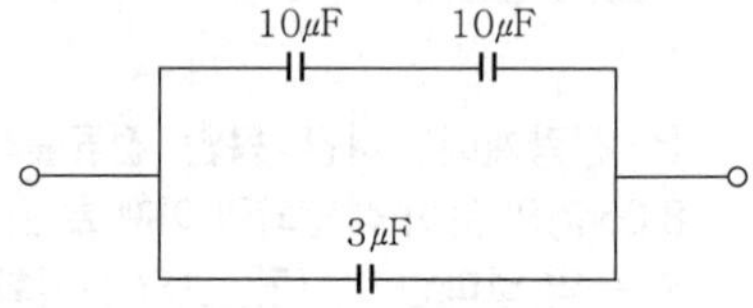

① 3μF ② 5μF

③ 8μF ④ 10μF

해설 $C = C_1 + C_2 = \dfrac{10 \times 10}{10 + 10} + 3 = 8\mu\text{F}$

★
100 정현파 교류에 있어서 최대값은 실효값의 몇 배인가?

① $\sqrt{3}$배 ② $\sqrt{2}$배

③ 2배 ④ $2/\pi$배

해설 사인파 교류의 실효값 I와 최대값 I_m과의 사이에는 다음과 같은 관계가 있다.

$I = \dfrac{I_m}{\sqrt{2}} = 0.707 I_m$[A]

$I_m = \sqrt{2} I$

$\therefore \dfrac{\text{최대값}(I_m)}{\text{실효값}(I)} = \sqrt{2}$배

101 60Hz의 두 개 교류전압이 있는데 위상차가 $\dfrac{\pi}{3}$일 때 위상차를 시간으로 표시하면 몇 sec인가?

① $\dfrac{1}{180}$ ② $\dfrac{1}{360}$

③ $\dfrac{1}{720}$ ④ $\dfrac{1}{20}$

해설 $\theta = \omega t$[rad]

$\therefore t = \dfrac{\theta}{\omega} = \dfrac{\theta}{2\pi f} = \dfrac{\frac{\pi}{3}}{2\pi \times 60} = \dfrac{1}{360}$sec

정답 95 ② 96 ② 97 ④ 98 ④ 99 ③ 100 ② 101 ②

★
102 $i = I_m \sin\omega t$인 사인파 전류에 있어서 순시값이 실효값과 같을 때 ωt의 값은?

① $\frac{\pi}{2}$ ② $\frac{\pi}{3}$
③ $\frac{\pi}{4}$ ④ $\frac{\pi}{6}$

해설 $i = I_m \sin\omega t = \sqrt{2} I \sin\omega t$

$\sin\omega t = \frac{1}{\sqrt{2}}$

$\therefore \omega t = \sin^{-1}\frac{1}{\sqrt{2}} = \frac{\pi}{4}$

103 사인파에서 최대값이 10A일 때 평균값은?

① 3.37A ② 6.37A
③ 7.76A ④ 8.76A

해설 $I_{av} = \frac{2}{\pi} I_m = \frac{2}{\pi} \times 10 = 6.37\text{A}$

★
104 같은 사인파 교류의 실효값과 평균값과의 비는 얼마인가?

① $\frac{2}{\pi}$ ② $\frac{1}{2}$
③ $\frac{3\sqrt{2}}{\pi}$ ④ $\frac{\pi}{2\sqrt{2}}$

해설 ㉠ 실효값과 최대값 사이의 관계식은

$I = \frac{1}{\sqrt{2}} I_m$

$\therefore I_m = \sqrt{2} I$ ························ ⓐ

㉡ 평균값과 최대값 사이의 관계식은

$I_{av} = \frac{2}{\pi} I_m$ ························ ⓑ

㉢ 식 ⓐ를 식 ⓑ에 대입하면

$I_{av} = \frac{2}{\pi} I_m = \frac{2}{\pi} \times \sqrt{2} I = \frac{2\sqrt{2}}{\pi} I$

$\therefore I = \frac{\pi}{2\sqrt{2}} I_{av} = 1.11 I_{av}$

105 (+)의 최대값 I_m이 통과하는 순간을 시간의 원점으로 한 정현파 교류의 식은?

① $I_m \sin\omega t$
② $I_m \sin(\omega t - 90°)$
③ $I_m \cos\omega t$
④ $I_m \cos(\omega t + 90°)$

해설 $i = I_m \cos\omega t = I_m \sin(\omega t + 90°)$

106 순저항만으로 구성된 회로에 흐르는 전류와 공급전압과의 위상관계는?

① 90° 앞선다. ② 90° 뒤진다.
③ 180° 앞선다. ④ 동위상이다.

해설 순저항만의 회로에서 전류와 전압은 동위상이다.

★
107 $V = 156\sin(377t - 30°)$가 되는 사인파 전압의 주파수(Hz)는?

① 50Hz ② 60Hz
③ 70Hz ④ 75Hz

해설 $\omega t = 377t$

$2\pi f t = 377t$

$\therefore f = \frac{377t}{2\pi t} = \frac{377}{2 \times 3.14} = 60\text{Hz}$

★
108 전자유도현상에서 유도기전력에 관한 법칙은 어느 것인가?

① 렌츠의 법칙 ② 앙페르의 법칙
③ 패러데이의 법칙 ④ 쿨롱의 법칙

해설 ① 렌츠의 법칙 : 유도기전력의 방향
② 앙페르의 법칙 : 자력선의 방향
③ 패러데이의 법칙 : 유도기전력의 크기
④ 쿨롱의 법칙 : 자극의 세기

109 어드미턴스 Y_1과 Y_2가 직렬로 접속된 회로의 합성어드미턴스는?

① $Y_1 + Y_2$ ② $\frac{Y_1 Y_2}{Y_1 + Y_2}$
③ $\frac{1}{Y_1} + \frac{1}{Y_2}$ ④ $\frac{1}{Y_1 + Y_2}$

해설 $Y = \frac{1}{\frac{1}{Y_1} + \frac{1}{Y_2}} = \frac{Y_1 Y_2}{Y_1 + Y_2}$

정답 102 ③ 103 ② 104 ④ 105 ③ 106 ④ 107 ② 108 ③ 109 ②

★
110 평형 3상 Y결선에서 상전압 E_S와 선간전압 E_L과의 관계는?

① $E_L = E_S$ ② $E_L = \sqrt{3}\,E_S$

③ $E_L = \dfrac{1}{\sqrt{3}} E_S$ ④ $E_L = 3E_S$

해설 평형 3상 Y결선에서 선간전압은 상전압의 $\sqrt{3}$배이며 위상이 $\dfrac{\pi}{6}$[rad]만큼 앞선다.

111 위상이 일치한다는 것은 다음 어느 경우를 뜻하는가?

① 전류가 전압보다 앞선다는 것

② 전류가 전압보다 뒤진다는 것

③ 전압과 전류의 변동이 동시에 일어난다는 것

④ 전압은 전류보다 합이 크다는 것

★
112 다음 중 파형률을 바르게 나타낸 식은?

① 최대값/실효값 ② 실효값/평균값

③ 평균값/실효값 ④ 실효값/최대값

해설 파형률$=\dfrac{\text{실효값}}{\text{평균값}}=\dfrac{\dfrac{I_m}{\sqrt{2}}}{\dfrac{2I_m}{\pi}}=\dfrac{\pi}{2\sqrt{2}}$

★
113 다음 중 파고율을 바르게 나타낸 식은?

① 최대값/실효값 ② 실효값/최대값

③ 실효값/평균값 ④ 평균값/실효값

해설 파고율$=\dfrac{\text{최대값}}{\text{실효값}}=\dfrac{I_m}{\dfrac{I_m}{\sqrt{2}}}=\sqrt{2}$

114 $i = I_m \sin\omega t$와 $e = E_m \cos\omega t$의 위상차는?

① 90° ② 60°

③ 30° ④ 0°

해설 $\cos\omega t = \sin(\omega t + 90°)$

$e = E_m \cos\omega t = E_m \sin(\omega t + 90°)$

∴ 위상차=90°−0=90°

★
115 60Hz, 1A인 교류전류의 순시값은?

① $1.414\sin 120°t$

② $1.414\sin 377°t$

③ $1\sin 377°t$

④ $14.14\sin 120°t$

해설 $i=\sqrt{2}\,I\sin\omega t = 1.414\times1\times\sin 2\pi\times60\times t$
$=1.414\sin 377°t$[A]

116 정현파 교류의 순시값이 $e = 141.4\cos 377°t$ [V]인 경우 실효값(V)은?

① 100 ② 110

③ 141.4 ④ 200

해설 최대값이 141.4V이므로

실효값$=\dfrac{I_m}{\sqrt{2}}=\dfrac{141.4}{\sqrt{2}}=100$V

★
117 30V를 가하여 20C의 전기량을 2초간 이동시켰다. 이때 전력(W)은?

① 200 ② 250

③ 280 ④ 300

해설 $P=IV=\dfrac{Q}{t}V=\dfrac{20}{2}\times30=300$W

★
118 자기인덕턴스가 각각 L_1, L_2인 A, B 두 개의 코일이 있다. 이때 상호인덕턴스가 $M=\sqrt{L_1 L_2}$라면 다음 중 옳지 않은 것은?

① A코일이 만든 자속은 전부 B코일과 쇄교된다.

② 두 코일이 만든 자속은 항상 같은 방향이다.

③ A코일에 1초 동안에 1A의 전류변화를 주면 B코일에는 1V가 유지된다.

④ L_1, L_2는 (−)값을 가질 수 없다.

해설 같은 철심에 감겨 있어도 전류의 방향과 코일의 감긴 방향에 따라 자속의 방향은 달라진다.

119 역률 80%인 부하의 유효전력이 80kW이면 무효전력(kVar)은?

① 20 ② 40

③ 60 ④ 80

정답 110 ② 111 ③ 112 ② 113 ① 114 ① 115 ② 116 ② 117 ④ 118 ② 119 ③

해설 ㉠ $P_a = \frac{P}{\cos\theta} = \frac{80}{0.8} = 100\text{kVA}$

㉡ $P_r = \sqrt{{P_a}^2 - P^2} = \sqrt{100^2 - 80^2} = 60\text{kVar}$

★120 전압 100V, 전류 5A, 역률 0.8인 어떤 회로가 있다. 이 회로의 전력(W)은 얼마인가?

① 200 ② 400
③ 500 ④ 650

해설 $P = VI\cos\theta = 100 \times 5 \times 0.8 = 400\text{W}$

121 평형 3상 Δ 결선에서 선전류 I_l과 상전류 I_p와의 관계는?

① $I_l = \sqrt{3}\, I_p$ ② $I_l = 3I_p$
③ $I_l = I_p$ ④ $I_l = \frac{1}{\sqrt{3}} I_p$

해설 평형 3상 Δ결선에서 선전류는 상전류의 $\sqrt{3}$ 배이고, 위상은 $\frac{\pi}{6}$[rad]만큼 뒤진다.

★122 평균반지름이 0.1m, 권수 100회의 원형코일이 있다. 코일 중심 자계의 세기가 7,500AT/m 이었다면 코일에 흐르는 전류의 크기는 얼마인가?

① 5A ② 7A
③ 15A ④ 21A

해설 $H = \frac{NI}{2r}$[AT/m]

$\therefore I = \frac{2rH}{N} = \frac{2 \times 0.1 \times 7,500}{100} = 15\text{A}$

★123 반지름이 3m인 원형코일에 10A의 전류를 흘릴 때 코일 중심점에 4Wb의 자극을 주면 이 자극이 받는 힘은 몇 N인가? (단, 코일의 권수는 15회이다.)

① 50N ② 100N
③ 150N ④ 200N

해설 $F = mH = m\frac{NI}{2r} = 4 \times \frac{15 \times 10}{2 \times 3} = 100\text{N}$

124 다음 그림과 같은 회로에 1C의 전하를 충전시키려 한다. 이때 양쪽 단자 a~b 사이에 몇 V를 인가해야 하는가?

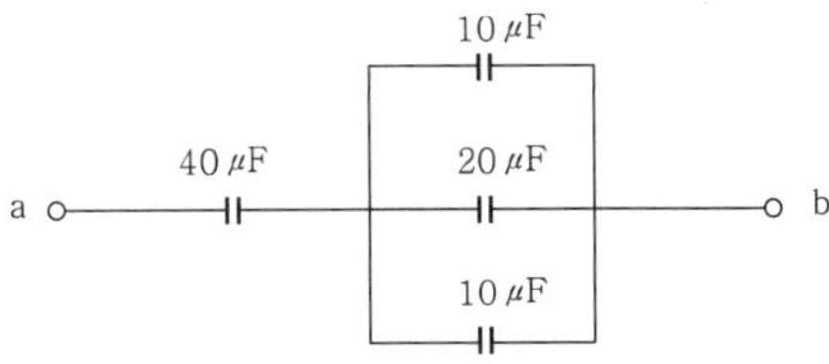

① 5×10^6V ② 5×10^4V
③ 3×10^3V ④ 3×10^2V

해설 $C = \frac{C_1 C_2}{C_1 + C_2} = \frac{40 \times (10+20+10)}{40 + (10+20+10)} = 20\mu\text{F}$

$\therefore V = \frac{Q}{C} = \frac{1}{20 \times 10^{-6}} = 5 \times 10^4\text{V}$

★125 3μF의 콘덴서를 4kV로 충전하면 저장되는 에너지는 몇 J인가?

① 4J ② 8J
③ 16J ④ 24J

해설 $W = \frac{1}{2}CV^2 = \frac{1}{2} \times 3 \times 10^{-6} \times 4,000^2 = 24\text{J}$

126 두 자극 간의 거리를 2배로 하면 자극 사이에 작용하는 힘은 몇 배인가?

① 4 ② 2
③ $\frac{1}{4}$ ④ $\frac{1}{2}$

해설 $F = \frac{m_1 m_2}{4\pi\mu_0 r^2}$에서 힘($F$)은 거리의 제곱에 반비례하므로 거리를 2배로 하면

$\therefore F = \frac{1}{r^2} = \frac{1}{2^2} = \frac{1}{4}$

★127 20kW의 농형 유도전동기의 기동에 가장 적당한 방법은?

① $Y-\Delta$기동법 ② 기동보상기법
③ 리액터기동법 ④ 전전압기동법

해설 농형 유도전동기의 기동에는 10kW(15HP) 이하에서는 전전압기동법을, 10~15kW 이하에서는 $Y-\Delta$기동법을, 15kW 이상은 기동보상기법을 사용한다.

PART 3

정답 120 ② 121 ① 122 ③ 123 ② 124 ② 125 ④ 126 ③ 127 ②

128 200V 3상 유도전동기의 슬립 0.04로 운전할 때 2차 효율(%)은? (단, 용량은 15kW임)

① 90 ② 91
③ 93 ④ 96

해설 $\eta_2 = \frac{P_{2o}}{P_{2i}} \times 100 = (1-s) \times 100 = \frac{N}{N_s} \times 100$
$= (1-0.04) \times 100 = 96\%$

★
129 서로 다른 금속선으로 폐회로의 두 접합점의 온도를 다르게 하였을 때 전기가 발생하는 효과는 어느 것인가?

① Thomson효과 ② Pinch효과
③ Peltier효과 ④ Seebeck효과

해설 Peltier효과는 Seebeck효과의 반대효과이며 전자냉동기에 사용한다.

★
130 공기 중에서 자속밀도 2Wb/m²의 평등자기장 중에 길이 60cm의 도선을 자기장의 방향과 60°의 각도를 놓고 이 도체에 5A의 전류가 흐르면 도선에 작용하는 힘은 얼마인가?

① 3.2N ② 5.2N
③ 8.6N ④ 1.73N

해설 $F = BIl\sin\theta = 2 \times 5 \times 60 \times 10^{-2} \times \sin 60° ≒ 5.2\text{N}$

★
131 코일과 쇄교자속수가 ϕ=4Wb일 때 코일에 흐르는 전류가 3A라면 이 회로에 축적되어 있는 자기에너지는?

① 2J ② 4J
③ 6J ④ 8J

해설 $L = \frac{\phi}{I}$

$\therefore W = \frac{1}{2}LI^2 = \frac{1}{2}\phi I = \frac{1}{2} \times 4 \times 3 = 6\text{J}$

132 주파수가 60Hz, 극수가 6인 3상 유도전동기가 있다. 여기서 슬립이 4%일 때 전동기의 회전수는 얼마인가?

① 960rpm ② 1,152rpm
③ 1,536rpm ④ 1,728rpm

해설 ㉠ $N_s = \frac{120f}{P} = \frac{120 \times 60}{6}$ =1,200rpm

㉡ $s = \frac{N_s - N}{N_s}$

$\therefore N = N_s(1-s) = 1,200 \times (1-0.04)$
$= 1,152\text{rpm}$

133 3상 유도전동기의 속도제어방법에 해당되지 않는 것은 어느 것인가?

① 2차 저항 가감 ② 전원주파수변화
③ 극수변화 ④ 역상

해설 유도전동기의 속도제어 : 2차 회로의 저항을 조정하는 방법, 전원의 주파수를 바꾸는 방법, 극수를 바꾸는 방법, 2차 여자방법 등

★
134 다음 그림과 같은 병렬공진회로에 전류 I가 전압 V보다 앞서는 것은?

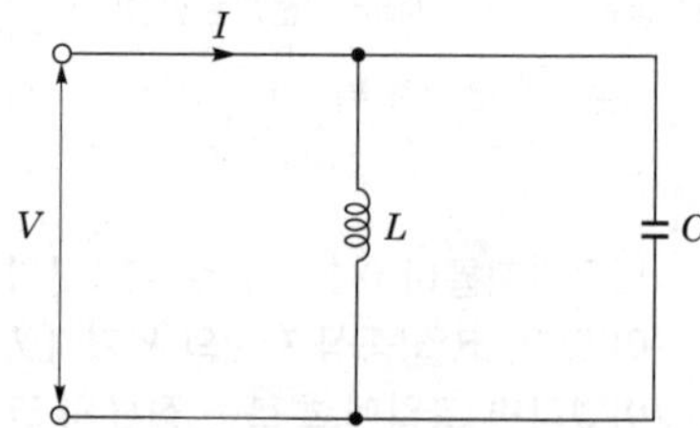

① $f < \frac{1}{2\pi\sqrt{LC}}$ ② $f > \frac{1}{2\pi\sqrt{LC}}$
③ $f = \frac{1}{2\pi\sqrt{LC}}$ ④ f에 무관

해설 전류가 전압보다 앞서려면 C에 흐르는 전류가 L에 흐르는 전류보다 커야 한다. 즉 $I_C > I_L\left(\frac{V}{X_C} > \frac{V}{X_L}\right)$이다.

$\omega C > \frac{1}{\omega L}$

$\omega^2 > \frac{1}{LC}$

$(2\pi f)^2 > \frac{1}{LC}$

$\therefore f > \frac{1}{2\pi\sqrt{LC}}$

정답 128 ④ 129 ③ 130 ② 131 ③ 132 ② 133 ④ 134 ②

135 3상 유도전동기를 불평형전압으로 운전하면 토크와 입력과의 관계는?

① 토크는 증가하고, 입력은 감소
② 토크는 감소하고, 입력은 증가
③ 토크는 증가하고, 입력도 증가
④ 토크는 감소하고, 입력도 감소

해설 전압이 불평형되면 불평형전류가 흘러 전류는 증가하나, 토크는 감소한다.

★
136 유도전동기를 기동하기 위하여 Δ를 Y로 전환했을 때 몇 배가 되는가?

① $\frac{1}{\sqrt{3}}$배 ② $\frac{1}{3}$배
③ $\sqrt{3}$배 ④ 3배

해설 Δ에서 Y로 전환하면 한 상에 가해지는 전압은 $\frac{1}{\sqrt{3}}$배가 되므로 토크는 그것의 2승, 즉 $\frac{1}{3}$배가 된다.

★
137 다음 중 용량리액턴스를 나타내는 식은?

① $2\pi fL$ ② $\omega^2 C$
③ $\frac{1}{2\pi fC}$ ④ ωC

해설 $X_C = \frac{1}{\omega C} = \frac{1}{2\pi fC}[\Omega]$

138 $R-L$ 직렬회로에서 임피던스는?

① $\sqrt{R^2+L^2}$ ② $\sqrt{R^2+\omega L^2}$
③ $\sqrt{R^2+\omega^2 L^2}$ ④ $R^2+\omega^2 L^2$

해설 $Z = \sqrt{R^2+{X_L}^2} = \sqrt{R^2+\omega^2 L^2}\ [\Omega]$

★
139 8Ω의 저항과 6Ω의 리액턴스가 직렬로 접속된 회로의 역률(%)은?

① 40% ② 60%
③ 80% ④ 100%

해설 $\cos\phi = \frac{R}{Z} = \frac{R}{\sqrt{R^2+C^2}} = \frac{8}{\sqrt{8^2+6^2}} = 0.8 = 80\%$

140 3상 유도전동기의 3선 중에서 1선 퓨즈가 끊어졌다. 이때 전원을 연결하면 어떤 현상이 일어나는가?

① 큰 전류가 흐른다.
② 기동이 잘 된다.
③ 전류가 안 흐른다.
④ 불규칙한 회전을 한다.

해설 운전 중 1선이 단선되거나 퓨즈가 끊어져도 부하가 작게 걸려 있으면 그대로 계속하여 운전한다. 그러나 일단 정지 후 단상 전압을 걸면 전동기에는 큰 전류가 흐르나, 기동은 하지 않는다.

★
141 주파수가 일정할 때 콘덴서의 정전용량이 커질수록 용량리액턴스의 값은?

① 같다. ② 커진다.
③ 작아진다. ④ 무한대이다.

해설 용량리액턴스(X_C)$= \frac{1}{2\pi fC}$에서 f는 일정하므로 C가 커지면 X_C는 작아진다.

★
142 자체 인덕턴스 20mH의 코일에 60Hz의 전압을 가할 때 코일의 유도리액턴스는 얼마인가?

① 3.5Ω ② 4.54Ω
③ 6.2Ω ④ 7.54Ω

해설 $X_L = 2\pi fL = 2\pi\times 60\times 20\times 10^{-3} = 7.54\Omega$

143 어떤 코일에 50Hz의 교류전압을 가하니 리액턴스가 628Ω이었다. 이 코일의 자체 인덕턴스(H)는?

① 1 ② 0.5
③ 2 ④ 4

해설 $X_L = 2\pi fL[\Omega]$

$\therefore L = \frac{X_L}{2\pi f} = \frac{628}{2\pi\times 50} = 2\text{H}$

★
144 60Hz, 100V의 교류전압을 어떤 콘덴서에 가하니 1A의 전류가 흐른다. 이 콘덴서의 정전용량은?

① $26.5\mu\text{F}$ ② $37.5\mu\text{F}$
③ $42.5\mu\text{F}$ ④ $51\mu\text{F}$

정답 135 ② 136 ② 137 ③ 138 ③ 139 ③ 140 ① 141 ③ 142 ④ 143 ③ 144 ①

PART 3

해설 $X_C = \frac{V}{I} = \frac{100}{1} = 100\Omega$

$\therefore C = \frac{1}{2\pi f X_C} = \frac{1}{2\pi \times 60 \times 100} = 26.5\mu F$

★ 145 피상전력이 P[kVA], 무효전력이 P_r[kVar] 되는 회로의 유효전력 P_a[kW]은?

① $\sqrt{P^2 + P_r^{\,2}}$ ② $\sqrt{P^2 - P_r^{\,2}}$

③ $\sqrt{P + P_r}$ ④ $\sqrt{P - P_r}$

해설 $P^2 = P_a^{\,2} + P_r^{\,2}$[kVA]

$\therefore P_a = \sqrt{P^2 - P_r^{\,2}}$[kW]

146 R, X_L 직렬회로의 역률은?

① $\frac{R}{\sqrt{R^2 + X_L^{\,2}}}$ ② $\frac{X_L}{\sqrt{R^2 + X_L^{\,2}}}$

③ $\frac{\sqrt{R^2 + X_L^{\,2}}}{R}$ ④ $\frac{\sqrt{R^2 + X_L^{\,2}}}{X_L}$

해설 R, X_L 직렬회로의 벡터그림은 다음과 같다.

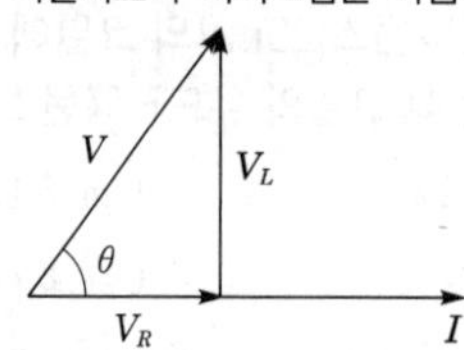

$\therefore \cos\theta = \frac{V_R}{V} = \frac{IR}{IZ} = \frac{R}{Z} = \frac{R}{\sqrt{R^2 + X_L^{\,2}}}$

147 R, X_L 병렬회로의 역률은?

① $\frac{R}{\sqrt{R^2 X_L^{\,2}}}$ ② $\frac{X_L}{\sqrt{R^2 + X_L^{\,2}}}$

③ $\frac{\sqrt{R^2 + X_L^{\,2}}}{R}$ ④ $\frac{\sqrt{R^2 + X_L^{\,2}}}{X_L}$

해설 R, X_L 병렬회로의 벡터그림은 다음과 같다.

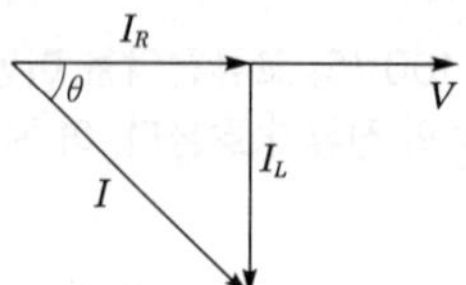

$\therefore \cos\theta = \frac{I_R}{I} = \frac{\frac{V}{R}}{\frac{V}{Z}} = \frac{Z}{R} = \frac{\frac{RX_L}{\sqrt{R^2 + X_L^2}}}{R}$

$= \frac{X_L}{\sqrt{R^2 + X_L^{\,2}}}$

148 무효전력(P_r)이 Q[Var]일 때 역률이 0.8이면 유효전력(W)은?

① $0.8Q$ ② $0.6Q$

③ $\frac{4}{3}Q$ ④ $\frac{3}{4}Q$

해설 $P_r = VI\sin\theta$[Var]에서 $P_r = Q$이고

$VI = \frac{P_r}{\sin\theta} = \frac{Q}{\sin\theta} = \frac{Q}{0.6}$

$\therefore P = VI\cos\theta = \frac{Q}{0.6} \times 0.8 = \frac{4}{3}Q$[W]

★ 149 저항 4Ω, 유도리액턴스 5Ω, 용량리액턴스 2Ω이 직렬로 된 회로에서의 역률은?

① 0.8 ② 0.7

③ 0.6 ④ 0.5

해설 $Z = \sqrt{R^2 + (X_L - X_C)^2} = \sqrt{4^2 + (5-2)^2} = 5\Omega$

$\therefore \cos\theta = \frac{R}{Z} = \frac{4}{5} = 0.8$

150 저항 R과 리액턴스 X와의 직렬회로에 있어서 $\frac{X}{R} = \frac{1}{\sqrt{3}}$일 때 회로의 역률은?

① $\frac{1}{2}$ ② $\frac{\sqrt{3}}{2}$

③ $\frac{3}{2}$ ④ $\frac{1}{\sqrt{3}}$

해설 ㉠ $\cos\theta = \frac{R}{Z} = \frac{R}{\sqrt{R^2 + X^2}}$ ……………… ⓐ

㉡ $\frac{X}{R} = \frac{1}{\sqrt{3}}$

$\therefore R = \sqrt{3}X$ ……………………………… ⓑ

㉢ 식 ⓑ를 식 ⓐ에 대입하면

$\cos\theta = \frac{\sqrt{3}X}{\sqrt{(\sqrt{3}X)^2 + X^2}} = \frac{\sqrt{3}X}{\sqrt{3X^2 + X^2}}$

$= \frac{\sqrt{3}}{2}$

정답 145 ② 146 ① 147 ② 148 ③ 149 ① 150 ②

151 $R-C$ 직렬회로의 임피던스는?

① $\sqrt{R^2+\omega^2C^2}$ ② $\sqrt{R^2+\frac{1}{\omega^2C^2}}$

③ $\frac{1}{\sqrt{R^2+\omega^2C^2}}$ ④ $\frac{1}{R^2+\omega^2C^2}$

해설 $Z=\sqrt{R^2+{X_C}^2}=\sqrt{R^2+\frac{1}{\omega^2C^2}}\,[\Omega]$

★ **152** 피상전력 60kVA, 무효전력 36kVar인 부하의 전력(kW)은?

① 24 ② 36

③ 48 ④ 52

해설 유효전력(부하전력)$=\sqrt{\text{피상전력}^2-\text{무효전력}^2}$

$=\sqrt{60^2-36^2}=48\text{kW}$

★ **153** V 결선일 때 변압기 한 대의 이용률은?

① 0.8 ② 0.577

③ 0.866 ④ 1

해설 변압기 1대의 이용률$=\frac{V\text{결선으로의 용량}}{2\text{대의 허용용량}}$

$=\frac{\sqrt{3}EI}{2EI}=0.866$

★ **154** Δ 결선되어 있는 변압기 1대가 고장으로 제거되고 V결선으로 한 경우 공급할 수 있는 전력과 고장전력과의 비는?

① 0.577 ② 0.677

③ 0.75 ④ 0.866

해설 $\frac{V\text{결선 시 출력(2대)}}{\Delta\text{결선 시 출력(3대)}}=\frac{\sqrt{3}EI}{3EI}=0.577$

155 부하 한 상의 임피던스가 $60+j80\,A[\Omega]$인 Δ결선회로에 100V의 전압을 가할 때 선전류(A)는?

① 1 ② $\sqrt{3}$

③ 3 ④ $\frac{1}{\sqrt{3}}$

해설 $Z=\sqrt{60^2+80^2}=100\,\Omega$

$I_p=\frac{V_p}{Z}=\frac{100}{100}=1\text{A}$

$\therefore\ I_l=\sqrt{3}\,I_p=\sqrt{3}\times1=\sqrt{3}\text{A}$

★ **156** 저항 $20\,\Omega$과 용량리액턴스 $15\,\Omega$이 병렬로 된 회로의 위상각은 대략 얼마인가?

① 37° ② 53°

③ 60° ④ 90°

해설 $\theta=\tan^{-1}\frac{R}{X_C}=\tan^{-1}\frac{20}{15}=\tan^{-1}1.333\fallingdotseq53°$

157 $R-L$ 직렬회로에서 전압과 전류의 위상각은?

① $\theta=\tan^{-1}\frac{\omega L}{R}$

② $\theta=\tan^{-1}\frac{R}{\omega L}$

③ $\theta=\tan^{-1}\omega LR$

④ $\theta=\tan^{-1}\frac{R}{\sqrt{R^2+\omega^2L^2}}$

해설 $\theta=\tan^{-1}\frac{X_L}{R}=\tan^{-1}\frac{\omega L}{R}$

★ **158** $R-L-C$ 직렬회로에서 공진 시 최대가 되는 것은?

① 임피던스 ② 리액턴스

③ 전압 ④ 전류

해설 $R-L-C$ 직렬회로의 공진 시 $Z=\sqrt{R^2+(X_L-X_C)^2}$에서 $X_L=X_C$이므로 $Z=R$이다. 그러므로 $I=\frac{V}{Z}$에서 Z가 최소가 되므로 I가 최대가 된다.

159 $R-L$ 병렬회로의 임피던스는?

① $\sqrt{R^2+\omega^2L^2}$

② $\sqrt{\frac{1}{R^2}+\frac{1}{\omega^2L^2}}$

③ $\frac{1}{\sqrt{R^2+\omega^2L^2}}$

④ $\frac{1}{\sqrt{\frac{1}{R^2}+\frac{1}{\omega^2L^2}}}$

정답 151 ② 152 ③ 153 ③ 154 ① 155 ② 156 ② 157 ① 158 ④ 159 ③

PART 3

★
160 피상전력이 100kVA, 유효전력이 80kW일 때의 역률은?

① 1 ② 0.9
③ 0.8 ④ 0.6

해설 $\cos\theta = \dfrac{\text{유효전력}}{\text{피상전력}} = \dfrac{80,000}{100,000} = 0.8$

161 $R-L$ 병렬회로의 위상각은?

① $\theta = \tan^{-1}\dfrac{R}{\omega L}$

② $\theta = \tan^{-1}\dfrac{\omega L}{R}$

③ $\theta = \tan^{-1}\dfrac{1}{\omega LR}$

④ $\theta = \tan^{-1}\omega LR$

★
162 다음 $R-C$ 병렬회로의 위상각은?

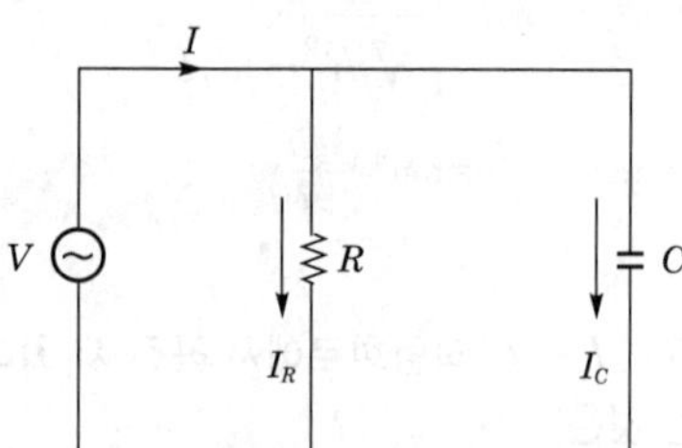

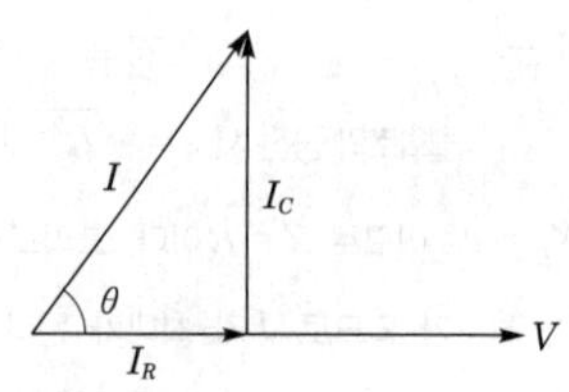

① $\theta = \tan^{-1}\dfrac{R}{\omega C}$ ② $\theta = \tan^{-1}\dfrac{\omega C}{R}$

③ $\theta = \tan^{-1}\omega CR$ ④ $\theta = \tan^{-1}\dfrac{1}{\omega CR}$

해설 $I_R = \dfrac{V}{R}$

$I_C = \omega CV$

$\therefore \theta = \tan^{-1}\dfrac{I_C}{I_R} = \tan^{-1}\dfrac{\omega CV}{\dfrac{V}{R}} = \tan^{-1}\omega CR$

★
163 교류회로의 역률은?

① $\dfrac{\text{전류} \times \text{전압}}{\text{전력}}$ ② $\dfrac{\text{전력}}{\text{전압} \times \text{전류}}$

③ $\dfrac{\text{피상전력}}{\text{전압} \times \text{전류}}$ ④ $\dfrac{\text{무효전력}}{\text{전압} \times \text{전류}}$

해설 $P = VI\cos\theta[\text{W}]$

$\therefore \cos\theta = \dfrac{P}{VI}$

164 저항만의 회로에서 역률은?

① 0 ② 1
③ 0.5 ④ $\dfrac{\sqrt{3}}{2}$

해설 저항만의 회로는 피상전력과 유효전력은 같으므로

$\therefore \cos\theta = \dfrac{\text{유효전력}}{\text{피상전력}} = 1$

★
165 R, X 직렬회로에 V[V]의 교류전압을 가할 때 소비되는 전력(W)은?

① $\dfrac{V^2R}{\sqrt{R^2+X^2}}$ ② $\dfrac{V^2X}{\sqrt{R^2+X^2}}$

③ $\dfrac{V^2R}{R^2+X^2}$ ④ $\dfrac{V^2X}{R^2+X^2}$

해설 $P = I^2R = \left(\dfrac{V}{\sqrt{R^2+X^2}}\right)^2 R = \dfrac{V^2R}{R^2+X^2}[\text{W}]$

★
166 $R-C$ 직렬회로에서 전압과 전류의 위상각은?

① $\theta = \tan^{-1}\dfrac{\omega C}{R}$

② $\theta = \tan^{-1}\dfrac{R}{\omega C}$

③ $\theta = \tan^{-1}\dfrac{1}{\omega CR}$

④ $\theta = \tan^{-1}\omega CR$

해설 $\theta = \tan^{-1}\dfrac{X_C}{R} = \tan^{-1}\dfrac{1}{\omega CR}$

정답 160 ③ 161 ① 162 ③ 163 ② 164 ② 165 ③ 166 ③

★ 167 $R-L-C$ 직렬회로에서 전류가 전압보다 위상이 앞서기 위해서는 다음 중 어떤 조건이 만족되어야 하는가?

① $X_L = X_C$ ② $X_L > X_C$

③ $X_L < X_C$ ④ $X_L = \frac{1}{X_C}$

★ 168 $R-L-C$ 직렬회로의 합성임피던스(Ω)는?

① $\sqrt{R+\omega L+\frac{1}{\omega C}}$

② $\sqrt{R^2+\omega^2 L^2+\frac{1}{\omega^2 C^2}}$

③ $\sqrt{R^2+\left(\omega L+\frac{1}{\omega C}\right)^2}$

④ $\sqrt{R^2+\left(\omega L-\frac{1}{\omega C}\right)^2}$

해설 $Z=\sqrt{R^2+(X_L-X_C)^2}=\sqrt{R^2+\left(\omega L-\frac{1}{\omega C}\right)^2}\,[\Omega]$

169 $R-L-C$ 직렬회로의 위상각은?

① $\theta=\tan^{-1}\frac{X_L-X_C}{R}$

② $\theta=\tan^{-1}\frac{R}{X_L-X_C}$

③ $\theta=\tan^{-1}\frac{L}{\omega CR}$

④ $\theta=\tan^{-1}\frac{\omega CR}{R}$

해설 $\theta=\tan^{-1}\frac{X_L-X_C}{R}$[rad]

★ 170 $R-L-C$ 직렬회로에서 임피던스가 최소가 되기 위한 조건은?

① $\omega L+\frac{1}{\omega C}=1$ ② $\omega L-\frac{1}{\omega C}=0$

③ $\omega L+\frac{1}{\omega C}=0$ ④ $\omega L-\frac{1}{\omega C}=1$

해설 $Z=\sqrt{R^2+\left(\omega L-\frac{1}{\omega C}\right)^2}$ 에서 Z가 최소가 되려면 $\omega L-\frac{1}{\omega C}=0$이어야 한다.

★ 171 목표값이 정해져 있고 입출력을 비교하여 신호전달경로가 반드시 폐루프를 이루고 있는 제어를 무엇이라 하는가?

① 비율차동제어 ② 조건제어

③ 시퀀스제어 ④ 피드백제어

해설 피드백제어(feedback control)는 목표값이 정해져 있고 입출력을 비교하여 신호전달경로가 반드시 폐루프(close feedback control)를 제어한다.

★ 172 피드백제어계의 특징이 아닌 것은?

① 정확성이 증가한다.

② 대역폭이 증가한다.

③ 구조가 간단하고, 설치비가 저렴하다.

④ 계의 특성변화에 대한 입력 대 출력비의 감도가 감소한다.

해설 피드백제어계의 특징

㉠ 정확성이 증가한다.

㉡ 계(system)의 특성변화에 대한 입력 대 출력비의 감도가 감소한다.

㉢ 비선형성과 외형에 대한 효과가 감소한다.

㉣ 감대폭이 증가한다.

㉤ 구조가 복잡하다.

㉥ 발진을 일으키고 불안정한 상태로 되어가는 경향성이 있다.

㉦ 설치비가 비싸다.

★ 173 피드백제어에서 반드시 필요한 장치는 어느 것인가?

① 구동장치

② 응답속도를 빠르게 하는 장치

③ 안정도를 좋게 하는 장치

④ 입력과 출력을 비교하는 장치

해설 피드백제어에서 반드시 필요한 장치는 입력과 출력을 비교하는 장치이다.

정답 167 ③ 168 ④ 169 ① 170 ② 171 ④ 172 ③ 173 ④

PART 3

★
174 다음 중 피드백제어계에서 제어요소에 대한 설명으로 옳은 것은?

① 목표값에 비례하는 신호를 발생하는 요소이다.
② 조작부와 검출부로 구성되어 있다.
③ 조절부와 검출부로 구성되어 있다.
④ 동작신호를 조작량으로 변화시키는 요소이다.

해설 제어요소(control element)는 동작신호를 조작량으로 변환하는 요소로서 조절부와 조작부가 있다.

★
175 목표값이 미리 정해진 시간적 변화를 하는 경우 제어량을 그것에 추종시키기 위한 제어는 무엇인가?

① 프로그램제어 ② 정치제어
③ 추종제어 ④ 비율제어

해설 미리 정해진 프로그램에 따라 제어량을 변화시키는 것을 목적으로 하는 제어를 프로그램제어라 한다(엘리베이터, 무인열차제어).

176 다음 용어설명 중 옳지 않은 것은?

① 기준입력장치 : 목표값을 제어할 수 있는 신호로 변환하는 장치
② 조작부 : 목표값을 제어할 수 있는 신호로 변환하는 장치
③ 오차검출기 : 제어량을 설정값과 비교하여 오차를 계산하는 장치
④ 검출단 : 제어량을 측정하는 장치

해설 조절기는 제어량이 목표값에 신속 정확하게 일치하도록 제어동작신호를 연산하여 조작부에 신호를 보내는 장치로 설정부와 조절부로 구성된다.

★
177 인공위성을 추적하는 레이다(radar)의 제어방식은?

① 정치제어 ② 비율제어
③ 추종제어 ④ 프로그램제어

해설 추종제어란 목적물의 변화에 추종하여 목표값에 제어량을 추종하는 제어장치이다(레이다제어, 대공포제어).

178 자동제어분류에서 제어량의 종류에 의한 분류가 아닌 것은?

① 서보기구 ② 프로세스제어
③ 자동조정 ④ 정치제어

해설 제어량의 종류(성질)에 의한 분류 : 서보기구, 프로세스제어기구, 자동조정기구 등

★
179 다음 중 추치제어에 속하지 않는 것은?

① 프로그램제어 ② 추종제어
③ 비율제어 ④ 위치제어

해설 추치제어는 목표값이 시간에 따라 변화할 경우로 추종제어, 프로그램제어, 비율제어가 있다.

180 제어계가 부정확하고 신뢰성은 없으나 설치비가 저렴한 제어계는?

① 폐회로제어계 ② 개회로제어계
③ 자동제어계 ④ 궤환제어계

해설 개회로제어계(open loop control) : 신호의 흐름이 열려 있는 경우로 출력이 입력에 전혀 영향을 주지 못하며 부정확하고 신뢰성은 없으나 설치비가 저렴한 제어계(시퀀스제어)

★
181 커피자동판매기에 동전을 넣으면 일정량의 커피가 나온다. 이것은 무슨 제어인가?

① 폐회로제어 ② 프로세스제어
③ 시퀀스제어 ④ 피드백제어

해설 커피자동판매기, 신호 등과 같이 미리 정해진 순서에 따라 순차적으로 제어하는 것은 시퀀스제어(개루프제어)이다.

182 시퀀스제어에 관한 설명 중 옳지 않은 것은?

① 조합논리회로도 사용한다.
② 기계적 계전기도 사용된다.
③ 전체 계통에 연결된 스위치가 일시에 동작할 수도 있다.
④ 시간지연요소도 사용된다.

해설 시퀀스제어(sequential control)는 미리 정해놓은 순서(일정한 논리에 의하여 정해진 순서)에 따라 제어의 각 단계를 순서적으로 진행하는 제어이다(개회로제어).

정답 174 ④ 175 ① 176 ② 177 ③ 178 ④ 179 ④ 180 ② 181 ③ 182 ③

★
183 사이클링(cycling)을 일으키는 제어는 어느 것인가?

① 비례제어　② 미분제어
③ ON-OFF제어　④ 연속제어

해설 ON-OFF동작(불연속동작)의 제어량이 설정값과 차이가 있으면 조작부를 전폐하여 운전을 정지하거나, 반대로 전개하여 운전을 정지하거나, 반대로 전개하여 운전을 시동하는 것으로서 제어결과가 사이클링을 일으키며 오프셋(offset)을 일으키는 결점이 있다.

★
184 제어량이 온도, 유량 및 액면 등과 같은 일반 공업량일 때의 제어는 어느 것인가?

① 프로세스제어　② 자동조정
③ 프로그램제어　④ 추종제어

해설 프로세스제어(process control)는 압력, 온도, 유량, 액위, 농도, 점도 등의 일반 공업량을 제어하며 외관의 억제를 주목적으로 한다.

★
185 전압, 속도, 주파수, 장력 등을 제어량으로 하여 이것을 일정하게 유지하는 것을 목적으로 하는 제어는 어느 것인가?

① 정치제어　② 추치제어
③ 자동조정　④ 추종제어

해설 전압, 속도, 주파수, 장력 등 전기적, 기계적인 양을 제어하는 것으로 응답속도가 빠른 제어는 자동조정기구이다.

186 시한제어란 어떤 제어를 말하는가?

① 동작명령의 순서가 미리 프로그램으로 짜여 있는 제어
② 앞단계의 동작이 끝나고 일정 시간이 경과한 후 다음 단계로 이동하는 제어
③ 각 시점에서의 조건을 논리적으로 판단하여 행하는 제어
④ 목적물의 변화에 따라 제어동작이 행하여지는 제어

해설 시한제어란 네온사인의 점멸과 같이 일정 시간이 경과한 후에 어떤 동작이 일어나는 제어를 말한다.

★
187 PI제어동작은 프로세스제어계의 정상특성 개선에 흔히 쓰인다. 이것에 대응하는 보상요소는 무엇인가?

① 지상보상요소
② 진상보상요소
③ 지·진상 보상요소
④ 동상보상요소

해설 PI제어(비례적분제어)동작
㉠ 정상특성, 즉 제어의 정도를 개선하는 지상요소이다.
㉡ 지상보상의 특징
- 주어진 안정도에 대하여 속도편차상수(K_V)가 증가한다.
- 시간응답이 일반적으로 늦다.
- 이득여유가 증가하고 공진값(M_P)이 감소한다.
- 이득교점주파수가 낮아지며, 대역폭은 감소한다.

참고 PD동작(비례미분)은 진상요소에 대응된다.

★
188 Offset(오프셋)을 제거하기 위한 제어법은 무엇인가?

① 비례제어　② 적분제어
③ ON-OFF제어　④ 미분제어

해설 적분제어는 잔류편차(offset, 정상상태에서의 오차)를 제거할 목적으로 사용된다.

★
189 잔류편차가 있는 제어는?

① 비례제어(P동작)
② 적분제어(I동작)
③ 비례적분제어(PI동작)
④ 비례적분미분제어(PID동작)

해설 비례제어(P동작)는 잔류편차(offset)를 수반한다.

190 출력오차가 변화하는 속도에 비례하여 조작량을 가감하는 제어는?

① 비례 reset제어　② 비율제어
③ ON-OFF제어　④ 정치제어

해설 비율제어는 2개 이상의 값 사이에 어떤 비례관계를 유지시키는 제어이며 직접비교값이나 백분율비교값으로 표시한다.

PART 3

정답 183 ③ 184 ① 185 ③ 186 ② 187 ① 188 ② 189 ① 190 ②

★
191 제어요소의 동작 중 연속동작이 아닌 것은?

① 비례제어
② 비례적분제어
③ 비례적분미분제어
④ 2위치제어

해설 2위치제어(ON-OFF제어)는 불연속제어이다.

★
192 다음 그림과 같은 AND gate의 출력은?

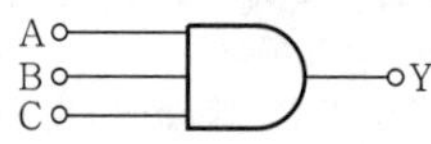

① Y=A+BC ② Y=ABC
③ Y=A+B+C ④ Y=(A+B)C

★
193 다음 그림과 같은 계전기 접점회로의 논리식은?

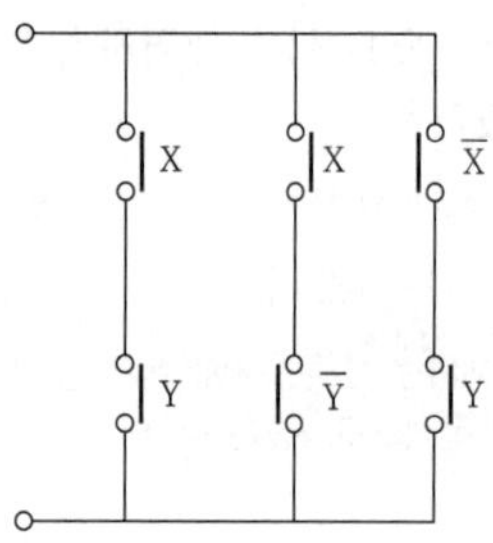

① $XY+X\overline{Y}+\overline{X}Y$
② $(XY)(X\overline{Y})(X\overline{Y})$
③ $(X+Y)(X+\overline{Y})(\overline{X}+Y)$
④ $(X+Y)+(X+\overline{Y})+(\overline{X}+Y)$

해설 논리식$=XY+X\overline{Y}+\overline{X}Y$

194 다음 그림과 같은 논리회로는 무엇인가?

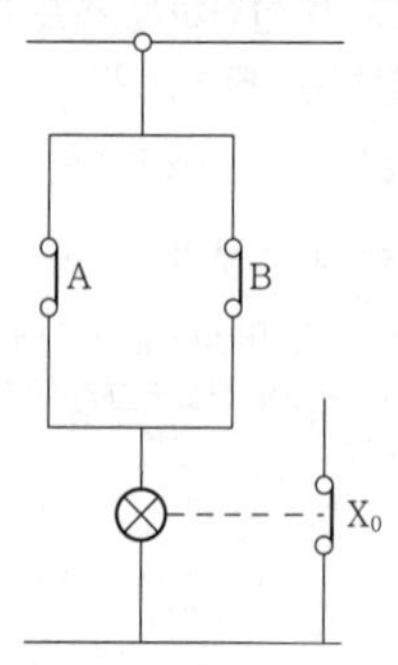

① OR회로 ② AND회로
③ NOT회로 ④ NOR회로

해설 A, B 중 어느 한 개가 ON 되면 X_0이 ON 되므로 OR회로(병렬회로)이다.

195 다음 그림과 같은 논리회로는?

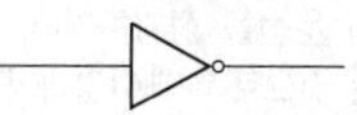

① OR회로 ② AND회로
③ NOT회로 ④ NAND회로

해설 제시된 그림은 NOT회로이다.

196 "가정용 전원 전압이 200V이다"라고 하는 것은 정현파 교류에서 어느 값을 나타내는가?

① 실효값 ② 평균값
③ 최대값 ④ 순시값

★
197 다음 그림과 같은 계전기 접점회로의 논리식은?

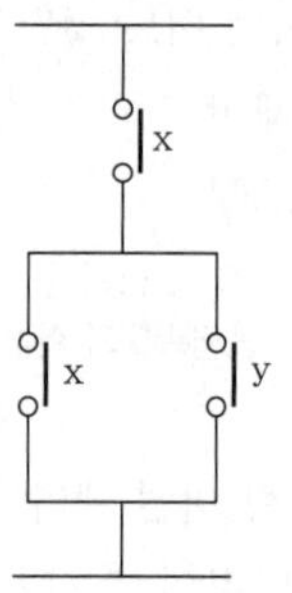

① x(x−y) ② x+xy
③ x+(x+y) ④ x(x+y)

해설 논리식=x(x+y)

★
198 9μF인 콘덴서가 50Hz인 전원에 연결되어 있다. 용량리액턴스값은 얼마인가?

① 2,753 ② 350
③ 2,600 ④ 2,500

해설 $X_c=\frac{1}{2\pi fC}=\frac{1}{2\pi\times50\times9\times10^{-6}}=350\,\Omega$

정답 191 ④ 192 ② 193 ① 194 ① 195 ③ 196 ① 197 ④ 198 ②

199 궤환제어계에서 제어요소란?

① 조작부와 검출부
② 조절부와 검출부
③ 목표값에 비례하는 신호 발생
④ 동작신호를 조작량으로 변환

200 다음 그림과 같이 2개의 인버터(inverter)를 연결했을 때의 출력은?

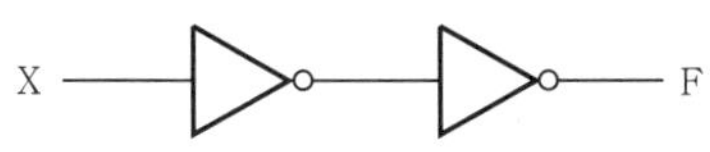

① $F=X$ ② $F=\overline{X}$
③ $F=0$ ④ $F=X^2$

★201 다음 그림과 같은 논리회로의 출력 Y는?

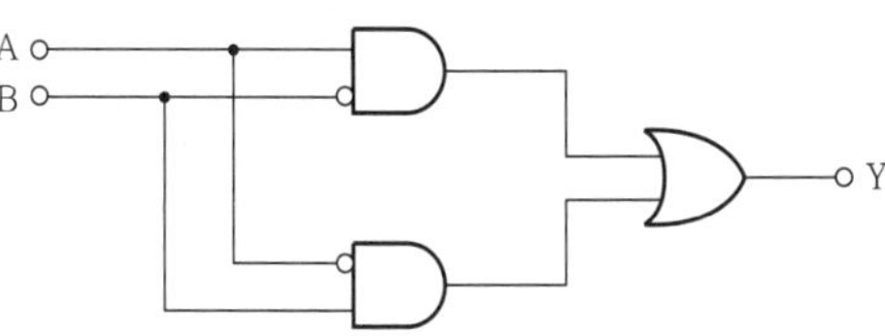

① $A+B$ ② AB
③ $A \oplus B$ ④ $\overline{AB}$

해설 $Y=A\overline{B}+\overline{A}B=A\oplus B$

202 다음 그림과 같은 논리회로는?

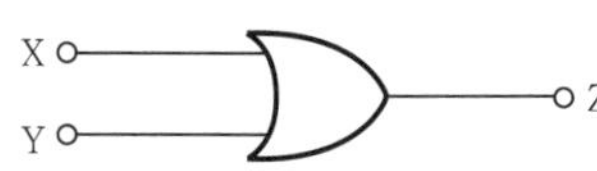

① NOT회로 ② NAND회로
③ OR회로 ④ AND회로

해설 제시된 회로는 Z=X+Y로 OR회로(병렬회로)이다.

★203 다음 중 AND회로의 논리회로는?

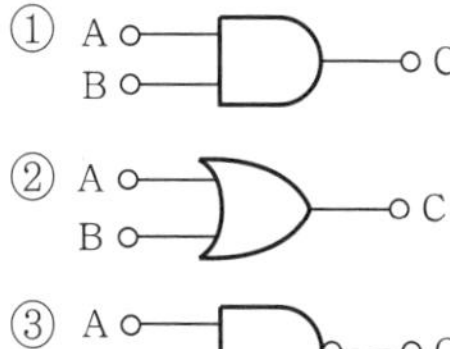

④ A C

해설 ① AND회로(직렬회로, 논리곱) $C=A \cdot B$
② OR회로(병렬회로, 논리합) $C=A+B$
③ NAND회로(NOT+AND) $C=\overline{AB}$
④ NOT회로 $C=\overline{A}$

★204 다음 논리식 중 옳지 않은 것은?

① $A+A=A$ ② $AA=A$
③ $A+\overline{A}=1$ ④ $A\overline{A}=1$

해설 불대수의 법칙에 의하여 $A\overline{A}=0$이다.

205 다음 그림과 같은 논리회로의 출력은?

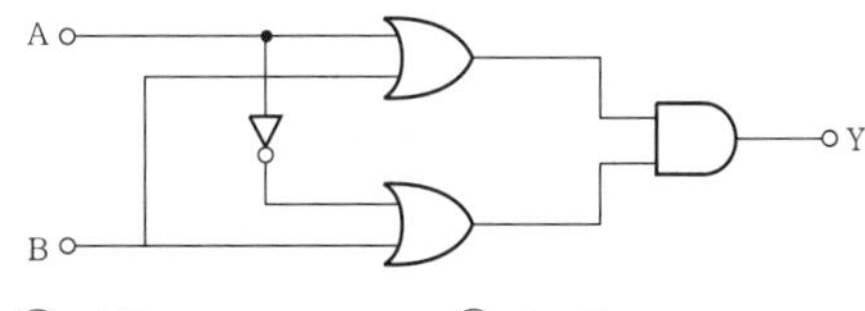

① AB ② A+B
③ A ④ B

해설 $Y=(A+B)(\overline{A}+B)=A\overline{A}+AB+\overline{A}B+BB$
$=0+B(A+\overline{A})+B=B \cdot 1+B=B$

★206 논리식 A+AB를 간단히 계산한 결과는?

① A ② A+B
③ AB ④ A+B

해설 $A+AB=A(1+B)=A \cdot 1=A$

★207 논리식 A(A+B)를 간단히 하면?

① A ② B
③ AB ④ A+B

해설 $A(A+B)=AA+AB=A+AB=A(1+B)$
$=A \cdot 1=A$

참고 $A \cdot A=A,\ 1+B=1,\ A \cdot 1=A$

208 논리식 $Y=\overline{x}y+\overline{x}\,\overline{y}$를 간단히 한 식은?

① $\overline{x}$ ② x
③ $\overline{y}$ ④ y

해설 $Y=\overline{x}y+\overline{x}\,\overline{y}=\overline{x}(y+\overline{y})=\overline{x}\cdot 1=\overline{x}$

정답 199 ④ 200 ① 201 ③ 202 ③ 203 ① 204 ④ 205 ④ 206 ① 207 ① 208 ①

PART 3

★ 209 적분시간이 2분, 비례감도가 3인 PI조절계의 전달함수는?

① $3+2s$　② $3+\frac{1}{2s}$

③ $\frac{2s}{6s+3}$　④ $\frac{6s+3}{2s}$

해설 PI동작(비례적분제어)이므로

$$x_o(t)=K_P\left(x_i(t)+\frac{1}{T_I}\int x_i(t)dt\right)$$

$$x_o(s)=K_P\left(\frac{1}{T_I s}\right)x_i(s)$$

$$\therefore\ G(s)=\frac{x_o(s)}{x_i(s)}=K_P\left(1+\frac{1}{T_I s}\right)$$

$$=3\left(1+\frac{1}{2s}\right)=\frac{6s+3}{2s}$$

★ 210 입력 A, B에 대한 출력 Y의 상태가 다음 진리표(trust table)와 같다. 이 진리표를 논리기호로 나타내면?

A	B	Y
0	0	0
0	1	1
1	0	1
1	1	1

① A, B → Y (AND 게이트)

② A, B → Y (OR 게이트)

③ A, B → Y (XNOR 게이트)

④ A, B → Y (NOR 게이트)

해설 제시된 표는 OR회로, 즉 병렬회로에 대한 진리표를 나타낸 것이다.

211 전자접촉기의 보조 a접점에 해당되는 것은?

①　②　③　④

해설 접점에 대해서는 a접점은 ⌐○○⌐, ○| 로 표시하며, b접점은 ○○, ○| 로 표시한다.

★ 212 워드-레오나드(Ward-Leonard) 속도제어는 어느 제어에 속하는가?

① 저항제어　② 개체제어

③ 전압제어　④ 직병렬제어

해설 워드-레오나드방식은 전압제어로 제어범위가 넓고 효율이 좋으나 고가이며 압연기, 권상기, 엘리베이터 등에 사용된다.

213 다음 게이트(gate)의 명칭은?

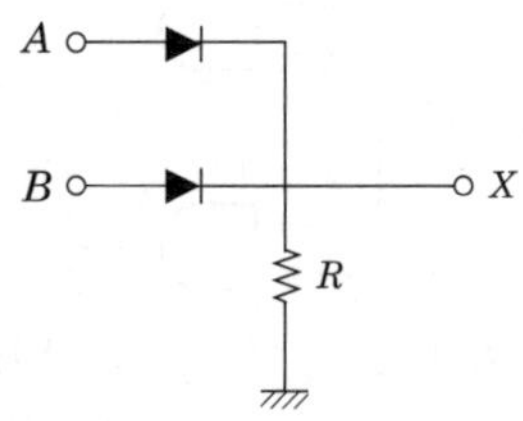

① OR　② AND

③ NOT　④ NOR

해설 제시된 그림은 입력신호 A, B 중 어느 하나라도 1이면 출력신호 X가 1이 되는 OR회로(병렬회로, 논리합)이다.

★ 214 변압기는 무엇을 이용한 기기인가?

① 전류의 화학작용

② 전자유도작용

③ 전류의 발열작용

④ 정전유도작용

해설 변압기는 유도기전력의 원리를 이용하여 교류전압을 높이거나 낮추는 데 사용되는 기기이다.

215 진동이 일어나는 장치의 진동을 억제시키는데 가장 효과적인 제어동작은?

① on-off동작　② 비례동작

③ 미분동작　④ 적분동작

정답 209 ④ 210 ② 211 ③ 212 ③ 213 ① 214 ② 215 ③

★
216 어떤 자동조절기의 전달함수에 대한 설명 중 옳지 않은 것은?

$$G(s) = K_P\left(1 + \frac{1}{T_I(s)} + T_D(s)\right)$$

① 이 조절기는 비례-적분-미분동작조절기이다.
② K_P를 비례감도라고도 한다.
③ T_D는 미분시간 또는 레이트시간(rate time)이라 한다.
④ T_I은 리셋(reset gate)시간이다.

해설 T_I은 적분시간이다.

★
217 전달함수를 구하고자 할 때는 어떻게 해야 되는가?

① 모든 초기값을 0으로 한다.
② 모든 초기값을 고려한다.
③ 입력만을 고려한다.
④ 주파수특성만을 고려한다.

해설 전달함수(transfer function)는 모든 초기값을 0으로 할 때 출력신호 라플라스변환과 입력신호 라플라스변환의 비를 말한다.

218 제어동작에 대한 설명 중 틀린 것은?

① 2위치동작 : ON-OFF동작이라고도 하며 편차의 +, -에 따라 조작부를 전폐 또는 전개하는 것이다.
② 비례동작 : 편차의 크기에 비례한 조작신호를 낸다.
③ 적분동작 : 편차의 적분치에 비례한 조작신호를 낸다.
④ 미분동작 : 편차의 미분치에 비례한 조작신호를 낸다.

★
219 $\sin\omega t$를 라플라스변환한 값은?

① $\dfrac{\omega}{s^2+\omega^2}$　② $\dfrac{s}{s^2+\omega^2}$

③ $\dfrac{s+\omega}{s^2+\omega^2}$　④ $\dfrac{1}{s^2+\omega^2}$

해설 정현파 sin함수 $\sin\omega t = \dfrac{\omega}{s^2+\omega^2}$

★
220 다음 그림과 같은 궤환회로의 블록선도에서 전달함수는?

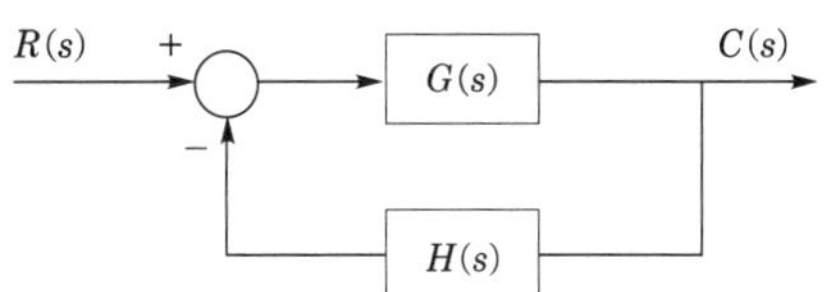

① $\dfrac{R(s)}{1-G(s)H(s)}$

② $\dfrac{R(s)}{1+G(s)H(s)}$

③ $\dfrac{H(s)}{1+G(s)H(s)}$

④ $\dfrac{G(s)}{1+G(s)H(s)}$

해설 $[R(s)-C(s)H(s)]G(s) = C(s)$
$R(s)G(s) - C(s)H(s)G(s) = C(s)$
$R(s)G(s) = C(s) + C(s)H(s)G(s)$
$R(s)G(s) = C(s)[1+G(s)H(s)]$
$\therefore \dfrac{C(s)}{R(s)} = \dfrac{G(s)}{1+G(s)H(s)}$

221 함수 $f(t) = te^{at}$를 옳게 라플라스변환시킨 것은?

① $F(s) = \dfrac{1}{(s-a)^2}$

② $F(s) = \dfrac{1}{s-a}$

③ $F(s) = \dfrac{1}{s(s-a)}$

④ $F(s) = \dfrac{1}{s(s-a)^2}$

해설 $F(s) = \mathcal{L}[te^{at}] = \dfrac{d}{ds}[\mathcal{L}[e^{at}]]$
$= -\dfrac{d}{ds}\left(\dfrac{1}{s-a}\right) = \dfrac{1}{(s-a)^2}$

정답 216 ④ 217 ① 218 ④ 219 ① 220 ④ 221 ①

PART 3

★
222 다음 그림과 같은 신호흐름선도에서 $\frac{C}{R}$는?

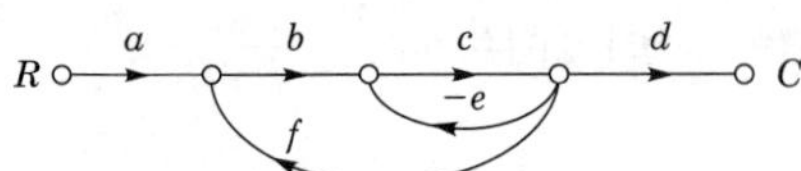

① $\dfrac{abcd}{1+ce-bcf}$　② $\dfrac{abcd}{1-ce+bcf}$

③ $\dfrac{abcd}{1+ce+bcf}$　④ $\dfrac{abcd}{1-ce-bcf}$

해설 $G_1=abcd,\ \Delta_1=1$(메이슨공식 이용)

$L_{11}=-ce,\ L_{21}=bcf$

$\Delta=1-(L_{11}+L_{21})=1+ce-bcf$

$\therefore\ G=\dfrac{C}{R}=\dfrac{G_1\Delta_1}{\Delta}=\dfrac{abcd}{1+ce-bcf}$

★
223 다음 그림과 같은 신호흐름선도에서 $\frac{C}{R}$는?

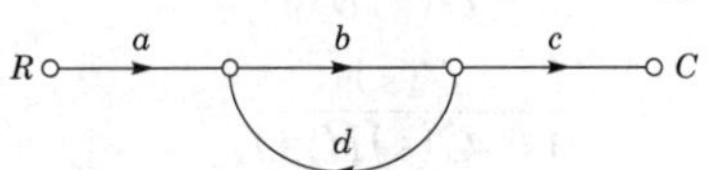

① $\dfrac{abc}{1-bd}$　② $\dfrac{bd}{1+bd}$

③ $\dfrac{abc}{1+bd}$　④ $\dfrac{bd}{1-abc}$

해설 $G_1=abc,\ \Delta_1=1$(메이슨공식 이용)

$L_{11}=bd,\ \Delta=1-L_{11}=1-bd$

$\therefore\ G=\dfrac{C}{R}=\dfrac{G_1\Delta_1}{\Delta}=\dfrac{abc}{1-bd}$

★
224 적분시간이 2분, 비례감도가 5인 PI조절계의 전달함수는?

① $5+2s$　② $5+\dfrac{1}{2s}$

③ $\dfrac{10s+5}{2s}$　④ $\dfrac{2s}{10s+5}$

해설 $x_o(t)=K_P\left(x_i(t)+\dfrac{1}{T_I}\int x_i(t)dt\right)$

$x_o(s)=K_P\left(1+\dfrac{1}{T_I s}\right)x_i(s)$

$\therefore\ G(s)=\dfrac{x_o(s)}{x_i(s)}=K_P\left(1+\dfrac{1}{T_I s}\right)=5\left(1+\dfrac{1}{2s}\right)$

$=\dfrac{10s+5}{2s}$

225 다음 중 공기식 조절기의 특징이 아닌 것은?

① 증폭요소가 노즐플래퍼이다.
② 불꽃에 대한 방폭에 유의할 필요가 있다.
③ 신호의 전송에 시간지연이 따른다.
④ 크기가 작다.

해설 공기식 조절기의 특징

㉠ 장점 : 화재의 염려가 없고 크기가 작다.
㉡ 단점 : 신호전송이 뒤진다.

★
226 $I(s)=\dfrac{2s+5}{s(s^2+3s+2)}$일 때 $i(t)|_{t=0}=i(0)$은 얼마인가?

① 2　② $\dfrac{5}{2}$

③ 3　④ 5

해설 최종값정리 적용

$i(0)=\lim s\,I(s)=\lim\limits_{s\to 0} s\,\dfrac{2s+5}{s(s^2+3s+2)}=\dfrac{5}{2}$

227 다음 그림과 같은 계통의 전달함수는?

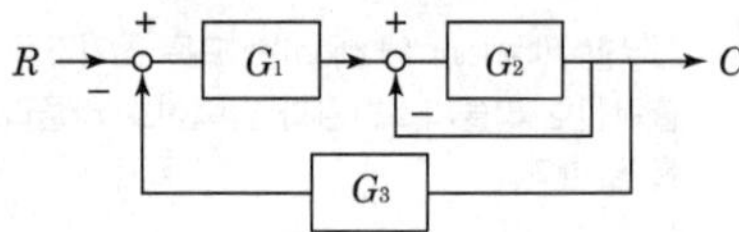

① $\dfrac{G_1G_2}{1+G_2G_3}$

② $\dfrac{G_1G_2}{1+G_1+G_2G_3}$

③ $\dfrac{G_1G_2}{1+G_1+G_1G_2G_3}$

④ $\dfrac{G_1G_2}{1+G_1G_2+G_2G_3}$

해설 $[(R-CG_3)G_1-C]G_2=C$

$RG_1G_2-CG_1G_2G_3-CG_2=C$

$RG_1G_2=C(1+G_2+G_1G_2G_3)$

$\therefore\ \dfrac{C}{R}=\dfrac{G_1G_2}{1+G_2+G_1G_2G_3}$

정답 222 ① 223 ① 224 ③ 225 ② 226 ② 227 ③

228 **서보전동기의 특징을 열거한 것 중 옳지 않은 것은?**

① 원칙적으로 정역전이 가능하여야 한다.
② 저속이며 거침없는 운전이 가능하여야 한다.
③ 직류용은 없고 교류용만 있다.
④ 급가속, 급감속이 용이한 것이라야 한다.

해설 ㉠ 직류서보전동기 : 직권, 분권, 복권식이 있으며 복권식의 전달함수는 1차 요소로 취급한다.
㉡ 교류서보전동기 : 적분요소와 1차 요소의 직렬결합으로 전달함수를 취급하여 회전력이 그리 크지 않은 제어계에 사용된다.

229 **제어기기의 대표적인 것을 들면 검출기, 변환기, 증폭기, 조작기기를 들 수 있는데, 서보전동기(servomotor)는 어디에 속하는가?**

① 검출기　② 변환기
③ 조작기기　④ 증폭기

해설 서보전동기는 서보기구에서 주로 조작부의 기능을 담당한다.

230 **전압 → 변위로 변환시키는 장치는?**

① 전자석　② 광전관
③ 차동변압기　④ GM관

해설 ② 광전관 : 광 → 전압변환장치
③ 차동변압기 : 변위 → 전압변환장치
④ GM관 : 방사선 → 임피던스변환장치

★
231 **변위 → 전압으로 변환시키는 장치는?**

① 벨로즈　② 노즐플래퍼
③ 서미스터　④ 차동변압기

해설 ① 벨로즈 : 압력 → 변위변환장치
② 노즐플래퍼 : 변위 → 압력변환장치
③ 서미스터 : 온도 → 임피던스변환장치

★
232 **전열기에서와 같이 온도가 높고 낮음이나, 열량이 많고 적음에 관계없이 전류를 통하게 하거나 끊거나 하는 제어명령만을 자동적으로 행하는 제어를 어떤 제어라 하는가?**

① 정량적 제어　② 정성적 제어
③ 시퀀스제어　④ 피드백제어

233 **유도전동기의 속도제어방법이 아닌 것은?**

① 극수변환법　② 2차 여자제어법
③ 전압제어법　④ 역률제어법

해설 **유도전동기의 속도제어법** : 극수변환법, 2차 여자법, 전원전압제어법, 종속접속법, 저항제어법, 주파수변환법

★
234 **다음 그림의 선도에서 전달함수 $C(s)/R(s)$는?**

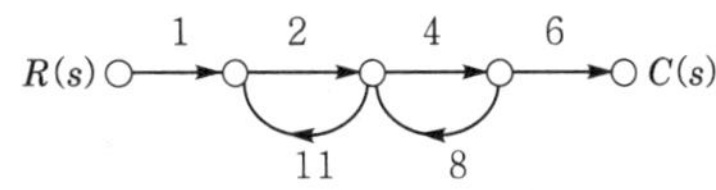

① $\dfrac{8}{9}$　② $\dfrac{4}{5}$
③ $-\dfrac{48}{53}$　④ $-\dfrac{105}{77}$

해설 $G_1 = 1\times2\times4\times6 = 48,\ \Delta_1 = 1$
$L_{11} = 2\times11 = 22,\ L_{21} = 4\times8 = 32$
$\Delta = 1-(L_{11}+L_{21}) = 1-(22+32) = -53$
$\therefore \dfrac{C(s)}{R(s)} = \dfrac{G_1\Delta_1}{\Delta} = -\dfrac{48}{53}$

235 **AC 서보전동기에 대한 설명 중 옳은 것은?**

① AC 서보전동기는 큰 회전력이 요구되는 시스템에 사용된다.
② AC 서보전동기는 두 고정자 권선에 90도 위상차의 2상 전압을 인가해 회전자계를 만든다.
③ AC 서보전동기의 전달함수는 미분요소이다.
④ 고정자의 기준권선에 제어용 전압을 인가한다.

해설 AC 서보전동기는 그다지 큰 토크가 요구되지 않는 계에 사용되는 전동기로서 전동기에는 기준권선과 제어권선의 두 가지 권선이 있으며 90° 위상차가 있는 2상 전압을 인가하여 회전자계를 만들어 회전시키는 유도전동기이다.

정답 228 ③ 229 ③ 230 ① 231 ④ 232 ② 233 ④ 234 ③ 235 ②

PART 3

★
236 직류분권발전기를 운전 중 역회전시키면 일어나는 현상은?

① 단락이 일어난다.
② 정회전 때와 같다.
③ 발전하지 않는다.
④ 과대전압이 유기된다.

해설 직류분권발전기의 회전방향이 반대로 되면 전기자의 유기기전력 극성이 반대로 되고, 분권회로의 여자전류가 반대로 흘러서 잔류자기를 소멸시키기 때문에 전압이 유지되지 않으므로 발전하지 않는다.

237 비행기 등과 같은 움직이는 목표값의 위치를 알아보기 위한 즉, 원뿔주사를 이용한 서보용 제어기는?

① 자동조타장치 ② 추적레이더
③ 공작기계의 제어 ④ 자동평형기록계

★
238 두 개의 안정된 상태를 갖는 쌍안정 멀티바이브레이터를 이용한 것으로 세트(set) 입력으로 출력이 생기고, 리셋(reset) 입력으로 출력이 없어지는 회로는?

① 기동 우선 회로 ② 정지 우선 회로
③ 플립플롭회로 ④ 리플카운터회로

239 4극 60Hz의 3상 유도전동기가 있다. 1,725rpm으로 회전하고 있을 때 2차 기전력의 주파수는 몇 Hz인가?

① 2.5 ② 7.5
③ 52.5 ④ 57.5

해설 $N_s = \dfrac{120f_1}{P} = \dfrac{120\times60}{4} = 1{,}800\text{rpm}$

$s = \dfrac{N_s - N}{N_s} = \dfrac{1{,}800 - 1{,}725}{1{,}800} = 0.04167$

$\therefore f_2 = sf_1 = 0.04167\times60 = 2.5\text{Hz}$

240 두 대의 단상변압기를 병렬운전할 때 병렬운전의 필수조건이 아닌 것은?

① 극성이 같을 것
② 용량이 같을 것
③ 권수비가 같을 것
④ 저항과 리액터의 비가 같을 것

해설 단상변압기 병렬운전 시 필수조건
㉠ 변압기의 극성이 같을 것
㉡ 변압기의 권수비가 같고, 1차와 2차의 정격전압이 같을 것
㉢ 저항과 리액터의 비가 같을 것

★
241 다음은 2차 논리계를 나타낸 것이다. 출력 Y는?

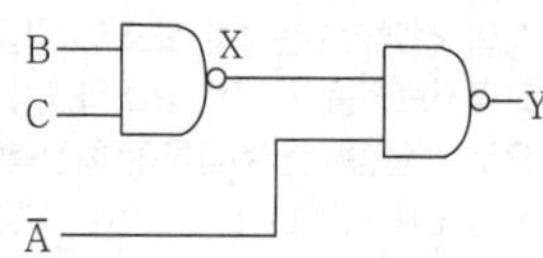

① $Y=\overline{A}+BC$ ② $Y=B+\overline{AC}$
③ $Y=A+BC$ ④ $Y=B+AC$

해설 $Y=\overline{X\overline{A}}=\overline{(\overline{B}+\overline{C})\overline{A}}=BC+A$

242 단위계단함수 $U(t-a)$를 라플라스변환하면 그 식은?

① $\dfrac{e^{as}}{s^2}$ ② $\dfrac{e^{-as}}{s^2}$
③ $\dfrac{e^{-as}}{s}$ ④ $\dfrac{e^{as}}{s}$

★
243 압력을 감지하는 데 가장 널리 사용되는 것은?

① 마이크로폰 ② 스트레인게이지
③ 회전자기부호기 ④ 전위차계

244 어떤 계의 계단응답이 입력신호와 파형이 같고 시간만 뒤진다면 이 계는 어떤 요소에 속하는가?

① 미분요소 ② 정상상태
③ 2차 뒤진 요소 ④ 부동작 시간요소

★
245 권선형 유도전동기의 회전자 입력이 10kW일 때 슬립이 4%이었다면 출력은 몇 kW인가?

① 4 ② 8
③ 9.6 ④ 10.4

해설 출력=입력×(1−슬립률)=10×(1−0.04)=9.6kW

정답 236 ③ 237 ② 238 ③ 239 ① 240 ② 241 ③ 242 ③ 243 ④ 244 ④ 245 ③

246 100 Ω 의 저항 3개를 Y결선한 것을 Δ결선으로 환산했을 때 각 저항의 크기는 몇 Ω 인가?

① 33 ② 100
③ 300 ④ 600

해설 $R_{\Delta}=3R=3\times100=300\,\Omega$

★
247 유량, 압력, 액위, 농도, 밀도 등의 플랜트나 생산공정 중의 상태량을 제어량으로 하는 제어는?

① 프로그램제어 ② 프로세서제어
③ 비율제어 ④ 자동조정

해설 ① 프로그램제어 : 미리 정해진 프로그램에 따라 제어량을 변화시키는 것을 목적으로 하는 제어
③ 비율제어 : 목표값이 다른 것과 일정 비율관계를 가지고 변화하는 경우의 추종제어
④ 자동조정 : 전압, 전류, 회전속도, 주파수 등 전기적, 기계적 양을 주로 하는 제어

★
248 변위를 압력으로 변환시키는 요소는?

① 다이어프램 ② 노즐플래퍼
③ 전자석 ④ 벨로즈

해설 변환요소
㉠ 압력 → 변위 : 벨로즈, 다이어프램, 스프링
㉡ 변위 → 압력 : 노즐플래퍼, 유압분사관, 스프링

★
249 온-오프(on-off)동작의 설명 중 옳은 것은?

① 간단한 단속적 제어동작이고 사이클링이 생긴다.
② 사이클링은 제거할 수 있으나 오프셋이 생긴다.
③ 오프셋은 없앨 수 있으나 응답시간이 늦어질 수도 있다.
④ 응답속도는 빠르나 오프셋이 생긴다.

해설 on-off동작
㉠ 설정값에 의하여 조작부를 개폐하여 운전한다.
㉡ 제어결과 사이클링 또는 오프셋이 생긴다.
㉢ 응답속도가 빨라야 되는 제어계는 사용 불가능하다.

★
250 제어요소는 무엇으로 구성되는가?

① 검출부 ② 검출부와 조절부
③ 검출부와 조작부 ④ 조작부와 조절부

해설 동작신호를 조작량으로 변환하는 요소인 제어요소는 조절부와 조작부로 이루어진다.

251 3상 농형 유도전동기의 속도제어방법이 아닌 것은?

① 극수변환 ② 2차 저항제어
③ 1차 전압제어 ④ 주파수제어

해설 2차 저항제어는 권선형 유도전동기에서 속도제어 및 기동토크를 크게 하고, 기동전류를 줄이기 위하여 설치한다.

★
252 다음 회로에서 A와 B 간의 합성저항은 몇 Ω 인가? (단, 각 저항의 단위는 모두 Ω 이다.)

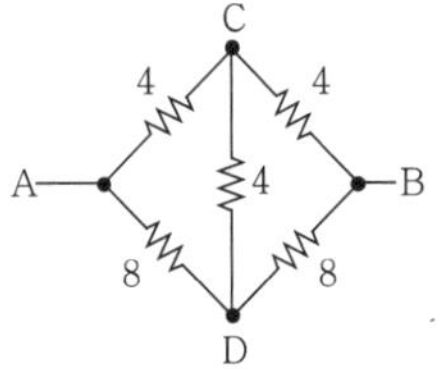

① 2.66 ② 3.2
③ 5.33 ④ 6.4

해설 제시된 그림의 회로는 브리지가 평형된 상태이므로 4Ω 저항에는 전류가 흐르지 않는다. 따라서 4Ω 저항은 개방 상태로 볼 수 있으므로

$$R_{AB}=\frac{(4+4)\times(8+8)}{(4+4)+(8+8)}=5.33\,\Omega$$

★
253 서보기구는 물체의 위치, 방향, 자세 등을 제어량으로 하는 분야에 널리 사용되며, 목표치의 임의 변화에 추종하도록 구성되어 있다. 이 제어시스템의 특징을 잘 설명하고 있는 것은?

① 제어량이 전기적 변위이다.
② 목표치가 광범위하게 변화할 수 있다.
③ 개루프제어이다.
④ 현장에서 제어되는 일이 많다.

해설 물체의 위치, 방위, 자세 등의 기계적 변위를 제어량으로 해서 목표값의 임의 변화에 추종하도록 구성된 제어계를 서보기구라 한다.

정답 246 ③ 247 ② 248 ② 249 ① 250 ④ 251 ② 252 ③ 253 ②

PART 3

254 농형 유도전동기의 기동법이 아닌 것은?

① Y－Y기동법 ② 리액터기동법
③ 전전압기동법 ④ 기동보상기법

해설 농형 유도전동기의 기동법 : 리액터전전압, 기동보상, Y－Δ기동법 등

★
255 전력(electric power)에 관한 설명 중 맞는 것은?

① 전력은 전압의 제곱에 비례하고, 전류에 반비례한다.
② 전력은 전류의 제곱에 비례하고, 전압의 제곱에 반비례한다.
③ 전력은 전류의 제곱에 저항을 곱한 값이다.
④ 전력은 전압의 제곱에 저항을 곱한 값이다.

해설 전력$(P) = VI = \frac{V^2}{R} = I^2 R$[W]

256 다음 그림과 같은 논리회로에서 출력 Y는?

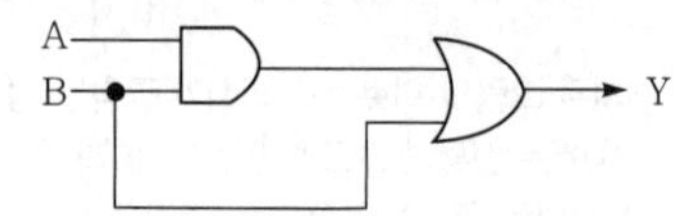

① Y＝AB＋A ② Y＝AB＋B
③ Y＝AB ④ Y＝A＋B

★
257 콘덴서의 전위차와 축적되는 에너지와의 관계를 그림으로 나타내면 어떤 그림이 되는가?

① 직선 ② 타원
③ 쌍곡선 ④ 포물선

258 정현파 전압 $v = 20\sin(\omega t + 30°)$[V]보다 위상이 90° 뒤지고 최대값이 20A인 정현파 전류의 순시값은 몇 A인가?

① $20\sin(\omega t - 30°)$
② $20\sin(\omega t + 60°)$
③ $20\sin(\omega t - 60°)$
④ $20\sin(\omega t + 60°)$

해설 $I = 20\sin(\omega t + 30° - 90°) = 20\sin(\omega t - 60°)$

259 전류에 의해서 일어나는 작용이라고 볼 수 없는 것은?

① 발열작용 ② 자기차폐작용
③ 화학작용 ④ 자기작용

260 같은 철심 위에 동일한 자기인덕턴스 L[H]를 갖는 2개의 코일을 접근해서 감고 이것을 두 코일의 감은 방향이 같게 되도록 직렬로 접속했을 때의 합성 자기인덕턴스는 몇 H인가? (단, 결합계수는 1이다.)

① L ② $2L$
③ $3L$ ④ $4L$

해설 $M = k\sqrt{L_1 L_2}\,(L = L_1 = L_2) = 1 \times L$
$\therefore L = L_1 + L_2 + 2M = L + L + 2L = 4L$

★
261 전자회로에서 온도보상용으로 많이 사용되고 있는 소자는?

① 저항 ② 코일
③ 콘덴서 ④ 서미스터

해설 서미스터는 온도 상승에 따라 저항값이 작아지는 특성을 이용, 온도보상용에 많이 사용된다(반도체).

★
262 다음 중 기동토크가 가장 큰 단상 유도전동기는?

① 분상기동형 ② 반발기동형
③ 반발유도형 ④ 콘덴서기동형

해설 기동토크 : 반발기동형＞반발유도형＞콘덴서기동형＞분상기동형

263 권선형 유도전동기의 특성이 아닌 것은?

① 최대 토크는 2차 저항과 무관하다.
② 최대 토크에서 발생된 슬립은 2차 저항이 증가하면 증가한다.
③ 최대 토크에서의 슬립은 최대 출력에서의 슬립보다 적다.
④ 2차 저항이 증가하면 최대 토크도 증가한다.

정답 254 ① 255 ③ 256 ② 257 ④ 258 ③ 259 ② 260 ④ 261 ④ 262 ② 263 ④

해설 2차 저항이 증가하면 토크는 감소한다.

★
264 정전용량이 같은 2개의 콘덴서를 병렬로 연결했을 때의 합성정전용량은 직렬로 했을 때의 합성정전용량의 몇 배인가?

① 1/2 ② 2
③ 4 ④ 8

해설 $\frac{\text{병렬정전용량}}{\text{직렬정전용량}} = \frac{2C}{\frac{1}{2}C} = 4$

265 220V, 3상, 4극, 60Hz인 3상 유도전동기가 정격전압, 정격주파수에서 최대 회전력을 내는 슬립은 16%이다. 200V, 50Hz로 사용할 때의 최대 회전력 발생 슬립은 약 몇 %가 되는가?

① 15.6 ② 17.6
③ 19.2 ④ 21.4

해설 $s = s_1\left(\frac{f_1}{f_2}\right) = 16 \times \frac{60}{50} = 19.2\%$

★
266 100V의 전원에 접속시켜 500W의 전력을 소비하는 저항을 200V의 전원으로 바꾸어 접속하면 소비되는 전력은 몇 W인가?

① 250 ② 500
③ 1,000 ④ 2,000

해설 $P = \frac{V^2}{R}$

$R = \frac{V^2}{P} = \frac{100^2}{500} = 20\,\Omega$

$\therefore P' = \frac{V'}{R} = \frac{200^2}{20} = 2{,}000\text{W}$

★
267 다음 그림과 같은 회로에서 전압과 전류의 위상차는?

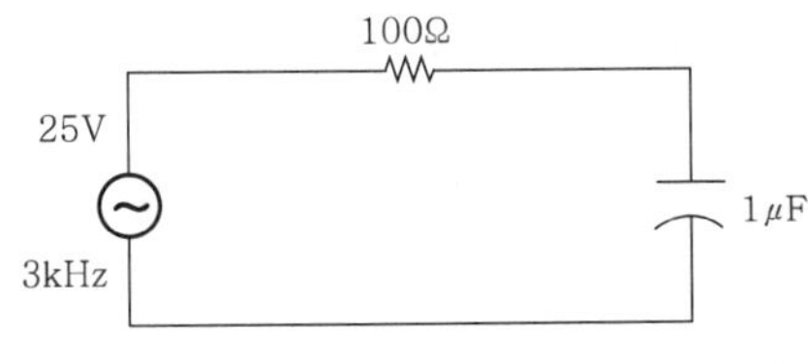

① $\theta = \tan^{-1}\frac{53}{113}$ ② $\theta = \tan^{-1}\frac{113}{53}$
③ $\theta = \tan^{-1}\frac{53}{100}$ ④ $\theta = \tan^{-1}\frac{100}{53}$

해설 $X_c = \frac{1}{2\pi fC} = \frac{1}{2\pi \times 3{,}000 \times 1 \times 10^{-6}} = 53\,\Omega$

$\therefore \theta = \tan^{-1}\frac{X_c}{R} = \tan^{-1}\frac{53}{100}$

268 조작기기로 사용되는 서보전동기의 설명 중 틀린 것은?

① 제어범위가 넓고 특성변경이 용이해야 한다.
② 시정수와 관성이 클수록 좋다.
③ 서보전동기는 그다지 큰 회전력이 요구되지 않아도 된다.
④ 급가감속 및 정·역운전이 용이해야 한다.

해설 서보전동기는 속응성이 크고, 시상수가 작아야 한다.

269 직류회로에서 일정 전압에 저항을 접속하고 전류를 흘릴 때 25%의 전류값을 증가시키고자 한다. 이때 저항을 몇 배로 하면 되는가?

① 0.25 ② 0.8
③ 1.6 ④ 2.5

해설 $V = I_1R_1 = I_2R_2[\text{V}]$

$\therefore R_2 = R_1\left(\frac{I_1}{I_2}\right) = R_1\left(\frac{I_1}{1.25I_1}\right) = 0.8R_1$

★
270 권수 50회이고 자기인덕턴스가 0.5mH인 코일이 있을 때 여기에 전류 50A를 흘리면 자속은 몇 Wb인가?

① 5×10^{-3} ② 5×10^{-4}
③ 2.5×10^{-2} ④ 2.5×10^{-3}

해설 $e = -N\frac{d\phi}{dt} = L\frac{dI}{dt}$

$\therefore \phi = L\frac{I}{N} = 0.5\times10^{-3}\times\frac{50}{50} = 5\times10^{-4}\text{Wb}$

★
271 어떤 시퀀스회로에서 접점이 조작하기 전에는 열려 있고, 조작하면 닫히는 접점은?

① a접점 ② b접점
③ c접점 ④ 공통 접점

정답 264 ③ 265 ③ 266 ④ 267 ③ 268 ② 269 ② 270 ② 271 ①

PART 3

해설 ㉠ a접점(메이크접점) : 조작하고 있는 중에만 닫혀 있고, 조작 전에는 늘 열려 있는 접점
㉡ b접점(브레이크접점) : 조작하는 동안에는 열려 있으며, 조작 전에는 늘 닫혀 있는 접점
㉢ c접점(절환(전환)접점) : a, b의 두 접점을 공유함

★
272 **절연저항을 측정하는 데 사용되는 계기는?**

① 메거(Megger) ② 회로시험기
③ R-L-C미터 ④ 검류계

해설 메거는 절연저항을 측정하는 데 사용되는 계기이다.

★
273 **3상 유도전동기의 출력이 5HP, 전압 200V, 효율 90%, 역률 80%일 때 이 전동기에 유입되는 선전류는 약 몇 A인가?**

① 13 ② 15
③ 17 ④ 19

해설 $P = 3V_pI_p\cos\theta = \sqrt{3}\,V_lI_l\cos\theta$

$$\therefore I_l = \frac{P}{\sqrt{3}\,V_l\cos\theta\eta} = \frac{746\times5}{\sqrt{3}\times200\times0.9\times0.8}$$

$\fallingdotseq 15\text{A}$

참고 1HP = 746W

★
274 **물체의 위치, 방위, 자세 등의 기계적 변위를 제어량으로 하는 피드백제어계는?**

① 자동조정 ② 프로세스제어
③ 서보기구 ④ 프로그램제어

해설 ① 자동조정 : 전압, 전류, 주파수, 회전속도, 힘 등의 물리량의 제어
② 프로세스제어 : 온도, 유량, 압력, 액위, 농도, pH(수소이온농도), 효율 등 공업프로세스의 상태량을 제어량으로 하는 제어
④ 프로그램제어 : 목표치가 프로그램대로 변하는 제어

참고 서보(servo)기구
- 피드백과 오차보정신호를 이용하여 시스템의 기계적인 위치와 속도를 조절하는 경우에만 적절히 적용된다.
- 대포의 조준, 화력조절, 해양운항장비에서 처음으로 이용되었다.
- 오늘날에는 자동공작기계, 위성추적안테나, 망원경의 천체추적장치, 자동항법장치, 대공포의 제어장치 등에 응용된다.

★
275 **200V, 2kW 전열기의 전열선을 반으로 자를 경우 소비전력은 몇 kW인가?**

① 1 ② 2
③ 3 ④ 4

해설 $P = VI = \dfrac{V^2}{R}$

$$\frac{P_2}{P_1} = \frac{R_1}{R_2}$$

$$\therefore P_2 = P_1\left(\frac{R_1}{R_2}\right) = 2\times\frac{R_1}{\frac{1}{2}R_1} = 4\text{kW}$$

276 **맥동주파수가 가장 많고 맥동률이 가장 적은 정류방식은?**

① 단상 반파정류 ② 단상 전파정류
③ 3상 반파정류 ④ 3상 전파정류

해설 맥동주파수가 가장 많고 맥동률이 가장 적은 정류방식은 3상 전파정류방식이다.

277 **AC 서보전동기에 대한 설명으로 틀린 것은?**

① 큰 회전력이 요구되지 않는 계에 사용되는 전동기이다.
② 고정자의 기준권선에는 정전압을 인가하며, 제어권선에는 제어용 전압을 인가한다.
③ 속도회전력특성을 선형화하고 제어전압을 입력으로, 회전자의 회전각을 출력으로 보았을 때 이 전동기의 전달함수는 미분요소와 2차 요소의 직렬결합으로 볼 수 있다.
④ 기준권선과 제어권선의 두 고정자 권선이 있으며 90도의 위상차가 있는 2상 전압을 인가하여 회전자계를 만든다.

해설 AC 서보전동기의 전달함수는 적분요소와 2차 요소의 직렬결합으로 취급된다.

★
278 **연속식 압연기의 자동제어는?**

① 추종제어 ② 프로그래밍제어
③ 비례제어 ④ 정치제어

해설 연속식 압연기의 자동제어는 정치제어이다.

정답 272 ① 273 ② 274 ③ 275 ④ 276 ④ 277 ③ 278 ④

★

279 오차의 크기와 오차가 발생하고 있는 시간에 둘러싸인 면적의 크기에 비례하여 조작부를 제어하는 것으로 offset를 소멸시켜 주는 동작은?

① 적분동작　　② 미분동작
③ 비례동작　　④ On-off동작

해설 오프셋(offset)을 소멸시켜 주는 동작은 적분동작이다.

★

280 다음 그림과 같은 논리회로와 동일한 것은?

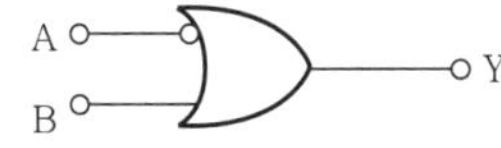

① A B Y
② A B Y
③ A B Y
④ A B Y

해설 제시된 그림은 OR회로와 AND회로로 부정이면 긍정, 긍정이면 부정으로 표기한다.

★

281 제어량을 어떤 일정한 목표값으로 유지하는 것을 목적으로 하는 제어법은?

① 추종제어　　② 비율제어
③ 정치제어　　④ 프로그램제어

해설 정치제어는 제어량을 어떤 일정한 목표값으로 유지하는 것을 목적으로 하는 제어법이다.

282 1차 및 2차 정격전압이 같은 A, B 2대의 변압기가 있다. 그 용량 및 임피던스강하가 A는 5kVA, 3%, B는 20kVA, 2%일 때 이것을 병렬운전하는 경우 부하를 분담하는 비는?

① 1 : 4　　② 2 : 3
③ 3 : 2　　④ 1 : 6

해설 정격용량 P_A =5kVA, P_B =20kVA
%임피던스강하 z_A =3%, z_B =2%
부하용량 P_A[kVA], P_B[kVA]라 하면

$$\therefore \frac{P_A}{P_B} = \frac{(kVA)_A}{(kVA)_B} = m\frac{z_B}{z_A} = \frac{1}{4} \times \frac{2}{3} = \frac{1}{6}$$

★

283 PLC(Programmable Logic Controller)로 구성할 수 없는 것은?

① 타이머　　② 카운터
③ 연산장치　　④ 전자개폐기

★

284 피드백(feedback)제어의 특징이 아닌 것은?

① 제어량의 값을 맞추기 위한 목표값이 있다.
② 입력측의 신호를 출력측으로 되돌려 준다.
③ 제어신호의 전달경로는 폐루프형을 형성한다.
④ 측정된 제어량이 목표치와 일치하도록 수정동작을 한다.

★

285 다음 그림과 같은 회로는 어떤 회로를 조합한 것인가?

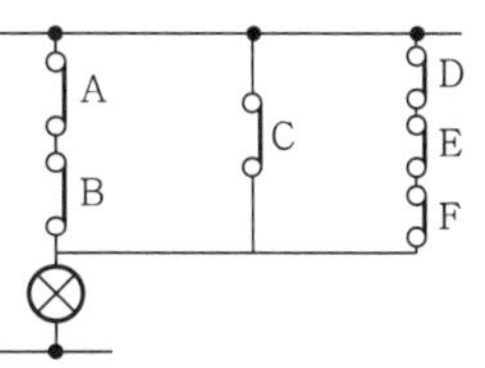

① OR회로와 NOT회로
② NOT회로와 OR회로
③ AND회로와 NOT회로
④ AND회로와 OR회로

해설 제시된 회로의 논리식=AB+C+DEF이므로 AND회로와 OR회로의 조합이다.

286 조절계의 조절요소에서 비례미분제어에 관한 기호는?

① P　　② PD
③ PI　　④ PID

해설 ① P : 비례제어
③ PI : 비례적분제어
④ PID : 비례적분미분제어

정답 279 ① 280 ③ 281 ③ 282 ④ 283 ④ 284 ② 285 ④ 286 ②

PART 3

★
287 뒤진 역률 80%, 1,000kW의 3상 부하가 있다. 이것에 콘덴서를 설치하여 역률을 95%로 개선하려고 한다. 필요한 콘덴서의 용량은 약 몇 kVA인가?

① 422 ② 633
③ 844 ④ 1,266

해설 $Q_c = P(\tan\theta_1 - \tan\theta_2)$

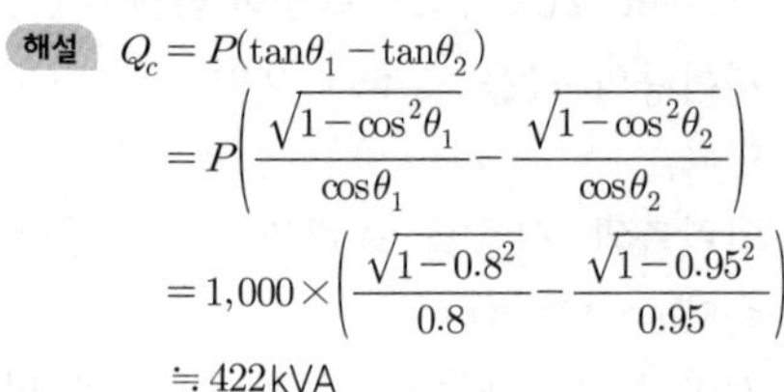

$$= P\left(\frac{\sqrt{1-\cos^2\theta_1}}{\cos\theta_1} - \frac{\sqrt{1-\cos^2\theta_2}}{\cos\theta_2}\right)$$

$$= 1{,}000 \times \left(\frac{\sqrt{1-0.8^2}}{0.8} - \frac{\sqrt{1-0.95^2}}{0.95}\right)$$

≒ 422kVA

★
288 다음 그림의 선도 중 가장 안정한 것은?

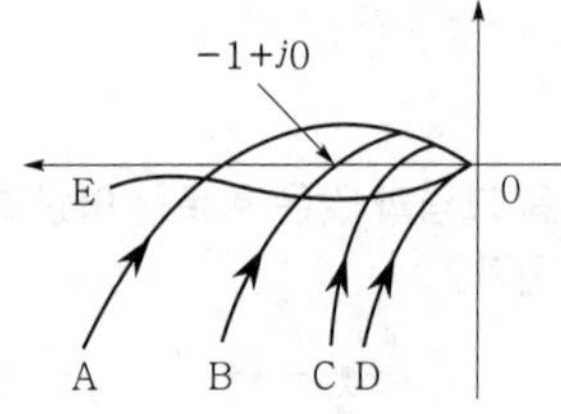

① A ② B
③ C ④ D

289 저속이지만 큰 출력을 얻을 수 있고 속응성이 빠른 조작기기는?

① 유압식 조작기기
② 공기압식 조작기기
③ 전기식 조작기기
④ 기계식 조작기기

★
290 다음 그림과 같은 신호흐름선도에서 C/R를 구하면?

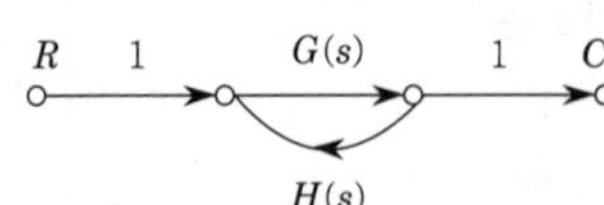

① $\dfrac{G(s)}{1+G(s)H(s)}$ ② $\dfrac{G(s)H(s)}{1-G(s)H(s)}$
③ $\dfrac{G(s)H(s)}{1+G(s)H(s)}$ ④ $\dfrac{G(s)}{1-G(s)H(s)}$

해설 $C = RG(s) + CG(s)H(s)$

$RG(s) = C\{1 - G(s)H(s)\}$

$\therefore \dfrac{C}{R} = \dfrac{G(s)}{1-G(s)H(s)}$

291 지름 10cm, 권수 10회의 원형코일에 10A의 전류를 흘릴 때 중심에서의 자계의 세기는 약 몇 AT/m인가?

① 63.7 ② 147.7
③ 318.5 ④ 420.5

해설 $H = \dfrac{NI}{2\pi r} = \dfrac{10\times10}{2\pi\times0.05} = 318.5$AT/m

292 다음 그림과 같은 논리회로에서 출력 X의 값은?

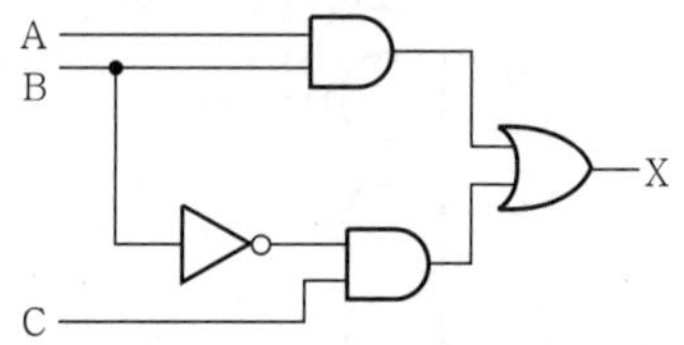

① A ② $\overline{A}BC$
③ $AB+\overline{B}C$ ④ $(A+B)C$

해설 $X = AB + \overline{B}C$

★
293 논리식 $L = \overline{x}y\overline{z} + \overline{x}yz + x\overline{y}z + xyz$를 간단히 한 식으로 옳은 것은?

① $\overline{x}y + xz$ ② $xy + \overline{x}z$
③ $x\overline{y} + \overline{x}\,\overline{z}$ ④ $\overline{x}\,\overline{y} + x\overline{z}$

해설 $L = \overline{x}y\overline{z} + \overline{x}yz + x\overline{y}z + xyz$

$= \overline{x}y(\overline{z}+z) + xz(\overline{y}+y) = \overline{x}y + xz$

294 다음 그림과 같은 회로에서 각 저항에 걸리는 전압 V_1과 V_2는 몇 V인가?

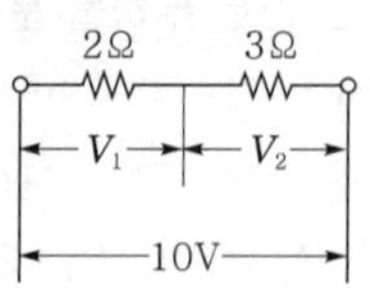

① 10V, 10V ② 6V, 4V
③ 4V, 6V ④ 5V, 5V

정답 287 ① 288 ④ 289 ① 290 ④ 291 ③ 292 ③ 293 ① 294 ③

해설 직류접속인 경우 전류는 일정하다.

$R = R_1 + R_2 = 2 + 3 = 5\Omega$

$I = \frac{V}{R} = \frac{10}{5} = 2\text{A}$

$\therefore V_1 = IR_1 = 2 \times 2 = 4\text{V}$

$V_2 = IR_2 = 2 \times 3 = 6\text{V}$

★ 295 어떤 코일에 흐르는 전류가 0.01초 사이에 일정하게 50A에서 10A로 변할 때 20V의 기전력이 발생하면 자기인덕턴스는 몇 mH인가?

① 5 ② 10
③ 20 ④ 40

해설 $L = e\frac{dt}{dI} = 20 \times \frac{0.01}{50-10} = 5 \times 10^{-3}\text{H} = 5\text{mH}$

296 부하변동이 심한 직류분권전동기의 광범위한 속도제어방식으로 가장 적당한 방법은?

① 직렬저항제어방식
② 이그너방식
③ 계자제어방식
④ 워드-레오나드방식

해설 워드-레오나드방식은 광범위한 속도제어방식이다.

★ 297 다음 그림과 같은 회로의 합성저항은 몇 Ω 인가?

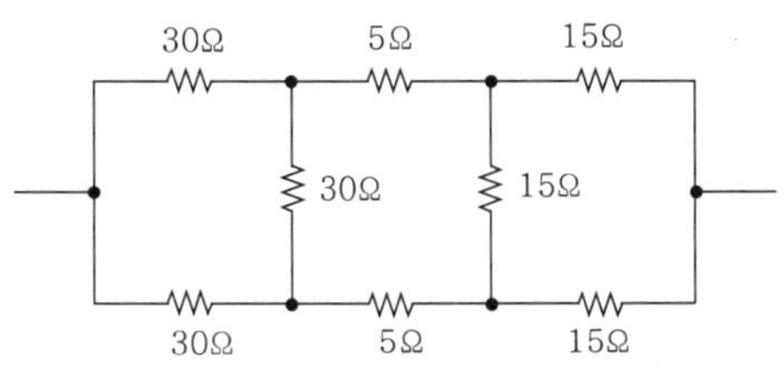

① 25 ② 30
③ 35 ④ 50

해설 $R_t = \frac{R_1 R_2}{R_1 + R_2} = \frac{50 \times 50}{50 + 50} = 25\,\Omega$

298 자동제어계 안정성의 척도가 되는 양은?

① 감쇠비
② 오차
③ 오버슛(over shoot)
④ 지연시간

해설 오버슛은 자동제어계 안정성의 척도가 된다.

★ 299 단위 S는 무엇을 나타내는 단위인가?

① 컨덕턴스 ② 리액턴스
③ 자기저항 ④ 도전율

해설 ② 리액턴스 : Ω
③ 자기저항 : Ω
④ 도전율 : ℧/m

★ 300 변압기의 정격 1차 전압의 의미를 바르게 설명한 것은?

① 정격 2차 전압에 권수비를 곱한 것이다.
② $\frac{1}{2}$부하를 걸었을 때의 1차 전압이다.
③ 무부하일 때의 1차 전압이다.
④ 정격 2차 전압에 효율을 곱한 것이다.

해설 권수비(a)$= \frac{N_1}{N_2} = \frac{V_1}{V_2}$

$\therefore V_1 = aV_2[\text{V}]$

301 서보전동기에 대한 설명으로 틀린 것은?

① 정·역운전이 가능하다.
② 직류용은 없고 교류용만 있다.
③ 급가속 및 급감속이 용이하다.
④ 속응성이 대단히 높다.

해설 서보전동기(servo motor)는 직류형과 교류형이 있다.

302 출력 1kW, 효율 80%인 유도전동기의 손실은 몇 W인가?

① 100 ② 150
③ 200 ④ 250

해설 손실$= \frac{\text{출력}}{\eta} - \text{출력} = \frac{1{,}000}{0.8} - 1{,}000 = 250\text{W}$

★ 303 제어계의 입력과 출력이 서로 독립적인 제어계에 해당되는 것은?

① 피드백제어계 ② 자동제어제어계
③ 개루프제어계 ④ 폐루프제어계

정답 295 ① 296 ④ 297 ① 298 ③ 299 ① 300 ① 301 ② 302 ④ 303 ③

PART 3

해설 개루프제어계(open control system)는 입력과 출력이 서로 독립된 제어계이다.

참고 피드백제어계=폐루프제어계

★ 304 **콘덴서만의 회로에서 전압과 전류의 위상관계는?**

① 전압이 전류보다 180도 앞선다.
② 전압이 전류보다 180도 뒤진다.
③ 전압이 전류보다 90도 앞선다.
④ 전압이 전류보다 90도 뒤진다.

해설 콘덴서(condenser)만의 회로에서는 전압(V)이 전류(I)보다 90° 뒤진다. 즉 전류가 전압보다 90° 앞선다.

305 **안전관리의 목적과 가장 거리가 먼 것은?**

① 생산성 증대 및 품질 향상
② 안전사고 발생요인 제거
③ 근로자의 생명 및 상해로부터의 보호
④ 사고에 따른 재산의 손실 방지

해설 안전관리의 목적은 안전사고를 미연에 방지하여 생명을 존중하고 사고에 따른 재산의 손실 방지 등을 목적으로 한다.

★ 306 **다음 중 안전보건교육의 단계별 교육과정으로 옳은 것은?**

① 안전지식교육 → 안전기능교육 → 안전태도교육
② 안전기능교육 → 안전지식교육 → 안전태도교육
③ 안전태도교육 → 안전지식교육 → 안전기능교육
④ 안전태도교육 → 안전기능교육 → 안전지식교육

해설 안전교육의 3단계
㉠ 1단계 지식교육
㉡ 2단계 기능교육 : 실습, 시범을 통한 이해
㉢ 3단계 태도교육 : 안전의 생활습관화

★ 307 **재해예방 4원칙이 아닌 것은?**

① 대책 선정의 원칙
② 손실 가능의 원칙
③ 예방 가능의 원칙
④ 원인연계의 원칙

해설 재해예방 4원칙
㉠ 손실 우연의 원칙
㉡ 예방 가능의 원칙
㉢ 원인계기(연계)의 원칙
㉣ 대책 선정의 원칙

★ 308 **재해의 원인 중 간접원인에 해당되지 않는 것은?**

① 교육적 원인　② 기술적 원인
③ 관리적 원인　④ 인적 원인

해설 인적 원인(불안전한 행동)과 물적 원인(불안전한 상태) 등은 직접원인이다.

★ 309 **연간 근로자수가 1,000명인 공장의 도수율이 20인 경우 이 공장에서 연간 발생한 재해건수는 몇 건인가? (단, 1일 8시간 300일 근무한 것으로 한다.)**

① 32건　② 38건
③ 42건　④ 48건

해설 $\text{도수율} = \dfrac{\text{연간 재해 발생건수}}{\text{연총근로시간수}} \times 10^6$

$$\therefore \text{연간 재해 발생건수} = \frac{\text{연총근로시간수} \times \text{도수율}}{10^6} = \frac{1,000 \times 8 \times 300 \times 20}{10^6} = 48\text{건}$$

★ 310 **하인리히의 사고예방대책 기본원리 5단계에 있어 "시정방법의 선정" 바로 이전단계에서 행해지는 사항으로 옳은 것은?**

① 분석　② 사실의 발견
③ 안전조직 편성　④ 시정책의 적용

해설 하인리히의 사고예방대책 기본원리 5단계
㉠ 1단계 안전조직(관리조직)
㉡ 2단계 사실의 발견
㉢ 3단계 분석
㉣ 4단계 시정책 선정
㉤ 5단계 시정책 적용

정답 304 ④ 305 ① 306 ① 307 ② 308 ④ 309 ④ 310 ①

311 **산업재해의 발생형태에 따른 분류 중 단순 연쇄형에 속하는 것은? (단, O는 재해 발생의 각 종 요소를 나타냄)**

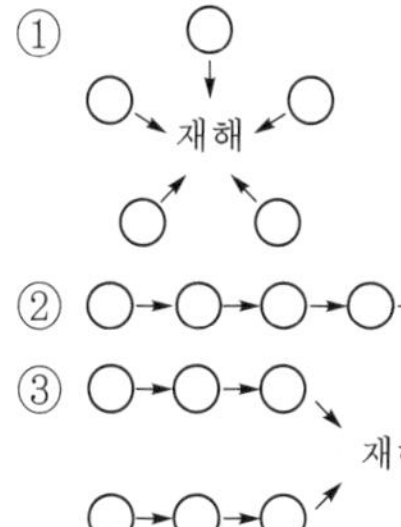

④ 재해

해설 ① 단순 자극형, ③ 복합 연쇄형, ④ 복합형

★312 **관리감독자를 대상으로 교육하는 TWI의 교육 내용이 아닌 것은?**

① 작업방법훈련 ② 작업지도훈련
③ 문제해결훈련 ④ 인간관계훈련

해설 **TWI(Training Within Industry, 산업 내 훈련)**
㉠ 미국에서 개발된 감독자훈련방식
㉡ 교육내용 : 작업방법훈련, 작업지도훈련, 인간관계훈련, 작업안전훈련

★313 **보일러취급자의 잘못으로 생기는 사고원인은?**

① 증기 발생과 압력 급상승
② 설계상 결함
③ 재료상의 부적당
④ 구조상의 부적당

해설 ㉠ 취급상 원인 : 압력 급상승, 급수 불량, 미연소가스폭발, 부식, 과열 등
㉡ 제작상 원인 : 재료 불량, 구조 불량, 공작 불량, 설계 불량 등

314 **다음은 해머 사용법을 나열한 것이다. 적합하지 않은 것은?**

① 장갑을 끼고 작업한다.
② 자기 체중에 비례해서 선택한다.
③ 처음부터 천천히 타격을 가한다.
④ 공작물의 상처를 피하기 위해서는 연질 해머를 사용한다.

해설 해머 사용 시 장갑을 끼고 작업하면 안전사고의 위험이 있다.

315 **무거운 물건을 들어올리기 위하여 체인블록을 사용할 때의 경우로 가장 옳다고 생각되는 것은?**

① 체인 및 리프팅은 중심부에 튼튼히 매어야 한다.
② 노끈 및 밧줄을 튼튼한 것으로 사용하여야 한다.
③ 체인 및 철선으로 엔진을 묶어도 무방하다.
④ 체인만으로 반드시 묶어야 한다.

해설 체인블록을 사용 시 체인 및 리프팅은 중심부에 튼튼히 매어야 한다.

★316 **긴급히 의사에게 치료를 받아야 할 화상은?**

① 1도 화상 ② 1.5도 화상
③ 2도 화상 ④ 3도 화상

해설 ① 1도 화상 : 피부에 붉은 반점이 생김
② 1.5도 화상 : 물집(수포) 발생
③ 2도 화상 : 피부가 검게 변한 상태

317 **다음 중 가스 누설 여부를 검사할 때 사용하는 물질로 적합한 것은?**

① 성냥불 ② 촛불
③ 엷은 껌 ④ 비눗물

해설 가스누설검사는 비눗물을 사용하는 것이 적합하다.

318 **근로자를 상시 취업시키는 장소에서 정밀한 작업 시 작업면의 조명은 몇 Lux 이상이어야 하는가?**

① 100 ② 200
③ 300 ④ 400

해설 ㉠ 보통작업 : 150Lux
㉡ 정밀작업 : 300Lux
㉢ 초정밀작업 : 600Lux

정답 311 ② 312 ③ 313 ① 314 ① 315 ① 316 ④ 317 ④ 318 ③

319 다음 동력전달장치 중 가장 재해가 많은 것은?

① 기어 ② 차축
③ 커플링 ④ 벨트

해설 동력전달장치 중 벨트가 가장 안전사고에 주의를 요한다.

★
320 다음 중 안전을 표시하는 색은?

① 녹색 ② 적색
③ 황색 ④ 청색

해설 ㉠ 안전 : 녹색
㉡ 안전주의 : 황색
㉢ 위험 : 적색

321 다음 공구의 안전취급방법에 대한 설명 중 잘못된 것은?

① 손잡이에 묻은 기름을 잘 닦아낸다.
② 해머 사용 시 장갑을 끼지 않는다.
③ 측정공구는 항상 기름에 담가 놓는다.
④ 공구는 던지지 않는 것이 좋다.

해설 측정공구는 건조한 곳에 청결하게 보관한다.

322 적절한 안전관리상태가 아닌 것은?

① 안전교육을 철저히 한다.
② 안전보호구를 잘 착용토록 한다.
③ 안전사고 사후대책을 잘 세운다.
④ 안전사고 발생요인을 사전에 제거한다.

해설 적절한 안전관리는 안전사고를 사전에 방지하는 것이다.

★
323 보일러의 파열사고원인 중 구조상 결함에 의한 사고에 해당되지 않는 것은?

① 용접 불량 ② 취급 불량
③ 재료 불량 ④ 설계 불량

해설 취급 불량은 취급상의 원인에 해당된다.

★
324 화상을 입었을 때 응급조치로 적당한 것은?

① 붕대를 감는다.
② 아연화연고를 바른다.
③ 옥도정기(요오드팅크)를 바른다.
④ 잉크를 바른다.

해설 화상을 입었을 때 응급조치로 아연화연고를 바른다.

325 중량물 운반 시 주의사항으로 잘못된 것은?

① 가급적 크레인, 지게차 등 운반장비를 이용한다.
② 여러 사람이 같이 운반할 때 호흡을 잘 맞춘다.
③ 중량물을 들어 올릴 때는 다리를 모으고 들어 올린다.
④ 장갑은 껴도 무방하다.

해설 중량물 운반 시 다리를 적당한 간격으로 벌리고 안전한 자세를 취한다.

★
326 다음 작업안전에 대한 설명 중 잘못된 것은?

① 해머작업 시 장갑을 끼지 않는다.
② 스패너는 너트에 꼭 맞는 것을 사용한다.
③ 간편한 작업복 차림으로 작업에 임한다.
④ 핸드드릴작업 시에는 손을 보호하기 위해 면장갑을 낀다.

해설 **장갑 착용 금지작업** : 해머작업, 드릴작업, 중량물운반작업, 기계가공작업, 기계톱작업

★
327 안전관리의 목적으로 가장 타당한 것은?

① 사고 관련자의 책임 규명을 위하여
② 불안전상태, 행동의 발견으로 사고의 재발 방지를 위하여
③ 사고 관련자의 처벌을 정확하고 명확히 하기 위하여
④ 사고의 종류, 재산, 인명 등의 피해 정도를 정확히 하기 위해

해설 안전관리의 목적은 안전사고를 사전에 방지하는 것이다.

★
328 기관조작 불량으로 불완전가스가 배출될 때 가장 많이 배출되고 인체에 제일 나쁜 것은?

① 일산화탄소 ② 이산화탄소
③ 수소가스 ④ 질소가스

정답 319 ④ 320 ① 321 ③ 322 ③ 323 ② 324 ② 325 ③ 326 ④ 327 ② 328 ①

해설 일산화탄소는 독성이며 가연성 가스이므로 인체에 해롭다.

★
329 인간 또는 기계의 과오나 동작상의 실패가 있어도 안전사고를 발생시키지 않도록 2중 또는 3중으로 통제를 가하는 것은?

① 올 세이프(all safe)
② 더블 세이프(double safe)
③ 컨트롤 세이프(control safe)
④ 폴 세이프(fall safe)

해설 과오 발생 시 2중 또는 3중으로 통제를 가하는 것을 폴 세이프라 한다.

330 안전색채의 사용 통칙에서 빨간색으로 표시할 수 없는 것은?

① 방화표시 ② 대피장소
③ 소화기 ④ 화학류

해설 대피소의 표시색은 황색, 청색, 녹색 등을 사용한다.

★
331 다음 중 장갑을 착용할 수 있는 경우는?

① 가스용접작업 ② 기계가공작업
③ 해머작업 ④ 기계톱작업

해설 용접작업과 핸드그라인더작업 시에는 필히 장갑을 착용해야 한다.

참고 **장갑 착용 금지작업 :** 해머작업, 드릴작업, 중량물운반작업, 기계가공작업, 기계톱작업, 선반작업 등

★
332 고압가스용기의 도색으로 적당하지 않은 것은?

① 아세틸렌 : 황색
② 산소 : 회색
③ 이산화탄소 : 청색
④ 수소 : 주황색

해설 **고압가스용기의 도색**
㉠ 아세틸렌 : 황색
㉡ 수소 : 주황색
㉢ 산소 : 녹색
㉣ 이산화탄소 : 청색
㉤ 암모니아 : 백색
㉥ 염소 : 갈색
㉦ 기타 : 회색

★
333 다음은 액체연료 사용 시 불이 났을 때의 주의사항을 나열한 것이다. 틀린 것은?

① 물을 사용해서 끈다.
② 모래를 사용하여 끈다.
③ 소화기로 끈다.
④ 전원스위치를 차단시킨다.

해설 액체연료 사용 시 화재가 발생된 경우 물을 사용하면 화재표면적이 넓어져 화재가 확산된다.

334 아세틸렌가스의 압력이 몇 MPa 이상이면 위험한가?

① 0.3 ② 0.15
③ 0.1 ④ 0.05

해설 아세틸렌가스는 압력이 0.15MPa(=1.5kgf/cm^2) 이상이면 폭발의 위험이 있다.

★
335 보일러 파열사고의 원인 중 구조물의 강도 부족에 의한 원인이 아닌 것은?

① 용접 불량
② 재료 불량
③ 동체의 구조 불량
④ 용수관리의 불량

해설 용수관리의 불량은 취급상의 원인에 해당된다.

336 다음은 렌치나 스패너 사용법을 나열한 것이다. 틀린 것은?

① 해머 대용으로 사용하지 않는다.
② 너트에 맞는 것을 사용한다.
③ 파이프렌치를 사용할 때는 정지장치를 확실하게 한다.
④ 스패너나 렌치는 뒤로 밀어서 돌려야 한다.

해설 스패너나 렌치는 앞으로 당겨서 사용한다.

337 유류화재 소화작업 시 가장 적당한 소화기는?

① 수소부 펌프소화기
② 포말소화기
③ 산 · 알칼리소화기
④ CO_2소화기

정답 329 ④ 330 ② 331 ① 332 ② 333 ① 334 ② 335 ④ 336 ④ 337 ②

해설 유류화재 시 가장 적합한 소화기는 포말소화기이다.

★
338 안전사고 발생의 가장 큰 원인이 되는 것은?

① 본인의 실수 ② 공장설비의 미비
③ 공구의 미비 ④ 청소상태 불량

해설 안전사고의 가장 큰 원인은 작업자의 실수에 의해 발생된다.

★
339 근로안전관리규칙상 작업상의 최대 적재하중은 누가 정하는가?

① 사용자 ② 근로자
③ 안전관리유지자 ④ 안전관리자

해설 근로안전관리규칙상 작업상의 최대 적재하중은 안전관리자가 정한다.

340 다음 중 산업재해에 속하지 않는 것은?

① 화재폭발재해 ② 기계장치재해
③ 풍수해 ④ 원동기재해

해설 풍수해는 자연재해에 해당한다.

341 다음 중 겨울철에 동파를 방지하기 위해 사용하는 부동액으로 가장 좋은 것은?

① 글리세린(glycerine)
② 에틸알코올(ethyl alcohol)
③ 에틸렌글리콜(ethylene glycol)
④ 메탄올(methanol)

해설 겨울철 동파 방지로 에틸렌글리콜을 많이 사용한다.

★
342 안전관리자의 직무가 아닌 것은?

① 안전작업에 관한 교육 및 훈련
② 소화 및 대피훈련
③ 안전에 관한 보조자의 감독
④ 경비에 관한 보조자의 감독

해설 경비에 관한 보조자의 감독은 안전관리자의 직무가 아니다.

343 다음 작업장 내부의 색채 중 관계가 서로 맞지 않게 연결된 것은?

① 방화기구의 표시 : 적색
② 가스저장소의 표시 : 황색
③ 위험물 소재표시 : 등색(엷은 황색)
④ 방사선 장해위험표시 : 자색

해설 작업장 내부의 색과 관련이 없는 가스저장소의 표시는 황색 바탕에 가스이름을 적색으로 한다.

344 소화기 설치장소로 적당한 것은?

① 복잡하므로 적당한 구석에 둔다.
② 연소의 위험이 있는 곳에 둔다.
③ 눈에 잘 띄는 곳에 둔다.
④ 화재 시 누구나 사용할 수 있게 작업대 옆에 둔다.

해설 소화기는 눈에 잘 띄는 곳에 두어야 한다.

★
345 보일러가 최고사용압력 이하에서 파손되는 이유로 가장 타당한 것은?

① 안전밸브의 고장
② 급수량의 과다
③ 고수위 운전
④ 구조상의 결함

해설 최고사용압력 이하에서 보일러가 파손되는 것은 구조상의 결함 때문이다.

★
346 중량물을 운반하는 데 유의할 사항 중 옳지 않은 것은?

① 힘에 겨우면 기계를 이용한다.
② 기름이 묻은 장갑을 끼고 한다.
③ 힘센 사람과 약한 사람과의 균형을 잡는다.
④ 지렛대를 이용한다.

해설 중량물 운반 시 기름이 묻은 장갑을 끼면 미끄러워 위험하다.

정답 338 ① 339 ④ 340 ③ 341 ③ 342 ④ 343 ② 344 ③ 345 ④ 346 ②

★
347 **산업공장에서 재해의 발생을 적게 하기 위한 방법 중 틀린 것은?**

① 통로나 창문에 물건을 세워놓지 않는다.
② 공구는 공구상자에, 재료는 재료창고에 보관한다.
③ 소화기나 폭발물 근처에 물건을 쌓아 방호한다.
④ 소화시설을 갖추고 화재예방에 힘쓴다.

해설 소화기나 폭발물 근처에 물건을 쌓아두면 안 된다.

348 **다음 안전모의 취급 및 안전관리사항 중 알맞지 않은 것은?**

① 산이나 알칼리를 취급하는 곳에서는 펠트나 파이버모자를 사용해야 한다.
② 화기를 취급하는 곳에서는 몸체와 차양이 셀룰로이드로 된 것을 사용해서는 안 된다.
③ 월 1회 정도로 세척한다.
④ 안전모를 쓸 때 모자와 머리 끝부분과의 간격은 25mm 이하가 되도록 헤모크를 조정한다.

해설 안전모 착용 시 모자와 머리 끝부분과의 간격은 25mm 이상 되도록 헤모크를 조정한다.

349 **보일러 운전 시 안전수칙으로 가장 적절하지 않은 것은?**

① 가동 중인 보일러에서는 작업자가 항상 정위치를 떠나지 아니할 것
② 보일러의 각종 부속장치의 누설상태를 점검할 것
③ 압력방출장치는 매 7년마다 정기적으로 작동시험을 할 것
④ 노 내의 환기 및 통풍장치를 점검할 것

해설 압력방출장치는 매년마다 정기적으로 작동시험을 할 것

★
350 **기계설비의 안전한 사용을 위하여 지급되는 보호구를 설명한 것이다. 이 중 작업조건에 따른 적합한 보호구로 올바른 것은?**

① 용접 시 불꽃 또는 물체가 날아 흩어질 위험이 있는 작업 : 보안면
② 물체가 떨어지거나 날아올 위험 또는 근로자가 추락할 위험이 있는 작업 : 안전대
③ 감전의 위험이 있는 작업 : 보안경
④ 고열에 의한 화상 등의 위험이 있는 작업 : 방화복

해설 산업안전보건기준에 관한 규칙 제32조(보호구의 지급 등)
① 사업주는 다음에 해당하는 작업을 하는 근로자에 대해서는 다음의 구분에 따라 그 작업조건에 맞는 보호구를 작업하는 근로자 수 이상으로 지급하고 착용하도록 하여야 한다.
1. 물체가 떨어지거나 날아올 위험 또는 근로자가 추락할 위험이 있는 작업 : 안전모
2. 높이 또는 깊이 2m 이상의 추락할 위험이 있는 장소에서 하는 작업 : 안전대
3. 물체의 낙하·충격, 물체에의 끼임, 감전 또는 정전기의 대전에 의한 위험이 있는 작업 : 안전화
4. 물체가 흩날릴 위험이 있는 작업 : 보안경
5. 용접 시 불꽃이나 물체가 흩날릴 위험이 있는 작업 : 보안면
6. 감전의 위험이 있는 작업 : 절연용 보호구
7. 고열에 의한 화상 등의 위험이 있는 작업 : 방열복
8. 선창 등에서 분진이 심하게 발생하는 하역작업 : 방진마스크
9. −18℃ 이하인 급냉동어창에서 하는 하역작업 : 방한모, 방한복, 방한화, 방한장갑
10. 물건을 운반하거나 수거·배달하기 위하여 이륜자동차를 운행하는 작업 : 승차용 안전모

★
351 **고압가스 냉동시설에서 냉동능력의 합산기준으로 틀린 것은?**

① 냉매가스가 배관에 의하여 공통으로 되어 있는 냉동설비
② 냉매계통을 달리하는 2개 이상의 설비가 1개의 규격품으로 인정되는 설비 내에 조립되어 있는 것
③ 1원(元) 이상의 냉동방식에 의한 냉동설비
④ 브라인을 공통으로 하고 있는 2 이상의 냉동설비

정답 347 ③ 348 ④ 349 ③ 350 ① 351 ③

해설 고압가스 냉동시설에서의 냉동능력 합산기준
㉠ 이원 냉동설비
㉡ 냉매가스가 배관에서 공통으로 되어 있는 설비
㉢ 브라인을 공통으로 하고 있는 이원 냉동설비
㉣ 냉매계통을 달리하는 2개 이상의 설비가 1개의 규격품으로 인정되는 설비 내에 조립되어 있는 것
㉤ 동력 공통의 냉동설비

★ 352 **다음 중 재해의 직접적인 원인에 해당되는 것은?**

① 불안전한 상태 ② 기술적인 원인
③ 관리적인 원인 ④ 교육적인 원인

해설 재해의 원인
㉠ 직접원인 : 불안전한 행동, 불안전한 상태
㉡ 간접원인 : 기술적 원인, 교육적 원인, 신체적 원인, 정신적 원인, 관리적 원인

353 **고압가스 냉동제조설비의 시설기준에 대한 설명 중 틀린 것은?**

① 가연성 가스의 검지경보장치는 방폭성능을 갖는 것으로 한다.
② 냉매설비의 안전을 확보하기 위하여 액면계를 설치하며, 액면계의 상하에는 수동식 및 자동식 스톱밸브를 각각 설치한다.
③ 압력이 상용압력을 초과할 때 압축기의 운전을 정지시키는 고압차단장치를 설치하되, 원칙적으로 수동복귀방식으로 한다.
④ 냉매설비에 부착하는 안전밸브는 분리할 수 없도록 단단하게 부착한다.

해설 냉매설비에 부착하는 안전밸브는 점검 및 보수가 용이한 구조로 분리할 수 있도록 부착한다.

★ 354 **냉동능력 20톤 이상의 냉동설비의 압력계에 관한 설명 중 틀린 것은?**

① 냉매설비에는 압축기의 토출 및 흡입압력을 표시하는 압력계를 부착할 것
② 압축기가 강제윤활방식인 경우에는 윤활유압력을 표시하는 압력계를 부착할 것
③ 발생기에는 냉매가스의 압력을 표시하는 압력계를 부착할 것
④ 압력계 눈금판의 최고눈금수치는 해당 압력계의 설치장소에 따른 시설의 기밀시험압력 이상이고, 그 압력의 3배 이하일 것

해설 냉동능력 20톤 이상의 냉동설비의 압력계 눈금판은 기밀압력 이상으로 하고, 그 압력의 2배 이하로 한다.

★ 355 **고압가스 냉동제조시설 중 냉매설비의 안전장치에 대한 설명으로 틀린 것은?**

① 파열판은 냉매설비 내의 냉매가스압력이 이상상승할 때 판이 파열되어야 한다.
② 파열판의 파열압력은 최고사용압력 이상으로 하여야 한다.
③ 냉매설비에 파열판과 안전밸브를 부착하는 경우에는 파열판의 파열압력은 안전밸브의 작동압력 이상이어야 한다.
④ 사용하고자 하는 파열판의 파열압력을 확인하고 사용하여야 한다.

해설 파열판의 파열압력은 최고사용압력 이하로 해야 한다. 즉 파열압력의 최대허용치는 설계압력 또는 최고허용압력의 110%를 초과하지 않도록 한다.

★ 356 **다음 중 냉동제조시설에서 안전관리자의 직무에 해당되지 않는 것은?**

① 안전관리규정의 시행
② 냉동시설 설계 및 시공
③ 사업소의 시설 안전유지
④ 사업소 종사자 지휘 및 감독

해설 냉동제조시설의 안전관리자 직무
㉠ 사업소 또는 사용신고시설의 시설·용기 등 또는 작업과정의 안전유지
㉡ 용기 등의 제조공정관리
㉢ 공급자의 의무이행 확인
㉣ 안전관리규정의 시행 및 그 기록의 작성·보존
㉤ 사업소 또는 사용신고시설의 종사자(사업소 또는 사용신고시설을 개수 또는 보수하는 업체의 직원을 포함)에 대한 안전관리를 위하여 필요한 지휘·감독
㉥ 그 밖의 위해방지조치

정답 352 ① 353 ④ 354 ④ 355 ② 356 ②

357 독성가스의 제독작업에 필요한 보호구가 아닌 것은?

① 안전화 및 귀마개
② 공기호흡기 및 송기식 마스크
③ 보호장화 및 보호장갑
④ 보호복 및 격리식 방독마스크

해설 ㉠ 안전화
- 물체의 낙하·충격, 물체에의 끼임, 감전 또는 정전기의 대전에 의한 위험이 있는 작업 시 발을 보호하기 위해 사용
- 가죽제, 고무제, 정전기보호제, 발등안전화, 절연화, 절연장화

㉡ 귀마개
- 소음이 심한 장소에서 작업 시 청력을 보호하기 위해 사용
- 방음용 귀마개, 귀덮개

358 ★ 가연성 가스 냉매설비에 설치하는 방출관의 방출구 위치기준으로 옳은 것은?

① 지상으로부터 2m 이상의 높이
② 지상으로부터 3m 이상의 높이
③ 지상으로부터 4m 이상의 높이
④ 지상으로부터 5m 이상의 높이

해설 가연성 가스 냉매설비에 설치하는 방출관의 방출구는 지상으로부터 5m 이상의 높이에 설치한다.

359 전기설비의 방폭성능기준 중 용기 내부에 보호구조를 압입하여 내부압력을 유지함으로써 가연성 가스가 용기 내부로 유입되지 아니하도록 한 구조를 말하는 것은?

① 내압방폭구조 ② 유입방폭구조
③ 압력방폭구조 ④ 안전증방폭구조

해설 ① 내압방폭구조 : 용기 내부에서 발생되는 점화원이 용기 외부의 위험원에 점화되지 않도록 하고, 만약 폭발 시에는 이때 발생되는 폭발압력에 견딜 수 있도록 한 구조
② 유입방폭구조 : 전기기기의 불꽃, 아크 또는 고온이 발생하는 부분을 기름 속에 넣어 기름면 위에 존재하는 폭발성 가스 또는 증기에 인화될 우려가 없도록 한 구조
④ 안전증방폭구조 : 정상운전 중에 폭발성 가스 또는 증기에 점화원이 될 전기불꽃, 아크 또는 고온이 되어서는 안 될 부분에 이런 것의 발생을 방지하기 위하여 기계적, 전기적인 구조상 또는 온도 상승에 대해서 특히 안전도를 증가시킨 구조

360 냉동제조의 시설 및 기술·검사기준으로 맞지 않은 것은?

① 냉동제조설비 중 특정 설비는 검사에 합격한 것일 것
② 냉매설비에는 자동제어장치를 설치할 것
③ 냉매설비는 진동, 충격, 부식 등으로 냉매가스가 누설되지 않도록 할 것
④ 압축기 최종단에 설치한 안전장치는 2년에 1회 이상 압력시험을 할 것

해설 압축기 최종단에 설치한 안전장치는 1년에 1회 이상, 그 밖의 안전장치는 2년에 1회 이상 압력시험을 할 것

361 ★ 고압가스 냉동제조시설에서 가스설비의 내압성능을 확인하기 위한 시험압력의 기준은? (단, 기체의 압력으로 내압시험을 하는 경우이다.)

① 설계압력 이상
② 설계압력의 1.25배 이상
③ 설계압력의 1.5배 이상
④ 설계압력의 2배 이상

해설 고압가스 냉동제조시설에서 가스설비의 내압시험압력기준은 설계압력의 1.5배 이상으로 한다. 단, 기체압력으로 내압시험을 할 경우는 1.25배 이상으로 한다.

362 ★ 고압가스안전관리법에 의하여 냉동기를 사용하여 고압가스를 제조하는 자는 안전관리자를 해임하거나 퇴직한 때에는 해임 또는 퇴직한 날로부터 며칠 이내에 다른 사람을 선임하여야 하는가?

① 7일 ② 10일
③ 20일 ④ 30일

해설 고압가스안전관리법에 따라 안전관리자를 해임하거나 퇴직한 때는 지체 없이 이를 허가 또는 신고관청에 신고하고, 그로부터 30일 이내에 다른 안전관리자를 선임해야 한다.

정답 357 ① 358 ④ 359 ③ 360 ④ 361 ② 362 ④

MEMO

PART 04

유지보수 공사관리

- 01장 배관재료
- 02장 공조(냉동)배관
- 03장 배관 관련 설비
- 04장 유지보수공사 및 검사계획 수립

Engineer Air-Conditioning Refrigerating Machinery

Air-Conditioning Refrigerating Machinery

Chapter 1 배관재료

1 금속관

1.1 주철관(cast iron pipe)

(1) 특징

① 내식성, 내마모성, 내구성(압축강도)이 크다.
② 수도용 급수관, 가스공급관, 통신용 케이블매설관, 화학공업용 배관, 오수배수관 등에 사용한다(매설용 배관에 많이 사용).
③ 재질에 따라 보통주철(인장강도 100~200MPa)과 고급 주철(인장강도 250MPa)로 구분된다.

(2) 종류

① 보통주철관
② 고급 주철관
③ 구상흑연주철관(수도용 원심력 덕타일주철관)

PART 4

1.2 강관(steel pipe)

(1) 특징

① 연관(납관), 주철관에 비해 가볍고 인장강도가 크다.
② 관의 접합작업이 용이하다.
③ 내충격성, 굴요성이 크다.
④ 연관, 주철관보다 가격이 싸고 부식되기 쉽다.

(2) 스케줄번호(Sch. No : schedule number)

관(pipe)의 두께를 나타내는 번호로 스케줄번호는 10~160으로 정하고 30, 40, 80이 사용되며, 번호가 클수록 두께는 두꺼워진다.

① 공학단위일 때 스케줄번호(Sch. No) $= \dfrac{P(\text{사용압력}[kgf/cm^2])}{S(\text{허용응력}[kgf/mm^2])} \times 10$

② 국제(SI)단위일 때 스케줄번호(Sch. No) $= \dfrac{P(\text{사용압력}[MPa])}{S(\text{허용응력}[N/mm^2])} \times 1{,}000$

② 허용응력(S) $= \dfrac{\text{극한(인장)강도}}{\text{안전계수(율)}}$

(3) 종류 및 표기방법

① 종류 : 강관은 용도별로 배관용, 수도용, 열전달용, 구조용으로 분류된다.

종류		KS규격기호	용도
배관용	배관용 탄소강강관 (일명 가스관)	SPP	• 사용압력이 낮은(1MPa 이하) 증기, 물, 기름, 가스, 공기 등의 배관용으로 사용 • 호칭지름은 15~65A이고, 사용온도는 100℃
	압력배관용 탄소강강관	SPPS	• 350℃ 이하에서 사용하는 압력배관용 보일러증기관, 수도관, 유압관에 사용 • 사용압력은 1~10MPa
	고압배관용 탄소강강관	SPPH	• 350℃ 이하에서 사용압력(9.8MPa)이 높은 고압배관용 암모니아합성관, 내연기관 분사관, 화학공업용 배관, 이음매 없는(seamless pipe)관 등 4종이 있음
	고온배관용 탄소강강관	SPHT	• 사용온도는 350~450℃이고, 호칭지름은 SCH. No에 의함 • 고온배관용, 과열증기관에 사용
	배관용 아크용접 탄소강강관	SPW	• 사용압력이 낮은(1MPa 이하) 증기, 물, 기름, 가스, 공기 등의 배관용으로 사용 • 호칭지름은 3,350~1,500A이며, 17종 • 관의 호칭경은 mm[A], inch[B]로 표시
	배관용 합금강강관	SPA	• 주로 고온배관용으로 사용 • 호칭지름은 6~500A
	배관용 스테인리스강관	STS×TP	• 내식용, 내열용, 고・저온배관용에 사용
	저온배관용 강관	SPLT	• 빙점 이하의 저온배관용으로 사용 • 호칭지름은 6~500A
수도용	수도용 아연도금강관	SPPW	• 정수두 100m 이하의 수도로서 주로 급수배관용으로 사용 • 호칭지름은 10~300A
	수도용 도복장강관	STPW	• 정수두 100m 이하의 수도로서 주로 급수배관용으로 사용 • 호칭지름은 80~2,400A

종류		KS규격기호	용도
열전달용	보일러 열교환기용 탄소강강관	STH	• 관의 내외에서 열의 수수를 행함을 목적으로 하는 장소에 사용 • 보일러의 수관, 연관, 가열관, 공기예열관, 화학공업, 석유공업의 열교환기, 가열로관 등에 사용
	보일러 열교환기용 합금강강관	STHA	
	보일러 열교환기용 스테인리스강관	STS-TB	
	저온열교환기용 강관	STLT	• 빙점 이하의 특히 낮은 온도에서 관의 내외에서 열의 수수를 행하는 열교환기관, 콘덴서관 등에 사용
구조용	일반구조용 탄소강강관	SPS	• 토목, 건축, 철탑, 지주와 비계, 말뚝 기타의 구조물용으로 사용
	기계구조용 탄소강강관	STM	• 기계, 항공기, 자동차, 자전차 등의 기계부품용으로 사용
	구조용 합금강강관	STA	• 항공기, 자동차 기타의 구조물용으로 사용

② 강관의 표기방법 : 호칭지름(A : mm, B : inch)

㉠ 배관용 탄소강강관

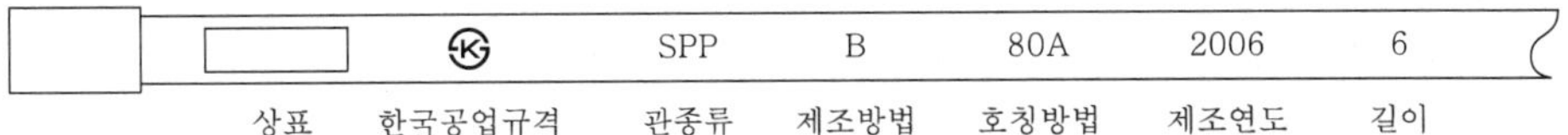

㉡ 수도용 아연도금강관

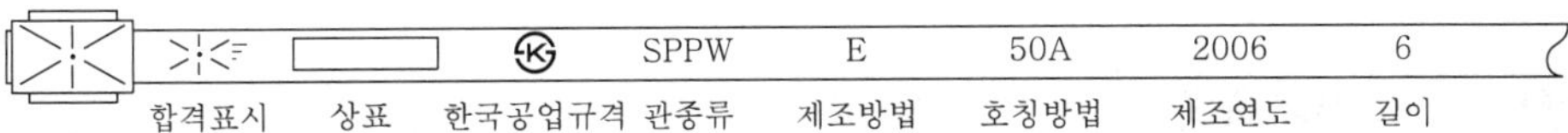

㉢ 압력배관용 탄소강강관

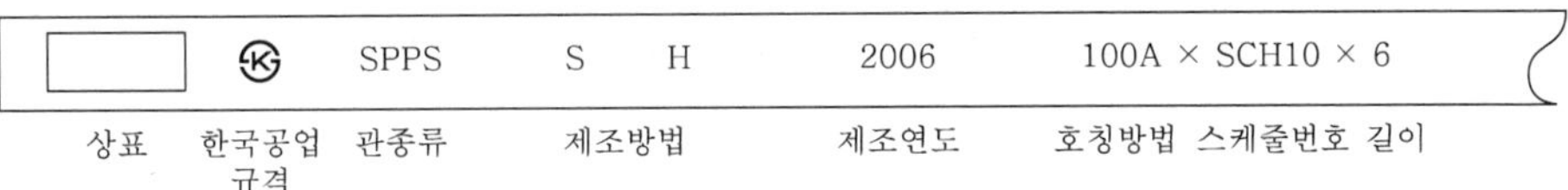

2 비철금속관

동(구리)관, 연(납)관, 알루미늄관, 주석관, 규소청동관, 니켈관, 티탄관 등

2.1 동관(구리관)

주로 이음매 없는 관(seamless pipe)으로 탄탈산동관, 황동관 등이 있다.

① 열전도율이 크고 내식성, 전성, 연성이 풍부하여 가공하기 쉽다(열교환기, 급수관에 사용).

② 담수에는 내식성이 양호하나, 연수에는 부식된다.
③ 아세톤, 휘발유, 프레온가스 등의 유기물에는 침식되지 않는다.
④ 가성소다, 가성칼리 등 알칼리성에는 내식성이 강하다.
⑤ 암모니아수, 암모니아가스, 황산 등에는 침식된다.

2.2 연관(lead pipe, 납관)

① 내식성이 좋다. 즉 산에는 강하나, 알칼리에는 약하다.
② 굴곡성이 좋아 가공이 쉽다. 즉 전·연성이 풍부하여 가공이 용이하다(수도용, 배수용 배관에 사용).
③ 중량이 커서 수평배관 시 늘어난다(비중 11.37).
④ 가격이 비싸다.

2.3 알루미늄관

① 구리(Cu) 다음으로 열전도율이 크다.
② 내식성이 풍부하다.
③ 전·연성이 풍부하고 순도가 높을수록 가공이 쉽다.
④ 아세톤, 아세틸렌, 유류에는 침식되지 않으나, 해수, 황산, 가성소다 등의 알칼리에 약하다.

3 비금속관

합성수지관, 콘크리트관, 석면시멘트관(이터닛관), 도관, 유리관 등

3.1 합성수지관(plastic pipe)

합성수지관은 석유, 석탄, 천연가스(LNG) 등으로부터 얻어지는 메틸렌, 프로필렌, 아세틸렌, 벤젠 등의 원료로 만들어지며 경질 염화비닐관(PVC)과 폴리에틸렌관으로 나눈다.

(1) 경질 염화비닐관(PVC : polyvinyl chloride)

① 내식성, 내산성, 내알칼리성이 크다.
② 전기의 절연성이 크다.
③ 열의 불량도체이다.
④ 가볍고 강인하다(비중 1.4).
⑤ 배관가공이 쉽고 가격이 저렴하며 시공비도 적게 든다.

⑥ 저온, 고온에서 강도가 약하고 충격강도가 작다.
⑦ 열팽창률이 크다(강관의 7~8배).

(2) **폴리에틸렌관(polyethilene pipe)**

① 내충격성, 내한성이 좋다.
② PVC보다 가볍다.
③ 상온에서도 유연성이 좋아 탄광에서의 운반도 가능하다,
④ 보온성, 내열성이 PVC보다 우수하다.
⑤ 시공이 용이하고 경제적이다.
⑥ 내약품성이 강하다.
⑦ 인장강도는 PVC의 1/5 정도이고 화력에 극히 약하다.

3.2 콘크리트관

① 철근콘크리트관 : 옥외배수관(단거리 부지 하수관) 등에 사용
② 원심력 콘크리트관(흄관) : 상·하수도용 배수관에 많이 사용

3.3 석면시멘트관(asbestos cement pipe, eternit pipe)

① 금속관에 비해 내식성, 내알칼리성이 크다.
② 조직이 치밀하고 강도도 크다.
③ 비교적 고압에 견딘다.
④ 탄성이 작아 수직작용이 있는 곳은 사용이 곤란하다.
⑤ 수도관, 가스관, 배수관, 도수관 등에 사용한다.
※ 인서트접합, 데이터접합, 석면시멘트관(이터닛)접합

3.4 도관(clay pipe)

① 점토를 주원료로 성형한 관을 구워서 만든 것이다.
② 관두께에 따라 보통관(농업용)과 두꺼운 관(후관)은 도시 하수관용으로, 아주 두꺼운 관(특후관)은 철도용 배수관용, 빗물배수관용에 많이 사용한다.
③ 관의 길이가 짧고 접합부가 많으므로 오수배관에는 부적당하다.

PART 4

3.5 에이콘관(acorn pipe, PB에이콘)

① 폴리부틸렌을 원료로 하여 제조된 관이다.
② 내식성이 커 수도의 난방용 배관에 많이 사용한다.
③ 온수・온돌배관, 화학배관, 압축공기배관용으로 최근에 개발한 관이다.
④ 끼워맞춤형이므로 시공이 용이하다. 즉 나사 및 용접이음이 불필요하다.
⑤ 시공이 간편하여 아파트(APT) 옥내배관에 많이 사용한다.

4 관의 접합(연결)방법

4.1 강관(steel pipe)의 접합(이음)

① 나사(screw)접합 ② 플랜지(flange)접합 ③ 용접(welding)접합

4.2 주철관(cast iron pipe)의 접합(이음)

① 소켓(socket)접합
② 플랜지접합
③ 메커니컬(mechanical)접합(기계적 접합)
④ 빅토릭(victoric)접합
⑤ 타이톤(Tyton)접합 : 미국의 파이프회사에서 개발한 세계 특허품으로 현재 널리 이용되고 있는 접합법

4.3 동관의 접합(이음)

① 납땜접합 ② 압축접합(플레어접합) ③ 용접접합
④ 경납땜접합 ⑤ 분기관접합

4.4 연관(lead pipe)의 접합(이음)

① 플라스턴(plastan joint)접합 : 플라스턴(Sn 40%+Pb 60%)을 녹여 접합하는 방식으로 용융점이 낮은 합금용융온도는 232℃(주석의 용융점)이다.
② 납땜접합
③ 용접접합

4.5 부식

(1) 부식의 원인

① 고온, 고압가스에 의한 부식

㉠ 수소에 의한 강의 탈탄 : 고온, 고압하에서 수소는 강에 침투하여 탈탄작용을 일으키며, 이것을 수소취화라고 한다.

㉡ 암모니아에 의한 강의 질화 : 고온에서 암모니아의 질소(N)분자가 크롬, 알루미늄, 몰리브덴(Mo) 등과 반응을 일으켜 침식이 일어난다.

㉢ 일산화탄소에 의한 금속의 카보닐화 : 고온, 고압하에서 CO가스는 철, 니켈 등과 작용하여 카보닐화합물을 생성시킨다.

㉣ 황화수소에 의한 부식 : 고온의 황화수소는 금속표면에 황화물을 생성하여 철, 니켈 등을 침식시킨다.

㉤ 산소, 탄산가스에 의한 산화 : 수분이 존재하면 산화물을 생성시켜 부식시킨다.

② 일반배관의 부식

㉠ 금속의 이온화에 의한 부식 : 가장 일반적인 부식현상으로 물속에서는 다소 양이온이 되어 녹으려는 성질이 있다. 즉 금속이 양이온화되려는 힘에 의한 것이다. 이 부식은 일종의 농담전지(매크로전지)작용에 의해 일어난다.

㉡ 이종금속 사이에 일어나는 전기작용에 의한 부식 : 서로 다른 두 금속이 전기적으로 통전 가능하게 접속되면 전극전위가 낮은 쪽의 금속재료의 부식이 촉진되며, 전극전위가 높은 쪽의 부식은 감소한다. 이러한 현상을 접촉부식 또는 유전부식(galvanic corrosion)이라 하며, 철관에 동밸브를 부착하고 내부에 수분이 존재할 경우나 낡은 관에 새로운 관을 연결했을 때도 발생된다.

㉢ 누설전류에 의한 부식 : 일반적으로 전류가 관에 누전될 때 일어나는 현상으로서 전식(electrolysis)이라 하며, 이 현상은 주로 전철, 지하철 주변의 도관에서 발생되기 쉽다. 또한 부식진행이 빨라 몇 개월 이내에 문제를 일으킬 수도 있다.

㉣ 토양 및 고인 물의 고유저항 : 매설도관에 접촉하는 토양, 주변 물의 함습량과 그것에 함유된 이온의 많고 적음에 의한 고유저항치의 차이가 부식의 원인이 된다.

㉤ 화학현상에 의한 부식 : 매설도관지대의 토양, 지하수 등에 포함된 염기, 산기, 특히 Cl이온, CO_3이온의 영향이나 공장의 누수, 배수에 의한 알칼리성 물질의 형성, 부식을 조장하고 부식을 일으키는 박테리아, 석탄저장소의 석탄에서 나온 유황에 의한 부식 등이 이에 속한다.

PART 4

Point

- **전기화학적 부식순위** : 상위열일수록, 왼편의 것일수록 심하며, 같은 열에 있는 것은 서로 거의 관계하지 않는다.
- **이온화경향** : 물속에 있는 금속은 조금이라도 양이온이 되어 용해하려는 성질이 있다. 금속이 양이온이 되려는 힘, 즉 이온화경향은 순위가 있다.
  K > Na > Ca > Mg > Al > Zn > Fe > Ni > Sn > Pb > H > Cu > Hg > Ag > Pt > Au

(2) 부식의 종류

① **전면부식** : 부식이 전체 면에 균일하게 생기는 현상으로 산화에 의한 부식이다.

② **국부부식** : 부식이 특정한 부분에 집중되어 일어나는 현상으로 점부식(pitting), 틈새부식(crevice corrosion), 홈부식(groove) 등이 이에 속하며 부식속도가 빠르고 위험성이 높다.

③ **선택부식** : 주철의 흑연화부식, 황동의 탈아연부식, 알루미늄청동의 탈알루미늄부식 등이 있다.

④ **입계부식** : 결정입계가 선택적으로 부식되는 것으로 열영향을 받아 Cr탄화물을 석출하고 있는 스테인리스강이 입계부식이다.

⑤ **응력부식균열**

㉠ 인장응력하에서 부식환경에 노출된 금속이 파괴현상으로서 균열의 선단이 양극이 되어 금속을 용해하며 균열의 전파가 일어나는 것이 있고, 또 하나는 부식으로 인해 발생한 수소취성을 일으키는 것이 있다.

㉡ 특징

- 금속재료의 종류에 따라 정해지는 부식환경에 있어서만 균열이 생긴다.
- 아주 작은 응력에서도 균열이 생기는 수도 있다.
- 사용 후 수개월 내지 수년에 걸쳐서 균열이 생긴다.
- 18-8 스테인리스강의 염화물응력부식균열은 80℃ 이하에서는 생기지 않는다.
- 순금속은 응력부식균열이 생기지 않는 것이 일반적이다.

4.6 신축이음의 종류 및 특징

(1) 슬리브(미끄럼)형 신축이음

① 이음 본체 속에 미끄러질 수 있는 슬리브파이프를 놓고 석면을 흑연(또는 기름)으로 처리한 패킹을 끼워 밀봉한 것이다.

② 슬리브형은 복식과 단식이 있다. 50A 이하의 것은 나사결합식이고, 65A 이상의 것은 플랜지결합식이다. 루프형에 비하여 설치장소는 많이 차지하지 않지만 시공 시 유체 누설에 주의하여야 한다.

③ 장시간 사용 시 패킹마모로 누수의 원인이 된다.

(2) 벨로즈형 신축이음

① 재료에 따라 구리, 고무, 인청동, 스테인리스강의 제품으로 주름이 신축을 흡수하는 것으로 전부 밀폐되어 있어 누설이 없고 트랩과 같이 사용할 수도 있으며 난방용, 냉방용 어느 용도나 사용할 수 있다.
② 가스의 성질에 따라 부식을 고려하여야 하며 신축으로 인한 응력은 받지 않는다.
③ 축방향 신축만이 아니고, 축에 직각방향의 변위, 각도변위 등을 흡수하는 것도 있다.
④ 고압에는 부적당하며 자체 응력 및 누설이 없다.
※ 벨로즈형 신축이음은 일명 팩리스(packless) 신축조인트라고도 한다.

(3) 스위블형 신축이음

① 2개 이상의 엘보를 사용하여 관절을 만들어 나사의 회전에 따라 관의 신축을 흡수하므로 가스나 큰 신축관인 경우에는 누설될 수 있다.
② 굴곡부에서 압력강하가 있어 압력손실이 있다.
③ 신축량이 너무 큰 배관은 나사이음부가 헐거워져 누설 우려가 있다.
④ 설치비가 적고 손쉽게 제작, 조립 사용이 가능하다.
⑤ 주관의 신축이 수직관에 영향을 주지 않고, 또 수직관의 신축도 주관에 영향을 주지 않는다.

(4) 루프(곡관)형 신축이음

① 강관 또는 동관 등을 루프상으로 만들어 생기는 휨에 의해 신축을 흡수한다.
② 디플렉션(deflection)을 이용한 신축이음이다.
③ 장소에 따라 구부림을 달리한다. 즉 설치공간을 많이 차지한다.
④ 응력을 수반하는 결점이 있다. 즉 신축에 따른 자체 응력이 생긴다.
⑤ 고온, 고압증기의 옥외배관에 이용된다.
⑥ 굽힘반지름은 파이프지름의 6배 이상이어야 한다.

(5) 상온 스프링(cold spring)

상온 스프링이란 열의 팽창을 받아서 배관이 자유팽창하는 것을 미리 계산해 놓고 시공하기 전에 파이프길이를 조금 짧게 절단하여 강제 배관하는 것이다. 이 경우 절단하는 길이는 계산에서 얻은 자유팽창량의 1/2 정도로 한다.

(6) 신축이음(expansion joint)

재료의 열팽창이 큰 금속일수록, 전체 길이가 길수록, 온도차가 큰 금속일수록 신축력도 크다. 관내에 온수·냉수·증기 등이 통과할 때 고온과 저온에 따른 온도차가 커짐에 따라 팽창과 수축이 생기며 관·기구 등을 파손 또는 구부러뜨리는데, 이런 현상을 방지하기 위해 직선배관 도중에 신축이음을 설치한다(동관은 20m마다, 강관은 30m마다 1개 정도 설치).

※ (신축)크기순서 : 루프형 > 슬리브형 > 벨로즈형 > 스위블형

(7) 동관의 신축

① 루프(loop) : 동관의 팽창수축량(mm)에 대한 치수(m)×2
② 오프셋(offset) : 동관의 팽창수축량(mm)에 대한 치수(m)×3

(8) 배관계에서의 응력

① 열팽창에 의한 응력
② 내압에 의한 응력
③ 냉간가공에 의한 응력
④ 용접에 의한 응력
⑤ 파이프 내부의 유체무게에 의한 응력
⑥ 배관 부속물, 밸브, 플랜지, 배관재료 등의 무게에 의한 응력

(9) 배관의 진동원인

① 펌프, 압축기 등에 의한 영향
② 파이프 내부를 흐르는 유체의 압력변화에 의한 영향
③ 파이프 굽힘에 의하여 생기는 힘의 영향
④ 안전밸브 분출에 의한 영향
⑤ 지진, 바람 등에 의한 영향

5 보온재 및 기타 배관용 재료

5.1 보온재

1) 보온재의 구비조건

① 내열성 및 내식성이 있을 것
② 기계적 강도, 시공성이 있을 것
③ 열전도율이 작을 것
④ 온도변화에 대한 균열 및 팽창, 수축이 작을 것
⑤ 내구성이 있고 변질되지 않을 것
⑥ 비중이 작고 흡수성이 없을 것
⑦ 섬유질이 미세하고 균일하며 흡습성이 없을 것

2) 보온재의 구분

① 보냉재 : 일반적으로 100℃ 이하의 냉온을 유지시키는 것
② 보온재 : 800℃ 이하로 200℃ 정도까지 견딜 수 있는 유기질과 300℃ 정도까지 견디는 무기질이 있음
③ 단열재 : 800~900℃ 이상 1,200℃까지 견디는 것
④ 내화단열재 : 내화물과 단열재의 중간에 속하는 것으로 대부분 1,300℃ 이상까지 견디는 것

3) 보온재의 종류

(1) 유기질 보온재

재질 자체가 독립기포로 된 다공질 물질로 높은 온도에 견딜 수 없으므로 증기실에 보온재로 사용하지 않고 보냉재로 이용된다.

① 특징
㉠ 보온능력이 우수하며 가격이 싸다.
㉡ 열전도율이 작으며 독립기포로 된 다공질 구조이다.
㉢ 비중이 작으며 내흡수성 및 내흡습성이 크다.

② 종류
㉠ 펠트(felt) : 우모펠트와 양모펠트가 있으며 주로 방로피복에 사용되고 곡면 등의 시공이 가능하다. 아스팔트를 방습한 것은 -60℃까지의 보냉용에 사용할 수 있다(안전사용온도 100℃ 이하).
㉡ 텍스류 : 목재, 톱밥, 펠트를 주원료로 해서 압축판모양으로 만든 단열재이다(안전사용온도 120℃). 주택, 아파트, 학교 등의 천장재, 실내벽 등의 보온 및 방음용으로 쓰인다. 단열, 방습, 흡음 등의 3대 효과를 갖춘 것으로 간단히 시공할 수 있으며 1급 불연재로 화재 시 연기나 유독가스가 발생하지 않는다.
㉢ 기포성 수지 : 일면 스펀지라고 하는 합성수지, 고무 등으로 다공질 제품으로 만든 폼(foam)류 단열재이다(안전사용온도 80℃ 이하).
㉣ 코르크(cork) : 냉장고, 건축용 보온·보냉재, 냉수·냉매배관, 냉각기, 펌프 등의 보냉재이며 탄화코르크는 방수성을 향상시키기 위해 아스팔트를 결합한 것이다(안전사용온도 130℃ 이하).

(2) 무기질 보온재

발포제를 가해 독립기포를 형성한 것이다.

① 탄산마그네슘($MgCO_3$) : 염기성 탄화마그네슘 85%를 배합한 것으로 열전도율은 0.052~0.076W/m·K이므로 25℃ 이하의 보냉재로 사용된다. 300~320℃에서 열분해하므로 안전사용온도는 30~250℃이고, 방습가공한 것은 습기가 많은 곳, 옥외배관에 적합하다.

② **석면(asbestos)** : 아스베스토스질 섬유로 되어 있다. 400℃ 이하의 보온재로 사용되며 400℃ 이상에서 탈수분해하고, 800℃ 이상에서 보온성을 잃게 된다. 안전사용온도는 350~550℃ 정도이고 사용 중 잘 갈라지지 않으며 진동을 받는 장치에 사용되고, 열전도율은 0.052~0.076W/m·K이므로 보온재로 사용된다.

③ **암면** : 안산암, 현무암에 석회석을 섞어 용융한 것이다. 섬유모양으로 만든 것으로 석면보다 꺾이기 쉬우나 값이 싸며, 아스팔트가공한 것은 습기가 있는 곳에 보냉용으로 사용된다. 열전도율은 0.045~0.056W/m·K, 안전사용온도는 400~600℃이다. 알칼리성에는 강하나, 산에는 약하다.

④ **규조토** : 다른 보온재보다 단열효과가 낮으며 두껍게 시공한 파이프 덕트, 탱크의 보온·보냉재로 사용한다. 열전도율은 0.093~1.11W/m·K, 안전사용온도는 석면 사용 시 500℃, 삼여물 사용 시 250℃이다.

⑤ **규산칼슘** : 규산질재료, 석회질재료, 암면 등을 혼합하여 수열반응시켜 규산칼슘을 주재료로 한 접착제를 쓰지 않는 결정체 보온재로 압축강도가 크고 곡률강도가 높고 반영구적이다. 열전도율은 0.058~0.076W/m·K, 안전사용온도는 650℃이며, 내수성이 크고 내구성이 우수하다. 시공이 편리하므로 고온에 가장 많이 사용된다.

⑥ **유리섬유(glass wool)** : 용융유리를 압축공기나 원심력을 이용하여 섬유형태로 제조한 것으로 안전사용온도는 300℃ 이하이고, 방수처리된 것은 600℃까지 가능하다. 흡수성이 크기 때문에 방수처리를 해야 하며 열전도율이 0.042~0.063W/m·K이므로 보냉·보온재로 냉장고, 덕트, 용기 등에 사용한다. 기계적 강도가 크다.

⑦ **폼 글라스** : 유리분말에 발포제를 가하여 노에서 가열, 용융시켜 발포와 동시에 경화, 융착시킨 보온재이다.

⑧ **실리카파이버 보온재** : 실리카(SiO_2)를 주성분으로 하여 압축 성형하여 만든 보온재이다(안전사용온도 1,100℃).

⑨ **세라믹파이버 보온재** : 실리카와 알루미나를 주성분으로 하여 만든 보온재이다(안전사용온도 1,300℃).

⑩ **바머큐라이트 보온재** : 질석을 약 1,000℃의 고온으로 가열하여 팽창시켜 만든 보온재이다.

5.2 페인트(녹 방지용 도료)

(1) 광명단도료(연단)

① 밀착력이 강하고 도막도 단단하여 풍화에 강하다.

② 연단(도료)에 아마인유를 배합한 것으로 녹스는 것을 방지하기 위해 널리 쓰인다.

③ 다른 착색도료의 초벽(under coating)으로 우수하다.

④ 내수성이 강하고 흡수성이 작은 우수한 방청도료이다.

(2) 산화철도료

① 산화 제2철에 보일유나 아마인유를 섞은 도료이다.
② 도막이 부드럽고 값도 저렴하다.
③ 녹 방지효과는 불량하다.

(3) 알루미늄도료(은분)

① Al분말에 유성바니시(oil varnish)를 섞은 도료이다.
② Al도막이 금속광택이 있으며 열을 잘 반사한다(주철제방열기에 사용).
③ 400~500℃의 내열성을 지니고 있는 난방용 방열기 등의 외면에 도장한다.

(4) 합성수지도료

① **프탈산계** : 상온에서 도막을 건조시키는 도료이다. 5℃ 이하 온도에서 건조가 잘 안 된다.
② **요소멜라민계** : 내열성, 내유성, 내수성이 좋다.
③ **염화비닐계** : 내약품성, 내유성, 내산성이 우수하여 금속의 방식도료로서 우수하다.
※ 합성수지도료는 증기관, 보일러, 압축기 등의 도장용으로 쓰인다.

(5) 타르 및 아스팔트

① 관의 벽면과 물과의 사이에 내식성 도막을 만들어 물과의 접촉을 방해한다.
② 노출 시에는 외부 벽의 원인에 따라 균열 발생이 용이하다.

(6) 고농도 아연도료

최근 배관공사에 많이 사용되고 있는 방청용도의 일종으로 도료를 칠했을 때 핀 홀(pin hole)에 물이 고여도 주위 철 대신 부식되어 철을 부식으로부터 방지하는 전기부식작용을 한다.

PART 4

5.3 패킹제(packing)

접합부로부터의 누설을 방지하기 위해 사용하는 것으로 동적인 부분(운동 부분)에 사용하는 것을 패킹(packing), 정적인 부분(고정 부분)에 사용하는 것을 개스킷(gasket)이라 한다.

(1) 플랜지패킹

① **고무패킹**
㉠ 천연고무
- 탄성은 우수하나 흡수성이 없다.
- 내산성, 내알칼리성은 크지만 열과 기름에 약하다.

- 100℃ 이상의 고온배관용으로는 사용 불가능하며 주로 급수용, 배수용, 공기의 밀폐용으로 사용된다.

㉡ 네오프렌(neoprene) : 천연고무와 유사한 합성고무로 천연고무보다 내유성, 내후성, 내산성, 기계적 성질이 우수하다.

- 내열범위가 -46~121℃인 합성고무제이다.
- 물, 공기, 기름, 냉매배관용(증기배관에는 제외)에 사용된다.

② 석면조인트시트

㉠ 섬유가 가늘고 강한 광물질로 된 패킹제이다.

㉡ 450℃까지의 고온에도 견딘다.

㉢ 증기, 온수, 고온의 기름배관에 적합하며 슈퍼히트(super heat)석면이 많이 쓰인다.

③ 합성수지패킹(사불화에틸렌, 테플론) : 가장 많이 쓰이는 테플론은 기름에도 침해되지 않고 냉열범위도 -260~260℃이다.

④ 금속패킹

㉠ 구리, 납, 연강, 스테인리스강제 금속이 많이 사용된다.

㉡ 탄성이 적어 관의 팽창, 수축, 진동 등으로 누설할 염려가 있다.

⑤ 오일실패킹

㉠ 회전부, 접합부의 기밀을 유지하기 위해 일정한 두께로 겹쳐 내유가공한 것이다.

㉡ 내열도는 낮으나 펌프, 기어박스 등에 사용된다.

(2) 나사용 패킹

① 페인트 : 페인트와 광명단을 섞어 사용한 것으로 오일(기름)배관에는 사용할 수 없다.

② 일산화연 : 페인트에 소량 타서 사용하며 냉매배관용으로 많이 쓰인다.

③ 액화합성수지

㉠ 화학약품에 강하며 내유성이 크다.

㉡ -30~130℃의 내열범위를 지니고 있다.

㉢ 증기, 기름, 약품의 수송배관이 많이 쓰인다.

(3) 글랜드패킹(gland packing)

밸브나 펌프 등의 회전 부분에 기밀을 유지할 목적으로 사용한다.

① 석면 각형 패킹 : 내열성, 내산성이 좋아 대형의 밸브 글랜드용으로 많이 사용

② 석면 얀(yarn) : 소형 밸브, 수면계의 콕, 기타 소형 글랜드용으로 많이 사용

③ 아마존패킹 : 면포와 내열고무 콤파운드를 가공 성형한 것으로 압축기의 글랜드용으로 많이 사용

④ 몰드패킹 : 석면, 흑연, 수지 등을 배합 성형한 것으로 밸브, 펌프 등의 글랜드용으로 많이 사용

Point

패킹 선정 시 고려사항
- 관내 물질의 물리적 성질 : 온도, 압력, 물질의 상태, 밀도, 점도 등
- 관내 물질의 화학적 성질 : 화학성분과 안정도, 부식성, 용해능력, 휘발성, 인화성, 폭발성 등
- 기계적 조건 : 고체의 난이, 진동의 유무, 내압과 외압에 대한 강도 등

6 관 이음(joint)

6.1 나사이음(screw joint)

① 관의 방향을 변화시킬 경우 : 엘보(elbow), 밴드(band)
② 관의 도중에서 분리시킬 경우 : 티(tee), 와이(Y), 크로스(cross) 등
③ 동일 직경의 관을 직선으로 접합할 경우 : 소켓(socket), 유니언(union), 플랜지(flange), 니플(nipple) 등
④ 서로 다른 직경(이경)의 관을 접합할 경우 : 리듀서(reducer), 부싱(bushing), 이경엘보, 이경티
⑤ 관의 끝을 막을 경우 : 플러그(plug), 캡(cap)

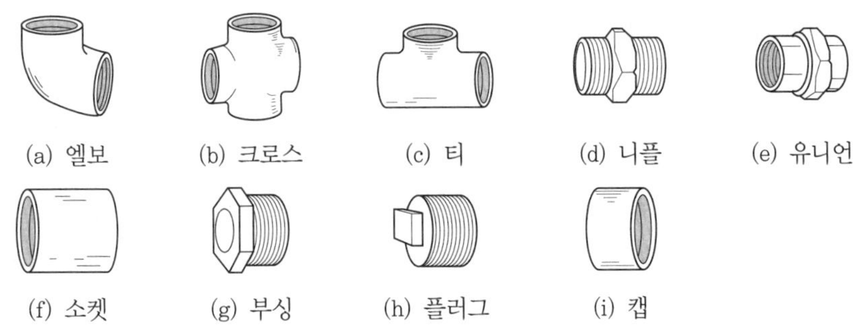

6.2 용접이음(welding joint)

6.3 플랜지이음(flange joint)

① 관 자체를 회전하지 않고 플랜지 사이에 개스킷을 넣고 볼트로 체결하는 접합방법이다.
② 고압유체탱크의 배관 및 밸브, 펌프, 열교환기 등의 접속 및 관의 해체, 교환을 필요로 하는 곳에 사용된다.

6.4 비철금속의 접합방법

플레어이음, 경납땜이음(동관의 경우), 플라스턴이음(연관의 경우에서 주석 40%와 납 60%의 합금을 용융) 등이 있다.

영구이음(용접이음방식)의 특징

- 접합부의 강도가 높다.
- 중량이 가볍다.
- 분해, 수리가 어렵다.
- 누설이 어렵다.
- 배관 내·외면에서 유체의 마찰저항이 작다.

7 각종 밸브

7.1 게이트밸브(gate valve)

① 일명 슬루스밸브(sluice valve), 사절밸브, 간막이 밸브라고 한다.

② 수배관, 저압증기관, 응축수관, 유관 등에 사용된다.

③ 완전 개방 시 유체의 마찰저항손실은 작으나 절반 정도 열어놓고 사용할 경우에는 와류로 인한 유체의 저항이 커지고 밸브의 마모 및 침·부식되기 쉽다(유량조절은 부적합하고, 유로개폐용으로 적합).

④ 밸브 스템의 나사형태

㉠ 안나사형(65A 이상의 관용) : 밸브 스템의 회전에 의해서 밸브 디스크만 상하개폐(비입상식)되어 좁은 장소의 설치에 유리

㉡ 바깥나사형(50A 이하 관용) : 밸브 스템의 상하움직임과 함께 밸브 디스크도 움직여 개폐(입상식)되어 장착하는 공간은 넓게 차지하나 개폐 여부를 외부에서 쉽게 식별 가능

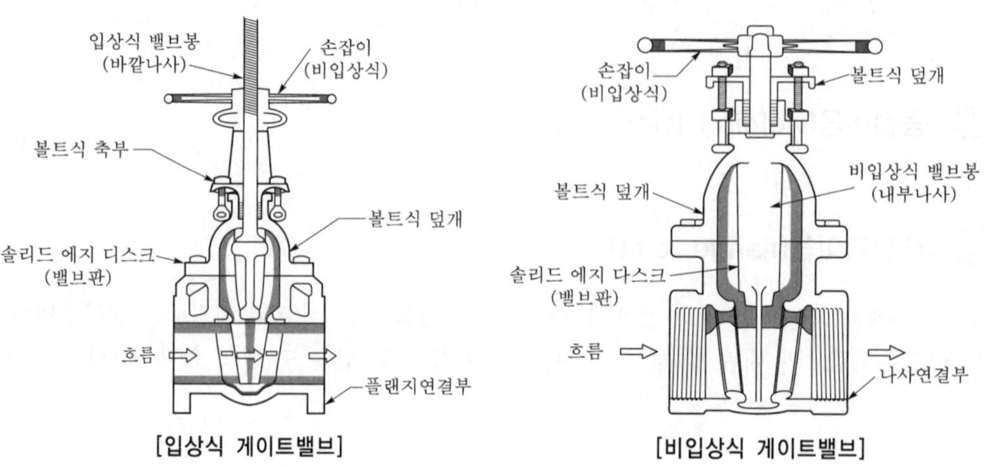

[입상식 게이트밸브] [비입상식 게이트밸브]

7.2 글로브밸브(globe valve)

① 일명 구(볼)형 밸브, 스톱밸브라고도 한다.
② 유량조절에 적합하다.
③ 게이트밸브에 비하여 단시간에 개폐가 가능하며 소형, 경량이다.
④ 유체의 흐름은 밸브시트 아래쪽에서 위쪽으로 흐르도록 장착한다.
⑤ 유체의 흐름에 대한 마찰저항이 크다.
⑥ 형식에 따라 앵글밸브, Y형 밸브, 니들밸브가 있다.

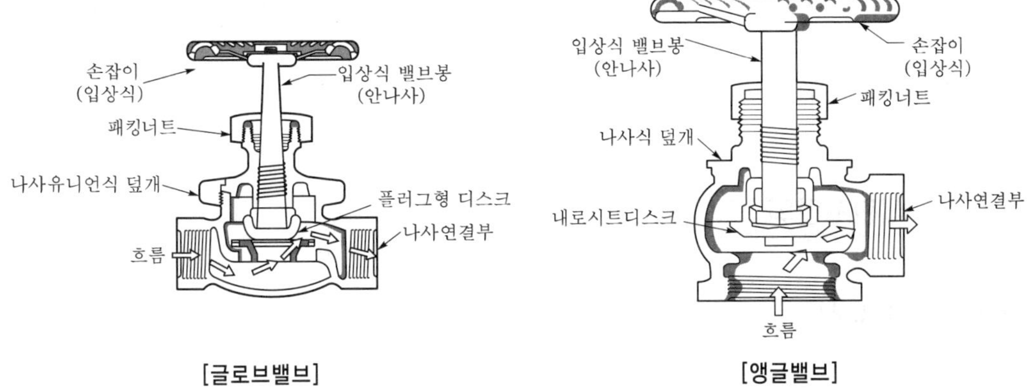

[글로브밸브] [앵글밸브]

7.3 체크밸브(check valve)

① 유체의 흐름을 한쪽 방향으로만 흐르도록 하고 역류를 방지한다(역지밸브).
② 형식상의 종류에 따라 리프트형과 스윙형이 있다.
   ㉠ 리프트형 : 유체의 압력에 의하여 밸브 디스크가 밀어 올려지면서 열리므로 배관의 수평 부분에만 사용
   ㉡ 스윙형 : 수평관, 입상(수직)관의 어느 배관에도 사용 가능
③ 밸브가 열릴 때 생기는 와류를 방지하거나 수격을 완화시킬 목적으로 설계된 스모렌스키 체크밸브도 있다.
④ 장착 시 화살표의 표시방향과 일치해야 한다.

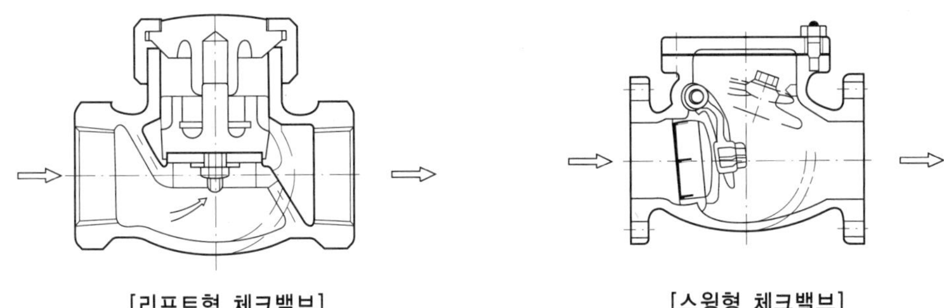

[리프트형 체크밸브] [스윙형 체크밸브]

7.4 버터플라이밸브(butterfly valve)

① 게이트밸브의 일종이나 나비형 밸브, 스로틀밸브(throttle valve)라고 한다.
② 밸브 디스크가 유체 내에서 회전할 수 있어 유량조절이 가능하며 개폐가 용이하다.

7.5 콕(cock)

① 급속히 유로를 개폐할 경우 및 유량의 균형을 유지할 때 사용된다.
② 90°(1/4회전) 회전으로 개폐되므로 드레인관, 수배관, 가스배관 등에 유용하다.
③ 글랜드가 있는 것은 글랜드콕, 없는 것은 메인콕 또는 피콕이라 한다.
④ 고온의 유체배관, 대용량의 구경에는 사용하지 않는다.

8 배관도면의 표시방법

8.1 관의 표시

관을 1개의 실선으로 표시하며, 같은 도면에서 다른 관을 표시할 때에는 같은 굵기의 선으로 표시함을 원칙으로 한다.

8.2 유체의 표시

① **유체의 종류, 상태, 목적** : 관내를 흐르는 유체의 종류, 상태, 목적을 표시하는 경우는 문자기호에 의해 인출선을 사용하여 도시하는 것을 원칙으로 한다. 단, 유체의 종류를 표시하는 문자기호는 필요에 따라 관을 표시하는 선을 인출선 사이에 넣을 수 있다. 또한 유체의 종류 중 공기, 가스, 기름, 증기, 물 등을 표시할 때는 다음 표에 표시한 기호를 사용한다.

종류	공기	가스	유류	수증기	증기	물
문자기호	A	G	O	S	V	W

② **유체의 방향** : 유체가 흐르는 방향은 화살표로 표시한다.

[유체의 종류에 따른 배관 도색]

종류	도색	종류	도색
공기	백색	물	청색
가스	황색	증기	암적색
유류	암황적색	전기	미황적색
수증기	암황색	산・알칼리	회자색

[Y형 여과기(스트레이너)의 도시기호(관지지기호 포함)]

명칭	기호	명칭	관지지	기호
맞대기용접		행거		H
소켓용접		스프링행거		SH
플랜지		바닥지지		S
나사		스프링지지		SS

8.3 배관도면의 종류

① 평면배관도 : 배관장치를 위에서 아래로 내려다보고 그린 그림
② 입면배관도(측면배관도) : 배관장치를 측면에서 본 그림
③ 입체배관도 : 입체적 형상을 평면에 나타낸 그림
④ 부분조립도 : 배관 일부를 인출하여 그린 그림

8.4 배관 도시기호

(1) 치수기입법

① 치수표시
㉠ 일반적으로 치수표시는 숫자로 나타내되, mm로 기입한다.
㉡ A : mm, B : inch

② 높이표시
㉠ EL(elevation level) : 관의 중심을 기준으로 하여 높이를 표시한다.
- BOP(bottom of pipe) : 지름이 다른 관의 높이를 나타낼 때 적용되며 관 외경의 아랫면까지를 기준으로 하여 높이를 표시한다.
- TOP(top of pipe) : BOP과 같은 목적으로 이용되나 관의 바깥지름의 윗면을 기준으로 하여 높이를 표시한다.

㉡ GL(ground level) : 포장된 지표면을 기준으로 하여 높이를 표시한다.
㉢ FL(floor level) : 1층의 바닥면을 기준으로 하여 높이를 표시한다.

(2) 일반배관 도시기호(관지지기호 포함)

명칭	기호	명칭	기호
결연	X[mm]	트랩	
보온관	X[mm]	벤트	
인체 안전용 보온관	PP	탱크용 벤트	

명칭	기호
분리 가능관	또는
원추형 여과막	
평면형 여과막	
증기 가설관	X[mm]

명칭	관지지	기호
앵커		
가이드		G
슈		

① **관의 굵기와 재질의 표시 :** 관의 굵기와 재질을 표시할 때에는 관의 굵기를 숫자로 표시한 다음, 그 뒤에 종류와 재질을 문자, 기호로 표시한다.

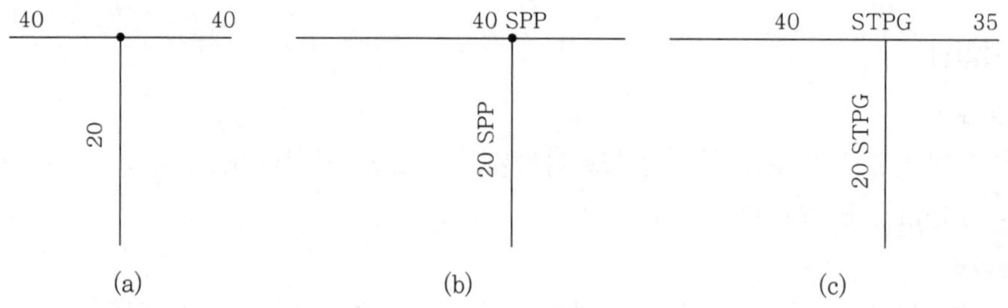

② **관의 연결방법과 도시기호**

㉠ 관이음

연결방식	도시기호	예	연결방식	도시기호	예
나사식			턱걸이식		
용접식			유니언식		
플랜지식					

㉡ 신축이음

연결방식	도시기호	연결방식	도시기호
루프형		벨로즈형	
슬리브형		스위블형	

※ 용접이음은 —✕—와 —●— 모두 사용한다.

③ 관의 입체적 표시

상태	기호
관이 도면에 직각으로 앞쪽을 향해 구부러져 있을 때	A
관이 앞쪽에서 도면에 직각으로 구부러져 있을 때	A
관 A가 앞쪽에서 도면에 직각으로 구부러져 관 B에 접속할 때	A B

④ 관의 접속상태

관의 접속상태		기호
접속하고 있지 않을 때		, 또는
접속하고 있을 때	교차	
	분기	

⑤ 밸브 및 계기의 표시

종류	기호	종류	기호
글로브밸브(옥형밸브)		일반조작밸브	
슬루스밸브(사절밸브)		전자밸브	S
앵글밸브		전동밸브	M
체크밸브(역지밸브)		도출밸브	+
버터플라이밸브(나비밸브)	또는	공기빼기밸브	

종류		기호	종류	기호
다이어프램밸브			닫혀 있는 일반밸브	
감압밸브(리듀싱밸브)			닫혀 있는 일반콕	
볼밸브			온도계	T
안전밸브	스프링식		압력계	P
	추식		가스계량기(가스미터)	GM
콕	일반		유량계	F
	삼방		액면계	LG

⑥ 관 끝부분 표시

종류	기호	종류	기호
용접식 캡		핀치 오프(pinch off)	
막힌 플랜지		나사박음식 캡(플러그)	
체크조인트			

⑦ KS 배관 도시기호

• 관이음 및 밸브

명칭	플랜지이음	나사이음	턱걸이이음	용접이음	땜이음
부싱(bushing)			6 4		
캡(cap)					
줄임크로스 (reducing)	2 6 6 4	2 6 6 4	6 2 6 4	6 2 6 4	6 2 6 4
크로스 (straight size)					
45° 엘보					
90° 엘보					

명칭	플랜지이음	나사이음	턱걸이이음	용접이음	땜이음
가는 엘보 (turned down)					
오는 엘보 (turned up)					
옆가지 엘보(가는 것) (side outlet; outlet up)					
옆가지 엘보(오는 것) (side outlet; outlet up)					
조인트 (connecting pipe)					
팽창조인트 (expansion)					
와이(Y) 티 (lateral)					
오리피스플랜지 (orifice flange)					
줄임플랜지 (reducing flange)					
리듀서 (reducer, concentric)					
편심리듀서 (eccenitric)					
슬리브 (sleeve)					
티 (tee, straight size)					
오는 티 (outlet up)					
가는 티 (outlet down)					
줄임티 (reducing)					

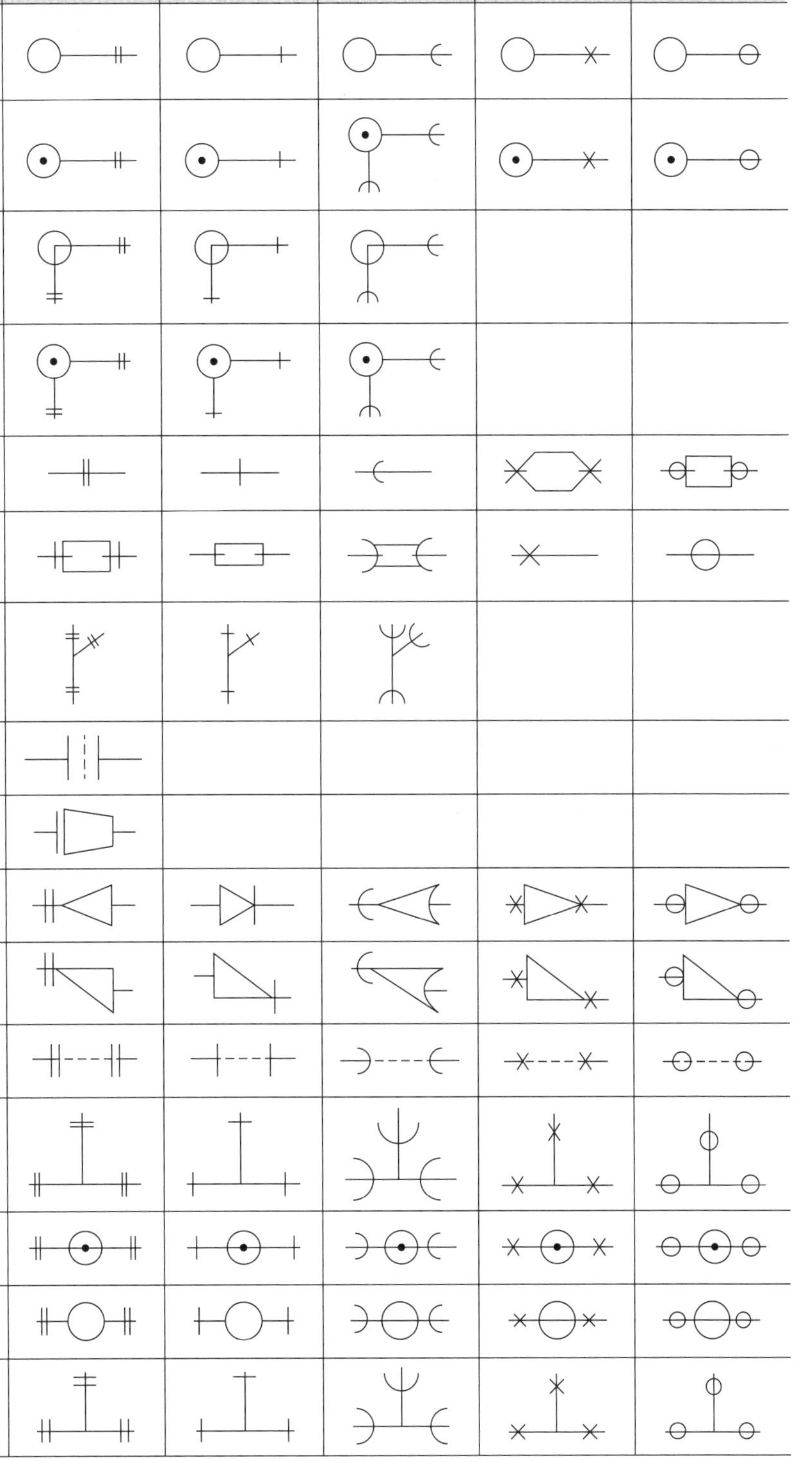

명칭	플랜지이음	나사이음	턱걸이이음	용접이음	땜이음
옆가지 티(가는 방향) (side outlet : outlet down)					
옆가지 티(오는 방향) (side outlet : outlet up)					
유니언 (union)					
체크밸브 (straightway)					
콕 (cock)					

2 Chapter 공조(냉동)배관

1 배관 일반 및 시공방법

1.1 배관의 일반적인 유의사항

(1) 배관의 선택 시 유의사항

① 냉매 및 윤활유의 화학적, 물리적인 작용에 의하여 열화되지 않을 것

② 냉매와 윤활유에 의해서 장치의 금속배관이 부식되지 않을 것. 냉매에 따라 부식되는 다음 금속은 사용해서는 안 된다.

㉠ 암모니아(NH_3) : 동 및 동합금을 부식시킨다(강관 사용).

㉡ 프레온(Freon) : 마그네슘 및 2% 이상의 마그네슘(Mg)을 함유한 알루미늄합금을 부식시킨다(동관 사용).

㉢ 염화메틸(R-40) : 알루미늄 및 알루미늄합금을 부식시킨다(프레온냉매동관 사용).

③ 가요관(flexible tube)은 충분한 내압강도를 갖도록 하며 교환할 수 있는 구조일 것

④ 온도가 -50℃ 이하의 저온에 사용되는 배관은 2~4%의 니켈을 함유한 강관 또는 이음매 없는(seamless) 동관을 사용하고 저온에서도 기계적인 성질이 불변하고 충격치가 큰 재료를 사용할 것

⑤ 냉매의 압력이 1MPa을 초과하는 배관에는 주철관을 사용하지 않을 것

⑥ 가스배관(SPP)은 최소 기밀시험압력이 1.7MPa을 넘는 냉매의 부분에는 사용하지 말 것 (단, 4MPa의 압력으로 냉매시험을 실시한 경우 2MPa 이하의 냉매배관에 사용)

⑦ 관의 외면이 물과 접촉되는 배관(냉각기 등)에는 순도 99.7% 미만의 알루미늄을 사용하지 않을 것(단, 내식처리를 실시한 경우에는 제외)

⑧ 가공성이 좋고 내식성이 강한 것이어야 하며 누설이 없을 것

(2) 배관 시공상의 유의사항

① 장치의 기기 및 배관은 완전히 기밀을 유지하고 충분한 내압강도를 지닐 것

② 사용하는 재료는 용도, 냉매의 종류, 온도에 대응하여 선택할 것

③ 냉매배관 내의 냉매가스의 유속은 적당할 것
④ 기기 상호 간의 연결배관은 가능한 최단거리로 할 것
⑤ 굴곡부는 가능한 한 작게 하고, 곡률반경은 크게 할 것
⑥ 밸브 및 이음매의 부분에서의 마찰저항을 작게 할 것
⑦ 수평관은 냉매의 흐르는 방향으로 적당한 정도의 구배(1/200~1/50)를 둘 것
⑧ 액냉매나 윤활유가 체류하기 쉬운 불필요한 곡부, 트랩 등은 설치하지 말 것
⑨ 온도변화에 의한 배관의 신축을 고려하여 루프배관 또는 고임방법을 채용할 것
⑩ 통로를 횡단하는 배관은 바닥에서 2m 이상 높게 하거나 견고한 보호커버를 취하여 바닥 밑에 매설할 것

1.2 냉매별 배관 시공상의 유의점

(1) 프레온냉매의 배관

① 흡입관
㉠ 관경의 결정은 가스유속과 압력손실에 의해서 결정된다.
㉡ 냉매가스 중의 윤활유가 확실하게 회수될 수 있는 속도이어야 하며 압축기를 향하여 1/200 정도 하향구배를 둘 것
㉢ 과도한 압력손실과 소음이 발생하지 않도록 20m/s 이하의 속도로 제한할 것
㉣ 압력손실은 냉방용 1℃, 냉동용 0.5℃를 초과하지 않을 것

[냉매별 일반적인 유속 및 압력손실의 기준]

사용냉매	흡입관		
	유속(m/s)	포화온도강하(℃)	압력강하(kPa)
R-12, R-22	6~20	0.5~1	• R-12 : 13(5℃) • R-22 : 20
암모니아	10~25	0.5	50(+5℃), 3(-30℃)
염화메틸	6~20	1	10(5℃)

㉤ 압축기가 증발기의 상부에 위치하고 입상관이 길 경우에는 약 10m마다 중간 트랩을 설치하여 냉매 중의 윤활유가 증발기로 역류하지 않도록 할 것
㉥ 압축기가 증발기의 하부에 위치할 경우에는 정지 중에 증발기 내의 액냉매가 압축기로 유입되지 않도록 증발기 출구에 작은 트랩을 설치한 후 증발기 상부보다 높게 입상시켜 배관할 것

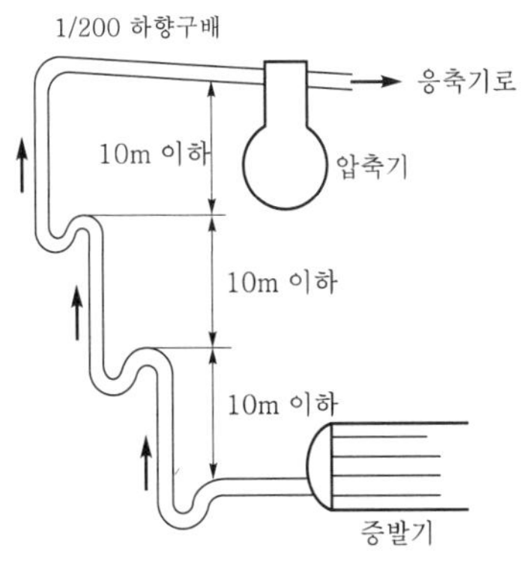

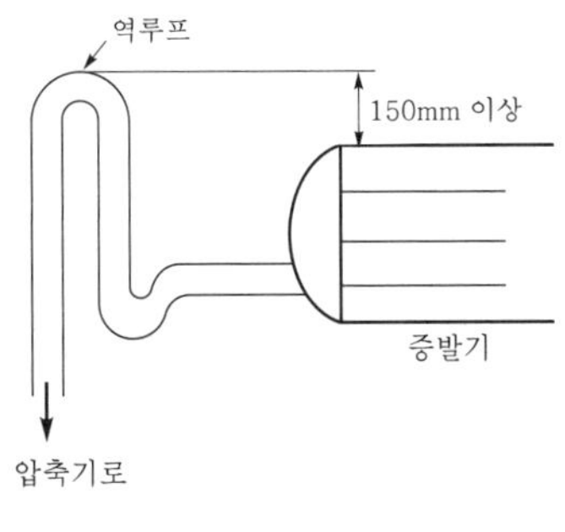

(a) 증발기가 압축기 하부에 위치하고 입상관이 길 경우 (b) 증발기가 압축기 상부에 위치하고 있는 경우

ⓢ 배관의 합류에는 T이음을 피하고 Y이음으로 할 것

ⓞ 흡입관상에는 불필요한 트랩이나 곡부를 설치하지 말 것

ⓩ 여러 대의 증발기에서 흡입주관으로 접속할 경우에는 주관의 상부에 접속하여 무부하 상태에서의 주관 내의 윤활유가 증발기로 역류되는 것을 방지할 것

ⓒ 부하변동이 심하거나 폭넓은 용량제어(언로더)를 할 경우에는 윤활유의 회수가 신속, 정확하도록 필요에 따라 이중입상관을 설치할 것

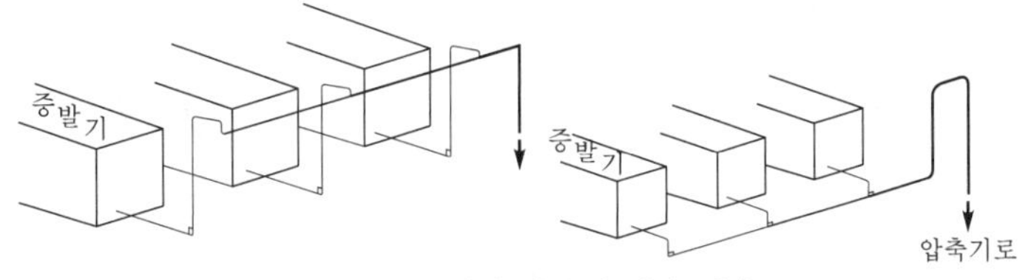

(a) 압축기의 위치가 하부에 있을 경우

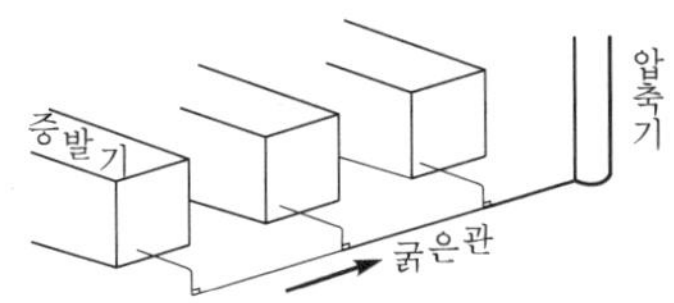

(b) 압축기의 위치가 상부에 있을 경우

[여러 대의 증발기와 압축기의 위치가 변화하는 경우 흡입관의 배관]

② 토출관

㉠ 흡입관에서의 ㉠, ㉡, ㉢과 동일한 조건일 것

[토출관에서의 냉매별 유속과 압력손실의 기준]

사용냉매	토출관		
	유속(m/s)	포화온도강하(℃)	압력강하(kPa)
R-12, R-22	10~17.5	0.5~1	• R-12 : 15~30 • R-22 : 20~50

PART 4

사용냉매	토출관		
	유속(m/s)	포화온도강하(℃)	압력강하(kPa)
암모니아	15~30	0.5	20
염화메틸	10~20	0.5~1	20

㉡ 입상관의 길이가 2.5m 이상 10m 이하로 길어지는 경우에는 정지 중에 배관 내의 냉매 및 윤활유가 압축기로 역류하는 것을 방지하기 위하여 토출관의 입상이 시작되는 것에 트랩을 설치할 것

㉢ 입상관의 길이가 10m 이상 길어지는 경우에는 약 10m마다 중간 트랩을 설치하여 배관 중의 윤활유가 압축기로 역류하는 것을 방지할 것

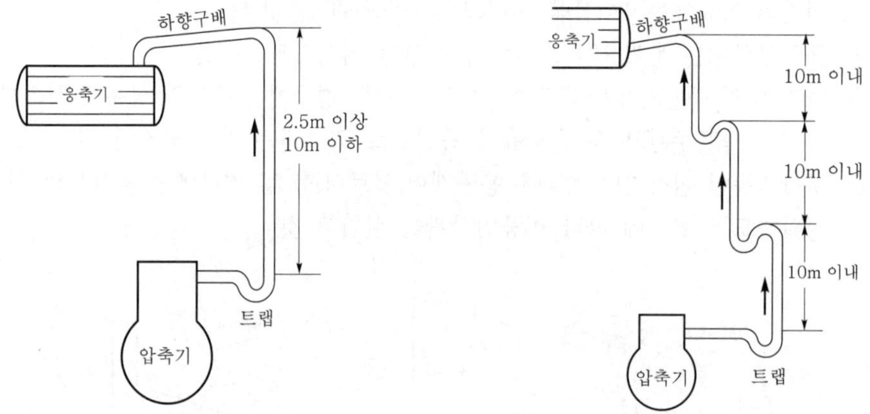

(a) 입상관의 길이가 2.5m 이상 10m 이하로 길어지는 경우 (b) 입상관의 길이가 10m 이상 길어지는 경우

㉣ 연중 자동운전을 하거나 압축기와 응축기 사이에 격심한 온도차가 생길 경우에는 정지 중 냉매가스가 응축되었다가 액냉매로 압축기에 역류되는 것을 방지하기 위해서는 토출관상에 체크밸브를 설치할 것

㉤ 압축기와 응축기가 동일한 위치에 설치될 경우에는 입상관에 연결된 수평관은 1/50 정도 하향구배를 둘 것

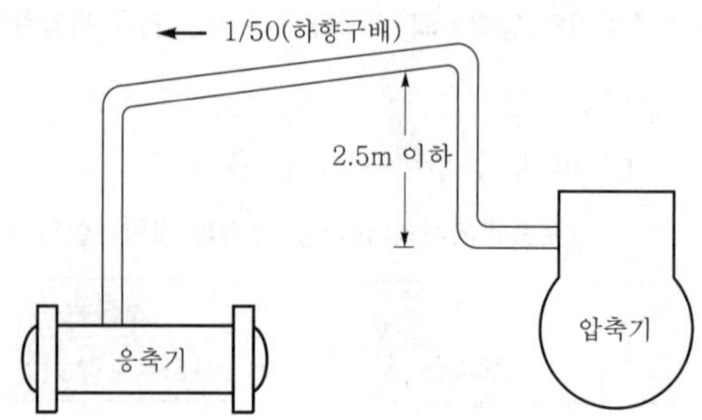

③ 액관

㉠ 윤활유의 체류는 문제가 되지 않으며 플래시가스의 발생을 방지할 것

㉡ 압력손실은 팽창밸브와 응축기(또는 수액기) 사이의 위치차에 의한 정압손실과 액관의 마찰손실에 기인하며, 마찰손실은 20kPa 이하이어야 할 것

㉢ 팽창밸브 직전의 액냉매는 5℃ 정도의 과냉각상태를 유지하도록 할 것

㉣ 유속은 0.5~1.5m/s 정도로 유지할 것

㉤ 제습기, 여과망, 전자밸브, 기타 지판을 설치할 경우에는 압력손실의 영향을 고려할 것

㉥ 가능한 한 배관을 짧게 하여 플래시가스의 발생을 억제할 것

※ 플래시가스가 발생하면 압력손실도 현저히 증가되고 냉매순환량도 감소됨으로써 냉매부족과 동일한 현상으로 팽창밸브의 용량과 능력을 감소시킨다.

㉦ 증발기가 응축기보다 8m 이상 높은 위치에 설치된 경우에는 플래시가스의 발생을 방지하기 위한 열교환기 등을 설치할 것

㉧ 열교환기 등의 설치가 없을 경우에는 입상높이를 제한(R-12 : 5m, R-22 : 10m)하되 배관의 치수 및 밸브, 부속품 등의 구경을 한 치수 크게 선정할 것

㉨ 증발기가 응축기보다 낮은 위치에 설치된 경우에는 2m 이상의 역루프를 두어 정지 중 액냉매가 증발기로 유입되는 것을 방지할 것(단, 액관에 전자밸브가 설치된 경우에는 제외)

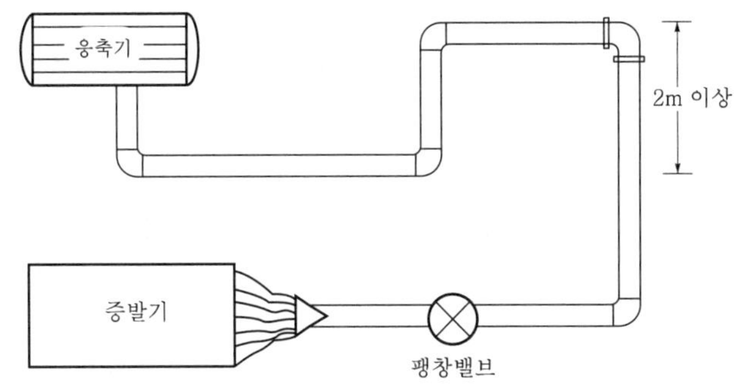

[액관의 입상에 의한 압력손실 산정표]

응축온도 (℃)	R-12 (kPa)	R-22 (kPa)	R-500 (kPa)	응축온도 (℃)	R-12 (kPa)	R-22 (kPa)	R-500 (kPa)
25	131	119	116	40	126	113	111
30	129	118	114	45	123	111	109
35	127	115	113	50	121	108	107

(2) 암모니아냉매의 배관

① 흡입관
- ㉠ 불필요한 곡부 및 트랩은 설치하지 말 것
- ㉡ 압축기를 향하여 수평관은 1/100의 하향구배를 둘 것
- ㉢ 유속 및 압력손실은 프레온용 흡입관을 기준할 것
- ㉣ 자동액회수장치(liquid return system)를 설치하여 액압축의 위험을 방지할 것

② 토출관
- ㉠ 토출가스 중의 윤활유가 압축기로 역류되지 않도록 할 것
- ㉡ 압축기에서 입상된 토출관의 수평 부분에는 응축기로 향하여 1/100의 구배를 두어 정지 중에 응축된 액냉매가 압축기로 역류되지 않고 응축기로 순조롭게 유입되지 않도록 할 것
- ㉢ 토출관 중의 유분리기는 가능한 기계실 내에 위치하도록 설치할 것
- ㉣ 체크밸브를 설치하여 정지 중에 압축기로 응축냉매가 역류하지 않도록 할 것

③ 액관 : 응축기와 증발기 사이 배관
- ㉠ 액관 중에 설치하는 글로브밸브의 스핀들방향은 액관에 수평으로 위치하도록 할 것
- ㉡ 과냉각되는 액관의 앞뒤(전후)에는 지판을 설치하지 않아야 하며, 부득이한 경우에는 안전밸브를 설치해서 액봉사고의 위험을 방지할 것(응축기에서 수액기 사이는 1/50 하향구배, 수액기에서 팽창밸브 사이는 1/100 하향구배)
- ㉢ 횡형 응축기와 수액기 사이에는 최소 300mm 이상의 낙차를 두어 액냉매의 유동이 순조롭게 할 것(유속 0.5m/s 정도 유지)
- ㉣ 액순환식의 냉매액펌프의 송액관에는 액봉사고의 방지를 위한 안전밸브를 설치할 것
- ㉤ 액펌프 흡입관의 입구저항, 관의 압력손실로 관 외부로부터의 열침입, 펌프의 흡입압력손실을 보상하기 위하여 저압수액기의 액면에서 액펌프까지는 1.2m 정도의 낙차를 둘 것
- ㉥ 저압수액기의 액면과 흡입구의 낙차는 300mm 이상을 두어 흡입저항에 의한 압력손실의 보상과 흡입구에서 발생되는 와류을 방지할 것

2 배관

2.1 배관의 설치

① 배관은 외부에 노출하여 시공하여야 한다. 다만, 동관, 스테인리스강관, 기타 내식성 재료로서 이음매(용접이음매를 제외한다) 없이 설치하는 경우에는 매몰하여 설치할 수 있다.

② 배관의 이음부(용접이음매를 제외한다)와 전기계량기 및 전기개폐기와의 거리는 60cm 이상, 굴뚝(단열조치를 하지 아니한 경우에 한한다), 전기점멸기 및 전기접속기와의 거리는 30cm 이상, 절연전선과의 거리는 10cm 이상, 절연조치를 하지 아니한 전선과의 거리는 30cm 이상의 거리를 유지하여야 한다.

2.2 배관의 고정 및 매설

배관은 움직이지 아니하도록 고정 부착하는 조치를 하되, 그 관경이 13mm 미만의 것에는 1m마다, 13mm 이상 33mm 미만의 것에는 2m마다, 33mm 이상의 것에는 3m마다 고정장치를 설치하여야 한다.

배관의 위치에 따른 매설깊이

- 공동주택 등의 부지 안, 폭 4m 미만 도로 : 0.6m
- 산이나 들, 폭 4m 이상 8m 미만 도로 : 1m
- 폭 8m 이상 도로, 시가지 외의 도로, 그 밖의 지역 : 1.2m
- 시가지의 도로 : 1.5m

2.3 배관의 접합

① 배관을 나사접합으로 하는 경우에는 KS B 0222(관용테이퍼나사)에 의하여야 한다.
② 배관의 접합을 위한 이음쇠가 주조품인 경우에는 가단주철제이거나 주강제로서 KS표시 허가제품 또는 이와 동등 이상의 제품을 사용하여야 한다.

PART 4

2.4 배관의 표시

① 배관은 그 외부에 사용가스명, 최고사용압력 및 가스흐름방향을 표시하여야 한다. 다만, 지하에 매설하는 배관의 경우에는 흐름방향을 표시하지 아니할 수 있다.
② 지상배관은 부식 방지 도장 후 표면색상을 황색으로 도색한다. 다만, 건축물의 내・외벽에 노출된 것으로서 바닥(2층 이상의 건물의 경우에는 각 층의 바닥을 말한다)에서 1m의 높이에 폭 3cm의 황색 띠를 2중으로 표시한 경우에는 표면색상을 황색으로 하지 아니할 수 있다.

배관 관련 설비

1 가스설비

(1) 가스의 조성

① LPG(액화석유가스) : 프로판(C_3H_8), 부탄(C_4H_{10})
② LNG(액화천연가스) : 메탄(CH_4)

(2) 가스배관의 원칙

① 직선 및 최단거리배관으로 할 것
② 옥외, 노출배관으로 할 것
③ 오르내림이 적을 것

(3) 가스배관의 경로

저압 본관 → 차단밸브 → 가스미터 → 가스콕 → 소비처

(4) 가스배관설계

가스기구 배치 → 사용량 예측 → 배관경로 결정 → 관경 결정

(5) 공급방식

① 고압 : 1MPa 이상
② 중압 : 0.1MPa 이상 1MPa 이하
③ 저압 : 0.1MPa 이하

Point

- 저압배관 시 가스유량(폴(Pole)의 공식) : $Q=K\sqrt{\frac{D^5H}{LS}}$ [m^3/h]
- 중·고압배관 시 가스유량(콕스(Cox)의 공식) : $Q=K\sqrt{\frac{D^5({P_1}^2-{P_2}^2)}{LS}}$ [m^3/h]

여기서, Q : 가스유량(m^3/h), D : 관의 내경(cm), H : 허용마찰손실수두(mmH_2O)
P_1 : 처음 압력(kgf/cm^2), P_2 : 나중 압력(kgf/cm^2), L : 관길이(m), S : 가스비중
K : 유량계수(폴 : 0.707, 콕스 : 52.31)

(6) 조정기(거버너)

가스의 압력을 조정하여 가스의 공급을 일정하게 유지

(7) 실내가스배관과의 거리

① 전선 : 15cm 이상
② 굴뚝, 전기점멸기, 전기접속기 : 30cm 이상
③ 전기계량기, 전기개폐기 : 60cm 이상

(8) 가스배관의 고정

① 13mm 미만 : 1m마다
② 13~33mm 미만 : 2m마다
③ 33mm 이상 : 3m마다

(9) 가스계량기 설치

① 지면으로부터 1.6~2m 이내 설치
② 화기로부터 2m 이상 유지

2 난방배관

2.1 증기난방배관

(1) 배관구배(기울기)

① 단관 중력환수식 : 상향공급식, 하향공급식 모두 끝내림구배를 주며 표준 구배는
  ㉠ 순류관(하향공급식) : 1/100~1/200
  ㉡ 역류관(상향공급식) : 1/50~1/100
  ㉢ 환수관 : 1/200~1/300

② 복관 중력환수식
  ㉠ 건식환수관 : 1/200의 끝내림구배로 배관하며 환수관은 보일러수면보다 높게 설치한다. 증기관 내 응축수를 환수관에 배출할 때는 응축수의 체류가 쉬운 곳에 반드시 트랩을 설치해야 한다.
  ㉡ 습식환수관 : 증기관 내 응축수 배출 시 트랩장치를 하지 않아도 되며 환수관이 보일러수면보다 낮아지면 된다. 증기주관도 환수관의 수면보다 약 400mm 이상 높게 설치한다.

③ 진공환수식 : 증기주관은 1/200~1/300의 끝내림구배를 주며 건식환수관을 사용한다. 리프트피팅(lift fitting)은 환수주관보다 지름이 1~2 정도 작은 치수를 사용하고, 1단의 흡상높이는 1.5m 이내로 하며, 그 사용개수를 가능한 한 적게 하고 급수펌프의 근처에 1개소만 설치한다.

(2) 배관 시공방법

① **분기관 취출** : 주관에 대해 45° 이상으로 지관을 상향 취출하고 열팽창을 고려해 스위블이음을 해 준다. 분기관의 수평관은 끝올림구배를, 하향공급관을 위로 취출한 경우에는 끝내림구배를 준다.

② **매설배관** : 콘크리트매설배관은 가급적 피하고, 부득이할 때는 표면에 내산도료를 바르든가 연관제 슬리브 등을 사용해 매설한다.

③ **암거 내 배관** : 기기는 맨홀 근처에 집결시키고 습기에 의한 관 부식에 주의한다.

④ **벽, 마루 등의 관통배관** : 강관제 슬리브를 미리 끼워 그 속에 관통시켜 배관 신축에 적용 하며 나중에 관 교체, 수리 등을 편리하게 해 준다.

⑤ **편심조인트** : 관지름이 다른 증기관 접합 시공 시 사용하며 응축수 고임을 방지한다.

⑥ **루프형 배관** : 환수관이 문 또는 보와 교체할 때 이용되는 배관형식으로 위로는 공기를, 아래로는 응축수를 유통시킨다.

⑦ 증기관의 지지법

㉠ 고정지지물 : 신축이음이 있을 때에는 배관의 양끝을, 없을 때는 중앙부를 고정한다. 또한 주관에 분기관이 접속되었을 때는 그 분기점을 고정한다.

㉡ 지지간격 : 증기배관(강관)의 수평주관과 수직관의 지지간격은 다음 표와 같다.

수평주관			수직관
호칭지름(A)	최대 지지간격(mm)	행거의 지름(mm)	
20 이하	1.8	9	각 층마다 1개소를 고정하되 관의 신축을 허용하도록 고정한다.
25~40	2.0	9	
50~80	3.0	9	
90~150	4.0	13	
200	5.0	16	
250	5.0	19	
300	5.0	25	

(3) 기기 주위 배관

① **보일러 주변 배관** : 저압증기난방장치에서 환수주관을 보일러 밑에 접속하여 생기는 나쁜 결과를 막기 위해 증기관과 환수관 사이에, 표준 수면에서 50mm 아래에 균형관을 연결한다(하트포드(hartford)연결법).

② **방열기 주변 배관** : 방열기 지관은 스위블이음을 이용해 따내고, 지관의 증기관은 끝올림부배로, 환수관은 끝내림구배로 한다. 주형방열기는 벽에서 50~60mm 떼어서 설치하고, 벽걸이형은 바닥면에서 150mm 높게 설치하며, 베이스보드히터는 바닥면에서 최대 90mm 정도 높게 설치한다.

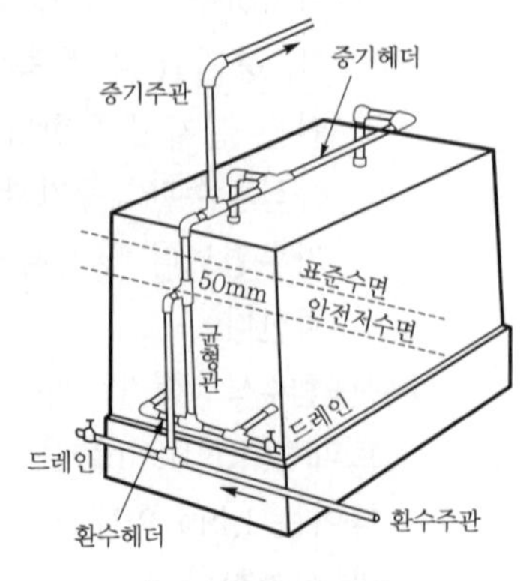

[하트포드연결법]

③ 증기주관 관말트랩배관

㉠ 드레인포켓과 냉각관(cooling leg)의 설치 : 증기주관에서 응축수를 건식 환수관에 배출하려면 주관과 같은 지름으로 100mm 이상 내리고, 하부로 150mm 이상 연장해 드레인포켓(drain pocket)을 만들어 준다. 냉각관은 트랩 앞에서 1.5m 이상 떨어진 곳까지 나관배관한다.

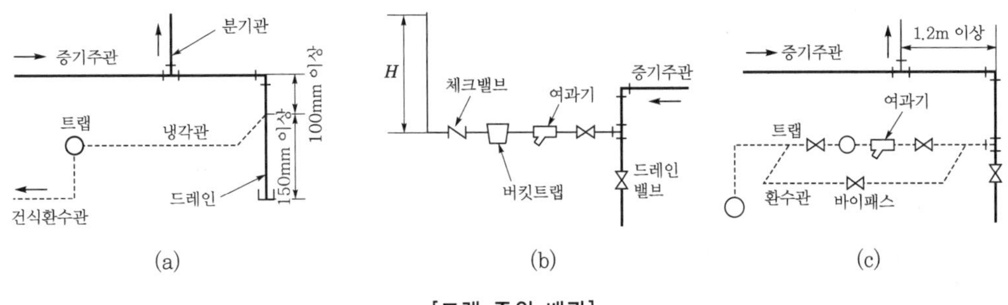

[트랩 주위 배관]

㉡ 바이패스관 설치 : 트랩이나 스트레이너 등의 고장, 수리, 교환 등에 대비하기 위해 설치해 준다.

㉢ 증기주관 도중의 입상개소에 있어서의 트랩배관 : 드레인포켓을 설치해준다. 건식 환수관일 때는 반드시 트랩을 경유시킨다.

㉣ 증기주관에서의 입하관 분기배관 : T이음은 상향 또는 45° 상향으로 세워 스위블이음을 경유하여 입하배관한다.

㉤ 감압밸브 주변 배관 : 고압증기를 저압증기로 바꿀 때 감압밸브를 설치한다. 파일럿라인은 보통 감압밸브에서 3m 이상 떨어진 곳의 유체를 출구측에 접속한다.

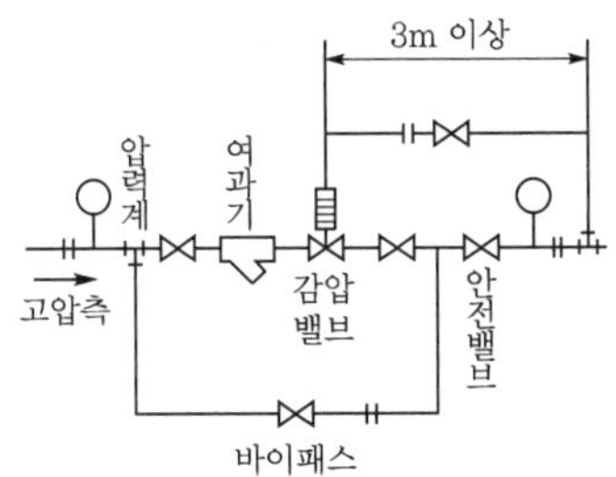

[감압밸브의 설치배관도]

④ 증발탱크 주변 배관 : 고압증기의 환수관을 그대로 저압증기의 환수관에 직결해서 생기는 증발을 막기 위해 증발탱크를 설치하며, 이때 증발탱크의 크기는 보통 지름 100~300mm, 길이 900~1,800mm 정도이다.

2.2 온수난방배관

(1) 배관구배

공기빼기밸브(air vent valve)나 팽창탱크를 향해 1/250 이상 끝올림구배를 준다.

① **단관 중력순환식** : 온수주관은 끝내림구배를 주며 관내 공기를 팽창탱크로 유인한다.

② **복관 중력순환식**

㉠ 상향공급식 : 온수공급관은 끝올림구배, 복귀관은 끝내림구배

㉡ 하향공급식 : 온수공급관과 복귀관 모두 끝내림구배

③ **강제순환식** : 끝올림구배이든 끝내림구배이든 무관하다.

(2) 일반배관법

① **편심조인트** : 수평배관에서 관지름을 바꿀 때 사용한다. 끝올림구배배관 시에는 윗면을, 끝내림구배배관 시에는 아랫면을 일치시켜 배관한다.

② **지관의 접속** : 지관이 주관 아래로 분기될 때는 45° 이상 끝올림구배로 배관한다.

③ **배관의 분류와 합류** : 직접 티를 사용하지 말고 엘보를 사용하여 신축을 흡수한다.

④ **공기배출** : 배관 중 에어포켓(air pocket)의 발생 우려가 있는 곳에 사절밸브(sluice valve)로 된 공기빼기밸브를 설치한다.

⑤ **배수밸브** : 배관을 장기간 사용하지 않을 때 관내 물을 완전히 배출시키기 위해 설치한다.

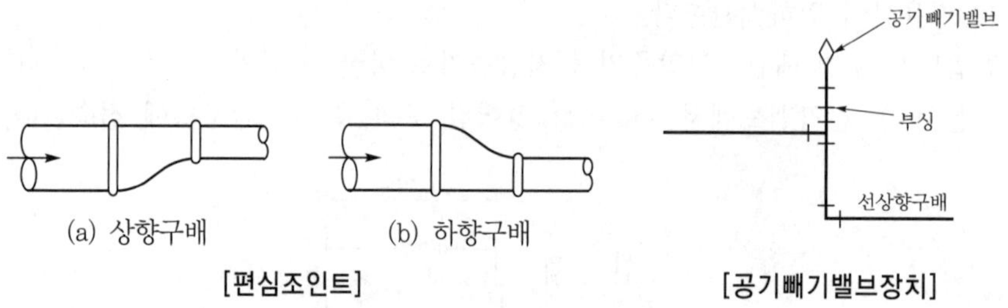

[편심조인트] **[공기빼기밸브장치]**

(3) 온수난방기기 주위 배관

① **온수순환수두 계산법** : 다음 식은 중력순환식에 적용되며, 강제순환식은 사용순환펌프의 양정을 그대로 적용한다.

$$H_w = h(\rho_1 - \rho_2)[\text{mmAq}]$$

여기서, h : 보일러 중심에서 방열기 중심까지의 높이(m), ρ_1 : 방열기 출구밀도(kg/l)

ρ_2 : 방열기 입구밀도(kg/l)

② **팽창탱크의 설치와 주위 배관** : 보일러 등 밀폐기기로 물을 가열할 때 생기는 체적팽창을 도피시키고 장치 내의 공기를 대기로 배제하기 위해 설비하며 팽창관을 접속한다. 팽창탱

크에는 개방식과 밀폐식이 있으며, 개방식에는 팽창관, 안전관, 일수관(overflow pipe), 배기관 등을 부설하고, 밀폐식에는 수위계, 안전밸브, 압력계, 압축공기공급관 등을 부설한다. 밀폐식은 설치위치에 제한을 받지 않으나, 개방식은 최고 높은 곳의 온수관이나 방열기보다 1m 이상 높은 곳에 설치한다.

③ 공기가열기 주위 배관 : 온수용 공기과열기(unit heater)는 공기의 흐름방향과 코일 내 온수의 흐름방향이 거꾸로 되게 접합 시공하며 1대마다 공기빼기밸브를 부착한다.

2.3 방사난방배관

패널은 그 방사위치에 따라 바닥패널, 천장패널, 벽패널 등으로 나뉘며 주로 강관, 동관, 폴리에틸렌관 등을 사용한다. 열전도율은 동관 > 강관 > 폴리에틸렌관의 순이며 어떤 패널이든 한 조당 40~60m의 코일길이로 하고, 마찰손실수두가 코일 연장 100m당 2~3mAq 정도가 되도록 관지름을 선택한다.

3 급배수배관

3.1 급수량(사용수량) 산정

① 평균사용수량을 기준으로 하면 여름에는 20% 증가하고, 겨울에는 20% 감소한다.

② 도시의 1인당 평균사용수량(건축물의 사용수량) = 거주인수 × (200~400)[L/cd]

③ 시간평균예상급수량 : 1일의 총급수량을 건물의 사용시간으로 나눈 것

$$Q_h = \frac{Q_d}{T}[\text{L/h}]$$

여기서, Q_d : 건물 1일 사용급수량(L/day), T : 1일 사용시간(사무소건물 : 8시간)(h)

④ 시간 최대 예상급수량 : $Q_m = (1.5 \sim 2)Q_h[\text{L/h}]$

⑤ 순간 최대 예상급수량 : $Q_p = \dfrac{(3 \sim 4)Q_h}{60}[\text{L/min}]$

3.2 사용용도별 급수량 산정

① 건물사용인원에 의한 급수량 : $Q_d = qN[\text{L/day}]$

여기서, q : 건물별 1인 1일당 급수량(L/h), N : 급수대상인원(인)

PART 4

② 기구수에 의한 급수량

$$Q_d = f\,p\,q\,[\text{L/day}]$$

$$q_m = \frac{Q_d}{H}\,m\,[\text{L/h}]$$

여기서, Q_d : 1인당 급수량(L/day), f : 위생기구수(개), q : 기구의 사용수량(L/day)
p : 기구의 동시사용률, q_m : 시간당 최대 급수량(L/h), m : 계수(1.5~2), H : 사용시간

3.3 급수방법

(1) 직결급수법(direct supply system)

① 우물직결급수법
② 수도직결급수법

(2) 고가탱크식 급수법(elevated tank system)

탱크의 크기는 1일 사용수량의 1~2시간분 이상의 양(소규모 건축물은 2~3시간분)을 저수할 수 있어야 되며, 설치높이는 샤워실 플러시밸브의 경우 7m 이상, 보통 수전은 3m 이상이 되도록 한다.

(3) 압력탱크식 급수법(pressure tank system)

지상에 압력탱크를 설치하여 높은 곳에 물을 공급하는 방식으로 압력탱크는 압력계, 수면계, 안전밸브 등으로 구성된다.

고가탱크식과 비교한 압력탱크식의 결점

- 압력탱크는 기밀을 요하며 높은 압력에 견딜 수 있어야 되므로 제작비가 고가이다.
- 양정이 높은 펌프가 필요하다.
- 급수압이 일정하지 않고 압력차가 크다.
- 정전 시 단수된다.
- 소규모를 제외하고 압축기로 공기를 공급해야 된다.
- 고장이 많고 취급이 어렵다.

(4) 가압펌프식 급수법

압력탱크 대신에 소형의 서지탱크(surge tank)를 설치하여 연속 운전되는 펌프 1대 외에 보조펌프를 여러 대 작동시켜서 운전한다.

3.4 급수배관과 펌프설비

(1) 급수배관

① 배관구배

㉠ 1/250 끝올림구배(단, 옥상탱크식에서 수평주관은 내림구배, 각 층의 수평지관은 올림구배)

㉡ 공기빼기밸브 : ㄷ자형 배관이 되어 공기가 고일 염려가 있을 때 부설한다.

㉢ 배니밸브 : 급수관의 최하부와 같이 물이 고일 만한 곳에 설치한다.

[공기빼기밸브] [배니밸브]

② 수격작용 : 세정밸브(flush valve)나 급속개폐식 수전 사용 시 유속의 불규칙한 변화로 유속을 m/s로 표시한 값의 14배 이상 압력과 소음을 동반하는 현상이다. 그 방지책으로는 급속개폐식 수전 근방에 공기실(air chamber)을 설치한다.

③ 급수관의 매설(hammer head)깊이

㉠ 보통 평지 : 450mm 이상　　㉡ 차량통로 : 760mm 이상

㉢ 중차량통로, 냉한지대 : 1m 이상

④ 분수전(corporation valve) : 각 분수전의 간격은 300mm 이상, 1개소당 4개 이내로 설치하며, 급수관 지름이 150mm 이상일 때는 25mm의 분수전을 직결하고, 100mm 이하일 때 50mm의 급수관을 접속하려면 T자관이나 포금제 리듀서를 사용한다.

⑤ 급수배관의 지지 : 서포트 곡부 또는 분기부를 지지하며 급수배관 중 수직관에는 각 층마다 방진구(center rest)를 장치한다.

[수평관의 지지간격]

관지름	지지간격	관지름	지지간격
20A 이하	1.8m	90~150A	4.0m
25~40A	2.0m	200~300A	5.0m
50~80A	3.0m	–	–

(2) 펌프 설치

① 펌프와 모터의 축심을 일직선으로 맞추고 설치위치는 되도록 낮춘다.

② 흡입관의 수평부 : 1/50~1/100의 끝올림구배를 주며 관지름을 바꿀 때는 편심이음쇠를 사용한다.

③ **풋밸브(foot valve)** : 동수위면에서 관지름의 2배 이상 물속에 장치한다.
④ **토출관** : 펌프 출구에서 1m 이상 위로 올려 수평관에 접속한다. 토출양정이 18m 이상 될 때는 펌프의 토출구와 토출밸브 사이에 체크밸브를 설치한다.

3.5 급탕배관

(1) 배관구배

중력순환식은 1/150, 강제순환식은 1/200의 구배로 하고, 상향공급식은 급탕관을 끝올림구배로, 복귀관은 끝내림구배로 하며, 하향공급식은 급탕관과 복귀관 모두 끝내림구배로 한다.

(2) 팽창탱크와 팽창관의 설치

팽창탱크의 높이는 최고층 급탕콕보다 5m 이상 높은 곳에 설치하며, 팽창관 도중에 절대로 밸브류장치를 설치해서는 안 된다.

(3) 저장탱크와 급탕관의 설치

① 급탕관은 보일러나 저장탱크에 직결하지 말고 일단 팽창탱크에 연결한 후 급탕한다.
② 복귀관은 저장탱크 하부에 연결하며 급탕 출구로부터 최대 먼 거리를 택한다.
③ 저장탱크와 보일러의 배수는 일반배수관에 직결하지 말고 일단 물받이(route)로 받아 간접배수한다.

(4) 관의 신축대책

① **배관의 곡부** : 스위블이음으로 설치한다.
② **벽 관통부 배관** : 강관제 슬리브를 사용한다.
③ **신축이음** : 루프형 또는 슬리브형을 택하고 강관일 때 직관 30m마다 1개씩 설치한다.
④ 마룻바닥 통과 시에는 콘크리트홈을 만들어 그 속에 배관한다.

(5) 복귀탕의 역류 방지

각 복귀관을 복귀주관에 연결하기 전에 체크밸브를 설치한다. 45° 경사의 스윙식 체크밸브를 장치하며 저항을 작게 하기 위하여 1개 이상 설치하지 않는다.

(6) 관지름 결정

$$Q = AV = \frac{\pi D^2}{4} V [\text{m}^3/\text{s}]$$

$$\therefore D = \sqrt{\frac{4Q}{\pi V}} [\text{m}]$$

(7) 자연순환식(중력순환식)의 순환수두

다음 계산식에 의해 산출한 순환수두에서 급탕관의 마찰손실수두를 뺀 나머지 값을 복귀관의 허용마찰손실로 하여 산정하고, 보통 복귀관(환탕관)의 관경은 급탕관보다 1~2구경(1~2단계) 작게 한다.

$$H = h(\gamma_2 - \gamma_1)[\text{mmAq}]$$

여기서, h : 탕비기에의 복귀관(환탕관) 중심에서 급탕관 최고위치까지의 높이(m)

γ_1 : 급탕비중량(kg/l), γ_2 : 환탕비중량(kg/l)

(8) 강제순환식의 펌프 전양정

$$H = 0.01\left(\frac{L}{2} + l\right)[\text{mH}_2\text{O})]$$

여기서, L : 급탕관의 전길이(m), l : 복귀관(환탕관)의 전길이(m)

(9) 온수순환펌프의 수량

$$W = \frac{60Q\rho C\Delta t}{1{,}000}[\text{kg/h}],\quad Q = \frac{W}{60\Delta t}[\text{L/min}]$$

여기서, Q : 순환수량(L/min), ρ : 탕의 밀도(kg/m^3), C : 탕의 비열(kJ/kg・℃)

Δt : 급탕관 탕의 온도차(강제순환식일 때 5~10℃)(℃)

3.6 배수배관

(1) 배관방법

① 각 기구의 각개통기관을 수직통기관에 접속할 때 : 기구의 오버플로선보다 150mm 이상 높게 접속한다.

② 회로통기식의 기구배수관 : 배수수평분기관의 옆에 접속하고 가장 높은 곳의 기구배수관 밑에 통기관을 접속한다.

③ 각 기구의 오버플로관 : 기구트랩의 유입구측에 연결하고 기구배수관에 이중트랩을 만들지 않는다.

④ 통기수직관 : 최하위의 배수수평분기관보다 낮은 곳에서 45° Y자 부속을 사용하여 배수수평관에 연결한다.

⑤ 냉장고의 수배관 : 간접배관하고 통기관도 단독배관한다.

⑥ 얼거나 강설 등으로 통기관 개구부가 막힐 염려가 있을 때 : 일반 통기수직관보다 개구부를 크게 한다.

⑦ 연관 : 곡부에는 다른 배수관을 접속하지 않는다.

(2) 배수관의 지지

관의 종류	수직관	수평관	분기관 접촉 시
주철관	각 층마다	1.6m마다 1개소	1.2m마다 1개소
연관	• 1.0m마다 1개소 • 수직관은 새들을 달아서 지지 • 바닥 위 1.5m까지 강판으로 보호	• 1.0m마다 1개소 • 수평관이 1m를 넘을 때는 관을 아연제 반원홈통에 올려놓고 2군데 이상 지지	• 0.6m이내에 1개소

4 공기조화배관

(1) 배관 시공법

① **냉온수배관** : 복관 강제순환식 온수난방법에 준하여 시공한다. 배관구배는 자유롭게 하되 공기가 고이지 않도록 주의한다. 배관의 벽, 천장 등의 관통 시에는 슬리브를 사용한다.

② **냉매배관**

㉠ 토출관(압축기와 응축기 사이의 배관)의 배관 : 응축기는 압축기와 같은 높이이거나 낮은 위치에 설치하는 것이 좋으나 응축기가 압축기보다 높은 곳에 있을 때에는 그 높이가 2.5m 이하이면 다음 그림 (b)와 같이, 그보다 높으면 그림 (c)와 같이 트랩장치를 해 주며, 시공 시 수평관도 그림 (b), (c) 모두 끝내림구배로 배관한다. 수직관이 너무 높으면 10m마다 트랩을 1개씩 설치한다.

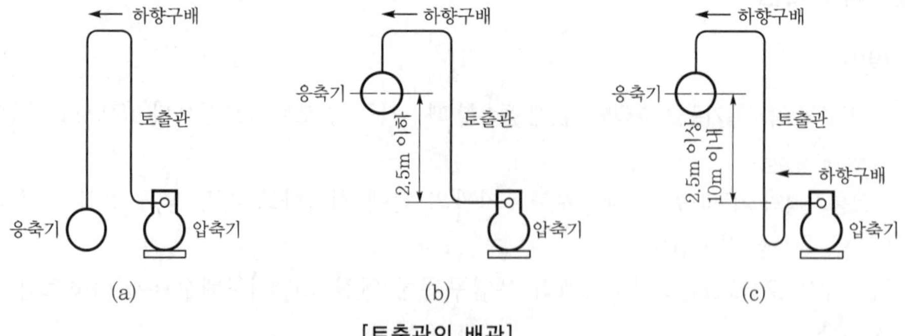

[토출관의 배관]

㉡ 액관(응축기와 증발기 사이의 배관)의 배관 : 그림과 같이 증발기가 응축기보다 아래에 있을 때에는 2m 이상의 역루프배관으로 시공한다. 단, 전자밸브의 장착 시에는 루프배관은 불필요하다.

㉢ 흡입관(증발기와 압축기 사이의 배관)의 배관 : 수평관의 구배는 끝내림구배로 하며 오일트랩을 설치한다. 증발기와 압축기의 높이가 같을 경우에는 흡입관을 수직입상시

키고 1/200의 끝내림구배를 주며, 증발기가 압축기보다 위에 있을 때에는 흡입관을 증발기 윗면까지 끌어올린다. 윤활유를 압축기로 복귀시키기 위하여 수평관은 3.75m/s, 수직관은 7.5m/s 이상의 속도이어야 한다.

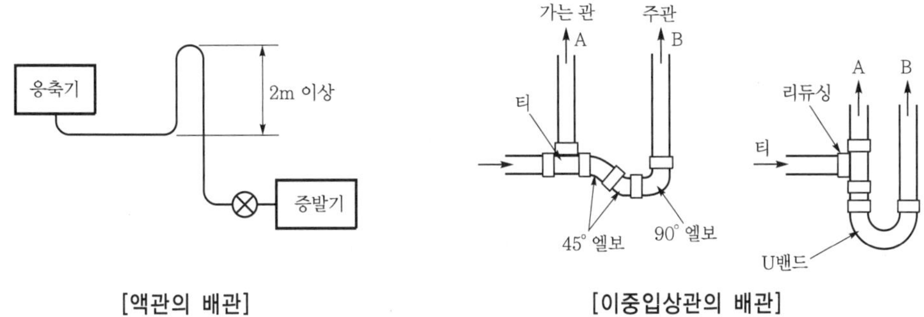

[액관의 배관]　　　　[이중입상관의 배관]

(2) 기기 설치배관

① **플렉시블이음(flexible joint)의 설치** : 압축기의 진동이 배관에 전해지는 것을 방지하기 위해 압축기 근처에 설치한다. 이때 압축기의 진동방향에 직각으로 취부해준다.

② **팽창밸브(expansion valve)의 설치** : 감온통 설치가 가장 중요하며 감온통은 증발기 출구 근처의 흡입관에 설치해준다. 수평관은 관지름 25mm 이상 시에는 45° 경사 아래에, 25mm 미만 시에는 흡입관 바로 위에 설치한다. 감온통을 잘못 설치하면 액해머 또는 고장의 원인이 된다.

③ **기타 계기류의 설치** : 다음 그림 (a)는 공기세척기 주위에서 스프레이노즐의 분무압력을 측정하기 위해 압력계를 부착한 예이고, 그림 (b)는 펌프를 통과하는 물의 온도를 측정하기 위해 온도계를 부착한 예이다.

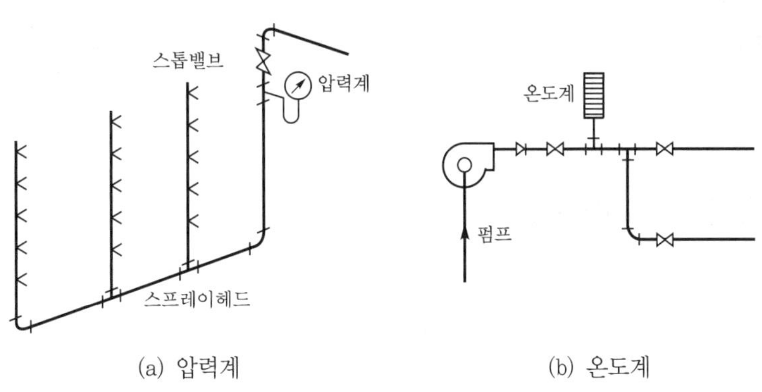

(a) 압력계　　　　(b) 온도계

[압력계 및 온도계의 부착]

5 배관의 피복공사

(1) 급수배관의 피복

① **방로피복** : 우모펠트가 좋으며 10mm 미만의 관에는 1단, 그 이상일 때는 2단으로 시공한다.

㉠ 방로피복을 하지 않는 곳

- 땅속과 콘크리트바닥 속 배관
- 급수기구의 부속품
- 그 밖의 불필요한 부분

㉡ 피복순서 : 보온재로 피복한다. → 면포, 마포, 비닐테이프로 감는다. → 철사로 동여 맨다.

② **방식피복** : 녹 방지용 도료를 칠해준다. 특히 콘크리트 속이나 지중매설 시에는 제트아스팔트를 감아준다.

(2) 급탕배관의 보온피복

저탕탱크나 보일러 주위에는 아스베스토스 또는 시멘트와 규조토를 섞어 물로 반죽하여 2~3회에 걸쳐 50mm 정도 두껍게 바른다. 중간부에는 철망으로 보강하고, 배관계에는 반원통형 규조토를 사용해주는 것이 좋다. 곡부 보온 시 생기는 규조토의 균열을 방지하기 위해 석면로프를 감아주며, 보온재 위에는 모두 마포나 면포를 감고 페인팅하여 마무리한다.

(3) 난방배관의 보온피복

① **증기난방배관** : 천장 속 배관, 난방하는 방 등에 설치된 배관을 제외하고 전체 배관에 보온피복하며, 환수관은 보온피복을 하지 않는 것이 보통이다.

② **온수난방배관** : 보온방법은 증기난방에 준하며 환수관도 보온피복해 준다.

※ 보온피복을 하지 않는 곳 : 실내 또는 암거 내 배관에 장치된 밸브, 플랜지접합부

6 배관시설의 기능시험

(1) 급수 · 급탕배관

- **수압시험** : 공공수도나 소방펌프의 직결배관은 1.75MPa 이상, 탱크 및 급수관은 1.05MPa 이상의 수압으로 10분간 유지시켜서 시험한다.

(2) 배수 · 통기배관(위생설비)

① **수압시험** : 배관 내에 물을 충진시킨 후 3m 이상의 수두에 상당하는 수압으로 15분간 유지한다.

② 기압시험 : 공기를 공급하여 35kPa의 압력이 되었을 때 15분간 변하지 않고 그대로 유지하면 된다.

③ 기밀시험 : 배관의 최종단계 시험으로 연기시험과 박하시험이 있다.

(3) 난방배관

• 수압시험 : 상용압력 0.2MPa 미만의 배관에 대해서는 0.4MPa, 그 이상일 때는 그 압력의 1.5~2배의 압력으로 시험한다. 보일러의 수압시험압력은 최고사용압력이 0.43MPa 이하일 때는 그 사용압력의 2배로 하고, 0.43~1.5MPa일 때는 그 압력의 1.3배에 0.3MPa을 더한 압력을 시험압력으로 한다. 단, 육용 강제보일러에 한한다. 방열기는 공사현장에 옮긴 후 0.4MPa의 수압시험을 한다.

(4) 냉매배관

• 기압시험 : R-12, R-22 등의 배관은 공사완료 후 탄산가스, 질소가스, 건조공기 등을 사용하여 기압시험한다. 시험압력을 가한 대로 24시간 방치해두어 누설 유무를 확인한다.

PART 4

4 Chapter 유지보수공사 및 검사계획 수립

1 유지보수공사 및 검사계획 수립

1.1 유지보수공사계획 수립

① 냉동장치에 있어 적정한 운전을 확보하기 위해 냉매계통의 보수작업에 있어서 청정, 건조, 기밀 등에 유의할 것

② 안전장치는 정기적으로 설정압력과 정규압력의 계기를 확인하여 항상 정상 작동할 수 있도록 할 것

③ 냉동장치의 냉매계통을 보수한 경우는 누설시험을 하여 안전성을 확보할 것

④ 압축기나 압력용기류의 강도와 관계있는 부분을 수리한 경우는 기밀시험 및 내압시험 등 필요한 시험을 실시할 것

⑤ 냉매계통 내 냉매가스가 남은 채로 용접·용단작업 시 작업안전수칙을 준수하여 불꽃을 사용하지 말 것(냉매계통을 가열할 경우는 40℃ 이하의 온수습포를 사용하고 증기를 불어대거나 하지 말 것)

⑥ 수리기간 중에 기계실의 온도가 0℃ 이하로 내려갈 경우는 응축기나 수배관의 물을 빼내어 동파를 방지할 것

⑦ 고압가스안전관리법에 규정되고 있는 위해예방규정을 정할 때는 장치마다 그 제 조건을 고려하여 가능한 한 구체적으로 기술할 것

⑧ 냉매계통의 부품을 개방할 경우는 반드시 국부적으로도 펌프다운을 한 다음 개방할 것(액관의 경우는 주의하여 냉매분출을 피할 것)

㉠ 장치의 액배관 중에 부품을 분해할 때는 분해할 부품의 입구측 밸브를 닫고 압축기를 운전하여 액냉매를 제거한다.

㉡ 부품이 급속하게 차가워지거나 다시 따뜻해지면 액냉매가 없어진 것으로 볼 수 있으므로 다음 출구밸브를 닫는다.

㉢ 바이패스밸브가 있을 때는 출구측 밸브를 닫고, 이것을 열어야 한다.

⑨ 점검 또는 수리를 한 경우 그 부분에 소량의 냉매를 통해서 개방한 부분의 공기를 완전히 제거할 것

⑩ 내부가 진공으로 되어 있는 냉매계통을 개방하지 말 것(공기의 침입 및 수분의 침입으로 고장의 원인이 됨)
⑪ 점검 및 수리를 위해 펌프다운을 할 경우에는 0.01MPa(=0.1kgf/cm^2) 정도의 압력을 남겨둘 것
⑫ 압축기 운전을 할 수 없다고 해서 과부하릴레이나 기타 안전장치를 이유 없이 단락시키지 말 것
⑬ 전동기, 전자밸브, 제어기 및 보호스위치 등의 점검 및 수리조정은 전원을 정지시킨 다음 행하도록 할 것

1.2 주 1회 점검사항

① 압축기 크랭크케이스 유면을 장치운전 중 안정된 상태에서 점검할 것
② 유압을 체크할 경우 오일스트레이너의 막힘, 크랭크케이스의 유면을 확인할 것
③ 압축기를 정지하여 축봉(shaft seal)으로부터 기름이 누설되었는지를 확인할 것
④ 장치 전체에 이상이 없는지를 확인, 점검할 것
⑤ 운전기록을 조사하여 비정상적인 변화가 없는지를 확인할 것

1.3 월 1회 점검사항

① 벨트의 장력을 체크하고 조정할 것
② 전동기의 윤활유를 점검할 것
③ 풀리 및 플렉시블커플링의 이완을 점검할 것
④ 냉매계통의 누설을 가스검지로 정밀하게 검사할 것
⑤ 고압가스스위치 작동을 확인하고 기타 안전장치도 필요에 따라 확인, 점검할 것
⑥ 냉각수의 오염상태를 확인하고 필요한 경우는 수질검사를 할 것
⑦ 흡입압력을 체크하여 이상발견 시 증발기 흡입배관을 점검하고 팽창밸브를 점검, 조절할 것
⑧ 토출압력을 체크하여 비정상적으로 높은 경우에는 냉각수측을 점검하고 공기의 유입 여부를 점검할 것

1.4 연 1회 점검사항

① 전동기 베어링을 점검할 것
② 냉매계통의 필터를 청소할 것
③ 마모된 벨트를 교환할 것
④ 드라이어의 건조제를 점검, 교환할 것

⑤ 안전밸브를 점검할 것(필요한 경우 분출압력을 함)
⑥ 압축기를 개방, 점검할 것(피스톤, 밸브기구, 실린더, 축봉 등)
㉠ 대략 5000시간마다 1회 오버홀(over hall)한다.
㉡ 연 7000시간 되는 경우는 연 1회의 중간에 밸브 주위를 점검한다.
⑦ 응축기로부터 배수하여 점검하고, 냉각관을 청소하고 냉각수계통도 함께 실시할 것(수질이 나쁠 때는 더욱 빈번하게 점검 및 청소가 필요함)

2 냉동기 오버홀(over hall) 정비

2.1 압축기

① 공구는 깨끗하게 닦은 것을 사용한다.
② 부품을 분해할 때는 흠이 나지 않도록 다뤄야 한다. 특히 알루미늄합금제부품이나 축봉장치 및 밸브, 밸브시트는 조심해서 취급한다.
③ 압축기의 분해·조립을 하는 작업장은 깨끗한 환경으로 충분히 밝은 장소여야 한다.
④ 분해한 부품은 깨끗한 장소에 순서대로 정돈해둔다. 장시간 수리를 하는 경우는 녹이 나지 않도록 냉동기유를 발라서 보존한다.
⑤ 부품 중 특히 청결함이 요구되는 부분의 세정에는 상온의 무수알코올이나 가솔린을 사용하고, 세정 후 세정액이 남지 않도록 충분히 닦아내야 한다.
⑥ 부품을 닦는 경우에는 걸레와 같은 섬유질의 것을 사용하지 말고 스펀지와 같은 실밥이 남지 않는 것을 사용한다.
⑦ 유사한 부품이나 한 쌍으로 해서 조립할 필요가 있는 부품은 흐트러지거나 혼동되지 않도록 주의한다.
⑧ 부품에 녹, 수분, 이물질 등을 부착한 채로 조립하지 않도록 한다.
⑨ 맞춤 부분을 갖는 부품의 교환에 있어서는 적정한 틈새가 얻어지도록 그 조합을 잘 선택한다.
⑩ 부품을 분해할 때 패킹이 금속면에 부착하고 있을 때가 있으나, 패킹이 찢어지지 않도록 특히 금속면에 상처를 입히지 않도록 취급해야 한다. 잘 벗겨지지 않을 때는 패킹을 파손시키더라도 금속면을 상하지 않도록 한다.
⑪ 패킹을 붙일 때는 우선 기계가공면에 깨끗한 냉동기유를 바른 다음 패킹을 올려놓아야 한다.
⑫ 조임볼트는 사용 부분을 변경하지 않도록 한다. 같은 치수의 형상이라도 재질이나 나사의 산이 다른 경우가 있다. 또한 와셔는 재조립 시 잊지 않도록 한다. ISO규격나사와 구규격나사를 혼동해서는 안 된다.

⑬ 볼트는 절대로 편 상태로 사용하지 말아야 한다.
⑭ 볼트의 조임토크는 취급설명서에 지시된 값에 의한다.

2.2 흡입 · 토출밸브 분해순서

① 실린더커버
② 안전두스프링
③ 토출밸브 어셈블리
④ 토출밸브 어셈블리 내부 : 토출밸브 가이드, 토출밸브, 내부토출밸브시트, 내부토출밸브조립볼트, 외부토출밸브시트 등의 하면이 흡입밸브 가이드와 밀착하여 가스를 차단하고 있는 것으로 흠을 내지 않도록 주의할 것
⑤ 흡입밸브 가이드
⑥ 흡입밸브

2.3 피스톤

① 실린더커버, 안전스프링, 밸브조립품의 순서로 떼어낸다.
② 연결봉(connecting rod) 대단부 조립볼트를 풀어낸다.
③ 피스톤과 로드를 함께 위로 뽑아낸다.

3 냉동기 오버홀 세관작업

PART 4

세관작업은 크게 화학(약품)세관과 기계(브러시)세관으로 구분한다.

3.1 개요

① 냉각수라인 응축기, 열교환기, 코일 내부를 화학(약품)세관한다.
② 응축기 수실부를 개방하고 열교환기, 코일 내부를 기계(브러시)세관한다.
③ 커버 및 코일면의 녹을 제거 후 도장작업을 한다.
④ 개스킷(gasket)도 새로 제작하여 세관을 마무리한다.
⑤ 냉동기 소모품(냉동기 오일, 냉매 드라이어)을 교체한다.
⑥ 작업마감은 도색작업과 세척 및 청소로 한다. 시운전작업 시 노이즈필터와 파워트랜스를 교체한다.

※ 대기환경규제 강화로 냉매 회수와 등록은 기본으로 진행해야 한다.

3.2 화학세정법

(1) 개요

응축기의 냉각수 출입구관의 접속을 풀어내서 호스(고무, 비닐)를 접속한다. 이때 냉각수용 압력스위치 등을 동시에 떼어내어 플레어너트(flare nut, 파이프 끝부분을 원추모양으로 넓혀서 접속결합하는 관이음으로 파이프 끝부분에 넣은 이음용 너트)에 캡(cap)을 씌워 막아둔다. 접속이 완료되면 호스를 들어 올려 고정하고 세정액의 액면이 응축기의 상단보다 1m 이상 되도록 액을 채워서 일정 소요시간 동안 방치한다. 일정한 소요시간이 경과한 다음에는 세정액을 방출해서 충분하게(20분 이상) 수세하여 세정액이 잔류하지 않도록 한다.

세정액을 충전할 때는 거품이 나서 넘쳐흐르지 않도록 액면으로부터 호스 상단까지 50cm(0.5m) 정도 올린다. 이 방법에서는 세제가 세정작용을 끝날 때까지 상당한 시간을 취하지 않으면 효과를 발휘할 수 없다. 그 시간은 세제의 종류에 따라 달라진다. 보통 10~15시간 정도이며, 시간을 단축하려면 액의 농도를 짙게 하면 된다.

(2) 목적

화학세정(chemical cleaning)은 건설 중 내부로 유입되는 이물질이나 가동 중 생성되는 물때(scale)를 화학적으로 세정하는 방법으로 보일러나 플랜트, 냉동기 등 설비의 수명연장과 효율을 높이고 재질보호로 안전한 운전을 기하고자 하기 위함이다.

(3) 종류

① 무기산세정 : 염산, 황산, 인산, 불화수소산, 설파민산(sulfamic acid)
② 유기산세정 : 구연산, 개미산
③ 유기산혼합세정
④ 킬레이트세정 : 고온형, 저온형
⑤ 탈지세정 : 가성소다, 탄산소다, 인산소다, 계면활성제 혼합 사용
　㉠ 알칼리주성분으로서 이물질 및 유지분 제거에 탁월함
　㉡ 알칼리세정과 소다(soda)보링에 적용

4 보일러 세관

4.1 목적

보일러 세관은 보일러 연속운전 시 발생되는 관 내부 또는 연도 등에 스케일(scale), 슬러지(sludge) 등의 부착으로 보일러 각부의 부식 촉진과 그로 인한 보일러의 열효율저하 등을 사전에 방지하여 수명연장 및 열효율 상승으로 인한 에너지 절약이 목적이다.

4.2 정의

보일러 세관은 청소, 그을음 제거, 부속품의 정비 등을 말하며 연관의 바깥쪽이나 수관의 내면 또는 노통이나 보일러의 동체에 슬러지나 스케일형태로 존재하는 이물질을 제거하는 것을 포괄적으로 포함하는 의미로 통용된다.

4.3 필요성

① 안전성 확보
② 슬러지나 스케일이 제거된 상태여야 용접부 등에 대한 정확한 검사 가능
③ 열효율 향상으로 에너지 절약

공동현상과 맥동현상

1. 공동현상(cavitation, 캐비테이션현상)
   ① 정의 : 관로의 변화가 일어나는 부분(만곡부, 단면이 좁아진 곳)에서 저압이 되어 포화증기압보다 낮아지므로 증기가 발생하거나 수중에 혼합된 공기도 물과 분리되어 기포가 생긴 현상으로 저압부에서 고압부로 흐르면서 심한 소음과 진동이 나타낸다.
   ② 방지방법
      ㉠ 펌프의 회전수를 낮게 하여 유속을 적게 한다.
      ㉡ 설치위치를 수원과 가까이하여 흡입수의 양정을 작게 한다.
      ㉢ 가급적 만곡부를 줄인다.
      ㉣ 2단 이상의 펌프를 사용한다.
      ㉤ 흡입관의 손실수두를 줄인다.
2. 맥동현상(서징현상)
   ① 흡입관로에 공기, 관내 저항 등으로 펌프 입구 또는 출구측 압력계의 지침이 흔들리거나 송출유량이 변화하는 현상
   ② 송출압력과 송출유량 사이에 주기적인 변동이 일어나는 현상
   ③ 관내의 생성된 기포가 깨어짐으로써 유체에 충격, 진동을 일으키는 것

5 보일러 수처리설비

5.1 보일러 수처리설비의 필요성

① 보일러 열효율저하로 막대한 에너지 소비를 초래한다.
② 고성능화, 패키지화에 따른 단위면적당 고열부하 증가로 대형사고 발생위험이 증가된다.

③ 장해의 장기화로 보일러 관재의 파손으로 인한 안전조업 저해 및 제품의 생산차질을 가져온다.

5.2 보일러 급수 수처리수질기준

① 용량 1ton 이상의 증기보일러에는 수질관리를 위한 급수처리 또는 스케일 방지나 제거를 위한 시설을 하여야 한다. 이때 수처리의 수질기준은 KS B 6209(보일러 급수 및 보일러수의 수질) 중 총경도($CaCO_3$ ppm)성분만으로 한다.

② ①의 수처리시설은 국가공인시험 또는 검사기관의 성능결과를 검사기관에 제출하여 인증받은 것에 한한다.

5.3 경수연화장치

① 이온교환수지를 이용한 수처리수 중 가장 간단한 방법이며 원수, 즉 경수를 Na형의 양이온교환수지에 통과시켜 원수 중의 경도성분인 칼슘이온(Ca^+) 및 마그네슘이온(Mg^{2+})을 수지 중의 나트륨이온(Na^+)과 교환하여 연수를 제조하는 기술이다.

② 경수연화장치는 물속에 함유된 칼슘(Ca), 마그네슘(Mg), 즉 총경도를 제거하여 기계의 부식 및 스케일에 의해 일어나는 장해요인을 방지하여 보일러용수로 사용하기에 지장이 없도록 하는 데 목적이 있다.

③ 이러한 치환반응이 진행되어 수지의 치환능력이 없어지게 되면 10%의 식염으로 재생하여 지속적으로 사용할 수 있다.

5.4 보일러 연간계획

① **운전계획** : 증기나 온수의 사용조건(용도별, 공정별)을 고려하여 연간, 분기, 매월마다 운전계획을 세운다.

② **연료계획** : 운전계획에 따라 저장유량 및 사용유량을 고려하여 구입계획을 세운다.

③ **정비계획** : 보일러 운전성능검사의 시기에 따라 6개월, 3개월마다 기기의 보전장비보전계획과 함께 정비계획을 세운다.

④ **점검계획** : 운전 중 수시점검사항 및 주간점검사항, 월간점검사항별로 점검계획을 세운다.

5.5 보일러 점검사항

(1) 수시점검사항

① **연료온도** : 펌프 흡입측, 버너전, 예열기 후

② 연료압력 : 펌프 흡입측, 펌프 토출측, 여과기 전·후, 조절밸브 전·후
③ 화염상태 : 색깔, 형태, 버터플라이
④ 버너타일 : 카본 부착상태, 손상
⑤ 공기압력 : 윈드박스 차압, 노 내압, 보일러 출구
⑥ 공연비제어장치 : 위치에 따른 유량변화
⑦ 배관 : 누설 여부
⑧ 본체증기압력 : 압력변동범위

(2) 주간점검사항

① 공급탱크 : 수분분리상태, 유면의 지지상태, 온도조절기
② 수면변화 : 저수위감지장치, 배수 등
③ 저장탱크 : 수분분리, 온도조절기
④ 배기가스 : 가스분석, 스모크번호
⑤ 각종 계기 : 지시상태
⑥ 회전체 : 벨트 장력, 베어링 부분 발열
⑦ 버너 본체 : 벨트 장력
⑧ 전기배선 : 단자의 접촉, 발열상태

(3) 월간점검사항

① 화염검출기 : 기능
② 저수위감지장치 : 감지상태, 스케일 발생
③ 압력제한장치 : 기능
④ 공기흐름스위치 : 기능
⑤ 온도스위치 : 기능
⑥ 파일럿버너 : 점화 전극간격, 소손, 점화 트랜스기능
⑦ 차단밸브 : 작동상태
⑧ 공연비제어장치 : 동작범위 및 위치

PART 4

6 덕트의 설계순서

① 송풍량(Q) 결정 : 송풍량은 현열부하만을 고려해서 계산한다.

$$q_s = mC_p(t_2 - t_1) = \rho QC_p(t_2 - t_1)[\text{W}]$$

② 취출구 및 흡입구의 위치 결정 : 방(room)의 공기분포가 균일하도록 취출구의 위치, 형식, 크기, 필요한 수량 등을 결정한다.

③ 덕트의 경로 결정 : 공조기 및 송풍기의 위치와 덕트의 경로를 결정한다.

④ 덕트의 치수 결정 : 등압법(등마찰손실법), 등속법, 정압재취득법, 전압법 등

⑤ 송풍기 선정

⑥ 설계도 작성

4 PART

유지보수공사관리 기출 및 예상문제

★ **01** 호칭지름 20A의 강관을 곡률반지름 200mm로 120°의 각도로 구부릴 때 강관의 곡선길이는 약 몇 mm인가?

① 390　② 405
③ 419　④ 487

해설 $l = 2\pi r\dfrac{\theta}{360} = 2\pi \times 200 \times \dfrac{120}{360} \fallingdotseq 419\text{mm}$

02 배관용 패킹재료 선정 시 고려해야 할 사항으로 거리가 먼 것은?

① 유체의 압력
② 재료의 부식성
③ 진동의 유무
④ 시트(seat)면의 형상

해설 **패킹재료 선정 시 고려사항** : 유체의 압력, 재료의 부식성, 진동의 유무 등

03 진공환수식 증기난방설비에서 흡상이음(lift fitting) 시 1단의 흡상높이로 적당한 것은?

① 1.5m 이내　② 2.5m 이내
③ 3.5m 이내　④ 4.5m 이내

해설 1단의 흡상높이는 1.5m 이내로 한다.

★ **04** 저온열교환기용 강관의 KS기호로 맞는 것은?

① STBH　② STHA
③ SPLT　④ STLT

해설 **강관의 KS기호**
㉠ STBH : 보일러 열교환기용 탄소강강관(1종, 2종, 3종)
㉡ STHA : 보일러 열교환기용 합금강관(몰리브덴강강관)
㉢ SPLT : 저온배관용 탄소강강관
㉣ STLT : 저온열교환기용 강관
㉤ SPHT : 고온배관용 탄소강강관
㉥ SPPH : 저온고압배관용 탄소강강관
㉦ SPPS : 압력배관용 탄소강강관

★ **05** 배관에서 지름이 다른 관을 연결할 때 사용하는 것은?

① 유니언　② 니플
③ 부싱　④ 소켓

해설 부싱(bushing), 리듀서(reducer) 등은 관지름이 다른 관을 연결시키는 배관부품이다.

06 냉동장치에서 압축기의 진동이 배관에 전달되는 것을 흡수하기 위하여 압축기 토출, 흡입배관 등에 설치해 주는 것은?

① 팽창밸브　② 안전밸브
③ 수수탱크　④ 플렉시블튜브

해설 플렉시블튜브(flexible tube)는 진동이 배관에 전달되는 것을 흡수한다.

07 배수트랩의 봉수 파괴원인 중 트랩 출구 수직배관부에 머리카락이나 실 등이 걸려서 봉수가 파괴되는 현상은?

① 사이펀작용　② 모세관작용
③ 흡인작용　④ 토출작용

해설 **봉수 파괴원인과 대책**
㉠ 자기사이펀식 작용(S트랩), 흡출(흡인)작용(고층부), 분출(역압)작용(저층부) : 통기관 설치
㉡ 모세관현상 : 청소(머리카락, 이물질)
㉢ 증발현상 : 기름막 형성
㉣ 자기운동량에 의한 관성작용(최상층) : 격자석쇠 설치

★ **08** 관경 300mm, 배관길이 500m의 중압가스수송관에서 A · B점의 게이지압력이 3kgf/cm^2, 2kgf/cm^{2}인 경우 가스유량은 약 얼마인가? (단, 가스비중 0.64, 유량계수 52.31로 한다.)

① 10,238m^3/h　② 20,583m^3/h
③ 38,315m^3/h　④ 40,153m^3/h

정답 01 ③ 02 ④ 03 ① 04 ④ 05 ③ 06 ④ 07 ② 08 ③

PART 4

해설 $P_1 = 3 + 1.033 = 4.033\text{kg/cm}^2$ abs

$P_2 = 2 + 1.033 = 3.033\text{kg/cm}^2$ abs

$$\therefore Q = K\sqrt{\frac{(P_1^{\ 2} - P_2^{\ 2})D^5}{SL}}$$

$$= 52.31\sqrt{\frac{(4.033^2 - 3.033^2)\times 30^5}{0.64\times 500}}$$

$$= 38,318.81\text{m}^3/\text{h}$$

참고 • 절대압력=게이지압+표준 대기압

• 저압의 경우 $Q = K\sqrt{\frac{D^5 H}{SL}}$ [m³/h]

★ 09 공조설비 중 덕트 설계 시 주의사항으로 틀린 것은?

① 덕트 내의 정압손실을 적게 설계할 것
② 덕트의 경로는 될 수 있는 한 최장거리로 할 것
③ 소음 및 진동이 적게 설계할 것
④ 건물의 구조에 맞도록 설계할 것

해설 덕트 설계 시 경로는 될 수 있는 한 최단거리로 할 것

10 댐퍼의 종류에 관련된 내용이다. 서로 그 관련된 내용이 틀린 것은?

① 풍량조절댐퍼(VD) : 버터플라이댐퍼
② 방화댐퍼(FD) : 루버형 댐퍼
③ 방연댐퍼(SD) : 연기감지기
④ 방연방화댐퍼(SFD) : 스플릿댐퍼

해설 스플릿댐퍼(split damper)는 분기댐퍼이다.

★ 11 신축이음쇠의 종류에 해당되지 않는 것은?

① 벨로즈형 ② 플랜지형
③ 루프형 ④ 슬리브형

해설 **신축이음의 종류** : 루프형(loop type), 벨로즈형(bellows type), 슬리브형(sleeve type), 스위블형, 볼조인트형 등

★ 12 보온재의 구비조건 중 틀린 것은?

① 열전도율이 작을 것
② 균열, 신축이 작을 것
③ 내식성 및 내열성이 있을 것
④ 비중이 크고 흡습성이 클 것

해설 보온재의 구비조건
㉠ 내구성, 내열성, 내식성이 클 것
㉡ 물리적, 화학적, 기계적 강도 및 시공성이 있을 것
㉢ 열전도율이 작을 것
㉣ 온도변화에 대한 균열 및 팽창, 수축이 작을 것
㉤ 내구성이 있고 변질되지 않을 것
㉥ 비중이 작고 흡습성이 없을 것
㉦ 섬유질이 미세하고 균일할 것
㉧ 불연성이며 경제적일 것

★ 13 온수난방배관에서 역귀환방식을 채택하는 목적으로 적합한 것은?

① 배관의 신축을 흡수하기 위하여
② 온수가 식지 않게 하기 위하여
③ 온수의 유량분배를 균일하게 하기 위하여
④ 배관길이를 짧게 하기 위하여

해설 온수난방에서 리버스리턴(역귀환)방식은 온수의 유량분배를 균일하게 하는 것이 목적이다.

★ 14 냉매배관 시 주의사항이다. 틀린 것은?

① 굽힘부의 굽힘반경을 작게 한다.
② 배관 속에 기름이 고이지 않도록 한다.
③ 배관에 큰 응력 발생의 염려가 있는 곳에는 루프형 배관을 해 준다.
④ 다른 배관과 달라서 벽 관통 시에는 강관 슬리브를 사용하여 보온 피복한다.

해설 냉매배관은 굽힘반경(R)을 크게 한다(직경의 6배 이상).

15 연건평 30,000m²인 사무소건물에서 필요한 급수량은? (단, 건물의 유효면적비율은 연면적의 60%, 유효면적당 거주인원은 0.2인/m², 1인 1일당 사용급수량은 100l이다.)

① 36m³/day ② 360m³/day
③ 3,600m³/day ④ 360,000m³/day

해설 1일 급수량(Q)
=연건평면적×건물의 유효면적비율
×유효면적당 거주인원×1인 1일당 사용급수량
=30,000×0.6×0.2×0.1
=360m³/day

정답 09 ② 10 ④ 11 ② 12 ④ 13 ③ 14 ① 15 ②

★
16 도시가스에서 고압이라 함은 얼마 이상의 압력을 뜻하는가?

① 0.1MPa 이상 ② 1MPa 이상
③ 10MPa 이상 ④ 100MPa 이상

해설 도시가스의 압력
㉠ 저압 : 0.1MPa 미만
㉡ 중압 : 0.1MPa 이상 1MPa 미만
㉢ 고압 : 1MPa 이상

17 저압가스배관의 통과유량을 구하는 다음의 공식에서 S가 나타내는 것은? (단, L : 관길이(m)이다.)

$$Q = K\sqrt{\frac{HD^5}{SL}}\ [\mathrm{m^3/h}]$$

① 관의 내경 ② 가스비중
③ 유량계수 ④ 압력차

해설 K : 유량계수, S : 가스비중, D : 관의 내경(cm), L : 관의 길이(m), H : 압력차

★
18 지름 20mm 이하의 동관을 이음할 때 또는 기계의 점검, 보수, 기타 관을 떼어내기 쉽게 하기 위한 동관이음방법은?

① 플레어접합 ② 슬리브접합
③ 플랜지접합 ④ 사이징접합

해설 지름 20mm 이하의 동관이음 시 또는 기계의 점검, 보수, 기타 관을 떼어내기 쉽게 하기 위한 동관이음은 플레어접합(압축접합)이다.

19 펌프의 양수량이 60m^3/min이고 전양정 20m일 때 벌류트펌프(volute pump)로 구동할 경우 필요한 동력은 약 몇 kW인가? (단, 물의 비중량은 9,800N/m^{3}이고, 펌프의 효율은 60%로 한다.)

① 196.1kW ② 200kW
③ 326.7kW ④ 405.8kW

해설 $W_p = \frac{\gamma_w QH}{\eta_p} = \frac{9.8 \times 1 \times 20}{0.6} \fallingdotseq 326.7\mathrm{kW}$

★
20 다음 주철방열기의 도면 표시에 관한 설명으로 틀린 것은?

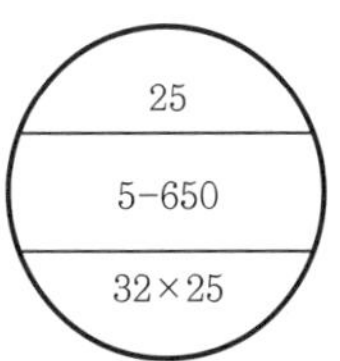

① 방열기 수 25쪽
② 유출관경 32A
③ 방열기 높이 650mm
④ 방열기 종류 5세주형

해설 ㉠ 유입관경 : 32A
㉡ 유출관경 : 25A

★
21 복사난방설비의 장점으로 틀린 것은?

① 실내 상하의 온도차가 적고, 온도분포가 균등하다.
② 매설배관이므로 준공 후의 보수 · 점검이 쉽다.
③ 인체에 대한 쾌감도가 높은 난방방식이다.
④ 실내에 방열기가 없기 때문에 바닥면의 이용도가 높다.

해설 준공 후의 보수 · 점검이 매우 불편하고 시공비가 많이 필요하다.

22 배수관의 최소 관경은? (단, 지중 및 지하층 바닥매설관 제외)

① 20mm ② 30mm
③ 50mm ④ 100mm

해설 ㉠ 기구배수관의 관경은 트랩의 구경 이상으로 하되 최소 30mm로 한다.
㉡ 지하에 매설하는 배수관은 관경 50mm 이상이 좋다.

23 방열기 전체의 수저항이 배관의 마찰손실에 비하여 큰 경우 채용하는 환수방식은?

① 개방류방식 ② 재순환방식
③ 리버스리턴방식 ④ 다이렉트리턴방식

해설 다이렉트리턴방식은 방열기 전체의 수저항이 배관의 마찰손실에 비하여 큰 경우 채용한다.

PART 4

정답 16 ② 17 ② 18 ① 19 ③ 20 ② 21 ② 22 ② 23 ④

★ 24 동관의 이음에서 기계의 분해, 점검, 보수를 고려하여 사용하는 이음법은?

① 납땜이음 ② 플라스턴이음
③ 플레어이음 ④ 소켓이음

해설 동관이음에서 기계의 분해, 점검, 보수를 고려해서 사용하는 이음법은 플레어이음(flare joint, 압축이음)으로 직경이 20A 이하인 동관접합이다.

25 신축곡관이라고 통용되는 신축이음은?

① 스위블형 ② 벨로즈형
③ 슬리브형 ④ 루프형

해설 루프형(loop type)은 신축곡관, 즉 만곡형으로 불린다. 신축성이 크고 옥외배관에 사용하며 장소를 많이 차지하는 것이 단점이다.

★ 26 배수관에 트랩을 설치하는 가장 큰 목적은?

① 유체의 역류 방지를 위해
② 통기를 원활하게 하기 위해
③ 배수속도를 일정하게 하기 위해
④ 유해, 유취가스의 역류 방지를 위해

해설 배수관에 트랩을 설치하는 가장 큰 목적은 유해, 유취가스의 역류 방지를 위함이다.

27 세정밸브식 대변기에서 급수관의 관경은 얼마 이상이어야 하는가?

① 15A ② 25A
③ 32A ④ 40A

해설 세정밸브(flush valve)식 대변기에서 급수관경은 25A 이상으로 한다.

28 가스공급방식 중 저압공급방식의 특징으로 틀린 것은?

① 가정용·상업용 등 일반에게 공급되는 방식이다.
② 홀더압력을 이용해 저압배관만으로 공급하므로 공급계통이 비교적 간단하다.
③ 공급구역이 좁고 공급량이 적은 경우에 적합하다.
④ 가스의 공급압력은 0.3~0.5MPa 정도이다.

해설 저압공급방식은 직접 수용가에 공급하는 방식으로 0.1MPa 미만의 압력으로 정압기를 통해 송출하는 방식이다. 일반 주택의 가스 공급에 적합하다.

★ 29 체크밸브의 종류에 대한 설명으로 옳은 것은?

① 리프트형 : 수평, 수직배관용
② 풋형 : 수평배관용
③ 스윙형 : 수평, 수직배관용
④ 리프트형 : 수직배관용

해설 **체크밸브의 종류** : 스윙형(수평, 수직), 리프트형(수평), 풋형(수직) 등

★ 30 다음 중 배수의 종류가 아닌 것은?

① 청수 ② 오수
③ 잡배수 ④ 우수

해설 **배수의 종류** : 오수, 잡배수, 우수, 특수 배수

31 팽창수조에 대한 설명으로 틀린 것은?

① 개방식 팽창수조의 설치높이는 장치의 최고 높은 곳에서 1m 이상으로 한다.
② 팽창관에는 밸브를 반드시 설치하여야 한다.
③ 팽창수조는 물의 팽창·수축을 흡수하기 위한 장치이다.
④ 밀폐식 팽창수조는 가압상태를 확인할 수 있도록 압력계를 설치하여야 한다.

해설 팽창수조에서 팽창관에는 밸브를 부착하지 않는다.

32 증기트랩장치에서 필요하지 않은 것은?

① 스트레이너 ② 게이트밸브
③ 바이패스관 ④ 안전밸브

해설 증기트랩(steam trap)은 응축수만 자동으로 배출하는 부속설비로, 안전밸브(safety valve)는 필요 없다.

★ 33 급수배관 내 권장 유속은 어느 정도가 적당한가?

① 2m/s 이하 ② 7m/s 이하
③ 10m/s 이하 ④ 13m/s 이하

해설 급수배관 내 권장 유속은 2m/s 이하이다.

정답 24 ③ 25 ④ 26 ④ 27 ② 28 ④ 29 ③ 30 ① 31 ② 32 ④ 33 ①

★

34 5세주형 700mm의 주철제방열기를 설치하여 증기온도가 110℃, 실내공기온도가 20℃이며 난방부하가 29,070W일 때 방열기의 소요쪽수는? (단, 방열계수 8.02W/m^2·K, 1쪽당 방열면적 0.28m^2이다.)

① 144쪽 ② 154쪽
③ 164쪽 ④ 174쪽

해설 $소요쪽수 = \frac{난방부하}{방열계수 \times 온도차 \times 쪽당\ 방열면적}$

$= \frac{29,070}{8.02 \times (110-20) \times 0.28} \fallingdotseq 144쪽$

★

35 하트포드(hart ford)배관법에 관한 설명으로 가장 거리가 먼 것은?

① 보일러 내의 안전저수면보다 높은 위치에 환수관을 접속한다.
② 저압증기난방에서 보일러 주변의 배관에 사용한다.
③ 하트포드배관법은 보일러 내의 수면이 안전수위 이하로 유지하기 위해 사용된다.
④ 하트포드배관 접속 시 환수주관에 침적된 찌꺼기의 보일러 유입을 방지할 수 있다.

해설 하트포드배관법은 보일러 주변 배관법으로 보일러의 안전수위를 확보하기 위한 안전장치이다.

★

36 다음 중 밸브의 역할이 아닌 것은?

① 유체의 밀도조절 ② 유체의 방향전환
③ 유체의 유량조절 ④ 유체의 흐름단속

해설 밸브(valve)의 역할 : 방향전환, 유량조절(속도조절), 흐름의 단속(개폐)

★

37 배수트랩의 형상에 따른 종류가 아닌 것은?

① S트랩 ② P트랩
③ U트랩 ④ H트랩

해설 배수트랩의 형상에 따른 종류 : P트랩, U트랩, S트랩

38 수직배관에서의 역류 방지를 위해 사용하기 가장 적당한 밸브는?

① 리프트식 체크밸브
② 스윙식 체크밸브
③ 안전밸브
④ 콕밸브

해설 스윙식 체크밸브는 수평·수직배관에 모두 사용할 수 있는 역류 방지용 체크밸브이다.

★

39 기계배기와 기계급기의 조합에 의한 환기방법으로 일반적으로 외기를 정화하기 위한 에어필터를 필요로 하는 환기법은 어느 것인가?

① 1종 환기 ② 2종 환기
③ 3종 환기 ④ 4종 환기

해설 ② 제2종 환기방식 : 기계급기+자연배기
③ 제3종 환기방식 : 자연급기+기계배기
④ 제4종 환기방식 : 자연급기+자연배기

참고 **제1종 환기방식** : 기계(강제)급기+기계(강제)배기

40 암모니아냉동장치의 배관재료로 사용할 수 없는 것은?

① 이음매 없는 동관
② 배관용 탄소강관
③ 저온배관용 강관
④ 배관용 스테인리스강관

해설 암모니아(NH_3)를 냉동장치의 배관재료로 사용 시 이음매 없는 동관은 부식시키므로 사용할 수 없다.

★

41 다음 중 방열기나 팬코일유닛에 가장 적합한 관이음은?

① 스위블이음(swivel joint)
② 루프이음(loop joint)
③ 슬리브이음(sleeve joint)
④ 벨로즈이음(bellows joint)

해설 방열기(라디에이터)나 팬코일유닛(FCU)에 가장 적합한 신축이음은 스위블이음이다.

정답 34 ① 35 ③ 36 ① 37 ④ 38 ② 39 ① 40 ① 41 ①

PART 4

42 급탕배관 시 주의사항으로 틀린 것은?

① 구배는 중력순환식인 경우 $\frac{1}{150}$, 강제순환식에서는 $\frac{1}{200}$로 한다.
② 배관의 굽힘 부분에는 스위블이음으로 접합한다.
③ 상향배관인 경우 급탕관은 하향구배로 한다.
④ 플랜지에 사용되는 패킹은 내열성 재료를 사용한다.

해설 급탕배관의 상향배관인 경우 급탕관은 올림구배를, 환탕관(복귀관)은 내림구배를 한다.

43 염화비닐관의 특징에 관한 설명으로 틀린 것은?

① 내식성이 우수하다.
② 열팽창률이 작다.
③ 가공성이 우수하다.
④ 가볍고 관의 마찰저항이 적다.

해설 염화비닐관(PVC)의 특징
㉠ 내식성과 가공성이 우수하다.
㉡ 열팽창률이 크다.
㉢ 가볍고 관의 마찰저항이 적다.

★ **44** 강관작업에서 다음 그림처럼 15A 나사용 90° 엘보 2개를 사용하여 길이가 200mm가 되게 연결작업을 하려고 한다. 이때 실제 15A 강관의 길이는? (단, a : 나사가 물리는 최소 길이는 11mm, A : 이음쇠의 중심에서 단면까지의 길이는 27mm로 한다.)

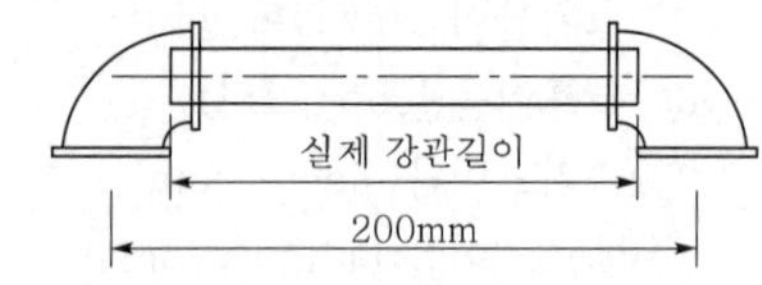

① 142mm ② 158mm
③ 168mm ④ 176mm

해설 $l=L-2(A-a)=200-2\times(27-11)=168\text{mm}$

★ **45** 60℃의 물 200L와 15℃의 물 100L를 혼합하였을 때 최종온도는?

① 35℃ ② 40℃
③ 45℃ ④ 50℃

해설 $t_m=\frac{m_1t_1+m_2t_2}{m_1+m_2}=\frac{200\times60+100\times15}{200+100}=45℃$

46 급탕배관 시공에 관한 설명으로 틀린 것은?

① 배관의 굽힘 부분에는 벨로즈이음을 한다.
② 하향식 급탕주관의 최상부에는 공기빼기장치를 설치한다.
③ 팽창관의 관경은 겨울철 동결을 고려하여 25A 이상으로 한다.
④ 단관식 급탕배관방식에는 상향배관, 하향배관방식이 있다.

해설 급탕배관 시공 시 배관의 굽힘 부분에는 스위블이음을 한다.

★ **47** 급수관의 길이가 15m, 안지름이 40mm일 때 관내 유수속도가 3m/s라면 이때의 마찰손실수두는 얼마인가? (단, 마찰손실계수 $f=0.04$이다.)

① 1.5m ② 3.06m
③ 6.89m ④ 7.12m

해설 $h_l=\frac{\Delta p}{\gamma}=f\frac{l}{d}\frac{V^2}{2g}=0.04\times\frac{15}{0.04}\times\frac{3^2}{2\times9.8}$
$=6.89\text{m}$

★ **48** 배관설비에 있어서 유속을 V, 유량을 Q라고 할 때 관지름 d를 구하는 식은 어떤 것인가?

① $d=\sqrt{\frac{\pi V}{Q}}$ ② $d=\sqrt{\frac{4Q}{\pi V}}$
③ $d=\sqrt{\frac{\pi V}{4Q}}$ ④ $d=\sqrt{\frac{Q}{\pi V}}$

해설 $Q=AV=\frac{\pi d^2}{4}V[\text{m}^3/\text{s}]$
$\therefore d=\sqrt{\frac{4Q}{\pi V}}[\text{m}]$

정답 42 ③ 43 ② 44 ③ 45 ③ 46 ① 47 ③ 48 ②

★
49 **냉매배관 시 주의사항이다. 틀린 것은?**

① 곡부를 가능하면 작게 하고 전장을 길게 해 준다.
② 곡률반지름은 냉매의 압력손실을 줄이기 위해 크게 취한다.
③ 배관에 큰 응력 발생의 염려가 있는 곳에는 루프형 배관을 해 준다.
④ 다른 배관과 달라서 벽 관통 시에는 강관 슬리브를 사용하여 보온피복한다.

해설 냉매배관은 곡률반경을 크게 해 줌으로써 압력손실을 최소화할 수 있으며, 길이는 짧게 해야 한다.

50 **다음 중 강관을 재질상으로 분류한 것이 아닌 것은?**

① 탄소강강관 ② 합금강강관
③ 스테인리스강관 ④ 전기용접관

해설 강관을 재질에 따라 분류하면 탄소강관, 합금강관, 스테인리스강관 등으로 분류되며, 전기용접관은 제조법에 따른 분류에 속한다.

★
51 **300A 강관을 B(inch)호칭으로 지름을 표시하면?**

① 4B ② 6B
③ 10B ④ 12B

해설 강관의 치수 표시는 A(mm), B(inch)로 나타내며, 주요 관 지름을 A와 B로 나타내면 다음과 같다.

A(mm)	B(inch)	A(mm)	B(inch)
10	3/8	80	3
15	1/2	90	3 1/2
20	3/4	100	4
25	1	150	6
32	1 1/4	200	8
40	1 1/2	250	10
50	2	300	12
65	2 1/2	–	–

★
52 **강관은 흑관과 백관으로 나눈다. 백관은 흑관과 같은 재질이지만 관 내·외면에 Zn도금을 하였다. 그 이유는 무엇인가?**

① 부식 방지를 위해서
② 외관상 좋게 하려고
③ 내마모성의 증대를 위해서
④ 내충격성의 증대를 위해서

해설 관 내·외면에 아연(Zn)도금을 하는 이유는 부식을 방지하기 위함이다.

53 **다음은 강관에 대한 설명이다. 잘못된 것은?**

① 연관, 주철관에 비해 무겁고 인장강도도 작다.
② 굴요성이 풍부하며 접합작업도 쉽다.
③ 충격에 강인하다.
④ 연관, 주철관에 비해 값이 저렴하다.

해설 강관(steel pipe)은 연관, 주철관보다 가볍고 인장강도도 크다.

★
54 **다음 중 강의 두께를 표시하는 것은 어느 것인가?**

① 지름 ② 안지름
③ 곡률반지름 ④ 스케줄번호

해설 관의 두께 표시는 스케줄번호(Sch. No)로 나타낸다.

㉠ 공학단위일 때 Sch. No$=\dfrac{P[\text{kgf/cm}^2]}{S[\text{kgf/mm}^2]}\times 10$

㉡ 국제(SI)단위일 때 Sch. No$=\dfrac{P[\text{MPa}]}{S[\text{N/mm}^2]}\times 1{,}000$

여기서, P : 사용압력, S : 허용응력

55 **다음 강관의 표시기호 중 배관용 합금강강관은 어느 것인가?**

① SPPH ② SPHT
③ STA ④ SPA

해설 ① SPPH : 고압배관용 탄소강강관
② SPHT : 고온배관용 탄소강강관
③ STA : 구조용 합금강강관

★
56 **다음 중 옥내 수도용 강관으로서 가장 적당한 것은?**

① SPP ② SPPS
③ SPPW ④ SPW

해설 ① SPP : 배관용 탄소강강관
② SPPS : 압력배관용 탄소강강관
③ SPPW : 수도용 아연도금강관
④ SPW : 배관용 아크용접 탄소강강관

정답 49 ① 50 ④ 51 ④ 52 ① 53 ① 54 ④ 55 ④ 56 ③

★
57 수도, 가스 등의 지하매설용 관으로 적당한 것은?

① 강관 ② Al관
③ 주철관 ④ 황동관

해설 주철관은 내식성이 크고 압축강도가 크기 때문에 지중매설용으로 많이 쓰인다.

58 다음은 주철관에 대한 설명이다. 잘못된 것은?

① 내식성과 내마모성이 우수하다.
② 전성, 연성이 풍부하다.
③ 내구성이 특히 뛰어나다.
④ 가스공급관, 화학공업용, 오수배관용으로 사용된다.

해설 전성과 연성이 풍부하고 열전도율이 큰 것은 동관이다.

★
59 LPG탱크용 배관, 냉동기배관 등의 빙점 이하의 온도에서만 사용되며 두께를 스케줄번호로 나타내는 강관의 KS 표시기호는 어느 것인가?

① SPP ② SPA
③ SPLT ④ SPHT

해설 ① SPP : 배관용 탄소강강관(일명 가스관)
② SPA : 배관용 합금강강관
④ SPHT : 고온배관용 탄소강강관

60 원심력 모르타르라이닝 주철관은 최근 개발된 주철관으로서 주로 원심력 사형 및 금형 주철관의 관 내면에 모르타르를 라이닝한 것이다. 그 이유는?

① 부식 방지 ② 내마모성 증대
③ 내충격성 증대 ④ 접합성 용이

★
61 다음은 동관에 관한 설명이다. 틀린 것은?

① 전기 및 열전도율이 좋다.
② 산성에는 내식성이 강하고, 알칼리성에는 심하게 침식된다.
③ 가볍고 가공이 용이하며 동파되지 않는다.
④ 전연성이 풍부하고 마찰저항이 작다.

해설 동관은 가성소다, 가성알칼리 등 알칼리성에는 내식이 강하고, 암모니아수, 황산 등에는 침식된다.

62 다음은 폴리에틸렌관에 관한 설명으로 틀린 것은?

① 염화비닐관에 비해 가볍다.
② 인장강도가 염화비닐관의 1/5 정도이다.
③ 충격강도가 작고 내한성도 나쁘다.
④ 화력에 극히 약하다.

해설 폴리에틸렌관은 내충격성, 내한성이 좋고 보온성, 내열성이 PVC보다 우수하며 시공도 용이하다.

참고 경질 염화비닐관(PVC)은 내식성, 내산성, 내알칼리성이 크고, 배관가공이 쉽고 가격이 싸며 약품수송용으로 적합하다.

63 이터닛관(eternit pipe)은 무슨 관을 말하는가?

① 석면시멘트관
② 철근콘크리트관
③ 원심력 철근콘그리트관
④ 도관

해설 석면시멘트관은 이터닛관(이탈리아 회사명)이라고 하며, 내식성, 내알칼리성이 크고 강도가 크며 비교적 고압에 견딘다.

★
64 강관의 두께를 결정하는 스케줄번호는 10~160까지 10종이 있다. 다음 중 스케줄번호(Sch. No)를 나타내는 식은? (단, P는 사용압력(MPa), S는 허용응력(N/mm^2)=인장강도/안전율)

① $\text{Sch. No}=1,000\dfrac{S}{P}$

② $\text{Sch. No}=1,000\dfrac{P}{S}$

③ $\text{Sch. No}=10\dfrac{S}{P}$

④ $\text{Sch. No}=10\dfrac{P}{S}$

해설 스케줄번호(Sch. No)가 클수록 두꺼운 관이다.

㉠ 공학단위일 때 $\text{Sch. No}=\dfrac{P[\text{kgf/cm}^2]}{S[\text{kgf/mm}^2]}\times 10$

㉡ 국제(SI)단위일 때 $\text{Sch. No}=\dfrac{P[\text{MPa}]}{S[\text{N/mm}^2]}\times 1,000$

여기서, P : 사용압력, S : 허용응력

정답 57 ③ 58 ② 59 ③ 60 ① 61 ② 62 ③ 63 ① 64 ②

65 흄관(hume pipe)은 무슨 관에 대한 통용어인가?

① 철근콘크리트관
② 원심력 철근콘크리트관
③ 도관
④ 폴리에틸렌관

해설 콘크리트관 중 원심력 콘크리트관을 흄관이라 하며 상하수도용 배수관에 많이 사용된다.

★
66 다음 보온재 중 안전사용온도가 제일 높은 것은?

① 규산칼슘 ② 석면
③ 탄산마그네슘 ④ 탄화코르크

해설 ① 규산칼슘 : 650℃
② 석면 : 450℃
③ 탄산마그네슘 : 250℃
④ 탄화코르크 : 130℃

★
67 단열재와 보온재, 보냉재는 무엇을 기준으로 하여 구분하는가?

① 내화도 ② 압축강도
③ 열전도도 ④ 안전사용온도

해설 단열재, 보온재, 보냉재는 안전사용온도로 구분한다.
㉠ 단열재 : 800~1,200℃
㉡ 보온재
• 무기질 보온재 : 500~800℃
• 유기질 보온재 : 100~200℃
㉢ 보냉재 : 100℃ 이하

★
68 증기난방배관에서 증기트랩을 사용하는 목적은?

① 관내의 공기를 배출하기 위해서
② 관내의 압력을 조절하기 위해서
③ 관내의 증기와 응축수를 분리하기 위해서
④ 배관의 신축을 흡수하기 위해서

해설 증기난방배관에서 증기트랩은 관내 증기와 응축수를 분리하기 위해 사용한다.

★
69 주철관과 연관의 호칭경을 무엇으로 표시하는가?

① 파이프외경 ② 파이프내경
③ 파이프유효경 ④ 파이프두께

해설 주철관과 연관(납관)의 호칭경은 파이프내경(안지름)으로 표시한다.

★
70 다음 그림과 같이 관규격 20A로 이음 중심 간의 길이를 300mm로 할 때 직관길이 l은 얼마로 하면 좋은가? (단, 20A의 90° 엘보는 중심선에서 단면까지의 거리가 32mm이고, 나사가 물리는 최소 길이가 13mm이다.)

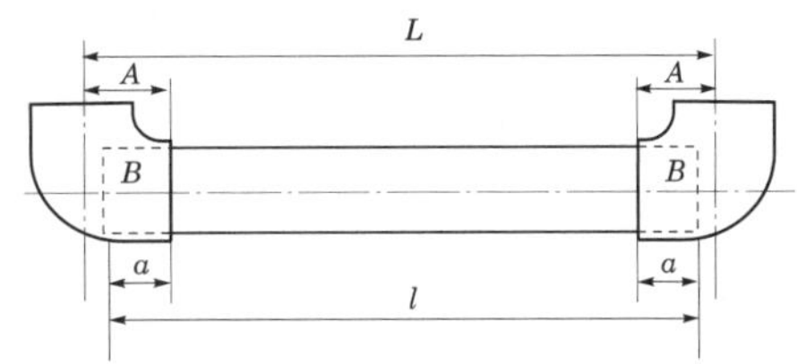

① 282mm ② 272mm
③ 262mm ④ 252mm

해설 $L=l+2(A-a)$
$\therefore\ l=L-2(A-a)=300-2\times(32-13)=262\text{mm}$
여기서, L : 배관의 중심선길이, l : 관의 실제 길이
A : 부속의 끝단면에서 중신선까지의 치수
a : 나사가 물리는 길이

71 호칭지름 20A인 강관을 2개의 45° 엘보를 사용하여 다음 그림과 같이 연결하고자 한다. 밑변과 높이가 똑같이 150mm라면 빗변 연결 부분의 관의 실제 소요길이는 얼마인가? (단, 45° 엘보나사부의 길이는 15mm, 이음쇠의 중심선에서 단면까지 거리는 25mm로 한다.)

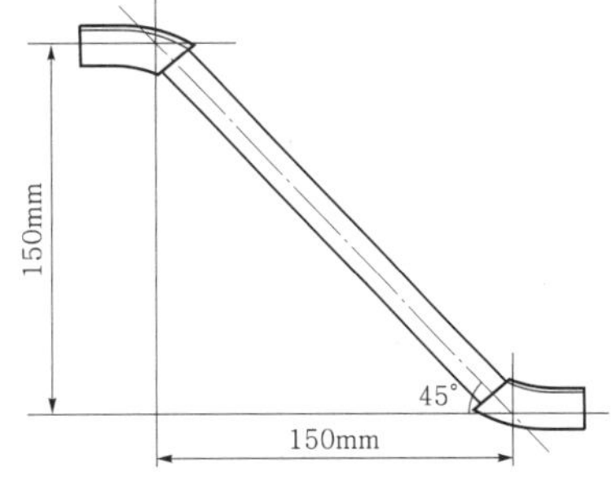

① 178mm ② 180mm
③ 192mm ④ 212mm

정답 65 ② 66 ① 67 ④ 68 ③ 69 ② 70 ③ 71 ③

해설 $L = 150\sqrt{2} ≒ 212\text{mm}$
$L = l + 2(A-a)$
$\therefore\ l = L - 2(A-a)$ =212−2×(25−15)=192mm

★
72 관용나사의 테이퍼는 얼마인가?

① 1/16　② 1/32
③ 1/64　④ 1/50

해설 테이퍼나사를 많이 이용하는 관용나사(pipe screw)의 테이퍼는 1/16이고, 나사산의 각도는 55°이다.

73 다음 그림은 주위의 배관도이다. 명칭이 틀린 것은?

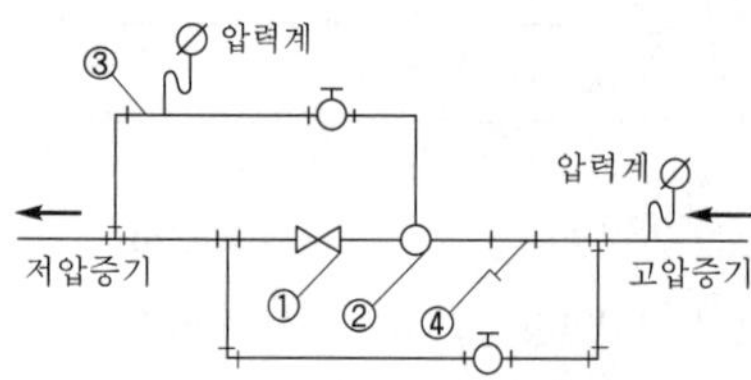

① ①：스톱밸브　② ②：감압밸브
③ ③：파일럿관　④ ④：여과기

해설 ③：사이펀(siphon)관

★
74 열전도율이 작고 가벼우며 물에 개어서 사용할 수도 있고 보통 250℃ 이하의 관, 탱크 등의 모든 배관설비에 사용되는 것은?

① 암면　② 규조토
③ 석면　④ 탄산마그네슘

해설 **안전사용온도**
① 암면：400~600℃
② 규조토：500℃
③ 석면：450℃
④ 탄산마그네슘：250℃

★
75 다음 중 고압가스배관재료의 배관기호에 대한 설명으로 틀린 것은?

① SPP：배관용 탄소강강관
② SPPH：저압배관용 탄소강강관
③ SPLT：저온배관용 탄소강강관
④ SPHT：고온배관용 탄소강강관

해설 SPPH：고압배관용 탄소강강관

★
76 다음 중 주철관접합법이 아닌 것은?

① 기계적 접합　② 소켓접합
③ 플레어접합　④ 빅토릭접합

해설 플레어접합(압축접합)은 20mm 이하의 동관접합법으로 점검, 보수, 기타 관을 떼어내기 용이하다.

★
77 주철관의 접합방법 중 옳은 것은?

① 관의 삽입구를 수구에 맞대어 놓는다.
② 얀은 급수관이면 틈새의 1/3, 배수관이면 2/3 정도로 한다.
③ 접합부에 클립을 달고 2차에 걸쳐 용연을 부어 넣는다.
④ 코킹 시 끌의 끝이 무딘 것부터 차례로 사용한다.

해설 ① 관의 삽입구를 수구에 끼워놓는다.
③ 접합부에 클립을 달고 1차에 걸쳐 녹인 납(용연)을 부어 넣는다.
④ 코킹 시 끌의 끝이 얇은 것부터 차례로 사용한다.

78 주철관의 소켓접합 시 얀을 삽입하는 이유는 무엇인가?

① 납의 이탈 방지　② 누수 방지
③ 외압 완화　④ 납의 양 절약

해설 누수를 방지하기 위해 주철관의 소켓접합 시 얀을 삽입한다.

★
79 다음은 주철관의 메커니컬조인트(mechanical joint)에 대한 설명이다. 틀린 것은?

① 일본 동경의 수도국에서 창안한 방법이다.
② 수중작업도 용이하다.
③ 소켓접합과 플랜지접합의 장점만을 택하였다.
④ 작업은 간단하나 다소의 굴곡이 있어도 누수된다.

해설 **메커니컬조인트**
㉠ 기계적 접합을 일컫는 것이다.
㉡ 일본에서 지진과 외압에 견딜 수 있도록 창안해 낸 주철관의 접합법이다.
㉢ 다소의 굴곡이 있다고 해도 누수되지 않는다.

정답 72 ① 73 ③ 74 ④ 75 ② 76 ③ 77 ② 78 ② 79 ④

80 **다음은 주철관의 빅토릭접합에 관한 설명이 다. 틀린 것은?**

① 고무링과 금속제 칼라가 필요하다.
② 칼라는 관지름 350mm 이하면 2개의 볼트로 죄어준다.
③ 관지름이 400mm 이상일 때는 칼라를 4등분하여 볼트를 죈다.
④ 압력의 증가에 따라 누수가 더 심하게 되는 결점을 지니고 있다.

해설 빅토릭접합은 압력이 증가함에 따라 고무링이 더욱더 관벽에 밀착하여 누수를 막는 작용을 한다.

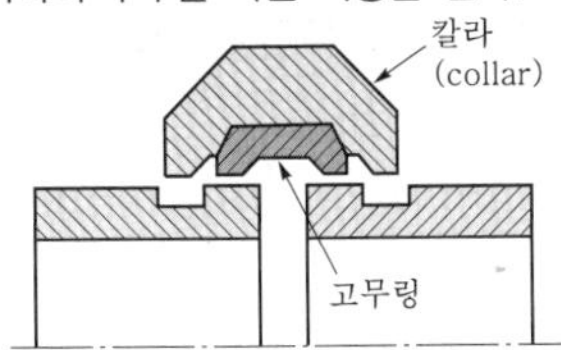

★
81 **다음은 동관접합의 종류를 열거한 것이다. 아닌 것은?**

① 기계적 접합
② 플레어접합
③ 용접접합
④ 납땜접합

해설 기계적 접합(메커니컬접합)은 주철관접합이다.

82 **관의 용접접합 시의 이점이 아닌 것은?**

① 돌기부가 없어서 시공이 용이하다.
② 접합부의 강도가 커서 배관용적을 축소할 수 있다.
③ 관 단면의 변화가 많다.
④ 누설의 염려가 없고 시설유지비가 절감된다.

해설 용접접합은 단면변화가 없어 다른 이음에 비해 압력손실이 작다.

83 **다음은 배관 부속기기의 여과기에 관해 기술한 것이다. 옳지 않은 것은?**

① 여과기의 종류에는 형상에 따라 Y형, U형, V형이 있다.
② 여과기의 설치목적은 관내 유체의 이물질을 제거함으로써 수량계, 펌프 등을 보호하는 데 있다.
③ U형 여과기는 유체의 흐름이 직각이므로 저항이 커서 주로 급수배관 등에 사용한다.
④ 여과기의 접속은 일반적으로 50A 이하에서는 나사이음, 65A 이상에서는 플랜지이음으로 접속한다.

해설 U형 여과기는 원통형 여과망을 수직으로 넣어 유체가 망의 안쪽에서 바깥쪽으로 흐르며 주로 기름배관에 많이 쓰인다.

★
84 **연관의 플라스턴접합 시 사용되는 플라스턴합금의 성분함량은 얼마인가?**

① Pb 30%, Sn 70%
② Pb 60%, Sn 40%
③ Pb 60%, Zn 40%
④ Pb 40%, Zn 60%

해설 연관(lead pipe)의 플라스턴접합 시 플라스턴합금의 성분은 납(Pb) 60%+주석(Sn) 40%이다.

★
85 **다음은 경질 염화비닐관접합에 관한 설명이다. 틀린 것은?**

① 나사접합 시 나사가 외부에 나오지 않도록 한다.
② 냉간 삽입접속 시 관의 삽입길이는 바깥지름의 길이와 같게 한다.
③ 열간법 중 일단법은 50mm 이하의 소구경 관용이다.
④ PVC관의 모떼기 작업은 보통 45° 각도로 한다.

해설 **경질 염화비닐관(PVC)**
㉠ 나사접합 시 나사의 길이를 강관보다 1~2산 짧게 하고, 접합부 밖으로 나사산이 전혀 나오지 않게 삽입한다.
㉡ 열간법은 일단법과 이단법이 있다. 일단법은 50mm 이하의 소구경 관용이고, 이단법은 65mm 이상의 대구경 관용이다.
㉢ 열간접합 시공 시 관단부에 해 주는 모떼기 작업의 각도는 보통 30°로 한다.

정답 80 ④ 81 ① 82 ③ 83 ③ 84 ② 85 ④

PART 4

★
86 다음 중 무기질 단열재가 아닌 것은?

① 석면 ② 펠트
③ 규조토 ④ 탄산마그네슘

해설 유기질 보온재 : 코르크(안전사용온도 130℃ 이하), 펠트(100℃ 이하), 기포성 수지(80℃ 이하), 텍스류(120℃ 이하)

★
87 배관의 신축이음 중 고압에 잘 견디며 건물의 옥외배관 신축이음으로 가장 좋은 것은 어느 것인가?

① 신축곡관이음 ② 슬리브형 이음
③ 벨로즈형 이음 ④ 스위블형 이음

해설 루프형(loop type) 이음은 건물의 옥외배관 신축이음으로 가장 많이 사용된다.

88 주철관의 이음방법 중에서 타이톤이음(tyton joint)의 특징을 설명한 것으로 틀린 것은?

① 이음에 필요한 부품은 고무링 하나뿐이다.
② 이음과정이 간단하며 관 부설을 신속히 할 수 있다.
③ 비가 올 때나 물기가 있는 곳에서는 이음이 불가능하다.
④ 고무링에 의한 이음이므로 온도변화에 따른 신축이 자유롭다.

해설 타이톤접합은 원형의 고무링 하나만으로 접합하는 방법이다. 소켓 안쪽의 홈은 고무링으로 고정시키도록 되어 있고, 삽입구의 끝은 고무링을 쉽게 끼울 수 있도록 테이퍼져 있다.

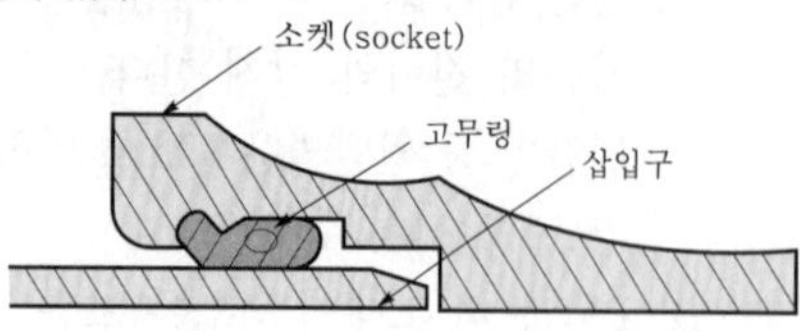

89 철근콘크리트관의 옥외배수관의 접합법은 무엇인가?

① 모르타르접합 ② 칼라접합
③ 볼트접합 ④ 나사접합

해설 옥외배수관의 철근콘크리트관은 소켓관이므로 모르타르접합을 한다.

참고 모르타르접합이란 접합부에 모르타르(mortar)를 발라 접합하는 것으로서, 모르타르는 되게 반죽한 것을 사용한다.

★
90 다음 중 배관 신축이음의 허용길이가 가장 큰 것은?

① 루프형 ② 슬리브형
③ 벨로즈형 ④ 페레스형

해설 신축이음의 허용길이크기 : 루프형>슬리브형>밸로즈형(페레스형)

91 다음 배관용 연결 부속 중 분해, 조립이 가능하도록 하려면 무엇을 설치하면 되는가?

① 엘보, 티 ② 리듀서, 부싱
③ 유니언, 플랜지 ④ 캡, 플러그

해설 유니언은 배관 도중에 분기 증설할 때나 배관의 일부를 수리할 때 분해, 조립이 가능해 편리하며 주로 관지름 50A 이하의 소구경관에 사용하고, 그 이상의 대구경관에는 플랜지를 사용한다.

★
92 강관의 신축이음은 직관 몇 m마다 설치해주는 것이 좋은가?

① 10m ② 20m
③ 30m ④ 40m

해설 강관의 신축이음은 직관 30m마다 1개소씩 설치하고, 경질 염화비닐관은 10~20m마다 1개소씩 설치한다.

★
93 루프형 신축이음의 곡부반지름은 어느 것인가? (단, D는 신축이음에 사용된 관지름이다.)

① $R=4D$ ② $R \geq 6D$
③ $R \geq D$ ④ $R=2D$

해설 루프형(만곡형) 신축이음 시 곡부반지름은 관지름의 6배 이상으로 한다($R \geq 6D$).

94 개스킷(gasket) 선택 시 고려해야 할 사항이다. 다음 중 관내 물체의 화학적 성질이 아닌 것은?

① 압력 ② 인화성
③ 부식성 ④ 화학성분

정답 86 ② 87 ① 88 ③ 89 ① 90 ① 91 ③ 92 ③ 93 ② 94 ①

해설 개스킷 선택 시 고려사항

㉠ 관내 물체의 물리적 성질 : 온도, 압력, 밀도, 점도 등
㉡ 관내 물체의 화학적 성질 : 화학성분, 안전도, 부식성, 인화성 등
㉢ 기계적 조건 : 취급의 난이, 진동의 유무, 내압, 외압 등

★
95 **다음은 관 연결용 부속을 사용처별로 구분하여 나열하였다. 잘못된 것은?**

① 관 끝을 막을 때 : 리듀서, 부싱, 캡
② 배관의 방향을 바꿀 때 : 엘보, 벤드
③ 관을 도중에서 분기할 때 : 티, 와이, 크로스
④ 동경관을 직선 연결할 때 : 소켓, 유니언, 니플

해설 리듀서와 부싱은 지름이 서로 다른 관을 연결할 때 사용한다.

96 **고온, 고압의 관 플랜지이음 시 사용되는 패킹의 재료로 가장 적합한 것은?**

① 가죽 ② 석면
③ 테플론 ④ 구리

해설 석면(asbestos)은 450℃의 고온, 고압에도 견딘다.

★
97 **유기질 보온재가 아닌 것은?**

① 펠트 ② 탄산마그네슘
③ 코르크 ④ 기포성 수지

해설 탄산마그네슘(안전사용온도 250℃)은 무기질 보온재이다.

참고 유기질 보온재 : 펠트, 크르크, 기포성 수지, 텍스류 등

98 **코르크에 대한 다음 설명 중 잘못된 것은?**

① 무기질 보온재 중의 하나이다.
② 액체, 기체의 침투를 방지하는 작용이 있어 보온·보냉효과가 좋다.
③ 재질이 여리고 굽힘성이 없어 곡면에 사용하면 균열이 생기기 쉽다.
④ 냉수, 냉매배관, 펌프 등의 보냉용으로 사용된다.

해설 코르크(cork)는 유기질 보온재이며, 안전사용온도는 130℃ 이하로 보온·보냉용으로 많이 사용한다.

99 **다음 보온재 중 고온에서 사용할 수 없는 것은?**

① 석면 ② 규조토
③ 탄산마그네슘 ④ 스티로폼

해설 석면은 450℃ 이하, 규조토는 500℃ 이하, 탄산마그네슘은 250℃ 이하에 쓰이고 있다. 반면 스티로폼은 열에 몹시 약해 고온에서는 사용할 수 없다.

★
100 **다음 중 피복재료로서 적당하지 않는 것은?**

① 코르크와 기포성 수지
② 석면과 암면
③ 광명단
④ 규조토

해설 광명단은 녹 방지용(방청용) 도료이다.

참고 **피복재료(보온재)**

- 유기질 보온재 : 펠트, 코르크, 기포성 수지 등
- 무기질 보온재 : 석면, 암면, 규조토, 탄산마그네슘 등

101 **다음은 석면 보온재에 관한 설명이다. 틀린 것은?**

① 아스베스토스질 섬유로 되어 있다.
② 400℃ 이하의 보온재료로 적합하다.
③ 진동이 생기면 갈라지기 쉬우므로 탱크 노벽의 보온에 적합하다.
④ 800℃에서는 강도와 보온성을 잃게 된다.

해설 **석면(아스베스토스)**

㉠ 450℃ 이상에서는 탈수 분해된다.
㉡ 800℃에서는 강도와 보온성을 잃게 된다.
㉢ 사용 중 갈라지지 않아 진동을 받는 장치의 보온재에 많이 사용된다.

★
102 **밀착력이 강하고 도막이 굳어서 풍화에 잘 견디며 내수성이나 흡수성이 대단히 작은 방청도료로서 주로 다른 착색도료의 밑칠용으로 많이 사용되는 도료는?**

① 조합페인트 ② 광명단도료
③ 산화철도료 ④ 알루미늄도료

PART 4

정답 95 ① 96 ② 97 ② 98 ① 99 ④ 100 ③ 101 ③ 102 ②

해설 광명단은 초벌용(언더코팅용)으로 많이 사용된다.

★
103 **난방용 방열기 등의 외면에 도장하는 도료로서 열을 잘 반사하고 확산하는 것은?**

① 산화철도료 ② 콜타르
③ 알루미늄도료 ④ 합성수지도료

해설 알루미늄(Al)도료는 현장에서 은분이라고 통용된다. 이 도료를 칠하고 나면 Al도막이 형성되어 금속광택이 생기고 열도 잘 반사된다.

104 **온수배관용으로 주철관을 이용할 때 주철관이 강관에 비하여 가지는 이점을 기술하였다. 맞지 않는 것은?**

① 강관에 비해 내구성 및 내진성이 우수하다.
② 주철관이 강관에 비해 내열성이 뛰어나다.
③ 단위량당 가격이 저렴하다.
④ 강관에 비해 인장강도는 약하나 내식성이 뛰어나다.

해설 강관(steel pipe)이 주철관이나 납관보다 가격이 싸다.

★
105 **단열재로서 가장 중요한 기본성질은 다음 중 어느 것인가?**

① 벽돌의 강도를 증가시킨다.
② 벽돌의 세포조직을 감소시킨다.
③ 벽돌의 흡수성을 증가시킨다.
④ 벽돌의 열전도율이 작아야 한다.

해설 단열재는 열전도율이 작아야 하고 다공질 또는 세포조직을 가져야 한다.

★
106 **다음 중 통기관을 설치하는 목적은 무엇인가?**

① 트랩의 봉수를 보호하기 위하여
② 실내의 통기를 위하여
③ 배수량을 조절하기 위하여
④ 오수의 정화를 위하여

해설 통기관의 설치목적
㉠ 트랩의 봉수를 보호하기 위해
㉡ 배수관 내의 압력변동을 흡수하여 배수흐름을 원활하게 하기 위해
㉢ 신선한 외기를 통하게 하여 배수관의 청결을 유지하기 위해

107 **규조토질 단열재의 특징은?**

① 열팽창률이 작고, 스폴링저항이 크다.
② 열팽창률이 크고, 스폴링저항은 작다.
③ 재가열 수축률이 작고, 가격이 비싸다
④ 제품을 소성하므로 압축강도가 크다.

해설 규조토질 단열재는 열팽창률이 작고, 스폴링저항이 크며, 재가열 수축률이 크고, 가격이 저렴하다.

108 **높이 5m, 배관의 길이 20m, 지름 50mm의 배관에 플러시밸브(flush valve) 1개를 설치한 2층 화장실에 급수하려면 수도본관의 수압은 얼마가 필요한가? (단, 배관의 마찰저항손실은 25kPa이다.)**

① 85kPa ② 105kPa
③ 123kPa ④ 145kPa

해설 $P = P_1 + P_2 + P_3 = 70 + 25 + 50 = 145$kPa
여기서, P : 수도본관의 압력(kPa)
P_1 : 수도본관에서 최상층 급수기구까지의 높이에 상당하는 압력(플러시밸브의 소요압력)(70kPa)
P_2 : 배관의 마찰저항손실압력(25kPa)
P_3 : 최상층 기구의 최소 소요압력(50kPa)

109 **증기난방에 공기가열기(unit heater)를 설치하고자 한다. 다음 중 증기기관과 환수관 사이에 설치하기에 적당한 트랩은 무엇인가?**

① 버킷트랩 또는 플로트트랩
② 열동증기트랩 또는 충동증기트랩
③ 그리스트랩 또는 가솔린트랩
④ 벨트트랩 또는 실리콘트랩

해설 버킷트랩 사용 시에는 공기빼기밸브를 달아 히터 내 공기를 배제하여야 하나, 플로트트랩 사용 시에는 응축수와 함께 공기도 배출하므로 따로 공기빼기밸브를 설치할 필요 없다.

★
110 **방열기 및 배관 중 높은 곳에 설치하는 밸브는 무엇인가?**

① 안전밸브 ② 감압밸브
③ 온도조절밸브 ④ 에어벤트밸브

정답 103 ③ 104 ③ 105 ④ 106 ① 107 ① 108 ④ 109 ① 110 ④

해설 에어벤트밸브(air vent valve)란 공기빼기밸브를 말하며 배관경 내의 공기를 배출하는 역할을 담당하고 단구와 쌍구 2종이 있다.

★
111 내화재에서 스폴링(spalling)이란?

① 내화재료의 자기변태점
② 어떤 면을 경계로 하여 대칭이 되는 것
③ 온도의 급격한 변화로 인하여 균열이 생기는 현상
④ 내화재료표면에 헤어크랙(hair crack)이 생기는 것

해설 스폴링현상은 열적, 구조적, 기계적인 이유로 일어나며, 열응력에 의해 내화물이 균열되거나 쪼개지는 현상이다.

112 스톱밸브라고도 하며 밸브시트는 포금, 동체는 주철제가 주로 사용되며 가볍고 유량의 가감이 가능하지만 유체의 저항이 큰 밸브는?

① 슬루스밸브 ② 글로브밸브
③ 콕 ④ 체크밸브

해설 글로브밸브(globe valve)는 스톱밸브, 구형 밸브라고도 하며 유량조절용 밸브로써 저항이 크다.

113 옥상탱크, 물받이탱크, 대변기의 세정탱크 등의 급수구에 장착하며 부력에 의해 자동적으로 밸브가 개폐되는 것은?

① 공기빼기밸브 ② 볼탭
③ 지수전 ④ 전자밸브

해설 볼탭(ball tap)은 구전 또는 부자(float)밸브로 부력에 의해 자동적으로 밸브가 개폐된다.

114 다음 옥형밸브에 관한 설명 중 틀린 것은?

① 유체의 저항이 크다.
② 관로 폐쇄 및 유량조절용에 적당하다.
③ 게이트밸브라고 통용된다.
④ 50A 이하는 나사결합형, 65A 이상은 플랜지형이 일반적이다.

해설 게이트밸브는 슬루스밸브 또는 사절밸브로 통용된다.

참고 옥형밸브는 앵글밸브, 스톱밸브, 글로브밸브로 통용된다. 경량이고 값이 싸며 고온 고압용에는 주강 또는 합금 강제가 많다.

★
115 다음은 각종 밸브의 종류와 용도와의 관계를 연결한 것이다. 잘못된 것은?

① 글로브밸브 : 유량조절용
② 체크밸브 : 역류 방지용
③ 안전밸브 : 이상압력조정용
④ 콕 : 유로의 완만한 개폐

해설 콕(cock)은 유로의 급속개폐용으로 많이 사용한다.

116 열동식 트랩에 관한 설명 중 잘못된 것은?

① 실리콘트랩이라고도 한다.
② 방열기용 트랩으로 가장 많이 쓰인다.
③ 벨로즈 내부에 휘발성이 많은 벤졸을 채워둔다.
④ 증기는 통과시키지 않고 응축수만 환수관으로 배출한다.

해설 벨로즈 내부에 휘발성이 많은 에테르를 채워 주위에 증기가 들어오게 되면 에테르가 증발하여 팽창하므로 벨로즈가 늘어나 밸브를 닫게 된다.

117 고압난방의 관 끝 트랩 및 기구트랩 또는 저압 난방기구 등에 많이 사용되는 것은?

① 실리콘트랩 ② 버킷트랩
③ 플로트트랩 ④ 박스형 트랩

해설 버킷트랩은 상향식과 하향식이 있으며 고압, 중압의 증기 배관에 많이 쓰이고 있다.

★
118 밸브를 개폐할 때 유체에 대한 저항이 작아 대형 배관용으로 많이 사용되는 것은?

① 옥형밸브 ② 안전밸브
③ 사절밸브 ④ 역지밸브

해설 사절밸브(슬루스밸브, 게이트밸브)는 밸브 개폐 시 유체 저항손실이 작아 대형 배관용으로 많이 사용된다.

★
119 다음 배관 중 규정압력 이상에서 작동하는 밸브는 무엇인가?

① 팽창밸브 ② 버터플라이밸브
③ 안전밸브 ④ 슬루스밸브

정답 111 ③ 112 ② 113 ② 114 ③ 115 ④ 116 ③ 117 ② 118 ③ 119 ③

해설 안전밸브는 배관계 내에서의 과잉압력으로부터 위험을 방지하는 데 목적이 있으며 증기배관, 압축공기탱크, 압력수탱크, 수압기 등 압력을 많이 받는 배관계에 주로 사용된다.

★ 120 **체크밸브에 관한 다음 설명 중 잘못된 것은?**

① 리프트식은 수직배관에만 쓰인다.
② 스윙식은 수평, 수직배관 어느 곳에나 쓰인다.
③ 체크밸브는 유체의 역류를 방지한다.
④ 펌프배관에 사용되는 풋밸브도 체크밸브에 속한다.

해설 체크밸브는 스윙식과 리프트식이 있는데, 스윙식은 수평·수직배관 어느 곳에나 사용되고, 리프트식은 수평배관에만 사용된다.

★ 121 **트랩의 봉수(water seal)에 대한 설명 중 틀린 것은?**

① 트랩의 기능은 하수가스의 실내침입을 방지하는 것이다.
② 봉수의 깊이가 너무 크며 저항이 증대하여 통수능력이 감소된다.
③ 통수능력이 감소되면 통수력의 세척력이 약해진다.
④ 봉수의 깊이는 50mm 이하로 하는 것이 좋다.

해설 ㉠ 봉수깊이는 50~100mm가 표준이다.
㉡ 봉수깊이를 너무 깊게 하면 유수의 저항이 증대하여 자기세척력이 약해져 트랩 밑에 침전물이 쌓여 막히는 원인이 되고, 50mm보다 얕으면 트랩의 역할을 못하여 위생상 좋지 못하다.

122 **빗물배수와 건물 사이에 사용되는 트랩은 무엇인가?**

① X형 트랩 ② U형 트랩
③ Y형 트랩 ④ Z형 트랩

해설 U형 트랩은 관 트랩의 일종으로 빗물배수관과 가옥배수관 사이에 설치하며 메인트랩(main trap) 또는 하우스트랩(house trap)이라고도 한다.

★ 123 **다음은 서포트의 종류를 열거한 것이다. 아닌 것은?**

① 파이프 슈(pipe shoe)
② 리지드 서포트(rigid support)
③ 롤러 서포트(roller support)
④ 콘스탄트 서포트(constant support)

해설 서포트의 종류 : 파이프 슈, 리지드 서포트, 롤러 서포트, 스프링 서포트

★ 124 **앵커, 스톱, 가이드 등과 같이 열팽창에 의한 배관의 측면이동을 구속 또는 제한하는 역할을 하는 지지구를 무엇이라 하는가?**

① 리스트레인트(restraint)
② 브레이스(brace)
③ 행거(hanger)
④ 서포트(support)

125 **급탕배관에 있어서 관의 부식에 대한 내용 중 틀린 것은?**

① 급탕관은 급수관보다 부식되기 쉽다.
② 아연도금강관은 동관보다 부식이 빠르다.
③ 연관은 열에 강하고 탕에 잘 부식되지 않아서 적당하다.
④ 급탕관은 노출배관하는 것이 좋다.

해설 연관
㉠ 산에는 강하나, 알칼리에는 약하다.
㉡ 열에 약하며 재질이 연하고 전·연성이 풍부하다.

126 **파이프 지지의 구조와 위치를 정하는데 꼭 고려해야 할 것은 다음 중 어느 것인가?**

① 중량과 지지간격
② 유속 및 온도
③ 압력 및 유속
④ 배출구

해설 배관 지지의 목적은 배관의 자체 중량을 지지하고 배관의 신축에 의한 응력을 억제하는 데 있다.

정답 120 ① 121 ④ 122 ② 123 ④ 124 ① 125 ③ 126 ①

★

127 하트포드접속법(hartford connection)이란?

① 방열기 주위의 연결배관법이다.
② 보일러 주위에서 증기관과 환수관 사이에 균형관을 연결하는 배관방법이다.
③ 고압증기난방장치에서 밀폐식 팽창탱크를 설치하는 연결법이다.
④ 공기가열기 주변의 트랩 부근 접속법이다.

해설 하트포드접속법
㉠ 저압증기난방장치에서 보일러 주변 배관에 적용된다.
㉡ 증기압과 환수압과의 균형을 유지시키며 환수주관 내에 침적된 찌꺼기를 보일러에 유입시키지 않는다.

128 통기관의 역할로서 올바른 것은?

① 실내의 취기가 역류하는 것을 방지한다.
② 실내환기를 하게 된다.
③ 트랩의 봉수를 보호한다.
④ 위생해충의 침입을 방지한다.

해설 통기관은 배수관에 부설되어 배수관 내의 압력변화를 막고 공기를 내보는 데 사용되는 파이프로, 트랩(trap)의 하류에 연결하여 배수관 내 부패가스를 배제시키고 트랩의 봉수를 보호한다. 또한 위험물탱크의 상단부부터 연결하여 위험물에서 발생되는 유증기를 배출한다.

129 다음은 통기관의 시공법을 설명한 것이다. 잘못된 것은?

① 각 기구의 통기관은 기구의 일수선(overflow line)보다 100mm 이상 높게 세운다.
② 회로통기관은 최상층 기구의 앞쪽 수평배수관에 연결한다.
③ 통기관 출구는 옥상에서 뽑아 올리거나 배수 신정통기관에 연결한다.
④ 얼거나 눈으로 인해 개구부 폐쇄가 염려될 때에는 일반통기수직관보다 개구부를 크게 한다.

해설 통기관의 시공법
㉠ 각 기구의 통기관은 기구의 일수선보다 150mm 이상 높게 세운 다음 수직통기관에 연결한다.
㉡ 배수 수평관에서 통기관 입상 시 배수관 윗면에서 수직으로 올리든가, 45°보다 낮게 기울여 뽑아 올린다.
㉢ 통기 수직관을 배수 수직관에 연결할 때는 최하위 배수 수평분기관보다 낮은 위치에서 45° Y로 연결한다.
㉣ 차고 및 냉장고의 통기관은 단독 수직입상하여 배관한다.
㉤ 바닥용 각개통기관에서 수평부를 만들어서는 안 된다.

★

130 증발기(evaporator)가 압축기(compressor) 상부에 위치할 때의 배관으로 알맞은 것은?

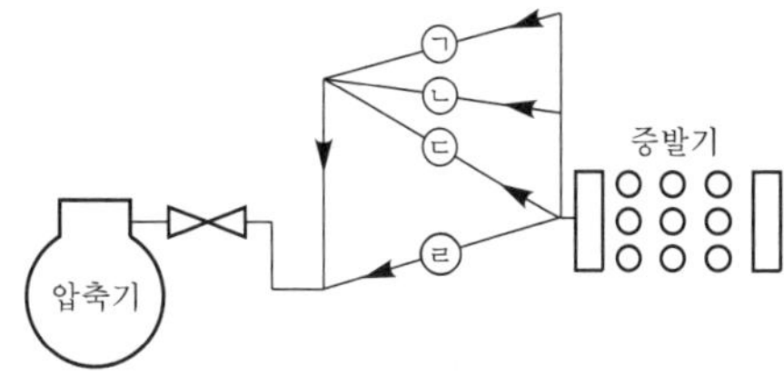

① ㉠과 같이 배관한다.
② ㉡과 같이 배관한다.
③ ㉢과 같이 배관한다.
④ ㉣과 같이 배관한다.

해설 정지 중 증발기의 냉매가 압축기로 흘러들어가 기동 시 액압축을 일으킬 우려가 있으므로 ㉠과 같이 배관하여야 한다.

131 개방형에서 장치 내의 전수량이 500L이다. 이때 50℃의 물을 80℃로 가열할 때 팽창탱크에서의 온수팽창량은 몇 L인가? (단, 팽창계수 $(\alpha)=0.5\times10^{-3}$/℃)

① 7L　　② 15L
③ 20L　　④ 7.5L

해설 $\Delta V = V\left(\frac{1}{\rho_2}-\frac{1}{\rho_1}\right) = V\alpha\Delta t$
$= 500\times0.5\times10^{-3}\times(80-50) = 7.5$L

★

132 다음 급탕배관 시공법을 열거한 것 중 잘못된 것은?

① 벽, 마루 등을 관통할 때는 슬리브를 넣는다.
② 긴 배관에는 10m 이내마다 신축조인트를 장치한다.
③ 마찰저항을 작게 하기 위해 가급적 사절밸브를 사용한다.
④ 팽창탱크 도중에는 절대로 밸브류를 장치하지 않는다.

정답 127 ② 128 ③ 129 ① 130 ① 131 ④ 132 ②

PART 4

해설 강관제 신축조인트는 30m마다 1개소씩 설치해준다.

133 급탕배관 중 관의 신축에 대한 대책을 열거한 것 중 틀린 것은?

① 배관의 곡부에는 슬리브 신축이음을 설치한다.
② 마룻바닥 통과 시에는 콘크리크홈을 만들어 그 속에 배관한다.
③ 벽 관통부 배관에는 강제 슬리브를 박아준 후 그 속에 배관한다.
④ 직관배관에는 도중에 신축곡관 등을 설치한다.

해설 배관의 곡부에는 스위블이음을 이용하여 신축을 흡수한다.

★ 134 급탕배관 시공 시 표준 구배는?

① 중력순환식 1/200, 강제순환식 1/150
② 중력순환식 1/150, 강제순환식 1/200
③ 중력순환식, 강제순환식 모두 1/150
④ 중력순환식, 강제순환식 모두 1/200

★ 135 급수배관에 슬리브를 이용하는 이유는 무엇인가?

① 관의 신축, 보수를 위하여
② 보온효과를 증대시키기 위하여
③ 도장을 위하여
④ 박식을 위하여

해설 벽 관통배관 시 미리 슬리브를 넣어두면 관의 교체(신축, 보수)에 용이하다.

136 급수배관 시공 시 중요한 배관구배에 관한 다음 설명 중 잘못된 것은?

① 배관은 공기가 체류되지 않도록 시공한다.
② 급수관의 배관구배는 모두 끝내림구배로 한다.
③ 급수관의 표준 구배는 1/250 정도이다.
④ 급수관의 최하부에는 배니밸브를 설치하여 물을 빼줄 수 있도록 한다.

해설 급수관의 배관구배는 모두 끝올림구배로 하나, 옥상탱크식과 같은 하향급수배관법에서는 수평주관은 내림구배로, 각 층의 수평지관은 올림구배로 한다.

★ 137 플러시(flush)밸브 또는 급속개폐식 수전 사용 시 급수의 유속이 불규칙하게 변해 생기는 작용은 무엇인가?

① 수격작용 ② 수밀작용
③ 파동작용 ④ 맥동작용

해설 수격작용(water hammering)은 평상시 유속의 14배에 준하는 이상압력이 발생되고 이상소음까지도 동반하여 심하면 배관이 파손되기도 한다.

★ 138 고정된 배관지지부 간의 거리가 10m라 할 때 만일 온도가 현재보다 150℃ 상승한다면 몇 mm나 팽창되겠는가? (단, 금속배관재료의 열팽창률은 6×10^{-6}[1/℃]이다.)

① 9 ② 60
③ 90 ④ 900

해설 $\lambda = l\alpha\Delta t = 10\times10^3\times6\times10^{-6}\times150 = 9$mm

★ 139 바이패스관(bypass line)의 설치목적은 무엇인가?

① 트랩, 스트레이너 등의 기기의 고장, 수리, 교환에 대비하기 위해 설치한다.
② 응축수의 역류를 방지하려고 설치한다.
③ 고압증기를 저압증기로 바꾸려고 설치한다.
④ 내부증기의 안전냉각을 위해 설치한다.

해설 바이패스관은 트랩, 스트레이너(여과기) 등의 기기의 고장, 수리, 교환에 대비하기 위해 설치한다.

140 다음 중 개방식 팽창탱크의 부속설비로 잘못 열거된 것은?

① 안전관 ② 안전밸브
③ 배기관 ④ 오버플로관

해설 팽창탱크(expansion tank)의 종류에는 보통 온수난방용의 개방식과 고온수난방용의 밀폐식이 있다.

정답 133 ① 134 ② 135 ① 136 ② 137 ① 138 ① 139 ① 140 ②

★
141 온수난방배관에서 리버스리턴(reverse return) 방식을 채택하는 이유는 무엇인가?

① 온수의 유량분배를 균일하게 하기 위해서
② 배관의 길이를 짧게 하기 위해서
③ 배관의 신축을 흡수하기 위해서
④ 온수가 식지 않도록 하기 위해서

해설 온수난방배관에서 온수의 유량분배를 균일하게 하기 위해 리버스리턴방식을 채택한다.

142 온수난방배관 시공 시 배관의 구배에 관한 다음 설명 중 틀린 것은?

① 배관의 구배는 1/250 이상으로 한다.
② 단관 중력환수식의 온수주관은 하향구배를 준다.
③ 상향 복관환수식에서는 온수공급관, 복귀관 모두 하향구배를 준다.
④ 강제순환식은 배관의 구배를 자유롭게 한다.

★
143 동관의 바깥지름이 20mm 이하일 때 냉매배관의 최대 지지간격은?

① 2m ② 2.5m
③ 3m ④ 4.5m

해설 배관의 지지간격

동관의 바깥지름(mm)	최대 지지간격(m)	동관의 바깥지름(mm)	최대 지지간격(m)
20 이하	2	81~100	4
21~40	2.5	101~120	4.5
41~60	3	121~140	5
61~80	3.5	141~160	5.5

★
144 다음은 급수배관 보온재의 선택방법에 관한 설명이다. 옳지 않는 것은?

① 대상온도에 충분히 견딜 수 있는 것
② 소요의 성능치가 소정의 사용연한 중에 변하지 않을 것
③ 열전도율이 클 것
④ 값이 쌀 것

해설 보온재는 열전도율이 작아야 보온효과가 크다.

145 캡의 도시로서 맞는 것은?

① ②
③ ④

해설 ① 나사이음, ③ 여과기(strainer), ④ 체크밸브

★
146 다음 중 신축이음기호가 아닌 것은?

① ②
③ ④

해설 ③ 일반콕

참고 ① 슬리브형, ② 벨로즈형, ④ 루프형

147 다음 내용은 배관도의 치수기입방법이다. 잘못된 것은?

① 치수 표시는 mm로 하여 숫자만을 기입한다.
② BOP는 관 외경의 아랫면을 기준으로 하여 높이 표시를 하는 방법이다.
③ EL은 관의 중심을 기준으로 하여 배관의 높이를 표시하는 방법이다.
④ TOP는 관 내경의 아랫면을 기준으로 하여 높이를 표시하는 방법이다.

해설 TOP는 관 외경의 윗면을 기준으로 한다.

★
148 다음 중 나사이음의 90° 엘보는 어느 것인가?

해설 ① 플랜지이음의 90° 엘보
③ 턱걸이이음의 90° 엘보
④ 용접이음의 90° 엘보

PART 4

정답 141 ① 142 ③ 143 ① 144 ③ 145 ② 146 ③ 147 ④ 148 ②

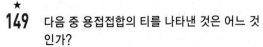

★
149 다음 중 용접접합의 티를 나타낸 것은 어느 것인가?

① 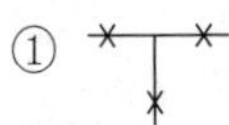 ② 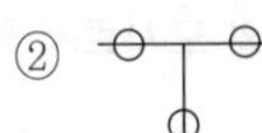
③ 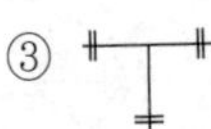 ④

해설 ② 땜이음의 줄임티
③ 플랜지이음의 줄임티
④ 턱걸이이음의 줄임티

★
150 다음 중 슬리브의 용접이음을 표시한 것은 어느 것인가?

① ②
③ ④

해설 ① 플랜지이음의 슬리브
② 나사이음의 슬리브
③ 턱걸이이음의 슬리브

151 관의 유니언이음의 도시기호는?

① ②
③ ④

해설 ① 플랜지이음, ② 턱걸이이음, ④ 용접이음

152 ─▷◁─는 어떤 밸브인가?

① 체크밸브 ② 글로브밸브
③ 안전밸브 ④ 슬루스밸브

해설 ①
②
④ (스프링식), (추식)

참고 슬루스밸브(sluice valve)는 게이트밸브(gate valve)로 개폐용 밸브로 사용한다.

★
153 유량조절용으로 가장 적합한 밸브에 대한 도시기호로 맞는 것은?

① ②
③ ④ Ⓢ

해설 ① 슬루스밸브, ② 글로브밸브, ③ 체크밸브, ④ 전자밸브

★
154 글로브밸브(glove valve)의 도시기호는?

① ②
③ ④

해설 ① 일반조작밸브, ② 체크(역지)밸브, ④ 게이트(슬루스)밸브

155 스프링식 안전밸브(spring type safety valve)의 도시기호는?

① ②
③ Ⓜ ④

해설 ① 앵글밸브, ③ 전동밸브, ④ 일반콕

156 배관의 도시기호 중 추식 안전밸브는?

① ②
③ ④ Ⓢ

해설 ② 일반조작밸브, ③ 스프링식 안전밸브, ④ 전자밸브

157 다음 중 파이프 슈의 도시기호는?

① H ② SH
③ S ④

해설 ① 행거, ② 스프링행거, ③ 바닥지지

★
158 압력계 표시방법으로 옳은 것은?

① Ⓟ ② Ⓣ
③ Ⓕ ④ Ⓑ

해설 ② 온도계, ③ 유량계

정답 149 ① 150 ④ 151 ③ 152 ④ 153 ② 154 ③ 155 ② 156 ① 157 ④ 158 ①

159 다음 중 콕(cock)의 기호는?

해설 ① 삼방콕, ② 슬루스밸브, ③ 글로브밸브, ④ 추식 안전밸브

★
160 다음 중 온도지시계를 표시한 것은 어느 것은?

해설 ① 압력지시계, ② 유량지시계, ③ 가스지시계

★
161 다음 중 다이어프램밸브는 어느 것인가?

해설 ① 체크밸브, ③ 감압밸브, ④ 슬루스밸브

162 오리피스플랜지의 도면기호는?

해설 ② 줄임플랜지, ③ 일반 플랜지, ④ 플러그

163 배관제도에는 관 계통도와 관 장치도의 2종류가 있으며, 관 장치도에는 복선 표시법과 단선 표시법이 있는데 다음 도면에서 A부품을 보고 나사이음 단선 표시법으로 맞는 것은?

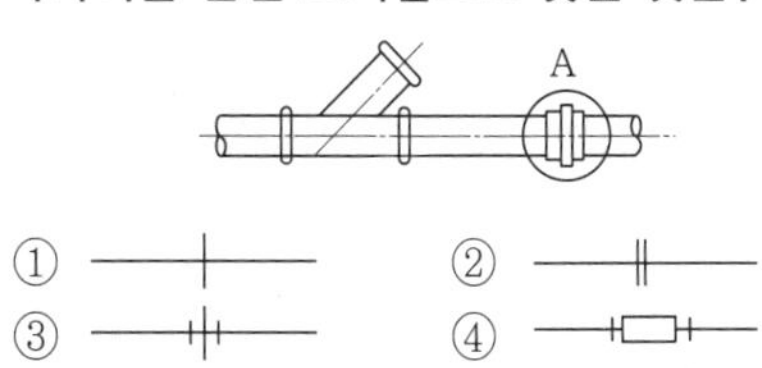

해설 ② 플랜지이음
③ 유니언이음
④ 팽창이음의 플랜지이음

★
164 모든 관 계통의 계기, 제어기 및 장치기기 등에서 필요한 모든 자료를 도시한 공장의 배관도면을 무엇이라 하는가?

① 계통도 ② PID
③ 관 장치도 ④ 입체도

해설 PID는 Piping and Instrument Diagram의 약어로 모든 관 계통의 계기, 제어기 및 장치기기 등에서 필요한 모든 자료를 도시한 공장 배관도면이다.

165 다음 중 소켓용접용 스트레이너의 도시기호는?

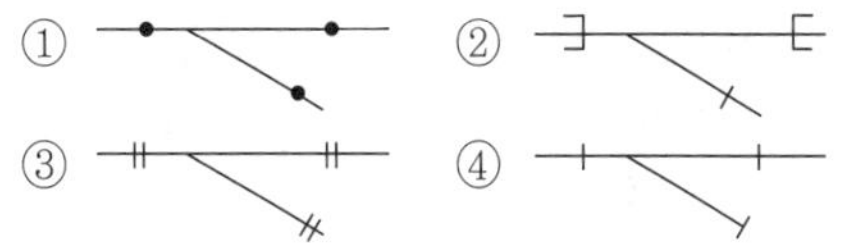

해설 ① 맞대기용접용, ③ 플랜지용, ④ 나사용

166 배관도면에서 약어 표시에 관한 설명 중 틀린 것은?

① 포장된 지표면을 기준으로 하여 장치의 높이를 표시할 때의 약어는 GL이다.
② 1층의 바닥면을 기준으로 한 높이 표시 약어는 FL이다.
③ 배관도면의 중심선을 표시하는 약어는 EL이다.
④ 배관의 높이를 관의 중심을 기준으로 할 때는 BOP로 표시한다.

해설 배관의 높이를 관의 중심을 기준으로 할 때는 EL로 표시한다.

★
167 다음은 배관도면상의 치수 표시법에 관한 설명이다. 잘못된 것은?

① 관은 일반적으로 한 개의 선으로 그린다.
② 치수는 mm를 단위로 하여 표시한다.
③ 배관높이를 관의 중심을 기준으로 하여 표시할 때는 GL로 나타낸다.
④ 지름이 서로 다른 관의 높이를 표시할 때 관의 바깥지름의 아랫면까지를 기준으로 표시하는 EL법을 BOP라 한다.

해설 배관높이를 관의 중심을 기준으로 하여 표시할 때는 EL로 나타낸다.

정답 159 ① 160 ④ 161 ② 162 ① 163 ① 164 ② 165 ② 166 ④ 167 ③

PART 4

참고 TOP(Top Of Pipe)는 관 바깥지름의 윗면을 기준으로 하여 표시하는 방법으로 가구류, 건물의 보 밑면을 이용하여 관을 지지할 때, 또는 지하에 매설배관 시 관의 윗면의 높이를 정확하게 밝힐 필요가 있을 때 이용된다.

168 다음 중 관 지지용 앵커(anchor)의 도시기호는?

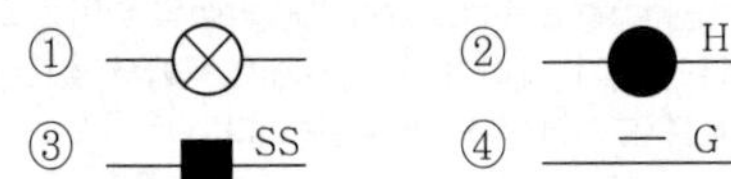

해설 관 지지용 부품의 도시기호

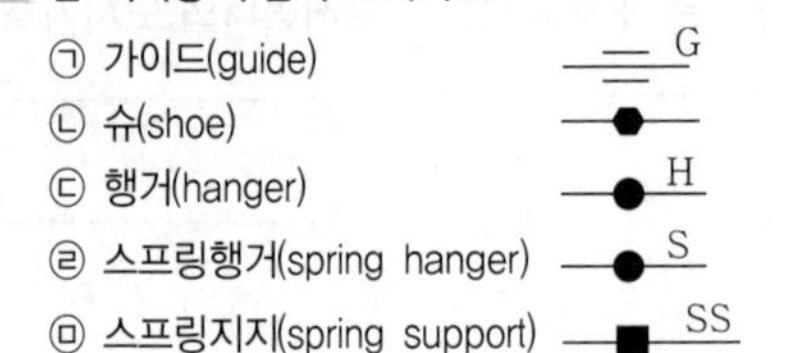

★
169 다음의 배관 도시기호 중 유체의 종류와 기호의 연결이 틀린 것은?

① 공기 : A ② 수증기 : W
③ 가스 : G ④ 유류 : O

해설 수증기 : S(Steam)

170 배관용 플랜지패킹의 종류가 아닌 것은?

① 오일시트패킹 ② 합성수지패킹
③ 고무패킹 ④ 몰드패킹

해설 몰드패킹은 수지, 흑연, 석면을 섞어 만든 패킹으로 그랜드패킹용으로 사용한다.

★
171 팽창이음(expansion joint)을 하는 목적은 무엇인가?

① 파이프 내의 응력을 제거하기 위해
② 펌프나 압축기의 운동에 대한 진동을 방지하기 위해
③ 미량의 진동을 흡수하기 위해
④ 팽창관의 수축에 대응하기 위해

해설 팽창이음(가요성 이음장치)은 펌프와 배관 사이에 발생하는 상대 변위에 따른 파손 등을 저감시키기 위해 수평·수직방향으로 일정 변위를 허용하는 데 목적이 있다. 펌프 등의 회전으로부터 발생되는 진동이 배관으로 전달되는 것을 방지하고, 지진에 의한 진동이 전체 펌프시스템에 전달되지 않도록 하기 위함이다.

★
172 동관의 접합과 관계가 없는 것은?

① 오스터(oster)
② 익스팬더(expander)
③ 플레어링툴(flaring tool)
④ 사이징툴(sizing tool)

해설 오스터는 강관의 나사절삭용 수동공구이다.

173 펌프 주위 토출수평관에 지지금속으로 적합한 것은?

① 스프링행거 ② 브레이스
③ 앵커 ④ 가이드

해설 ① 스프링행거 : 수직이동이 적은 곳에 사용되며 턴버클 대신 스프링을 설치한 것이다.
② 브레이스 : 압축기, 펌프에서 발생하는 기계적 진동, 서징, 수격작용, 지진, 안전밸브의 분출반력의 충격을 완충하거나 진동을 억제하는 것으로 구조에 따라 유압식과 스프링식이 있다.
③ 앵커 : 완전 고정에 이용되는 지지구로서 리지드서포트의 일종이다.
④ 가이드 : 배관계 축방향 이동을 구속하는 데 사용되며 본래 파이프의 회전을 제한하기 위하여 사용하고 안내역할을 한다.

★
174 다음은 증기배관의 표준 구배에 대한 사항이다. 이 중 적당하지 않은 것은?

① 단관 중력환수배관(상향공급식) : 1/100~1/200
② 단관 중력환수배관(하향공급식) : 1/50~1/100
③ 진공환수배관의 증기주관(선하구배) : 1/200~1/300
④ 복관 중력환수배관(건식 : 선하구배) : 1/50

해설 복관 중력환수배관(건식 : 선회구배) : 1/200

★
175 옥형밸브의 일종이며 유체의 흐름방향을 90° 변환시키는 밸브는?

① 앵글밸브 ② 게이트밸브
③ 체크밸브 ④ 볼밸브

정답 168 ① 169 ② 170 ④ 171 ② 172 ① 173 ① 174 ④ 175 ①

해설 ② 게이트밸브 : 마찰저항이 가장 작은 밸브
③ 체크밸브 : 유로를 한쪽으로 유지할 때 사용, 유량조절 불가능
④ 볼밸브 : 화학공장이나 석유공장 등에서 상온의 유체에 많이 사용

★
176 **다음 증기난방배관방식 중 잘못된 환수방식은?**

① 기계환수식 ② 하트포드환수식
③ 중력환수식 ④ 진공환수식

해설 **증기난방의 분류**
㉠ 응축수환수방법에 따른 분류 : 중력환수식, 기계환수식, 진공환수식
㉡ 사용증기압력에 따른 분류 : 저압식, 고압식
㉢ 증기공급방식에 따른 분류 : 상향식, 하향식, 상·하향혼용방식
㉣ 환수배관방식에 따른 분류 : 습식환수식, 건식환수식
㉤ 증기공급관과 환수관의 배관방식에 따른 분류 : 단관식, 복관식

★
177 **주철관을 소켓이음할 때 코킹작업을 하는 이유는?**

① 누수 방지
② 얀(yarn)과의 결합
③ 강도 증가
④ 진동에 견딤

해설 코킹(caulking)작업은 기밀(수밀)유지작업이다.

★
178 **암모니아냉매를 사용하는 흡수식 냉동기의 배관재료로 가장 좋은 것은?**

① 주철관 ② 동관
③ 강관 ④ 동합금강

해설 암모니아냉매를 사용하는 흡수식 냉동기의 배관은 강관을 사용한다.

179 **진공환수식 증기난방배관에 관한 다음 설명 중 틀린 것은?**

① 환수관은 다른 방식에 비해 작아도 된다.
② 방열량을 광범위하게 조절할 수 있다.
③ 이 방식은 방열기, 보일러 등의 설치위치에 제한을 받지 않는다.
④ 소규모 난방에서 이 방식이 많이 사용된다.

해설 진공환수식 증기난방은 대규모 난방에서 많이 사용된다.

★
180 **보온재의 선정조건으로 적당하지 않은 것은?**

① 열전달률이 작아야 한다.
② 불연성이 있는 것이 좋다.
③ 물리적, 화학적 강도가 커야 한다.
④ 내용연수는 작아야 한다.

해설 **보온재의 선정조건**
㉠ 중량이 가볍고 시공이 용이하며 열전달률이 작을 것
㉡ 불연성이며 경제성이 있을 것
㉢ 물리적, 화학적 강도가 클 것
㉣ 사용하는 온도에 대응하는 팽창률을 고려할 것
㉤ 보온 시공면에서 부식이나 붙는 일이 없을 것
㉥ 사용하는 온도에 충분히 견딜 것(사용온도범위가 넓을 것)

181 **주철관의 일반적인 사항에 해당되지 않는 것은?**

① 주철관은 지하매설관에 적합하다.
② 주철관은 인성이 풍부하여 나사이음과 용접이음에 적합하다.
③ 주철관의 용도는 수도, 배수, 가스용으로 사용한다.
④ 주철관의 제조방법은 수직법과 원심력법이 있다.

해설 **주철관(cast pipe)**
㉠ 통기관의 배수, 급수 등에 사용되고, 내구력이 풍부하고 지하매설용으로 강관에 비해 부식이 작으며 다른 관에 비해 강도가 크다.
㉡ 주형을 세워 주입하여 만든 입형 주철관과 사형이나 금형을 회전시키면서 주입하는 원심주조법으로 제조한다.

★
182 **스트레이너의 형상에 따른 종류가 아닌 것은?**

① Y형 ② S형
③ U형 ④ V형

해설 스트레이너는 증기, 물, 기름 등의 배관에 설치되는 밸브, 기기 등의 앞에 설치하여 관내의 불순물을 제거하는데 사용하는 여과기로 형상에 따라 Y형, U형, V형이 있다.

정답 176 ② 177 ① 178 ③ 179 ④ 180 ④ 181 ② 182 ②

PART 4

183 **관 지지구 중 행거의 종류에 속하지 않는 것은?**

① 콘스탄트행거 ② 브레이스행거
③ 리지드행거 ④ 스프링행거

해설 ① 콘스탄트행거 : 파이프의 수직이동을 허용하며 파이프 지지력을 일정하게 유지
③ 리지드행거 : 턴버클과 환봉을 이용하여 파이프를 정착한 것으로 수직의 변화가 없는 곳에 설치
④ 스프링행거 : 수직이동이 적은 곳에 사용되며 턴버클 대신 스프링을 설치한 것

참고 행거 : 배관을 위에서 지지하는 금속

★
184 **다음 중 중·고압배관의 가스유량을 산출하는 식은? (단, Q : 유량(m^3/h), D : 관지름(cm), ΔP : 압력손실(mmAq), S : 비중, K : 유량계수, L : 관의 길이(m))**

① $Q=K\sqrt{\dfrac{SL}{D\Delta P}}$

② $Q=K\sqrt{\dfrac{D\Delta P}{SL}}$

③ $Q=K\sqrt{\dfrac{L\Delta P}{SD}}$

④ $Q=K\sqrt{\dfrac{D^5\Delta P}{SL}}$

해설 가스유량
㉠ 저압배관인 경우(폴공식)
$Q=K\sqrt{\dfrac{D^5H}{SL}}$ [m^3/h]
㉡ 중·고압배관인 경우(콕스공식)
$Q=K\sqrt{\dfrac{D^5({P_1}^2-{P_2}^2)}{SL}}$
여기서, K : 유량계수(저압 : 0.707, 중·고압 : 52.31)
H : 마찰손실수두(mmH$_2$O)

★
185 **루프형 신축이음쇠(loop type expansion joint)의 특징이 아닌 것은?**

① 설치공간을 많이 차지한다.
② 신축에 따른 자체 응력이 생긴다.
③ 고온 고압의 옥외배관에 많이 사용된다.
④ 장시간 사용 시 패킹의 마모로 누수의 원인이 된다.

해설 장시간 사용 시 패킹의 마모로 누수원인이 되는 것은 슬리브이음의 단점이다.

참고 루프형 신축이음쇠
- 동관이나 강관을 굽혀서 탄성을 이용한 것이다.
- 특징
  - 루프의 반경은 관지름의 6배 이상으로 한다.
  - 고압에 잘 견디고 고장이 적다.
  - 신축에 따른 응력을 수반한다.
  - 고압 고온배관에 사용되고 옥외 설치가 가능하다.
  - 설치장소를 많이 차지한다.

★
186 **다음 강관 표시기호 중 고압배관용 탄소강강관은?**

① SPPH ② SPHT
③ STA ④ SPLT

해설 ② SPHT : 고온배관용 탄소강관
③ STA : 구조용 합금강관
④ SPLT : 저온배관용 강관

187 **급탕설비에서 복관식(2관식) 배관을 하는 이유 중 가장 타당한 내용은?**

① 급탕꼭지를 열었을 때 온수가 바로 나오도록 하기 위하여
② 배관이나 보일러 내에 스케일 부착을 적게 하기 위하여
③ 설비시스템을 간접가열식으로 하기 위하여
④ 연료를 절약하기 위하여

해설 급탕설비가 대규모인 경우 복관식으로 하는 이유는 어느 곳에서든지 바로 온수를 쓸 수 있도록 하기 위해서이다.

★
188 **다음은 강관의 호칭관경을 관계있는 것끼리 짝지은 것이다. 잘못된 것은?**

① 25A − $1\frac{1}{2}$B ② 20A − $\frac{3}{4}$B
③ 32A − $1\frac{1}{4}$B ④ 50A − 2B

해설 A는 mm, B는 inch이므로 25A＝1B이다.

정답 183 ② 184 ④ 185 ④ 186 ① 187 ① 188 ①

189 ★ 냉매배관 중 토출관배관 시공에 관한 설명 중 잘못된 것은?

① 응축기가 압축기보다 높은 곳에 있을 때는 2.5m보다 높으면 트랩을 장치한다.
② 수평관은 모두 끝내림구배로 배관한다.
③ 수직관이 너무 높으면 3m마다 트랩을 설치한다.
④ 유분리기는 응축기보다 온도가 낮지 않은 곳에 취부한다.

해설 냉매배관 시공 시 수직관이 2.5m 이상일 때는 10m마다 트랩(trap)을 설치한다.

190 ★ 다음 그림과 같이 A로부터 B까지의 배관에서 지나가는 각종 관이음의 종류는 ㉠, ㉡, ㉢의 3가지이다. 이들의 설명 중 맞는 것은?

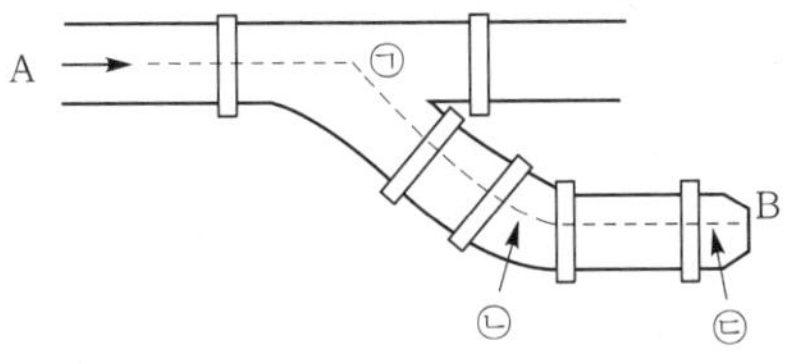

① ㉠ 135° Y티, ㉡ 45° 엘보, ㉢ 플러그
② ㉠ 45° Y티, ㉡ 45° 엘보, ㉢ 캡
③ ㉠ 45° Y티, ㉡ 135° 엘보, ㉢ 플러그
④ ㉠ 135° Y티, ㉡ 135° 엘보, ㉢ 캡

191 ★ 급수관의 평균유속이 2m/s이고, 유량이 100L/s로 흐르고 있다. 관내의 마찰손실을 무시할 때 안지름은 몇 mm인가?

① 173mm ② 227mm
③ 247mm ④ 252mm

해설 $Q = AV = \frac{\pi d^2}{4} V$

$\therefore d = \sqrt{\frac{4Q}{\pi V}} = \sqrt{\frac{4 \times 0.1}{\pi \times 2}} = 0.252\text{m} = 252\text{mm}$

여기서, Q=100L/s=0.1m^3/s

192 ★ 증기압축식 냉동장치의 냉매배관에서 액관이란?

① 압축기와 응축기 사이의 배관
② 응축기와 증발기 사이의 배관
③ 증발기와 압축기 사이의 배관
④ 전체 배관

해설 ① 토출관, ③ 흡인관

193 파이프를 흐르는 유체가 물임을 표시하는 기호는?

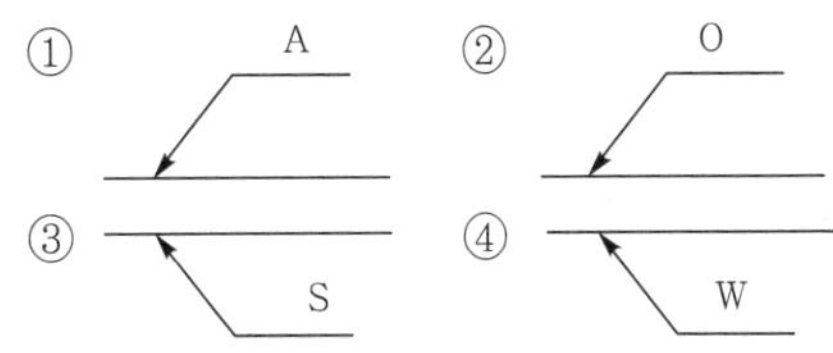

해설 ① 공기, ② 기름, ③ 수증기

194 다음 그림에서 보일러 수직상향관 ①의 온수온도를 90℃, 복귀 수직하향관 ②의 온수온도를 70℃라 할 때 순환수두압은 얼마인가?

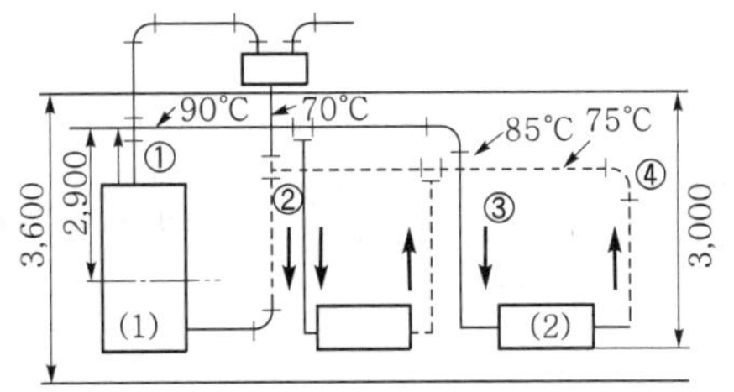

[온수 자연순환수두압(mmAq)]

(높이 1m당)

복귀 \ 공급	90℃	85℃
60℃	18.0	14.6
65℃	15.2	12.0
70℃	12.5	9.15
75℃	9.55	6.24

① 10.53mmAq ② 13.53mmAq
③ 15.35mmAq ④ 17.53mmAq

해설 $P = 2.9 \times 12.5 - 3 \times 6.24 = 17.53\text{mmAq}$

정답 189 ③ 190 ② 191 ④ 192 ② 193 ④ 194 ④

★
195 **다음은 배관 내의 마찰손실에 관한 기술이다. 이 중 적당한 것은?**

① 유속이 2배로 되면 마찰손실수두도 2배로 된다.
② 유속이 2배로 되면 마찰손실수두는 4배로 된다.
③ 관경이 2배로 되면 마찰손실수두도 2배로 된다.
④ 관경이 2배로 되면 마찰손실수두는 4배로 된다.

해설 $h_l = f\dfrac{l}{d}\dfrac{V^2}{2g}$[m]

196 **온수난방장치에서 탱크 내의 물이 10,000L이고 물의 온도가 각각 10℃, 85℃인 경우 온수의 팽창량은 약 얼마인가? (단, 물의 비중은 10℃일 때 0.9997, 85℃일 때 0.9686이다.)**

① 229L　　② 321L
③ 354L　　④ 423L

해설 $\Delta V = V\left(\dfrac{1}{\rho_2} - \dfrac{1}{\rho_1}\right) = 10,000 \times \left(\dfrac{1}{0.9686} - \dfrac{1}{0.9997}\right)$
$= 321\,\text{L}$

★
197 **관경 25A(내경 27.6mm)의 강관에 매분 30L/min의 가스를 흐르게 할 때 유속은?**

① 0.54m/s　　② 0.64m/s
③ 0.74m/s　　④ 0.84m/s

해설 $Q = AV$

$\therefore V = \dfrac{Q}{A} = \dfrac{\dfrac{30}{1,000}}{\dfrac{\pi}{4} \times 0.0276^2 \times 60} \fallingdotseq 0.84\text{m/s}$

198 **관의 탄성을 이용하여 신축을 흡수하며 옥외 고압배관에 가장 적합한 신축관이음쇠는?**

① 루프(loop)형
② 슬리브(sleeve)형
③ 벨로즈(bellows)형
④ 스위블조인트(swivel joint)형

해설 신축이음 중 루프(loop)형은 옥외 고압배관에 가장 적합한 신축이음쇠이다.

199 **온수난방배관에서 에어포켓(air pocket)이 발생될 우려가 있는 곳에 설치하는 공기빼기밸브의 설치위치로 옳은 것은?**

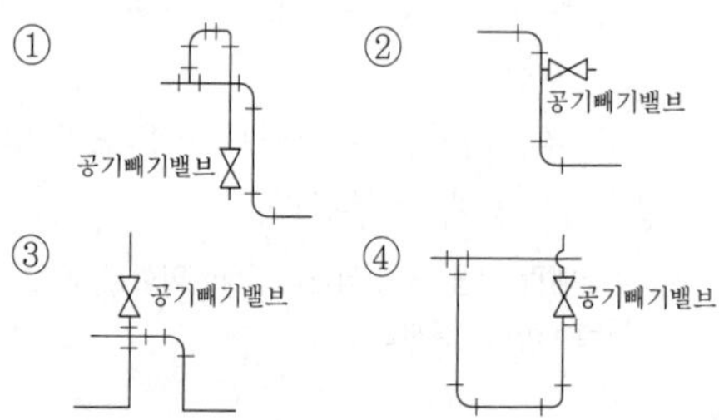

★
200 **냉매배관 시 유의할 사항이 아닌 것은?**

① 냉동장치 내의 배관은 절대 기밀을 유지할 것
② 배관 도중에 고저의 변화를 될수록 피할 것
③ 기기 간의 배관은 가능한 한 짧게 할 것
④ 만곡부는 될 수 있는 한 작고 곡률반경을 작게 할 것

해설 만곡부는 곡률반지름을 크게 한다.

201 **강관의 두께를 나타내는 스케줄번호(Sch. No)에 관한 설명이다. 잘못된 것은? (단, P는 사용압력(MPa), S는 허용응력(N/mm^2)이다.**

① 관의 두께를 나타내는 계산식 Sch. No$=\dfrac{P}{S}\times 1,000$이다.
② 호칭번호는 5~160까지로 되어 있다.
③ 스케줄번호는 사용압력과 재료의 허용응력과의 비 P/S의 1,000에 상당한다.
④ 허용응력은 안전율을 인장강도로 나눈 값이다.

해설 안전율(안전계수)$=\dfrac{\text{극한(인장)강도}}{\text{허용응력}}$

정답 195 ② 196 ② 197 ④ 198 ① 199 ③ 200 ④ 201 ④

202 급수설비에 있어서 수격작용 방지를 위하여 설치하는 기기와 관계가 먼 것은?

① 에어체임버
② 스모렌스키 체크밸브
③ 서포트
④ 어레스터

해설 서포트(support)는 배관을 바닥에서 지지하는 부품이다.

★
203 냉동장치의 액순환펌프(pump)의 토출측에 설치되는 밸브는?

① 게이트밸브(gate valve)
② 콕(cock)
③ 글로브밸브(glove valve)
④ 체크밸브(check valve)

해설 냉동장치의 액순환펌프의 토출측에 체크밸브를 설치한다.

참고 체크밸브는 역지밸브로서 유체를 한쪽 방향으로만 흐르게 한다.

204 기수혼합식 급탕법에 관한 다음 설명 중 잘못된 것은?

① 증기를 열원으로 하는 급탕법이다.
② 증기로 인한 소음은 스팀 사일런서로 완화시킨다.
③ 스팀 사일런서의 종류에서 P형과 U형이 있다.
④ 사용증기압력은 0.1~0.4MP 정도이다.

해설 스팀 사일런서의 종류는 S형과 F형이 있다(소음 방지).

205 배관의 신축이음 흡수를 위한 부속의 종류가 아닌 것은?

① 빅토릭조인트 ② 슬리브형
③ 스위블조인트 ④ 루프형 밴드

해설 빅토릭조인트는 주철관이음이다.

★
206 급탕배관길이 L[m], 관의 선팽창계수 α[mm/mm·℃], 초기온도 t_1[℃], 최종온도 t_2[℃]일 때 관의 팽창량(mm)은?

① $1,000L\alpha(t_2-t_1)$
② $\dfrac{1,000(t_2-t_1)}{\alpha L}$
③ $\dfrac{\alpha(t_2-t_1)}{1,000L}$
④ $\dfrac{L(t_2-t_1)}{1,000\alpha}$

해설 $\lambda=1,000L\alpha(t_2-t_1)$[mm]

★
207 양정 40m, 양수량 $0.4m^3$/min으로 작동하고 있는 펌프의 회전수가 2,000rpm이었다가 전압강하로 인하여 1,500rpm으로 되었다면 양수량은?

① $0.2m^3$/min ② $0.3m^3$/min
③ $0.4m^3$/min ④ $0.5m^3$/min

해설 펌프의 상사법칙($D_1=D_2$)에서

$$\frac{Q_2}{Q_1}=\frac{N_2}{N_1}=\left(\frac{D_2}{D_1}\right)^3$$

$$\therefore\ Q_2=Q_1\left(\frac{N_2}{N_1}\right)=0.4\times\frac{1,500}{2,000}=0.3m^3/\text{min}$$

★
208 캐비테이션(cavitation)의 발생조건이 아닌 것은?

① 흡입양정이 클 경우
② 날개차의 원주속도가 클 경우
③ 액체의 온도가 낮을 경우
④ 날개차의 모양이 적당하지 않을 경우

해설 액체의 온도가 높을 경우 캐비테이션이 발생한다.

209 다음 밸브의 설치에 대한 설명 중 틀린 것은?

① 슬루스밸브는 유량조절용보다는 개폐용(on-off용)에 주로 사용된다.
② 슬루스밸브는 일명 게이트밸브라고도 한다.
③ 스트레이너는 배관 도중에 먼지, 흙, 모래 등을 제거하기 위한 부속품이다.
④ 스트레이너는 밸브류 등의 뒤에 설치한다.

해설 스트레이너(여과기)는 밸브류 등의 앞에 설치하여 배관 내 이물질을 제거하기 위한 부속품이다.

정답 202 ③ 203 ④ 204 ③ 205 ① 206 ① 207 ② 208 ③ 209 ④

PART 4

★
210 다음 중 한쪽은 커플링으로 이음쇠 내에 동관이 들어갈 수 있도록 되어 있고, 다른 한쪽은 수나사가 있어 강의 부속과 연결할 수 있도록 되어 있는 동관용 이음쇠는 다음 중 어느 것인가?

① 커플링 C×C ② 어댑터 C×M
③ 어댑터 Fig×M ④ 어댑터 C×F

해설 이음쇠기호
㉠ C : 이음쇠 내 동관이 들어가는 형태
㉡ M : 나사 밖으로 난 나사이음용 이음쇠 끝부분
㉢ Fig : 이음쇠의 외경이 동관 내경치수에 맞게 만들어진 이음쇠 끝부분
㉣ F : 나사 안으로 난 나사이음용 이음쇠 끝부분

★
211 냉매배관 중 토출관이란?

① 압축기에서 응축기까지의 배관
② 응축기에서 팽창밸브까지의 배관
③ 증발기에서 압축기까지의 배관
④ 응축기에서 증발기까지의 배관

해설 ② 고압액관, ③ 저압가스관, ④ 액관
참고 저압액관 : 팽창밸브에서 증발기까지의 배관

★
212 온수난방설비와 관계가 없는 것은?

① 팽창탱크 ② 하트포드접속법
③ 안전관 ④ 팽창관

해설 하트포드접속법은 증기난방설비에서 증기관과 환수관 사이에 균형관을 접속하여 환수관 누수 시 보일러수위가 안전수위 이하로 되는 것을 방지한다.

★
213 급수배관에서 공기실의 설치목적은?

① 유량조절 ② 유속조절
③ 부식 방지 ④ 수격작용 방지

해설 수격작용 방지목적으로 공기실(air chamber)을 설치한다.

214 팽창탱크는 최고층 급탕기구보다 얼마 이상 높은 것이 바람직한가?

① 3m 이상 ② 5m 이상
③ 7m 이상 ④ 9m 이상

해설 팽창탱크는 최고층 급탕기구보다 5m 이상 높게 설치하는 것이 바람직하다.

★
215 트랩의 구비조건이 아닌 것은?

① 재료의 내식성이 풍부할 것
② 구조가 복잡할 것
③ 봉수가 유실되지 않는 구조일 것
④ 트랩 자신의 세정작용을 할 수 있을 것

해설 트랩(trap)은 구조가 간단할 것

★
216 다음 관의 표시에 대한 설명 중 틀린 것은?

2B-S115-A10-H20

① S115 : 유체의 종류, 상태
② 2B : 관의 길이
③ A10 : 배관계의 시방
④ H20 : 관의 외면에 실시하는 설비, 재료

해설 2B는 관의 호칭지름이 2inch라는 뜻이다.
참고 1inch = 25.4mm

217 다음 중 증기트랩(steam trap)의 종류에 들어가지 않는 것은?

① 버킷트랩 ② 플로트트랩
③ 열동식 트랩 ④ 그리스트랩

해설 그리스트랩은 배수트랩의 지방(유지)분 제거에 사용된다.
참고 증기트랩의 종류 : 버킷트랩, 플로트트랩, 열동식 트랩

218 온수난방의 보온재로서 부적당한 것은? (단, 관내 흐르는 온수의 온도는 80℃이다.)

① 유리섬유
② 폼 폴리에틸렌
③ 우모펠트
④ 염기성 탄화마그네슘

해설 폼 폴리에틸렌은 온수난방의 보온재로는 부적당하다(안전사용온도 70℃).

219 다음 중 강관 호칭지름의 기준이 되는 것은?

① 파이프의 유효지름
② 파이프의 안지름
③ 파이프의 중간지름
④ 파이프의 바깥지름

정답 210 ② 211 ① 212 ② 213 ④ 214 ② 215 ② 216 ② 217 ④ 218 ② 219 ②

해설 강관 호칭지름의 기준은 파이프내경(안지름)이다.

220 강관 공작용 공구가 아닌 것은?

① 나사절삭기 ② 파이프커터
③ 파이프리머 ④ 익스팬더

해설 익스팬더(expander)는 동관 확장용 공구이다.

★ **221** 다음 중 동관의 장점이 아닌 것은?

① 내식성이 좋다.
② 강관보다 가볍고 취급이 쉽다.
③ 동결 파손에 강하다.
④ 내충격성이 좋다.

해설 동관은 내충격성에 약하다.

222 다음 중 오는 엘보를 나사이음으로 표시한 것은?

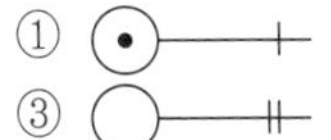

해설 ② 가는 엘보의 나사이음
③ 가는 엘보의 플랜지이음
④ 오는 엘보의 용접이음

223 다음 파이프의 도시기호에서 접속하지 않고 있는 상태는?

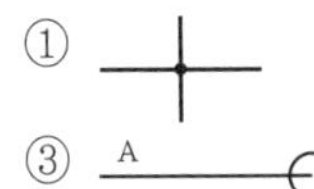
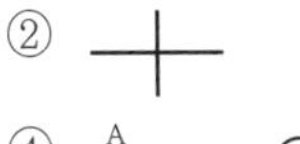

해설 ① 접속하고 있을 때
③ 관이 앞쪽에서 도면에 직각으로 구부러져 있을 때
④ 관이 도면에 직각으로 앞쪽을 향해 구부러져 있을 때

★ **224** 다음 신축조인트의 도면기호 중 틀린 것은?

① 루프형 :
② 스위블형 :
③ 슬리브형 :
④ 벨로즈형 :

해설 ㉠ 슬리브형 :
㉡ 일반콕 :

★ **225** 다음 중 역지밸브(check valve)의 도면기호는?

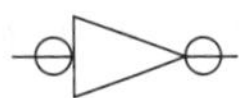

해설 ① 게이트밸브(슬루스밸브), ③ 글로브밸브(옥형밸브), ④ 안전밸브

★ **226** 다음 중 증기트랩의 도시기호는?

① ② os ③ s ④ GT

해설 ② 기름분리기, ③ 스트레이너, ④ 그리스트랩

227 다음 관이음의 기호를 보고 그 명칭을 고르면?

① 슬리브의 턱걸이이음
② 리듀서의 턱걸이이음
③ 편심리듀서의 땜이음
④ 동심리듀서의 땜이음

해설 ①
②
③

228 다음 중 핀 방열기의 도면기호는?

① ② ③ ④ F

해설 ① 주형방열기, ③ 대류방열기, ④ 소화전

★ **229** 다음 중 편심줄이개(eccentric reducer)의 나사이음 도시기호는?

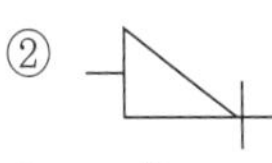

정답 220 ④ 221 ④ 222 ① 223 ② 224 ③ 225 ② 226 ① 227 ④ 228 ① 229 ②

해설 ① 리듀서의 나사이음
③ 편심리듀서의 용접이음
④ 리듀서의 땜이음

★ 230 다음 중 동관의 치수기호방법이 아닌 것은?

① K ② L
③ M ④ N

해설 ㉠ 동관의 두께별 분류 : K>L>M
㉡ 얇은 두께(N)는 KS규격에 없다.

231 다음 중 주 1회 점검사항이 아닌 것은?

① 유면
② 오일스트레이너 점검
③ 전동기 윤활유 점검
④ 압축기 정지 시 윤활유 누설 유무

해설 전동기 윤활유는 월 1회 점검사항이다.

232 다음 중 연 1회 점검사항이 아닌 것은?

① 냉각수 오염상태
② 전동기 베어링 점검
③ 드라이어 점검
④ 안전밸브 점검

해설 냉각수 오염상태는 월 1회 점검사항이다.

★ 233 압축기 오버홀(compressor overhaul)을 할 때 제일 나중에 뽑은 부속품은 무엇인가?

① 실린더커버 ② 안전스프링
③ 연결봉 ④ 피스톤과 로드

해설 피스톤(piston)과 로드(rod)를 제일 나중에 뽑는다.

정답 230 ④ 231 ③ 232 ① 233 ④

PART

부록 I

과년도 출제문제

Engineer Air-Conditioning Refrigerating Machinery

Air-Conditioning Refrigerating Machinery

2018. 3. 4. 시행

공조냉동기계기사

1 기계 열역학

01 증기터빈발전소에서 터빈 입구의 증기엔탈피는 출구의 엔탈피보다 136kJ/kg 높고, 터빈에서의 열손실은 10kJ/kg이다. 증기속도는 터빈 입구에서 10m/s이고, 출구에서 110m/s일 때 이 터빈에서 발생시킬 수 있는 일은 약 몇 kJ/kg인가?

① 10 ② 90
③ 120 ④ 140

해설 $w_T = (h_1 - h_2) - h_L - KE$

$= (h_1 - h_2) - h_L - \frac{{v_2}^2}{2} \times 10^{-3}$

$= 136 - 10 - \frac{110^2}{2} \times 10^{-3} = 120$kJ/kg

02 단위질량의 이상기체가 정적과정하에서 온도가 T_1에서 T_2로 변했고, 압력도 P_1에서 P_2로 변했다면 엔트로피변화량 ΔS는? (단, C_v와 C_p는 각각 정적비열과 정압비열이다.)

① $\Delta S = C_v \ln\frac{P_1}{P_2}$

② $\Delta S = C_p \ln\frac{P_2}{P_1}$

③ $\Delta S = C_v \ln\frac{T_2}{T_1}$

④ $\Delta S = C_p \ln\frac{T_1}{T_2}$

해설 정적과정($V = C$) 시

$\Delta S = \frac{\delta Q}{T} = \frac{mC_v dT}{T} = mC_v \ln\frac{T_2}{T_1}$

$= mC_v \ln\frac{P_2}{P_1}$[kJ/K]

03 압력 2MPa, 온도 300℃의 수증기가 20m/s 속도로 증기터빈으로 들어간다. 터빈 출구에서 수증기 압력이 100kPa, 속도는 100m/s이다. 가역단열과정으로 가정 시 터빈을 통과하는 수증기 1kg당 출력일은 약 몇 kJ/kg인가? (단, 수증기표로부터 2MPa, 300℃에서 비엔탈피는 3,023.5kJ/kg, 비엔트로피는 6.7663kJ/kg·K이고, 출구에서의 비엔탈피 및 비엔트로피는 다음 표와 같다.)

출구	포화액	포화증기
비엔트로피(kJ/kg·K)	1.3025	7.3593
비엔탈피(kJ/kg)	417.44	2,675.46

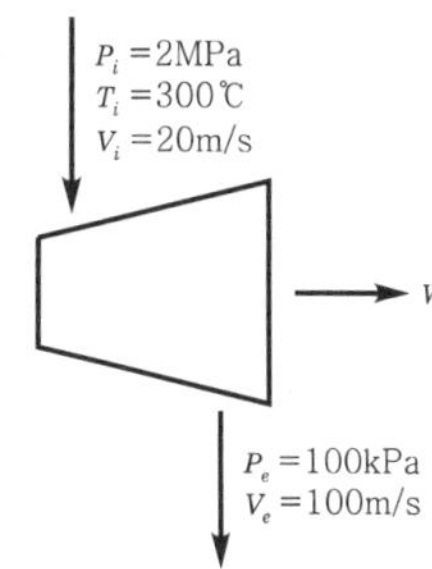

① 1,534 ② 564.3
③ 153.4 ④ 764.5

해설 $x = \frac{s - s'}{s'' - s'} = \frac{6.7663 - 1.3025}{7.3593 - 1.3025} = 0.902$

$h_2 = h' + x(h'' - h')$

$= 417.44 + 0.902 \times (2,675.46 - 417.44)$

$= 2,454.17$kJ/kg

$\therefore w_t = (h_1 - h_2) + \frac{V_1^2 - V_2^2}{2} \times 10^{-3}$

$= (3,023.5 - 2,454.17) + \frac{20^2 - 100^2}{2} \times 10^{-3}$

$\fallingdotseq 564.53$kJ/kg

정답 01 ③ 02 ③ 03 ②

부록 I

★
04 대기압이 100kPa일 때 계기압력이 5.23MPa인 증기의 절대압력은 약 몇 MPa인가?

① 3.02　② 4.12
③ 5.33　④ 6.43

해설 $P_a = P_o + P_g = 0.1 + 5.23 = 5.33\text{MPa}$

05 다음 그림과 같이 온도(T)－엔트로피(S)로 표시된 이상적인 랭킨사이클에서 각 상태의 엔탈피(h)가 다음과 같다면 이 사이클의 효율은 약 몇 %인가? (단, h_1=30kJ/kg, h_2=31kJ/kg, h_3=274kJ/kg, h_4=668kJ/kg, h_5=764kJ/kg, h_6=478kJ/kg이다.)

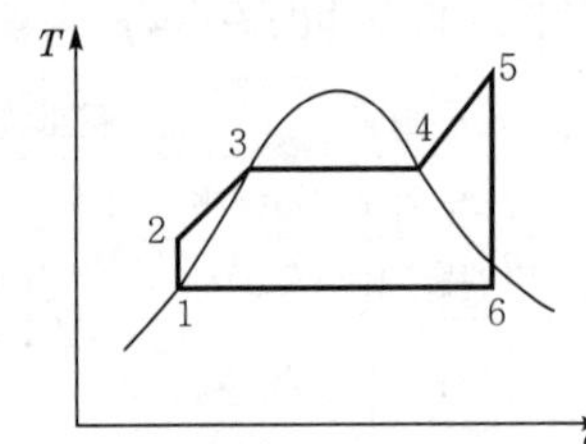

① 39　② 42
③ 53　④ 58

해설 $\eta_R = \dfrac{w_{net}}{q_1} = \dfrac{w_t - w_p}{q_1}$
$= \dfrac{(h_5 - h_6) - (h_2 - h_1)}{h_5 - h_2}$
$= \dfrac{(764-478)-(31-30)}{764-31} \fallingdotseq 0.39 = 39\%$

★
06 어떤 기체가 5kJ의 열을 받고 0.18kN·m의 일을 외부로 하였다. 이때의 내부에너지의 변화량은?

① 3.24kJ
② 4.82kJ
③ 5.18kJ
④ 6.14kJ

해설 $Q = (U_2 - U_1) + {}_1W_2$ [kJ]
$\therefore\ U_2 - U_1 = Q - {}_1W_2 = 5 - 0.18 = 4.82\text{kJ}$

★
07 초기압력 100kPa, 초기체적 0.1m^{3}인 기체를 버너로 가열하여 기체체적이 정압과정으로 0.5m^{3}이 되었다면 이 과정 동안 시스템이 외부에 한 일은 약 몇 kJ인가?

① 10　② 20
③ 30　④ 40

해설 ${}_1W_2 = \int_1^2 p\,dV = p(V_2 - V_1)$
$= 100 \times (0.5 - 0.1) = 40\text{kJ}$

08 엔트로피(S)변화 등과 같은 직접 측정할 수 없는 양들을 압력(P), 비체적(v), 온도(T)와 같은 측정 가능한 상태량으로 나타내는 Maxwell관계식과 관련하여 다음 중 틀린 것은?

① $\left(\dfrac{\partial T}{\partial P}\right)_S = \left(\dfrac{\partial v}{\partial S}\right)_P$
② $\left(\dfrac{\partial T}{\partial v}\right)_S = -\left(\dfrac{\partial P}{\partial S}\right)_v$
③ $\left(\dfrac{\partial v}{\partial T}\right)_P = -\left(\dfrac{\partial S}{\partial P}\right)_T$
④ $\left(\dfrac{\partial P}{\partial v}\right)_T = \left(\dfrac{\partial S}{\partial T}\right)_v$

해설 맥스웰관계식(Maxwell relation)은 내부에너지(u), 엔탈피(h), 깁스함수(g), 헬름홀츠함수(A)의 관계식으로부터 4개의 Maxwell 관계식이 유도된다.
$dh = TdS + vdP\ \therefore\ h = u + Pv$
$du = TdS - Pdv\ \therefore\ u = q - w$
$dg = -SdT + vdP\ \therefore\ g = h - TS$
$dA = -SdT - Pdv\ \therefore\ A = u - TS$
㉠ $du = TdS - Pdv$
$\left(\dfrac{\partial T}{\partial v}\right)_S = -\left(\dfrac{\partial P}{\partial S}\right)_v$
㉡ $dh = TdS + vdP$
$\left(\dfrac{\partial T}{\partial P}\right)_S = -\left(\dfrac{\partial v}{\partial S}\right)_P$
㉢ $dg = -SdT + vdP$
$-\left(\dfrac{\partial S}{\partial P}\right)_T = \left(\dfrac{\partial v}{\partial T}\right)_P$
㉣ $dA = -SdT - Pdv$
$\left(\dfrac{\partial S}{\partial v}\right)_T = \left(\dfrac{\partial P}{\partial T}\right)_v$

정답 04 ③ 05 ① 06 ② 07 ④ 08 ④

09 열역학적 변화와 관련하여 다음 설명 중 옳지 않은 것은?

① 단위질량당 물질의 온도를 1℃ 올리는 데 필요한 열량을 비열이라 한다.
② 정압과정으로 시스템에 전달된 열량은 엔트로피변화량과 같다.
③ 내부에너지는 시스템의 질량에 비례하므로 종량적(extensive) 상태량이다.
④ 어떤 고체가 액체로 변화할 때 융해(Melting)라고 하고, 어떤 고체가 기체로 바로 변화할 때 승화(Sublimation)라고 한다.

해설 정압과정($P=C$) 시 시스템에 전달된 열량은 엔탈피변화량과 같다($\delta Q = dH - VdP$, 이때 $dP=0$).
$\therefore\ \delta Q = dH = mC_p\,dT$[kJ]

10 공기압축기에서 입구공기의 온도와 압력은 각각 27℃, 100kPa이고, 체적유량은 0.01m³/s이다. 출구에서 압력이 400kPa이고, 이 압축기의 등엔트로피효율이 0.8일 때 압축기의 소요동력은 약 몇 kW인가? (단, 공기의 정압비열과 기체상수는 각각 1kJ/kg·K, 0.287kJ/kg·K이고, 비열비는 1.4이다.)

① 0.9 ② 1.7
③ 2.1 ④ 3.8

해설
$$kW = \frac{1}{\eta_{ad}}\left(\frac{k}{k-1}\right)P_1V_1\left[\left(\frac{P_2}{P_1}\right)^{\frac{k-1}{k}}-1\right]$$
$$=\frac{1}{0.8}\times\frac{1.4}{1.4-1}\times 100\times 0.01\times\left[\left(\frac{400}{100}\right)^{\frac{1.4-1}{1.4}}-1\right]$$
$$=2.126\text{kW}$$

★
11 다음 중 강성적(강도성, intensive) 상태량이 아닌 것은?

① 압력 ② 온도
③ 엔탈피 ④ 비체적

해설 강도성 상태량은 물질의 양과 무관한 상태량으로 압력, 온도, 비체적 등이고, 엔탈피는 물질의 양에 비례하는 종량성(용량성) 상태량이다.

12 다음 4가지 경우에서 ( ) 안의 물질이 보유한 엔트로피가 증가한 경우는?

ⓐ 컵에 있는 (물)이 증발하였다.
ⓑ 목욕탕의 (수증기)가 차가운 타일벽에서 물로 응결되었다.
ⓒ 실린더 안의 (공기)가 가역단열적으로 팽창되었다.
ⓓ 뜨거운 (커피)가 식어서 주위 온도와 같게 되었다.

① ⓐ ② ⓑ
③ ⓒ ④ ⓓ

해설 컵에 있는 물이 증발하였다는 것은 비가역과정이므로 엔트로피는 증가한다($\Delta S>0$).

13 이상기체가 정압과정으로 dT만큼 온도가 변했을 때 1kg당 변화된 열량 Q는? (단, C_v는 정적비열, C_p는 정압비열, k는 비열비를 나타낸다.)

① $Q=C_v dT$ ② $Q=k^2C_v dT$
③ $Q=C_p dT$ ④ $Q=kC_p dT$

해설 등압변화($P=C$)인 경우
가열량$(\delta Q) = dH = mC_p\,dT$[kJ]
$\therefore\ Q = mC_p\,dT = 1\times C_p\,dT = C_p dT$[kJ]

★
14 랭킨사이클에서 25℃, 0.01MPa 압력의 물 1kg을 5MPa 압력의 보일러로 공급한다. 이때 펌프가 가역단열과정으로 작용한다고 가정할 경우 펌프가 한 일은 약 몇 kJ인가? (단, 물의 비체적은 0.001m³/kg이다.)

① 2.58 ② 4.99
③ 20.10 ④ 40.20

해설
$$w_p = -\int_1^2 vdP = \int_2^1 vdP$$
$$=v(P_1-P_2)$$
$$=0.001\times(5-0.01)\times 10^3$$
$$=4.99\text{kJ/kg}$$

정답 09 ② 10 ③ 11 ③ 12 ① 13 ③ 14 ②

부록 I

★
15 이상적인 오토사이클에서 단열압축되기 전 공기가 101.3kPa, 21℃이며, 압축비 7로 운전할 때 이 사이클의 효율은 약 몇 %인가? (단, 공기의 비열비는 1.4이다.)

① 62%　② 54%
③ 46%　④ 42%

해설 $\eta_{tho} = \left[1-\left(\frac{1}{\varepsilon}\right)^{k-1}\right]\times 100 = \left[1-\left(\frac{1}{7}\right)^{1.4-1}\right]\times 100$
$= 54\%$

16 이상적인 복합사이클(사바테사이클)에서 압축비는 16, 최고압력비(압력 상승비)는 2.3, 체절비는 1.6이고, 공기의 비열비는 1.4일 때 이 사이클의 효율은 약 몇 %인가?

① 55.52　② 58.41
③ 61.54　④ 64.88

해설 $\eta_{ths} = \left\{1-\left(\frac{1}{\varepsilon}\right)^{k-1}\left[\frac{\rho\sigma^k-1}{(\rho-1)+k\rho(\sigma-1)}\right]\right\}\times 100$
$= \left[1-\left(\frac{1}{16}\right)^{1.4-1}\right.$
$\left.\times\frac{2.3\times1.6^{1.4}-1}{(2.3-1)+1.4\times2.3\times(1.6-1)}\right]\times 100$
$\fallingdotseq 64.88\%$

17 520K의 고온열원으로부터 18.4kJ 열량을 받고 273K의 저온열원에 13kJ의 열량을 방출하는 열기관에 대하여 옳은 설명은?

① Clausius적분값은 −0.0122kJ/K이고 가역과정이다.
② Clausius적분값은 −0.0122kJ/K이고 비가역과정이다.
③ Clausius적분값은 +0.0122kJ/K이고 가역과정이다.
④ Clausius적분값은 +0.0122kJ/K이고 비가역과정이다.

해설 $\frac{Q_1}{T_1}-\frac{Q_2}{T_2} = \frac{18.4}{520}-\frac{13}{273} = -0.0122\text{kJ/K}$

클라우지우스적분값이 $\oint\frac{dQ}{T} < 0$이므로 비가역과정이다.

★
18 이상기체의 공기가 안지름 0.1m인 관을 통하여 0.2m/s로 흐르고 있다. 공기의 온도는 20℃, 압력은 100kPa, 기체상수는 0.287kJ/kg·K라면 질량유량은 약 몇 kg/s인가?

① 0.0019　② 0.0099
③ 0.0119　④ 0.0199

해설 $\dot{m} = \rho AV = \left(\frac{P}{RT}\right)AV$
$= \frac{100}{0.287\times(20+273)}\times\frac{\pi\times0.1^2}{4}\times0.2$
$= 0.0019\text{kg/s}$

★
19 저온실로부터 46.4kW의 열을 흡수할 때 10kW의 동력을 필요로 하는 냉동기가 있다면 이 냉동기의 성능계수는?

① 4.64　② 5.65
③ 7.49　④ 8.82

해설 $\varepsilon_R = \frac{Q_e}{W_c} = \frac{46.4}{10} = 4.64$

20 온도가 각기 다른 액체 A(50℃), B(25℃), C(10℃)가 있다. A와 B를 동일 질량으로 혼합하면 40℃가 되고, A와 C를 동일 질량으로 혼합하면 30℃로 된다. B와 C를 동일 질량으로 혼합할 때는 몇 ℃로 되겠는가?

① 16.0　② 18.4
③ 20.0　④ 22.5

해설 $C_A(50-40) = C_B(40-25)$
$\therefore C_A = \frac{3}{2}C_B$
$C_A(50-30) = C_C(30-10)$
$\therefore C_A = C_C$
$C_B(25-t) = C_C(t-10)$
$\therefore \frac{C_B}{C_C} = \frac{t-10}{25-t}$
$\frac{2}{3} = \frac{t-10}{25-t}$
$2(25-t) = 3(t-10)$
$\therefore t = 16℃$

정답 15 ② 16 ④ 17 ② 18 ① 19 ① 20 ①

2 냉동공학

21 축열시스템 중 빙축열방식이 수축열방식에 비해 유리하다고 할 수 없는 것은?

① 축열조를 소형화할 수 있다.
② 낮은 온도를 이용할 수 있다.
③ 난방 시의 축열 대응에 적합하다.
④ 축열조의 설치장소가 자유롭다.

★
22 냉매의 구비조건에 대한 설명으로 틀린 것은?

① 동일한 냉동능력에 대하여 냉매가스의 용적이 적을 것
② 저온에 있어서도 대기압 이상의 압력에서 증발하고 비교적 저압에서 액화할 것
③ 점도가 크고 열전도율이 좋을 것
④ 증발열이 크며 액체의 비열이 작을 것

해설 냉매는 점도가 적고 열전도율이 클 것

★
23 냉매에 관한 설명으로 옳은 것은?

① 암모니아냉매가스가 누설된 경우 비중이 공기보다 무거워 바닥에 정체한다.
② 암모니아의 증발잠열은 프레온계 냉매보다 작다.
③ 암모니아는 프레온계 냉매에 비하여 동일 운전압력조건에서는 토출가스온도가 높다.
④ 프레온계 냉매는 화학적으로 안정한 냉매이므로 장치 내에 수분이 혼입되어도 운전상 지장이 없다.

해설 ① 암모니아는 프레온냉매나 공기보다도 가볍다.
② 암모니아의 증발잠열은 프레온계 냉매보다 크다.
④ 프레온계 냉매는 장치 내에 수분이 혼입되면 운전상 지장이 크다.

참고 • 암모니아의 냉동효과가 가장 크다.
• 암모니아는 수용성이나, 프레온냉매는 비수용성이다.

24 유량이 1,800kg/h인 30℃ 물을 -10℃의 얼음으로 만드는 능력을 가진 냉동장치의 압축기 소요동력은 약 얼마인가? (단, 응축기의 냉각수 입구온도 30℃, 냉각수 출구온도 35℃, 냉각수 수량 50m^3/h이고, 열손실은 무시하는 것으로 한다.)

① 30kW ② 40kW
③ 50kW ④ 60kW

해설 $Q_c = WC\Delta t = \dfrac{50\times10^3\times1\times(35-30)}{860} ≒ 291\text{kW}$

$Q_e = \dfrac{W(C\Delta t+\gamma_o+C\Delta t_1)}{860}$

$= \dfrac{1,800\times(1\times30+80+0.5\times10)}{860} ≒ 241\text{kW}$

$\therefore\ W_c = Q_c - Q_e = 291-241 = 50\text{kW}$

★
25 흡수식 냉동기에서 냉매의 순환경로는?

① 흡수기 → 증발기 → 재생기 → 열교환기
② 증발기 → 흡수기 → 열교환기 → 재생기
③ 증발기 → 재생기 → 흡수기 → 열교환기
④ 증발기 → 열교환기 → 재생기 → 흡수기

해설 흡수식 냉동기 냉매의 순환경로 : 증발기 → 흡수기 → 열교환기 → 재생기(발생기) → 응축기 → 증발기

26 다음의 장치는 액-가스 열교환기가 설치되어 있는 1단 증기압축식 냉동장치를 나타낸 것이다. 이 냉동장치의 운전 시에 다음과 같은 현상이 발생하였다. 이 현상에 대한 원인으로 옳은 것은?

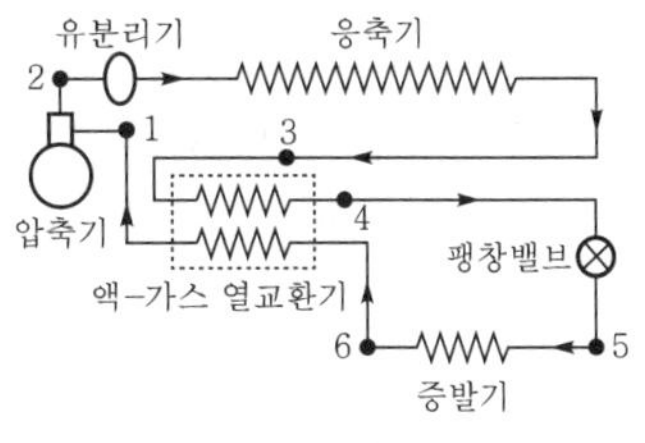

액-가스 열교환기에서 응축기 출구냉매액과 증발기 출구냉매증기가 서로 열교환할 때 이 열교환기 내에서 증발기 출구의 냉매온도변화($T_1 - T_6$)는 18℃이고, 응축기 출구냉매액의 온도변화($T_3 - T_4$)는 1℃이다.

정답 21 ③ 22 ③ 23 ③ 24 ③ 25 ② 26 ②

부록 I

① 증발기 출구(점 6)의 냉매상태는 습증기이다.
② 응축기 출구(점 3)의 냉매상태는 불응축상태이다.
③ 응축기 내에 불응축가스가 혼입되어 있다.
④ 액-가스 열교환기의 열손실이 상당히 많다.

27 **고온가스 제상(hot gas defrost)방식에 대한 설명으로 틀린 것은?**

① 압축기의 고온·고압가스를 이용한다.
② 소형 냉동장치에 사용하면 언제라도 정상운전을 할 수 있다.
③ 비교적 설비하기가 용이하다.
④ 제상소요시간이 비교적 짧다.

★
28 **냉동장치의 냉매량이 부족할 때 일어나는 현상으로 옳은 것은?**

① 흡입압력이 낮아진다.
② 토출압력이 높아진다.
③ 냉동능력이 증가한다.
④ 흡입압력이 높아진다.

해설 냉동장치의 냉매량 부족 시 흡입압력이 낮아진다.

29 **냉매액 강제순환식 증발기에 대한 설명으로 틀린 것은?**

① 냉매액이 충분한 속도로 순환되므로 타 증발기에 비해 전열이 좋다.
② 일반적으로 설비가 복잡하며 대용량의 저온냉장실이나 급속동결장치에 사용한다.
③ 강제순환식이므로 증발기에 오일이 고일 염려가 적고 배관저항에 의한 압력 강하도 작다.
④ 냉매액에 의한 리퀴드백(liquid back)의 발생이 적으며 저압수액기와 액펌프의 위치에 제한이 없다.

★
30 **증기압축식 냉동사이클에서 증발온도를 일정하게 유지하고 응축온도를 상승시킬 경우에 나타나는 현상으로 틀린 것은?**

① 성적계수 감소
② 토출가스온도 상승
③ 소요동력 증대
④ 플래시가스 발생량 감소

해설 증발온도 일정 시 응축온도를 상승시키면 압축비 증가로 성적계수 감소, 토출온도 상승, 압축기 소요동력 증대, 플래시가스 발생량 증대, 체적효율 감소가 나타난다.

31 **다음 조건을 이용하여 응축기 설계 시 1RT (3,320kcal/h)당 응축면적은? (단, 온도차는 산술평균온도차를 적용한다.)**

- 방열계수 : 1.3
- 응축온도 : 35℃
- 냉각수 입구온도 : 28℃
- 냉각수 출구온도 : 32℃
- 열통과율 : 900kcal/m^2·h·℃

① 1.25m^2　　② 0.96m^2
③ 0.62m^2　　④ 0.45m^2

해설 $C = \frac{Q_c}{Q_e}$

$$Q_c = KF\left(t_c - \frac{t_i + t_o}{2}\right)$$

$$\therefore F = \frac{Q_c(= Q_e C)}{K\left(t_c - \frac{t_i + t_o}{2}\right)} = \frac{3,320 \times 1.3}{900 \times \left(35 - \frac{28+32}{2}\right)}$$

$$\fallingdotseq 0.96\text{m}^2$$

★
32 **다음 중 빙축열시스템의 분류에 대한 조합으로 적당하지 않은 것은?**

① 정적제빙형-관내착빙형
② 정적제빙형-캡슐형
③ 동적제빙형-관외착빙형
④ 동적제빙형-과냉각아이스형

정답 27 ② 28 ① 29 ④ 30 ④ 31 ② 32 ③

해설 빙축열시스템의 분류

㉠ 정적제빙형(static type)
- 고체상태 얼음을 비유동상태로 사용
- 관외착빙형, 완전동결형, 직접접촉식, 관내착빙형, 캡슐형, 아이스렌즈, 아이스볼

㉡ 동적제빙형(dynamic type)
- 유동성 결정상 얼음을 사용
- 빙박리형, 액체식 빙 생성형, 과냉각아이스형, 리퀴드아이스형, 간접식, 직팽형 직접열교환방식

33 암모니아냉매의 누설검지방법으로 적절하지 않은 것은?

① 냄새로 알 수 있다.
② 리트머스시험지를 사용한다.
③ 페놀프탈레인시험지를 사용한다.
④ 할로겐 누설검지기를 사용한다.

해설 **프레온냉매 누설검지방법** : 할로겐 누설검지기, 비눗물, 헬라이드토치

★ 34 다음 그림과 같은 사이클을 난방용 히트펌프로 사용한다면 이론성적계수를 구하는 식은?

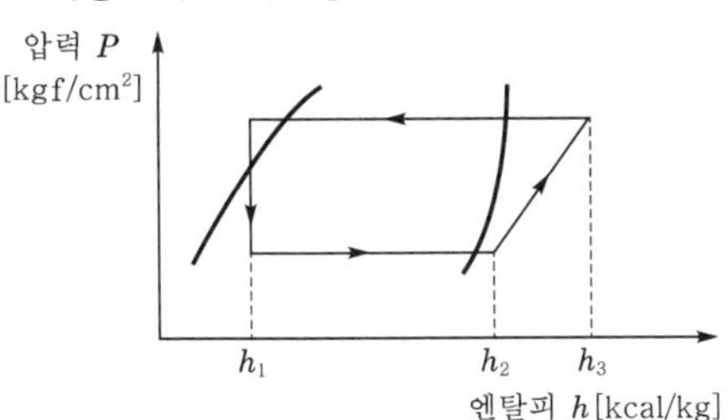

▲ 압력-엔탈피선도

① $COP = \dfrac{h_2 - h_1}{h_3 - h_2}$

② $COP = 1 + \dfrac{h_3 - h_1}{h_3 + h_2}$

③ $COP = \dfrac{h_2 + h_1}{h_3 + h_2}$

④ $COP = 1 + \dfrac{h_2 - h_1}{h_3 - h_2}$

해설 $\varepsilon_H = 1 + \varepsilon_R = 1 + \dfrac{h_2 - h_1}{h_3 - h_2}$

열펌프 성적계수(ε_H)는 냉동기 성적계수(ε_R)보다 항상 1만큼 더 크다.

35 산업용 식품동결방법은 열을 빼앗는 방식에 따라 분류가 가능하다. 다음 중 위의 분류방식에 따른 식품동결방법이 아닌 것은?

① 진공동결 ② 분사동결
③ 접촉동결 ④ 담금동결

해설 **식품동결방법** : 분사(분무)동결(액화가스동결), 접촉동결(고체냉각동결), 담금동결(브라인침지동결), 공기동결, 송풍동결 등

참고 **진공동결(vacuum freezing)** : 진공용기 내에 수분을 포함한 물품을 넣고 진공을 가하면 수분의 일부가 증발하여 그때의 증발열로 물품이 냉각되고 나머지 수분이 동결되는 것을 말한다. 식품이나 의약품의 진공에 사용되고 있다.

★ 36 2단 압축 1단 팽창 냉동시스템에서 게이지압력계로 증발압력이 100kPa, 응축압력이 1,100kPa일 때 중간냉각기의 절대압력은 약 얼마인가?

① 331kPa ② 491kPa
③ 732kPa ④ 1,010kPa

해설 $P_m = \sqrt{P_e P_c} = \sqrt{(100+101.3)\times(1{,}100+101.3)}$
$\fallingdotseq 491.75\text{kPa}$

37 방열벽 면적 1,000m², 방열벽 열통과율 0.232W/m²·℃인 냉장실에 열통과율 29.03W/m²·℃, 전달면적 20m²인 증발기가 설치되어 있다. 이 냉장실에 열전달률 5.805W/m²·℃, 전열면적 500m², 온도 5℃인 식품을 보관한다면 실내온도는 몇 ℃로 변화되는가? (단, 증발온도는 −10℃로 하며, 외기온도는 30℃로 한다.)

① 3.7 ② 4.2
③ 5.8 ④ 6.2

해설 ㉠ $Q_1 = k_1 A_1 \Delta t_1 = 0.232 \times 1{,}000 \times (30 - t)$

㉡ $Q_2 = k_2 A_2 \Delta t_2 = 5.805 \times 500 \times (5 - t)$

㉢ $Q_3 = k_3 A_3 \Delta t_3 = 29.03 \times 20 \times (t - (-10))$

㉣ $Q_1 + Q_2 = Q_3$

$5.805 \times 500 \times (5 - t) + 29.03 \times 20 \times (t - (-10))$
$= 0.232 \times 1{,}000 \times (30 - t)$
$\therefore t \fallingdotseq 4.2℃$

여기서, Q_1 : 벽체침입열량
Q_2 : 식품에서 발생한 열량
Q_3 : 증발기 냉각열량(흡수열량)

정답 33 ④ 34 ④ 35 ① 36 ② 37 ②

★
38 다음 중 자연냉동법이 아닌 것은?

① 융해열을 이용하는 방법
② 승화열을 이용하는 방법
③ 기한제를 이용하는 방법
④ 증기분사를 하여 냉동하는 방법

해설 증기분사를 이용하는 냉동방법은 기계적 냉동방법이다.

39 다음 중 암모니아냉동시스템에 사용되는 팽창장치로 적절하지 않은 것은?

① 수동식 팽창밸브
② 모세관식 팽창장치
③ 저압 플로트팽창밸브
④ 고압 플로트팽창밸브

★
40 착상이 냉동장치에 미치는 영향으로 가장 거리가 먼 것은?

① 냉장실 내 온도가 상승한다.
② 증발온도 및 증발압력이 저하한다.
③ 냉동능력당 전력소비량이 감소한다.
④ 냉동능력당 소요동력이 증대한다.

해설 착상이 되면 냉동능력당 전력소비량이 증가한다.

3 공기조화

★
41 온도가 30℃이고, 절대습도가 0.02kg/kg인 실외공기와 온도가 20℃, 절대습도가 0.01kg/kg인 실내공기를 1:2의 비율로 혼합하였다. 혼합된 공기의 건구온도와 절대습도는?

① 23.3℃, 0.013kg/kg
② 26.6℃, 0.025kg/kg
③ 26.6℃, 0.013kg/kg
④ 23.3℃, 0.025kg/kg

해설 ㉠ $t_m = \left(\frac{m_1}{m}\right)t_1 + \left(\frac{m_2}{m}\right)t_2 = \frac{1}{3}\times 30 + \frac{2}{3}\times 20$
=23.3℃
㉡ $x_m = \left(\frac{m_1}{m}\right)x_1 + \left(\frac{m_2}{m}\right)x_2$
$= \frac{1}{3}\times 0.02 + \frac{2}{3}\times 0.01 = 0.013$kg/kg

42 냉수코일 설계 시 유의사항으로 옳은 것은?

① 대향류로 하고 대수평균온도차를 되도록 크게 한다.
② 병행류로 하고 대수평균온도차를 되도록 작게 한다.
③ 코일통과풍속을 5m/s 이상으로 취하는 것이 경제적이다.
④ 일반적으로 냉수 입·출구온도차는 10℃보다 크게 취하여 통과유량을 적게 하는 것이 좋다.

해설 냉수코일 설계
㉠ 대수평균온도차(LMTD)가 클수록 열전달이 좋아져 코일의 열수가 작아도 된다.
㉡ 풍속 2~3m/s가 경제적이며 평균 2.5m/s이다.
㉢ 입·출구온도차는 5℃ 전후로 한다.
㉣ 냉수속도 0.5~1.5m/s 정도, 일반적으로 1m/s 전후로 한다.
㉤ 공기류와 수류의 방향은 역류가 되도록 한다.
㉥ 코일의 설치는 관이 수평으로 놓이게 한다.
㉦ 코일의 열수는 일반 공기냉각용에는 4~8열(列)이 많이 사용된다.

★
43 다음 난방방식의 표준 방열량에 대한 것으로 옳은 것은?

① 증기난방 : 0.523kW
② 온수난방 : 0.756kW
③ 복사난방 : 1.003kW
④ 온풍난방 : 표준 방열량이 없다.

해설 ① 증기난방 : 650kcal/m^2·h≒0.756kW/m^2
② 온수난방 : 450kcal/m^2·h≒0.523kW/m^2
③, ④ 복사난방과 온풍난방은 표준 방열량이 없다.

★
44 건물의 지하실, 대규모 조리장 등에 적합한 기계환기법(강제급기+강제배기)은?

① 제1종 환기 ② 제2종 환기
③ 제3종 환기 ④ 제4종 환기

해설 ② 제2종 환기방식 : 강제급기+자연배기, 공장, 클린룸
③ 제3종 환기방식 : 자연급기+강제배기, 화장실, 쓰레기처리장
④ 제4종 환기방식 : 자연급기+자연배기, 급배기동력은 필요 없으나, 환기성능은 양호하지 않음

참고 **제1종 환기** : 지하실, 대규모 조리장

정답 38 ④ 39 ② 40 ③ 41 ① 42 ① 43 ④ 44 ①

★
45 냉·난방 시의 실내현열부하를 q_s[W], 실내와 말단장치의 온도(℃)를 각각 t_r, t_d라 할 때 송풍량 Q[L/s]를 구하는 식은?

① $Q=\dfrac{q_s}{0.24(t_r-t_d)}$

② $Q=\dfrac{q_s}{1.2(t_r-t_d)}$

③ $Q=\dfrac{q_s}{1.85(t_r-t_d)}$

④ $Q=\dfrac{q_s}{2{,}501(t_r-t_d)}$

해설 송풍량(Q)은 현열부하만으로 구한다.
$q_s=\rho QC_p(t_r-t_d)=1.2Q\times1\times(t_r-t_d)$
$\therefore\ Q=\dfrac{q_s}{1.2(t_r-t_d)}$[L/s]

46 에어워셔에 대한 설명으로 틀린 것은?

① 세정실(Spray chamber)은 일리미네이터 뒤에 있어 공기를 세정한다.
② 분무노즐(Spray nozzle)은 스탠드파이프에 부착되어 스프레이헤더에 연결된다.
③ 플러딩노즐(Flooding nozzle)은 먼지를 세정한다.
④ 다공판 또는 루버(Louver)는 기류를 정류해서 세정실 내를 통과시키기 위한 것이다.

해설 세정실은 일리미네이터 앞에서 공기를 세정한다.
참고 일리미네이터는 냉각탑 출구에서 물방울이 기류와 함께 비산되는 것을 방지하는 장치이다.

★
47 덕트 내 풍속을 측정하는 피토관을 이용하여 전압 23.8mmAq, 정압 10mmAq를 측정하였다. 이 경우 풍속은 약 얼마인가?

① 10m/s ② 15m/s
③ 20m/s ④ 25m/s

해설 $\dfrac{\gamma V^2}{2g}=P_t-P_s$

$\therefore\ V=\sqrt{\dfrac{2g(P_t-P_s)}{\gamma}}=\sqrt{\dfrac{2\times9.8\times(23.8-10)}{1.2}}$
$\fallingdotseq15.01$m/s

48 어떤 방의 취득현열량이 8,360kJ/h로 되었다. 실내온도를 28℃로 유지하기 위하여 16℃의 공기를 취출하기로 계획한다면 실내로의 송풍량은? (단, 공기의 밀도는 1.2kg/m³, 정압비열은 1.004kJ/kg·℃이다.)

① 426.2m³/h ② 467.5m³/h
③ 578.7m³/h ④ 612.3m³/h

해설 $Q=\dfrac{q_s}{\rho C_p(t_r-t_o)}=\dfrac{8{,}360}{1.2\times1.004\times(28-16)}$
$=578.7$m³/h

49 다음 조건의 외기와 재순환공기를 혼합하려고 할 때 혼합공기의 건구온도는?

• 외기 34℃ DB, 1,000m³/h
• 재순환공기 26℃ DB, 2,000m³/h

① 31.3℃ ② 28.6℃
③ 18.6℃ ④ 10.3℃

해설 $t_m=\dfrac{Q_1t_1+Q_2t_2}{Q_1+Q_2}=\dfrac{1{,}000\times34+2{,}000\times26}{1{,}000+2{,}000}$
=28.6℃

★
50 온풍난방의 특징에 관한 설명으로 틀린 것은?

① 예열부하가 거의 없으므로 기동시간이 아주 짧다.
② 취급이 간단하고 취급자격자를 필요로 하지 않는다.
③ 방열기기나 배관 등의 시설이 필요 없어 설비비가 싸다.
④ 취출온도의 차가 적어 온도분포가 고르다.

해설 온풍난방은 취출풍량이 적으므로 실내 상하온도차가 크다.

부록 I

정답 45 ② 46 ① 47 ② 48 ③ 49 ② 50 ④

51 간이 계산법에 의한 건평 150m²에 소요되는 보일러의 급탕부하는? (단, 건물의 열손실은 90kJ/m²·h, 급탕량은 100kg/h, 급수 및 급탕온도는 각각 30℃, 70℃이다.)

① 3,500kJ/h ② 4,000kJ/h
③ 13,500kJ/h ④ 16,800kJ/h

해설 $Q = WC\Delta t = 100 \times 4.2 \times (70-30) = 16,800$kJ/h

52 공기냉각·가열코일에 대한 설명으로 틀린 것은?

① 코일의 관내에 물 또는 증기, 냉매 등의 열매를 통과시키고 외측에는 공기를 통과시켜서 열매와 공기 간의 열교환을 시킨다.
② 코일에 일반적으로 16mm 정도의 동관 또는 강관의 외측에 동, 강 또는 알루미늄제의 판을 붙인 구조로 되어 있다.
③ 에로핀 중 감아 붙인 핀이 주름진 것을 스무드핀, 주름이 없는 평면상의 것을 링클핀이라고 한다.
④ 관의 외부에 얇게 리본모양의 금속판을 일정한 간격으로 감아 붙인 핀의 형상을 에로핀형이라 한다.

해설 에로핀 중 감아 붙인 핀이 평면상의 것을 스무드 스파이럴핀으로, 주름진 것은 링클핀으로 한다.

★53 유인유닛공조방식에 대한 설명으로 틀린 것은?

① 1차 공기를 고속덕트로 공급하므로 덕트 스페이스를 줄일 수 있다.
② 실내유닛에는 회전기기가 없으므로 시스템의 내용연수가 길다.
③ 실내부하를 주로 1차 공기로 처리하므로 중앙공조기는 커진다.
④ 송풍량이 적어 외기냉방효과가 낮다.

해설 유인유닛방식은 1차 공기량을 다른 방식과 비교할 때 1/3 정도이며, 나머지 1/3의 실내환기는 유인되므로 덕트스페이스가 적다.

54 덕트조립공법 중 원형덕트의 이음방법이 아닌 것은?

① 드로밴드이음(draw band joint)
② 비드클림프이음(beaded crimp joint)
③ 더블심(double seam)
④ 스파이럴심(spiral seam)

해설 더블심은 세로방향의 이음법이다.

55 온풍난방에서 중력식 순환방식과 비교한 강제순환방식의 특징에 관한 설명으로 틀린 것은?

① 기기설치장소가 비교적 자유롭다.
② 급기덕트가 작아서 은폐가 용이하다.
③ 공급되는 공기는 필터 등에 의하여 깨끗하게 처리될 수 있다.
④ 공기순환이 어렵고 쾌적성 확보가 곤란하다.

해설 강제순환식은 공기를 강제적으로 보내기 때문에 공기순환은 빠르지만 소음이 크고 실내 상하온도차가 커 쾌적성 확보가 어렵다.

★56 공조방식에서 가변풍량덕트방식에 관한 설명으로 틀린 것은?

① 운전비 및 에너지의 절약이 가능하다.
② 공조해야 할 공간의 열부하 증감에 따라 송풍량을 조절할 수 있다.
③ 다른 난방방식과 동식에 이용할 수 없다.
④ 실내 칸막이 변경이나 부하의 증감에 대처하기 쉽다.

해설 가변풍량덕트방식은 다른 난방방식과 동시에 이용할 수 있다.

정답 51 ④ 52 ③ 53 ③ 54 ③ 55 ④ 56 ③

57 공조용 열원장치에서 히트펌프방식에 대한 설명으로 틀린 것은?

① 히트펌프방식은 냉방과 난방을 동시에 공급할 수 있다.
② 히트펌프원리를 이용하여 지열시스템 구성이 가능하다.
③ 히트펌프방식 열원기기의 구동동력은 전기와 가스를 이용한다.
④ 히트펌프를 이용해 난방은 가능하나, 급탕공급은 불가능하다.

해설 히트펌프를 이용해 난방과 급탕 모두 공급 가능하다.

★
58 특정한 곳에 열원을 두고 열수송 및 분배망을 이용하여 한정된 지역으로 열매를 공급하는 난방법은?

① 간접난방법 ② 지역난방법
③ 단독난방법 ④ 개별난방법

해설 ㉠ 지역난방법 : 특정한 곳에 열원을 두고 열수송 및 분배망을 이용하여 한정된 지역에 난방하는 방법
㉡ 간접난방법 : 지하실 등의 특정 장소에서 신선한 외기를 도입하여 가열, 가습 또는 감습한 공기를 덕트를 통해서 각 방에 보내 난방하는 방법

59 겨울철에 어떤 방을 난방하는 데 있어서 이 방의 현열손실이 12,000kJ/h이고 잠열손실이 4,000kJ/h이며, 실온을 21℃, 습도를 50%로 유지하려 할 때 취출구의 온도차를 10℃로 하면 취출구 공기상태점은?

① 21℃, 50%인 상태점을 지나는 현열비 0.75에 평행한 선과 건구온도 31℃인 선이 교차하는 점
② 21℃, 50%인 상태점을 지나는 현열비 0.33에 평행한 선과 건구온도 31℃인 선이 교차하는 점
③ 21℃, 50%인 상태점을 지나는 현열비 0.75에 평행한 선과 건구온도 11℃인 선이 교차하는 점
④ 21℃, 50%인 점과 31℃, 50%인 점을 잇는 선분을 4 : 3으로 내분하는 점

해설 ㉠ 현열비(SHF)$=\frac{q_s}{q_s+q_l}=\frac{12,000}{12,000+4,000}=0.75$
㉡ 취출구온도=21+10=31℃

60 관류보일러에 대한 설명으로 옳은 것은?

① 드럼과 여러 개의 수관으로 구성되어 있다.
② 관을 자유로이 배치할 수 있어 보일러 전체를 합리적인 구조로 할 수 있다.
③ 전열면적당 보유수량이 커 시동시간이 길다.
④ 고압 대용량에 부적합하다.

해설 관류보일러는 관을 자유로이 배치할 수 있어 보일러 전체를 합리적인 구조로 할 수 있다.

4 전기제어공학

61 회로에서 A와 B 간의 합성저항은 약 몇 Ω인가? (단, 각 저항의 단위는 모두 Ω이다.)

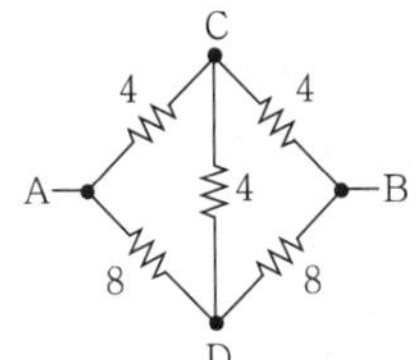

① 2.66 ② 3.2
③ 5.33 ④ 6.4

해설 $R_{AB}=\frac{(r_1+r_2)(r_3+r_4)}{(r_1+r_2)+(r_3+r_4)}=\frac{(4+4)\times(8+8)}{(4+4)+(8+8)}$
$=5.33\,\Omega$

62 기계장치, 프로세스 및 시스템 등에서 제어되는 전체 또는 부분으로서 제어량을 발생시키는 장치는?

① 제어장치 ② 제어대상
③ 조작장치 ④ 검출장치

해설 기계장치, 프로세스 및 시스템 등에서 제어되는 전체 또는 부분으로서 제어량을 발생시키는 장치는 제어대상이다.

정답 57 ④ 58 ② 59 ① 60 ② 61 ② 62 ②

★
63 목표값이 미리 정해진 시간적 변화를 하는 경우 제어량을 변화시키는 제어는?

① 정치제어 ② 추종제어
③ 비율제어 ④ 프로그램제어

해설 프로그램제어는 목표값이 미리 정해진 시간적 변화를 하는 경우 제어량을 변화시키는 제어이다.

64 입력이 $011_{(2)}$일 때 출력은 3V인 컴퓨터제어의 D/A변환기에서 입력을 $101_{(2)}$로 하였을 때 출력은 몇 V인가? (단, 3bit 디지털 입력이 $011_{(2)}$은 off, on, on을 뜻하고 입력과 출력은 비례한다.)

① 3 ② 4
③ 5 ④ 6

해설 $101_{(2)}=1\times2^2+0\times2+1\times2^0=5\text{V}$

★
65 토크가 증가하면 속도가 낮아져 대체적으로 일정한 출력이 발생하는 것을 이용해서 전차, 기중기 등에 주로 사용하는 직류전동기는?

① 직권전동기 ② 분권전동기
③ 가동복권전동기 ④ 차동복권전동기

해설 ㉠ 직권전동기 : 권상기, 기중기, 전차용 전동기
㉡ 분권전동기 : 송풍기, 공작기계, 펌프, 인쇄기, 컨베이어, 권상기, 압연기, 공작기계, 초지기
㉢ 복권전동기 : 권상기, 절단기, 컨베이어, 분쇄기

66 제어량을 원하는 상태로 하기 위한 입력신호는?

① 제어명령 ② 작업명령
③ 명령처리 ④ 신호처리

해설 제어량을 원하는 상태로 하기 위한 입력신호는 제어명령이다.

67 평행하게 왕복되는 두 도선에 흐르는 전류 간의 전자력은? (단, 두 도선 간의 거리는 r[m]이라 한다.)

① r에 비례하며 흡인력이다.
② r^2에 비례하며 흡인력이다.
③ $\frac{1}{r}$에 비례하며 반발력이다.
④ $\frac{1}{r^2}$에 비례하며 반발력이다.

해설 평행한 두 도선의 전류 간의 전자력
㉠ 서로 미는 힘(반발력) : 전류가 다른(왕복) 방향으로 흐를 때 $\frac{1}{r}$에 비례
㉡ 서로 당기는 힘(흡인력) : 전류가 같은 방향으로 흐를 때 r에 비례

68 피드백제어계에서 제어장치가 제어대상에 가하는 제어신호로 제어장치의 출력인 동시에 제어대상의 입력인 신호는?

① 목표값 ② 조작량
③ 제어량 ④ 동작신호

★
69 피드백제어의 장점으로 틀린 것은?

① 목표값에 정확히 도달할 수 있다.
② 제어계의 특성을 향상시킬 수 있다.
③ 외부조건의 변화에 대한 영향을 줄일 수 있다.
④ 제어기 부품들의 성능이 나쁘면 큰 영향을 받는다.

해설 피드백제어의 단점
㉠ 제어의 설비에 비용이 많이 들고 고도화된 기술이 필요하다.
㉡ 제어장치의 운전 및 수리에 고도의 지식과 능숙한 기술이 필요하다.

참고 피드백시스템은 불안정한 시스템을 안정한 시스템으로 바꾼다(시스템성능 향상).

70 다음과 같은 두 개의 교류전압이 있다. 두 개의 전압은 서로 어느 정도의 시간차를 가지고 있는가?

$$v_1=10\cos 10t,\ v_2=10\cos 5t$$

① 약 0.25초 ② 약 0.46초
③ 약 0.63초 ④ 약 0.72초

정답 63 ④ 64 ③ 65 ① 66 ① 67 ③ 68 ② 69 ④ 70 ③

해설 순시값 $v(t)=v_m\cos wt$에서 $w=2\pi f$이므로

$f_1=\frac{10}{2\pi}$, $f_2=\frac{5}{2\pi}$

$\therefore T_2-T_1=\frac{2\pi}{5}-\frac{2\pi}{10}\fallingdotseq 0.63\text{sec}$

★
71 다음 그림과 같은 계통의 전달함수는?

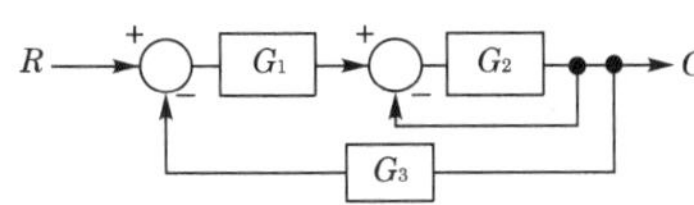

① $\dfrac{G_1G_2}{1+G_2G_3}$

② $\dfrac{G_1G_2}{1+G_1+G_2G_3}$

③ $\dfrac{G_1G_2}{1+G_2+G_1G_2G_3}$

④ $\dfrac{G_1G_2}{1+G_1G_2+G_2G_3}$

해설 $C=RG_1G_2-G_2C-G_1G_2G_3C$

$C(1+G_2+G_1G_2G_3)=RG_1G_2$

$\therefore G=\frac{C}{R}=\frac{G_1G_2}{1+G_2+G_1G_2G_3}$

72 평행판의 간격을 처음의 2배로 증가시킬 경우 정전용량값은?

① 1/2로 된다. ② 2배로 된다.
③ 1/4로 된다. ④ 4배로 된다.

해설 정전용량(C)값은 평행판간격(d)과 반비례한다.

$C=\frac{\varepsilon A}{d}$[F]

73 내부저항 r인 전류계의 측정범위를 n배로 확대하려면 전류계에 접속하는 분류기 저항(Ω) 값은?

① nr ② r/n
③ $(n-1)r$ ④ $r/(n-1)$

해설 $n=1+\frac{r}{R_s}$

$\therefore R_s=\frac{r}{n-1}[\Omega]$

★
74 다음 그림과 같은 계전기 접점회로의 논리식은?

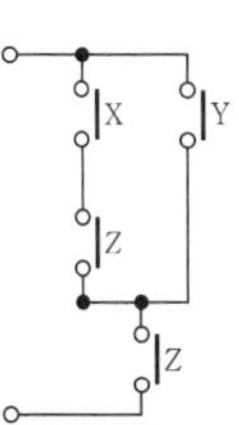

① XZ+Y
② (X+Y)Z
③ (X+Z)Y
④ X+Y+Z

해설 논리식=(XZ+Y)Z=XZ+YZ
=(X+Y)Z

75 전달함수 $G(s)=\dfrac{s+b}{s+a}$를 갖는 회로가 진상보상회로의 특성을 갖기 위한 조건으로 옳은 것은?

① $a>b$ ② $a<b$
③ $a>1$ ④ $b>1$

76 예비전원으로 사용되는 축전지의 내부저항을 측정할 때 가장 적합한 브리지는?

① 캠벨브리지
② 맥스웰브리지
③ 휘트스톤브리지
④ 콜라우시브리지

해설 예비전원으로 사용되는 축전지의 내부저항을 측정할 때 콜라우시브리지가 가장 적합하다.

77 물 20L를 15℃에서 60℃로 가열하려고 한다. 이때 필요한 열량은 몇 kcal인가? (단, 가열 시 손실은 없는 것으로 한다.)

① 700 ② 800
③ 900 ④ 1,000

해설 $Q=WC(t_2-t_1)=20\times1\times(60-15)=900$kcal

78 제어하려는 물리량을 무엇이라 하는가?

① 제어 ② 제어량
③ 물질량 ④ 제어대상

해설 제어하려는 물리량은 제어량이다.

정답 71 ③ 72 ① 73 ④ 74 ② 75 ① 76 ④ 77 ③ 78 ②

79 전동기에 일정 부하를 걸어 운전 시 전동기 온도변화로 옳은 것은?

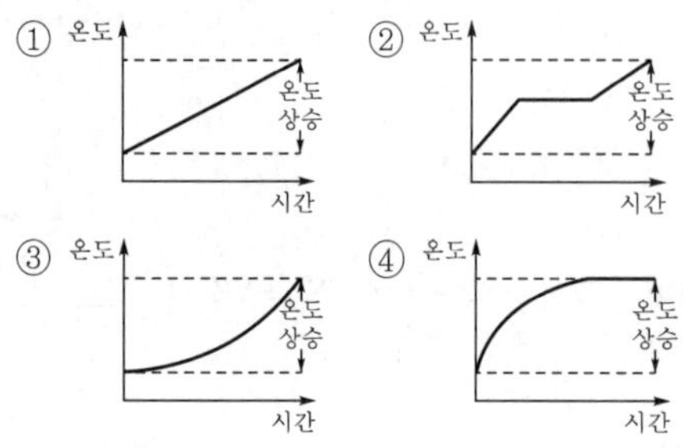

해설 일정 부하를 걸어 운전 시 전동기의 온도변화는 시간이 경과하면 일정해진다.

80 서보드라이브에서 펄스로 지령하는 제어운전은?

① 위치제어운전　② 속도제어운전
③ 토크제어운전　④ 변위제어운전

해설 서보드라이브에서 펄스로 지령하는 제어운전은 위치제어운전이다.

5 배관 일반

★
81 배관용 보온재의 구비조건에 관한 설명으로 틀린 것은?

① 내열성이 높을수록 좋다.
② 열전도율이 적을수록 좋다.
③ 비중이 작을수록 좋다.
④ 흡수성이 클수록 좋다.

해설 배관용 보온재는 흡수성이 적을수록 좋다.

82 가열기에서 최고위 급탕 전까지 높이가 12m이고, 급탕온도가 85℃, 복귀탕의 온도가 70℃일 때 자연순환수두(mmAq)는? (단, 85℃일 때 밀도는 0.96876kg/L이고, 70℃일 때 밀도는 0.97781kg/L이다.)

① 70.5　② 80.5
③ 90.5　④ 108.6

해설 자연순환수두$=(\rho_2-\rho_1)h$
$=(0.97781-0.96876)\times10^3\times12$
$=108.6$mmAq($=$kg/m^2)

★
83 관경 100A인 강관을 수평주관으로 시공할 때 지지간격으로 가장 적절한 것은?

① 2m 이내　② 4m 이내
③ 8m 이내　④ 12m 이내

해설 관경 100A(100mm)인 강관을 수평주관으로 시공할 때 지지간격은 4m 이내로 한다.

84 상수 및 급탕배관에서 상수 이외의 배관 또는 장치가 접속되는 것을 무엇이라고 하는가?

① 크로스커넥션　② 역압커넥션
③ 사이펀커넥션　④ 에어갭커넥션

85 보온재를 유기질과 무기질로 구분할 때 다음 중 성질이 다른 하나는?

① 우모펠트　② 규조토
③ 탄산마그네슘　④ 슬래그섬유

해설 우모펠트는 유기질 보온재이다.

86 냉매배관 시 주의사항으로 틀린 것은?

① 배관은 가능한 간단하게 한다.
② 배관의 굽힘을 적게 한다.
③ 배관에 큰 응력이 발생할 염려가 있는 곳에는 루프배관을 한다.
④ 냉매의 열손실을 방지하기 위해 바닥에 매설한다.

해설 냉매배관 시 주의사항
㉠ 배관은 가능한 간단하게 한다.
㉡ 굽힘반지름은 크게 한다(직경의 6배 이상).
㉢ 배관에 큰 응력이 발생할 염려가 있는 곳에는 루프배관(신축이음)을 한다.
㉣ 관통개소 외에는 바닥에 매설하지 않아야 한다.

★
87 도시가스의 공급설비 중 가스홀더의 종류가 아닌 것은?

① 유수식　② 중수식
③ 무수식　④ 고압식

해설 가스홀더의 종류 : 유수식, 무수식, 고압식

정답 79 ④ 80 ① 81 ④ 82 ④ 83 ② 84 ① 85 ① 86 ④ 87 ②

★
88 **냉각레그(cooling leg) 시공에 대한 설명으로 틀린 것은?**

① 관경은 증기주관보다 한 치수 크게 한다.
② 냉각레그와 환수관 사이에는 트랩을 설치하여야 한다.
③ 응축수를 냉각하여 재증발을 방지하기 위한 배관이다.
④ 보온피복을 할 필요가 없다.

해설 냉각레그는 증기주관보다 한 치수 작게 시공한다.

89 **기체수송설비에서 압축공기배관의 부속장치가 아닌 것은?**

① 후부냉각기 ② 공기여과기
③ 안전밸브 ④ 공기빼기밸브

해설 **압축공기배관의 부속장치** : 후부냉각기, 공기여과기, 안전밸브, 공기압축기, 공기탱크

★
90 **증기트랩에 관한 설명으로 옳은 것은?**

① 플로트트랩은 응축수나 공기가 자동적으로 환수관에 배출되며, 저·고압에 쓰이고 형식에 따라 앵글형과 스트레이트형이 있다.
② 열동식 트랩은 고압, 중압의 증기관에 적합하며, 환수관을 트랩보다 위쪽에 배관할 수도 있고, 형식에 따라 상향식과 하향식이 있다.
③ 임펄스증기트랩은 실린더 속의 온도변화에 따라 연속적으로 밸브가 개폐하며, 작동 시 구조상 증기가 약간 새는 결점이 있다.
④ 버킷트랩은 구조상 공기를 함께 배출하지 못하지만 다량의 응축수를 처리하는 데 적합하며 다량트랩이라고 한다.

★
91 **가스설비에 관한 설명으로 틀린 것은?**

① 일반적으로 사용되고 있는 가스유량 중 1시간당 최대값을 설계유량으로 한다.
② 가스미터는 설계유량을 통과시킬 수 있는 능력을 가진 것을 선정한다.
③ 배관 관경은 설계유량이 흐를 때 배관의 끝부분에서 필요한 압력이 확보될 수 있도록 한다.
④ 일반적으로 공급되고 있는 천연가스에는 일산화탄소가 많이 함유되어 있다.

해설 **가스설비**
㉠ 가스계량기는 전기개폐기로부터 0.6m 이상 이격하여 설치한다.
㉡ 가스배관은 전기콘센트로부터 30cm 이상 이격해야 한다.
㉢ 저압은 일반적으로 0.1MPa 미만의 압력을 말한다.

★
92 **폴리에틸렌관의 이음방법이 아닌 것은?**

① 콤포이음 ② 융착이음
③ 플랜지이음 ④ 테이퍼이음

해설 **폴리에틸렌관의 이음방법** : 융착이음, 플랜지이음, 테이퍼이음 등

93 **동일 구경의 관을 직선연결할 때 사용하는 관 이음재료가 아닌 것은?**

① 소켓 ② 플러그
③ 유니언 ④ 플랜지

해설 플러그(plug)는 관 끝막음 이음재료이다.

94 **열교환기 입구에 설치하여 탱크 내의 온도에 따라 밸브를 개폐하며 열매의 유입량을 조절하여 탱크 내의 온도를 설정범위로 유지시키는 밸브는?**

① 감압밸브 ② 플랩밸브
③ 바이패스밸브 ④ 온도조절밸브

해설 온도조절밸브는 열교환기 입구에 설치하여 탱크 내의 온도에 따라 밸브를 열고 닫으며 열매의 유입량을 조절하여 탱크 내의 온도를 설정범위로 유지시키는 밸브이다.

정답 88 ① 89 ④ 90 ③ 91 ④ 92 ① 93 ② 94 ④

95 **급수배관 내에 공기실을 설치하는 주된 목적은?**

① 공기밸브를 작게 하기 위하여
② 수압시험을 원활하기 위하여
③ 수격작용을 방지하기 위하여
④ 관내 흐름을 원활하게 하기 위하여

해설 급수배관 내 공기실(air chamber)을 설치하는 주된 목적은 수격작용을 방지하기 위함이다.

96 **다음에서 설명하는 통기관설비방식과 특징으로 적합한 방식은?**

㉠ 배수관의 청소구 위치로 인해서 수평관이 구부러지지 않게 시공한다. ㉡ 배수 수평분기관이 수평주관의 수위에 잠기면 안 된다. ㉢ 배수관의 끝부분은 항상 대기 중에 개방되도록 한다. ㉣ 이음쇠를 통해 배수에 선회력을 주어 관내 통기를 위한 공기코어를 유지하도록 한다.

① 섹스티아(sextia)방식
② 소벤트(sovent)방식
③ 각개통기방식
④ 신정통기방식

★
97 **25mm의 강관의 용접이음용 숏(short)엘보의 곡률반경(mm)은 얼마 정도로 하면 되는가?**

① 25 ② 37.5
③ 50 ④ 62.5

해설 숏엘보의 곡률반경(R)=배관외경(mm)×1.0
=25×1.0=25mm

참고 롱엘보의 곡률반경(R)=배관외경(mm)×1.5

★
98 **도시가스계량기(30m^3/h 미만)의 설치 시 바닥으로부터 설치높이로 가장 적합한 것은? (단, 설치높이의 제한을 두지 않는 특정 장소는 제외한다.)**

① 0.5m 이하
② 0.7m 이상 1m 이내
③ 1.6m 이상 2m 이내
④ 2m 이상 2.5m 이내

해설 도시가스계량기(30m^3/h 미만)의 설치 시 설치높이는 바닥으로부터 1.6m 이상 2m 이내로 설치하는 것이 적합하다.

99 **다음 중 배수설비와 관련된 용어는?**

① 공기실(air chamber)
② 봉수(seal water)
③ 볼탭(ball tap)
④ 드렌처(drencher)

해설 ① 공기실(air chamber) : 일반적으로 액체는 팽창압축성이 적으므로 그 속도가 급변하게 되면 충돌이나 압력강하현상이 일어난다. 이것을 방지하기 위해 설치된 공기가 차 있는 곳을 공기실이라고 한다.
② 봉수(seal water) : 트랩의 봉수깊이는 50~100mm이고, 배수트랩은 배수관 내의 냄새가 기구배수구에서 실내로 역류하는 것을 방지하는 수봉식 방취기구이다.
③ 볼탭(ball tap) : 액체를 저장하는 저장소의 급수전에 설치되어 자동급수를 하는데 쓰이는 밸브의 하나이다(물높이를 측정하는 부표의 변화에 따라 급수밸브가 작동한다).
④ 드렌처(drencher) : 다른 건물로부터 불이 옮겨 붙는 것을 막기 위해 건물 밖에 설치한 소화장치이다.

★
100 **진공환수식 증기난방배관에 대한 설명으로 틀린 것은?**

① 배관 도중에 공기빼기밸브를 설치한다.
② 배관기울기를 작게 할 수 있다.
③ 리프트피팅에 의해 응축수를 상부로 배출할 수 있다.
④ 응축수의 유속이 빠르게 되므로 환수관을 가늘게 할 수가 있다.

해설 환수주관의 끝부분이나 보일러의 바로 앞에 진공펌프를 설치해서 환수관 내 응축수 및 공기를 흡입해서 환수관의 진공도를 100~250mmHg로 유지하므로 응축수를 빨리 배출시킬 수 있고 방열기 내 공기도 빼낼 수 있다.

정답 95 ③ 96 ① 97 ① 98 ③ 99 ② 100 ①

2 2018. 4. 28. 시행 공조냉동기계기사

1 기계 열역학

★
01 피스톤-실린더장치 내에 있는 공기가 0.3m³에서 0.1m³으로 압축되었다. 압축되는 동안 압력(P)과 체적(V) 사이에 $P=aV^{-2}$의 관계가 성립하며, 계수 a=6kPa·m⁶이다. 이 과정 동안 공기가 한 일은 약 얼마인가?

① −53.3kJ ② −1.1kJ
③ 253kJ ④ −40kJ

해설 $_1W_2=a\int_1^2 V^{-2}dV=a\left[\frac{V^{-2+1}}{-2+1}\right]_1^2$
$=a\left[\frac{V^{-2+1}}{2-1}\right]_2^1=a(V_1^{-1}-V_2^{-1})$
$=6\times(0.3^{-1}-0.1^{-1})=-40$kJ

02 다음 중 이상적인 증기터빈의 사이클인 랭킨사이클을 옳게 나타낸 것은?

① 가역등온압축 → 정압가열 → 가역등온팽창 → 정압냉각
② 가역단열압축 → 정압가열 → 가역단열팽창 → 정압냉각
③ 가역등온압축 → 정적가열 → 가역등온팽창 → 정적냉각
④ 가역단열압축 → 정적가열 → 가역단열팽창 → 정적냉각

해설 랭킨사이클과정 : 가역단열압축($S=C$) → 정압가열(연소) → 가역단열팽창($S=C$) → 정압방열(냉각)

03 랭킨사이클의 열효율을 높이는 방법으로 틀린 것은?

① 복수기의 압력을 저하시킨다.
② 보일러압력을 상승시킨다.
③ 재열(reheat)장치를 사용한다.
④ 터빈 출구온도를 높인다.

해설 랭킨사이클의 열효율을 높이려면 터빈의 출구온도를 낮춘다.

04 습증기상태에서 엔탈피 h를 구하는 식은? (단, h_f는 포화액의 엔탈피, h_g는 포화증기의 엔탈피, x는 건도이다.)

① $h=h_f+(xh_g-h_f)$
② $h=h_f+x(h_g-h_f)$
③ $h=h_g+(xh_f-h_g)$
④ $h=h_g+x(h_g-h_f)$

해설 습증기 비엔탈피(h)$=h_f+x(h_g-h_f)$
$=h_f+x\gamma$[kJ/kg]
여기서, γ(증발열)$=h_g-h_f$

★
05 다음의 열역학상태량 중 종량적 상태량(extensive property)에 속하는 것은?

① 압력 ② 체적
③ 온도 ④ 밀도

해설 ㉠ 강도성 상태량(성질)은 물질의 양과는 무관한 상태량으로 압력, 온도, 밀도(비질량), 비체적 등이 있다.
㉡ 체적(V)은 물질의 양에 비례하는 종량성(용량성) 상태량이다.

06 증기압축냉동사이클로 운전하는 냉동기에서 압축기 입구, 응축기 입구, 증발기 입구의 엔탈피가 각각 387.2kJ/kg, 435.1kJ/kg, 241.8kJ/kg일 경우 성능계수는 약 얼마인가?

① 3.0 ② 4.0
③ 5.0 ④ 6.0

해설 $COP_R=\frac{q_e}{W_c}=\frac{387.2-241.8}{435.1-387.2}=3.04$

정답 01 ④ 02 ② 03 ④ 04 ② 05 ② 06 ①

부록 I

07 다음 그림과 같이 다수의 추를 올려놓은 피스톤이 장착된 실린더가 있는데, 실린더 내의 초기압력은 300kPa, 초기체적은 0.05m³이다. 이 실린더에 열을 가하면서 적절히 추를 제거하여 폴리트로픽지수가 1.3인 폴리트로픽변화가 일어나도록 하여 최종적으로 실린더 내의 체적이 0.2m³가 되었다면 가스가 한 일은 약 몇 kJ인가?

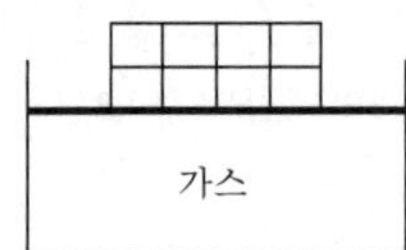

① 17 ② 18
③ 19 ④ 20

해설 $p_2 = p_1\left(\frac{v_1}{v_2}\right)^n = 300\times\left(\frac{0.05}{0.2}\right)^{1.3} = 49.48\text{kPa}$

$\therefore\ {}_1W_2 = \frac{1}{n-1}(p_1v_1 - p_2v_2)$

$= \frac{1}{1.3-1}\times(300\times0.05 - 49.48\times0.2)$

$= 17.01\text{kJ}$

08 1kg의 공기가 100℃를 유지하면서 가역등온팽창하여 외부에 500kJ의 일을 하였다. 이때 엔트로피의 변화량은 약 몇 kJ/K인가?

① 1.895 ② 1.665
③ 1.467 ④ 1.340

해설 $\Delta S = \frac{Q}{T} = \frac{500}{100+273} = 1.340\text{kJ/K}$

★
09 이상적인 카르노사이클의 열기관이 500℃인 열원으로부터 500kJ을 받고 25℃에 열을 방출한다. 이 사이클의 일(W)과 효율(η_{th})은 얼마인가?

① W=307.2kJ, η_{th}=0.6143
② W=207.2kJ, η_{th}=0.5748
③ W=250.3kJ, η_{th}=0.8316
④ W=401.5kJ, η_{th}=0.6517

해설 ㉠ $\eta_{th} = 1-\frac{T_2}{T_1} = 1-\frac{25+273}{500+273} = 0.6144$

㉡ $\eta_{th} = \frac{W}{Q_1}$

$\therefore\ W = \eta_{th}Q_1 = 0.6144\times500 = 307.2\text{kJ}$

10 이상기체에 대한 관계식 중 옳은 것은? (단, C_p, C_v는 정압 및 정적비열, k는 비열비이고, R은 기체상수이다.)

① $C_p = C_v - R$
② $C_v = \frac{k-1}{k}R$
③ $C_p = \frac{k}{k-1}R$
④ $R = \frac{C_p + C_v}{2}$

해설 $C_p = kC_v = \frac{k}{k-1}R$[kJ/kg/·K]

11 온도 20℃에서 계기압력 0.183MPa의 타이어가 고속주행으로 온도 80℃로 상승할 때 압력은 주행 전과 비교하여 약 몇 kPa 상승하는가? (단, 타이어의 체적은 변하지 않고, 타이어 내의 공기는 이상기체로 가정한다. 그리고 대기압은 101.3kPa이다.)

① 37kPa ② 58kPa
③ 286kPa ④ 445kPa

해설 $\frac{T_2}{T_1} = \frac{P_2}{P_1}$

$P_2 = P_1\frac{T_2}{T_1} = (183+101.3)\times\frac{80+273}{20+273} = 342.5\text{kPa}$

$\therefore\ \Delta P = P_2 - P_1 = 342.5 - 284.3 = 58.2\text{kPa}$

★
12 Brayton사이클에서 압축기 소요일은 175kJ/kg, 공급열은 627kJ/kg, 터빈 발생일은 406kJ/kg으로 작동될 때 열효율은 약 얼마인가?

① 0.28 ② 0.37
③ 0.42 ④ 0.48

해설 $\eta = \frac{w_t}{q_1} = \frac{406-175}{627} = 0.37(=37\%)$

정답 07 ① 08 ④ 09 ① 10 ③ 11 ② 12 ②

★
13 온도가 T_1인 고열원으로부터 온도가 T_2인 저열원으로 열전도, 대류, 복사 등에 의해 Q만큼 열전달이 이루어졌을 때 전체 엔트로피 변화량을 나타내는 식은?

① $\dfrac{T_1 - T_2}{Q(T_1 \times T_2)}$ ② $\dfrac{Q(T_1 + T_2)}{T_1 \times T_2}$

③ $\dfrac{Q(T_1 - T_2)}{T_1 \times T_2}$ ④ $\dfrac{T_1 + T_2}{Q(T_1 \times T_2)}$

해설 $\Delta S_{total} = \Delta S_1 + \Delta S_2 = Q\left(\dfrac{-1}{T_1} + \dfrac{1}{T_2}\right)$

$= Q\left(\dfrac{1}{T_2} - \dfrac{1}{T_1}\right) = Q\left(\dfrac{T_1 - T_2}{T_1 T_2}\right) > 0$

14 유체의 교축과정에서 Joule－Thomson계수(μ_J)가 중요하게 고려되는데, 이에 대한 설명으로 옳은 것은?

① 등엔탈피과정에 대한 온도변화와 압력변화의 비를 나타내며 $\mu_J < 0$인 경우 온도 상승을 의미한다.

② 등엔탈피과정에 대한 온도변화와 압력변화의 비를 나타내며 $\mu_J < 0$인 경우 온도 강하를 의미한다.

③ 정적과정에 대한 온도변화와 압력변화의 비를 나타내며 $\mu_J < 0$인 경우 온도 상승을 의미한다.

④ 정적과정에 대한 온도변화와 압력변화의 비를 나타내며 $\mu_J < 0$인 경우 온도 강하를 의미한다.

해설 Joule－Thomson계수(μ_J)$=\left(\dfrac{\partial T}{\partial P}\right)_{h=C}$

㉠ 온도 상승 시 : $\mu_J < 0$

㉡ 온도 강하 시 : $\mu_J > 0$

★
15 어떤 카르노열기관이 100℃와 30℃ 사이에서 작동되며 100℃의 고온에서 100kJ의 열을 받아 40kJ의 유용한 일을 한다면 이 열기관에 대하여 가장 옳게 설명한 것은?

① 열역학 제1법칙에 위배된다.

② 열역학 제2법칙에 위배된다.

③ 열역학 제1법칙과 제2법칙에 모두 위배되지 않는다.

④ 열역학 제1법칙에 제2법칙에 모두 위배된다.

해설 $\eta_c = 1 - \dfrac{T_2}{T_1} = 1 - \dfrac{30+273}{100+273} = 0.188 \fallingdotseq 19\%$

$\eta = \dfrac{W_{net}}{Q_1} = \dfrac{Q_a}{Q_1} \times 100 = \dfrac{40}{100} \times 100 = 40\%$

카르노사이클보다 열효율이 더 좋은 기관은 있을 수 없다.

∴ 열역학 제1법칙에 위배된다.

16 천제연 폭포의 높이가 55m이고 주위와 열교환을 무시한다면 폭포수가 낙하한 후 수면에 도달할 때까지 온도 상승은 약 몇 K인가? (단, 폭포수의 비열은 4.2kJ/kg·K이다.)

① 0.87 ② 0.31

③ 0.13 ④ 0.68

해설 $mC\Delta t = mgZ$

$\therefore \Delta t = \dfrac{gZ}{C} = \dfrac{9.8 \times 55 \times 10^{-3}}{4.2} \fallingdotseq 0.13\text{K}$

★
17 내부에너지가 30kJ인 물체에 열을 가하여 내부에너지가 50kJ이 되는 동안에 외부에 대하여 10kJ의 일을 하였다. 이 물체에 가해진 열량은?

① 10kJ ② 20kJ

③ 30kJ ④ 60kJ

해설 $Q = \Delta U + W = (50-30) + 10 = 30\text{kJ}$

18 온도 150℃, 압력 0.5MPa의 공기 0.2kg이 압력이 일정한 과정에서 원래 체적의 2배로 늘어난다. 이 과정에서의 일은 약 몇 kJ인가? (단, 공기는 기체상수가 0.287kJ/kg·K인 이상기체로 가정한다.)

① 12.3kJ ② 16.5kJ

③ 20.5kJ ④ 24.3kJ

부록 I

정답 13 ③ 14 ① 15 ② 16 ③ 17 ③ 18 ④

해설 $pV_1 = mRT_1$

$$V_1 = \frac{mRT_1}{p} = \frac{0.2\times0.287\times(150+273)}{0.5\times10^3} = 0.0485\text{m}^3$$

$$\therefore {}_1W_2 = \int_1^2 pdV = p(V_2 - V_1) = p(2V_1 - V_1) = 0.5\times10^3\times(2\times0.0485-0.0485) = 24.3\text{kJ}$$

19 마찰이 없는 실린더 내에 온도 500K, 비엔트로피 3kJ/kg·K인 이상기체가 2kg 들어있다. 이 기체의 비엔트로피가 10kJ/kg·K이 될 때까지 등온과정으로 가열한다면 가열량은 약 몇 kJ인가?

① 1,400 ② 2,000
③ 3,500 ④ 7,000

해설 $Q = mT(s_2 - s_1) = 2\times500\times(10-3) = 7{,}000\text{kJ}$

참고 • 마찰이 있을 때 $S_2 - S_1 = \frac{Q}{T} = \frac{mq}{T}$ [kJ/K]

• 마찰이 없을 때 $s_2 - s_1 = \frac{q}{T}$ [kJ/K]

★
20 매시간 20kg의 연료를 소비하여 74kW의 동력을 생산하는 가솔린기관의 열효율은 약 몇 %인가? (단, 가솔린의 저위발열량은 43,470kJ/kg이다.)

① 18 ② 22
③ 31 ④ 43

해설 $\eta = \frac{3{,}600kW}{H_L \cdot m_f}\times100 = \frac{3{,}600\times74}{43{,}470\times20}\times100 = 31\%$

2 냉동공학

21 모세관 팽창밸브의 특징에 대한 설명으로 옳은 것은?

① 가정용 냉장고 등 소용량 냉동장치에 사용된다.
② 베이퍼록현상이 발생할 수 있다.
③ 내부균압관이 설치되어 있다.
④ 증발부하에 따라 유량조절이 가능하다.

22 물을 냉매로 하고 LiBr을 흡수제로 하는 흡수식 냉동장치에서 장치의 성능을 향상시키기 위하여 열교환기를 설치하였다. 이 열교환기의 기능을 가장 잘 나타낸 것은?

① 발생기 출구 LiBr수용액과 흡수기 출구 LiBr수용액의 열교환
② 응축기 입구 수증기와 증발기 출구 수증기의 열교환
③ 발생기 출구 LiBr수용액과 응축기 출구 물의 열교환
④ 흡수기 출구 LiBr수용액과 증발기 출구 수증기의 열교환

해설 흡수식 냉동장치의 열교환기는 발생기 출구 LiBr수용액과 흡수기 출구 LiBr수용액이 열교환한다.

★
23 공비혼합물(azeotrope)냉매의 특성에 관한 설명으로 틀린 것은?

① 서로 다른 할로카본냉매들을 혼합하여 서로의 결점이 보완되는 냉매를 얻을 수 있다.
② 응축압력과 압축비를 줄일 수 있다.
③ 대표적인 냉매로 R-407C와 R-410A가 있다.
④ 각각의 냉매를 적당한 비율로 혼합하면 혼합물의 비등점이 일치할 수 있다.

해설 ㉠ R-407C, R-410A : 비공비혼합냉매(400번대)
㉡ R-500, R-501, R-502 : 공비혼합냉매(500번대)

24 냉동능력이 7kW인 냉동장치에서 수냉식 응축기의 냉각수 입·출구온도차가 8℃인 경우 냉각수의 유량(kg/h)은? (단, 압축기의 소요동력은 2kW이다.)

① 630 ② 750
③ 860 ④ 964

해설 $Q_c = WC(t_i - t_o)$

$$\therefore W = \frac{Q_c}{C(t_i - t_o)} = \frac{Q_e + W_c}{C(t_i - t_o)} = \frac{(7+2)\times3{,}600}{4.2\times8} = 964.29\text{kg/h}$$

정답 19 ④ 20 ③ 21 ② 22 ① 23 ③ 24 ④

25 **암모니아를 사용하는 2단 압축 냉동기에 대한 설명으로 틀린 것은?**

① 증발온도가 −30℃ 이하가 되면 일반적으로 2단 압축방식을 사용한다.
② 중간냉각기의 냉각방식에 따라 2단 압축 1단 팽창과 2단 압축 2단 팽창으로 구분한다.
③ 2단 압축 1단 팽창 냉동기에서 저단측 냉매와 고단측 냉매는 서로 같은 종류의 냉매를 사용한다.
④ 2단 압축 2단 팽창 냉동기에서 저단측 냉매와 고단측 냉매는 서로 다른 종류의 냉매를 사용한다.

해설 암모니아를 냉매로 하는 2단 압축 2단 팽창 냉동사이클인 경우 저단측 냉매와 고단측 냉매는 같은 종류의 냉매를 사용한다.

26 **냉동장치가 정상적으로 운전되고 있을 때에 관한 설명으로 틀린 것은?**

① 팽창밸브 직후의 온도는 직전의 온도보다 낮다.
② 크랭크케이스 내의 유온은 증발온도보다 높다.
③ 응축기의 냉각수 출구온도는 응축온도보다 높다.
④ 응축온도는 증발온도보다 높다.

해설 응축기 냉각수 출구온도는 응축온도보다 낮아야 냉매를 응축온도까지 냉각시킬 수 있다.

27 **다음 냉동에 관한 설명으로 옳은 것은?**

① 팽창밸브에서 팽창 전후의 냉매엔탈피값은 변한다.
② 단열압축은 외부와의 열의 출입이 없기 때문에 단열압축 전후의 냉매온도는 변한다.
③ 응축기 내에서 냉매가 버려야 하는 열은 현열이다.
④ 현열에는 응고열, 융해열, 응축열, 증발열, 승화열 등이 있다.

해설 단열압축($S=C$)은 외부와 열전달이 없는 경우의 상태변화로 압축 전후의 냉매온도는 변한다(단열압축 후의 온도와 압력은 증대된다).

★
28 **냉매에 관한 설명으로 옳은 것은?**

① 냉매표기 R+xyz 형태에서 xyz는 공비혼합냉매의 경우 400번대, 비공비혼합냉매의 경우 500번대로 표시한다.
② R−502는 R−22와 R−113과의 공비혼합냉매이다.
③ 흡수식 냉동기는 냉매로 NH_3와 R−11이 일반적으로 사용된다.
④ R−1234yf는 HFO계열의 냉매로서 지구온난화지수(GWP)가 매우 낮아 R−134a의 대체냉매로 활용 가능하다.

해설 R−1234yf는 HFC냉매(R−134a)를 개선시킨 대체냉매로 제3세대 냉매(HFO계열)로 불리며, 오존파괴지수(ODP)는 0이고, 지구온난화지수(GWP)는 4 이하이다.

★
29 **흡수식 냉동기에서 재생기에 들어가는 희용액의 농도가 50%, 나오는 농용액의 농도가 65%일 때 용액순환비는? (단, 흡수기의 냉각열량은 730kcal/kg이다.)**

① 2.5 ② 3.7
③ 4.3 ④ 5.2

해설 용액순환비(f)$=\dfrac{\text{농용액농도}}{\text{농용액농도}-\text{희용액농도}}$

$$=\frac{65}{65-50}=4.3$$

30 **1대의 압축기로 증발온도를 −30℃ 이하의 저온도로 만들 경우 일어나는 현상이 아닌 것은?**

① 압축기 체적효율의 감소
② 압축기 토출증기의 온도 상승
③ 압축기의 단위흡입체적당 냉동효과 상승
④ 냉동능력당의 소요동력 증대

해설 단위흡입체적당 냉동효과는 저하된다.

정답 25 ④ 26 ③ 27 ② 28 ④ 29 ③ 30 ③

부록 I

★
31 **냉동장치 내 공기가 혼입되었을 때 나타나는 현상으로 옳은 것은?**

① 응축기에서 소리가 난다.
② 응축온도가 떨어진다.
③ 토출온도가 높다.
④ 증발압력이 낮아진다.

해설 **공기(불응축가스) 혼입 시 나타나는 현상**
㉠ 응축기의 전열면적 감소로 전열불량
㉡ 응축기의 응축온도 상승
㉢ 토출가스온도 상승
㉣ 증발압력 상승
㉤ 압축비 증대
㉥ 체적효율 감소
㉦ 냉매순환량 감소
㉧ 소비동력 증가 및 냉동능력 감소
㉨ 고압측 압력 상승(응축압력)
㉩ 실린더 과열

32 **제빙장치에서 135kg용 빙관을 사용하는 냉동장치와 가장 거리가 먼 것은?**

① 헤어핀코일
② 브라인펌프
③ 공기교반장치
④ 브라인아지테이터(agitator)

★
33 **만액식 증발기를 사용하는 R-134a용 냉동장치가 다음과 같다. 이 장치에서 압축기의 냉매순환량이 0.2kg/s이며, 이론냉동사이클의 각 점에서의 엔탈피가 다음 표와 같을 때 이론성능계수(COP)는? (단, 배관의 열손실은 무시한다.)**

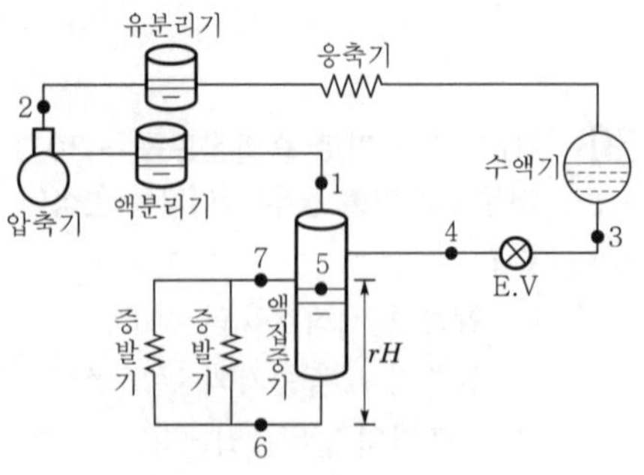

$h_1=393\text{kJ/kg}$	$h_2=440\text{kJ/kg}$
$h_3=230\text{kJ/kg}$	$h_4=230\text{kJ/kg}$
$h_5=185\text{kJ/kg}$	$h_6=185\text{kJ/kg}$
$h_7=385\text{kJ/kg}$	

① 1.98 ② 2.39
③ 2.87 ④ 3.47

해설 $(COP)_R=\dfrac{q_e}{w_c}=\dfrac{h_1-h_4}{h_2-h_1}=\dfrac{393-230}{440-393}=3.47$

★
34 **암모니아냉동장치에서 피스톤압출량 120m³/h의 압축기가 다음 선도와 같은 냉동사이클로 운전되고 있을 때 압축기의 소요동력(kW)은?**

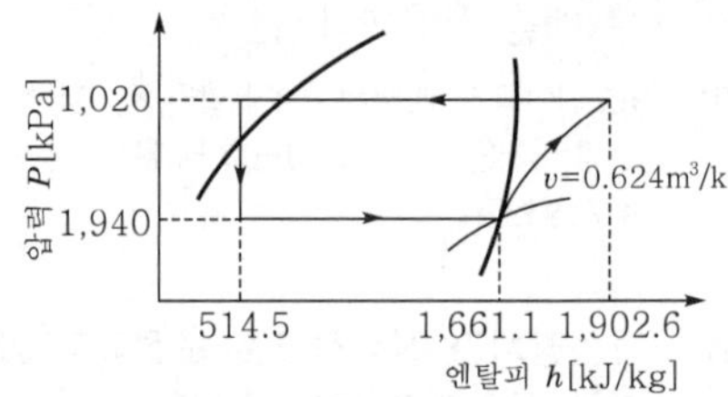

① 8.7 ② 10.9
③ 12.8 ④ 15.2

해설 $Q_e=\dfrac{Vq_e}{v}=\dfrac{120\times(395.5-122.5)}{0.624}=52{,}500\text{kcal/h}$

$(COP)_R=\varepsilon_R=\dfrac{q_e}{w_c}=\dfrac{395.5-122.5}{453-395.5}=4.75$

$\therefore$ 소요동력$=\dfrac{Q_e}{860\varepsilon_R}=\dfrac{52{,}500}{860\times4.75}\fallingdotseq12.85\text{kW}$

35 **빙축열설비의 특징에 대한 설명으로 틀린 것은?**

① 축열조의 크기를 소형화할 수 있다.
② 값싼 심야전력을 사용하므로 운전비용이 절감된다.
③ 자동화설비에 의한 최적화운전으로 시스템의 운전효율이 높다.
④ 제빙을 위한 냉동기 운전은 냉수취출을 위한 운전보다 증발온도가 높기 때문에 소비동력이 감소한다.

해설 빙축열설비에서 제빙을 위한 냉동기 운전은 냉수취출을 위한 운전보다 증발온도가 낮기 때문에 소비동력이 증가한다.

정답 31 ③ 32 ② 33 ④ 34 ③ 35 ④

36 냉동기 중 공급에너지원이 동일한 것끼리 짝지어진 것은?

① 흡수냉동기, 압축기체냉동기
② 증기분사냉동기, 증기압축냉동기
③ 압축기체냉동기, 증기분사냉동기
④ 증기분사냉동기, 흡수냉동기

해설 증기분사냉동기와 흡수냉동기는 공급에너지원이 수증기로 동일하다.

참고 증기압축냉동기와 압축기체냉동기는 전기를 동력원으로 한다.

★
37 $P-h$선도(압력-엔탈피)에서 나타내지 못하는 것은?

① 엔탈피 ② 습구온도
③ 건조도 ④ 비체적

해설 $P-h$선도에는 엔탈피, 절대온도, 건조도, 비체적, 엔트로피, 포화액, 압력, 임계점 등이 나타난다.

★
38 증발기에서의 착상이 냉동장치에 미치는 영향에 대한 설명으로 옳은 것은?

① 압축비 및 성적계수 감소
② 냉각능력 저하에 따른 냉장실 내 온도 강하
③ 증발온도 및 증발압력 강하
④ 냉동능력에 대한 소요동력 감소

해설 ① 압축비 상승
② 냉장실 내 온도 상승
④ 소요동력 증가

39 다음 응축기 중 열통과율이 가장 작은 형식은? (단, 동일 조건을 기준으로 한다.)

① 7통로식 응축기
② 입형 셸 앤드 튜브식 응축기
③ 공냉식 응축기
④ 2중관식 응축기

해설 ① 7통로식 : 1,162W/m^2 · K
② 입형 셸 앤드 튜브식 : 872W/m^2 · K
③ 공냉식 : 23.24W/m^2 · K
④ 2중관식 : 1,046W/m^2 · K

★
40 다음 중 모세관의 압력 강하가 가장 큰 경우는?

① 직경이 가늘고 길수록
② 직경이 가늘고 짧을수록
③ 직경이 굵고 짧을수록
④ 직경이 굵고 길수록

해설 모세관의 압력 강하가 가장 큰 경우는 관의 직경이 가늘고 길수록 크다.

$$h_L = \frac{\Delta P}{\gamma} = f\frac{L}{d}\frac{V^2}{2g}\,[\text{m}]$$

3 공기조화

41 증기난방방식에서 환수주관을 보일러수면보다 높은 위치에 배관하는 환수배관방식은?

① 습식환수방법 ② 강제환수방식
③ 건식환수방식 ④ 중력환수방식

해설 **환수관의 배관법**
㉠ 건식환수관식 : 환수주관을 보일러수면보다 높게 배관
㉡ 습식환수관식 : 환수주관을 보일러수면보다 낮게 배관

★
42 덕트의 분기점에서 풍량을 조절하기 위하여 설치하는 댐퍼는?

① 방화댐퍼 ② 스플릿댐퍼
③ 피봇댐퍼 ④ 터닝베인

해설 덕트의 분기점에서 풍량을 조절하기 위하여 설치하는 댐퍼는 스플릿댐퍼이다.

43 다음의 공기조화장치에서 냉각코일부하를 올바르게 표현한 것은? (단, G_F는 외기량(kg/h)이며, G는 전풍량(kg/h)이다.)

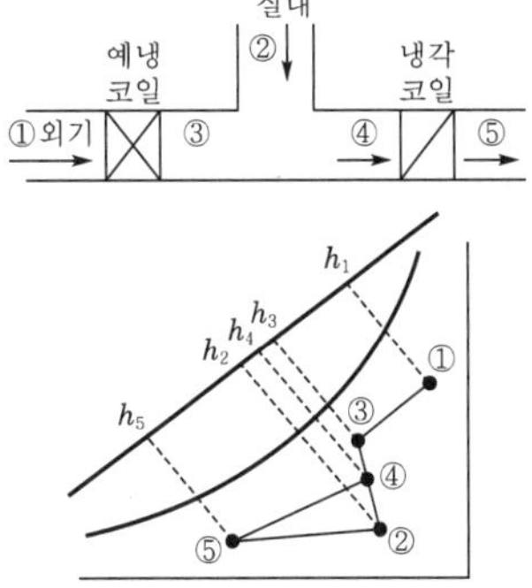

부록 I

정답 36 ④ 37 ② 38 ③ 39 ③ 40 ① 41 ③ 42 ② 43 ③

① $G_F(h_1-h_3)+G_F(h_1-h_2)+G(h_2-h_5)$
② $G(h_1-h_2)-G_F(h_1-h_3)+G_F(h_2-h_5)$
③ $G_F(h_1-h_2)-G_F(h_1-h_3)+G(h_2-h_5)$
④ $G(h_1-h_2)+G_F(h_1-h_3)+G_F(h_2-h_5)$

해설 냉각코일부하
$=G_F(h_1-h_2)-G_F(h_1-h_3)+G(h_2-h_5)$

★
44 **냉수코일 설계상 유의사항으로 틀린 것은?**

① 코일의 통과풍속은 2~3m/s로 한다.
② 코일의 설치는 관이 수평으로 놓이게 한다.
③ 코일 내 냉수속도는 2.5m/s 이상으로 한다.
④ 코일의 출입구 수온차이는 5~10℃ 전·후로 한다.

해설 냉수코일 내 냉수속도는 1m/s가 기준설계치이며, 1.5m/s 이상이면 관 내면에 침식의 우려가 있으므로 더블서킷으로 해야 한다.

★
45 **실내설계온도 26℃인 사무실의 실내유효현열부하는 20.42kW, 실내유효잠열부하는 4.27kW이다. 냉각코일의 장치노점온도는 13.5℃, 바이패스 팩터가 0.1일 때 송풍량(L/s)은? (단, 공기의 밀도는 1.2kg/m³, 정압비열은 1.006kJ/kg·K이다.)**

① 1,350 ② 1,503
③ 12,530 ④ 13,532

해설 $Q=\dfrac{q_s}{\rho C_p \Delta t(1-BF)}$
$=\dfrac{20.42\times10^3}{1.2\times1.006\times(26-13.5)\times(1-0.1)}$
$=1{,}503\text{L/s}$

46 **공기조화방식 중 혼합상자에서 적당한 비율로 냉풍과 온풍을 자동적으로 혼합하여 각 실에 공급하는 방식은?**

① 중앙식 ② 2중덕트방식
③ 유인유닛방식 ④ 각 층 유닛방식

해설 이중덕트방식은 전공기방식으로 온풍과 냉풍을 자동적으로 혼합하여 각 실에 공급하는 전공기방식이다.

47 **공기조화설비의 구성에서 각종 설비별 기기로 바르게 짝지어진 것은?**

① 열원설비 : 냉동기, 보일러, 히트펌프
② 열교환설비 : 열교환기, 가열기
③ 열매수송설비 : 덕트, 배관, 오일펌프
④ 실내유닛 : 토출구, 유인유닛, 자동제어기기

해설 공기조화설비의 구성에서 열원설비는 냉동기, 보일러, 히트펌프 등이다.

48 **온풍난방의 특징에 대한 설명으로 틀린 것은?**

① 예열시간이 짧아 간헐운전이 가능하다.
② 실내 상하의 온도차가 커서 쾌적성이 떨어진다.
③ 소음 발생이 비교적 크다.
④ 방열기, 배관 설치로 인해 설비비가 비싸다.

해설 온풍난방은 방열관(방열기)의 배관 등이 없기 때문에 온수난방보다 설치비용이 저렴하다.

49 **다음 중 감습(제습)장치의 방식이 아닌 것은?**

① 흡수식 ② 감압식
③ 냉각식 ④ 압축식

50 **온수난방설비에 사용되는 팽창탱크에 대한 설명으로 틀린 것은?**

① 밀폐식 팽창탱크의 상부 공기층은 난방장치의 압력변동을 완화하는 역할을 할 수 있다.
② 밀폐식 팽창탱크는 일반적으로 개방식에 비해 탱크용적을 크게 설계해야 한다.
③ 개방식 탱크를 사용하는 경우는 장치 내의 온수온도를 85℃ 이상으로 해야 한다.
④ 팽창탱크는 난방장치가 정지해도 일정압 이상으로 유지하여 공기침입방지역할을 한다.

정답 44 ③ 45 ② 46 ② 47 ① 48 ④ 49 ② 50 ③

51 에어와셔를 통과하는 공기의 상태변화에 대한 설명으로 틀린 것은?

① 분무수의 온도가 입구공기의 노점온도보다 낮으면 냉각감습된다.
② 순환수분무하면 공기는 냉각가습되어 엔탈피가 감소한다.
③ 증기분무를 하면 공기는 가열가습되고 엔탈피도 증가한다.
④ 분무수의 온도가 입구공기 노점온도보다 높고 습구온도보다 낮으면 냉각가습된다.

해설 에어와셔에서 순환수분무는 단열변화에 의한 분무로서 엔탈피변화가 없으며 입구공기온도가 낮으면 가습효과가 떨어진다.

★
52 난방부하가 7.56kW인 어떤 방에 대해 온수난방을 하고자 한다. 방열기의 상당방열면적(m^2)은?

① 6.7 ② 8.4
③ 10 ④ 14.4

해설 $\text{상당방열면적}(EDR) = \dfrac{\text{난방부하}}{\text{온수 표준 방열량}}$

$$= \frac{7.56}{0.523} \fallingdotseq 14.46\text{m}^2$$

참고 **표준 방열량**
- 온수 : 0.523kW/m^2
- 증기 : 0.756KW/m^2

53 온수보일러의 수두압을 측정하는 계기는?

① 수고계 ② 수면계
③ 수량계 ④ 수위조절기

해설 온수보일러의 수두압을 측정하는 계기는 수고계이다.

★
54 유효온도(Effective Temperature)의 3요소는?

① 밀도, 온도, 비열
② 온도, 기류, 밀도
③ 온도, 습도, 비열
④ 온도, 습도, 기류

해설 유효온도는 포화상태(상대습도 100%), 무풍(기류 정지상태), 온도, 습도, 기류를 종합한 온도(Yaglou)선도로 측정 가능하다.

55 다음 중 온수난방과 가장 거리가 먼 것은?

① 팽창탱크 ② 공기빼기밸브
③ 관말트랩 ④ 순환펌프

해설 온수난방장치에는 팽창탱크, 공기빼기밸브, 순환펌프, 보일러, 팽창이음 등이 있다.

참고 관말트랩은 증기난방설비에서 응축수를 분리하는 장치이다.

★
56 가열로(加熱爐)의 벽두께가 80mm이다. 벽의 안쪽과 바깥쪽의 온도차는 32℃, 벽의 면적은 60m^2, 벽의 열전도율은 40kcal/m·h·℃일 때 시간당 방열량(kcal/h)은?

① 7.6×10^5 ② 8.9×10^5
③ 9.6×10^5 ④ 10.2×10^5

해설 $Q = \lambda A \dfrac{\Delta t}{L} = 40\times60\times\dfrac{32}{0.08} = 9.6\times10^5\text{kcal/h}$

57 공기조화방식을 결정할 때에 고려할 요소로 가장 거리가 먼 것은?

① 건물의 종류 ② 건물의 안정성
③ 건물의 규모 ④ 건물의 사용목적

58 배출가스 또는 배기가스 등의 열을 열원으로 하는 보일러는?

① 관류보일러 ② 폐열보일러
③ 입형보일러 ④ 수관보일러

해설 폐열보일러는 용광로, 가열로, 시멘트가마 등에서 나오는 고온의 가스를 열원으로 하여 증기를 만든다. 수관보일러가 많으므로 고온가스의 부식성이나 오염된 물에 따르는 대책이 필요하다.

★
59 냉방부하 계산결과 실내취득열량은 q_R, 송풍기 및 덕트취득열량은 q_F, 외기부하는 q_O, 펌프 및 배관취득열량은 q_P일 때 공조기부하를 바르게 나타낸 것은?

① $q_R+q_O+q_P$ ② $q_F+q_O+q_P$
③ $q_R+q_O+q_F$ ④ $q_R+q_P+q_F$

해설 공조기부하=실내취득열량(q_R)+외기부하(q_O)+송풍기 및 덕트취득열량(q_F)

정답 51 ② 52 ④ 53 ① 54 ④ 55 ③ 56 ③ 57 ② 58 ② 59 ③

부록 I

60 다음 공조방식 중에서 전공기방식에 속하지 않는 것은?

① 단일덕트방식 ② 이중덕트방식
③ 팬코일유닛방식 ④ 각 층 유닛방식

해설 팬코일유닛방식(FCU)은 수방식이다.

4 전기제어공학

61 전동기 2차측에 기동저항기를 접속하고 비례추이를 이용하여 기동하는 전동기는?

① 단상 유도전동기
② 2상 유도전동기
③ 권선형 유도전동기
④ 2중 농형 유도전동기

62 다음 그림과 같이 철심에 두 개의 코일 C_1, C_2를 감고 코일 C_1에 흐르는 전류 I에 ΔI 만큼의 변화를 주었다. 이때 일어나는 현상에 관한 설명으로 옳지 않은 것은?

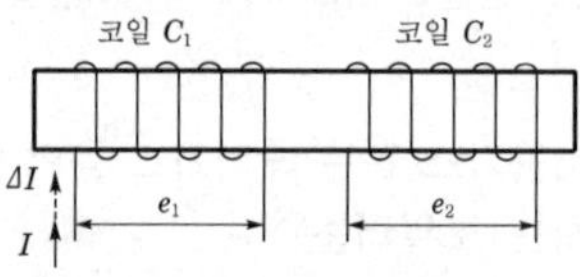

① 코일 C_2에서 발생하는 기전력 e_2는 렌츠의 법칙에 의하여 설명이 가능하다.
② 코일 C_1에서 발생하는 기전력 e_1은 자속의 시간미분값과 코일의 감은 횟수의 곱에 비례한다.
③ 전류의 변화는 자속의 변화를 일으키며, 자속의 변화는 코일 C_1에 기전력 e_1을 발생시킨다.
④ 코일 C_2에서 발생하는 기전력 e_2와 전류 I의 시간미분값의 관계를 설명해주는 것이 자기인덕턴스이다.

해설 코일 C_2에서 발생하는 기전력 e_2와 전류 I의 시간미분값의 관계를 설명해주는 것은 상호인덕턴스이다.

★
63 공작기계의 물품가공을 위하여 주로 펄스를 이용한 프로그램제어를 하는 것은?

① 수치제어 ② 속도제어
③ PLC제어 ④ 계산기제어

해설 수치제어(NC : Numerical Control)
㉠ 가공물의 형상이나 가공조건의 정보를 펀치한 지령테이프를 만들고, 이것을 정보처리회로가 읽어 들여 지령펄스를 발생시켜 서보기구를 구동시켜 가공하는 제어방식
㉡ 프로그램제어로써 컴퓨터 등의 제어장치를 이용하여 공작기계를 자동제어함

64 단상변압기 2대를 사용하여 3상전압을 얻고자 하는 결선방법은?

① Y결선 ② V결선
③ Δ결선 ④ $Y-\Delta$결선

★
65 PLC프로그래밍에서 여러 개의 입력신호 중 하나 또는 그 이상의 신호가 ON되었을 때 출력이 나오는 회로는?

① OR회로 ② AND회로
③ NOT회로 ④ 자기유지회로

66 직류기에서 전압정류의 역할을 하는 것은?

① 보극 ② 보상권선
③ 탄소브러시 ④ 리액턴스코일

67 다음과 같은 회로에서 i_2가 0이 되기 위한 C의 값은? (단, L은 합성인덕턴스, M은 상호인덕턴스이다.)

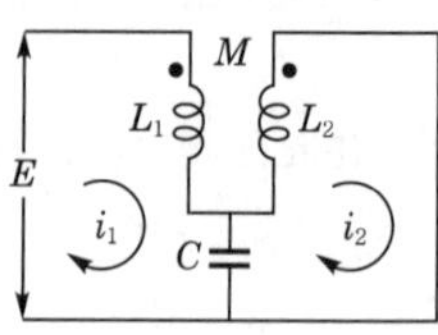

① $\frac{1}{\omega L}$ ② $\frac{1}{\omega^2 L}$
③ $\frac{1}{\omega M}$ ④ $\frac{1}{\omega^2 M}$

정답 60 ③ 61 ③ 62 ④ 63 ① 64 ② 65 ① 66 ① 67 ④

★
68 100V, 40W의 전구에 0.4A의 전류가 흐른다면 이 전구의 저항은?

① 100Ω　② 150Ω
③ 200Ω　④ 250Ω

해설 $P=VI=\frac{V^2}{R}$ [W]

$\therefore R=\frac{V^2}{P}=\frac{100^2}{40}=250\,\Omega$

69 온도보상용으로 사용되는 소자는?

① 서미스터　② 바리스터
③ 제너다이오드　④ 버랙터다이오드

70 다음의 논리식을 간단히 한 것은?

$$X=\overline{A}\,\overline{B}C+A\overline{B}\,\overline{C}+A\overline{B}C$$

① $\overline{B}(A+C)$　② $C(A+\overline{B})$
③ $\overline{C}(A+B)$　④ $\overline{A}(B+C)$

해설 $X=\overline{A}\,\overline{B}C+A\overline{B}\,\overline{C}+A\overline{B}C+A\overline{B}C$
$=\overline{B}C(\overline{A}+A)+A\overline{B}(\overline{C}+C)$
$=\overline{B}C+A\overline{B}=\overline{B}(C+A)$

비고 OR(논리합)회로에서는 동일한 논리식을 더해도 그 값은 일정하므로 $A\overline{B}C$를 추가해서 계산하였다.

★
71 오차 발생시간과 오차의 크기로 둘러싸인 면적에 비례하여 동작하는 것은?

① P동작　② I동작
③ D동작　④ PD동작

해설 ㉠ 비례제어(P동작) : 잔류편차(offset) 생김
㉡ 적분제어(I동작) : 적분값(면적)에 비례, 잔류편차 소멸, 진동 발생
㉢ 미분제어(D동작) : 오차예측제어
㉣ 비례미분제어(PD동작) : 응답속도 향상, 과도특성 개선, 진상보상회로에 해당
㉤ 비례적분제어(PI동작) : 잔류편차와 사이클링 제거, 정상특성 개선
㉥ 비례적분미분제어(PID동작) : 속응도 향상, 잔류편차 제거, 정상/과도특성 개선
㉦ 온-오프제어(=2위치제어) : 불연속제어(간헐제어)

72 절연저항을 측정하는 데 사용되는 계측기는?

① 메거　② 저항계
③ 켈빈브리지　④ 휘스톤브리지

73 저항 8Ω과 유도리액턴스 6Ω이 직렬접속된 회로의 역률은?

① 0.6　② 0.8
③ 0.9　④ 1

해설 $Z=\sqrt{R^2+X_L{}^2}=\sqrt{8^2+6^2}=10\,\Omega$

$\therefore$ 역률$(\cos\theta)=\frac{R}{Z}=\frac{8}{10}=0.8$

74 온-오프(on-off)동작에 관한 설명으로 옳은 것은?

① 응답속도는 빠르나 오프셋이 생긴다.
② 사이클링은 제거할 수 있으나 오프셋이 생긴다.
③ 간단한 단속적 제어동작이고 사이클링이 생긴다.
④ 오프셋은 없앨 수 있으나 응답시간이 늦어질 수 있다.

75 검출용 스위치에 속하지 않는 것은?

① 광전스위치　② 액면스위치
③ 리밋스위치　④ 누름버튼스위치

★
76 물체의 위치, 방위, 자세 등의 기계적 변위를 제어량으로 하여 목표값의 임의의 변화에 항상 추종되도록 구성된 제어장치는?

① 서보기구　② 자동조정
③ 정치제어　④ 프로세스제어

77 개루프전달함수 $G(s)=\frac{1}{s^2+2s+3}$인 단위궤환계에서 단위계단입력을 가하였을 때의 오프셋(offset)은?

① 0　② 0.25
③ 0.5　④ 0.75

부록 I

정답 68 ④ 69 ① 70 ① 71 ② 72 ① 73 ② 74 ③ 75 ④ 76 ① 77 ④

해설 단위계단함수 $R(s)=\frac{1}{s}$의 오프셋

$$e_{ss}=\lim_{s\to 0}\frac{s}{1+G(s)}$$

$$R(s)=\lim_{s\to 0}\frac{s}{1+G(s)}$$

$$\therefore \frac{1}{s}=\frac{1}{1+\lim\limits_{s\to 0}G(s)}=\frac{1}{1+\lim\limits_{s\to 0}\frac{1}{s^2+2s+3}}$$

$$=\frac{1}{1+\frac{1}{3}}=0.75$$

★
78 다음과 같은 회로에서 a, b 양 단자 간의 합성저항은? (단, 그림에서의 저항의 단위는 Ω이다.)

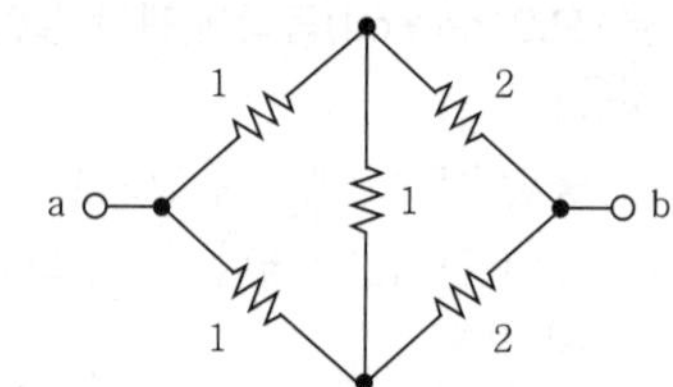

① 1.0Ω ② 1.5Ω
③ 3.0Ω ④ 6.0Ω

해설 $R_{ab}=\frac{(r_1+r_2)(r_3+r_4)}{(r_1+r_2)+(r_3+r_4)}$

$$=\frac{(1+2)\times(1+2)}{(1+2)+(1+2)}=1.5\,\Omega$$

별해 $R=\frac{R_1R_2}{R_1+R_2}=\frac{3\times3}{3+3}=1.5\Omega$

79 다음 중 무인엘리베이터의 자동제어로 가장 적합한 것은?

① 추종제어 ② 정치제어
③ 프로그램제어 ④ 프로세스제어

해설 무인엘리베이터의 자동제어는 프로그램제어이다.

80 다음 그림과 같은 제어에 해당하는 것은?

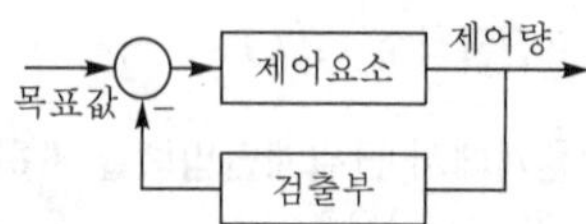

① 개방제어 ② 시퀀스제어
③ 개루프제어 ④ 폐루프제어

해설 제시된 그림은 되먹임제어(폐루프제어=피드백제어)이다.

5 배관 일반

81 팬코일유닛방식의 배관방식에서 공급관이 2개이고 환수관이 1개인 방식으로 옳은 것은?

① 1관식 ② 2관식
③ 3관식 ④ 4관식

★
82 급수배관 시공에 관한 설명으로 가장 거리가 먼 것은?

① 수리와 기타 필요시 관 속의 물을 완전히 뺄 수 있도록 기울기를 주어야 한다.
② 공기가 모여있는 곳이 없도록 하여야 하며, 공기가 모일 경우 공기빼기밸브를 부착한다.
③ 급수관에서 상향급수는 선단 하향구배로 하고, 하향급수에서는 선단 상향구배로 한다.
④ 가능한 마찰손실이 작도록 배관하며 관의 축소는 편심리듀서를 써서 공기의 고임을 피한다.

해설 급수관에서 상향급수는 선단 상향구배로 하고, 하향급수에서는 선단 하향구배로 한다.

83 증기트랩의 종류를 대분류한 것으로 가장 거리가 먼 것은?

① 박스트랩 ② 기계적 트랩
③ 온도조절트랩 ④ 열역학적 트랩

해설 박스트랩은 배수관의 트랩으로 벨트랩, 드럼트랩, 그리스트랩, 가솔린트랩 등이 있다.

참고 증기트랩을 대분류로 분류하면 기계식 트랩(버킷식, 플로트식), 온도조절트랩(벨로즈식, 다이어프램식, 바이메탈식), 열역학적 트랩(디스크식, 오리피스식) 등으로 구분된다.

정답 78 ② 79 ③ 80 ④ 81 ③ 82 ③ 83 ①

84 냉매배관에 사용되는 재료에 대한 설명으로 틀린 것은?

① 배관 선택 시 냉매의 종류에 따라 적절한 재료를 선택해야 한다.
② 동관은 가능한 이음매 있는 관을 사용한다.
③ 저압용 배관은 저온에서도 재료의 물리적 성질이 변하지 않는 것으로 사용한다.
④ 구부릴 수 있는 관은 내구성을 고려하여 충분한 강도가 있는 것을 사용한다.

해설 냉매배관의 동관은 가능한 이음매 없는 인탈산동관을 사용한다.

★
85 급수방식 중 대규모의 급수수요에 대응이 용이하고 단수 시에도 일정량의 급수를 계속할 수 있으며 거의 일정한 압력으로 항상 급수되는 방식은?

① 양수펌프식　② 수도직결식
③ 고가탱크식　④ 압력탱크식

해설 고가탱크급수방식
㉠ 일정한 높이까지 일정한 수압으로 공급할 수 있다.
㉡ 취급이 간단하며 대규모 급수설비에 적합하다.
㉢ 단수 시에도 일정량의 급수를 계속할 수 있다.
㉣ 저수시간이 길어지면 수질이 나빠지기 쉽다.

86 다음 그림과 같은 입체도에 대한 설명으로 맞는 것은?

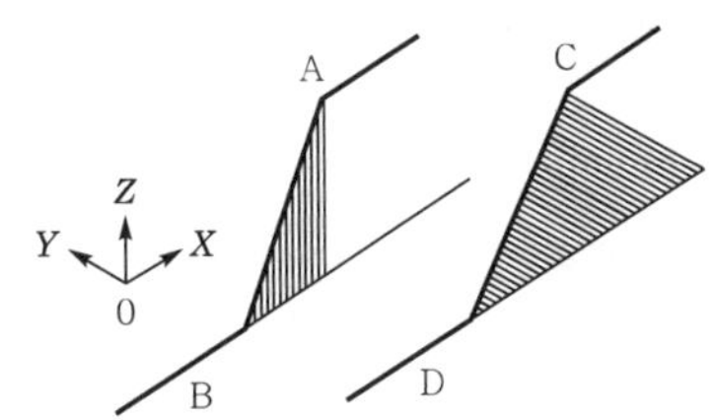

① 직선 A와 B, 직선 C와 D는 각각 동일한 수직평면에 있다.
② A와 B는 수직높이차가 다르고, 직선 C와 D는 동일한 수평평면에 있다.
③ 직선 A와 B, 직선 C와 D는 각각 동일한 수평평면에 있다.
④ 직선 A와 B는 동일한 수평평면에, 직선 C와 D는 동일한 수직평면에 있다.

해설 A-B는 수직(vertical)벽이고, C-D는 수평평면이다.

87 베이퍼록현상을 방지하기 위한 방법으로 틀린 것은?

① 실린더라이너의 일부를 가열한다.
② 흡입배관을 크게 하고 단열처리한다.
③ 펌프의 설치위치를 낮춘다.
④ 흡입관로를 깨끗이 청소한다.

해설 베이퍼록(증기폐쇄)현상을 방지하려면 실린더라이너의 일부를 냉각시킨다.

88 배관의 분해, 수리 및 교체가 필요할 때 사용하는 관 이음재의 종류는?

① 부싱　② 소켓
③ 엘보　④ 유니언

해설 배관의 분해, 수리 및 교체가 필요할 때 사용하는 관 이음재는 유니언(union)과 플랜지(flange)이다.

89 열팽창에 의한 배관의 이동을 구속 또는 제한하기 위해 사용되는 관지지장치는?

① 행거(hanger)
② 서포트(support)
③ 브레이스(brace)
④ 리스트레인트(restraint)

해설 리스트레인트는 열팽창에 의한 배관의 이동을 구속 또는 제한하기 위한 관지지장치이다.

★
90 배수 및 통기설비에서 배관 시공법에 관한 주의사항으로 틀린 것은?

① 우수수직관에 배수관을 연결해서는 안 된다.
② 오버플로관은 트랩의 유입구측에 연결해야 한다.
③ 바닥 아래에서 빼내는 각 통기관에는 횡주부를 형성시키지 않는다.
④ 통기수직관은 최하위의 배수수평지관보다 높은 위치에서 연결해야 한다.

정답 84 ② 85 ③ 86 ② 87 ① 88 ④ 89 ④ 90 ④

부록 I

해설 통기수직관은 배수수평주관보다 높은 위치에 연결해야 한다. 즉 배수수평지관보다 낮은 위치에 연결해야 한다.

★
91 펌프를 운전할 때 공동현상(캐비테이션)의 발생원인으로 가장 거리가 먼 것은?

① 토출양정이 높다.
② 유체의 온도가 높다.
③ 날개차의 원주속도가 크다.
④ 흡입관의 마찰저항이 크다.

해설 공동현상(캐비테이션)은 흡입양정이 높을 때 발생된다.

★
92 증기난방법에 관한 설명으로 틀린 것은?

① 저압증기난방에 사용하는 증기의 압력은 0.15~0.35kgf/cm^2 정도이다.
② 단관 중력환수식의 경우 증기와 응축수가 역류하지 않도록 선단 하향구배로 한다.
③ 환수주관을 보일러수면보다 높은 위치에 배관한 것은 습식환수관식이다.
④ 증기의 순환이 가장 빠르며 방열기, 보일러 등의 설치위치에 제한을 받지 않고 대규모 난방용으로 주로 채택되는 방식은 진공환수식이다.

해설 증기난방법 중 환수관의 배관법
㉠ 건식환수관식 : 환수주관을 보일러수면보다 높게 배관
㉡ 습식환수관식 : 환수주관을 보일러수면보다 낮게 배관

93 증기와 응축수의 온도차이를 이용하여 응축수를 배출하는 트랩은?

① 버킷트랩(bucket trap)
② 디스크트랩(disk trap)
③ 벨로즈트랩(bellows trap)
④ 플로트트랩(float trap)

해설 증기와 응축수의 온도차이를 이용하여 응축수를 배출하는 트랩은 벨로즈트랩이다.

94 방열기 전체의 수저항이 배관의 마찰손실에 비해 큰 경우 채용하는 환수방식은?

① 개방류방식 ② 재순환방식
③ 역귀환방식 ④ 직접귀환방식

95 온수난방배관에서 에어포켓(air pocket)이 발생될 우려가 있는 곳에 설치하는 공기빼기 밸브의 설치위치로 가장 적절한 것은?

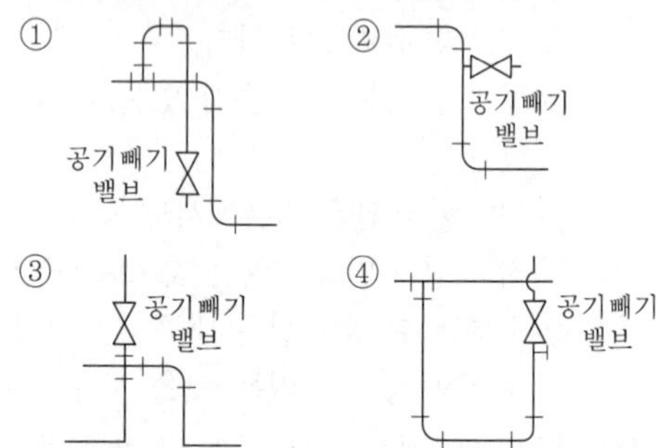

해설 공기빼기밸브(에어벤트밸브)는 난방, 급탕, 급수배관의 공기가 고이기 쉬운 배관의 최상부에 설치한다.

96 급수량 산정에 있어서 시간평균예상급수량(Q_h)이 3,000L/h였다면 순간 최대 예상급수량(Q_p)은?

① 75~100L/min ② 150~200L/min
③ 225~250L/min ④ 275~300L/min

해설 $Q_p = \frac{(3\sim4)Q_h}{60} = \frac{(3\sim4)\times3{,}000}{60}$
$= 150\sim200\text{L/min}$

★
97 도시가스배관 시 배관이 움직이지 않도록 관지름 13~33mm 미만의 경우 몇 m마다 고정장치를 설치해야 하는가?

① 1m ② 2m
③ 3m ④ 4m

해설 호칭지름이 13mm 미만의 것에는 1m마다, 13~33mm의 것에는 2m마다, 33mm 이상의 것에는 3m마다 고정장치를 할 것

★
98 배관의 자중이나 열팽창에 의한 힘 이외에 기계의 진동, 수격작용, 지진 등 다른 하중에 의해 발생하는 변위 또는 진동을 억제시키기 위한 장치는?

① 스프링행거 ② 브레이스
③ 앵커 ④ 가이드

정답 91 ① 92 ③ 93 ③ 94 ④ 95 ③ 96 ② 97 ② 98 ②

해설 브레이스는 기계의 진동, 수격작용, 지진 등 자중이나 열팽창 등 다른 하중에 의해 발생하는 변위 또는 진동을 억제시키기 위한 장치이다.

99 **저압증기난방장치에서 적용되는 하트포드접속법(Hartford connection)과 관련된 용어로 가장 거리가 먼 것은?**

① 보일러 주변 배관
② 균형관
③ 보일러수의 역류 방지
④ 리프트피팅

★
100 **동관의 호칭경이 20A일 때 실제 외경은?**

① 15.87mm ② 22.22mm
③ 28.57mm ④ 34.93mm

해설 동관의 호칭직경이 20A(20mm)일 때 실제 외경은 22.22mm이다.

별해 동관의 외경(D)$=\left(\text{호칭경(인치)}+\frac{1}{8}\text{(인치)}\right)\times 25.4$

$=\left(\frac{3}{4}+\frac{1}{8}\right)\times 25.4=22.22\text{mm}$

참고

호칭경		외경(D[mm])
A[mm]	B[inch]	
20	$\frac{3}{4}$	22.22
25	1	25.58
32	$1\frac{1}{4}$	34.92

정답 99 ④ 100 ②

Air-Conditioning Refrigerating Machinery

2018. 8. 19. 시행

공조냉동기계기사

1 기계 열역학

01 역카르노사이클로 운전하는 이상적인 냉동사이클에서 응축기온도가 40℃, 증발기온도가 −10℃이면 성능계수는?

① 4.26 ② 5.26
③ 3.56 ④ 6.56

해설 $\varepsilon_R = \dfrac{T_2}{T_1 - T_2} = \dfrac{-10+273}{(40+273)-(-10+273)} = 5.26$

★
02 밀폐시스템에서 초기상태가 300K, 0.5m³인 이상기체를 등온과정으로 150kPa에서 600kPa까지 천천히 압축하였다. 이 압축과정에 필요한 일은 약 몇 kJ인가?

① 104 ② 208
③ 304 ④ 612

해설 ${}_1W_2 = P_1V_1 \ln\dfrac{P_1}{P_2} = 150\times0.5\times\ln\dfrac{150}{600} = 104\text{kJ}$

03 에어컨을 이용하여 실내의 열을 외부로 방출하려 한다. 실외 35℃, 실내 20℃인 조건에서 실내로부터 3kW의 열을 방출하려 할 때 필요한 에어컨의 최소 동력은 약 몇 kW인가?

① 0.154 ② 1.54
③ 0.308 ④ 3.08

해설 $\varepsilon_R = \dfrac{T_2}{T_1 - T_2} = \dfrac{20+273}{(35+273)-(20+273)} = 19.53$

∴ 최소 동력$= \dfrac{Q_i}{\varepsilon_R} = \dfrac{3}{16.53} = 0.154\text{kW}$

★
04 다음 그림과 같이 카르노사이클로 운전하는 기관 2개가 직렬로 연결되어 있는 시스템에서 두 열기관의 효율이 똑같다고 하면 중간 온도 T는 약 몇 K인가?

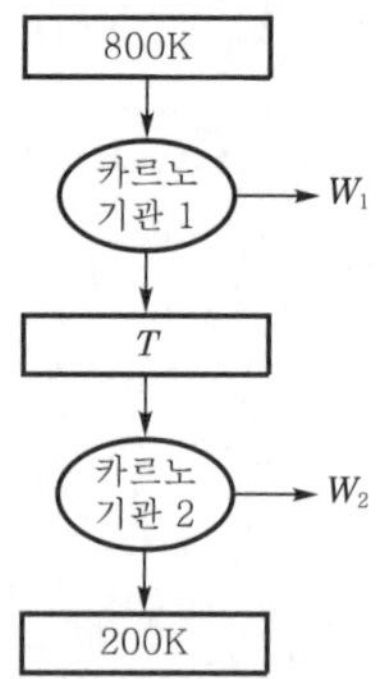

① 330K ② 400K
③ 500K ④ 660K

해설 $\eta_{c1} = 1 - \dfrac{T_m}{T_1}$

$\eta_{c2} = 1 - \dfrac{T_2}{T_m}$

$\dfrac{T_m}{T_1} = \dfrac{T_2}{T_m}$

$\therefore\ T_m = \sqrt{T_1T_2} = \sqrt{800\times200} = 400\text{K}$

05 압력 250kPa, 체적 0.35m³의 공기가 일정 압력하에서 팽창하여 체적이 0.5m³로 되었다. 이때 내부에너지의 증가가 93.9kJ이었다면 팽창에 필요한 열량은 약 몇 kJ인가?

① 43.8 ② 56.4
③ 131.4 ④ 175.2

해설 $Q = \Delta U + {}_1W_2 = \Delta U + P(V_2 - V_2)$
$= 93.9 + 250\times(0.5-0.35)$
$= 131.4\text{kJ}$

정답 01 ② 02 ① 03 ① 04 ② 05 ③

★

06 이상기체의 가역폴리트로픽과정은 다음과 같다. 이에 대한 설명으로 옳은 것은? (단, P는 압력, v는 비체적, C는 상수이다.)

$$Pv^n = C$$

① $n=0$이면 등온과정
② $n=1$이면 정적과정
③ $n=\infty$이면 정압과정
④ $n=k$(비열비)이면 단열과정

해설 ① $n=0$이면 $P=C$
② $n=1$이면 $T=C$
③ $n=\infty$이면 $v=C$

07 열과 일에 대한 설명 중 옳은 것은?

① 열역학적 과정에서 열과 일은 모두 경로에 무관한 상태함수로 나타낸다.
② 일과 열의 단위는 대표적으로 Watt(W)를 사용한다.
③ 열역학 제1법칙은 열과 일의 방향성을 제시한다.
④ 한 사이클과정을 지나 원래 상태로 돌아왔을 때 시스템에 가해진 전체 열량은 시스템이 수행한 전체 일의 양과 같다.

해설 $\oint \delta Q = \oint \delta W$[kJ]

08 공기 표준 사이클로 운전하는 디젤사이클엔진에서 압축비는 18, 체적비(분사단절비)는 2일 때 이 엔진의 효율은 약 몇 %인가? (단, 비열비는 1.4이다.)

① 63% ② 68%
③ 73% ④ 78%

해설 $\eta_d = \left[1-\left(\frac{1}{\varepsilon}\right)^{k-1}\frac{\sigma^k-1}{k(\sigma-1)}\right]\times 100$
$= \left[1-\left(\frac{1}{18}\right)^{1.4-1}\times\frac{2^{1.4}-1}{1.4\times(2-1)}\right]\times 100$
$= 63\%$

09 랭킨사이클의 각각의 지점에서 엔탈피는 다음과 같다. 이 사이클의 효율은 약 몇 %인가? (단, 펌프일은 무시한다.)

- 보일러 입구 : 290.5kJ/kg
- 보일러 출구 : 3,476.9kJ/kg
- 응축기 입구 : 2,622.1kJ/kg
- 응축기 출구 : 286.3kJ/kg

① 32.4% ② 29.8%
③ 26.7% ④ 23.8%

해설 $\eta_R = \frac{w_t}{q_1}\times 100 = \frac{3{,}476.9-2{,}622.1}{3{,}476.9-286.3}\times 100 ≒ 26.8\%$

10 공기의 정압비열(C_p[kJ/kg · ℃])이 다음과 같다고 가정한다. 이때 공기 5kg을 0℃에서 100℃까지 일정한 압력하에서 가열하는데 필요한 열량은 약 몇 kJ인가? (단, 다음 식에서 t는 섭씨온도를 나타낸다.)

$$C_p = 1.0053 + 0.000079t\,[\text{kJ/kg} \cdot ℃]$$

① 85.5 ② 100.9
③ 312.7 ④ 504.6

해설 $C_p = 1.0053 + 0.000079t$
$= 1.0053 + 0.000079\times\frac{100}{2}$
$= 1.00925$kJ/kg · ℃
$\therefore\ Q = mC_p(t_2-t_1) = 5\times 1.00925\times(100-0)$
$= 504.625$kJ

★

11 카르노냉동기사이클과 카르노열펌프사이클에서 최고온도와 최소온도가 서로 같다. 카르노냉동기의 성적계수는 COP_R이라고 하고, 카르노열펌프의 성적계수는 COP_{HP}라고 할 때 다음 중 옳은 것은?

① $COP_{HP} + COP_R = 1$
② $COP_{HP} + COP_R = 0$
③ $COP_R - COP_{HP} = 1$
④ $COP_{HP} - COP_R = 1$

해설 $COP_{HP} = COP_R + 1$
$\therefore\ COP_{HP} - COP_R = 1$

정답 06 ④ 07 ④ 08 ① 09 ③ 10 ④ 11 ④

부록 I

12 이상기체가 등온과정으로 부피가 2배로 팽창할 때 한 일이 W_1이다. 이 이상기체가 같은 초기조건하에서 폴리트로픽과정(지수=2)으로 부피가 2배로 팽창할 때 한 일은?

① $\frac{1}{2\ln 2}\times W_1$　② $\frac{2}{\ln 2}\times W_1$

③ $\frac{\ln 2}{2}\times W_1$　④ $2\ln 2\times W_1$

해설 $W_1 = P_1V_1\ln\frac{V_2}{V_1} = P_1V_1\ln 2$(등온변화 시)일 때

$$\frac{W_2}{W_1} = \frac{\frac{1}{2}}{\ln 2} = \frac{1}{2\ln 2}$$

$$\therefore W_2 = \frac{1}{2\ln 2}W_1[\text{kJ}]$$

★13 클라우지우스(Clausius)적분 중 비가역사이클에 대하여 옳은 식은? (단, Q는 시스템에 공급되는 열, T는 절대온도를 나타낸다.)

① $\oint\frac{dQ}{T}=0$　② $\oint\frac{dQ}{T}<0$

③ $\oint\frac{dQ}{T}>0$　④ $\oint\frac{dQ}{T}\geq 0$

해설 클라우지우스적분

㉠ 가역사이클 : $\oint\frac{dQ}{T}=0$

㉡ 비가역사이클 : $\oint\frac{dQ}{T}<0$

14 다음 중 이상적인 스로틀과정에서 일정하게 유지되는 양은?

① 압력　② 엔탈피

③ 엔트로피　④ 온도

해설 교축과정 시 엔탈피는 변화가 없다(등엔탈피과정).

15 70kPa를 어떤 기체의 체적이 12m³이었다. 이 기체를 800kPa까지 폴리트로픽과정으로 압축했을 때 체적이 2m³으로 변화했다면 이 기체의 폴리트로픽지수는 약 얼마인가?

① 1.21　② 1.28

③ 1.36　④ 1.43

해설 $P_1V_1^{\,n} = P_2V_2^{\,n}$

$$\frac{P_2}{P_1} = \left(\frac{V_1}{V_2}\right)^n$$

$$\ln\frac{P_2}{P_1} = n\ln\frac{V_1}{V_2}$$

$$\therefore n = \frac{\ln\frac{P_2}{P_1}}{\ln\frac{V_1}{V_2}} = \frac{\ln\frac{800}{70}}{\ln\frac{12}{2}} \fallingdotseq 1.36$$

16 500℃의 고온부와 50℃의 저온부 사이에서 작동하는 Carnot사이클열기관의 열효율은 얼마인가?

① 10%　② 42%

③ 58%　④ 90%

해설 $\eta_c = \left(1-\frac{T_2}{T_1}\right)\times 100 = \left(1-\frac{50+273}{500+273}\right)\times 100$
$= 58.2\%$

★17 어떤 기체 1kg이 압력 50kPa, 체적 2.0m³의 상태에서 압력 1,000kPa, 체적 0.2m³의 상태로 변화하였다. 이 경우 내부에너지의 변화가 없다고 한다면 엔탈피의 변화는 얼마나 되겠는가?

① 50kJ　② 79kJ

③ 91kJ　④ 100kJ

해설 $\Delta h = (U_2-U_1)+P_2V_2-P_1V_1$
$= 0+1,000\times 0.2-50\times 2 = 100\text{kJ}$

★18 두 물체가 각각 제3의 물체와 온도가 같을 때는 두 물체도 역시 서로 온도가 같다는 것을 말하는 법칙으로 온도측정의 기초가 되는 것은?

① 열역학 제0법칙　② 열역학 제1법칙

③ 열역학 제2법칙　④ 열역학 제3법칙

★19 이상기체가 등온과정으로 체적이 감소할 때 엔탈피는 어떻게 되는가?

① 변하지 않는다.

② 체적에 비례하여 감소한다.

③ 체적에 반비례하여 증가한다.

④ 체적의 제곱에 비례하여 감소한다.

정답 12 ① 13 ② 14 ② 15 ③ 16 ③ 17 ④ 18 ① 19 ①

해설 이상기체인 경우 엔탈피는 온도만의 함수로, 등온변화인 경우는 엔탈피는 변하지 않는다.

20 이상적인 디젤기관의 압축비가 16일 때 압축 전의 공기온도가 90℃라면 압축 후의 공기의 온도는 약 몇 ℃인가? (단, 공기의 비열비는 1.4이다.)

① 1,101℃ ② 718℃
③ 808℃ ④ 828℃

해설 $T_2 = T_1\varepsilon^{k-1} = (90+273)\times 16^{1.4-1}$
$= 1,101\text{K} - 273 \fallingdotseq 828℃$

2 냉동공학

★
21 흡수식 냉동기의 특징에 대한 설명으로 옳은 것은?

① 자동제어가 어렵고 운전경비가 많이 소요된다.
② 초기운전 시 정격성능을 발휘할 때까지의 도달속도가 느리다.
③ 부분부하에 대한 대응이 어렵다.
④ 증기압축식보다 소음 및 진동이 크다.

해설 흡수식 냉동기의 특징
㉠ 자동제어가 용이하고 운전경비가 절감된다.
㉡ 초기운전 시 정격성능을 발휘할 때까지의 도달속도가 느리다.
㉢ 부분부하에 대한 대응성이 좋다.
㉣ 압축기가 없고 운전이 조용하다.
㉤ 용량제어의 범위가 넓어 폭넓은 용량제어가 가능하다.

★
22 내경이 20mm인 관 안으로 포화상태의 냉매가 흐르고 있으며 관은 단열재로 싸여있다. 관의 두께는 1mm이며, 관재질의 열전도도는 50W/m·K이며, 단열재의 열전도도는 0.02W/m·K이다. 단열재의 내경과 외경은 각각 22mm와 42mm일 때 단위길이당 열손실(W)은? (단, 이때 냉매의 온도는 60℃, 주변 공기의 온도는 0℃이며, 냉매측과 공기측의 평균대류열전달계수는 각각 2,000W/m²·K와 10W/m²·K이다. 관과 단열재 접촉부의 열저항은 무시한다.)

① 9.87 ② 10.15
③ 11.10 ④ 13.27

해설

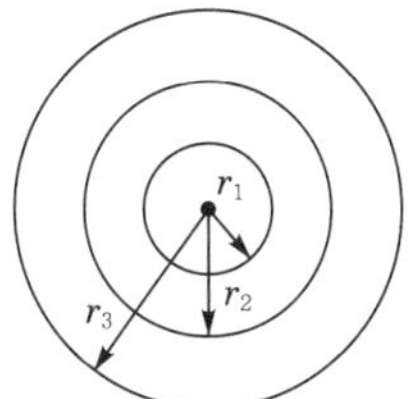

$r_1 = \frac{d_1}{2} = \frac{20}{2} = 10\text{mm} = 0.01\text{m}$

$r_2 = r_1 + 1 = 10 + 1 = 11\text{mm} = 0.011\text{m}$

$r_3 = \frac{d_3}{2} = \frac{42}{2} = 21\text{mm} = 0.021\text{m}$

∴ 단위길이당 열손실$\left(\frac{Q}{L}\right)$

$$= \frac{2\pi(t_r - t_a)}{\frac{1}{h_1 r_1} + \left(\frac{1}{k_1}\ln\frac{r_2}{r_1} + \frac{1}{k_2}\ln\frac{r_3}{r_2}\right) + \frac{1}{h_2 r_3}}$$

$$= \frac{2\pi\times(60-0)}{\frac{1}{2,000\times 0.01} + \left(\frac{1}{50}\times\ln\frac{0.011}{0.01} + \frac{1}{0.02}\times\ln\frac{0.021}{0.011}\right) + \frac{1}{10\times 0.021}}$$

$= 10.15\text{kW}$

23 40냉동톤의 냉동부하를 가지는 제빙공장이 있다. 이 제빙공장 냉동기의 압축기 출구엔탈피가 457kcal/kg, 증발기 출구엔탈피가 369kcal/kg, 증발기 입구엔탈피가 128kcal/kg일 때 냉매순환량은(kg/h)? (단, 1RT는 3,320kcal/kg이다.)

① 551 ② 403
③ 290 ④ 25.9

해설 $G = \frac{Q_e}{q_e} = \frac{40\times 3,320}{369-128} \fallingdotseq 551.04\text{kg/h}$

★
24 증기압축식 냉동시스템에서 냉매량 부족 시 나타나는 현상으로 틀린 것은?

① 토출압력의 감소
② 냉동능력의 감소
③ 흡입가스의 과열
④ 토출가스의 온도 감소

해설 증기압축식 냉동시스템에서 냉매량 부족 시 토출가스온도는 상승한다.

정답 20 ④ 21 ② 22 ② 23 ① 24 ④

부록 I

25 프레온냉동장치에서 가용전에 관한 설명으로 틀린 것은?

① 가용전의 용융온도는 일반적으로 75℃ 이하로 되어 있다.
② 가용전은 Sn(주석), Cd(카드뮴), Bi(비스무트) 등의 합금이다.
③ 온도 상승에 따른 이상고압으로부터 응축기 파손을 방지한다.
④ 가용전의 구경은 안전밸브 최소 구경의 1/2 이하이어야 한다.

해설 프레온냉동장치에서 가용전의 구경은 안전밸브 최소 구경의 1/2 이상이어야 한다.

★
26 다음 중 독성이 거의 없고 금속에 대한 부식성이 적어 식품냉동에 사용되는 유기질 브라인은?

① 프로필렌글리콜 ② 식염수
③ 염화칼슘 ④ 염화마그네슘

해설 프로필렌글리콜($C_3H_6(OH)_2$)은 독성이 거의 없고 부식성이 적어 식품냉동용에 사용되는 유기질 브라인이다.

참고 무기질 브라인 : 염화칼슘, 염화마그네슘, 염화나트륨 등

★
27 피스톤압출량이 48m³/h인 압축기를 사용하는 다음과 같은 냉동장치가 있다. 압축기 체적효율(η_v)이 0.75이고 배관에서의 열손실을 무시하는 경우 이 냉동장치의 냉동능력(RT)? (단, 1RT는 3,320kcal/h이다.)

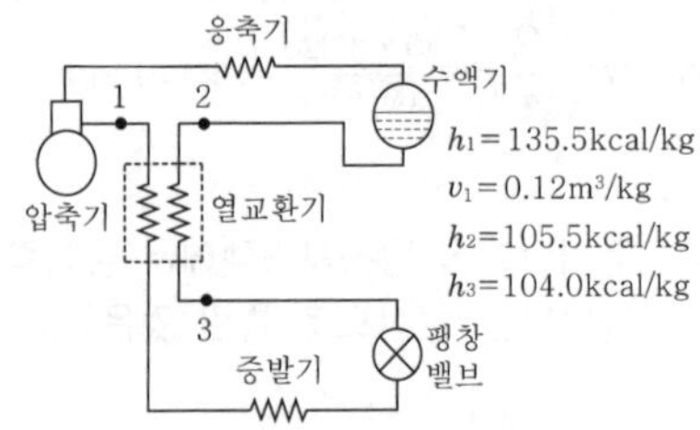

① 1.83 ② 2.54
③ 2.71 ④ 2.84

해설 $RT = \frac{Q_e}{3{,}320} = \frac{\frac{V\eta_v}{v_1} q_e}{3{,}320} = \frac{V\eta_v}{3{,}320 v_1}(h_1 - h_2)$

$= \frac{48 \times 0.75}{3{,}320 \times 0.12} \times (135.5 - 105.5) = 2.71$

28 암모니아냉동장치에서 고압측 게이지압력이 14kg/cm² · g, 저압측 게이지압력이 3kg/cm² · g이고, 피스톤압출량이 100m³/h, 흡입증기의 비체적이 0.5m³/h이라 할 때 이 장치에서의 압축비와 냉매순환량(kg/h)은 각각 얼마인가? (단, 압축기의 체적효율은 0.7로 한다.)

① 3.73, 70 ② 3.73, 140
③ 4.67, 70 ④ 4.67, 140

해설 ㉠ $\varepsilon = \frac{P_2}{P_1} = \frac{14 + 1.0332}{3 + 1.0332} = 3.73$

㉡ $G = \frac{V\eta_v}{v} = \frac{100 \times 0.7}{0.5} = 140$kg/h

29 냉동장치에서 사용하는 브라인순환량이 200L/min이고 비열이 0.7kcal/kg · ℃이다. 브라인의 입 · 출구온도는 각각 −6℃와 −10℃일 때 브라인쿨러의 냉동능력(kcal/h)은? (단, 브라인의 비중은 1.2이다.)

① 36,880 ② 38,860
③ 40,320 ④ 43,200

해설 $Q_e = WC(t_{b1} - t_{b2})\rho_b \times 60$
=200×0.7×(−6+10)×1.2×60=40,320kcal/h

★
30 열통과율 900kcal/m² · h · ℃, 전열면적 5m²인 다음 그림과 같은 대향류 열교환기에서의 열교환량(kcal/h)은? (단, t_1 : 27℃, t_2 : 13℃, t_{w1} : 5℃, t_{w2} : 10℃이다.)

① 26,865
② 53,730
③ 45,000
④ 90,245

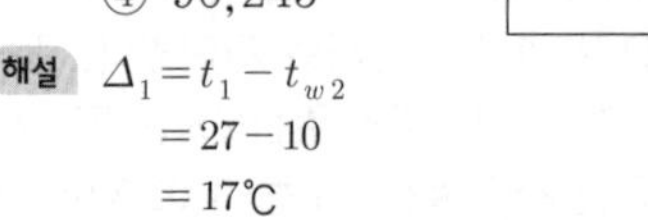

해설 $\Delta_1 = t_1 - t_{w2}$
$= 27 - 10$
$= 17$℃

$\Delta_2 = t_2 - t_{w1} = 13 - 5 = 8$℃

$LMTD = \frac{\Delta_1 - \Delta_2}{\ln\frac{\Delta_1}{\Delta_2}} = \frac{17-8}{\ln\frac{17}{8}} = 11.94$℃

$\therefore Q = KA(LMTD) = 900 \times 5 \times 11.94$
≒ 53,730kcal/h

정답 25 ④ 26 ① 27 ③ 28 ② 29 ③ 30 ②

31 **프레온냉매의 경우 흡입배관에 이중입상관을 설치하는 목적으로 가장 적합한 것은?**

① 오일의 회수를 용이하게 하기 위하여
② 흡입가스의 과열을 방지하기 위하여
③ 냉매액의 흡입을 방지하기 위하여
④ 흡입관에서의 압력 강하를 줄이기 위하여

32 **다음 중 흡수식 냉동기의 용량제어방법으로 적당하지 않은 것은?**

① 흡수기 공급흡수제 조절
② 재생기 공급용액량 조절
③ 재생기 공급증기 조절
④ 응축수량 조절

해설 **흡수식 냉동기의 용량제어방법**
㉠ 흡입액순환량제어
㉡ 재생기(발생기) 공급용액량 조절(바이패스제어)
㉢ 재생기 공급증기 조절
㉣ 응축수량 조절
㉤ 가열증기 또는 온수유량제어
㉥ 구동열원 입구제어
㉦ 냉각수량 조절

33 **폐열을 회수하기 위한 히트파이프(heat pipe)의 구성요소가 아닌 것은?**

① 단열부 ② 응축부
③ 증발부 ④ 팽창부

해설 **히트파이프의 구성요소** : 단열부, 증발부, 응축부

★
34 **냉동장치 운전 중 팽창밸브의 열림이 적을 때 발생하는 현상이 아닌 것은?**

① 증발압력은 저하한다.
② 냉매순환량은 감소한다.
③ 액압축으로 압축기가 손상된다.
④ 체적효율은 저하한다.

해설 팽창밸브의 열림이 적을 때 증발압력이 낮아지고, 냉매순환량이 감소하고, 압축비가 증가하여 체적효율이 저하한다.

35 **냉동기유가 갖추어야 할 조건으로 틀린 것은?**

① 응고점이 낮고 인화점이 높아야 한다.
② 냉매와 잘 반응하지 않아야 한다.
③ 산화가 되기 쉬운 성질을 가져야 된다.
④ 수분, 산분을 포함하지 않아야 된다.

해설 냉동기유는 산화되기 쉬운 성질을 가져서는 안 된다.

36 **냉동장치 내에 불응축가스가 생성되는 원인으로 가장 거리가 먼 것은?**

① 냉동장치의 압력이 대기압 이상으로 운전될 경우 저압측에서 공기가 침입한다.
② 장치를 분해, 조립하였을 경우에 공기가 잔류한다.
③ 압축기의 축봉장치 패킹연결 부분에 누설 부분이 있으면 공기가 장치 내에 침입한다.
④ 냉매, 윤활유 등의 열분해로 인해 가스가 발생한다.

해설 **불응축가스 생성원인**
㉠ 냉동장치의 압력이 대기압 이하이면 공기침입
㉡ 분해, 조립 시 공기잔류
㉢ 누설 부분 있을 경우
㉣ 냉매, 윤활유의 열분해로 인해 가스 발생

37 **가역카르노사이클에서 고온부 40℃, 저온부 0℃로 운전될 때 열기관의 효율은?**

① 7.825 ② 6.825
③ 0.147 ④ 0.128

해설 $\eta_c = 1 - \frac{T_2}{T_1} = 1 - \frac{0+273}{40+273} = 0.128$

★
38 **다음 냉동장치에서 물의 증발열을 이용하지 않는 것은?**

① 흡수식 냉동장치
② 흡착식 냉동장치
③ 증기분사식 냉동장치
④ 열전식 냉동장치

해설 열전식 냉동장치(전자냉동법)는 압축기, 응축기, 증발기와 냉매를 사용하지 않고 펠티에효과, 즉 열전기쌍에 열기전력에 저항하는 전류를 통하게 하면 고온 접점쪽에서 발열하고, 저온 접점쪽에서 흡열(냉각)이 이루어지는 효과를 이용하여 냉각공간을 얻는 방법이다.

부록 I

정답 31 ① 32 ① 33 ④ 34 ③ 35 ③ 36 ① 37 ④ 38 ④

39 **다음 중 밀착 포장된 식품을 냉각부동액 중에 집어넣어 동결시키는 방식은?**

① 침지식 동결장치
② 접촉식 동결장치
③ 진공동결장치
④ 유동층동결장치

해설 침지식 동결법은 냉각한 염수 중에 식품을 담가서 동결하는 방법으로 급속동결에 해당한다. 방수성 플라스틱 필름으로 싸고 공기가 들어가지 않도록 밀착하는 것이 중요하다.

★
40 **압축기에 부착하는 안전밸브의 최소 구경을 구하는 공식으로 옳은 것은?**

① 냉매상수×(표준 회전속도에서 1시간의 피스톤압출량)$^{1/2}$
② 냉매상수×(표준 회전속도에서 1시간의 피스톤압출량)$^{1/3}$
③ 냉매상수×(표준 회전속도에서 1시간의 피스톤압출량)$^{1/4}$
④ 냉매상수×(표준 회전속도에서 1시간의 피스톤압출량)$^{1/5}$

해설 압축기용 안전밸브구경 : $d = C\sqrt{V}$
여기서, d : 안전밸브의 최소 구경(mm)
C : 냉매의 종류에 따른 정수
V : 표준 회전속도에서의 압출량(m^3/h)

3 공기조화

★
41 **장방형 덕트(장변 a, 단변 b)를 원형 덕트로 바꿀 때 사용하는 식은 다음과 같다. 이 식으로 환산된 장방형 덕트와 원형 덕트의 관계는?**

$$D_e = 1.3\left[\frac{(ab)^5}{(a+b)^2}\right]^{1/8}$$

① 두 덕트의 풍량과 단위길이당 마찰손실이 같다.
② 두 덕트의 풍량과 풍속이 같다.
③ 두 덕트의 풍속과 단위길이당 마찰손실이 같다.
④ 두 덕트의 풍량과 풍속 및 단위길이당 마찰손실이 모두 같다.

42 **중앙식 공조방식의 특징에 대한 설명으로 틀린 것은?**

① 중앙집중식이므로 운전 및 유지관리가 용이하다.
② 리턴팬을 설치하면 외기냉방이 가능하게 된다.
③ 대형 건물보다는 소형 건물에 적합한 방식이다.
④ 덕트가 대형이고 개별식에 비해 설치공간이 크다.

해설 중앙식 공조방식은 소형 건물보다는 대형 건물에 적합하다.

43 **어느 건물 서편의 유리면적이 40m^{2}이다. 안쪽에 크림색의 베니션 블라인드를 설치한 유리면으로부터 오후 4시에 침입하는 열량(kW)은? (단, 외기는 33℃, 실내는 27℃, 유리는 1중이며, 유리의 열통과율(K)은 5.9W/m^2·℃, 유리창의 복사량(I_{gr})은 608W/m^2, 차폐계수(K_s)는 0.56이다.)**

① 15 ② 13.6
③ 3.6 ④ 1.4

해설 $Q = [KA(t_o - t_i) + K_s A I_{gr}] \times 10^{-3}$
$= [5.9\times40\times(33-27)+0.56\times40\times608]\times10^{-3}$
$\fallingdotseq 15.04$kW

★
44 **열회수방식 중 공조설비의 에너지 절약기법으로 많이 이용되고 있으며 외기도입량이 많고 운전시간이 긴 시설에서 효과가 큰 것은?**

① 잠열교환기방식
② 현열교환기방식
③ 비열교환기방식
④ 전열교환기방식

해설 전열교환기방식은 유지비용이 저렴(에너지 절약기법 이용)하며, 운전시간이 긴 시설에 적합하고, 환기 시 실내온도 불변, 양방향 환기방식으로 환기효과 우수, 실내습도를 유지 가능하다.

정답 39 ① 40 ① 41 ① 42 ③ 43 ① 44 ④

45 **보일러의 스케일 방지방법으로 틀린 것은?**

① 슬러지는 적절한 분출로 제거한다.
② 스케일 방지성분인 칼슘의 생성을 돕기 위해 경도가 높은 물을 보일러수로 활용한다.
③ 경수연화장치를 이용하여 스케일 생성을 방지한다.
④ 인산염을 일정 농도가 되도록 투입한다.

해설 스케일성분인 칼슘, 마그네슘 등을 제거하기 위해 경도가 낮은 물을 보일러수로 활용한다.

46 **외부의 신선한 공기를 공급하여 실내에서 발생한 열과 오염물질을 대류효과 또는 급배기팬을 이용하여 외부로 배출시키는 환기방식은?**

① 자연환기 ② 전달환기
③ 치환환기 ④ 국소환기

해설 치환환기법은 기존의 실내오염농도를 청정한 공기를 통해 희석하는 방법에서 벗어나 실내에 거의 운동량을 받지 않는 상태로 급기(supply air)를 행하여 실내의 오염된 공기를 청정한 공기로 치환하는 방식이다.

★
47 **다음 중 사용되는 공기선도가 아닌 것은? (단, h : 엔탈피, x : 절대습도, t : 온도, p : 압력)**

① $h-x$선도 ② $t-x$선도
③ $t-h$선도 ④ $p-h$선도

해설 $p-h$(압력－비엔탈피)선도는 냉매몰리에르선도이다.

48 **다음 중 일반 공기냉각용 냉수코일에서 가장 많이 사용되는 코일의 열수로 가장 적정한 것은?**

① 0.5~1 ② 1.5~2
③ 4~8 ④ 10~14

해설 일반 공기냉각용 냉수코일에서 가장 많이 사용되는 코일의 열수는 4~8열이 적정하다.

49 **일사를 받는 외벽으로부터의 침입열량(q)을 구하는 식으로 옳은 것은? (단, k는 열관류율, A는 면적, Δt는 상당외기온도차이다.)**

① $q=kA\Delta t$
② $q=0.86A/\Delta t$
③ $q=0.24A\Delta t/k$
④ $q=0.29k/(A\Delta t)$

해설 $q=kA\Delta t$[W]

★
50 **간접난방과 직접난방방식에 대한 설명으로 틀린 것은?**

① 간접난방은 중앙공조기에 의해 공기를 가열해 실내로 공급하는 방식이다.
② 직접난방은 방열기에 의해서 실내공기를 가열하는 방식이다.
③ 직접난방은 방열체의 방열형식에 따라 대류난방과 복사난방으로 나눌 수 있다.
④ 온풍난방과 증기난방은 간접난방에 해당된다.

해설 온풍난방은 간접난방이고, 증기·온수·복사난방 등은 직접난방이다.

51 **공기의 감습장치에 관한 설명으로 틀린 것은?**

① 화학적 감습법은 흡착과 흡수기능을 이용하는 방법이다.
② 압축식 감습법은 감습만을 목적으로 사용하는 경우 재열이 필요하므로 비경제적이다.
③ 흡착식 감습법은 실리카겔 등을 사용하며 흡습재의 재생이 가능하다.
④ 흡수식 감습법은 활성 알루미나를 이용하기 때문에 연속적이고 큰 용량의 것에는 적용하기 곤란하다.

정답 45 ② 46 ③ 47 ④ 48 ③ 49 ① 50 ④ 51 ④

★
52 수증기 발생으로 인한 환기를 계획하고자 할 때 필요환기량 Q[m³/h]의 계산식으로 옳은 것은? (단, q_s : 발생현열량(kJ/h), W : 수증기 발생량(kg/h), M : 먼지 발생량(m³/h), t_i : 허용실내온도(℃), x_i : 허용실내절대습도(kg/kg), t_o : 도입 외기온도(℃), x_o : 도입 외기절대습도(kg/kg), K, K_o : 허용 실내 및 도입 외기가스농도, C, C_o : 허용 실내 및 도입 외기먼지농도이다.)

① $Q=\dfrac{q_s}{0.29(t_i-t_o)}$

② $Q=\dfrac{W}{1.2(x_i-x_o)}$

③ $Q=\dfrac{100M}{K-K_o}$

④ $Q=\dfrac{M}{C-C_o}$

해설 필요환기량(Q)$=\dfrac{W}{1.2(x_i-x_o)}$[m³/h]

53 다음 중 온수난방용 기기가 아닌 것은?

① 방열기 ② 공기방출기
③ 순환펌프 ④ 증발탱크

해설 증발탱크는 증기난방용 기기이다.

참고 온수난방용 기기 : 방열기, 공기방출기, 순환펌프 등

54 다음 중 축류형 취출구에 해당되는 것은?

① 아네모스탯형 취출구
② 펑커루버형 취출구
③ 팬형 취출구
④ 다공판형 취출구

★
55 냉수코일의 설계상 유의사항으로 옳은 것은?

① 일반적으로 통과풍속은 2~3m/s로 한다.
② 입구냉수온도는 20℃ 이상으로 취급한다.
③ 관내의 물의 유속은 4m/s 전후로 한다.
④ 병류형으로 하는 것이 보통이다.

해설 냉수코일 설계상 유의사항

㉠ 코일을 통과하는 공기의 풍속은 2~3m/s로 한다.
㉡ 일반적으로 입구냉수온도를 7℃로 하며, 입출구온도차는 5℃ 정도이다.
㉢ 코일을 통과하는 물의 속도는 1m/s 정도가 되도록 한다.
㉣ 공기와 물의 흐름은 대향류로 하는 것이 대수평균온도차가 크게 된다.
㉤ 코일의 모양은 효율을 고려하여 가능한 한 정방형으로 한다.
㉥ 코일의 설치는 관이 수평으로 놓이게 한다.

56 보일러의 종류 중 수관보일러의 분류에 속하지 않는 것은?

① 자연순환식 보일러
② 강제순환식 보일러
③ 연관보일러
④ 관류보일러

해설 연관보일러는 원통형(둥근) 보일러이다.

참고 수관식 보일러의 종류 : 자연순환식, 강제순환식, 관류보일러

★
57 제주지방의 어느 한 건물에 대한 냉방기간 동안의 취득열량(GJ/기간)은? (단, 냉방도일 CD_{24-24} =162.4deg ℃·day, 건물구조체 표면적 500m², 열관류율은 0.58W/m²·℃, 환기에 의한 취득열량은 168W/℃이다.)

① 9.37 ② 6.43
③ 4.07 ④ 2.36

해설 ㉠ 건물 총열부하=관류열부하+환기부하
=0.58×500+168=458W/℃
㉡ 취득열량(Q)=건물 총열부하×냉방도일
=458×162.4×24×3,600
≒6.43GJ/기간

58 다음 그림에서 상태 ①인 공기를 ②로 변화시켰을 때의 현열비를 바르게 나타낸 것은?

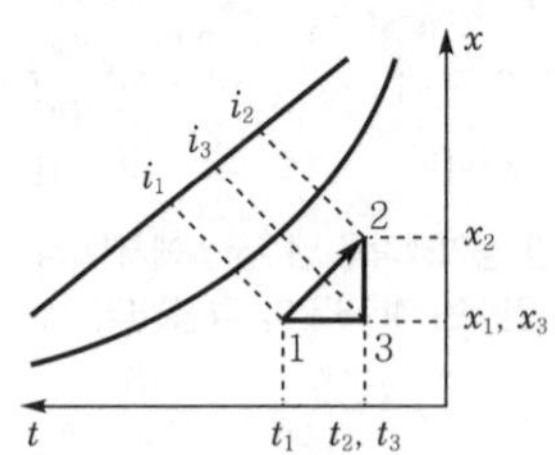

정답 52 ② 53 ④ 54 ② 55 ① 56 ③ 57 ② 58 ①

① $\dfrac{i_3 - i_1}{i_2 - i_1}$　　② $\dfrac{i_2 - i_3}{i_2 - i_1}$

③ $\dfrac{x_2 - x_1}{t_1 - t_2}$　　④ $\dfrac{t_1 - t_2}{i_3 - i_1}$

해설 $SHF = \dfrac{\text{현열량}}{\text{전체 열량}} = \dfrac{i_3 - i_1}{i_2 - i_1}$

★
59 송풍량 2,000m^3/min을 송풍기 전후의 전압차 20Pa로 송풍하기 위한 필요전동기출력(kW)은? (단, 송풍기의 전압효율은 80%, 전동효율은 V벨트로 0.95이며, 여유율은 0.2이다.)

① 1.05　　② 10.35
③ 14.04　　④ 25.32

해설 ㉠ 축동력$(L_s) = \dfrac{P_t Q}{\eta_t} = \dfrac{20 \times \dfrac{2,000}{60}}{0.8}$
$= 833\text{W} = 0.83\text{kW}$
㉡ 전동기출력$(w_m) = \dfrac{L_s}{\eta_m}(1+\alpha)$
$= \dfrac{0.83}{0.95} \times (1+0.2) \fallingdotseq 1.05\text{kW}$

60 에어와셔 단열가습 시 포화효율은 어떻게 표시하는가? (단, 입구공기의 건구온도 t_1, 출구공기의 건구온도 t_2, 입구공기의 습구온도 t_{w1}, 출구공기의 습구온도 t_{w2}이다.)

① $\eta = \dfrac{t_1 - t_2}{t_2 - t_{w2}}$　　② $\eta = \dfrac{t_1 - t_2}{t_1 - t_{w1}}$

③ $\eta = \dfrac{t_2 - t_1}{t_{w2} - t_1}$　　④ $\eta = \dfrac{t_1 - t_{w1}}{t_2 - t_1}$

해설 $\eta = \dfrac{\text{입구공기의 건구온도} - \text{출구공기의 건구온도}}{\text{입구공기의 건구온도} - \text{입구공기의 습구온도}}$
$= \dfrac{t_1 - t_2}{t_1 - t_{w1}}$

4 전기제어공학

61 변압기의 부하손(동손)에 관한 설명으로 옳은 것은?

① 동손은 온도변화와 관계없다.
② 동손은 주파수에 의해 변화한다.
③ 동손은 부하전류에 의해 변화한다.
④ 동손은 자속밀도에 의해 변화한다.

해설 변압기의 부하손(동손)은 부하전류의 제곱에 비례하여 변화한다.

참고 변압기의 무부하손(철손)은 주파수(f)에 비례하여 변화한다.

62 목표값이 다른 양과 일정한 비율관계를 가지고 변화하는 경우의 제어는?

① 추종제어　　② 비율제어
③ 정치제어　　④ 프로그램제어

63 프로세스제어용 검출기기는?

① 유량계　　② 전위차계
③ 속도검출기　　④ 전압검출기

★
64 $R-L-C$직렬회로에서 전압(E)과 전류(I) 사이의 위상관계에 관한 설명으로 옳지 않은 것은?

① $X_L = X_C$인 경우 I는 E와 동상이다.
② $X_L > X_C$인 경우 I는 E와 θ만큼 뒤진다.
③ $X_L < X_C$인 경우 I는 E와 θ만큼 앞선다.
④ $X_L < (X_C - R)$ 인 경우 I는 E보다 θ만큼 뒤진다.

해설 $X_L < X_C - R$인 경우 $\theta = \tan^{-1}\dfrac{X_L - X_C}{R} < 0$이므로 I는 E보다 θ만큼 앞선다.

부록 I

정답 59 ① 60 ② 61 ③ 62 ② 63 ① 64 ④

65 다음 그림과 같은 $R-L-C$ 회로의 전달함수는?

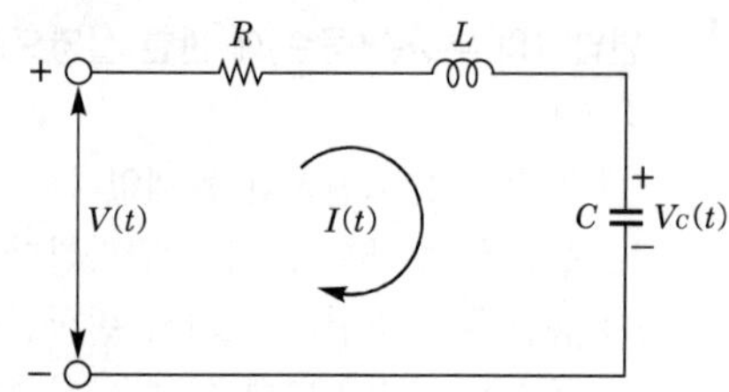

① $\dfrac{1}{LCs+RC+1}$

② $\dfrac{1}{LC+RCs+1}$

③ $\dfrac{1}{LCs^2+RCs+1}$

④ $\dfrac{1}{LCs+RCs^2+1}$

해설 회로의 전압식

$$V(t)=Ri(t)+L\frac{di(t)}{dt}+\frac{1}{C}\int i(t)dt$$

$$V_C(t)=\frac{1}{C}\int i(t)dt$$

초기값을 0으로 하고 라플라스변환하면

$$V(s)=RI(s)+Ls\,I(s)+\frac{1}{Cs}I(s)$$

$$=\left(R+Ls+\frac{1}{Cs}\right)I(s)$$

$$V_C(s)=\frac{1}{Cs}I(s)$$

$$\therefore\ G(s)=\frac{V_C(s)}{V(s)}=\frac{\frac{1}{Cs}I(s)}{\left(R+Ls+\frac{1}{Cs}\right)I(s)}$$

$$=\frac{1}{Cs\left(R+Ls+\frac{1}{Cs}\right)}=\frac{1}{LCs^2+RCs+1}$$

66 디지털제어에 관한 설명으로 옳지 않은 것은?

① 디지털제어의 연산속도는 샘플링계에서 결정된다.

② 디지털제어를 채택하면 조정개수 및 부품수가 아날로그제어보다 줄어든다.

③ 디지털제어는 아날로그제어보다 부품편차 및 경년변화의 영향을 덜 받는다.

④ 정밀한 속도제어가 요구되는 경우 분해능이 떨어지더라도 디지털제어를 채택하는 것이 바람직하다.

해설 디지털제어계(digital control system)는 정확성과 정밀도를 높일 수 있고, 아날로그시스템에서 다루기 힘든 비선형처리나 다중화처리도 가능하다.

★ **67** 다음 그림과 같은 피드백제어계에서의 페루프 종합전달함수는?

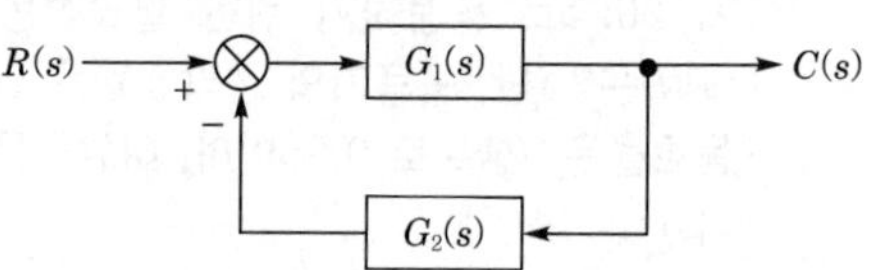

① $\dfrac{1}{G_1(s)}+\dfrac{1}{G_2(s)}$

② $\dfrac{1}{G_1(s)+G_2(s)}$

③ $\dfrac{G_1(s)}{1+G_1(s)G_2(s)}$

④ $\dfrac{G_1(s)\,G_2(s)}{1+G_1(s)G_2(s)}$

해설 $C(s)=R(s)\,G(s)-C(s)\,G_1(s)\,G_2(s)$

$C(s)\,[1+G_1(s)\,G_2(s)]=R(s)\,G_1(s)$

$\therefore\ G(s)=\dfrac{C(s)}{R(s)}=\dfrac{G_1(s)}{1+G_1(s)\,G_2(s)}$

참고 전달함수$(G(s))=\dfrac{C}{R}=\dfrac{\text{전향경로의 합}}{1-\text{피드백의 합}}$

68 다음 그림과 같은 회로에서 전력계 W와 직류전압계 V의 지시가 각각 60W, 150V일 때 부하전력은 얼마인가? (단, 전력계의 전류코일의 저항은 무시하고, 전압계의 저항은 1kΩ이다.)

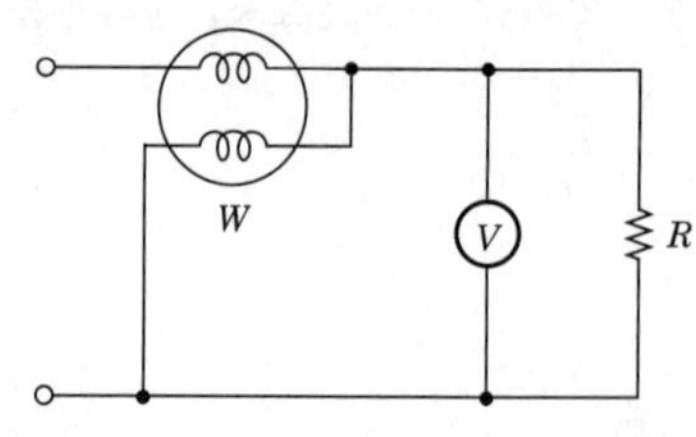

① 27.5W ② 30.5W

③ 34.5W ④ 37.5W

정답 65 ③ 66 ④ 67 ③ 68 ④

해설 ㉠ 전체 저항(R_t)$=\dfrac{V^2}{P_t}=\dfrac{150^2}{60}=375\Omega$

㉡ $R_t=\dfrac{R-r}{R+r}$

$\therefore\ R=\dfrac{R_t r}{r-R_t}=\dfrac{375\times 1,000}{1,000-375}=600\Omega$

㉢ R에 걸리는 부하전력$=\dfrac{V^2}{R}=\dfrac{150^2}{600}=37.5\text{W}$

69 제어계의 동작상태를 교란하는 외란의 영향을 제거할 수 있는 제어는?

① 순서제어 ② 피드백제어
③ 시퀀스제어 ④ 개루프제어

해설 외란의 영향을 제거할 수 있는 자동제어는 피드백제어(폐루프제어)이다.

참고 시퀀스제어(=개루프제어=순차적 제어(순서제어)) : 미리 정해진 순서에 따라 작동되는 제어

70 자성을 갖고 있지 않은 철편에 코일을 감아서 여기에 흐르는 전류의 크기와 방향을 바꾸면 히스테리시스곡선이 발생되는데, 이 곡선표현에서 X축과 Y축을 옳게 나타낸 것은?

① X축 : 자화력, Y축 : 자속밀도
② X축 : 자속밀도, Y축 : 자화력
③ X축 : 자화세기, Y축 : 잔류자속
④ X축 : 전류자속, Y축 : 자화세기

해설 히스테리시스곡선의 X축은 자화력(자계, 자기장의 세기), Y축은 자속밀도를 나타낸다.

참고 히스테리시스곡선과 X축이 만나는 점은 보자력, Y축이 만나는 점은 잔류자기를 나타낸다.

71 $G(j\omega)=\dfrac{1}{1+3(j\omega)+3(j\omega)^2}$일 때 이 요소의 인디셜응답은?

① 진동 ② 비진동
③ 임계진동 ④ 선형진동

해설 $G(s)=\dfrac{1}{3s^2+3s+1}=\dfrac{\frac{1}{3}}{s^2+s+\frac{1}{3}}$

㉠ 특성방정식 : $s^2+2\delta w_n s+w_n{}^2=0$

여기서, δ : 감쇠비(제동비), w_n : 고유진동수

- $\delta=1$이면 임계감쇠(임계제동)
- $\delta=0$이면 무한진동(무제동)
- $\delta<1$이면 감쇠진동(부족제동)
- $\delta>1$이면 비진동(과제동)

㉡ 2차 시스템 전달함수 : $G(s)=\dfrac{w_n{}^2}{s^2+2\delta w_n s+w_n{}^2}$

와 비교하면

$2\delta w_n=1$

$\therefore\ w_n=\dfrac{1}{\sqrt{3}}$

$\delta=\dfrac{1}{2w_n}=\dfrac{1}{2\times\frac{1}{\sqrt{3}}}=\dfrac{\sqrt{3}}{2}<1$

$\therefore$ 부족제동(감쇠진동)

★ 72 다음의 논리식 중 다른 값을 나타내는 논리식은?

① $\text{X}(\overline{\text{X}}+\text{Y})$ ② $\text{X}(\text{X}+\text{Y})$
③ $\text{XY}+\text{X}\overline{\text{Y}}$ ④ $(\text{X}+\text{Y})(\text{X}+\overline{\text{Y}})$

해설 ① $\text{X}(\overline{\text{X}}+\text{Y})=\text{X}\overline{\text{X}}+\text{XY}=0+\text{XY}=\text{XY}$

② $\text{X}(\text{X}+\text{Y})=\text{XX}+\text{XY}=\text{X}+\text{XY}=\text{X}(1+\text{Y})$
$=\text{X}(1+0)=\text{X}$

③ $\text{XY}+\text{X}\overline{\text{Y}}=\text{X}(\text{Y}+\overline{\text{Y}})=\text{X}(1+0)=\text{X}$

④ $(\text{X}+\text{Y})(\text{X}+\overline{\text{Y}})=\text{XX}+\text{X}\overline{\text{Y}}+\text{XY}+\text{Y}\overline{\text{Y}}$
$=\text{X}+\text{X}(\overline{\text{Y}}+\text{Y})+0$
$=\text{X}+\text{X}(0+1)$
$=\text{X}+\text{X}=\text{X}$

73 다음 중 불연속제어에 속하는 것은?

① 비율제어 ② 비례제어
③ 미분제어 ④ ON-OFF제어

해설 2위치(ON-OFF)제어는 대표적인 불연속제어이다.

★ 74 저항 $R[\Omega]$에 전류 I[A]를 일정 시간 동안 흘렸을 때 도선에 발생하는 열량의 크기로 옳은 것은?

① 전류의 세기에 비례
② 전류의 세기에 반비례
③ 전류의 세기의 제곱에 비례
④ 전류의 세기의 제곱에 반비례

부록 I

정답 69 ② 70 ① 71 ① 72 ① 73 ④ 74 ③

해설 $Q = I^2 Rt$[J]
$\therefore\ Q \propto I^2$

★
75 어떤 코일에 흐르는 전류가 0.01초 사이에 일정하게 50A에서 10A로 변할 때 20V의 기전력이 발생할 경우 자기인덕턴스(mH)는?

① 5 ② 10
③ 20 ④ 40

해설 $L = \frac{Vt}{\Delta I} = \frac{20 \times 0.01}{50-10} = 5 \times 10^{-3}H=5$mH

76 다음 설명에 알맞은 전기 관련 법칙은?

> 회로 내의 임의의 폐회로에서 한쪽 방향으로 일주하면서 취할 때 공급된 기전력의 대수합은 각 회로소자에서 발생한 전압 강하의 대수합과 같다.

① 옴의 법칙 ② 가우스의 법칙
③ 쿨롱의 법칙 ④ 키르히호프의 법칙

해설 키르히호프의 법칙
㉠ 제1법칙(전류의 법칙) : 회로망의 한 점(node)으로 유입되는 전류의 총합과 유출되는 전류의 총합은 같다.
㉡ 제2법칙(전압의 법칙) : 임의의 폐회로망에서 기전력의 합은 전압 강하의 합과 같다($\Sigma V = \Sigma IR$).

★
77 방사성 위험물을 원격으로 조작하는 인공수(人工手 ; manipulator)에 사용되는 제어계는?

① 서보기구 ② 자동조정
③ 시퀀스제어 ④ 프로세스제어

해설 방사성 위험물을 원격으로 조작하는 인공수에 사용되는 제어계는 서보기구이다.

78 공기식 조작기기에 관한 설명으로 옳은 것은?

① 큰 출력을 얻을 수 있다.
② PID동작을 만들기 쉽다.
③ 속응성이 장거리에서는 빠르다.
④ 신호를 먼 곳까지 보낼 수 있다.

해설 공기식 조작기기는 비례적분미분(PID)동작을 만들기 쉽다.

79 자기회로에서 퍼미언스(permeance)에 대응하는 전기회로의 요소는?

① 도전율 ② 컨덕턴스
③ 정전용량 ④ 엘라스턴스

★
80 유도전동기에서 슬립이 "0"이라고 하는 것은?

① 유도전동기가 정지상태인 것을 나타낸다.
② 유도전동기가 전부하상태인 것을 나타낸다.
③ 유도전동기가 동기속도로 회전한다는 것이다.
④ 유도전동기가 제동기의 역할을 한다는 것이다.

해설 유도전동기에서 슬립이 "0"이라고 하는 것은 유도전동기가 동기속도로 회전한다는 것이다.

5 배관 일반

★
81 다음 중 방열기나 팬코일유닛에 가장 적합한 관이음은?

① 스위블이음 ② 루프이음
③ 슬리브이음 ④ 벨로즈이음

해설 방열기나 팬코일유닛에 가장 적합한 관이음은 스위블이음이다.

82 배관설비공사에서 파이프 래크의 폭에 관한 설명으로 틀린 것은?

① 파이프 래크의 실제 폭은 신규라인을 대비하여 계산된 폭보다 20% 정도 크게 한다.
② 파이프 래크상의 배관밀도가 작아지는 부분에 대해서는 파이프 래크의 폭을 좁게 한다.
③ 고온배관에서는 열팽창에 의하여 과대한 구속을 받지 않도록 충분한 간격을 둔다.
④ 인접하는 파이프의 외측과 외측과의 최소 간격을 25mm로 하여 래크의 폭을 결정한다.

정답 75 ① 76 ④ 77 ① 78 ② 79 ② 80 ③ 81 ① 82 ④

해설 파이프 래크

㉠ 인접하는 파이프의 외측과 외측의 최소 간격을 3inch(75mm)로 하여 래크의 폭을 결정한다.
㉡ 인접하는 플랜지의 외측과 외측의 간격을 1inch(25.4mm)로 한다.
㉢ 인접하는 파이프와 플랜지의 외측 간의 거리를 1inch(25.4mm)로 한다.
㉣ 배관에 보온을 하는 경우에는 위의 치수에 그 두께를 가산한다.
㉤ 위에 열거한 대로 산출된 폭을 그대로 채택하지 말고 약 20%의 여유를 두어야 한다. 그 이유는 장치상 항상 새로운 증설라인을 고려해야 하기에 배열상 실수 등을 예상해야 하는 경우에 대비한다.

83 원심력 철근콘크리트관에 대한 설명으로 틀린 것은?

① 흄(hume)관이라고 한다.
② 보통관과 압력관으로 나뉜다.
③ A형 이음재 형상은 칼라이음쇠를 말한다.
④ B형 이음재 형상은 삽입이음쇠를 말한다.

해설 철근콘크리트관은 흄(hume)관이라고 하며 칼라이음(조인트), 심플렉스, 기볼트, 모르타르조인트 등의 접합이 있으며, 용도에 따라 보통관과 압력관이 있다.

㉠ 보통관의 경우 관 끝 이음 부위의 모양에 따라 A형(칼라이음), B형(소켓이음), C형(삽입이음), NC 등 4종류가 있다.
㉡ 압력관의 경우 A형(칼라이음), B형(소켓이음), NC 등 3종류가 있다.

★ **84** 냉매배관 중 토출관 배관 시공에 관한 설명으로 틀린 것은?

① 응축기가 압축기보다 2.5m 이상 높은 곳에 있을 때는 트랩을 설치한다.
② 수평관은 모두 끝내림구배로 배관한다.
③ 수직관이 너무 높으면 3m마다 트랩을 설치한다.
④ 유분리기는 응축기보다 온도가 낮지 않은 곳에 설치한다.

해설 압축기 정지 중에 윤활유의 액화된 냉매의 역류를 방지하기 위하여 토출관의 입상(수직관)이 10m 이상일 경우 10m마다 중간트랩을 설치한다.

★ **85** 배관의 보온재를 선택할 때 고려해야 할 점이 아닌 것은?

① 불연성일 것
② 열전도율이 클 것
③ 물리적, 화학적 강도가 클 것
④ 흡수성이 적을 것

해설 배관의 보온재는 열전도율이 적을 것

86 다음 냉매액관 중에 플래시가스 발생원인이 아닌 것은?

① 열교환기를 사용하여 과냉각도가 클 때
② 관경이 매우 작거나 현저히 입상할 경우
③ 여과망이나 드라이어가 막혔을 때
④ 온도가 높은 장소를 통과 시

해설 열교환기를 사용하여 과냉각도를 크게 하는 것은 플래시가스 방지책이다.

87 고가탱크식 급수방법에 대한 설명으로 틀린 것은?

① 고층건물이나 상수도 압력이 부족할 때 사용된다.
② 고가탱크의 용량은 양수펌프의 양수량과 상호관계가 있다.
③ 건물 내의 밸브나 각 기구에 일정한 압력으로 물을 공급한다.
④ 고가탱크에 펌프로 물을 압송하여 탱크 내에 공기를 압축 가압하여 일정한 압력을 유지시킨다.

88 지역난방 열공급관로 중 지중매설방식과 비교한 공동구 내 배관시설의 장점이 아닌 것은?

① 부식 및 침수 우려가 적다.
② 유지보수가 용이하다.
③ 누수점검 및 확인이 쉽다.
④ 건설비용이 적고 시공이 용이하다.

해설 지역난방배관의 공동구 내 배관을 위해서는 지하공동구 건설을 필수적으로 해야 하므로 건설비용이 많이 소요되며 시공도 어렵다.

정답 83 ④ 84 ③ 85 ② 86 ① 87 ④ 88 ④

부록 I

★
89 **스케줄번호에 의해 관의 두께를 나타내는 강관은?**

① 배관용 탄소강관
② 수도용 아연도금강관
③ 압력배관용 탄소강관
④ 내식성 급수용 강관

해설 압력배관용 탄소강관(SPPS), 고압배관용 탄소강관(SPPF), 배관용 합금강관(SPA) 등은 두께를 나타내는 관이다.

참고 스케줄번호(SCH. No)$=\frac{P}{S}\times 10$

여기서, P : 사용압력(N/cm^2), S : 허용응력(MPa)

90 **배관을 지지장치에 완전하게 구속시켜 움직이지 못하도록 한 장치는?**

① 리지드행거 ② 앵커
③ 스토퍼 ④ 브레이스

해설 ① 리지드행거 : 열팽창에 의한 신축으로 인한 배관의 좌우, 상하이동을 구속하고 제한하는 데 사용하며, 종류에는 앵커, 스톱, 가이드가 있음
③ 스톱(스토퍼) : 배관의 일정 방향의 이동과 회전만 구속하고 다른 방향은 자유롭게 이동
④ 브레이스 : 방진기, 완충기

★
91 **증기보일러배관에서 환수관의 일부가 파손된 경우 보일러수의 유출로 안전수위 이하가 되어 보일러수가 빈 상태로 되는 것을 방지하기 위해 하는 접속법은?**

① 하트포드접속법 ② 리프트접속법
③ 스위블접속법 ④ 슬리브접속법

해설 하트포드는 환수관의 일부가 파손된 경우에 보일러수의 유출로 안전수위 이하가 되어 보일러가 빈 상태로 되는 것을 방지하기 위한 장치이다.

92 **동력나사절삭기의 종류 중 관의 절단, 나사절삭, 거스러미 제거 등의 작업을 연속적으로 할 수 있는 유형은?**

① 리드형 ② 호브형
③ 오스터형 ④ 다이헤드형

해설 다이헤드형
㉠ 관의 절단, 나사절삭, 거스러미 제거 등의 연속작업
㉡ 근래 현장에서 가장 많이 사용
㉢ 관을 물린 척을 저속회전시키면서 다이헤드를 관에 밀어 넣어 나사절삭

★
93 **냉동배관재료로서 갖추어야 할 조건으로 틀린 것은?**

① 저온에서 강도가 커야 한다.
② 가공성이 좋아야 한다.
③ 내식성이 작아야 한다.
④ 관내 마찰저항이 작아야 한다.

해설 냉동배관재료는 내식성이 커야 한다.

94 **급탕배관의 신축 방지를 위한 시공 시 틀린 것은?**

① 배관의 굽힘 부분에는 스위블이음으로 접합한다.
② 건물의 벽 관통 부분 배관에는 슬리브를 끼운다.
③ 배관 직관부에는 팽창량을 흡수하기 위해 신축이음쇠를 사용한다.
④ 급탕밸브나 플랜지 등의 패킹은 고무, 가죽 등을 사용한다.

해설 급탕배관의 신축 방지 시공
㉠ 배관 중간에 신축이음을 설치한다(직관 30m 이내).
㉡ 급탕밸브나 플랜지 등의 패킹은 고무, 가죽 등을 사용하지 말고 내열성 재료를 선택하여 시공한다.
㉢ 동관을 지지할 때에는 석면 등의 보호재를 사용하여 고정시킨다.
㉣ 순환펌프는 보수관리가 편리한 곳에 설치하고, 가열기를 하부에 설치하였을 경우에는 바이패스배관을 한다.

참고 • 고무패킹의 경우 100℃ 이상에서는 사용할 수 없다.
• 급탕밸브나 플랜지패킹은 내열성이 우수한 패킹을 사용해야 한다.

95 **5명 가족이 생활하는 아파트에서 급탕가열기를 설치하려고 할 때 필요한 가열기의 용량(kcal/h)은? (단, 1일 1인당 급탕량 90L/d, 1일 사용량에 대한 가열능력비율 1/7, 탕의 온도 70℃, 급수온도 20℃이다.)**

① 459 ② 643
③ 2,250 ④ 3,214

정답 89 ③ 90 ② 91 ① 92 ④ 93 ③ 94 ④ 95 ④

해설 $Q = 5 \times 90 \times (70-20) \times \frac{1}{7}$

$= 3,214$kcal/h$=34,383.8$kJ/h$=9.55$kW

96 ★ **온수난방에서 개방식 팽창탱크에 관한 설명으로 틀린 것은?**

① 공기빼기배기관을 설치한다.

② 4℃의 물을 100℃로 높였을 때 팽창체적 비율이 4.3% 정도이므로 이를 고려하여 팽창탱크를 설치한다.

③ 팽창탱크에는 오버플로관을 설치한다.

④ 팽창관에는 반드시 밸브를 설치한다.

해설 온수난방에서 개방식 팽창탱크의 팽창관에는 밸브를 설치하지 않는다.

97 **도시가스의 공급계통에 따른 공급순서로 옳은 것은?**

① 원료 → 압송 → 제조 → 저장 → 압력조정

② 원료 → 제조 → 압송 → 저장 → 압력조정

③ 원료 → 저장 → 압송 → 제조 → 압력조정

④ 원료 → 저장 → 제조 → 압송 → 압력조정

해설 도시가스의 공급계통순서 : 원료 → 제조 → 압축기로 압송 → 홀더에 저장 → 정압기로 압력조정 → 수용가에 공급(소비)

98 ★ **증기배관의 수평환수관에서 관경을 축소할 때 사용하는 이음쇠로 가장 적합한 것은?**

① 소켓 ② 부싱

③ 플랜지 ④ 리듀서

해설 관경을 축소할 때 사용하는 이음쇠는 리듀서이다.

99 **다음 중 안전밸브의 그림기호로 옳은 것은?**

① 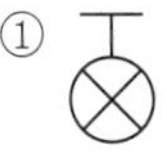

② 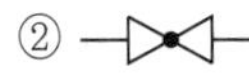

③

④

해설 ① 팽창밸브, ② 글로브밸브, ④ 다이어프램밸브

100 ★ **도시가스배관 매설에 대한 설명으로 틀린 것은?**

① 배관을 철도부지에 매설하는 경우 배관의 외면으로부터 궤도 중심까지 거리는 4m 이상 유지할 것

② 배관을 철도부지에 매설하는 경우 배관의 외면으로부터 철도부지 경계까지 거리는 0.6m 이상 유지할 것

③ 배관을 철도부지에 매설하는 경우 지표면으로부터 배관의 외면까지의 깊이는 1.2m 이상 유지할 것

④ 배관의 외면으로부터 도로의 경계까지 수평거리 1m 이상 유지할 것

해설 배관을 철도부지에 매설하는 경우 배관의 외면으로부터 철도부지 경계까지 거리는 1m 이상 유지할 것

정답 96 ④ 97 ② 98 ④ 99 ③ 100 ②

2019. 3. 3. 시행

공조냉동기계기사

1 기계 열역학

01 어느 내연기관에서 피스톤의 흡기과정으로 실린더 속에 0.2kg의 기체가 들어왔다. 이것을 압축할 때 15kJ의 일이 필요하였고 10kJ의 열을 방출하였다고 한다면 이 기체 1kg당 내부에너지의 증가량은?

① 10kJ/kg ② 25kJ/kg
③ 35kJ/kg ④ 50kJ/kg

해설 $Q=(U_2-U_1)+{}_1W_2$
$U_2-U_1=Q-{}_1W_2=-10-(-15)=5\text{kJ}$
$\therefore\ u_2-u_1=\dfrac{U_2-U_1}{m}=\dfrac{5}{0.2}=25\text{kJ/kg}$

★
02 다음 그림과 같은 단열된 용기 안에 25℃의 물이 0.8m³ 들어있다. 이 용기 안에 100℃, 50kg의 쇳덩어리를 넣은 후 열적평형이 이루어졌을 때 최종온도는 약 몇 ℃인가? (단, 물의 비열은 4.18kJ/kg·K, 철의 비열은 0.45kJ/kg·K이다.)

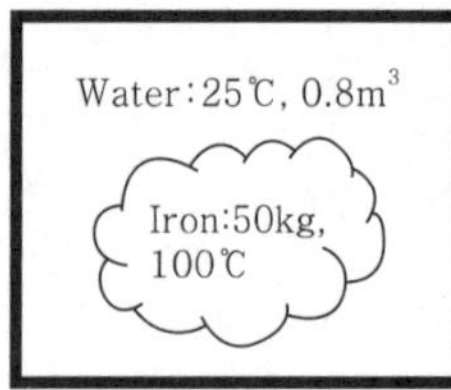

① 25.5 ② 27.4
③ 29.2 ④ 31.4

해설 $m_2=\rho V=1{,}000\times0.8=800\text{kg}$
열역학 제0법칙 적용
고온체 철의 방열량=저온체 물의 흡열량
$m_1C_1(t_1-t_m)=m_2C_2(t_m-t_2)$

$$\therefore\ t_m=\frac{m_1C_1t_1+m_2C_2t_2}{m_1C_1+m_2C_2}=\frac{50\times0.45\times100+800\times4.18\times25}{50\times0.45+800\times4.18}=25.5℃$$

03 체적이 일정하고 단열된 용기 내에 80℃, 320kPa의 헬륨 2kg이 들어있다. 용기 내에 있는 회전날개가 20W의 동력으로 30분 동안 회전한다고 할 때 용기 내의 최종온도는 약 몇 ℃인가? (단, 헬륨의 정적비열은 3.12kJ/kg·K이다.)

① 81.9℃ ② 83.3℃
③ 84.9℃ ④ 85.8℃

해설 $Q=mC_v(t_2-t_1)[\text{kJ}]$
$$\therefore\ t_2=t_1+\frac{Q}{mC_v}=80+\frac{0.02\times30\times60}{2\times3.12}≒85.8℃$$

★
04 이상적인 오토사이클에서 열효율을 55%로 하려면 압축비를 약 얼마로 하면 되겠는가? (단, 기체의 비열비는 1.4이다.)

① 5.9 ② 6.8
③ 7.4 ④ 8.5

해설 $\eta_{tho}=1-\left(\dfrac{1}{\varepsilon}\right)^{k-1}$
$$\therefore\ \varepsilon=\left(\frac{1}{1-\eta_{tho}}\right)^{\frac{1}{k-1}}=\left(\frac{1}{1-0.55}\right)^{\frac{1}{1.4-1}}=7.4$$

정답 01 ② 02 ① 03 ④ 04 ③

05 유리창을 통해 실내에서 실외로 열전달이 일어난다. 이때 열전달량은 약 몇 W인가? (단, 대류열전달계수는 50W/m^2·K, 유리창 표면온도는 25℃, 외기온도는 10℃, 유리창면적은 2m^2이다.)

① 150 ② 500
③ 1,500 ④ 5,000

해설 $q_{conv} = hA(t_s - t_o)$
$= 50 \times 2 \times (25 - 10)$
$= 1{,}500\text{W}$

★
06 열역학 제2법칙에 관해서는 여러 가지 표현으로 나타낼 수 있는데, 다음 중 열역학 제2법칙과 관계되는 설명으로 볼 수 없는 것은?

① 열을 일로 변환하는 것은 불가능하다.
② 열효율이 100%인 열기관을 만들 수 없다.
③ 열은 저온물체로부터 고온물체로 자연적으로 전달되지 않는다.
④ 입력되는 일 없이 작동하는 냉동기를 만들 수 없다.

해설 열역학 제2법칙(엔트로피 증가법칙=비가역법칙)은 열을 일로 변환시키는 것은 가능하다. 단, 100% 변환시키는 것은 불가능하다.

07 시간당 380,000kg의 물을 공급하여 수증기를 생산하는 보일러가 있다. 이 보일러에 공급하는 물의 엔탈피는 830kJ/kg이고, 생산되는 수증기의 엔탈피는 3,230kJ/kg이라고 할 때 발열량이 32,000kJ/kg인 석탄을 시간당 34,000kg씩 보일러에 공급한다면 이 보일러의 효율은 약 몇 %인가?

① 66.9% ② 71.5%
③ 77.3% ④ 83.8%

해설 $\eta_B = \dfrac{G_a(h_2 - h_1)}{H_L\, m_f} \times 100$
$= \dfrac{380{,}000 \times (3{,}230 - 830)}{32{,}000 \times 34{,}000} \times 100$
≒ 83.8%

★
08 실린더에 밀폐된 8kg의 공기가 다음 그림과 같이 $P_1 = 800\text{kPa}$, 체적 $V_1 = 0.27\text{m}^3$에서 $P_2 = 350\text{kPa}$, 체적 $V_2 = 0.80\text{m}^3$로 직선변화하였다. 이 과정에서 공기가 한 일은 약 몇 kJ인가?

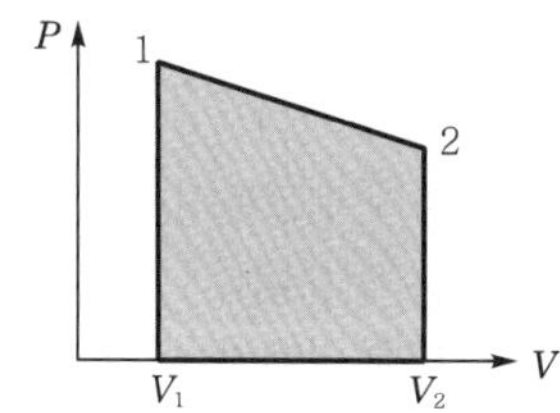

① 305 ② 334
③ 362 ④ 390

해설 $P-V$선도의 면적은 일량을 의미한다.
$_1W_2 = \dfrac{(P_1 - P_2)(V_2 - V_1)}{2} + P_2(V_2 - V_1)$
$= (V_2 - V_1)\left(\dfrac{P_1 - P_2}{2} + P_2\right)$
$= (0.8 - 0.27) \times \left(\dfrac{800 - 350}{2} + 350\right)$
≒ 305kJ

09 계의 엔트로피변화에 대한 열역학적 관계식 중 옳은 것은? (단, T는 온도, S는 엔트로피, U는 내부에너지, V는 체적, P는 압력, H는 엔탈피를 나타낸다.)

① $TdS = dU - PdV$
② $TdS = dH - PdV$
③ $TdS = dU - VdP$
④ $TdS = dH - VdP$

해설 $dS = \dfrac{\delta Q}{T} = \dfrac{dH - VdP}{T}$[kJ/K]
$\therefore\ TdS = dH - VdP$[kJ]

부록 I

정답 05 ③ 06 ① 07 ④ 08 ① 09 ④

10 터빈, 압축기, 노즐과 같은 정상유동장치의 해석에 유용한 몰리에(Mollier)선도를 옳게 설명한 것은?

① 가로축에 엔트로피, 세로축에 엔탈피를 나타내는 선도이다.
② 가로축에 엔탈피, 세로축에 온도를 나타내는 선도이다.
③ 가로축에 엔트로피, 세로축에 밀도를 나타내는 선도이다.
④ 가로축에 비체적, 세로축에 압력을 나타내는 선도이다.

해설 수증기몰리에선도는 y축(세로축)에 엔탈피를, x축(가로축)에 엔트로피를 나타내는 선도이다.

11 다음 그림과 같은 Rankine사이클로 작동하는 터빈에서 발생하는 일은 약 몇 kJ/kg인가? (단, h는 엔탈피, s는 엔트로피를 나타내며, h_1 =191.8kJ/kg, h_2 =193.8kJ/kg, h_3 = 2799.5kJ/kg, h_4 =2007.5kJ/kg이다.)

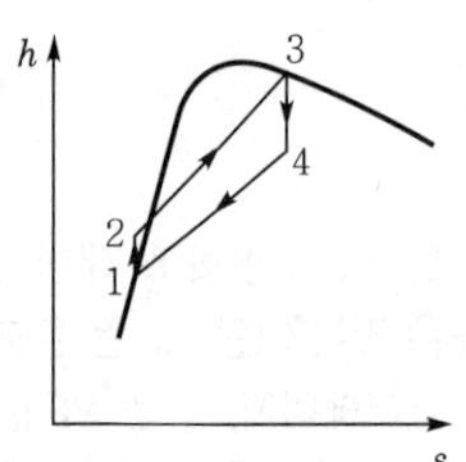

① 2.0kJ/kg ② 792.0kJ/kg
③ 2605.7kJ/kg ④ 1815.7kJ/kg

해설 $w_T = h_3 - h_4 = 2799.5 - 2007.5 = 792\text{kJ/kg}$

12 다음 중 강도성 상태량(Intensive property)이 아닌 것은?

① 온도 ② 압력
③ 체적 ④ 밀도

해설 체적은 용량성 상태량이다.

참고 강도성 상태량은 물질의 양과 무관한 상태량으로 온도, 압력, 밀도(비질량) 등이 있다.

★
13 이상기체 1kg이 초기에 압력 2kPa, 부피 0.1m³를 차지하고 있다 가역등온과정에 따라 부피가 0.3m³로 변화했을 때 기체가 한 일은 약 몇 J인가?

① 9,540 ② 2,200
③ 954 ④ 220

해설 ${}_1W_2 = P_1 V_1 \ln\frac{V_2}{V_1} = 2\times10^3 \times 0.1 \times \ln\frac{0.3}{0.1} = 220\text{J}$

14 밀폐계가 가역정압변화를 할 때 계가 받은 열량은?

① 계의 엔탈피변화량과 같다.
② 계의 내부에너지변화량과 같다.
③ 계의 엔트로피변화량과 같다.
④ 계가 주위에 대해 한 일과 같다.

해설 $\delta Q = dH - VdP$에서 정압변화인 경우 $dP = 0$이므로 $\delta Q = dH = mC_p dT$[kJ]이다. 즉 가열량은 엔탈피변화량과 같다.

★
15 어떤 기체동력장치가 이상적인 브레이턴사이클로 다음과 같이 작동할 때 이 사이클의 열효율은 약 몇 %인가? (단, 온도(T)－엔트로피(s)선도에서 T_1 =30℃, T_2 =200℃, T_3 =1,060℃, T_4 =160℃이다.)

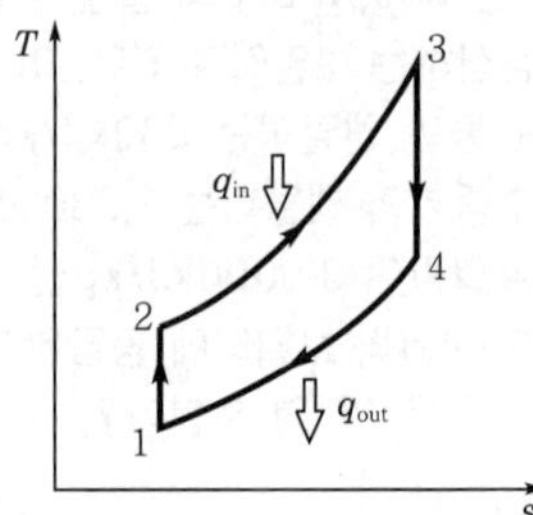

① 81% ② 85%
③ 89% ④ 92%

해설 $\eta_B = 1 - \frac{q_{out}}{q_{in}} = 1 - \frac{C_p(T_4 - T_1)}{C_p(T_3 - T_2)} = 1 - \frac{T_4 - T_1}{T_3 - T_2}$

$= 1 - \frac{160 - 30}{1{,}060 - 200} = 0.85 = 85\%$

정답 10 ① 11 ② 12 ③ 13 ④ 14 ① 15 ②

16 600kPa, 300K 상태의 이상기체 1kmol이 엔탈피가 등온과정을 거쳐 압력이 200kPa로 변했다. 이 과정 동안의 엔트로피변화량은 약 몇 kJ/K인가? (단, 일반기체상수($\overline{R}$)은 8.31451kJ/kmol·K이다.)

① 0.782 ② 6.31
③ 9.13 ④ 18.6

해설 $\Delta s = n\overline{R}\ln\frac{P_1}{P_2} = 1\times 8.31451\times\ln\frac{600}{200} = 9.13\text{kJ/K}$

★
17 다음 중 기체상수(gas constant, R[kJ/kg·K])값이 가장 큰 기체는?

① 산소(O_2) ② 수소(H_2)
③ 일산화탄소(CO) ④ 이산화탄소(CO_2)

해설 기체상수 : 수소(420.3) > 일산화탄소(30.3) > 산소(26.5) > 이산화탄소(19.3)

참고 일반기체상수($\overline{R}$) = mR = 8.314kJ/kmol·K
분자량(m)과 기체상수(R)는 반비례하므로 분자량이 작으면 기체상수는 커진다.

18 이상기체에 대한 다음 관계식 중 잘못된 것은? (단, C_v는 정적비열, C_p는 정압비열, u는 내부에너지, T는 온도, V는 부피, h는 엔탈피, R은 기체상수, k는 비열비이다.)

① $C_v = \left(\frac{\partial u}{\partial T}\right)_V$ ② $C_p = \left(\frac{\partial h}{\partial T}\right)_V$
③ $C_p - C_v = R$ ④ $C_p = \frac{kR}{k-1}$

해설 $C_p = \left(\frac{\partial h}{\partial T}\right)_p$

19 압력 2MPa, 300℃의 공기 0.3kg이 폴리트로픽과정으로 팽창하여 압력이 0.5MPa로 변화하였다. 이때 공기가 한 일은 약 몇 kJ인가? (단, 공기는 기체상수가 0.287kJ/kg·K인 이상기체이고, 폴리트로픽지수는 1.3이다.)

① 416 ② 157
③ 573 ④ 45

해설 ${}_1W_2 = \frac{mRT_1}{n-1}\left[1-\left(\frac{P_2}{P_1}\right)^{\frac{n-1}{n}}\right]$

$= \frac{0.3\times 0.287\times(300+273)}{1.3-1}\times\left[1-\left(\frac{0.5}{2}\right)^{\frac{1.3-1}{1.3}}\right]$

$\fallingdotseq$ 45kJ

20 공기 1kg이 압력 50kPa, 부피 3m^{3}인 상태에서 압력 900kPa, 부피 0.5m^{3}인 상태로 변화할 때 내부에너지가 160kJ 증가하였다. 이때 엔탈피는 약 몇 kJ이 증가하였는가?

① 30 ② 185
③ 235 ④ 460

해설 $H_2 - H_1 = (U_2 - U_1) + P_2V_2 - P_1V_1$
$= 160 + 900\times 0.5 - 50\times 3 = 460\text{kJ}$

2 냉동공학

21 제빙능력은 원료수온도 및 브라인온도 등 조건에 따라 다르다. 다음 중 제빙에 필요한 냉동능력을 구하는데 필요한 항목으로 가장 거리가 먼 것은?

① 온도 t_w[℃]인 제빙용 원수를 0℃까지 냉각하는데 필요한 열량
② 물의 동결잠열에 대한 열량(79.65kcal/kg)
③ 제빙장치 내의 발생열과 제빙용 원수의 수질상태
④ 브라인온도 t_1[℃] 부근까지 얼음을 냉각하는데 필요한 열량

해설 제빙에 필요한 냉동능력을 구할 때 제빙장치 내 발생열량과 제빙용 원수의 수질상태는 필요항목이 아니다.

22 냉동장치에서 흡입압력조정밸브는 어떤 경우를 방지하기 위해 설치하는가?

① 흡입압력이 설정압력 이상으로 상승하는 경우
② 흡입압력이 일정한 경우
③ 고압측 압력이 높은 경우
④ 수액기의 액면이 높은 경우

해설 흡입압력조정밸브는 흡입압력이 설정압력 이상으로 상승하는 경우를 방지하기 위해 설치한다.

정답 16 ③ 17 ② 18 ② 19 ④ 20 ④ 21 ③ 22 ①

부록 I

23 다음 중 증발기 출구와 압축기 흡입관 사이에 설치하는 저압측 부속장치는?

① 액분리기 ② 수액기
③ 건조기 ④ 유분리기

해설 액분리기(liquid separator)는 증발기 출구와 압축기 흡입관 사이에 설치하는 저압측 부속장치이다.

★
24 25℃ 원수 1ton을 1일 동안에 −9℃의 얼음으로 만드는데 필요한 냉동능력(RT)은? (단, 열손실은 없으며 동결잠열 80kcal/kg, 원수의 비열 1kcal/kg·℃, 얼음의 비열 0.5kcal/kg·℃이며, 1RT는 3,320kcal/h로 한다.)

① 1.37 ② 1.88
③ 2.38 ④ 2.88

해설 냉동능력 $= \frac{\text{제거열량}(Q_e)}{3,320} = \frac{W(C\Delta t + \gamma_o + C_1\Delta t_1)}{3,320}$

$= \frac{1,000 \times (1 \times 25 + 80 + 0.5 \times 9)}{3,320 \times 24} = 1.37\text{RT}$

25 다음의 냉매 중 지구온난화지수(GWP)가 가장 낮은 것은?

① R−1234yf ② R−23
③ R−12 ④ R−744

해설 R−744는 CO_2냉매로 지구온난화지수가 가장 낮다. 이때 44는 CO_2의 분자량이다.

26 제상방식에 대한 설명으로 틀린 것은?

① 살수방식은 저온의 냉장창고용 유닛쿨러 등에서 많이 사용된다.
② 부동액 살포방식은 공기 중의 수분이 부동액에 흡수되므로 일정한 농도관리가 필요하다.
③ 핫가스 제상방식은 응축기 출구의 고온의 액냉매를 이용한다.
④ 전기히터방식은 냉각관 배열의 일부에 핀튜브형태의 전기히터를 삽입하여 착상부를 가열한다.

해설 제상(defrost)방식 중 핫가스 제상방식은 압축기 운전 시 발생된 고온 고압의 냉매를 증발기로 보내 적상을 제거하는 안정되고 효율적인 제상시스템이다.

27 다음 중 불응축가스를 제거하는 가스퍼저(gas purger)의 설치위치로 가장 적당한 곳은?

① 수액기 상부 ② 압축기 흡입부
③ 유분리기 상부 ④ 액분리기 상부

해설 불응축가스를 제거하는 가스퍼저의 설치위치는 수액기 상단에 설치하는 것이 가장 적당하다.

28 암모니아와 프레온냉매의 비교 설명으로 틀린 것은? (단, 동일 조건을 기준으로 한다.)

① 암모니아가 R−13보다 비등점이 높다.
② R−22는 암모니아보다 냉동효과(kcal/kg)가 크고 안전하다.
③ R−13은 R−22에 비하여 저온용으로 적합하다.
④ 암모니아는 R−22에 비하여 유분리가 용이하다.

해설 암모니아(NH_3)가 프레온냉매(R−12, R−22)보다 냉동효과가 크고 안전하다.

★
29 냉동기, 열기관, 발전소, 화학플랜트 등에서의 뜨거운 배수를 주위의 공기와 직접 열교환시켜 냉각시키는 방식의 냉각탑은?

① 밀폐식 냉각탑 ② 증발식 냉각탑
③ 원심식 냉각탑 ④ 개방식 냉각탑

해설 개방식 냉각탑은 냉각수가 냉각용 공기와 직접 접촉하여 열을 교환하는 냉각탑(cooling tower)이다.

30 염화나트륨브라인을 사용한 식품냉장용 냉동장치에서 브라인의 순환량이 220L/min이며 냉각관 입구의 브라인온도가 −5℃, 출구의 브라인온도가 −9℃라면 이 브라인쿨러의 냉동능력(kcal/h)은? (단, 브라인의 비열은 0.75kcal/kg·℃, 비중은 1.15이다.)

① 759 ② 45,540
③ 60,720 ④ 148,005

정답 23 ① 24 ① 25 ④ 26 ③ 27 ① 28 ② 29 ④ 30 ②

해설 $Q_e = \rho_b W C_b (t_{b1} - t_{b2}) \times 60$
$= 1.15 \times 220 \times 0.75 \times (-5-(-9)) \times 60$
$= 45,540\text{kcal/h}$

31
냉동장치의 냉동부하가 3냉동톤이며 압축기의 소요동력이 20kW일 때 응축기에 사용되는 냉각수량(L/h)은? (단, 냉각수 입구온도는 15℃이고, 출구온도는 25℃이다.)

① 2,716 ② 2,547
③ 1,530 ④ 600

해설 $Q_c = Q_e + AW_c = WC(t_{w2} - t_{w1})$ [kcal/h]

$$\therefore W = \frac{Q_e + AW_c}{C(t_{w2} - t_{w1})} = \frac{3 \times 3,320 + 20 \times 860}{1 \times (25-15)}$$

$= 2,716\text{L/h}$

32
전열면적이 20m²인 수냉식 응축기의 용량이 200kW이다. 냉각수의 유량은 5kg/s이고, 응축기 입구에서 냉각수 온도는 20℃이다. 열관류율이 800W/m²·K일 때 응축기 내부냉매의 온도(℃)는 얼마인가? (단, 온도차는 산술평균온도차를 이용하고, 물의 비열은 4.18kJ/kg·K이며, 응축기 내부냉매의 온도는 일정하다고 가정한다.)

① 36.5 ② 37.3
③ 38.1 ④ 38.9

해설 ㉠ $Q_c = KA\Delta t_m = mC(t_{w2} - t_{w1})$

$$\therefore \Delta t_m = \frac{Q_c}{KA} = \frac{200}{0.8 \times 20} = 12.5℃$$

㉡ $Q_c = mC(t_{w2} - t_{w1})$

$$\therefore t_{w2} = t_{w1} + \frac{Q_c}{mC} = 20 + \frac{200}{5 \times 4.18} ≒ 29.57℃$$

㉢ $\Delta t_m = t_c - \frac{t_{w1} + t_{w2}}{2}$ [℃]

$$\therefore t_c = \Delta t_m + \frac{t_{w1} + t_{w2}}{2} = 12.5 + \frac{20 + 29.57}{2}$$

$≒ 37.3℃$

33
다음 응축기 중 동일 조건하에 열관류율이 가장 낮은 응축기는 무엇인가?

① 셸튜브식 응축기 ② 증발식 응축기
③ 공냉식 응축기 ④ 2중관식 응축기

해설 ① 셸튜브식 : 872W/m²·K
② 증발식 : 349W/m²·K
③ 공냉식 : 23.3W/m²·K
④ 2중관식 : 1,047W/m²·K

★ 34
냉동기에서 동일한 냉동효과를 구현하기 위해 압축기가 작동하고 있다. 이 압축기의 클리어런스(극간)가 커질 때 나타나는 현상으로 틀린 것은?

① 윤활유가 열화된다.
② 체적효율이 저하한다.
③ 냉동능력이 감소한다.
④ 압축기의 소요동력이 감소한다.

해설 압축기의 극간(clearance volume)체적이 커지면 압축기의 소요동력이 증가한다.

★ 35
다음과 같은 냉동사이클 중 성적계수가 가장 큰 사이클은 어느 것인가?

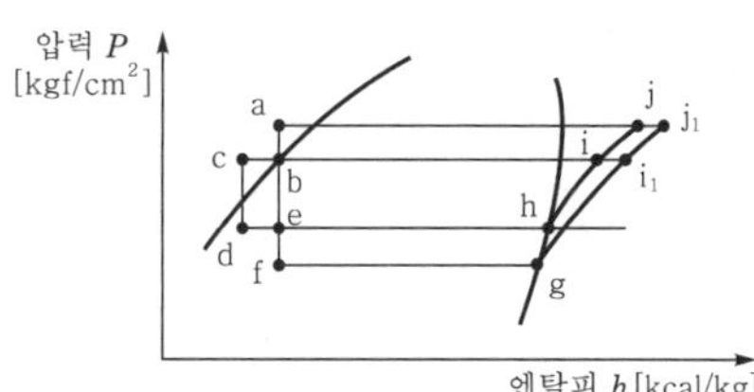

① b−e−h−i−b ② c−d−h−i−c
③ b−f−g−i₁−b ④ a−e−h−j−a

해설 냉동사이클 중 압축비가 작고 냉동효과(q_e)가 큰 사이클이 성적계수가 크다(c−d−h−i−c).

참고 압축비 $= \frac{\text{응축기 절대압력}}{\text{증발기 절대압력}}$

36
대기압에서 암모니아액 1kg을 증발시킨 열량은 0℃ 얼음 몇 kg을 융해시킨 것과 유사한가?

① 2.1 ② 3.1
③ 4.1 ④ 5.1

해설 암모니아의 냉동효과(q_e)=330kcal/kg
얼음의 융해잠열(γ)≒80kcal/kg
∴ 330÷80=4.125kg

정답 31 ① 32 ② 33 ③ 34 ④ 35 ② 36 ③

부록 I

37 **축열시스템방식에 대한 설명으로 틀린 것은?**

① 수축열방식 : 열용량이 큰 물을 축열재료로 이용하는 방식
② 빙축열방식 : 냉열을 얼음에 저장하여 작은 체적에 효율적으로 냉열을 저장하는 방식
③ 잠열축열방식 : 물질의 융해 및 응고 시 상변화에 따른 잠열을 이용하는 방식
④ 토양축열방식 : 심해의 해수온도 및 해양의 축열성을 이용하는 방식

해설 **축열방식**
㉠ 온수축열방식 : 축열매체로 물을 사용
㉡ 온수+자갈축열방식 : 온수와 자갈을 축열조에 넣어서 축열하는 방식
㉢ 덕트에 의한 지중토양축열방식 : 지중토양을 축열매체로 하는 방식으로 대규모 시스템에 적용되는 방식(비용이 저렴하나 지중으로의 열손실이 크다)
㉣ 대수층축열방식

★
38 **압축기 토출압력 상승원인이 아닌 것은?**

① 응축온도가 낮을 때
② 냉각수온도가 높을 때
③ 냉각수양이 부족할 때
④ 공기가 장치 내에 혼입되었을 때

해설 응축온도가 낮으면 압축기 토출압력이 강하된다.

39 **단위에 대한 설명으로 틀린 것은?**

① 토리첼리의 실험결과 수은주의 높이가 68cm일 때 실험장소에서의 대기압은 1.2 atm이다.
② 비체적이 $0.5m^3/kg$인 암모니아증기 $1m^3$의 질량은 2.0kg이다.
③ 압력 760mmHg는 1.01bar이다.
④ 작업대 위에 놓여진 밑면적이 $2.4m^2$인 가공물의 무게가 24kg라면 작업대에 가해지는 압력은 98Pa이다.

해설 토리첼리의 실험결과 수은주의 높이가 76cm일 때 실험장소에서의 대기압은 1atm이다.

40 **냉동장치의 운전 시 유의사항으로 틀린 것은?**

① 펌프다운 시 저압측 압력은 대기압 정도로 한다.
② 압축기 가동 전에 냉각수펌프를 기동시킨다.
③ 장시간 정지시키는 경우에는 재가동을 위하여 배관 및 기기에 압력을 걸어둔 상태로 둔다.
④ 장시간 정지 후 시동 시에는 누설 여부를 점검한 후에 기동시킨다.

해설 냉동장치를 장시간 정지시키는 경우에는 재가동을 위하여 배관 및 기기에 압력을 걸어둔 상태로 놓아두어서는 안 되고 정지시켜 놓아야 한다.

3 공기조화

41 **다음 중 난방설비의 난방부하를 계산하는 방법 중 현열만을 고려하는 경우는?**

① 환기부하
② 외기부하
③ 전도에 의한 열손실
④ 침입외기에 의한 난방손실

해설 난방부하 계산 시 현열만을 고려해야 하는 경우는 전도(conduction)에 의한 열손실을 계산하는 경우이다.

42 **다음 중 냉방부하의 종류에 해당되지 않는 것은?**

① 일사에 의해 실내로 들어오는 열
② 벽이나 지붕을 통해 실내로 들어오는 열
③ 조명이나 인체와 같이 실내에서 발생하는 열
④ 침입외기를 가습하기 위한 열

해설 침입외기를 가습하기 위한 열은 냉방부하의 종류에 해당되지 않는다.

정답 37 ④ 38 ① 39 ① 40 ③ 41 ③ 42 ④

43 송풍덕트 내의 정압제어가 필요 없고 발생소음이 적은 변풍량 유닛은?

① 유인형 ② 슬롯형
③ 바이패스형 ④ 노즐형

해설 바이패스형 유닛(bypass type unit)은 부하변동에 대해 덕트 내 정압변동이 없으므로 발생소음이 적다. 실내부하변동에 따라 실내토출풍량을 조절하여 바이패스시키는 것으로 송풍량이 변하지 않는 특징이 있다.

★
44 증기난방에 대한 설명으로 틀린 것은?

① 건식 환수시스템에서 환수관에는 증기가 유입되지 않도록 증기관과 환수관 사이에 증기트랩을 설치한다.
② 중력식 환수시스템에서 환수관은 선하향 구배를 취해야 한다.
③ 증기난방은 극장 같이 천장고가 높은 실내에 적합하다.
④ 진공식 환수시스템에서 관경을 가늘게 할 수 있고 리프트피팅을 사용하여 환수관 도중에서 입상시킬 수 있다.

해설 극장과 같이 천장고가 높은 실내에 적합한 난방방식은 복사난방(판넬방식)이다.

45 정방실에 35kW의 모터에 의해 구동되는 정방기가 12대 있을 때 전력에 의한 취득열량(kW)은? (단, 전동기와 이것에 의해 구동되는 기계가 같은 방에 있으며, 전동기의 가동률은 0.74이고, 전동기 효율은 0.87, 전동기 부하율은 0.92이다.)

① 483 ② 420
③ 357 ④ 329

해설 취득열량$= 12\times 35\times 0.74\times 0.92\times \frac{1}{0.87}$

$\fallingdotseq 329\text{kW}$

46 다음 중 보온, 보냉, 방로의 목적으로 덕트 전체를 단열해야 하는 것은?

① 급기덕트 ② 배기덕트
③ 외기덕트 ④ 배연덕트

해설 보온, 보냉, 방로의 목적으로 덕트 전체를 단열해야 하는 경우는 급기덕트이다.

★
47 덕트의 소음 방지대책에 해당되지 않는 것은?

① 덕트의 도중에 흡음재를 부착한다.
② 송풍기 출구 부근에 플래넘챔버를 장치한다.
③ 댐퍼 입·출구에 흡음재를 부착한다.
④ 덕트를 여러 개로 분기시킨다.

해설 **덕트의 소음 방지대책**
㉠ 덕트 도중에 흡음재 내장
㉡ 댐퍼 입·출구에 흡음재 부착
㉢ 송풍기 출구 부근에 플래넘챔버(plenum chamber) 장착
㉣ 덕트 도중에 흡음장치(플레이트, 셀형) 설치

참고 **캔버스이음(canvas joint)** : 송풍기에서 발생한 진동이 덕트에 전달되지 않도록 하는 이음

48 취출구에서 수평으로 취출된 공기가 일정 거리만큼 진행된 뒤 기류 중심선과 취출구 중심과의 수직거리를 무엇이라고 하는가?

① 강하도 ② 도달거리
③ 취출온도차 ④ 셔터

해설 ㉠ 도달거리 : 취출구에서 취출된 공기가 진행해서 취출기류의 중심선상의 풍속이 1.5m/s로 되는 위치까지의 수평거리
㉡ 셔터(shutter) : 취출구의 후부에 설치하는 풍량조절용 또는 개폐용의 기구

★
49 증기설비에 사용하는 증기트랩 중 기계식 트랩의 종류로 바르게 조합한 것은?

① 버킷트랩, 플로트트랩
② 버킷트랩, 벨로즈트랩
③ 바이메탈트랩, 열동식 트랩
④ 플로트트랩, 열동식 트랩

해설 증기트랩 중 기계식 트랩의 종류에는 버킷(bucket)트랩, 플로트(float)트랩이 있다.

부록 I

정답 43 ③ 44 ③ 45 ④ 46 ① 47 ④ 48 ① 49 ①

50 공기조화방식에서 변풍량 단일덕트방식의 특징에 대한 설명으로 틀린 것은?

① 송풍기의 풍량제어가 가능하므로 부분부하 시 반송에너지소비량을 경감시킬 수 있다.
② 동시사용률을 고려하여 기기용량을 결정할 수 있으므로 설비용량이 커질 수 있다.
③ 변풍량 유닛을 실별 또는 존별로 배치함으로써 개별제어 및 존제어가 가능하다.
④ 부하변동에 따라 실내온도를 유지할 수 있으므로 열원설비용 에너지 낭비가 적다.

해설 변풍량방식(VAV)은 동시사용률을 고려하여 기기용량(공조기용량)을 설정하므로 정풍량방식(CAV)보다 20% 설비용량이 적어진다.

★51 다음 중 공기조화설비의 계획 시 조닝을 하는 목적으로 가장 거리가 먼 것은?

① 효과적인 실내환경의 유지
② 설비비의 경감
③ 운전가동면에서의 에너지 절약
④ 부하특성에 대한 대처

해설 조닝의 목적
㉠ 효과적인 실내환경 유지
㉡ 운전가동면에서 에너지 절약
㉢ 부하특성에 대한 대처 용이
㉣ 설비비 증가

52 다음 중 축류 취출구의 종류가 아닌 것은?

① 펑커루버형 취출구
② 그릴형 취출구
③ 라인형 취출구
④ 팬형 취출구

해설 ㉠ 축류형 취출구 : 노즐형, 펑커루버형, 베인(vane)격자형(그릴형과 레지스터형), 라인(line)형
㉡ 복류형 취출구 : 팬(pan)형, 아네모스탯형(anemostat type)

53 건물의 콘크리트벽체의 실내측에 단열재를 부착하여 실내측 표면에 결로가 생기지 않도록 하려 한다. 외기온도가 0℃, 실내온도가 20℃, 실내공기의 노점온도가 12℃, 콘크리트두께가 100mm일 때 결로를 막기 위한 단열재의 최소 두께(mm)는? (단, 콘크리트와 단열재 접촉 부분의 열저항은 무시한다.)

열전도도	콘크리트	1.63W/m·K
	단열재	0.17W/m·K
대류 열전달계수	외기	23.3W/m²·K
	실내공기	9.3W/m²·K

① 11.7 ② 10.7
③ 9.7 ④ 8.7

해설 $k=\alpha_i\left(\frac{t_i-t_s}{t_i-t_o}\right)=9.3\times\frac{20-12}{20-0}=3.72\text{W/m}^2\cdot\text{K}$

$k=\frac{1}{\frac{1}{\alpha_i}+\sum_{i=1}^{n}\frac{l_i}{\lambda_i}+\frac{1}{\alpha_o}}$

$\therefore\ l_2=\lambda_2\left(\frac{1}{k}-\left(\frac{1}{\alpha_o}+\frac{l_1}{\lambda_1}+\frac{1}{\alpha_i}\right)\right)$

$=0.17\times\left(\frac{1}{3.72}-\left(\frac{1}{23.3}+\frac{0.1}{1.63}+\frac{1}{9.3}\right)\right)$

$=9.69\times10^{-3}\text{m}\fallingdotseq9.7\text{mm}$

54 공기조화방식 중 전공기방식이 아닌 것은?

① 변풍량 단일덕트방식
② 이중덕트방식
③ 정풍량 단일덕트방식
④ 팬코일유닛방식(덕트 병용)

해설 팬코일유닛방식(덕트 병용)은 수(물)-공기방식이다.

★55 외기의 건구온도 32℃와 환기의 건구온도 24℃인 공기를 1 : 3(외기 : 환기)의 비율로 혼합하였다. 이 혼합공기의 온도는?

① 26℃ ② 28℃
③ 29℃ ④ 30℃

해설 $t_m=\frac{m_1}{m}t_1+\frac{m_2}{m}t_2=\frac{1}{4}\times32+\frac{3}{4}\times24=26℃$

정답 50 ② 51 ② 52 ④ 53 ③ 54 ④ 55 ①

56 부하 계산 시 고려되는 지중온도에 대한 설명으로 틀린 것은?

① 지중온도는 지하실 또는 지중배관 등의 열손실을 구하기 위하여 주로 이용된다.
② 지중온도는 외기온도 및 일사의 영향에 의해 1일 또는 연간을 통하여 주기적으로 변한다.
③ 지중온도는 지표면의 상태변화, 지중의 수분에 따라 변화하나, 토질의 종류에 따라서는 큰 차이가 없다.
④ 연간변화에 있어 불역층 이하의 지중온도는 1m 증가함에 따라 0.03~0.05℃씩 상승한다.

해설 지중온도는 지표면의 상태변화, 지중의 수분에 따라 변화하며 토질의 종류에 따라 큰 차이가 있다.

★
57 이중덕트방식에 설치하는 혼합상자의 구비조건으로 틀린 것은?

① 냉・온풍덕트 내의 정압변동에 의해 송풍량이 예민하게 변화할 것
② 혼합비율변동에 따른 송풍량의 변동이 완만할 것
③ 냉・온풍댐퍼의 공기 누설이 적을 것
④ 자동제어의 신뢰도가 높고 소음 발생이 적을 것

해설 냉・온풍덕트 내의 정압변동에 의해 송풍량이 예민하게 변화하지 않을 것

★
58 보일러의 부속장치인 과열기가 하는 역할은?

① 연료연소에 쓰이는 공기를 예열시킨다.
② 포화액을 습증기로 만든다.
③ 습증기를 건포화증기로 만든다.
④ 포화증기를 과열증기로 만든다.

해설 과열기(super heater)는 포화증기를 과열증기로 만드는 보일러 부속장치이다($P=C$, 온도 상승).

★
59 공조기 내에 일리미네이터를 설치하는 이유로 가장 적절한 것은?

① 풍량을 줄여 풍속을 낮추기 위해서
② 공조기 내의 기류의 분포를 고르게 하기 위해
③ 결로수가 비산되는 것을 방지하기 위해
④ 먼지 및 이물질을 효율적으로 제거하기 위해

해설 일리미네이터는 결로수가 비산되는 것을 방지하기 위한 장치로 제적판이라고도 하며 지그재그로 굽힌 강판이 많이 사용된다.

60 저온공조방식에 관한 내용으로 가장 거리가 먼 것은?

① 배관지름의 감소
② 팬의 동력 감소로 인한 운전비 절감
③ 낮은 습도의 공기 공급으로 인한 쾌적성 향상
④ 저온공기 공급으로 인한 급기풍량 증가

해설 저온공조방식은 저온공기 공급으로 인한 급기풍량이 감소한다.

4 전기제어공학

61 서보기구의 특징에 관한 설명으로 틀린 것은?

① 원격제어의 경우가 많다.
② 제어량이 기계적 변위이다.
③ 추치제어에 해당하는 제어장치가 많다.
④ 신호는 아날로그에 비해 디지털인 경우가 많다.

해설 서보기구의 특징 중 신호는 디지털에 비해 아날로그인 경우가 더 많다.

부록 I

정답 56 ③ 57 ① 58 ④ 59 ③ 60 ④ 61 ④

★
62 다음은 직류전동기의 토크특성을 나타내는 그래프이다. (A), (B), (C), (D)에 알맞은 것은?

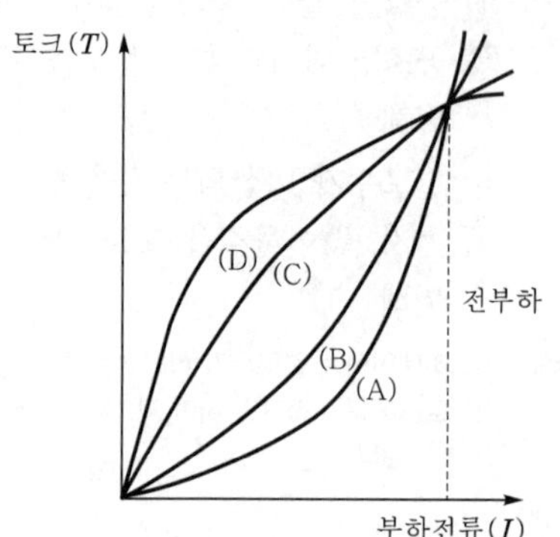

① (A) : 직권발전기, (B) : 가동복권발전기, (C) : 분권발전기, (D) : 차동복권발전기
② (A) : 분권발전기, (B) : 직권발전기, (C) : 가동복권발전기, (D) : 차동복권발전기
③ (A) : 직권발전기, (B) : 분권발전기, (C) : 가동복권발전기, (D) : 차동복권발전기
④ (A) : 분권발전기, (B) : 가동복권발전기, (C) : 직권발전기, (D) : 차동복권발전기

63 4,000Ω의 저항기 양단에 100V의 전압을 인가할 경우 흐르는 전류의 크기(mA)는?

① 4 ② 15
③ 25 ④ 40

해설 $I=\frac{V}{R}=\frac{100}{4,000}=0.025\text{A}=25\text{mA}$

★
64 공기 중 자계의 세기가 100A/m의 점에 놓아 둔 자극에 작용하는 힘은 8×10^{-3}N이다. 이 자극의 세기는 몇 Wb인가?

① 8×10 ② 8×10^{5}
③ 8×10^{-1} ④ 8×10^{-5}

해설 자극의 세기$=\frac{\text{자극에 작용하는 힘}}{\text{자계의 세기}}=\frac{8\times10^{-3}}{100}$
$=8\times10^{-5}\text{Wb}$

65 온도를 전압으로 변환시키는 것은?

① 광전관 ② 열전대
③ 포토다이오드 ④ 광전다이오드

해설 온도를 전압으로 변환시키는 것은 열전대(thermo couple)이다.

66 신호흐름선도와 등가인 블록선도를 그리려고 한다. 이때 $G(s)$로 알맞은 것은?

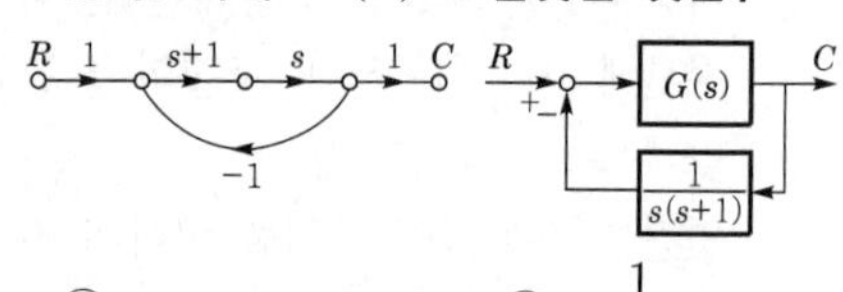

① s ② $\frac{1}{s+1}$
③ 1 ④ $s(s+1)$

해설 ㉠ $\frac{C(s)}{R(s)}=\frac{s(s+1)}{s(s+1)+1}$
㉡ $\frac{C(s)}{R(s)}=\frac{G(s)}{1+G(s)\frac{1}{s(s+1)}}=\frac{s(s+1)G(s)}{s(s+1)+G(s)}$
㉢ ㉠=㉡일 때
$\frac{s(s+1)}{s(s+1)+1}=\frac{s(s+1)G(s)}{s(s+1)+G(s)}$
$\therefore G(s)=1$

★
67 정상편차를 개선하고 응답속도를 빠르게 하며 오버슛을 감소시키는 동작은?

① K
② $K(1+sT)$
③ $K\left(1+\frac{1}{sT}\right)$
④ $K\left(1+sT+\frac{1}{sT}\right)$

해설 정상편차를 개선하고 응답속도를 빠르게(속응성 개선)하며 오버슛을 감소시키는 동작은 비례미분적분(PDI)동작이다.

68 최대 눈금 100mA, 내부저항 1.5Ω인 전류계에 0.3Ω의 분류기를 접속하여 전류를 측정할 때 전류계의 지시가 50mA라면 실제 전류는 몇 mA인가?

① 200 ② 300
③ 400 ④ 600

정답 62 ① 63 ③ 64 ④ 65 ② 66 ③ 67 ④ 68 ②

해설 $I_a = I_s\left(1+\dfrac{R}{R_s}\right) = 50\times\left(1+\dfrac{1.5}{0.3}\right) = 300\text{mA}$

69 다음 그림과 같은 RLC 병렬공진회로에 관한 설명으로 틀린 것은?

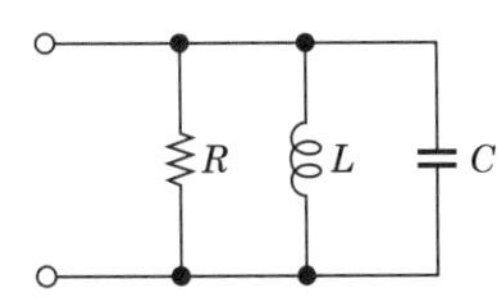

① 공진조건은 $wC = \dfrac{1}{wL}$ 이다.
② 공진 시 공진전류는 최소가 된다.
③ R이 작을수록 선택도 Q가 높다.
④ 공진 시 입력어드미턴스는 매우 작아진다.

해설 $Q=\omega CR$이므로 R이 클수록 Q가 높아진다.

★
70 SCR에 관한 설명으로 틀린 것은?

① PNPN소자이다.
② 스위칭소자이다.
③ 양방향성 사이리스터이다.
④ 직류나 교류의 전력제어용으로 사용된다.

해설 SCR(실리콘정류기소자)은 단방향 사이리스터(thyristor)이다(역방향은 저지상태가 되는 소자).

71 병렬운전 시 균압모선을 설치해야 되는 직류발전기로만 구성된 것은?

① 직권발전기, 분권발전기
② 분권발전기, 복권발전기
③ 직권발전기, 복권발전기
④ 분권발전기, 동기발전기

해설 직권발전기와 복권발전기는 수하특성을 가지지 않아 두 발전기 중 한쪽의 부하가 증가할 때 그 발전기의 전압이 상승하여 부하분담이 적절하지 않다. 직권계자에 균압모선을 연결하여 전압 상승을 같게 한다(병렬운전을 하게 함).

★
72 정현파 교류의 실효값(V)과 최대값(V_m)의 관계식으로 옳은 것은?

① $V=\sqrt{2}\,V_m$　　② $V=\dfrac{1}{\sqrt{2}}V_m$
③ $V=\sqrt{3}\,V_m$　　④ $V=\dfrac{1}{\sqrt{3}}V_m$

해설 $V=\dfrac{1}{\sqrt{2}}V_m = 0.707\,V_m$

73 비례적분제어동작의 특징으로 옳은 것은?

① 간헐현상이 있다.
② 잔류편차가 많이 생긴다.
③ 응답의 안정성이 낮은 편이다.
④ 응답의 진동시간이 매우 길다.

해설 ㉠ PI(비례적분)제어 : 간헐현상이 있음
㉡ P(비례)제어 : 잔류편차(off set) 생성
㉢ I(적분)제어 : 잔류편차를 제거시키는 동작(연속동작)

74 목표값을 직접 사용하기 곤란할 때 주되먹임 요소와 비교하여 사용하는 것은?

① 제어요소　　② 비교장치
③ 되먹임요소　　④ 기준입력요소

해설 기준입력요소
㉠ 제어계의 일부분으로 지시 또는 명령을 기준입력신호로 변환하는 요소이다.
㉡ 목표값을 직접 사용하기 곤란 시 피드백요소와 비교하여 사용하는 요소이다.

★
75 피드백제어계에서 목표치를 기준입력신호로 바꾸는 역할을 하는 요소는?

① 비교부　　② 조절부
③ 조작부　　④ 설정부

해설 ① 비교부 : 목표값과 제어량의 신호를 비교하여 제어동작에 필요한 신호를 만들어내는 부분
② 조절부 : 제어계가 작용을 하는데 필요한 신호를 만들어 조작부에 보내는 부분
③ 조작부 : 조작신호를 받아 조작량으로 변환

76 특성방정식이 $s^3+2s^2+Ks+5=0$인 제어계가 안정하기 위한 K값은?

① $K>0$　　② $K<0$
③ $K>\dfrac{5}{2}$　　④ $K<\dfrac{5}{2}$

해설 $s^3+2s^2+Ks+5=0$일 때 제어계가 안정되려면 $K>\dfrac{5}{2}$이어야 한다.

정답 69 ③ 70 ③ 71 ③ 72 ② 73 ① 74 ④ 75 ④ 76 ③

77 **세라믹콘덴서소자의 표면에 103^K라고 적혀 있을 때 이 콘덴서의 용량은 몇 μF인가?**

① 0.01 ② 0.1
③ 103 ④ 10^3

해설 세라믹콘덴서소자의 표면에 103^K라고 적혀 있으면 10,000pF=0.01μF이다.

참고 F, J, K, M, N 등의 끝에 붙는 숫자는 허용오차를 나타낸다. 즉 F : ±1%, J : ±5%, K : ±10%, M : ±20%, N : ±30%이다.

78 **PLC(Programmable Logic Controller)의 출력부에 설치하는 것이 아닌 것은?**

① 전자개폐기 ② 열동계전기
③ 시그널램프 ④ 솔레노이드밸브

해설 PLC
㉠ 출력기구 : 전자개폐기, 시그널램프, 솔레노이드밸브, 경보기구
㉡ 입력기구 : 수동스위치, 검출스위치 및 센서
㉢ 제어회로 : 보조릴레이, 논리소자, 타이머소자, 입출력소자, PLC장치

참고 열동계전기는 전동기가 과열·과부하 시 전동기 보호역할을 하는 계전기(relay)이다.

79 **적분시간이 2초, 비례감도가 5mA/mV인 PI 조절계의 전달함수는?**

① $\dfrac{1+2s}{5s}$ ② $\dfrac{1+5s}{2s}$
③ $\dfrac{1+2s}{0.4s}$ ④ $\dfrac{1+0.4s}{2s}$

해설 $G(s)=\dfrac{x_o(s)}{x_i(s)}=K_P\left(1+\dfrac{1}{T_I s}\right)$
$=5\times\left(1+\dfrac{1}{2s}\right)=\dfrac{10s+5}{2s}=\dfrac{2s+1}{0.4s}$

★
80 **다음 설명에 알맞은 전기 관련 법칙은?**

> 도선에서 두 점 사이 전류의 크기는 그 두 점 사이의 전위차에 비례하고, 전기저항에 반비례한다.

① 옴의 법칙
② 렌츠의 법칙
③ 플레밍의 법칙
④ 전압분배의 법칙

해설 옴의 법칙(Ohm's law) : 도체를 흐르는 전류는 전위차(전압)에 비례하고, 저항에 반비례한다.
$I=\dfrac{V}{R}$[A], $V=IR$[V], $R=\dfrac{V}{I}[\Omega]$

5 배관 일반

★
81 **증기난방배관 시공법에 대한 설명으로 틀린 것은?**

① 증기주관에서 지관을 분기하는 경우 관의 팽창을 고려하여 스위블이음법으로 한다.
② 진공환수식 배관의 증기주관은 1/100~1/200 선상향구배로 한다.
③ 주형방열기는 일반적으로 벽에서 50~60mm 정도 떨어지게 설치한다.
④ 보일러 주변의 배관방법에서는 증기관과 환수관 사이에 밸런스관을 달고 하트포드(hartford)접속법을 사용한다.

해설 진공환수식 배관의 증기주관은 $\dfrac{1}{200}\sim\dfrac{1}{300}\left(\dfrac{1}{250}\text{ 정도}\right)$ 이상 내림구배(순구배)로 한다.

82 **급탕배관의 단락현상(short circuit)을 방지할 수 있는 배관방식은?**

① 리버스리턴 배관방식
② 다이렉트리턴 배관방식
③ 단관식 배관방식
④ 상향식 배관방식

83 **다음 중 온수온도 90℃의 온수난방배관의 보온재로 사용하기에 가장 부적합한 것은?**

① 규산칼슘 ② 펄라이트
③ 암면 ④ 폴리스티렌

정답 77 ① 78 ② 79 ③ 80 ① 81 ② 82 ① 83 ④

84 간접가열식 급탕법에 관한 설명으로 틀린 것은?

① 대규모 급탕설비에 부적당하다.
② 순환증기는 높이에 관계없이 저압으로 사용 가능하다.
③ 저탕탱크와 가열용 코일이 설치되어 있다.
④ 난방용 증기보일러가 있는 곳에 설치하면 설비비를 절약하고 관리가 편하다.

해설 간접가열식 급탕법
㉠ 호텔, 병원 등의 대규모 급탕설비에 적합하다.
㉡ 난방용 증기보일러가 있는 곳에 설치하면 난방보일러의 일부 용량을 급탕용으로 사용할 수 있으므로 설비비를 절약할 수 있고 관리도 편리하다.

85 증발량 5,000kg/h인 보일러의 증기엔탈피가 640kcal/kg이고, 급수엔탈피가 15kcal/kg일 때 보일러의 상당증발량(kg/h)은?

① 278 ② 4,800
③ 5,797 ④ 3,125,000

해설 $G_e = \frac{G_a(h_2 - h_1)}{539} = \frac{5{,}000 \times (640 - 15)}{539}$
$= 5{,}797\text{kg/h}$

86 증기난방설비의 특징에 대한 설명으로 틀린 것은?

① 증발열을 이용하므로 열의 운반능력이 크다.
② 예열시간이 온수난방에 비해 짧고 증기순환이 빠르다.
③ 방열면적을 온수난방보다 적게 할 수 있다.
④ 실내 상하온도차가 작다.

해설 증기난방설비는 실내 상하온도차가 크다.

★
87 벤더에 의한 관 굽힘 시 주름이 생겼다. 주된 원인은?

① 재료에 결함이 있다.
② 굽힘형의 홈이 관지름보다 작다.
③ 클램프 또는 관에 기름이 묻어있다.
④ 압력형이 조정이 세고 저항이 크다.

해설 벤더로 관 굽힘 시 주름 발생원인
㉠ 굽힘형의 홈이 관지름보다 너무 크거나 작을 경우
㉡ 관의 바깥지름에 비해 두께가 얇을 경우
㉢ 관이 미끄러질 경우

88 냉동장치의 배관 설치에 관한 내용으로 틀린 것은?

① 토출가스의 합류 부분 배관은 T이음으로 한다.
② 압축기와 응축기의 수평배관은 하향구배로 한다.
③ 토출가스배관에는 역류 방지밸브를 설치한다.
④ 토출관의 입상이 10m 이상일 경우 10m마다 중간트랩을 설치한다.

해설 냉동장치의 합류 또는 분기부배관은 Y이음으로 한다.

★
89 가스배관재료 중 내약품성 및 전기절연성이 우수하며 사용온도가 80℃ 이하인 관은?

① 주철관 ② 강관
③ 동관 ④ 폴리에틸렌관

해설 폴리에틸렌관(polyethylene pipe)
㉠ 가볍고 유연성이 좋으나 불에 약하고 인장강도가 작으며 약 90℃에서 연화된다.
㉡ 내충격성, 내한성, 내식성, 내약품성, 전기절연성이 우수하다.
㉢ 온돌난방, 급수위생, 농업 원예, 한랭지배관 등에 사용한다.
㉣ −60℃에서도 취화되지 않는다.
㉤ 내열성과 보온성이 염화비닐관보다 우수하다.

★
90 도시가스배관설비기준에서 배관을 시가지의 도로 노면 밑에 매설하는 경우에는 노면으로부터 배관의 외면까지 얼마 이상을 유지해야 하는가? (단, 방호구조물 안에 설치하는 경우는 제외한다.)

① 0.8m ② 1m
③ 1.5m ④ 2m

해설 도시가스배관을 시가지의 도로 노면 밑에 매설하는 경우에는 노면으로부터 배관의 외면까지 1.5m 이상 거리를 유지한다. 다만, 방호구조물 안에 설치하는 경우에는 노면으로부터 그 방호구조물의 외면까지 1.2m 이상 거리를 유지한다.

정답 84 ① 85 ③ 86 ④ 87 ② 88 ① 89 ④ 90 ③

부록 I

91 급탕설비의 설계 및 시공에 관한 설명으로 틀린 것은?

① 중앙식 급탕방식은 개별식 급탕방식보다 시공비가 많이 든다.
② 온수의 순환이 잘 되고 공기가 고이는 것을 방지하기 위해 배관에 구배를 둔다.
③ 게이트밸브는 공기고임을 만들기 때문에 글로브밸브를 사용한다.
④ 순환방식은 순환펌프에 의한 강제순환식과 온수의 비중량차이에 의한 중력식이 있다.

해설 개폐용 밸브로 슬루스밸브라고도 하는 게이트밸브는 공기고임을 만들지 않기 때문에 급탕설비에 사용된다.

92 냉매배관재료 중 암모니아를 냉매로 사용하는 냉동설비에 가장 적합한 것은?

① 동, 동합금 ② 아연, 주석
③ 철, 강 ④ 크롬, 니켈합금

해설 암모니아(NH_3)냉매는 동 및 동합금, 아연, 주석, 크롬, 니켈합금 등을 부식시키므로 냉매배관은 철이나 강관을 사용한다.

★
93 다음 중 "접속해 있을 때"를 나타내는 관의 도시기호는?

① ②
③ ④

해설 ㉠ 접속하고 있을 때 :
㉡ 분기하고 있을 때 :
㉢ 접속하지 않을 때 :

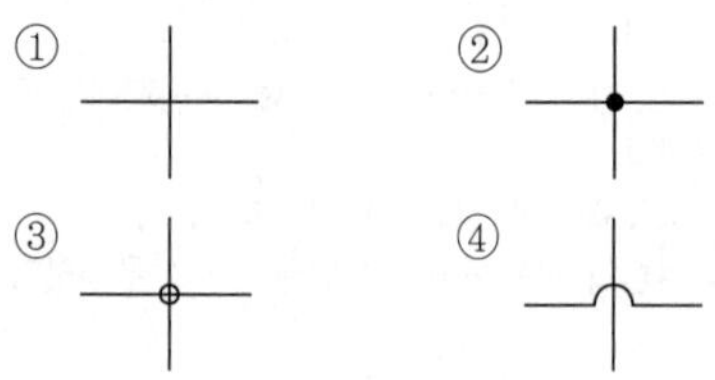

★
94 증기 및 물배관 등에서 찌꺼기를 제거하기 위하여 설치하는 부속품은?

① 유니언 ② P트랩
③ 부싱 ④ 스트레이너

해설 스트레이너(strainer)는 여과기로 증기 및 물배관 등에서 찌꺼기를 제거하기 위해 설치하는 부속품이다.

95 공조배관 설계 시 유속을 빠르게 했을 경우의 현상으로 틀린 것은?

① 관경이 작아진다.
② 운전비가 감소한다.
③ 소음이 발생한다.
④ 마찰손실이 증대한다.

해설 공조배관 설계 시 유속을 빠르게 했을 때 관경이 작아지고 소음이 발생하며 마찰손실이 증대한다.

★
96 관의 두께별 분류에서 가장 두꺼워 고압배관으로 사용할 수 있는 동관의 종류는?

① K형 동관 ② S형 동관
③ L형 동관 ④ N형 동관

해설 관의 두께 : K > L > M > N

97 동관의 이음방법에 해당하지 않는 것은?

① 타이튼이음 ② 납땜이음
③ 압축이음 ④ 플랜지이음

해설 ㉠ 동관이음(접합) : 납땜이음, 압축이음(flare joint), 플랜지이음
㉡ 주철관이음 : 타이튼이음

★
98 배수관의 관경 선정방법에 관한 설명으로 틀린 것은?

① 기구배수관의 관경은 배수트랩의 구경 이상으로 하고 최소 30mm 정도로 한다.
② 수직, 수평관 모두 배수가 흐르는 방향으로 관경이 축소되어서는 안 된다.
③ 배수수직관은 어느 층에서나 최하부의 가장 큰 배수부하를 담당하는 부분과 동일한 관경으로 한다.
④ 땅속에 매설되는 배수관의 최소 구경은 30mm 정도로 한다.

해설 지중 혹은 지하층 바닥에 매설하는 배수관의 구경은 50mm 이상으로 한다.

정답 91 ③ 92 ③ 93 ② 94 ④ 95 ② 96 ① 97 ① 98 ④

99 고가수조식 급수방식의 장점이 아닌 것은?

① 급수압력이 일정하다.
② 단수 시에도 일정량의 급수가 가능하다.
③ 급수공급계통에서 물의 오염 가능성이 없다.
④ 대규모 급수에 적합하다.

해설 고가수조급수방식은 급수계통에서 물의 오염 가능성이 가장 높다.

★
100 냉매배관 시공 시 주의사항으로 틀린 것은?

① 배관길이는 되도록 짧게 한다.
② 온도변화에 의한 신축을 고려한다.
③ 곡률반지름은 가능한 작게 한다.
④ 수평배관은 냉매흐름방향으로 하향구배 한다.

해설 냉매배관은 가능한 한 곡률반경을 크게 한다.

부록 I

정답 99 ③ 100 ③

Air-Conditioning Refrigerating Machinery

2019. 4. 27. 시행

공조냉동기계기사

1 기계 열역학

01 어떤 시스템에서 공기가 초기에 290K에서 330K로 변화하였고, 이때 압력은 200kPa에서 600kPa로 변화하였다. 이때 단위질량당 엔트로피변화는 약 몇 kJ/kg·K인가? (단, 공기는 정압비열이 1.006kJ/kg·K이고, 기체상수가 0.287kJ/kg·K인 이상기체로 간주한다.)

① 0.445　② −0.445
③ 0.185　④ −0.185

해설 $s_2-s_1=C_p\ln\frac{T_2}{T_1}-R\ln\frac{P_2}{P_1}$

$=1.006\times\ln\frac{330}{290}-0.287\times\ln\frac{600}{200}$

$=-0.185\text{kJ/kg}\cdot\text{K}$

02 체적이 500cm³인 풍선에 압력 0.1MPa, 온도 288K의 공기가 가득 채워져 있다. 압력이 일정한 상태에서 풍선 속 공기온도가 300K로 상승했을 때 공기에 가해진 열량은 약 얼마인가? (단, 공기는 정압비열이 1.005kJ/kg·K, 기체상수가 0.287kJ/kg·K인 이상기체로 간주한다.)

① 7.3J　② 7.3kJ
③ 14.6J　④ 14.6kJ

해설 $Q=mC_p(T_2-T_1)=\frac{P_1V_1}{RT_1}C_p(T_2-T_1)$

$=\frac{0.1\times10^3\times500\times10^{-6}}{0.287\times288}\times1.005\times(300-288)$

$=7.29\times10^{-3}\text{kJ}\fallingdotseq7.3\text{J}$

03 어떤 사이클이 다음 온도(T)-엔트로피(s) 선도와 같을 때 작동유체에 주어진 열량은 약 몇 kJ/kg인가?

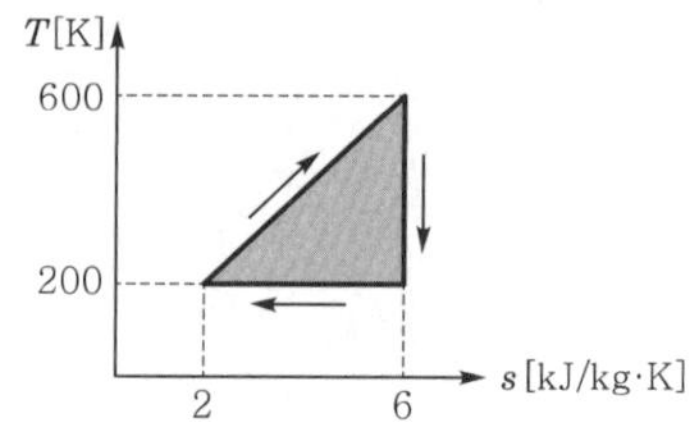

① 4　② 400
③ 800　④ 1,600

해설 $Q=\frac{(T_1-T_2)(s_2-s_1)}{2}$

$=\frac{(600-200)\times(6-2)}{2}$

$=800\text{kJ/kg}$

★
04 효율이 40%인 열기관에서 유효하게 발생되는 동력이 110kW라면 주위로 방출되는 총열량은 약 몇 kW인가?

① 375　② 165
③ 135　④ 85

해설 $\eta=\frac{W_{net}}{Q_1}=1-\frac{Q_2}{Q_1}$

$\therefore\ Q_2=Q_1(1-\eta)=\frac{W_{net}}{\eta}(1-\eta)$

$=\frac{110}{0.4}\times(1-0.4)=165\text{kW}$

정답 01 ④ 02 ① 03 ③ 04 ②

05 500W의 전열기로 4kg의 물을 20℃에서 90℃까지 가열하는데 몇 분이 소요되는가? (단, 전열기에서 열은 전부 온도 상승에 사용되고, 물의 비열은 4,180J/kg·K이다.)

① 16 ② 27
③ 39 ④ 45

해설 전열기 발생열량(Q_H)$=0.5\times60=30$kJ/min
물의 가열량(Q)$=mC(t_2-t_1)$
$=4\times4.18\times(90-20)$
$=1,170.4$kJ
$\therefore$ 소요시간$=\dfrac{Q}{Q_H}=\dfrac{1,170.4}{30}\fallingdotseq39$분

06 카르노사이클로 작동되는 열기관이 고온체에서 100kJ의 열을 받고 있다. 이 기관의 열효율이 30%라면 방출되는 열량은 약 몇 kJ인가?

① 30 ② 50
③ 60 ④ 70

해설 $\eta_c=1-\dfrac{Q_2}{Q_1}$
$\therefore\ Q_2=Q_1(1-\eta_c)=100\times(1-0.3)=70$kJ

07 100℃와 50℃ 사이에서 작동하는 냉동기로 가능한 최대 성능계수(COP)는 약 얼마인가?

① 7.46 ② 2.54
③ 4.25 ④ 6.46

해설 $(COP)_R=\dfrac{T_2}{T_1-T_2}$
$=\dfrac{50+273}{(100+273)-(50+273)}$
$=6.46$

★
08 압력이 0.2MPa이고 초기온도가 120℃인 1kg의 공기를 압축비 18로 가역단열압축하는 경우 최종온도는 약 몇 ℃인가? (단, 공기는 비열비가 1.4인 이상기체이다.)

① 676℃ ② 776℃
③ 876℃ ④ 976℃

해설 $T_2=T_1\varepsilon^{k-1}$
$=(120+273)\times18^{1.4-1}$
$=1,248.82\text{K}-273\fallingdotseq976$℃

★
09 수증기가 정상과정으로 40m/s의 속도로 노즐에 유입되어 275m/s로 빠져나간다. 유입되는 수증기의 엔탈피는 3,300kJ/kg, 노즐로부터 발생되는 열손실은 5.9kJ/kg일 때 노즐 출구에서의 수증기엔탈피는 약 몇 kJ/kg인가?

40m/s ⇨ ⇨ 275m/s

① 3,257 ② 3,024
③ 2,795 ④ 2,612

해설 $v_2=44.72\sqrt{h_1-h_2}$ [m/s]
$h_1-h_2=\left(\dfrac{v_2}{44.72}\right)^2=\left(\dfrac{275}{44.72}\right)^2=37.81$kJ/kg
$\therefore\ h_2=h_1-(37.81+5.9)$
$=3,300-43.71=3,257$kJ/kg

10 용기에 부착된 압력계에 읽힌 계기압력이 150kPa이고 국소대기압이 100kPa일 때 용기 안의 절대압력은?

① 250kPa ② 150kPa
③ 100kPa ④ 50kPa

해설 $P_a=P_o+P_g=100+150=250$kPa

11 R-12를 작동유체로 사용하는 이상적인 증기압축냉동사이클이 있다. 여기서 증발기 출구엔탈피는 229kJ/kg, 팽창밸브 출구엔탈피는 81kJ/kg, 응축기 입구엔탈피는 255kJ/kg일 때 이 냉동기의 성적계수는 약 얼마인가?

① 4.1 ② 4.9
③ 5.7 ④ 6.8

해설 $(COP)_R=\dfrac{q_e}{W_c}=\dfrac{h_1-h_4}{h_2-h_1}=\dfrac{229-81}{255-229}\fallingdotseq5.7$

★
12 어떤 시스템에서 유체는 외부로부터 19kJ의 일을 받으면서 167kJ의 열을 흡수하였다. 이때 내부에너지의 변화는 어떻게 되는가?

① 148kJ 상승한다. ② 186kJ 상승한다.
③ 148kJ 감소한다. ④ 186kJ 감소한다.

정답 05 ③ 06 ④ 07 ④ 08 ④ 09 ① 10 ① 11 ③ 12 ②

해설 $\Delta U = Q - W = 167 - (-19) = 186\text{kJ}$ 상승한다.

13 다음 그림과 같이 실린더 내의 공기가 상태 1에서 상태 2로 변화할 때 공기가 한 일은? (단, P는 압력, V는 부피를 나타낸다.)

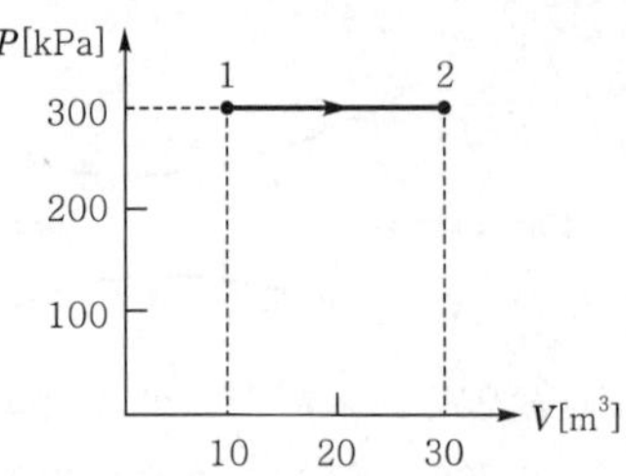

① 30kJ ② 60kJ
③ 3,000kJ ④ 6,000kJ

해설 ${}_1W_2 = \int_1^2 PdV = P(V_2 - V_1) = 300 \times (30-10)$
$= 6,000\text{kJ}$

14 보일러에 물(온도 20℃, 엔탈피 84kJ/kg)이 유입되어 600kPa의 포화증기(온도 159℃, 엔탈피 2,757kJ/kg)상태로 유출된다. 물의 질량유량이 300kg/h이라면 보일러에 공급된 열량은 약 몇 kW인가?

① 121 ② 140
③ 223 ④ 345

해설 $kW = \frac{\dot{m}(h_s - h_f)}{3,600} = \frac{300 \times (2,757 - 84)}{3,600} \fallingdotseq 223\text{kW}$

★
15 압력이 100kPa이며 온도가 25℃인 방의 크기가 240m³이다. 이 방에 들어있는 공기의 질량은 약 몇 kg인가? (단, 공기는 이상기체로 가정하며, 공기의 기체상수는 0.287kJ/kg·K이다.)

① 0.00357 ② 0.28
③ 3.57 ④ 280

해설 $PV = mRT$
$\therefore m = \frac{PV}{RT} = \frac{100 \times 240}{0.287 \times (25+273)} = 280\text{kg}$

16 클라우지우스(Clausius)부등식을 옳게 표현한 것은? (단, T는 절대온도, Q는 시스템으로 공급된 전체 열량을 표시한다.)

① $\oint \frac{\delta Q}{T} \geq 0$ ② $\oint \frac{\delta Q}{T} \leq 0$
③ $\oint T\delta Q \geq 0$ ④ $\oint T\delta Q \leq 0$

해설 클라우지우스의 폐적분값은 가역사이클이면 등호(=), 비가열사이클이면 부등호(<)이다.
$\therefore \oint \frac{\delta Q}{T} \leq 0$

★
17 Van der Waals 상태방정식은 다음과 같이 나타낸다. 이 식에서 $\frac{a}{v^2}$와 b는 각각 무엇을 의미하는 것인가? (단, P는 압력, v는 비체적, R은 기체상수, T는 온도를 나타낸다.)

$$\left(P + \frac{a}{v^2}\right) \times (v - b) = RT$$

① 분자 간의 작용인력, 분자 내부에너지
② 분자 간의 작용인력, 기체분자들이 차지하는 체적
③ 분자 자체의 질량, 분자 내부에너지
④ 분자 자체의 질량, 기체분자들이 차지하는 체적

해설 $\frac{a}{v^2}$는 분자 간의 인력을, b는 기체분자들이 차지하는 체적을 의미한다.

18 가역과정으로 실린더 안의 공기를 50kPa, 10℃ 상태에서 300kPa까지 압력(P)과 체적(V)의 관계가 다음과 같은 과정으로 압축할 때 단위질량당 방출되는 열량은 약 몇 kJ/kg인가? (단, 기체상수는 0.287kJ/kg·K이고, 정적비열은 0.7kJ/kg·K이다.)

$$PV^{1.3} = \text{일정}$$

① 17.2 ② 37.2
③ 57.2 ④ 77.2

정답 13 ④ 14 ③ 15 ④ 16 ② 17 ② 18 ②

해설 $k=\frac{C_p}{C_v}=\frac{C_v+R}{C_v}=\frac{0.7+0.287}{0.7}=1.41$

$$T_2=T_1\left(\frac{P_2}{P_1}\right)^{\frac{n-1}{n}}$$

$$=(10+273)\times\left(\frac{300}{50}\right)^{\frac{1.3-1}{1.3}}\fallingdotseq 428\text{K}$$

$$\therefore\ q=C_n(T_2-T_1)=C_v\frac{n-k}{n-1}(T_2-T_1)$$

$$=0.7\times\frac{1.3-1.41}{1.3-1}\times(428-(10+273))$$

$$=-37.2\text{kJ/kg}$$

19 등엔트로피효율이 80%인 소형 공기터빈의 출력이 270kJ/kg이다. 입구온도는 600K이며, 출구압력은 100kPa이다. 공기의 정압비열은 1.004kJ/kg·K, 비열비는 1.4일 때 입구압력(kPa)은 약 몇 kPa인가? (단, 공기는 이상기체로 간주한다.)

① 1,984 ② 1,842
③ 1,773 ④ 1,621

해설 $h_1-h_2=\frac{(h_1-h_2)'}{\eta}=\frac{270}{0.8}=337.5\text{kJ/kg}$

$$h_1-h_2=C_p(T_1-T_2)$$

$$=C_pT_1\left(1-\frac{T_2}{T_1}\right)$$

$$=C_pT_1\left[1-\left(\frac{P_2}{P_1}\right)^{\frac{k-1}{k}}\right]$$

$$1-\left(\frac{P_2}{P_1}\right)^{\frac{k-1}{k}}=\frac{h_1-h_2}{C_pT_1}=\frac{337.5}{1.004\times600}=0.5603$$

$$\left(\frac{P_2}{P_1}\right)^{\frac{k-1}{k}}=1-0.5603=0.4397$$

$$\therefore\ P_1=\frac{P_2}{0.4397^{\frac{k}{k-1}}}=\frac{100}{0.4397^{\frac{1.4}{1.4-1}}}\fallingdotseq 1{,}773\text{kPa}$$

20 화씨온도가 86℉일 때 섭씨온도는 몇 ℃인가?

① 30 ② 45
③ 60 ④ 75

해설 $t_{℃}=\frac{5}{9}(t_{°F}-32)=\frac{5}{9}\times(86-32)=30℃$

2 냉동공학

★
21 냉각탑의 성능이 좋아지기 위한 조건으로 적절한 것은?

① 쿨링 레인지가 작을수록, 쿨링 어프로치가 작을수록
② 쿨링 레인지가 작을수록, 쿨링 어프로치가 클수록
③ 쿨링 레인지가 클수록, 쿨링 어프로치가 작을수록
④ 쿨링 레인지가 클수록, 쿨링 어프로치가 클수록

해설 냉각탑은 쿨링 레인지가 클수록, 쿨링 어프로치가 작을수록 성능이 좋다.

22 다음 중 절연내력이 크고 절연물질을 침식시키지 않기 때문에 밀폐형 압축기에 사용하기에 적합한 냉매는?

① 프레온계 냉매 ② H_2O
③ 공기 ④ NH_3

해설 프레온계 냉매는 절연내력이 크고 절연물질을 침식시키지 않기 때문에 밀폐형 압축기에 적합하다.

23 어떤 냉동기의 증발기 내 압력이 245kPa이며, 이 압력에서의 포화온도, 포화액엔탈피 및 건포화증기엔탈피, 정압비열은 다음 조건과 같다. 증발기 입구측 냉매의 엔탈피가 455kJ/kg이고, 증발기 출구측 냉매온도가 -10℃의 과열증기일 경우 증발기에서 냉매가 취득한 열량(kJ/kg)은?

- 포화온도 : -20℃
- 포화액엔탈피 : 396kJ/kg
- 건포화증기엔탈피 : 615.6kJ/kg
- 정압비열 : 0.67kJ/kg·K

① 167.3 ② 152.3
③ 148.3 ④ 112.3

정답 19 ③ 20 ① 21 ③ 22 ① 23 ①

부록 I

해설 $q_e = h_s - h$
$= (h' + C_p(t_o - t_s)) - h$
$= (615.6 + 0.67 \times (-10 - (-20))) - 455$
$= 167.3\text{kJ/kg}$

★
24 냉동능력이 1RT인 냉동장치가 1kW의 압축동력을 필요로 할 때 응축기에서의 방열량(kW)은?

① 2 ② 3.3
③ 4.8 ④ 6

해설 응축부하(Q_c)=냉동능력(Q_e)+압축기 소비동력(W_c)
$= 1 \times 3.86 + 1 = 4.86\text{kW}$

참고 1RT=3.86kW

25 냉동사이클에서 응축온도 상승에 따른 시스템의 영향으로 가장 거리가 먼 것은? (단, 증발온도는 일정하다.)

① COP 감소
② 압축비 증가
③ 압축기 토출가스온도 상승
④ 압축기 흡입가스압력 상승

해설 압축기의 흡입가스압력은 일정하다.

26 어떤 냉장고의 방열벽면적이 500m², 열통과율이 0.311W/m²·℃일 때 이 벽을 통하여 냉장고 내로 침입하는 열량(kW)은? (단, 이때의 외기온도는 32℃이며, 냉장고 내부온도는 −15℃이다.)

① 12.63 ② 10.4
③ 9.1 ④ 7.3

해설 $Q = kA(t_o - t_i)$
$= 0.311 \times 500 \times (32 - (-15)) \times 10^{-3}$
$\fallingdotseq 7.31\text{kW}$

27 2차 유체로 사용되는 브라인의 구비조건으로 틀린 것은?

① 비등점이 높고, 응고점이 낮을 것
② 점도가 낮을 것
③ 부식성이 없을 것
④ 열전달률이 작을 것

해설 브라인은 열전달률이 클 것

28 냉매배관 내에 플래시가스(flash gas)가 발생했을 때 나타나는 현상으로 틀린 것은?

① 팽창밸브의 능력 부족현상 발생
② 냉매 부족과 같은 현상 발생
③ 액관 중의 기포 발생
④ 팽창밸브에서의 냉매순환량 증가

해설 팽창밸브 직전 액관의 감압현상이 나타나므로 냉매순환량은 감소된다.

★
29 단면이 1m²인 단열재를 통하여 0.3kW의 열이 흐르고 있다. 이 단열재의 두께는 2.5cm이고 열전도계수가 0.2W/m·℃일 때 양면 사이의 온도차(℃)는?

① 54.5 ② 42.5
③ 37.5 ④ 32.5

해설 $Q = \frac{\lambda}{L} A(t_1 - t_2)$[W]

$\therefore t_1 - t_2 = \frac{QL}{\lambda A} = \frac{300 \times 0.025}{0.2 \times 1} = 37.5℃$

30 여러 대의 증발기를 사용할 경우 증발관 내의 압력이 가장 높은 증발기의 출구에 설치하여 압력을 일정값 이하로 억제하는 장치를 무엇이라고 하는가?

① 전자밸브
② 압력개폐기
③ 증발압력조정밸브
④ 온도조절밸브

정답 24 ③ 25 ④ 26 ④ 27 ④ 28 ④ 29 ③ 30 ③

31 다음 그림은 2단 압축 암모니아사이클을 나타낸 것이다. 냉동능력이 2RT인 경우 저단 압축기의 냉매순환량(kg/h)은? (단, 1RT는 3.8kW이다.)

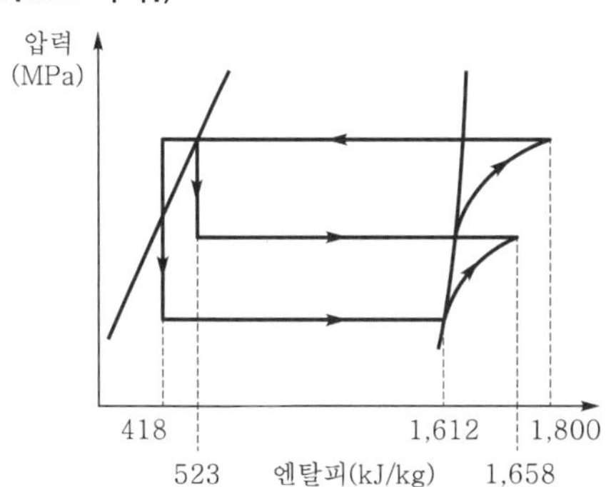

① 10.1　② 22.9
③ 32.5　④ 43.2

해설 $G_L = \frac{Q_e}{q_e} = \frac{2 \times 3.8 \times 3{,}600}{1{,}612 - 418} = 22.91\text{kg/h}$

참고 1kW=3,600kJ/h

★
32 다음 팽창밸브 중 인버터구동 가변용량형 공기조화장치나 증발온도가 낮은 냉동장치에서 팽창밸브의 냉매유량조절특성 향상과 유량제어범위 확대 등을 목적으로 사용하는 것은?

① 전자식 팽창밸브
② 모세관
③ 플로트팽창밸브
④ 정압식 팽창밸브

33 식품의 평균초온이 0℃일 때 이것을 동결하여 온도중심점을 −15℃까지 내리는데 걸리는 시간을 나타내는 것은?

① 유효동결시간　② 유효냉각시간
③ 공칭동결시간　④ 시간상수

34 냉동장치를 운전할 때 다음 중 가장 먼저 실시하여야 하는 것은?

① 응축기 냉각수펌프를 기동한다.
② 증발기 팬을 기동한다.
③ 압축기를 기동한다.
④ 압축기의 유압을 조정한다.

35 다음 중 냉매를 사용하지 않는 냉동장치는?

① 열전냉동장치
② 흡수식 냉동장치
③ 교축팽창식 냉동장치
④ 증기압축식 냉동장치

해설 열전냉동장치(전자냉동기)는 냉매를 사용하지 않는 냉동장치이다. 즉 펠티에효과를 이용하여 만든 냉동기이다.

참고 펠티에효과란 2종의 상이한 금속을 접합하여 전류를 흘리면 한쪽 접점은 냉각되고, 다른 쪽 접점은 가열된다(한쪽은 냉방, 다른 쪽은 난방).

★
36 축동력 10kW, 냉매순환량 33kg/min인 냉동기에서 증발기 입구엔탈피가 406kJ/kg, 증발기 출구엔탈피가 615kJ/kg, 응축기 입구엔탈피가 632kJ/kg이다. ㉠ 실제 성능계수와 ㉡ 이론성능계수는 각각 얼마인가?

① ㉠ 8.5, ㉡ 12.3
② ㉠ 8.5, ㉡ 9.5
③ ㉠ 11.5, ㉡ 9.5
④ ㉠ 11.5, ㉡ 12.3

해설 ㉠ $(COP)_R = \frac{Q_e}{L_s} = \frac{Gq_e}{L_s} = \frac{\frac{33}{60} \times (615 - 406)}{10} \fallingdotseq 11.5$

㉡ $(COP)_R = \frac{q_e}{W_c} = \frac{i_3 - i_2}{i_4 - i_3} = \frac{615 - 406}{632 - 615} \fallingdotseq 12.3$

★
37 암모니아용 압축기의 실린더에 있는 워터재킷의 주된 설치목적은?

① 밸브 및 스프링의 수명을 연장하기 위해서
② 압축효율의 상승을 도모하기 위해서
③ 암모니아는 토출온도가 낮기 때문에 이를 방지하기 위해서
④ 암모니아의 응고를 방지하기 위해서

해설 NH_3용 압축기의 실린더에 있는 워터재킷은 압축효율 상승을 도모하기 위함이다.

정답 31 ② 32 ① 33 ③ 34 ① 35 ① 36 ④ 37 ②

부록 I

38 스크루압축기의 특징에 대한 설명으로 틀린 것은?

① 소형 경량으로 설치면적이 작다.
② 밸브와 피스톤이 없어 장시간의 연속운전이 불가능하다.
③ 암수회전자의 회전에 의해 체적을 줄여가면서 압축한다.
④ 왕복동식과 달리 흡입밸브와 토출밸브를 사용하지 않는다.

해설 스크루압축기는 밸브와 피스톤이 없어 장시간 연속운전이 가능하다. 흡입·토출밸브가 없고 대용량에 많이 사용한다.

39 고온부의 절대온도를 T_1, 저온부의 절대온도를 T_2, 고온부로 방출하는 열량을 Q_1, 저온부로부터 흡수하는 열량을 Q_2라고 할 때 이 냉동기의 이론성적계수(COP)를 구하는 식은?

① $\frac{Q_1}{Q_1 - Q_2}$ ② $\frac{Q_2}{Q_1 - Q_2}$
③ $\frac{T_1}{T_1 - T_2}$ ④ $\frac{T_1 - T_2}{T_1}$

해설 $(COP)_R = \frac{T_2}{T_1 - T_2} = \frac{Q_2}{Q_1 - Q_2}$

40 2단 압축냉동장치 내 중간냉각기 설치에 대한 설명으로 옳은 것은?

① 냉동효과를 증대시킬 수 있다.
② 증발기에 공급되는 냉매액을 과열시킨다.
③ 저압압축기 흡입가스 중의 액을 분리시킨다.
④ 압축비가 증가되어 압축효율이 저하된다.

해설 2단 압축냉동장치에서 중간냉각기의 설치로 냉동효과를 증대시킬 수 있다. 팽창밸브 직전의 액냉매를 과냉각시켜 플래시가스 발생을 감소로 냉동효과를 증대시킨다.

참고 저단 압축기 토출가스온도의 과열도 감소, 고단 압축기 과열압축 방지(토출가스온도 상승 감소)

3 공기조화

41 난방부하 계산 시 일반적으로 무시할 수 있는 부하의 종류가 아닌 것은?

① 틈새바람부하
② 조명기구 발열부하
③ 재실자 발생부하
④ 일사부하

해설 난방부하 계산 시 틈새바람(극간풍)부하는 일반적으로 고려해야 한다.

42★ 습공기의 상태변화를 나타내는 방법 중 하나인 열수분비의 정의로 옳은 것은?

① 절대습도변화량에 대한 잠열량변화량의 비율
② 절대습도변화량에 대한 전열량변화량의 비율
③ 상대습도변화량에 대한 현열량변화량의 비율
④ 상대습도변화량에 대한 잠열량변화량의 비율

해설 열수분비(U)$= \frac{dh}{dx} = \frac{\text{비엔탈피(전열량)변화량}}{\text{절대습도(수증기)변화량}}$

43 온수관의 온도가 80℃, 환수관의 온도가 60℃인 자연순환식 온수난방장치에서의 자연순환수두(mmAq)는? (단, 보일러에서 방열기까지의 높이는 5m, 60℃에서의 온수밀도는 983.24kg/m^3, 80℃에서의 온수밀도는 971.84kg/m^{3}이다.)

① 55 ② 56
③ 57 ④ 58

해설 $H = h(\rho_1 - \rho_2)$
$= 5 \times (983.24 - 971.84)$
$= 57\text{mmAq}$

정답 38 ② 39 ② 40 ① 41 ① 42 ② 43 ③

44 온수난방배관방식에서 단관식과 비교한 복관식에 대한 설명으로 틀린 것은?

① 설비비가 많이 든다.
② 온도변화가 많다.
③ 온수순환이 좋다.
④ 안정성이 높다.

해설 복관식은 각 방열기에 균일한 온수온도로 공급한다.

45 극간풍이 비교적 많고 재실인원이 적은 실의 중앙공조방식으로 가장 경제적인 방식은?

① 변풍량 2중덕트방식
② 팬코일유닛방식
③ 정풍량 2중덕트방식
④ 정풍량 단일덕트방식

해설 극간풍(틈새바람)이 비교적 많고 재실인원이 적은 중앙공조방식 중 가장 경제적인 방식은 FCU(fan coil unit)방식이다.

★
46 덕트 설계 시 주의사항으로 틀린 것은?

① 장방형 덕트 단면의 종횡비는 가능한 한 6:1 이상으로 해야 한다.
② 덕트의 풍속은 15m/s 이하, 정압은 50mmAq 이하의 저속덕트를 이용하여 소음을 줄인다.
③ 덕트의 분기점에는 댐퍼를 설치하여 압력평행을 유지시킨다.
④ 재료는 아연도금강판, 알루미늄판 등을 이용하여 마찰저항손실을 줄인다.

해설 aspect ratio(종횡비)는 최대 10 : 1 이하로 하고 4 : 1 이하가 바람직하다. 일반적으로 3 : 2이고 한 변의 최소 길이는 15cm로 억제한다.

★
47 공장에 12kW의 전동기로 구동되는 기계장치 25대를 설치하려고 한다. 전동기는 실내에 설치하고, 기계장치는 실외에 설치한다면 실내로 취득되는 열량(kW)은? (단, 전동기의 부하율은 0.78, 가동률은 0.9, 전동기효율은 0.87이다.)

① 242.1 ② 210.6
③ 44.8 ④ 31.5

해설 취득열량$=\dfrac{12\times25\times0.78\times0.9}{0.87}\fallingdotseq 242.1\text{kW}$

48 공기세정기에서 순환수분무에 대한 설명으로 틀린 것은? (단, 출구수온은 입구공기의 습구온도와 같다.)

① 단열변화 ② 증발냉각
③ 습구온도 일정 ④ 상대습도 일정

해설 세정분무가습 시 상대습도는 증가한다.

★
49 전압기준 국부저항계수 ζ_T와 정압기준 국부저항계수 ζ_S와의 관계를 바르게 나타낸 것은? (단, 덕트 상류풍속은 v_1, 하류풍속은 v_2이다.)

① $\zeta_T=\zeta_S-1+\left(\dfrac{v_2}{v_1}\right)^2$

② $\zeta_T=\zeta_S+1-\left(\dfrac{v_2}{v_1}\right)^2$

③ $\zeta_T=\zeta_S-1-\left(\dfrac{v_2}{v_1}\right)^2$

④ $\zeta_T=\zeta_S+1+\left(\dfrac{v_2}{v_1}\right)^2$

해설 전압기준 국부저항계수(ζ_T)

$=$정압기준 국부저항계수$+1-\left(\dfrac{\text{하류풍속}}{\text{상류풍속}}\right)^2$

$=\zeta_S+1-\left(\dfrac{v_2}{v_1}\right)^2$

50 공기세정기에 대한 설명으로 틀린 것은?

① 세정기 단면의 종횡비를 크게 하면 성능이 떨어진다.
② 공기세정기의 수·공기비는 성능에 영향을 미친다.
③ 세정기 출구에는 분무된 물방울의 비산을 방지하기 위해 루버를 설치한다.
④ 스프레이헤더의 수를 뱅크(bank)라 하고 1본을 1뱅크, 2본을 2뱅크라 한다.

정답 44 ② 45 ② 46 ① 47 ① 48 ④ 49 ② 50 ③

해설 세정기 출구에는 분무된 물방울의 비산을 방지하기 위해 일리미네이터(eliminator)를 설치한다.

★
51 실내의 CO_2농도기준이 1,000ppm이고 1인당 CO_2 발생량이 18L/h인 경우 실내 1인당 필요한 환기량(m^3/h)은? (단, 외기CO_2농도는 300ppm이다.)

① 22.7　　② 23.7
③ 25.7　　④ 26.7

해설 $Q=\dfrac{M}{C_i-C_o}=\dfrac{18\times10^{-3}}{1\times10^{-3}-3\times10^{-4}}=25.71\text{m}^3/\text{h}$

52 타원형 덕트(flat oval duct)와 같은 저항을 갖는 상당직경 D_e를 바르게 나타낸 것은? (단, A는 타원형 덕트 단면적, P는 타원형 덕트 둘레길이이다.)

① $D_e=\dfrac{1.55P^{0.25}}{A^{0.625}}$

② $D_e=\dfrac{1.55A^{0.25}}{P^{0.625}}$

③ $D_e=\dfrac{1.55P^{0.625}}{A^{0.25}}$

④ $D_e=\dfrac{1.55A^{0.625}}{P^{0.25}}$

해설 $D_e=\dfrac{1.55A^{0.625}}{P^{0.25}}$[mm]

★
53 압력 1MPa, 건도 0.89인 습증기 100kg을 일정 압력의 조건에서 엔탈피가 3,052kJ/kg인 300℃의 과열증기로 되는데 필요한 열량(kJ)은? (단, 1MPa에서 포화액의 엔탈피는 759kJ/kg, 증발잠열은 2,018kJ/kg이다.)

① 44,208　　② 49,698
③ 229,311　　④ 103,432

해설 습증기엔탈피=포화액엔탈피+건조도×증발잠열
∴ 과열증기열량(Q)
=증기량×[과열증기엔탈피−(포화액엔탈피+건조도×증발잠열)]
=100×[3,052−(759+0.89×2,018)]
=49,698kJ

54 EDR(Equivalent Direct Radiation)에 관한 설명으로 틀린 것은?

① 증기의 표준 방열량은 650kcal/m²·h이다.
② 온수의 표준 방열량은 450kcal/m²·h이다.
③ 상당방열면적을 의미한다.
④ 방열기의 표준 방열량을 전방열량으로 나눈 값이다.

해설 상당방열면적(EDR)$=\dfrac{\text{난방부하}}{\text{방열기 표준 방열량}}$[m²]

참고 표준 방열량
• 온수 : 450kcal/m²·h=0.523kW/m²
• 증기 : 650kcal/m²·h=0.756KW/m²

★
55 증기난방방식에 대한 설명으로 틀린 것은?

① 환수방식에 따라 중력환수식과 진공환수식, 기계환수식으로 구분한다.
② 배관방법에 따라 단관식과 복관식이 있다.
③ 예열시간이 길지만 열량조절이 용이하다.
④ 운전 시 증기해머로 인한 소음을 일으키기 쉽다.

해설 예열시간이 길지만 난방부하변동에 따른 온도조절이 용이한 것은 온수난방이다.

56 어떤 냉각기의 1열(列)코일의 바이패스 팩터가 0.65라면 4열(列)의 바이패스 팩터는 약 얼마가 되는가?

① 0.18　　② 1.82
③ 2.83　　④ 4.84

해설 $BF=0.65^4 \fallingdotseq 0.18$

★
57 다음 냉방부하요소 중 잠열을 고려하지 않아도 되는 것은?

① 인체에서의 발생열
② 커피포트에서의 발생열
③ 유리를 통과하는 복사열
④ 틈새바람에 의한 취득열

해설 유리를 통과하는 복사열은 현열부하이다.

정답 51 ③ 52 ④ 53 ② 54 ④ 55 ③ 56 ① 57 ③

58 냉수코일 설계기준에 대한 설명으로 틀린 것은?

① 코일은 관이 수평으로 놓이게 설치한다.
② 관내 유속은 1m/s 정도로 한다.
③ 공기냉각용 코일의 열수는 일반적으로 4~8열이 주로 사용된다.
④ 냉수 입·출구온도차는 10℃ 이상으로 한다.

해설 냉수의 입·출구온도차는 5℃ 전후로 한다.

59 다음 용어에 대한 설명으로 틀린 것은?

① 자유면적 : 취출구 혹은 흡입구 구멍면적의 합계
② 도달거리 : 기류의 중심속도가 0.25m/s에 이르렀을 때 취출구에서의 수평거리
③ 유인비 : 전공기량에 대한 취출공기량(1차 공기)의 비
④ 강하도 : 수평으로 취출된 기류가 일정거리만큼 진행한 뒤 기류 중심선과 취출구 중심과의 수직거리

해설 $\text{유인비}(n) = \frac{\text{공기합계(전공기량)}}{\text{1차 공기(취출공기량)}}$

★
60 덕트의 마찰저항을 증가시키는 요인 중 값이 커지면 마찰저항이 감소되는 것은?

① 덕트재료의 마찰저항계수
② 덕트길이
③ 덕트직경
④ 풍속

4 전기제어공학

61 정격주파수 60Hz의 농형 유도전동기를 50Hz의 정격전압에서 사용할 때 감소하는 것은?

① 토크 ② 온도
③ 역률 ④ 여자전류

해설 정격주파수(Hz)가 작아지면 역률이 낮아진다.

★
62 다음 그림과 같은 피드백회로의 종합전달함수는?

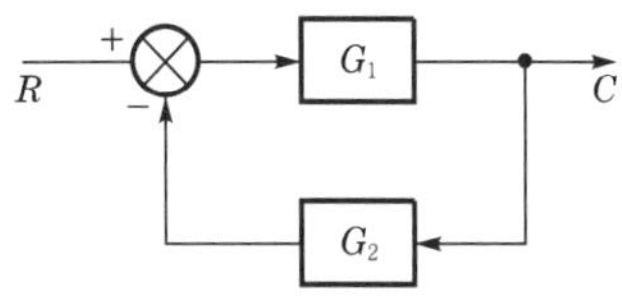

① $\frac{1}{G_1}+\frac{1}{G_2}$ ② $\frac{G_1}{1-G_1G_2}$
③ $\frac{G_1}{1+G_1G_2}$ ④ $\frac{G_1G_2}{1-G_1G_2}$

해설 $C = RG_1 - CG_1G_2$
$C(1+G_1G_2) = RG_1$
$\therefore G = \frac{C}{R} = \frac{G_1}{1+G_1G_2}$

63 도체가 대전된 경우 도체의 성질과 전하분포에 관한 설명으로 틀린 것은?

① 도체 내부의 전계는 ∞이다.
② 전하는 도체표면에만 존재한다.
③ 도체는 등전위이고, 표면은 등전위면이다.
④ 도체표면상의 전계는 면에 대하여 수직이다.

해설 도체 내부의 전계는 0이다.

64 어떤 교류전압의 실효값이 100V일 때 최대값은 약 몇 V가 되는가?

① 100 ② 141
③ 173 ④ 200

해설 $V_{max} = \sqrt{2}\,V_a = \sqrt{2}\times 100 = 141\text{V}$

★
65 PLC(Programmable Logic Controller)에서 CPU부의 구성과 거리가 먼 것은?

① 연산부
② 전원부
③ 데이터메모리부
④ 프로그램메모리부

해설 PLC의 CPU부는 연산부(수치연산), 데이터메모리부(처리기능), 프로그램메모리부(제어기능)로 구성된다.

정답 58 ④ 59 ③ 60 ③ 61 ③ 62 ③ 63 ① 64 ② 65 ②

66 제어대상의 상태를 자동적으로 제어하며 목표값이 제어공정과 기타의 제한조건에 순응하면서 가능한 가장 짧은 시간에 요구되는 최종상태까지 가도록 설계하는 제어는?

① 디지털제어 ② 적응제어
③ 최적제어 ④ 정치제어

67 90Ω의 저항 3개가 Δ결선으로 되어 있을 때 상당(단상)해석을 위한 등가 Y결선에 대한 각 상의 저항크기는 몇 Ω인가?

① 10 ② 30
③ 90 ④ 120

해설 Δ결선을 Y결선으로 환산하면

$$Z_y = \frac{\Delta\text{결선의 저항}}{Z} = \frac{90}{3} = 30\,\Omega$$

68 다음과 같은 회로에 전압계 3대와 저항 10Ω을 설치하여 $V_1=80$V, $V_2=20$V, $V_3=100$V의 실효치전압을 계측하였다. 이때 순저항부하에서 소모하는 유효전력은 몇 W인가?

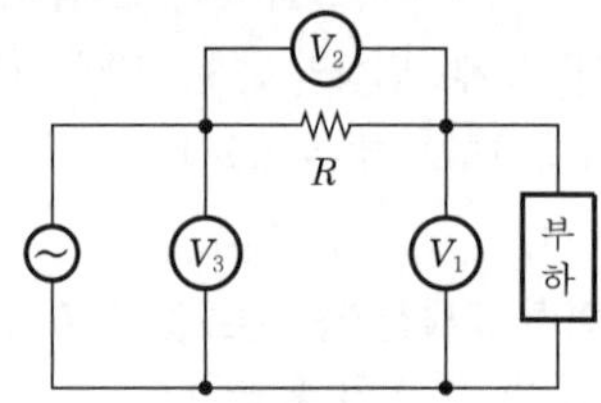

① 160 ② 320
③ 460 ④ 640

해설 유효전력$= \frac{1}{2R}({V_3}^2 - {V_1}^2 - {V_2}^2)$

$$= \frac{1}{2\times 10}\times(100^2 - 80^2 - 20^2) = 160\text{W}$$

69 $G(j\omega) = e^{-0.4}$일 때 $\omega = 2.5$에서의 위상각은 약 몇 도인가?

① −28.6 ② −42.9
③ −57.3 ④ −71.5

해설 $G(j\omega) = e^{-0.4} = \cos 0.4\omega - j\sin 0.4\omega$

$$\therefore \theta = \angle G(j\omega) = -\tan^{-1}\frac{\sin 0.4\omega}{\cos 0.4\omega} = -0.4\omega$$

$$= -0.4\times 2.5 = -1\text{rad} = -1\times\frac{180°}{\pi} = -57.3°$$

70 여러 가지 전해액을 이용한 전기분해에서 동일량의 전기로 석출되는 물질의 양은 각각의 화학당량에 비례한다고 하는 법칙은?

① 줄의 법칙 ② 렌츠의 법칙
③ 쿨롱의 법칙 ④ 패러데이의 법칙

해설 패러데이법칙이란 폐회로에 유도되는 전력의 크기는 그 회로에 쇄교하는 자속수의 시간적인 변화의 비율에 비례한다는 법칙이다. 전기회로 내에 일어난 화학변화량은 그 회로를 통과한 전기량에 비례하고, 같은 전기량으로 전극에 분리되는 각 물질의 양은 그 화학당량에 비례한다는 법칙이다.

★ **71** 과도응답의 소멸되는 정도를 나타내는 감쇠비(decay ratio)로 옳은 것은?

① $\frac{\text{제2 오버슛}}{\text{최대 오버슛}}$ ② $\frac{\text{제4 오버슛}}{\text{최대 오버슛}}$
③ $\frac{\text{최대 오버슛}}{\text{제2 오버슛}}$ ④ $\frac{\text{최대 오버슛}}{\text{제4 오버슛}}$

해설 감쇠비$= \frac{\text{제2 오버슛}}{\text{최대 오버슛}}$

72 유도전동기에서 슬립이 '0'이란 의미와 같은 것은?

① 유도제동기의 역할을 한다.
② 유도전동기가 정지상태이다.
③ 유도전동기가 전부하운전상태이다.
④ 유도전동기가 동기속도로 회전한다.

해설 유도전동기에서 슬립이 '0'이란 유도전동기가 동기속도로 회전한다는 의미이다.

참고 유도전동기에서 슬립이 가장 클 때는 기동할 때이다.

★ **73** 제어장치가 제어대상에 가하는 제어신호로 제어장치의 출력인 동시에 제어대상의 입력인 신호는?

① 조작량 ② 제어량
③ 목표값 ④ 동작신호

정답 66 ③ 67 ② 68 ① 69 ③ 70 ④ 71 ① 72 ④ 73 ①

해설 조작량은 제어요소가 제어대상에 주는 양으로 제어대상에 가한 신호로써, 이것에 의해 제어량을 변화시킨다.

74 200V, 1kW 전열기에서 전열선의 길이를 $\frac{1}{2}$로 할 경우 소비전력은 몇 kW인가?

① 1 ② 2
③ 3 ④ 4

해설 $P_1 = \frac{V^2}{R_1}$

$R_1 = \frac{V^2}{P_1} = \frac{200^2}{1,000} = 40\Omega$

$R_2 = R_1 \times \frac{1}{2} = 40 \times \frac{1}{2} = 20\Omega$

$\therefore P_2 = \frac{V^2}{R_2} = \frac{200^2}{20} = 2,000\text{W} = 2\text{kW}$

75 제어계의 분류에서 엘리베이터에 적용되는 제어방법은?

① 정치제어 ② 추종제어
③ 비율제어 ④ 프로그램제어

해설 제어계의 분류에서 엘리베이터에 적용되는 제어방법은 프로그램제어이다.

76 다음 설명은 어떤 자성체를 표현한 것인가?

> N극을 가까이 하면 N극으로, S극을 가까이 하면 S극으로 자화되는 물질로 구리, 금, 은 등이 있다.

① 강자성체 ② 상자성체
③ 반자성체 ④ 초강자성체

해설 반자성체는 N극을 가까이 하면 N극으로, S극을 가까이 하면 S극으로 자화되는 물질로 구리(Cu), 금(Au), 은(Ag) 등이 있다.

77 단위피드백제어계통에서 입력과 출력이 같다면 전향전달함수 $G(s)$의 값은?

① 0 ② 0.707
③ 1 ④ ∞

해설 $\frac{C}{R} = \frac{G}{1+G} = \frac{1}{\frac{1}{G}+1}$

$\therefore \left|\frac{C}{R}\right| = 1$이 되려면 $|G| = \infty$이어야 한다.

78 제어계의 과도응답특성을 해석하기 위해 사용하는 단위계단입력은?

① $\delta(t)$ ② $u(t)$
③ $-3tu(t)$ ④ $\sin(120\pi t)$

해설 제어계의 과도응답특성을 해석하기 위해 사용하는 단위계단입력은 $u(t)$이다.

79 추종제어에 속하지 않는 제어량은?

① 위치 ② 방위
③ 자세 ④ 유량

해설 추종제어에 속하는 제어량은 자세, 방위, 위치 등이다.

★ **80** PI동작의 전달함수는? (단, K_P는 비례감도이고, T_I는 적분시간이다.)

① K_P ② $K_P s T_I$
③ $K_P(1+sT_I)$ ④ $K_P\left(1+\frac{1}{sT_I}\right)$

해설 전달함수

㉠ 비례(P)요소 : K_P
㉡ 적분(I)요소 : $\frac{K_P}{s}$
㉢ 미분(D)요소 : $K_P s$
㉣ 비례적분(PI)동작 : $K_P\left(1+\frac{1}{sT_I}\right)$
㉤ 비례미분(PD)동작 : $K_P(1+sT_I)$
㉥ 비례적분미분(PID)동작 : $K_P\left(1+\frac{1}{sT_I}+sT_I\right)$

부록 I

정답 74 ② 75 ④ 76 ③ 77 ④ 78 ② 79 ④ 80 ④

5 배관 일반

81 냉동장치의 배관공사가 완료된 후 방열공사의 시공 및 냉매를 충전하기 전에 전 계통에 걸쳐 실시하며 진공시험으로 최종적인 기밀 유무를 확인하기 전에 하는 시험은?

① 내압시험 ② 기밀시험
③ 누설시험 ④ 수압시험

82 가스미터를 구조상 직접식(실측식)과 간접식(추정식)으로 분류한다. 다음 중 직접식 가스 미터는?

① 습식 ② 터빈식
③ 벤투리식 ④ 오리피스식

해설 직접식에는 습식과 일반 저압용으로 다이어프램식이 있다.

83 전기가 정전되어도 계속하여 급수를 할 수 있으며 급수오염 가능성이 적은 급수방식은?

① 압력탱크방식 ② 수도직결방식
③ 부스터방식 ④ 고가탱크방식

해설 수도직결방식은 전기가 정전되어도 계속하여 급수를 할 수 있으며 급수오염 가능성이 가장 적은 급수방식이다.

★ **84** 배관작업용 공구의 설명으로 틀린 것은?

① 파이프리머(pipe reamer) : 관을 파이프 커터 등으로 절단한 후 관 단면의 안쪽에 생긴 거스러미(burr)를 제거
② 플레어링툴(flaring tools) : 동관을 압축이음하기 위하여 관 끝을 나팔모양으로 가공
③ 파이프바이스(pipe vice) : 관을 절단하거나 나사이음을 할 때 관이 움직이지 않도록 고정
④ 사이징툴(sizing tools) : 동일 지름의 관을 이음쇠 없이 납땜이음을 할 때 한쪽 관 끝을 소켓모양으로 가공

해설 사이징툴이란 동관 끝을 원형으로 정형하는 공구이다.

85 LP가스 공급, 소비설비의 압력손실요인으로 틀린 것은?

① 배관의 입하에 의한 압력손실
② 엘보, 티 등에 의한 압력손실
③ 배관의 직관부에서 일어나는 압력손실
④ 가스미터, 콕, 밸브 등에 의한 압력손실

해설 배관의 입하에 의한 압력손실은 발생하지 않고 오히려 줄어든다.

86 통기관의 설치목적으로 가장 거리가 먼 것은?

① 배수의 흐름을 원활하게 하여 배수관의 부식을 방지한다.
② 봉수가 사이펀작용으로 파괴되는 것을 방지한다.
③ 배수계통 내에 신선한 공기를 유입하기 위해 환기시킨다.
④ 배수계통 내의 배수 및 공기의 흐름을 원활하게 한다.

해설 통기관의 설치목적은 트랩봉수의 파괴를 방지하기 위해 설치한다. 즉 배수흐름의 원활, 배수관 내 악취의 실외배출, 배수관 내의 청결유지를 목적으로 한다.

87 배관의 끝을 막을 때 사용하는 이음쇠는?

① 유니언 ② 니플
③ 플러그 ④ 소켓

해설 배관의 끝을 막을 때 사용하는 이음쇠는 캡(cap), 플러그(plug) 등이 있다.

★ **88** 다음 저압가스배관의 직경(D)을 구하는 식에서 S가 의미하는 것은? (단, L은 관의 길이를 의미한다.)

$$D^5 = \frac{Q^2 SL}{K^2 H}$$

① 관의 내경 ② 공급압력차
③ 가스유량 ④ 가스비중

해설 저압가스배관유량(Q) $= K\sqrt{\frac{D^5 H}{SL}}$

여기서, S : 가스비중, H : 압력손실(mmH^{2}O)
K : 유량계수

정답 81 ③ 82 ① 83 ② 84 ④ 85 ① 86 ① 87 ③ 88 ④

89 다음 장치 중 일반적으로 보온, 보냉이 필요한 것은?

① 공조기용의 냉각수배관
② 방열기 주변 배관
③ 환기용 덕트
④ 급탕배관

해설 급탕배관은 일반적으로 보온과 보냉이 필요하다.

90 순동이음쇠를 사용할 때에 비하여 동합금주물이음쇠를 사용할 때 고려할 사항으로 가장 거리가 먼 것은?

① 순동이음쇠 사용에 비해 모세관현상에 의한 용융 확산이 어렵다.
② 순동이음쇠와 비교하여 용접재 부착력은 큰 차이가 없다.
③ 순동이음쇠와 비교하여 냉벽 부분이 발생할 수 있다.
④ 순동이음쇠 사용에 비해 열팽창의 불균일에 의한 부정적 틈새가 발생할 수 있다.

91 보온 시공 시 외피의 마무리재로서 옥외 노출부에 사용되는 재료로 사용하기에 가장 적당한 것은?

① 면포　　② 비닐테이프
③ 방수마포　　④ 아연철판

해설 보온 시공 시 옥외 노출부에는 아연철판 등을 사용한다.

★
92 급수방식 중 급수량의 변화에 따라 펌프의 회전수를 제어하여 급수압을 일정하게 유지할 수 있는 회전수제어시스템을 이용한 방식은?

① 고가수조방식　　② 수도직결방식
③ 압력수조방식　　④ 펌프직송방식

93 보일러 등 압력용기와 그 밖에 고압유체를 취급하는 배관에 설치하여 관 또는 용기 내의 압력이 규정한도에 달하면 내부에너지를 자동적으로 외부에 방출하여 항상 안전한 수준으로 압력을 유지하는 밸브는?

① 감압밸브　　② 온도조절밸브
③ 안전밸브　　④ 전자밸브

해설 안전밸브는 증기보일러 또는 압력용기 내의 내압이 규정된 압력을 초과하면 초과된 압력을 외부로 배출하여 파열사고를 미연에 방지한다.

94 밀폐배관계에서는 압력계획이 필요하다. 압력계획을 하는 이유로 틀린 것은?

① 운전 중 배관계 내에 대기압보다 낮은 개소가 있으면 접속부에서 공기를 흡입할 우려가 있기 때문에
② 운전 중 수온에 알맞은 최소 압력 이상으로 유지하지 않으면 순환수비등이나 플래시현상 발생 우려가 있기 때문에
③ 펌프의 운전으로 배관계 각부의 압력이 감소하므로 수격작용, 공기정체 등의 문제가 생기기 때문에
④ 수온의 변화에 의한 체적의 팽창·수축으로 배관 각부에 악영향을 미치기 때문에

95 다음 중 난방 또는 급탕설비의 보온재료로 가장 부적합한 것은?

① 유리섬유
② 발포폴리스티렌폼
③ 암면
④ 규산칼슘

해설 ㉠ 보온재 : 암면, 유리섬유, 규산칼슘, 펄라이트 등
㉡ 보냉재 : 발포폴리스티렌폼

★
96 배수의 성질에 따른 구분에서 수세식 변기의 대·소변에서 나오는 배수는?

① 오수　　② 잡배수
③ 특수 배수　　④ 우수배수

해설 배수의 종류 : 오수(대소변기), 잡배수(주방, 세탁기, 세면기), 우수(빗물), 특수 배수(공장, 병원, 연구소) 등

부록 I

정답 89 ④ 90 ② 91 ④ 92 ④ 93 ③ 94 ③ 95 ② 96 ①

★
97 **리버스리턴배관방식에 대한 설명으로 틀린 것은?**

① 각 기기 간의 배관회로길이가 거의 같다.
② 저항의 밸런싱을 취하기 쉽다.
③ 개방회로시스템(open loop system)에서 권장된다.
④ 환수관이 2중이므로 배관 설치공간이 커지고 재료비가 많이 든다.

해설 **리버스리턴방식(역환수방식)**
㉠ 공급관과 환수관의 이상적인 수량의 배분과 입상관에서 정수두(마찰손실수두)의 영향이 없게 하기 위하여 채용한다.
㉡ 개방회로시스템은 아니다.

98 **패럴렐슬라이드밸브(parallel slide valve)에 대한 설명으로 틀린 것은?**

① 평행한 두 개의 밸브 몸체 사이에 스프링이 삽입되어 있다.
② 밸브 몸체와 디스크 사이에 시트가 있어 밸브 측면의 마찰이 적다.
③ 쐐기모양의 밸브로서 쐐기의 각도는 보통 6~8°이다.
④ 밸브시트는 일반적으로 경질 금속을 사용한다.

해설 쐐기꼴모양의 밸브는 웨지게이트밸브(wedge gate valve)이다.

99 **5세주형 700mm의 주철제방열기를 설치하여 증기온도가 110℃, 실내공기온도가 20℃이며 난방부하가 29kW일 때 방열기의 소요쪽수는? (단, 방열계수는 8W/m^2·℃, 1쪽당 방열면적은 0.28m^{2}이다.)**

① 144쪽 ② 154쪽
③ 164쪽 ④ 174쪽

해설 방열기 방열량$(H)=k(t_2-t_1)$
$=8\times(110-20)$
$=720\text{W/m}^2$

$\therefore$ 방열기 쪽수$(Z)=\dfrac{\text{난방부하}(H_r)}{\text{방열기 방열량}\times 1\text{쪽당 방열면적}}$
$=\dfrac{29,000}{720\times0.28}\fallingdotseq 144$쪽

★
100 **다음 중 열팽창에 의한 관의 신축으로 배관의 이동을 구속 또는 제한하는 장치가 아닌 것은?**

① 앵커(anchor) ② 스토퍼(stopper)
③ 가이드(guide) ④ 인서트(insert)

해설 ㉠ 리스트레인트(restraint) : 열팽창에 의한 배관의 이동을 구속·제한한다.
㉡ 앵커 : 배관을 지지점 위에 완전히 고정하는 지지구이다.
㉢ 스토퍼 : 배관의 일정 방향으로 이동과 회전만 구속하고 다른 방향은 자유롭게 이동한다.
㉣ 가이드 : 축과 직각방향의 이동을 구속한다. 파이프의 랙 위 배관의 곡관 부분과 신축이음 부분에 설치한다.

정답 97 ③ 98 ③ 99 ① 100 ④

6 2019. 8. 4. 시행 공조냉동기계기사

1 기계 열역학

01 두께 10mm, 열전도율 15W/m · ℃인 금속판 두 면의 온도가 각각 70℃와 50℃일 때 전열면 1m²당 1분 동안에 전달되는 열량(kJ)은 얼마인가?

① 1,800 ② 14,000
③ 92,000 ④ 162,000

해설 $Q=\lambda A\left(\frac{t_1-t_2}{L}\right)$
$=15\times1\times\frac{70-50}{0.01}\times60\times10^{-3}$
$=1{,}800\text{kJ/min}$

02 압축비가 18인 오토사이클의 효율(%)은? (단, 기체의 비열비는 1.41이다.)

① 65.7 ② 69.4
③ 71.3 ④ 74.6

해설 $n_{tho}=\left[1-\left(\frac{1}{\varepsilon}\right)^{k-1}\right]\times100$
$=\left[1-\left(\frac{1}{18}\right)^{1.41-1}\right]\times100$
$=69.4\%$

★
03 800kPa, 350℃의 수증기를 200kPa로 교축한다. 이 과정에 대하여 운동에너지의 변화를 무시할 수 있다고 할 때 이 수증기의 Joule-Thomson계수(K/kPa)는 얼마인가? (단, 교축 후의 온도는 344℃이다.)

① 0.005 ② 0.01
③ 0.02 ④ 0.03

해설 $\mu_T=\left(\frac{\partial T}{\partial P}\right)_{h=c}=\frac{T_1-T_2}{P_1-P_2}$
$=\frac{(350+273)-(344+273)}{800-200}=0.01\text{K/kPa}$

04 표준 대기압상태에서 물 1kg이 100℃로부터 전부 증기로 변하는 데 필요한 열량이 0.652kJ이다. 이 증발과정에서의 엔트로피 증가량(J/K)은 얼마인가?

① 1.75 ② 2.75
③ 3.75 ④ 4.00

해설 $\Delta S=S_2-S_1=\frac{Q}{T}$
$=\frac{0.652\times10^3}{100+273}\fallingdotseq1.75\text{J/K}$

★
05 냉동기 팽창밸브장치에서 교축과정을 일반적으로 어떤 과정이라고 하는가? (단, 이때 일반적으로 운동에너지의 차이를 무시한다.)

① 정압과정
② 등엔탈피과정
③ 등엔트로피과정
④ 등온과정

해설 냉동기 팽창밸브에서의 교축과정은 실제 기체(냉매)이므로 $P_1>P_2$, $T_1>T_2$, $h_1=h_2$, $\Delta S>0$이다.

06 최고온도(T_H)와 최저온도(T_L)가 모두 동일한 이상적인 가역사이클 중 효율이 다른 하나는? (단, 사이클작동에 사용되는 가스(기체)는 모두 동일하다.)

① 카르노사이클
② 브레이튼사이클
③ 스털링사이클
④ 에릭슨사이클

정답 01 ① 02 ② 03 ② 04 ① 05 ② 06 ②

해설 ① 카르노사이클 : 등온변화(2개)와 가역단열변화(2개)로 구성
② 브레이튼사이클 : 가스터빈의 이상(기본)사이클, 등압변화(2개)와 가역단열변화(2개)로 구성
③ 스털링사이클 : 등온변화(2개)와 등적변화(2개)로 구성
④ 에릭슨사이클 : 등온변화(2개)와 등압변화(2개)로 구성

07 냉동효과가 70kW인 냉동기의 방열기온도가 20℃, 흡열기온도가 −10℃이다. 이 냉동기를 운전하는데 필요한 압축기의 이론동력(kW)은 얼마인가?

① 6.02 ② 6.98
③ 7.98 ④ 8.99

해설 $\varepsilon_R = \frac{T_2}{T_1 - T_2} = \frac{-10+273}{(20+273)-(-10+273)} \fallingdotseq 8.77$

$\therefore \text{kW} = \frac{Q_e}{\varepsilon_R} = \frac{70}{8.77} = 7.98\text{kW}$

★
08 체적이 1m³인 용기에 물이 5kg 들어있으며 그 압력을 측정해보니 500kPa이었다. 이 용기에 있는 물 중에 증기량(kg)은 얼마인가? (단, 500kPa에서 포화액체와 포화증기의 비체적은 각각 0.001093m³/kg, 0.37489m³/kg이다.)

① 0.005 ② 0.94
③ 1.87 ④ 2.66

해설 $v_x = v' + x(v'' - v')$

$x = \frac{v_x - v'}{v'' - v'} = \frac{\frac{v}{m} - v'}{v'' - v'} = \frac{\frac{1}{5} - 0.001093}{0.37489 - 0.001093}$

$= 0.532$

∴ 물 중의 증기량 $= mx = 5 \times 0.532 = 2.66\text{kg}$

09 배기량(displacement volume)이 1,200cc, 극간체적(clearance volume)이 200cc인 가솔린기관의 압축비는 얼마인가?

① 5 ② 6
③ 7 ④ 8

해설 $\varepsilon = \frac{V(\text{실린더체적})}{V_c(\text{극간체적})} = \frac{V_c + V_s}{V_c} = 1 + \frac{V_s}{V_c}$

$= 1 + \frac{1,200}{200} = 7$

10 국소대기압력이 0.099MPa일 때 용기 내 기체의 게이지압력이 1MPa이었다. 기체의 절대압력(MPa)은 얼마인가?

① 0.901 ② 1.099
③ 1.135 ④ 1.275

해설 $P_a = P_o + P_g = 1 + 0.099 = 1.099\text{MPa}$

★
11 다음 그림과 같이 다수의 추를 올려놓은 피스톤이 끼워져 있는 실린더에 들어있는 가스를 계로 생각한다. 초기압력이 300kPa이고, 초기체적은 0.05m³이다. 피스톤을 고정하여 체적을 일정하게 유지하면서 압력이 200kPa로 떨어질 때까지 계에서 열을 제거한다. 이때 계가 외부에 한 일(kJ)은 얼마인가?

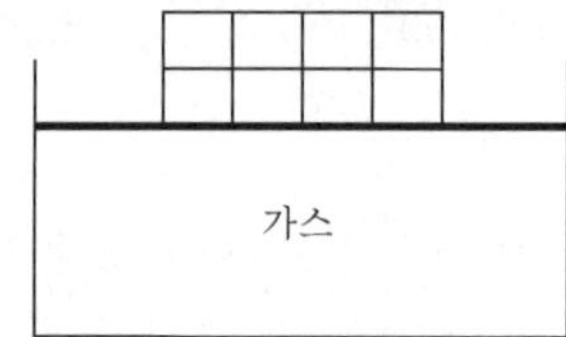

① 0 ② 5
③ 10 ④ 1

해설 밀폐계인 경우 정적변화($V=C$) 시 절대일(팽창일)은 0(${}_1W_2 = 0$)이다.

참고 공업일(W_t) $= -\int_1^2 VdP = V\int_2^1 dP$

$= V(P_1 - P_2)$

$= 0.05 \times (300 - 200)$

$= 5\text{kJ}$

12 질량 4kg의 액체를 15℃에서 100℃까지 가열하기 위해 714kJ의 열을 공급하였다면 액체의 비열(kJ/kg·K)은 얼마인가?

① 1.1 ② 2.1
③ 3.1 ④ 4.1

해설 $Q = mC(t_2 - t_1)$

$\therefore C = \frac{Q}{m(t_2 - t_1)}$

$= \frac{714}{4 \times (100 - 15)}$

$= 2.1\text{kJ/kg} \cdot \text{K}$

정답 07 ③ 08 ④ 09 ③ 10 ② 11 ① 12 ②

13 공기 3kg이 300K에서 650K까지 온도가 올라갈 때 엔트로피변화량(J/K)은 얼마인가? (단, 이때 압력은 100kPa에서 550kPa로 상승하고, 공기의 정압비열은 1.005kJ/kg·K, 기체상수는 0.287kJ/kg·K이다.)

① 712 ② 863
③ 924 ④ 966

해설 $\Delta S = m\left(C_p \ln\frac{T_2}{T_1} - R\ln\frac{P_2}{P_1}\right)$

$= 3\times\left(1.005\times\ln\frac{650}{300} - 0.287\times\ln\frac{550}{100}\right)$

$= 0.863\text{kJ/K}$

$= 863\text{J/K}$

★14 열역학적 상태량은 일반적으로 강도성 상태량과 용량성 상태량으로 분류할 수 있다. 강도성 상태량에 속하지 않는 것은?

① 압력 ② 온도
③ 밀도 ④ 체적

해설 ㉠ 강도성 상태량(intensive quantity of state) : 물질의 양과 무관한 상태량으로 압력, 온도, 밀도(비질량), 비체적 등이 있다.
㉡ 용량성 상태량(extensive quantity of state) : 물질의 양에 비례하는 상태량으로 체적, 엔탈피, 엔트로피, 내부에너지 등이 있다.

15 공기 표준 브레이턴(Brayton)사이클기관에서 최고압력이 500kPa, 최저압력은 100kPa이다. 비열비(k)가 1.4일 때 이 사이클의 열효율(%)은?

① 3.9 ② 18.9
③ 36.9 ④ 26.9

해설 압력비(γ)$= \frac{P_2}{P_1} = \frac{500}{100} = 5$

$\therefore \eta_{thB} = \left[1-\left(\frac{1}{\gamma}\right)^{\frac{k-1}{k}}\right]\times 100$

$= \left[1-\left(\frac{1}{5}\right)^{\frac{1.4-1}{1.4}}\right]\times 100$

$\fallingdotseq 36.9\%$

16 증기가 디퓨저를 통하여 0.1MPa, 150℃, 200m/s의 속도로 유입되어 출구에서 50m/s의 속도로 빠져나간다. 이때 외부로 방열된 열량이 500J/kg일 때 출구엔탈피(kJ/kg)는 얼마인가? (단, 입구의 0.1MPa, 150℃ 상태에서 엔탈피는 2,776.4kJ/kg이다.)

① 2,751.3 ② 2,778.2
③ 2,794.7 ④ 2,812.4

해설 $h_2 = h_1 + \frac{1}{2}({V_1}^2 - {V_2}^2) - q$

$= 2,776.4 + \frac{1}{2}\times(200^2 - 50^2)\times 10^{-3} - 0.5$

$= 2,794.7\text{kJ/kg}$

★17 체적이 0.5m^{3}인 탱크에 분자량이 24kg/kmol인 이상기체 10kg이 들어있다. 이 기체의 온도가 25℃일 때 압력(kPa)은 얼마인가? (단, 일반기체상수는 8.3143kJ/kmol·K이다.)

① 126 ② 845
③ 2,066 ④ 49,578

해설 $Pv = mRT$

$\therefore P = \frac{mRT}{v} = \frac{m\frac{\overline{R}}{M}T}{v}$

$= \frac{10\times\frac{8.3143}{24}\times(25+273)}{0.5} \fallingdotseq 2,066\text{kPa}$

18 이상적인 카르노사이클열기관에서 사이클당 585.5J의 일을 얻기 위하여 필요로 하는 열량이 1kJ이다. 저열원의 온도가 15℃라면 고열원의 온도(℃)는 얼마인가?

① 422 ② 595
③ 695 ④ 722

해설 $\eta_c = \frac{W_{net}}{Q_1} = \frac{585.5}{1,000} = 0.5855$

$\eta_c = 1 - \frac{T_2}{T_1}$

$\therefore T_1 = \frac{T_2}{1-\eta_c} = \frac{15+273}{1-0.5855}$

$= 694.81\text{K} - 273 \fallingdotseq 422℃$

부록 I

정답 13 ② 14 ④ 15 ③ 16 ③ 17 ③ 18 ①

19 5kg의 산소가 정압하에서 체적이 $0.2m^3$에서 $0.6m^3$로 증가했다. 이때의 엔트로피변화량(kJ/K)은 얼마인가? (단, 산소는 이상기체이며, 정압비열은 0.92kJ/kg·K이다.)

① 1.857 ② 2.746
③ 5.054 ④ 6.507

해설 $\Delta S = S_2 - S_1 = mC_p \ln\frac{V_2}{V_1}$

$= 5\times0.92\times\ln\frac{0.6}{0.2}$

$\fallingdotseq 5.054$kJ/K

20 다음 냉동사이클에서 열역학 제1법칙과 제2법칙을 모두 만족하는 Q_1, Q_2, W는?

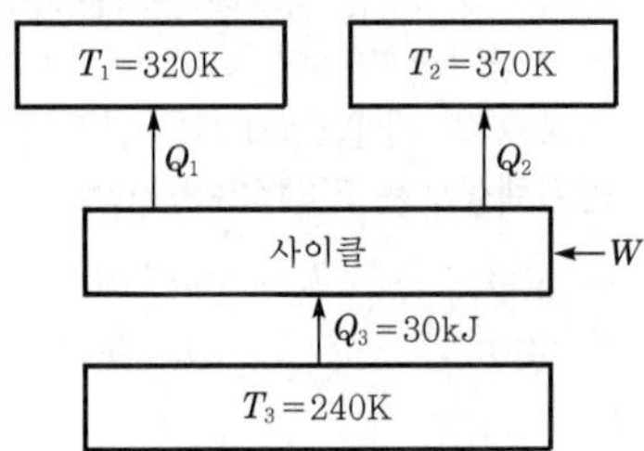

① $Q_1=20$kJ, $Q_2=20$kJ, $W=20$kJ
② $Q_1=20$kJ, $Q_2=30$kJ, $W=20$kJ
③ $Q_1=20$kJ, $Q_2=20$kJ, $W=10$kJ
④ $Q_1=20$kJ, $Q_2=15$kJ, $W=5$kJ

해설 응축부하=냉동능력+압축기 소비일량
$Q_1+Q_2=Q_3+W$(열역학 제1법칙=에너지 보존법칙)
$20+30=30+20$

참고 열역학 제2법칙(엔트로피 증가법칙=비가역법칙)
$\Delta S = \frac{Q_1}{T_1}+\frac{Q_2}{T_2} > \frac{Q_3}{T_3}$

2 냉동공학

21 다음 중 흡수식 냉동기의 냉매흐름순서로 옳은 것은?

① 발생기 → 흡수기 → 응축기 → 증발기
② 발생기 → 흡수기 → 증발기 → 응축기
③ 흡수기 → 발생기 → 응축기 → 증발기
④ 응축기 → 흡수기 → 발생기 → 증발기

해설 흡수식 냉동기의 냉매흐름순서 : 흡수기 → 발생기 → 응축기 → 증발기

22 다음 중 스크루압축기의 구성요소가 아닌 것은?

① 스러스트베어링 ② 수로터
③ 암로터 ④ 크랭크축

해설 스크루압축기는 케이싱(casing), 스러스트베어링, 샤프트실(shaft seal), 로터(암로터, 수로터), 에너지조절장치, 오일압력밸런스피스톤 등으로 구성되며, 크랭크축은 구성요소가 아니다.

★23 다음 그림은 단효용 흡수식 냉동기에서 일어나는 과정을 나타낸 것이다. 각 과정에 대한 설명으로 틀린 것은?

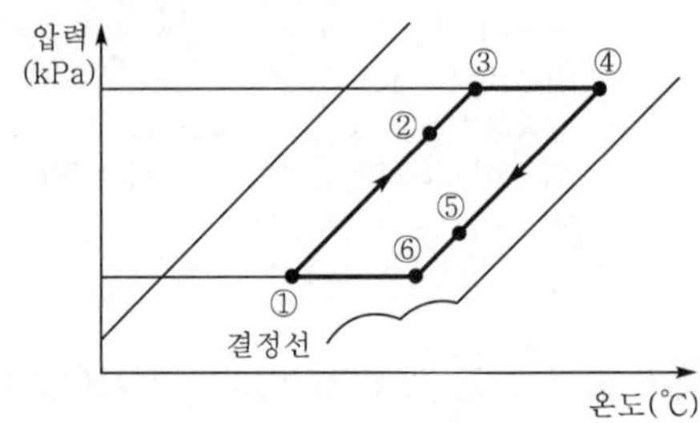

① ①→②과정 : 재생기에서 돌아오는 고온농용액과 열교환에 의한 희용액의 온도 증가
② ②→③과정 : 재생기 내에서 비등점에 이르기까지의 가열
③ ③→④과정 : 재생기 내에서 가열에 의한 냉매응축
④ ④→⑤과정 : 흡수기에서의 저온희용액과 열교환에 의한 농용액의 온도 감소

해설 ③→④과정은 재생기(발생기)에서의 용액농축과정이다.

정답 19 ③ 20 ② 21 ③ 22 ④ 23 ③

24 다음 카르노사이클의 $P-V$선도를 $T-S$ 선도로 바르게 나타낸 것은?

① 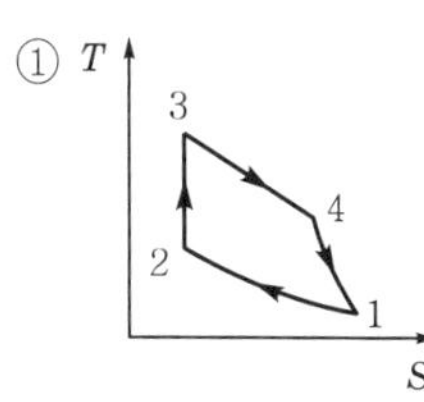

② 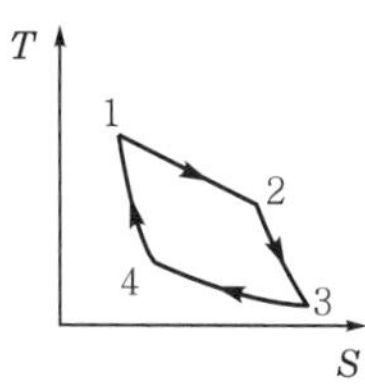

③ 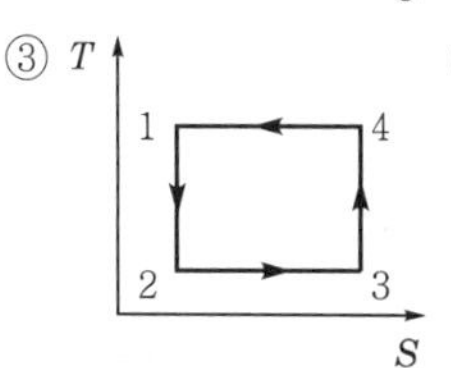

④ 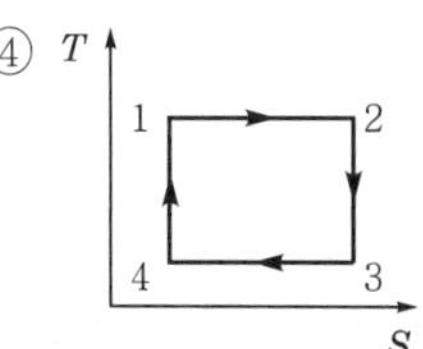

해설 Carnot cycle에서 $T-S$(열량선도)는 장방형(직사각형)이며 열기관사이클이므로 각 과정은 시계방향으로 진행된다(냉동사이클은 역카르노사이클로 반시계방향으로 진행된다).

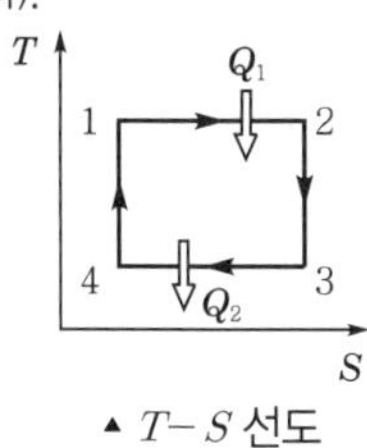

▲ $T-S$ 선도

25 스테판-볼츠만(Stefan-Boltzmann)의 법칙과 관계있는 열이동현상은?

① 열전도 ② 열대류
③ 열복사 ④ 열통과

해설 스테판-볼츠만의 법칙은 열복사에 관한 법칙이다.

$q_R = \varepsilon A\sigma(T_1^{\ 4} - T_2^{\ 4})$[W]

여기서, ε : 복사율($0 < \varepsilon < 1$)
A : 전열면적(m^2)
σ : 스테판-볼츠만상수 (5.67×10^{-8}W/m^2·K^4)
T : 흑체의 복사온도(K)

26 다음 그림과 같은 2단 압축 1단 팽창식 냉동장치에서 고단측의 냉매순환량(kg/h)은? (단, 저단측 냉매순환량은 1,000kg/h이며, 각 지점에서의 엔탈피는 다음 표와 같다.)

지점	엔탈피 (kJ/kg)	지점	엔탈피 (kJ/kg)
1	1,641.2	4	1,838.0
2	1,796.1	5	535.9
3	1,674.7	7	420.8

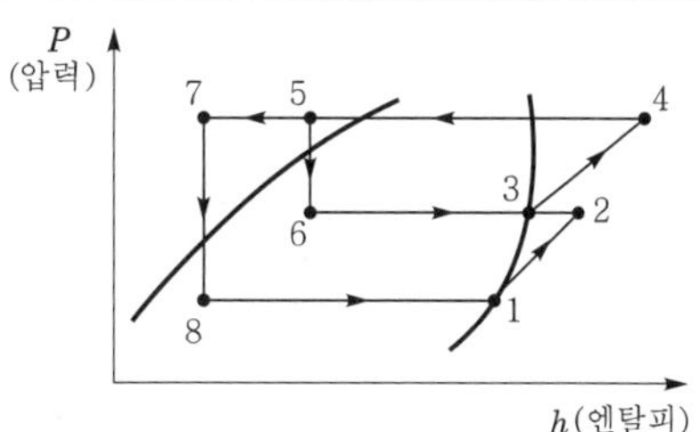

① 1,058.2 ② 1,207.7
③ 1,488.5 ④ 1,594.6

해설 $G_m = \dfrac{G_L[(h_2 - h_3) + (h_5 - h_7)]}{h_3 - h_5}$

$= \dfrac{1,000 \times [(1,796.1 - 1,674.7) + (535.9 - 420.8)]}{1,674.7 - 535.9}$

$\fallingdotseq 207.7$kg/h

$\therefore\ G_H = G_L + G_m = 1,000 + 207.7 = 1,207.7$kg/h

27 증발기의 착상이 냉동장치에 미치는 영향에 대한 설명으로 틀린 것은?

① 냉동능력 저하에 따른 냉장(동)실 내 온도 상승
② 증발온도 및 증발압력의 상승
③ 냉동능력당 소요동력의 증대
④ 액압축 가능성의 증대

해설 증발기 착상(frost)은 증발온도와 증발압력의 강하로 압축비가 증대되므로 체적효율 감소, 냉동능력 저하의 요인이 된다(소비동력 증가).

28 다음 중 일반적으로 냉방시스템에서 물을 냉매로 사용하는 냉동방식은?

① 터보식 ② 흡수식
③ 전자식 ④ 증기압축식

정답 24 ④ 25 ③ 26 ② 27 ② 28 ②

해설 흡수식 냉동기는 일반적으로 물(H_2O)을 냉매로, 흡수제는 브롬화리튬(LiBr)을 사용한다.

29 전열면적 40m², 냉각수량 300L/min, 열통과율 3,140kJ/m²·h·℃인 수냉식 응축기를 사용하며 응축부하가 439,614kJ/h일 때 냉각수 입구온도가 23℃이라면 응축온도(℃)는 얼마인가? (단, 냉각수의 비열은 4.186kJ/kg·K이다.)

① 29.42℃ ② 25.92℃
③ 20.35℃ ④ 18.28℃

해설 ㉠ $Q_c = kA\Delta t_m$

$\therefore \Delta t_m = \frac{Q_c}{kA} = \frac{439,614}{3,140\times 40} = 3.5℃$

㉡ $Q_c = 60mC(t_{w2} - t_{w1})$

$\therefore t_{w2} = t_{w1} + \frac{Q_c}{60mC}$

$= 23 + \frac{439,614}{60\times 300\times 4.186} = 28.83℃$

㉢ $\Delta t_m = t_e - \frac{t_{w1} + t_{w2}}{2}$ [℃]

$\therefore t_e = \Delta t_m + \frac{t_{w1} + t_{w2}}{2}$

$= 3.5 + \frac{23 + 28.83}{2} \fallingdotseq 29.42℃$

30 냉동장치에서 1원 냉동사이클과 2원 냉동사이클을 구분 짓는 가장 큰 차이점은?

① 증발기의 대수
② 압축기의 대수
③ 사용냉매개수
④ 중간냉각기의 유무

해설 2원 냉동사이클은 초저온(−70℃ 이하)을 얻고자 할 경우 사용되는 사이클로 저온측 냉매(비등점이 낮은) R−13, R−14, R−503(공비혼합냉매)과 고온측 냉매 R−12, R−22 등을 사용하는 것이 특징이다(저온측 냉동기와 고온측 증발기의 열교환 캐스케이드 콘덴서 사용).

★
31 불응축가스가 냉동장치에 미치는 영향으로 틀린 것은?

① 체적효율 상승 ② 응축압력 상승
③ 냉동능력 감소 ④ 소요동력 증대

해설 불응축가스가 냉동장치에 미치는 영향
㉠ 체적효율 감소
㉡ 압축비 증가
㉢ 냉동기 성적계수 저하

32 냉동기유의 역할로 가장 거리가 먼 것은?

① 윤활작용 ② 냉각작용
③ 탄화작용 ④ 밀봉작용

해설 냉동기유(작동유)의 역할 : 윤활작용, 냉각작용, 산화 및 탄화 방지작용, 밀봉작용

33 1대의 압축기로 −20℃, −10℃, 0℃, 5℃의 온도가 다른 저장실로 구성된 냉동장치에서 증발압력조정밸브(EPR)를 설치하지 않는 저장실은?

① −20℃의 저장실 ② −10℃의 저장실
③ 0℃의 저장실 ④ 5℃의 저장실

해설 증발압력조정밸브(Evaporator Pressure Regulator)는 증발기에서 압축기에 이르는 흡입관에 설치하며 증발기 내의 증발압력이 소정압력(소정온도) 이하가 되는 것을 방지하는 것을 목적으로 사용된다.

★
34 물속에 지름 10cm, 길이 1m인 배관이 있다. 이때 표면온도가 114℃로 가열되고 있고 주위온도가 30℃라면 열전달률(kW)은? (단, 대류열전달계수는 1.6kW/m²·K이며, 복사열전달은 없는 것으로 가정한다.)

① 36.7 ② 42.2
③ 45.3 ④ 96.3

해설 $Q_c = hA(t_s - t_o) = h\pi dl(t_s - t_o)$
$= 1.6\times\pi\times 0.1\times 1\times(114-30)$
$= 42.2\text{kW}$

35 냉동기에서 유압이 낮아지는 원인으로 옳은 것은?

① 유온이 낮은 경우
② 오일이 과충전된 경우
③ 오일에 냉매가 혼입된 경우
④ 유압조정밸브의 개도가 적은 경우

해설 오일에 냉매가 혼입되면 유압이 낮아진다.

정답 29 ① 30 ③ 31 ① 32 ③ 33 ① 34 ② 35 ③

★

36 냉장고 방열벽의 열통과율이 0.000117kW/m^2·K일 때 방열벽의 두께(cm)는? (단, 각 값은 다음 표와 같으며, 방열재 이외의 열전도 저항은 무시하는 것으로 한다.)

외기와 외벽면과의 열전달률	0.023kW/m^2·K
고내 공기와 내벽면과의 열전달률	0.0116kW/m^2·K
방열벽의 열전도율	0.000046kW/m·K

① 35.6 ② 37.1
③ 38.7 ④ 41.8

해설 $\frac{1}{k}=\frac{1}{\alpha_o}+\frac{1}{\alpha_i}+\frac{l}{\lambda}$

$\therefore l=\lambda\left(\frac{1}{k}-\frac{1}{\alpha_o}-\frac{1}{\alpha_i}\right)$

$=0.000046\times\left(\frac{1}{0.000117}-\frac{1}{0.023}-\frac{1}{0.0116}\right)$

$=0.387\text{m}$

$=38.7\text{cm}$

37 냉동능력이 5kW인 제빙장치에서 0℃의 물 20kg을 모두 0℃ 얼음으로 만드는데 걸리는 시간(min)은 얼마인가? (단, 0℃ 얼음의 융해열은 334kJ/kg이다.)

① 22.2 ② 18.7
③ 13.4 ④ 11.2

해설 $Q_e=5\times60=300\text{kJ/min}$

$Q_L=m\gamma=20\times334=6,680\text{kJ}$

$\therefore t=\frac{Q_L}{Q_e}=\frac{6,680}{300}=22.27$분(min)

★

38 2단 압축 냉동장치에 관한 설명으로 틀린 것은?

① 동일한 증발온도를 얻을 때 단단 압축 냉동장치 대비 압축비를 감소시킬 수 있다.
② 일반적으로 두 개의 냉매를 사용하여 −30℃ 이하의 증발온도를 얻기 위해 사용된다.
③ 중간냉각기는 증발기에 공급하는 액을 과냉각시키고 냉동효과를 증대시킨다.
④ 중간냉각기는 냉매증기와 냉매액을 분리시켜 고단측 압축기 액백현상을 방지한다.

해설 일반적으로 비등점이 서로 다른 두 개의 냉매를 이용하여 초저온(−70℃ 이하)을 얻고자 할 경우 사용되는 냉동기는 2원 냉동사이클이다.

참고 2단 압축 냉동사이클은 암모니아(NH_3)냉매인 경우 증발온도가 −35℃ 이하이고 압축비가 6 이상인 경우 채택하며, 프레온냉매인 경우는 증발온도가 −50℃ 이하이고 압축비가 9 이상인 경우 채택한다.

39 다음 중 동일한 조건에서 열전도도가 가장 낮은 것은?

① 물 ② 얼음
③ 공기 ④ 콘크리트

해설 동일 조건에서 열전도도의 크기는 고체>액체>기체 순이므로 공기가 열전도도가 가장 낮다.

★

40 다음 중 이중효용 흡수식 냉동기는 단효용 흡수식 냉동기와 비교하여 어떤 장치가 복수개로 설치되는가?

① 흡수기 ② 증발기
③ 응축기 ④ 재생기

해설 발생기(재생기)는 단효용 흡수식 냉동기인 경우 1개, 이중효용 흡수식 냉동기인 경우 2개 설치되어 있다. 따라서 냉동기 성능계수는 이중효용 흡수식 냉동기가 단효용 흡수식 냉동기(0.5~0.7)보다 2배 더 크다(1.1~1.3).

3 공기조화

★

41 실내난방을 온풍기로 하고 있다. 이때 실내현열량 6.5kW, 송풍공기온도 30℃, 외기온도 −10℃, 실내온도 20℃일 때 온풍기의 풍량(m^3/h)은 얼마인가? (단, 공기비열은 1.005kJ/kg·K, 밀도는 1.2kg/m^{3}이다.)

① 1,940.2 ② 1,882.1
③ 1,324.1 ④ 890.1

해설 $q_s=\rho QC_p(t_2-t_1)$[kJ/h]

$\therefore Q=\frac{q_s}{\rho C_p(t_2-t_1)}$

$=\frac{6.5\times3,600}{1.2\times1.005\times(30-20)}=1,940.29\text{m}^3/\text{h}$

정답 36 ③ 37 ① 38 ② 39 ③ 40 ④ 41 ①

부록 I

★
42 가로 20m, 세로 7m, 높이 4.3m인 방이 있다. 다음 표를 이용하여 용적기준으로 한 전체 필요환기량(m^3/h)은?

실용적 (m^3)	500 미만	500~ 1,000	1,000~ 1,500	1,500~ 2,000	2,000~ 2,500
환기횟수 n[회/h]	0.7	0.6	0.55	0.5	0.42

① 421 ② 361
③ 331 ④ 253

해설 실용적(V) $= 20 \times 7 \times 4.3 = 602m^3$이므로 주어진 표에서 환기횟수($n$)는 0.6회/h를 선택해 전체 필요환기량($Q$)을 구한다.
$\therefore Q = nV = 0.6 \times 602 = 361.2m^3/h$

43 난방설비에 관한 설명으로 옳은 것은?
① 증기난방은 실내 상·하온도차가 적은 특징이 있다.
② 복사난방의 설비비는 온수나 증기난방에 비해 저렴하다.
③ 방열기의 트랩은 증기의 유량을 조절하는 역할을 한다.
④ 온풍난방은 신속한 난방효과를 얻을 수 있는 특징이 있다.

해설 온풍난방은 간접난방으로 신속한 난방효과를 얻을 수 있는 것이 특징이다.

44 공기조화방식 중 중앙식의 수-공기방식에 해당하는 것은?
① 유인유닛방식
② 패키지유닛방식
③ 단일덕트 정풍량방식
④ 이중덕트 정풍량방식

해설 유인유닛방식(IDU)은 수-공기방식이다(팬코일유닛+덕트 병용 방식, 복사냉난방방식).

★
45 다음 공기선도상에서 난방풍량이 25,000m^3/h인 경우 가열코일의 열량(kW)은? (단, 1은 외기, 2는 실내상태점을 나타내며, 공기의 비중량은 1.2kg/m^3이다.)

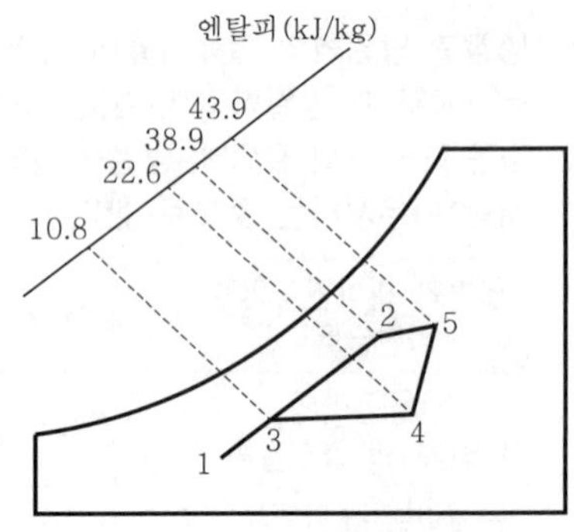

① 98.3 ② 87.1
③ 73.2 ④ 61.4

해설 $Q_H = G\Delta h = \gamma Q(h_4 - h_3)$
$= 1.2 \times 25,000 \times (22.6 - 10.8)$
$= 354,000kJ/h$
$= 98.33kW$

46 다음 가습방법 중 물분무식이 아닌 것은?
① 원심식 ② 초음파식
③ 노즐분무식 ④ 적외선식

해설 가습방법 중 물분무방식은 원심식, 초음파식, 노즐분무식이 있다.

★
47 덕트 설계 시 주의사항으로 틀린 것은?
① 덕트의 분기지점에 댐퍼를 설치하여 압력평행을 유지시킨다.
② 압력손실이 적은 덕트를 이용하고 확대 시와 축소 시에는 일정 각도 이내가 되도록 한다.
③ 종횡비(aspect ratio)는 가능한 크게 하여 덕트 내 저항을 최소화한다.
④ 덕트 굴곡부의 곡률반경은 가능한 크게 하며, 곡률이 매우 작을 경우 가이드베인을 설치한다.

해설 종횡비는 4 : 1(6 : 1)로 하고, 너무 크게 하면 덕트 내 저항이 증가하고 소음과 진동현상이 발생되며 재료도 더 많이 소요된다.

정답 42 ② 43 ④ 44 ① 45 ① 46 ④ 47 ③

★
48 **보일러의 능력을 나타내는 표시방법 중 가장 적은 값을 나타내는 출력은?**

① 정격출력 ② 과부하출력
③ 정미출력 ④ 상용출력

해설 **보일러출력의 크기순서** : 과부하출력>정격출력>상용출력>정미출력

참고
- 정격출력 : 난방부하+급탕부하+배관부하+예열부하(시동부하)
- 상용출력 : 난방부하+급탕부하+배관부하
- 정미출력 : 난방부하+급탕부하
- 과부하출력 : 정격출력에 10~20% 증가

49 **덕트의 부속품에 관한 설명으로 틀린 것은?**

① 댐퍼는 통과풍량의 조정 또는 개폐에 사용되는 기구이다.
② 분기덕트 내의 풍량제어용으로 주로 익형댐퍼를 사용한다.
③ 방화구획 관통부에는 방화댐퍼 또는 방연댐퍼를 설치한다.
④ 가이드베인은 곡부의 기류를 세분해서 와류의 크기를 적게 하는 것이 목적이다.

해설 분기덕트는 스플릿댐퍼(split damper)를 사용한다.

50 **난방부하가 10kW인 온수난방설비에서 방열기의 출·입구온도차가 12℃이고, 실내·외 온도차가 18℃일 때 온수순환량(kg/s)은 얼마인가? (단, 물의 비열은 4.2kJ/kg·℃이다.)**

① 1.3 ② 0.8
③ 0.5 ④ 0.2

해설 $Q_H = mC(t_i - t_o)$

$\therefore\ m = \dfrac{Q_H}{C(t_i - t_o)} = \dfrac{10}{4.2 \times 12} \fallingdotseq 0.2\text{kg/s}$

51 **다음 중 온수난방과 관계없는 장치는 무엇인가?**

① 트랩 ② 공기빼기밸브
③ 순환펌프 ④ 팽창탱크

해설 트랩(trap)은 증기난방과 관계있으며 온수난방과는 관계없는 장치이다.

★
52 **공조기용 코일은 관내 유속에 따라 배열방식을 구분하는데, 그 배열방식에 해당하지 않는 것은?**

① 풀서킷 ② 더블서킷
③ 하프서킷 ④ 톱다운서킷

해설 **코일의 배열방식에 따른 종류**
㉠ 풀서킷 : 보통 많이 사용하는 형식
㉡ 더블서킷 : 유량이 많은 경우
㉢ 하프서킷 : 유량이 적어서 유속이 느린 경우

53 **어떤 단열된 공조기의 장치도가 다음 그림과 같을 때 수분비(U)를 구하는 식으로 옳은 것은? (단, h_1, h_2 : 입구 및 출구엔탈피(kJ/kg), x_1, x_2 : 입구 및 출구절대습도(kg/kg), q_s : 가열량(W), L : 가습량(kg/h), h_L : 가습 부분(L)의 엔탈피(kJ/kg), G : 유량(kg/h)이다.)**

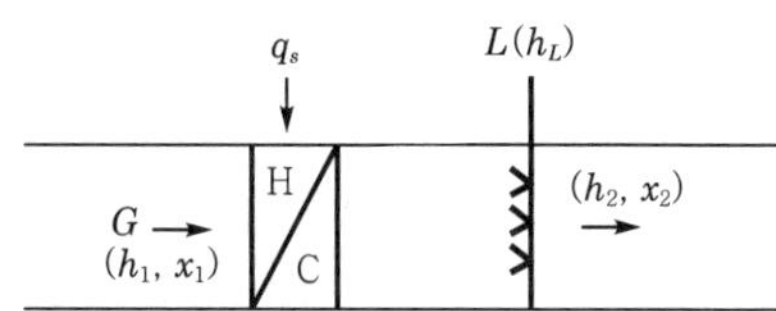

① $U = \dfrac{q_s}{G} - h_L$ ② $U = \dfrac{q_s}{L} - h_L$

③ $U = \dfrac{q_s}{L} + h_L$ ④ $U = \dfrac{q_s}{G} + h_L$

해설 열수분비(U)$= \dfrac{\text{비엔탈피변화량}}{\text{수증기변화량}}$

$= \dfrac{q_s + Lh_L}{L}$

$= \dfrac{q_s}{L} + h_L$

54 **유인유닛방식에 관한 설명으로 틀린 것은?**

① 각 실 제어를 쉽게 할 수 있다.
② 덕트스페이스를 작게 할 수 있다.
③ 유닛에는 가동 부분이 없어 수명이 길다.
④ 송풍량이 비교적 커 외기냉방효과가 크다.

해설 유인유닛방식은 물-공기(수)방식으로 전공기방식보다 송풍량이 적고 외기냉방이 어렵다.

정답 48 ③ 49 ② 50 ④ 51 ① 52 ④ 53 ③ 54 ④

55 **다음 송풍기의 풍량제어방법 중 송풍량과 축동력의 관계를 고려하여 에너지절감효과가 가장 좋은 제어방법은? (단, 모두 동일한 조건으로 운전된다.)**

① 회전수제어 ② 흡입베인제어
③ 취출댐퍼제어 ④ 흡입댐퍼제어

해설 송풍기의 풍량제어방법 중 송풍량과 축동력의 관계를 고려해서 에너지절감효과가 가장 좋은 제어방법은 회전수제어이다.

참고 **에너지절감효과** : 회전수제어>가변피치제어>흡입베인제어>흡입댐퍼제어>토출댐퍼제어

★
56 **다음 중 고속덕트와 저속덕트를 구분하는 기준이 되는 풍속은?**

① 15m/s ② 20m/s
③ 25m/s ④ 30m/s

해설 저속덕트와 고속덕트를 구분하는 기준풍속은 15m/s이다.

57 **공조부하 중 재열부하에 관한 설명으로 틀린 것은?**

① 냉방부하에 속한다.
② 냉각코일의 용량 산출 시 포함시킨다.
③ 부하 계산 시 현열, 잠열부하를 고려한다.
④ 냉각된 공기를 가열하는데 소요되는 열량이다.

해설 재열부하는 현열만을 고려한다.

58 **보일러에서 급수배관을 설치하는 목적으로 가장 적합한 것은?**

① 보일러수 역류 방지
② 슬러지 생성 방지
③ 부동팽창 방지
④ 과열 방지

해설 보일러에서 급수배관의 설치목적은 부동팽창을 방지하는 데 있다.

59 **다음의 특징에 해당하는 보일러는 무엇인가?**

> 공조용으로 사용하기보다는 편리하게 고압의 증기를 발생하는 경우에 사용하며 드럼이 없이 수관으로 되어 있다. 보유수량이 적어 가열시간이 짧고 부하변동에 대한 추종성이 좋다.

① 주철제보일러 ② 연관보일러
③ 수관보일러 ④ 관류보일러

해설 관류보일러는 고압증기를 발생하는 경우 사용되며 드럼이 없이 수관으로 되어 있다. 또한 보유수량이 적어 가열시간이 짧고 부하변동에 대한 추종성이 좋다.

★
60 **외기온도 5℃에서 실내온도 20℃로 유지되고 있는 방이 있다. 내벽 열전달계수 $5.8W/m^2 \cdot K$, 외벽 열전달계수 $17.5W/m^2 \cdot K$, 열전도율이 $2.3W/m \cdot K$이고, 벽두께가 10cm일 때 이 벽체의 열저항($m^2 \cdot K/W$)은 얼마인가?**

① 0.27 ② 0.55
③ 1.37 ④ 2.35

해설
$$R = \frac{1}{k} = \frac{1}{\alpha_o} + \frac{l}{\lambda} + \frac{1}{\alpha_i}$$
$$= \frac{1}{17.5} + \frac{0.1}{2.3} + \frac{1}{5.8}$$
$$= 0.27m^2 \cdot K/W$$

4 전기제어공학

61 **사이클링(cycling)을 일으키는 제어는?**

① I제어 ② PI제어
③ PID제어 ④ ON-OFF제어

해설 사이클링을 일으키는 제어는 불연속제어인 2위치제어(ON-OFF)이다.

★
62 **60Hz, 4극, 슬립 6%인 유도전동기를 어느 공장에서 운전하고자 할 때 예상되는 회전수는 약 몇 rpm인가?**

① 240 ② 720
③ 1,690 ④ 1,800

정답 55 ① 56 ① 57 ③ 58 ③ 59 ④ 60 ① 61 ④ 62 ③

해설 $N = \frac{120f}{P}(1-s)$

$= \frac{120 \times 60}{4} \times (1-0.06) = 1{,}692\text{rpm}$

63 **제어동작에 대한 설명으로 틀린 것은?**

① 비례동작 : 편차의 제곱에 비례한 조작신호를 출력한다.
② 적분동작 : 편차의 적분값에 비례한 조작신호를 출력한다.
③ 미분동작 : 조작신호가 편차의 변화속도에 비례하는 동작을 한다.
④ 2위치동작 : ON－OFF동작이라고도 하며 편차의 정부(+, －)에 따라 조작부를 전폐 또는 전개하는 것이다.

해설 비례동작
㉠ 검출값의 편차크기에 비례하여 조작부를 제어하는 것
㉡ 편차에 비례한 조작신호를 출력함

★
64 **전류의 측정범위를 확대하기 위하여 사용되는 것은?**

① 배율기 ② 분류기
③ 전위차계 ④ 계기용 변압기

해설 ㉠ 분류기(shunt)는 전류의 측정범위를 확대하기 위해 사용한다.

$\frac{I_o}{I} = 1 + \frac{R}{R_s}$

㉡ 배율기는 전압의 측정범위를 확대하기 위해 사용한다.

$\frac{V_o}{V} = 1 + \frac{R_m}{R}$

65 **다음 그림과 같은 Δ결선회로를 등가 Y결선으로 변환할 때 R_c의 저항값(Ω)은?**

① 1
② 3
③ 5
④ 7

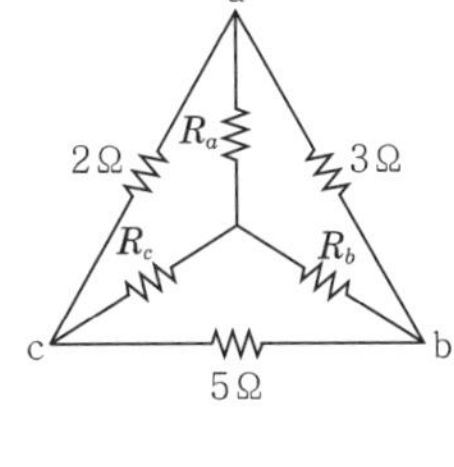

해설 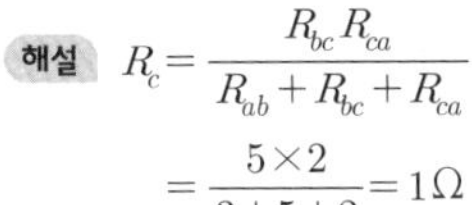

$R_c = \frac{R_{bc}R_{ca}}{R_{ab}+R_{bc}+R_{ca}}$

$= \frac{5 \times 2}{3+5+2} = 1\Omega$

66 **제어시스템의 구성에서 제어요소는 무엇으로 구성되는가?**

① 검출부
② 검출부와 조절부
③ 검출부와 조작부
④ 조작부와 조절부

해설 제어요소는 동작신호를 조작량으로 변환시키는 요소로 조절부와 조작부로 구성된다.

67 **제어계에서 미분요소에 해당되는 것은?**

① 한 지점을 가진 지렛대에 의하여 변위를 변환한다.
② 전기로에 열을 가하여도 처음에는 열이 올라가지 않는다.
③ 직렬의 RC회로에 전압을 가하여 C에 충전전압을 가한다.
④ 계단전압에서 임펄스전압을 얻는다.

해설 ①은 비례요소에, ②와 ③은 적분요소에 해당된다.

68 **특성방정식의 근이 복소평면의 좌반면에 있으면 이 계는?**

① 불안정하다. ② 조건부 안정이다.
③ 반안정이다. ④ 안정하다.

해설 특성방정식의 근이 복소평면(S평면)의 좌반면에 있으면 안정, 축상에 있으면 임계안정, 우반면에 있으면 불안정에 계가 해당한다.

★
69 **피드백(feedback)제어시스템의 피드백효과로 틀린 것은?**

① 정상상태 오차 개선
② 정확도 개선
③ 시스템 복잡화
④ 외부조건의 변화에 대한 영향 증가

해설 피드백제어의 특성
㉠ 정상상태 오차 개선
㉡ 정확도 개선
㉢ 시스템 복잡화 및 비용 증가
㉣ 외부조건의 변화에 대한 영향 감소
㉤ 대역폭 증가

정답 63 ① 64 ② 65 ① 66 ④ 67 ④ 68 ④ 69 ④

★
70 다음 그림과 같은 회로에서 부하전류 I_L은 몇 A인가?

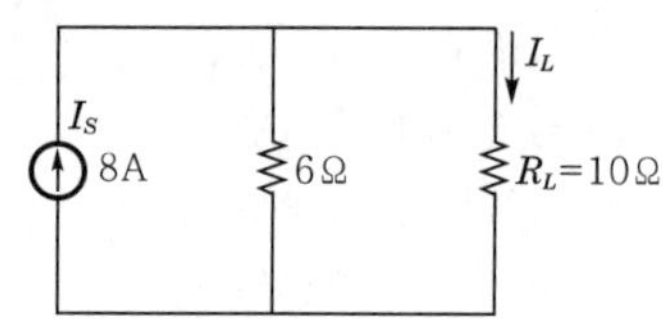

① 1 ② 2
③ 3 ④ 4

해설 $I_L = I_S\left(\frac{R_1}{R_1+R_L}\right) = 8\times\frac{6}{6+10} = 3\text{A}$

71 어떤 전지에 5A의 전류가 10분간 흘렀다면 이 전지에서 나온 전기량은 몇 C인가?

① 1,000 ② 2,000
③ 3,000 ④ 4,000

해설 $I=\frac{Q}{t}$[A]

$\therefore Q = It = 5\times10\times60 = 3{,}000\text{C}$

72 일정 전압의 직류전원 V에 저항 R을 접속하니 정격전류 I가 흘렀다. 정격전류 I의 130%를 흘리기 위해 필요한 저항은 약 얼마인가?

① $0.6R$ ② $0.77R$
③ $1.3R$ ④ $3R$

해설 $\frac{I}{I_o}=\frac{R_o}{R}=\frac{1}{1.3}$

$\therefore R_o = \frac{1}{1.3}R = 0.77R$

73 다음 그림에서 3개의 입력단자에 모두 1을 입력하면 출력단자 A와 B의 출력은?

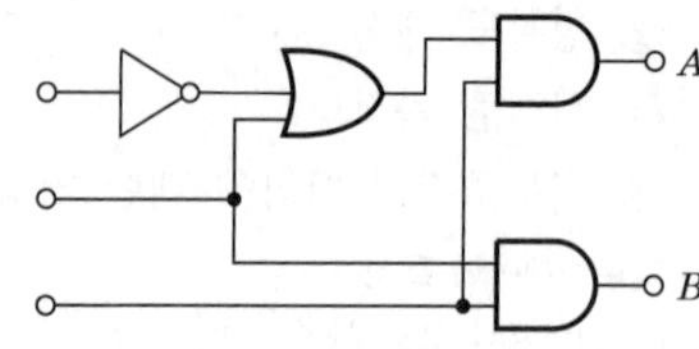

① $A=0,\ B=0$ ② $A=0,\ B=1$
③ $A=1,\ B=0$ ④ $A=1,\ B=1$

해설 ㉠ $A=(0+1)\times1=1$
㉡ $B=1\times1=1$

★
74 다음 신호흐름선도와 등가인 블록선도는?

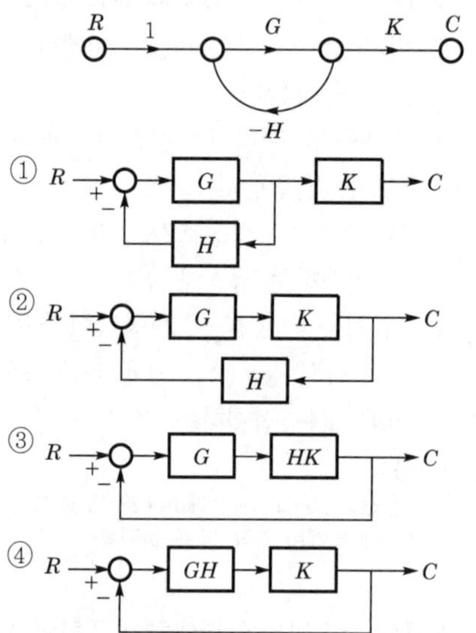

해설 $\frac{C}{R}=\frac{GK}{1+GH}$

★
75 교류에서 역률에 관한 설명으로 틀린 것은?

① 역률은 $\sqrt{1-\text{무효율}^2}$로 계산할 수 있다.
② 역률을 이용하여 교류전력의 효율을 알 수 있다.
③ 역률이 클수록 유효전력보다 무효전력이 커진다.
④ 교류회로의 전압과 전류의 위상차에 코사인(cos)을 취한 값이다.

해설 교류에서 역률($\cos\theta$)이 클수록 무효전력보다 유효전력이 커진다.

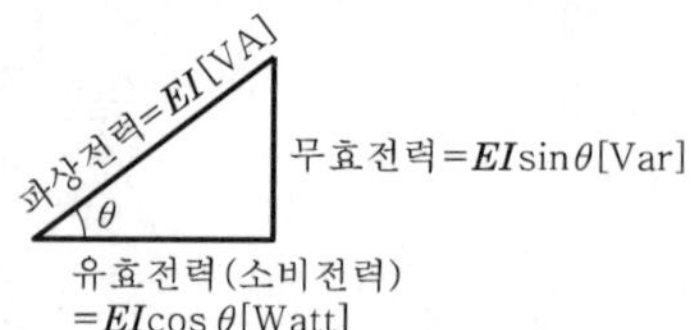

정답 70 ③ 71 ③ 72 ② 73 ④ 74 ① 75 ③

76 다음 블록선도의 전달함수는?

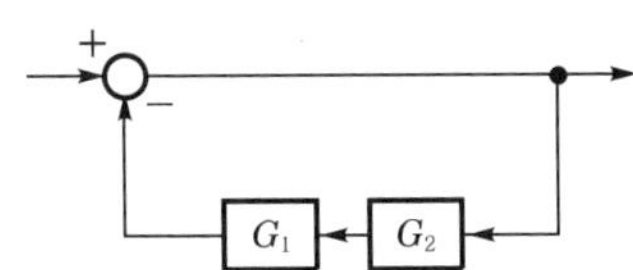

① $\dfrac{1}{G_2(G_1+1)}$

② $\dfrac{1}{G_1(G_2+1)}$

③ $\dfrac{1}{G_1G_2(1+G_1G_2)}$

④ $\dfrac{1}{1+G_1G_2}$

해설 출력(C)=입력(R)−피드백요소(CG_1G_2)
$C(1+G_1G_2)=R$
$\therefore G=\dfrac{C}{R}=\dfrac{1}{1+G_1G_2}$

★
77 100mH의 인덕턴스를 갖는 코일에 10A의 전류를 흘릴 때 축적되는 에너지(J)는?

① 0.5 ② 1
③ 5 ④ 10

해설 $U=\dfrac{LI^2}{2}=\dfrac{100\times10^{-3}\times10^2}{2}=5\text{J}$

★
78 변압기의 1차 및 2차의 전압, 권선수, 전류를 각각 E_1, N_1, I_1 및 E_2, N_2, I_2라고 할 때 성립하는 식으로 옳은 것은?

① $\dfrac{E_2}{E_1}=\dfrac{N_1}{N_2}=\dfrac{I_2}{I_1}$

② $\dfrac{E_1}{E_2}=\dfrac{N_2}{N_1}=\dfrac{I_1}{I_2}$

③ $\dfrac{E_2}{E_1}=\dfrac{N_2}{N_1}=\dfrac{I_1}{I_2}$

④ $\dfrac{E_1}{E_2}=\dfrac{N_1}{N_2}=\dfrac{I_1}{I_2}$

해설 변압기에서 1차 및 2차의 전압과 권선수는 비례하고, 전류는 반비례한다.
$\dfrac{E_2}{E_1}=\dfrac{N_2}{N_1}=\dfrac{I_1}{I_2}$

79 온도를 임피던스로 변환시키는 요소는?

① 측온저항체 ② 광전지
③ 광전다이오드 ④ 전자석

해설 온도를 임피던스로 변환하는 요소는 측온저항체이다.

80 근궤적의 성질로 틀린 것은?

① 근궤적은 실수축을 기준으로 대칭이다.
② 근궤적은 개루프전달함수의 극점으로부터 출발한다.
③ 근궤적의 가지수는 특성방정식의 극점수와 영점수 중 큰 수와 같다.
④ 점근선은 허수축에서 교차한다.

5 배관 일반

81 방열량이 3kW인 방열기에 공급하여야 하는 온수량(m^3/s)은 얼마인가? (단, 방열기 입구온도 80℃, 출구온도 70℃, 온수평균온도에서 물의 비열은 4.2kJ/kg·K, 물의 밀도는 977.5kg/m^3이다.)

① 0.002 ② 0.025
③ 0.073 ④ 0.098

해설 $W=\dfrac{H_R}{\rho C\Delta t}=\dfrac{3}{977.5\times4.2\times(80-70)}$
$=7.3\times10^{-5}\text{m}^3/\text{s}$
$=0.073\text{L/s}$

82 다이헤드형 동력나사절삭기에서 할 수 없는 작업은?

① 리밍 ② 나사절삭
③ 절단 ④ 벤딩

해설 다이헤드형 동력나사절삭기로 굽힘(bending)작업은 할 수 없다.

정답 76 ④ 77 ③ 78 ③ 79 ① 80 ④ 81 ③ 82 ④

부록 I

83 저장탱크 내부에 가열코일을 설치하고 코일 속에 증기를 공급하여 물을 가열하는 급탕법은?

① 간접가열식 ② 기수혼합식
③ 직접가열식 ④ 가스순간탕비식

해설 간접가열식 급탕법
㉠ 저탕조 내에 가열코일을 설치하고, 이 코일에 증기 또는 온수를 통해서 저탕조의 물을 간접적으로 가열한다.
㉡ 난방용 보일러의 증기를 사용 시 급탕용 보일러가 불필요하다.
㉢ 보일러 내면에 스케일이 거의 끼지 않는다.

84 주철관의 이음방법 중 고무링(고무개스킷 포함)을 사용하지 않는 방법은?

① 기계식 이음 ② 타이톤이음
③ 소켓이음 ④ 빅토릭이음

해설 주철관의 이음
㉠ 소켓이음 : 납과 야안 사용
㉡ 플랜지이음 : 고무링과 플랜지 사용
㉢ 기계식(메커니컬) 이음 : 소켓이음과 플랜지이음의 장점을 채택한 것
㉣ 타이톤이음 : 소켓에 고무링을 사용
㉤ 빅토릭이음 : 고무링과 주철칼라를 이용

85 저압증기의 분기점을 2개 이상의 엘보로 연결하여 한 쪽이 팽창하면 비틀림이 일어나 팽창을 흡수하는 특징의 이음방법은?

① 슬리브형 ② 벨로즈형
③ 스위블형 ④ 루프형

★
86 배관계통 중 펌프에서의 공동현상(cavitation)을 방지하기 위한 대책으로 틀린 것은?

① 펌프의 설치위치를 낮춘다.
② 회전수를 줄인다.
③ 양흡입을 단흡입으로 바꾼다.
④ 굴곡부를 적게 하여 흡입관의 마찰손실수두를 작게 한다.

해설 캐비테이션(공동현상)을 방지하려면 단흡입펌프인 경우 양흡입펌프로 바꾼다.

★
87 지름 20mm 이하의 동관을 이음할 때 기계의 점검보수, 기타 관을 분해하기 쉽게 하기 위해 이용하는 동관이음방법은?

① 슬리브이음
② 플레어이음
③ 사이징이음
④ 플랜지이음

해설 지름이 20mm 이하의 동관(구리관)을 이음할 때 기계의 점검보수, 기타 관을 쉽게 분해하기 위해 이용하는 동관이음은 플레어접합(압축접합)이다.

88 냉동장치의 액분리기에서 분리된 액이 압축기로 흡입되지 않도록 하기 위한 액회수방법으로 틀린 것은?

① 고압액관으로 보내는 방법
② 응축기로 재순환시키는 방법
③ 고압수액기로 보내는 방법
④ 열교환기를 이용하여 증발시키는 방법

89 배수 및 통기배관에 대한 설명으로 틀린 것은?

① 루프통기식은 여러 개의 기구군에 1개의 통기지관을 빼내어 통기주관에 연결하는 방식이다.
② 도피통기관의 관경은 배수관의 1/4 이상이 되어야 하며 최소 40mm 이하가 되어서는 안 된다.
③ 루프통기식 배관에 의해 통기할 수 있는 기구의 수는 8개 이내이다.
④ 한랭지의 배수관은 동결되지 않도록 피복을 한다.

해설 도피통기관의 관경은 배수수평지관 관경의 1/2 이상 최소 32mm 이상으로 한다. 루프통기관의 통기능력을 촉진시키기 위해 최하류 기구배수관과 배수수직관 사이에 설치한다.

정답 83 ① 84 ③ 85 ③ 86 ③ 87 ② 88 ② 89 ②

90 **고가(옥상)탱크급수방식의 특징에 대한 설명으로 틀린 것은?**

① 저수시간이 길어지면 수질이 나빠지기 쉽다.
② 대규모의 급수수요에 쉽게 대응할 수 있다.
③ 단수 시에도 일정량의 급수를 계속할 수 있다.
④ 급수공급압력의 변화가 심하다.

해설 고가탱크급수방식은 일정한 높이까지 일정한 수압으로 공급할 수 있다. 또한 취급이 간단하며 대규모 급수설비에 적합하다.

91 **공장에서 제조 정제된 가스를 저장했다가 공급하기 위한 압력탱크로서 가스압력을 균일하게 하며 급격한 수요변화에도 제조량과 소비량을 조절하기 위한 장치는?**

① 정압기 ② 압축기
③ 오리피스 ④ 가스홀더

해설 가스홀더는 가스를 저장했다가 공급하기 위한 압력탱크로써 저압식으로 유수식과 무수식이, 중·고압식으로 원통형과 구형이 있다.

92 **배수통기배관의 시공 시 유의사항으로 옳은 것은?**

① 배수입관의 최하단에는 트랩을 설치한다.
② 배수트랩은 반드시 이중으로 한다.
③ 통기관은 기구의 오버플로선 이하에서 통기입관에 연결한다.
④ 냉장고의 배수는 간접배수로 한다.

93 **지역난방의 특징에 관한 설명으로 틀린 것은?**

① 대기오염물질이 증가한다.
② 도시의 방재수준 향상이 가능하다.
③ 사용자에게는 화재에 대한 우려가 적다.
④ 대규모 열원기기를 이용한 에너지의 효율적 이용이 가능하다.

해설 지역난방은 열병합발전소에서 전기를 생산하고 남은 열을 주거지에 온수로 공급하는 방식으로 24시간 난방수의 공급과 쾌적한 열환경으로 사용이 편리하고 에너지효율이 높으며 대기오염을 줄일 수 있는 친환경 난방방법이다.

★
94 **급수관의 수리 시 물을 배제하기 위한 관의 최소 구배기준은?**

① 1/120 이상 ② 1/150 이상
③ 1/200 이상 ④ 1/250 이상

해설 급수관의 최소 구배기준은 1/250 이상이다.

95 **냉매배관 시 흡입관 시공에 대한 설명으로 틀린 것은?**

① 압축기 가까이에 트랩을 설치하면 액이나 오일이 고여 액백 발생의 우려가 있으므로 피해야 한다.
② 흡입관의 입상이 매우 길 경우에는 중간에 트랩을 설치한다.
③ 각각의 증발기에서 흡입주관으로 들어가는 관은 주관의 하부에 접속한다.
④ 2대 이상의 증발기가 다른 위치에 있고 압축기가 그보다 밑에 있는 경우 증발기 출구의 관은 트랩을 만든 후 증발기 상부 이상으로 올리고 나서 압축기로 향하게 한다.

해설 각각의 증발기에서 흡입주관으로 들어가는 관은 주관의 상부로 연결한다.

★
96 **배관용접작업 중 다음과 같은 결함을 무엇이라고 하는가?**

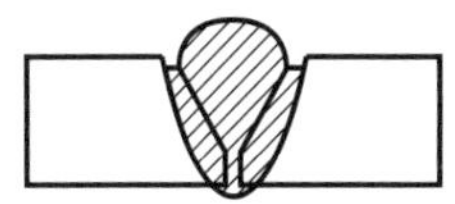

① 용입 불량 ② 언더컷
③ 오버랩 ④ 피트

해설 **용접결함**
㉠ 언더컷 : 전류가 높거나 용접속도가 빨라서 주변이 파이는 현상
㉡ 오버랩 : 전류가 낮거나 용접속도가 느려서 비드가 겹치는 현상

정답 90 ④ 91 ④ 92 ④ 93 ① 94 ④ 95 ③ 96 ②

부록 I

97 **유체흐름의 방향을 바꾸어주는 관이음쇠는?**

① 리턴밴드 ② 리듀서
③ 니플 ④ 유니언

해설 ㉠ 관의 방향을 바꿀 때 : 엘보, 리턴밴드
㉡ 서로 다른 직경(이경)의 관을 접합할 경우 : 리듀서, 부싱, 이경엘보, 티
㉢ 동일 직경의 관을 직선으로 접합할 경우 : 소켓, 유니언, 플랜지, 니플 등

98 **온수난방배관에서 에어포켓(air pocket)이 발생될 우려가 있는 곳에 설치하는 공기빼기 밸브(◇)의 설치위치로 가장 적절한 것은?**

① 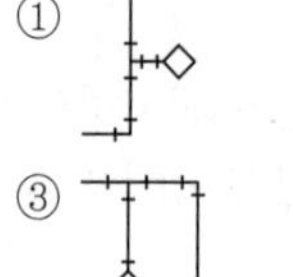
② 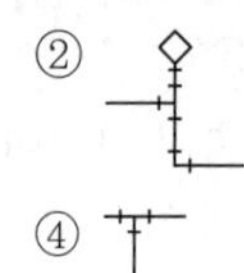
③
④

해설 배관 중에 에어포켓의 발생 우려가 있는 곳에 사절밸브(sluice valve)로 된 공기빼기밸브를 설치한다.

99 **부력에 의해 밸브를 개폐하여 간헐적으로 응축수를 배출하는 구조를 가진 증기트랩은?**

① 버킷트랩 ② 열동식 트랩
③ 벨트랩 ④ 충격식 트랩

해설 버킷트랩(bucket trap)은 부력에 의해 밸브를 개폐하여 간헐적으로 응축수를 배출하는 구조를 가진 증기트랩으로 배관 말단에 설치하는 관말트랩으로 많이 사용되며 응축수량이 많지 않은 장비용 트랩으로도 많이 사용한다.

★
100 **가스배관에 관한 설명으로 틀린 것은?**

① 특별한 경우를 제외한 옥내배관은 매설배관을 원칙으로 한다.
② 부득이하게 콘크리트 주요 구조부를 통과할 경우에는 슬리브를 사용한다.
③ 가스배관에는 적당한 구배를 두어야 한다.
④ 열에 의한 신축, 진동 등의 영향을 고려하여 적절한 간격으로 지지하여야 한다.

해설 특별한 경우를 제외한 옥내배관은 노출배관 시공을 원칙으로 한다.

정답 97 ① 98 ② 99 ① 100 ①

7 2020. 6. 7. 시행 공조냉동기계기사

1 기계 열역학

01 다음 중 가장 큰 에너지는?

① 100kW 출력의 엔진이 10시간 동안 한 일
② 발열량 10,000kJ/kg의 연료를 100kg 연소시켜 나오는 열량
③ 대기압하에서 10℃의 물 $10m^3$를 90℃로 가열하는데 필요한 열량(단, 물의 비열은 4.2kJ/kg·K이다.)
④ 시속 100km로 주행하는 총질량 2,000kg인 자동차의 운동에너지

해설 ① 1kW=3,600kJ/h이므로
$W=100\times3,600\times10$
$=3,600,000\text{kJ}=3,600\text{MJ}$
② $Q=mH_l$
$=100\times10,000$
$=1,000,000\text{kJ}=1,000\text{MJ}$
③ $Q=mC(t_2-t_1)=\rho_w vC(t_2-t_1)$
$=1,000\times10\times4.2\times(90-10)$
$=3,360,000\text{kJ}=3,360\text{MJ}$
④ $KE=\frac{1}{2}mv^2=\frac{1}{2}\times2,000\times\left(\frac{100}{3.6}\right)^2$
$=771,604.94\text{J}=771.60\text{kJ}=0.772\text{MJ}$

02 열역학적 관점에서 다음 장치들에 대한 설명으로 옳은 것은?

① 노즐은 유체를 서서히 낮은 압력으로 팽창하여 속도를 감속시키는 기구이다.
② 디퓨저는 저속의 유체를 가속하는 기구이며 그 결과 유체의 압력이 증가한다.
③ 터빈은 작동유체의 압력을 이용하여 열을 생성하는 회전식 기계이다.
④ 압축기의 목적은 외부에서 유입된 동력을 이용하여 유체의 압력을 높이는 것이다.

해설 압축기의 목적은 외부에서 유입된 동력을 이용하여 유체의 압력을 높이는 것이다.

★
03 실린더 내의 공기가 100kPa, 20℃ 상태에서 300kPa이 될 때까지 가역단열과정으로 압축된다. 이 과정에서 실린더 내의 계에서 엔트로피의 변화(kJ/kg·K)는? (단, 공기의 비열비(k)는 1.4이다.)

① −1.35　　② 0
③ 1.35　　④ 13.5

해설 가역단열과정($q=0$) 시 엔트로피변화량은 0이다. 즉 등엔트로피과정(isentropic process)이다($\Delta S=0$).

04 용기 안에 있는 유체의 초기내부에너지는 700kJ이다. 냉각과정 동안 250kJ의 열을 잃고 용기 내에 설치된 회전날개로 유체에 100kJ의 일을 한다. 최종상태의 유체의 내부에너지(kJ)는 얼마인가?

① 350　　② 450
③ 550　　④ 650

해설 $Q=(U_2-U_1)+W$[kJ]
$U_2-U_1=Q-W=-250-(-100)=-150\text{kJ}$
$\therefore U_2=U_1-150=700-150=550\text{kJ}$

★
05 랭킨사이클에서 보일러 입구엔탈피 192.5kJ/kg, 터빈 입구엔탈피 3,002.5kJ/kg, 응축기 입구엔탈피 2,361.8kJ/kg일 때 열효율(%)은? (단, 펌프의 동력은 무시한다.)

① 203　　② 22.8
③ 25.7　　④ 29.5

정답 01 ① 02 ④ 03 ② 04 ③ 05 ②

해설 $\eta_R = \dfrac{h_3 - h_4}{h_2 - h_1} \times 100$

$= \dfrac{3{,}002.5 - 2{,}361.8}{3{,}002.5 - 192.5} \times 100$

$= 22.8\%$

06 준평형 정적과정을 거치는 시스템에 대한 열전달량은? (단, 운동에너지와 위치에너지의 변화는 무시한다.)

① 0이다.
② 이루어진 일량과 같다.
③ 엔탈피변화량과 같다.
④ 내부에너지변화량과 같다.

해설 준평형 정적과정($V=C$) 시 열전달량은 내부에너지변화량과 같다.

참고 $\delta Q = dU + PdV$[kJ]에서 $dV=0$일 때
$\delta Q = dU = mC_v dT$[kJ]이다.

07 초기압력 100kPa, 초기체적 0.1m^3인 기체를 버너로 가열하여 기체체적이 정압과정으로 0.5m^3이 되었다면 이 과정 동안 시스템이 외부에 한 일(kJ)은?

① 10 ② 20
③ 30 ④ 40

해설 ${}_1W_2 = \int_1^2 PdV = P(V_2 - V_1)$

$= 100 \times (0.5 - 0.1) = 40\text{kJ}$

★ **08** 열역학 제2법칙에 대한 설명으로 틀린 것은?

① 효율이 100%인 열기관은 얻을 수 없다.
② 제2종의 영구기관은 작동물질의 종류에 따라 가능하다.
③ 열은 스스로 저온의 물질에서 고온의 물질로 이동하지 않는다.
④ 열기관에서 작동물질이 일을 하게 하려면 그보다 더 저온인 물질이 필요하다.

해설 제2종 영구운동기관(열효율이 100%인 기관)은 열역학 제2법칙에 위배되는 기관이다.

09 공기 10kg이 압력 200kPa, 체적 5m^3인 상태에서 압력 400kPa, 온도 300℃인 상태로 변한 경우 최종체적(m^3)은 얼마인가? (단, 공기의 기체상수는 0.287kJ/kg·K이다.)

① 10.7 ② 8.3
③ 6.8 ④ 4.1

해설 $P_2V_2 = mRT_2$

$\therefore V_2 = \dfrac{mRT_2}{P_2} = \dfrac{10 \times 0.287 \times (300 + 273)}{400}$

$= 4.11\text{m}^3$

10 다음 그림과 같은 공기 표준 브레이튼(Brayton)사이클에서 작동유체 1kg당 터빈일(kJ/kg)은? (단, T_1=300K, T_2=475.1K, T_3=1,100K, T_4=694.5K이고, 공기의 정압비열과 정적비열은 각각 1.0035kJ/kg·K, 0.7165kJ/kg·K이다.)

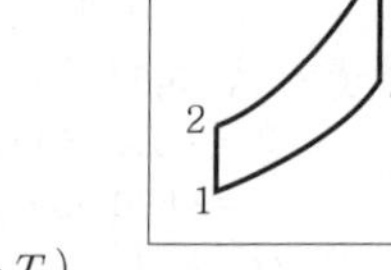

① 290
② 407
③ 448
④ 627

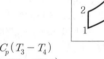

해설 $w_T = h_3 - h_4 = C_p(T_3 - T_4)$

$= 1.0035 \times (1{,}100 - 694.5)$

$\fallingdotseq 407\text{kJ/kg}$

11 보일러에 온도 40℃, 엔탈피 167kJ/kg인 물이 공급되어 온도 350℃, 엔탈피 3,115kJ/kg인 수증기가 발생한다. 입구와 출구에서의 유속은 각각 5m/s, 50m/s이고 공급되는 물의 양이 2,000kg/h일 때 보일러에 공급해야 할 열량(kW)은? (단, 위치에너지변화는 무시한다.)

① 631 ② 832
③ 1,237 ④ 1,638

해설 보일러 공급열량$= m\Delta h + m\Delta KE$

$= \left[\dfrac{2{,}000 \times (3{,}115 - 167)}{3{,}600} + \dfrac{2{,}000}{3{,}600} \times \dfrac{50^2 - 5^2}{2}\right] \times 10^{-3}$

$\fallingdotseq 1{,}638.46\text{kW}$

정답 06 ④ 07 ④ 08 ② 09 ④ 10 ② 11 ④

12 피스톤-실린더장치에 들어있는 100kPa, 27℃의 공기가 600kPa까지 가역단열과정으로 압축된다. 비열비가 1.4로 일정하다면 이 과정 동안에 공기가 받은 일(kJ/kg)은? (단, 공기의 기체상수는 0.287kJ/kg·K이다.)

① 263.6 ② 171.8
③ 143.5 ④ 116.9

해설
$$w_a = \frac{R}{k-1}(T_1 - T_2) = \frac{RT_1}{k-1}\left(1 - \frac{T_2}{T_1}\right) = \frac{RT_1}{k-1}\left[1 - \left(\frac{P_2}{P_1}\right)^{\frac{k-1}{k}}\right]$$
$$= \frac{0.287\times(27+273)}{1.4-1}\times\left[1-\left(\frac{600}{100}\right)^{\frac{1.4-1}{1.4}}\right] = -143.9\text{kJ/kg}$$

13 300L 체적의 진공인 탱크가 25℃, 6MPa의 공기를 공급하는 관에 연결된다. 밸브를 열어 탱크 안의 공기압력이 5MPa이 될 때까지 공기를 채우고 밸브를 닫았다. 이 과정이 단열이고 운동에너지와 위치에너지의 변화를 무시한다면 탱크 안의 공기의 온도(℃)는 얼마가 되는가? (단, 공기의 비열비는 1.4이다.)

① 1.5 ② 25.0
③ 84.4 ④ 144.2

해설 $C_pT_1 = C_vT_2$
$$\therefore T_2 = \frac{C_p}{C_v}T_1 = kT_1 = 1.4\times(25+273) = 417.2\text{K} - 273 = 144.2℃$$

14 이상기체 1kg을 300K, 100kPa에서 500K까지 "PV^n=일정"의 과정(n=1.2)을 따라 변화시켰다. 이 기체의 엔트로피변화량(kJ/K)은? (단, 기체의 비열비는 1.3, 기체상수는 0.287kJ/kg·K이다.)

① −0.244 ② −0.287
③ −0.344 ④ −0.373

해설 폴리트로픽변화일 때
$$C_v = \frac{R}{k-1} = \frac{0.287}{1.3-1} \fallingdotseq 0.957\text{kJ/kg}\cdot\text{K}$$
$$\therefore ds = \frac{\delta Q}{T} = \frac{mC_n dT}{T} = mC_n \ln\frac{T_2}{T_1} = mC_v\left(\frac{n-k}{n-1}\right)\ln\frac{T_2}{T_1}$$
$$= 1\times0.957\times\frac{1.2-1.3}{1.2-1}\times\ln\frac{500}{300} = -0.244\text{kJ/K}$$

★
15 1kW의 전기히터를 이용하여 101kPa, 15℃의 공기로 차 있는 100m^{3}의 공간을 난방하려고 한다. 이 공간은 견고하고 밀폐되어 있으며 단열되어 있다. 히터를 10분 동안 작동시킨 경우 이 공간의 최종온도(℃)는? (단, 공기의 정적비열은 0.718kJ/kg·K이고, 기체상수는 0.287kJ/kg·K이다.)

① 18.1 ② 21.8
③ 25.3 ④ 29.4

해설 ㉠ $PV = mRT$
$$\therefore m = \frac{PV}{RT} = \frac{101\times100}{0.287\times(15+273)} = 122.19\text{kg}$$
㉡ $Q = mC_v(T_2 - T_1)$[kJ]
$$\therefore T_2 = T_1 + \frac{Q}{mC_v} = (15+273) + \frac{1\times10\times60}{122.19\times0.718} \fallingdotseq 294.84\text{K} - 273 = 21.84℃$$

16 다음은 시스템(계)과 경계에 대한 설명이다. 옳은 내용을 모두 고른 것은?

가. 검사하기 위하여 선택한 물질의 양이나 공간 내의 영역을 시스템(계)이라 한다.
나. 밀폐계는 일정한 양의 체적으로 구성된다.
다. 고립계의 경계를 통한 에너지출입은 불가능하다.
라. 경계는 두께가 없으므로 체적을 차지하지 않는다.

① 가, 다 ② 나, 라
③ 가, 다, 라 ④ 가, 나, 다, 라

정답 12 ③ 13 ④ 14 ① 15 ② 16 ③

부록 I

17 단열된 가스터빈의 입구측에서 압력 2MPa, 온도 1,200K인 가스가 유입되어 출구측에서 압력 100kPa, 온도 600K로 유출된다. 5MW의 출력을 얻기 위해 가스의 질량유량(kg/s)은 얼마이어야 하는가? (단, 터빈의 효율은 100%이고, 가스의 정압비열은 1.12kJ/kg · K이다.)

① 6.44 ② 7.44
③ 8.44 ④ 9.44

해설 $w_T = mC_p(T_1 - T_2)$

$\therefore m = \dfrac{w_T}{C_p(T_1 - T_2)} = \dfrac{5{,}000}{1.12 \times (1{,}200 - 600)}$
$= 7.44\text{kg/s}$

★
18 펌프를 사용하여 150kPa, 26℃의 물을 가역 단열과정으로 650kPa까지 변화시킨 경우 펌프의 일(kJ/kg)은? (단, 26℃ 포화액의 비체적은 0.001m³/kg이다.)

① 0.4 ② 0.5
③ 0.6 ④ 0.7

해설 $w_P = -\int_1^2 \nu dP = \int_2^1 \nu dP$
$= \nu(P_1 - P_2) = 0.001 \times (650 - 150) = 0.5\text{kJ/kg}$

19 압력 1,000kPa, 온도 300℃ 상태의 수증기(엔탈피 3,051.15kJ/kg, 엔트로피 7.1228kJ/kg · K)가 증기터빈으로 들어가서 100kPa 상태로 나온다. 터빈의 출력일이 370kJ/kg일 때 터빈의 효율(%)은?

▸ 수증기의 포화상태표(압력 100kPa/온도 99.62℃)

엔탈피(kJ/kg)		엔트로피(kJ/kg · K)	
포화액체	포화증기	포화액체	포화증기
417.44	2,675.46	1.3025	7.3593

① 15.6 ② 33.2
③ 66.8 ④ 79.8

해설 증발열$(\gamma) = h'' - h'$
$= 2{,}675.46 - 417.44 = 2{,}258.02\text{kJ/kg}$

$s_x = s' + x(s'' - s')$[kJ/kg · K]

$\therefore x = \dfrac{s_x - s'}{s'' - s'} = \dfrac{7.1228 - 1.3025}{7.3593 - 1.3025} \fallingdotseq 0.96$

$h_x = h' + x(h'' - h') = h' + x\gamma$
$= 417.44 + 0.96 \times 2{,}258.02 \fallingdotseq 2{,}585.14\text{kJ/kg}$

가역일$(w_T) = h - h_x$
$= 3{,}051.15 - 2{,}585.14 = 466.01\text{kJ/kg}$

$\therefore$ 터빈효율$(\eta_T) = \dfrac{\text{비가역일(실제 일)}}{\text{가역일(이론일)}} \times 100$
$= \dfrac{370}{466.01} \times 100 \fallingdotseq 79.4\%$

★
20 이상적인 냉동사이클에서 응축기온도가 30℃, 증발기온도가 −10℃일 때 성적계수는?

① 4.6 ② 5.2
③ 6.6 ④ 7.5

해설 $\varepsilon_R = \dfrac{T_2}{T_1 - T_2} = \dfrac{-10 + 273}{(30 + 273) - (-10 + 273)} = 6.6$

2 냉동공학

21 다음 그림은 냉동사이클을 압력-엔탈피선도에 나타낸 것이다. 이 그림에 대한 설명으로 옳은 것은?

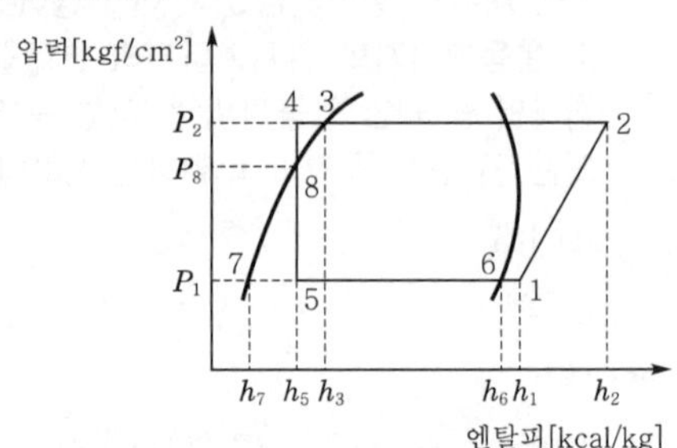

① 팽창밸브 출구의 냉매건조도는 $[(h_5 - h_7) / (h_6 - h_7)]$로 계산한다.
② 증발기 출구에서의 냉매과열도는 엔탈피차 $(h_1 - h_6)$으로 계산한다.
③ 응축기 출구에서의 냉매과냉각도는 엔탈피차 $(h_3 - h_5)$로 계산한다.
④ 냉매순환량은 [냉동능력$/(h_6 - h_5)$]으로 계산한다.

해설 제시된 그림에서 팽창밸브 출구의 냉매건조도(x)는 $(h_5 - h_7)/(h_6 - h_7)$로 계산한다.

정답 17 ② 18 ② 19 ④ 20 ③ 21 ①

22 스크루압축기의 운전 중 로터에 오일을 분사시켜주는 목적으로 가장 거리가 먼 것은?

① 높은 압축비를 허용하면서 토출온도 유지
② 압축효율 증대로 전력소비 증가
③ 로터의 마모를 줄여 장기간 성능 유지
④ 높은 압축비에서도 체적효율 유지

해설 압축효율 증대로 전력소비가 감소된다.

★
23 최근 에너지를 효율적으로 사용하자는 측면에서 빙축열시스템이 보급되고 있다. 빙축열시스템의 분류에 대한 조합으로 적절하지 않은 것은?

① 정적제빙형 – 관외착빙형
② 정적제빙형 – 빙박리형
③ 동적제빙형 – 리퀴드아이스형
④ 동적제빙형 – 과냉각아이스형

해설 **방축열시스템의 분류**

㉠ 정적제빙형 : 관외착빙형, 관내착빙형, 완전동결형, 캡슐형
㉡ 동적제빙형 : 빙박리형, 액체식 빙생성형

참고 **빙축열시스템의 종류와 특징**

- 관외착빙형 : 축열조 내에 코일이 설치되어 있고, 그 주위에 물이 채워져 있는데 코일 내로 차가운 브라인이 흐르면서 코일 내 주위의 물을 얼리는 방식이다.
- 관내착빙형 : 축열조 내의 코일 주위로 차가운 브라인이 순환하면서 코일 내부로 순환하는 물을 제빙하는 방식이다.
- 완전동결형 : 축열조 내에 완전 동결을 위한 제빙코일이 있고, 그 주위에 물이 채워져 있는데 코일 내부에 브라인이 흐르게 되며, 이것이 제빙·해빙을 위한 순환매체가 된다.
- 캡슐형 : 축열조 내에 캡슐을 채우고 그 캡슐 주위로 브라인을 흐르게 하여 캡슐 내부에 물을 얼렸다가 냉방시키는 축열기의 공조기측으로 순환시켜 얼음을 녹여 냉방에 이용하는 방식이다.
- 빙박리형 : 축열조 상부에 제빙기를 설치하여 제빙판 내부는 냉매가 흐르게 하고, 그 외부에 물을 분사하여 얼음을 착빙시킨 후 냉매가스를 역순환시켜 착빙된 얼음을 제빙판으로부터 분리한다. 이러한 동작을 반복하여 축열조에 얼음을 저장한다. 냉방시키는 축열조 내의 물을 공조기측으로 순환시킴으로써 얼음을 녹여 냉방하는 방식이다.
- 액체식 빙생성형 : 구조상으로 빙박리형과 비슷하나 분사되는 액체가 물이 아닌 브라인이다.

24 냉동장치의 운전에 관한 설명으로 옳은 것은?

① 압축기에 액백(liquid back)현상이 일어나면 토출가스온도가 내려가고 구동전동기의 전류계 지시값이 변동한다.
② 수액기 내에 냉매액을 충만시키면 증발기에서 열부하 감소에 대응하기 쉽다.
③ 냉매충전량이 부족하면 증발압력이 높게 냉동능력이 저하한다.
④ 냉동부하에 비해 과대한 용량의 압축기를 사용하면 저압이 높게 되고, 장치의 성적계수는 상승한다.

해설 압축기에 리퀴드백(액백)현상이 발생하면 토출가스온도가 내려가고 구동전동기의 전류계 지시값이 변동한다.

25 다음의 역카르노사이클에서 등온팽창과정을 나타내는 것은?

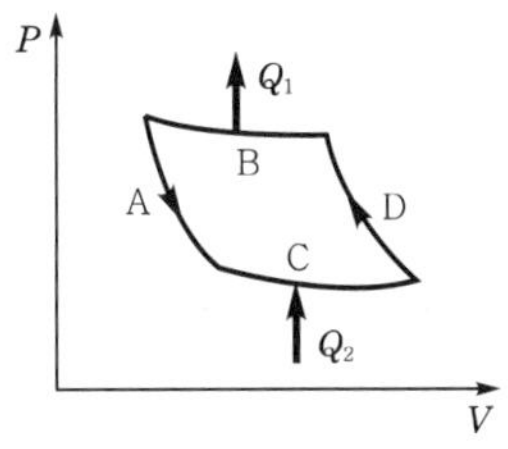

① A　　② B
③ C　　④ D

해설 역카르노사이클은 냉동기의 이상사이클로써 A는 단열팽창과정을, B는 등온압축(방역)과정을, C는 등온팽창(흡열)과정을, D는 단열압축과정을 나타낸다.

★
26 증기압축냉동사이클에서 압축기의 압축일은 5HP이고, 응축기의 용량은 12.86kW이다. 이때 냉동사이클의 냉동능력(RT)은?

① 1.8　　② 2.6
③ 3.1　　④ 3.5

해설 냉동능력(RT)=응축부하(Q_1)−압축기 소요동력(W_c)

$=12.86-5\times0.746$
$=9.13\text{kW}$
$\fallingdotseq 2.4\text{RT}$

참고 1RT=3,320kcal/h=3.86kW

정답 22 ② 23 ② 24 ① 25 ③ 26 ②

부록 I

27 다음과 같은 카르노사이클에 대한 설명으로 옳은 것은?

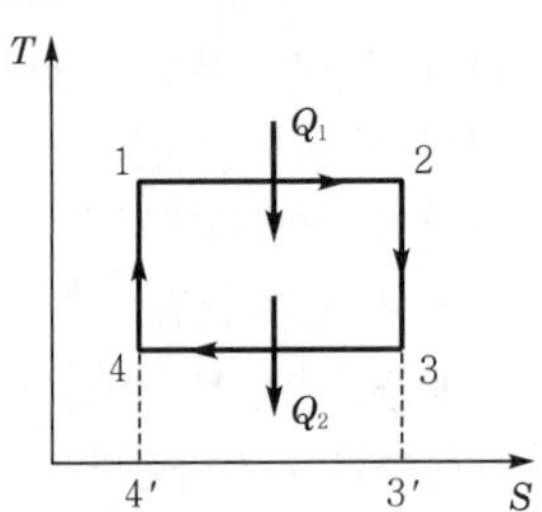

① 면적 1-2-3′-4′는 흡열 Q_1을 나타낸다.
② 면적 4-3-3′-4′는 유효열량을 나타낸다.
③ 면적 1-2-3-4는 방열 Q_2을 나타낸다.
④ Q_1, Q_2는 면적과는 무관하다.

해설 $T-S$선도는 열량선도이며, 면적 1-2-3′-4′는 공급열량(Q_1)을 나타낸다.

참고
- 유효열량(Q_a)$= Q_1 - Q_2 =$면적 1-2-3-4-1
- 방출열량(Q_2)=3-4-4′-3′

28 비열이 3.86kJ/kg·K인 액 920kg을 1시간 동안 25℃에서 5℃로 냉각시키는데 소요되는 냉각열량은 몇 냉동톤(RT)인가? (단, 1RT는 3.5kW이다.)

① 3.2 ② 5.6
③ 7.8 ④ 8.3

해설 $Q_e = mC(t_2 - t_1) = 920 \times 3.86 \times (25-5)$
$= 71{,}024\text{kJ/h} \fallingdotseq 19.73\text{kW}(=\text{kJ/s})$
$\fallingdotseq 5.64\text{RT}$

29 1분간에 25℃의 물 100L를 0℃의 물로 냉각시키기 위하여 최소 몇 냉동톤의 냉동기가 필요한가?

① 45.2RT ② 4.52RT
③ 452RT ④ 42.5RT

해설 $Q_e = mC(t_2 - t_1)$
$= 100 \times 4.186 \times (25-0)$
$= 10{,}465\text{kJ/min} = 174.41\text{kW}(=\text{kJ/s})$
$\fallingdotseq 45.2\text{RT}$

30 흡수식 냉동기에 사용하는 흡수제의 구비조건으로 틀린 것은?

① 농도변화에 의한 증기압의 변화가 클 것
② 용액의 증기압이 낮을 것
③ 점도가 높지 않을 것
④ 부식성이 없을 것

해설 흡수제는 농도변화에 의한 증기압의 변화가 적을 것

★ **31** 셸 앤드 튜브응축기에서 냉각수 입구 및 출구 온도가 각각 16℃와 22℃, 냉매의 응축온도를 25℃라 할 때 이 응축기의 냉매와 냉각수와의 대수평균온도차(℃)는?

① 3.5 ② 5.5
③ 6.8 ④ 9.2

해설 $\Delta_1 = 25-16 = 9℃$, $\Delta_2 = 25-22 = 3℃$

$$\therefore LMTD = \frac{\Delta_1 - \Delta_2}{\ln\frac{\Delta_1}{\Delta_2}} = \frac{9-3}{\ln\frac{9}{3}} \fallingdotseq 5.5℃$$

32 실제 냉동사이클에서 압축과정 동안 냉매변환 중 스크루냉동기는 어떤 압축과정에 가장 가까운가?

① 단열압축 ② 등온압축
③ 등적압축 ④ 과열압축

해설 스크루(screw)냉동기에서 압축과정은 단열압축($S=C$) 과정이다.

★ **33** 암모니아냉동기의 배관재료로서 적절하지 않은 것은?

① 배관용 탄소강강관
② 동합금관
③ 압력배관용 탄소강강관
④ 스테인리스강관

해설 암모니아(NH_3)냉매배관은 강관을 사용하며, 동관(구리관)이나 동합금관은 수분함유 시 부식시키므로 사용할 수 없다.

정답 27 ① 28 ② 29 ① 30 ① 31 ② 32 ① 33 ②

34 **냉동기유의 구비조건으로 틀린 것은?**

① 응고점이 높아 저온에서도 유동성이 있을 것
② 냉매나 수분, 공기 등이 쉽게 용해되지 않을 것
③ 쉽게 산화하거나 열화하지 않을 것
④ 적당한 점도를 가질 것

해설 냉동기유(작동유)는 응고점이 낮아 저온에서도 유동성이 좋을 것

35 **다음 그림과 같은 냉동사이클로 작동하는 압축기가 있다. 이 압축기의 체적효율이 0.65, 압축효율이 0.8, 기계효율이 0.9라고 한다면 실제 성적계수는?**

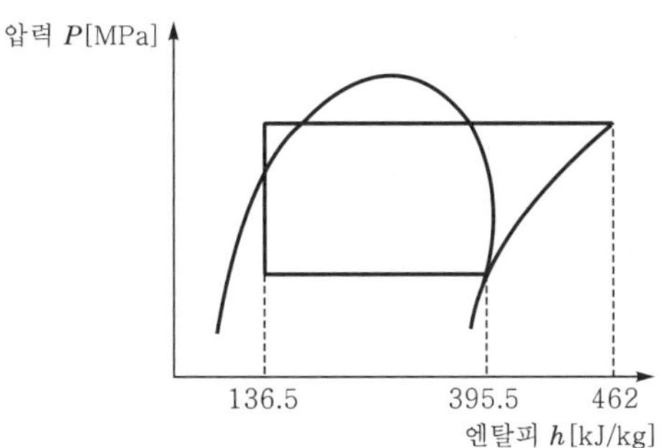

① 3.89　　② 2.81
③ 1.82　　④ 1.42

해설 $\varepsilon_R = \dfrac{q_2}{w_c} = \dfrac{395.5-136.5}{462-395.5} = 3.89$

$\therefore\ \varepsilon_R{}' = \varepsilon_R \eta_v \eta_c \eta_m = 3.89 \times 0.65 \times 0.8 \times 0.9 = 1.82$

36 **증발기의 종류에 대한 설명으로 옳은 것은?**

① 대형 냉동기에서는 주로 직접팽창식 증발기를 사용한다.
② 직접팽창식 증발기는 2차 냉매를 냉각시켜 물체를 냉동, 냉각시키는 방식이다.
③ 만액식 증발기는 팽창밸브에서 교축팽창된 냉매를 직접증발기로 공급하는 방식이다.
④ 간접팽창식 증발기는 제빙, 양조 등의 산업용 냉동기에 주로 사용된다.

해설 직접팽창식 증발기는 제빙, 양조 등의 산업용 냉동기에 주로 사용된다.

37 **2단 압축 1단 팽창식과 2단 압축 2단 팽창식의 비교 설명으로 옳은 것은? (단, 동일 운전조건으로 가정한다.)**

① 2단 팽창식의 경우에는 두 가지의 냉매를 사용한다.
② 2단 팽창식의 경우가 성적계수가 약간 높다.
③ 2단 팽창식은 중간냉각기를 필요로 하지 않는다.
④ 1단 팽창식의 팽창밸브는 1개가 좋다.

해설 2단 압축 2단 팽창식이 2단 압축 1단 팽창식보다 성적계수(ε_R)가 약간 더 높다.

★

38 **운전 중인 냉동장치의 저압측 진공게이지가 50cmHg을 나타내고 있다. 이때의 진공도는?**

① 65.8%　　② 40.8%
③ 26.5%　　④ 3.4%

해설 진공도 $= \dfrac{\text{진공압}}{\text{대기압}} \times 100 = \dfrac{50}{76} \times 100 \fallingdotseq 65.8\%$

참고 진공도(vacuum degree)란 진공압의 크기를 백분율, 즉 퍼센트(%)로 나타낸 값이다.

39 **안전밸브의 시험방법에서 약간의 기포가 발생할 때의 압력을 무엇이라고 하는가?**

① 분출전개압력　　② 분출개시압력
③ 분출정지압력　　④ 분출종료압력

해설 분출개시압력(opening pressure)이란 입구쪽의 압력이 증가하여 출구쪽에서 미량의 유출이 지속적으로 검지될 때 입구쪽의 압력을 말한다. 즉 약간의 기포가 발생될 때의 압력을 의미한다.

40 **응축압력의 이상고압에 대한 원인으로 가장 거리가 먼 것은?**

① 응축기의 냉각관 오염
② 불응축가스 혼입
③ 응축부하 증대
④ 냉매 부족

정답 34 ① 35 ③ 36 ④ 37 ② 38 ① 39 ② 40 ④

해설 냉매 부족 시
㉠ 토출압력, 냉동능력 감소
㉡ 증발온도, 흡입압력 저하

3 공기조화

41 단일덕트방식에 대한 설명으로 틀린 것은?

① 중앙기계실에 설치한 공기조화기에서 조화한 공기를 주덕트를 통해 각 실로 분배한다.
② 단일덕트 일정 풍량방식은 개별제어에 적합하다.
③ 단일덕트방식에서는 큰 덕트스페이스를 필요로 한다.
④ 단일덕트 일정 풍량방식에서는 재열을 필요로 할 때도 있다.

해설 단일덕트 일정 풍량방식(CAV)은 다실공조인 경우 각 실의 부하변동에 대한 개별제어가 어렵다.

참고 변풍량방식(VAV)은 개별제어가 용이하다.

★
42 내벽열전달률 4.7W/m² · K, 외벽열전달률 5.8W/m² · K, 열전도율 2.9W/m · ℃, 벽두께 25cm, 외기온도 −10℃, 실내온도 20℃일 때 열관류율(W/m² · K)은?

① 1.8 ② 2.1
③ 3.6 ④ 5.2

해설 $K=\dfrac{1}{\dfrac{1}{\alpha_i}+\dfrac{l}{\lambda}+\dfrac{1}{\alpha_o}}=\dfrac{1}{\dfrac{1}{4.7}+\dfrac{0.25}{2.9}+\dfrac{1}{5.8}}$
$=2.12\text{W/m}^2\cdot\text{K}$

43 변풍량 유닛의 종류별 특징에 대한 설명으로 틀린 것은?

① 바이패스형은 덕트 내의 정압변동이 거의 없고 발생소음이 작다.
② 유인형은 실내 발생열을 온열원으로 이용 가능하다.
③ 교축형은 압력손실이 작고 동력 절감이 가능하다.
④ 바이패스형은 압력손실이 작지만 송풍기 동력 절감이 어렵다.

해설 변풍량 유닛에서 교축형(throttle type)은 덕트 내 정압변동이 크기 때문에 압력손실이 크고 정압제어가 필요하며 발생소음이 크다(정풍량기능을 갖기 때문에 덕트의 설계시공이 용이하고 송풍동력을 절약할 수 있다).

★
44 냉방부하의 종류에 따라 연관되는 열의 종류로 틀린 것은?

① 인체의 발생열 − 현열, 잠열
② 극간풍에 의한 열량 − 현열, 잠열
③ 조명부하 − 현열, 잠열
④ 외기도입량 − 현열, 잠열

해설 냉방부하 중 조명부하는 현열(감열)만을 고려한다.

참고 **현열(감열)과 잠열 모두 고려하는 경우** : 극간풍(틈새바람), 인체부하, 기구부하, 외기부하

45 다음 중 습공기의 습도에 대한 설명으로 틀린 것은?

① 절대습도는 건공기 중에 포함된 수증기량을 나타낸다.
② 수증기분압은 절대습도에 반비례관계가 있다.
③ 상대습도는 습공기의 수증기분압과 포화공기의 수증기분압과의 비로 나타낸다.
④ 비교습도는 습공기의 절대습도와 포화공기의 절대습도와의 비로 나타낸다.

해설 수증기분압(P_w)은 절대습도(x)에 비례한다.
절대습도(x)$=0.622\dfrac{P_w}{P-P_w}$

46 공기의 온도에 따른 밀도특성을 이용한 방식으로 실내보다 낮은 온도의 신선 공기를 해당 구역에 공급함으로써 오염물질을 대류효과에 의해 실내 상부에 설치된 배기구를 통해 배출시켜 환기목적을 달성하는 방식은?

① 기계식 환기법 ② 전반환기법
③ 치환환기법 ④ 국소환기법

정답 41 ② 42 ② 43 ③ 44 ③ 45 ② 46 ③

47 다음 그림에 나타낸 장치를 표의 조건으로 냉방운전을 할 때 A실에 필요한 송풍량(m^3/h)은? (단, A실의 냉방부하는 현열부하 8.8kW, 잠열부하 2.8kW이고, 공기의 정압비열은 1.01kJ/kg·K, 밀도는 1.2kg/m^3이며, 덕트에서의 열손실은 무시한다.)

지점	온도(DB[℃])	습도(RH[%])
A	26	50
B	17	–
C	16	85

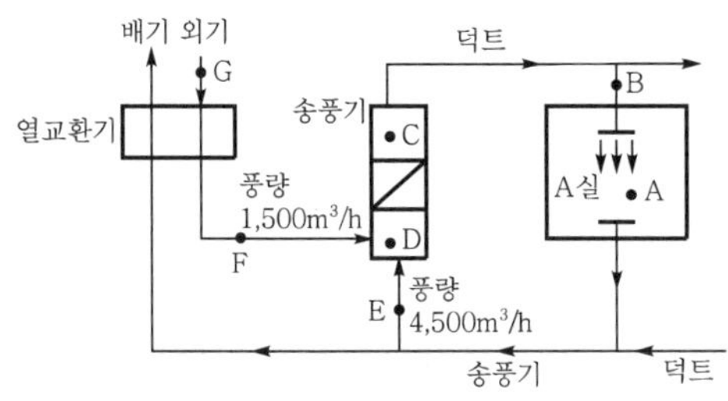

① 924 ② 1,847
③ 2,904 ④ 3,831

해설 $Q_s = \rho Q_A C_p(t_A - t_B)$[kJ/h]

$$\therefore Q_A = \frac{Q_s}{\rho C_p(t_A - t_B)} = \frac{8.8 \times 3,600}{1.2 \times 1.01 \times (26-17)}$$

$=2,904.29m^3/h$

48 다음 중 증기난방장치의 구성으로 가장 거리가 먼 것은?

① 트랩 ② 감압밸브
③ 응축수탱크 ④ 팽창탱크

해설 팽창탱크는 온수난방장치의 구성요소이다.

49 환기에 따른 공기조화부하의 절감대책으로 틀린 것은?

① 예냉, 예열 시 외기도입을 차단한다.
② 열 발생원이 집중되어 있는 경우 국소배기를 채용한다.
③ 전열교환기를 채용한다.
④ 실내정화를 위해 환기횟수를 증가시킨다.

해설 환기에 따른 공기조화부하를 절감하려면 실내정화를 위해 환기횟수를 감소시킨다.

50 온수난방에 대한 설명으로 틀린 것은?

① 저온수난방에서 공급수의 온도는 100℃ 이하이다.
② 사람이 상주하는 주택에서는 복사난방을 주로 한다.
③ 고온수난방의 경우 밀폐식 팽창탱크를 사용한다.
④ 2관식 역환수방식에서는 펌프에 가까운 방열기일수록 온수순환량이 많아진다.

해설 온수난방에서 역환수(reverse return)방식을 채택하는 이유는 방열기의 순환수량을 일정하게(균등하게) 이루어지게 함이다.

★
51 방열기에서 상당방열면적(EDR)은 다음의 식으로 나타낸다. 이 중 Q_o는 무엇을 뜻하는가? (단, 사용단위로 Q는 W, Q_o는 W/m^2이다.)

$$EDR = \frac{Q}{Q_o}[m^2]$$

① 증발량
② 응축수량
③ 방열기의 전방열량
④ 방열기의 표준 방열량

해설 방열기 상당방열면적(EDR)

$$= \frac{\text{방열기 전방열량}(Q)}{\text{방열기 표준 방열량}(Q_o)}[m^2]$$

참고 **표준 방열량**
- 온수 : 523.35W/m^2≒0.523kW/m^2
- 증기 : 756W/m^2≒0.756kW/m^2

52 건조기 냉수코일설계기준으로 틀린 것은?

① 공기류와 수류의 방향은 역류가 되도록 한다.
② 대수평균온도차는 가능한 한 작게 한다.
③ 코일을 통과하는 공기의 전면풍속은 2~3m/s로 한다.
④ 코일의 설치는 관이 수평으로 놓이게 한다.

해설 냉수코일 설계 시 대수평균온도차($LMTD$)는 가능한 한 크게 한다.

정답 47 ③ 48 ④ 49 ④ 50 ④ 51 ④ 52 ②

부록 I

53 공기세정기의 구성품인 일리미네이터의 주된 기능은?

① 미립화된 물과 공기와의 접촉 촉진
② 균일한 공기흐름 유도
③ 공기 내부의 먼지 제거
④ 공기 중의 물방울 제거

해설 일리미네이터(eliminator)는 공기세정기(air washer)의 구성품으로써 분무수측에 공기를 통과시켜 공기의 온습도를 조정하는 장치로부터 물방울의 비산을 방지하는 장치로 제적판이라고도 한다.

★
54 다음 중 열수분비(μ)와 현열비(SHF)와의 관계식으로 옳은 것은? (단, q_s는 현열량, q_L는 잠열량, L은 가습량이다.)

① $\mu = SHF\dfrac{q_s}{L}$

② $\mu = \dfrac{1}{SHF}\dfrac{q_L}{L}$

③ $\mu = SHF\dfrac{q_L}{L}$

④ $\mu = \dfrac{1}{SHF}\dfrac{q_s}{L}$

해설 $\text{열수분비}(\mu) = \dfrac{1}{\text{현열비}(SHF)} \times \dfrac{\text{현열량}(q_s)}{\text{가습량}(L)}$

참고
- $\text{열수분비}(\mu) = \dfrac{dh(\text{비엔탈피변화량})}{dx(\text{절대습도변화량})}$
- $\text{현열비}(SHF) = \dfrac{\text{현열량}(q_s)}{\text{전열량}(q_t)}$

55 대류 및 복사에 의한 열전달률에 의해 기온과 평균복사온도를 가중평균한 값으로 복사난방 공간의 열환경을 평가하기 위한 지표를 나타내는 것은?

① 작용온도(Operative Temperature)
② 건구온도(Drybulb Temperature)
③ 카타냉각력(Kata Cooling Power)
④ 불쾌지수(Discomfort Index)

해설 작용온도는 대류 및 복사에 의한 열전달률에 의해 기온과 평균복사온도(MRT)를 가중평균한 값으로 복사난방공간의 열환경을 평가하기 위한 지표를 나타내는 것이다.

56 A, B 두 방의 열손실은 각각 4kW이다. 높이 600mm인 주철제 5세주 방열기를 사용하여 실내온도를 모두 18.5℃로 유지시키고자 한다. A실은 102℃의 증기를 사용하며, B실은 평균 80℃의 온수를 사용할 때 두 방 전체에 필요한 총방열기의 절수는? (단, 표준 방열량을 적용하며 방열기 1절(節)의 상당방열면적은 $0.23m^2$이다.)

① 23개　② 34개
③ 42개　④ 56개

해설 $\text{총방열기 섹션(절수)} = \dfrac{4\times860}{650\times0.23} + \dfrac{4\times860}{450\times0.23}$
≒56개

★
57 실내를 항상 급기용 송풍기를 이용하여 정압(+)상태로 유지할 수 있어서 오염된 공기의 침입을 방지하고, 연소용 공기가 필요한 보일러실, 반도체 무균실, 소규모 변전실, 창고 등에 적용하기에 적합한 환기법은?

① 제1종 환기　② 제2종 환기
③ 제3종 환기　④ 제4종 환기

해설 환기방식
㉠ 제1종 환기(병용식) : 송풍기와 배풍기를 설치하여 강제급·배기하는 방식
㉡ 제2종 환기(압입식) : 송풍기만을 설치하여 강제급기하는 방식(창고, 보일러실, 소규모 변전실, 반도체 무균실)
㉢ 제3종 환기(흡출식) : 배풍기만을 설치하여 강제배기하는 방식(부엌, 흡연실, 화장실)
㉣ 제4종 환기(자연식) : 급·배기가 자연풍에 의해 환기되는 방식

58 전공기방식에 대한 설명으로 틀린 것은?

① 송풍량이 충분하여 실내오염이 적다.
② 환기용 팬을 설치하면 외기냉방이 가능하다.
③ 실내에 노출되는 기기가 없어 마감이 깨끗하다.
④ 천장의 여유공간이 작을 때 적합하다.

해설 전공기방식은 천장의 여유공간이 클 때 적합하다(덕트스페이스가 크다).

정답 53 ④ 54 ④ 55 ① 56 ④ 57 ② 58 ④

59 건구온도 30℃, 습구온도 27℃일 때 불쾌지수(DI)는 얼마인가?

① 57 ② 62
③ 77 ④ 82

해설 불쾌지수(DI)=(건구온도+습구온도)×0.72+40.6
$=(DB+WB)\times 0.72+40.6$
$=(30+27)\times 0.72+40.6$
$=81.64 ≒ 82$

참고 DI값이 70 정도면 상쾌함을 느끼고, 80 이상이면 불쾌, 86 이상이면 참기 어려운 불쾌감을 느낀다.

★
60 송풍기의 법칙에 따라 송풍기 날개직경이 D_1일 때 소요동력이 L_1인 송풍기를 직경 D_2로 크게 했을 때 소요동력 L_2를 구하는 공식으로 옳은 것은? (단, 회전속도는 일정하다.)

① $L_2=L_1\left(\frac{D_1}{D_2}\right)^5$ ② $L_2=L_1\left(\frac{D_1}{D_2}\right)^4$
③ $L_2=L_1\left(\frac{D_2}{D_1}\right)^4$ ④ $L_2=L_1\left(\frac{D_2}{D_1}\right)^5$

해설 $\frac{L_2}{L_1}=\left(\frac{N_2}{N_1}\right)^3\left(\frac{D_2}{D_1}\right)^5$
$\therefore L_2=L_1\left(\frac{D_2}{D_1}\right)^5$[kW]

4 전기제어공학

★
61 다음 신호흐름선도에서 $\frac{C(s)}{R(s)}$는?

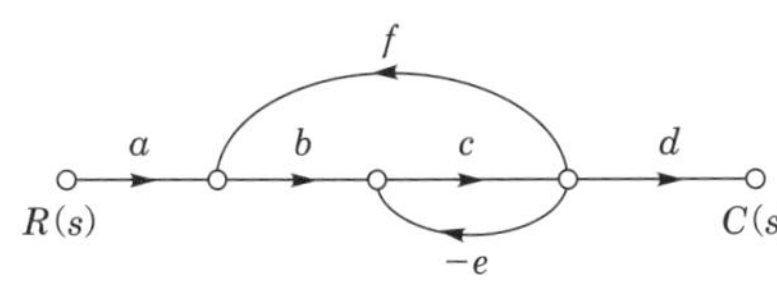

① $\frac{abcd}{1+ce+bcf}$ ② $\frac{abcd}{1-ce+bcf}$
③ $\frac{abcd}{1+ce-bcf}$ ④ $\frac{abcd}{1-ce-bcf}$

해설 $G_1=abcd,\ \Delta_1=1$
$L_{11}=-ce,\ L_{21}=bcf$
$\Delta=1-(L_{11}+L_{21})=1+ce-bcf$
$\therefore G(s)=\frac{C(s)}{R(s)}=\frac{G_1\Delta_1}{\Delta}=\frac{abcd}{1+ce-bcf}$

62 코일에 흐르고 있는 전류가 5배로 되면 축적되는 에너지는 몇 배가 되는가?

① 10 ② 15
③ 20 ④ 25

해설 축적에너지(U)=$\frac{LI^2}{2}$[J]
여기서, L : 자기인덕턴스(H), I : 전류(A)
따라서 축적에너지는 전류의 제곱에 비례한다.
$\therefore \frac{U_2}{U_1}=\left(\frac{I_2}{I_1}\right)^2=\left(\frac{5}{1}\right)^2=25$

★
63 역률 0.85, 선전류 50A, 유효전력 28kW인 평형 3상 Δ부하의 전압(V)은 약 얼마인가?

① 300 ② 380
③ 476 ④ 660

해설 유효전력(P_e)= $\sqrt{3}\ VI\cos\theta$[W]
$\therefore V=\frac{P_e}{\sqrt{3}\,I\cos\theta}=\frac{28\times10^3}{\sqrt{3}\times50\times0.85} ≒ 380\text{V}$

64 탄성식 압력계에 해당되는 것은?

① 경사관식 ② 압전기식
③ 환상평형식 ④ 벨로즈식

해설 탄성식 압력계의 종류 : 벨로즈식, 부르동관식, 다이어프램식 등

65 맥동률이 가장 큰 정류회로는?

① 3상 전파 ② 3상 반파
③ 단상 전파 ④ 단상 반파

해설 맥동률이 가장 큰 정류회로는 단상 반파(정현파 반파)이다.

참고 맥동률=$\frac{\text{실효값}}{\text{평균값}}$

부록 I

정답 59 ④ 60 ④ 61 ③ 62 ④ 63 ② 64 ④ 65 ④

66 다음 블록선도의 전달함수는?

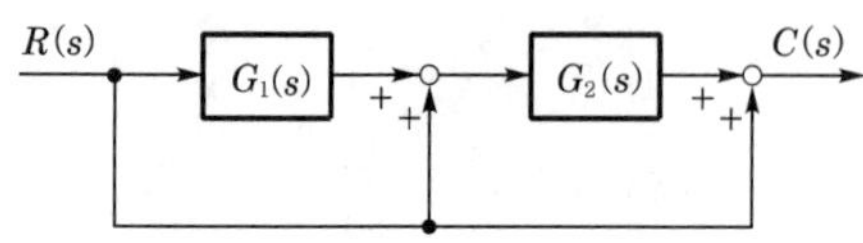

① $G_1(s)G_2(s)+G_2(s)+1$
② $G_1(s)G_2(s)+1$
③ $G_1(s)G_2(s)+G_2(s)$
④ $G_1(s)G_2(s)+G_1(s)+1$

해설 $[R(s)G_1(s)+R(s)]G_2(s)+R(s)=C(s)$
$R(s)[G_1(s)G_2(s)+G_2(s)+1]=C(s)$
$\therefore G(s)=\dfrac{C(s)}{R(s)}=G_1(s)G_2(s)+G_2(s)+1$

★ **67** 다음 중 간략화한 논리식이 다른 것은?

① $(A+B)(A+\overline{B})$
② $A(A+B)$
③ $A+\overline{A}B$
④ $AB+A\overline{B}$

해설 ① $(A+B)(A+\overline{B})=AA+A\overline{B}+AB+B\overline{B}$
$=A+A(\overline{B}+B)+0$
$=A+A(0+1)+0$
$=A+A=A$
② $A(A+B)=AA+AB=A+AB=A(1+B)$
$=A(1+0)=A$
③ $A+\overline{A}B=A+B$
④ $AB+A\overline{B}=A(B+\overline{B})=A(1+0)=A$

68 논리식 $L=\overline{x}\overline{y}+\overline{x}y$를 간단히 한 식은?

① $L=x$ ② $L=\overline{x}$
③ $L=y$ ④ $L=\overline{y}$

해설 $L=\overline{x}\overline{y}+\overline{x}y=\overline{x}(\overline{y}+y)=\overline{x}(0+1)=\overline{x}$

69 물체의 위치, 방향 및 자세 등의 기계적 변위를 제어량으로 해서 목표값의 임의의 변화에 추종하도록 구성된 제어계는?

① 프로그램제어 ② 프로세스제어
③ 서보기구 ④ 자동조정

70 단자전압 V_{ab}는 몇 V인가?

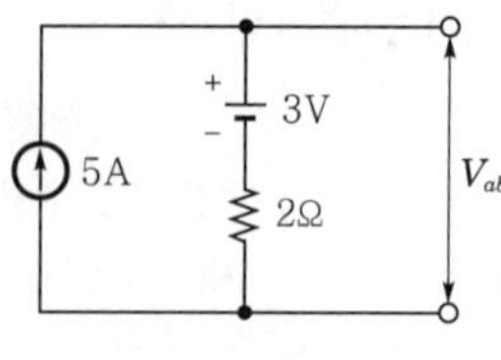

① 3 ② 7
③ 10 ④ 13

해설 키르히호프 제2법칙의 폐회로에서 기전력의 합과 전압강하의 합은 같다.
$V_{ab}-V=IR$
$\therefore V_{ab}=V+IR=3+5\times2=13\text{V}$

71 전자석의 흡인력은 자속밀도 B[Wb/m²]와 어떤 관계에 있는가?

① B에 비례 ② $B^{1.5}$에 비례
③ B^2에 비례 ④ B^3에 비례

해설 전자석의 흡입력(F)은 자속밀도(B)의 제곱에 비례한다.
$F=\dfrac{B^2S}{2\mu_o}$[N]
여기서, S : 자극의 면적(m²)

72 피드백제어의 특징에 대한 설명으로 틀린 것은?

① 외란에 대한 영향을 줄일 수 있다.
② 목표값과 출력을 비교한다.
③ 조절부와 조작부로 구성된 제어요소를 가지고 있다.
④ 입력과 출력의 비를 나타내는 전체 이득이 증가한다.

해설 피드백제어는 계의 특성변화에 대한 입력과 출력비의 감도(전체 이득)는 감소한다.

73 목표값 이외의 외부입력으로 제어량을 변화시키며 인위적으로 제어할 수 없는 요소는?

① 제어동작신호 ② 조작량
③ 외란 ④ 오차

해설 기준입력신호 외의 것으로 제어량의 변화를 일으키는 신호로 변환하는 장치를 외란이라 한다.

정답 66 ① 67 ③ 68 ② 69 ③ 70 ④ 71 ③ 72 ④ 73 ③

74 다음 회로와 같이 외전압계법을 통해 측정한 전력(W)은? (단, R_i : 전류계의 내부저항, R_e : 전압계의 내부저항이다.)

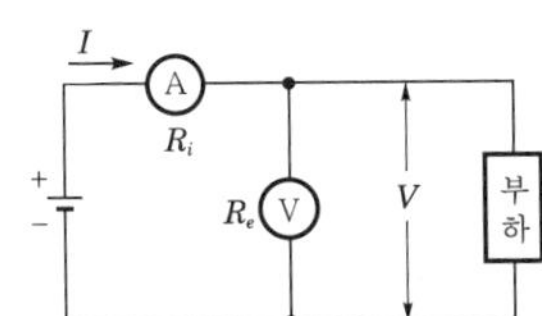

① $P = VI - \frac{V^2}{R_e}$ ② $P = VI - \frac{V^2}{R_i}$

③ $P = VI - 2R_eI$ ④ $P = VI - 2R_iI$

해설 전력(P)$= VI - \frac{V^2}{R_e}$ [W]

75 2전력계법으로 3상 전력을 측정할 때 전력계의 지시가 $W_1 = 200$W, $W_2 = 200$W이다. 부하전력(W)은?

① 200 ② 400

③ $200\sqrt{3}$ ④ $400\sqrt{3}$

해설 부하전력이란 전력계의 지시계(제어기)로부터 부하끼리 전달되는 총전력을 말한다.

$\therefore$ 부하전력$= W_1 + W_2 = 200 + 200 = 400$W

76 스위치 S의 개폐에 관계없이 전류 I가 항상 30A라면 R_3와 R_4는 각각 몇 Ω인가?

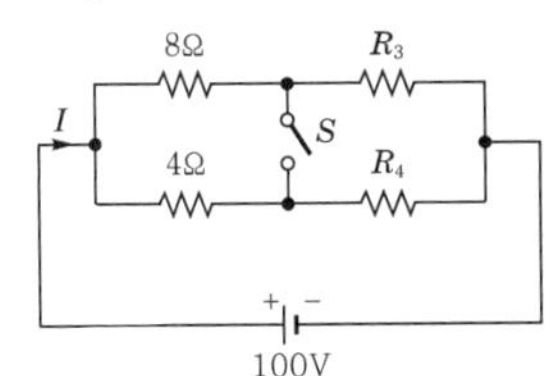

① $R_3 = 1$, $R_4 = 3$ ② $R_3 = 2$, $R_4 = 1$

③ $R_3 = 3$, $R_4 = 2$ ④ $R_3 = 4$, $R_4 = 4$

해설 ㉠ $I_1 = 30 \times \frac{4}{4+8} = 10\text{A}$, $I_2 = 30 \times \frac{8}{4+8} = 20\text{A}$

㉡ $V_1 = 10 \times 8 = 80\text{V}$,

$$R_3 = \frac{V - V_1}{I_1} = \frac{100 - 80}{10} = 2\Omega$$

㉢ $V_2 = 10 \times 8 = 80\text{V}$,

$$R_4 = \frac{V - V_2}{I_2} = \frac{100 - 80}{20} = 1\Omega$$

★

77 $R = 10\,\Omega$, $L = 10$mH에 가변콘덴서 C를 직렬로 구성시킨 회로에 교류주파수 1,000Hz를 가하여 직렬공진을 시켰다면 가변콘덴서는 약 몇 μF인가?

① 2.533 ② 12.675

③ 25.35 ④ 126.75

해설 $f = \frac{1}{2\pi\sqrt{LC}}$

$$\therefore C = \frac{1}{(2\pi f)^2 L} = \frac{1}{(2\times3.14\times10)^2\times1{,}000}\times10^6$$

$\fallingdotseq 2.533\mu\text{F}$

78 다음 $R-L-C$ 직렬회로의 합성임피던스(Ω)는?

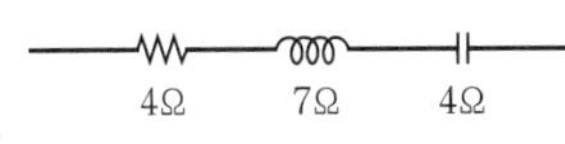

① 1 ② 5

③ 7 ④ 15

해설 $Z = \sqrt{R^2 + \left(wL - \frac{1}{wC}\right)^2} = \sqrt{R^2 + (X_L - X_C)^2}$

$= \sqrt{4^2 + (7-4)^2} = 5\,\Omega$

79 변압기의 효율이 가장 좋을 때의 조건은?

① 철손 $= \frac{2}{3}\times$동손 ② 철손 $= 2\times$동손

③ 철손 $= \frac{1}{2}\times$동손 ④ 철손 $=$ 동손

해설 변압기 효율이 가장 좋을 때의 조건은 철손과 동손이 같을 때이다(철손=동손).

80 입력신호가 모두 "1"일 때만 출력이 생성되는 논리회로는?

① AND회로 ② OR회로

③ NOR회로 ④ NOT회로

해설 AND회로(=논리회로=직렬회로)는 입력신호가 모두 1일 때만 출력이 생성되는 논리회로이다.

$X = AB$

정답 74 ① 75 ② 76 ② 77 ① 78 ② 79 ④ 80 ①

부록 I

5 배관 일반

81 **펌프 흡입측 수평배관에서 관경을 바꿀 때 편심리듀서를 사용하는 목적은?**

① 유속을 빠르게 하기 위하여
② 펌프압력을 높이기 위하여
③ 역류 발생을 방지하기 위하여
④ 공기가 고이는 것을 방지하기 위하여

해설 편심리듀서를 사용하는 목적은 펌프 흡입측 수평배관에서 관경을 바꿀 때 공기가 고이는 것을 방지하기 위해서이다.

82 **다음 중 배관의 중심이동이나 구부러짐 등의 변위를 흡수하기 위한 이음이 아닌 것은?**

① 슬리브형 이음 ② 플렉시블이음
③ 루프형 이음 ④ 플라스턴이음

해설 플라스턴이음은 연관의 이음법이다.

83 **다음 중 온수배관 시공 시 유의사항으로 틀린 것은?**

① 일반적으로 팽창관에는 밸브를 설치하지 않는다.
② 배관의 최저부에는 배수밸브를 설치한다.
③ 공기밸브는 순환펌프의 흡입측에 부착한다.
④ 수평관은 팽창탱크를 향하여 올림구배로 배관한다.

해설 공기밸브는 순환펌프의 출구측에 부착한다.

★ **84** **다음 중 밸브 몸통 내에 밸브대를 축으로 하여 원판형태의 디스크가 회전함에 따라 개폐하는 밸브는 무엇인가?**

① 버터플라이밸브 ② 슬루스밸브
③ 앵글밸브 ④ 볼밸브

해설 버터플라이밸브는 흐름방향에 직각으로 설치된 축을 중심으로 원판형의 밸브대가 회전함으로써 개폐를 하는 밸브로, 나비형 밸브라고도 한다.

★ **85** **강관의 나사이음 시 관을 절단한 후 관 단면의 안쪽에 생기는 거스러미를 제거할 때 사용하는 공구는?**

① 파이프바이스 ② 파이프리머
③ 파이프렌치 ④ 파이프커터

해설 ① 파이프바이스 : 파이프 고정
③ 파이프렌치 : 파이프 조립 및 분해
④ 파이프커터 : 파이프 절단

86 **옥상탱크에서 오버플로관을 설치하는 가장 적합한 위치는?**

① 배수관보다 하위에 설치한다.
② 양수관보다 상위에 설치한다.
③ 급수관과 수평위치에 설치한다.
④ 양수관과 동일 수평위치에 설치한다.

해설 오버플로관은 양수관(급수펌프에 공급하는 관)의 수위보다 상위에 설치하고 양수관경의 2배 이상으로 한다.

87 **하트포드(hart ford)배관법에 관한 설명으로 틀린 것은?**

① 보일러 내의 안전저수면보다 높은 위치에 환수관을 접속한다.
② 저압증기난방에서 보일러 주변의 배관에 사용한다.
③ 하트포드배관법은 보일러 내의 수면이 안전수위 이하로 유지하기 위해 사용된다.
④ 하트포드배관접속 시 환수주관에 침적된 찌꺼기의 보일러 유입을 방지할 수 있다.

해설 하트포드연결법은 증기관과 환수관 사이에 표준 수면보다 50mm 아래에 설치하여 안전수위 이하가 되어 보일러가 빈 상태로 되는 것을 방지하기 위한 것이다.

★ **88** **급수급탕설비에서 탱크류에 대한 누수의 유무를 조사하기 위한 시험방법으로 가장 적절한 것은?**

① 수압시험 ② 만수시험
③ 통수시험 ④ 잔류염소의 측정

해설 급수급탕설비에서 탱크류는 만수상태에서 30분 이상 시험을 실시하여 누수 유무를 파악한다.

정답 81 ④ 82 ④ 83 ③ 84 ① 85 ② 86 ② 87 ③ 88 ②

89 중앙식 급탕법에 대한 설명으로 틀린 것은?

① 탱크 속에 직접 증기를 분사하여 물을 가열하는 기수혼합식의 경우 소음이 많아 증기관에 소음기(silencer)를 설치한다.
② 열원으로 비교적 가격이 저렴한 석탄, 중유 등을 사용하므로 연료비가 적게 든다.
③ 급탕설비를 다른 설비기계류와 동일한 장소에 설치하므로 관리가 용이하다.
④ 저탕탱크 속에 가열코일을 설치하고, 여기에 증기보일러를 통해 증기를 공급하여 탱크 안의 물을 직접 가열하는 방식을 직접 가열식 중앙급탕법이라 한다.

해설 저탕탱크 내에 가열코일을 설치하고 이 코일에 증기 또는 온수를 통해서 저탕탱크의 물을 간접적으로 가열하는 방법을 간접가열식 중앙급탕법이라 한다.

90 공기조화설비에서 에어워셔의 플러딩노즐이 하는 역할은?

① 공기 중에 포함된 수분을 제거한다.
② 입구공기의 난류를 정류로 만든다.
③ 일리미네이터에 부착된 먼지를 제거한다.
④ 출구에 섞여나가는 비산수를 제거한다.

해설 플러딩노즐은 일리미네이터 상단에 설치하여 일리미네이터에 부착된 먼지를 세척하는 장치이다.

91 다음 공조용 배관 중 배관샤프트 내에서 단열시공을 하지 않는 배관은?

① 온수관 ② 냉수관
③ 증기관 ④ 냉각수관

해설 냉각수관은 주로 백관으로 시공하며 단열 시공을 하지 않는다.

★
92 급수온도 5℃, 급탕온도 60℃, 가열 전 급탕설비의 전수량은 $2m^3$, 급수와 급탕의 압력차는 50kPa일 때 절대압력 300kPa의 정수두가 걸리는 위치에 설치하는 밀폐식 팽창탱크의 용량(m^3)은? (단, 팽창탱크의 초기 봉입 절대압력은 300kPa이고, 5℃일 때 밀도는 $1,000kg/m^3$, 60℃일 때 밀도는 $983.1kg/m^3$이다.)

① 0.83 ② 0.57
③ 0.24 ④ 0.17

해설 $\Delta V = V_s\left(\frac{1}{\gamma_2}-\frac{1}{\gamma_1}\right) = 2\times\left(\frac{1}{983.1}-\frac{1}{1,000}\right)$

$= 3.44\times10^{-5}m^3$

$\therefore V = \frac{\Delta V}{\frac{P_0}{P_1}-\frac{P_0}{P_2}}\rho = \frac{3.44\times10^{-5}}{\frac{300}{300}-\frac{300}{300+50}}\times1,000$

$\fallingdotseq 0.24m^3$

93 배관재료에 대한 설명으로 틀린 것은?

① 배관용 탄소강강관은 1MPa 이상, 10MPa 이하 증기관에 적합하다.
② 주철관은 용도에 따라 수도용, 배수용, 가스용, 광산용으로 구분된다.
③ 연관은 화학공업용으로 사용되는 1종관과 일반용으로 쓰이는 2종관, 가스용으로 사용되는 3종관이 있다.
④ 동관은 관두께에 따라 K형, L형, M형으로 구분한다.

해설 배관용 탄소강강관(SPP)은 사용압력이 비교적 낮은 (1MPa 이하) 증기, 물, 기름, 가스 및 공기 등의 배관용으로서 흑관과 백관이 있으며, 호칭지름은 15~65A이다.

★
94 다음 중 증기난방용 방열기를 열손실이 가장 많은 창문 쪽의 벽면에 설치할 때 벽면과의 거리로 가장 적절한 것은?

① 5~6cm ② 10~11cm
③ 19~20cm ④ 25~26cm

해설 열손실이 많은 창문쪽에 방열기를 설치할 때 벽면과의 거리는 5~6cm 정도의 간격을 둔다.

95 저·중압의 공기가열기, 열교환기 등 다량의 응축수를 처리하는데 사용되며 작동원리에 따라 다량트랩, 부자형 트랩으로 구분하는 트랩은?

① 바이메탈트랩 ② 벨로즈트랩
③ 플로트트랩 ④ 벨트랩

부록 I

정답 89 ④ 90 ③ 91 ④ 92 ③ 93 ① 94 ① 95 ③

96 **냉동장치에서 압축기의 표시방법으로 틀린 것은?**

① (기호) : 밀폐형 일반

② (기호) : 로터리형

③ (기호) : 원심형

④ (기호) : 왕복동형

해설 원심형 압축기는 없다.

97 **압축공기배관설비에 대한 설명으로 틀린 것은?**

① 분리기는 윤활유를 공기나 가스에서 분리시켜 제거하는 장치로서 보통 중간냉각기와 후부냉각기 사이에 설치한다.
② 위험성 가스가 체류되어 있는 압축기실은 밀폐시킨다.
③ 맥동을 완화하기 위하여 공기탱크를 장치한다.
④ 가스관, 냉각수관 및 공기탱크 등에 안전밸브를 설치한다.

해설 가스가 체류할 우려가 있는 장소에는 가스누출검지 경보장치를 설치하고 환기가 잘 되도록 한다.

98 **프레온냉동기에서 압축기로부터 응축기에 이르는 배관의 설치 시 유의사항으로 틀린 것은?**

① 배관이 합류할 때는 T자형보다 Y자형으로 하는 것이 좋다.
② 압축기로부터 올라온 토출관이 응축기에 연결되는 수평 부분은 응축기 쪽으로 하향구배로 배관한다.
③ 2대의 압축기가 아래쪽에 있고 1대의 응축기가 위쪽에 있는 경우 토출가스헤더는 압축기 위에 배관하여 토출가스관에 연결한다.
④ 압축기와 응축기가 각각 2대이고 압축기가 응축기의 하부에 설치된 경우 압축기의 크랭크케이스 균압관은 수평으로 배관한다.

해설 2대의 압축기가 아래쪽에 있고 1대의 응축기가 위쪽에 있는 경우 토출가스배관은 압축기 위로 입상하여 토출가스헤더에 연결한다.

★
99 **공조배관설비에서 수격작용의 방지방법으로 틀린 것은?**

① 관내의 유속을 낮게 한다.
② 밸브는 펌프 흡입구 가까이 설치하고 제어한다.
③ 펌프에 플라이휠(fly wheel)을 설치한다.
④ 서지탱크를 설치한다.

해설 **수격작용(water hammering) 방지법**
㉠ 관경(직경)을 크게 한다.
㉡ 유속을 낮게 한다(관로에서 일부 고압수를 방출한다).
㉢ 조압수조(surge tank)를 관선에 설치한다.
㉣ 플라이휠(fly wheel)을 설치한다.
㉤ 송출구(토출측) 가까이에 밸브를 설치한다.
㉥ 에어챔버를 설치한다.

100 **수도직결식 급수방식에서 건물 내에 급수를 할 경우 수도본관에서의 최저필요압력을 구하기 위한 필요요소가 아닌 것은?**

① 수도본관에서 최고높이에 해당하는 수전까지의 관의 재질에 따른 저항
② 수도본관에서 최고높이에 해당하는 수전이나 기구별 소요압력
③ 수도본관에서 최고높이에 해당하는 수전까지의 관내 마찰손실수두
④ 수도본관에서 최고높이에 해당하는 수전까지의 상당압력

해설 **수도직결식 급수방식의 압력**
$P \geq P_1 + P_2 + P_3$
여기서, P : 수도본관의 압력
P_1 : 최고층 위생기구까지의 자연수두압력
P_2 : 관내 마찰손실수두에 상당하는 압력
P_3 : 위생기구별 소요압력

정답 96 ③ 97 ② 98 ③ 99 ② 100 ①

8

2020. 8. 22. 시행

공조냉동기계기사

1 기계 열역학

01 어떤 습증기의 엔트로피가 6.78kJ/kg·K라고 할 때 이 습증기의 엔탈피는 약 몇 kJ/kg인가? (단, 이 기체의 포화액 및 포화증기의 엔탈피와 엔트로피는 다음과 같다.)

구분	포화액	포화증기
엔탈피(kJ/kg)	384	2,666
엔트로피 (kJ/kg·K)	1.25	7.62

① 2,365 ② 2,402
③ 2,473 ④ 2,511

해설 ㉠ $s_x = s' + x(s'' - s')$[kJ/kg·K]

$\therefore x = \dfrac{s_x - s'}{s'' - s'} = \dfrac{6.78 - 1.25}{7.62 - 1.25} = 0.868$

㉡ $h_x = h' + x(h'' - h')$

$= 384 + 0.868 \times (2,666 - 384)$

$\fallingdotseq 2,365\text{kJ/kg}$

★ **02** 다음 중 스테판-볼츠만의 법칙과 관련이 있는 열전달은?

① 대류 ② 복사
③ 전도 ④ 응축

해설 스테판-볼츠만(Stefan-Boltzmann)의 법칙은 복사열전달의 법칙으로, 복사열전달량은 흑체표면의 절대온도 4승에 비례한다는 법칙이다($q_R \propto T^4$).

03 압력(P)-부피(V)선도에서 이상기체가 다음 그림과 같은 사이클로 작동한다고 할 때 한 사이클 동안 행한 일은 어떻게 나타내는가?

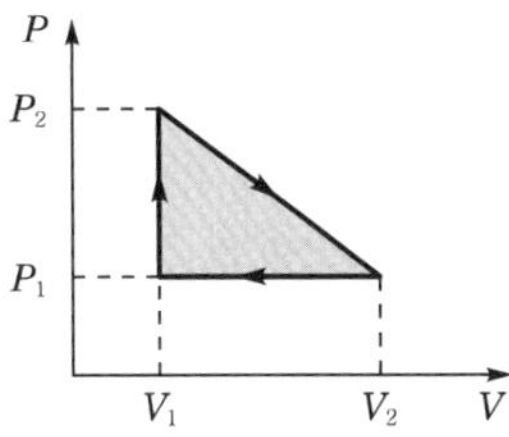

① $\dfrac{(P_2 + P_1)(V_2 + V_1)}{2}$

② $\dfrac{(P_2 - P_1)(V_2 + V_1)}{2}$

③ $\dfrac{(P_2 + P_1)(V_2 - V_1)}{2}$

④ $\dfrac{(P_2 - P_1)(V_2 - V_1)}{2}$

해설 $P-V$선도에서 면적은 일량을 의미한다. 따라서 음영부분의 면적이 한 사이클 동안 행한 일이므로(삼각형 면적)

${}_1W_2 = \dfrac{(P_2 - P_1)(V_2 - V_1)}{2}$[kJ]

★ **04** 이상기체 2kg이 압력 98kPa, 온도 25℃ 상태에서 체적이 0.5m³였다면 이 이상기체의 기체상수는 약 몇 J/kg·K인가?

① 79 ② 82
③ 97 ④ 102

해설 $PV = mRT$

$\therefore R = \dfrac{PV}{mT} = \dfrac{98 \times 10^3 \times 0.5}{2 \times (25 + 273)} = 82.21\text{J/kg} \cdot \text{K}$

정답 01 ① 02 ② 03 ④ 04 ②

05 **냉매가 갖추어야 할 요건으로 틀린 것은?**

① 증발온도에서 높은 잠열을 가져야 한다.
② 열전도율이 커야 한다.
③ 표면장력이 커야 한다.
④ 불활성이고 안전하며 비가연성이어야 한다.

해설 냉매는 표면장력(surface tension)이 작아야 한다.

★
06 **어떤 유체의 밀도가 741kg/m³이다. 이 유체의 비체적은 약 몇 m³/kg인가?**

① 0.78×10^{-3}　② 1.35×10^{-3}
③ 2.35×10^{-3}　④ 2.98×10^{-3}

해설 비체적(v)은 밀도(ρ)의 역수이므로

$$\therefore v=\frac{V}{m}=\frac{1}{\rho}=\frac{1}{741}\fallingdotseq1.35\times10^{-3}\text{m}^3/\text{kg}$$

07 **이상적인 랭킨사이클에서 터빈 입구온도가 350℃이고 75kPa과 3MPa의 압력범위에서 작동한다. 펌프 입구와 출구, 터빈 입구와 출구에서 엔탈피는 각각 384.4kJ/kg, 387.5kJ/kg, 3,116kJ/kg, 2,403kJ/kg이다. 펌프일을 고려한 사이클의 열효율과 펌프일을 무시한 사이클의 열효율차이는 약 몇 %인가?**

① 0.0011　② 0.092
③ 0.11　④ 0.18

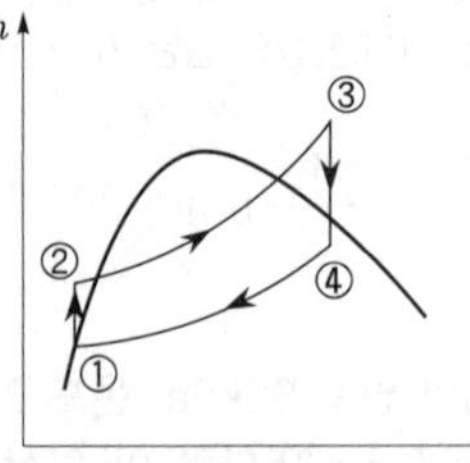

여기서, h_1 =384.4kJ/kg, h_2 =387.5kJ/kg
h_3 =3,116kJ/kg, h_4 =2,403kJ/kg

㉠ $$\eta_R=\frac{w_t-w_p}{q_1}=\frac{(h_3-h_4)-(h_2-h_1)}{h_3-h_2}\times100$$
$$=\frac{(3,116-2,403)-(387.5-384.4)}{3,116-387.5}\times100$$
$$=26\%$$

㉡ 펌프일량(w_p) 무시($h_2\fallingdotseq h_1$(put))

$$\eta_R{}'=\frac{w_t}{q_1{}'}=\frac{h_3-h_4}{h_3-h_1}\times100$$
$$=\frac{3,116-2,403}{3,116-384.4}\times100=26.1\%$$

$\therefore$ 열효율차$=\eta_R{}'-\eta_R=26.1-26=0.1\%$

08 **전류 25A, 전압 13V를 가하여 축전지를 충전하고 있다. 충전하는 동안 축전지로부터 15W의 열손실이 있다. 축전지의 내부에너지변화율은 약 몇 W인가?**

① 310　② 340
③ 370　④ 420

해설 축전지 내부에너지(dU)= $VI-$열손실량
=13×25−15=310W

★
09 **고온열원(T_1)과 저온열원(T_2) 사이에서 작동하는 역카르노사이클에 의한 열펌프(heat pump)의 성능계수는?**

① $\dfrac{T_1-T_2}{T_1}$　② $\dfrac{T_2}{T_1-T_2}$
③ $\dfrac{T_1}{T_1-T_2}$　④ $\dfrac{T_1-T_2}{T_2}$

해설 성능(성적)계수

㉠ 열펌프 : $(COP)_{HP}=\dfrac{Q_1}{Q_1-Q_2}=\dfrac{T_1}{T_1-T_2}$
$=(COP)_R+1$

㉡ 냉동기 : $(COP)_R=\dfrac{Q_2}{Q_1-Q_2}=\dfrac{T_2}{T_1-T_2}$
$=(COP)_{HP}-1$

10 **압력이 0.2MPa, 온도가 20℃의 공기를 압력이 2MPa로 될 때까지 가역단열압축했을 때 온도는 약 몇 ℃인가? (단, 공기는 비열비가 1.4인 이상기체로 간주한다.)**

① 225.7　② 273.7
③ 292.7　④ 358.7

정답 05 ③ 06 ② 07 ③ 08 ① 09 ③ 10 ③

해설 $\dfrac{T_2}{T_1}=\left(\dfrac{P_2}{P_1}\right)^{\frac{k-1}{k}}$

$\therefore T_2=T_1\left(\dfrac{P_2}{P_1}\right)^{\frac{k-1}{k}}=(20+273)\times\left(\dfrac{2}{0.2}\right)^{\frac{1.4-1}{1.4}}$

$=565.69\text{K}-273 ≒ 292.7℃$

★
11 단열된 노즐에 유체가 10m/s의 속도로 들어와서 200m/s의 속도로 가속되어 나간다. 출구에서의 엔탈피가 2,770kJ/kg일 때 입구에서의 엔탈피는 약 몇 kJ/kg인가?

① 4,370　② 4,210
③ 2,850　④ 2,790

해설 $v_2=44.72\sqrt{h_1-h_2}$ [m/s]

$h_1-h_2=\left(\dfrac{v_2}{44.72}\right)^2=\left(\dfrac{200}{44.72}\right)^2=20\text{kJ/kg}$

$\therefore h_1=h_2+20=2{,}770+20=2{,}790$kJ/kg

★
12 어떤 물질에서 기체상수(R)가 0.189kJ/kg·K, 임계온도가 305K, 임계압력이 7,380kPa이다. 이 기체의 압축성 인자(compressibility factor, Z)가 다음과 같은 관계식을 나타낸다고 할 때 이 물질의 20℃, 1,000kPa 상태에서의 비체적(v)은 약 몇 m³/kg인가? (단, P는 압력, T는 절대온도, P_r은 환산압력, T_r은 환산온도를 나타낸다.)

$$Z=\frac{Pv}{RT}=1-0.8\frac{P_r}{T_r}$$

① 0.0111　② 0.0303
③ 0.0491　④ 0.0554

해설 $T_r=\dfrac{T}{T_c}=\dfrac{20+273}{305}=0.961$

$P_r=\dfrac{P}{P_c}=\dfrac{1{,}000}{7{,}380}=0.136$

$\therefore v=\dfrac{ZRT}{P}=\left(1-0.8\dfrac{P_r}{T_r}\right)\dfrac{RT}{P}$

$=\left(1-0.8\times\dfrac{0.136}{0.961}\right)\times\dfrac{0.189\times(20+273)}{1{,}000}$

$=0.0491\text{m}^3/\text{kg}$

13 100℃의 구리 10kg을 20℃의 물 2kg이 들어있는 단열용기에 넣었다. 물과 구리 사이의 열전달을 통한 평형온도는 약 몇 ℃인가? (단, 구리의 비열은 0.45kJ/kg·K, 물의 비열은 4.2kJ/kg·K이다.)

① 48　② 54
③ 60　④ 68

해설 열역학 제0법칙(=열평형의 법칙) 적용
고온체 방열량=저온체 흡열량
$m_1C_1(t_1-t_m)=m_2C_2(t_m-t_2)$

$\therefore t_m=\dfrac{m_1C_1t_1+m_2C_2t_2}{m_1C_1+m_2C_2}$

$=\dfrac{10\times0.45\times100+2\times4.2\times20}{10\times0.45+2\times4.2}$

$≒ 48℃$

★
14 이상적인 교축과정(throttling process)을 해석하는데 있어서 다음 설명 중 옳지 않은 것은?

① 엔트로피는 증가한다.
② 엔탈피의 변화가 없다고 본다.
③ 정압과정으로 간주한다.
④ 냉동기의 팽창밸브의 이론적인 해석에 적용될 수 있다.

해설 이상적인 교축과정은 비가역과정으로 엔트로피 증가, 등엔탈피(엔탈피변화가 없다)과정이다. 교축이란 냉동기 팽창밸브에서 압력을 강하($P_1>P_2$)시키는데 적용되며, 실제 기체(냉매)에서는 교축팽창 시 온도도 강하한다 ($T_1>T_2$).

15 이상기체로 작동하는 어떤 기관의 압축비가 17이다. 압축 전의 압력 및 온도는 112kPa, 25℃이고, 압축 후의 압력은 4,350kPa이었다. 압축 후의 온도는 약 몇 ℃인가?

① 53.7　② 180.2
③ 236.4　④ 407.8

해설 ㉠ $P_1V_1^{\,k}=P_2V_2^{\,k}$에서 $\dfrac{P_2}{P_1}=\left(\dfrac{V_1}{V_2}\right)^k$이다. 이때 양변에 ln을 취하면

$\ln\dfrac{P_2}{P_1}=k\ln\dfrac{V_1}{V_2}=k\ln\varepsilon$

부록 I

정답 11 ④ 12 ③ 13 ① 14 ③ 15 ④

$$\therefore k = \frac{\ln\frac{P_2}{P_1}}{\ln\frac{V_1}{V_2}} = \frac{\ln\frac{P_2}{P_1}}{\ln\varepsilon} = \frac{\ln\frac{4,350}{112}}{\ln 17}$$
$$= 1.2916$$

ⓛ $\frac{T_2}{T_1} = \left(\frac{V_1}{V_2}\right)^{k-1}$

$$\therefore T_2 = T_1\left(\frac{V_1}{V_2}\right)^{k-1} = T_1\varepsilon^{k-1}$$
$$= (25+273)\times 17^{1.2916-1}$$
$$= 680.79\text{K} - 273 \fallingdotseq 407.8℃$$

★ 16 다음은 오토(Otto)사이클의 온도-엔트로피($T-S$)선도이다. 이 사이클의 열효율을 온도를 이용하여 나타낼 때 옳은 것은? (단, 공기의 비열은 일정한 것으로 본다.)

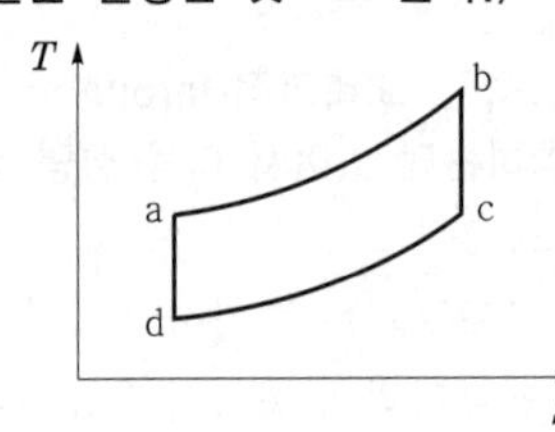

① $1-\frac{T_c-T_d}{T_b-T_a}$　② $1-\frac{T_b-T_a}{T_c-T_d}$

③ $1-\frac{T_a-T_d}{T_b-T_c}$　④ $1-\frac{T_b-T_c}{T_a-T_d}$

해설 $\eta_{tho} = 1-\frac{Q_2}{Q_1} = 1-\frac{T_c-T_d}{T_b-T_a}$

여기서, Q_1(공급열량)$= mC_v(T_b-T_a)$

Q_2(방출열량)$= mC_v(T_c-T_d)$

17 클라우지우스(Clausius)의 부등식을 옳게 나타낸 것은? (단, T는 절대온도, Q는 시스템으로 공급된 전체 열량을 나타낸다.)

① $\oint T\delta Q \le 0$　② $\oint T\delta Q \ge 0$

③ $\oint \frac{\delta Q}{T} \le 0$　④ $\oint \frac{\delta Q}{T} \ge 0$

해설 클라우지우스의 부등식은 가역사이클이면 등호, 비가역사이클이면 부등호이다.

$$\therefore \oint \frac{\delta Q}{T} \le 0$$

18 다음 중 강도성 상태량(intensive property)이 아닌 것은?

① 온도　② 내부에너지

③ 밀도　④ 압력

해설 강도성 상태량은 물질의 양과는 관계없는 상태량으로 온도, 압력, 밀도(비질량), 비체적 등이 있고, 내부에너지(U)는 물질의 양에 비례하는 상태량으로 종량성 상태량(extensive property)이다.

19 기체가 0.3MPa로 일정한 압력하에 8m³에서 4m³까지 마찰 없이 압축되면서 동시에 500kJ의 열을 외부로 방출하였다면 내부에너지의 변화는 약 몇 kJ인가?

① 700　② 1,700

③ 1,200　④ 1,400

해설 ㉠ ${}_1W_2 = \int_1^2 PdV = P(V_2-V_1)$

$= 0.3\times 10^3\times(4-8) = -1,200\text{kJ}$

ⓛ $Q = (U_2-U_1) + {}_1W_2$[kJ]

$\therefore U_2 - U_1 = Q - {}_1W_2$

$= -500-(-1,200) = 700\text{kJ}$

20 카르노사이클로 작동하는 열기관이 1,000℃의 열원과 300K의 대기 사이에서 작동한다. 이 열기관이 사이클당 100kJ의 일을 할 경우 사이클당 1,000℃의 열원으로부터 받은 열량은 약 몇 kJ인가?

① 70.0　② 76.4

③ 130.8　④ 142.9

해설 $\eta_c = \frac{W_{net}}{Q} = 1-\frac{T_2}{T_1} = 1-\frac{300}{1,000+273} = 0.764$

$$\therefore Q = \frac{W_{net}}{\eta_c} = \frac{100}{0.764} = 130.8\text{kJ}$$

정답 16 ① 17 ③ 18 ② 19 ① 20 ③

2 냉동공학

★

21 **냉동능력이 15RT인 냉동장치가 있다. 흡입증기포화온도가 −10℃이며 건조포화증기흡입압축으로 운전된다. 이때 응축온도가 45℃이라면 이 냉동장치의 응축부하(kW)는 얼마인가? (단, 1RT는 3.8kW이다.)**

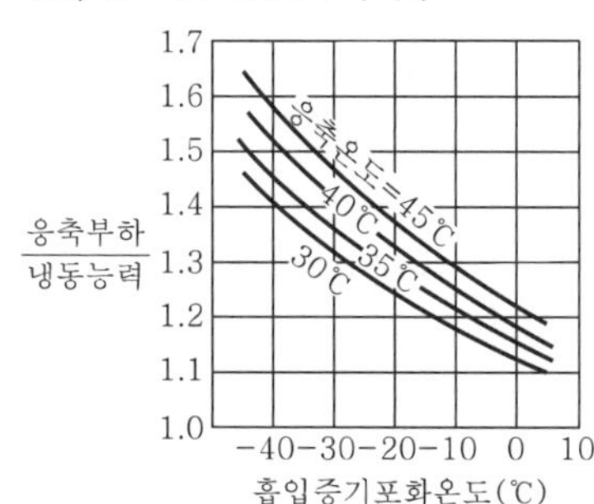

① 74.1 ② 58.7
③ 49.8 ④ 36.2

해설 제시된 그림에서 방열계수$(C)=\dfrac{\text{응축부하}(Q_c)}{\text{냉동능력}(Q_e)}\fallingdotseq 1.3$
(흡입증기포화온도 −10℃를 기준으로 수직으로 선을 그은 다음 응축온도 45℃ 교점에서 방열계수(C)값을 찾는다)
∴ 응축부하$(Q_c)=CQ_e=1.3\times15\times3.8=74.1\text{kW}$

22 **다음 중 터보압축기의 용량(능력)제어방법이 아닌 것은?**

① 회전속도에 의한 제어
② 흡입댐퍼에 의한 제어
③ 부스터에 의한 제어
④ 흡입가이드베인에 의한 제어

해설 터보압축기의 용량(능력)제어방법
㉠ 압축기의 회전속도제어
㉡ 흡입댐퍼제어
㉢ 흡입가이드베인(안내날개)의 각도를 변화시켜 제어

★

23 **냉매의 구비조건으로 옳은 것은?**

① 표면장력이 작을 것
② 임계온도가 낮을 것
③ 증발잠열이 작을 것
④ 비체적이 클 것

해설 냉매의 구비조건
㉠ 점도가 작고 전열이 양호하며 표면장력이 작을 것
㉡ 임계온도가 높을 것
㉢ 증발(잠)열이 크고 액체의 비열은 작을 것
㉣ 비열비(단열지수)가 작고 비체적도 작을 것
㉤ 응고점이 낮을 것
㉥ 저온에서는 대기압 이상의 압력으로 증발하고 상온에서도 비교적 저압으로 응축액화할 것

24 **증기압축식 열펌프에 관한 설명으로 틀린 것은?**

① 하나의 장치로 난방 및 냉방으로 사용할 수 있다.
② 일반적으로 성적계수가 1보다 작다.
③ 난방을 위한 별도의 보일러 설치가 필요 없어 대기오염이 적다.
④ 증발온도가 높고 응축온도가 낮을수록 성적계수가 커진다.

해설 증기압축식 냉동기에서 열펌프는 일반적으로 성적계수가 1보다 크다(열펌프 성적계수는 냉동기 성적계수보다 항상 1만큼 크다).

25 **0℃와 100℃ 사이에서 작용하는 카르노사이클기관(㉮)과 400℃와 500℃ 사이에서 작용하는 카르노사이클기관(㉯)이 있다. ㉮기관의 열효율은 ㉯기관의 열효율의 약 몇 배가 되는가?**

① 1.2배 ② 2배
③ 2.5배 ④ 4배

해설 ㉠ ㉮의 경우

$$\eta_{c1}=1-\frac{T_2}{T_1}=1-\frac{0+273}{100+273}=0.268(=26.8\%)$$

㉡ ㉯의 경우

$$\eta_{c2}=1-\frac{T_2}{T_1}=1-\frac{400+273}{500+273}=0.129(=12.9\%)$$

$$\therefore \frac{\eta_{c1}}{\eta_{c2}}=\frac{0.268}{0.129}\fallingdotseq 2.07$$

부록 I

정답 21 ① 22 ③ 23 ① 24 ② 25 ②

26 **프레온냉동장치의 배관공사 중에 수분이 장치 내에 잔류했을 경우 이 수분에 의한 장치에 나타나는 현상으로 틀린 것은?**

① 프레온냉매는 수분의 용해도가 적으므로 냉동장치 내의 온도가 0℃ 이하이면 수분은 빙결한다.

② 수분은 냉동장치 내에서 철재재료 등을 부식시킨다.

③ 증발기의 전열기능을 저하시키고 흡입관 내 냉매흐름을 방해한다.

④ 프레온냉매와 수분이 서로 화학반응하여 알칼리를 생성시킨다.

해설 암모니아(NH_3)는 수용성(물에 잘 녹음)인 반면, 프레온 냉매는 물과 혼합이 안 되고 기름(작동유)에는 용해된다.

★
27 **팽창밸브 중 과열도를 검출하여 냉매유량을 제어하는 것은?**

① 정압식 자동팽창밸브

② 수동팽창밸브

③ 온도식 자동팽창밸브

④ 모세관

해설 **온도식 자동팽창밸브**

㉠ 증발기 출구에 감온통을 설치하여 감온통에서 감지한 냉매가스의 과열도가 증가하면 열리고, 부하가 감소하여 과열도가 적어지면 닫혀 팽창작용 및 냉매량을 제어하는 것으로 가장 많이 사용한다.

㉡ 특징
- 팽창밸브 직전에 전자밸브(SV)를 설치하여 압축기 정지 시 증발기로 액이 유입되는 것을 방지한다.
- 팽창밸브가 지나치게 작으면 압축기 흡입가스의 과열도는 크게 된다.
- 냉매유량은 증발기 출구의 과열도에 따라 제어된다.
- 사용냉매의 특성에 따라 사용한다.

28 **다음 중 가연성이 있어 조건이 나쁘면 인화, 폭발위험이 가장 큰 냉매는?**

① R−717 ② R−744

③ R−718 ④ R−502

해설 가연성이 있어 조건이 나쁘면 인화, 폭발위험이 큰 냉매는 암모니아(NH_3, R−717)이다.

참고
- R−744 : CO_2, R−718 : H_2O, R−502 : R−115+R−22
- 무기질 냉매 R−7○○의 뒤 두 자리는 분자량이다.

29 **흡수식 냉동사이클의 선도에 대한 설명으로 틀린 것은?**

① 듀링선도는 수용액의 농도, 온도, 압력관계를 나타낸다.

② 증발잠열 등 흡수식 냉동기의 설계상 필요한 열량은 엔탈피−농도선도를 통해 구할 수 있다.

③ 듀링선도에서는 각 열교환기 내의 열교환량을 표현할 수 없다.

④ 엔탈피−농도선도는 수평축에 비엔탈피, 수직축에 농도를 잡고 포화용액의 등온, 등압선과 발생증기의 등압선을 그은 것이다.

해설 엔탈피−농도선도는 수평축에 농도(x)를, 수직축에 비엔탈피(h)를 잡고 포화용액의 등온, 등압선과 발생증기의 등압선을 그은 것이다.

30 **다음 안전장치에 대한 설명으로 틀린 것은?**

① 가용전은 응축기, 수액기 등의 압력용기에 안전장치로 설치된다.

② 파열판은 얇은 금속판으로 용기의 구멍을 막고 있는 구조이며 안전밸브로 사용된다.

③ 안전밸브는 고압측의 각 부분에 설치하여 일정 이상 고압이 되면 밸브가 열려 저압부로 보내거나 외부로 방출하도록 한다.

④ 고압차단스위치는 조정설정압력보다 벨로즈에 가해진 압력이 낮아졌을 때 압축기를 정지시키는 안전장치이다.

해설 고압차단스위치는 조정설정압력보다 벨로즈에 가해진 압력이 높아졌을 때 압축기를 정지시키는 안전장치이다.

★
31 **저온용 단열재의 조건으로 틀린 것은?**

① 내구성이 있을 것

② 흡습성이 클 것

③ 팽창계수가 작을 것

④ 열전도율이 작을 것

정답 26 ④ 27 ③ 28 ① 29 ④ 30 ④ 31 ②

해설 저온용 단열재는 흡습성이 적을 것

★32 다음의 $P-h$선도상에서 냉동능력이 1냉동톤인 소형 냉장고의 실제 소요동력(kW)은? (단, 1냉동톤은 3.8kW이며, 압축효율은 0.75, 기계효율은 0.9이다.)

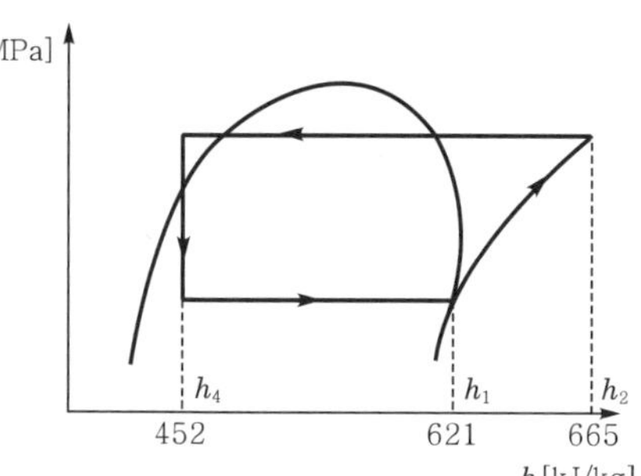

① 1.47　② 1.81
③ 2.73　④ 3.27

해설 $\varepsilon_R = \frac{q_e}{w_c} = \frac{h_1 - h_4}{h_2 - h_1} = \frac{621-452}{665-621} = 3.84$

$kW = \frac{Q_e}{\varepsilon_R} = \frac{3.8}{3.84} ≒ 0.99\text{kW}$

$\therefore kW' = \frac{kW}{\eta_c \eta_m} = \frac{0.99}{0.75 \times 0.9} ≒ 1.47\text{kW}$

33 냉동장치의 윤활목적으로 틀린 것은?

① 마모 방지　② 부식 방지
③ 냉매 누설 방지　④ 동력손실 증대

해설 냉동기의 윤활목적 : 마모 방지, 부식 방지, 냉매 누설 방지, 동력손실 감소

34 흡수식 냉동기의 특징에 대한 설명으로 틀린 것은?

① 부분부하에 대한 대응성이 좋다.
② 압축식, 터보식 냉동기에 비해 소음과 진동이 적다.
③ 초기운전 시 정격성능을 발휘할 때까지의 도달속도가 느리다.
④ 용량제어범위가 비교적 작아 큰 용량장치가 요구되는 장소에 설치 시 보조기기 설비가 요구된다.

해설 흡수식 냉동기는 용량제어범위가 넓어 20~100% 범위에 걸쳐서 비기계적인 용량제어가 가능하며 운전비용의 절감효과가 뛰어나다.

참고 흡수식 냉동기의 단점

- 기기 자체 단가가 비싸고 냉각수를 통한 배열량이 많기 때문에 냉각수 배관계통의 배관, 펌프, 냉각탑의 용량이 커지므로 보조기기의 설비도 증가한다.
- 설치에 필요한 천장높이가 높다.
- 냉동기의 성능계수(COP_R)가 낮다.

35 공기열원 수가열 열펌프장치를 가열운전(시운전)할 때 압축기 토출밸브 부근에서 토출가스온도를 측정하였더니 일반적인 온도보다 지나치게 높게 나타났다. 이러한 현상의 원인으로 가장 거리가 먼 것은?

① 냉매분해가 일어난다.
② 팽창밸브가 지나치게 교축되었다.
③ 공기측 열교환기(증발기)에서 눈에 띄게 착상이 일어났다.
④ 가열측 순환온수의 유량이 설계값보다 많다.

해설 가열측 순환온수의 유량이 설계값보다 작다.

★36 두께 30cm의 벽돌로 된 벽이 있다. 내면온도 21℃, 외면온도가 35℃일 때 이 벽을 통해 흐르는 열량(W/m^2)은? (단, 벽돌의 열전도율은 0.793W/m · K이다.)

① 32　② 37
③ 40　④ 43

해설 $q_{con} = \frac{Q_{con}}{A} = k\left(\frac{t_1 - t_2}{L}\right)$

$= 0.793 \times \frac{35-21}{0.3} = 37\text{W/m}^2$

부록 I

정답 32 ① 33 ④ 34 ④ 35 ④ 36 ②

37 2단 압축 1단 팽창 냉동장치에서 고단압축기의 냉매순환량을 G_2, 저단압축기의 냉매순환량을 G_1이라고 할 때 G_2/G_1은 얼마인가?

- 저단압축기 흡입증기엔탈피(h_1) : 610.4kJ/kg
- 저단압축기 토출증기엔탈피(h_2) : 652.3kJ/kg
- 고단압축기 흡입증기엔탈피(h_3) : 622.2kJ/kg
- 중간냉각기용 팽창밸브 직전 냉매엔탈피(h_4) : 462.6kJ/kg
- 증발기용 팽창밸브 직전 냉매엔탈피(h_5) : 427.1kJ/kg

① 0.8 ② 1.4
③ 2.5 ④ 3.1

해설 ㉠ $G_2 = G_1\left(\frac{h_2-h_5}{h_3-h_4}\right) = G_1\left(\frac{652.3-427.1}{622.2-462.6}\right)$
$= 1.41G_1$

㉡ $G_m = G_1\left[\frac{(h_2-h_3)+(h_4-h_5)}{h_3-h_4}\right]$
$= G_1\left[\frac{(652.3-622.2)+(462.6-427.1)}{622.2-462.6}\right]$
$= 0.41G_1$

㉢ $G_2 = G_1 + G_m$
$G_1 = G_2 - G_m = 1.41G_1 - 0.41G_1 = 1G_1$
$\therefore \frac{G_2}{G_1} = \frac{1.41G_1}{1G_1} = 1.41$

참고 2단 압축 1단 팽창의 냉동사이클 $P-h$선도

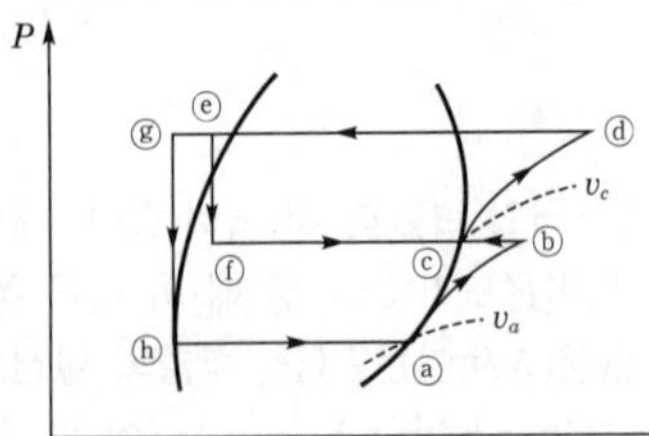

- 저단압축기 냉매순환량 : $G_1 = \frac{Q_e}{q_e} = \frac{V_L}{v_a} = \eta_{vL}$
- 중간냉각기 냉매순환량
$G_m = G_1\left[\frac{(h_b-h_c)+(h_e-h_g)}{h_c-h_e}\right]$
- 고단압축기 냉매순환량
$G_2 = G_1 + G_m = G_1\left(\frac{h_b-h_g}{h_c-h_e}\right)$

38 온도식 팽창밸브는 어떤 요인에 의해 작동되는가?

① 증발온도 ② 과냉각도
③ 과열도 ④ 액화온도

해설 온도식 팽창밸브는 냉매가스의 과열도가 증가하면 열리고, 부하가 감소하여 과열도가 적어지면 닫혀서 팽창작용 및 냉매량을 제어하는 온도식(자동) 팽창밸브이다.

39 프레온냉매를 사용하는 냉동장치에 공기가 침입하면 어떤 현상이 일어나는가?

① 고압압력이 높아지므로 냉매순환량이 많아지고 냉동능력도 증가한다.
② 냉동톤당 소요동력이 증가한다.
③ 고압압력은 공기의 분압만큼 낮아진다.
④ 배출가스의 온도가 상승하므로 응축기의 열통과율이 높아지고 냉동능력도 증가한다.

해설 프레온냉매를 사용하는 냉동장치에 공기가 유입(침입)되면 냉동톤당 압축기의 소요동력이 증가한다.

★
40 냉동부하가 25RT인 브라인쿨러가 있다. 열전달계수가 1.53kW/m²·K이고, 브라인 입구온도가 -5℃, 출구온도가 -10℃, 냉매의 증발온도가 -15℃일 때 전열면적(m²)은 얼마인가? (단, 1RT는 3.8kW이고 산술평균온도차를 이용한다.)

① 16.7 ② 12.1
③ 8.3 ④ 6.5

해설 $Q_e = KA\Delta t_m$
$\therefore A = \frac{Q_e}{K\Delta t_m} = \frac{Q_e}{K\left(\frac{t_{b1}+t_{b2}}{2}-t_e\right)}$
$= \frac{25\times3.8}{1.53\times\left[\frac{(-5)+(-10)}{2}-(-15)\right]}$
$\fallingdotseq 8.3\text{m}^2$

정답 37 ② 38 ③ 39 ② 40 ③

3 공기조화

41 **인체의 발열에 관한 설명으로 틀린 것은?**

① 증발 : 인체 피부에서의 수분이 증발하며 그 증발열로 체내의 열을 방출한다.
② 대류 : 인체표면과 주위 공기와의 사이에 열의 이동으로 인위적으로 조절이 가능하며 주위 공기의 온도와 기류에 영향을 받는다.
③ 복사 : 실내온도와 관계없이 유리창과 벽면 등의 표면온도와 인체표면과의 온도차에 따라 실제 느끼지 못하는 사이 방출되는 열이다.
④ 전도 : 겨울철 유리창 근처에서 추위를 느끼는 것은 전도에 의한 열방출이다.

★
42 **냉방 시 실내부하에 속하지 않는 것은?**

① 외기의 도입으로 인한 취득열량
② 극간풍에 의한 취득열량
③ 벽체로부터의 취득열량
④ 유리로부터의 취득열량

해설 냉방 시 실내부하
㉠ 벽체를 통한 취득열량(외벽, 지붕, 내벽, 바닥, 문)
㉡ 유리창을 통한 취득열량(복사열, 전도열)
㉢ 극간풍(틈새바람)에 의한 취득열량
㉣ 인체의 발생열량
㉤ 조명의 발생열량
㉥ 실내기구의 발생열량

★
43 **송풍기의 크기는 송풍기의 번호(No.#)로 나타내는데 원심송풍기의 송풍기 번호를 구하는 식으로 옳은 것은?**

① No.# $=\dfrac{\text{회전날개의 지름(mm)}}{100\text{(mm)}}$

② No.# $=\dfrac{\text{회전날개의 지름(mm)}}{150\text{(mm)}}$

③ No.# $=\dfrac{\text{회전날개의 지름(mm)}}{200\text{(mm)}}$

④ No.# $=\dfrac{\text{회전날개의 지름(mm)}}{250\text{(mm)}}$

해설 송풍기 번호
㉠ 원심송풍기(다익형 등) No.# = 회전날개의 지름(mm) ÷150(mm)
㉡ 축류송풍기(프로펠러형 등) No.# = 회전날개의 지름(mm)÷100(mm)

44 **다음 습공기선도에 나타낸 과정과 일치하는 장치도는?**

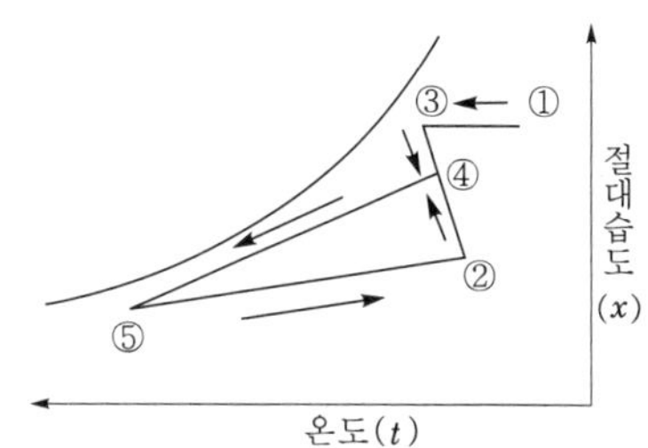

①
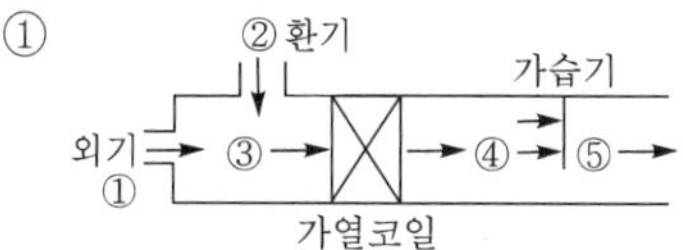

②
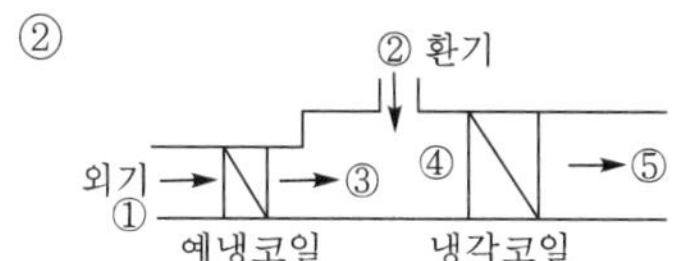

③
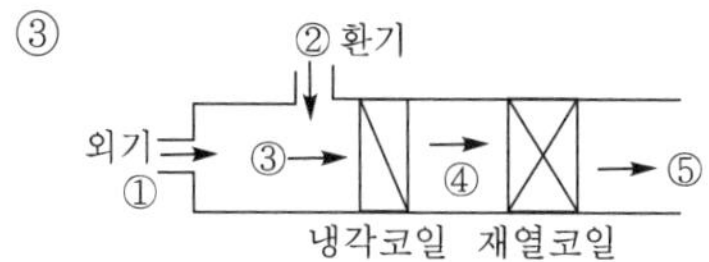

④
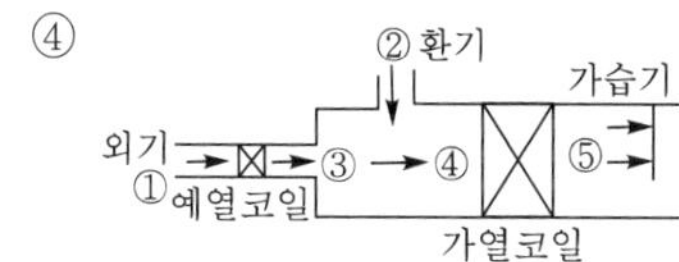

45 **인위적으로 실내 또는 일정한 공간의 공기를 사용목적에 적합하도록 공기조화하는데 있어서 고려하지 않아도 되는 것은?**

① 온도　② 습도
③ 색도　④ 기류

해설 공기조화의 4대 요소 : 온도, 습도, 기류, 청정도

정답 41 ④ 42 ① 43 ② 44 ② 45 ③

★
46 크기 1,000mm×500mm의 직관덕트에 35℃의 온풍 18,000m³/h이 흐르고 있다. 이 덕트가 −10℃의 실외 부분을 지날 때 길이 20m당 덕트표면으로부터의 열손실(kW)은? (단, 덕트는 암면 25mm로 보온되어 있고, 이때 1,000m당 온도차 1℃에 대한 온도 강하는 0.9℃이다. 공기의 밀도는 1.2kg/m³, 정압비열은 1.01kJ/kg·K이다.)

① 3.0 ② 3.8
③ 4.9 ④ 6.0

해설 $q=\rho QC_p(t_i-t_o)\times\left(\frac{20}{1,000}\right)\times t\times\frac{1}{3,600}$

$=1.2\times18,000\times1.01\times45\times0.02\times0.9\times\frac{1}{3,600}$

$\fallingdotseq 4.9\text{kW}$

47 동일한 덕트장치에서 송풍기 날개의 직경이 d_1, 전동기 동력이 L_1인 송풍기를 직경 d_2로 교환했을 때 동력의 변화로 옳은 것은? (단, 회전수는 일정하다.)

① $L_2=\left(\frac{d_2}{d_1}\right)^2L_1$ ② $L_2=\left(\frac{d_2}{d_1}\right)^3L_1$

③ $L_2=\left(\frac{d_2}{d_1}\right)^4L_1$ ④ $L_2=\left(\frac{d_2}{d_1}\right)^5L_1$

해설 송풍기 상사법칙에서 축동력은 회전수의 세제곱에 비례하고, 날개의 직경 5제곱에 비례한다 $\left(\frac{L_2}{L_1}=\left(\frac{N_2}{N_1}\right)^3\left(\frac{d_2}{d_1}\right)^5\right)$. 회전수가 일정($N_1=N_2$)할 때 동력은 $L_2=L_1\left(\frac{d_2}{d_1}\right)^5$ [kW]이다.

★
48 다음의 취출과 관련한 용어설명으로 틀린 것은?

① 그릴(grill)은 취출구의 전면에 설치하는 면격자이다.
② 아스펙트(aspect)비는 짧은 변을 긴 변으로 나눈 값이다.
③ 셔터(shutter)는 취출구의 후부에 설치하는 풍량조절용 또는 개폐용의 기구이다.
④ 드래프트(draft)는 인체에 닿아 불쾌감을 주는 기류이다.

해설 아스펙트비는 장방형 덕트의 긴 변(장변)을 짧은 변(단변)으로 나눈 값이다.

참고 아스펙트비$\left(=\frac{장변}{단변}\right)$는 최대 10 : 1 이상 되지 않도록 하며 가능하면 6 : 1 이하로 제한한다.

49 온수난방에 대한 설명으로 틀린 것은?

① 온수의 체적팽창을 고려하여 팽창탱크를 설치한다.
② 보일러가 정지하여도 실내온도의 급격한 강하가 적다.
③ 밀폐식일 경우 배관의 부식이 많아 수명이 짧다.
④ 방열기에 공급되는 온수온도와 유량조절이 용이하다.

해설 밀폐식일 경우 산소함유량을 제한할 수 있으므로 부식방지에 유리하며 수명이 길다.

50 증기난방배관에서 증기트랩을 사용하는 이유로 옳은 것은?

① 관내의 공기를 배출하기 위하여
② 배관의 신축을 흡수하기 위하여
③ 관내의 압력을 조절하기 위하여
④ 증기관에 발생된 응축수를 제거하기 위하여

해설 증기난방배관에서 증기관에 발생된 응축수를 제거하기 위해 증기트랩(steam trap)을 사용한다.

★
51 보일러에서 화염이 없어지면 화염검출기가 이를 감지하여 연료공급을 즉시 정지시키는 형태의 제어는?

① 시퀀스제어 ② 피드백제어
③ 인터록제어 ④ 수면제어

해설 **인터록제어** : 어느 조건이 불충분하거나 다음 진행에 불합리한 동작으로 변환될 때 기관동작을 다음 단계에 도달되기 전에 정지시키는 제어(불착화 인터록, 저수위 인터록, 압력초과 인터록, 저연소 인터록, 프리퍼지 인터록)

정답 46 ③ 47 ④ 48 ② 49 ③ 50 ④ 51 ③

52 중앙식 난방법의 하나로서 각 건물마다 보일러시설 없이 일정 장소에서 여러 건물에 증기 또는 고온수 등을 보내서 난방하는 방식은?

① 복사난방 ② 지역난방
③ 개별난방 ④ 온풍난방

53 보일러의 출력에는 상용출력과 정격출력이 있다. 다음 중 이들의 관계가 적당한 것은?

① 상용출력＝난방부하＋급탕부하＋배관부하
② 정격출력＝난방부하＋배관열손실부하
③ 상용출력＝배관열손실부하＋보일러예열부하
④ 정격출력＝난방부하＋급탕부하＋배관부하＋예열부하＋온수부하

해설 보일러출력
㉠ 정미출력=난방부하+급탕부하
㉡ 상용출력=정미출력+배관부하
=난방부하+급탕부하+배관부하
㉢ 정격출력=상용출력+예열부하
=난방부하+급탕부하+배관부하+예열부하

54 수관식 보일러의 특징에 관한 설명으로 틀린 것은?

① 관(드럼)의 직경이 적어서 고온·고압용에 적당하다.
② 전열면적이 커서 증기 발생시간이 빠르다.
③ 구조가 단순하여 청소나 검사, 수리가 용이하다.
④ 보유수량이 적어 부하변동 시 압력변화가 크다.

해설 수관식 보일러는 구조가 복잡하고 청소나 검사, 수리가 어렵다.

55 6인용 입원실이 100실인 병원의 입원실 전체 환기를 위한 최소 신선공기량(m^3/h)은? (단, 외기 중 CO_2함유량은 $0.0003m^3/m^3$이고 실내 CO_2의 허용농도는 0.1%, 재실자의 CO_2 발생량은 개인당 $0.015m^3/h$이다.)

① 6,857 ② 8,857
③ 10,857 ④ 12,857

해설 $Q=\frac{M}{C_i-C_o}=\frac{(6\times0.015)\times100}{0.001-0.0003}=12{,}857.14m^3/h$

56 다음 공기조화방식 중 냉매방식인 것은?

① 유인유닛방식 ② 멀티존방식
③ 팬코일유닛방식 ④ 패키지유닛방식

해설 ① 유인유닛방식 : 수(물)-공기방식
② 멀티존방식 : 전공기방식
③ 팬코일유닛방식 : 수(물)-공기방식

★
57 전열교환기에 관한 설명으로 틀린 것은?

① 공기조화기기의 용량 설계에 영향을 주지 않음
② 열교환기 설치로 설비비와 요구공간 증가
③ 회전식과 고정식이 있음
④ 배기와 환기의 열교환으로 현열과 잠열을 교환

해설 전열교환기는 공기조화기에서 환기를 실행할 때 실내의 열을 놓치지 않고 그 열을 외부로부터의 급기로 옮겨 실내로 되돌아오게 하는 열교환기형식 중 하나로 공기조화기기의 용량 설계에 영향을 미친다.

58 복사난방방식의 특징에 대한 설명으로 틀린 것은?

① 외기온도의 갑작스러운 변화에 대응이 용이함
② 실내 상하온도분포가 균일하여 난방효과가 이상적임
③ 실내공기온도가 낮아도 되므로 열손실이 적음
④ 바닥에 난방기기가 필요 없어 바닥면의 이용도가 높음

해설 복사난방방식은 방열체의 열용량이 크기 때문에 온도변화에 따른 방열량 조절이 어렵다(일시적인 난방에는 비경제적이다).

정답 52 ② 53 ① 54 ③ 55 ④ 56 ④ 57 ① 58 ①

부록 I

★
59 **송풍기의 풍량조절법이 아닌 것은?**

① 토출댐퍼에 의한 제어
② 흡입댐퍼에 의한 제어
③ 토출베인에 의한 제어
④ 흡입베인에 의한 제어

해설 **송풍기의 풍량조절법** : 회전수제어, 가변피치제어, 흡입베인제어, 흡입댐퍼제어, 토출댐퍼제어

60 **유효온도차(상당외기온도차)에 대한 설명으로 틀린 것은?**

① 태양일사량을 고려한 온도차이다.
② 계절, 시각 및 방위에 따라 변화한다.
③ 실내온도와는 무관하다.
④ 냉방부하 시에 적용된다.

해설 유효온도차(상당외기온도차)는 실내온도와 관계가 있다. 상당온도차는 일사를 받는 외벽과 같이 구조체를 통과하는 열량을 산출하기 위해 외기온도나 일사량을 고려하여 정한 근사적인 외기온도이다.
보정상당외기온도차($\Delta t_e{}'$)
=상당온도차(Δt_e)$+(t_o{}'-t_i{}')-(t_o-t_i)$[℃]
여기서, $t_o{}'$: 실제 외기온도, $t_i{}'$: 실제 실내온도
t_o : 설계외기온도, t_i : 설계실내온도

4 전기제어공학

61 **다음 그림과 같은 회로에서 전달함수 $G(s)=\dfrac{I(s)}{V(s)}$를 구하면?**

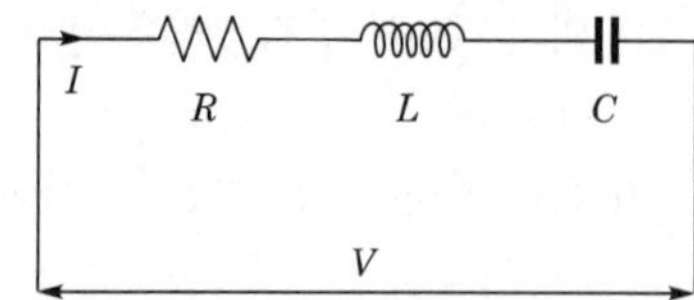

① $R+Ls+Cs$　② $\dfrac{1}{R+Ls+Cs}$
③ $R+Ls+\dfrac{1}{Cs}$　④ $\dfrac{1}{R+Ls+\dfrac{1}{Cs}}$

해설 $G(s)=\dfrac{I(s)}{V(s)}=\dfrac{1}{R+Ls+\dfrac{1}{Cs}}$

62 **입력 A, B, C에 따라 Y를 출력하는 다음의 회로는 무접점 논리회로 중 어떤 회로인가?**

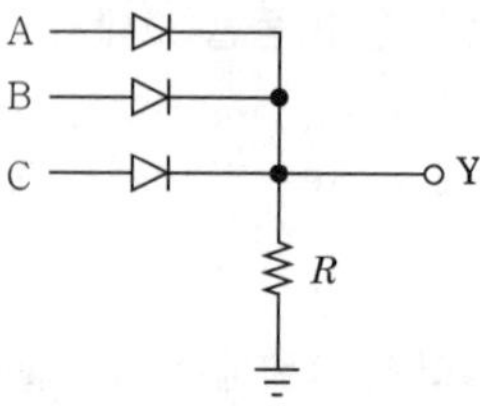

① OR회로　② NOR회로
③ AND회로　④ NAND회로

해설 OR회로는 여러 개의 입력신호 중 하나 또는 그 이상의 신호가 ON되었을 때 출력한다.

★
63 **논리식 A+BC와 등가인 논리식은?**

① AB+AC　② (A+B)(A+C)
③ (A+B)C　④ (A+C)B

해설 (A+B)(A+C)=AA+AC+AB+BC
=A(1+C)+AB+BC
=A+AB+BC
=A+BC

64 **승강기나 에스컬레이터 등의 옥내전선의 절연저항을 측정하는데 가장 적당한 측정기기는?**

① 메거　② 휘트스톤브리지
③ 켈빈더블브리지　④ 콜라우슈브리지

해설 **저항측정기기의 종류** : 메거(절연저항측정), 휘트스톤브리지(저항 및 전기용량측정), 켈빈브리지(저저항측정), 저항계(일반저항측정)

★
65 **$e(t)=200\sin\omega t$[V], $i(t)=4\sin\left(\omega t-\dfrac{\pi}{3}\right)$[A]일 때 유효전력(W)은?**

① 100　② 200
③ 300　④ 400

해설 $P=VI\cos\theta=I^2R$
$=\dfrac{200}{\sqrt{2}}\times\dfrac{4}{\sqrt{2}}\times\cos 60°$
$=200\text{W}$

정답 59 ③ 60 ③ 61 ④ 62 ① 63 ② 64 ① 65 ②

66 전력(W)에 관한 설명으로 틀린 것은?

① 단위는 J/s이다.
② 열량을 적분하면 전력이다.
③ 단위시간에 대한 전기에너지이다.
④ 공률(일률)과 같은 단위를 갖는다.

해설 전력
㉠ 전기회로에 의해 단위시간당 전달되는 전기에너지로 공률(일률)과 같은 단위이다.
㉡ 단위는 J/s, W로 표시한다(1W=1J/s).
㉢ $P=IV=I^2R=\frac{V^2}{R}$ [W, J/s]

67 환상솔레노이드철심에 200회의 코일을 감고 2A의 전류를 흘릴 때 발생하는 기자력은 몇 AT인가?

① 50　　② 100
③ 200　　④ 400

해설 $F=NI=200\times2=400\text{AT}$

68 제어편차가 검출될 때 편차가 변화하는 속도에 비례하여 조작량을 가감하도록 하는 제어로써 오차가 커지는 것을 미연에 방지하는 제어동작은?

① ON/OFF제어동작
② 미분제어동작
③ 적분제어동작
④ 비례제어동작

해설 미분제어동작(D동작)은 입력의 변화비율에 비례하는 크기의 출력으로 오차가 커지는 것을 방지한다.

★
69 10μF의 콘덴서에 200V의 전압을 인가하였을 때 콘덴서에 축적되는 전하량은 몇 C인가?

① 2×10^{-3}　　② 2×10^{-4}
③ 2×10^{-5}　　④ 2×10^{-6}

해설 $Q=CV=10\times10^{-6}\times200=2\times10^{-3}\text{C}$

70 3상 유도전동기의 출력이 10kW, 슬립이 4.8%일 때의 2차 동손은 약 몇 kW인가?

① 0.24　　② 0.36
③ 0.5　　④ 0.8

해설 2차 동손$=\frac{s}{1-s}\times$출력$=\frac{0.048}{1-0.048}\times10$
$=0.5\text{kW}$

71 유도전동기에 인가되는 전압과 주파수의 비를 일정하게 제어하여 유도전동기의 속도를 정격속도 이하로 제어하는 방식은?

① CVCF제어방식
② VVVF제어방식
③ 교류궤환제어방식
④ 교류 2단 속도제어방식

★
72 다음 그림의 신호흐름선도에서 전달함수 $\frac{C(s)}{R(s)}$는?

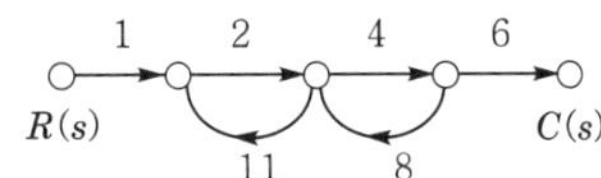

① $-\frac{8}{9}$　　② $-\frac{13}{19}$
③ $-\frac{48}{53}$　　④ $-\frac{105}{77}$

해설 $L_{11}=2\times11=22,\ L_{21}=4\times8=32$
$G_1=1\times2\times4\times6=48,\ \Delta_1=1$
$\therefore G(s)=\frac{C(s)}{R(s)}=\frac{G_1\Delta_1}{\Delta}=\frac{G_1\Delta_1}{1-(L_{11}+L_{21})}$
$=\frac{48\times1}{1-(22+32)}=-\frac{48}{53}$

73 회전각을 전압으로 변환시키는데 사용되는 위치변환기는?

① 속도계　　② 증폭기
③ 변조기　　④ 전위차계

74 폐루프제어시스템의 구성에서 조절부와 조작부를 합쳐서 무엇이라고 하는가?

① 보상요소　　② 제어요소
③ 기준입력요소　　④ 귀환요소

해설 제어요소는 동작신호를 조작량으로 변화하는 요소로 조절부와 조작부로 이루어진다.

정답 66 ② 67 ④ 68 ② 69 ① 70 ③ 71 ② 72 ③ 73 ④ 74 ②

75 다음 그림과 같은 회로에 흐르는 전류 I[A]는?

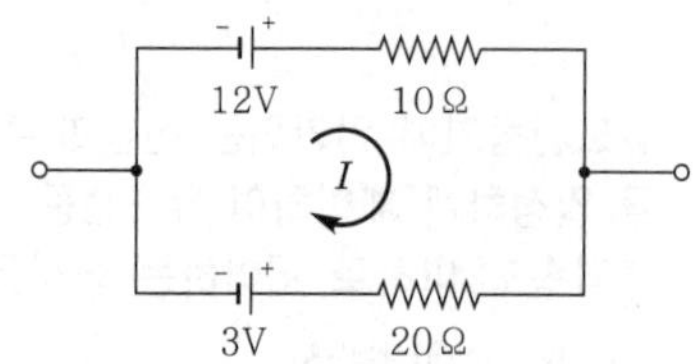

① 0.3 ② 0.6
③ 0.9 ④ 1.2

해설 $I=\dfrac{\Delta V}{R_1+R_2}=\dfrac{12-3}{10+20}=0.3$A

76 다음 그림과 같은 단위피드백제어시스템의 전달함수 $\dfrac{C(s)}{R(s)}$는?

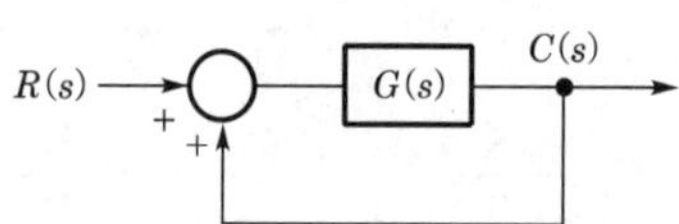

① $\dfrac{1}{1+G(s)}$ ② $\dfrac{G(s)}{1+G(s)}$
③ $\dfrac{1}{1-G(s)}$ ④ $\dfrac{G(s)}{1-G(s)}$

해설 $C(s)=R(s)G(s)+C(s)G(s)$
$C(s)-C(s)G(s)=R(s)G(s)$
$C(s)[1-G(s)]=R(s)G(s)$
∴ 전달함수$=\dfrac{C(s)}{R(s)}=\dfrac{G(s)}{1-G(s)}$

77 선간전압 200V의 3상 교류전원에 화물용 승강기를 접속하고 전력과 전류를 측정하였더니 2.77kW, 10A이었다. 이 화물용 승강기 모터의 역률은 약 얼마인가?

① 0.6 ② 0.7
③ 0.8 ④ 0.9

해설 3상 교류(AC) 유효전력$=\sqrt{3}\,VI\cos\theta$[kW]
$\therefore \cos\theta=\dfrac{\text{전력(kW)}}{\sqrt{3}\,VI}=\dfrac{2.77\times10^3}{\sqrt{3}\times200\times10}\fallingdotseq0.8$

★
78 다음 그림의 논리회로에서 A, B, C, D를 입력, Y를 출력이라 할 때 출력식은?

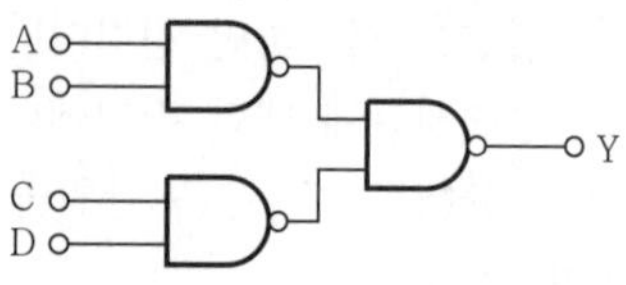

① A+B+C+D ② (A+B)(C+D)
③ AB+CD ④ ABCD

해설 $Y=\overline{\overline{AB}\cdot\overline{CD}}=\overline{\overline{AB}}+\overline{\overline{CD}}=AB+CD$

79 다음 그림과 같은 $R-L$직렬회로에서 공급전압의 크기가 10V일 때 $|V_R|=8$V이면 V_L의 크기는 몇 V인가?

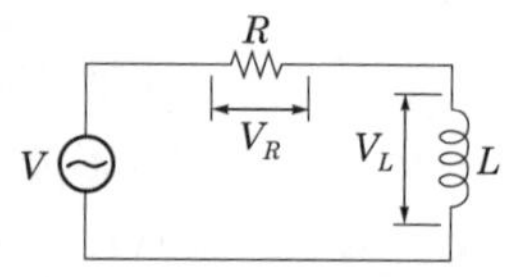

① 2 ② 4
③ 6 ④ 8

해설 $V_L=\sqrt{V^2-{V_R}^2}=\sqrt{10^2-8^2}=6$V

80 전기자철심을 규소강판으로 성층하는 주된 이유는?

① 정류자면의 손상이 적다.
② 가공하기 쉽다.
③ 철손을 적게 할 수 있다.
④ 기계손을 적게 할 수 있다.

해설 전기자철심을 규소강판으로 성층하는 주된 이유는 철손을 적게 할 수 있다.

5 배관 일반

81 팬코일유닛방식의 배관방식 중 공급관이 2개이고 환수관이 1개인 방식은?

① 1관식 ② 2관식
③ 3관식 ④ 4관식

해설 팬코일유닛방식(FCU)의 배관방식 중 공급관이 2개이고 환수관이 1개인 방식은 3관식이다.

정답 75 ① 76 ④ 77 ③ 78 ③ 79 ③ 80 ③ 81 ③

★
82 **냉매액관 중에 플래시가스 발생의 방지대책으로 틀린 것은?**

① 온도가 높은 곳을 통과하는 액관은 방열 시공을 한다.
② 액관, 드라이어 등의 구경을 충분히 선정하여 통과저항을 적게 한다.
③ 액펌프를 사용하여 압력 강하를 보상할 수 있는 충분한 압력을 준다.
④ 열교환기를 사용하여 액관에 들어가는 냉매의 과냉각도를 없앤다.

해설 열교환기를 사용하여 팽창밸브 직전 액냉매의 과냉각도를 준다.

83 **다음 중 공냉식 응축기 배관 시 유의사항으로 틀린 것은?**

① 소형 냉동기에 사용하며 핀이 있는 파이프 속에 냉매를 통하여 바람이송냉각 설계로 되어 있다.
② 냉방기가 응축기 아래 설치되는 경우 배관높이가 10m 이상일 때는 5m마다 오일트랩을 설치해야 한다.
③ 냉방기가 응축기 위에 위치하고, 압축기가 냉방기에 내장되었을 경우에는 오일트랩이 필요 없다.
④ 수냉식에 비해 능력은 낮지만 냉각수를 사용하지 않아 동결의 염려가 없다.

해설 냉방기가 응축기 아래 설치되는 경우 배관높이가 10m 이상일 때는 10m마다 오일트랩을 설치해야 한다.

★
84 **배수배관 시공 시 청소구의 설치위치로 가장 적절하지 않은 곳은?**

① 배수수평주관과 배수수평분기관의 분기점
② 길이가 긴 수평배수관 중간
③ 배수수직관의 제일 윗부분 또는 근처
④ 배수관이 45° 이상의 각도로 방향을 전환하는 곳

해설 청소구는 배수수직관의 제일 밑부분에 설치한다. 지름이 100A 이하는 15m마다, 100A 이상은 30m마다 설치한다.

85 **급탕배관에 관한 설명으로 틀린 것은?**

① 단관식의 경우 급수관경보다 큰 관을 사용해야 한다.
② 하향식 공급방식에서는 급탕관 및 복귀관은 모두 선하향구배로 한다.
③ 보통 급탕관은 수명이 짧으므로 장래에 수리, 교체가 용이하도록 노출배관하는 것이 좋다.
④ 연관은 열에 강하고 부식도 잘 되지 않으므로 급탕배관에 적합하다.

해설 연관(lead pipe, 납관)은 열에 약하며 부식이 잘 되지 않으므로 급탕배관에 적합하다(산에는 강하나, 알칼리에 부식된다).

86 **냉매배관 시 유의사항으로 틀린 것은?**

① 냉동장치 내의 배관은 절대 기밀을 유지할 것
② 배관 도중에 고저의 변화를 될수록 피할 것
③ 기기 간의 배관은 가능한 한 짧게 할 것
④ 만곡부는 될 수 있는 한 적고, 또한 곡률반경은 작게 할 것

해설 냉매배관의 만곡부는 될 수 있는 한 적고, 또한 곡률반경은 크게 한다(직경(D)의 6배 이상으로 한다).

87 **염화비닐관의 설명으로 틀린 것은?**

① 열팽창률이 크다.
② 관내 마찰손실이 적다.
③ 산, 알칼리 등에 대해 내식성이 적다.
④ 고온 또는 저온의 장소에 부적당하다.

해설 염화비닐관(polyvinyl chloride pipe)은 염화비닐을 주원료로 압출가공하여 만든 관으로 상수도 급수관에 주로 이용된다. 산과 알칼리에 강하고 부양도체(부도체)이며 내부식성이 우수하다. 경량이고 저렴한 가격으로 가공이 쉽지만 충격과 열에 약하다(경질 염화비닐관, 수도용 경질 염화비닐관, 연질비닐관 등).

부록 I

정답 82 ④ 83 ② 84 ③ 85 ④ 86 ④ 87 ③

88 급수펌프에서 발생하는 캐비테이션현상의 방지법으로 틀린 것은?

① 펌프설치위치를 낮춘다.
② 입형 펌프를 사용한다.
③ 흡입손실수두를 줄인다.
④ 회전수를 올려 흡입속도를 증가시킨다.

해설 회전수를 낮추고 흡입속도를 감소시킨다.

★
89 가스배관의 설치 시 유의사항으로 틀린 것은?

① 특별한 경우를 제외한 배관의 최고사용압력은 중압 이하일 것
② 배관은 하천(하천을 횡단하는 경우는 제외) 또는 하수구 등 암거 내에 설치할 것
③ 지반이 약한 곳에 설치되는 배관은 지반침하에 의해 배관이 손상되지 않도록 필요한 조치 후 배관을 설치할 것
④ 본관 및 공급관은 건축물의 내부 또는 기초 밑에 설치하지 아니할 것

해설 가스배관은 하천 및 암거 내에 설치하지 않고 가능한 한 은폐하거나 매설하지 않으며 노출하여 배관하는 것이 원칙이다.

90 밀폐식 온수난방배관에 대한 설명으로 틀린 것은?

① 팽창탱크를 사용한다.
② 배관의 부식이 비교적 적어 수명이 길다.
③ 배관경이 적어지고 방열기도 적게 할 수 있다.
④ 배관 내의 온수온도는 70℃ 이하이다.

해설 **밀폐식 온수난방배관**
㉠ 배관 내의 온수온도는 100℃ 이상이다.
㉡ 개방식 온수온도가 100℃ 이하의 저압식은 소규모일 때 사용되는데 보통 온수의 평균온도가 80℃이고, 팽창탱크는 대기에 통하고 있어 개방식이다.

91 동관이음 중 경납땜이음에 사용되는 것으로 가장 거리가 먼 것은?

① 황동납 ② 은납
③ 양은납 ④ 규소납

해설 동관이음 중 경납땜의 재료 : 구리납, 황동납, 인동납, 은납, 금납, 양은납

92 온수난방배관에서 리버스리턴(reverse return) 방식을 채택하는 주된 이유는?

① 온수의 유량분배를 균일하게 하기 위하여
② 배관의 길이를 짧게 하기 위하여
③ 배관의 신축을 흡수하기 위하여
④ 온수가 식지 않도록 하기 위하여

해설 온수난방배관에서 리버스리턴방식(역환수방식)을 채택하는 주된 이유는 온수의 유량을 균등하게 분배하기 위함이다.

93 하향급수배관방식에서 수평주관의 설치위치로 가장 적절한 것은?

① 지하층의 천장 또는 1층의 바닥
② 중간층의 바닥 또는 천장
③ 최상층의 바닥 또는 천장
④ 최상층의 천장 또는 옥상

해설 하향급수배관방식에서 수평주관의 설치위치는 최상층의 천장이나 옥상 등이 가장 적절하다.

94 냉매배관에서 압축기 흡입관의 시공 시 유의사항으로 틀린 것은?

① 압축기가 증발기보다 밑에 있는 경우 흡입관은 작은 트랩을 통과한 후 증발기 상부보다 높은 위치까지 올려 압축기로 가게 한다.
② 흡입관의 수직 상승입상부가 매우 길 때는 냉동기유의 회수를 쉽게 하기 위하여 약 20m마다 중간에 트랩을 설치한다.
③ 각각의 증발기에서 흡입주관으로 들어가는 관은 주관 상부로부터 들어가도록 접속한다.
④ 2대 이상의 증발기가 있어도 부하의 변동이 그다지 크지 않은 경우는 1개의 입상관으로 충분하다.

해설 흡입관의 입상이 길 때는 높이 10m마다 중간에 트랩을 설치한다.

정답 88 ④ 89 ② 90 ④ 91 ④ 92 ① 93 ④ 94 ②

95 난방배관 시공을 위해 벽, 바닥 등에 관통배관 시공을 할 때 슬리브(sleeve)를 사용하는 이유로 가장 거리가 먼 것은?

① 열팽창에 따른 배관신축에 적응하기 위해
② 관 교체 시 편리하게 하기 위해
③ 고장 시 수리를 편리하게 하기 위해
④ 유체의 압력을 증가시키기 위해

해설 관의 신축이 자유롭고 배관의 교체나 수리를 편리하게 하기 위해 슬리브(sleeve)를 설치한다.

96 급수방식 중 압력탱크방식에 대한 설명으로 틀린 것은?

① 국부적으로 고압을 필요로 하는데 적합하다.
② 탱크의 설치위치에 제한을 받지 않는다.
③ 항상 일정한 수압으로 급수할 수 있다.
④ 높은 곳에 탱크를 설치할 필요가 없으므로 건축물의 구조를 강화할 필요가 없다.

해설 압력탱크방식은 수압이 일정하지 않고 압력차가 크다.

97 냉동설비배관에서 액분리기와 압축기 사이에 냉매배관을 할 때 구배로 옳은 것은?

① 1/100 정도의 압축기측 상향구배로 한다.
② 1/100 정도의 압축기측 하향구배로 한다.
③ 1/200 정도의 압축기측 상향구배로 한다.
④ 1/200 정도의 압축기측 하향구배로 한다.

해설 냉동설비배관에서 액분리기(리퀴드 세퍼레이터)와 압축기 사이 냉매배관은 1/200 정도의 압축기측 하향구배로 한다.

★
98 길이 30m의 강관의 온도변화가 120℃일 때 강관에 대한 열팽창량은? (단, 강관의 열팽창계수는 11.9×10^{-6}mm/mm·℃이다.)

① 42.8mm ② 42.8cm
③ 42.8m ④ 4.28mm

해설 $\lambda = L\alpha\Delta t \times 1,000 = 30\times11.9\times10^{-6}\times120\times10^{3}$
$= 42.84\text{mm}$

99 증기나 응축수가 트랩이나 감압밸브 등의 기기에 들어가기 전 고형물을 제거하여 고장을 방지하기 위해 설치하는 장치는?

① 스트레이너 ② 리듀서
③ 신축이음 ④ 유니언

해설 증기나 응축수가 트랩이나 감압밸브 등의 기기에 들어가기 전 고형물(불순물)을 제거하여 고장을 방지하기 위해 설치하는 장치는 스트레이너(strainer, 여과망)이다.

★
100 부하변동에 따라 밸브의 개도를 조절함으로써 만액식 증발기의 액면을 일정하게 유지하는 역할을 하는 것은?

① 에어벤트
② 온도식 자동팽창밸브
③ 감압밸브
④ 플로트밸브

해설 플로트밸브(float valve)는 부하변동에 따라 밸브의 개도를 조절함으로써 만액식 증발기의 액면을 일정하게 유지시켜 주는 역할을 한다(플로트가 액면의 상하로 움직여 개폐되는 밸브이다).

부록 I

정답 95 ④ 96 ③ 97 ④ 98 ① 99 ① 100 ④

2020. 9. 26. 시행
공조냉동기계기사

1 기계 열역학

01 ★ 이상적인 디젤기관의 압축비가 16일 때 압축 전의 공기온도가 90℃라면 압축 후의 공기온도(℃)는 얼마인가? (단, 공기의 비열비는 1.4이다.)

① 1,101.9　② 718.7
③ 808.2　④ 827.4

해설 $\frac{T_2}{T_1}=\left(\frac{V_1}{V_2}\right)^{k-1}=\varepsilon^{k-1}$

$\therefore T_2=T_1\varepsilon^{k-1}=(90+273)\times 16^{1.4-1}$
$=1,100.4\text{K}-273=827.4℃$

참고 압축비$(\varepsilon)=\frac{\text{실린더체적}(V_1)}{\text{연소실체적}(V_2)}$
$=1+\frac{\text{행정체적}(V_s)}{\text{연소실체적}(V_2)}$

02 풍선에 공기 2kg이 들어있다. 일정 압력 500kPa하에서 가열팽창하여 체적이 1.2배가 되었다. 공기의 초기온도가 20℃일 때 최종온도(℃)는 얼마인가?

① 32.4　② 53.7
③ 78.6　④ 92.3

해설 $P=C$이므로 $\frac{V}{T}=C$이다.

$\frac{T_2}{T_1}=\frac{V_2}{V_1}$

$\therefore T_2=T_1\frac{V_2}{V_1}=(20+273)\times 1.2$
$=351.6\text{K}-273=78.6℃$

03 자동차엔진을 수리한 후 실린더블록과 헤드 사이에 수리 전과 비교하여 더 두꺼운 개스킷을 넣었다면 압축비와 열효율은 어떻게 되겠는가?

① 압축비는 감소하고, 열효율도 감소한다.
② 압축비는 감소하고, 열효율은 증가한다.
③ 압축비는 증가하고, 열효율은 감소한다.
④ 압축비는 증가하고, 열효율도 증가한다.

해설 실린더블록과 헤드 사이에 두꺼운 개스킷을 넣으면 틈새(극간)체적이 증가하므로 압축비가 감소되고, 열효율도 감소한다.

$\eta=1-\left(\frac{1}{\varepsilon}\right)^{k-1}$

04 엔트로피(s)변화 등과 같은 직접 측정할 수 없는 양들을 압력(P), 비체적(v), 온도(T)와 같은 측정 가능한 상태량으로 나타내는 Maxwell관계식과 관련하여 다음 중 틀린 것은?

① $\left(\frac{\partial T}{\partial P}\right)_s=\left(\frac{\partial v}{\partial s}\right)_P$
② $\left(\frac{\partial T}{\partial v}\right)_s=-\left(\frac{\partial P}{\partial s}\right)_v$
③ $\left(\frac{\partial v}{\partial T}\right)_P=-\left(\frac{\partial s}{\partial P}\right)_T$
④ $\left(\frac{\partial P}{\partial v}\right)_T=\left(\frac{\partial s}{\partial T}\right)_v$

해설 맥스웰관계식(4개의 일반관계식)
㉠ $\left(\frac{\partial T}{\partial P}\right)_s=\left(\frac{\partial v}{\partial s}\right)_P$　㉡ $\left(\frac{\partial T}{\partial v}\right)_s=-\left(\frac{\partial P}{\partial s}\right)_v$
㉢ $\left(\frac{\partial v}{\partial T}\right)_P=-\left(\frac{\partial s}{\partial P}\right)_T$　㉣ $\left(\frac{\partial P}{\partial T}\right)_v=\left(\frac{\partial s}{\partial v}\right)_T$

정답 01 ④ 02 ③ 03 ① 04 ④

05 밀폐계에서 기체의 압력이 100kPa으로 일정하게 유지되면서 체적이 $1m^3$에서 $2m^3$로 증가되었을 때 옳은 설명은?

① 밀폐계의 에너지변화는 없다.
② 외부로 행한 일은 100kJ이다.
③ 기체가 이상기체라면 온도가 일정하다.
④ 기체가 받은 열은 100kJ이다.

해설 $W=\int_1^2 PdV = P(V_2-V_1)=100\times(2-1)$
$=100\text{kJ}$
∴ 팽창일(밀폐계일)은 절대일로 어떤 계가 외부로 행한 일은 100kJ이다.

★
06 어떤 가스의 비내부에너지 u[kJ/kg], 온도 t[℃], 압력 P[kPa], 비체적 v[m^3/kg] 사이에는 다음의 관계식이 성립한다면 이 가스의 정압비열(kJ/kg·℃)은 얼마인가?

$$u=0.28t+532$$
$$Pv=0.56(t+380)$$

① 0.84 ② 0.68
③ 0.50 ④ 0.28

해설 $C_p=\left(\frac{\partial h}{\partial t}\right)_P=\frac{d}{dt}(u+Pv)$
$=\frac{d}{dt}(0.28t+532+0.56(t+380))$
$=0.28+0.56=0.84\text{kJ/kg}\cdot\text{K}$

07 최고온도 1,300K와 최저온도 300K 사이에서 작동하는 공기 표준 Brayton사이클의 열효율(%)은? (단, 압력비는 9, 공기의 비열비는 1.4이다.)

① 30.4 ② 36.5
③ 42.1 ④ 46.6

해설 $\eta_B=1-\left(\frac{1}{\gamma}\right)^{\frac{k-1}{k}}=1-\left(\frac{1}{9}\right)^{\frac{1.4-1}{1.4}}=0.466=46.6\%$

★
08 다음 그림과 같이 A, B 두 종류의 기체가 한 용기 안에서 박막으로 분리되어 있다. A의 체적은 $0.1m^3$, 질량은 2kg이고, B의 체적은 $0.4m^3$, 밀도는 $1kg/m^3$이다. 박막이 파열되고 난 후에 평형에 도달하였을 때 기체혼합물의 밀도(kg/m^3)는 얼마인가?

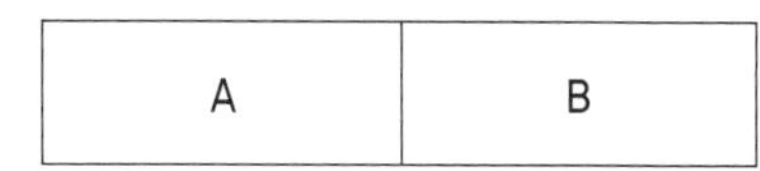

① 4.8 ② 6.0
③ 7.2 ④ 8.4

해설 $\rho=\frac{m}{V}=\frac{m_1+m_2}{V_1+V_2}=\frac{2+(1\times0.4)}{0.1+0.4}=4.8\text{kg/m}^3$

09 냉매로서 갖추어야 될 요구조건으로 적합하지 않은 것은?

① 불활성이고 안정하며 비가연성이어야 한다.
② 비체적이 커야 한다.
③ 증발온도에서 높은 잠열을 가져야 한다.
④ 열전도율이 커야 한다.

해설 냉매는 비체적이 작아야 한다.

10 내부에너지가 30kJ인 물체에 열을 가하여 내부에너지가 50kJ이 되는 동안에 외부에 대하여 10kJ의 일을 하였다. 이 물체에 가해진 열량(kJ)은?

① 10 ② 20
③ 30 ④ 60

해설 $Q=(U_2-U_1)+W=(50-30)+10=30\text{kJ}$

11 비가역단열변화에 있어서 엔트로피변화량은 어떻게 되는가?

① 증가한다.
② 감소한다.
③ 변화량은 없다.
④ 증가할 수도, 감소할 수도 있다.

해설 비가역단열변화인 경우 엔트로피변화량은 항상 증가한다.

12 고온열원의 온도가 700℃이고, 저온열원의 온도가 50℃인 카르노열기관의 열효율(%)은?

① 33.4 ② 50.1
③ 66.8 ④ 78.9

정답 05 ② 06 ① 07 ④ 08 ① 09 ② 10 ③ 11 ① 12 ③

해설 $\eta_c=\left(1-\frac{T_2}{T_1}\right)\times 100$
$=\left(1-\frac{50+273}{700+273}\right)\times 100=66.8\%$

13

원형 실린더를 마찰 없는 피스톤이 덮고 있다. 피스톤에 비선형 스프링이 연결되고 실린더 내의 기체가 팽창하면서 스프링이 압축된다. 스프링의 압축길이가 X[m]일 때 피스톤에는 $kX^{1.5}$[N]의 힘이 걸린다. 스프링의 압축길이가 0m에서 0.1m로 변하는 동안에 피스톤이 하는 일이 W_a이고, 0.1m에서 0.2m로 변하는 동안에 하는 일이 W_b라면 W_a/W_b는 얼마인가?

① 0.083 ② 0.158
③ 0.214 ④ 0.333

해설 $W=\int Fdx=\int kX^{1.5}dX$[N·m]에서

$W_a=k\left[\frac{X^{2.5}}{1.5+1}\right]_0^{0.1}=\frac{k}{2.5}\times(0.1^{2.5}-0)$
$=\frac{k}{2.5}\times 0.00316=1.264\times 10^{-3}k$[J]

$W_b=\frac{k}{2.5}[X^{2.5}]_{0.1}^{0.2}=\frac{k}{2.5}\times(0.2^{2.5}-0.1^{2.5})$
$=\frac{k}{2.5}\times 0.01473=5.892\times 10^{-3}k$[J]

$\therefore \frac{W_a}{W_b}=\frac{1.264\times 10^{-3}k}{5.892\times 10^{-3}k}=0.214$

14

어떤 이상기체 1kg이 압력 100kPa, 온도 30℃의 상태에서 체적 0.8m³을 점유한다면 기체상수(kJ/kg·K)는 얼마인가?

① 0.251 ② 0.264
③ 0.275 ④ 0.293

해설 $PV=mRT$

$\therefore R=\frac{PV}{mT}=\frac{100\times 0.8}{1\times(30+273)}=0.264\text{kJ/kg}\cdot\text{K}$

★ 15

처음 압력이 500kPa이고, 체적이 2m³인 기체가 "PV=일정"인 과정으로 압력이 100kPa까지 팽창할 때 밀폐계가 하는 일(kJ)을 나타내는 계산식으로 옳은 것은?

① $1,000\ln\frac{2}{5}$ ② $1,000\ln\frac{5}{2}$
③ $1,000\ln 5$ ④ $1,000\ln\frac{1}{5}$

해설 등온변화인 경우

절대일(밀폐계일)$=P_1V_1\ln\frac{V_2}{V_1}=P_1V_1\ln\frac{P_1}{P_2}$
$=500\times 2\times\ln\frac{500}{100}=1,000\ln 5\,\text{kJ}$

16

다음 중 경로함수(path function)는?

① 엔탈피 ② 엔트로피
③ 내부에너지 ④ 일

해설 엔탈피, 엔트로피, 내부에너지는 열량적 상태량으로 점함수(상태함수)이고, 일은 과정함수(경로함수)이다.

17

이상적인 가역과정에서 열량 ΔQ가 전달될 때 온도 T가 일정하면 엔트로피변화 ΔS를 구하는 계산식으로 옳은 것은?

① $\Delta S=1-\frac{\Delta Q}{T}$ ② $\Delta S=1-\frac{T}{\Delta Q}$
③ $\Delta S=\frac{\Delta Q}{T}$ ④ $\Delta S=\frac{T}{\Delta Q}$

해설 엔트로피변화량(ΔS)$=\frac{\Delta Q}{T}$[kJ/K]

★ 18

성능계수가 3.2인 냉동기가 시간당 20MJ의 열을 흡수한다면 이 냉동기의 소비동력(kW)은?

① 2.25 ② 1.74
③ 2.85 ④ 1.45

해설 소비동력$=\frac{Q_e}{\varepsilon_R}=\frac{\frac{20\times 10^3}{3,600}}{3.2}=1.74\text{kJ/s}(=\text{kW})$

19

랭킨사이클에서 25℃, 0.01MPa 압력의 물 1kg을 5MPa 압력의 보일러로 공급한다. 이때 펌프가 가역단열과정으로 작용한다고 가정할 경우 펌프가 한 일(kJ)은? (단, 물의 비체적은 0.001m³/kg이다.)

① 2.58 ② 4.99
③ 20.12 ④ 40.24

정답 13 ③ 14 ② 15 ③ 16 ④ 17 ③ 18 ② 19 ②

해설 $W_p = -\int_1^2 VdP = \int_2^1 VdP$

$= V(P_1 - P_2) = 0.001 \times (5 - 0.01) \times 10^3$

$= 4.99\text{kJ}$

20 랭킨사이클의 각 점에서의 엔탈피가 다음과 같을 때 사이클의 이론열효율(%)은?

- 보일러 입구 : 58.6kJ/kg
- 보일러 출구 : 810.3kJ/kg
- 응축기 입구 : 614.2kJ/kg
- 응축기 출구 : 57.4kJ/kg

① 32 ② 30
③ 28 ④ 26

해설 $\eta_R = \frac{\text{정미일량}(w_{net})}{\text{공급열량}(q_1)} \times 100$

$= \frac{(810.3 + 614.2) - (58.6 - 57.4)}{810.3 - 58.6} \times 100$

$= 26\%$

2 냉동공학

21 열의 종류에 대한 설명으로 옳은 것은?

① 고체에서 기체가 될 때에 필요한 열을 증발열이라 한다.
② 온도의 변화를 일으켜 온도계에 나타나는 열을 잠열이라 한다.
③ 기체에서 액체로 될 때 제거해야 하는 열은 응축열 또는 감열이라 한다.
④ 고체에서 액체로 될 때 필요한 열은 융해열이며, 이를 잠열이라 한다.

해설 ㉠ 고체에서 액체로 될 때 필요한 열은 융해열로 잠열(숨은열)이다.
㉡ 고체에서 기체로 될 때 필요한 열은 승화열로 잠열이다.
㉢ 온도변화를 일으켜 온도계에 나타나는 열은 현열(감열)이다.
㉣ 기체에서 액체로 될 때 제거되는 열은 응축열(액화열)로 잠열이다.

22 중간 냉각이 완전한 2단 압축 1단 팽창사이클로 운전되는 R-134a냉동기가 있다. 냉동능력은 10kW이며 사이클의 중간압, 저압부의 압력은 각각 350kPa, 120kPa이다. 전체 냉매순환량을 $\dot{m}$, 증발기에서 증발하는 냉매의 양을 $\dot{m}_e$라 할 때 중간 냉각시키기 위해 바이패스되는 냉매의 양 $\dot{m}-\dot{m}_e$[kg/h]은 얼마인가? (단, 제1압축기의 입구과열도는 0이며, 각 엔탈피는 다음 표를 참고한다.)

압력 (kPa)	포화액체엔탈피 (kJ/kg)	포화증기엔탈피 (kJ/kg)
120	160.42	379.11
350	195.12	395.04

지점별 엔탈피(kJ/kg)			
h_2	227.23	h_7	482.41
h_4	401.08	h_8	234.29

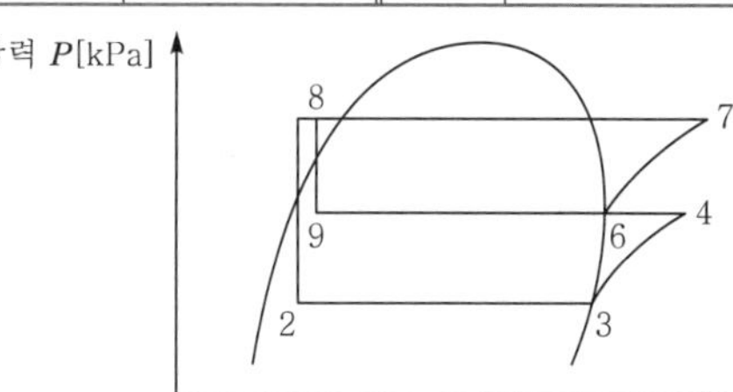

① 5.8 ② 11.1
③ 15.7 ④ 19.3

해설 $\dot{m}_e = \frac{Q_e}{q_e} = \frac{Q_e}{h_3 - h_2}$

$= \frac{10 \times 3,600}{379.11 - 227.23} = 237.19\text{kg/h}$

$\dot{m} = \dot{m}_e \left(\frac{h_4 - h_2}{h_6 - h_9}\right)$

$= 237.19 \times \frac{401.08 - 227.23}{395.04 - 234.29} = 256.52\text{kg/h}$

∴ 중간냉각기 냉매순환량 $= \dot{m} - \dot{m}_e$

$= 256.52 - 237.19$

$= 19.33\text{kg/h}$

정답 20 ④ 21 ④ 22 ④

23 **응축압력 및 증발압력이 일정할 때 압축기의 흡입증기과열도가 크게 된 경우 나타나는 현상으로 옳은 것은?**

① 냉매순환량이 증대한다.
② 증발기의 냉동능력은 증대한다.
③ 압축기의 토출가스온도가 상승한다.
④ 압축기의 체적효율은 변하지 않는다.

해설 응축압력 및 증발압력 일정 시 압축기의 흡입증기과열도가 크면 압축기의 토출가스온도가 상승한다.

24 **진공압력이 60mmHg일 경우 절대압력(kPa)은? (단, 대기압은 101.3kPa이고, 수은의 비중은 13.6이다.)**

① 53.8 ② 93.2
③ 106.6 ④ 196.4

해설 절대압력(P)=대기압(P_o)−진공압(P_v)

$$= 101.3 - \frac{60 \times 101.3}{760} = 93.3\text{kPa}$$

25 **다음 중 대기 중의 오존층을 가장 많이 파괴시키는 물질은?**

① 질소 ② 수소
③ 염소 ④ 산소

해설 대기 중의 오존층을 가장 많이 파괴시키는 물질은 염소(Cl)이다.

★ **26** **물(H_2O)−리튬브로마이드(LiBr) 흡수식 냉동기에 대한 설명으로 틀린 것은?**

① 특수 처리한 순수한 물을 냉매로 사용한다.
② 4~15℃ 정도의 냉수를 얻는 기기로 일반적으로 냉수온도는 출구온도 7℃ 정도를 얻도록 설계한다.
③ LiBr수용액은 성질이 소금물과 유사하여 농도가 진하고 온도가 낮을수록 냉매증기를 잘 흡수한다.
④ LiBr의 농도가 진할수록 점도가 높아져 열전도율이 높아진다.

해설 리튬브로마이드(LiBr)농도가 진할수록 점도가 높아져 열전도율이 낮아진다.

27 **흡수식 냉동기에서 냉동시스템을 구성하는 기기들 중 냉각수가 필요한 기기의 구성으로 옳은 것은?**

① 재생기와 증발기
② 흡수기와 응축기
③ 재생기와 응축기
④ 증발기와 흡수기

해설 흡수식 냉동기에서 냉각수가 필요한 기기는 흡수기와 응축기가 있다.

28 **2중효용 흡수식 냉동기에 대한 설명으로 틀린 것은?**

① 단중효용 흡수식 냉동기에 비해 증기소비량이 적다.
② 2개의 재생기를 갖고 있다.
③ 2개의 증발기를 갖고 있다.
④ 증기 대신 가스연소를 사용하기도 한다.

해설 2중효용 흡수식 냉동기는 2개의 재생기(발생기)와 1개의 증발기를 가지고 있다.

★ **29** **다음 그림과 같이 수냉식과 공냉식 응축기의 작용을 혼합한 형태의 응축기는?**

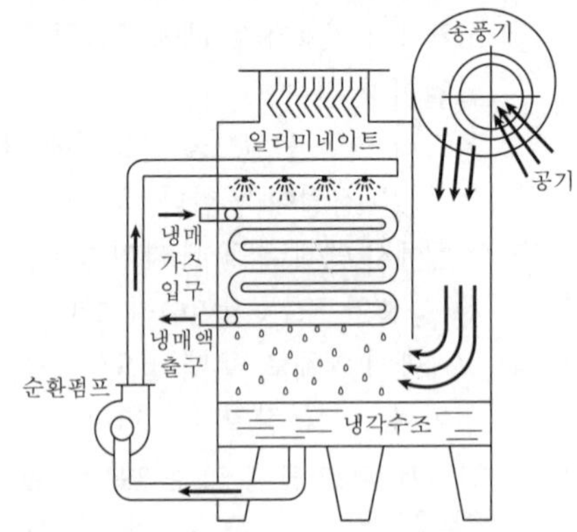

① 증발식 응축기 ② 셸코일식 응축기
③ 공냉식 응축기 ④ 7통로식 응축기

해설 제시된 그림은 수냉식과 공냉식의 작용을 혼합한 형태의 응축기로 증발식 응축기이다.

정답 23 ③ 24 ② 25 ③ 26 ④ 27 ② 28 ③ 29 ①

30 다음 중 흡수식 냉동기의 구성요소가 아닌 것은?

① 증발기 ② 응축기
③ 재생기 ④ 압축기

해설 흡수식 냉동기는 압축기가 없으므로 소음과 진동이 적으며 압축기 대용으로 흡수기, 발생기(재생기), 용액펌프 등이 있다.

★
31 축열장치의 종류로 가장 거리가 먼 것은?

① 수축열방식 ② 빙축열방식
③ 잠열축열방식 ④ 공기축열방식

해설 축열시스템의 종류
㉠ 수축열방식 : 야간에 저렴한 심야전력으로 냉동기를 가동하여 수축열조에 물을 냉각하여 냉수로 저장한 다음 주간에 이 냉수를 이용하여 냉방하는 방식
㉡ 빙축열방식 : 야간에 심야전력을 이용하여 얼음을 생성하고 주간에 얼음을 통하여 냉방을 하는 방식(유지보수가 어렵다)
㉢ 잠열축열방식 : 빙축열시스템의 성능계수가 저하되는 문제점을 해결하기 위해 높은 온도에서 상변화를 하는 물질인 포접화합물이나 공융염 등의 상(phase) 변화물질을 이용

32 어떤 냉동사이클에서 냉동효과를 γ[kJ/kg], 흡입건조포화증기의 비체적을 v[m^3/kg]로 표시하면 NH_3와 R-22에 대한 값은 다음과 같다. 사용압축기의 피스톤압출량은 NH_3와 R-22의 경우 동일하며 체적효율도 75%로 동일하다. 이 경우 NH_3와 R-22압축기의 냉동능력을 각각 R_N, R_F[RT]로 표시한다면 R_N/R_F는?

구분	NH_3	R-22
γ[kJ/kg]	1,126.37	168.90
v[m^3/kg]	0.509	0.077

① 0.6 ② 0.7
③ 1.0 ④ 1.5

해설 피스톤압출량 및 체적효율 일정 시
$v_N = v_F$, $\eta_{v(N)} = \eta_{v(F)}$

$$\therefore \frac{R_N}{R_F} = \frac{\gamma_N}{v_N}\frac{v_F}{\gamma_F} = \frac{1,126.37}{0.509} \times \frac{0.077}{168.90} = 1.0$$

★
33 두께가 0.1cm인 관으로 구성된 응축기에서 냉각수 입구온도 15℃, 출구온도 21℃, 응축온도를 24℃라고 할 때 이 응축기의 냉매와 냉각수의 대수평균온도차(℃)는?

① 9.5 ② 6.5
③ 5.5 ④ 3.5

해설 $\Delta_1 = 24 - 15 = 9$℃, $\Delta_2 = 24 - 21 = 3$℃

$$\therefore LMTD = \frac{\Delta_1 - \Delta_2}{\ln\frac{\Delta_2}{\Delta_1}} = \frac{9-3}{\ln\frac{9}{3}} ≒ 5.5℃$$

34 냉각수 입구온도 25℃, 냉각수량 900kg/min인 응축기의 냉각면적이 80m^2, 그 열통과율이 1.6kW/m^2·K이고, 응축온도와 냉각수온의 평균온도차가 6.5℃이면 냉각수 출구온도(℃)는? (단, 냉각수의 비열은 4.2kJ/kg·K이다.)

① 28.4 ② 32.6
③ 29.6 ④ 38.2

해설 $Q_c = KA\Delta t_m = WC(t_2 - t_1)$[kJ/s=kW]

$$\therefore t_2 = t_1 + \frac{KA\Delta t_m}{WC}$$

$$= 25 + \frac{1.6 \times 80 \times 6.5}{\frac{900}{60} \times 4.2} ≒ 38.2℃$$

35 응축기에 관한 설명으로 틀린 것은?

① 응축기의 역할은 저온, 저압의 냉매증기를 냉각하여 액화시키는 것이다.
② 응축기의 용량은 응축기에서 방출하는 열량에 의해 결정된다.
③ 응축기의 열부하는 냉동기의 냉동능력과 압축기 소요일의 열당량을 합한 값과 같다.
④ 응축기 내에서의 냉매상태는 과열영역, 포화영역, 액체영역 등으로 구분할 수 있다.

해설 응축기는 고온, 고압의 냉매증기를 냉각하여 응축(액화)시키는 기기이다.

부록 I

정답 30 ④ 31 ④ 32 ③ 33 ③ 34 ④ 35 ①

36 이원 냉동사이클에 대한 설명으로 옳은 것은?

① −100℃ 정도의 저온을 얻고자 할 때 사용되며 보통 저온측에는 임계점이 높은 냉매를, 고온측에는 임계점이 낮은 냉매를 사용한다.

② 저온부 냉동사이클의 응축기 방열량을 고온부 냉동사이클의 증발기가 흡열하도록 되어 있다.

③ 일반적으로 저온측에 사용하는 냉매로는 R−12, R−22, 프로판이 적절하다.

④ 일반적으로 고온측에 사용하는 냉매로는 R−13, R−14가 적절하다.

해설 이원 냉동사이클은 초저온(−70℃) 이하의 온도를 얻고자 할 경우 사용되는 냉동사이클로 저온부 냉동사이클의 응축기 방열량을 고온부 냉동사이클의 증발기가 흡열하도록 되어 있다.

★37 실린더 지름 200mm, 행정 200mm, 회전수 400rpm, 기통수 3기통인 냉동기의 냉동능력이 5.72RT이다. 이때 냉동효과(kJ/kg)는? (단, 체적효율은 0.75, 압축기 흡입 시의 비체적은 0.5m³/kg이고, 1RT는 3.8kW이다.)

① 115.3 ② 110.8
③ 89.4 ④ 68.8

해설 $V = ASNZ\times60 = \dfrac{\pi d^2}{4}SNZ\times60$

$= \dfrac{\pi\times0.2^2}{4}\times0.2\times400\times3\times60$

$= 452.16\text{m}^3/\text{h}$

$m = \dfrac{Q_e}{q_e} = \dfrac{V\eta_v}{v}$ [kg/h]

$\therefore\ q_e = \dfrac{Q_e v}{V\eta_v} = \dfrac{3,600\times5.72\times3.8\times0.5}{452.16\times0.75}$

$= 115.37\text{kJ/kg}$

38 증기압축식 냉동장치 내에 순환하는 냉매의 부족으로 인해 나타나는 현상이 아닌 것은?

① 증발압력 감소
② 토출온도 증가
③ 과냉도 감소
④ 과열도 증가

해설 순환냉매가 부족하면 응축기에서 냉매가 더 냉각되므로 과냉각도가 증가한다.

39 두께가 200mm인 두꺼운 평판의 한 면(T_0)은 600K, 다른 면(T_1)은 300K로 유지될 때 단위 면적당 평판을 통한 열전달량(W/m²)은? (단, 열전도율은 온도에 따라 $\lambda(T)=\lambda_o(1+\beta t_m)$로 주어지며, λ_o는 0.029W/m·K, β는 $3.6\times10^{-3}\text{K}^{-1}$이고, t_m은 양면 간의 평균온도이다.)

① 114 ② 105
③ 97 ④ 83

해설 $t_m = \dfrac{t_1+t_2}{2} = \dfrac{600+300}{2} = 450℃$

$\therefore\ q_c = \dfrac{Q_c}{A} = \lambda\left(\dfrac{t_1-t_2}{L}\right)$

$= \lambda_o(1+\beta t_m)\left(\dfrac{t_1-t_2}{L}\right)$

$= 0.029\times(1+3.6\times10^{-3}\times450)\times\dfrac{600-300}{0.2}$

$= 114\text{W/m}^2$

★40 냉동장치에서 증발온도를 일정하게 하고 응축온도를 높일 때 나타나는 현상으로 옳은 것은?

① 성적계수 증가
② 압축일량 감소
③ 토출가스온도 감소
④ 체적효율 감소

해설 냉동장치에서 증발온도를 일정하게 하고 응축온도를 높이면 압축비(ε)의 증가로 압축기 일(동력) 증가, 체적효율 감소, 냉동기 성능계수 감소, 냉동효과 감소(냉동능력 감소), 토출가스온도가 증가된다.

참고 압축비(ε) $=\dfrac{\text{고압}}{\text{저압}}=\dfrac{\text{응축기 절대압력}}{\text{증발기 절대압력}}$

정답 36 ② 37 ① 38 ③ 39 ① 40 ④

3 공기조화

★41 겨울철 창면을 따라 발생하는 콜드 드래프트(cold draft)의 원인으로 틀린 것은?

① 인체 주위의 기류속도가 클 때
② 주위 공기의 습도가 높을 때
③ 주위 벽면의 온도가 낮을 때
④ 창문의 틈새를 통한 극간풍이 많을 때

해설 콜드 드래프트의 원인
㉠ 인체 주위의 공기온도가 너무 낮을 때
㉡ 기류속도가 클 때
㉢ 습도가 낮을 때
㉣ 주위 벽면의 온도가 낮을 때
㉤ 동절기(겨울철) 창문에 극간풍(틈새바람)이 많을 때

42 냉각탑에 관한 설명으로 틀린 것은?

① 어프로치는 냉각탑 출구수온과 입구공기 건구온도차
② 레인지는 냉각수의 입구와 출구의 온도차
③ 어프로치를 적게 할수록 설비비 증가
④ 어프로치는 일반 공조용에서 5℃ 정도로 설정

해설 냉각탑(cooling tower) 출구수온(냉각수온도)과 입구공기의 습구온도의 차를 어프로치(approach)라고 한다(냉각탑이 클수록 어프로치는 작아지며 보통 3~5℃로 설계한다).

43 공기조화기에 관한 설명으로 옳은 것은?

① 유닛히터는 가열코일과 팬, 케이싱으로 구성된다.
② 유인유닛은 팬만을 내장하고 있다.
③ 공기세정기를 사용하는 경우에는 일리미네이터를 사용하지 않아도 좋다.
④ 팬코일유닛은 팬과 코일, 냉동기로 구성된다.

해설 공기조화기(AHU)
㉠ 유닛히터는 코일과 팬, 케이싱으로 구성된다.
㉡ 유인유닛은 케이싱 속에 코일, 공기송출구, 공기흡입구, 공기여과기, 공기노즐 등을 구비한 구조이다.
㉢ 공기세정기를 사용하는 경우에는 일리미네이터를 사용한다.
㉣ 팬코일유닛은 팬과 냉온수코일로 구성된다.

44 덕트 내의 풍속이 8m/s이고 정압이 200Pa일 때 전압(Pa)은 얼마인가? (단, 공기밀도는 1.2kg/m³이다.)

① 197.3Pa ② 218.4Pa
③ 238.4Pa ④ 255.3Pa

해설 전압(P_t)=정압(P_s)+동압$\left(\frac{\rho V^2}{2}\right)$

$$=200+\frac{1.2\times8^2}{2}=238.4\text{Pa}$$

45 증기난방방식에서 환수주관을 보일러수면보다 높은 위치에 배관하는 환수배관방식은?

① 습식환수방식 ② 강제환수방식
③ 건식환수방식 ④ 중력환수방식

★46 덕트의 굴곡부 등에서 덕트 내에 흐르는 기류를 안정시키기 위한 목적으로 사용하는 기구는?

① 스플릿댐퍼 ② 가이드베인
③ 릴리프댐퍼 ④ 버터플라이댐퍼

해설 가이드베인(guide vane, 안내날개)
㉠ 덕트 밴드부에서 기류를 안정시킨다.
㉡ 곡률반지름이 덕트 장변의 1.5배 이내일 때 설치한다.
㉢ 곡관부의 저항을 작게 한다.
㉣ 곡관부의 곡률반지름이 작은 경우 또는 직각엘보를 사용하는 경우 안쪽에 설치하는 것이 좋다.
㉤ 곡관부의 기류를 세분하여 생기는 와류(소용돌이)가 생기지 않고 기류가 안정되도록 굴곡부 내부에 설치한다.

47 공조기의 풍량이 45,000kg/h, 코일통과풍속을 2.4m/s로 할 때 냉수코일의 전면적(m²)은? (단, 공기의 밀도는 1.2kg/m³이다.)

① 3.2 ② 4.3
③ 5.2 ④ 10.4

해설 $m=\rho A V$[kg/s]

$$\therefore A=\frac{m}{\rho V}=\frac{\frac{45,000}{3,600}}{1.2\times2.4}=4.34\text{m}^2$$

정답 41 ② 42 ① 43 ① 44 ③ 45 ③ 46 ② 47 ②

부록 I

48 **장방형 덕트(장변 a, 단변 b)를 원형 덕트로 바꿀 때 사용하는 계산식은 다음과 같다. 이 식으로 환산된 장방형 덕트와 원형 덕트의 관계는?**

$$D_e = 1.3\left[\frac{(ab)^5}{(a+b)^2}\right]^{1/8}$$

① 두 덕트의 풍량과 단위길이당 마찰손실이 같다.
② 두 덕트의 풍량과 풍속이 같다.
③ 두 덕트의 풍속과 단위길이당 마찰손실이 같다.
④ 두 덕트의 풍량과 풍속 및 단위길이당 마찰손실이 모두 같다.

49 **9m×6m×3m의 강의실에 10명의 학생이 있다. 1인당 CO_2토출량이 15L/h이면 실내 CO_2양을 0.1%로 유지시키는데 필요한 환기량(m^3/h)은? (단, 외기의 CO_2양은 0.04%로 한다.)**

① 80 ② 120
③ 180 ④ 250

해설 $Q = \frac{M}{C_i - C_o} = \frac{10 \times 15 \times 10^{-3}}{0.001 - 0.0004} = 250\text{m}^3/\text{h}$

50 **난방용 보일러의 요구조건이 아닌 것은?**

① 일상 취급 및 보수관리가 용이할 것
② 건물로의 반출입이 용이할 것
③ 높이 및 설치면적이 적을 것
④ 전열효율이 낮을 것

해설 난방용 보일러는 전열효율이 높을 것

★
51 **온수난방에 대한 설명으로 틀린 것은?**

① 증기난방에 비하여 연료소비량이 적다.
② 난방부하에 따라 온도조절을 용이하게 할 수 있다.
③ 축열용량이 크므로 운전을 정지해도 금방 식지 않는다.
④ 예열시간이 짧아 예열부하가 작다.

해설 온수난방은 열용량이 크면 온수의 순환시간과 예열시간이 길다.

52 **온풍난방에 관한 설명으로 틀린 것은?**

① 송풍동력이 크며 설계가 나쁘면 실내로 소음이 전달되기 쉽다.
② 실온과 함께 실내습도, 실내기류를 제어할 수 있다.
③ 실내층고가 높을 경우에는 상하의 온도차가 크다.
④ 예열부하가 크므로 예열시간이 길다.

해설 온풍난방은 예열시간이 짧아 간헐운전이 가능하다(신선한 외기도입으로 환기가 가능하다).

53 **일사를 받는 외벽으로부터의 침입열량(q)을 구하는 계산식으로 옳은 것은? (단, K는 열관류율, A는 면적, Δt는 상당외기온도차이다.)**

① $q = KA\Delta t$ ② $q = \frac{0.86A}{\Delta t}$
③ $q = 0.24A\frac{\Delta t}{K}$ ④ $q = \frac{0.29K}{A\Delta t}$

해설 침입열량(q) = 열통과율×면적×온도차 = $KA\Delta t$

★
54 **건구온도(t_1) 5℃, 상대습도 80%인 습공기를 공기가열기를 사용하여 건구온도(t_2) 43℃가 되는 가열공기 950m^3/h를 얻으려고 한다. 이때 가열에 필요한 열량(kW)은?**

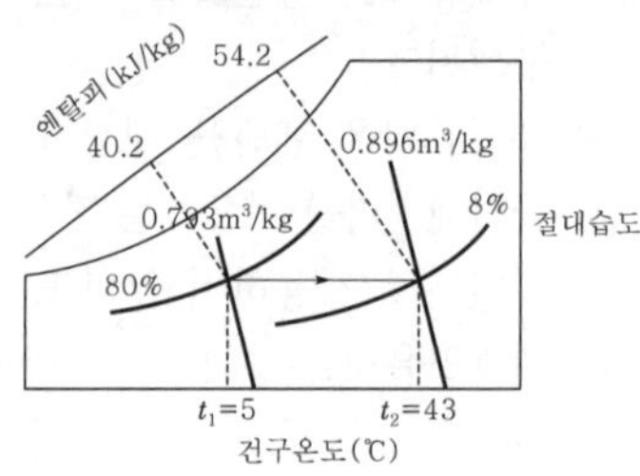

① 2.14 ② 4.65
③ 8.97 ④ 11.02

해설 $Q = G\Delta h = \frac{Q}{v}(h_2 - h_1) = \frac{950}{0.793} \times (54.2 - 40.2)$
$\fallingdotseq 16{,}772\text{kJ/h} = 4.659\text{kW}$

정답 48 ① 49 ④ 50 ④ 51 ④ 52 ④ 53 ① 54 ②

55 **팬코일유닛방식에 대한 설명으로 틀린 것은?**

① 일반적으로 사무실, 호텔, 병원 및 점포 등에 사용한다.

② 배관방식에 따라 2관식, 4관식으로 분류한다.

③ 중앙기계실에서 냉수 또는 온수를 공급하여 각 실에 설치한 팬코일유닛에 의해 공조하는 방식이다.

④ 팬코일유닛방식에서의 열부하분담은 내부존 팬코일유닛방식과 외부존 터미널방식이 있다.

56 **공기조화설비 중 수분이 공기에 포함되어 실내로 급기되는 것을 방지하기 위해 설치하는 것은?**

① 에어와셔 ② 에어필터

③ 일리미네이터 ④ 벤틸레이터

해설 일리미네이터(eliminator)는 물의 흐트러짐을 방지하는 장치로 실내로 급기되는 것을 방지한다.

57 **다음 중 직접난방방식이 아닌 것은?**

① 온풍난방 ② 고온수난방

③ 저압증기난방 ④ 복사난방

해설 온풍난방은 간접난방방식이다.

참고 **직접난방방식** : 고온수난방, 저압증기난방, 복사(일사)난방 등

58 **공조기에서 냉·온풍을 혼합댐퍼에 의해 일정한 비율로 혼합한 후 각 존 또는 각 실로 보내는 공조방식은?**

① 단일덕트재열방식

② 멀티존유닛방식

③ 단일덕트방식

④ 유인유닛방식

59 **다음 원심송풍기의 풍량제어방법 중 동일한 송풍량기준 소요동력이 가장 적은 것은?**

① 흡입구 베인제어 ② 스크롤댐퍼제어

③ 토출측 댐퍼제어 ④ 회전수제어

해설 원심식 송풍기의 풍량제어방법 중 동일한 송풍량기준 시 소요동력이 가장 적은 것은 회전수제어이다.

★
60 **동일한 송풍기에서 회전수를 2배로 했을 경우 풍량, 정압, 소요동력의 변화에 대한 설명으로 옳은 것은?**

① 풍량 1배, 정압 2배, 소요동력 2배

② 풍량 1배, 정압 2배, 소요동력 4배

③ 풍량 2배, 정압 4배, 소요동력 4배

④ 풍량 2배, 정압 4배, 소요동력 8배

해설 동일한 송풍기에서 회전수를 2배로 하면 풍량은 회전수에 비례하고, 정압은 회전수의 제곱에 비례하며, 소요동력은 회전수의 세제곱에 비례한다. 따라서 풍량은 2배, 정압은 4배, 소요동력은 8배가 된다.

4 전기제어공학

61 **다음 접점회로의 논리식으로 옳은 것은?**

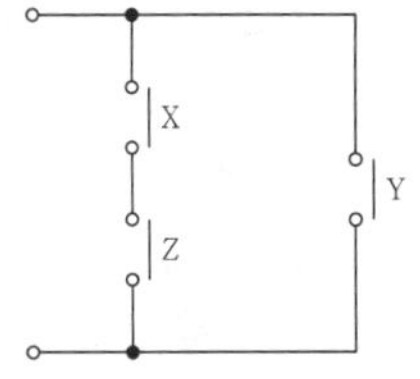

① XYZ ② (X+Y)Z

③ XZ+Y ④ X+Y+Z

해설 논리식=XZ+Y

62 **두 대 이상의 변압기를 병렬운전하고자 할 때 이상적인 조건으로 틀린 것은?**

① 각 변압기의 극성이 같을 것

② 각 변압기의 손실비가 같을 것

③ 정격용량에 비례해서 전류를 분담할 것

④ 변압기 상호 간 순환전류가 흐르지 않을 것

해설 **단상 변압기의 병렬운전 시 조건**

㉠ 극성이 일치할 것

㉡ 내부저항과 누설리액턴스비(X/R)가 같을 것

㉢ 각 변압기의 임피던스 강하가 같을 것

㉣ 1, 2차 정격전압 및 각 변압기의 권수비가 같을 것

부록 I

정답 55 ④ 56 ③ 57 ① 58 ② 59 ④ 60 ④ 61 ③ 62 ②

63 다음의 신호흐름선도에서 전달함수 $\dfrac{C(s)}{R(s)}$ 는?

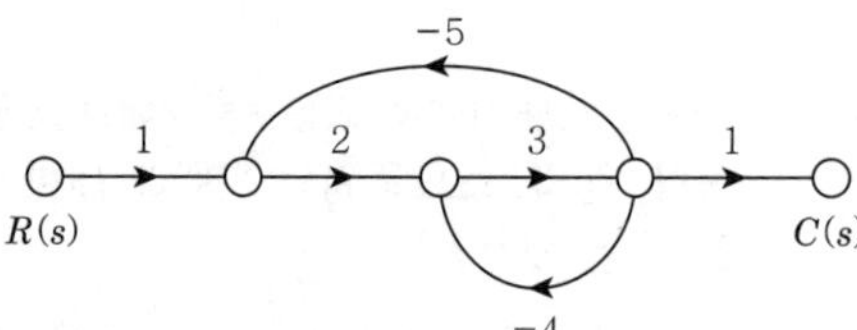

① $-\dfrac{6}{41}$　② $\dfrac{6}{41}$

③ $-\dfrac{6}{43}$　④ $\dfrac{6}{43}$

해설 $G_1 = 1\times2\times3\times1 = 6,\ \Delta_1 = 1$

$L_{11} = -5\times2\times3 = -30,\ L_{21} = -4\times3 = -12$

$\Delta = 1-(L_{11}+L_{21}) = 1+30+12 = 43$

$\therefore G(s) = \dfrac{C(s)}{R(s)} = \dfrac{G_1\Delta_1}{\Delta} = \dfrac{6\times1}{43} = \dfrac{6}{43}$

64 입력에 대한 출력의 오차가 발생하는 제어시스템에서 오차가 변화하는 속도에 비례하여 조작량을 가변하는 제어방식은?

① 미분제어　② 정치제어

③ on-off제어　④ 시퀀스제어

해설 미분제어는 제어편차가 검출될 때 편차가 변화하는 속도에 비례하여 조작량을 가감하도록 하는 제어로, 오차가 커지는 것을 미연에 방지하는 오차예측제어이다.

65 시퀀스제어에 관한 설명으로 틀린 것은?

① 조합논리회로가 사용된다.

② 시간지연요소가 사용된다.

③ 제어용 계전기가 사용된다.

④ 폐회로제어계로 사용된다.

해설 시퀀스제어는 순차적 제어, 개회로제어계로 사용된다.

★ **66** 피드백제어에 관한 설명으로 틀린 것은?

① 정확성이 증가한다.

② 대역폭이 증가한다.

③ 입력과 출력의 비를 나타내는 전체 이득이 증가한다.

④ 개루프제어에 비해 구조가 비교적 복잡하고 설치비가 많이 든다.

해설 **피드백제어(폐회로제어계)의 특징**

㉠ 계의 특성변화에 대한 입력 대 출력비의 감도가 감소한다(전체 이득이 감소한다).

㉡ 정확성이 증가한다.

㉢ 감대폭(대역폭)이 증가한다.

㉣ 구조가 복잡하고 시설비가 증가한다.

㉤ 비선형성과 외형에 대한 효과가 감소한다.

㉥ 발진을 일으키고 불안정한 상태로 되어가는 경향성이 있다.

67 어떤 코일에 흐르는 전류가 0.01초 사이에 20A에서 10A로 변할 때 20V의 기전력이 발생한다고 하면 자기인덕턴스(mH)는?

① 10　② 20

③ 30　④ 50

해설 유동기전력$(E) = -N\dfrac{\Delta\phi}{\Delta t} = -L\dfrac{\Delta I}{\Delta t}$ [V]

$\therefore L = -\dfrac{\Delta t\,E}{\Delta I} = -\dfrac{0.01\times20}{10-20} = 0.02\text{H} = 20\text{mH}$

여기서, N : 회전수

$\Delta\phi$: 자속의 증가분(Wb)

Δt : 시간(sec)

L : 자기인덕턴스(H)

ΔI : 전류변화량(A)

★ **68** 다음 중 전류계에 대한 설명으로 틀린 것은?

① 전류계의 내부저항이 전압계의 내부저항보다 작다.

② 전류계를 회로에 병렬접속하면 계기가 손상될 수 있다.

③ 직류용 계기에는 (+), (-)의 단자가 구별되어 있다.

④ 전류계의 측정범위를 확장하기 위해 직렬로 접속한 저항을 분류기라고 한다.

해설 전류계는 회로의 부하와 직렬결선한다. 전류계에 병렬로 접속한 저항을 분류기(shunt)라고 한다.

참고 전압계는 부하에 병렬결선한다. 전압계에 직렬로 접속한 저항을 배율기라고 한다.

정답 63 ④ 64 ① 65 ④ 66 ③ 67 ② 68 ④

★
69 100V에서 500W를 소비하는 저항이 있다. 이 저항에 100V의 전원을 200V로 바꾸어 접속하면 소비되는 전력(W)은?

① 250　　② 500
③ 1,000　　④ 2,000

해설 $P=VI=I^2R=\left(\frac{V}{R}\right)^2R=\frac{V^2}{R}$

$\therefore P \propto V^2$(소비전력은 전압의 제곱에 비례한다.)

$500 : 100^2 = P : 200^2$

$\therefore P=\left(\frac{200}{100}\right)^2\times 500=2{,}000\text{W}$

70 절연의 종류를 최고허용온도가 낮은 것부터 높은 순서로 나열한 것은?

① A종 < Y종 < E종 < B종
② Y종 < A종 < E종 < B종
③ E종 < Y종 < B종 < A종
④ B종 < A종 < E종 < Y종

해설 절연물에 따른 최고허용온도

종류	Y종	A종	E종	B종	F종	H종	C종
최고온도(℃)	90	105	120	130	155	180	180 이상

71 코일에 단상 200V의 전압을 가하면 10A의 전류가 흐르고 1.6kW의 전력을 소비된다. 이 코일과 병렬로 콘덴서를 접속하여 회로의 합성역률을 100%로 하기 위한 용량리액턴스(Ω)는 약 얼마인가?

① 11.1　　② 22.2
③ 33.3　　④ 44.4

해설 ㉠ $P_a=VI=200\times 10=2{,}000\text{VA}$

㉡ $P_a=\sqrt{P^2+P_r^{\,2}}$

$\therefore P_r=\sqrt{P_a^{\,2}-P^2}=\sqrt{2{,}000^2-1{,}600^2}$
$=1{,}200\text{Var}$

㉢ $X_C=\frac{V^2}{P_r}=\frac{200^2}{1{,}200}=33.3\Omega$

72 기계적 제어의 요소로서 변위를 공기압으로 변환하는 요소는?

① 벨로즈　　② 트랜지스터
③ 다이어프램　　④ 노즐플래퍼

해설 ㉠ 변위 → 압력 : 노즐플래퍼, 유압분사관, 스프링
㉡ 변위 → 전압 : 퍼텐쇼미터, 차동변압기, 전위차계
㉢ 전압 → 변위 : 전자석, 전자코일
㉣ 압력 → 변위 : 벨로즈, 다이어프램, 스프링

73 다음 회로에서 E=100V, R=4Ω, X_L=5Ω, X_C=2Ω일 때 이 회로에 흐르는 전류(A)는?

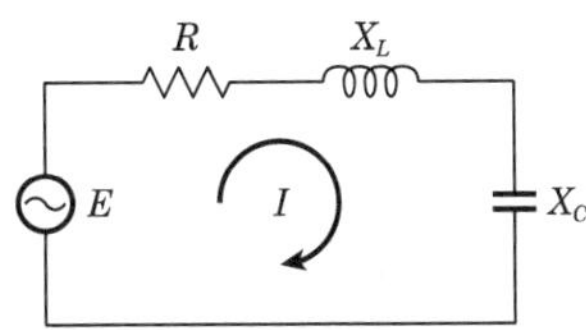

① 10　　② 15
③ 20　　④ 25

해설 $Z=\sqrt{R^2+(X_L-X_C)^2}=\sqrt{4^2+(5-2)^2}=5\Omega$

$\therefore I=\frac{E}{Z}=\frac{100}{5}=20\text{A}$

★
74 다음 블록선도의 전달함수 $\frac{C(s)}{R(s)}$는?

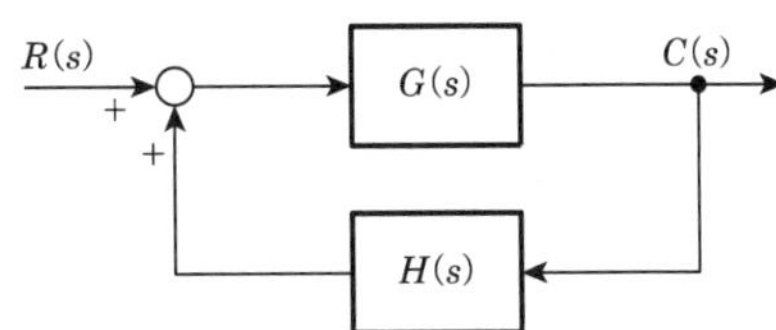

① $\frac{G(s)}{1-G(s)H(s)}$

② $\frac{G(s)}{1+G(s)H(s)}$

③ $\frac{H(s)}{1-G(s)H(s)}$

④ $\frac{H(s)}{1+G(s)H(s)}$

해설 $C(s)=R(s)G(s)+G(s)H(s)C(s)$

$C(s)[1-G(s)H(s)]=R(s)G(s)$

$\therefore G(s)=\frac{C(s)}{R(s)}=\frac{G(s)}{1-G(s)H(s)}$

정답 69 ④ 70 ② 71 ③ 72 ④ 73 ③ 74 ①

부록 I

75 전압을 V, 전류를 I, 저항을 R, 그리고 도체의 비저항을 ρ라 할 때 옴의 법칙을 나타낸 식은?

① $V = \frac{R}{I}$　② $V = \frac{I}{R}$
③ $V = IR$　④ $V = IR\rho$

해설 옴의 법칙(Ohm's law)이란 도선에 흐르는 전류(I)는 전압(V)에 비례하고, 저항(R)에 반비례한다.
$I = \frac{V}{R}$[A], $V = IR$[V], $R = \frac{V}{I}$[Ω]

76 전동기를 전원에 접속한 상태에서 중력부하를 하강시킬 때 속도가 빨라지는 경우 전동기의 유기기전력이 전원전압보다 높아져서 발전기로 동작하고 발생전력을 전원으로 되돌려 줌과 동시에 속도를 감속하는 제동법은?

① 회생제동　② 역전제동
③ 발전제동　④ 유도제동

77 전기기기 및 전로의 누전 여부를 알아보기 위해 사용되는 계측기는?

① 메거　② 전압계
③ 전류계　④ 검전기

해설 절연저항계(megger)는 전기기기 및 전도의 누전 여부를 알아보기 위해 사용되는 계측기이다.

78 평형 3상 전원에서 각 상간전압의 위상차(rad)는?

① $\frac{\pi}{2}$　② $\frac{\pi}{3}$
③ $\frac{\pi}{6}$　④ $\frac{2\pi}{3}$

79 영구자석의 재료로 요구되는 사항은?

① 잔류자기 및 보자력이 큰 것
② 잔류자기가 크고 보자력이 작은 것
③ 잔류자기는 작고 보자력이 큰 것
④ 잔류자기 및 보자력이 작은 것

해설 영구자석의 재료는 잔류자기 및 보자력이 클 것

80 다음 회로도를 보고 진리표를 채우고자 한다. 빈칸에 알맞은 값은?

A	B	X_1	X_2	X_3
1	1	1	0	(ⓐ)
1	0	0	1	(ⓑ)
0	1	0	0	(ⓒ)
0	0	0	0	(ⓓ)

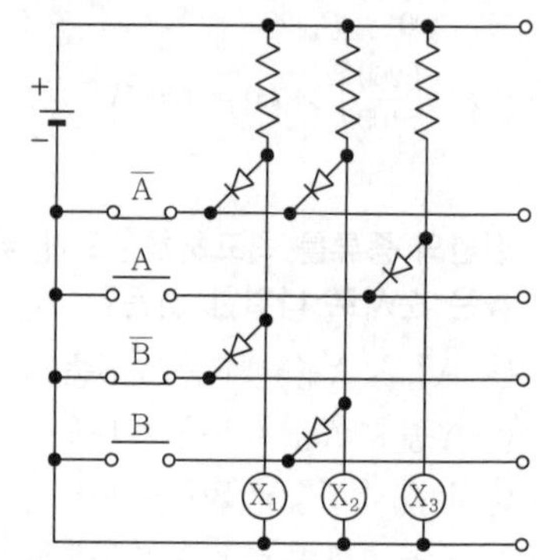

① ⓐ 1, ⓑ 1, ⓒ 0, ⓓ 0
② ⓐ 0, ⓑ 0, ⓒ 1, ⓓ 1
③ ⓐ 0, ⓑ 1, ⓒ 0, ⓓ 1
④ ⓐ 1, ⓑ 0, ⓒ 1, ⓓ 0

5 배관 일반

81 급수배관의 수격현상 방지방법으로 가장 거리가 먼 것은?

① 펌프에 플라이휠을 설치한다.
② 관경을 작게 하고 유속을 매우 빠르게 한다.
③ 에어챔버를 설치한다.
④ 완폐형 체크밸브를 설치한다.

해설 급수배관의 수격작용을 방지하려면 관경을 크게 하고, 유속을 느리게 할 것

82 경질 염화비닐관의 TS식 이음에서 작용하는 3가지 접착효과로 가장 거리가 먼 것은?

① 유동삽입　② 일출접착
③ 소성삽입　④ 변형삽입

정답 75 ③ 76 ① 77 ① 78 ④ 79 ① 80 ② 81 ② 82 ③

해설 TS식 이음의 접착효과 : 유동삽입, 일출삽입, 변형삽입

83 펌프 주위 배관 시공에 관한 사항으로 틀린 것은?

① 풋밸브 등 모든 관의 이음은 수밀, 기밀을 유지할 수 있도록 한다.
② 흡입관의 길이는 가능한 한 짧게 배관하여 저항이 적도록 한다.
③ 흡입관의 수평배관은 펌프를 향하여 하향구배로 한다.
④ 양정이 높을 경우 펌프 토출구와 게이트밸브 사이에 체크밸브를 설치한다.

해설 흡입관의 수평배관은 펌프를 향해 위로 올라가도록 설계한다.

84 기체수송설비에서 압축공기배관의 부속장치가 아닌 것은?

① 후부냉각기 ② 공기여과기
③ 안전밸브 ④ 공기빼기밸브

해설 압축공기배관의 부속장치 : 후부냉각기(after cooler), 공기여과기, 안전밸브, 공기압축기, 공기탱크

★
85 무기질 단열재에 관한 설명으로 틀린 것은?

① 암면은 단열성이 우수하고 아스팔트가공된 보냉용의 경우 흡수성이 양호하다.
② 유리섬유는 가볍고 유연하여 작업성이 매우 좋으며 칼이나 가위 등으로 쉽게 절단된다.
③ 탄산마그네슘보온재는 열전도율이 낮으며 300~320℃에서 열분해한다.
④ 규조토보온재는 비교적 단열효과가 낮으므로 어느 정도 두껍게 시공하는 것이 좋다.

해설 무기질 단열재 중 암면은 섬유의 표면이 특수 코팅되어 있어 습기를 거의 흡수하지 않으며 수분에 강하다.

86 다음 중 기수혼합식(증기분류식) 급탕설비에서 소음을 방지하는 기구는?

① 가열코일 ② 사일렌서
③ 순환펌프 ④ 서머스탯

해설 사일렌서는 기수혼합식(증기분류식) 급탕설비에서 소음을 방지하기 위한 기구이다.

★
87 증기난방법에 관한 설명으로 틀린 것은?

① 저압식은 증기의 사용압력이 0.1MPa 미만인 경우이며 주로 10~35kPa인 증기를 사용한다.
② 단관 중력환수식의 경우 증기와 응축수가 역류하지 않도록 선단하향구배로 한다.
③ 환수주관을 보일러수면보다 높은 위치에 배관한 것은 습식환수관식이다.
④ 증기의 순환이 가장 빠르며 방열기, 보일러 등의 설치위치에 제한을 받지 않고 대규모 난방용으로 주로 채택되는 방식은 진공환수식이다.

해설 증기난방법에서 환수주관을 보일러수면보다 높은 위치에서 배관한 것은 건식환수관식이다.

88 같은 지름의 관을 직선으로 연결할 때 사용하는 배관이음쇠가 아닌 것은?

① 소켓 ② 유니언
③ 벤드 ④ 플랜지

해설 지름이 같은 관을 직선연결 시 사용되는 배관이음쇠는 소켓, 유니언, 플랜지 등이다.

89 가스수요의 시간적 변화에 따라 일정한 가스량을 안정하게 공급하고 저장을 할 수 있는 가스홀더의 종류가 아닌 것은?

① 무수(無水)식 ② 유수(有水)식
③ 주수(主水)식 ④ 구(球)형

해설 가스홀더는 저압식으로 유수식과 무수식이, 중고압식으로 원통형과 구형이 있다.

부록 I

정답 83 ③ 84 ④ 85 ① 86 ② 87 ③ 88 ③ 89 ③

90 제조소 및 공급소 밖의 도시가스배관을 시가지 외의 도로 노면 밑에 매설하는 경우에는 노면으로부터 배관의 외면까지 최소 몇 m 이상을 유지해야 하는가?

① 1.0 ② 1.2
③ 1.5 ④ 2.0

해설 제조소 및 공급소 밖의 도시가스배관을 시가지 외의 도로 노면 밑에 매설하는 경우에는 노면으로부터 배관의 외면까지 최소 1.2m 이상을 유지해야 한다.

91 다음 도시기호의 이음은?

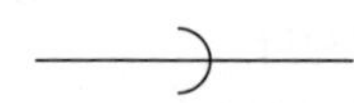

① 나사식 이음 ② 용접식 이음
③ 소켓식 이음 ④ 플랜지식 이음

해설 ① 나사식 : ─┼─
② 용접식 : ─╳─
④ 플랜지식 : ─╫─

92 패킹재의 선정 시 고려사항으로 관내 유체의 화학적 성질이 아닌 것은?

① 점도 ② 부식성
③ 휘발성 ④ 용해능력

해설 패킹(packing)재 선정 시 고려사항 중 점도는 물리적 성질이다

★
93 도시가스배관 시 배관이 움직이지 않도록 관지름 13mm 이상 33mm 미만의 경우 몇 m마다 고정장치를 설치해야 하는가?

① 1m ② 2m
③ 3m ④ 4m

해설 도시가스배관 시 배관이 움직이지 않도록 관지름 13mm 이상 33mm 미만의 경우 2m마다 고정장치를 설치해야 한다.

참고 호칭지름 13mm 미만의 것은 1m마다, 33mm 이상의 것은 3m마다 고정장치를 설치한다.

★
94 급수관의 평균유속이 2m/s이고, 유량이 100L/s로 흐르고 있다. 관내의 마찰손실을 무시할 때 안지름(mm)은 얼마인가?

① 173 ② 227
③ 247 ④ 252

해설 $Q = AV = \frac{\pi d^2}{4} V[\mathrm{m^3/s}]$

$\therefore d = \sqrt{\frac{4Q}{\pi V}} = \sqrt{\frac{4\times100\times10^{-3}}{\pi\times2}}$

$= 0.252\mathrm{m} = 252\mathrm{mm}$

95 밸브의 역할로 가장 거리가 먼 것은?

① 유체의 밀도조절 ② 유체의 방향전환
③ 유체의 유량조절 ④ 유체의 흐름단속

해설 밸브의 역할 : 유량조절, 흐름의 단속(개폐), 방향전환

96 온수배관 시공 시 유의사항으로 틀린 것은?

① 배관재료는 내열성을 고려한다.
② 온수배관에는 공기가 고이지 않도록 구배를 준다.
③ 온수보일러의 릴리프관에는 게이트밸브를 설치한다.
④ 배관의 신축을 고려한다.

해설 온수배관의 팽창탱크에 연결하는 팽창관에는 밸브를 절대 설치하지 않는다.

97 배관용 패킹재료 선정 시 고려해야 할 사항으로 가장 거리가 먼 것은?

① 유체의 압력 ② 재료의 부식성
③ 진동의 유무 ④ 시트면의 형상

해설 배관용 패킹재료 선정 시 고려사항 : 유체의 압력, 재료의 부식성, 진동의 유무

★
98 냉동배관 시 플렉시블조인트의 설치에 관한 설명으로 틀린 것은?

① 가급적 압축기 가까이에 설치한다.
② 압축기의 진동방향에 대하여 직각으로 설치한다.
③ 압축기가 가동할 때 무리한 힘이 가해지지 않도록 설치한다.
④ 기계·구조물 등에 접촉되도록 견고하게 설치한다.

정답 90 ② 91 ③ 92 ① 93 ② 94 ④ 95 ① 96 ③ 97 ④ 98 ④

해설 배관이나 기기의 파손을 방지(충격 완화)할 목적으로 플렉시블조인트(flexible joint)는 기기의 진동이 배관에 전달되지 않도록 기계·구조물 등에 접촉되지 않도록 설치해야 한다.

99 **온수난방배관에서 역귀환방식을 채택하는 주된 목적으로 가장 적합한 것은?**

① 배관의 신축을 흡수하기 위하여
② 온수가 식지 않게 하기 위하여
③ 온수의 유량배분을 균일하게 하기 위하여
④ 배관길이를 짧게 하기 위하여

해설 온수난방배관에서 역귀환방식(리버스리턴방식)을 채택하는 주된 목적은 온수의 유량분배를 균등하게 하기 위함이다.

★
100 **급탕배관 시공에 관한 설명으로 틀린 것은?**

① 배관의 굽힘 부분에는 벨로즈이음을 한다.
② 하향식 급탕주관의 최상부에는 공기빼기 장치를 설치한다.
③ 팽창관의 관경은 겨울철 동결을 고려하여 25A 이상으로 한다.
④ 단관식 급탕배관방식에는 상향배관, 하향배관방식이 있다.

해설 벨로즈이음(bellows joint)은 직선배관의 신축이음에 사용되며, 배관의 굽힘 부분에는 엘보(elbow)를 사용한다.

부록 I

정답 99 ③ 100 ①

2021. 3. 7. 시행

공조냉동기계기사

1 기계 열역학

01 10℃에서 160℃까지 공기의 평균정적비열은 0.7315kJ/kg·K이다. 이 온도변화에서 공기 1kg의 내부에너지변화는 약 몇 kJ인가?

① 101.1kJ ② 109.7kJ
③ 120.6kJ ④ 131.7kJ

해설 $\Delta U = mC_v(t_2 - t_1)$
$= 1 \times 0.7315 \times (160 - 10)$
$≒ 109.72\text{kJ}$

★
02 증기를 가역단열과정을 거쳐 팽창시키면 증기의 엔트로피는?

① 증가한다.
② 감소한다.
③ 변하지 않는다.
④ 경우에 따라 증가도 하고, 감소도 한다.

해설 가역단열변화($Q=0$)인 경우 엔트로피변화량은 0이다($\Delta S = 0$).

03 완전가스의 내부에너지(U)는 어떤 함수인가?

① 압력과 온도의 함수이다.
② 압력만의 함수이다.
③ 체적과 압력의 함수이다.
④ 온도만의 함수이다.

해설 완전가스인 경우 내부에너지(U)는 절대온도(T)만의 함수이다(줄의 법칙, $U=f(T)$).

04 증기터빈에서 질량유량이 1.5kg/s이고 열손실률이 8.5kW이다. 터빈으로 출입하는 수증기에 대한 값은 다음 그림과 같다면 터빈의 출력은 약 몇 kW인가?

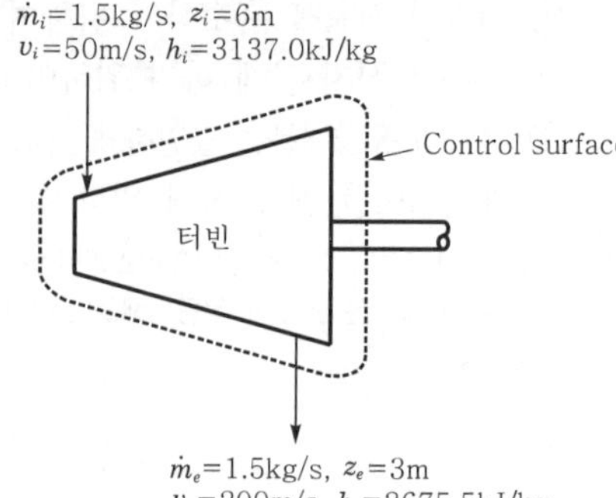

① 273kW ② 656kW
③ 1,357kW ④ 2,616kW

해설 $Q_L = W_t + \dot{m}(h_e - h_i) + \frac{\dot{m}}{2}(v_e^{\,2} - v_i^{\,2}) \times 10^{-3} + \dot{m}g(z_e - z_i) \times 10^{-3}$
$-8.5 = W_t + 1.5 \times (2{,}675.5 - 3{,}137) + \frac{1.5}{2} \times (200^2 - 50^2) \times 10^{-3} + 1.5 \times 9.8 \times (3-6) \times 10^{-3}$
$\therefore W_t = -8.5 + 692.25 - 28.125 + 0.0441$
$≒ 656\text{kW}$

05 오토사이클의 압축비(ε)가 8일 때 이론열효율은 약 몇 %인가? (단, 비열비(k)는 1.4이다.)

① 36.8% ② 46.7%
③ 56.5% ④ 66.6%

해설 $\eta_{tho} = 1 - \left(\frac{1}{\varepsilon}\right)^{k-1} = 1 - \left(\frac{1}{8}\right)^{1.4-1} = 0.565 = 56.5\%$

★
06 온도가 127℃, 압력이 0.5MPa, 비체적이 0.4m^3/kg인 이상기체가 같은 압력하에서 비체적이 0.3m^3/kg으로 되었다면 온도는 약 몇 ℃가 되는가?

① 16 ② 27
③ 96 ④ 300

정답 01 ② 02 ③ 03 ④ 04 ② 05 ③ 06 ②

해설 $T_2 = T_1 \frac{v_2}{v_1}$

$= (127+273) \times \frac{0.3}{0.4}$

$= 300\text{K} - 273 = 27℃$

07 계가 비가역사이클을 이룰 때 클라우지우스(Clausius)의 적분을 옳게 나타낸 것은? (단, T는 온도, Q는 열량이다.)

① $\oint \frac{\delta Q}{T} < 0$　② $\oint \frac{\delta Q}{T} > 0$

③ $\oint \frac{\delta Q}{T} \geq 0$　④ $\oint \frac{\delta Q}{T} \leq 0$

해설 클라우지우스 폐적분값

㉠ 가역사이클 : $\oint \frac{dQ}{T} = 0$

㉡ 비가역사이클 : $\oint \frac{dQ}{T} < 0$

08 증기동력사이클의 종류 중 재열사이클의 목적으로 가장 거리가 먼 것은?

① 터빈 출구의 습도가 증가하여 터빈날개를 보호한다.
② 이론열효율이 증가한다.
③ 수명이 연장된다.
④ 터빈 출구의 질(quality)을 향상시킨다.

해설 재열사이클은 습도로 인한 터빈날개의 부식 방지와 열효율 향상에 목적이 있다.

09 과열증기를 냉각시켰더니 포화영역 안으로 들어와서 비체적이 0.2327m^3/kg이 되었다. 이때 포화액과 포화증기의 비체적이 각각 1.079×10^{-3}m^3/kg, 0.5243m^3/kg이라면 건도는 얼마인가?

① 0.964　② 0.772
③ 0.653　④ 0.443

해설 $v_x = v' + x(v'' - v')$ [m^3/kg]

$\therefore x = \frac{v_x - v'}{v'' - v'}$

$= \frac{0.2327 - 1.079 \times 10^{-3}}{0.5243 - 1.079 \times 10^{-3}}$

$\fallingdotseq 0.443$

10 밀폐용기에 비내부에너지가 200kJ/kg인 기체가 0.5kg 들어있다. 이 기체를 용량이 500W인 전기가열기로 2분 동안 가열한다면 최종상태에서 기체의 내부에너지는 약 몇 kJ인가? (단, 열량은 기체로만 전달된다고 한다.)

① 20kJ　② 100kJ
③ 120kJ　④ 160kJ

해설 $Q = 500\text{W} = 0.5\text{kW} = 0.5 \times (2 \times 60) = 60\text{kJ}$

$Q = U_2 - U_1$

$\therefore U_2 = Q + U_1 = 60 + (200 \times 0.5) = 160\text{kJ}$

★
11 온도 20℃에서 계기압력 0.183MPa의 타이어가 고속주행으로 온도 80℃로 상승할 때 압력은 주행 전과 비교하여 약 몇 kPa 상승하는가? (단, 타이어의 체적은 변하지 않고, 타이어 내의 공기는 이상기체로 가정하며, 대기압은 101.3kPa이다.)

① 37kPa　② 58kPa
③ 286kPa　④ 445kPa

해설 $V = C$, $\frac{P}{T} = C$, $\frac{P_1}{T_1} = \frac{P_2}{T_2}$

$P_2 = P_1 \frac{T_2}{T_1} = (101.3 + 183) \times \frac{80+273}{20+273}$

$= 342.52\text{kPa}$

$\therefore \Delta P = P_2 - P_1 = 342.52 - 284.3 = 58.22\text{kPa}$

★
12 이상적인 카르노사이클의 열기관이 500℃인 열원으로부터 500kJ을 받고 25℃에 열을 방출한다. 이 사이클의 일(W)과 효율(η_{th})은 얼마인가?

① $W = 307.2\text{kJ}$, $\eta_{th} = 0.6143$
② $W = 307.2\text{kJ}$, $\eta_{th} = 0.5748$
③ $W = 250.3\text{kJ}$, $\eta_{th} = 0.6143$
④ $W = 250.3\text{kJ}$, $\eta_{th} = 0.5748$

해설 ㉠ $\eta_{th} = 1 - \frac{T_2}{T_1} = 1 - \frac{25+273}{500+273}$

$= 0.6143 (= 61.43\%)$

㉡ $\eta_{th} = \frac{W_{net}}{Q_1}$

$\therefore W_{net} = \eta_{th} Q_1 = 0.6143 \times 500 = 307.2\text{kJ}$

부록 I

정답 07 ① 08 ① 09 ④ 10 ④ 11 ② 12 ①

13 한 밀폐계가 190kJ의 열을 받으면서 외부에 20kJ의 일을 한다면 이 계의 내부에너지의 변화는 약 얼마인가?

① 210kJ만큼 증가한다.
② 210kJ만큼 감소한다.
③ 170kJ만큼 증가한다.
④ 170kJ만큼 감소한다.

해설 $Q=\Delta U+W$[kJ]

$\therefore \Delta U=Q-W=190-20=170\text{kJ}$(증가)

★
14 수소(H_2)가 이상기체라면 절대압력 1MPa, 온도 100℃에서의 비체적은 약 몇 m^3/kg인가? (단, 일반기체상수는 8.3145kJ/kmol·K이다.)

① 0.781 ② 1.26
③ 1.55 ④ 3.46

해설 $Pv=RT$

$$\therefore v=\frac{RT}{P}=\frac{\frac{8.3145}{2}\times(100+273)}{1\times10^3}=1.55\text{m}^3/\text{kg}$$

15 비열비가 1.29, 분자량이 44인 이상기체의 정압비열은 약 몇 kJ/kg·K인가? (단, 일반기체상수는 8.314kJ/kmol·K이다.)

① 0.51 ② 0.69
③ 0.84 ④ 0.91

해설 $mR=\overline{R}=8.314\text{kJ/kmol}\cdot\text{K}$

$$R=\frac{\overline{R}}{m}=\frac{8.314}{44}\fallingdotseq 0.189\text{kJ/kg}\cdot\text{K}$$

$$\therefore C_p=\frac{k}{k-1}R=\frac{1.29}{1.29-1}\times0.189=0.84\text{kJ/kg}\cdot\text{K}$$

16 열펌프를 난방에 이용하려 한다. 실내온도는 18℃이고, 실외온도는 −15℃이며, 벽을 통한 열손실은 12kW이다. 열펌프를 구동하기 위해 필요한 최소 동력은 약 몇 kW인가?

① 0.65kW ② 0.74kW
③ 1.36kW ④ 1.53kW

해설 $$\varepsilon_H=\frac{T_1}{T_1-T_2}=\frac{18+273}{(18+273)-(-15+273)}\fallingdotseq 8.82$$

$$\therefore kW=\frac{Q_L}{\varepsilon_H}=\frac{12}{8.82}=1.36\text{kW}$$

17 다음 중 가장 낮은 온도는?

① 104℃ ② 284°F
③ 410K ④ 684R

해설 ② 284°F : $t_c=\frac{5}{9}(t_F-32)=\frac{5}{9}\times(284-32)=140℃$

③ 410K : $T=t_c+273$[K]에서
$t_c=T-273=410-273=137℃$

④ 684R : $R=t_F+460$[R]에서
$t_F=R-460=684-460=224°\text{F}$이므로
$t_c=\frac{5}{9}(t_F-32)=\frac{5}{9}\times(224-32)=106.67℃$

18 계가 정적과정으로 상태 1에서 상태 2로 변화할 때 단순 압축성 계에 대한 열역학 제1법칙을 바르게 설명한 것은? (단, U, Q, W는 각각 내부에너지, 열량, 일량이다.)

① $U_1-U_2=Q_{12}$
② $U_2-U_1=W_{12}$
③ $U_1-U_2=W_{12}$
④ $U_2-U_1=Q_{12}$

해설 $Q_{12}=(U_2-U_1)+W_{12}$[kJ]

등적변화($V=C$)인 경우 $W_{12}=\int_1^2 PdV=0$이므로 가열량은 내부에너지변화량과 같다($Q_{12}=\Delta U$).

★
19 어떤 냉동기에서 0℃의 물로 0℃의 얼음 2ton을 만드는데 180MJ의 일이 소요된다면 이 냉동기의 성적계수는? (단, 물의 융해열은 334kJ/kg이다.)

① 2.05 ② 2.32
③ 2.65 ④ 3.71

해설 $$(COP)_R=\frac{Q_e}{W_c}=\frac{2{,}000\times334}{180\times10^3}=3.71$$

정답 13 ③ 14 ③ 15 ③ 16 ③ 17 ① 18 ④ 19 ④

20 온도 15℃, 압력 100kPa 상태의 체적이 일정한 용기 안에 어떤 이상기체 5kg이 들어있다. 이 기체가 50℃가 될 때까지 가열되는 동안의 엔트로피 증가량은 약 몇 kJ/K인가? (단, 이 기체의 정압비열과 정적비열은 각각 1.001kJ/kg·K, 0.7171kJ/kg·K이다.)

① 0.411 ② 0.486
③ 0.575 ④ 0.732

해설 $\Delta S = mC_v \ln\frac{T_2}{T_1} = 5 \times 0.7171 \times \ln\frac{50+273}{15+273}$
$= 0.411\text{kJ/K}$

2 냉동공학

21 브라인(2차 냉매) 중 무기질 브라인이 아닌 것은?

① 염화마그네슘 ② 에틸렌글리콜
③ 염화칼슘 ④ 식염수

해설 에틸렌글리콜은 유기질 브라인(2차 냉매)이다.

22 냉동기유의 구비조건으로 틀린 것은?

① 점도가 적당할 것
② 응고점이 높고, 인화점이 낮을 것
③ 유성이 좋고 유막을 잘 형성할 수 있을 것
④ 수분 등의 불순물을 포함하지 않을 것

해설 냉동기유는 응고점이 낮고, 인화점이 높아야 한다.

★
23 흡수식 냉동장치에서의 흡수제 유동방향으로 틀린 것은?

① 흡수기 → 재생기 → 흡수기
② 흡수기 → 재생기 → 증발기 → 응축기 → 흡수기
③ 흡수기 → 용액열교환기 → 재생기 → 용액열교환기 → 흡수기
④ 흡수기 → 고온재생기 → 저온재생기 → 흡수기

해설 흡수제 순환경로 : 흡수기 → 열교환기 → 재생기 → 열교환기 → 흡수기

★
24 다음 그림은 R-134a를 냉매로 한 건식 증발기를 가진 냉동장치의 개략도이다. 지점 1, 2에서의 게이지압력은 각각 0.2MPa, 1.4MPa으로 측정되었다. 각 지점에서의 엔탈피가 다음 표와 같을 때 5지점에서의 엔탈피(kJ/kg)는 얼마인가? (단, 비체적(v_1)은 0.08m³/kg이다.)

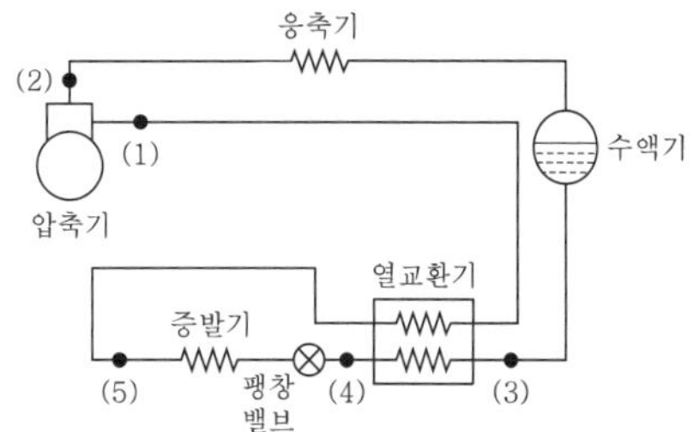

지점	엔탈피(kJ/kg)
1	623.8
2	665.7
3	460.5
4	439.6

① 20.9 ② 112.8
③ 408.6 ④ 602.9

해설 $h_5 = h_1 - (h_3 - h_4) = 623.8 - (460.5 - 439.6)$
$= 602.9\text{kJ/kg}$

25 냉동용 압축기를 냉동법의 원리에 의해 분류할 때 저온에서 증발한 가스를 압축기로 압축하여 고온으로 이동시키는 냉동법을 무엇이라고 하는가?

① 화학식 냉동법 ② 기계식 냉동법
③ 흡착식 냉동법 ④ 전자식 냉동법

26 냉동장치가 정상운전되고 있을 때 나타나는 현상으로 옳은 것은?

① 팽창밸브 직후의 온도는 직전의 온도보다 높다.
② 크랭크케이스 내의 유온은 증발온도보다 낮다.
③ 수액기 내의 액온은 응축온도보다 높다.
④ 응축기의 냉각수 출구온도는 응축온도보다 낮다.

부록 I

정답 20 ① 21 ② 22 ② 23 ② 24 ④ 25 ② 26 ④

해설 냉동장치의 정상운전 시 응축기의 냉각수 출구온도는 응축온도보다 낮다.

★
27 실제 기체가 이상기체의 상태방정식을 근사하게 만족시키는 경우는 어떤 조건인가?

① 압력과 온도가 모두 낮은 경우
② 압력이 높고, 온도가 낮은 경우
③ 압력이 낮고, 온도가 높은 경우
④ 압력과 온도 모두 높은 경우

해설 실제 기체가 이상기체의 상태방정식($Pv=RT$)을 근사적으로 만족시킬 수 있는 조건은 압력이 낮고, 온도가 높을 것(비체적이 크고, 분자량이 작을 것)

28 가역카르노사이클에서 고온부 40℃, 저온부 0℃로 운전될 때 열기관의 효율은?

① 7.825　② 6.825
③ 0.147　④ 0.128

해설 $\eta_c = 1-\frac{T_L}{T_H} = 1-\frac{0+273}{40+273} = 0.128$

29 표준 냉동사이클에서 냉매의 교축 후에 나타나는 현상으로 틀린 것은?

① 온도는 강하한다.
② 압력은 강하한다.
③ 엔탈피는 일정하다.
④ 엔트로피는 감소한다.

해설 냉매(실제 기체)가 팽창밸브에서 교축팽창하면 압력 강하, 온도 강하, 등엔탈피(엔탈피 일정), 엔트로피는 증가한다.

30 다음 조건을 이용하여 응축기 설계 시 1RT (3.86kW)당 응축면적(m^2)은? (단, 온도차는 산술평균온도차를 적용한다.)

- 응축온도 : 35℃
- 냉각수 입구온도 : 28℃
- 냉각수 출구온도 : 32℃
- 열통과율 : 1.05kW/m^2 · ℃

① 1.05　② 0.74
③ 0.52　④ 0.35

해설 $Q_c = KA\left(t_c - \frac{t_{w1}+t_{w2}}{2}\right)$

$$\therefore A = \frac{Q_c}{K\left(t_c - \frac{t_{w1}+t_{w2}}{2}\right)} = \frac{1\times 3.86}{1.05\times\left(35-\frac{28+32}{2}\right)} \fallingdotseq 0.74\text{m}^2$$

31 수액기에 대한 설명으로 틀린 것은?

① 응축기에서 응축된 고온 고압의 냉매액을 일시 저장하는 용기이다.
② 장치 안에 있는 모든 냉매를 응축기와 함께 회수할 정도의 크기를 선택하는 것이 좋다.
③ 소형 냉동기에는 필요로 하지 않다.
④ 어큐뮬레이터라고도 한다.

해설 어큐뮬레이터는 축압기를 의미한다.

★
32 히트파이프(heat pipe)의 구성요소가 아닌 것은?

① 단열부　② 응축부
③ 증발부　④ 팽창부

해설 히트파이프의 구성요소 : 단열부, 증발부, 응축부

★
33 다음 중 방축열시스템의 분류에 대한 조합으로 적당하지 않은 것은?

① 정적제빙형 – 관내착빙형
② 정적제빙형 – 캡슐형
③ 동적제빙형 – 관외착빙형
④ 동적제빙형 – 과냉각아이스형

해설 빙축열시스템의 분류
㉠ 정적형
- 축열조 내에서 제빙과 해빙이 이루어진다.
- 관내착빙형, 관외착빙형, 캡슐형, 평판형, 수평(수직)원통형 등

㉡ 동적형
- 제빙기에서 제빙된 얼음을 축열조로 이송, 저장하는 방식이다.
- 빙 박리형, 유동식 빙 생성형(리퀴드아이스형, 과냉각아이스형) 등

정답 27 ③ 28 ④ 29 ④ 30 ② 31 ④ 32 ④ 33 ③

★
34 암모니아냉동장치에서 고압측 게이지압력이 1,372.9kPa, 저압측 게이지압력이 294.2kPa이고, 피스톤압출량이 100m^3/h, 흡입증기의 비체적이 0.5m^3/kg일 때 이 장치에서의 압축비와 냉매순환량(kg/h)은 각각 얼마인가? (단, 압축기의 체적효율은 0.7이다.)

① 압축비 3.73, 냉매순환량 70
② 압축비 3.73, 냉매순환량 140
③ 압축비 4.67, 냉매순환량 70
④ 압축비 4.67, 냉매순환량 140

해설 ㉠ $\varepsilon = \dfrac{\text{고압측 절대압력}(P_2)}{\text{저압측 절대압력}(P_1)}$

$= \dfrac{1,372.9+101.325}{294.2+101.325} = 3.73$

㉡ $G = \dfrac{V\eta_v}{v} = \dfrac{100\times0.7}{0.5} = 140\text{kg/h}$

35 표준 냉동사이클에서 상태 1, 2, 3에서의 각 성적계수값을 모두 합하면 약 얼마인가?

상태	응축온도	증발온도
1	32℃	−18℃
2	42℃	2℃
3	37℃	−13℃

① 5.11 ② 10.89
③ 17.17 ④ 25.14

해설 $\varepsilon_1 = \dfrac{T_2}{T_1-T_2} = \dfrac{-18+273}{(32+273)-(-18+273)} = 5.1$

$\varepsilon_2 = \dfrac{T_2}{T_1-T_2} = \dfrac{2+273}{(42+273)-(2+273)} = 6.87$

$\varepsilon_3 = \dfrac{T_2}{T_1-T_2} = \dfrac{-13+273}{(37+273)-(-13+273)} = 5.2$

$\therefore \varepsilon_t = \varepsilon_1+\varepsilon_2+\varepsilon_3 = 5.1+6.87+5.2 = 17.17$

36 다음 중 액압축을 방지하고 압축기를 보호하는 역할을 하는 것은?

① 유분리기 ② 액분리기
③ 수액기 ④ 드라이어

해설 액분리기(liquid separator)는 증발기와 압축기 사이에 설치되어 액압축을 방지하고 압축기를 보호하는 역할을 하는 장치이다.

37 흡수식 냉동기의 특징에 대한 설명으로 옳은 것은?

① 자동제어가 어렵고 운전경비가 많이 소요된다.
② 초기운전 시 정격성능을 발휘할 때까지의 도달속도가 느리다.
③ 부분부하에 대한 대응이 어렵다.
④ 증기압축식보다 소음 및 진동이 크다.

해설 흡수식 냉동기는 초기운전 시 정격성능을 발휘할 때까지의 도달속도가 느리다.

38 여름철 공기열원 열펌프장치로 냉방운전할 때 외기의 건구온도 저하 시 나타나는 현상으로 옳은 것은?

① 응축압력이 상승하고, 장치의 소비전력이 증가한다.
② 응축압력이 상승하고, 장치의 소비전력이 감소한다.
③ 응축압력이 저하하고, 장치의 소비전력이 증가한다.
④ 응축압력이 저하하고, 장치의 소비전력이 감소한다.

해설 여름철 공기열원 열펌프장치로 냉방운전 시 외기건구온도가 저하할 때 응축이 잘 되므로 응축압력이 저하하고, 장치의 소비전력이 감소한다.

★
39 냉동능력이 10RT이고 실제 흡입가스의 체적이 15m^3/h인 냉동기의 냉동효과(kJ/kg)는? (단, 압축기 입구의 비체적은 0.52m^3/kg이고, 1RT는 3.86kW이다.)

① 4,817.2 ② 3,128.1
③ 2,984.7 ④ 1,534.8

해설 $G = \dfrac{Q_e}{q_e} = \dfrac{3.86RT}{q_e} = \dfrac{V\eta_v}{v} = \dfrac{V_a}{v}$

$\therefore q_e = \dfrac{3.86RTv}{V_a} = \dfrac{3.86\times10\times0.52}{15}$

$= 1.34\text{kW}(=\text{kJ/s})\times3,600$

$\fallingdotseq 4,817.28\text{kJ/kg}$

부록 I

정답 34 ② 35 ③ 36 ② 37 ② 38 ④ 39 ①

40 R-22를 사용하는 냉동장치에 R-134a를 사용하려 할 때 장치의 운전 시 유의사항으로 틀린 것은?

① 냉매의 능력이 변하므로 전동기 용량이 충분한지 확인한다.

② 응축기, 증발기 용량이 충분한지 확인한다.

③ 가스켓, 시일 등의 패킹 선정에 유의해야 한다.

④ 동일 탄화수소계 냉매이므로 그대로 운전할 수 있다.

해설 냉매마다 물리적 특성이 다르므로 사용하는 냉동기, 응축기 등 냉동장치에 따라 적합 여부를 확인하여 사용해야 한다.

3 공기조화

41 기후에 따른 불쾌감을 표시하는 불쾌지수는 무엇을 고려한 지수인가?

① 기온과 기류 ② 기온과 노점

③ 기온과 복사열 ④ 기온과 습도

해설 불쾌지수란 인간이 느끼는 기후의 쾌적성을 공기의 온도 및 습도의 관계로 나타낸 지수이다.
불쾌지수(UI)=0.72(건구온도+습구온도)+40.6

42 외기 및 반송(return)공기의 분진량이 각각 C_O, C_R이고, 공급되는 외기량 및 필터로 반송되는 공기량이 각각 Q_O, Q_R이며, 실내 발생량이 M이라 할 때 필터의 효율(η)을 구하는 식으로 옳은 것은?

① $\eta = \dfrac{Q_O(C_O - C_R) + M}{C_O Q_O + C_R Q_R}$

② $\eta = \dfrac{Q_O(C_O - C_R) + M}{C_O Q_O - C_R Q_R}$

③ $\eta = \dfrac{Q_O(C_O + C_R) + M}{C_O Q_O + C_R Q_R}$

④ $\eta = \dfrac{Q_O(C_O - C_R) - M}{C_O Q_O - C_R Q_R}$

해설 필터의 효율(η)$= \dfrac{Q_O(C_O - C_R) + M}{C_O Q_O + C_R Q_R}$

43 개별공기조화방식에 사용되는 공기조화기에 대한 설명으로 틀린 것은?

① 사용하는 공기조화기의 냉각코일에는 간접팽창코일을 사용한다.

② 설치가 간편하고 운전 및 조작이 용이하다.

③ 제어대상에 맞는 개별공조기를 설치하여 최적의 운전이 가능하다.

④ 소음이 크나 국소운전이 가능하여 에너지 절약적이다.

해설 개별공기조화방식에 사용되는 공기조화기는 냉각코일에 직접팽창코일을 사용한다.

44 극간풍(틈새바람)에 의한 침입외기량이 2,800 L/s일 때 현열부하(q_s)와 잠열부하(q_L)는 얼마인가? (단, 실내의 공기온도와 절대습도는 각각 25℃, 0.0179kg/kg$_{DA}$이고, 외기의 공기온도와 절대습도는 각각 32℃, 0.0209kg/kg$_{DA}$이며, 건공기 정압비열 1.005kJ/kg·K, 0℃ 물의 증발잠열 2,501kJ/kg, 공기밀도 1.2kg/m^{3}이다.)

① q_s : 23.6kW, q_L : 17.8kW

② q_s : 18.9kW, q_L : 17.8kW

③ q_s : 23.6kW, q_L : 25.2kW

④ q_s : 18.9kW, q_L : 25.2kW

해설 ㉠ $q_s = \rho Q_o C_p (t_o - t_i)$
$= 1.2 \times 2.8 \times 1.005 \times (32 - 25)$
$\fallingdotseq 23.64\text{kW}$

㉡ $q_L = \rho Q_o \gamma_o \Delta x$
$= 1.2 \times 2.8 \times 2,501 \times (0.0209 - 0.0179)$
$\fallingdotseq 25.21\text{kW}$

정답 40 ④ 41 ④ 42 ① 43 ① 44 ③

★
45 바닥취출공조방식의 특징으로 틀린 것은?

① 천장덕트를 최소화하여 건축층고를 줄일 수 있다.

② 개개인에 맞추어 풍량 및 풍속조절이 어려워 쾌적성이 저해된다.

③ 가압식의 경우 급기거리가 18m 이하로 제한된다.

④ 취출온도와 실내온도의 차이가 10℃ 이상이면 드래프트현상을 유발할 수 있다.

해설 바닥취출공조방식은 취출구 풍량 및 풍속조절이 가능하므로 쾌적성이 우수하다.

46 노점온도(dew point temperature)에 대한 설명으로 옳은 것은?

① 습공기가 어느 한계까지 냉각되어 그 속에 있던 수증기가 이슬방울로 응축되기 시작하는 온도

② 건공기가 어느 한계까지 냉각되어 그 속에 있던 공기가 팽창하기 시작하는 온도

③ 습공기가 어느 한계까지 냉각되어 그 속에 있던 수증기가 자연증발하기 시작하는 온도

④ 건공기가 어느 한계까지 냉각되어 그 속에 있던 공기가 수축하기 시작하는 온도

해설 노점온도는 습공기가 어느 한계까지 냉각되어 그 속에 있던 수증기가 이슬방울로 응축되기 시작하는 온도이다. 즉 불포화공기가 냉각되어 상대습도 100%인 포화상태 시 온도를 말한다.

★
47 온수난방에 대한 설명으로 틀린 것은?

① 난방부하에 따라 온도조절을 용이하게 할 수 있다.

② 예열시간은 길지만 잘 식지 않으므로 증기난방에 비하여 배관의 동결 우려가 적다.

③ 열용량이 증기보다 크고 실온변동이 적다.

④ 증기난방보다 작은 방열기 또는 배관이 필요하므로 배관공사비를 절감할 수 있다.

해설 온수난방은 열매체인 온수가 증기보다 온도가 낮으므로 배관 및 난방기기의 용량이 커지고 온수순환펌프, 팽창탱크 등이 필요하므로 설비비가 많이 든다.

48 습공기의 상대습도(ϕ)와 절대습도(ω)와의 관계에 대한 계산식으로 옳은 것은? (단, P_a는 건공기분압, P_s는 습공기와 같은 온도의 포화수증기압력이다.)

① $\phi = \dfrac{\omega}{0.622}\dfrac{P_a}{P_s}$　② $\phi = \dfrac{\omega}{0.622}\dfrac{P_s}{P_a}$

③ $\phi = \dfrac{0.622}{\omega}\dfrac{P_s}{P_a}$　④ $\phi = \dfrac{0.622}{\omega}\dfrac{P_a}{P_s}$

해설 $\omega = \dfrac{0.622\phi P_s}{P_a}$

$\therefore \phi = \dfrac{\omega}{0.622}\dfrac{P_a}{P_s}$

★
49 공기조화설비에서 공기의 경로로 옳은 것은?

① 환기덕트 → 공조기 → 급기덕트 → 취출구

② 공조기 → 환기덕트 → 급기덕트 → 취출구

③ 냉각탑 → 공조기 → 냉동기 → 취출구

④ 공조기 → 냉동기 → 환기덕트 → 취출구

해설 **공기의 순환경로** : 환기덕트 → 공조기 → 급기덕트 → 취출구

50 보일러의 성능에 관한 설명으로 틀린 것은?

① 증발계수는 1시간당 증기 발생량에 시간당 연료소비량으로 나눈 값이다.

② 1보일러마력은 매시 100℃의 물 15.65kg을 같은 온도의 증기로 변화시킬 수 있는 능력이다.

③ 보일러효율은 증기에 흡수된 열량과 연료의 발열량과의 비이다.

④ 보일러마력을 전열면적으로 표시할 때는 수관보일러의 전열면적 0.929m^{2}를 1보일러마력이라 한다.

해설 증발계수(evaporation coefficient)란 실제 증발량에 대한 상당증발량의 비율, 즉 실제 증발량은 대기압조건에서 급수 1kg의 증발잠열에 대한 1kg의 급수를 증발하는 데 필요한 열량이다.

정답 45 ② 46 ① 47 ④ 48 ① 49 ① 50 ①

★
51 **냉동창고의 벽체가 두께 15cm, 열전도율 1.6W/m·℃인 콘크리트와 두께 5cm, 열전도율이 1.4W/m·℃인 모르타르로 구성되어 있다면 벽체의 열통과율(W/m²·℃)은? (단, 내벽측 표면열전달률은 9.3W/m²·℃, 외벽측 표면열전달률은 23.2W/m²·℃이다.)**

① 1.11　　② 2.58
③ 3.57　　④ 5.91

해설
$$K=\frac{1}{R}=\frac{1}{\frac{1}{\alpha_i}+\frac{l_1}{\lambda_1}+\frac{l_2}{\lambda_2}+\frac{1}{\alpha_o}}$$
$$=\frac{1}{\frac{1}{9.3}+\frac{0.15}{1.6}+\frac{0.05}{1.4}+\frac{1}{23.2}}=3.57\text{W/m}^2\cdot℃$$

52 **취출기류에 관한 설명으로 틀린 것은?**

① 거주영역에서 취출구의 최소 확산반경이 겹치면 편류현상이 발생한다.
② 취출구의 베인각도를 확대시키면 소음이 감소한다.
③ 천장취출 시 베인의 각도를 냉방과 난방 시 다르게 조정해야 한다.
④ 취출기류의 강하 및 상승거리는 기류의 풍속 및 실내공기와의 온도차에 따라 변한다.

해설 취출구의 베인(vane)각도를 확대시키면 소음이 증가한다.

53 **가습장치에 대한 설명으로 옳은 것은?**

① 증기분무방법은 제어의 응답성이 빠르다.
② 초음파가습기는 다량의 가습에 적당하다.
③ 순환수가습은 가열 및 가습효과가 있다.
④ 온수가습은 가열·감습이 된다.

해설 가습장치에서 증기분무방법은 제어의 응답성이 빠르다(가습효율이 높다).

54 **공기조화설비에 관한 설명으로 틀린 것은?**

① 이중덕트방식은 개별제어를 할 수 있는 이점이 있지만 단일덕트방식에 비해 설비비 및 운전비가 많아진다.
② 변풍량방식은 부하의 증가에 대처하기 용이하며 개별제어가 가능하다.
③ 유인유닛방식은 개별제어가 용이하며 고속덕트를 사용할 수 있어 덕트스페이스를 작게 할 수 있다.
④ 각 층 유닛방식은 중앙기계실면적이 작게 차지하고 공조기의 유지관리가 편하다.

해설 각 층 유닛방식
㉠ 각 층에 1대 또는 여러 대의 공조기를 설치하는 방법이다.
㉡ 천장의 여유공간이 클 때 적합하다.
㉢ 장치가 세분화되므로 설비비가 많이 든다.
㉣ 기기관리가 불편하다.
㉤ 외기용 공조기가 있는 경우 습도조절이 가능하다.

55 **다음 온수난방분류 중 적당하지 않은 것은?**

① 고온수식, 저온수식
② 중력순환식, 강제순환식
③ 건식환수법, 습식환수법
④ 상향공급식, 하향공급식

해설 건식환수법과 습식환수법은 증기난방분류에 해당한다.

★
56 **축열시스템에서 수축열조의 특징으로 옳은 것은?**

① 단열, 방수공사가 필요 없고 축열조를 따로 구축하는 경우 추가비용이 소요되지 않는다.
② 축열배관계통이 여분으로 필요하고 배관설비비 및 반송동력비가 절약된다.
③ 축열수의 혼합에 따른 수온 저하 때문에 공조기 코일열수, 2차측 배관계의 설비가 감소할 가능성이 있다.
④ 열원기기는 공조부하의 변동에 직접 추종할 필요가 없고 효율이 높은 전부하에서의 연속운전이 가능하다.

해설 열원기기는 공조부하의 변동에 직접 추종할 필요가 있고 효율이 높은 전부하에서의 연속운전이 가능하다.

정답 51 ③ 52 ② 53 ① 54 ④ 55 ③ 56 ④

57 온풍난방에 관한 설명으로 틀린 것은?

① 실내층고가 높을 경우 상하온도차가 커진다.
② 실내의 환기나 온습도조절이 비교적 용이하다.
③ 직접난방에 비하여 설비비가 높다.
④ 국부적으로 과열되거나 난방이 잘 안 되는 부분이 발생한다.

해설 온풍난방은 간접난방으로 직접난방(온수, 증기, 복사)보다 설비비가 적게 소요된다.

★
58 냉방부하에 따른 열의 종류로 틀린 것은?

① 인체의 발생열 – 현열, 잠열
② 틈새바람에 의한 열량 – 현열, 잠열
③ 외기도입량 – 현열, 잠열
④ 조명의 발생열 – 현열, 잠열

해설 조명부하의 발생열량은 현열부하이다.

59 다음 중 라인형 취출구의 종류로 가장 거리가 먼 것은?

① 브리즈라인형　② 슬롯형
③ T–라인형　④ 그릴형

해설 **축류형 취출구의 종류** : 베인격자형(그릴형, 유니버설형, 레지스터형), 펑커 루버형, 라인형, 다공판형 등

60 다음 중 원심식 송풍기가 아닌 것은?

① 다익송풍기　② 프로펠러송풍기
③ 터보송풍기　④ 익형 송풍기

해설 프로펠러송풍기는 축류식 송풍기이다.

4 전기제어공학

★
61 목표치가 시간에 관계없이 일정한 경우로 정전압장치, 일정 속도제어 등에 해당하는 제어는?

① 정치제어　② 비율제어
③ 추종제어　④ 프로그램제어

해설 정치제어는 목표치가 시간에 관계없이 일정한 경우로 정전압장치, 일정 속도제어 등에 해당되는 제어이다.

62 단상 교류전력을 측정하는 방법이 아닌 것은?

① 3전압계법　② 3전류계법
③ 단상 전력계법　④ 2전력계법

해설 **단상 교류전력측정**
㉠ 직접측정방법 : 단상 전력계법
㉡ 간접측정방법
- 3전압계법 : 1개의 전압계와 저항으로 측정
- 3전류계법 : 1개의 전류계와 저항으로 측정

63 교류를 직류로 변환하는 전기기기가 아닌 것은?

① 수은정류기　② 단극발전기
③ 회전변류기　④ 컨버터

해설 교류(AC)를 직류(DC)로 변환하는 전기기기에 수은정류기, 회전변류기, 컨버터 등이 있다.

64 제어계의 구성도에서 개루프제어계에는 없고 페루프제어계에만 있는 제어구성요소는?

① 검출부　② 조작량
③ 목표값　④ 제어대상

해설 검출부는 개루프제어계에는 없고, 폐루프제어계에만 있는 구성요소이다.

★
65 $R=4\Omega$, $X_L=9\Omega$, $X_C=6\Omega$인 직렬접속 회로의 어드미턴스(℧)는?

① $4+j8$　② $0.16-j0.12$
③ $4-j8$　④ $0.16+j0.12$

해설 어드미턴스(Y)는 임피던스(Z)의 역수이다.

$$Y=\frac{1}{Z}=\frac{R}{R^2+(X_L-X_C)^2}+j\frac{-(X_L-X_C)}{R^2+(X_L-X_C)^2}$$
$$=\frac{4}{4^2+(9-6)^2}+j\frac{-(9-6)}{4^2+(9-6)^2}$$
$$=0.16-j0.12[℧]$$

정답 57 ③ 58 ④ 59 ④ 60 ② 61 ① 62 ④ 63 ② 64 ① 65 ②

66 발열체의 구비조건으로 틀린 것은?

① 내열성이 클 것
② 용융온도가 높을 것
③ 산화온도가 낮을 것
④ 고온에서 기계적 강도가 클 것

해설 발열체는 고온에서 기계적 강도가 커야 한다.

★
67 PLC(Programmable Logic Controller)에 대한 설명 중 틀린 것은?

① 시퀀스제어방식과는 함께 사용할 수 없다.
② 무접점제어방식이다.
③ 산술연산, 비교연산을 처리할 수 있다.
④ 계전기, 타이머, 카운터의 기능까지 쉽게 프로그램할 수 있다.

해설 PLC는 시퀀스(개회로)제어방식과 함께 사용할 수 있다.

68 다음 그림과 같은 유접점논리회로를 간단히 하면?

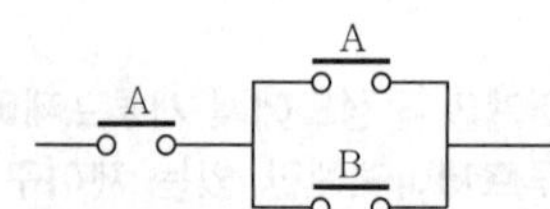

① A
② A
③ B
④ B

해설 A(A+B)=AA+AB=A+AB=A(1+B)=A

★
69 전위의 분포가 $V=15x+4y^2$으로 주어질 때 점($x=3$, $y=4$)에서 전계의 세기(V/m)는?

① $-15i+32j$
② $-15i-32j$
③ $15i+32j$
④ $15i-32j$

해설 전계와 전위의 관계식

$$E=-grad\ V$$
$$=-\left(\frac{\partial}{\partial x}i+\frac{\partial}{\partial y}j+\frac{\partial}{\partial z}k\right)(15x+4y^2)$$
$$=-15i-8yj$$
$$\therefore [E]_{x=3,\ y=4}=-15i-8\times 4j$$
$$=-15i-32j\text{[V/m]}$$

70 다음 그림과 같은 블록선도에서 $C(s)$는? (단, $G_1(s)=5$, $G_2(s)=2$, $H(s)=0.1$, $R(s)=1$이다.)

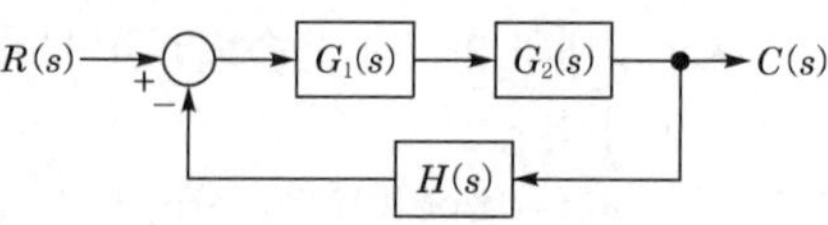

① 0
② 1
③ 5
④ ∞

해설 $C(s)=R(s)G_1(s)G_2(s)-C(s)G_1(s)G_2(s)H(s)$

$C(s)[1+G_1(s)G_2(s)H(s)]=R(s)G_1(s)G_2(s)$

$$\therefore C(s)=\frac{R(s)G_1(s)G_2(s)}{1+G_1(s)G_2(s)H(s)}$$
$$=\frac{1\times 5\times 2}{1+5\times 2\times 0.1}=5$$

★
71 잔류편차와 사이클링이 없고 간헐현상이 나타나는 것이 특징인 동작은?

① I동작
② D동작
③ P동작
④ PI동작

해설
㉠ 비례제어(P동작) : 잔류편차(offset) 생김
㉡ 적분제어(I동작) : 잔류편차 소멸
㉢ 미분제어(D동작) : 오차예측제어
㉣ 비례미분제어(PD동작) : 응답속도 향상, 과도특성 개선, 진상보상회로에 해당
㉤ 비례적분제어(PI동작) : 잔류편차와 사이클링 제거, 정상특성 개선
㉥ 비례적분미분제어(PID동작) : 속응도 향상, 잔류편차 제거, 정상/과도특성 개선
㉦ 온-오프제어(2위치제어) : 불연속제어(간헐제어)

72 피상전력이 P_a[kVA]이고 무효전력이 P_r[kVar]인 경우 유효전력 P[kW]를 나타낸 것은?

① $P=\sqrt{P_a-P_r}$
② $P=\sqrt{{P_a}^2-{P_r}^2}$
③ $P=\sqrt{P_a+P_r}$
④ $P=\sqrt{{P_a}^2+{P_r}^2}$

해설 ${P_a}^2=P^2+{P_r}^2$

$P^2={P_a}^2-{P_r}^2$

$\therefore P=\sqrt{{P_a}^2-{P_r}^2}$ [kW]

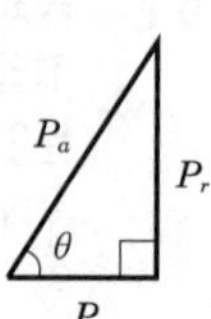

정답 66 ③ 67 ① 68 ② 69 ② 70 ③ 71 ④ 72 ②

73 입력이 $011_{(2)}$일 때 출력이 3V인 컴퓨터제어의 D/A변환기에서 입력을 $101_{(2)}$로 하였을 때 출력은 몇 V인가? (단, 3bit 디지털 입력이 $011_{(2)}$은 off, on, on을 뜻하고, 입력과 출력은 비례한다.)

① 3 ② 4
③ 5 ④ 6

해설 $101_{(2)} = 1\times2^2 + 0\times2 + 1\times2^0 = 5\text{V}$

★
74 $G(s) = \dfrac{10}{s(s+1)(s+2)}$ 의 최종값은?

① 0 ② 1
③ 5 ④ 10

해설 최종값 정리 이용

$$\lim_{t\to\infty} f(t) = \lim_{s\to0} sF(s) = \lim_{s\to0} s\frac{10}{s(s+1)(s+2)}$$
$$= \lim_{s\to0}\frac{10}{(0+1)(0+2)} = \frac{10}{2} = 5$$

75 3상 교류에서 a, b, c상에 대한 전압을 기호법으로 표시하면 $E_a = E\angle 0°$, $E_b = E\angle -120°$, $E_c = E\angle 120°$로 표시된다. 여기서 $a = -\dfrac{1}{2} + j\dfrac{\sqrt{3}}{2}$이라는 페이저연산자를 이용하면 E_c는 어떻게 표시되는가?

① $E_c = E$ ② $E_c = a^2E$
③ $E_c = aE$ ④ $E_c = \dfrac{1}{a}E$

해설 스칼라량으로 해석

㉠ a상기준의 대칭분

$$E_a = \frac{1}{3}(E_a + E_b + E_c) = \frac{1}{3}(E_a + a^2E_a + aE_a)$$
$$= \frac{E_a}{3}(1 + a^2 + a) = \frac{E_a}{3}\times0 = 0$$

㉡ b상기준의 대칭분

$$E_b = \frac{1}{3}(E_a + a^2E_b + aE_c)$$
$$= \frac{1}{3}(E_a + a^4E_a + a^2E_a)$$
$$= \frac{E_a}{3}(1 + a^4 + a^2) = \frac{E_a}{3}(1 + a + a^2)$$
$$= \frac{E_a}{3}\times0 = 0$$

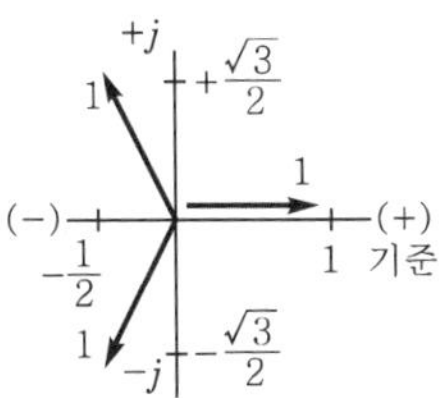

㉢ c상기준의 대칭분

$$E_c = \frac{1}{3}(E_a + aE_b + a^2E_c) = \frac{1}{3}(E_a + a^3E_a + a^3E_a)$$
$$= \frac{E_a}{3}(1 + a^3 + a^3) = \frac{E_a}{3}(1+1+1) = E_a$$

㉣ 대칭인 경우 정상분 : $E_c = aE$

★
76 상호인덕턴스 150mH인 a, b 두 개의 코일이 있다. b의 코일에 전류를 균일한 변화율로 $\dfrac{1}{50}$초 동안에 10A 변화시키면 a코일에 유기되는 기전력(V)의 크기는?

① 75 ② 100
③ 150 ④ 200

해설 기전력 $= L\dfrac{\Delta I}{\Delta t} = 150\times10^{-3}\times\dfrac{10}{\frac{1}{50}} = 75\text{V}$

77 비전해콘덴서의 누설전류 유무를 알아보는 데 사용될 수 있는 것은?

① 역률계 ② 전압계
③ 분류기 ④ 자속계

해설 비전해콘덴서의 누설전류 유무를 알아보는 데 사용될 수 있는 것은 전압계이다.

78 어떤 전지에 연결된 외부회로의 저항은 4Ω이고, 전류는 5A가 흐른다. 외부회로에 4Ω 대신 8Ω의 저항을 접속하였더니 전류가 3A로 떨어졌다면 이 전지의 기전력(V)은?

① 10 ② 20
③ 30 ④ 40

해설 ㉠ $E_1 = I(r+R) = 5(r+4)$
$E_2 = 3(r+8)$

㉡ $E_1 = E_2$일 때
$5(r+4) = 3(r+8)$
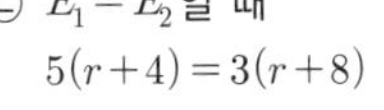
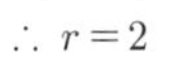
$\therefore r = 2$

㉢ $E_2 = 3(r+8) = 3\times(2+8) = 30\text{V}$

부록 I

정답 73 ③ 74 ③ 75 ③ 76 ① 77 ② 78 ③

79 다음 논리식 중 틀린 것은?

① $\overline{AB} = \overline{A} + \overline{B}$

② $\overline{A+B} = \overline{A}\,\overline{B}$

③ $A + A = A$

④ $A + \overline{A}B = A + \overline{B}$

해설 $A + \overline{A}B = (A + \overline{A})(A + B) = (1 + 0)(A + B)$
$= A + B$

★
80 스위치를 닫거나 열기만 하는 제어동작은?

① 비례동작 ② 미분동작
③ 적분동작 ④ 2위치동작

해설 스위치를 닫거나(off) 열기(on)만 하는 제어동작은 불연속동작으로 2위치동작(ON－OFF)이다.

5 배관 일반

★
81 증기난방설비 중 증기헤더에 관한 설명으로 틀린 것은?

① 증기를 일단 증기헤더에 모은 다음 각 계통별로 분배한다.
② 헤더의 설치위치에 따라 공급헤더와 리턴헤더로 구분한다.
③ 증기헤더는 압력계, 드레인포켓, 트랩장치 등을 함께 부착시킨다.
④ 증기헤더의 접속관에 설치하는 밸브류는 바닥 위 5m 정도의 위치에 설치하는 것이 좋다.

해설 증기헤더의 접속관에 설치하는 밸브류는 바닥 위 1.5m 정도의 위치에 설치하는 것이 좋다.

★
82 밸브종류 중 디스크의 형상을 원뿔모양으로 하여 고압 소유량의 유체를 누설 없이 조절할 목적으로 사용되는 밸브는?

① 앵글밸브 ② 슬루스밸브
③ 니들밸브 ④ 버터플라이밸브

해설 ① 앵글밸브 : 옥형밸브의 일종으로 유체의 흐름방향을 90° 변환시키는 밸브
② 슬루스밸브 : 개폐용 밸브로 공기고임을 만들지 않기 때문에 급탕설비에 사용되는 밸브
④ 버터플라이밸브 : 나비형 밸브로 흐름방향에 직각으로 설치된 축을 중심으로 원판형의 밸브대가 회전함으로써 개폐하는 밸브

83 다음 배관지지장치 중 변위가 큰 개소에 사용하기에 가장 적절한 행거(hanger)는?

① 리지드행거 ② 콘스탄트행거
③ 베리어블행거 ④ 스프링행거

해설 ㉠ 리지드행거 : 열팽창에 의한 신축으로 인한 배관의 좌우, 상하이동을 구속하고 제한하는 데 사용하며, 종류에는 앵커, 스톱, 가이드가 있음
㉡ 스프링행거 : 수직이동이 적은 곳에 사용되며 턴버클 대신 스프링을 설치한 것

84 냉매유속이 낮아지게 되면 흡입관에서의 오일회수가 어려워지므로 오일회수를 용이하게 하기 위하여 설치하는 것은?

① 이중입상관 ② 루프배관
③ 액트랩 ④ 리프팅배관

해설 오일회수를 용이하게 하기 위해 흡입관에 이중입상관을 설치한다.

★
85 중차량이 통과하는 도로에서의 급수배관 매설깊이기준으로 옳은 것은?

① 450mm 이상 ② 750mm 이상
③ 900mm 이상 ④ 1,200mm 이상

해설 급수배관의 지중매설깊이는 일반 부지에서는 450mm 이상, 차량풍토에서는 750mm 이상, 중차량도로에서는 1,200mm 이상으로 한다.

86 보온재의 구비조건으로 틀린 것은?

① 부피와 비중이 커야 한다.
② 흡수성이 적어야 한다.
③ 안전사용온도범위에 적합해야 한다.
④ 열전도율이 낮아야 한다.

해설 보온재는 부피와 비중이 작아야 한다.

정답 79 ④ 80 ④ 81 ④ 82 ③ 83 ② 84 ① 85 ④ 86 ①

★
87 지중매설하는 도시가스배관 설치방법에 대한 설명으로 틀린 것은?

① 배관을 시가지 도로 노면 밑에 매설하는 경우 노면으로부터 배관의 외면까지 1.5m 이상 간격을 두고 설치해야 한다.
② 배관의 외면으로부터 도로의 경계까지 수평거리 1.5m 이상, 도로 밑의 다른 시설물과는 0.5m 이상 간격을 두고 설치해야 한다.
③ 배관을 인도, 보도 등 노면 외의 도로 밑에 매설하는 경우에는 지표면으로부터 배관의 외면까지 1.2m 이상 간격을 두고 설치해야 한다.
④ 배관을 포장되어 있는 차도에 매설하는 경우 그 포장 부분의 노반의 밑에 매설하고, 배관의 외면과 노반의 최하부와의 거리는 0.5m 이상 간격을 두고 설치해야 한다.

해설 배관의 외면으로부터 도로의 경계까지 수평거리 1.5m 이상, 도로 밑의 다른 시설물과는 0.3m 이상 간격을 두고 설치해야 한다.

88 온수난방설비의 온수배관 시공법에 관한 설명으로 틀린 것은?

① 공기가 고일 염려가 있는 곳에는 공기배출을 고려한다.
② 수평배관에서 관의 지름을 바꿀 때에는 편심리듀서를 사용한다.
③ 배관재료는 내열성을 고려한다.
④ 팽창관에는 슬루스밸브를 설치한다.

해설 온수보일러에서 팽창탱크에 이르는 팽창관에는 되도록 밸브를 설치하지 않는다.

89 관의 결합방식 표시방법 중 용접식의 그림기호로 옳은 것은?

① 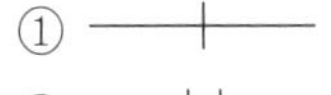 ② 
③  ④ 

해설 ① 나사이음, ③ 플랜지이음, ④ 유체방향 표시

★
90 공조배관 설계 시 유속을 빠르게 설계하였을 때 나타나는 결과로 옳은 것은?

① 소음이 작아진다.
② 펌프양정이 높아진다.
③ 설비비가 커진다.
④ 운전비가 감소한다.

해설 공조배관 설계 시 유속을 빠르게 설계하면
㉠ 설비비가 커진다.
㉡ 관경이 작아진다.
㉢ 운전비가 증가한다.
㉣ 소음이 커진다.
㉤ 마찰손실이 증대한다.
㉥ 펌프양정이 낮아진다.

91 직접가열식 중앙급탕법의 급탕순환경로의 순서로 옳은 것은?

① 급탕입주관 → 분기관 → 저탕조 → 복귀주관 → 위생기구
② 분기관 → 저탕조 → 급탕입주관 → 위생기구 → 복귀주관
③ 저탕조 → 급탕입주관 → 복귀주관 → 분기관 → 위생기구
④ 저탕조 → 급탕입주관 → 분기관 → 위생기구 → 복귀주관

해설 직접가열식 중앙급탕법의 급탕순환경로 : 저탕조 → 급탕입주관 → 분기관 → 위생기구 → 복귀주관

92 증기압축식 냉동사이클에서 냉매배관의 흡입관은 어느 구간을 의미하는가?

① 압축기 – 응축기 사이
② 응축기 – 팽창밸브 사이
③ 팽창밸브 – 증발기 사이
④ 증발기 – 압축기 사이

해설 증기압축식 냉동사이클에서 냉매배관의 흡입관은 증발기와 압축기 사이의 구간을 말한다.

부록 I

정답 87 ② 88 ④ 89 ② 90 ② 91 ④ 92 ④

93 **다음 중 수직배관에서 역류 방지목적으로 사용하기에 가장 적절한 밸브는?**

① 리프트식 체크밸브
② 스윙식 체크밸브
③ 안전밸브
④ 코크밸브

해설 방향제어밸브인 체크밸브는 역류 방지용 밸브이다. 그 중 스윙형 체크밸브는 수평·수직배관에 사용하고, 리프트형 체크밸브는 수평배관에 사용한다.

★ **94** **도시가스의 제조소 및 공급소 밖의 배관 표시 기준에 관한 내용으로 틀린 것은?**

① 가스배관을 지상에 설치할 경우에는 배관의 표면색상을 황색으로 표시한다.
② 최고사용압력이 중압인 가스배관을 매설할 경우에는 황색으로 표시한다.
③ 배관을 지하에 매설하는 경우에는 그 배관이 매설되어 있음을 명확하게 알 수 있도록 표시한다.
④ 배관의 외부에 사용가스명, 최고사용압력 및 가스의 흐름방향을 표시하여야 한다. 다만, 지하에 매설하는 경우에는 흐름방향을 표시하지 아니할 수 있다.

해설 가스배관의 표면색상
㉠ 지상배관 : 황색
㉡ 매설배관 : 최고사용압력이 저압인 배관은 황색, 중압인 배관은 적색

95 **주철관이음 중 고무링 하나만으로 이음하며 이음과정이 간편하여 관 부설을 신속하게 할 수 있는 것은?**

① 기계식 이음 ② 빅토릭이음
③ 타이튼이음 ④ 소켓이음

해설 주철관의 이음의 종류
㉠ 소켓이음 : 납과 야안 사용
㉡ 플랜지이음 : 고무링과 플랜지 사용
㉢ 기계식(메커니컬) 이음 : 소켓이음과 플랜지이음의 장점을 채택한 것
㉣ 타이톤이음 : 소켓에 고무링을 사용
㉤ 빅토릭이음 : 고무링과 주철칼라를 이용

96 **배수설비의 종류에서 요리실, 욕조, 세척, 싱크와 세면기 등에서 배출되는 물을 배수하는 설비의 명칭으로 옳은 것은?**

① 오수설비 ② 잡배수설비
③ 빗물배수설비 ④ 특수 배수설비

해설 배수의 종류 : 오수(대소변기), 잡배수(주방, 세탁기, 세면기), 우수(빗물), 특수 배수(공장, 병원, 연구소) 등

★ **97** **연관의 접합과정에 쓰이는 공구가 아닌 것은?**

① 봄볼 ② 턴핀
③ 드레서 ④ 사이징툴

해설 사이징툴은 동관 끝을 원형으로 정형하는 공구이다.

98 **다음 중 동관의 이음방법과 가장 거리가 먼 것은?**

① 플레어이음 ② 납땜이음
③ 플랜지이음 ④ 소켓이음

해설 소켓이음(socket joint)은 연납(lead joint)이라고도 하며 주철관이음쇠이다.

★ **99** **펌프의 양수량이 60m³/min이고 전양정이 20m일 때 벌류트펌프로 구동할 경우 필요한 동력(kW)은 얼마인가? (단, 물의 비중량은 9,800N/m³이고, 펌프의 효율은 60%로 한다.)**

① 196.1 ② 200
③ 326.7 ④ 405.8

해설 $L_s = \dfrac{9.8QH}{\eta_p} = \dfrac{9.8 \times \dfrac{60}{60} \times 20}{0.6} \fallingdotseq 326.7\text{kW}$

★ **100** **플래시밸브 또는 급속개폐식 수전을 사용할 때 급수의 유속이 불규칙적으로 변하여 생기는 현상을 무엇이라고 하는가?**

① 수밀작용 ② 파동작용
③ 맥동작용 ④ 수격작용

해설 플래시밸브(플러시밸브) 또는 급속개폐식 밸브는 유속을 급격히 폐쇄시키므로 수격작용(water hammer)을 일으킨다. 이 현상은 유속이 빠를수록, 밸브를 닫는 시간이 짧을수록 심해진다.

정답 93 ② 94 ② 95 ③ 96 ② 97 ④ 98 ④ 99 ③ 100 ④

11 2021. 5. 15. 시행 공조냉동기계기사

1 기계 열역학

★
01 압력 100kPa, 온도 20℃인 일정량의 이상기체가 있다. 압력을 일정하게 유지하면서 부피가 처음 부피의 2배가 되었을 때 기체의 온도는 약 몇 ℃가 되는가?

① 148　② 256
③ 313　④ 586

해설 $P=C,\ \dfrac{V}{T}=C$

$\dfrac{V_1}{T_1}=\dfrac{V_2}{T_2}$

$\therefore T_2=T_1\dfrac{V_2}{V_1}$

$=(20+273)\times 2=586\text{K}-273=313℃$

02 실린더에 밀폐된 8kg의 공기가 다음 그림과 같이 압력 P_1=800kPa, 체적 V_1=0.27m^{3}에서 P_2=350kPa, V_2=0.80m^{3}로 직선변화하였다. 이 과정에서 공기가 한 일은 약 몇 kJ인가?

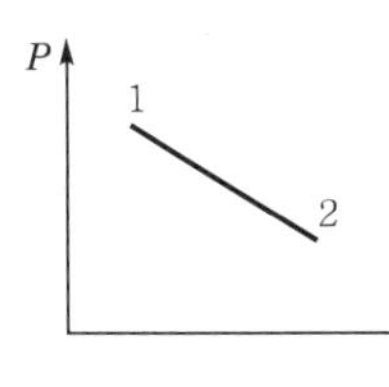

① 305　② 334
③ 362　④ 390

해설 $P-V$선도의 면적은 일량을 의미한다.

$_1W_2=P_2(V_2-V_1)+\dfrac{P_1-P_2}{2}(V_2-V_1)$

$=350\times(0.8-0.27)+\dfrac{800-350}{2}\times(0.8-0.27)$

$≒305\text{kN}\cdot\text{m}(=\text{kJ})$

03 이상적인 오토사이클의 열효율이 56.5%이라면 압축비는 약 얼마인가? (단, 작동유체의 비열비는 1.4로 일정하다.)

① 7.5　② 8.0
③ 9.0　④ 9.5

해설 $\varepsilon=\left(\dfrac{1}{1-\eta_{tho}}\right)^{\frac{1}{k-1}}=\left(\dfrac{1}{1-0.565}\right)^{\frac{1}{1.4-1}}=8$

04 다음 4가지 경우에서 ( ) 안의 물질이 보유한 엔트로피가 증가한 경우는?

ⓐ 컵에 있는 (물)이 증발하였다.
ⓑ 목욕탕의 (수증기)가 차가운 타일벽에서 물로 응결되었다.
ⓒ 실린더 안의 (공기)가 가역단열적으로 팽창되었다.
ⓓ 뜨거운 (커피)가 식어서 주위 온도와 같게 되었다.

① ⓐ　② ⓑ
③ ⓒ　④ ⓓ

해설 비가역변화 시 엔트로피는 증가한다. 즉 컵에 있는 물이 증발 시 엔트로피는 증가한다.

05 어느 왕복동내연기관에서 실린더 안지름이 6.8cm, 행정이 8cm일 때 평균유효압력은 1,200kPa이다. 이 기관의 1행정당 유효일은 약 몇 kJ인가?

① 0.09　② 0.15
③ 0.35　④ 0.48

해설 $w_{net}=P_{me}V_s=P_{me}AS$

$=1,200\times\dfrac{\pi\times0.068^2}{4}\times0.08≒0.35\text{kJ}$

정답 01 ③ 02 ① 03 ② 04 ① 05 ③

★
06 복사열을 방사하는 방사율과 면적이 같은 2개의 방열판이 있다. 각각의 온도가 A방열판은 120℃, B방열판은 80℃일 때 두 방열판의 복사열전달량(Q_A/Q_B)비는?

① 1.08 ② 1.22
③ 1.54 ④ 2.42

해설 $\dfrac{Q_A}{Q_B}=\left(\dfrac{T_A}{T_B}\right)^4=\left(\dfrac{120+273}{80+273}\right)^4 ≒ 1.54$

★
07 유리창을 통해 실내에서 실외로 열전달이 일어난다. 이때 열전달량은 약 몇 W인가? (단, 대류열전달계수는 50W/m^2·K, 유리창표면온도는 25℃, 외기온도는 10℃, 유리창면적은 2m^{2}이다.)

① 150 ② 500
③ 1,500 ④ 5,000

해설 $q_{conv}=hA(t_s-t_o)=50\times2\times(25-10)=1{,}500\text{W}$

08 질량이 5kg인 강제용기 속에 물이 20L 들어 있다. 용기와 물이 24℃인 상태에서 이 속에 질량이 5kg이고 온도가 180℃인 어떤 물체를 넣었더니 일정 시간 후 온도가 35℃가 되면서 열평형에 도달하였다. 이때 이 물체의 비열은 약 몇 kJ/kg·K인가? (단 물의 비열은 4.2kJ/kg·K, 강의 비열은 0.46kJ/kg·K 이다.)

① 0.88 ② 1.12
③ 1.31 ④ 1.86

해설 열역학 제0법칙(열평형의 법칙) 적용
고온체 방열량=저온체 흡열량
$m_1C_1(t_1-t_m)=(m_2C_2+m_3C_3)(t_m-t_2)$

$$\therefore C_1=\frac{(m_2C_2+m_3C_3)(t_m-t_2)}{m_1(t_1-t_m)}=\frac{(5\times0.46+20\times4.2)\times(35-24)}{5\times(180-35)}=1.31\text{kJ/kg}\cdot\text{K}$$

09 기체상수가 0.462kJ/kg·K인 수증기를 이상기체로 간주할 때 정압비열(kJ/kg·K)은 약 얼마인가? (단, 이 수증기의 비열비는 1.33이다.)

① 1.86 ② 1.54
③ 0.64 ④ 0.44

해설 $C_p=\dfrac{k}{k-1}R=\dfrac{1.33}{1.33-1}\times0.462=1.862\text{kJ/kg}\cdot\text{K}$

★
10 카르노사이클로 작동되는 열기관이 200kJ의 열을 200℃에서 공급받아 20℃에서 방출한다면 이 기관의 일은 약 얼마인가?

① 38kJ ② 54kJ
③ 63kJ ④ 76kJ

해설 $\eta_c=\dfrac{W_{net}}{Q_1}=1-\dfrac{Q_2}{Q_1}=1-\dfrac{T_2}{T_1}$

$=1-\dfrac{20+273}{200+273}=0.38$

$\therefore W_{net}=\eta_cQ_1=0.38\times200=76\text{kJ}$

11 다음 그림과 같은 Rankine사이클의 열효율은 약 얼마인가? (단, h는 엔탈피, s는 엔트로피를 나타내며, h_1=191.8kJ/kg, h_2=193.8kJ/kg, h_3=2,799.5kJ/kg, h_4=2,007.5kJ/kg이다.)

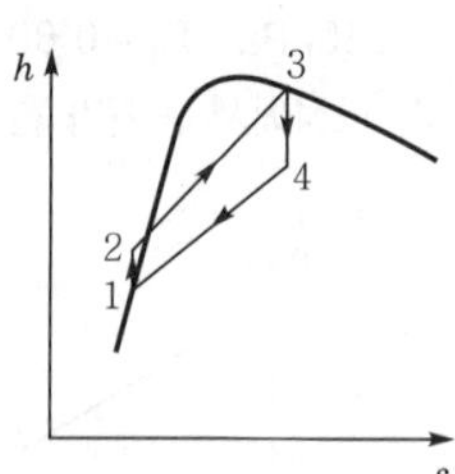

① 30.3% ② 36.7%
③ 42.9% ④ 48.1%

해설 $\eta_R=\dfrac{w_{net}}{q_1}=\dfrac{w_t-w_p}{q_1}\times100$

$=\dfrac{(h_3-h_4)-(h_2-h_1)}{h_3-h_2}\times100$

$=\dfrac{(2{,}799.5-2{,}007.5)-(193.8-191.8)}{2{,}799.5-193.8}\times100$

$≒30.3\%$

정답 06 ③ 07 ③ 08 ③ 09 ① 10 ④ 11 ①

★
12 4kg의 공기를 온도 15℃에서 일정 체적으로 가열하여 엔트로피가 3.35kJ/K 증가하였다. 이때 온도는 약 몇 K인가? (단, 공기의 정적비열은 0.717kJ/kg·K이다.)

① 927 ② 337
③ 533 ④ 483

해설 $\Delta S = \frac{\delta Q}{T} = \frac{mC_v dT}{T} = mC_v \int_1^2 \frac{1}{T} dT$

$= mC_v \ln\frac{T_2}{T_1}$ [kJ/K]

$\therefore T_2 = T_1 e^{\frac{\Delta S}{mC_v}} = (15+273) \times e^{\frac{3.35}{4\times0.717}} \fallingdotseq 927\text{K}$

★
13 냉동기 냉매의 일반적인 구비조건으로서 적합하지 않은 것은?

① 임계온도가 높고, 응고온도가 낮을 것
② 증발열이 작고, 증기의 비체적이 클 것
③ 증기 및 액체의 점성(점성계수)이 작을 것
④ 부식성이 없고, 안정성이 있을 것

해설 냉매는 증발(잠)열이 크고, 증기의 비체적은 작을 것

14 열역학 제2법칙과 관계된 설명으로 가장 옳은 것은?

① 과정(상태변화)의 방향성을 제시한다.
② 열역학적 에너지의 양을 결정한다.
③ 열역학적 에너지의 종류를 판단한다.
④ 과정에서 발생한 총 일의 양을 결정한다.

해설 ㉠ 열역학 제2법칙=엔트로피 증가법칙(비가역법칙)
㉡ 열은 온도차가 있을 때 고온에서 저온으로 이동한다(방향성을 제시한 법칙).

15 시스템 내의 임의의 이상기체 1kg이 채워져 있다. 이 기체의 정압비열은 1.0kJ/kg·K이고, 초기온도가 50℃인 상태에서 323kJ의 열량을 가하여 팽창시킬 때 변경 후 체적은 변경 전 체적의 약 몇 배가 되는가? (단, 정압과정으로 팽창한다.)

① 1.5배 ② 2배
③ 2.5배 ④ 3배

해설 $Q = mC_p(T_2 - T_1)$

$= mC_p T_1\left(\frac{T_2}{T_1} - 1\right) = mC_p T_1\left(\frac{V_2}{V_1} - 1\right)$

$\frac{V_2}{V_1} - 1 = \frac{Q}{mC_p T_1}$

$\therefore \frac{V_2}{V_1} = 1 + \frac{Q}{mC_p T_1} = 1 + \frac{323}{1\times1.0\times(50+273)}$ =2배

16 상태 1에서 경로 A를 따라 상태 2로 변화하고 경로 B를 따라 다시 상태 1로 돌아오는 가역사이클이 있다. 다음의 사이클에 대한 설명으로 틀린 것은?

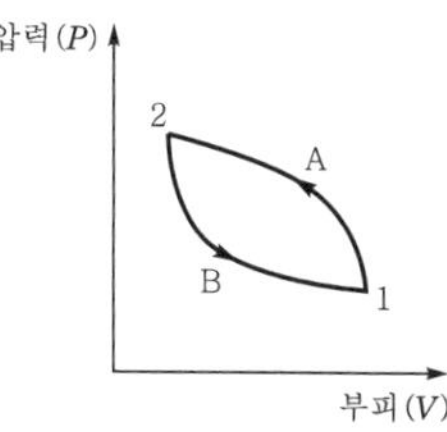

① 사이클과정 동안 시스템의 내부에너지변화량은 0이다.
② 사이클과정 동안 시스템은 외부로부터 순(net)일을 받았다.
③ 사이클과정 동안 시스템의 내부에서 외부로 순(net)열이 전달되었다.
④ 이 그림으로 사이클과정 동안 총엔트로피변화량을 알 수 없다.

해설 사이클과정 시 총엔트로피의 변화량을 알 수 있다.

★
17 어떤 열기관이 550K의 고열원으로부터 20kJ의 열량을 공급받아 250K의 저열원에 14kJ의 열량을 방출할 때 이 사이클의 Clausius적분값과 가역, 비가역 여부의 설명으로 옳은 것은?

① Clausius적분값은 −0.0196kJ/K이고 가역사이클이다.
② Clausius적분값은 −0.0196kJ/K이고 비가역사이클이다.
③ Clausius적분값은 0.0196kJ/K이고 가역사이클이다.
④ Clausius적분값은 0.0196kJ/K이고 비가역사이클이다.

부록 I

정답 12 ① 13 ② 14 ① 15 ② 16 ④ 17 ②

해설 $\Delta S = \frac{Q_1}{T_1} + \frac{-Q_2}{T_2} = \frac{20}{550} + \frac{-14}{250} \fallingdotseq -0.0196\text{kJ/K}$

이고 비가역사이클이다.

참고 클라우지우스(Clausius) 폐적분값

- 가역사이클 : $\oint \frac{dQ}{T} = 0$
- 비가역사이클 : $\oint \frac{dQ}{T} < 0$

18 오토사이클로 작동되는 기관에서 실린더의 극간체적(clearance volume)이 행정체적(stroke volume)의 15%라고 하면 이론열효율은 약 얼마인가? (단, 비열비 k=1.4이다.)

① 39.3% ② 45.2%
③ 50.6% ④ 55.7%

해설 $\varepsilon = 1 + \frac{V_s}{V_c} = 1 + \frac{1}{0.15} = 7.67$

$\therefore \eta_{tho} = 1 - \left(\frac{1}{\varepsilon}\right)^{k-1} = 1 - \left(\frac{1}{7.67}\right)^{1.4-1}$

$\fallingdotseq 0.557 = 55.7\%$

★
19 보일러, 터빈, 응축기, 펌프로 구성되어 있는 증기원동소가 있다. 보일러에서 2,500kW의 열이 발생하고 터빈에서 550kW의 일을 발생시킨다. 또한 펌프를 구동하는 데 20kW의 동력이 추가로 소모된다면 응축기에서의 방열량은 약 몇 kW인가?

① 980 ② 1,930
③ 1,970 ④ 3,070

해설 ㉠ $\eta_R = \frac{W_{net}}{Q_1} = \frac{W_T - W_P}{Q_1} = \frac{550-20}{2,500}$

$= 0.212 = 21.2\%$

㉡ $\eta_R = 1 - \frac{Q_2}{Q}$

$\therefore Q_2 = (1-\eta_R)Q_1$

$= (1-0.212) \times 2,500 = 1,970\text{kW}$

★
20 완전히 단열된 실린더 안의 공기가 피스톤을 밀어 외부로 일을 하였다. 이때 외부로 행한 일의 양과 동일한 값(절대값기준)을 가지는 것은?

① 공기의 엔탈피변화량
② 공기의 온도변화량
③ 공기의 엔트로피변화량
④ 공기의 내부에너지변화량

해설 가열단열팽창 시 외부에 행한 일량은 내부에너지변화량(감소량)과 크기가 같다.

참고 $\delta Q = dU + \delta W$[kJ]에서 $\delta Q = 0$(가열단열변화 시)일 때

$\delta W = -dU = -mC_v dT$

양변을 적분하면

$\therefore {}_1W_2 = U_1 - U_2 = mC_v(T_1 - T_2)$[kJ]

2 냉동공학

★
21 압축기의 기통수가 6기통이며 피스톤직경이 140mm, 행정이 110mm, 회전수가 800rpm인 NH_3 표준 냉동사이클의 냉동능력(kW)은? (단, 압축기의 체적효율은 0.75, 냉동효과는 1,126.3kJ/kg, 비체적은 0.5m³/kg이다.)

① 122.7 ② 148.3
③ 193.4 ④ 228.9

해설 $V = \frac{1}{60} ASNZ = \frac{1}{60} \frac{\pi d^2}{4} SNZ$

$= \frac{1}{60} \times \frac{\pi \times 0.14^2}{4} \times 0.11 \times 800 \times 6 = 0.135\text{m}^3/\text{s}$

$\therefore Q_e = \frac{V q_e \eta_v}{v} = \frac{0.135 \times 1,126.3 \times 0.75}{0.5}$

$= 228.9\text{kW}$

22 몰리에르선도상에서 표준 냉동사이클의 냉매상태변화에 대한 설명으로 옳은 것은?

① 등엔트로피변화는 압축과정에서 일어난다.
② 등엔트로피변화는 증발과정에서 일어난다.
③ 등엔트로피변화는 팽창과정에서 일어난다.
④ 등엔트로피변화는 응축과정에서 일어난다.

해설 냉매몰리에르선도($P-h$선도)에서 압축기에서의 과정은 가역단열압축과정(등엔트로피과정)이다.

정답 18 ④ 19 ③ 20 ④ 21 ④ 22 ①

23 다음 그림에서 사이클 A(1-2-3-4-1)로 운전될 때 증발기의 냉동능력은 5RT, 압축기의 체적효율은 0.78이었다. 그러나 운전 중 부하가 감소하여 압축기 흡입밸브의 개도를 줄여서 운전하였더니 사이클 B(1′-2′-3-4-1-1′)로 되었다. 사이클 B로 운전될 때의 체적효율이 0.7이라면 이때의 냉동능력(RT)은 얼마인가? (단, 1RT는 3.8kW이다.)

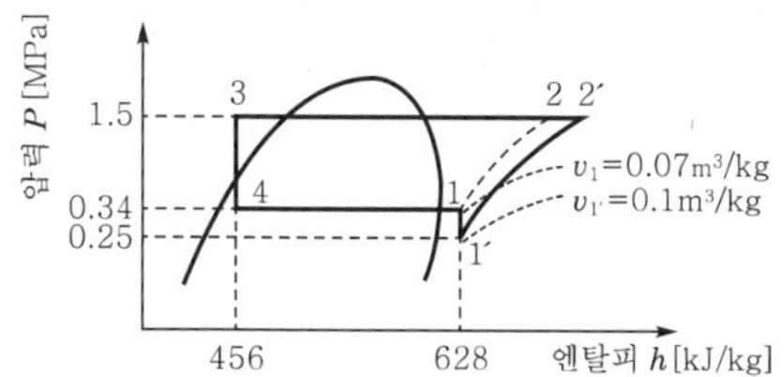

① 1.37 ② 2.63
③ 2.94 ④ 3.14

해설 ㉠ $m=\dfrac{Q_e}{q_e}=\dfrac{V\eta_v}{v}$[kg/s]

$\therefore V=\dfrac{Q_e v_1}{q_e \eta_v}=\dfrac{(5\times3.8)\times0.07}{(628-456)\times0.78}$

$=9.91\times10^{-3}\text{m}^3/\text{s}$

㉡ $m'=\dfrac{Q_e{}'}{q_e}=\dfrac{V\eta_v{}'}{v_1{}'}$[kg/s]

$\therefore Q_e{}'=\dfrac{Vq_e\eta_v{}'}{v_1{}'}$

$=\dfrac{9.91\times10^{-3}\times(628-456)\times0.7}{0.1}$

$=11.93\text{kW}\fallingdotseq3.14\text{RT}$

24 냉동장치의 운전 중 장치 내에 공기가 침입하였을 때 나타나는 현상으로 옳은 것은?

① 토출가스압력이 낮게 된다.
② 모터의 암페어가 적게 된다.
③ 냉각능력에는 변화가 없다.
④ 토출가스온도가 높게 된다.

해설 냉동장치의 운전 중 장치 내에 공기가 침입하면 토출가스온도가 높게 된다.

★
25 브라인냉각용 증발기가 설치된 소형 냉동기가 있다. 브라인순환량이 20kg/min이고, 브라인의 입출구온도차는 15K이다. 압축기의 실제 소요동력이 5.6kW일 때 이 냉동기의 실제 성적계수는? (단, 브라인의 비열은 3.3kJ/kg·K이다.)

① 1.82 ② 2.18
③ 2.94 ④ 3.31

해설 $\varepsilon_R{}'=\dfrac{Q_e}{W_c}=\dfrac{\frac{m}{60}C\Delta t}{W_c}=\dfrac{\frac{20}{60}\times3.3\times15}{5.6}\fallingdotseq2.94$

26 흡수식 냉동기에서 냉매의 과냉원인으로 가장 거리가 먼 것은?

① 냉수 및 냉매량 부족
② 냉각수 부족
③ 증발기 전열면적 오염
④ 냉매에 용액 혼입

해설 흡수식 냉동기에서 냉각수가 부족하면 냉매가 과열의 원인이 된다.

★
27 다음 중 열통과율이 가장 작은 응축기 형식은? (단, 동일 조건 기준으로 한다.)

① 7통로식 응축기
② 입형 셸튜브식 응축기
③ 공냉식 응축기
④ 2중관식 응축기

해설 **응축기의 열통과율크기** : 7통로식 응축기(860W/m²·K)>2중관식 응축기(775W/m²·K)>입형 셸튜브식 응축기(645W/m²·K)>공냉식 응축기(21W/m²·K)

28 증기압축식 냉동장치에 관한 설명으로 옳은 것은?

① 증발식 응축기에서는 대기의 습구온도가 저하하면 고압압력은 통상의 운전압력보다 높게 된다.
② 압축기의 흡입압력이 낮게 되면 토출압력도 낮게 되어 냉동능력이 증대하다.
③ 언로더부착 압축기를 사용하면 급격하게 부하가 증가하여도 액백현상을 막을 수 있다.
④ 액배관에 플래시가스가 발생하면 냉매순환량이 감소되어 증발기의 냉동능력이 저하된다.

부록 I

정답 23 ④ 24 ④ 25 ③ 26 ② 27 ③ 28 ④

해설 ① 증발식 응축기에서는 대기의 습구온도가 저하하면 고압압력은 통상의 운전압력보다 낮게 된다.
② 압축기의 흡입압력이 낮게 되면 토출압력이 증가하여 냉동능력이 감소한다.
③ 언로더부착 압축기를 사용하면 급격하게 부하가 증가하여도 액백현상을 막을 수 없다.

29 냉동장치의 냉매량이 부족할 때 일어나는 현상으로 옳은 것은?

① 흡입압력이 낮아진다.
② 토출압력이 높아진다.
③ 냉동능력이 증가한다.
④ 흡입압력이 높아진다.

해설 냉매량이 부족하면 흡입압력, 토출압력, 냉동능력이 낮아진다.

30 펠티에(Peltier)효과를 이용하는 냉동방법에 대한 설명으로 틀린 것은?

① 펠티에효과를 냉동에 이용한 것이 전자냉동 또는 열전기식 냉동법이다.
② 펠티에효과를 냉동법으로 실용화에 어려운 점이 많았으나 반도체기술이 발달하면서 실용화되었다.
③ 펠티에효과가 적용된 냉동방법은 휴대용 냉장고, 가정용 특수 냉장고, 물 냉각기, 핵 잠수함 내의 냉난방장치 등에 사용된다.
④ 증기압축식 냉동장치와 마찬가지로 압축기, 응축기, 증발기 등을 이용한 것이다.

해설 열전냉동장치는 압축기, 응축기, 증발기와 냉매를 사용하지 않고 펠티에효과, 즉 열전기쌍에 열기전력에 저항하는 전류를 통하게 하면 고온 접점쪽에서 발열하고, 저온 접점쪽에서 흡열(냉각)이 이루어지는 효과를 이용하여 냉각공간을 얻는 방법이다.

★
31 냉각탑에 대한 설명으로 틀린 것은?

① 밀폐식은 개방식 냉각탑에 비해 냉각수가 외기에 의해 오염될 염려가 적다.
② 냉각탑의 성능은 입구공기의 습구온도에 영향을 받는다.
③ 쿨링 레인지는 냉각탑의 냉각수 입출구 온도의 차이다.
④ 어프로치는 냉각탑의 냉각수 입구온도에서 냉각탑 입구공기의 습구온도의 차이다.

해설 쿨링 어프로치(cooling approach)=냉각탑 냉각수 출구온도-냉각탑 입구공기(대기) 습구온도

32 제빙에 필요한 시간을 구하는 공식이 다음과 같다. 이 공식에서 a와 b가 의미하는 것은?

$$\tau=(0.53\sim0.6)\frac{a^2}{-b}$$

① a : 브라인온도, b : 결빙두께
② a : 결빙두께, b : 브라인유량
③ a : 결빙두께, b : 브라인온도
④ a : 브라인유량, b : 결빙두께

해설 제빙(결빙)시간(H)$=0.56\frac{t^2}{-t_b}$[시간]

여기서, t : 결빙두께(cm), t_b : 브라인온도(℃)

★
33 흡수식 냉동기에 사용하는 '냉매-흡수제'가 아닌 것은?

① 물-리튬브로마이드
② 물-염화리튬
③ 물-에틸렌글리콜
④ 암모니아-물

해설

냉매	흡수제
물(H_2O)	리튬브로마이드(LiBr)
물(H_2O)	염화리튬
암모니아(NH_3)	물(H_2O)

참고 에틸렌글리콜은 유기질 브라인(간접냉매)이다.

34 증기압축식 냉동사이클에서 증발온도를 일정하게 유지시키고, 응축온도를 상승시킬 때 나타나는 현상이 아닌 것은?

① 소요동력 증가
② 성적계수 감소
③ 토출가스온도 상승
④ 플래시가스 발생량 감소

정답 29 ① 30 ④ 31 ④ 32 ③ 33 ③ 34 ④

해설 증기압축식 냉동사이클에서 증발온도 일정 시 응축온도를 상승시키면 압축비 증가로 체적효율 감소, 냉동능력 감소, 압축기 일량 증가(소요동력 증가), 성적계수 감소, 토출가스온도 상승, 플래시가스 발생량 증가(냉동효과 감소)한다.

참고 증발잠열(γ)=냉동효과(q_e)+플래시가스량(q_f)[kJ/kg]

35 냉동장치에서 흡입가스의 압력을 저하시키는 원인으로 가장 거리가 먼 것은?

① 냉매유량의 부족
② 흡입배관의 마찰손실
③ 냉각부하의 증가
④ 모세관의 막힘

해설 냉각부하가 감소되면 흡입가스압력이 저하된다.

★
36 직경 10cm, 길이 5m의 관에 두께 5cm의 보온재(열전도율 λ=0.1163W/m·K)로 보온을 하였다. 방열층의 내측과 외측의 온도가 각각 −50℃, 30℃이라면 침입하는 전열량(W)은?

① 133.4 ② 248.8
③ 362.6 ④ 421.7

해설 $q_c = 2\pi L\lambda \dfrac{t_o - t_i}{\ln\dfrac{r_2}{r_1}} = 2\pi \times 5 \times 0.1163 \times \dfrac{30-(-50)}{\ln\dfrac{0.01}{0.005}}$

$\fallingdotseq 421.7\text{W}$

37 2단 압축냉동기에서 냉매의 응축온도가 38℃일 때 수냉식 응축기의 냉각수 입출구의 온도가 각각 30℃, 35℃이다. 이때 냉매와 냉각수와의 대수평균온도차(℃)는?

① 2 ② 5
③ 8 ④ 10

해설 $\Delta_1 = t_c - t_{w1} = 38 - 30 = 8℃$

$\Delta_2 = t_c - t_{w2} = 38 - 35 = 3℃$

$\therefore\ LMTD = \dfrac{\Delta_1 - \Delta_2}{\ln\dfrac{\Delta_1}{\Delta_2}} = \dfrac{8-3}{\ln\dfrac{8}{3}} \fallingdotseq 5.09℃$

38 고온 35℃, 저온 −10℃에서 작동되는 역카르노사이클이 적용된 이론냉동사이클의 성적계수는?

① 2.8 ② 3.2
③ 4.2 ④ 5.8

해설 $\varepsilon_R = \dfrac{T_2}{T_1 - T_2} = \dfrac{-10+273}{(35+273)-(-10+273)} = 5.84$

★
39 2단 압축 1단 팽창 냉동장치에서 게이지압력계로 증발압력 0.19MPa, 응축압력 1.17MPa일 때 중간냉각기의 절대압력(MPa)은?

① 2.166 ② 1.166
③ 0.608 ④ 0.409

해설 증발기 절대압력(P_e)= $P_o + P_{ge}$
=0.101325+0.19≒0.291MPa
응축기 절대압력(P_c)= $P_o + P_{ge}$
=0.101325+1.17≒1.271MPa

$\therefore\ P_m = \sqrt{P_e P_c} = \sqrt{0.291 \times 1.271} \fallingdotseq 0.608\text{MPa}$

40 다음 압축과 관련한 설명으로 옳은 것은?

> ㉠ 압축비는 체적효율에 영향을 미친다.
> ㉡ 압축기의 클리어런스(clearance)를 크게 할수록 체적효율은 크게 된다.
> ㉢ 체적효율이란 압축기가 실제로 흡입하는 냉매와 이론적으로 흡입하는 냉매체적과의 비이다.
> ㉣ 압축비가 클수록 냉매단위중량당의 압축일량은 작게 된다.

① ㉠, ㉣ ② ㉠, ㉢
③ ㉡, ㉣ ④ ㉡, ㉢

해설 ㉡ 압축기의 클리어런스를 크게 할수록 체적효율(η_v)은 감소한다.
㉣ 압축비가 클수록 냉매단위중량당의 압축일량은 크게 된다.

3 공기조화

41 취출온도를 일정하게 하여 부하에 따라 송풍량을 변화시켜 실온을 제어하는 방식은?

① 가변풍량방식 ② 재열코일방식
③ 정풍량방식 ④ 유인유닛방식

정답 35 ③ 36 ④ 37 ② 38 ④ 39 ③ 40 ② 41 ①

★
42 복사난방방식의 특징에 대한 설명으로 틀린 것은?

① 실내에 방열기를 설치하지 않으므로 바닥이나 벽면을 유용하게 이용할 수 있다.
② 복사열에 의한 난방으로써 쾌감도가 크다.
③ 외기온도가 갑자기 변하여도 열용량이 크므로 방열량의 조정이 용이하다.
④ 실내의 온도분포가 균일하며 열이 방의 위쪽으로 빠지지 않으므로 경제적이다.

해설 복사난방은 외기온도가 갑자기 변화하면 방열량 조절이 어려우며 복사열의 예열시간이 길다.

참고 • 복사난방의 단점은 가열면의 열용량이 크기 때문에 외기온도의 급변에 따른 대처가 불리하다.
• 복사난방방식은 패널(panel)방식이라고도 하며 쾌적성이 가장 좋다.

★
43 극간풍의 방지방법으로 가장 적절하지 않은 것은?

① 회전문 설치
② 자동문 설치
③ 에어커튼 설치
④ 충분한 간격의 이중문 설치

해설 극간풍(틈새바람) 방지법
㉠ 회전문 설치
㉡ 에어커튼 설치
㉢ 안쪽 압력을 바깥쪽 압력보다 높게 유지
㉣ 충분한 간격의 이중문 설치

44 온풍난방에서 중력식 순환방식과 비교한 강제순환방식의 특징에 관한 설명으로 틀린 것은?

① 기기 설치장소가 비교적 자유롭다.
② 급기덕트가 작아서 은폐가 용이하다.
③ 공급되는 공기는 필터 등에 의하여 깨끗하게 처리될 수 있다.
④ 공기순환이 어렵고 쾌적성 확보가 곤란하다.

해설 강제순환방식은 공기순환이 용이하며, 상하온도차가 심할 경우 쾌감도가 나쁘고 소음과 진동이 발생할 가능성이 있다.

45 다음과 같이 단열된 덕트 내에 공기가 통하고 이것에 열량 Q[kJ/h]와 수분 L[kg/h]을 가하여 열평형이 이루어졌을 때 공기에 가해진 열량(Q)은 어떻게 나타내는가? (단, 공기의 유량은 G[kg/h], 가열코일 입출구의 엔탈피, 절대습도를 각각 h_1, h_2[kJ/kg], x_1, x_2[kg/kg]이며, 수분의 엔탈피는 h_L[kJ/kg]이다.)

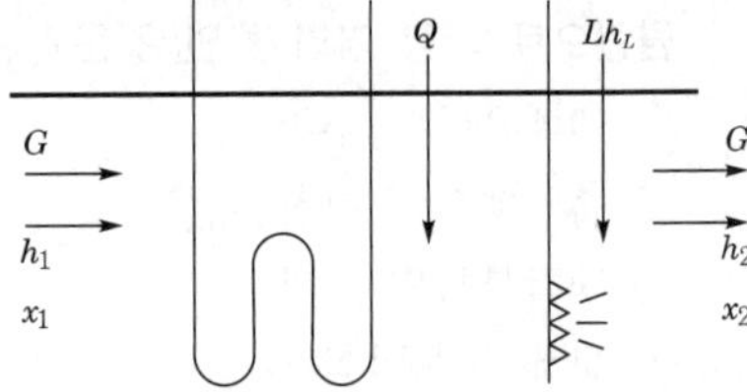

① $G(h_2-h_1)+Lh_L$ ② $G(x_2-x_1)+Lh_L$
③ $G(h_2-h_1)-Lh_L$ ④ $G(x_2-x_1)-Lh_L$

해설 $Q=G(h_2-h_1)-Lh_L$[kJ/h]

★
46 대기압(760mmHg)에서 온도 28℃, 상대습도 50%인 습공기 내의 건공기분압(mmHg)은 얼마인가? (단, 수증기포화압력은 31.84mmHg이다.)

① 16 ② 32
③ 372 ④ 744

해설 대기압(P)=건공기분압(P_a)+수증기분압(P_w)
∴ 건공기분압(P_a)$=P-P_w=P-\phi P_s$
=760−0.5×31.84
=744mmHg

47 보일러의 수위를 제어하는 주된 목적으로 가장 적절한 것은?

① 보일러의 급수장치가 동결되지 않도록 하기 위하여
② 보일러의 연료공급이 잘 이루어지도록 하기 위하여
③ 보일러가 과열로 인해 손상되지 않도록 하기 위하여
④ 보일러에서의 출력을 부하에 따라 조절하기 위하여

해설 보일러의 수위를 제어하는 주된 목적은 보일러가 과열로 인하여 손상되지 않게 하기 위함이다.

정답 42 ③ 43 ② 44 ④ 45 ③ 46 ④ 47 ③

48 **다음 그림과 같이 송풍기의 흡입측에만 덕트가 연결되어 있을 경우 동압(mmAq)은 얼마인가?**

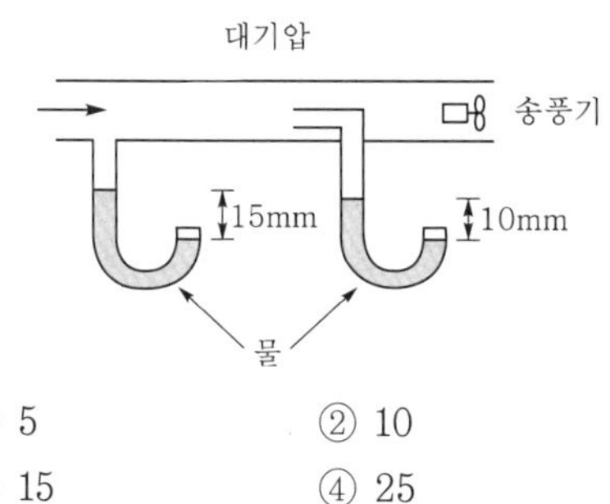

① 5　　② 10
③ 15　　④ 25

해설 전압(P_t)=정압(P_s)+동압(P_v)
$\therefore P_v = P_t - P_s = -10 - (-15) = 5$mmAq

49 **단일덕트 재열방식의 특징에 관한 설명으로 옳은 것은?**

① 부하패턴이 다른 다수의 실 또는 존의 공조에 적합하다.
② 식당과 같이 잠열부하가 많은 곳의 공조에는 부적합하다.
③ 전수방식으로서 부하변동이 큰 실이나 존에서 에너지 절약형으로 사용된다.
④ 시스템의 유지·보수면에서는 일반 단일덕트에 비해 우수하다.

50 **취출구 관련 용어에 대한 설명으로 틀린 것은?**

① 장방형 취출구의 긴 변과 짧은 변의 비를 아스펙트비라 한다.
② 취출구에서 취출된 공기를 1차 공기라 하고, 취출공기에 의해 유인되는 실내공기를 2차 공기라 한다.
③ 취출구에서 취출된 공기가 진행해서 취출기류의 중심선상의 풍속이 1.5m/s로 되는 위치까지의 수평거리를 도달거리라 한다.
④ 수평으로 취출된 공기가 어떤 거리를 진행했을 때 기류의 중심선과 취출구의 중심과의 거리를 강하도라 한다.

해설 도달거리란 취출구에서 취출된 공기가 진행해서 취출기류의 중심선상의 풍속이 0.5m/s로 된 위치까지의 수평거리를 말한다.

★
51 **온수난방의 특징에 대한 설명으로 틀린 것은?**

① 증기난방에 비하여 연료소비량이 적다.
② 예열시간은 길지만 잘 식지 않으므로 증기난방에 비하여 배관의 동결피해가 적다.
③ 보일러 취급이 증기보일러에 비해 안전하고 간단하므로 소규모 주택에 적합하다.
④ 열용량이 크기 때문에 짧은 시간에 예열할 수 있다.

해설 온수난방은 열용량이 크므로 온수의 순환시간과 예열시간이 길고 연료소비량이 많다.

★
52 **건구온도 30℃, 절대습도 0.01kg/kg인 외부공기 30%와 건구온도 20℃, 절대습도 0.02kg/kg인 실내공기 70%를 혼합하였을 때 최종 건구온도(t)와 절대습도(x)는 얼마인가?**

① t=23℃, x=0.017kg/kg
② t=27℃, x=0.017kg/kg
③ t=23℃, x=0.013kg/kg
④ t=27℃, x=0.013kg/kg

해설 ㉠ $t = \frac{m_o}{m}t_o + \frac{m_i}{m}t_i$
$= 0.3 \times 30 + 0.7 \times 20 = 23$℃
㉡ $x = \frac{m_o}{m}x_o + \frac{m_i}{m}x_i$
$= 0.3 \times 0.01 + 0.7 \times 0.02 = 0.017$kg/kg

53 **다음 중 난방부하를 경감시키는 요인으로만 짝지어진 것은?**

① 지붕을 통한 전도열량, 태양열의 일사부하
② 조명부하, 틈새바람에 의한 부하
③ 실내기구부하, 재실인원의 발생열량
④ 기기(덕트 등)부하, 외기부하

해설 **난방부하를 경감시키는 요인** : 재실인원의 발생열량(인체의 발생열), 실내기구부하(기계의 발생열), 태양열에 의한 복사열(일사량)

정답 48 ① 49 ① 50 ③ 51 ④ 52 ① 53 ③

★

54 열매에 따른 방열기의 표준 방열량(W/m^2)기준으로 가장 적절한 것은?

① 온수 : 405.2, 증기 : 822.3
② 온수 : 523.3, 증기 : 822.3
③ 온수 : 405.2, 증기 : 755.8
④ 온수 : 523.3, 증기 : 755.8

해설 방열기의 표준 방열량
㉠ 온수 : $523.3W/m^2$
㉡ 증기 : $755.8W/m^2$

55 가변풍량방식에 대한 설명으로 틀린 것은?

① 부분부하 대응으로 송풍기동력이 커진다.
② 시운전 시 토출구의 풍량조정이 간단하다.
③ 부하변동에 대해 제어응답이 빠르므로 거주성이 향상된다.
④ 동시부하율을 고려하여 설비용량을 적게 할 수 있다.

해설 가변풍량방식은 송풍온도를 일정하게 유지하고 부하변동에 따라 송풍량을 조정하므로 송풍동력이 작다. 즉 에너지 절감효과가 크다.

★

56 건구온도 10℃, 절대습도 0.003kg/kg인 공기 $50m^3$를 20℃까지 가열하는 데 필요한 열량(kJ)은? (단, 공기의 정압비열은 1.01kJ/kg · K, 공기의 밀도는 $1.2kg/m^3$이다.)

① 425　　② 606
③ 713　　④ 884

해설 $Q_s = \rho Q C_p (t_2 - t_1)$
$= 1.2 \times 50 \times 1.01 \times (20 - 10) = 606\text{kJ}$

57 보일러의 발생증기를 한 곳으로만 취출하면 그 부근에 압력이 저하하여 수면동요현상과 동시에 비수가 발생된다. 이를 방지하기 위한 장치는?

① 급수내관　　② 비수방지관
③ 기수분리기　　④ 인젝터

해설 ① 급수내관 : 급수 시 찬물로 인한 국부적인 부동팽창 방지
③ 기수분리기 : 건조한 수증기 취득장치
④ 인젝터 : 증기로 급수하는 장치(무동력)

58 콜드 드래프트현상의 발생원인으로 가장 거리가 먼 것은?

① 인체 주위의 공기온도가 너무 낮을 때
② 기류의 속도가 낮고 습도가 높을 때
③ 주위 벽면의 온도가 낮을 때
④ 겨울에 창문의 극간풍이 많을 때

해설 콜드 드래프트는 기류속도가 빠르고 습도가 낮을 때 발생한다.

참고 차가운 공기는 비중이 크기 때문에 하강하여 바닥면에 밀집된다.

★

59 에어와셔 내에 온수를 분무할 때 공기는 습공기선도에서 어떠한 변화과정이 일어나는가?

① 가습 · 냉각　　② 과냉각
③ 건조 · 냉각　　④ 감습 · 과열

해설 에어와셔(분무가습) 내에 온수를 분무하는 경우 습공기는 냉각 · 가습된다.

60 내부에 송풍기와 냉온수코일이 내장되어 있으며 각 실내에 설치되어 기계실로부터 냉온수를 공급받아 실내공기의 상태를 직접 조절하는 공조기는?

① 패키지형 공조기
② 인덕션유닛
③ 팬코일유닛
④ 에어핸들링유닛

해설 팬코일유닛(FCU)방식은 수-공기방식이다.

4 전기제어공학

61 저항에 전류가 흐르면 줄열이 발생하는데 저항에 흐르는 전류 I와 전력 P의 관계는?

① $I \propto P$　　② $I \propto P^{0.5}$
③ $I \propto P^{1.5}$　　④ $I \propto P^2$

해설 $P = VI = (IR)I = I^2R$[W]
$\therefore I \propto P^{0.5}$

정답 54 ④ 55 ① 56 ② 57 ② 58 ② 59 ① 60 ③ 61 ②

62 다음 논리회로의 출력은?

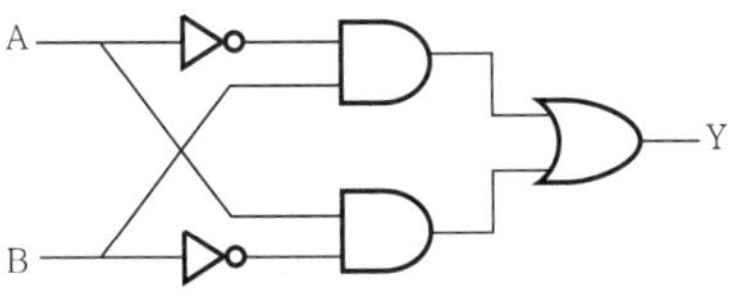

① $Y = A\overline{B} + \overline{A}B$　　② $Y = \overline{A}B + \overline{A}\,\overline{B}$

③ $Y = \overline{A}\,\overline{B} + AB$　　④ $Y = \overline{A} + \overline{B}$

해설

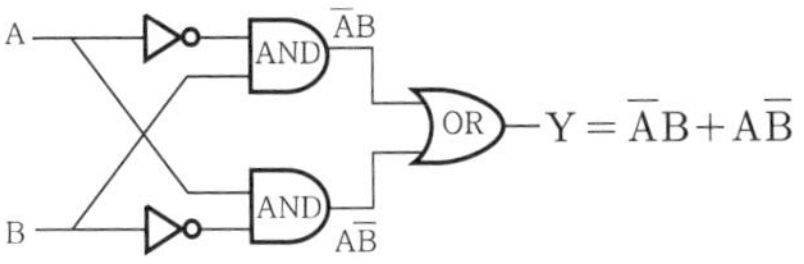

★
63 전동기의 회전방향을 알기 위한 법칙은?

① 렌츠의 법칙

② 암페어의 법칙

③ 플레밍의 왼손법칙

④ 플레밍의 오른손법칙

해설 ㉠ 플레밍의 왼손법칙 : 전동기의 전자력방향
㉡ 플레밍의 오른손법칙 : 발전기의 유도전류방향

64 다음 논리기호의 논리식은?

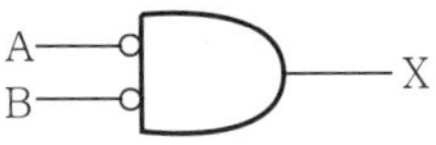

① $X = A + B$　　② $X = \overline{AB}$

③ $X = AB$　　④ $X = \overline{A + B}$

해설

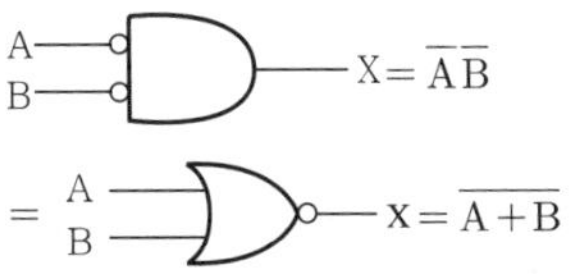

★
65 콘덴서의 전위차와 축적되는 에너지와의 관계식을 그림으로 나타내면 어떤 그림이 되는가?

① 직선　　② 타원

③ 쌍곡선　　④ 포물선

해설 $W = \frac{1}{2}CV^2 = \frac{Q^2}{2C} - \frac{1}{2}QV$

∴ 포물선

66 열전대에 대한 설명이 아닌 것은?

① 열전대를 구성하는 소선은 열기전력이 커야 한다.

② 철, 콘스탄탄 등의 금속을 이용한다.

③ 제벡효과를 이용한다.

④ 열팽창계수에 따른 변형 또는 내부응력을 이용한다.

★
67 워드-레오나드 속도제어방식이 속하는 제어방법은?

① 저항제어　　② 계자제어

③ 전압제어　　④ 직병렬제어

해설 워드-레오나드방식은 전압제어법의 대표적인 방식으로 광범위한 속도제어로써 효율이 좋고 가역적으로 행하여 매우 우수하며, 기동토크가 크므로 엘리베이터나 전차 등에 사용한다. 이것에 부속되는 전용 발전기와 구동용 전동기가 필요하고 설비비가 높다.

68 $R_1 = 100\Omega$, $R_2 = 1{,}000\Omega$, $R_3 = 800\Omega$일 때 전류계의 지시가 0이 되었다. 이때 저항 R_4는 몇 Ω인가?

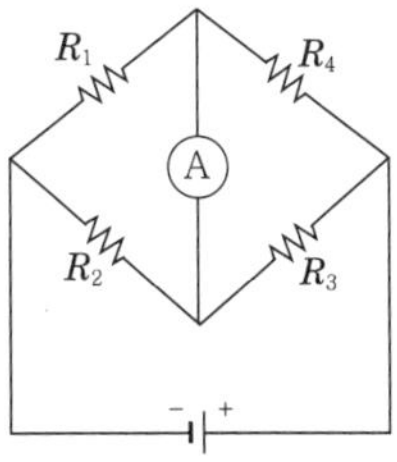

① 80　　② 160

③ 240　　④ 320

해설 $R_1 R_3 = R_2 R_4$

$\therefore R_4 = \frac{R_1 R_3}{R_2} = \frac{100 \times 800}{1{,}000} = 80\Omega$

69 3상 유도전동기의 주파수가 60Hz, 극수가 6극, 전부하 시 회전수가 1,160rpm이라면 슬립은 약 얼마인가?

① 0.03　　② 0.24

③ 0.45　　④ 0.57

정답 62 ① 63 ③ 64 ④ 65 ④ 66 ④ 67 ③ 68 ① 69 ①

부록 I

해설 $N_s = \frac{120f}{p} = \frac{120 \times 60}{6} = 1,200\text{rpm}$

$\therefore s = 1 - \frac{N}{N_s} = 1 - \frac{1,160}{1,200} = 0.03$

★ 70 다음 블록선도를 등가합성전달함수로 나타낸 것은?

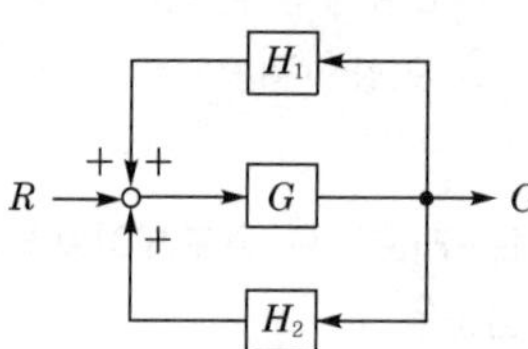

① $\frac{G}{1-H_1-H_2}$ ② $\frac{G}{1-H_1G-H_2G}$

③ $\frac{G-1}{1-H_1G-H_2G}$ ④ $\frac{H_1G+H_2G}{1-G}$

해설 $C = RG + GCH_1 + GCH_2$

$C[1-GH_1-GH_2] = RG$

$\therefore G = \frac{C}{R} = \frac{G}{1-H_1G-H_2G}$

71 $x_2 = ax_1 + cx_3 + bx_4$의 신호흐름선도는?

①

②

③

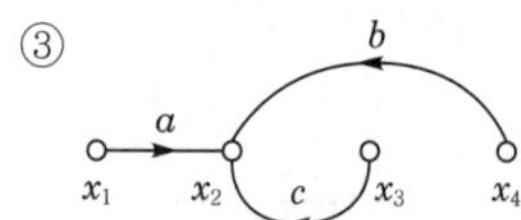

④

★ 72 100V용 전구 30W와 60W 두 개를 직렬로 연결하고 직류 100V 전원에 접속하였을 때 두 전구의 상태로 옳은 것은?

① 30W 전구가 더 밝다.
② 60W 전구가 더 밝다.
③ 두 전구의 밝기가 모두 같다.
④ 두 전구가 모두 켜지지 않는다.

해설

직렬연결 시 전류(I)는 일정하다.

전력(P) $= IV = I(IR) = I^2R = \frac{V^2}{R}$ [W]

$R_1 = \frac{V^2}{P_1} = \frac{100^2}{30} = 333.33\,\Omega$

$R_2 = \frac{V^2}{P_2} = \frac{100^2}{60} = 166.67\,\Omega$

∴ 30W 전구가 더 밝다($R_1 > R_2$).

73 다음 조건을 만족시키지 못하는 회로는?

> 어떤 회로에 흐르는 전류가 20A이고 위상이 60도이며 앞선 전류가 흐를 수 있는 조건

① RL병렬 ② RC병렬
③ RLC병렬 ④ RLC직렬

해설 ㉠ 직렬 : 전류가 일정하게 흐르는 회로
- RL : 전류가 뒤진다
- RC : 전류가 앞선다
- RLC : X_L이 크면 전류가 뒤지고, X_C가 크면 전류가 앞선다.

㉡ 병렬 : 전압이 일정하게 걸리는 회로
- RL : 전류가 뒤진다
- RC : 전류가 앞선다
- RLC : X_L이 크면 전류가 앞서고, X_C가 크면 전류가 뒤진다.

∴ RL은 직렬과 병렬회로 모두 전류가 뒤지기 때문에 만족하지 못한다.

★ 74 R, L, C가 서로 직렬로 연결되어 있는 회로에서 양단의 전압과 전류의 위상이 동상이 되는 조건은?

① $\omega = LC$ ② $\omega = L^2C$
③ $\omega = \frac{1}{LC}$ ④ $\omega = \frac{1}{\sqrt{LC}}$

해설 $\omega L - \frac{1}{\omega C} = 0$

$\omega L = \frac{1}{\omega C}$

$\omega^2 LC = 1$

$\therefore \omega = \frac{1}{\sqrt{LC}}$

정답 70 ② 71 ③ 72 ① 73 ① 74 ④

★

75 제어량에 따른 분류 중 프로세스제어에 속하지 않는 것은?

① 압력 ② 유량

③ 온도 ④ 속도

해설 프로세스제어에는 압력, 유량, 온도, 액위, 농도, 점도 등이 속한다.

참고 자동조정(automatic regulation)은 속도, 전압, 주파수, 장력 등을 제어량으로 하여 이것을 일정하게 유지하는 것이다.

76 입력신호 $x(t)$와 출력신호 $y(t)$의 관계가 $y(t) = K\frac{dx(t)}{dt}$로 표현되는 것은 어떤 요소인가?

① 비례요소 ② 미분요소

③ 적분요소 ④ 지연요소

해설 ㉠ 비례요소 : $y(t) = Kx(t)$

㉡ 미분요소 : $y(t) = K\frac{dx(t)}{dt}$

㉢ 적분요소 : $y(t) = K\int_0^t x(t)dt$

㉣ 1차 지연요소 : $b_1\frac{d}{dt}y(t) + b + 0y(t) = a_0 x(t)$

★

77 지상역률 80%, 1,000kW의 3상 부하가 있다. 이것에 콘덴서를 설치하여 역률을 95%로 개선하려고 한다. 필요한 콘덴서의 용량(kVar)은 약 얼마인가?

① 421.3 ② 633.3

③ 844.3 ④ 1,266.3

해설 $Q_c = P(\tan\theta_1 - \tan\theta_2)$

$$= P\left(\frac{\sin\theta_1}{\cos\theta_1} - \frac{\sin\theta_2}{\cos\theta_2}\right)$$

$$= P\left(\frac{\sqrt{1-\cos^2\theta_1}}{\cos\theta_1} - \frac{\sqrt{1-\cos^2\theta_2}}{\cos\theta_2}\right)$$

$$= 1{,}000 \times \left(\frac{\sqrt{1-0.8^2}}{0.8} - \frac{\sqrt{1-0.95^2}}{0.95}\right)$$

$$= 1{,}000 \times \left(\frac{0.6}{0.8} - \frac{0.3122}{0.95}\right)$$

≒ 421.3kVar

78 피드백제어에서 제어요소에 대한 설명 중 옳은 것은?

① 조작부와 검출부로 구성되어 있다.

② 동작신호를 조작량으로 변화시키는 요소이다.

③ 제어를 받는 출력량으로 제어대상에 속하는 요소이다.

④ 제어량을 주궤환신호로 변화시키는 요소이다.

해설 제어요소는 동작신호를 조작량으로 변화하는 요소로써 조절부와 조작부로 이루어진다.

79 전류계와 전압계는 내부저항이 존재한다. 이 내부저항은 전압 또는 전류를 측정하고자 하는 부하의 저항에 비하여 어떤 특성을 가져야 하는가?

① 내부저항이 전류계는 가능한 커야 하며, 전압계는 가능한 작아야 한다.

② 내부저항이 전류계는 가능한 커야 하며, 전압계도 가능한 커야 한다.

③ 내부저항이 전류계는 가능한 작아야 하며, 전압계는 가능한 커야 한다.

④ 내부저항이 전류계는 가능한 작아야 하며, 전압계도 가능한 작아야 한다.

해설 전류계는 내부저항이 가능한 작아야 하며, 전압계는 가능한 커야 전압 또는 전류를 측정할 수 있다.

80 입력신호 중 어느 하나가 "1"일 때 출력이 "0"이 되는 회로는?

① AND회로 ② OR회로

③ NOT회로 ④ NOR회로

해설 입력신호 중 어느 하나가 "1"일 때 출력이 "0"이 되는 회로는 NOR회로이다.

A, B → $X = \overline{A+B}$

정답 75 ④ 76 ② 77 ① 78 ② 79 ③ 80 ④

부록 I

5 배관 일반

★
81 **동관작업용 사이징툴(sizing tool)공구에 관한 설명으로 옳은 것은?**

① 동관의 확관용 공구
② 동관의 끝부분을 원형으로 정형하는 공구
③ 동관의 끝을 나팔형으로 만드는 공구
④ 동관 절단 후 생긴 거스러미를 제거하는 공구

해설 **동관작업용 공구**
㉠ 익스팬더 : 동관의 관 끝 확관용 공구
㉡ 사이징툴 : 동관의 끝부분을 원형으로 정형하는 공구
㉢ 플레어링툴세트 : 동관의 끝을 나팔형으로 만들어 압축접합용
㉣ 동관용 리머 : 동관 절단 후 관내의 내·외면에 생긴 거스러미 제거
㉤ 튜브벤더 : 동관 벤딩용 공구

82 **다음 중 암모니아냉동장치에 사용되는 배관재료로 가장 적합하지 않은 것은?**

① 이음매 없는 동관
② 배관용 탄소강관
③ 저온배관용 강관
④ 배관용 스테인리스강관

해설 암모니아(NH_3)는 동 또는 동합금을 부식시키므로 강관을 사용한다.

83 **배수배관의 시공 시 유의사항으로 틀린 것은?**

① 배수를 가능한 천천히 옥외하수관으로 유출할 수 있을 것
② 옥외하수관에서 하수가스나 쥐 또는 각종 벌레 등이 건물 안으로 침입하는 것을 방지할 수 있는 방법으로 시공할 것
③ 배수관 및 통기관은 내구성이 풍부하여야 하며 가스나 물이 새지 않도록 기구 상호 간의 접합을 완벽하게 할 것
④ 한랭지에서는 배수관이 동결되지 않도록 피복을 할 것

해설 배수를 가능한 빨리 옥외하수관으로 유출할 수 있을 것

84 **다음 중 열을 잘 반사하고 확산하여 방열기 표면 등의 도장용으로 사용하기에 가장 적합한 도료는?**

① 광명단　　② 산화철
③ 합성수지　　④ 알루미늄

해설 ㉠ 알루미늄도료(은분) : Al분말에 유성바니시(oil varnish)를 섞은 도료이며, 금속광택이 있으며 열을 잘 반사하고 내열성이 있어 난방용 방열기 등의 외면에 도장한다.
㉡ 광명단 : 착색 도료 밑칠용(under coating)으로 사용되며 녹 방지를 위해 많이 사용되는 도료이다.

85 **캐비테이션(cavitation)현상의 발생조건이 아닌 것은?**

① 흡입양정이 지나치게 클 경우
② 흡입관의 저항이 증대될 경우
③ 흡입유체의 온도가 높은 경우
④ 흡입관의 압력이 양압인 경우

해설 흡입관의 압력이 부압(진공압)인 경우 캐비테이션이 발생된다.

★
86 **다음 보온재 중 안전사용(최고)온도가 가장 높은 것은? (단, 동일 조건 기준으로 한다.)**

① 글라스울보온판　② 우모펠트
③ 규산칼슘보온판　④ 석면보온판

해설 ① 글라스울(유리섬유) : 300℃ 이하
② 우모펠트 : 100℃ 이하
③ 규산칼슘 : 650℃ 이하
④ 석면 : 400℃ 이하

87 **급수관의 유속을 제한(1.5~2m/s 이하)하는 이유로 가장 거리가 먼 것은?**

① 유속이 빠르면 흐름방향이 변하는 개소의 원심력에 의한 부압(−)이 생겨 캐비테이션이 발생하기 때문에
② 관 지름을 작게 할 수 있어 재료비 및 시공비가 절약되기 때문에
③ 유속이 빠른 경우 배관의 마찰손실 및 관 내면의 침식이 커지기 때문에
④ 워터해머 발생 시 충격압에 의해 소음, 진동이 발생하기 때문에

정답 81 ② 82 ① 83 ① 84 ④ 85 ④ 86 ③ 87 ②

★

88 증기난방배관 시공에서 환수관에 수직상향부가 필요할 때 리프트피팅(lift fitting)을 써서 응축수가 위쪽으로 배출되게 하는 방식은?

① 단관 중력환수식 ② 복관 중력환수식
③ 진공환수식 ④ 압력환수식

해설 진공환수식에서 사용하는 리프트관은 환수주관보다 지름이 1~2m 정도 작은 치수를 사용하고, 1단의 흡상높이는 1.5m 이내로 하며, 그 사용개수를 가능한 한 적게 하고 급수펌프의 근처에서 1개소만 설치한다.

89 보온재의 열전도율이 작아지는 조건으로 틀린 것은?

① 재료의 두께가 두꺼울수록
② 재료 내 기공이 작고 기공률이 클수록
③ 재료의 밀도가 클수록
④ 재료의 온도가 낮을수록

해설 재료의 밀도가 낮을수록 보온재의 열전도율이 작아진다.

★

90 강관의 용접접합법으로 가장 적합하지 않은 것은?

① 맞대기용접 ② 슬리브용접
③ 플랜지용접 ④ 플라스턴용접

해설 플라스턴용접은 연관의 용접접합법이다.

91 고온수난방방식에서 넓은 지역에 공급하기 위해 사용되는 2차측 접속방식에 해당되지 않는 것은?

① 직결방식
② 브리드인방식
③ 열교환방식
④ 오리피스접합방식

92 간접가열식 급탕법에 관한 설명으로 틀린 것은?

① 대규모 급탕설비에 부적당하다.
② 순환증기는 높이에 관계없이 저압으로 사용 가능하다.
③ 저탕탱크와 가열용 코일이 설치되어 있다.
④ 난방용 증기보일러가 있는 곳에 설치하면 설비비를 절약하고 관리가 편하다.

해설 간접가열식 급탕법은 호텔, 병원 등의 대규모 급탕설비에 적합하며 보일러 내에 스케일이 잘 끼지 않아 전열효율이 크다.

93 공기조화설비 중 복사난방의 패널형식이 아닌 것은?

① 바닥패널 ② 천장패널
③ 벽패널 ④ 유닛패널

해설 패널(panel)

㉠ 그 방사위치에 따라 바닥패널, 천장패널, 벽패널 등으로 나눈다.
㉡ 주로 강관, 동관, 폴리에틸렌관 등을 사용한다.
㉢ 열전도율은 동관>강관>폴리에틸렌관의 순으로 작아진다.
㉣ 어떤 패널이든 한 조당 40~60m의 코일길이로 하고 마찰손실수두가 코일연장 100m당 2~3mAq 정도가 되도록 관지름을 선택한다.

94 다음 중 신축이음쇠의 종류로 가장 거리가 먼 것은?

① 벨로즈형 ② 플랜지형
③ 루프형 ④ 슬리브형

해설 신축이음쇠의 종류 : 벨로즈형(주름통형), 루프형(만곡형), 슬리브형, 스윙형, 볼조인트형

95 하향공급식 급탕배관법의 구배방법으로 옳은 것은?

① 급탕관은 끝올림, 복귀관은 끝내림구배를 준다.
② 급탕관은 끝내림, 복귀관은 끝올림구배를 준다.
③ 급탕관, 복귀관 모두 끝올림구배를 준다.
④ 급탕관, 복귀관 모두 끝내림구배를 준다.

해설 급탕배관의 하향배관(급탕관, 복귀관)은 모두 끝내림구배이다.

부록 I

정답 88 ③ 89 ③ 90 ④ 91 ④ 92 ① 93 ④ 94 ② 95 ④

96 **공조설비에서 증기코일의 동결 방지대책으로 틀린 것은?**

① 외기와 실내 환기가 혼합되지 않도록 차단한다.
② 외기댐퍼와 송풍기를 인터록시킨다.
③ 야간의 운전정지 중에도 순환펌프를 운전한다.
④ 증기코일 내에 응축수가 고이지 않도록 한다.

해설 외기와 실내 환기가 잘 혼합되도록 해야 증기코일의 동결이 방지된다.

97 **동일 구경의 관을 직선연결할 때 사용하는 관 이음재료가 아닌 것은?**

① 소켓 ② 플러그
③ 유니언 ④ 플랜지

해설 플러그는 수나사로 되어 있는 관의 끝막음 이음쇠이다.

98 **수배관 사용 시 부식을 방지하기 위한 방법으로 틀린 것은?**

① 밀폐사이클의 경우 물을 가득 채우고 공기를 제거한다.
② 개방사이클로 하여 순환수가 공기와 충분히 접하도록 한다.
③ 캐비테이션을 일으키지 않도록 배관한다.
④ 배관에 방식도장을 한다.

해설 개방사이클은 공기와 접하므로 부식이 발생된다.

99 **배관설비공사에서 파이프래크의 폭에 관한 설명으로 틀린 것은?**

① 파이프래크의 실제 폭은 신규라인을 대비하여 계산된 폭보다 20% 정도 크게 한다.
② 파이프래크상의 배관밀도가 작아지는 부분에 대해서는 파이프래크의 폭을 좁게 한다.
③ 고온배관에서는 열팽창에 의하여 과대한 구속을 받지 않도록 충분한 간격을 둔다.
④ 인접하는 파이프의 외측과 외측과의 최소 간격을 25mm로 하여 래크의 폭을 결정한다.

해설 인접하는 파이프 외측과 외측과의 최소 간격은 75mm 이상으로 한다.

★
100 **온수배관에서 배관의 길이팽창을 흡수하기 위해 설치하는 것은?**

① 팽창관 ② 완충기
③ 신축이음쇠 ④ 흡수기

해설 온수배관에서 배관의 팽창을 흡수하기 위해 설치하는 것은 신축이음쇠이다.

정답 96 ① 97 ② 98 ② 99 ④ 100 ③

12 2021. 8. 14. 시행 공조냉동기계기사

1 기계 열역학

01 비열비 1.3, 압력비 3인 이상적인 브레이턴사이클(Brayton Cycle)의 이론열효율이 X[%]였다. 여기서 열효율 12%를 추가 향상시키기 위해서는 압력비를 약 얼마로 해야 하는가? (단, 향상된 후 열효율은 X+12[%]이며, 압력비를 제외한 다른 조건은 동일하다.)

① 4.6 ② 6.2
③ 8.4 ④ 10.8

해설 $\eta_{thB} = 1-\left(\frac{1}{\gamma}\right)^{\frac{k-1}{k}} = 1-\left(\frac{1}{3}\right)^{\frac{1.3-1}{1.3}} = 0.224$

$\eta_{thB}' = \eta_{thB} + 0.12 = 0.224 + 0.12$
$= 0.344(=34.4\%)$

$\therefore \gamma = \left(\frac{1}{1-\eta_{thB}'}\right)^{\frac{k}{k-1}} = \left(\frac{1}{1-0.344}\right)^{\frac{1.3}{1.3-1}} \fallingdotseq 6.21$

★ **02** 절대압력 100kPa, 온도 100℃인 상태에 있는 수소의 비체적(m^3/kg)은? (단, 수소의 분자량은 2이고, 일반기체상수는 8.3145kJ/kmol · K이다.)

① 31.0 ② 15.5
③ 0.428 ④ 0.0321

해설 $Pv = RT$

$\therefore v = \frac{RT}{P} = \frac{\frac{\overline{R}}{M}T}{P}$

$= \frac{\frac{8.3145}{2}\times(100+273)}{100}$

$\fallingdotseq 15.51\text{m}^3/\text{kg}$

★ **03** 밀폐시스템이 압력(P_1) 200kPa, 체적(V_1) 0.1m^{3}인 상태에서 압력(P_2) 100kPa, 체적(V_2) 0.3m^{3}인 상태까지 가역팽창되었다. 이 과정이 선형적으로 변화한다면 이 과정 동안 시스템이 한 일(kJ)은?

① 10 ② 20
③ 30 ④ 45

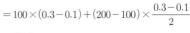

해설 $_1W_2 = P_2(V_2 - V_1) + (P_1 - P_2)\left(\frac{V_2 - V_1}{2}\right)$

$= 100\times(0.3-0.1) + (200-100)\times\frac{0.3-0.1}{2}$

$= 30\text{kJ}$

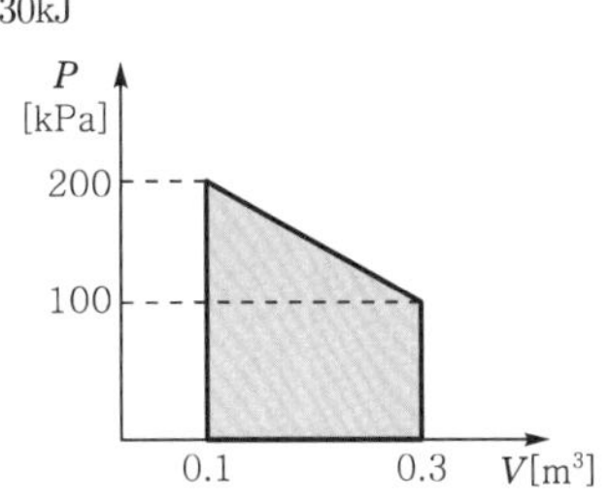

04 고열원의 온도가 157℃이고, 저열원의 온도가 27℃인 카르노냉동기의 성적계수는 약 얼마 인가?

① 1.5 ② 1.8
③ 2.3 ④ 3.3

해설 $\varepsilon_R = \frac{T_2}{T_1 - T_2}$

$= \frac{27+273}{(157+273)-(27+273)}$

$\fallingdotseq 2.31$

부록 I

정답 01 ② 02 ② 03 ③ 04 ③

★
05 다음 중 그림과 같은 냉동사이클로 운전할 때 열역학 제1법칙과 제2법칙을 모두 만족하는 경우는?

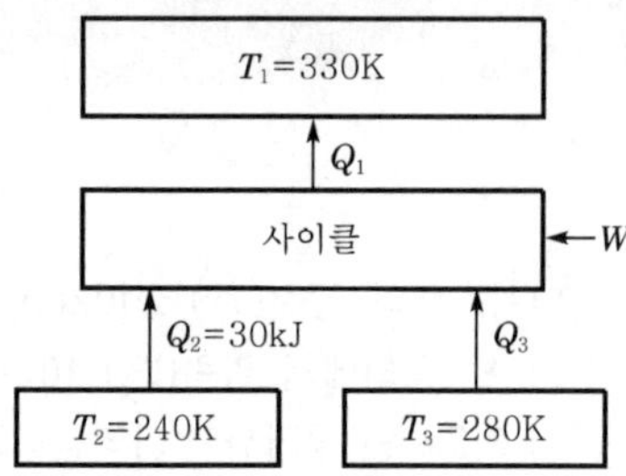

① $Q_1=100\text{kJ},\ Q_3=30\text{kJ},\ W=30\text{kJ}$
② $Q_1=80\text{kJ},\ Q_3=40\text{kJ},\ W=10\text{kJ}$
③ $Q_1=90\text{kJ},\ Q_3=50\text{kJ},\ W=10\text{kJ}$
④ $Q_1=100\text{kJ},\ Q_3=30\text{kJ},\ W=40\text{kJ}$

해설 에너지 보존법칙(열역학 제1법칙) 적용

$Q_1=Q_2+Q_3+W$

$\therefore\ W=Q_1-Q_2-Q_3=100-30-30=40\text{kJ}$

별해 열역학 제2법칙(엔트로피 증가법칙) 적용

$$\Delta S_t=S_2-S_1=\frac{Q_1}{T_1}-\left(\frac{Q_2}{T_2}+\frac{Q_3}{T_3}\right)$$

$$=\frac{100}{330}-\left(\frac{30}{240}+\frac{30}{280}\right)>0\text{이므로 만족}$$

06 열전도계수 1.4W/m·K, 두께 6mm 유리창의 내부표면온도는 27℃, 외부표면온도는 30℃이다. 외기온도는 36℃이고 바깥에서 창문에 전달되는 총복사열전달이 대류열전달의 50배라면 외기에 의한 대류열전달계수(W/m²·K)는 약 얼마인가?

① 22.9 ② 11.7
③ 2.29 ④ 1.17

해설 q=전도열량=대류열량+복사열량

$$=\frac{\lambda}{l}A\Delta t=(1+50)hA\Delta t'$$

$$\therefore\ h=\frac{\lambda\Delta t}{(1+50)l\Delta t'}$$

$$=\frac{1.4\times(30-27)}{(1+50)\times0.006\times(36-30)}$$

$$\fallingdotseq 2.29\text{W/m}^2\cdot\text{K}$$

07 500℃와 100℃ 사이에서 작동하는 이상적인 Carnot열기관이 있다. 열기관에서 생산되는 일이 200kW이라면 공급되는 열량은 약 몇 kW인가?

① 255 ② 284
③ 312 ④ 387

해설 ㉠ $\eta_c=1-\dfrac{T_2}{T_1}=1-\dfrac{100+273}{500+273}=0.517$

㉡ $\eta_c=\dfrac{W_{net}}{Q_1}$

$$\therefore\ Q_1=\frac{W_{net}}{\eta_c}=\frac{200}{0.517}\fallingdotseq 387\text{kW}$$

08 상온(25℃)의 실내에 있는 수은기압계에서 수은주의 높이가 730mm라면 이때 기압은 약 몇 kPa인가? (단, 25℃ 기준, 수은밀도는 13,534kg/m³이다.)

① 91.4 ② 96.9
③ 99.8 ④ 104.2

해설 $P_g=\gamma h=\rho gh$

$$=13{,}534\times9.8\times0.73\times10^{-3}=96.82\text{kPa}$$

참고 $P_a=P_o+P_g=\dfrac{730}{760}\times101.325+96.82\fallingdotseq 194.15\text{kPa}$

09 8℃의 이상기체를 가역단열압축하여 그 체적을 1/5로 하였을 때 기체의 최종 온도(℃)는? (단, 이 기체의 비열비는 1.4이다.)

① −125 ② 294
③ 222 ④ 262

해설 $T_1V_1^{k-1}=T_2V_2^{k-1}$

$$\therefore\ T_2=T_1\left(\frac{V_1}{V_2}\right)^{k-1}=(8+273)\times5^{1.4-1}$$

$$=535\text{K}-273\fallingdotseq 262℃$$

★
10 어느 발명가가 바닷물로부터 매시간 1,800kJ의 열량을 공급받아 0.5kW 출력의 열기관을 만들었다고 주장한다면 이 사실은 열역학 제 몇 법칙에 위배되는가?

① 제0법칙 ② 제1법칙
③ 제2법칙 ④ 제3법칙

정답 05 ④ 06 ③ 07 ④ 08 ② 09 ④ 10 ③

해설 $W_{net} = 0.5\text{kW} = 0.5 \times 3{,}600 = 1{,}800\text{kJ/h}$

$\therefore \eta = \dfrac{W_{net}}{Q_1} \times 100 = \dfrac{1{,}800}{1{,}800} \times 100 = 100\%$

열효율(η)이 100%이므로 열역학 제2법칙(비가역법칙)에 위배된다.

11 보일러 입구의 압력이 9,800kN/m²이고, 응축기의 압력이 4,900N/m²일 때 펌프가 수행한 일(kJ/kg)은? (단, 물의 비체적은 0.001m³/kg이다.)

① 9.79 ② 15.17
③ 87.25 ④ 180.52

해설 $w_p = -\int_1^2 v dP = \int_2^1 v dP = v(P_1 - P_2)$

$= 0.001 \times (9{,}800 - 4.9) = 9.79\text{kJ/kg}$

12 질량이 m이고 한 변의 길이가 a인 정육면체 상자 안에 있는 기체의 밀도가 ρ이라면 질량이 $2m$이고 한 변의 길이가 $2a$인 정육면체상자 안에 있는 기체의 밀도는?

① ρ ② $\dfrac{1}{2}\rho$
③ $\dfrac{1}{4}\rho$ ④ $\dfrac{1}{8}\rho$

해설 $\rho = \dfrac{m}{V} = \dfrac{m}{a^3}$[kg/m³]

$\therefore \rho' = \dfrac{m'}{V'} = \dfrac{2m}{(2a)^3} = \dfrac{m}{4a^3} = \dfrac{1}{4}\rho$

13 어느 이상기체 2kg이 압력 200kPa, 온도 30℃의 상태에서 체적 0.8m³를 차지한다. 이 기체의 기체상수(kJ/kg·K)는 약 얼마인가?

① 0.264 ② 0.528
③ 2.34 ④ 3.53

해설 $Pv = mRT$

$\therefore R = \dfrac{Pv}{mT} = \dfrac{200 \times 0.8}{2 \times (30 + 273)} = 0.264\text{kJ/kg} \cdot \text{K}$

14 흑체의 온도가 20℃에서 80℃로 되었다면 방사하는 복사에너지는 약 몇 배가 되는가?

① 1.2 ② 2.1
③ 4.7 ④ 5.5

해설 $\dfrac{E_2}{E_1} = \left(\dfrac{T_2}{T_1}\right)^4 = \left(\dfrac{80 + 273}{20 + 273}\right)^4 = 2.1$

15 카르노열펌프와 카르노냉동기가 있는데, 카르노열펌프의 고열원 온도는 카르노냉동기의 고열원 온도와 같고, 카르노열펌프의 저열원 온도는 카르노냉동기의 저열원 온도와 같다. 이때 카르노열펌프의 성적계수(COP_{HP})와 카르노냉동기의 성적계수(COP_R)의 관계로 옳은 것은?

① $COP_{HP} = COP_R + 1$
② $COP_{HP} = COP_R - 1$
③ $COP_{HP} = \dfrac{1}{COP_R + 1}$
④ $COP_{HP} = \dfrac{1}{COP_R - 1}$

해설 열펌프의 성적계수는 냉동기의 성적계수보다 항상 1만큼 더 크다.

$COP_{HP} = COP_R + 1$

16★ 1kg의 헬륨이 100kPa하에서 정압가열되어 온도가 27℃에서 77℃로 변하였을 때 엔트로피의 변화량은 약 몇 kJ/K인가? (단, 헬륨의 엔탈피(h[kJ/kg])는 다음과 같은 관계식을 가진다.)

$h = 5.238T$ 여기서, T는 온도(K)

① 0.694 ② 0.756
③ 0.807 ④ 0.968

해설 $S_2 - S_1 = mC_p \ln\dfrac{T_2}{T_1} = 1 \times 5.238 \times \ln\dfrac{77 + 273}{27 + 273}$

$= 0.807\text{kJ/K}$

17 외부에서 받은 열량이 모두 내부에너지변화만을 가져오는 완전가스의 상태변화는?

① 정적변화 ② 정압변화
③ 등온변화 ④ 단열변화

해설 등적상태($V = C$)인 경우 가열량(Q)은 내부에너지변화량($U_2 - U_1$)과 같다.

부록 I

정답 11 ① 12 ③ 13 ① 14 ② 15 ① 16 ③ 17 ①

18 열교환기의 1차측에서 압력 100kPa, 질량유량 0.1kg/s인 공기가 50℃로 들어가서 30℃로 나온다. 2차측에서는 물이 10℃로 들어가서 20℃로 나온다. 이때 물의 질량유량(kg/s)은 약 얼마인가? (단, 공기의 정압비열은 1kJ/kg·K이고, 물의 정압비열은 4kJ/kg·K으로 하며, 열교환과정에서 에너지손실은 무시한다.)

① 0.005 ② 0.01
③ 0.03 ④ 0.05

해설 $m_1 C_1 \Delta T_1 = m_1 C_2 \Delta T_2$

$\therefore m_2 = \dfrac{m_1 C_1 \Delta T_1}{C_2 \Delta T_2} = \dfrac{0.1 \times 1 \times (50-30)}{4 \times (20-10)}$

$= 0.05\text{kg/s}$

★
19 다음 그림과 같이 다수의 추를 올려놓은 피스톤이 끼워져 있는 실린더에 들어있는 가스를 계로 생각한다. 초기압력이 300kPa이고, 초기체적은 0.05m^{3}이다. 압력을 일정하게 유지하면서 열을 가하여 가스의 체적을 0.2m^{3}로 증가시킬 때 계가 한 일(kJ)은?

① 30
② 35
③ 40
④ 45

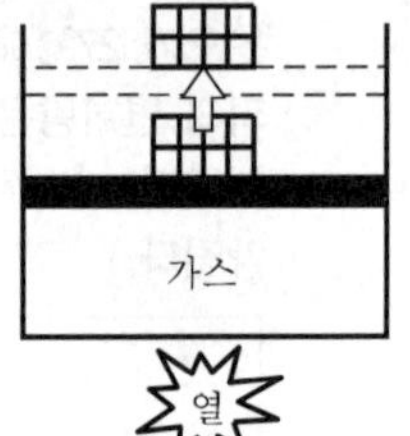

해설 ${}_1W_2 = \int_1^2 PdV$

$= P(V_2 - V_1)$

$= 300 \times (0.2 - 0.05)$

$= 45\text{kJ}$

20 다음 그림은 이상적인 오토사이클의 압력(P)-부피(V)선도이다. 여기서 ㉮의 과정은 어떤 과정인가?

① 단열압축과정
② 단열팽창과정
③ 등온압축과정
④ 등온팽창과정

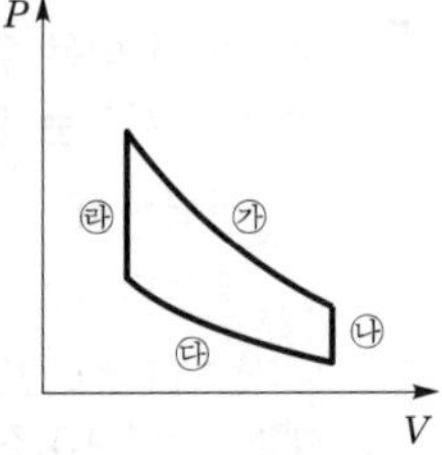

해설 ㉠ ㉯ : 정적방열과정
㉡ ㉰ : 가역단열압축과정
㉢ ㉱ : 정적연소과정

2 냉동공학

★
21 0.24MPa 압력에서 작동되는 냉동기의 포화액 및 건포화증기의 엔탈피는 각각 396kJ/kg, 615kJ/kg이다. 동일 압력에서 건도가 0.75인 지점의 습증기의 엔탈피(kJ/kg)는 얼마인가?

① 398.75 ② 481.28
③ 501.49 ④ 560.25

해설 $h_x = h' + x(h'' - h')$

$= 396 + 0.75 \times (615 - 396)$

$= 560.25\text{kJ/kg}$

22 흡수냉동기의 용량제어방법으로 가장 거리가 먼 것은?

① 구동열원 입구제어
② 증기토출제어
③ 희석운전제어
④ 버너연소량제어

해설 흡수냉동기의 용량제어방법 : 구동열원 입구제어, 증기토출제어, 버너연소량제어

23 응축기에 관한 설명으로 틀린 것은?

① 증발식 응축기의 냉각작용은 물의 증발잠열을 이용하는 방식이다.
② 이중관식 응축기는 설치면적이 작고 냉각수량도 작기 때문에 과냉각냉매를 얻을 수 있는 장점이 있다.
③ 입형 셸튜브응축기는 설치면적이 작고 전열이 양호하며 냉각관의 청소가 가능하다.
④ 공냉식 응축기는 응축압력이 수냉식보다 일반적으로 낮기 때문에 같은 냉동기일 경우 형상이 작아진다.

해설 공냉식 응축기는 응축압력이 수냉식보다 일반적으로 높기 때문에 같은 냉동기일 경우 형상이 커진다.

정답 18 ④ 19 ④ 20 ② 21 ④ 22 ③ 23 ④

★

24 **염화칼슘브라인에 대한 설명으로 옳은 것은?**

① 염화칼슘브라인은 식품에 대해 무해하므로 식품동결에 주로 사용된다.
② 염화칼슘브라인은 염화나트륨브라인보다 일반적으로 부식성이 크다.
③ 염화칼슘브라인은 공기 중에 장시간 방치하여 두어도 금속에 대한 부식성은 없다.
④ 염화칼슘브라인은 염화나트륨브라인보다 동일 조건에서 동결온도가 낮다.

해설 간접냉매인 염화칼슘($CaCl_2$)은 무기질 냉매로 염화나트륨(NaCl)보다 동일 조건에서 동결온도가 낮다.

25 **증기압축식 냉동기에 설치되는 가용전에 대한 설명으로 틀린 것은?**

① 냉동설비의 화재 발생 시 가용합금이 용융되어 냉매를 대기로 유출시켜 냉동기 파손을 방지한다.
② 안전성을 높이기 위해 압축가스의 영향이 미치는 압축기 토출부에 설치한다.
③ 가용전의 구경은 최소 안전밸브구경의 1/2 이상으로 한다.
④ 암모니아냉동장치에서는 가용합금이 침식되므로 사용하지 않는다.

해설 가용전은 고온의 토출가스영향을 받지 않는 곳에 설치해야 하며, 응축기나 수액기 등 냉매액과 증기가 공존하는 곳에서는 냉매액에 접촉하는 부분에 설치해야 한다. 가용전의 용융온도는 75℃ 정도이다.

26 **왕복동식 압축기의 회전수를 n[rpm], 피스톤의 행정을 S[m]라 하면 피스톤의 평균속도 V_m[m/s]을 나타내는 식은?**

① $V_m = \frac{\pi Sn}{60}$　② $V_m = \frac{Sn}{60}$
③ $V_m = \frac{Sn}{30}$　④ $V_m = \frac{Sn}{120}$

해설 $V_m = \frac{2Sn}{60} = \frac{Sn}{30}$ [m/s]

27 **암모니아냉매의 특성에 대한 설명으로 틀린 것은?**

① 암모니아는 오존파괴지수(ODP)와 지구온난화지수(GWP)가 각각 0으로 온실가스 배출에 대한 영향이 적다.
② 암모니아는 독성이 강하여 조금만 누설되어도 눈, 코, 기관지 등을 심하게 자극한다.
③ 암모니아는 물에 잘 용해되지만 윤활유에는 잘 녹지 않는다.
④ 암모니아는 전기절연성이 양호하므로 밀폐식 압축기에 주로 사용된다.

해설 암모니아(NH_3)는 전기적 절연내력이 약하고 에나멜 등을 침식시키므로 밀폐식 압축기에는 사용할 수 없다.

★

28 **단위시간당 전도에 의한 열량에 대한 설명으로 틀린 것은?**

① 전도열량은 물체의 두께에 반비례한다.
② 전도열량은 물체의 온도차에 비례한다.
③ 전도열량은 전열면적에 반비례한다.
④ 전도열량은 열전도율에 비례한다.

해설 전도열량은 전열면적에 비례한다($q_c \propto A$).

$q_c = \lambda A \frac{\Delta T}{L}$ [W]

29 **냉동장치에서 냉매 1kg이 팽창밸브를 통과하여 5℃의 포화증기로 될 때까지 50kJ의 열을 흡수하였다. 같은 조건에서 냉동능력이 400kW라면 증발냉매량(kg/s)은 얼마인가?**

① 5　② 6
③ 7　④ 8

해설 증발냉매량$(m) = \frac{q_e(\text{냉동능력})}{q_e(\text{냉동효과})} = \frac{400}{50} = 8$kg/s

정답 24 ④ 25 ② 26 ③ 27 ④ 28 ③ 29 ④

★
30 흡수식 냉동기에 대한 설명으로 틀린 것은?

① 흡수식 냉동기는 열의 공급과 냉각으로 냉매와 흡수제가 함께 분리되고 섞이는 형태로 사이클을 이룬다.
② 냉매가 암모니아일 경우에는 흡수제로 리튬브로마이드(LiBr)를 사용한다.
③ 리튬브로마이드수용액 사용 시 재료에 대한 부식성문제로 용액에 미량의 부식 억제제를 첨가한다.
④ 압축식에 비해 열효율이 나쁘며 설치면적을 많이 차지한다.

해설 흡수식 냉동기에서 냉매가 암모니아(NH_3)일 경우 흡수제는 물(H_2O)을 사용하며, 물을 냉매로 할 경우 흡수제로 리튬브로마이드(LiBr)를 사용한다.

31 제상방식에 대한 설명으로 틀린 것은?

① 살수방식은 저온의 냉장창고용 유닛쿨러 등에서 많이 사용된다.
② 부동액 살포방식은 공기 중의 수분이 부동액에 흡수되므로 일정한 농도관리가 필요하다.
③ 핫가스 제상방식은 응축기 출구측 고온의 액냉매를 이용한다.
④ 전기히터방식은 냉각관 배열의 일부에 핀튜브형태의 전기히터를 삽입하여 착상부를 가열한다.

해설 핫가스(hot gas) 제상방식은 압축기 출구측 고온의 냉매가스를 증발기에 유입시켜 제상한다.

32 나관식 냉각코일로 물 1,000kg/h를 20℃에서 5℃로 냉각시키기 위한 코일의 전열면적(m^2)은? (단, 냉매액과 물과의 대수평균온도차는 5℃, 물의 비열은 4.2kJ/kg·℃, 열관류율은 0.23kW/m^2·℃이다.)

① 15.2 ② 30.0
③ 65.3 ④ 81.4

해설 $Q = mC(t_2 - t_1) = kA(LMTD)$[kW]

$$\therefore A = \frac{mC(t_2 - t_1)}{k(LMTD)} = \frac{\frac{1,000}{3,600} \times 4.2 \times (20-5)}{0.23 \times 5} = 15.2\text{m}^2$$

33 스크루압축기에 대한 설명으로 틀린 것은?

① 동일 용량의 왕복동압축기에 비하여 소형 경량으로 설치면적이 작다.
② 장시간 연속운전이 가능하다.
③ 부품수가 적고 수명이 길다.
④ 오일펌프를 설치하지 않는다.

해설 스크루압축기(나사식 압축기)는 오일펌프를 설치한다.

34 냉각탑에 관한 설명으로 옳은 것은?

① 오염된 공기를 깨끗하게 정화하며 동시에 공기를 냉각하는 장치이다.
② 냉매를 통과시켜 공기를 냉각시키는 장치이다.
③ 찬 우물물을 냉각시켜 공기를 냉각하는 장치이다.
④ 냉동기의 냉각수가 흡수한 열을 외기에 방사하고 온도가 내려간 물을 재순환시키는 장치이다.

해설 냉각탑은 냉동기의 냉각수가 흡수한 열을 외기에 방사하고 온도가 내려간 물을 재순환시키는 장치이다.

★
35 착상이 냉동장치에 미치는 영향으로 가장 거리가 먼 것은?

① 냉장실 내 온도가 상승한다.
② 증발온도 및 증발압력이 저하한다.
③ 냉동능력당 전력소비량이 감소한다.
④ 냉동능력당 소요동력이 증대한다.

해설 착상(frost)이 냉동장치에 미치는 영향
㉠ 냉장실 내 온도가 상승한다.
㉡ 증발온도 및 증발압력이 저하된다.
㉢ 냉동능력당 소요동력이 증가한다(성능계수 감소).

정답 30 ② 31 ③ 32 ① 33 ④ 34 ④ 35 ③

★
36 다음 선도와 같이 응축온도만 변화하였을 때 각 사이클의 특성 비교로 틀린 것은? (단, 사이클 A : A-B-C-D-A, 사이클 B : A-B′-C′-D′-A, 사이클 C : A-B″-C″-D″-A이다.)

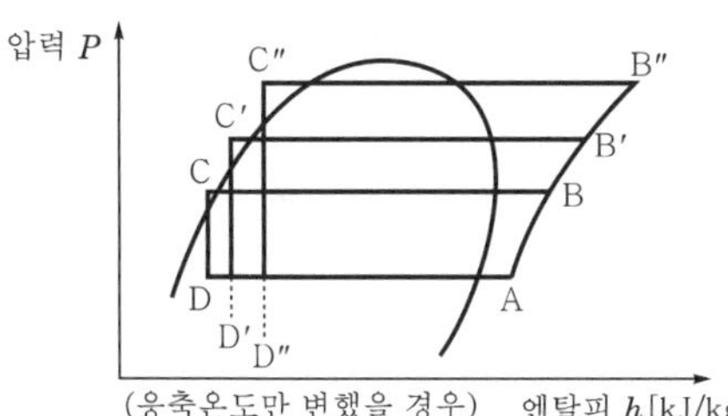

① 압축비 : 사이클 C>사이클 B>사이클 A
② 압축일량 : 사이클 C>사이클 B>사이클 A
③ 냉동효과 : 사이클 C>사이클 B>사이클 A
④ 성적계수 : 사이클 A>사이클 B>사이클 C

해설 압축비(ε)$=\dfrac{\text{고압}}{\text{저압}}=\dfrac{\text{응축기 절대압력}}{\text{증발기 절대압력}}$
응축기 압력(온도)을 높이면 압축비가 커지므로 압축기 상승, 압축일량 증가, 냉동효과 감소, 성적계수 감소, 체적효율 감소가 발생된다.
∴ 냉동효과(q_e) : 사이클 A>사이클 B>사이클 C

37 다음 중 $P-h$선도(압력-엔탈피)에서 나타내지 못하는 것은?

① 엔탈피 ② 습구온도
③ 건조도 ④ 비체적

해설 냉매몰리에르선도($P-h$선도)에서 습구온도는 나타내지 못한다.

★
38 불응축가스가 냉동기에 미치는 영향에 대한 설명으로 틀린 것은?

① 토출가스온도의 상승
② 응축압력의 상승
③ 체적효율의 증대
④ 소요동력의 증대

해설 불응축가스가 냉동기에 미치는 영향
㉠ 응축압력 상승
㉡ 토출가스온도 상승
㉢ 체적효율(η_v) 감소
㉣ 소요동력 증대
㉤ 냉동기 성적계수 감소

39 열전달에 관한 설명으로 틀린 것은?

① 전도란 물체 사이의 온도차에 의한 열의 이동현상이다.
② 대류란 유체의 순환에 의한 열의 이동현상이다.
③ 대류열전달계수의 단위는 열통과율의 단위가 같다.
④ 열전도율의 단위는 $W/m^2 \cdot K$이다.

해설 열전도율(계수)의 단위는 $W/m \cdot K$이다.

40 모리엘선도 내 등건조도선의 건조도(x) 0.2는 무엇을 의미하는가?

① 습증기 중의 건포화증기 20%(중량비율)
② 습증기 중의 액체인 상태 20%(중량비율)
③ 건증기 중의 건포화증기 20%(중량비율)
④ 건증기 중의 액체인 상태 20%(중량비율)

해설 모리엘(Mollier)선도에서 등건조도선의 건조도(x) 0.2는 습증기 전체 질량 중에서 건포화증기의 비율이 20%라는 것을 의미한다.

3 공기조화

부록 I

★
41 이중덕트방식에 설치하는 혼합상자의 구비조건으로 틀린 것은?

① 냉·온풍덕트 내의 정압변동에 의해 송풍량이 예민하게 변화할 것
② 혼합비율변동에 따른 송풍량의 변동이 완만할 것
③ 냉·온풍댐퍼의 공기누설이 적을 것
④ 자동제어 신뢰도가 높고 소음 발생이 적을 것

정답 36 ③ 37 ② 38 ③ 39 ④ 40 ① 41 ①

42 단일덕트 정풍량방식에 대한 설명으로 틀린 것은?

① 각 실의 실온을 개별적으로 제어할 수가 있다.
② 설비비가 다른 방식에 비해서 적게 든다.
③ 기계실에 기기류가 집중 설치되므로 운전, 보수가 용이하고 진동, 소음의 전달 염려가 적다.
④ 외기의 도입이 용이하며 환기팬 등을 이용하면 외기냉방이 가능하고 전열교환기의 설치도 가능하다.

해설 단일덕트 정풍량방식은 각 실의 부하변동이 다른 건물에서 온습도의 조절에 대응하기 어렵다. 즉 개별제어가 곤란하다.

★ **43** 보일러 능력의 표시법에 대한 설명으로 옳은 것은?

① 과부하출력 : 운전시간 24시간 이후는 정미출력의 10~20% 더 많이 출력되는 정도이다.
② 정격출력 : 정미출력의 2배이다.
③ 상용출력 : 배관손실을 고려하여 정미출력의 1.05~1.10배 정도이다.
④ 정미출력 : 연속해서 운전할 수 있는 보일러의 최대 능력이다.

해설 상용출력=(난방부하+급탕부하)+배관부하
=정미출력+배관부하
=정격출력(보일러출력)−예열부하
즉 상용출력은 배관손실을 고려하여 정미출력(난방부하+급탕부하)의 1.05~1.10배 정도 고려한 것이다.

44 온수난방배관방식에서 단관식과 비교한 복관식에 대한 설명으로 틀린 것은?

① 설비비가 많이 든다.
② 온도변화가 많다.
③ 온수순환이 좋다.
④ 안정성이 높다.

해설 복관식은 일정 온도로 각 방열기에 온수를 공급한다.

45 송풍기 회전날개의 크기가 일정할 때 송풍기의 회전속도를 변화시킬 경우 상사법칙에 대한 설명으로 옳은 것은?

① 송풍기 풍량은 회전속도비에 비례하여 변화한다.
② 송풍기 압력은 회전속도비의 3제곱에 비례하여 변화한다.
③ 송풍기 동력은 회전속도비의 제곱에 비례하여 변환한다.
④ 송풍기 풍량, 압력, 동력은 모두 회전속도비의 제곱에 비례하여 변화한다.

해설 $D_1 = D_2$

$\frac{Q_2}{Q_1} = \frac{N_2}{N_1}$

∴ 송풍기 풍량은 회전속도비에 비례한다.

46 실내의 냉장 현열부하가 5.8kW, 잠열부하가 0.93kW인 방을 실온 26℃로 냉각하는 경우 송풍량(m³/h)은? (단, 취출온도는 15℃이며 공기의 밀도 1.2kg/m³, 정압비열 1.01kJ/kg·K이다.)

① 1,566.1 ② 1,732.4
③ 1,999.8 ④ 2,104.2

해설 송풍량(Q)은 현열부하(q_s)만 고려해서 구한다.

$q_s = \rho Q C_p (t_2 - t_1)$

$\therefore Q = \frac{q_s}{\rho C_p (t_2 - t_1)} = \frac{5.8 \times 3,600}{1.2 \times 1.01 \times (26-15)}$

$= 1,566.16 \text{m}^3/\text{h}$

★ **47** 공조설비의 구성은 열원설비, 열운반장치, 공조기, 자동제어장치로 이루어진다. 이에 해당하는 장치로서 직접적인 관계가 없는 것은?

① 펌프 ② 덕트
③ 스프링클러 ④ 냉동기

해설 스프링클러는 소화설비이다.

참고 공조설비의 구성
- 열원설비 : 보일러, 냉동기
- 열운반장치 : 펌프, 배관, 송풍기, 덕트
- 공조기 : 냉각기, 가열기, 가습기, 감습기
- 자동제어장치 : 온도 및 습도제어

정답 42 ① 43 ③ 44 ② 45 ① 46 ① 47 ③

★

48 다음 그림은 냉방 시의 공기조화과정을 나타낸다. 그림과 같은 조건일 경우 취출풍량이 1,000m^3/h이라면 소요되는 냉각코일의 용량(kW)은 얼마인가? (단, 공기의 밀도는 1.2kg/m^{3}이다.)

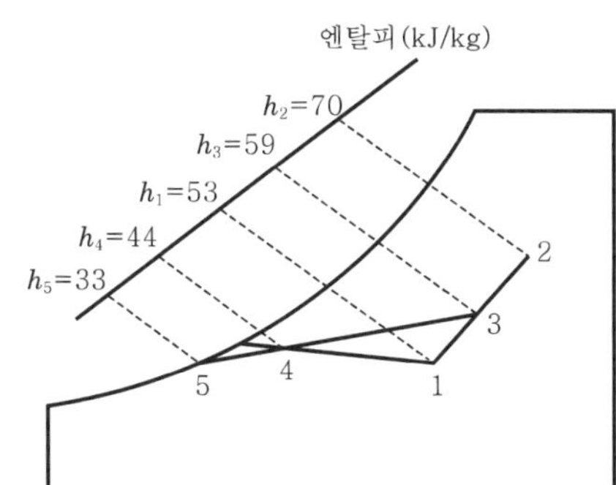

1. 실내공기의 상태점
2. 외기의 상태점
3. 혼합공기의 상태점
4. 취출공기의 상태점
5. 코일의 장치노점온도

① 8 ② 5
③ 3 ④ 1

해설 $Q_c = m\Delta h = \rho Q\Delta h = \rho Q(h_3 - h_4)$
$= 1.2 \times \frac{1,000}{3,600} \times (59-44) = 5\text{kW}(=\text{kJ/s})$

49 난방부하를 산정할 때 난방부하의 요소에 속하지 않는 것은?

① 벽체의 열통과에 의한 열손실
② 유리창의 대류에 의한 열손실
③ 침입외기에 의한 난방손실
④ 외기부하

해설 난방부하 산정 시 유리창의 대류에 의한 열손실은 고려하지 않는다.

★

50 다음 열원방식 중에 하절기 피크전력의 평준화를 실현할 수 없는 것은?

① GHP방식 ② EHP방식
③ 지역냉난방방식 ④ 축열방식

해설 EHP는 Electric Heat Pump의 약자로 전기구동식 히트펌프방식을 말한다.

★

51 건구온도 22℃, 절대습도 0.0135kg/kg′인 공기의 엔탈피(kJ/kg)는 얼마인가? (단, 공기밀도 1.2kg/m^3, 건공기 정압비열 1.01kJ/kg·K, 수증기 정압비열 1.85kJ/kg·K, 0℃ 포화수의 증발잠열 2,501kJ/kg이다.)

① 58.4 ② 61.2
③ 56.5 ④ 52.4

해설 $h_a = C_{pa}t + (\gamma_o + C_{pw}t)x$
$= 1.01 \times 22 + (2,501 + 1.85 \times 22) \times 0.0135$
$= 56.5\text{kJ/kg}$

52 냉방부하 중 유리창을 통한 일사취득열량을 계산하기 위한 필요사항으로 가장 거리가 먼 것은?

① 창의 열관류율 ② 창의 면적
③ 차폐계수 ④ 일사의 세기

해설 냉방부하 중 유리창을 통한 일사취득(복사취득)열량의 계산 시 창의 면적, 차폐계수, 일사의 세기 등을 고려해야 한다.

53 건축구조체의 열통과율에 대한 설명으로 옳은 것은?

① 열통과율은 구조체 표면열전달 및 구조체 내 열전도율에 대한 열이동의 과정을 총 합한 값을 말한다.
② 표면열전달저항이 커지면 열통과율도 커진다.
③ 수평구조체의 경우 상향열류가 하향열류보다 열통과율이 작다.
④ 각종 재료의 열전도율은 대부분 함습율의 증가로 인하여 열전도율이 작아진다.

해설 열통과율은 구조체 표면열전달 및 구조체 열전도율에 대한 열이동의 과정을 총 합한 것을 말한다.

$$K = \frac{1}{R} = \frac{1}{\frac{1}{\alpha_i} + \sum_{i=1}^{n} \frac{l_i}{\lambda_i} + \frac{1}{\alpha_o}} \text{[W/m}^2\cdot\text{K]}$$

정답 48 ② 49 ② 50 ② 51 ③ 52 ① 53 ①

부록 I

54 다음 중 출입의 빈도가 잦아 틈새바람에 의한 손실부하가 비교적 큰 경우 난방방식으로 적용하기에 가장 적합한 것은?

① 증기난방 ② 온풍난방
③ 복사난방 ④ 온수난방

해설 복사난방은 바닥에 온수코일을 설치하여 난방하므로 틈새바람에 의한 열손실이 많은 경우에 적용한다.

55 다음 그림은 공조기에 ①상태의 외기와 ②상태의 실내에서 되돌아온 공기가 공조기로 들어와 ⑥상태로 실내로 공급되는 과정을 습공기선도에 표현한 것이다. 공조기 내 과정을 맞게 서술한 것은?

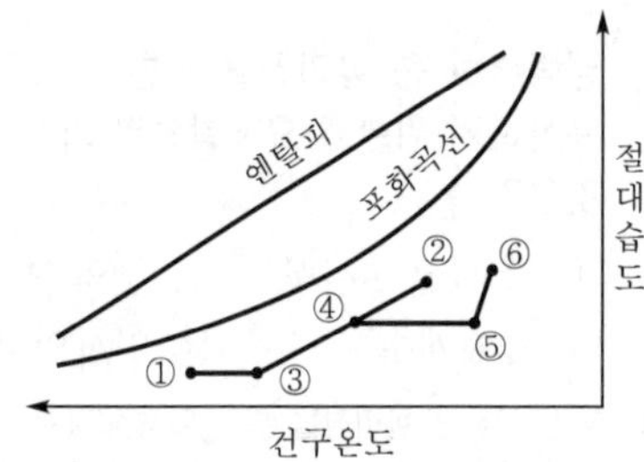

① 예열－혼합－가열－물분무가습
② 예열－혼합－가열－증기가습
③ 예열－증기가습－가열－증기가습
④ 혼합－제습－증기가습－가열

해설 예열(① → ③)－혼합(④)－가열(④ → ⑤)－증기가습(⑤ → ⑥)

참고 ③ → ④ : 가열가습, ② → ④ : 냉각감습

56 일반적으로 난방부하를 계산할 때 실내손실열량으로 고려해야 하는 것은?

① 인체에서 발생하는 잠열
② 극간풍에 의한 잠열
③ 조명에서 발생하는 현열
④ 기기에서 발생하는 현열

해설 난방부하를 계산할 때 극간풍(틈새바람)의 잠열은 실내손실열량으로 고려해야 한다.

★57 냉수코일의 설계에 대한 설명으로 옳은 것은? (단, q_s : 코일의 냉각부하, k : 코일전열계수, FA : 코일의 정면면적, MTD : 대수평균온도차(℃), M : 젖은 면계수이다.)

① 코일 내의 순환수량은 코일 출입구의 수온차가 약 5~10℃가 되도록 선정한다.
② 관내의 수속은 2~3m/s 내외가 되도록 한다.
③ 수량이 적어 관내의 수속이 늦게 될 때에는 더블서킷(double circuit)을 사용한다.
④ 코일의 열수$(N)=\dfrac{q_s \times MTD}{M \times k \times FA}$ 이다.

해설 냉수코일 설계 시 코일 내의 순환수량은 코일 출입구의 수온차가 약 5~10℃가 되도록 선정한다.

58 온도 10℃, 상대습도 50%의 공기를 25℃로 하면 상대습도(%)는 얼마인가? (단, 10℃일 경우의 포화증기압은 1.226kPa, 25℃일 경우의 포화증기압은 3.163kPa이다.)

① 9.5 ② 19.4
③ 27.2 ④ 35.5

해설 $\phi_2 = \phi_1\left(\dfrac{P_{s1}}{P_{s2}}\right) = 0.5 \times \dfrac{1.226}{3.163} \fallingdotseq 0.194 = 19.4\%$

59 원심송풍기에 사용되는 풍량제어방법으로 가장 거리가 먼 것은?

① 송풍기의 회전수변화에 의한 방법
② 흡입구에 설치한 베인에 의한 방법
③ 바이패스에 의한 방법
④ 스크롤댐퍼에 의한 방법

해설 **원심송풍기의 풍량제어방법** : 회전수제어, 흡입베인제어, 스크롤댐퍼제어(흡입댐퍼제어, 토출댐퍼제어)

60 보일러의 종류 중 수관보일러 분류에 속하지 않는 것은?

① 자연순환식 보일러
② 강제순환식 보일러
③ 연관보일러
④ 관류보일러

정답 54 ③ 55 ② 56 ② 57 ① 58 ② 59 ③ 60 ③

해설 ㉠ 연관보일러
- 원통형 보일러가 물을 원통에 넣고 안의 관으로 통해 가열한다.
- 입형, 토통, 연관, 노통연관식

㉡ 수관보일러
- 물을 관에 넣고 수관과 직각이나 평행으로 연소가스가 지나가면서 물이 데워지게 한다.
- 강제순환식, 지연순환식, 관류식 등

4 전기제어공학

61 $v=141\sin\left(377t-\frac{\pi}{6}\right)$인 파형의 주파수(Hz)는 약 얼마인가?

① 50 ② 60
③ 100 ④ 377

해설 $f=\frac{\omega}{2\pi}=\frac{377}{2\pi}=60\text{Hz}$

62 다음 유접점회로를 논리식으로 변환하면?

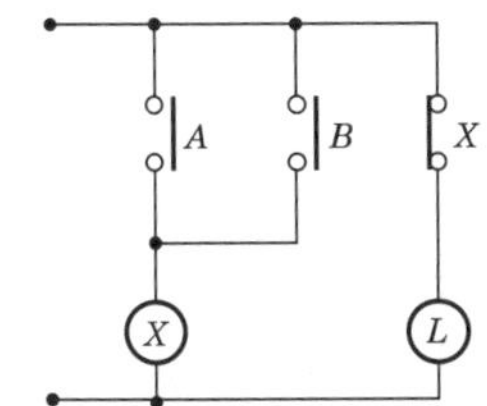

① $\text{L}=\text{AB}$ ② $\text{L}=\text{A}+\text{B}$
③ $\text{L}=\overline{\text{A}+\text{B}}$ ④ $\text{L}=\overline{\text{AB}}$

해설 $\text{L}=\overline{\text{A}+\text{B}}=\overline{\text{A}}\,\overline{\text{B}}$ (NOR회로)

63 ★ 다음의 제어기기에서 압력을 변위로 변환하는 변환요소가 아닌 것은?

① 스프링 ② 벨로즈
③ 노즐플래퍼 ④ 다이어프램

해설 ㉠ 압력 → 변위 : 벨로즈, 다이어프램, 스프링
㉡ 변위 → 압력 : 노즐플래퍼, 유압분사관, 스프링
㉢ 변위 → 전압 : 퍼텐쇼미터, 차동변압기, 전위차계
㉣ 전압 → 변위 : 전자석, 전자코일

64 자극수 6극, 슬롯수 40, 슬롯 내 코일변수가 6인 단중 중권직류기의 정류자 편수는?

① 60 ② 80
③ 100 ④ 120

해설 정류자 편수

$=$슬롯 내 부도체수(슬롯 내 코일변수)$\times\frac{\text{슬롯수}}{2}$

$=6\times\frac{40}{2}=120$

65 무인으로 운전되는 엘리베이터의 자동제어방식은?

① 프로그램제어 ② 추종제어
③ 비율제어 ④ 정치제어

해설 무인으로 운전하는 엘리베이터의 자동제어는 프로그램제어이다.

66 불평형 3상 전류 $I_a=18+j3$[A], $I_b=-25-j7$[A], $I_c=-5+j10$[A]일 때 정상분 전류 I_1[A]은 약 얼마인가?

① $-12-j6$ ② $15.9-j5.27$
③ $6+j6.3$ ④ $-4+j2$

해설 $I_1=\frac{1}{3}(I_a+aI_b+a^2I_c)$

$=\frac{1}{3}\left[18+j3+\left(-\frac{1}{2}+j\frac{\sqrt{3}}{2}\right)(-25-j7)+\left(-\frac{1}{2}-j\frac{\sqrt{3}}{2}\right)(-5+j10)\right]=15.9-j5.27$

참고 $I_0=\frac{1}{3}(I_a+I_b+I_c)$

$I_1=\frac{1}{3}(I_a+aI_b+a^2I_c)$

$I_2=\frac{1}{3}(I_a+a^2I_b+aI_c)$

67 자동조정제어의 제어량에 해당하는 것은?

① 전압 ② 온도
③ 위치 ④ 압력

해설 자동조정제어는 정전압, 정전류, 정주파수, 일정한 회전속도, 일정한 장력 등이 출력되게 제어하는 것이다.

68 ★ 절연저항을 측정하는데 사용되는 계기는?

① 메거(Megger) ② 회로시험기
③ R-L-C미터 ④ 검류계

정답 61 ② 62 ③ 63 ③ 64 ④ 65 ① 66 ② 67 ① 68 ①

해설 절연저항을 측정하는 계기는 메거이다.

69 다음 블록선도에서 성립이 되지 않는 식은?

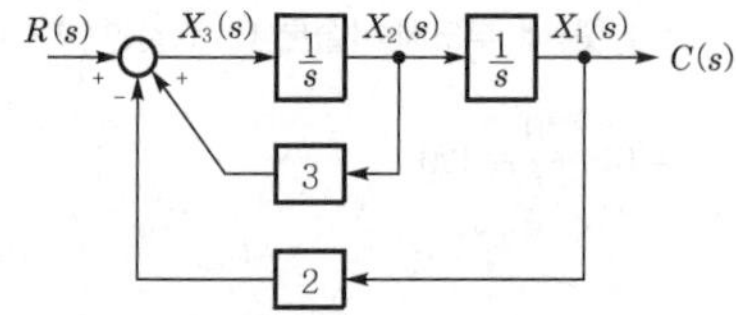

① $x_3(t)=r(t)+3x_2(t)-2c(t)$

② $\dfrac{dx_3(t)}{dt}=x_2(t)$

③ $x_2(t)=\int(r(t)+3x_2(t)-2x_1(t))dt$

④ $x_1(t)=c(t)$

해설 ②의 x_2는 미분으로 해석했기 때문에 틀리다.

70 2차계 시스템이 응답형태를 결정하는 것은?

① 히스테리시스 ② 정밀도
③ 분해도 ④ 제동계수

해설 2차계 시스템의 응답형태를 결정하는 것은 제동계수이다.

71 조절부의 동작에 따른 분류 중 불연속제어에 해당되는 것은?

① ON/OFF제어동작 ② 비례제어동작
③ 적분제어동작 ④ 미분제어동작

해설 비례(D)제어, 미분(D)제어, 적분(I)제어는 연속제어이다.

72 전압방정식이 $e(t)=Ri(t)+L\dfrac{di(t)}{dt}$로 주어지는 RL직렬회로가 있다. 직류전압 E를 인가했을 때 이 회로의 정상상태 전류는?

① $\dfrac{E}{RL}$ ② E

③ $\dfrac{E}{R}$ ④ $\dfrac{RL}{E}$

해설 DC에서 주파수 $f=0$

$\omega L=0$

∴ 정상전류 $i=\dfrac{E}{R}$

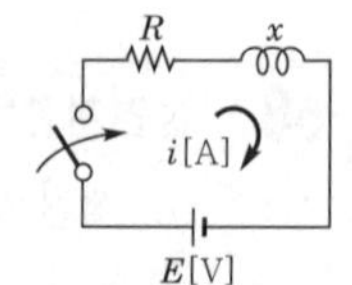

★ 73 발전기에 적용되는 법칙으로 유도기전력의 방향을 알기 위해 사용되는 법칙은?

① 옴의 법칙
② 암페어의 주회적분법칙
③ 플레밍의 왼손법칙
④ 플레밍의 오른손법칙

해설 발전기에 적용되는 법칙으로 유도기전력의 방향을 알기 위한 법칙은 플레밍의 오른손법칙이다.

참고 옴의 법칙(Ohm's law) : 도체를 흐르는 전류는 전압에 비례하고, 저항에 반비례한다.

$I=\dfrac{V}{R}$

74 제어계에서 전달함수의 정의는?

① 모든 초기값을 0으로 하였을 때 계의 입력신호의 라플라스값에 대한 출력신호의 라플라스값의 비
② 모든 초기값을 1로 하였을 때 계의 입력신호의 라플라스값에 대한 출력신호의 라플라스값의 비
③ 모든 초기값을 ∞로 하였을 때 계의 입력신호의 라플라스값에 대한 출력신호의 라플라스값의 비
④ 모든 초기값을 입력과 출력의 비로 한다.

해설 제어계(control system)에서 전달함수는 모든 초기값을 0으로 하였을 때 계의 입력신호의 라플라스값에 대한 출력신호의 라플라스값의 비이다.

★ 75 일정 전압의 직류전원에 저항을 접속하고 전류를 흘릴 때 이 전류값을 20% 감소시키기 위한 저항값은 처음 저항의 몇 배가 되는가? (단, 저항을 제외한 기타 조건은 동일하다.)

① 0.65 ② 0.85
③ 0.91 ④ 1.25

해설 $R=\dfrac{V}{I}$

$\therefore\ R'=\dfrac{V}{(1-0.2)I}=1.25\dfrac{V}{I}=1.25R$

정답 69 ② 70 ④ 71 ① 72 ③ 73 ④ 74 ① 75 ④

76 다음과 같은 회로에서 I_2가 0이 되기 위한 C의 값은? (단, L은 합성인덕턴스, M은 상호인덕턴스이다.)

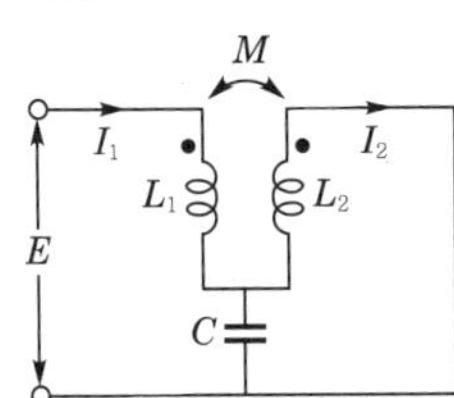

① $\dfrac{1}{\omega L}$ ② $\dfrac{1}{\omega^2 L}$

③ $\dfrac{1}{\omega M}$ ④ $\dfrac{1}{\omega^2 M}$

해설 2차 회로의 전압방정식

$$j\omega(L_2-M)I_2+j\omega M(I_2-I_1)+\frac{1}{j\omega C}(I_2-I_1)=0$$

$$\left(-j\omega M+\frac{1}{j\omega C}\right)I_1+\left(j\omega L_2+\frac{1}{j\omega C}\right)I_2=0$$

$I_2=0$이 되려면 I_1의 계수가 0이어야 하므로

$$-j\omega M+\frac{1}{\omega C}=0$$

$$\therefore C=\frac{1}{\omega^2 M}$$

★ 77 논리식 $L=\bar{x}\bar{y}z+\bar{x}yz+x\bar{y}z+xyz$를 간단히 하면?

① x ② z

③ $x\bar{y}$ ④ $x\bar{z}$

해설 $L=\bar{x}\bar{y}z+\bar{x}yz+x\bar{y}z+xyz=\bar{x}z(\bar{y}+y)+xz(\bar{y}+y)$

$=z(\bar{x}+x)=z$

참고 $\bar{x}+x=1,\ \bar{y}+y=1$

78 다음 그림과 같은 논리회로가 나타내는 식은?

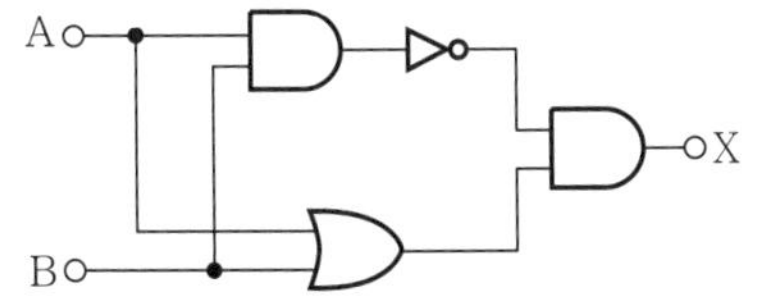

① $X=AB+BA$

② $X=\overline{(A+B)}AB$

③ $X=\overline{AB}(A+B)$

④ $X=AB+(A+B)$

해설

A, B, AND, AB, $\overline{AB}$, OR, A+B, AND, $X=\overline{AB}(A+B)$

79 피드백제어계에서 제어요소에 대한 설명으로 옳은 것은?

① 목표값에 비례하는 기준입력신호를 발생하는 요소이다.

② 제어량의 값을 목표값과 비교하기 위하여 피드백되는 요소이다.

③ 조작부와 조절부로 구성되고 동작신호를 조작량으로 변환하는 요소이다.

④ 기준입력과 주궤환신호의 차로 제어동작을 일으키는 요소이다.

해설 피드백제어계(feedback control system)에서 제어요소는 조작부와 조절부로 구성되고 동작신호를 조작량으로 변환하는 요소이다.

★ 80 다음 설명이 나타내는 법칙은?

회로 내의 임의의 한 폐회로에서 한 방향으로 전류가 일주하면서 취한 전압 상승의 대수합은 각 회로소자에서 발생한 전압강하의 대수합과 같다.

① 옴의 법칙

② 가우스법칙

③ 쿨롱의 법칙

④ 키르히호프의 법칙

해설 키르히호프의 법칙

㉠ 제1법칙(전류의 법칙) : 어떤 회로에서 회로망의 임의의 접속점에 유입·출하는 전류의 대수합은 0이다.

㉡ 제2법칙(전압의 법칙) : 폐회로 중의 기전력의 대수합과 전압 강하의 대수합은 같다.

정답 76 ④ 77 ② 78 ③ 79 ③ 80 ④

5 배관 일반

★
81 강관작업에서 다음 그림처럼 15A 나사용 90° 엘보 2개를 사용하여 길이가 200mm가 되도록 연결작업을 하려고 한다. 이때 실제 15A 강관의 길이(mm)는 얼마인가? (단, 나사가 물리는 최소 길이(여유치수)는 11mm, 이음쇠의 중심에서 단면까지의 길이는 27mm이다.)

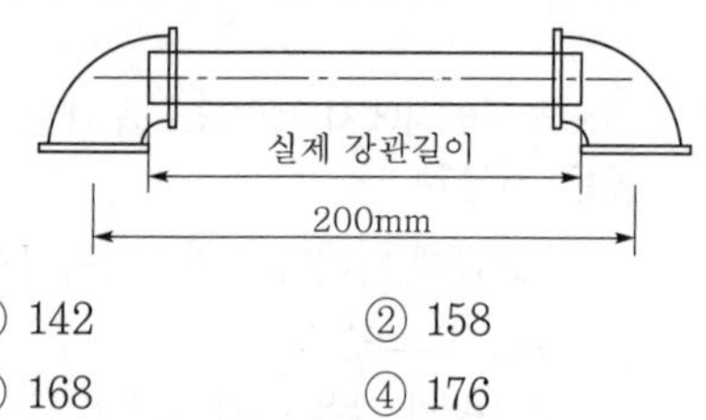

① 142 ② 158
③ 168 ④ 176

해설 $l=L-2(A-a)=200-2\times(27-11)=168\text{mm}$

82 공기조화설비에서 수배관 시공 시 주요 기기류의 접속배관에는 수리 시 전계통의 물을 배수하지 않도록 서비스용 밸브를 설치한다. 이때 밸브를 완전히 열었을 때 저항이 적은 밸브가 요구되는데 가장 적당한 밸브는?

① 나비밸브 ② 게이트밸브
③ 니들밸브 ④ 글로브밸브

해설 게이트밸브는 유체의 흐름을 단속하는 대표적인 일반밸브로서 저항이 적은 밸브로 사절밸브(sluice valve)라고도 한다.

★
83 다음 중 배수설비에서 소제구(C.O)의 설치위치로 가장 부적절한 곳은?

① 가옥배수관과 옥외의 하수관이 접속되는 근처
② 배수수직관의 최상단부
③ 수평지관이나 횡주관의 기점부
④ 배수관이 45도 이상의 각도로 구부러지는 곳

해설 소제구(청소구)의 설치위치
㉠ 가옥배수관과 옥외하수관이 접속되는 근처
㉡ 배수수직관의 최하부 또는 그 부근
㉢ 배관의 수평주관과 수평분기관의 분기점
㉣ 수평횡주관의 기점부(굴곡부)
㉤ 배수관이 45도 이상의 각도로 방향을 전환하는 곳
㉥ 관경 100A 이하는 수평관 직선거리 15m마다, 100A 이상은 30m마다
㉦ 각종 트랩 및 기타 막힐 우려가 많은 곳

참고 배수관경이 100A(100mm) 이하일 때는 소제구의 크기를 수관의 직경과 같게 한다.

84 스테인리스강관에 삽입하고 전용 압착공구를 사용하여 원형의 단면을 갖는 이음쇠를 6각의 형태로 압착시켜 접착하는 배관이음쇠는?

① 나사식 이음쇠
② 그립식 관이음쇠
③ 몰코조인트이음쇠
④ MR조인트이음쇠

해설 **몰코조인트이음쇠** : 압착공구를 사용하여 원형의 단면을 갖는 이음쇠를 6각의 형태로 압착시켜 접착한 것

★
85 다음 중 흡수성이 있으므로 방습재를 병용해야 하며, 아스팔트로 가공한 것은 −60℃까지의 보냉용으로 사용이 가능한 것은?

① 펠트 ② 탄화코르크
③ 석면 ④ 암면

해설 펠트(felt, 우모, 양모)는 유기질 보온재로 흡습성이 있어 방습재를 병용해야 하며, 아스팔트로 가공한 것은 −60℃까지의 보냉용으로 사용이 가능하다.

86 순동이음쇠를 사용할 때에 비하여 동합금 주물이음쇠를 사용할 때 고려할 사항으로 가장 거리가 먼 것은?

① 순동이음쇠 사용에 비해 모세관현상에 의한 용융 확산이 어렵다.
② 순동이음쇠와 비교하여 용접재 부착력은 큰 차이가 없다.
③ 순동이음쇠와 비교하여 냉벽 부분이 발생할 수 있다.
④ 순동이음쇠 사용에 비해 열팽창의 불균일에 의한 부정적 틈새가 발생할 수 있다.

해설 순동이음쇠의 용접재(연납, soldering)보다 동합금 주물이음쇠의 용접재(경납, brazing) 부착력이 더 크다.

정답 81 ③ 82 ② 83 ② 84 ③ 85 ① 86 ②

87 폴리부틸렌관(PB)이음에 대한 설명으로 틀린 것은?

① 에이콘이음이라고도 한다.
② 나사이음 및 용접이음이 필요 없다.
③ 그랩링, O-링, 스페이스와셔가 필요하다.
④ 이종관접합 시는 어댑터를 사용하여 인서트이음을 한다.

해설 폴리부틸렌관(PB)이음은 이종관과 접합 시 커넥터 및 어댑터를 사용하여 나사이음(screw joint)을 한다.

88 관 공작용 공구에 대한 설명으로 틀린 것은?

① 익스팬더 : 동관의 끝부분을 원형으로 정형 시 사용
② 봄볼 : 주관에서 분기관을 따내기 작업 시 구멍을 뚫을 때 사용
③ 열풍용접기 : PVC관의 접합, 수리를 위한 용접 시 사용
④ 리드형 오스타 : 강관에 수동으로 나사를 절삭할 때 사용

해설 ㉠ 익스팬더 : 동관의 관 끝 확관용 공구
㉡ 사이징툴 : 동관의 끝부분을 원형으로 정형하는 공구

★
89 관경 300mm, 배관길이 500m의 중압가스수송관에서 공급압력과 도착압력이 게이지압력으로 각각 3kgf/cm^2, 2kgf/cm^{2}인 경우 가스유량(m^3/h)은 얼마인가? (단, 가스비중 0.64, 유량계수 52.31이다.)

① 10,238 ② 20,583
③ 38,317 ④ 40,153

해설 $P_1 = 1.0332 + 3 = 4.0332\text{ata}$
$P_2 = 1.0332 + 2 = 3.0332\text{ata}$

$$\therefore Q = K\sqrt{\frac{({P_1}^2 - {P_2}^2)D^5}{SL}}$$
$$= 52.31\sqrt{\frac{(4.0332^2 - 3.0332^2)\times 30^5}{0.64\times 500}}$$
$$= 38{,}318\text{m}^3/\text{h}$$

90 냉매배관용 팽창밸브의 종류로 가장 거리가 먼 것은?

① 수동식 팽창밸브
② 정압식 자동팽창밸브
③ 온도식 자동팽창밸브
④ 팩리스 자동팽창밸브

해설 냉매배관용 팽창밸브의 종류
㉠ 수동식 팽창밸브
㉡ 온도식 자동팽창밸브
㉢ 정압식 자동팽창밸브
㉣ 전자식 팽창밸브
㉤ 모세관

91 다음 중 폴리에틸렌관의 접합법이 아닌 것은?

① 나사접합 ② 인서트접합
③ 소켓접합 ④ 용착슬리브접합

해설 소켓접합은 주철관접합이다.

92 온수난방에서 개방식 팽창탱크에 관한 설명으로 틀린 것은?

① 공기빼기 배기관을 설치한다.
② 4℃의 물을 100℃로 높였을 때 팽창체적 비율이 4.3% 정도이므로 이를 고려하여 팽창탱크를 설치한다.
③ 팽창탱크에는 오버플로관을 설치한다.
④ 팽창관에는 반드시 밸브를 설치한다.

해설 팽창관은 부피(체적)가 증가된 온수를 팽창탱크로 도피시키는 배관으로 절대 배관을 설치해서는 안 된다.

★
93 LP가스 공급, 소비설비의 압력손실요인으로 틀린 것은?

① 배관의 입하에 의한 압력손실
② 엘보, 티 등에 의한 압력손실
③ 배관의 직관부에서 일어나는 압력손실
④ 가스미터, 콕, 밸브 등에 의한 압력손실

해설 주성분이 프로판(C_3H_8), 부탄(C_4H_{10})인 LPG(액화석유가스)는 공기보다 무겁다. 따라서 배관의 입하 시 자중으로 내려가기 때문에 압력손실요인이 아니다.

정답 87 ④ 88 ① 89 ③ 90 ④ 91 ③ 92 ④ 93 ①

94 **중앙식 급탕방식의 특징으로 틀린 것은?**

① 일반적으로 다른 설비기계류와 동일한 장소에 설치할 수 있어 관리가 용이하다.
② 저탕량이 많으므로 피크부하에 대응할 수 있다.
③ 일반적으로 열원장치는 공조설비와 겸용하여 설치되기 때문에 열원단가가 싸다.
④ 배관이 연장되므로 열효율이 높다.

해설 중앙식 급탕방식은 기계실에서 사용처까지 배관이 길게 연장되므로 열효율이 저하되며 압력강하로 인한 압력손실도 증가한다.

★
95 **펌프운전 시 발생하는 캐비테이션현상에 대한 방지대책으로 틀린 것은?**

① 흡입양정을 짧게 한다.
② 펌프의 회전수를 낮춘다.
③ 단흡입펌프를 사용한다.
④ 흡입관의 관경을 굵게, 굽힘을 적게 한다.

해설 **캐비테이션(cavitation, 공동현상) 방지대책**
㉠ 흡입양정을 짧게 한다.
㉡ 펌프의 회전수를 낮춘다.
㉢ 양흡입펌프를 사용한다.
㉣ 흡입관의 경우 관경을 굵게, 굽힘을 적게 한다.

96 **밀폐배관계에서는 압력계획이 필요하다. 압력계획을 하는 이유로 틀린 것은?**

① 운전 중 배관계 내에 대기압보다 낮은 개소가 있으면 접속부에서 공기를 흡입할 우려가 있기 때문에
② 운전 중 수온에 알맞은 최소 압력 이상으로 유지하지 않으면 순환수 비등이나 플래시현상 발생 우려가 있기 때문에
③ 펌프의 운전으로 배관계 각부의 압력이 감소하므로 수격작용, 공기정체 등의 문제가 생기기 때문에
④ 수온의 변화에 의한 체적의 팽창·수축으로 배관 각부에 악영향을 미치기 때문에

해설 **압력계획**
㉠ 공기흡입, 정체, 순환수 비등, 국부적 플래시현상, 수격작용, 펌프의 캐비테이션
㉡ 기기내압문제, 배관압력분포, 팽창탱크 설치 등의 문제 고려하여 계획

★
97 **급탕설비에 관한 설명으로 옳은 것은?**

① 급탕배관의 순환방식은 상향순환식, 하향순환식, 상하향 혼용 순환식으로 구분된다.
② 물에 증기를 직접 분사시켜 가열하는 기수혼합식의 사용증기압은 0.01MPa(0.1kgf/cm^2) 이하가 적당하다.
③ 가열에 따른 관의 신축을 흡수하기 위하여 팽창탱크를 설치한다.
④ 강제순환식 급탕배관의 구배는 1/200~1/300 정도로 한다.

해설 급탕설비에서 강제순환식 급탕배관의 구배(기울기)는 1/200~1/300 정도로 한다.

98 **병원, 연구소 등에서 발생하는 배수로 하수도에 직접 방류할 수 없는 유독한 물질을 함유한 배수를 무엇이라 하는가?**

① 오수 ② 우수
③ 잡배수 ④ 특수 배수

해설 **배수의 종류** : 오수(대소변기), 잡배수(주방, 세탁기, 세면기), 우수(빗물), 특수 배수(공장, 병원, 연구소) 등

99 **증기 및 물배관 등에서 찌꺼기를 제거하기 위하여 설치하는 부속품으로 옳은 것은?**

① 유니언 ② P트랩
③ 부싱 ④ 스트레이너

해설 스트레이너(여과기)는 증기 및 물배관 등에서 찌꺼기를 제거하기 위하여 설치하는 부속품으로 입자가 큰 불순물 여과장치이다.

100 **배관의 접합방법 중 용접접합의 특징으로 틀린 것은?**

① 중량이 무겁다.
② 유체의 저항손실이 적다.
③ 접합부 강도가 강하여 누수 우려가 적다.
④ 보온피복 시공이 용이하다.

해설 배관접합 중 용접접합(welding joint)은 중량이 가볍다.

정답 94 ④ 95 ③ 96 ③ 97 ④ 98 ④ 99 ④ 100 ①

13 2022. 3. 5. 시행 공조냉동기계기사

1 에너지관리

★
01 다음 온열환경지표 중 복사의 영향을 고려하지 않는 것은?

① 유효온도(ET)
② 수정유효온도(CET)
③ 예상온열감(PMV)
④ 작용온도(OT)

해설 유효온도(ET, 감각온도)는 온도, 습도, 기류의 영향을 하나의 온도감각으로 나타낸 것으로서, 상대습도 100%, 기류(속도) 0m/s의 온도로 Yaglou의 유효온도선도에서 유효온도(ET)를 읽을 수 있다.

참고 수정유효온도(CET) : 유효온도는 복사열의 영향을 고려하지 않으므로 건구온도 대신 글로브온도계(복사열의 영향)를 고려한 것

02 실내공기상태에 대한 설명으로 옳은 것은?

① 유리면 등의 표면에 결로가 생기는 것은 그 표면온도가 실내의 노점온도보다 높게 될 때이다.
② 실내공기온도가 높으면 절대습도도 높다.
③ 실내공기의 건구온도와 그 공기의 노점온도와의 차는 상대습도가 높을수록 작아진다.
④ 건구온도가 낮은 공기일수록 많은 수증기를 함유할 수 있다.

해설 실내공기의 건구온도와 그 공기의 노점온도와의 차는 상대습도(ϕ)가 높을수록 작아진다.

03 주간 피크(peak)전력을 줄이기 위한 냉방시스템방식으로 가장 거리가 먼 것은?

① 터보냉동기방식
② 수축열방식
③ 흡수식 냉동기방식
④ 빙축열방식

해설 주간 피크전력을 줄이기 위한 냉방시스템방식은 수축열방식, 빙축열방식, 흡수식 냉동기방식 등이 있다.

★
04 열교환기에서 냉수코일 입구측의 공기와 물의 온도차가 16℃, 냉수코일 출구측의 공기와 물의 온도차가 6℃이면 대수평균온도차(℃)는 얼마인가?

① 10.2 ② 9.25
③ 8.37 ④ 8.00

해설 $LMTD = \dfrac{\Delta t_1 - \Delta t_2}{\ln\dfrac{\Delta t_1}{\Delta t_2}} = \dfrac{16-6}{\ln\dfrac{16}{6}} = 10.2℃$

05 습공기를 단열가습하는 경우 열수분비(u)는 얼마인가?

① 0 ② 0.5
③ 1 ④ ∞

해설 단열가습($di=0$)하면 $u=0$이다.

참고 열수분비(u)= $\dfrac{di}{dx}$

06 습공기선도($t-x$선도)상에서 알 수 없는 것은?

① 엔탈피 ② 습구온도
③ 풍속 ④ 상대습도

해설 습공기선도($t-x$선도)상에서 풍속은 알 수 없다.

정답 01 ① 02 ③ 03 ① 04 ① 05 ① 06 ③

부록 I

07 **다음 중 풍량조절댐퍼의 설치위치로 가장 적절하지 않은 곳은?**

① 송풍기, 공조기의 토출측 및 흡입측
② 연소의 우려가 있는 부분의 외벽 개구부
③ 분기덕트에서 풍량조정을 필요로 하는 곳
④ 덕트계에서 분기하여 사용하는 곳

★
08 **수냉식 응축기에서 냉각수 입출구온도차가 5℃, 냉각수량이 300LPM인 경우 이 냉각수에서 1시간에 흡수하는 열량은 1시간당 LNG 몇 N·m³를 연소한 열량과 같은가? (단, 냉각수의 비열은 4.2kJ/kg·℃, LNG발열량은 43,961.4kJ/N·m³, 열손실은 무시한다.)**

① 4.6 ② 6.3
③ 8.6 ④ 10.8

해설 $Q=60mC\Delta t=60\times300\times4.2\times5=378,000\text{kJ/h}$

∴ 1시간당 LNG열량$=\dfrac{378,000}{43,961.4}\fallingdotseq8.6\text{N}\cdot\text{m}^3/\text{h}$

★
09 **덕트의 분기점에서 풍량을 조절하기 위하여 설치하는 댐퍼로 가장 적절한 것은?**

① 방화댐퍼 ② 스플릿댐퍼
③ 피벗댐퍼 ④ 터닝베인

해설 스플릿댐퍼(split damper)는 덕트의 분기점에서 풍량을 조절하기 위한 분기댐퍼이다.

10 **공기 중의 수증기가 응축하기 시작할 때의 온도, 즉 공기가 포화상태로 될 때의 온도를 무엇이라고 하는가?**

① 건구온도 ② 노점온도
③ 습구온도 ④ 상당외기온도

해설 노점온도(Dew Point)
㉠ 공기가 냉각하여 포화상태(상대습도 100%)가 될 때의 온도
㉡ 공기 중의 수증기가 응축하기 시작할 때의 온도

★
11 **증기난방방식에 대한 설명으로 틀린 것은?**

① 환수방식에 따라 중력환수식과 진공환수식, 기계환수식으로 구분한다.
② 배관방법에 따라 단관식과 복관식이 있다.
③ 예열시간이 길지만 열량조절이 용이하다.
④ 운전 시 증기해머로 인한 소음을 일으키기 쉽다.

해설 증기난방방식
㉠ 예열시간이 짧고 열량조절이 어렵다.
㉡ 열매체(증기)의 온도가 높아 실내상하온도차가 크고 방열기 표면온도가 높아 화상의 위험이 있다.
㉢ 환수관 내부에서 부식이 발생되기 쉽다.

★
12 **다음 중 일반 사무용 건물의 난방부하 계산결과에 가장 작은 영향을 미치는 것은?**

① 외기온도
② 벽체로부터의 손실열량
③ 인체부하
④ 틈새바람부하

해설 난방부하 계산 시 인체부하는 거의 고려하지 않는다.

★
13 **정방실에 35kW의 모터에 의해 구동되는 정방기가 12대 있을 때 전력에 의한 취득열량(kW)은 얼마인가? (단, 전동기와 이것에 의해 구동되는 기계가 같은 방에 있으며, 전동기의 가동률은 0.74이고, 전동기 효율은 0.87, 전동기 부하율은 0.92이다.)**

① 483 ② 420
③ 357 ④ 329

해설 취득열량$=\dfrac{\text{모터용량}\times\text{대수}\times\text{전동기 가동률}\times\text{전동기 부하율}}{\text{전동기 효율}}$

$=\dfrac{35\times12\times0.74\times0.92}{0.87}\fallingdotseq329\text{kW}$

14 **보일러의 시운전보고서에 관한 내용으로 가장 관련이 없는 것은?**

① 제어기 세팅값과 입출수조건 기록
② 입출구공기의 습구온도
③ 연도가스의 분석
④ 성능과 효율측정값을 기록, 설계값과 비교

해설 보일러 시운전보고서 내용
㉠ 제어기 세팅값과 입출수조건 기록
㉡ 연도가스의 분석
㉢ 성능과 효율측정값을 기록, 설계값과 비교

정답 07 ② 08 ③ 09 ② 10 ② 11 ③ 12 ③ 13 ④ 14 ②

15 **다음 용어에 대한 설명으로 틀린 것은?**

① 자유면적 : 취출구 혹은 흡입구 구멍면적의 합계
② 도달거리 : 기류의 중심속도가 0.25m/s에 이르렀을 때 취출구에서의 수평거리
③ 유인비 : 전공기량에 대한 취출공기량(1차 공기)의 비
④ 강하도 : 수평으로 취출된 기류가 일정 거리만큼 진행한 뒤 기류 중심선과 취출구 중심과의 수직거리

해설 유인비
㉠ 1차 공기(취출공기량)에 대한 전공기량(합계공기량)의 비
㉡ 유인비(R)$=\dfrac{\text{합계공기}}{\text{1차 공기}}=\dfrac{\text{1차 공기+2차 공기}}{\text{1차 공기}}$

★
16 **증기난방과 온수난방의 비교 설명으로 틀린 것은?**

① 주이용열로 증기난방은 잠열이고, 온수난방은 현열이다.
② 증기난방에 비하여 온수난방은 방열량을 쉽게 조절할 수 있다.
③ 장거리 수송으로 증기난방은 발생증기압에 의하여, 온수난방은 자연순환력 또는 펌프 등의 기계력에 의한다.
④ 온수난방에 비하여 증기난방은 예열부하와 시간이 많이 소요된다.

해설 증기난방은 온수난방에 비해 예열시간이 짧고 증기순환이 빠르며 열의 운반능력이 크다.

★
17 **에어와셔 단열가습 시 포화효율(η)은 어떻게 표시하는가? (단, 입구공기의 건구온도 t_1, 출구공기의 건구온도 t_2, 입구공기의 습구온도 t_{w1}, 출구공기의 습구온도 t_{w2}이다.)**

① $\eta=\dfrac{t_1-t_2}{t_2-t_{w2}}$ ② $\eta=\dfrac{t_1-t_2}{t_1-t_{w1}}$
③ $\eta=\dfrac{t_2-t_1}{t_{w2}-t_1}$ ④ $\eta=\dfrac{t_1-t_{w1}}{t_2-t_1}$

해설 에어와셔(Air Washer) 단열가습($di=0$) 시
효율(η)$=\dfrac{t_1-t_2}{t_1-t_{w1}}$

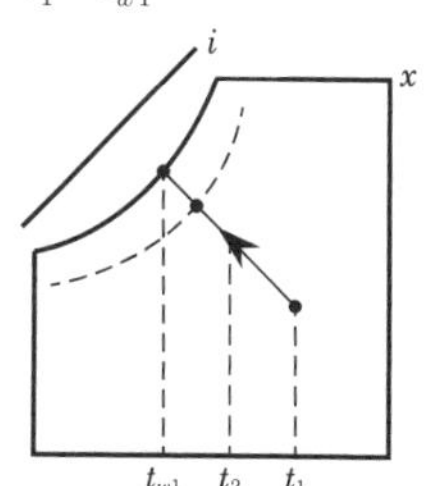

18 **공기조화시스템에 사용되는 댐퍼의 특성에 대한 설명으로 틀린 것은?**

① 일반댐퍼(Volume Control Damper) : 공기유량조절이나 차단용이며 아연도금 철판이나 알루미늄재료로 제작된다.
② 방화댐퍼(Fire Damper) : 방화벽을 관통하는 덕트에 설치되며 화재 발생 시 자동으로 폐쇄되어 화염의 전파를 방지한다.
③ 밸런싱댐퍼(Balancing Damper) : 덕트의 여러 분기관에 설치되어 분기관의 풍량을 조절하며 주로 TAB 시 사용된다.
④ 정풍량댐퍼(Linear Volume Control Damper) : 에너지 절약을 위해 결정된 유량을 선형적으로 조절하며 역류방지기능이 있어 비싸다.

★
19 **공기조화기의 TAB측정절차 중 측정요건으로 틀린 것은?**

① 시스템의 검토공정이 완료되고 시스템검토보고서가 완료되어야 한다.
② 설계도면 및 관련 자료를 검토한 내용을 토대로 하여 보고서양식에 장비규격 등의 기준이 완료되어야 한다.
③ 댐퍼, 말단유닛, 터미널의 개도는 완전 밀폐되어야 한다.
④ 제작사의 공기조화기 시운전이 완료되어야 한다.

해설 댐퍼, 말단유닛, 터미널의 개도는 완전 개방되어야 한다.

정답 15 ③ 16 ④ 17 ② 18 ④ 19 ③

부록 I

20 강제순환식 온수난방에서 개방형 팽창탱크를 설치하려고 할 때 적당한 온수의 온도는?

① 100℃ 미만 ② 130℃ 미만
③ 150℃ 미만 ④ 170℃ 미만

해설 강제순환식 온수난방에서 개방형 팽창탱크를 설치하려고 할 때 적당한 온수온도는 100℃ 미만이다.

2 공조냉동 설계

★
21 70kPa에서 어떤 기체의 체적이 12m³이었다. 이 기체를 800kPa까지 폴리트로픽과정으로 압축했을 때 체적이 2m³로 변화했다면 이 기체의 폴리트로픽지수는 약 얼마인가?

① 1.21 ② 1.28
③ 1.36 ④ 1.43

해설 $P_1 V_1^{\ n} = P_2 V_2^{\ n}$

$$\frac{P_1}{P_2} = \left(\frac{V_2}{V_1}\right)^n$$

$$\ln\frac{P_1}{P_2} = n\ln\frac{V_2}{V_1}$$

$$\therefore\ n = \frac{\ln\dfrac{P_1}{P_2}}{\ln\dfrac{V_2}{V_1}} = \frac{\ln\dfrac{70}{800}}{\ln\dfrac{2}{12}} ≒ 1.36$$

★
22 부피가 0.4m³인 밀폐된 용기에 압력 3MPa, 온도 100℃의 이상기체가 들어있다. 기체의 정압비열 5kJ/kg·K, 정적비열 3kJ/kg·K일 때 기체의 질량(kg)은 얼마인가?

① 1.2 ② 1.6
③ 2.4 ④ 2.7

해설 ㉠ $R = C_p - C_v = 5 - 3 = 2\text{kJ/kg}\cdot\text{K}$
㉡ $PV = mRT$

$$\therefore\ m = \frac{PV}{RT} = \frac{3\times10^3\times0.4}{2\times(100+273)} ≒ 1.61\text{kg}$$

23 온도 100℃, 압력 200kPa의 이상기체 0.4kg이 가역단열과정으로 압력이 100kPa로 변화하였다면 기체가 한 일(kJ)은 얼마인가? (단, 기체의 비열비 1.4, 정적비열 0.7kJ/kg·K이다.)

① 13.7 ② 18.8
③ 23.6 ④ 29.4

해설
$${}_1W_2 = mC_v T_1\left[1-\left(\frac{P_2}{P_1}\right)^{\frac{k-1}{k}}\right]$$

$$= 0.4\times0.7\times(100+273)\times\left[1-\left(\frac{100}{200}\right)^{\frac{1.4-1}{1.4}}\right]$$

$$≒ 18.8\text{kJ}$$

24 공기의 정압비열(C_p[kJ/kg·℃])이 다음과 같을 때 공기 5kg을 0℃에서 100℃까지 일정한 압력하에서 가열하는 데 필요한 열량(kJ)은 약 얼마인가? (단, 다음 식에서 t는 섭씨온도를 나타낸다.)

$$C_p = 1.0053 + 0.000079t\,[\text{kJ/kg}\cdot℃]$$

① 85.5 ② 100.9
③ 312.7 ④ 504.6

해설
$$Q = m\int_{t_1}^{t_2} C_p\,dt = m\int_{t_1}^{t_2}(1.0053+0.000079t)\,dt$$

$$= m\left[1.0053(t_2-t_1) + \frac{0.000079}{2}(t_2^{\ 2}-t_1^{\ 2})\right]$$

$$= 5\times\left[1.0053\times(100-0) + \frac{0.000079}{2}\times(100^2-0)\right]$$

$$= 504.6\text{kJ}$$

★
25 흡수식 냉동기의 냉매순환과정으로 옳은 것은?

① 증발기(냉각기) → 흡수기 → 재생기 → 응축기
② 증발기(냉각기) → 재생기 → 흡수기 → 응축기
③ 흡수기 → 증발기(냉각기) → 재생기 → 응축기
④ 흡수기 → 재생기 → 증발기(냉각기) → 응축기

해설 흡수식 냉동기의 냉매순환과정 : 증발기(냉각기) → 흡수기 → 재생기 → 응축기

정답 20 ① 21 ③ 22 ② 23 ② 24 ④ 25 ①

★

26 이상기체 1kg이 초기에 압력 2kPa, 부피 $0.1m^3$를 차지하고 있다. 가역등온과정에 따라 부피가 $0.3m^3$로 변화했을 때 기체가 한 일(J)은 얼마인가?

① 9,540 ② 2,200
③ 954 ④ 220

해설 $_1W_2 = P_1V_1\ln\frac{V_2}{V_1} = 2\times10^3\times0.1\times\ln\frac{0.3}{0.1} \fallingdotseq 220\text{kJ}$

★

27 증기터빈에서 질량유량이 1.5kg/s이고, 열손실률이 8.5kW이다. 터빈으로 출입하는 수증기에 대하여 다음 그림에 표시한 바와 같은 데이터가 주어진다면 터빈의 출력(kW)은 약 얼마인가?

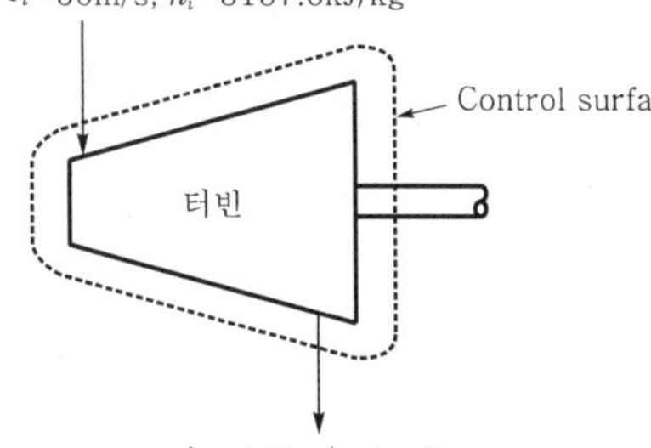

① 273.3 ② 655.7
③ 1,357.2 ④ 2,616.8

해설 $Q_L = W_t + \dot{m}(h_e - h_i) + \frac{\dot{m}}{2}(v_e{}^2 - v_i{}^2)\times10^{-3} + \dot{m}g(z_e - z_i)\times10^{-3}$

$-8.5 = W_t + 1.5\times(2{,}675.5 - 3{,}137) + \frac{1.5}{2}\times(200^2 - 50^2)\times10^{-3} + 1.5\times9.8\times(3-6)\times10^{-3}$

$\therefore W_t = -8.5 + 692.25 - 28.125 + 0.0441 = 655.67\text{kW}$

28 냉동사이클에서 응축온도 47℃, 증발온도 −10℃이면 이론적인 최대 성적계수는 얼마인가?

① 0.21 ② 3.45
③ 4.61 ④ 5.36

해설 $\varepsilon_R = \frac{T_2}{T_1 - T_2} = \frac{-10+273}{(47+273)-(-10+273)} = 4.61$

29 압축기의 체적효율에 대한 설명으로 옳은 것은?

① 간극체적(top clearance)이 작을수록 체적효율은 작다.
② 같은 흡입압력, 같은 증기과열도에서 압축비가 클수록 체적효율은 작다.
③ 피스톤링 및 흡입밸브의 시트에서 누설이 작을수록 체적효율이 작다.
④ 이론적 요구압축동력과 실제 소요압축동력의 비이다.

★

30 냉동장치에서 플래시가스의 발생원인으로 틀린 것은?

① 액관이 직사광선에 노출되었다.
② 응축기의 냉각수유량이 갑자기 많아졌다.
③ 액관이 현저하게 입상하거나 지나치게 길다.
④ 관의 지름이 작거나 관 내 스케일에 의해 관경이 작아졌다.

해설 플래시가스(flash gas)는 증발기가 아닌 곳에서 증발한 냉매증기로 주로 팽창밸브에서 교축팽창 시(압력 강하 시) 발생한다.

31 흡수식 냉동기에 사용되는 흡수제의 구비조건으로 틀린 것은?

① 냉매와 비등온도차이가 작을 것
② 화학적으로 안정하고 부식성이 없을 것
③ 재생에 필요한 열량이 크지 않을 것
④ 점성이 작을 것

해설 흡수제는 냉매와 비등온도차이가 클 것

부록 I

정답 26 ④ 27 ② 28 ③ 29 ② 30 ② 31 ①

★
32 **프레온냉동장치에서 가용전에 대한 설명으로 틀린 것은?**

① 가용전의 용융온도는 일반적으로 75℃ 이하로 되어 있다.
② 가용전은 Sn, Cd, Bi 등의 합금이다.
③ 온도 상승에 따른 이상고압으로부터 응축기 파손을 방지한다.
④ 가용전의 구경은 안전밸브 최소 구경의 1/2 이하이어야 한다.

해설 프레온냉동장치에서 사용되는 가용전(fusible plug)의 규격은 최소 안전밸브구경의 1/2 이상이어야 하고, 암모니아(NH_3)냉동장치에서는 가용합금이 침식되므로 사용하지 않는다.

33 **2차 유체로 사용되는 브라인의 구비조건으로 틀린 것은?**

① 비등점이 높고, 응고점이 낮을 것
② 점도가 낮을 것
③ 부식성이 없을 것
④ 열전달률이 작을 것

해설 간접냉매인 브라인은 열전달률이 클 것

★
34 **클리어런스 포켓이 설치된 압축기에서 클리어런스가 커질 경우에 대한 설명으로 틀린 것은?**

① 냉동능력이 감소한다.
② 피스톤의 체적배출량이 감소한다.
③ 체적효율이 저하한다.
④ 실제 냉매흡입량이 감소한다.

해설 압축기에서 클리어런스(clearance)가 커질 경우 피스톤의 체적배출량이 증가한다.

35 **카르노사이클로 작동되는 기관의 실린더 내에서 1kg의 공기가 온도 120℃에서 열량 40kJ를 받아 등온팽창한다면 엔트로피의 변화(kJ/kg·K)는 약 얼마인가?**

① 0.102 ② 0.132
③ 0.162 ④ 0.192

해설 $S_2 - S_1 = \dfrac{q}{T} = \dfrac{40}{120+273} = 0.102\text{kJ/kg}\cdot\text{K}$

★
36 **이상기체 1kg을 일정 체적하에 20℃로부터 100℃로 가열하는 데 836kJ의 열량이 소요되었다면 정압비열(kJ/kg·K)은 약 얼마인가? (단, 해당 가스의 분자량은 2이다.)**

① 2.09 ② 6.27
③ 10.5 ④ 14.6

해설 $Q = mC_v(t_2 - t_1)$[kJ]

$$C_v = \frac{Q}{m(t_2-t_1)} = \frac{836}{1\times(100-20)}$$
$$= 10.45\text{kJ/kg}\cdot\text{K}$$
$$\therefore\ C_p = C_v + R = C_v + \frac{8.314}{M} = 10.45 + \frac{8.314}{2}$$
$$≒ 14.61\text{kJ/kg}\cdot\text{K}$$

★
37 **20℃의 물로부터 0℃의 얼음을 매시간당 90kg을 만드는 냉동기의 냉동능력(kW)은 얼마인가? (단, 물의 비열 4.2kJ/kg·K, 물의 응고잠열 335kJ/kg이다.)**

① 7.8 ② 8.0
③ 9.2 ④ 10.5

해설 $Q_e = m(C\Delta t + \gamma) = 90\times(4.2\times(20-0)+335)$
$= 37,710\text{kJ/h} ≒ 10.5\text{kW}$

38 **온도식 자동팽창밸브에 대한 설명으로 틀린 것은?**

① 형식에는 일반적으로 벨로즈식과 다이어프램식이 있다.
② 구조는 크게 감온부와 작동부로 구성된다.
③ 만액식 증발기나 건식 증발기에 모두 사용이 가능하다.
④ 증발기 내 압력을 일정하게 유지하도록 냉매유량을 조절한다.

해설 온도식 자동팽창밸브(TEV)에서 내부균압형은 증발기 입구측 압력을 이용한 차압으로, 외부균압형은 증발기 출구측의 압력을 이용한 차압으로 냉매유량을 조절한다.

정답 32 ④ 33 ④ 34 ② 35 ① 36 ④ 37 ④ 38 ④

39 표준 냉동사이클의 단열교축과정에서 입구상태와 출구상태의 엔탈피는 어떻게 되는가?

① 입구상태가 크다.
② 출구상태가 크다.
③ 같다.
④ 경우에 따라 다르다.

해설 표준 냉동사이클의 단열교축과정 시 입구상태와 출구상태의 엔탈피는 일정하다(등엔탈피과정).

40 다음 중 검사질량의 가역열전달과정에 관한 설명으로 옳은 것은?

① 열전달량은 $\int PdV$와 같다.
② 열전달량은 $\int PdV$보다 크다.
③ 열전달량은 $\int TdS$와 같다.
④ 열전달량은 $\int TdS$보다 크다.

해설 검사질량의 가역열전달과정에서 열전달량은 $\int TdS$와 같다.

3 시운전 및 안전관리

★
41 고압가스안전관리법령에 따라 ( ) 안의 내용으로 옳은 것은?

> "충전용기"란 고압가스의 충전질량 또는 충전압력의 (㉠)이 충전되어 있는 상태의 용기를 말한다.
> "잔가스용기"란 고압가스의 충전질량 또는 충전압력의 (㉡)이 충전되어 있는 상태의 용기를 말한다.

① ㉠ 2분의 1 이상, ㉡ 2분의 1 미만
② ㉠ 2분의 1 초과, ㉡ 2분의 1 이하
③ ㉠ 5분의 2 이상, ㉡ 5분의 2 미만
④ ㉠ 5분의 2 초과, ㉡ 5분의 2 이하

해설 ㉠ "충전용기"란 고압가스의 충전질량 또는 충전압력의 2분의 1 이상이 충전되어 있는 상태의 용기를 말한다.
㉡ "잔가스용기"란 고압가스의 충전질량 또는 충전압력의 2분의 1 미만)이 충전되어 있는 상태의 용기를 말한다.

★
42 기계설비법령에 따라 기계설비 유지관리교육에 관한 업무를 위탁받아 시행하는 기관은?

① 한국기계설비건설협회
② 대한기계설비건설협회
③ 한국공작기계산업협회
④ 한국건설기계산업협회

해설 한국기계설비건설협회는 기계설비법령에 따라 기계설비 유지관리교육에 관한 업무를 위탁받아 시행하는 기관이다.

43 고압가스안전관리법령에서 규정하는 냉동기 제조등록을 해야 하는 냉동기의 기준은 얼마인가?

① 냉동능력 3톤 이상인 냉동기
② 냉동능력 5톤 이상인 냉동기
③ 냉동능력 8톤 이상인 냉동기
④ 냉동능력 10톤 이상인 냉동기

해설 냉동능력 3톤 이상인 냉동기는 냉동기 제조등록을 해야 한다고 고압가스안전관리법령에서 규정하고 있다.

★
44 기계설비법령에 따라 기계설비발전 기본계획은 몇 년마다 수립·시행하여야 하는가?

① 1 ② 2
③ 3 ④ 5

해설 기계설비법령에 따라 5년마다 기계설비발전 기본계획을 수립·시행해야 한다.

45 전류의 측정범위를 확대하기 위하여 사용되는 것은?

① 배율기 ② 분류기
③ 저항기 ④ 계기용 변압기

해설 분류기(shunt)는 전류의 측정범위를 확대하기 위하여 사용된다.

정답 39 ③ 40 ③ 41 ① 42 ② 43 ① 44 ④ 45 ②

부록 I

★
46 다음 중 고압가스안전관리법령에 따라 500만원 이하의 벌금기준에 해당되는 경우는?

> ㉠ 고압가스를 제조하려는 자가 신고를 하지 아니하고 고압가스를 제조한 경우
> ㉡ 특정 고압가스사용신고자가 특정 고압가스의 사용 전에 안전관리자를 선임하지 않은 경우
> ㉢ 고압가스의 수입을 업(業)으로 하려는 자가 등록을 하지 아니하고 고압가스수입업을 한 경우
> ㉣ 고압가스를 운반하려는 자가 등록을 하지 아니하고 고압가스를 운반한 경우

① ㉠ ② ㉠, ㉡
③ ㉠, ㉡, ㉢ ④ ㉠, ㉡, ㉢, ㉣

해설 ㉢, ㉣ 1년 이하의 징역 또는 1천만원 이하의 벌금

47 절연저항측정 시 가장 적당한 방법은?

① 메거에 의한 방법
② 전압, 전류계에 의한 방법
③ 전위차계에 의한 방법
④ 더블브리지에 의한 방법

해설 메거는 절연저항을 측정하는 기기이다.

★
48 저항 100Ω의 전열기에 5A의 전류를 흘렸을 때 소비되는 전력은 몇 W인가?

① 500 ② 1,000
③ 1,500 ④ 2,500

해설 $W = VI = (IR)I = I^2R = 5^2 \times 100 = 2{,}500\text{W}$

49 유도전동기에서 슬립이 "0"이라고 하는 것은?

① 유도전동기가 정지상태인 것을 나타낸다.
② 유도전동기가 전부하상태인 것을 나타낸다.
③ 유도전동기가 동기속도로 회전한다는 것이다.
④ 유도전동기가 제동기의 역할을 한다는 것이다.

해설 유도전동기에서 슬립(slip)이 0이라고 하는 것은 유도전동기가 동기속도로 회전한다는 것이다.

★
50 다음 논리식 중 동일한 값을 나타내지 않는 것은?

① $X(X+Y)$
② $XY+X\overline{Y}$
③ $X(\overline{X}+Y)$
④ $(X+Y)(X+\overline{Y})$

해설 ① $X(X+Y)=XX+XY=X+XY=X(1+Y)$
$=X(1+0)=X$
② $XY+X\overline{Y}=X(Y+\overline{Y})=X(1+0)=X$
③ $X(\overline{X}+Y)=X\overline{X}+XY=0+XY=XY$
④ $(X+Y)(X+\overline{Y})=XX+X\overline{Y}+XY+Y\overline{Y}$
$=XX+X(\overline{Y}+Y)+0$
$=X+X(0+1)=X+X=X$

51 $i_t = I_m \sin wt$인 정현파 교류가 있다. 이 전류보다 90° 앞선 전류를 표시하는 식은?

① $I_m \cos wt$
② $I_m \sin wt$
③ $I_m \cos(wt+90°)$
④ $I_m \sin(wt-90°)$

해설 $i = I_m \sin(wt+90°) = I_m \cos wt$

★
52 추종제어에 속하지 않는 제어량은?

① 위치 ② 방위
③ 자세 ④ 유량

해설 압력, 온도, 유량, 액위, 농도, 점도 등의 공업량일 때의 제어는 프로세스(process)제어이다.
참고 서보기구(추종제어) : 위치, 방위, 자세 등

53 직·교류 양용에 만능으로 사용할 수 있는 전동기는?

① 직권정류자전동기
② 직류복권전동기
③ 유도전동기
④ 동기전동기

해설 직권정류자전동기는 직류(DC)·교류(AC) 양용에 만능으로 사용할 수 있다.

정답 46 ② 47 ① 48 ④ 49 ③ 50 ③ 51 ① 52 ④ 53 ①

54 $i = I_{m1}\sin wt + I_{m2}\sin(2wt+\theta)$의 실효값은?

① $\dfrac{I_{m1}+I_{m2}}{2}$

② $\sqrt{\dfrac{{I_{m1}}^2+{I_{m2}}^2}{2}}$

③ $\dfrac{\sqrt{{I_{m1}}^2+{I_{m2}}^2}}{2}$

④ $\sqrt{\dfrac{I_{m1}+I_{m2}}{2}}$

해설 실효값(I_a)$=\sqrt{\dfrac{{I_{m1}}^2+{I_{m2}}^2}{2}}$ [A]

55 다음 그림과 같은 브리지 정류회로는 어느 점에 교류 입력을 연결하여야 하는가?

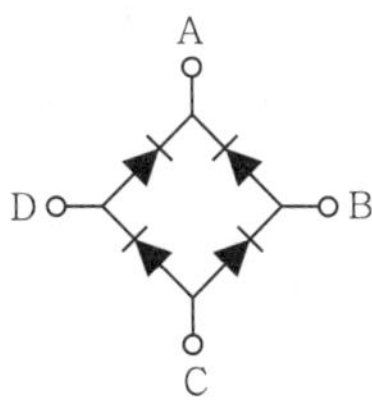

① A－B점 ② A－C점

③ B－C점 ④ B－D점

해설 브리지 정류회로는 B－D점에서 교류(AC) 입력을 연결해야 한다.

★
56 배율기의 저항이 50kΩ, 전압계의 내부저항이 25kΩ이다. 전압계가 100V를 지시하였을 때 측정한 전압(V)은?

① 10 ② 50

③ 100 ④ 300

해설 배율기의 저항(R_m)과 전압계의 저항(R)이 직렬연결이므로 전류(I)가 같다.

$$\frac{V_m}{R_m+R}=\frac{V}{R}$$

$$\therefore\ V_m = V\left(1+\frac{R_m}{R}\right)=100\times\left(1+\frac{50}{25}\right)=300\text{V}$$

여기서, V: 전압계의 전압

★
57 다음 그림의 논리회로와 같은 진리값을 NAND 소자만으로 구성하여 나타내려면 NAND소자는 최소 몇 개가 필요한가?

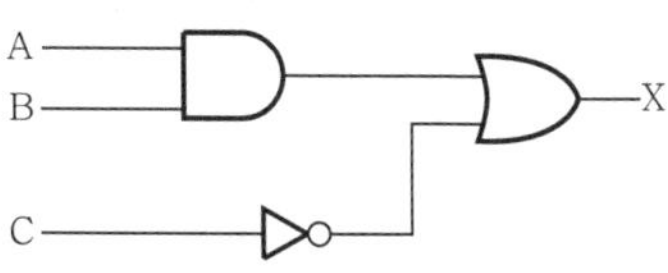

① 1 ② 2

③ 3 ④ 5

해설 NAND게이트는 AND게이트 뒤에 NOT게이트를 붙여 출력이 1이면 0, 출력이 0이면 1로 만들어준다.

58 다음 그림과 같은 전자릴레이회로는 어떤 게이트회로인가?

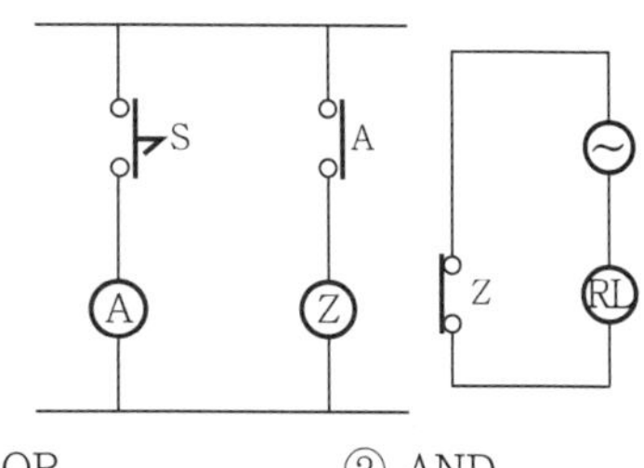

① OR ② AND

③ NOR ④ NOT

해설 제시된 그림은 입력이 1이면 0을 출력하고, 입력이 0이면 1을 출력하는 NOT게이트이다.

59 궤환제어계에 속하지 않는 신호로서 외부에서 제어량이 그 값에 맞도록 제어계에 주어지는 신호를 무엇이라 하는가?

① 목표값 ② 기준입력

③ 동작신호 ④ 궤환신호

해설 목표값이란 궤환제어계에 속하지 않는 신호로서 외부에서 제어량이 그 값에 맞도록 제어계에 주어지는 신호를 말한다.

★
60 제어량에 따른 분류 중 프로세스제어에 속하지 않는 것은?

① 압력 ② 유량

③ 온도 ④ 속도

해설 속도, 전압, 전류, 주파수, 회전수, 토크(torque) 등은 자동조정(automatic regulation)이다.

정답 54 ② 55 ④ 56 ④ 57 ② 58 ④ 59 ① 60 ④

4 유지보수공사관리

61 급수배관 시공 시 수격작용의 방지대책으로 틀린 것은?

① 플래시밸브 또는 급속개폐식 수전을 사용한다.
② 관지름은 유속이 2.0~2.5m/s 이내가 되도록 설정한다.
③ 역류 방지를 위하여 체크밸브를 설치하는 것이 좋다.
④ 급수관에서 분기할 때에는 T이음을 사용한다.

해설 급속개폐식 수전은 수격작용, 소음과 진동이 발생된다.

★ 62 다음 중 사용압력이 가장 높은 동관은?

① L관　② M관
③ K관　④ N관

해설 **사용압력이 높은 순** : K관(두께가 가장 두껍다)>L관(두껍다)>M관(보통)>N관(두께가 얇다. KS규격에는 없다)

★ 63 공조설비 중 덕트 설계 시 주의사항으로 틀린 것은?

① 덕트 내 정압손실을 적게 설계할 것
② 덕트의 경로는 가능한 최장거리로 할 것
③ 소음 및 진동이 적게 설계할 것
④ 건물의 구조에 맞도록 설계할 것

해설 덕트의 경로는 가능한 최단거리로 설계하도록 한다.

★ 64 가스배관 시공에 대한 설명으로 틀린 것은?

① 건물 내 배관은 안전을 고려, 벽, 바닥 등에 매설하여 시공한다.
② 건축물의 벽을 관통하는 부분의 배관에는 보호관 및 부식 방지 피복을 한다.
③ 배관의 경로와 위치는 장래의 계획, 다른 설비와의 조화 등을 고려하여 정한다.
④ 부식의 우려가 있는 장소에 배관하는 경우에는 방식, 절연조치를 한다.

해설 실내의 배관은 바닥과 접촉되지 않도록 시공한다.

★ 65 증기배관 중 냉각레그(cooling leg)에 관한 내용으로 옳은 것은?

① 완전한 응축수를 회수하기 위함이다.
② 고온증기의 동파방지설비이다.
③ 열전도 차단을 위한 보온단열구간이다.
④ 익스팬션조인트이다.

해설 냉각레그는 완전한 응축수를 회수하기 위해 사용한다.

66 보온재의 구비조건으로 틀린 것은?

① 표면 시공이 좋아야 한다.
② 재질 자체의 모세관현상이 커야 한다.
③ 보냉효율이 좋아야 한다.
④ 난연성이나 불연성이어야 한다.

해설 보온재는 재질 자체의 모세관현상이 작아야 한다(흡수성이 없고 다공성일 것).

★ 67 신축이음쇠의 종류에 해당하지 않는 것은?

① 벨로즈형　② 플랜지형
③ 루프형　④ 슬리브형

해설 **신축이음쇠의 종류** : 벨로즈형(주름통형), 루프(loop)형, 슬리브(sleeve)형, 스위블(swivel)형, 볼(ball)조인트형

68 증기난방의 환수방법 중 증기의 순환이 가장 빠르며 방열기의 설치위치에 제한을 받지 않고 대규모 난방에 주로 채택되는 방식은?

① 단관식 상향 증기난방법
② 단관식 하향 증기난방법
③ 진공환수식 증기난방법
④ 기계환수식 증기난방법

정답 61 ① 62 ③ 63 ② 64 ① 65 ① 66 ② 67 ② 68 ③

69 **온수난방배관 시 유의사항으로 틀린 것은?**

① 온수방열기마다 반드시 수동식 에어벤트를 부착한다.
② 배관 중 공기가 고일 우려가 있는 곳에는 에어벤트를 설치한다.
③ 수리나 난방 휴지 시의 배수를 위한 드레인밸브를 설치한다.
④ 보일러에서 팽창탱크에 이르는 팽창관에는 밸브를 2개 이상 부착한다.

해설 보일러에서 팽창탱크에 이르는 팽창관에는 밸브를 설치하지 않는다.

★ **70** **강관에서 호칭관경의 연결로 틀린 것은?**

① 25A : $1\frac{1}{2}$B ② 20A : $\frac{3}{4}$B
③ 32A : $1\frac{1}{4}$B ④ 50A : 2B

해설 A는 mm이고, B는 inch이다. 따라서 1B(인치)는 25A(mm)이다(25A : 1B).

★ **71** **고압증기관에서 권장하는 유속기준으로 가장 적합한 것은?**

① 5~10m/s ② 15~20m/s
③ 30~50m/s ④ 60~70m/s

해설 **고압증기관의 권장 유속** : 30~50m/s

72 **펌프 주위 배관에 관한 설명으로 옳은 것은?**

① 펌프의 흡입측에는 압력계를, 토출측에는 진공계(연성계)를 설치한다.
② 흡입관이나 토출관에는 펌프의 진동이나 관의 열팽창을 흡수하기 위하여 신축이음을 한다.
③ 흡입관의 수평배관은 펌프를 향해 1/50~1/100의 올림구배를 준다.
④ 토출관의 게이트밸브 설치높이는 1.3m 이상으로 하고 바로 위에 체크밸브를 설치한다.

해설 ① 펌프의 흡입측에는 진공계(연성계)를, 토출측에는 압력계를 설치한다.
② 토출관 쪽에 진동이나 관의 열팽창을 흡수하기 위해 신축이음을 한다.
④ 토출관의 게이트밸브 설치높이는 1.3m 이상으로 하고 바로 아래에 체크밸브를 설치한다.

★ **73** **중·고압가스배관의 유량(Q)을 구하는 계산식으로 옳은 것은? (단, P_1 : 처음압력, P_2 : 최종압력, d : 관내경, l : 관길이, S : 가스비중, K : 유량계수)**

① $Q=K\sqrt{\frac{(P_1-P_2)^2d^5}{Sl}}$

② $Q=K\sqrt{\frac{(P_2-P_1)^2d^4}{Sl}}$

③ $Q=K\sqrt{\frac{({P_1}^2-{P_2}^2)d^5}{Sl}}$

④ $Q=K\sqrt{\frac{({P_2}^2-{P_1}^2)d^4}{Sl}}$

해설 중·고압가스배관의 유량(Q)

$=K\sqrt{\frac{({P_1}^2-{P_2}^2)d^5}{Sl}}$ [m^3/h]

여기서, K : 유량계수(52.31)

★ **74** **보온재의 열전도율이 작아지는 조건으로 틀린 것은?**

① 재료의 두께가 두꺼울수록
② 재질 내 수분이 작을수록
③ 재료의 밀도가 클수록
④ 재료의 온도가 낮을수록

해설 **보온재의 열전도율이 작아지는 조건**
㉠ 재료의 두께가 두꺼울수록
㉡ 재질 내 수분이 작을수록
㉢ 재료의 밀도가 작을수록
㉣ 재료의 온도가 낮을수록

75 **다음 중 증기 사용 간접가열식 온수공급탱크의 가열관으로 가장 적절한 관은?**

① 납관 ② 주철관
③ 동관 ④ 도관

정답 69 ④ 70 ① 71 ③ 72 ③ 73 ③ 74 ③ 75 ③

해설 증기 사용 간접가열식 온수공급탱크의 가열관으로 동관(구리관)이 가장 적합하다.

★
76 **펌프의 양수량이 60m³/min이고, 전양정이 20m일 때 벌류트펌프로 구동할 경우 필요한 동력(kW)은 얼마인가? (단, 물의 비중량은 9,800N/m³이고, 펌프의 효율은 60%로 한다.)**

① 196.1 ② 200.2
③ 326.7 ④ 405.8

해설 펌프동력$=\dfrac{9.8QH}{\eta_p}=\dfrac{9.8\times\dfrac{60}{60}\times 20}{0.6}\fallingdotseq 326.7\text{kW}$

77 **다음 중 주철관이음에 해당되는 것은?**

① 납땜이음 ② 열간이음
③ 타이튼이음 ④ 플라스턴이음

해설 주철관이음의 종류 : 소켓이음, 기계적 이음, 플랜지이음, 타이튼이음, 빅토릭이음 등

참고 납땜이음은 동관이음, 열간이음은 염화비닐관이음, 플라스턴(Pb+Sn)이음은 연관이음이다.

78 **전기가 정전되어도 계속하여 급수를 할 수 있으며 급수오염 가능성이 적은 급수방식은?**

① 압력탱크방식 ② 수도직결방식
③ 부스터방식 ④ 고가탱크방식

해설 수도직결방식은 전기가 정전되어도 계속하여 급수를 할 수 있으며 급수오염 가능성이 가장 적은 급수방식이다.

79 **도시가스의 공급설비 중 가스홀더의 종류가 아닌 것은?**

① 유수식 ② 중수식
③ 무수식 ④ 고압식

해설 가스홀더의 종류 : 유수식, 무수식, 고압식

80 **강관의 두께를 선정할 때 기준이 되는 것은?**

① 곡률반경 ② 내경
③ 외경 ④ 스케줄번호

해설 스케줄번호(SCH. No)는 강관의 두께 선정 시 기준이 된다.

SCH. No$=\dfrac{P}{S}\times 10$(공학단위)

여기서, P : 사용압력(kgf/cm²)

S : 허용응력$\left(=\dfrac{\text{인장강도}}{\text{안전율}}\right)$(kgf/mm²)

정답 76 ③ 77 ③ 78 ② 79 ② 80 ④

14 2022. 4. 24. 시행 공조냉동기계기사

1 에너지관리

★
01 습공기의 상대습도(ϕ), 절대습도(w)와의 관계식으로 옳은 것은? (단, P_a는 건공기분압, P_s는 습공기와 같은 온도의 포화수증기압력이다.)

① $\phi = \dfrac{w}{0.622}\dfrac{P_a}{P_s}$

② $\phi = \dfrac{w}{0.622}\dfrac{P_s}{P_a}$

③ $\phi = \dfrac{0.622}{w}\dfrac{P_s}{P_a}$

④ $\phi = \dfrac{0.622}{w}\dfrac{P_a}{P_s}$

해설 $w = 0.622\dfrac{P_w}{P-P_w} = 0.622\dfrac{\phi P_s}{P-\phi P_s}$

$\therefore \phi = \dfrac{w}{0.622}\dfrac{P_a}{P_s}$

02 난방방식의 종류별 특징에 대한 설명으로 틀린 것은?

① 저온복사난방 중 바닥복사난방은 특히 실내기온의 온도분포가 균일하다.
② 온풍난방은 공장과 같은 난방에 많이 쓰이고 설비비가 싸며 예열시간이 짧다.
③ 온수난방은 배관부식이 크고 워밍업시간이 증기난방보다 짧으며 관의 동파 우려가 있다.
④ 증기난방은 부하변동에 대응한 조절이 곤란하고 실온분포가 온수난방보다 나쁘다.

해설 온수난방은 증기난방보다 배관부식이 작고 워밍업시간이 길며 관의 동파 우려가 작다.

03 덕트의 경로 중 단면적이 확대되었을 경우 압력변화에 대한 설명으로 틀린 것은?

① 전압이 증가한다.
② 동압이 감소한다.
③ 정압이 증가한다.
④ 풍속은 감소한다.

해설 덕트경로 중 단면적이 확대되었을 때 전압(P_t)은 감소한다.

04 건축의 평면도를 일정한 크기의 격자로 나누어서 이 격자의 구획 내에 취출구, 흡입구, 조명, 스프링클러 등 모든 필요한 설비요소를 배치하는 방식은?

① 모듈방식　② 셔터방식
③ 펑커루버방식　④ 클래스방식

해설 모듈방식은 건축의 평면도를 일정한 크기의 격자로 나누어서 이 격자의 구획 내에 취출구, 흡입구, 조명, 스프링클러 등 모든 필요한 설비를 배치하는 방식이다.

★
05 습공기의 가습방법으로 가장 거리가 먼 것은?

① 순환수를 분무하는 방법
② 온수를 분무하는 방법
③ 수증기를 분무하는 방법
④ 외부공기를 가열하는 방법

해설 습공기의 가습방법 : 온수분무가습, 순환수분무가습(세정가습, 단열분무가습), 수증기분무가습

06 공기조화설비를 구성하는 열운반장치로서 공조기에 직접 연결되어 사용하는 펌프로 가장 거리가 먼 것은?

① 냉각수펌프　② 냉수순환펌프
③ 온수순환펌프　④ 응축수(진공)펌프

정답 01 ① 02 ③ 03 ① 04 ① 05 ④ 06 ①

부록 I

해설 공기조화설비를 구성하는 열운반장치로서 공조기에 직접 연결하여 사용하는 펌프에는 냉수순환펌프, 온수순환펌프, 응축수(진공)펌프 등이 있다.

참고 냉각수펌프는 냉동설비의 수냉식 응축기로 기준냉각기 및 압축기의 실린더 등의 냉각수 공급순환에 사용하는 펌프로 일반적으로 모터 직결형 원심펌프 또는 라인펌프가 사용되고 있다.

07 ★ **현열만을 가하는 경우로 500m³/h의 건구온도(t_1) 5℃, 상대습도(Ψ_1) 80%인 습공기를 공기가열기로 가열하여 건구온도(t_2) 43℃, 상대습도(Ψ_2) 8%인 가열공기를 만들고자 한다. 이때 필요한 열량(kW)은 얼마인가? (단, 공기의 비열은 1.01kJ/kg·℃, 공기의 밀도는 1.2kg/m³)**

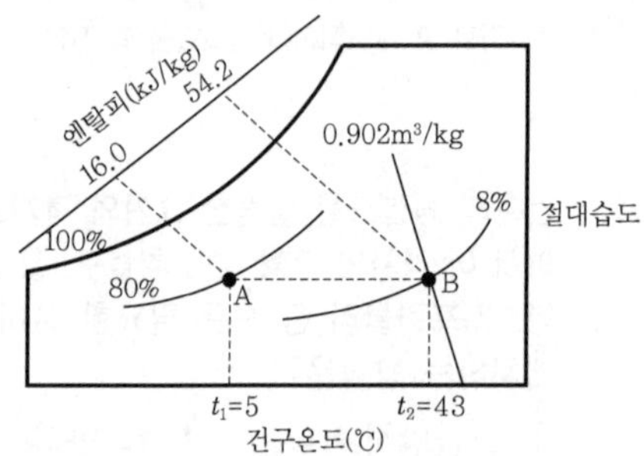

① 3.2 ② 5.8
③ 6.4 ④ 8.7

해설 $Q = \rho Q(h_B - h_A)$

$$= 1.2 \times \frac{500}{3,600} \times (54.2 - 16) \fallingdotseq 6.43\text{kW}$$

08 **다음 중 열전도율(W/m·℃)이 가장 작은 것은?**

① 납 ② 유리
③ 얼음 ④ 물

해설 ① 납 : 35W/m·℃
② 유리 : 0.55~0.75W/m·℃
③ 얼음 : 2.2W/m·℃
④ 물 : 0.582W/m·℃

09 ★ **저압 증기난방배관에 대한 설명으로 옳은 것은?**

① 하향공급식의 경우에는 상향공급식의 경우보다 배관경이 커야 한다.
② 상향공급식의 경우에는 하향공급식의 경우보다 배관경이 커야 한다.
③ 상향공급식이나 하향공급식은 배관경과 무관하다.
④ 하향공급식의 경우 상향공급식보다 워터해머를 일으키기 쉬운 배관법이다.

해설 저압 증기난방배관은 상향공급식의 경우에는 하향공급식의 경우보다 배관경이 커야 한다.

10 **다음 표는 암모니아냉매설비의 운전을 위한 안전관리절차서에 대한 설명이다. 이 중 틀린 내용은?**

㉠ 노출확인절차서 : 반드시 호흡용 보호구를 착용한 후 감지기를 이용하여 공기 중 암모니아농도를 측정한다. ㉡ 노출로 인한 위험관리절차서 : 암모니아가 노출되었을 때 호흡기를 보호할 수 있는 호흡보호프로그램을 수립하여 운영하는 것이 바람직하다. ㉢ 근로자 작업 확인 및 교육절차서 : 암모니아설비가 밀폐된 곳이나 외진 곳에 설치된 경우 해당 지역에서 근로자 작업을 할 때에는 다음 중 어느 하나에 의해 근로자의 안전을 확인할 수 있어야 한다. (가) CCTV 등을 통한 육안 확인 (나) 무전기나 전화를 통한 음성 확인 ㉣ 암모니아설비 및 안전설비의 유지관리절차서 : 암모니아설비 주변에 설치된 안전대책의 작동 및 사용 가능 여부를 최소한 매년 1회 확인하고 점검하여야 한다.

① ㉠ ② ㉡
③ ㉢ ④ ㉣

해설 암모니아설비 및 안전설비의 유지관리절차서는 암모니아설비 주변에 설치된 안전대책의 작동 및 사용 가능 여부를 최소한 분기별로 1회 확인하고 점검하여야 한다.

정답 07 ③ 08 ④ 09 ② 10 ④

★
11 **외기에 접하고 있는 벽이나 지붕으로부터의 취득열량은 건물 내외의 온도차에 의해 전도의 형식으로 전달된다. 그러나 외벽의 온도는 일사에 의한 복사열의 흡수로 외기온도보다 높게 되는데, 이 온도를 무엇이라고 하는가?**

① 건구온도 ② 노점온도
③ 상당외기온도 ④ 습구온도

해설 외부에서 침입하는 열량은 외부공기뿐만 아니라 일사량에도 영향을 받는다. 그 일사량을 고려한 외기온도가 상당외기온도(t_e)이다.

참고 상당외기온도(t_e)

$$=외기온도+\frac{외벽의\ 흡수율\times 일사량}{외기의\ 열전달률}[℃]$$

12 **다음 중 습공기선도상의 상태변화에 대한 설명으로 틀린 것은?**

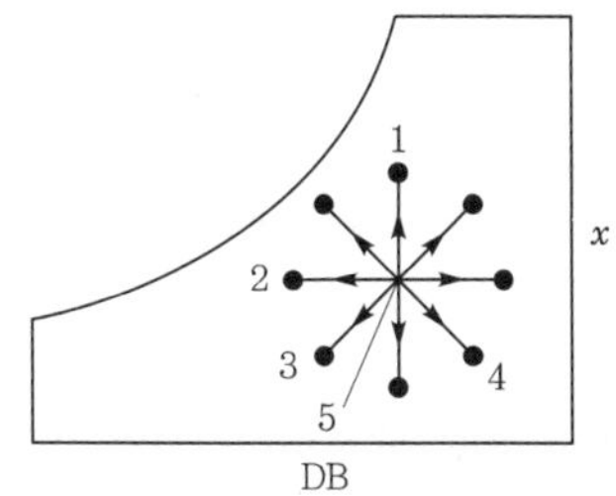

① 5 → 1 : 가습
② 5 → 2 : 현열냉각
③ 5 → 3 : 냉각가습
④ 5 → 4 : 가열감습

해설 5 → 3 : 냉각감습

13 **다음 중 보온, 보냉, 방로의 목적으로 덕트 전체를 단열해야 하는 것은?**

① 급기덕트 ② 배기덕트
③ 외기덕트 ④ 배연덕트

해설 보온, 보냉, 방로의 목적으로 덕트 전체를 단열해야 하는 것은 급기덕트이다.

★
14 **보일러의 스케일 방지방법으로 틀린 것은?**

① 슬러지는 적절한 분출로 제거한다.
② 스케일 방지성분인 칼슘의 생성을 돕기 위해 경도가 높은 물을 보일러수로 활용한다.
③ 경수연화장치를 이용하여 스케일 생성을 방지한다.
④ 인산염을 일정 농도가 되도록 투입한다.

해설 보일러에서 스케일 생성물질은 경도성분(Ca^{2+}, Mg^{2+})과 실리카성분(SiO_2)이 포함된 것이다. 스케일을 방지하려면 경도가 낮은 물(연수)을 보일러수로 활용한다.

★
15 **어느 건물 서편의 유리면적이 40m²이다. 안쪽에 크림색의 베네시안블라인드를 설치한 유리면으로부터 침입하는 열량(kW)은 얼마인가? (단, 외기 33℃, 실내공기 27℃, 유리는 1중이며, 유리의 열통과율은 5.9W/m²·℃, 유리창의 복사량(I_{gr})은 608W/m², 차폐계수는 0.56이다.)**

① 15.0 ② 13.6
③ 3.6 ④ 1.4

해설 $Q=kI_{gr}A+KA(t_o-t_i)$
$=0.56\times 608\times 10^{-3}\times 40$
$+(5.9\times 10^{-3})\times 40\times (33-27)$
$\fallingdotseq 15\text{kW}$

★
16 **TAB 수행을 위한 계측기기의 측정위치로 가장 적절하지 않은 것은?**

① 온도측정위치는 증발기 및 응축기의 입·출구에서 최대한 가까운 곳으로 한다.
② 유량측정위치는 펌프의 출구에서 가장 가까운 곳으로 한다.
③ 압력측정위치는 입·출구에 설치된 압력계용 탭에서 한다.
④ 배기가스온도측정위치는 연소기의 온도계 설치위치 또는 시료채취 출구를 이용한다.

해설 유량측정위치는 펌프 출구측 배관 끝부분에 설치한다.

부록 I

정답 11 ③ 12 ③ 13 ① 14 ② 15 ① 16 ②

17 난방부하가 7,559.5W인 어떤 방에 대해 온수 난방을 하고자 한다. 방열기의 상당방열면적(m^2)은 얼마인가? (단, 방열량은 표준 방열량으로 한다.)

① 6.7　② 8.4
③ 10.2　④ 14.4

해설 상당방열면적 $= \dfrac{\text{난방부하}}{\text{온수난방 표준 방열량}}$

$$= \frac{7,559.5}{523} = 14.4\text{m}^2$$

참고 표준 방열량
- 온수 : 523W/m^2
- 증기 : 756W/m^2

★
18 에어와셔 내에서 물을 가열하지도 냉각하지도 않고 연속적으로 순환분무시키면서 공기를 통과시켰을 때 공기의 상태변화는 어떻게 되는가?

① 건구온도는 높아지고, 습구온도는 낮아진다.
② 절대온도는 높아지고, 습구온도는 낮아진다.
③ 상대습도는 높아지고, 건구온도는 낮아진다.
④ 건구온도는 높아지고, 상대습도는 낮아진다.

해설 에어와셔는 순환수분무가습(단열가습, 세정분무가습)과정으로 상대습도는 높아지고, 건구온도는 낮아진다.

19 크기에 비해 전열면적이 크므로 증기 발생이 빠르고 열효율도 좋지만 내부청소가 곤란하므로 양질의 보일러수를 사용할 필요가 있는 보일러는?

① 입형보일러　② 주철제보일러
③ 노통보일러　④ 연관보일러

해설 연관보일러는 전열면적을 크게 하기 위해 보일러 몸통 속에 다수의 연관을 설치한 보일러로 증기 발생이 빠르고 열효율도 좋지만 내부청소가 어려우므로 양질의 보일러수를 사용해야 한다.

★
20 온수난방과 비교하여 증기난방에 대한 설명으로 옳은 것은?

① 예열시간이 짧다.
② 실내온도의 조절이 용이하다.
③ 방열기 표면의 온도가 낮아 쾌적한 느낌을 준다.
④ 실내에서 상하온도차가 작으며 방열량의 제어가 다른 난방에 비해 쉽다.

해설 증기난방
㉠ 증기를 가지고 증발잠열을 방출하여 난방하는 방식이다.
㉡ 방열기(라디에이터)는 차가운 외기(cold draft)의 영향을 많이 받는 창가에 설치한다.
㉢ 장치 내 보유수량이 적어 열용량이 작으므로 예열시간이 짧아 난방을 신속하게 할 수 있다.
㉣ 온도가 높아 방열면적이 작아도 된다.
㉤ 배관이 작아 설비비가 싸다(증기는 자체 압력으로 이동하므로 순환동력(펌프)이 없어도 된다).

참고 응축수가 신속히 배출되지 못하면 증기의 흐름을 방해하고 곡면부 등에 부딪혀 소음·진동을 일으키는데, 이것은 증기해머(steam hammer)이다.

2 공조냉동 설계

★
21 공기압축기에서 입구공기의 온도와 압력은 각각 27℃, 100kPa이고, 체적유량은 0.01m^3/s이다. 출구에서 압력이 400kPa이고, 이 압축기의 등엔트로피효율이 0.8일 때 압축기의 소요동력(kW)은 얼마인가? (단, 공기의 정압비열과 기체상수는 각각 1kJ/kg·K, 0.287kJ/kg·K이고, 비열비는 1.4이다.)

① 0.9　② 1.7
③ 2.1　④ 3.8

해설 소요동력 $= \dfrac{1}{\eta_{ad}}\left(\dfrac{k}{k-1}\right)P_1V_1\left[\left(\dfrac{P_2}{P_1}\right)^{\frac{k-1}{k}}-1\right]$

$$= \frac{1}{0.8}\times\frac{1.4}{1.4-1}\times 100\times 0.01 \times\left[\left(\frac{400}{100}\right)^{\frac{1.4-1}{1.4}}-1\right]$$

$$\fallingdotseq 2.13\text{kW}$$

정답 17 ④ 18 ③ 19 ④ 20 ① 21 ③

22 다음은 2단 압축 1단 팽창 냉동장치의 중간냉각기를 나타낸 것이다. 각부에 대한 설명으로 틀린 것은?

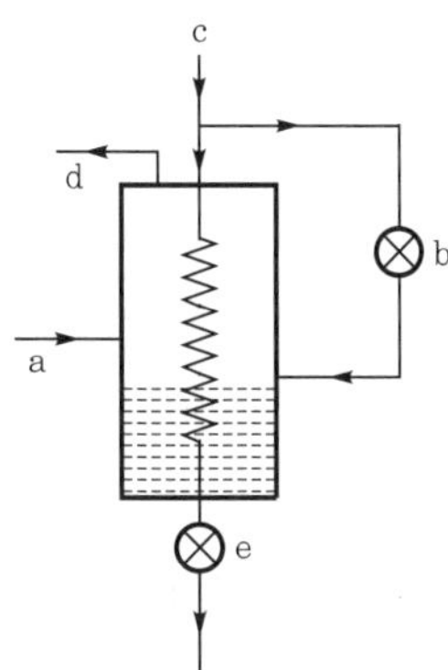

① a의 냉매관은 저단압축기에서 중간냉각기로 냉매가 유입되는 배관이다.
② b는 제1(중간냉각기 앞) 팽창밸브이다.
③ d 부분의 냉매증기온도는 a 부분의 냉매증기온도보다 낮다.
④ a와 c의 냉매순환량은 같다.

해설 a의 냉매순환량이 c의 냉매순환량보다 크다($m_a > m_c$).

★
23 흡수식 냉동기의 냉매와 흡수제 조합으로 가장 적절한 것은?

① 물(냉매) – 프레온(흡수제)
② 암모니아(냉매) – 물(흡수제)
③ 메틸아민(냉매) – 황산(흡수제)
④ 물(냉매) – 디메틸에테르(흡수제)

해설 흡수식 냉동기의 냉매와 흡수제

냉매	흡수제
암모니아(NH_3)	물(H_2O)
물(H_2O)	브롬화리튬(LiBr)

24 밀폐계에서 기체의 압력이 500kPa로 일정하게 유지되면서 체적이 $0.2m^3$에서 $0.7m^3$로 팽창하였다. 이 과정 동안에 내부에너지의 증가가 60kJ이라면 계가 한 일(kJ)은 얼마인가?

① 450 ② 310
③ 250 ④ 150

해설 $_1W_2 = \int_1^2 PdV = P(V_2 - V_1) = 500 \times (0.7 - 0.2)$
$= 250\text{kJ}$

25 견고한 밀폐용기 안에 공기가 압력 100kPa, 체적 $1m^3$, 온도 20℃ 상태로 있다. 이 용기를 가열하여 압력이 150kPa이 되었다. 최종상태의 온도와 가열량은 각각 얼마인가? (단, 공기는 이상기체이며, 공기의 정적비열은 0.717 kJ/kg·K, 기체상수는 0.287kJ/kg·K이다.)

① 303.2K, 117.8kJ
② 303.2K, 124.9kJ
③ 439.7K, 117.8kJ
④ 439.7K, 124.9kJ

해설 ㉠ $V = C$

$$\frac{P_1}{T_1} = \frac{P_2}{T_2}$$

$$\therefore T_2 = T_1\frac{P_2}{P_1} = (20+273.15) \times \frac{150}{100} = 439.7\text{K}$$

㉡ $Q = mC_v(T_2 - T_1) = \frac{P_1V_1}{RT_1}C_v(T_2 - T_1)$

$$= \frac{100 \times 1}{0.287 \times (20+273.15)} \times 0.717 \times (439.7 - (20+273.15))$$

$$\fallingdotseq 124.9\text{kJ}$$

★
26 이상기체가 등온과정으로 부피가 2배로 팽창할 때 한 일이 W_1이다. 이 이상기체가 같은 초기조건하에서 폴리트로픽과정($n=2$)으로 부피가 2배로 팽창할 때 W_1 대비 한 일은 얼마인가?

① $\frac{1}{2\ln 2}W_1$ ② $\frac{2}{\ln 2}W_1$
③ $\frac{\ln 2}{2}W_1$ ④ $2\ln 2\, W_1$

해설 $W_1 = P_1V_1\ln\frac{V_2}{V_1} = P_1V_1\ln 2$[kJ]

$$\therefore W = \frac{1}{n-1}P_1V_1\left[1 - \left(\frac{V_1}{V_2}\right)^{n-1}\right]$$

$$= \frac{1}{2}P_1V_1 = \frac{1}{2\ln 2}W_1\text{[kJ]}$$

정답 22 ④ 23 ② 24 ③ 25 ④ 26 ①

27 증발기에 대한 설명으로 틀린 것은?

① 냉각실온도가 일정한 경우 냉각실온도와 증발기 내 냉매증발온도의 차이가 작을수록 압축기 효율은 좋다.
② 동일 조건에서 건식 증발기는 만액식 증발기에 비해 충전냉매량이 적다.
③ 일반적으로 건식 증발기 입구에서는 냉매의 증기가 액냉매에 섞여있고, 출구에서 냉매는 과열도를 갖는다.
④ 만액식 증발기에서는 증발기 내부에 윤활유가 고일 염려가 없어 윤활유를 압축기로 보내는 장치가 필요하지 않다.

해설 만액식 증발기는 증발기 내에 냉매량이 많고 오일이 고일 염려가 있으므로 오일을 잘 용해하는 프레온냉매는 증발기에 고인 오일을 압축기로 돌려보내는 장치가 필요하다.

28 다음 중 압력값이 다른 것은?

① 1mAq ② 73.56mmHg
③ 980.665Pa ④ 0.98N/cm²

해설 ① 1mAq : $P=\gamma_w h=9{,}800\times1=9{,}800\text{N/m}^2(=\text{Pa})=0.98\text{N/cm}^2$
② 73.56mmHg : $P=\gamma_{Hg} h=(9{,}800\times13.6)\times0.07356\fallingdotseq9{,}804\text{N/m}^2\fallingdotseq0.98\text{N/cm}^2$
③ $980.665\text{Pa}(=\text{N/m}^2)=0.098\text{N/cm}^2$

★
29 냉동기에서 고압의 액체냉매와 저압의 흡입증기를 서로 열교환시키는 열교환기의 주된 설치목적은?

① 압축기 흡입증기과열도를 낮추어 압축효율을 높이기 위함
② 일종의 재생사이클을 만들기 위함
③ 냉매액을 과냉시켜 플래시가스 발생을 억제하기 위함
④ 이원 냉동사이클에서의 캐스케이드응축기를 만들기 위함

해설 냉동기에서 고압의 액체냉매와 저압의 흡입증기를 서로 열교환시키는 열교환기의 주된 설치목적은 냉매액을 과냉각시켜 플래시가스를 억제(감소)시키기 위함이다.

★
30 피스톤-실린더시스템에 100kPa의 압력을 갖는 1kg의 공기가 들어있다. 초기체적은 0.5m³이고, 이 시스템에 온도가 일정한 상태에서 열을 가하여 부피가 1.0m³이 되었다. 이 과정 중 시스템에 가해진 열량(kJ)은 얼마인가?

① 30.7 ② 34.7
③ 44.8 ④ 50.0

해설 $W=P_1V_1\ln\frac{V_2}{V_1}=100\times0.5\times\ln\frac{1}{0.5}\fallingdotseq34.7\text{kJ}$

★
31 다음 조건을 이용하여 응축기 설계 시 1RT (3.86kW)당 응축면적(m²)은 얼마인가? (단, 온도차는 산술평균온도차를 적용한다.)

- 방열계수 : 1.3
- 응축온도 : 35℃
- 냉각수 입구온도 : 28℃
- 냉각수 출구온도 : 32℃
- 열통과율 : 1.05kW/m² · ℃

① 1.25 ② 0.96
③ 0.74 ④ 0.45

해설 $Q_L=KA\left(t_c-\frac{t_1+t_2}{2}\right)$

$\therefore A=\frac{Q_L(=kQ_e)}{K\left(t_c-\frac{t_1+t_2}{2}\right)}=\frac{1.3\times1\times3.86}{1.05\times\left(35-\frac{28+32}{2}\right)}=0.96\text{m}^2$

★
32 역카르노사이클로 300K와 240K 사이에서 작동하고 있는 냉동기가 있다. 이 냉동기의 성능계수는 얼마인가?

① 3 ② 4
③ 5 ④ 6

해설 $\varepsilon_R=\frac{T_2}{T_1-T_2}=\frac{240}{300-240}=4$

정답 27 ④ 28 ③ 29 ③ 30 ② 31 ② 32 ②

33 체적 2,500L인 탱크에 압력 294kPa, 온도 10℃의 공기가 들어있다. 이 공기를 80℃까지 가열하는데 필요한 열량(kJ)은 얼마인가? (단, 공기의 기체상수는 0.287kJ/kg · K, 정적비열은 0.717kJ/kg · K이다.)

① 408 ② 432
③ 454 ④ 469

해설 $PV = mRT$

$m = \frac{PV}{RT} = \frac{294 \times 2.5}{0.287 \times (10 + 273)} = 9.05\text{kg}$

$\therefore Q = mC_v(t_2 - t_1)$

$= 9.05 \times 0.717 \times (80 - 10) \fallingdotseq 454.21\text{kJ}$

★ 34 다음 그림은 냉동사이클을 압력－엔탈피($P-h$)선도에 나타낸 것이다. 다음 설명 중 옳은 것은?

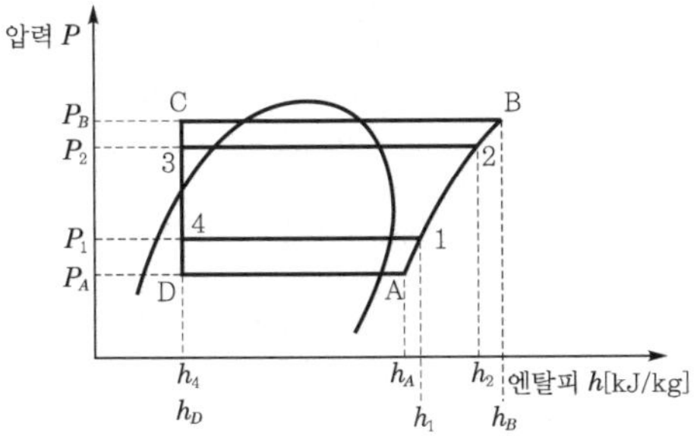

① 냉동사이클이 1－2－3－4－1에서 1－B－C－4－1로 변하는 경우 냉매 1kg당 압축일의 증가는 $(h_B - h_1)$이다.

② 냉동사이클이 1－2－3－4－1에서 1－B－C－4－1로 변하는 경우 성적계수는 $[(h_1 - h_4)/(h_2 - h_1)]$에서 $[(h_1 - h_4)/(h_B - h_1)]$로 된다.

③ 냉동사이클이 1－2－3－4－1에서 A－2－3－D－A로 변하는 경우 증발압력이 P_1에서 P_A로 낮아져 압축비는 (P_2/P_1)에서 (P_1/P_A)로 된다.

④ 냉동사이클이 1－2－3－4－1에서 A－2－3－D－A로 변하는 경우 냉동효과는 $(h_1 - h_4)$에서 $(h_A - h_4)$로 감소하지만, 압축기 흡입증기의 비체적은 변하지 않는다.

해설 냉동사이클이 1－2－3－4－1에서 1－B－C－4－1로 변하는 경우 성적계수는 $\varepsilon_R = \frac{q}{w_c} = \frac{h_1 - h_4}{h_2 - h_1}$에서 $\varepsilon_R{}' = \frac{q'}{w_c{}'} = \frac{h_1 - h_4}{h_B - h_1}$로 된다.

35 다음 중 증발기 내 압력을 일정하게 유지하기 위해 설치하는 팽창장치는?

① 모세관
② 정압식 자동팽창밸브
③ 플로트식 팽창밸브
④ 수동식 팽창밸브

해설 정압식 자동팽창밸브는 증발기 내 압력이 증가하면 닫히는 방향으로 작동(냉매흐름 감소)하고, 증발기 내 압력이 감소하면 열리는 방향으로 작동(냉매유량 증가)하며 증발기 내의 압력을 일정하게 유지시켜주는 밸브이다.

36 외기온도 －5℃, 실내온도 18℃, 실내습도 70%일 때 벽 내면에서 결로가 생기지 않도록 하기 위해서는 내 · 외기대류와 벽의 전도를 포함하여 전체 벽의 열통과율(W/m² · K)은 얼마 이하이어야 하는가? (단, 실내공기 18℃, 70%일 때 노점온도는 12.5℃이며, 벽의 내면 열전달률은 7W/m² · K이다.)

① 1.91 ② 1.83
③ 1.76 ④ 1.67

해설 $q = k\Delta t = k_i \Delta t'$ [W/m²]

$\therefore k = k_i \frac{\Delta t'}{\Delta t} = 7 \times \frac{18 - 12.5}{18 - (-5)} = 1.67\text{W/m}^2 \cdot \text{K}$

★ 37 다음 이상기체에 대한 설명으로 옳은 것은?

① 이상기체의 내부에너지는 압력이 높아지면 증가한다.
② 이상기체의 내부에너지는 온도만의 함수이다.
③ 이상기체의 내부에너지는 항상 일정하다.
④ 이상기체의 내부에너지는 온도와 무관하다.

해설 **줄의 법칙** : 이상기체인 경우 내부에너지(U)는 온도만의 함수이다($U = f(T)$).

정답 33 ③ 34 ② 35 ② 36 ④ 37 ②

부록 I

38 다음 중 냉매를 사용하지 않는 냉동장치는?

① 열전 냉동장치
② 흡수식 냉동장치
③ 교축팽창식 냉동장치
④ 증기압축식 냉동장치

해설 열전 냉동기(전자냉동기)는 반도체소자를 이용한 냉동기로 소음과 진동이 거의 없으며 냉매를 사용하지 않는 소형 냉동기이다(펠티에효과를 이용한 냉동기).

39 냉동장치의 냉동능력이 38.8kW, 소요동력이 10kW이었다. 이때 응축기 냉각수의 입출구 온도차가 6℃, 응축온도와 냉각수온도와의 평균온도차가 8℃일 때 수냉식 응축기의 냉각수량(L/min)은 얼마인가? (단, 물의 정압비열은 4.2kJ/kg·℃이다.)

① 126.1 ② 116.2
③ 97.1 ④ 87.1

해설 ㉠ $\varepsilon_R = \dfrac{Q_e}{W_c} = \dfrac{38.8}{10} = 3.88$

㉡ $\varepsilon_H = \dfrac{Q_c}{W_c}$

$\therefore Q_c = \varepsilon_H W_c = 4.88 \times 10 \times 60 = 2{,}928\text{kJ/min}$

㉢ $Q_c = WC_p \Delta t$[kJ/min]

$\therefore W = \dfrac{Q_c}{C_p \Delta t} = \dfrac{2{,}928}{4.2 \times 6} ≒ 116.2\text{L/min}$

★
40 열과 일에 대한 설명으로 옳은 것은?

① 열역학적 과정에서 열과 일은 모두 경로에 무관한 상태함수로 나타낸다.
② 일과 열의 단위는 대표적으로 Watt(W)를 사용한다.
③ 열역학 제1법칙은 열과 일의 방향성을 제시한다.
④ 한 사이클과정을 지나 원래 상태로 돌아왔을 때 시스템에 가해진 전체 열량은 시스템이 수행한 전체 일의 양과 같다.

해설 ① 열과 일은 모두 경로에 따라 변화하는 도정(과정)함수이다.
② 일량과 열량의 단위는 Joule(J=N·m)을 쓴다. Watt (W)는 동력(J/s)단위이다.
③ 열역학 제2법칙은 열과 일의 방향성을 제시해준다.

3 시운전 및 안전관리

★
41 기계설비법령에 따른 기계설비의 착공 전 확인과 사용 전 검사의 대상 건축물 또는 시설물에 해당하지 않는 것은?

① 연면적 1만제곱미터 이상인 건축물
② 목욕장으로 사용되는 바닥면적합계가 500제곱미터 이상인 건축물
③ 기숙사로 사용되는 바닥면적합계가 1천제곱미터 이상인 건축물
④ 판매시설로 사용되는 바닥면적합계가 3천제곱미터 이상인 건축물

해설 기계설비의 착공 전 확인과 사용 전 검사의 대상 건축물 또는 시설물

㉠ 용도별 건축물 중 연면적 1만제곱미터 이상인 건축물
㉡ 에너지를 대량으로 소비하는 건축물
- 냉동·냉장, 항온·항습 또는 특수 청정을 위한 특수설비가 설치된 건축물로서 해당 용도에 사용되는 바닥면적의 합계가 500제곱미터 이상인 건축물
- 아파트 및 연립주택
- 해당 용도에 사용되는 바닥면적의 합계가 500제곱미터 이상인 건축물 : 목욕장, 놀이형 시설(물놀이를 위하여 실내에 설치된 경우로 한정한다), 운동장(실내에 설치된 수영장과 이에 딸린 건축물로 한정한다)
- 해당 용도에 사용되는 바닥면적의 합계가 2천제곱미터 이상인 건축물 : 기숙사, 의료시설, 유스호스텔, 숙박시설
- 해당 용도에 사용되는 바닥면적의 합계가 3천제곱미터 이상인 건축물 : 판매시설, 연구소, 업무시설

㉢ 지하역사 및 연면적 2천제곱미터 이상인 지하도상가(연속되어 있는 둘 이상의 지하도상가의 연면적합계가 2천제곱미터 이상인 경우를 포함한다)

★
42 산업안전보건법령상 냉동·냉장창고시설 건설공사에 대한 유해위험방지계획서를 제출해야 하는 대상시설의 연면적기준은 얼마인가?

① 3천제곱미터 이상
② 4천제곱미터 이상
③ 5천제곱미터 이상
④ 6천제곱미터 이상

정답 38 ① 39 ② 40 ④ 41 ③ 42 ③

해설 유해위험방지계획서 제출대상

㉠ 다음의 어느 하나에 해당하는 건축물 또는 시설 등의 건설·개조 또는 해체(이하 "건설 등"이라 한다)공사
- 지상높이가 31미터 이상인 건축물 또는 인공구조물
- 연면적 3만제곱미터 이상인 건축물
- 연면적 5천제곱미터 이상인 시설 : 문화 및 집회시설(전시장 및 동물원·식물원은 제외), 판매시설, 운수시설(고속철도의 역사 및 집배송시설은 제외), 종교시설, 의료시설 중 종합병원, 숙박시설 중 관광숙박시설, 지하도상가, 냉동·냉장창고시설

㉡ 연면적 5천제곱미터 이상인 냉동·냉장창고시설의 설비공사 및 단열공사

㉢ 최대 지간(支間)길이(다리의 기둥과 기둥의 중심 사이의 거리)가 50미터 이상인 다리의 건설 등 공사

㉣ 터널의 건설 등 공사

㉤ 다목적댐, 발전용 댐, 저수용량 2천만톤 이상의 용수 전용 댐 및 지방상수도 전용 댐의 건설 등 공사

㉥ 깊이 10미터 이상인 굴착공사

★

43 고압가스안전관리법령에 따라 일체형 냉동기의 조건으로 틀린 것은?

① 냉매설비 및 압축기용 원동기가 하나의 프레임 위에 일체로 조립된 것
② 냉동설비를 사용할 때 스톱밸브조작이 필요한 것
③ 응축기 유닛 및 증발유닛이 냉매배관으로 연결된 것으로 하루냉동능력이 20톤 미만인 공조용 패키지에어컨
④ 사용장소에 분할 반입하는 경우에는 냉매설비에 용접 또는 절단을 수반하는 공사를 하지 않고 재조립하여 냉동제조용으로 사용할 수 있는 것

해설 냉동설비를 사용할 때 스톱밸브조작이 필요 없을 것

44 다음 중 엘리베이터용 전동기의 필요특성으로 틀린 것은?

① 소음이 작아야 한다.
② 기동토크가 작아야 한다.
③ 회전 부분의 관성모멘트가 작아야 한다.
④ 가속도의 변화비율이 일정값이 되어야 한다.

해설 엘리베이터용 전동기는 기동토크가 커야 한다.

★

45 고압가스안전관리법령에 따라 "냉매로 사용되는 가스 등 대통령령으로 정하는 종류의 고압가스"는 품질기준을 고시하여야 하는데, 목적 또는 용량에 따라 고압가스에서 제외될 수 있다. 이러한 제외기준에 해당되는 경우로 모두 고른 것은?

> ㉠ 수출용으로 판매 또는 인도되거나 판매 또는 인도될 목적으로 저장·운송 또는 보관되는 고압가스
> ㉡ 시험용 또는 연구개발용으로 판매 또는 인도되거나 판매 또는 인도될 목적으로 저장·운송 또는 보관되는 고압가스(해당 고압가스를 직접 시험하거나 연구개발하는 경우만 해당한다)
> ㉢ 1회 수입되는 양이 400킬로그램 이하인 고압가스

① ㉠, ㉡　　② ㉠, ㉢
③ ㉡, ㉢　　④ ㉠, ㉡, ㉢

해설 1회 수입되는 양이 40kg 이하인 고압가스는 제외

★

46 기계설비법령에 따라 기계설비성능점검업자는 기계설비성능점검업의 등록한 사항 중 대통령령으로 정하는 사항이 변경된 경우에는 변경등록을 하여야 한다. 만약 변경등록을 정해진 기간 내 못한 경우 1차 위반 시 받게 되는 행정처분기준은?

① 등록취소　　② 업무정지 2개월
③ 업무정지 1개월　　④ 시정명령

해설 변경등록을 하지 않은 경우 행정처분기준
㉠ 1차 위반 : 시정명령
㉡ 2차 위반 : 업무정지 1개월
㉢ 3차 위반 : 업무정지 2개월

47 서보전동기는 서보기구의 제어계 중 어떤 기능을 담당하는가?

① 조작부　　② 검출부
③ 제어부　　④ 비교부

해설 서보전동기(서보모터)는 서보기구의 제어계 중 조작부에 해당한다.

부록 I

정답 43 ② 44 ② 45 ① 46 ④ 47 ①

48 다음은 직류전동기의 토크특성을 나타내는 그래프이다. (A), (B), (C), (D)에 알맞은 것은?

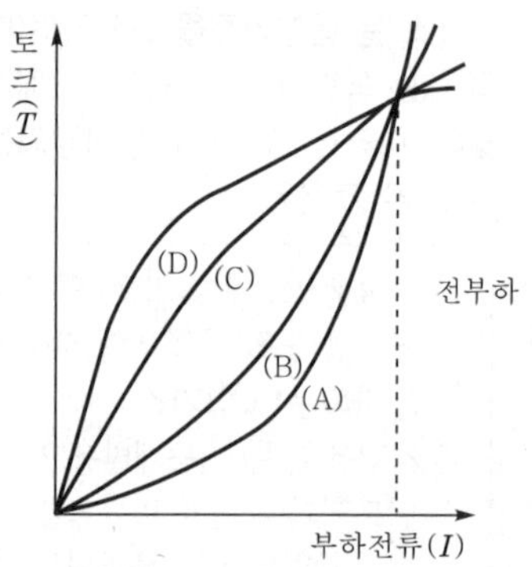

① (A) : 직권발전기, (B) : 가동복권발전기, (C) : 분권발전기, (D) : 차동복권발전기
② (A) : 분권발전기, (B) : 직권발전기, (C) : 가동복권발전기, (D) : 차동복권발전기
③ (A) : 직권발전기, (B) : 분권발전기, (C) : 가동복권발전기, (D) : 차동복권발전기
④ (A) : 분권발전기, (B) : 가동복권발전기, (C) : 직권발전기, (D) : 차동복권발전기

해설 직류전동기의 토크특성이란 단자전압(V)을 일정하게 유지한 상태에서 부하전류(I)를 변화시켜 그때 나타나는 전동기의 토크변화를 전류와 토크와의 관계로 설명한 것이다.

49 다음 그림과 같은 유접점 논리회로를 간단히 하면?

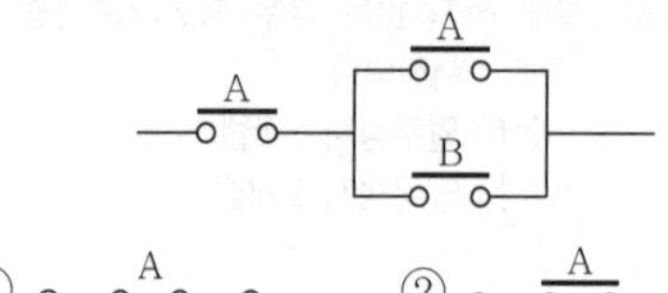

① A ② A ③ B ④ B

해설 A(A+B)=AA+AB=A+AB=A(1+B)=A(1+0)=A

★
50 10kVA의 단상 변압기 2대로 V결선하여 공급할 수 있는 최대 3상 전력은 약 몇 kVA인가?

① 20 ② 17.3
③ 10 ④ 8.7

해설 최대 3상 전력=10× $\sqrt{3}$ =17.32kVA

51 교류에서 역률에 관한 설명으로 틀린 것은?

① 역률은 $\sqrt{1-무효율^2}$ 으로 계산할 수 있다.
② 역률은 이용하여 교류전력의 효율을 알 수 있다.
③ 역률이 클수록 유효전력보다 무효전력이 커진다.
④ 교류회로의 전압과 전류의 위상차에 코사인(cos)을 취한 값이다.

해설 역률($\cos\theta$)이 클수록 유효전력보다 무효전력이 작아진다.

52 아날로그신호로 이루어지는 정량적 제어로서 일정한 목표값과 출력값을 비교·검토하여 자동적으로 행하는 제어는?

① 피드백제어 ② 시퀀스제어
③ 오픈 루프제어 ④ 프로그램제어

해설 피드백제어는 밀폐계제어로 아날로그신호로 이루어지는 정량적 제어로서 일정한 목표값과 출력값을 비교·검토하여 자동적으로 행하는 제어이다.

★
53 $R=8\Omega$, $X_L=2\Omega$, $X_C=8\Omega$의 직렬회로에 100V의 교류전압을 가할 때 전압과 전류의 위상관계로 옳은 것은?

① 전류가 전압보다 약 37° 뒤진다.
② 전류가 전압보다 약 37° 앞선다.
③ 전류가 전압보다 약 43° 뒤진다.
④ 전류가 전압보다 약 43° 앞선다.

해설 $R-L-C$ 직렬회로

위상각(θ)$=\tan^{-1}\dfrac{X_L-X_C}{R}=\tan^{-1}\dfrac{2-8}{8}\fallingdotseq-37°$

즉 전류가 전압보다 약 37° 앞선다.

참고 전류가 전압보다 앞서기 위해서는 위상이 조건($X_L < X_C$)을 만족해야 한다.

정답 48 ① 49 ② 50 ② 51 ③ 52 ① 53 ②

★
54 역률이 80%이고 유효전력이 80kW일 때 피상전력(kVA)은?

① 100　　② 120
③ 160　　④ 200

해설 역률$(\cos\theta)=\dfrac{\text{유효전력}}{\text{피상전력}}$

$\therefore$ 피상전력$=\dfrac{\text{유효전력}}{\cos\theta}=\dfrac{80}{0.8}=100\text{kVA}$

55 $G(s)=\dfrac{2(s+2)}{s^2+5s+6}$의 특성방정식의 근은?

① 2, 3　　② −2, −3
③ 2, −3　　④ −2, 3

해설 특성방정식은 $1+G(s)H(s)$이고, 이때 $G(s)$와 $H(s)$는 개루프 전달함수이다. 여기서 주어진 계가 개루프 전달함수일 때 특성방정식은 분모+분자=0이고, 전체 전달함수로 주어졌을 때는 전체 전달함수의 분모가 $1+G(s)H(s)$이므로 특성방정식은 분모가 0인 조건을 만족해야 한다. 그러므로 근의 부호는 같아야 하므로 −2, −3이다.

★
56 자장 안에 놓여 있는 도선에 전류가 흐를 때 도선이 받는 힘은 $F=BIl\sin\theta$[N]이다. 이것을 설명하는 법칙과 응용기기가 알맞게 짝지어진 것은?

① 플레밍의 오른손법칙−발전기
② 플레밍의 왼손법칙−전동기
③ 플레밍의 왼손법칙−발전기
④ 플레밍의 오른손법칙−전동기

해설 ㉠ 플레밍의 왼손법칙 : 전동기(자장)
㉡ 플레밍의 오른손법칙 : 발전기(유도기전력)

57 다음 그림과 같은 단자 1, 2 사이의 계전기 접점회로 논리식은?

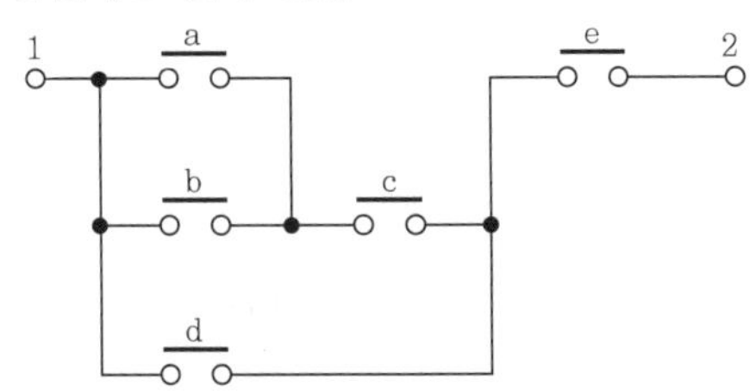

① {(a+b)d+c}e　　② (ab+c)d+e
③ {(a+b)c+d}e　　④ (ab+d)c+e

해설 논리식={(a+b)c+d}e

58 직류전압, 직류전류, 교류전압 및 저항 등을 측정할 수 있는 계측기는?

① 검전기　　② 검상기
③ 메거　　④ 회로시험기

해설 회로시험기는 저항, 전류, 전압 등을 측정하는 전기계측기로 직류전압, 교류전압, 직류전류, 저항 등을 측정할 수 있지만, 교류전류는 측정 불가능하며, 통전시험, 절연시험 등을 할 수 있다.

★
59 다음의 논리식을 간단히 한 것은?

$$X=\overline{A}\,\overline{B}C+A\overline{B}\,\overline{C}+A\overline{B}C$$

① $\overline{B}(A+C)$　　② $C(A+\overline{B})$
③ $\overline{C}(A+B)$　　④ $\overline{A}(B+C)$

해설 $X=\overline{A}\,\overline{B}C+A\overline{B}\,\overline{C}+A\overline{B}C+A\overline{B}C$
$=\overline{B}C(\overline{A}+A)+A\overline{B}(\overline{C}+C)$
$=\overline{B}C+A\overline{B}=\overline{B}(C+A)$

참고 OR(논리합)회로에서는 동일한 논리식을 더해도 그 값은 일정하므로 $A\overline{B}C$를 추가해서 계산하였다.

60 전압을 인가하여 전동기가 동작하고 있는 동안에 교류전류를 측정할 수 있는 계기는?

① 후크미터(클램프미터)
② 회로시험기
③ 절연저항계
④ 어스테스터

해설 후크미터(클램프미터)는 전압을 인가하여 전동기가 동작하고 있는 동안에 교류전류를 측정할 수 있는 계기이다.

4 유지보수공사관리

61 증기와 응축수의 온도차이를 이용하여 응축수를 배출하는 트랩은?

① 버킷트랩　　② 디스크트랩
③ 벨로즈트랩　　④ 플로트트랩

정답 54 ① 55 ② 56 ② 57 ③ 58 ④ 59 ① 60 ① 61 ③

해설 증기와 응축수의 온도차를 이용하여 응축수를 배출하는 트랩은 벨로즈트랩이다.

★
62 배수배관이 막혔을 때 이것을 점검, 수리하기 위해 청소구를 설치하는데, 다음 중 설치필요 장소로 적절하지 않은 것은?

① 배수 수평주관과 배수 수평분기관의 분기점에 설치
② 배수관이 45° 이상의 각도로 방향을 전환하는 곳에 설치
③ 길이가 긴 수평배수관인 경우 관경이 100A 이하일 때 5m마다 설치
④ 배수 수직관의 제일 밑부분에 설치

해설 **청소구 설치위치**
㉠ 가옥배수관과 부지하수관이 접속하는 곳
㉡ 배수 수직관의 최하단부
㉢ 가옥배수 수평주관 기점
㉣ 수평관 관경 100A 이하는 직진거리 15m 이내마다, 관경 100A 이상은 30m 이내마다 설치

63 정압기의 종류 중 구조에 따라 분류할 때 아닌 것은?

① 피셔식 정압기
② 액셜플로식 정압기
③ 가스미터식 정압기
④ 레이놀즈식 정압기

해설 **구조에 따른 정압기의 종류** : 피셔식, 액셜플로식, 레이놀즈식

★
64 강관의 종류와 KS규격기호가 바르게 짝지어진 것은?

① 배관용 탄소강관 : SPA
② 저온배관용 탄소강관 : SPPT
③ 고압배관용 탄소강관 : SPTH
④ 압력배관용 탄소강관 : SPPS

해설 ① 배관용 탄소강관 : SPP
② 저온배관용 탄소강관 : SPLT
③ 고압배관용 탄소강관 : SPPH

65 간접가열급탕법과 가장 거리가 먼 장치는?

① 증기사일런서 ② 저탕조
③ 보일러 ④ 고가수조

해설 증기사일런서는 기수 혼합식 급탕법이다.

★
66 슬리브 신축이음쇠에 대한 설명으로 틀린 것은?

① 신축량이 크고 신축으로 인한 응력이 생기지 않는다.
② 직선으로 이음하므로 설치공간이 루프형에 비하여 작다.
③ 배관에 곡선부가 있어도 파손이 되지 않는다.
④ 장시간 사용 시 패킹의 마모로 누수의 원인이 된다.

해설 슬리브형 신축이음은 이음 본체 속에 미끄러질 수 있는 슬리브파이프를 넣고 석면을 흑연으로 처리한 패킹재를 끼워 넣은 신축이음으로 난방용 배관(급탕)에 많이 사용한다. 패킹재가 파손 우려가 있어 설치 시 유지보수가 가능한 장소에 설치하며, 배관의 곡관부에서 파손의 우려가 있다.

67 폴리에틸렌배관의 접합방법이 아닌 것은?

① 기볼트접합 ② 용착슬리브접합
③ 인서트접합 ④ 테이퍼접합

해설 기볼트접합은 석면시멘트관의 접합방법이다.

68 배관접속상태 표시 중 배관 A가 앞쪽으로 수직하게 구부러져 있음을 나타낸 것은?

① A ——⊙ ② A ——○
③ A —○— ④ A —×—

해설 ② 관이 앞쪽에서 도면에 직각으로 구부러져 있을 때
③ 관 A가 앞쪽에서 도면에 직각으로 구부러져 관 B에 접속할 때
④ 관이음방법 중 용접형 이음을 의미

정답 62 ③ 63 ③ 64 ④ 65 ① 66 ③ 67 ① 68 ①

★
69 **증기보일러배관에서 환수관의 일부가 파손된 경우 보일러수의 유출로 안전수위 이하가 되어 보일러수가 빈 상태로 되는 것을 방지하기 위해 하는 접속법은?**

① 하트포드접속법 ② 리프트접속법
③ 스위블접속법 ④ 슬리브접속법

해설 하트포드접속법은 보일러의 빈 불때기를 방지하며 보일러의 안전수위를 확보하고 유지한다. 보일러의 최저안전수위 이상으로 환수배관을 접속한다.

★
70 **도시가스 입상배관의 관지름이 20mm일 때 움직이지 않도록 몇 m마다 고정장치를 부착해야 하는가?**

① 1m ② 2m
③ 3m ④ 4m

해설 **고정장치 부착위치**
㉠ 관지름 13mm 미만 : 1m마다
㉡ 관지름 13~33mm : 2m마다
㉢ 관지름 33mm 이상 : 3m마다

71 **증기난방배관 시공법에 대한 설명으로 틀린 것은?**

① 증기주관에서 지관을 분기하는 경우 관의 팽창을 고려하여 스위블이음법으로 한다.
② 진공환수식 배관의 증기주관은 1/100~1/200 선상향구배로 한다.
③ 주형방열기는 일반적으로 벽에서 50~60mm 정도 떨어지게 설치한다.
④ 보일러 주변의 배관방법에서는 증기관과 환수관 사이에 밸런스관을 달고 하트포드접속법을 사용한다.

해설 진공환수식 배관의 증기주관은 1/100~1/200 선하향구배로 한다.

★
72 **급수배관에서 수격현상을 방지하는 방법으로 가장 적절한 것은?**

① 도피관을 설치하여 옥상탱크에 연결한다.
② 수압관을 갑자기 높인다.
③ 밸브나 수도꼭지를 갑자기 열고 닫는다.
④ 급폐쇄형 밸브 근처에 공기실을 설치한다.

해설 급수배관에서 수격작용을 방지하려면 급폐쇄형 밸브 근처에 공기실(에어챔버)를 설치한다.

73 **홈이 만들어진 관 또는 이음쇠에 고무링을 삽입하고, 그 위에 하우징(housing)을 덮어 볼트와 너트로 죄는 이음방식은?**

① 그루브이음 ② 그립이음
③ 플레어이음 ④ 플랜지이음

해설 홈이 만들어진 관 또는 이음쇠에 고무링을 삽입하고, 그 위에 하우징을 덮어 볼트와 너트로 죄는 이음방식은 그루브이음(groove joint)이다.

★
74 **90℃의 온수 2,000kg/h을 필요로 하는 간접가열식 급탕탱크에서 가열관의 표면적(m^2)은 얼마인가? (단, 급수의 온도는 10℃, 급수의 비열은 4.2kJ/kg·K, 가열관으로 사용할 동관의 전열량은 1.28kW/m^2·℃, 증기의 온도는 110℃이며, 전열효율은 80%이다.)**

① 2.92 ② 3.03
③ 3.72 ④ 4.07

해설 $WC(t_2-t_1)=3{,}600KA\left(t_s-\dfrac{t_1+t_2}{2}\right)\eta$

$$\therefore A=\frac{WC(t_2-t_1)}{3{,}600K\left(t_s-\dfrac{t_1+t_2}{2}\right)\eta}$$

$$=\frac{2{,}000\times4.2\times(90-10)}{3{,}600\times1.28\times\left(110-\dfrac{10+90}{2}\right)\times0.8}$$

$=3.09\text{m}^2$

★
75 **급수배관에서 크로스커넥션을 방지하기 위하여 설치하는 기구는?**

① 체크밸브
② 워터해머 어레스터
③ 신축이음
④ 버큠브레이커

정답 69 ① 70 ② 71 ② 72 ④ 73 ① 74 ② 75 ④

부록 I

해설 급수배관에서 크로스커넥션을 방지하기 위하여 설치하는 기구는 버큠브레이커(vacuum breaker)로, 진공환수식 난방에서 탱크 내 진공도가 필요 이상으로 높아지면 밸브를 열어 탱크 내에 공기를 넣는 안전밸브 역할을 하는 기기이다.

76 다음 강관 표시방법 중 "S-H"의 의미로 옳은 것은?

SPPS-S-H-1965, 11-100A×SCH40×6

① 강관의 종류 ② 제조회사명
③ 제조방법 ④ 제품표시

해설 ㉠ SPPS : 압력배관용 탄소강관
㉡ S-H : 제조방법

77 냉풍 또는 온풍을 만들어 각 실로 송풍하는 공기조화장치의 구성순서로 옳은 것은?

① 공기여과기 → 공기가열기 → 공기가습기 → 공기냉각기
② 공기가열기 → 공기여과기 → 공기냉각기 → 공기가습기
③ 공기여과기 → 공기가습기 → 공기가열기 → 공기냉각기
④ 공기여과기 → 공기냉각기 → 공기가열기 → 공기가습기

해설 **공기조화장치(AHU)의 구성순서**
공기여과기(air filter) → 공기냉각기(C/C) → 공기가열기(H/C) → 공기가습기(A/W)

★
78 롤러서포트를 사용하여 배관을 지지하는 주된 이유는?

① 신축 허용 ② 부식 방지
③ 진동 방지 ④ 해체 용이

해설 롤러서포트를 사용하여 배관을 지지하는 이유는 수축량을 흡수하여 신축을 허용하여 배관의 파손을 방지하기 위함이다.

79 배관의 끝을 막을 때 사용하는 이음쇠는?

① 유니언 ② 니플
③ 플러그 ④ 소켓

해설 플러그와 캡은 배관의 끝을 막을 때 사용하는 끝막음이음쇠이다.

★
80 다음 보온재 중 안전사용온도가 가장 낮은 것은?

① 규조토 ② 암면
③ 펄라이트 ④ 발포 폴리스티렌

해설 ① 규조토 : 500℃ 이하
② 암면 : 400~600℃
③ 펄라이트 : 650℃ 이하
④ 발포 폴리스티렌 : 70℃ 이하

정답 76 ③ 77 ④ 78 ① 79 ③ 80 ④

PART

부록 II

CBT 대비 실전 모의고사

Engineer Air-Conditioning Refrigerating Machinery

1 실전 모의고사

▶ 정답 및 해설 : 286쪽

1 에너지관리

01 온도가 30℃이고, 절대습도가 0.02kg/kg인 실외공기와 온도가 20℃, 절대습도가 0.01kg/kg인 실내공기를 1 : 2의 비율로 혼합하였다. 혼합된 공기의 건구온도와 절대습도는?

① 23.3℃, 0.013kg/kg
② 26.6℃, 0.025kg/kg
③ 26.6℃, 0.013kg/kg
④ 23.3℃, 0.025kg/kg

02 다음 난방방식의 표준 방열량에 대한 것으로 옳은 것은?

① 증기난방 : 0.523kW
② 온수난방 : 0.756kW
③ 복사난방 : 1.003kW
④ 온풍난방 : 표준 방열량이 없다.

03 냉·난방 시의 실내현열부하를 q_s[W], 실내와 말단장치의 온도(℃)를 각각 t_r, t_d라 할 때 송풍량 Q[L/s]를 구하는 식은?

① $Q = \dfrac{q_s}{0.24(t_r - t_d)}$

② $Q = \dfrac{q_s}{1.2(t_r - t_d)}$

③ $Q = \dfrac{q_s}{1.85(t_r - t_d)}$

④ $Q = \dfrac{q_s}{2,501(t_r - t_d)}$

04 실내설계온도 26℃인 사무실의 실내유효현열부하는 20.42kW, 실내유효잠열부하는 4.27kW이다. 냉각코일의 장치노점온도는 13.5℃, 바이패스 팩터가 0.1일 때 송풍량(L/s)은? (단, 공기의 밀도는 1.2kg/m^3, 정압비열은 1.006kJ/kg·K이다.)

① 1,350 ② 1,503
③ 12,530 ④ 13,532

05 덕트 내 풍속을 측정하는 피토관을 이용하여 전압 23.8mmAq, 정압 10mmAq를 측정하였다. 이 경우 풍속은 약 얼마인가?

① 10m/s ② 15m/s
③ 20m/s ④ 25m/s

06 덕트의 분기점에서 풍량을 조절하기 위하여 설치하는 댐퍼는?

① 방화댐퍼 ② 스플릿댐퍼
③ 피봇댐퍼 ④ 터닝베인

07 냉수코일 설계상 유의사항으로 틀린 것은?

① 코일의 통과풍속은 2~3m/s로 한다.
② 코일의 설치는 관이 수평으로 놓이게 한다.
③ 코일 내 냉수속도는 2.5m/s 이상으로 한다.
④ 코일의 출입구 수온차이는 5~10℃ 전·후로 한다.

08 건물의 지하실, 대규모 조리장 등에 적합한 기계환기법(강제급기+강제배기)은?

① 제1종 환기 ② 제2종 환기
③ 제3종 환기 ④ 제4종 환기

09 난방부하가 7.56kW인 어떤 방에 대해 온수난방을 하고자 한다. 방열기의 상당방열면적(m^2)은?

① 6.7 ② 8.4
③ 10 ④ 14.4

10 온풍난방의 특징에 관한 설명으로 틀린 것은?

① 예열부하가 거의 없으므로 기동시간이 아주 짧다.
② 취급이 간단하고 취급자격자를 필요로 하지 않는다.
③ 방열기기나 배관 등의 시설이 필요 없어 설비비가 싸다.
④ 취출온도의 차가 적어 온도분포가 고르다.

11 유효온도(Effective Temperature)의 3요소는?

① 밀도, 온도, 비열
② 온도, 기류, 밀도
③ 온도, 습도, 비열
④ 온도, 습도, 기류

12 가열로(加熱爐)의 벽두께가 80mm이다. 벽의 안쪽과 바깥쪽의 온도차는 32℃, 벽의 면적은 60m^2, 벽의 열전도율은 46.5W/m·K일 때 시간당 방열량(W)은?

① 7.6×10^5 ② 8.9×10^5
③ 11.16×10^5 ④ 10.2×10^5

13 냉방부하 계산결과 실내취득열량은 q_R, 송풍기 및 덕트취득열량은 q_F, 외기부하는 q_O, 펌프 및 배관취득열량은 q_P일 때 공조기부하를 바르게 나타낸 것은?

① $q_R + q_O + q_P$ ② $q_F + q_O + q_P$
③ $q_R + q_O + q_F$ ④ $q_R + q_P + q_F$

14 열회수방식 중 공조설비의 에너지 절약기법으로 많이 이용되고 있으며 외기도입량이 많고 운전시간이 긴 시설에서 효과가 큰 것은?

① 잠열교환기방식 ② 현열교환기방식
③ 비열교환기방식 ④ 전열교환기방식

15 다음 중 사용되는 공기선도가 아닌 것은? (단, h : 엔탈피, x : 절대습도, t : 온도, p : 압력)

① $h-x$선도 ② $t-x$선도
③ $t-h$선도 ④ $p-h$선도

16 간접난방과 직접난방방식에 대한 설명으로 틀린 것은?

① 간접난방은 중앙공조기에 의해 공기를 가열해 실내로 공급하는 방식이다.
② 직접난방은 방열기에 의해서 실내공기를 가열하는 방식이다.
③ 직접난방은 방열체의 방열형식에 따라 대류난방과 복사난방으로 나눌 수 있다.
④ 온풍난방과 증기난방은 간접난방에 해당된다.

17 제주지방의 어느 한 건물에 대한 냉방기간 동안의 취득열량(GJ/기간)은? (단, 냉방도일 CD_{24-24}=162.4deg ℃·day, 건물구조체 표면적 500m^2, 열관류율은 0.58W/m^2·℃, 환기에 의한 취득열량은 168W/℃이다.)

① 9.37 ② 6.43
③ 4.07 ④ 2.36

18 송풍량 2,000m^3/min을 송풍기 전후의 전압차 20Pa로 송풍하기 위한 필요전동기출력(kW)은? (단, 송풍기의 전압효율은 80%, 전동효율은 V벨트로 0.95이며, 여유율은 0.2이다.)

① 1.05 ② 10.35
③ 14.04 ④ 25.32

19 TAB의 필요성에 해당하지 않는 사항은 어느 것인가?

① 설비투자비의 절감
② 쾌적한 실내환경 조성
③ 공조설비의 수명 연장
④ 운전비용의 증대

20 보일러의 시운전보고서에 관한 내용으로 가장 관련이 없는 것은?

① 제어기 세팅값과 입출수조건 기록
② 입출구공기의 습구온도
③ 연도가스의 분석
④ 성능과 효율측정값을 기록, 설계값과 비교

2 공조냉동 설계

21 대기압이 100kPa일 때 계기압력이 5.23MPa인 증기의 절대압력은 약 몇 MPa인가?

① 3.02 ② 4.12
③ 5.33 ④ 6.43

22 카르노냉동기사이클과 카르노열펌프사이클에서 최고온도와 최소온도가 서로 같다. 카르노냉동기의 성적계수는 COP_R 이라고 하고, 카르노열펌프의 성적계수는 COP_{HP} 라고 할 때 다음 중 옳은 것은?

① $COP_{HP} + COP_R = 1$
② $COP_{HP} + COP_R = 0$
③ $COP_R - COP_{HP} = 1$
④ $COP_{HP} - COP_R = 1$

23 어떤 기체가 5kJ의 열을 받고 0.18kN·m의 일을 외부로 하였다. 이때의 내부에너지의 변화량은?

① 3.24kJ ② 4.82kJ
③ 5.18kJ ④ 6.14kJ

24 다음 중 강성적(강도성, intensive) 상태량이 아닌 것은?

① 압력 ② 온도
③ 엔탈피 ④ 비체적

25 냉매의 구비조건에 대한 설명으로 틀린 것은?

① 동일한 냉동능력에 대하여 냉매가스의 용적이 적을 것
② 저온에 있어서도 대기압 이상의 압력에서 증발하고 비교적 저압에서 액화할 것
③ 점도가 크고 열전도율이 좋을 것
④ 증발열이 크며 액체의 비열이 작을 것

26 초기압력 100kPa, 초기체적 $0.1m^3$인 기체를 버너로 가열하여 기체체적이 정압과정으로 $0.5m^3$이 되었다면 이 과정 동안 시스템이 외부에 한 일은 약 몇 kJ인가?

① 10 ② 20
③ 30 ④ 40

27 냉매에 관한 설명으로 옳은 것은?

① 암모니아냉매가스가 누설된 경우 비중이 공기보다 무거워 바닥에 정체한다.
② 암모니아의 증발잠열은 프레온계 냉매보다 작다.
③ 암모니아는 프레온계 냉매에 비하여 동일 운전압력조건에서는 토출가스온도가 높다.
④ 프레온계 냉매는 화학적으로 안정한 냉매이므로 장치 내에 수분이 혼입되어도 운전상 지장이 없다.

28 흡수식 냉동기에서 냉매의 순환경로는?

① 흡수기 → 증발기 → 재생기 → 열교환기
② 증발기 → 흡수기 → 열교환기 → 재생기
③ 증발기 → 재생기 → 흡수기 → 열교환기
④ 증발기 → 열교환기 → 재생기 → 흡수기

29 이상적인 카르노사이클의 열기관이 500℃인 열원으로부터 500kJ을 받고 25℃에 열을 방출한다. 이 사이클의 일(W)과 효율(η_{th})은 얼마인가?

① W=307.2kJ, η_{th}=0.6143
② W=207.2kJ, η_{th}=0.5748
③ W=250.3kJ, η_{th}=0.8316
④ W=401.5kJ, η_{th}=0.6517

30 냉동장치의 냉매량이 부족할 때 일어나는 현상으로 옳은 것은?

① 흡입압력이 낮아진다.
② 토출압력이 높아진다.
③ 냉동능력이 증가한다.
④ 흡입압력이 높아진다.

31 증기압축식 냉동사이클에서 증발온도를 일정하게 유지하고 응축온도를 상승시킬 경우에 나타나는 현상으로 틀린 것은?

① 성적계수 감소
② 토출가스온도 상승
③ 소요동력 증대
④ 플래시가스 발생량 감소

32 랭킨사이클에서 25℃, 0.01MPa 압력의 물 1kg을 5MPa 압력의 보일러로 공급한다. 이때 펌프가 가역단열과정으로 작용한다고 가정할 경우 펌프가 한 일은 약 몇 kJ인가? (단, 물의 비체적은 0.001m³/kg이다.)

① 2.58 ② 4.99
③ 20.10 ④ 40.20

33 다음 중 빙축열시스템의 분류에 대한 조합으로 적당하지 않은 것은?

① 정적제빙형－관내착빙형
② 정적제빙형－캡슐형
③ 동적제빙형－관외착빙형
④ 동적제빙형－과냉각아이스형

34 피스톤－실린더장치 내에 있는 공기가 0.3m³에서 0.1m³으로 압축되었다. 압축되는 동안 압력(P)과 체적(V) 사이에 $P=aV^{-2}$의 관계가 성립하며 계수 a=6kPa·m⁶이다. 이 과정 동안 공기가 한 일은 약 얼마인가?

① －53.3kJ ② －1.1kJ
③ 253kJ ④ －40kJ

35 다음의 열역학상태량 중 종량적 상태량(extensive property)에 속하는 것은?

① 압력 ② 체적
③ 온도 ④ 밀도

36 Brayton사이클에서 압축기 소요일은 175kJ/kg, 공급열은 627kJ/kg, 터빈 발생일은 406kJ/kg으로 작동될 때 열효율은 약 얼마인가?

① 0.28 ② 0.37
③ 0.42 ④ 0.48

37 밀폐시스템에서 초기상태가 300K, 0.5m³인 이상기체를 등온과정으로 150kPa에서 600kPa까지 천천히 압축하였다. 이 압축과정에 필요한 일은 약 몇 kJ인가?

① 104 ② 208
③ 304 ④ 612

38 이상기체의 가역폴리트로픽과정은 다음과 같다. 이에 대한 설명으로 옳은 것은? (단, P는 압력, v는 비체적, C는 상수이다.)

$$Pv^n = C$$

① $n=0$이면 등온과정
② $n=1$이면 정적과정
③ $n=\infty$이면 정압과정
④ $n=k$(비열비)이면 단열과정

39 클라우지우스(Clausius)적분 중 비가역사이클에 대하여 옳은 식은? (단, Q는 시스템에 공급되는 열, T는 절대온도를 나타낸다.)

① $\oint \frac{dQ}{T} = 0$ ② $\oint \frac{dQ}{T} < 0$

③ $\oint \frac{dQ}{T} > 0$ ④ $\oint \frac{dQ}{T} \geq 0$

40 어떤 기체 1kg이 압력 50kPa, 체적 $2.0m^3$의 상태에서 압력 1,000kPa, 체적 $0.2m^3$의 상태로 변화하였다. 이 경우 내부에너지의 변화가 없다고 한다면 엔탈피의 변화는 얼마나 되겠는가?

① 50kJ ② 79kJ

③ 91kJ ④ 100kJ

3 시운전 및 안전관리

41 기계설비의 안전한 사용을 위하여 지급되는 보호구를 설명한 것이다. 이 중 작업조건에 따른 적합한 보호구로 올바른 것은?

① 용접 시 불꽃 또는 물체가 날아 흩어질 위험이 있는 작업 : 보안면

② 물체가 떨어지거나 날아올 위험 또는 근로자가 추락할 위험이 있는 작업 : 안전대

③ 감전의 위험이 있는 작업 : 보안경

④ 고열에 의한 화상 등의 위험이 있는 작업 : 방화복

42 다음 중 냉동제조시설에서 안전관리자의 직무에 해당되지 않는 것은?

① 안전관리규정의 시행

② 냉동시설 설계 및 시공

③ 사업소의 시설 안전유지

④ 사업소 종사자 지휘 및 감독

43 가연성 가스 냉매설비에 설치하는 방출관의 방출구 위치기준으로 옳은 것은?

① 지상으로부터 2m 이상의 높이

② 지상으로부터 3m 이상의 높이

③ 지상으로부터 4m 이상의 높이

④ 지상으로부터 5m 이상의 높이

44 보일러 운전 시 안전수칙으로 가장 적절하지 않은 것은?

① 가동 중인 보일러에서는 작업자가 항상 정위치를 떠나지 아니할 것

② 보일러의 각종 부속장치의 누설상태를 점검할 것

③ 압력방출장치는 매 7년마다 정기적으로 작동시험을 할 것

④ 노 내의 환기 및 통풍장치를 점검할 것

45 고압가스 냉동제조설비의 시설기준에 대한 설명 중 틀린 것은?

① 가연성 가스의 검지경보장치는 방폭성능을 갖는 것으로 한다.

② 냉매설비의 안전을 확보하기 위하여 액면계를 설치하며, 액면계의 상하에는 수동식 및 자동식 스톱밸브를 각각 설치한다.

③ 압력이 상용압력을 초과할 때 압축기의 운전을 정지시키는 고압차단장치를 설치하되, 원칙적으로 수동복귀방식으로 한다.

④ 냉매설비에 부착하는 안전밸브는 분리할 수 없도록 단단하게 부착한다.

46 목표값이 미리 정해진 시간적 변화를 하는 경우 제어량을 변화시키는 제어는?

① 정치제어 ② 추종제어

③ 비율제어 ④ 프로그램제어

47 토크가 증가하면 속도가 낮아져 대체적으로 일정한 출력이 발생하는 것을 이용해서 전차, 기중기 등에 주로 사용하는 직류전동기는?

① 직권전동기 ② 분권전동기
③ 가동복권전동기 ④ 차동복권전동기

48 어떤 코일에 흐르는 전류가 0.01초 사이에 일정하게 50A에서 10A로 변할 때 20V의 기전력이 발생할 경우 자기인덕턴스(mH)는?

① 5 ② 10
③ 20 ④ 40

49 다음 그림과 같은 계전기 접점회로의 논리식은?

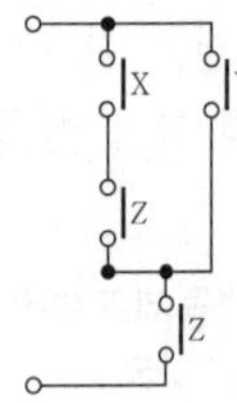

① XZ+Y ② (X+Y)Z
③ (X+Z)Y ④ X+Y+Z

50 100V, 40W의 전구에 0.4A의 전류가 흐른다면 이 전구의 저항은?

① 100Ω ② 150Ω
③ 200Ω ④ 250Ω

51 오차 발생시간과 오차의 크기로 둘러싸인 면적에 비례하여 동작하는 것은?

① P동작 ② I동작
③ D동작 ④ PD동작

52 다음 그림과 같은 피드백제어계에서의 폐루프 종합전달함수는?

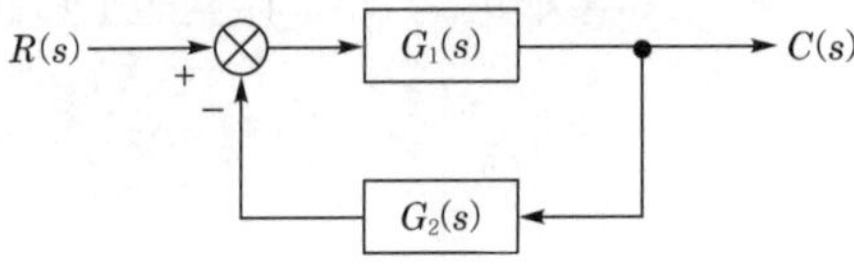

① $\dfrac{1}{G_1(s)}+\dfrac{1}{G_2(s)}$

② $\dfrac{1}{G_1(s)+G_2(s)}$

③ $\dfrac{G_1(s)}{1+G_1(s)G_2(s)}$

④ $\dfrac{G_1(s)\,G_2(s)}{1+G_1(s)G_2(s)}$

53 SCR에 관한 설명으로 틀린 것은?

① PNPN소자이다.
② 스위칭소자이다.
③ 양방향성 사이리스터이다.
④ 직류나 교류의 전력제어용으로 사용된다.

54 다음의 논리식 중 다른 값을 나타내는 논리식은?

① $X(\overline{X}+Y)$
② $X(X+Y)$
③ $XY+X\overline{Y}$
④ $(X+Y)(X+\overline{Y})$

55 방사성 위험물을 원격으로 조작하는 인공수(人工手 ; manipulator)에 사용되는 제어계는?

① 서보기구 ② 자동조정
③ 시퀀스제어 ④ 프로세스제어

56 공기 중 자계의 세기가 100A/m의 점에 놓아둔 자극에 작용하는 힘은 8×10^{-3}N이다. 이 자극의 세기는 몇 Wb인가?

① 8×10 ② 8×10^{5}
③ 8×10^{-1} ④ 8×10^{-5}

57 피드백제어계에서 목표치를 기준입력신호로 바꾸는 역할을 하는 요소는?

① 비교부 ② 조절부
③ 조작부 ④ 설정부

58 정상편차를 개선하고 응답속도를 빠르게 하며 오버슛을 감소시키는 동작은?

① K

② $K(1+sT)$

③ $K\left(1+\frac{1}{sT}\right)$

④ $K\left(1+sT+\frac{1}{sT}\right)$

59 정현파 교류의 실효값(V)과 최대값(V_m)의 관계식으로 옳은 것은?

① $V=\sqrt{2}\,V_m$ ② $V=\frac{1}{\sqrt{2}}V_m$

③ $V=\sqrt{3}\,V_m$ ④ $V=\frac{1}{\sqrt{3}}V_m$

60 다음 설명에 알맞은 전기 관련 법칙은?

도선에서 두 점 사이 전류의 크기는 그 두 점 사이의 전위차에 비례하고, 전기저항에 반비례한다.

① 옴의 법칙 ② 렌츠의 법칙

③ 플레밍의 법칙 ④ 전압분배의 법칙

4 유지보수공사관리

61 배관용 보온재의 구비조건에 관한 설명으로 틀린 것은?

① 내열성이 높을수록 좋다.

② 열전도율이 적을수록 좋다.

③ 비중이 작을수록 좋다.

④ 흡수성이 클수록 좋다.

62 도시가스의 공급설비 중 가스홀더의 종류가 아닌 것은?

① 유수식 ② 중수식

③ 무수식 ④ 고압식

63 냉각레그(cooling leg) 시공에 대한 설명으로 틀린 것은?

① 관경은 증기주관보다 한 치수 크게 한다.

② 냉각레그와 환수관 사이에는 트랩을 설치하여야 한다.

③ 응축수를 냉각하여 재증발을 방지하기 위한 배관이다.

④ 보온피복을 할 필요가 없다.

64 급수배관 시공에 관한 설명으로 가장 거리가 먼 것은?

① 수리와 기타 필요시 관 속의 물을 완전히 뺄 수 있도록 기울기를 주어야 한다.

② 공기가 모여있는 곳이 없도록 하여야 하며, 공기가 모일 경우 공기빼기밸브를 부착한다.

③ 급수관에서 상향급수는 선단 하향구배로 하고, 하향급수에서는 선단 상향구배로 한다.

④ 가능한 마찰손실이 작도록 배관하며 관의 축소는 편심리듀서를 써서 공기의 고임을 피한다.

65 스케줄번호에 의해 관의 두께를 나타내는 강관은?

① 배관용 탄소강관

② 수도용 아연도금강관

③ 압력배관용 탄소강관

④ 내식성 급수용 강관

66 급수방식 중 대규모의 급수수요에 대응이 용이하고 단수 시에도 일정량의 급수를 계속할 수 있으며 거의 일정한 압력으로 항상 급수되는 방식은?

① 양수펌프식 ② 수도직결식

③ 고가탱크식 ④ 압력탱크식

67 배수 및 통기설비에서 배관 시공법에 관한 주의사항으로 틀린 것은?

① 우수수직관에 배수관을 연결해서는 안 된다.
② 오버플로관은 트랩의 유입구측에 연결해야 한다.
③ 바닥 아래에서 빼내는 각 통기관에는 횡주부를 형성시키지 않는다.
④ 통기수직관은 최하위의 배수수평지관보다 높은 위치에서 연결해야 한다.

68 관경 100A인 강관을 수평주관으로 시공할 때 지지간격으로 가장 적절한 것은?

① 2m 이내 ② 4m 이내
③ 8m 이내 ④ 12m 이내

69 펌프를 운전할 때 공동현상(캐비테이션)의 발생원인으로 가장 거리가 먼 것은?

① 토출양정이 높다.
② 유체의 온도가 높다.
③ 날개차의 원주속도가 크다.
④ 흡입관의 마찰저항이 크다.

70 다음 중 방열기나 팬코일유닛에 가장 적합한 관이음은?

① 스위블이음 ② 루프이음
③ 슬리브이음 ④ 벨로즈이음

71 냉매배관 중 토출관 배관 시공에 관한 설명으로 틀린 것은?

① 응축기가 압축기보다 2.5m 이상 높은 곳에 있을 때는 트랩을 설치한다.
② 수평관은 모두 끝내림구배로 배관한다.
③ 수직관이 너무 높으면 3m마다 트랩을 설치한다.
④ 유분리기는 응축기보다 온도가 낮지 않은 곳에 설치한다.

72 도시가스배관설비기준에서 배관을 시가지의 도로 노면 밑에 매설하는 경우에는 노면으로부터 배관의 외면까지 얼마 이상을 유지해야 하는가? (단, 방호구조물 안에 설치하는 경우는 제외한다.)

① 0.8m ② 1m
③ 1.5m ④ 2m

73 배관의 보온재를 선택할 때 고려해야 할 점이 아닌 것은?

① 불연성일 것
② 열전도율이 클 것
③ 물리적, 화학적 강도가 클 것
④ 흡수성이 적을 것

74 증기보일러배관에서 환수관의 일부가 파손된 경우 보일러수의 유출로 안전수위 이하가 되어 보일러수가 빈 상태로 되는 것을 방지하기 위해 하는 접속법은?

① 하트포드접속법
② 리프트접속법
③ 스위블접속법
④ 슬리브접속법

75 증기난방배관 시공법에 대한 설명으로 틀린 것은?

① 증기주관에서 지관을 분기하는 경우 관의 팽창을 고려하여 스위블이음법으로 한다.
② 진공환수식 배관의 증기주관은 1/100~1/200 선상향구배로 한다.
③ 주형방열기는 일반적으로 벽에서 50~60mm 정도 떨어지게 설치한다.
④ 보일러 주변의 배관방법에서는 증기관과 환수관 사이에 밸런스관을 달고 하트포드(hartford)접속법을 사용한다.

76 냉동배관재료로서 갖추어야 할 조건으로 틀린 것은?

① 저온에서 강도가 커야 한다.
② 가공성이 좋아야 한다.
③ 내식성이 작아야 한다.
④ 관내 마찰저항이 작아야 한다.

77 벤더에 의한 관 굽힘 시 주름이 생겼다. 주된 원인은?

① 재료에 결함이 있다.
② 굽힘형의 홈이 관지름보다 작다.
③ 클램프 또는 관에 기름이 묻어있다.
④ 압력형이 조정이 세고 저항이 크다.

78 온수난방에서 개방식 팽창탱크에 관한 설명으로 틀린 것은?

① 공기빼기배기관을 설치한다.
② 4℃의 물을 100℃로 높였을 때 팽창체적 비율이 4.3% 정도이므로 이를 고려하여 팽창탱크를 설치한다.
③ 팽창탱크에는 오버플로관을 설치한다.
④ 팽창관에는 반드시 밸브를 설치한다.

79 가스배관재료 중 내약품성 및 전기절연성이 우수하며 사용온도가 80℃ 이하인 관은?

① 주철관　② 강관
③ 동관　④ 폴리에틸렌관

80 다음 중 "접속해 있을 때"를 나타내는 관의 도시기호는?

① 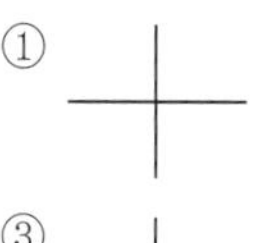
② 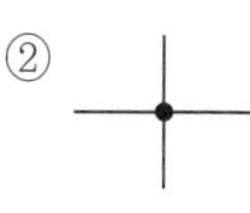
③ 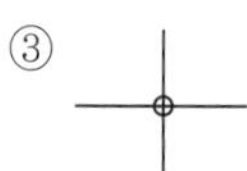
④

Air-Conditioning Refrigerating Machinery

2 실전 모의고사

▶ 정답 및 해설 : 291쪽

1 에너지관리

01 유인유닛공조방식에 대한 설명으로 틀린 것은?

① 1차 공기를 고속덕트로 공급하므로 덕트 스페이스를 줄일 수 있다.
② 실내유닛에는 회전기기가 없으므로 시스템의 내용연수가 길다.
③ 실내부하를 주로 1차 공기로 처리하므로 중앙공조기는 커진다.
④ 송풍량이 적어 외기냉방효과가 낮다.

02 증기설비에 사용하는 증기트랩 중 기계식 트랩의 종류로 바르게 조합한 것은?

① 버킷트랩, 플로트트랩
② 버킷트랩, 벨로즈트랩
③ 바이메탈트랩, 열동식 트랩
④ 플로트트랩, 열동식 트랩

03 특정한 곳에 열원을 두고 열수송 및 분배망을 이용하여 한정된 지역으로 열매를 공급하는 난방법은?

① 간접난방법 ② 지역난방법
③ 단독난방법 ④ 개별난방법

04 덕트의 소음 방지대책에 해당되지 않는 것은?

① 덕트의 도중에 흡음재를 부착한다.
② 송풍기 출구 부근에 플래넘챔버를 장치한다.
③ 댐퍼 입·출구에 흡음재를 부착한다.
④ 덕트를 여러 개로 분기시킨다.

05 외기의 건구온도 32℃와 환기의 건구온도 24℃인 공기를 1 : 3(외기 : 환기)의 비율로 혼합하였다. 이 혼합공기의 온도는?

① 26℃ ② 28℃
③ 29℃ ④ 30℃

06 공조기 내에 일리미네이터를 설치하는 이유로 가장 적절한 것은?

① 풍량을 줄여 풍속을 낮추기 위해서
② 공조기 내의 기류의 분포를 고르게 하기 위해
③ 결로수가 비산되는 것을 방지하기 위해
④ 먼지 및 이물질을 효율적으로 제거하기 위해

07 습공기의 상태변화를 나타내는 방법 중 하나인 열수분비의 정의로 옳은 것은?

① 절대습도변화량에 대한 잠열량변화량의 비율
② 절대습도변화량에 대한 전열량변화량의 비율
③ 상대습도변화량에 대한 현열량변화량의 비율
④ 상대습도변화량에 대한 잠열량변화량의 비율

08 다음 중 공기조화설비의 계획 시 조닝을 하는 목적으로 가장 거리가 먼 것은?

① 효과적인 실내환경의 유지
② 설비비의 경감
③ 운전가동면에서의 에너지 절약
④ 부하특성에 대한 대처

09 덕트 설계 시 주의사항으로 틀린 것은?

① 장방형 덕트 단면의 종횡비는 가능한 한 6 : 1 이상으로 해야 한다.
② 덕트의 풍속은 15m/s 이하, 정압은 50mmAq 이하의 저속덕트를 이용하여 소음을 줄인다.
③ 덕트의 분기점에는 댐퍼를 설치하여 압력평행을 유지시킨다.
④ 재료는 아연도금강판, 알루미늄판 등을 이용하여 마찰저항손실을 줄인다.

10 전압기준 국부저항계수 ζ_T와 정압기준 국부저항계수 ζ_S와의 관계를 바르게 나타낸 것은? (단, 덕트 상류풍속은 v_1, 하류풍속은 v_2이다.)

① $\zeta_T = \zeta_S - 1 + \left(\frac{v_2}{v_1}\right)^2$
② $\zeta_T = \zeta_S + 1 - \left(\frac{v_2}{v_1}\right)^2$
③ $\zeta_T = \zeta_S - 1 - \left(\frac{v_2}{v_1}\right)^2$
④ $\zeta_T = \zeta_S + 1 + \left(\frac{v_2}{v_1}\right)^2$

11 이중덕트방식에 설치하는 혼합상자의 구비조건으로 틀린 것은?

① 냉·온풍덕트 내의 정압변동에 의해 송풍량이 예민하게 변화할 것
② 혼합비율변동에 따른 송풍량의 변동이 완만할 것
③ 냉·온풍댐퍼의 공기 누설이 적을 것
④ 자동제어의 신뢰도가 높고 소음 발생이 적을 것

12 증기난방방식에 대한 설명으로 틀린 것은?

① 환수방식에 따라 중력환수식과 진공환수식, 기계환수식으로 구분한다.
② 배관방법에 따라 단관식과 복관식이 있다.
③ 예열시간이 길지만 열량조절이 용이하다.
④ 운전 시 증기해머로 인한 소음을 일으키기 쉽다.

13 실내의 CO_2농도기준이 1,000ppm이고 1인당 CO_2 발생량이 18L/h인 경우 실내 1인당 필요한 환기량(m^3/h)은? (단, 외기 CO_2농도는 300ppm이다.)

① 22.7 ② 23.7
③ 25.7 ④ 26.7

14 압력 1MPa, 건도 0.89인 습증기 100kg을 일정 압력의 조건에서 엔탈피가 3,052kJ/kg인 300℃의 과열증기로 되는데 필요한 열량(kJ)은? (단, 1MPa에서 포화액의 엔탈피는 759kJ/kg, 증발잠열은 2,018kJ/kg이다.)

① 44,208 ② 49,698
③ 229,311 ④ 103,432

15 다음 냉방부하요소 중 잠열을 고려하지 않아도 되는 것은?

① 인체에서의 발생열
② 커피포트에서의 발생열
③ 유리를 통과하는 복사열
④ 틈새바람에 의한 취득열

16 실내난방을 온풍기로 하고 있다. 이때 실내현열량 6.5kW, 송풍공기온도 30℃, 외기온도 −10℃, 실내온도 20℃일 때 온풍기의 풍량(m^3/h)은 얼마인가? (단, 공기비열은 1.005kJ/kg·K, 밀도는 1.2kg/m^3이다.)

① 1,940.2 ② 1,882.1
③ 1,324.1 ④ 890.1

17 가로 20m, 세로 7m, 높이 4.3m인 방이 있다. 다음 표를 이용하여 용적기준으로 한 전체 필요환기량(m^3/h)은?

실용적 (m^3)	500 미만	500~ 1,000	1,000 ~1,500	1,500 ~2,000	2,000 ~2,500
환기횟수 n[회/h]	0.7	0.6	0.55	0.5	0.42

① 421 ② 361
③ 331 ④ 253

18 다음 공기선도상에서 난방풍량이 25,000m^3/h인 경우 가열코일의 열량(kW)은? (단, 1은 외기, 2는 실내상태점을 나타내며, 공기의 비중량은 1.2kg/m^3이다.)

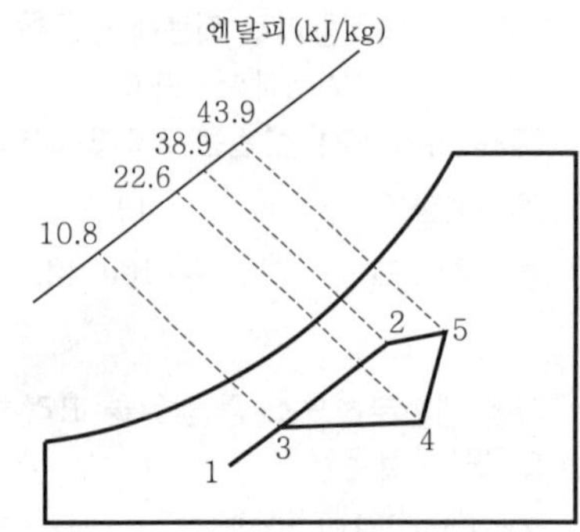

① 98.3 ② 87.1
③ 73.2 ④ 61.4

19 TAB의 적용범위에 해당하지 않는 것은?

① 공기, 냉온수 분배의 균형
② 설계치를 공급할 수 있는 전 시스템의 조정
③ 전기계측
④ 모든 장비 중 자동제어장치 성능에 대한 확인은 제외

20 공조설비 시운전 전 점검사항 중 잘못된 것은?

① 냉매 MSDS(물질안전보건자료)를 확인한다.
② 코일 내 열원공급 유무를 점검한다.
③ 접지선이 잘 연결되어 있는지 확인한다.
④ 송풍기의 상태를 점검해서 임펠러에 많은 먼지가 부착된 경우가 확인되면 냉수로 세척한다.

2 공조냉동 설계

21 이상적인 오토사이클에서 단열압축되기 전 공기가 101.3kPa, 21℃이며, 압축비 7로 운전할 때 이 사이클의 효율은 약 몇 %인가? (단, 공기의 비열비는 1.4이다.)

① 62% ② 54%
③ 46% ④ 42%

22 저온실로부터 46.4kW의 열을 흡수할 때 10kW의 동력을 필요로 하는 냉동기가 있다면 이 냉동기의 성능계수는?

① 4.64 ② 5.65
③ 7.49 ④ 8.82

23 다음 그림과 같은 사이클을 난방용 히트펌프로 사용한다면 이론성적계수를 구하는 식은?

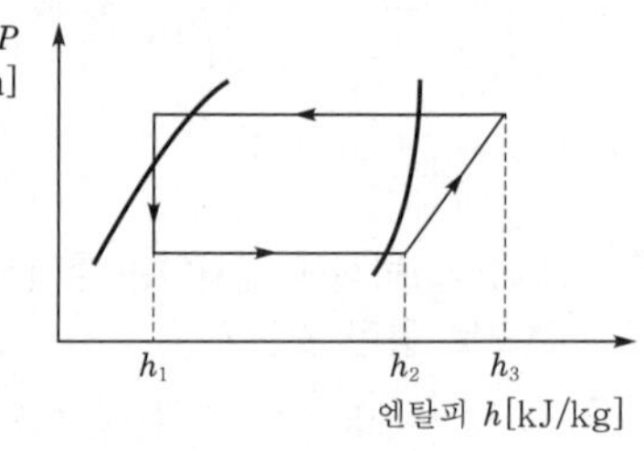

▲ 압력-엔탈피선도

① $COP = \frac{h_2 - h_1}{h_3 - h_2}$

② $COP = 1 + \frac{h_3 - h_1}{h_3 + h_2}$

③ $COP = \frac{h_2 + h_1}{h_3 + h_2}$

④ $COP = 1 + \frac{h_2 - h_1}{h_3 - h_2}$

24 이상기체의 공기가 안지름 0.1m인 관을 통하여 0.2m/s로 흐르고 있다. 공기의 온도는 20℃, 압력은 100kPa, 기체상수는 0.287kJ/kg·K라면 질량유량은 약 몇 kg/s인가?

① 0.0019　　② 0.0099
③ 0.0119　　④ 0.0199

25 2단 압축 1단 팽창 냉동시스템에서 게이지압력계로 증발압력이 100kPa, 응축압력이 1,100kPa일 때 중간냉각기의 절대압력은 약 얼마인가?

① 331kPa　　② 491kPa
③ 732kPa　　④ 1,010kPa

26 착상이 냉동장치에 미치는 영향으로 가장 거리가 먼 것은?

① 냉장실 내 온도가 상승한다.
② 증발온도 및 증발압력이 저하한다.
③ 냉동능력당 전력소비량이 감소한다.
④ 냉동능력당 소요동력이 증대한다.

27 온도가 T_1인 고열원으로부터 온도가 T_2인 저열원으로 열전도, 대류, 복사 등에 의해 Q만큼 열전달이 이루어졌을 때 전체 엔트로피 변화량을 나타내는 식은?

① $\dfrac{T_1 - T_2}{Q(T_1 \times T_2)}$　　② $\dfrac{Q(T_1 + T_2)}{T_1 \times T_2}$
③ $\dfrac{Q(T_1 - T_2)}{T_1 \times T_2}$　　④ $\dfrac{T_1 + T_2}{Q(T_1 \times T_2)}$

28 다음 중 자연냉동법이 아닌 것은?

① 융해열을 이용하는 방법
② 승화열을 이용하는 방법
③ 기한제를 이용하는 방법
④ 증기분사를 하여 냉동하는 방법

29 내부에너지가 30kJ인 물체에 열을 가하여 내부에너지가 50kJ이 되는 동안에 외부에 대하여 10kJ의 일을 하였다. 이 물체에 가해진 열량은?

① 10kJ　　② 20kJ
③ 30kJ　　④ 60kJ

30 매시간 20kg의 연료를 소비하여 74kW의 동력을 생산하는 가솔린기관의 열효율은 약 몇 %인가? (단, 가솔린의 저위발열량은 43,470kJ/kg이다.)

① 18　　② 22
③ 31　　④ 43

31 냉매에 관한 설명으로 옳은 것은?

① 냉매표기 R+xyz형태에서 xyz는 공비혼합냉매의 경우 400번대, 비공비혼합냉매의 경우 500번대로 표시한다.
② R−502는 R−22와 R−113과의 공비혼합냉매이다.
③ 흡수식 냉동기는 냉매로 NH_3와 R−11이 일반적으로 사용된다.
④ R−1234yf는 HFO계열의 냉매로서 지구온난화지수(GWP)가 매우 낮아 R−134a의 대체냉매로 활용 가능하다.

32 암모니아냉동장치에서 피스톤압출량 120m³/h의 압축기가 다음 선도와 같은 냉동사이클로 운전되고 있을 때 압축기의 소요동력(kW)은?

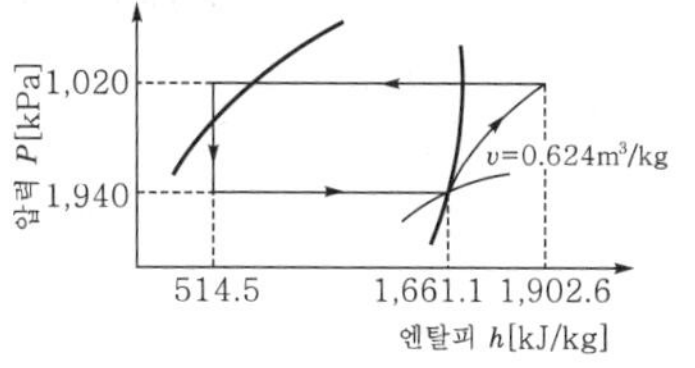

① 8.7　　② 10.9
③ 12.9　　④ 15.2

33 흡수식 냉동기에서 재생기에 들어가는 희용액의 농도가 50%, 나오는 농용액의 농도가 65%일 때 용액순환비는? (단, 흡수기의 냉각열량은 3,066kJ/kg이다.)

① 2.5　　② 3.7
③ 4.3　　④ 5.2

부록 Ⅱ

34 냉동장치 내 공기가 혼입되었을 때 나타나는 현상으로 옳은 것은?

① 응축기에서 소리가 난다.
② 응축온도가 떨어진다.
③ 토출온도가 높다.
④ 증발압력이 낮아진다.

35 공비혼합물(azeotrope)냉매의 특성에 관한 설명으로 틀린 것은?

① 서로 다른 할로카본냉매들을 혼합하여 서로의 결점이 보완되는 냉매를 얻을 수 있다.
② 응축압력과 압축비를 줄일 수 있다.
③ 대표적인 냉매로 R-407C와 R-410A가 있다.
④ 각각의 냉매를 적당한 비율로 혼합하면 혼합물의 비등점이 일치할 수 있다.

36 만액식 증발기를 사용하는 R-134a용 냉동장치가 다음과 같다. 이 장치에서 압축기의 냉매순환량이 0.2kg/s이며, 이론냉동사이클의 각 점에서의 엔탈피가 다음 표와 같을 때 이론성능계수(COP)는? (단, 배관의 열손실은 무시한다.)

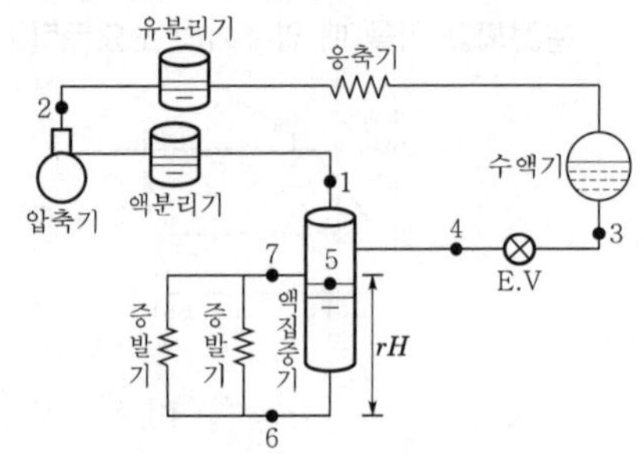

h_1=393kJ/kg	h_2=440kJ/kg
h_3=230kJ/kg	h_4=230kJ/kg
h_5=185kJ/kg	h_6=185kJ/kg
h_7=385kJ/kg	

① 1.98 ② 2.39
③ 2.87 ④ 3.47

37 $P-h$선도(압력-엔탈피)에서 나타내지 못하는 것은?

① 엔탈피 ② 습구온도
③ 건조도 ④ 비체적

38 다음 중 모세관의 압력 강하가 가장 큰 경우는?

① 직경이 가늘고 길수록
② 직경이 가늘고 짧을수록
③ 직경이 굵고 짧을수록
④ 직경이 굵고 길수록

39 내경이 20mm인 관 안으로 포화상태의 냉매가 흐르고 있으며 관은 단열재로 싸여있다. 관의 두께는 1mm이며, 관재질의 열전도도는 50W/m·K이며, 단열재의 열전도도는 0.02W/m·K이다. 단열재의 내경과 외경은 각각 22mm와 42mm일 때 단위길이당 열손실(W)은? (단, 이때 냉매의 온도는 60℃, 주변 공기의 온도는 0℃이며, 냉매측과 공기측의 평균대류 열전달계수는 각각 2,000W/m^2·K와 10W/m^2·K이다. 관과 단열재 접촉부의 열저항은 무시한다.)

① 9.87 ② 10.15
③ 11.10 ④ 13.27

40 증발기에서의 착상이 냉동장치에 미치는 영향에 대한 설명으로 옳은 것은?

① 압축비 및 성적계수 감소
② 냉각능력 저하에 따른 냉장실 내 온도 강하
③ 증발온도 및 증발압력 강하
④ 냉동능력에 대한 소요동력 감소

3 시운전 및 안전관리

41 독성가스의 제독작업에 필요한 보호구가 아닌 것은?

① 안전화 및 귀마개
② 공기호흡기 및 송기식 마스크
③ 보호장화 및 보호장갑
④ 보호복 및 격리식 방독마스크

42 고압가스안전관리법에 의하여 냉동기를 사용하여 고압가스를 제조하는 자는 안전관리자를 해임하거나 퇴직한 때에는 해임 또는 퇴직한 날로부터 며칠 이내에 다른 사람을 선임하여야 하는가?

① 7일　　② 10일
③ 20일　　④ 30일

43 고압가스 냉동제조시설에서 가스설비의 내압성능을 확인하기 위한 시험압력의 기준은? (단, 기체의 압력으로 내압시험을 하는 경우이다.)

① 설계압력 이상
② 설계압력의 1.25배 이상
③ 설계압력의 1.5배 이상
④ 설계압력의 2배 이상

44 다음 중 재해의 직접적인 원인에 해당되는 것은?

① 불안전한 상태　　② 기술적인 원인
③ 관리적인 원인　　④ 교육적인 원인

45 냉동제조의 시설 및 기술·검사기준으로 맞지 않은 것은?

① 냉동제조설비 중 특정 설비는 검사에 합격한 것일 것
② 냉매설비에는 자동제어장치를 설치할 것
③ 냉매설비는 진동, 충격, 부식 등으로 냉매가스가 누설되지 않도록 할 것
④ 압축기 최종단에 설치한 안전장치는 2년에 1회 이상 압력시험을 할 것

46 다음과 같은 회로에서 a, b 양 단자 간의 합성저항은? (단, 그림에서의 저항의 단위는 Ω이다.)

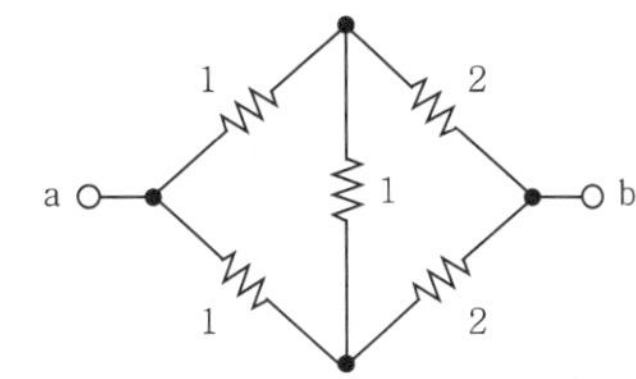

① 1.0Ω　　② 1.5Ω
③ 3.0Ω　　④ 6.0Ω

47 과도응답의 소멸되는 정도를 나타내는 감쇠비(decay ratio)로 옳은 것은?

① $\frac{\text{제2 오버슛}}{\text{최대 오버슛}}$　　② $\frac{\text{제4 오버슛}}{\text{최대 오버슛}}$
③ $\frac{\text{최대 오버슛}}{\text{제2 오버슛}}$　　④ $\frac{\text{최대 오버슛}}{\text{제4 오버슛}}$

48 PI동작의 전달함수는? (단, K_P는 비례감도이고, T_I는 적분시간이다.)

① K_P　　② $K_P s T_I$
③ $K_P(1+sT_I)$　　④ $K_P\left(1+\frac{1}{sT_I}\right)$

49 60Hz, 4극, 슬립 6%인 유도전동기를 어느 공장에서 운전하고자 할 때 예상되는 회전수는 약 몇 rpm인가?

① 240　　② 720
③ 1,690　　④ 1,800

50 제어장치가 제어대상에 가하는 제어신호로 제어장치의 출력인 동시에 제어대상의 입력인 신호는?

① 조작량　　② 제어량
③ 목표값　　④ 동작신호

부록 II

51 전류의 측정범위를 확대하기 위하여 사용되는 것은?

① 배율기 ② 분류기
③ 전위차계 ④ 계기용 변압기

52 교류에서 역률에 관한 설명으로 틀린 것은?

① 역률은 $\sqrt{1-무효율^2}$ 로 계산할 수 있다.
② 역률을 이용하여 교류전력의 효율을 알 수 있다.
③ 역률이 클수록 유효전력보다 무효전력이 커진다.
④ 교류회로의 전압과 전류의 위상차에 코사인(cos)을 취한 값이다.

53 피드백(feedback)제어시스템의 피드백효과로 틀린 것은?

① 정상상태 오차 개선
② 정확도 개선
③ 시스템 복잡화
④ 외부조건의 변화에 대한 영향 증가

54 100mH의 인덕턴스를 갖는 코일에 10A의 전류를 흘릴 때 축적되는 에너지(J)는?

① 0.5 ② 1
③ 5 ④ 10

55 역률 0.85, 선전류 50A, 유효전력 28kW인 평형 3상 Δ부하의 전압(V)은 약 얼마인가?

① 300 ② 380
③ 476 ④ 660

56 R=10Ω, L=10mH에 가변콘덴서 C를 직렬로 구성시킨 회로에 교류주파수 1,000Hz를 가하여 직렬공진을 시켰다면 가변콘덴서는 약 몇 μF인가?

① 2.533 ② 12.675
③ 25.35 ④ 126.75

57 논리식 A+BC와 등가인 논리식은?

① AB+AC ② (A+B)(A+C)
③ (A+B)C ④ (A+C)B

58 변압기의 1차 및 2차의 전압, 권선수, 전류를 각각 E_1, N_1, I_1 및 E_2, N_2, I_2라고 할 때 성립하는 식으로 옳은 것은?

① $\frac{E_2}{E_1}=\frac{N_1}{N_2}=\frac{I_2}{I_1}$

② $\frac{E_1}{E_2}=\frac{N_2}{N_1}=\frac{I_1}{I_2}$

③ $\frac{E_2}{E_1}=\frac{N_2}{N_1}=\frac{I_1}{I_2}$

④ $\frac{E_1}{E_2}=\frac{N_1}{N_2}=\frac{I_1}{I_2}$

59 $e(t)=200\sin\omega t$[V], $i(t)=4\sin\left(\omega t-\frac{\pi}{3}\right)$[A]일 때 유효전력(W)은?

① 100 ② 200
③ 300 ④ 400

60 다음 그림의 신호흐름선도에서 전달함수 $\frac{C(s)}{R(s)}$는?

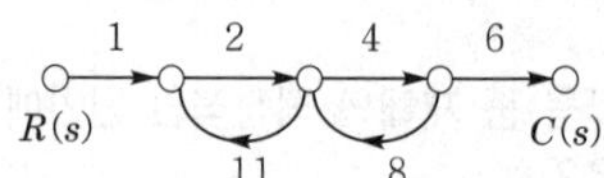

① $-\frac{8}{9}$ ② $-\frac{13}{19}$

③ $-\frac{48}{53}$ ④ $-\frac{105}{77}$

4 유지보수공사관리

61 가스설비에 관한 설명으로 틀린 것은?

① 일반적으로 사용되고 있는 가스유량 중 1시간당 최대값을 설계유량으로 한다.
② 가스미터는 설계유량을 통과시킬 수 있는 능력을 가진 것을 선정한다.
③ 배관 관경은 설계유량이 흐를 때 배관의 끝부분에서 필요한 압력이 확보될 수 있도록 한다.
④ 일반적으로 공급되고 있는 천연가스에는 일산화탄소가 많이 함유되어 있다.

62 25mm의 강관의 용접이음용 숏(short)엘보의 곡률반경(mm)은 얼마 정도로 하면 되는가?

① 25　② 37.5
③ 50　④ 62.5

63 도시가스계량기($30m^3$/h 미만)의 설치 시 바닥으로부터 설치높이로 가장 적합한 것은? (단, 설치높이의 제한을 두지 않는 특정 장소는 제외한다.)

① 0.5m 이하
② 0.7m 이상 1m 이내
③ 1.6m 이상 2m 이내
④ 2m 이상 2.5m 이내

64 폴리에틸렌관의 이음방법이 아닌 것은?

① 콤포이음　② 융착이음
③ 플랜지이음　④ 테이퍼이음

65 진공환수식 증기난방배관에 대한 설명으로 틀린 것은?

① 배관 도중에 공기빼기밸브를 설치한다.
② 배관기울기를 작게 할 수 있다.
③ 리프트피팅에 의해 응축수를 상부로 배출할 수 있다.
④ 응축수의 유속이 빠르게 되므로 환수관을 가늘게 할 수가 있다.

66 도시가스배관 시 배관이 움직이지 않도록 관지름 13~33mm 미만의 경우 몇 m마다 고정장치를 설치해야 하는가?

① 1m　② 2m
③ 3m　④ 4m

67 동관의 호칭경이 20A일 때 실제 외경은?

① 15.87mm　② 22.22mm
③ 28.57mm　④ 34.93mm

68 증기배관의 수평환수관에서 관경을 축소할 때 사용하는 이음쇠로 가장 적합한 것은?

① 소켓　② 부싱
③ 플랜지　④ 리듀서

69 배관의 자중이나 열팽창에 의한 힘 이외에 기계의 진동, 수격작용, 지진 등 다른 하중에 의해 발생하는 변위 또는 진동을 억제시키기 위한 장치는?

① 스프링행거　② 브레이스
③ 앵커　④ 가이드

70 관의 두께별 분류에서 가장 두꺼워 고압배관으로 사용할 수 있는 동관의 종류는?

① K형 동관　② S형 동관
③ L형 동관　④ N형 동관

71 냉매배관 시공 시 주의사항으로 틀린 것은?

① 배관길이는 되도록 짧게 한다.
② 온도변화에 의한 신축을 고려한다.
③ 곡률반지름은 가능한 작게 한다.
④ 수평배관은 냉매흐름방향으로 하향구배한다.

72 배관작업용 공구의 설명으로 틀린 것은?

① 파이프리머(pipe reamer) : 관을 파이프 커터 등으로 절단한 후 관 단면의 안쪽에 생긴 거스러미(burr)를 제거
② 플레어링툴(flaring tools) : 동관을 압축이음하기 위하여 관 끝을 나팔모양으로 가공
③ 파이프바이스(pipe vice) : 관을 절단하거나 나사이음을 할 때 관이 움직이지 않도록 고정
④ 사이징툴(sizing tools) : 동일 지름의 관을 이음쇠 없이 납땜이음을 할 때 한쪽 관 끝을 소켓모양으로 가공

73 배수관의 관경 선정방법에 관한 설명으로 틀린 것은?

① 기구배수관의 관경은 배수트랩의 구경 이상으로 하고 최소 30mm 정도로 한다.
② 수직, 수평관 모두 배수가 흐르는 방향으로 관경이 축소되어서는 안 된다.
③ 배수수직관은 어느 층에서나 최하부의 가장 큰 배수부하를 담당하는 부분과 동일한 관경으로 한다.
④ 땅속에 매설되는 배수관의 최소 구경은 30mm 정도로 한다.

74 다음 저압가스배관의 직경(D)을 구하는 식에서 S가 의미하는 것은? (단, L은 관의 길이를 의미한다.)

$$D^5 = \frac{Q^2SL}{K^2H}$$

① 관의 내경 ② 공급압력차
③ 가스유량 ④ 가스비중

75 급수방식 중 급수량의 변화에 따라 펌프의 회전수를 제어하여 급수압을 일정하게 유지할 수 있는 회전수제어시스템을 이용한 방식은?

① 고가수조방식 ② 수도직결방식
③ 압력수조방식 ④ 펌프직송방식

76 지름 20mm 이하의 동관을 이음할 때 기계의 점검보수, 기타 관을 분해하기 쉽게 하기 위해 이용하는 동관이음방법은?

① 슬리브이음 ② 플레어이음
③ 사이징이음 ④ 플랜지이음

77 리버스리턴배관방식에 대한 설명으로 틀린 것은?

① 각 기기 간의 배관회로길이가 거의 같다.
② 저항의 밸런싱을 취하기 쉽다.
③ 개방회로시스템(open loop system)에서 권장된다.
④ 환수관이 2중이므로 배관 설치공간이 커지고 재료비가 많이 든다.

78 배수의 성질에 따른 구분에서 수세식 변기의 대·소변에서 나오는 배수는?

① 오수 ② 잡배수
③ 특수 배수 ④ 우수배수

79 다음 중 열팽창에 의한 관의 신축으로 배관의 이동을 구속 또는 제한하는 장치가 아닌 것은?

① 앵커(anchor) ② 스토퍼(stopper)
③ 가이드(guide) ④ 인서트(insert)

80 배관계통 중 펌프에서의 공동현상(cavitation)을 방지하기 위한 대책으로 틀린 것은?

① 펌프의 설치위치를 낮춘다.
② 회전수를 줄인다.
③ 양흡입을 단흡입으로 바꾼다.
④ 굴곡부를 적게 하여 흡입관의 마찰손실수두를 작게 한다.

Air-Conditioning Refrigerating Machinery

3 실전 모의고사

▶ 정답 및 해설 : 296쪽

1 에너지관리

01 다음 온열환경지표 중 복사의 영향을 고려하지 않는 것은?

① 유효온도(ET)
② 수정유효온도(CET)
③ 예상온열감(PMV)
④ 작용온도(OT)

02 수냉식 응축기에서 냉각수 입출구온도차가 5℃, 냉각수량이 300LPM인 경우 이 냉각수에서 1시간에 흡수하는 열량은 1시간당 LNG 몇 N·m^3를 연소한 열량과 같은가? (단, 냉각수의 비열은 4.2kJ/kg·℃, LNG발열량은 43,961.4kJ/N·m^3, 열손실은 무시한다.)

① 4.6 ② 6.3
③ 8.6 ④ 10.8

03 증기난방방식에 대한 설명으로 틀린 것은?

① 환수방식에 따라 중력환수식과 진공환수식, 기계환수식으로 구분한다.
② 배관방법에 따라 단관식과 복관식이 있다.
③ 예열시간이 길지만 열량조절이 용이하다.
④ 운전 시 증기해머로 인한 소음을 일으키기 쉽다.

04 열교환기에서 냉수코일 입구측의 공기와 물의 온도차가 16℃, 냉수코일 출구측의 공기와 물의 온도차가 6℃이면 대수평균온도차(℃)는 얼마인가?

① 10.2 ② 9.25
③ 8.37 ④ 8.00

05 다음 중 일반 사무용 건물의 난방부하 계산결과에 가장 작은 영향을 미치는 것은?

① 외기온도
② 벽체로부터의 손실열량
③ 인체부하
④ 틈새바람부하

06 덕트의 분기점에서 풍량을 조절하기 위하여 설치하는 댐퍼로 가장 적절한 것은?

① 방화댐퍼 ② 스플릿댐퍼
③ 피벗댐퍼 ④ 터닝베인

07 정방실에 35kW의 모터에 의해 구동되는 정방기가 12대 있을 때 전력에 의한 취득열량(kW)은 얼마인가? (단, 전동기와 이것에 의해 구동되는 기계가 같은 방에 있으며, 전동기의 가동률은 0.74이고, 전동기 효율은 0.87, 전동기 부하율은 0.92이다.)

① 483 ② 420
③ 357 ④ 329

08 에어와셔 단열가습 시 포화효율(η)은 어떻게 표시하는가? (단, 입구공기의 건구온도 t_1, 출구공기의 건구온도 t_2, 입구공기의 습구온도 t_{w1}, 출구공기의 습구온도 t_{w2}이다.)

① $\eta = \dfrac{t_1 - t_2}{t_2 - t_{w2}}$ ② $\eta = \dfrac{t_1 - t_2}{t_1 - t_{w1}}$
③ $\eta = \dfrac{t_2 - t_1}{t_{w2} - t_1}$ ④ $\eta = \dfrac{t_1 - t_{w1}}{t_2 - t_1}$

부록 Ⅱ

09 **습공기의 상대습도(ϕ), 절대습도(w)와의 관계식으로 옳은 것은? (단, P_a는 건공기분압, P_s는 습공기와 같은 온도의 포화수증기압력이다.)**

① $\phi = \dfrac{w}{0.622}\dfrac{P_a}{P_s}$

② $\phi = \dfrac{w}{0.622}\dfrac{P_s}{P_a}$

③ $\phi = \dfrac{0.622}{w}\dfrac{P_s}{P_a}$

④ $\phi = \dfrac{0.622}{w}\dfrac{P_a}{P_s}$

10 **증기난방과 온수난방의 비교 설명으로 틀린 것은?**

① 주이용열로 증기난방은 잠열이고, 온수난방은 현열이다.
② 증기난방에 비하여 온수난방은 방열량을 쉽게 조절할 수 있다.
③ 장거리 수송으로 증기난방은 발생증기압에 의하여, 온수난방은 자연순환력 또는 펌프 등의 기계력에 의한다.
④ 온수난방에 비하여 증기난방은 예열부하와 시간이 많이 소요된다.

11 **습공기의 가습방법으로 가장 거리가 먼 것은?**

① 순환수를 분무하는 방법
② 온수를 분무하는 방법
③ 수증기를 분무하는 방법
④ 외부공기를 가열하는 방법

12 **저압 증기난방배관에 대한 설명으로 옳은 것은?**

① 하향공급식의 경우에는 상향공급식의 경우보다 배관경이 커야 한다.
② 상향공급식의 경우에는 하향공급식의 경우보다 배관경이 커야 한다.
③ 상향공급식이나 하향공급식은 배관경과 무관하다.
④ 하향공급식의 경우 상향공급식보다 워터해머를 일으키기 쉬운 배관법이다.

13 **외기에 접하고 있는 벽이나 지붕으로부터의 취득열량은 건물 내외의 온도차에 의해 전도의 형식으로 전달된다. 그러나 외벽의 온도는 일사에 의한 복사열의 흡수로 외기온도보다 높게 되는데, 이 온도를 무엇이라고 하는가?**

① 건구온도　② 노점온도
③ 상당외기온도　④ 습구온도

14 **현열만을 가하는 경우로 500m^3/h의 건구온도(t_1) 5℃, 상대습도(Ψ_1) 80%인 습공기를 공기가열기로 가열하여 건구온도(t_2) 43℃, 상대습도(Ψ_2) 8%인 가열공기를 만들고자 한다. 이때 필요한 열량(kW)은 얼마인가? (단, 공기의 비열은 1.01kJ/kg·℃, 공기의 밀도는 1.2kg/m^3)**

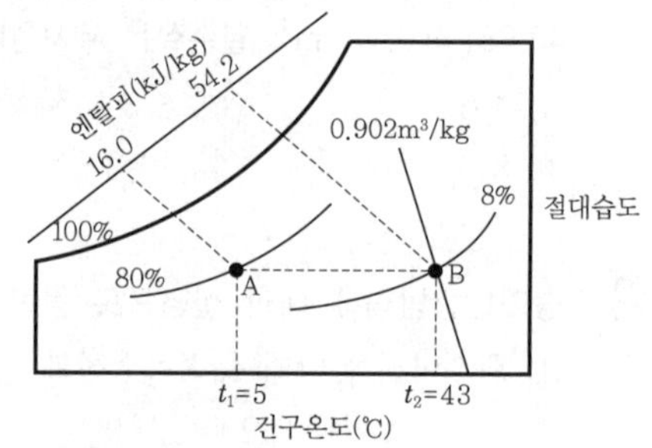

① 3.2　② 5.8
③ 6.4　④ 8.7

15 **보일러의 스케일 방지방법으로 틀린 것은?**

① 슬러지는 적절한 분출로 제거한다.
② 스케일 방지성분인 칼슘의 생성을 돕기 위해 경도가 높은 물을 보일러수로 활용한다.
③ 경수연화장치를 이용하여 스케일 생성을 방지한다.
④ 인산염을 일정 농도가 되도록 투입한다.

16 에어와셔 내에서 물을 가열하지도 냉각하지도 않고 연속적으로 순환분무시키면서 공기를 통과시켰을 때 공기의 상태변화는 어떻게 되는가?

① 건구온도는 높아지고, 습구온도는 낮아진다.
② 절대온도는 높아지고, 습구온도는 낮아진다.
③ 상대습도는 높아지고, 건구온도는 낮아진다.
④ 건구온도는 높아지고, 상대습도는 낮아진다.

17 어느 건물 서편의 유리면적이 40m^{2}이다. 안쪽에 크림색의 베네시안블라인드를 설치한 유리면으로부터 침입하는 열량(kW)은 얼마인가? (단, 외기 33℃, 실내공기 27℃, 유리는 1중이며, 유리의 열통과율은 5.9W/m^2·℃, 유리창의 복사량(I_{gr})은 608W/m^2, 차폐계수는 0.56이다.)

① 15.0　　② 13.6
③ 3.6　　④ 1.4

18 온수난방과 비교하여 증기난방에 대한 설명으로 옳은 것은?

① 예열시간이 짧다.
② 실내온도의 조절이 용이하다.
③ 방열기 표면의 온도가 낮아 쾌적한 느낌을 준다.
④ 실내에서 상하온도차가 작으며 방열량의 제어가 다른 난방에 비해 쉽다.

19 공기조화기의 TAB측정절차 중 측정요건으로 틀린 것은?

① 시스템의 검토공정이 완료되고 시스템검토보고서가 완료되어야 한다.
② 설계도면 및 관련 자료를 검토한 내용을 토대로 하여 보고서양식에 장비규격 등의 기준이 완료되어야 한다.
③ 댐퍼, 말단유닛, 터미널의 개도는 완전 밀폐되어야 한다.
④ 제작사의 공기조화기 시운전이 완료되어야 한다.

20 다음은 암모니아냉매설비의 운전을 위한 안전관리절차서에 대한 설명이다. 이 중 틀린 내용은?

> ㉠ 노출확인절차서 : 반드시 호흡용 보호구를 착용한 후 감지기를 이용하여 공기 중 암모니아농도를 측정한다.
> ㉡ 노출로 인한 위험관리절차서 : 암모니아가 노출되었을 때 호흡기를 보호할 수 있는 호흡보호프로그램을 수립하여 운영하는 것이 바람직하다.
> ㉢ 근로자 작업 확인 및 교육절차서 : 암모니아설비가 밀폐된 곳이나 외진 곳에 설치된 경우 해당 지역에서 근로자 작업을 할 때에는 다음 중 어느 하나에 의해 근로자의 안전을 확인할 수 있어야 한다.
> (가) CCTV 등을 통한 육안 확인
> (나) 무전기나 전화를 통한 음성 확인
> ㉣ 암모니아설비 및 안전설비의 유지관리절차서 : 암모니아설비 주변에 설치된 안전대책의 작동 및 사용 가능 여부를 최소한 매년 1회 확인하고 점검하여야 한다.

① ㉠　　② ㉡
③ ㉢　　④ ㉣

2 공조냉동 설계

21 70kPa에서 어떤 기체의 체적이 12m^{3}이었다. 이 기체를 800kPa까지 폴리트로픽과정으로 압축했을 때 체적이 2m^{3}로 변화했다면 이 기체의 폴리트로픽지수는 약 얼마인가?

① 1.21　　② 1.28
③ 1.36　　④ 1.43

부록 II

22 냉동기에서 고압의 액체냉매와 저압의 흡입증기를 서로 열교환시키는 열교환기의 주된 설치목적은?

① 압축기 흡입증기과열도를 낮추어 압축효율을 높이기 위함
② 일종의 재생사이클을 만들기 위함
③ 냉매액을 과냉시켜 플래시가스 발생을 억제하기 위함
④ 이원 냉동사이클에서의 캐스케이드응축기를 만들기 위함

23 다음 조건을 이용하여 응축기 설계 시 1RT(3.86kW)당 응축면적(m^2)은 얼마인가? (단, 온도차는 산술평균온도차를 적용한다.)

- 방열계수 : 1.3
- 응축온도 : 35℃
- 냉각수 입구온도 : 28℃
- 냉각수 출구온도 : 32℃
- 열통과율 : 1.05kW/m^2 · ℃

① 1.25 ② 0.96
③ 0.74 ④ 0.45

24 흡수식 냉동기의 냉매순환과정으로 옳은 것은?

① 증발기(냉각기) → 흡수기 → 재생기 → 응축기
② 증발기(냉각기) → 재생기 → 흡수기 → 응축기
③ 흡수기 → 증발기(냉각기) → 재생기 → 응축기
④ 흡수기 → 재생기 → 증발기(냉각기) → 응축기

25 냉동장치에서 플래시가스의 발생원인으로 틀린 것은?

① 액관이 직사광선에 노출되었다.
② 응축기의 냉각수유량이 갑자기 많아졌다.
③ 액관이 현저하게 입상하거나 지나치게 길다.
④ 관의 지름이 작거나 관 내 스케일에 의해 관경이 작아졌다.

26 이상기체 1kg을 일정 체적하에 20℃로부터 100℃로 가열하는 데 836kJ의 열량이 소요되었다면 정압비열(kJ/kg · K)은 약 얼마인가? (단, 해당 가스의 분자량은 2이다.)

① 2.09 ② 6.27
③ 10.5 ④ 14.6

27 증기터빈에서 질량유량이 1.5kg/s이고, 열손실률이 8.5kW이다. 터빈으로 출입하는 수증기에 대하여 다음 그림에 표시한 바와 같은 데이터가 주어진다면 터빈의 출력(kW)은 약 얼마인가?

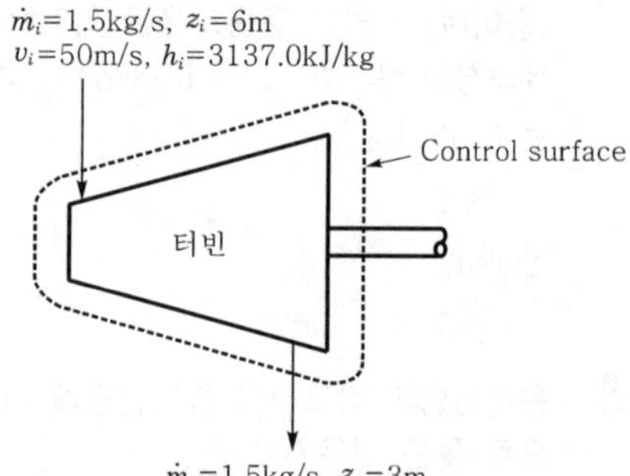

① 273.3 ② 655.7
③ 1,357.2 ④ 2,616.8

28 부피가 0.4m^3인 밀폐된 용기에 압력 3MPa, 온도 100℃의 이상기체가 들어있다. 기체의 정압비열 5kJ/kg · K, 정적비열 3kJ/kg · K일 때 기체의 질량(kg)은 얼마인가?

① 1.2 ② 1.6
③ 2.4 ④ 2.7

29 프레온냉동장치에서 가용전에 대한 설명으로 틀린 것은?

① 가용전의 용융온도는 일반적으로 75℃ 이하로 되어 있다.
② 가용전은 Sn, Cd, Bi 등의 합금이다.
③ 온도 상승에 따른 이상고압으로부터 응축기 파손을 방지한다.
④ 가용전의 구경은 안전밸브 최소 구경의 1/2 이하이어야 한다.

30 이상기체 1kg이 초기에 압력 2kPa, 부피 $0.1m^3$를 차지하고 있다. 가역등온과정에 따라 부피가 $0.3m^3$로 변화했을 때 기체가 한 일(J)은 얼마인가?

① 9,540 ② 2,200
③ 954 ④ 220

31 클리어런스 포켓이 설치된 압축기에서 클리어런스가 커질 경우에 대한 설명으로 틀린 것은?

① 냉동능력이 감소한다.
② 피스톤의 체적배출량이 감소한다.
③ 체적효율이 저하한다.
④ 실제 냉매흡입량이 감소한다.

32 흡수식 냉동기의 냉매와 흡수제 조합으로 가장 적절한 것은?

① 물(냉매) – 프레온(흡수제)
② 암모니아(냉매) – 물(흡수제)
③ 메틸아민(냉매) – 황산(흡수제)
④ 물(냉매) – 디메틸에테르(흡수제)

33 20℃의 물로부터 0℃의 얼음을 매시간당 90kg을 만드는 냉동기의 냉동능력(kW)은 얼마인가? (단, 물의 비열 4.2kJ/kg·K, 물의 응고잠열 335kJ/kg이다.)

① 7.8 ② 8.0
③ 9.2 ④ 10.5

34 역카르노사이클로 300K와 240K 사이에서 작동하고 있는 냉동기가 있다. 이 냉동기의 성능계수는 얼마인가?

① 3 ② 4
③ 5 ④ 6

35 공기압축기에서 입구공기의 온도와 압력은 각각 27℃, 100kPa이고, 체적유량은 $0.01m^3/s$이다. 출구에서 압력이 400kPa이고, 이 압축기의 등엔트로피효율이 0.8일 때 압축기의 소요동력(kW)은 얼마인가? (단, 공기의 정압비열과 기체상수는 각각 1kJ/kg·K, 0.287kJ/kg·K이고, 비열비는 1.4이다.)

① 0.9 ② 1.7
③ 2.1 ④ 3.8

36 이상기체가 등온과정으로 부피가 2배로 팽창할 때 한 일이 W_1이다. 이 이상기체가 같은 초기조건하에서 폴리트로픽과정($n=2$)으로 부피가 2배로 팽창할 때 W_1 대비 한 일은 얼마인가?

① $\frac{1}{2\ln2}W_1$ ② $\frac{2}{\ln2}W_1$
③ $\frac{\ln2}{2}W_1$ ④ $2\ln2\,W_1$

37 다음 이상기체에 대한 설명으로 옳은 것은?

① 이상기체의 내부에너지는 압력이 높아지면 증가한다.
② 이상기체의 내부에너지는 온도만의 함수이다.
③ 이상기체의 내부에너지는 항상 일정하다.
④ 이상기체의 내부에너지는 온도와 무관하다.

38 피스톤 – 실린더시스템에 100kPa의 압력을 갖는 1kg의 공기가 들어있다. 초기체적은 $0.5m^3$이고, 이 시스템에 온도가 일정한 상태에서 열을 가하여 부피가 $1.0m^3$이 되었다. 이 과정 중 시스템에 가해진 열량(kJ)은 얼마인가?

① 30.7 ② 34.7
③ 44.8 ④ 50.0

39 다음 그림은 냉동사이클을 압력 – 엔탈피($P-h$)선도에 나타낸 것이다. 다음 설명 중 옳은 것은?

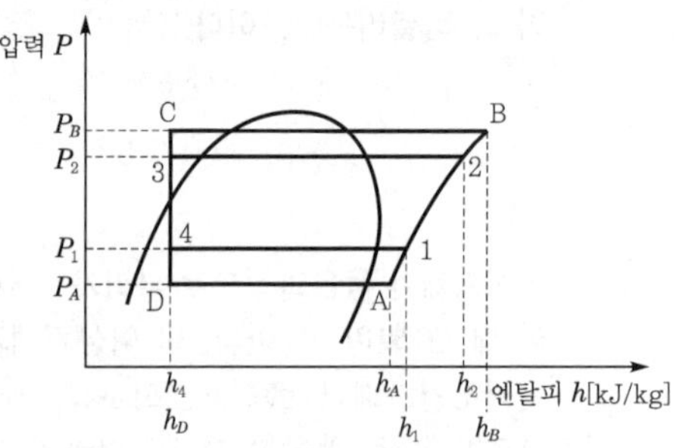

① 냉동사이클이 1–2–3–4–1에서 1–B–C–4–1로 변하는 경우 냉매 1kg당 압축일의 증가는 (h_B-h_1)이다.
② 냉동사이클이 1–2–3–4–1에서 1–B–C–4–1로 변하는 경우 성적계수는 $[(h_1-h_4)/(h_2-h_1)]$에서 $[(h_1-h_4)/(h_B-h_1)]$로 된다.
③ 냉동사이클이 1–2–3–4–1에서 A–2–3–D–A로 변하는 경우 증발압력이 P_1에서 P_A로 낮아져 압축비는 (P_2/P_1)에서 (P_1/P_A)로 된다.
④ 냉동사이클이 1–2–3–4–1에서 A–2–3–D–A로 변하는 경우 냉동효과는 (h_1-h_4)에서 (h_A-h_4)로 감소하지만, 압축기 흡입증기의 비체적은 변하지 않는다.

40 열과 일에 대한 설명으로 옳은 것은?

① 열역학적 과정에서 열과 일은 모두 경로에 무관한 상태함수로 나타낸다.
② 일과 열의 단위는 대표적으로 Watt(W)를 사용한다.
③ 열역학 제1법칙은 열과 일의 방향성을 제시한다.
④ 한 사이클과정을 지나 원래 상태로 돌아왔을 때 시스템에 가해진 전체 열량은 시스템이 수행한 전체 일의 양과 같다.

3 시운전 및 안전관리

41 고압가스안전관리법령에 따라 ( ) 안의 내용으로 옳은 것은?

> "충전용기"란 고압가스의 충전질량 또는 충전압력의 (㉠)이 충전되어 있는 상태의 용기를 말한다.
> "잔가스용기"란 고압가스의 충전질량 또는 충전압력의 (㉡)이 충전되어 있는 상태의 용기를 말한다.

① ㉠ 2분의 1 이상, ㉡ 2분의 1 미만
② ㉠ 2분의 1 초과, ㉡ 2분의 1 이하
③ ㉠ 5분의 2 이상, ㉡ 5분의 2 미만
④ ㉠ 5분의 2 초과, ㉡ 5분의 2 이하

42 기계설비법령에 따른 기계설비의 착공 전 확인과 사용 전 검사의 대상 건축물 또는 시설물에 해당하지 않는 것은?

① 연면적 1만제곱미터 이상인 건축물
② 목욕장으로 사용되는 바닥면적합계가 500제곱미터 이상인 건축물
③ 기숙사로 사용되는 바닥면적합계가 1천제곱미터 이상인 건축물
④ 판매시설로 사용되는 바닥면적합계가 3천제곱미터 이상인 건축물

43 기계설비법령에 따라 기계설비발전 기본계획은 몇 년마다 수립·시행하여야 하는가?

① 1　　② 2
③ 3　　④ 5

44 다음 중 고압가스안전관리법령에 따라 500만원 이하의 벌금기준에 해당되는 경우는?

> ㉠ 고압가스를 제조하려는 자가 신고를 하지 아니하고 고압가스를 제조한 경우
> ㉡ 특정 고압가스사용신고자가 특정 고압가스의 사용 전에 안전관리자를 선임하지 않은 경우
> ㉢ 고압가스의 수입을 업(業)으로 하려는 자가 등록을 하지 아니하고 고압가스수입업을 한 경우
> ㉣ 고압가스를 운반하려는 자가 등록을 하지 아니하고 고압가스를 운반한 경우

① ㉠　　② ㉠, ㉡
③ ㉠, ㉡, ㉢　　④ ㉠, ㉡, ㉢, ㉣

45 산업안전보건법령상 냉동·냉장창고시설 건설공사에 대한 유해위험방지계획서를 제출해야 하는 대상시설의 연면적기준은 얼마인가?

① 3천제곱미터 이상
② 4천제곱미터 이상
③ 5천제곱미터 이상
④ 6천제곱미터 이상

46 고압가스안전관리법령에 따라 일체형 냉동기의 조건으로 틀린 것은?

① 냉매설비 및 압축기용 원동기가 하나의 프레임 위에 일체로 조립된 것
② 냉동설비를 사용할 때 스톱밸브조작이 필요한 것
③ 응축기 유닛 및 증발유닛이 냉매배관으로 연결된 것으로 하루냉동능력이 20톤 미만인 공조용 패키지에어컨
④ 사용장소에 분할 반입하는 경우에는 냉매설비에 용접 또는 절단을 수반하는 공사를 하지 않고 재조립하여 냉동제조용으로 사용할 수 있는 것

47 기계설비법령에 따라 기계설비성능점검업자는 기계설비성능점검업의 등록한 사항 중 대통령령으로 정하는 사항이 변경된 경우에는 변경등록을 하여야 한다. 만약 변경등록을 정해진 기간 내 못한 경우 1차 위반 시 받게 되는 행정처분기준은?

① 등록취소　　② 업무정지 2개월
③ 업무정지 1개월　　④ 시정명령

48 저항 100Ω의 전열기에 5A의 전류를 흘렸을 때 소비되는 전력은 몇 W인가?

① 500　　② 1,000
③ 1,500　　④ 2,500

49 추종제어에 속하지 않는 제어량은?

① 위치　　② 방위
③ 자세　　④ 유량

50 다음 그림의 논리회로와 같은 진리값을 NAND 소자만으로 구성하여 나타내려면 NAND소자는 최소 몇 개가 필요한가?

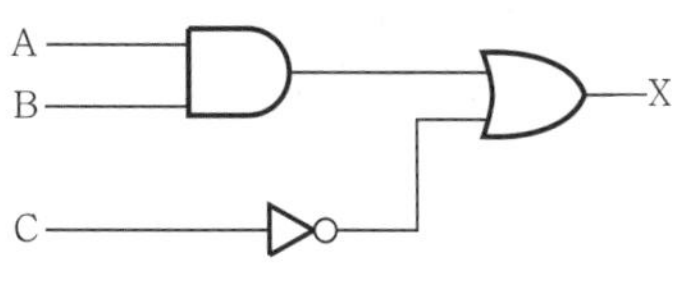

① 1　　② 2
③ 3　　④ 5

51 다음 논리식 중 동일한 값을 나타내지 않는 것은?

① $X(X+Y)$
② $XY+X\overline{Y}$
③ $X(\overline{X}+Y)$
④ $(X+Y)(X+\overline{Y})$

52 궤환제어계에 속하지 않는 신호로서 외부에서 제어량이 그 값에 맞도록 제어계에 주어지는 신호를 무엇이라 하는가?

① 목표값 ② 기준입력
③ 동작신호 ④ 궤환신호

53 10kVA의 단상 변압기 2대로 V결선하여 공급할 수 있는 최대 3상 전력은 약 몇 kVA인가?

① 20 ② 17.3
③ 10 ④ 8.7

54 $G(s)=\dfrac{2(s+2)}{s^2+5s+6}$의 특성방정식의 근은?

① 2, 3 ② −2, −3
③ 2, −3 ④ −2, 3

55 $R=8\Omega$, $X_L=2\Omega$, $X_C=8\Omega$의 직렬회로에 100V의 교류전압을 가할 때 전압과 전류의 위상관계로 옳은 것은?

① 전류가 전압보다 약 37° 뒤진다.
② 전류가 전압보다 약 37° 앞선다.
③ 전류가 전압보다 약 43° 뒤진다.
④ 전류가 전압보다 약 43° 앞선다.

56 배율기의 저항이 50kΩ, 전압계의 내부저항이 25kΩ이다. 전압계가 100V를 지시하였을 때 측정한 전압(V)은?

① 10 ② 50
③ 100 ④ 300

57 자장 안에 놓여 있는 도선에 전류가 흐를 때 도선이 받는 힘은 $F=BIl\sin\theta$[N]이다. 이것을 설명하는 법칙과 응용기기가 알맞게 짝지어진 것은?

① 플레밍의 오른손법칙 – 발전기
② 플레밍의 왼손법칙 – 전동기
③ 플레밍의 왼손법칙 – 발전기
④ 플레밍의 오른손법칙 – 전동기

58 역률이 80%이고 유효전력이 80kW일 때 피상전력(kVA)은?

① 100 ② 120
③ 160 ④ 200

59 다음 블록선도를 등가합성전달함수로 나타낸 것은?

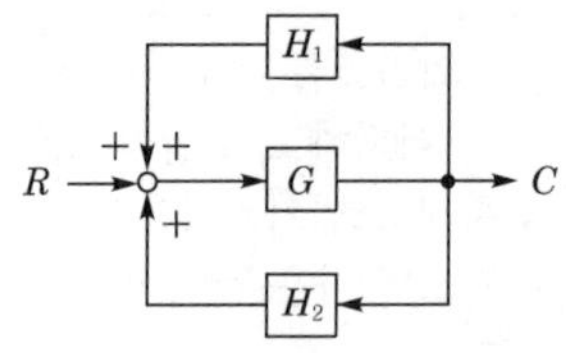

① $\dfrac{G}{1-H_1-H_2}$ ② $\dfrac{G}{1-H_1G-H_2G}$
③ $\dfrac{G-1}{1-H_1G-H_2G}$ ④ $\dfrac{H_1G+H_2G}{1-G}$

60 다음의 제어기기에서 압력을 변위로 변환하는 변환요소가 아닌 것은?

① 스프링 ② 벨로즈
③ 노즐플래퍼 ④ 다이어프램

4 유지보수공사관리

61 다음 중 사용압력이 가장 높은 동관은?

① L관 ② M관
③ K관 ④ N관

62 급수배관에서 크로스커넥션을 방지하기 위하여 설치하는 기구는?

① 체크밸브
② 워터해머 어레스터
③ 신축이음
④ 버큠브레이커

63 가스배관 시공에 대한 설명으로 틀린 것은?
① 건물 내 배관은 안전을 고려, 벽, 바닥 등에 매설하여 시공한다.
② 건축물의 벽을 관통하는 부분의 배관에는 보호관 및 부식 방지 피복을 한다.
③ 배관의 경로와 위치는 장래의 계획, 다른 설비와의 조화 등을 고려하여 정한다.
④ 부식의 우려가 있는 장소에 배관하는 경우에는 방식, 절연조치를 한다.

64 90℃의 온수 2,000kg/h을 필요로 하는 간접 가열식 급탕탱크에서 가열관의 표면적(m^2)은 얼마인가? (단, 급수의 온도는 10℃, 급수의 비열은 4.2kJ/kg·K, 가열관으로 사용할 동관의 전열량은 1.28kW/m^2·℃, 증기의 온도는 110℃이며, 전열효율은 80%이다.)
① 2.92 ② 3.04
③ 3.72 ④ 4.07

65 신축이음쇠의 종류에 해당하지 않는 것은?
① 벨로즈형 ② 플랜지형
③ 루프형 ④ 슬리브형

66 강관에서 호칭관경의 연결로 틀린 것은?
① 25A : $1\frac{1}{2}$B ② 20A : $\frac{3}{4}$B
③ 32A : $1\frac{1}{4}$B ④ 50A : 2B

67 강관의 종류와 KS규격기호가 바르게 짝지어진 것은?
① 배관용 탄소강관 : SPA
② 저온배관용 탄소강관 : SPPT
③ 고압배관용 탄소강관 : SPTH
④ 압력배관용 탄소강관 : SPPS

68 고압증기관에서 권장하는 유속기준으로 가장 적합한 것은?
① 5~10m/s ② 15~20m/s
③ 30~50m/s ④ 60~70m/s

69 공조설비 중 덕트 설계 시 주의사항으로 틀린 것은?
① 덕트 내 정압손실을 적게 설계할 것
② 덕트의 경로는 가능한 최장거리로 할 것
③ 소음 및 진동이 적게 설계할 것
④ 건물의 구조에 맞도록 설계할 것

70 중·고압가스배관의 유량(Q)을 구하는 계산식으로 옳은 것은? (단, P_1 : 처음압력, P_2 : 최종압력, d : 관내경, l : 관길이, S : 가스비중, K : 유량계수)
① $Q = K\sqrt{\frac{(P_1 - P_2)^2 d^5}{Sl}}$
② $Q = K\sqrt{\frac{(P_2 - P_1)^2 d^4}{Sl}}$
③ $Q = K\sqrt{\frac{({P_1}^2 - {P_2}^2) d^5}{Sl}}$
④ $Q = K\sqrt{\frac{({P_2}^2 - {P_1}^2) d^4}{Sl}}$

71 다음 보온재 중 안전사용온도가 가장 낮은 것은?
① 규조토 ② 암면
③ 펄라이트 ④ 발포 폴리스티렌

72 보온재의 열전도율이 작아지는 조건으로 틀린 것은?
① 재료의 두께가 두꺼울수록
② 재질 내 수분이 작을수록
③ 재료의 밀도가 클수록
④ 재료의 온도가 낮을수록

73 도시가스 입상배관의 관지름이 20mm일 때 움직이지 않도록 몇 m마다 고정장치를 부착해야 하는가?

① 1m ② 2m
③ 3m ④ 4m

74 펌프의 양수량이 60m^3/min이고, 전양정이 20m일 때 벌류트펌프로 구동할 경우 필요한 동력(kW)은 얼마인가? (단, 물의 비중량은 9,800N/m^3이고, 펌프의 효율은 60%로 한다.)

① 196.1 ② 200.2
③ 326.7 ④ 405.8

75 증기보일러배관에서 환수관의 일부가 파손된 경우 보일러수의 유출로 안전수위 이하가 되어 보일러수가 빈 상태로 되는 것을 방지하기 위해 하는 접속법은?

① 하트포드접속법 ② 리프트접속법
③ 스위블접속법 ④ 슬리브접속법

76 증기배관 중 냉각레그(cooling leg)에 관한 내용으로 옳은 것은?

① 완전한 응축수를 회수하기 위함이다.
② 고온증기의 동파방지설비이다.
③ 열전도 차단을 위한 보온단열구간이다.
④ 익스팬션조인트이다.

77 배수배관이 막혔을 때 이것을 점검, 수리하기 위해 청소구를 설치하는데, 다음 중 설치필요 장소로 적절하지 않은 것은?

① 배수 수평주관과 배수 수평분기관의 분기점에 설치
② 배수관이 45° 이상의 각도로 방향을 전환하는 곳에 설치
③ 길이가 긴 수평배수관인 경우 관경이 100A 이하일 때 5m마다 설치
④ 배수 수직관의 제일 밑부분에 설치

78 급수배관에서 수격현상을 방지하는 방법으로 가장 적절한 것은?

① 도피관을 설치하여 옥상탱크에 연결한다.
② 수압관을 갑자기 높인다.
③ 밸브나 수도꼭지를 갑자기 열고 닫는다.
④ 급폐쇄형 밸브 근처에 공기실을 설치한다.

79 슬리브 신축이음쇠에 대한 설명으로 틀린 것은?

① 신축량이 크고 신축으로 인한 응력이 생기지 않는다.
② 직선으로 이음하므로 설치공간이 루프형에 비하여 작다.
③ 배관에 곡선부가 있어도 파손이 되지 않는다.
④ 장시간 사용 시 패킹의 마모로 누수의 원인이 된다.

80 롤러서포트를 사용하여 배관을 지지하는 주된 이유는?

① 신축 허용 ② 부식 방지
③ 진동 방지 ④ 해체 용이

Air-Conditioning Refrigerating Machinery

4 실전 모의고사

▶ 정답 및 해설 : 301쪽

1 에너지관리

01 건구온도 30℃, 절대습도 0.017kg′/kg인 습공기의 비엔탈피는 약 몇 kJ/kg인가?

① 33 ② 50
③ 60 ④ 74

02 냉각부하의 종류 중 현열부하만을 포함하고 있는 것은?

① 유리로부터의 취득열량
② 극간풍에 의한 열량
③ 인체 발생부하
④ 외기도입으로 인한 취득열량

03 다음 중 콜드 드래프트의 발생원인과 가장 거리가 먼 것은?

① 인체 주위의 공기온도가 너무 낮을 때
② 기류의 속도가 낮고 습도가 높을 때
③ 수직벽면의 온도가 낮을 때
④ 겨울에 창문의 극간풍이 많을 때

04 다음 중 에너지 절약에 가장 효과적인 공기조화방식은? (단, 설비비는 고려하지 않는다.)

① 각 층 유닛방식
② 이중덕트방식
③ 멀티존유닛방식
④ 가변풍량방식

05 냉수코일의 설계에 관한 설명으로 옳은 것은?

① 코일의 전면풍속은 가능한 빠르게 하며 통상 5m/s 이상이 좋다.
② 코일의 단수에 비해 유량이 많아지면 더블서킷으로 설계한다.
③ 가능한 한 대수평균온도차를 작게 취한다.
④ 코일을 통과하는 공기와 냉수는 열교환이 양호하도록 평행류로 설계한다.

06 공조기에서 냉·온풍을 혼합댐퍼(mixing damper)에 의해 일정한 비율로 혼합한 후 각 존 또는 각 실로 보내는 공조방식은?

① 단일덕트재열방식
② 멀티존유닛방식
③ 단일덕트방식
④ 유인유닛방식

07 어느 실의 냉방장치에서 실내취득 현열부하가 40,000W, 잠열부하가 15,000W인 경우 송풍공기량은? (단, 실내온도 26℃, 송풍공기온도 12℃, 외기온도 35℃, 공기밀도 1.2kg/m^3, 공기의 정압비열은 1.005kJ/kg·K이다.)

① 1,658m^3/s
② 2,280m^3/s
③ 2,369m^3/s
④ 3,258m^3/s

08 두께 20mm, 열전도율 40W/m·K인 강판의 전달되는 두 면의 온도가 각각 200℃, 50℃일 때 전열면 1m^{2}당 전달되는 열량은?

① 125kW ② 200kW
③ 300kW ④ 420kW

09 32℃의 외기와 26℃의 환기를 1:2의 비로 혼합하여 BF(Bypass Factor) 0.2인 코일로 냉각제습하는 경우의 코일 출구온도는 몇 도인가? (단, 코일 표면의 온도는 13℃이다.)

① 12℃ ② 16℃
③ 20℃ ④ 25℃

부록 II

10 20℃, 압력 100kPa인 공기에서 밀도는 몇 kg/m^{3}인가? (단, 공기를 이상기체로 가정하고 공기의 기체상수(R)는 287N·m/kg·K이다.)

① 1.15
② 1.19
③ 2.31
④ 2.43

11 다음에서 증기난방의 장점이 아닌 것은?

① 방열면적이 작다.
② 설비비가 저렴하다.
③ 방열량 조절이 용이하다.
④ 예열시간이 짧다.

12 다음 그림과 같은 주철제방열기의 도시법에서 최상단에서 표시한 것은 무엇을 나타낸 것인가?

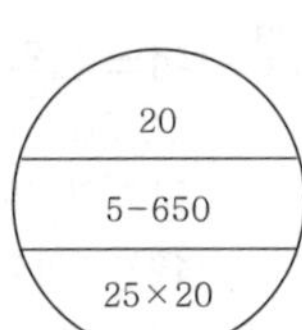

① 절수
② 방열기의 길이
③ 방열기의 종류
④ 높이

13 다음 중 복사난방의 특징과 관계가 없는 것은?

① 외기온도가 갑자기 변할 때 열용량이 크므로 난방효과가 좋다.
② 실내의 온도분포가 균등하며, 열이 위쪽으로 빠지지 않으므로 경제적이다.
③ 복사열에 의한 난방이므로 쾌감도가 높다.
④ 온수관이 매립식이므로 시공, 수리 등에 문제가 적다.

14 클린룸의 청결도등급을 나타내는 클래스란 무엇인가?

① 공기 1m^3 속에 0.5μm 크기의 미립자 수
② 공기 1ft^3 속에 0.2μm 크기의 미립자 수
③ 공기 1m^3 속에 0.2μm 크기의 미립자 수
④ 공기 1ft^3 속에 0.5μm 크기의 미립자 수

15 직접난방방식이 아닌 것은?

① 온수난방
② 복사난방
③ 단일덕트난방
④ 온풍난방

16 공기조화를 하고 있는 건축물의 출입구로부터 들어오는 틈새바람을 줄이기 위한 가장 효과적인 방법은?

① 출입구에 자동 개폐되는 문을 사용한다.
② 출입구에 회전문을 사용한다.
③ 출입구에 플로힌지를 부착한 자재문을 사용한다.
④ 출입구에 수동문을 사용한다.

17 열교환기에서 냉수코일 입구측의 공기와 물의 온도차를 13℃, 냉수코일 출구측의 공기와 물의 온도차를 5℃라 하면 대수평균온도차는?

① 8.00℃ ② 8.37℃
③ 9.25℃ ④ 9.38℃

18 냉수를 쓰는 향류형 공기냉각코일에서 30℃의 공기를 16℃까지 냉각하는 데 7℃의 냉수를 통하고, 냉수온도는 열교환에 의해 5℃ 상승되었을 때 냉각열량은 얼마인가? (단, 코일의 전체 열통과율은 850W/m^2·K이고, 전열면적은 2.5m^{2}이었다.)

① 15,575W
② 17,525W
③ 27,592W
④ 32,000W

19 산업용 공기조화의 주요 목적이 아닌 것은?

① 작업자의 근로시간을 개선하기 위함
② 제품의 품질을 보존하기 위함
③ 생산성을 향상시키기 위함
④ 보관 중인 제품의 변형을 방지하기 위함

20 기계설비공사에서 다음과 같은 업무를 무엇이라고 하는가?

> 냉난방설비의 공기분배계통, 공기조화용 냉온수분배계통 및 전체 공조시스템에 대한 시험, 조정과 균형을 시행하여 공조시스템에 있어서 설계목표성능을 달성하고 에너지 절감, 공사품질 향상, 장비수명 연장, 실내환경 개선 등을 효율적으로 달성하기 위한 작업

① DDC
② LCC
③ TAB
④ TAC

2 공조냉동 설계

21 시운전 시 압축기 시동에 대한 주의사항으로 옳지 않은 것은?

① 압축기의 시동과 정지를 반복하면 구동용 전동기의 권선이 파손될 수 있다.
② 다기통 압축기의 시동 시에는 토출밸브를 전개해서 행하므로 시동측 흡입밸브도 가능한 한 빠르게 전개한다.
③ 압축기의 시동에 있어서 소형 압축기는 고압측과 저압측의 압력이 거의 평형상태에서 시동하는 것이 바람직하다.
④ 압축기의 시동에 있어서 용량제어장치가 설치된 다기통 압축기는 용량제어장치를 이용해서 시동한다.

22 시스템의 열역학적 상태를 기술하는 데 열역학적 상태량(또는 성질)이 사용된다. 다음 중 열역학적 상태량으로 올바르게 짝지어진 것은?

① 열, 일
② 엔탈피, 엔트로피
③ 열, 엔탈피
④ 일, 엔트로피

23 랭킨사이클의 각 점에서 작동유체의 엔탈피가 다음과 같다면 열효율은 약 얼마인가?

> • 보일러 입구 : $h = 69.4$kJ/kg
> • 보일러 출구 : $h = 830.6$kJ/kg
> • 응축기 입구 : $h = 626.4$kJ/kg
> • 응축기 출구 : $h = 68.6$kJ/kg

① 26.7%　　② 28.9%
③ 30.2%　　④ 32.4%

24 단열된 노즐에 유체가 10m/s의 속도로 들어와서 200m/s의 속도로 가속되어 나간다. 출구에서의 비엔탈피가 h_e =2,770kJ/kg일 때 입구에서의 비엔탈피는 얼마인가?

① 4,370kJ/kg　　② 4,210kJ/kg
③ 2,850kJ/kg　　④ 2,790kJ/kg

25 물질의 양을 1/2로 줄이면 강도성(강성적) 상태량의 값은?

① 1/2로 줄어든다.
② 1/4로 줄어든다.
③ 변화가 없다.
④ 2배로 늘어난다.

26 과열, 과냉이 없는 이상적인 증기압축냉동사이클에서 증발온도가 일정하고, 응축온도가 내려갈수록 성능계수는?

① 증가한다.
② 감소한다.
③ 일정하다.
④ 증가하기도 하고 감소하기도 한다.

27 냉동기 냉매의 일반적인 구비조건으로서 적합하지 않은 사항은?

① 임계온도가 높고, 응고온도가 낮을 것
② 증발열이 작고, 증기의 비체적이 클 것
③ 증기 및 액체의 점성이 작을 것
④ 부식성이 없고, 안정성이 있을 것

28 복사열을 방사하는 방사율과 면적이 같은 2개의 방열판이 있다. 각각의 온도가 A방열판은 120℃, B방열판은 80℃일 때 단위면적당 복사열전달량(Q_A/Q_B)의 비는?

① 1.08 ② 1.22
③ 1.54 ④ 2.42

29 절대습도(x)에 대한 설명 중 옳은 것은?

① 습도계에 나타나는 온도를 절대습도라고 한다.
② 공기 1kg에 포함되어 있는 증기량이다.
③ 건조공기 1kg에 포함되어 있는 수증기량이다.
④ 수증기 비중량과 건조공기 비중량의 비를 말한다.

30 흡수식 냉동기에서 냉매를 암모니아로 할 때 흡수제는?

① 물(H_2O)
② 질소(N_2)
③ 오일(oil)
④ 브롬화리튬(LiBr)

31 냉동장치를 운전 시 가장 먼저 실시해야 하는 것은 다음 중 어떤 것인가?

① 압축기를 가동한다.
② 증발기의 팬을 가동한다.
③ 압축기 유압을 조정한다.
④ 응축기 냉각수펌프를 가동한다.

32 열역학 제2법칙의 설명 중 옳은 것은?

① 에너지 보존의 법칙을 적용한 것이다.
② 열과 일은 동일한 에너지다.
③ 엔트로피의 절대값을 정의한다.
④ 일은 용이하게 열로 변화하지만, 열을 전부 일로 변화시키는 것은 불가능하다.

33 냉매의 구비조건이 아닌 것은?

① 인화점이 높고, 증발열이 클 것
② 점도가 작고, 전열이 양호하며 표면장력이 작을 것
③ 전기적 절연내력이 크고, 절연물질을 침식하지 않을 것
④ 비열비가 크고, 비등점이 높으며 임계온도가 높을 것

34 다음 중 공기냉각용 증발기 적상의 영향이 아닌 것은?

① 증발압력 저하
② 냉동능력 증가
③ 압축비 상승
④ RT당 소요동력 증가

35 내벽의 열전달률(α_i)=20W/m^2·K, 외벽의 열전달률(α_o)=40W/m^2·K, 벽의 열전도율(λ)=16.74W/m·K, 벽두께 20cm, 외기온도 0℃, 실내온도 20℃일 때 열통과율(K)은?

① 11.5W/m^2·K ② 13.46W/m^2·K
③ 15.75W/m^2·K ④ 20.45W/m^2·K

36 다음 응축기 중에서 용량이 비교적 크며 열통과율이 가장 좋은 것은?

① 공냉식 응축기
② 7통로식 응축기
③ 증발식 응축기
④ 입형 셸 앤드 튜브식 응축기

37 방열벽의 열통과율은 0.175W/m^2·K, 외기와 벽면 사이의 열전달률은 20W/m^2·K, 실내공기와 벽면 사이의 열전달률은 10W/m^2·K, 벽의 열전도도는 0.05W/m·K일 때 이 벽면의 최소 두께를 구하면 얼마인가?

① 0.362m ② 0.326m
③ 0.278m ④ 0.236m

38 압축기의 클리어런스(극간)가 크면 다음과 같은 사항이 일어난다. 틀린 것은?

① 윤활유가 열화된다.
② 체적효율이 저하한다.
③ 냉동능력이 감소한다.
④ 압축기의 냉동능력당 소요동력이 감소한다.

39 냉동사이클에서 증발온도를 일정하게 하고 압축기 흡입가스의 상태를 건포화증기라 할 때 응축온도를 상승시키는 경우 나타나는 현상이 아닌 것은?

① 토출압력 상승
② 압축비 상승
③ 냉동효과 감소
④ 압축일량 감소

40 고속다기통압축기의 단점을 나타내었다. 다음 중 옳지 않은 것은?

① 윤활유의 소비량이 많다.
② 토출가스의 온도와 유온도가 높다.
③ 압축비의 증가에 따른 체적효율의 저하가 크다.
④ 수리가 복잡하며 부품은 호환성이 없다.

3 시운전 및 안전관리

41 60Hz, 4극, 슬립 6%인 유도전동기를 어느 공장에서 운전하고자 할 때 예상되는 회전수는 약 몇 rpm인가?

① 1,300 ② 1,400
③ 1,700 ④ 1,800

42 3상 유도전동기의 출력이 5kW, 전압 200V, 효율 90%, 역률 80%일 때 이 전동기에 유입되는 선전류는 약 몇 A인가?

① 15 ② 20
③ 25 ④ 30

43 논리식 $X=(A+B)(\overline{A}+B)$를 간단히 하면?

① A ② B
③ AB ④ A+B

44 100mH의 인덕턴스를 갖는 코일에 10A의 전류를 흘릴 때 축적되는 에너지는 몇 J인가?

① 0.5 ② 1
③ 5 ④ 10

45 옴의 법칙에 대한 옳은 설명은 어느 것인가?

① 전압은 전류에 반비례한다.
② 전압은 전류에 비례한다.
③ 전압은 전류의 2승에 비례한다.
④ 전압은 저항에 반비례한다.

46 100V의 전압계가 있다. 이 전압계를 써서 300V의 전압을 재려면 배율기의 저항은 몇 Ω이어야 하는가? (단, 전압계의 내부저항은 5,000Ω이다.)

① 25,000 ② 10,000
③ 5,000 ④ 1,000

47 다음과 같은 회로에 흐르는 전류 I는 몇 A인가? (단, 기전력은 35V이다.)

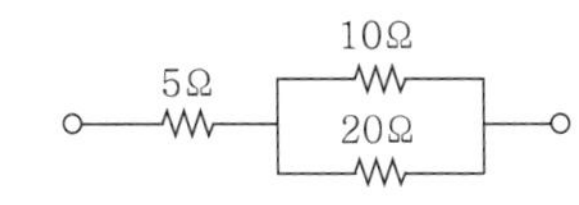

① 1A ② 2A
③ 3A ④ 4A

48 다음 그림과 같은 회로에 전압 200V를 가할 때 저항 2Ω에 흐르는 전류 I_1의 값은 몇 A인가?

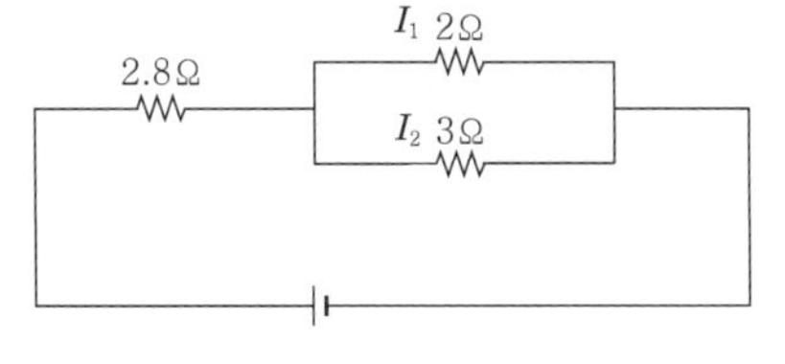

① 40A ② 30A
③ 50A ④ 60A

49 $V = 156\sin(377t - 30°)$가 되는 사인파 전압의 주파수(Hz)는?

① 50Hz
② 60Hz
③ 70Hz
④ 75Hz

50 3μF의 콘덴서를 4kV로 충전하면 저장되는 에너지는 몇 J인가?

① 4J ② 8J
③ 16J ④ 24J

51 피상전력 60kVA, 무효전력 36kVar인 부하의 전력(kW)은?

① 24 ② 36
③ 48 ④ 52

52 커피자동판매기에 동전을 넣으면 일정량의 커피가 나온다. 이것은 무슨 제어인가?

① 폐회로제어
② 프로세스제어
③ 시퀀스제어
④ 피드백제어

53 다음 그림과 같은 계전기 접점회로의 논리식은?

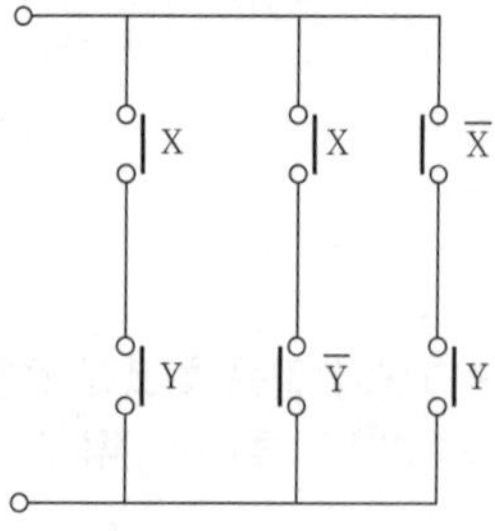

① $XY + X\overline{Y} + \overline{X}Y$
② $(XY)(X\overline{Y})(X\overline{Y})$
③ $(X+Y)(X+\overline{Y})(\overline{X}+Y)$
④ $(X+Y)+(X+\overline{Y})+(\overline{X}+Y)$

54 다음 그림과 같은 궤환회로의 블록선도에서 전달함수는?

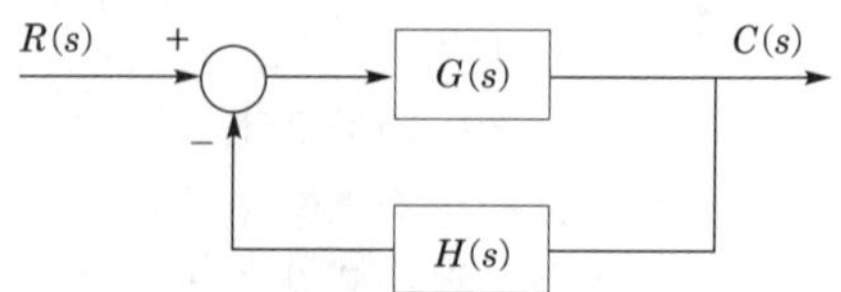

① $\dfrac{R(s)}{1-G(s)H(s)}$
② $\dfrac{R(s)}{1+G(s)H(s)}$
③ $\dfrac{H(s)}{1+G(s)H(s)}$
④ $\dfrac{G(s)}{1+G(s)H(s)}$

55 변위 → 전압으로 변환시키는 장치는?

① 벨로즈 ② 노즐플래퍼
③ 서미스터 ④ 차동변압기

56 냉동제조시설이 적합하게 설치 또는 유지관리되고 있는지 확인하기 위한 검사의 종류가 아닌 것은?

① 불시검사 ② 정기검사
③ 수시검사 ④ 완성검사

57 독성가스를 냉매로 하는 냉동설비에서 수액기에 대한 방류둑의 설치기준은 몇 L 이상인가?

① 내용적 3,000L
② 내용적 5,000L
③ 내용적 8,000L
④ 내용적 10,000L

58 산업안전보거법령상 보일러에 설치해야 하는 안전장치로 거리가 가장 먼 것은?

① 비상정지장치
② 압력방출장치
③ 압력제한장치
④ 고·저수위조절장치

59 하인리히의 사고예방대책 기본원리 5단계에 있어 "시정방법의 선정" 바로 이전단계에서 행해지는 사항으로 옳은 것은?

① 분석 ② 사실의 발견
③ 안전조직 편성 ④ 시정책의 적용

60 관리감독자를 대상으로 교육하는 TWI의 교육 내용이 아닌 것은?

① 작업방법훈련
② 작업지도훈련
③ 문제해결훈련
④ 인간관계훈련

4 유지보수공사관리

61 호칭지름 20A의 강관을 곡률반지름 200mm로 120°의 각도로 구부릴 때 강관의 곡선길이는 약 몇 mm인가?

① 390 ② 405
③ 419 ④ 487

62 관경 300mm, 배관길이 500m의 중압가스수송관에서 A·B점의 게이지압력이 3kgf/cm^2, 2kgf/cm^{2}인 경우 가스유량은 약 얼마인가? (단, 가스비중 0.64, 유량계수 52.31로 한다.)

① 10,238m^3/h
② 20,583m^3/h
③ 38,315m^3/h
④ 40,153m^3/h

63 펌프의 양수량이 60m^3/min이고 전양정 20m일 때 벌류트펌프(volute pump)로 구동할 경우 필요한 동력은 약 몇 kW인가? (단, 물의 비중량은 9,800N/m^{3}이고, 펌프의 효율은 60%로 한다.)

① 196.1kW ② 200kW
③ 326.7kW ④ 405.8kW

64 기계배기와 기계급기의 조합에 의한 환기방법으로 일반적으로 외기를 정화하기 위한 에어필터를 필요로 하는 환기법은 어느 것인가?

① 제1종 환기
② 제2종 환기
③ 제3종 환기
④ 제4종 환기

65 강관작업에서 다음 그림처럼 15A 나사용 90° 엘보 2개를 사용하여 길이가 200mm가 되게 연결작업을 하려고 한다. 이때 실제 15A 강관의 길이는? (단, a : 나사가 물리는 최소 길이는 11mm, A : 이음쇠의 중심에서 단면까지의 길이는 27mm로 한다.)

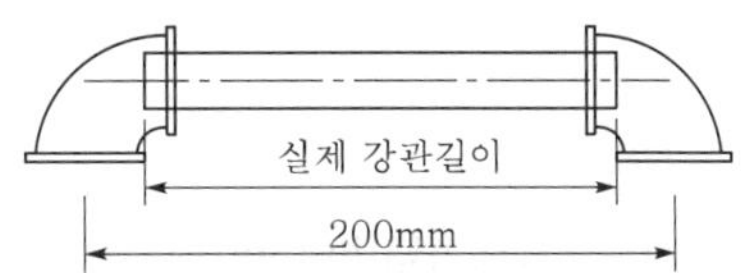

① 142mm ② 158mm
③ 168mm ④ 176mm

66 LPG탱크용 배관, 냉동기배관 등의 빙점 이하의 온도에서만 사용되며 두께를 스케줄번호로 나타내는 강관의 KS 표시기호는 어느 것인가?

① SPP ② SPA
③ SPLT ④ SPHT

67 증기난방배관에서 증기트랩을 사용하는 목적은?

① 관 내의 공기를 배출하기 위해서
② 관 내의 압력을 조절하기 위해서
③ 관 내의 증기와 응축수를 분리하기 위해서
④ 배관의 신축을 흡수하기 위해서

68 다음 중 무기질 단열재가 아닌 것은?

① 석면
② 펠트
③ 규조토
④ 탄산마그네슘

69 유기질 보온재가 아닌 것은?

① 펠트
② 탄산마그네슘
③ 코르크
④ 기포성 수지

70 높이 5m, 배관의 길이 20m, 지름 50mm의 배관에 플러시밸브(flush valve) 1개를 설치한 2층 화장실에 급수하려면 수도본관의 수압은 얼마가 필요한가? (단, 배관의 마찰저항손실은 25kPa이다.)

① 85kPa
② 105kPa
③ 123kPa
④ 145kPa

71 하트포드접속법(hartford connection)이란?

① 방열기 주위의 연결배관법이다.
② 보일러 주위에서 증기관과 환수관 사이에 균형관을 연결하는 배관방법이다.
③ 고압증기난방장치에서 밀폐식 팽창탱크를 설치하는 연결법이다.
④ 공기가열기 주변의 트랩 부근 접속법이다.

72 온수난방배관에서 리버스리턴(reverse return) 방식을 채택하는 이유는 무엇인가?

① 온수의 유량분배를 균일하게 하기 위해서
② 배관의 길이를 짧게 하기 위해서
③ 배관의 신축을 흡수하기 위해서
④ 온수가 식지 않도록 하기 위해서

73 다음 중 신축이음기호가 아닌 것은?

①
②
③
④

74 다음 중 용접접합의 티를 나타낸 것은 어느 것인가?

75 팽창이음(expansion joint)을 하는 목적은 무엇인가?

① 파이프 내의 응력을 제거하기 위해
② 펌프나 압축기의 운동에 대한 진동을 방지하기 위해
③ 미량의 진동을 흡수하기 위해
④ 팽창관의 수축에 대응하기 위해

76 옥형밸브의 일종이며 유체의 흐름방향을 90° 변환시키는 밸브는?

① 앵글밸브 ② 게이트밸브
③ 체크밸브 ④ 볼밸브

77 공조배관계통도 일반사항 중 틀린 것은?

① 분기부에는 원칙적으로 체크밸브를 설치할 것
② 입상관에 대한 앵커 및 신축이음은 유체별로 신축량을 구분하여 설치할 것
③ 장비의 배치 및 배관입상의 위치가 건물배치와 동일하도록 계통도를 작성할 것
④ 옥외에 노출되거나 외기의 영향을 받기 쉬운 곳에 설치되는 배관은 동파대책을 강구할 것

78 급수관의 평균유속이 2m/s이고, 유량이 100L/s로 흐르고 있다. 관 내의 마찰손실을 무시할 때 안지름은 몇 mm인가?

① 173mm ② 227mm
③ 247mm ④ 252mm

79 양정 40m, 양수량 0.4m^3/min으로 작동하고 있는 펌프의 회전수가 2,000rpm이었다가 전압강하로 인하여 1,500rpm으로 되었다면 양수량은?

① 0.2m^3/min
② 0.3m^3/min
③ 0.4m^3/min
④ 0.5m^3/min

80 급수펌프에 대한 배관 시공법 중 옳은 것은?

① 풋밸브(foot valve)는 동수위면보다 흡입직경의 2배 이상 물속에 잠겨야 한다.
② 토출측은 진공계를, 흡입측은 압력계를 설치한다.
③ 수평관에서 관경을 바꿀 경우는 동심리듀서를 사용한다.
④ 흡입관은 되도록 길게 하고 굴곡 부분이 가능한 많게 해야 한다.

5 실전 모의고사

▶ 정답 및 해설 : 306쪽

1 에너지관리

01 습공기를 노점온도까지 냉각시킬 때 변하지 않는 것은?

① 엔탈피
② 상대습도
③ 비체적
④ 수증기분압

02 냉각탑(cooling tower)에 대한 설명 중 잘못된 것은?

① 어프로치(approach)는 5℃ 정도로 한다.
② 냉각탑은 응축기에서 냉각수가 얻은 열을 공기 중에 방출하는 장치이다.
③ 쿨링 레인지란 냉각탑에서의 냉각수 입출구수온차이다.
④ 보급수량은 순환수량의 15% 정도이다.

03 냉각코일의 장치노점온도(ADP)가 7℃이고, 여기를 통과하는 입구공기의 온도가 27℃라고 한다. 코일의 바이패스 팩터를 0.1이라고 할 때 출구공기의 온도는?

① 8.0℃　　② 8.5℃
③ 9.0℃　　④ 9.5℃

04 다음의 냉방부하 중 실내취득열량에 속하지 않는 것은?

① 인체의 발생열량
② 조명기기에 의한 열량
③ 송풍기에 의한 취득열량
④ 벽체로부터의 취득열량

05 건물의 지하실, 대규모 조리장 등에 적합한 기계환기법(강제급기+강제배기)은?

① 제1종 환기
② 제2종 환기
③ 제3종 환기
④ 제4종 환기

06 엔탈피변화가 없는 경우의 열수분비는?

① 0　　② 1
③ −1　　④ ∞

07 펌프의 공동현상에 관한 설명으로 틀린 것은?

① 흡입배관경이 클 경우 발생한다.
② 소음 및 진동이 발생한다.
③ 임펠러 침식이 생길 수 있다.
④ 펌프의 회전수를 낮추어 운전하면 이 현상을 줄일 수 있다.

08 송풍기의 회전수가 1,500rpm인 송풍기의 압력이 300Pa이다. 송풍기 회전수를 2,000rpm으로 변경할 경우 송풍기 압력은?

① 423.3Pa　　② 533.3Pa
③ 623.5Pa　　④ 713.3Pa

09 원심송풍기의 풍량제어방법 중 풍량제어에 의한 소요동력을 가장 경제적으로 할 수 있는 방법은?

① 회전수제어
② 베인제어
③ 스크롤댐퍼제어
④ 댐퍼제어

10 압력 760mmHg, 기온 15℃의 대기가 수증기분압 9.5mmHg를 나타낼 때 대기 1kg 중에 포함되어 있는 수증기량(절대습도)은 얼마인가?

① 0.00623kg′/kg ② 0.00787kg′/kg
③ 0.00821kg′/kg ④ 0.00931kg′/kg

11 2중덕트방식을 설명한 것 중 관계없는 사항은?

① 전공기방식이다.
② 복열원방식이다.
③ 개별제어가 가능하다.
④ 열손실이 거의 없다.

12 다음 조건과 같은 외기와 실내공기를 1 : 4의 비율로 혼합했을 때 혼합공기의 상태는? (단, 실내공기 : 20℃, 0.008kg′/kg, 외기 : −10℃ DB, 0.001kg′/kg)

① t =14℃, x =0.0066kg′/kg
② t =16℃, x =0.0055kg′/kg
③ t =18℃, x =0.0045kg′/kg
④ t =18℃, x =0.0066kg′/kg

13 유인유닛방식에서 유인비는 일반적으로 어느 정도인가?

① 1~2 ② 3~4
③ 5~6 ④ 9~10

14 다음 중 공기조화설비와 관계가 없는 것은?

① 냉각탑 ② 보일러
③ 냉동기 ④ 압력탱크

15 다음 그림에서 상태 ①인 공기를 ②로 변화시켰을 때의 현열비를 바르게 나타낸 것은?

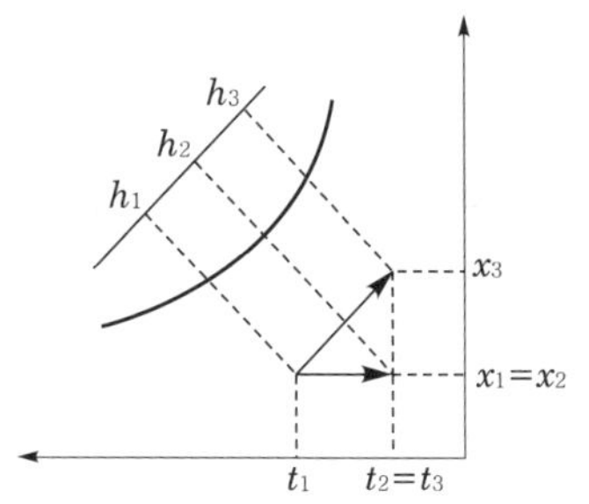

① $(h_2 - h_1)/(h_3 - h_1)$
② $(h_2 - h_3)/(h_3 - h_1)$
③ $(x_2 - x_1)/(t_1 - t_2)$
④ $(t_1 - t_2)/(h_3 - h_1)$

16 공기조화(AHU)의 냉온수코일 선정 시 일반사항이다. 이 중 옳지 않은 것은?

① 냉수코일의 정면풍속은 2~3m/s를, 온수코일은 2~3.5m/s를 기준으로 한다.
② 코일 내의 유속은 1.0m/s 전후로 한다.
③ 공기의 흐름방향과 냉온수의 흐름방향은 평행류보다 대향류로 하는 것이 전열효과가 크다.
④ 코일의 통과수온의 변화는 10℃ 전후로 하는 것이 적당하다.

17 보일러의 안전수면을 유지시키는 역할을 하는 배관설비는 어떤 것인가?

① 하트포드배관 ② 리버스리턴배관
③ 신축이음 ④ 리턴콕

18 두께 8mm 유리창의 열관류율(W/m² · K)은 얼마인가? (단, 내측 열전달률 5W/m² · K, 외측 열전달률 10W/m² · K, 유리의 열전도율 0.65W/m · K)

① 0.5 ② 1.2
③ 2.7 ④ 3.2

19 환기횟수를 나타낸 것으로 맞는 것은?

① 매시간 환기량×실용적
② 매시관 환기량+실용적
③ 매시간 환기량−실용적
④ 매시간 환기량÷실용적

20 TAB의 목적이 아닌 것은?

① 설계 및 시공의 오류수정
② 시설 및 기기의 수명 연장
③ 설계목적에 부합되는 시설의 완성
④ 에너지 소비 촉진

부록 II

2 공조냉동 설계

21 매시간 20kg의 연료를 소비하는 100PS인 가솔린 기관의 열효율은 약 얼마인가? (단, 1PS=750W이고 가솔린의 저위발열량은 43,470kJ/kg이다.)

① 18%　② 22%
③ 31%　④ 43%

22 이상기체의 폴리트로픽과정을 일반적으로 $PV^n = C$로 표현할 때 n에 따른 과정을 설명한 것으로 맞는 것은? (단, C는 상수이다.)

① $n=0$이면 등온과정
② $n=1$이면 정압과정
③ $n=1.5$이면 등온과정
④ $n=k$(비열비)이면 가역단열과정

23 두께 10mm, 열전도율 15W/m·℃인 금속판의 두 면의 온도가 각각 70℃와 50℃일 때 전열면 1m^{2}당 1분 동안에 전달되는 열량은 몇 kJ인가?

① 1,800　② 14,000
③ 92,000　④ 162,000

24 카르노사이클이 500K의 고온체에서 360kJ의 열을 받아서 300K의 저온체에 열을 방출한다면 이 카르노사이클의 출력일은 얼마인가?

① 120kJ　② 144kJ
③ 216kJ　④ 599kJ

25 저온열원의 온도가 T_L, 고온열원의 온도가 T_H인 두 열원 사이에서 작동하는 이상적인 냉동사이클의 성능계수를 향상시키는 방법으로 옳은 것은?

① T_L을 올리고, $(T_H - T_L)$을 올린다.
② T_L을 올리고, $(T_H - T_L)$을 줄인다.
③ T_L을 내리고, $(T_H - T_L)$을 올린다.
④ T_L을 내리고, $(T_H - T_L)$을 줄인다.

26 열역학적 상태량은 일반적으로 강도성 상태량과 용량성 상태량으로 분류할 수 있다. 강도성 상태량에 속하지 않는 것은?

① 압력　② 온도
③ 밀도　④ 체적

27 체적이 150m^{3}인 방 안에 질량이 200kg이고 온도가 20℃인 공기(이상기체상수=0.287 kJ/kg·K)가 들어 있을 때 이 공기의 압력은 약 몇 kPa인가?

① 112　② 124
③ 162　④ 184

28 열은 고온체에서 저온체로 흐르고 스스로 저온체에서 고온체로의 이동이 불가능하다는 것은 열역학 몇 법칙인가?

① 열역학 제0법칙
② 열역학 제1법칙
③ 열역학 제2법칙
④ 열역학 제3법칙

29 플래시가스(flash gas)는 어느 곳을 통과하며 발생되는가?

① 증발기
② 응축기
③ 팽창밸브
④ 압축기

30 냉동설비 설치공사 또는 변경공사가 완공되어 기밀시험이나 시운전을 할 때 사용하는 가스로 가장 부적절한 것은?

① 질소(N_2)　② 산소(O_2)
③ 헬륨(He)　④ 공기

31 윤활유의 유동점은 응고점보다 몇 ℃ 정도 높은가?

① 2.5℃　② 5℃
③ 7.5℃　④ 15℃

32 다음은 열이동(heat transfer)에 대한 설명이다. 옳지 않는 것은?

① 고체에서 서로 접하고 있는 물질분자 간의 이동열을 열전도라 한다.
② 고체표면에 접한 유동유체 간의 이동열을 열전달이라 한다.
③ 열관류율이 클수록 단열재로 적당하다.
④ 고체, 액체, 기체에서 전자파의 형태로 에너지를 방출하거나 흡수하는 현상을 열복사라고 한다.

33 다음 중 건압축을 채택하는 목적 중 틀린 것은?

① 압축비를 감소시키기 위해
② 냉동능력을 증가시키지 위해
③ 체적효율을 증가시키기 위해
④ 압축비가 8 이상이면 2단 압축을 채택

34 압축냉동사이클에서 엔트로피가 증가하고 있는 과정은 어느 과정인가?

① 증발과정 ② 압축과정
③ 응축과정 ④ 팽창과정

35 CA냉장고를 설명한 것은?

① 가정용 냉장고이다.
② 제빙용으로 주로 쓰인다.
③ 청과물 저장에 쓰인다.
④ 공조용으로 철도, 항공에 주로 쓰인다.

36 다음 표에 나타난 재료로 구성된 냉장고의 단열벽이 있다. 외기온도가 30℃, 냉장실온도가 −20℃, 단열벽의 내면적이 $20m^2$이라면 그 내면적을 통하여 외부에서 냉장실 내로 침입하는 열량 Q[kW]은?

재료	두께 (cm)	열전도율 (W/m·K)
콘크리트	30	0.116
발포 스티로폼	20	0.058
내장판	1	0.233

표면	열전달률(W/m^2·K)
외표면	18
내표면	6

① 0.058 ② 0.159
③ 0.508 ④ 0.809

37 냉동사이클에서 응축온도를 일정하게 하고 증발온도를 상승시키면 나타나는 현상이 아닌 것은?

① 압축비 감소
② 압축일량 감소
③ 성적계수 감소
④ 토출가스온도 감소

38 방열재의 선택요건에 해당되지 않는 것은?

① 열전도도가 크고 방습성이 클 것
② 수축, 변형이 작을 것
③ 흡수성이 없을 것
④ 내압강도가 클 것

39 증발압력조절밸브(EPR)에 대한 설명 중 틀린 것은?

① 증발기 내 냉매의 증발압력을 일정 압력 이상이 되게 한다.
② 증발기 내의 압력을 일정 압력 이하가 되지 않게 한다.
③ 밸브 입구의 압력으로 작동한다.
④ 1대의 압축기로써 증발온도가 다른 여러 대의 증발기를 유지할 때 설치한다.

40 균압관에 대한 설명 중 맞는 것은?

① 응축기와 유분리기의 상부를 연결한다.
② 유분리기와 수액기의 상부를 연결한다.
③ 응축기에서 수액기로 흐르는 액체의 흐름에 영향을 준다.
④ 응축기의 응축작용에 직접 영향을 준다.

3 시운전 및 안전관리

41 주파수 50Hz, 슬립 0.2일 때 회전수가 600rpm인 3상 유도전동기의 극수는?

① 4 ② 6
③ 8 ④ 10

42 다음 그림과 같은 블록선도에서 $C(s)$는? (단, $G_1=5$, $G_2=2$, $H=0.1$, $R(s)=1$이다.)

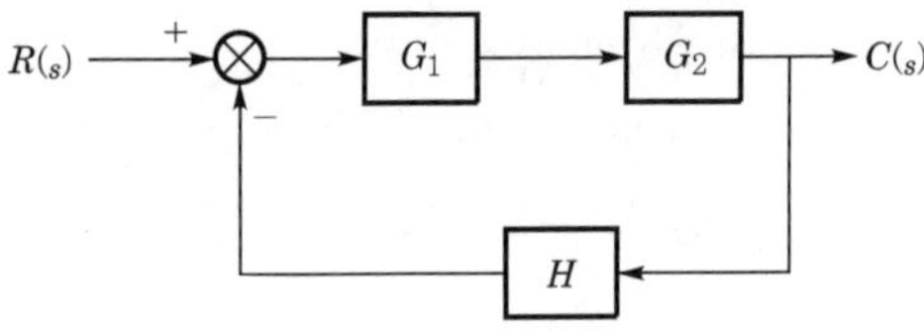

① 0 ② 1
③ 5 ④ ∞

43 다음 논리식 중에서 그 결과가 다른 값을 나타낸 것은?

① $(A+B)(A+\overline{B})$
② $A(A+B)$
③ $A+\overline{A}B$
④ $AB+A\overline{B}$

44 다음 그림의 블록선도에서 $C(s)/R(s)$를 구하면?

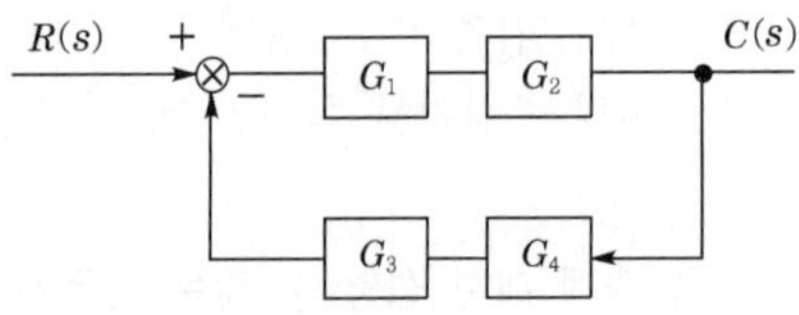

① $\dfrac{G_1G_2}{1+G_1G_2G_3G_4}$

② $\dfrac{G_3G_4}{1+G_1G_2G_3G_4}$

③ $\dfrac{G_1+G_2}{1+G_1G_2+G_3G_4}$

④ $\dfrac{G_1G_2}{1+G_1G_2+G_3G_4}$

45 다음 그림과 같은 회로에 전압 100V를 가할 때 저항 10Ω에 흐르는 전류 I_1의 값은?

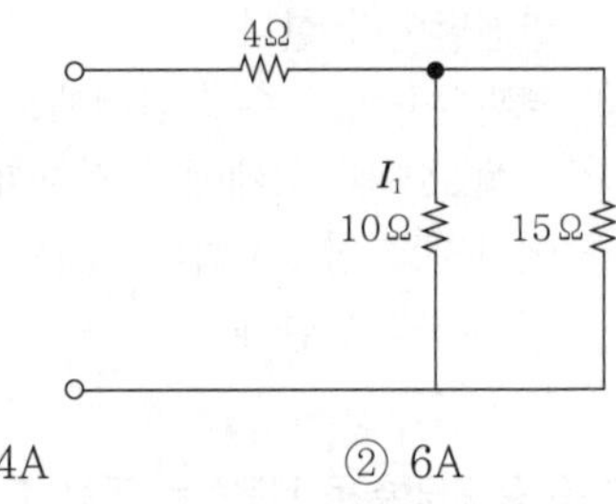

① 4A ② 6A
③ 7.1A ④ 8A

46 어떤 회로에 전류가 3분 동안 흘러서 90,000J의 일을 하였다. 소비된 전력(W)은?

① 300 ② 400
③ 500 ④ 600

47 금속도체의 전기저항은 일반적으로 어떤 관계가 있는가?

① 온도의 상승에 따라 저항은 증가한다.
② 온도의 상승에 따라 저항은 감소한다.
③ 온도의 상승에 따라 저항은 증가 또는 감소한다.
④ 온도에 관계없이 저항은 일정하다.

48 다음 그림에서 a, b 간의 합성정전용량은?

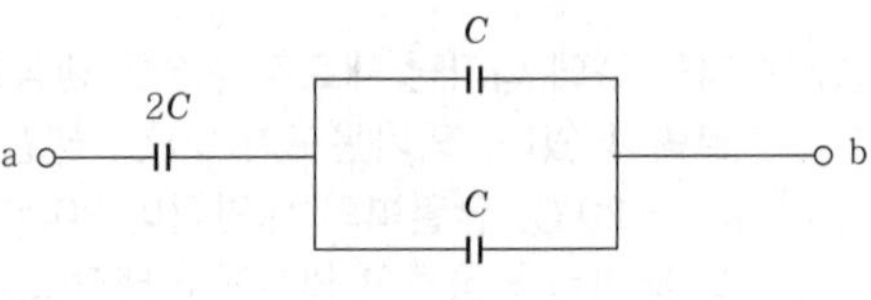

① $4C$ ② $3C$
③ $2C$ ④ C

49 다음 중 파고율을 바르게 나타낸 식은?

① 최대값/실효값 ② 실효값/최대값
③ 실효값/평균값 ④ 평균값/실효값

50 코일과 쇄교자속수가 ϕ=4Wb일 때 코일에 흐르는 전류가 3A라면 이 회로에 축적되어 있는 자기에너지는?

① 2J ② 4J
③ 6J ④ 8J

51 목표값이 정해져 있고 입출력을 비교하여 신호전달경로가 반드시 폐루프를 이루고 있는 제어를 무엇이라 하는가?

① 비율차동제어 ② 조건제어
③ 시퀀스제어 ④ 피드백제어

52 Offset(오프셋)을 제거하기 위한 제어법은 무엇인가?

① 비례제어 ② 적분제어
③ ON-OFF제어 ④ 미분제어

53 논리식 A+AB를 간단히 계산한 결과는?

① A ② A+B
③ AB ④ A+B

54 다음 그림과 같은 신호흐름선도에서 $\dfrac{C}{R}$는?

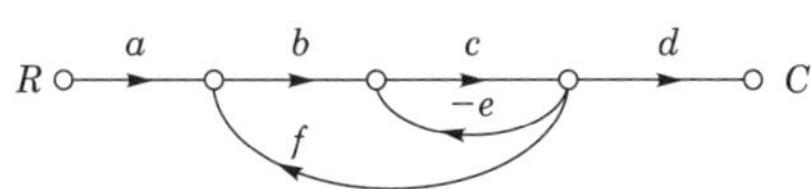

① $\dfrac{abcd}{1+ce-bcf}$ ② $\dfrac{abcd}{1-ce+bcf}$
③ $\dfrac{abcd}{1+ce+bcf}$ ④ $\dfrac{abcd}{1-ce-bcf}$

55 유량, 압력, 액위, 농도, 밀도 등의 플랜트나 생산공정 중의 상태량을 제어량으로 하는 제어는?

① 프로그램제어
② 프로세서제어
③ 비율제어
④ 자동조정

56 안전보건교육계획에 포함해야 할 사항이 아닌 것은?

① 교육의 종류 및 대상
② 교육방법 및 장소
③ 교육과목 및 내용
④ 교육지도향상방안

57 냉동용기에 표시된 각인기호 및 단위로 틀린 것은?

① 냉동능력 : RT
② 최고사용압력 : DP
③ 원동기 소요동력 : kW
④ 내압시험압력 : AP

58 안전관리의 목적과 가장 거리가 먼 것은?

① 생산성 증대 및 품질 향상
② 안전사고 발생요인 제거
③ 근로자의 생명 및 상해로부터의 보호
④ 사고에 따른 재산의 손실 방지

59 냉동능력 20톤 이상의 냉동설비의 압력계에 관한 설명 중 틀린 것은?

① 냉매설비에는 압축기의 토출 및 흡입압력을 표시하는 압력계를 부착할 것
② 압축기가 강제윤활방식인 경우에는 윤활유압력을 표시하는 압력계를 부착할 것
③ 발생기에는 냉매가스의 압력을 표시하는 압력계를 부착할 것
④ 압력계 눈금판의 최고눈금수치는 해당 압력계의 설치장소에 따른 시설의 기밀시험압력 이상이고, 그 압력의 3배 이하일 것

60 고압가스안전관리법에 의하여 냉동기를 사용하여 고압가스를 제조하는 자는 안전관리자를 해임하거나 퇴직한 때에는 해임 또는 퇴직한 날로부터 며칠 이내에 다른 사람을 선임하여야 하는가?

① 7일 ② 10일
③ 20일 ④ 30일

4 유지보수공사관리

61 다음 중 도시가스배관 설치기준으로 틀린 것은?

① 배관접합은 용접접합을 원칙으로 한다.
② 가스계량기는 바닥으로부터 1.6m 이상 2m 이내의 높이에 수직·수평으로 설치한다.
③ 배관은 지반의 동결에 손상을 받지 않는 깊이로 한다.
④ 폭 8m 이상의 도로에 관을 매설할 경우 매설깊이를 지면으로부터 0.6m 이상으로 한다.

62 보온재의 구비조건 중 틀린 것은?

① 열전도율이 작을 것
② 균열, 신축이 작을 것
③ 내식성 및 내열성이 있을 것
④ 비중이 크고 흡습성이 클 것

63 복사난방설비의 장점으로 틀린 것은?

① 실내 상하의 온도차가 적고, 온도분포가 균등하다.
② 매설배관이므로 준공 후의 보수·점검이 쉽다.
③ 인체에 대한 쾌감도가 높은 난방방식이다.
④ 실내에 방열기가 없기 때문에 바닥면의 이용도가 높다.

64 다음 중 방열기나 팬코일유닛에 가장 적합한 관이음은?

① 스위블이음(swivel joint)
② 루프이음(loop joint)
③ 슬리브이음(sleeve joint)
④ 벨로즈이음(bellows joint)

65 300A 강관을 B(inch)호칭으로 지름을 표시하면?

① 4B ② 6B
③ 10B ④ 12B

66 강관의 두께를 결정하는 스케줄번호는 10~160까지 10종이 있다. 다음 중 스케줄번호(Sch. No)를 나타내는 식은? (단, P는 사용압력(MPa), S는 허용응력(N/mm^2)=인장강도/안전율)

① Sch. No$=\frac{S}{P}\times 1,000$
② Sch. No$=\frac{P}{S}\times 1,000$
③ Sch. No$=\frac{S}{P}\times 10$
④ Sch. No$=\frac{P}{S}\times 10$

67 다음 중 주철관접합법이 아닌 것은?

① 기계적 접합
② 소켓접합
③ 플레어접합
④ 빅토릭접합

68 다음 배관용 연결 부속 중 분해, 조립이 가능하도록 하려면 무엇을 설치하면 되는가?

① 엘보, 티
② 리듀서, 부싱
③ 유니언, 플랜지
④ 캡, 플러그

69 다음 중 통기관을 설치하는 목적은 무엇인가?

① 트랩의 봉수를 보호하기 위하여
② 실내의 통기를 위하여
③ 배수량을 조절하기 위하여
④ 오수의 정화를 위하여

70 다음 중 공기조화기의 유지관리항목으로 가장 거리가 먼 것은?

① 스프레이노즐 점검
② 에어필터의 오염, 파손 및 기능 점검
③ 냉온수코일의 입출구온도 측정
④ 버너노즐의 카본(carbon) 부착상태 점검

71 개방형에서 장치 내의 전수량이 500L이다. 이때 50℃의 물을 80℃로 가열할 때 팽창탱크에서의 온수팽창량은 몇 L인가? (단, 팽창계수(α)=0.5×10^{-3}/℃)

① 7L ② 15L
③ 20L ④ 7.5L

72 고정된 배관지지부 간의 거리가 10m라 할 때 만일 온도가 현재보다 150℃ 상승한다면 몇 mm나 팽창되겠는가? (단, 금속배관재료의 열팽창률은 6×10^{-6}[1/℃]이다.)

① 9 ② 60
③ 90 ④ 900

73 다음 중 나사이음의 90° 엘보는 어느 것인가?

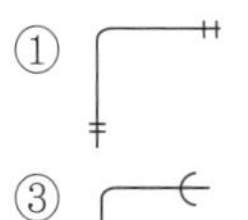

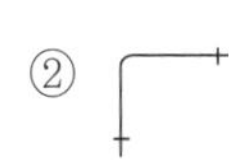

74 다음 중 소켓용접용 스트레이너의 도시기호는?

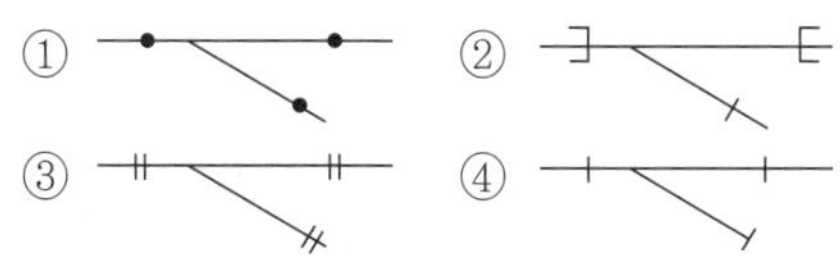

75 동관의 접합과 관계가 없는 것은?

① 오스터(oster)
② 익스팬더(expander)
③ 플레어링툴(flaring tool)
④ 사이징툴(sizing tool)

76 관경 25A(내경 27.6mm)의 강관에 매분 30L/min의 가스를 흐르게 할 때 유속은?

① 0.54m/s ② 0.64m/s
③ 0.74m/s ④ 0.84m/s

77 보온재의 선정조건으로 적당하지 않은 것은?

① 열전달률이 작아야 한다.
② 불연성이 있는 것이 좋다.
③ 물리적, 화학적 강도가 커야 한다.
④ 내용연수는 작아야 한다.

78 다음 중 중·고압배관의 가스유량을 산출하는 식은? (단, Q : 유량(m^3/h), D : 관지름(cm), ΔP : 압력손실(mmAq), S : 비중, K : 유량계수, L : 관의 길이(m))

① $Q = K\sqrt{\dfrac{SL}{D\Delta P}}$

② $Q = K\sqrt{\dfrac{D\Delta P}{SL}}$

③ $Q = K\sqrt{\dfrac{L\Delta P}{SD}}$

④ $Q = K\sqrt{\dfrac{D^5\Delta P}{SL}}$

79 캐비테이션(cavitation)의 발생조건이 아닌 것은?

① 흡입양정이 클 경우
② 날개차의 원주속도가 클 경우
③ 액체의 온도가 낮을 경우
④ 날개차의 모양이 적당하지 않을 경우

80 다음 중 동관의 치수기호방법이 아닌 것은?

① K ② L
③ M ④ N

부록 II

Air-Conditioning Refrigerating Machinery

6 실전 모의고사

▶ 정답 및 해설 : 311쪽

1 에너지관리

01 공기조화설비의 열원장치 및 반송시스템에 관한 설명으로 틀린 것은?

① 흡수식 냉동기의 흡수기와 재생기는 증기압축식 냉동기의 압축기와 같은 역할을 수행한다.
② 보일러의 효율은 보일러에 공급한 연료의 발열량에 대한 보일러출력의 비로 계산한다.
③ 흡수식 냉동기의 냉온수 발생기는 냉방 시에는 냉수, 난방 시에는 온수를 각각 공급할 수 있지만 냉수 및 온수를 동시에 공급할 수는 없다.
④ 단일덕트재열방식은 실내의 건구온도뿐만 아니라 부분부하 시에 상대습도도 유지하는 것을 목적으로 한다.

02 송풍량 $600m^3/min$을 공급하여 다음의 공기선도와 같이 난방하는 실의 실내부하는? (단, 공기의 밀도는 $1.2kg/m^3$, 공기의 정압비열은 1.01kJ/kg·K이다.)

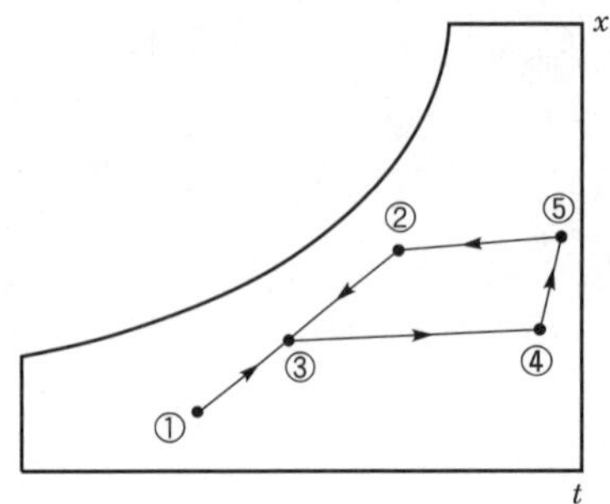

상태점	온도(℃)	비엔탈피(kJ//kg)
①	0	2
②	20	36
③	15	32
④	33	40
⑤	36	52

① 86,380W　② 26,253W
③ 36,000W　④ 192,000W

03 정풍량 단일덕트방식의 장점으로 틀린 것은?

① 각 실의 실온을 개별적으로 제어할 수가 있다.
② 설비비가 다른 방식에 비해 적게 든다.
③ 기계실에 기기류가 집중 설치되므로 운전, 보수가 용이하고, 진동, 소음의 전달 염려가 적다.
④ 외기의 도입이 용이하며 환기팬 등을 이용하면 외기냉방이 가능하고 전열교환기의 설치도 가능하다.

04 어느 실의 냉방장치에서 실내취득 현열부하가 40,000W, 잠열부하가 15,000W인 경우 송풍공기량은? (단, 실내온도 26℃, 송풍공기온도 12℃, 외기온도 35℃, 공기밀도 $1.2kg/m^3$, 공기의 정압비열은 1.005kJ/kJ·K이다.)

① $7,628m^3/h$
② $7,958m^3/h$
③ $8,529m^3/h$
④ $8,758m^3/h$

05 공기 중에 떠다니는 먼지는 물론 가스와 미생물 등의 오염물질까지도 극소로 만든 설비로서 청정대상이 주로 먼지인 경우로 정밀측정실이나 반도체산업, 필름공업 등에 이용되는 시설을 무엇이라 하는가?

① 클린 아웃(CO)
② 칼로리미터
③ HEPA 필터
④ 산업용 클린룸(ICR)

06 정풍량 단일덕트방식에 관한 설명으로 옳은 것은?

① 실내부하가 감소될 경우에 송풍량을 줄여도 실내공기의 오염이 적다.
② 가변풍량방식에 비하여 송풍기 동력이 커져서 에너지소비가 증대한다.
③ 각 실이나 존의 부하변동이 서로 다른 건물에서도 온습도의 불균형이 생기지 않는다.
④ 송풍량과 환기량을 크게 계획할 수 없으며 외기도입이 어려워 외기냉방을 할 수 없다.

07 다음과 같은 특징을 가지는 보일러로 가장 알맞은 것은?

지름이 큰 동체를 몸체로 하여 그 내부에 노통과 연관을 동체축에 평행하게 설치하여 연소실에서 화염은 1차적으로 노통 내부에서 열전달을 한 후, 2차적으로 연소가스는 연관 속으로 흘러가면서 내부에 있는 보일러수와 열전달을 한 후 연도로 배출되는 구조이다.

① 주철제보일러
② 노통연관식 보일러
③ 수관식 보일러
④ 캐스케이드보일러

08 다음 중 흡수식 냉동기의 구성기기가 아닌 것은?

① 응축기 ② 흡수기
③ 발생기 ④ 압축기

09 동일한 송풍기에서 회전수를 2배로 했을 경우 풍량, 정압, 소요동력의 변화에 대한 설명으로 옳은 것은?

① 풍량 1배, 정압 2배, 소요동력 2배
② 풍량 1배, 정압 2배, 소요동력 4배
③ 풍량 2배, 정압 4배, 소요동력 4배
④ 풍량 2배, 정압 4배, 소요동력 8배

10 TAB작업에서 공조기 팬의 풍량은 16,000m^3/h, 정압은 500Pa로 측정될 때 축동력은 얼마로 예상되는가? (단, 공기밀도 1.2kg/m^3, 팬의 정압효율 70%)

① 약 2.17kW ② 약 3.17kW
③ 약 4.48kW ④ 약 5.48kW

11 건구온도 30℃, 절대습도 0.015kg′/kg인 습공기의 비엔탈피(kJ/kg)는? (단, 건공기의 정압비열 1.01kJ/kg·K, 수증기의 정압비열 1.85kJ/kg·K, 0℃에서 포화수의 증발잠열은 2,500kJ/kg이다.)

① 68.63 ② 91.12
③ 103.34 ④ 150.54

12 온도가 30℃이고 절대습도가 0.02kg′/kg인 실외공기와 온도가 20℃, 절대습도가 0.01kg′/kg인 실내공기를 1 : 2의 비율로 혼합하였다. 혼합된 공기의 건구온도와 절대습도는?

① 23.3℃, 0.013kg′/kg
② 26.6℃, 0.025kg′/kg
③ 26.6℃, 0.013kg′/kg
④ 23.3℃, 0.025kg′/kg

13 공조설비 TAB작업에서 흡입덕트 내 동압은 200Pa, 정압은 −300Pa일 때 덕트 내 전압과 풍속으로 가장 적합한 값은 얼마인가? (단 공기밀도는 1.2kg/m³이다.)

① 전압 500Pa, 풍속 10.6m/s
② 전압 500Pa, 풍속 18.3m/s
③ 전압 −100Pa, 풍속 10.6m/s
④ 전압 −100Pa, 풍속 18.3m/s

14 건물의 지하실, 대규모 조리장 등에 적합한 기계환기법(강제급기＋강제배기)은?

① 제1종 환기
② 제2종 환기
③ 제3종 환기
④ 제4종 환기

15 냉수코일 설계상 유의사항으로 틀린 것은?

① 코일의 통과풍속은 2~3m/s로 한다.
② 코일의 설치는 관이 수평으로 놓이게 한다.
③ 코일 내 냉수속도는 2.5m/s 이상으로 한다.
④ 코일의 입출구수온차는 5~10℃ 전후로 한다.

16 배수통기배관계통 현장 시험 및 검사에 대한 다음과 설명으로 가장 알맞은 것은?

공기압축기 또는 시험기를 배수관 1개의 개구부에 접속하고 그 밖의 개구부를 밀폐시킨 후, 공기를 개구부에서 그 계통에 압송하고 기준치에 따라 배관의 누설 유무를 검사한다.

① 만수시험
② 기압시험
③ 연기시험
④ 박하시험

17 다음 중 보일러 시운전 시 점검 후 점검사항과 가장 거리가 먼 것은?

① 안전밸브는 간이테스트를 실시하여 작동 여부를 확인한다.
② 증기헤더의 모든 증기밸브가 완전히 개방되어 있는지 확인한다.
③ 보일러수가 일정 수량 이상 드레인되면 수위감지장치의 수위감지로 급수펌프의 작동 여부를 확인한다.
④ 보일러 점화 후 설정된 고압에서 압력차단장치의 작동으로 자동으로 소화되고 저압에서 점화되는지 확인한다.

18 복사패널의 시공법에 관한 설명으로 틀린 것은?

① 코일의 전길이는 50m 정도 이내로 한다.
② 온도에 따른 열팽창을 고려하여 천장의 짧은 변과 코일의 직선부가 평행하도록 배관한다.
③ 콘크리트 양생은 30℃ 이상의 온도에서 12시간 이상 건조시킨다.
④ 파이프코일의 매설깊이는 코일 외경의 1.5배 정도로 한다.

19 다음 중 TAB 수행목적으로 가장 거리가 먼 것은?

① TAB 수행이란 전체 공조시스템에 대한 시험(Testing), 조정(Adjusting)과 균형(Balancing)을 달성하기 위해 실시한다.
② TAB 수행은 냉난방설비의 공기분배계통, 공기조화용 냉온수 물분배계통에 대하여 최적의 상태로 조정한다.
③ TAB 수행은 공조시스템에 있어서 설계목표성능(온습도, 유량, 압력, 동력 등)을 달성하기 위해 실시한다.
④ TAB 수행은 에너지 절감, 공사품질 향상, 실내환경 개선 등을 효율적으로 달성하기 위한 것이라며 장비수명은 단축된다.

20 기계설비공사에서 TAB 수행범위에 포함되는 사항으로 가장 거리가 먼 것은 무엇인가?

① 공기공급풍량, 공기공급온도의 밸런스
② 공기, 물의 설계값을 유지하도록 펌프, 팬, 밸브, 댐퍼 등의 조정
③ 급수배관에서 워터해머 발생을 방지하는 작업
④ 냉온수유량, 냉온수공급온도 등 밸런스

2 공조냉동 설계

21 저온실로부터 46.4kW의 열을 흡수할 때 10kW의 동력을 필요로 하는 냉동기가 있다면 이 냉동기의 성적계수는?

① 4.64　　② 5.65
③ 56.5　　④ 46.4

22 절대온도 T_1 및 T_2의 두 물체가 있다. T_1에서 T_2를 열량 Q가 이동할 때 이 두 물체가 이루는 계의 엔트로피변화를 나타내는 식은? (단, $T_1 > T_2$)

① $\dfrac{T_1 - T_2}{Q T_1 T_2}$

② $\dfrac{Q(T_1 + T_2)}{T_1 T_2}$

③ $\dfrac{Q(T_1 - T_2)}{T_1 T_2}$

④ $\dfrac{T_1 + T_2}{Q T_1 T_2}$

23 냉매 R-134a를 사용하는 증기압축냉동사이클에서 냉매의 엔트로피가 감소하는 구간은 어디인가?

① 증발구간　　② 압축구간
③ 팽창구간　　④ 응축구간

24 20℃, 500kg의 물을 매시간 -10℃의 얼음으로 만들고자 한다. 이때 필요한 냉동능력은 약 몇 RT인가? (단, 물의 비열을 4.2kJ/kg·K, 얼음의 비열을 2.1kJ/kg·K, 물의 응고잠열을 333.6kJ/kg, 1RT를 3.9kW로 한다.)

① 9.79　　② 13.55
③ 15.62　　④ 16.57

25 10℃에서 160℃까지의 공기의 평균정적비열은 0.7315kJ/kg·℃이다. 이 온도변화에서 공기 1kg의 내부에너지변화는?

① 107.1kJ　　② 109.7kJ
③ 120.6kJ　　④ 121.7kJ

26 시간당 380,000kg의 물을 공급하여 수증기를 생산하는 보일러가 있다. 이 보일러에 공급하는 물의 비엔탈피는 830kJ/kg이고, 생산되는 수증기의 비엔탈피는 3,230kJ/kg이라고 할 때 저위발열량이 32,000kJ/kg인 석탄을 시간당 34,000kg씩 보일러에 공급한다면 이 보일러의 효율은 얼마인가?

① 22.6%　　② 39.5%
③ 72.3%　　④ 83.8%

27 불응축가스를 제거하는 가스퍼저(gas purger)의 설치위치로 적당한 곳은?

① 고압수액기 상부
② 저압수액기 상부
③ 유분리기 상부
④ 액분리기 상부

28 이상기체 프로판(C_3H_8, 분자량 M=44)의 상태는 온도 20℃, 압력 300kPa이다. 이것을 52L의 내압용기에 넣을 경우 적당한 프로판의 질량은? (단, 일반기체상수는 8.314kJ/kmol·K이다.)

① 0.282kg　　② 0.182kg
③ 0.414kg　　④ 0.318kg

29 카르노사이클이 500K의 고온체에서 360kJ의 열을 받아서 300K의 저온체에 열을 방출한다면 이 카르노사이클의 출력일을 얼마인가?

① 120kJ ② 144kJ
③ 216kJ ④ 599kJ

30 냉동제조시설의 정밀안전기준에서 누출될 경우 가장 위험성이 적은 가스는 다음 중 어느 것인가?

① 독성가스
② 가연성 가스
③ 공기보다 무거운 가스
④ 공기보다 가벼운 가스

31 제빙장치에서 브라인온도가 −10℃, 결빙시간이 48시간일 때 얼음의 두께는? (단, 결빙계수는 0.56이다.)

① 약 29.3cm ② 약 39.3cm
③ 약 2.93cm ④ 약 3.93cm

32 어떤 이상기체 1kg이 압력 100kPa, 온도 30℃의 상태에서 체적 $0.8m^3$를 점유한다면 기체상수는 몇 kJ/kg·K인가?

① 0.251 ② 0.264
③ 0.275 ④ 0.293

33 대기압하에서 물의 어는점과 끓는점 사이에서 작동하는 카르노사이클열기관의 열효율은 약 몇 %인가?

① 2.7 ② 10.5
③ 12.7 ④ 26.8

34 두께 1cm, 면적 $0.5m^2$인 석고판의 뒤에 가열판이 부착되어 1,000W의 열을 전달한다. 가열판의 뒤는 완전히 단열되어 열을 앞면으로만 전달한다. 석고판 앞면의 온도는 100℃이다. 석고의 열전도율이 $\lambda=0.79$W/m·K일 때 가열판에 접하는 석고면의 온도는 약 몇 ℃인가?

① 110 ② 125
③ 150 ④ 212

35 물체 간의 온도차에 의한 열의 이동현상을 열전도라 한다. 이 과정에서 전달되는 열량에 대한 설명으로 옳은 것은?

① 단면적에 반비례한다.
② 열전도계수에 반비례한다.
③ 온도차에 반비례한다.
④ 물체의 두께에 반비례한다.

36 폴리트로픽변화를 표시하는 식 $PV^n=C$에서 $n=k$일 때의 변화는? (단, k : 비열비)

① 등압변화
② 등온변화
③ 등적변화
④ 가역단열변화

37 열역학 제2법칙에 관해서는 여러 가지 표현으로 나타낼 수 있는데, 다음 중 열역학 제2법칙과 관계되는 설명으로 볼 수 없는 것은?

① 열을 일로 변환하는 것은 불가능하다.
② 열효율이 100%인 열기관을 만들 수 없다.
③ 열은 저온물체로부터 고온물체로 자연적으로 전달되지 않는다.
④ 입력되는 일 없이 작동하는 냉동기를 만들 수 없다.

38 압력이 100kPa이며 온도가 25℃인 방의 크기가 $240m^3$이다. 이 방에 들어있는 공기의 질량은 약 몇 kg인가? (단, 공기는 이상기체로 가정하며, 공기의 기체상수는 0.287kJ/kg·K이다.)

① 0.00357
② 0.28
③ 3.57
④ 280

39 냉동장치의 유지관리에서 저압측 압력의 변화에 대한 설명 중 옳지 않은 것은?

① 프레온압축기의 흡입증기압력과 온도가 모두 상승하여 흡입증기의 과열도가 크게 되어도 압축기가 과열운전이 되는 것은 아니다.
② 압축기 흡입압력이 비정상적으로 저하하면 압축기 토출가스온도가 상승하여 압축기가 과열운전이 된다.
③ 냉매충전량이 부족하면 증발압력이 저하하여 압축기 흡입증기의 과열도가 크게 된다.
④ 저압압력 저하의 원인으로서 증발기로의 냉매공급량이 부족, 송풍량 감소, 증발기 과대 착상, 증발기 내 냉매오일의 다량 용해 등을 들 수 있다.

40 냉동제조시설의 안전을 위한 설비기준에 대한 설명으로 가장 거리가 먼 것은?

① 냉매설비에는 긴급사태가 발생하는 것을 방지하기 위하여 자동제어장치를 설치할 것
② 독성가스를 사용하는 내용적이 1,000L 이상인 수액기 주위에는 액상의 가스가 누출될 경우에 그 유출을 방지하기 위한 조치를 마련할 것
③ 독성가스를 제조하는 시설에는 그 시설로부터 독성가스가 누출될 경우 그 독성가스로 인한 피해를 방지하기 위하여 필요한 조치를 마련할 것
④ 냉동제조시설에는 이상사태가 발생하는 것을 방지하고 이상사태 발생 시 그 확대를 방지하기 위하여 압력계, 액면계 등 필요한 부대설비를 설치할 것

3 시운전 및 안전관리

41 정현파 교류의 실효값(V)과 최대값(V_m)의 관계식으로 옳은 것은?

① $V = \sqrt{2}\,V_m$
② $V = \dfrac{1}{\sqrt{2}}V_m$
③ $V = \sqrt{3}\,V_m$
④ $V = \dfrac{1}{\sqrt{3}}V_m$

42 10μF의 콘덴서에 200V의 전압을 인가하였을 때 콘덴서에 축적되는 전하량은 몇 C인가?

① 2×10^{-3}　② 2×10^{-4}
③ 2×10^{-5}　④ 2×10^{-6}

43 다음 그림의 논리회로에서 A, B, C, D를 입력, Y를 출력이라 할 때 출력식은?

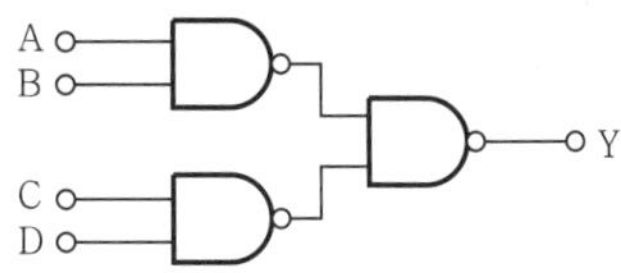

① A+B+C+D　② (A+B)(C+D)
③ AB+CD　④ ABCD

44 전류계와 병렬로 연결되어 전류계의 측정범위를 확대해 주는 것은?

① 배율기　② 분류기
③ 절연저항　④ 접지저항

45 프로세스제어에 속하는 제어량은?

① 전압　② 압력
③ 주파수　④ 장력

46 다음 설명에 알맞은 전기 관련 법칙은?

> 회로 내의 임의의 폐회로에서 한쪽 방향으로 일주하면서 취할 때 공급된 기전력의 대수합은 각 회로소자에서 발생한 전압강하의 대수합과 같다.

① 옴의 법칙 ② 가우스의 법칙
③ 쿨롱의 법칙 ④ 키르히호프의 법칙

47 다음 그림의 선도에서 전달함수 $\frac{C(s)}{R(s)}$는?

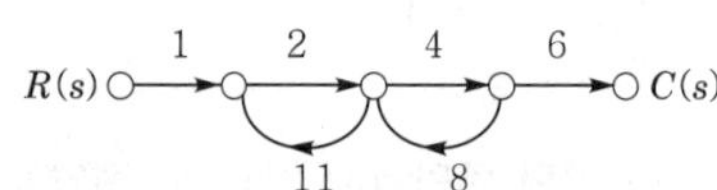

① $-\frac{8}{9}$ ② $\frac{4}{5}$
③ $-\frac{48}{53}$ ④ $-\frac{105}{77}$

48 다음 중 무인 엘리베이터의 자동제어로 가장 적합한 것은?

① 추종제어 ② 정치제어
③ 프로그램제어 ④ 프로세스제어

49 제어편차가 검출될 때 편차가 변화하는 속도에 비례하여 조작량을 가감하도록 하는 제어로 오차가 커지는 것을 미연에 방지하는 제어 동작은?

① ON/OFF제어동작
② 미분제어동작
③ 적분제어동작
④ 비례제어동작

50 정상편차를 개선하고 응답속도를 빠르게 하며 오버슛을 감소시키는 동작은?

① K_p
② $K_p(1+sT)$
③ $K_p\left(1+\frac{1}{sT}\right)$
④ $K_p\left(1+sT+\frac{1}{sT}\right)$

51 100V, 40W의 전구에는 0.4A의 전류가 흐른다면 이 전구의 저항은?

① 100Ω
② 150Ω
③ 200Ω
④ 250Ω

52 어떤 코일에 흐르는 전류가 0.01초 사이에 20A에서 10A로 변할 때 20V의 기전력이 발생할 경우 자기인덕턴스(mH)는?

① 10 ② 20
③ 30 ④ 50

53 어떤 회로의 유효전력이 80W, 무효전력이 60Var이면 역률은 몇 %인가?

① 20% ② 60%
③ 80% ④ 100%

54 유도전동기의 속도제어방법이 아닌 것은?

① 극수변환법
② 2차 여자제어법
③ 전원전압제어법
④ 역률제어법

55 뒤진 역률 80%, 1,000kW의 3상 부하가 있다. 이것에 콘덴서를 설치하여 역률을 95%로 개선하려고 한다. 필요한 콘덴서의 용량은 약 몇 kVA인가?

① 421 ② 633
③ 844 ④ 1,266

56 SCR에 관한 설명으로 틀린 것은?

① 스위칭소자이다.
② 양방향 사이리스터이다.
③ PNPN소자이다.
④ 직류나 교류의 전력제어용으로 사용된다.

57 산업안전보건법과 관련 일반적인 안전사고 예방의 4원칙에서 다음 내용과 가장 가까운 것은?

사고 발생과 원인의 관계는 반드시 필연적인 인관관계가 있다. 일반적으로 사고 발생의 직접원인은 인적, 물적 원인으로 구분되며, 간접원인은 기술적, 교육적, 관리적, 신체적, 정신적, 학교교육적 원인 및 역사적, 사회적 원인으로 구분하고 있다.

① 예방 가능의 원칙
② 손실 우연의 법칙
③ 원인 계기의 원칙
④ 대책 선정의 원칙

58 산업안전보건법과 관련 일반적인 안전사고 예방의 4원칙에서 다음 내용과 가장 가까운 것은?

인적재해에 대한 Heinrich의 법칙이며, 이 법칙은 사고와 상해 정도 사이에 항상 우연적인 확률이 존재한다는 이론이다.

① 예방 가능의 원칙
② 손실 우연의 법칙
③ 원인 계기의 원칙
④ 대책 선정의 원칙

59 냉동제조시설의 정밀안전기준에서 사고예방설비기준에 대한 설명으로 가장 거리가 먼 것은?

① 냉매설비에는 그 설비 안의 압력이 상용압력을 초과하는 경우 즉시 그 압력을 상용압력 이하로 되돌릴 수 있는 안전장치를 설치하는 등 필요한 조치를 마련할 것
② 독성가스 및 공기보다 무거운 가연성 가스를 취급하는 제조시설 및 저장설비에는 가스가 누출될 경우 이를 신속히 연소할 수 있도록 하기 위한 연소장치를 마련할 것
③ 가연성 가스(암모니아, 브롬화메탄 및 공기 중에서 자기발화하는 가스는 제외)의 가스설비 중 전기설비는 그 설치장소 및 그 가스의 종류에 따라 적절한 방폭성능을 가지는 것일 것
④ 가연성 가스 또는 독성가스를 냉매로 사용하는 냉매설비의 압축기, 유분리기, 응축기 및 수액기와 이들 사이의 배관을 설치한 곳에는 냉매가스가 누출될 경우 그 냉매가스가 체류하지 않도록 필요한 조치를 마련할 것

60 재해예방의 기본자세로 가장 거리가 먼 것은?

① 사고는 우연의 법칙에 의하여 반복적으로 발생할 수 있다.
② 재해는 우연의 법칙에 따라 발생하므로 사고 발생 이후의 대책이 중요하다.
③ 재해는 원칙적으로 모두 예방이 가능하다. 이를 위한 과학적이고 체계적인 관리가 중요하다.
④ 재해예방을 위한 적절한 대책과 3E 및 4M에 대한 시정책으로 재해를 최소화할 수 있다.

4 유지보수공사관리

61 다음 유지보수공사의 목적을 설명한 것으로 가장 거리가 먼 것은?

① 내용연한의 저하를 방지하고 수명을 연장시킨다.
② 고장 발생을 미연에 방지하고 고장률을 저하시킨다.
③ 유지보수공사비용을 최소화하도록 경제적으로 운용한다.
④ 관리요원의 자질을 향상하고 업무를 합리화시킨다.

62 급수배관 내 권장 유속은 어느 정도가 적당한가?

① 2~3m/s 이하　② 7~8m/s 이하
③ 10~12m/s 이하　④ 13~15m/s 이하

63 온수난방배관에서 리버스리턴(reverse return) 방식을 채택하는 주된 이유는?

① 온수의 유량분배를 균일하게 하기 위하여
② 배관의 길이를 짧게 하기 위하여
③ 배관의 신축을 흡수하기 위하여
④ 온수가 식지 않도록 하기 위하여

64 공기조화설비에서 에어와셔(air washer)의 플러딩노즐이 하는 역할은?

① 공기 중에 포함된 수분을 제거한다.
② 입구공기의 난류를 정류로 만든다.
③ 일리미네이터에 부착된 먼지를 제거한다.
④ 출구에 섞여 나가는 비산수를 제거한다.

65 냉매의 토출관의 관경을 결정하려고 할 때 일반적인 사항으로 틀린 것은?

① 냉매가스 속에 용해하고 있는 기름이 확실히 운반될 수 있게 횡형관에서는 약 6m/s 이상 되도록 할 것
② 냉매가스 속에 용해하고 있는 기름이 확실히 운반될 수 있게 입상관에서는 약 6m/s 이상 되도록 할 것
③ 속도의 압력손실 및 소음이 일어나지 않을 정도로 속도를 약 25m/s로 제한한다.
④ 토출관에 의해 발생된 전마찰손실압력은 약 19.6kPa를 넘지 않도록 한다.

66 통기관을 접속하여도 장시간 위생기기를 사용하지 않을 때 봉수파괴가 될 수 있는 원인으로 가장 적당한 것은?

① 자기사이펀작용　② 흡인작용
③ 분출작용　④ 증발작용

67 온수난방설비의 온수배관 시공법에 관한 설명으로 틀린 것은?

① 공기가 고일 염려가 있는 곳에는 공기배출을 고려한다.
② 수평배관에서 관의 지름을 바꿀 때에는 편심리듀서를 사용한다.
③ 배관재료는 내열성을 고려한다.
④ 팽창관에는 슬루스밸브를 설치한다.

68 동관의 외경 산출공식으로 바르게 표시된 것은?

① 외경＝호칭경(인치)＋1/8(인치)
② 외경＝호칭경(인치)×25.4
③ 외경＝호칭경(인치)＋1/4(인치)
④ 외경＝호칭경(인치)×3/4＋1/8(인치)

69 강관작업에서 다음 그림처럼 15A 나사용 90° 엘보 2개를 사용하여 길이가 200mm가 되게 연결작업을 하려고 한다. 이때 실제 15A 강관의 길이는? (단, a : 나사가 물리는 최소 길이로 11mm, A : 이음쇠의 중심에서 단면까지의 길이로 27mm이다.)

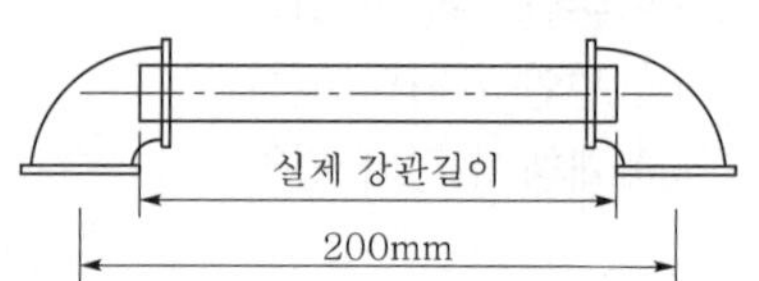

① 142mm　② 158mm
③ 168mm　④ 176mm

70 냉동기 진공검사 완료 후 냉매의 충전방법으로 가장 부적합한 방식은?

① 압축기 흡입 쪽 서비스밸브로 충전하는 방법
② 압축기 토출 쪽 서비스밸브로 충전하는 방법
③ 액관으로 충전하는 방법
④ 증발기로 충전하는 방법

71 냉동설비배관에서 액분리기와 압축기 사이에 냉매배관을 할 때 구배로 옳은 것은?

① 1/100 정도의 압축기측 상향구배로 한다.
② 1/100 정도의 압축기측 하향구배로 한다.
③ 1/200 정도의 압축기측 상향구배로 한다.
④ 1/200 정도의 압축기측 하향구배로 한다.

72 증기난방배관설비의 응축수환수방법 중 증기의 순환이 가장 빠른 방법은?

① 진공환수식　② 기계환수식
③ 자연환수식　④ 중력환수식

73 보온재의 구비조건으로 틀린 것은?

① 열전도율이 적을 것
② 균열, 신축이 적을 것
③ 내식성 및 내열성이 있을 것
④ 비중이 크고 흡습성이 클 것

74 관경 300mm, 배관길이 500m의 중압가스수송관에서 A, B점의 게이지압력이 각각 0.3MPa, 0.2MPa인 경우 가스유량(m^3/h)은? (단, 가스비중은 0.64, 유량계수는 523.1로 한다.)

① 10,238　② 20,583
③ 38,138　④ 40,153

75 도시가스제조사업소 부지 경계에서 정압기지의 경계까지 이르는 배관을 무엇이라고 하는가?

① 본관　② 내관
③ 공급관　④ 사용관

76 다음 중 공기조화기의 유지관리항목으로 가장 거리가 먼 것은?

① 에어필터의 오염, 파손 및 기능 점검
② spray노즐의 점검
③ 버너노즐의 carbon 부착상태 점검
④ 냉온수코일 출입구의 온도측정(증기코일의 경우 압력)

77 팬코일유닛방식의 배관방식에서 공급관이 2개이고 환수관이 1개인 방식으로 옳은 것은?

① 1관식　② 2관식
③ 3관식　④ 4관식

78 도시가스배관 시 배관이 움직이지 않도록 관지름 13~33mm 미만의 경우 몇 m마다 고정장치를 설치해야 하는가?

① 1m　② 2m
③ 3m　④ 4m

79 실내공기질관리법에서 규정하고 있는 오염물질항목이 아닌 것은?

① 이산화질소(ppm)
② 라돈(Bq/m^3)
③ 곰팡이(CFU/m^3)
④ 총휘발성무기화합물(μg/m^3)

80 보일러 세관공사에서 화학세정에 대한 설명으로 가장 거리가 먼 것은?

① 화학세정은 스케일을 단시간 내에 제거할 수 있어 보일러의 정지시간을 줄일 수 있다.
② 화학세정은 아무리 복잡한 구조의 보일러도 작업이 가능하다.
③ 산세정 중에는 유해가스가 발생하지 않아 안전하며 배출설비도 불필요하다.
④ 산세정 후에 보일러효율이 향상된다.

7 실전 모의고사

▶ 정답 및 해설 : 316쪽

1 에너지관리

01 **증기압축식 냉동기의 냉각탑에서 표준 냉각 능력을 산정하는 일반적 기준으로 틀린 것은?**

① 입구수온 37℃
② 출구수온 32℃
③ 순환수량 23L/min
④ 입구공기의 습구온도 27℃

02 **주철제보일러의 특징에 관한 설명으로 틀린 것은?**

① 섹션을 분할하여 반입하므로 현장 설치의 제한이 적다.
② 강제보일러보다 내식성이 우수하며 수명이 길다.
③ 강제보일러보다 급격한 온도변화에 강하여 고온·고압의 대용량으로 사용된다.
④ 섹션을 증가시켜 간단하게 출력을 증가시킬 수 있다.

03 **공조설비 TAB작업에서 덕트 내 풍속은 20m/s이고 정압은 980Pa일 때 전압은 얼마인가? (단, 공기밀도 1.2kg/m^3)**

① 1,025Pa ② 1,220Pa
③ 1,256Pa ④ 1,295Pa

04 **다음 그림은 공조기에 ①상태의 외기와 ②상태의 실내에서 되돌아온 공기가 공조기로 돌아와 ⑥상태로 실내로 공급되는 과정을 습공기선도에 표현한 것이다. 공조기 내 과정을 알맞게 나열한 것은?**

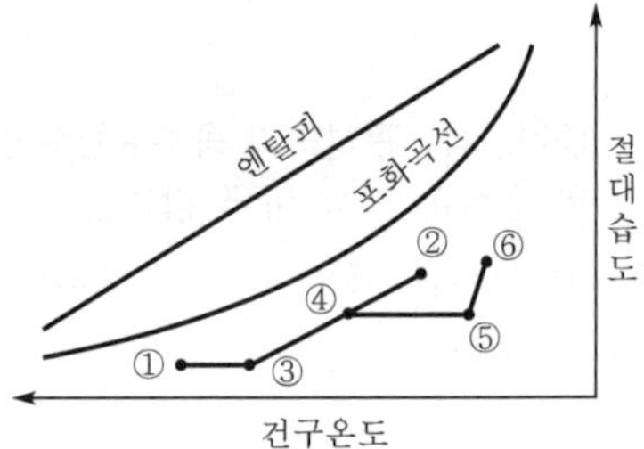

① 예열－혼합－증기가습－가열
② 예열－혼합－가열－증기가습
③ 예열－증기가습－가열－증기가습
④ 혼합－제습－증기가습－가열

05 **증기보일러의 발생열량이 240,000kJ/h, 환산증발량이 106.3kg/h이다. 이 증기보일러의 상당방열면적(EDR)은? (단, 표준 방열량을 이용한다.)**

① 32.1m^2
② 88.2m^2
③ 133.3m^2
④ 539.8m^2

06 **각 층 유닛방식의 특징이 아닌 것은?**

① 공조기 수가 줄어들어 설비비가 저렴하다.
② 사무실과 병원 등의 각 층에 대하여 시간차운전에 적합하다.
③ 송풍덕트가 짧게 되고, 주덕트의 수평덕트는 각 층의 복도 부분에 한정되므로 수용이 용이하다.
④ 설계에 따라서는 각 층 슬래브의 관통덕트가 없게 되므로 방재상 유리하다.

07 공기냉각용 냉수코일의 설계 시 주의사항으로 틀린 것은?

① 코일을 통과하는 공기의 풍속은 2~3m/s로 한다.
② 코일 내 물의 속도는 5m/s 이상으로 한다.
③ 물과 공기의 흐름방향은 역류가 되게 한다.
④ 코일의 설치는 관이 수평으로 놓이게 한다.

08 송풍기의 회전수가 1,500rpm인 송풍기의 압력이 300Pa이다. 송풍기 회전수를 2,000rpm으로 변경할 경우 송풍기 압력은?

① 423.3Pa ② 533.3Pa
③ 623.5Pa ④ 713.3Pa

09 사각덕트에서 원형 덕트의 지름으로 환산시키는 식으로 옳은 것은? (단, a : 사각덕트의 장변길이, b : 사각덕트의 단변길이, d : 원형 덕트의 직경 또는 상당직경이다.)

① $d=1.2\left[\dfrac{(ab)^5}{(a+b)^2}\right]^8$

② $d=1.2\left[\dfrac{(ab)^2}{(a+b)^5}\right]^8$

③ $d=1.3\left[\dfrac{(ab)^2}{(a+b)^5}\right]^{1/8}$

④ $d=1.3\left[\dfrac{(ab)^5}{(a+b)^2}\right]^{1/8}$

10 유효온도(effective temperature)에 대한 설명으로 옳은 것은?

① 온도, 습도를 하나로 조합한 상태의 측정온도이다.
② 각기 다른 실내온도에서 습도에 따라 실내환경을 평가하는 척도로 사용된다.
③ 인체가 느끼는 쾌적온도로써 바람이 없는 정지된 상태에서 상대습도가 100%인 포화상태의 공기온도를 나타낸다.
④ 유효온도선도는 복사영향을 무시하여 건구온도 대신에 글로브온도계의 온도를 사용한다.

11 실내의 냉방 시 현열부하가 20,000kJ/h, 잠열부하가 3,200kJ/h인 방을 실온 26℃로 냉각하는 경우 송풍량은? (단, 취출온도는 15℃이며, 건공기의 정압비열은 1.01kJ/kg·K, 공기의 밀도는 1.2kg/m^{3}이다.)

① 1,500m^3/h ② 1,200m^3/h
③ 1,000m^3/h ④ 800m^3/h

12 실내를 항상 급기용 송풍기를 이용하여 정압(+)상태로 유지할 수 있어 오염된 공기의 침입을 방지하고 연소용 공기가 필요한 보일러실, 반도체 무균실, 소규모 변전실, 창고 등에 적합한 환기법은?

① 제1종 환기 ② 제2종 환기
③ 제3종 환기 ④ 제4종 환기

13 냉각탑(cooling tower)에 대한 설명으로 틀린 것은?

① 일반적으로 쿨링 어프로치는 5℃ 정도로 한다.
② 냉각탑은 응축기에서 냉각수가 얻은 열을 공기 중에 방출하는 장치이다.
③ 쿨링 레인지란 냉각탑에서의 냉각수 입출구수온차이다.
④ 일반적으로 냉각탑으로의 보급수량은 순환수량의 15% 정도이다.

14 다음 중 직접난방법이 아닌 것은?

① 온풍난방 ② 고온수난방
③ 저압증기난방 ④ 복사난방

15 TAB작업에서 온수순환펌프의 유량은 60m^3/h, 양정은 16mAq일 때 축동력은 얼마로 예상되는가? (단, 물의 밀도는 1,000kg/m^3, 펌프의 효율은 60%이다.)

① 약 2.36kW
② 약 3.36kW
③ 약 4.36kW
④ 약 5.36kW

16 실내설계온도가 26℃인 사무실의 실내유효 현열부하는 20.42kW, 잠열부하는 4.27kW이다. 냉각코일의 장치노점온도는 13.5℃, 바이패스 팩터가 0.1일 때 송풍량(L/s)은? (단, 공기의 밀도는 1.2kg/m^3, 정압비열은 1,006kJ/kg·K 이다.)

① 1,350　② 1,503
③ 12,530　④ 13,532

17 에어워셔에 대한 설명으로 틀린 것은?

① 세정실(spray chamber)은 일리미네이터 뒤에 있어 공기를 세정한다.
② 분무노즐(spray nozzle)은 스탠드파이프에 부착되어 스프레이헤더에 연결된다.
③ 플러딩노즐(flooding nozzle)은 먼지를 세정한다.
④ 다공판 또는 루버(louver)는 기류를 정류해서 세정실 내를 통과시키기 위한 것이다.

18 기계설비공사에서 TAB 수행범위에 포함되는 사항으로 가장 거리가 먼 것은 무엇인가?

① 공기, 냉온수분배의 밸런스(풍량, 공기온도, 냉온수유량, 냉온수공급온도 등)
② 공기, 물의 설계값을 유지하도록 전 시스템(펌프, 팬, 밸브, 댐퍼 등)의 조정
③ 전기계측(팬, 펌프의 체절운전 시 전력소비량 측정)
④ 모든 장비와 자동제어장치의 성능에 대한 확인

19 통기관의 점검사항 및 안전대책에 대한 설명 중 거리가 먼 것은?

① 간접배수의 통기는 단독배관으로 한다.
② 통기수직관의 하부는 가장 낮은 위치의 배수수평주관보다 낮은 위치에서 45° Y관을 사용하여 배수수직관에 연결한다.
③ 수직통기관은 우수수직관과 겸용하는 것이 바람직하다.
④ 통기수직관의 상부는 그 상단을 단독으로 대기 중에 노출시키거나 가장 높은 위치에 있는 기구의 물넘침수위에서 150mm 이상의 높이에서 신정통기관에 연결한다.

20 기계설비공사에서 다음과 같은 업무를 무엇이라고 하는가?

냉난방설비의 공기분배계통, 공기조화용 냉온수 물분배계통 및 전체 공조시스템에 대한 시험, 조정과 균형을 시행하여 공조시스템에 있어서 설계목표성능(온습도, 유량, 압력, 동력 등)을 달성하고, 에너지 절감, 공사품질 향상, 장비수명 연장, 실내환경 개선 등을 효율적으로 달성하기 위한 작업

① TAC
② TAB
③ DDC
④ LOC

2 공조냉동 설계

21 500W의 전열기로 4kg의 물을 20℃에서 90℃까지 가열하는 데 몇 분이 소요되는가? (단, 전열기에서 열은 전부 온도 상승에 사용되고, 물의 비열은 4,180J/kg·K이다.)

① 16분　② 27분
③ 39분　④ 45분

22 밀폐된 실린더 내의 기체를 피스톤으로 압축하는 동안 300kJ의 열이 방출되었다. 압축일의 양이 400kJ이라면 내부에너지 증가는?

① 100kJ
② 300kJ
③ 400kJ
④ 700kJ

23 냉매로서 갖추어야 할 중요요건에 대한 설명으로 틀린 것은?

① 동일한 냉동능력에 대하여 냉매가스의 용적이 적을 것
② 저온에 있어서도 대기압 이상의 압력에서 증발하고 비교적 저압에서 액화할 것
③ 점도가 크고 열전도율이 좋을 것
④ 증발열이 크며 액체의 비열이 작을 것

24 두께 100mm의 콘크리트벽의 내면에 두께 200mm의 발포 스티로폼으로 방열을 하고, 또 그 내면을 10mm두께의 내장판을 설치한 냉장고가 있다. 냉장실온도가 −30℃이고, 평균외기온도가 35℃이며 냉장고의 벽면적이 $100m^2$인 경우 전열량은 약 얼마인가?

구분	열전도율 (W/m · K)	벽면	표면 열전달률 (W/m^2 · K)
콘크리트	1.05	외벽면	23
발포 스티로폼	0.05	내벽면	8
내장판	0.18	−	−

① 1,076 ② 1,505
③ 1,296 ④ 1,396

25 일반적으로 증기압축식 냉동기에서 사용되지 않는 것은?

① 응축기 ② 압축기
③ 터빈 ④ 팽창밸브

26 이상적인 냉동사이클을 따르는 증기압축냉동장치에서 증발기를 지나는 냉매의 물리적 변화로 옳은 것은?

① 압력이 증가한다.
② 엔트로피가 감소한다.
③ 엔탈피가 증가한다.
④ 비체적이 감소한다.

27 냉동사이클에서 각 지점에서의 냉매 비엔탈피값으로 압축기 입구에서는 630kJ/kg, 압축기 출구에서는 697kJ/kg, 팽창밸브 입구에서는 462kJ/kg인 경우 이 냉동장치의 성적계수는?

① 0.4 ② 1.4
③ 2.5 ④ 3.5

28 다음 그림과 같은 오토사이클의 열효율은? (단, T_1 =300K, T_2 =689K, T_3 =2,364K, T_4 =1,029K, 정적비열은 일정하다.)

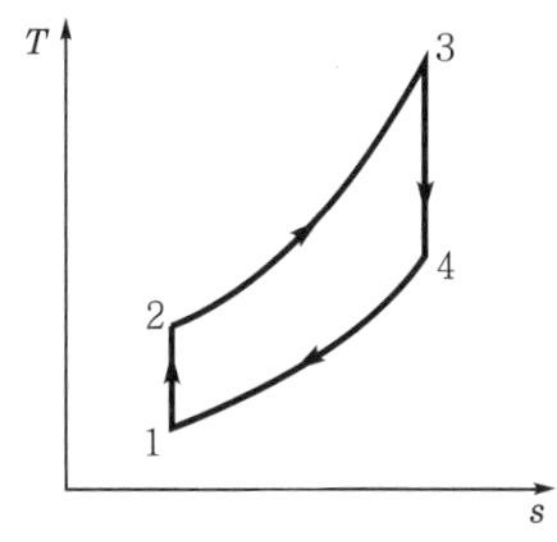

① 37.5% ② 43.5%
③ 56.5% ④ 62.5%

29 5kg의 산소가 정압하에서 체적이 $0.2m^3$에서 $0.6m^3$로 증가했다. 산소를 이상기체로 보고 정압비열 C_p =0.92kJ/kg · ℃로 하여 엔트로피의 변화를 구하였을 때 그 값은 얼마인가?

① 1.857kJ/K ② 2.746kJ/K
③ 5.054kJ/K ④ 6.507kJ/K

30 냉매의 흡수제로 NH_3−H_2O를 이용한 흡수식 냉동기의 냉매순환과정으로 옳은 것은?

① 증발기(냉각기) → 흡수기 → 재생기 → 응축기
② 증발기(냉각기) → 재생기 → 흡수기 → 응축기
③ 흡수기 → 증발기(냉각기) → 재생기 → 응축기
④ 흡수기 → 재생기 → 증발기(냉각기) → 응축기

31 고온 35℃, 저온 −10℃에서 작동되는 역카르노사이클이 적용된 이론냉동사이클의 성적계수는?

① 2.89　② 3.24
③ 4.24　④ 5.84

32 클라우지우스(Clausius)부등식을 포함한 것으로 옳은 것은? (단, T는 절대온도, Q는 열량을 표시한다.)

① $\oint \frac{\delta Q}{T} \geq 0$　② $\oint \frac{\delta Q}{T} \leq 0$
③ $\oint \delta Q \geq 0$　④ $\oint \delta Q \leq 0$

33 다음 중 압축기의 냉동능력(kW)을 산출하는 식은? (단, V : 피스톤압출량(m^3/min), v : 압축기 흡입냉매증기의 비체적(m^3/kg), q : 냉매의 냉동효과(kJ/kg), η : 체적효율)

① $R = \frac{60 v q \eta}{3{,}320\, V}$　② $R = \frac{Vq}{60 \eta v}$
③ $R = \frac{V q \eta}{60 v}$　④ $R = \frac{60\, V q v}{3{,}320 \eta}$

34 8℃의 이상기체를 가역단열압축하여 그 체적을 1/5로 줄였을 때 기체의 온도는 몇 ℃인가? (단, k=1.4)

① 313℃　② 295℃
③ 262℃　④ 222℃

35 암모니아와 프레온냉매의 비교 설명으로 틀린 것은? (단, 동일 조건을 기준으로 한다.)

① 암모니아가 R−13보다 비등점이 높다.
② R−22는 암모니아보다 냉동효과(kJ/kg)가 크고 안전하다.
③ R−13은 R−22에 비하여 저온용으로 적합하다.
④ 암모니아는 R−22에 비하여 유분리가 용이하다.

36 다음과 같은 냉동사이클 중 성적계수가 가장 큰 사이클은 어느 것인가?

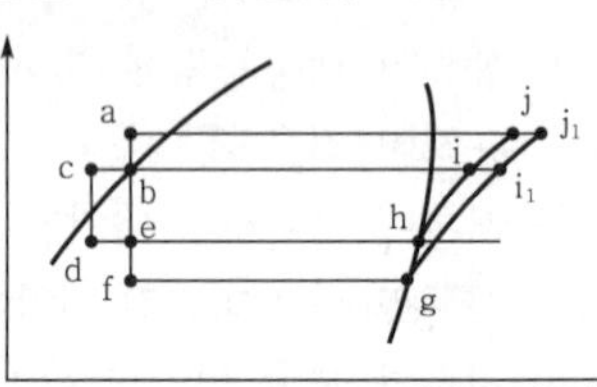

① b−e−h−i−b　② c−d−h−i−c
③ b−f−g−i_1−b　④ a−e−h−j−a

37 증기압축냉동기에서는 다양한 냉매가 사용된다. 이러한 냉매의 특징에 대한 설명으로 틀린 것은?

① 냉매는 냉동기의 성능에 영향을 미친다.
② 냉매는 무독성, 안정성, 저가격 등의 조건을 갖추어야 한다.
③ 우수한 냉매로 알려져 널리 사용되던 염화불화탄화수소(CFC)냉매는 오존층을 파괴한다는 사실이 밝혀진 이후 사용이 제한되고 있다.
④ 현재 CFC냉매 대신에 R−12(CCl_2F_2)가 냉매로 사용되고 있다.

38 다음 중 카르노사이클을 옳게 설명한 것은?

① 이상적인 2개의 등온과정과 이상적인 2개의 정압과정으로 이루어진다.
② 이상적인 2개의 정압과정과 이상적인 2개의 단열과정으로 이루어진다.
③ 이상적인 2개의 정압과정과 이상적인 2개의 정적과정으로 이루어진다.
④ 이상적인 2개의 등온과정과 이상적인 2개의 단열과정으로 이루어진다.

39 냉동기의 증발압력이 낮아졌을 때 나타나는 현상으로 옳은 것은?

① 냉동능력이 증가한다.
② 압축기의 체적효율이 증가한다.
③ 압축기의 토출가스온도가 상승한다.
④ 냉매순환량이 증가한다.

40 이상기체를 가역단열팽창시키면 온도와 압력은 어떻게 되는가?

① 온도 상승, 압력강하
② 온도강하, 압력 상승
③ 온도와 압력 모두 상승
④ 온도와 압력 모두 강하

3 시운전 및 안전관리

41 피드백(되먹임)제어에 관한 설명으로 틀린 것은?

① 정확성이 증가한다.
② 대역폭이 증가한다.
③ 입력과 출력의 비를 나타내는 전체 이득이 증가한다.
④ 개루프제어에 비해 구조가 비교적 복잡하고 설치비가 많이 든다.

42 논리식 A=X(X+Y)를 간단히 하면?

① A=X ② A=Y
③ A=X+Y ④ A=XY

43 제어량이 온도, 압력, 유량 및 액면 등과 같은 일반 공업량으로서 플랜트나 생산공정 중의 상태량을 제어량으로 하는 제어는?

① 프로그램제어 ② 프로세스제어
③ 시퀀스제어 ④ 추종제어

44 다음 그림과 같이 신호흐름선도에서 $\frac{C}{R}$는?

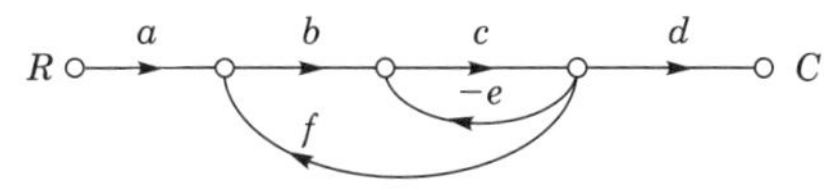

① $\frac{abcd}{1+ce+bcf}$ ② $\frac{abcd}{1-ce+bcf}$

③ $\frac{abcd}{1+ce-bcf}$ ④ $\frac{abcd}{1-ce-bcf}$

45 다음 그림과 등가인 게이트는 어느 것인가?

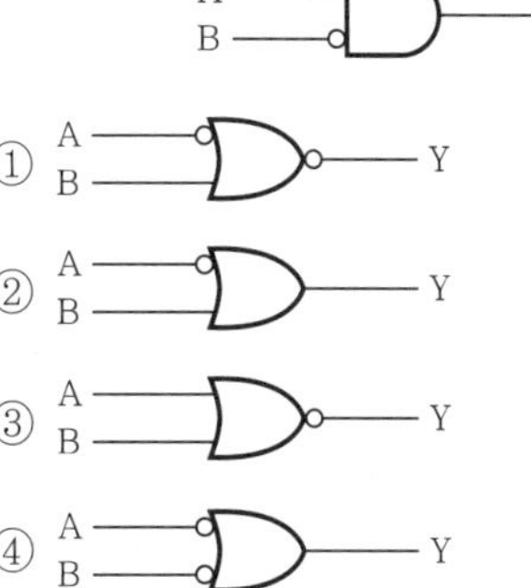

46 $R-L-C$ 병렬회로에서 회로가 병렬공진되었을 때 합성전류는 어떻게 되는가?

① 최소가 된다.
② 최대가 된다.
③ 전류가 흐르지 않는다.
④ 무한대 전류로 흐른다.

47 다음 그림에서 3개의 입력단자에 각각 1을 입력하면 출력단자 A와 B의 출력은?

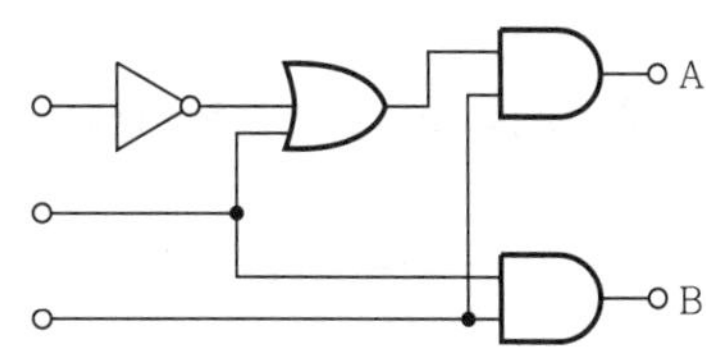

① A=0, B=0 ② A=1, B=0
③ A=1, B=1 ④ A=0, B=1

48 적분시간이 2분, 비례감도가 5mA/mV인 PI 조절계의 전달함수는?

① $\frac{1+2s}{5s}$

② $\frac{1+5s}{2s}$

③ $\frac{1+2s}{0.4s}$

④ $\frac{1+0.4s}{2s}$

49 미리 정해진 순서 또는 일정 논리에 의해 정해진 순서에 따라 제어의 각 단계를 순차적으로 진행시켜 가는 제어를 무엇이라 하는가?

① 비율차동제어
② 조건제어
③ 시퀀스제어
④ 루프제어

50 3상 유도전동기의 출력이 5kW, 전압 200V, 역률 80%, 효율 90%일 때 유입되는 선전류(A)는?

① 14 ② 17
③ 20 ④ 25

51 다음 논리식 중에서 그 결과가 다른 값을 나타낸 것은?

① $(A+B)(A+\overline{B})$
② $A(A+B)$
③ $A+\overline{A}B$
④ $AB+A\overline{B}$

52 절연저항을 측정하기 위해 사용되는 계측기는?

① 메거
② 휘트스톤브리지
③ 캘빈브리지
④ 저항계

53 사이클로 컨버터의 작용은?

① 교류-교류변환
② 직류-직류변환
③ 직류-교류변환
④ 교류-직류변환

54 온도보상용으로 사용되는 소자는?

① 서미스터
② 바리스터
③ 제너다이오드
④ 버랙터다이오드

55 도선에 발생하는 열량의 크기로 가장 알맞은 것은?

① 전류의 세기에 반비례
② 전류의 세기에 비례
③ 전류의 세기의 제곱에 반비례
④ 전류의 세기의 제곱에 비례

56 산업안전보건법과 관련 일반적인 안전사고 예방의 4원칙에서 다음 내용과 가장 가까운 것은?

안전사고에 대한 예방책으로는 기술적(Engineering), 교육적(Education), 관리적(Enforcement)의 3E를 모두 활용함으로써 효과를 얻을 수 있다.

① 예방 가능의 원칙
② 손실 우연의 법칙
③ 원인 계기의 원칙
④ 대책 선정의 원칙

57 산업안전보건법과 관련 일반적인 안전사고예방의 4원칙에 대한 설명에서 거리가 먼 것은?

① 예방 가능의 원칙 : 안전관리에 대하여 체계적이고 과학적인 예방대책을 수립하면 인적재해의 발생을 미연에 방지할 수 있다.
② 손실 우연의 법칙 : 인적재해에 대한 Heinrich의 법칙이며, 이 법칙은 사고와 상해 정도 사이에 항상 우연적인 확률이 존재한다는 이론이다.
③ 원인 계기의 원칙 : 사고 발생과 원인의 관계는 반드시 필연적인 인과관계가 있다. 사고 발생의 직접원인은 기술적, 교육적, 관리적 원인으로 구분한다.
④ 대책 선정의 원칙 : 안전사고에 대한 예방책으로는 기술적(Engineering), 교육적(Education), 관리적(Enforcement)의 3E를 모두 활용함으로써 효과를 얻을 수 있다.

58 근로자 안전관리교육에 대한 설명으로 가장 거리가 먼 것은?

① 산업안전보건법에서는 근로자의 산업재해예방을 위해 법적으로 안전교육을 정하고 있으며 교육대상, 시간, 항목을 규정하고 있다.
② 근로자 안전보건교육은 근로자 정기교육, 채용 시 교육, 작업변경 시 교육, 특별교육 등이다.
③ 사업주는 소속 근로자에게 사업주의 주관적인 판단에 따라 정기적으로 안전보건교육을 하여야 한다.
④ 사업주는 근로자를 채용할 때와 작업내용을 변경할 때에는 그 근로자에게 고용노동부령으로 정하는 바에 따라 해당 작업에 필요한 안전보건교육을 하여야 한다.

59 냉동제조시설의 정밀안전기준에서 시설기준에 대한 설명으로 가장 거리가 먼 것은?

① 압축기, 유분리기, 응축기 및 수액기와 이들 사이의 배관은 화기를 취급하는 곳과 인접하여 설치하지 않을 것
② 냉매설비에는 진동, 충격 및 부식 등으로 냉매가스가 누출되지 않도록 필요한 조치를 할 것
③ 세로방향으로 설치한 동체의 길이가 5m 이상인 원통형 응축기와 내용적이 5,000L 이상인 수액기에는 지진 발생 시 그 응축기 및 수액기를 보호하기 위하여 내진성능 확보를 위한 조치를 할 것
④ 가연성 가스설비 중 전기설비는 그 설치 장소 및 그 가스의 종류에 따라 적절한 방화성능을 가지는 구조일 것

60 산업안전보건법과 관련 일반적인 안전사고 예방의 4원칙에서 다음 내용과 가장 가까운 것은?

안전관리에 대하여 체계적이고 과학적인 예방대책을 수립하면 인적재해의 발생을 미연에 방지할 수 있다.

① 예방 가능의 원칙
② 손실 우연의 법칙
③ 원인 계기의 원칙
④ 대책 선정의 원칙

4 유지보수공사관리

61 증기트랩장치에서 필요하지 않은 것은?

① 스트레이너　② 게이트밸브
③ 바이패스관　④ 안전밸브

62 열을 잘 반사하고 확산하여 방열기 표면 등의 도장용으로 적합한 도료는?

① 광명단　② 산화철
③ 합성수지　④ 알루미늄

63 펌프 주위의 배관 시 주의해야 할 사항으로 틀린 것은?

① 흡입관의 수평배관은 펌프를 향해 위로 올라가도록 설계한다.
② 토출부에 설치한 체크밸브는 서징현상 방지를 위해 펌프에서 먼 곳에 설치한다.
③ 흡입구는 수위면에서부터 관경의 2배 이상 물속으로 들어가게 한다.
④ 흡입관의 길이는 되도록 짧게 하는 것이 좋다.

64 하트포드(hart ford)배관법에 관한 설명으로 가장 거리가 먼 것은?

① 보일러 내의 안전저수면보다 높은 위치에 환수관을 접속한다.
② 저압증기난방에서 보일러 주변의 배관에 사용한다.
③ 하트포드배관법은 보일러 내의 수면이 안전수위 이하로 유지하기 위해 사용된다.
④ 하트포드배관 접속 시 환수주관에 침적된 찌꺼기의 보일러 유입을 방지할 수 있다.

65 다음 저압가스배관의 직경을 구하는 식에서 S가 의미하는 것은? (단, L은 관의 길이를 의미한다.)

$$D^5 = \frac{Q^2 SL}{K^2 H}$$

① 관의 내경 ② 공급압력차
③ 가스유량 ④ 가스비중

66 암모니아냉동장치의 배관재료로 사용할 수 없는 것은?

① 이음매 없는 동관
② 배관용 탄소강관
③ 저온배관용 강관
④ 배관용 스테인리스강관

67 수격현상(water hammer) 방지법이 아닌 것은?

① 관내의 유속을 낮게 한다.
② 펌프의 플라이휠을 설치하여 펌프의 속도가 급격히 변하는 것을 막는다.
③ 밸브는 펌프 송출구에서 멀리 설치하고 적당히 제어한다.
④ 조압수조(wurge tank)를 관선에 설치한다.

68 강관의 용접접합법으로 적합하지 않은 것은?

① 맞대기용접 ② 슬리브용접
③ 플랜지용접 ④ 플라스턴용접

69 냉매배관 시 주의사항으로 틀린 것은?

① 굽힘부의 굽힘반경을 작게 한다.
② 배관 속에 기름이 고이지 않도록 한다.
③ 배관에 큰 응력 발생의 염려가 있는 곳에는 루프형 배관을 해 준다.
④ 다른 배관과 달라서 벽 관통 시에는 슬리브를 사용하여 보온 피복한다.

70 동관작업용 사이징툴(sizing tool)공구에 관한 설명으로 옳은 것은?

① 동관의 확관용 공구
② 동관의 끝부분을 원형으로 정형하는 공구
③ 동관의 끝을 나팔형으로 만드는 공구
④ 동관 절단 후 생긴 거스러미를 제거하는 공구

71 배수의 성질에 의한 구분에서 수세식 변기의 대소변기에서 나오는 배수는?

① 오수
② 잡배수
③ 특수 배수
④ 우수배수

72 배관에 사용되는 강관은 1℃ 변화함에 따라 1m당 몇 mm만큼 팽창하는가? (단, 관의 열팽창계수는 0.00012m/m · ℃이다.)

① 0.012
② 0.12
③ 0.022
④ 0.22

73 도시가스 입상배관의 관지름이 20mm일 때 움직이지 않도록 몇 m마다 고정장치를 부착해야 하는가?

① 1m ② 2m
③ 3m ④ 4m

74 덕트 설계 및 설치 시 검토 확인사항으로 가장 부적합한 것은?

① 덕트의 형상은 굴곡, 변형, 확대, 축소, 분기, 합류 시 덕트 내 공기저항이 최소가 되도록 설계되었는가 확인할 것
② 덕트는 층고를 낮추기 위해 종횡비를 8 : 1 이상으로 하여 덕트높이를 최소화할 것
③ 덕트길이 최단거리로 연결, 균등한 정압손실이 되도록 설계, 덕트의 열손실·열획득경로를 피할 것
④ 소음기, 소음엘보, 소음챔버, 라이닝덕트, 흡음 flexible 등 적용으로 덕트의 소음 및 방진대책을 수립할 것

75 다음 중 보일러의 유지관리항목으로 가장 거리가 먼 것은?

① 사용압력(사용온도)의 점검
② 버너노즐의 carbon 부착상태 점검
③ 증발압력, 응축압력의 정상 여부 점검
④ 수면측정장치의 기능 점검

76 도시가스배관 설치기준으로 틀린 것은?

① 배관은 지반의 동결에 의해 손상을 받지 않는 깊이로 한다.
② 배관접합은 용접을 원칙으로 한다.
③ 가스계량기의 설치높이는 바닥으로부터 1.6m 이상 2m 이내의 높이에 수직, 수평으로 설치한다.
④ 폭 8m 이상의 도로에 관을 매설할 경우에는 매설깊이를 지면으로부터 0.6m 이상으로 한다.

77 다음 상당관표와 동시사용률표를 이용하여 조건과 같은 급수배관 본관의 관경을 구하면?

[조건]
급수배관 본관에 대변기(25A) 6대와 소변기(20A) 7대, 세면기(15A) 4대가 연결되는 경우 본관의 관경 선정

[상당관표]

관경	15A	20A	25A	32A	40A
15A	1				
20A	2	1			
25A	3.7	1.8	1		
32A	7.2	3.6	2	1	
40A	11	5.3	2.9	1.5	1
50A	20	10	5.5	2.8	1.9
65A	31	15	8.5	4.3	2.9

[동시사용률]

기구수	2	3	4	5	6	7	8	9	10	17
%	100	80	75	70	65	60	58	55	53	46

① 32A ② 40A
③ 50A ④ 65A

78 저압증기난방장치에서 적용되는 하트포드접속법(hartford connection)과 관련된 용어로 가장 거리가 먼 것은?

① 보일러 주변 배관
② 균형관
③ 보일러수의 역류 방지
④ 리프트피팅

79 다음 중 냉각탑의 점검항목으로 적합하지 않은 것은?

① 글랜드패킹 점검
② 살수장치의 기능 점검
③ 냉각탑 수조 내 오염 및 부식 점검
④ 충전재의 파손 및 노후화 점검

80 공동주택 등 사무소 건축물 등에 도시가스를 공급하는 경우 정압기에서 가스사용자가 점유하고 있는 토지의 경계까지 이르는 배관을 무엇이라고 하는가?

① 내관 ② 공급관
③ 본관 ④ 중압관

부록 II

정답 및 해설

모의 제1회 정답 및 해설

01	02	03	04	05	06	07	08	09	10	11	12	13	14	15	16	17	18	19	20
①	④	②	②	②	②	③	①	④	④	④	③	③	④	④	④	②	①	④	②
21	22	23	24	25	26	27	28	29	30	31	32	33	34	35	36	37	38	39	40
③	④	②	③	③	④	③	②	①	①	④	②	③	④	②	②	①	④	②	④
41	42	43	44	45	46	47	48	49	50	51	52	53	54	55	56	57	58	59	60
①	②	④	③	④	④	①	①	②	④	②	③	③	①	①	④	④	④	②	①
61	62	63	64	65	66	67	68	69	70	71	72	73	74	75	76	77	78	79	80
④	②	①	③	③	③	④	②	①	①	③	③	②	①	②	③	②	④	④	②

01 ㉠ $t_m = \left(\frac{m_1}{m}\right)t_1 + \left(\frac{m_2}{m}\right)t_2$

$= \frac{1}{3}\times 30 + \frac{2}{3}\times 20 = 23.3℃$

㉡ $x_m = \left(\frac{m_1}{m}\right)x_1 + \left(\frac{m_2}{m}\right)x_2$

$= \frac{1}{3}\times 0.02 + \frac{2}{3}\times 0.01 = 0.013\text{kg/kg}$

02 ① 증기난방 : 650kcal/m^2·h≒0.756kW/m^2
② 온수난방 : 450kcal/m^2·h≒0.523kW/m^2
③, ④ 복사난방과 온풍난방은 표준 방열량이 없다.

03 송풍량(Q)은 현열부하만으로 구한다.

$q_s = \rho Q C_p(t_r - t_d) = 1.2Q\times 1\times(t_r - t_d)$

$\therefore\ Q = \frac{q_s}{1.2(t_r - t_d)}$ [L/s]

04 $Q = \frac{q_s}{\rho C_p \Delta t(1-BF)}$

$= \frac{20.42\times 10^3}{1.2\times 1.006\times(26-13.5)\times(1-0.1)}$

$= 1{,}503\text{L/s}$

05 $\frac{\gamma V^2}{2g} = P_t - P_s$

$\therefore\ V = \sqrt{\frac{2g(P_t - P_s)}{\gamma}} = \sqrt{\frac{2\times 9.8\times(23.8-10)}{1.2}}$

$≒ 15.01\text{m/s}$

06 덕트의 분기점에서 풍량을 조절하기 위하여 설치하는 댐퍼는 스플릿댐퍼이다.

07 냉수코일 내 냉수속도는 1m/s가 기준설계치이며, 1.5m/s 이상이면 관 내면에 침식의 우려가 있으므로 더블서킷으로 해야 한다.

08 ② 제2종 환기방식 : 강제급기 + 자연배기, 공장, 클린룸
③ 제3종 환기방식 : 자연급기 + 강제배기, 화장실, 쓰레기처리장
④ 제4종 환기방식 : 자연급기 + 자연배기, 급배기동력은 필요 없으나, 환기성능은 양호하지 않음

참고 제1종 환기 : 지하실, 대규모 조리장

09 상당방열면적(EDR) $= \frac{\text{난방부하}}{\text{온수 표준 방열량}}$

$= \frac{7.56}{0.523} ≒ 14.46\text{m}^2$

참고 표준 방열량
- 온수 : 0.523kW/m^2
- 증기 : 0.756KW/m^2

10 온풍난방은 취출풍량이 적으므로 실내 상하온도차가 크다.

11 유효온도는 포화상태(상대습도 100%), 무풍(기류 정지상태), 온도, 습도, 기류를 종합한 온도 (Yaglou)선도로 측정 가능하다.

12 $Q = \lambda A \dfrac{\Delta t}{L} = 46.5 \times 60 \times \dfrac{32}{0.08} = 11.16 \times 10^5 \text{W}$

13 공조기부하=실내취득열량(q_R)+외기부하(q_O)
+송풍기 및 덕트취득열량(q_F)

14 전열교환기방식은 유지비용이 저렴(에너지 절약기법 이용)하며, 운전시간이 긴 시설에 적합하고, 환기 시 실내온도 불변, 양방향 환기방식으로 환기효과 우수, 실내습도를 유지 가능하다.

15 $p-h$(압력-비엔탈피)선도는 냉매몰리에르선도이다.

16 온풍난방은 간접난방이고, 증기·온수·복사난방 등은 직접난방이다.

17 ㉠ 건물 총열부하=관류열부하+환기부하
=0.58×500+168=458W/℃
㉡ 취득열량(Q)=건물 총열부하×냉방도일
=458×162.4×24×3,600
≒6.43GJ/기간

18 ㉠ 축동력(L_s)$= \dfrac{P_t Q}{\eta_t} = \dfrac{20 \times \dfrac{2{,}000}{60}}{0.8}$
$= 833\text{W} = 0.83\text{kW}$

㉡ 전동기출력(w_m)$= \dfrac{L_s}{\eta_m}(1+\alpha) = \dfrac{0.83}{0.95} \times (1+0.2)$
$\fallingdotseq 1.05\text{kW}$

19 TAB는 설비의 온습도 및 공기분포상태를 균형 있게 유지하여 설비기기의 과다한 운전을 방지한다.

20 보일러 시운전보고서 내용
㉠ 제어기 세팅값과 입출수조건 기록
㉡ 연도가스의 분석
㉢ 성능과 효율측정값을 기록, 설계값과 비교

21 $P_a = P_o + P_g = 0.1 + 5.23 = 5.33\text{MPa}$

22 $COP_{HP} = COP_R + 1$
$\therefore COP_{HP} - COP_R = 1$

23 $Q = (U_2 - U_1) + {}_1W_2$ [kJ]
$\therefore U_2 - U_1 = Q - {}_1W_2 = 5 - 0.18 = 4.82\text{kJ}$

24 강도성 상태량은 물질의 양과 무관한 상태량으로 압력, 온도, 비체적 등이고, 엔탈피는 물질의 양에 비례하는 종량성(용량성) 상태량이다.

25 냉매는 점도가 적고 열전도율이 클 것

26 ${}_1W_2 = \int_1^2 p\,dV = p(V_2 - V_1)$
$= 100 \times (0.5 - 0.1) = 40\text{kJ}$

27 ① 암모니아는 프레온냉매나 공기보다도 가볍다.
② 암모니아의 증발잠열은 프레온계 냉매보다 크다.
④ 프레온계 냉매는 장치 내에 수분이 혼입되면 운전상 지장이 크다.

(참고) • 암모니아의 냉동효과가 가장 크다.
• 암모니아는 수용성이나, 프레온냉매는 비수용성이다.

28 흡수식 냉동기 냉매의 순환경로
증발기 → 흡수기 → 열교환기 → 재생기(발생기) → 응축기 → 증발기

29 ㉠ $\eta_{th} = 1 - \dfrac{T_2}{T_1} = 1 - \dfrac{25+273}{500+273} = 0.6144$

㉡ $\eta_{th} = \dfrac{W}{Q_1}$
$\therefore W = \eta_{th} Q_1 = 0.6144 \times 500 = 307.2\text{kJ}$

30 냉동장치의 냉매량 부족 시 흡입압력이 낮아진다.

31 증발온도 일정 시 응축온도를 상승시키면 압축비 증가로 성적계수 감소, 토출온도 상승, 압축기 소요동력 증대, 플래시가스 발생량 증대, 체적효율 감소가 나타난다.

32 $w_p = -\int_1^2 v\,dP = \int_2^1 v\,dP = v(P_1 - P_2)$
$= 0.001 \times (5 - 0.01) \times 10^3 = 4.99\text{kJ/kg}$

33 빙축열시스템의 분류
㉠ 정적제빙형(static type)
• 고체상태 얼음을 비유동상태로 사용
• 관외착빙형, 완전동결형, 직접접촉식, 관내착빙형, 캡슐형, 아이스렌즈, 아이스볼
㉡ 동적제빙형(dynamic type)
• 유동성 결정상 얼음을 사용

• 빙박리형, 액체식 빙 생성형, 과냉각아이스형, 리퀴드아이스형, 간접식, 직팽형 직접열교환방식

34 $_1W_2=a\int_1^2 V^{-2}dV=a\left[\frac{V^{-2+1}}{-2+1}\right]_1^2$

$=a\left[\frac{V^{-2+1}}{2-1}\right]_2^1=a(V_1^{-1}-V_2^{-1})$

$=6\times(0.3^{-1}-0.1^{-1})=-40\text{kJ}$

35 ㉠ 강도성 상태량(성질)은 물질의 양과는 무관한 상태량으로 압력, 온도, 밀도(비질량), 비체적 등이 있다.
㉡ 체적(V)은 물질의 양에 비례하는 종량성(용량성) 상태량이다.

36 $\eta=\frac{w_t}{q_1}=\frac{406-175}{627}=0.37(=37\%)$

37 $_1W_2=P_1V_1\ln\frac{P_1}{P_2}=150\times0.5\times\ln\frac{150}{600}=104\text{kJ}$

38 ① $n=0$이면 $P=C$
② $n=1$이면 $T=C$
③ $n=\infty$이면 $v=C$

39 클라우지우스적분
㉠ 가역사이클 : $\oint\frac{dQ}{T}=0$
㉡ 비가역사이클 : $\oint\frac{dQ}{T}<0$

40 $\Delta h=(U_2-U_1)+P_2V_2-P_1V_1$
$=0+1{,}000\times0.2-50\times2=100\text{kJ}$

41 산업안전보건기준에 관한 규칙 제32조(보호구의 지급 등)
① 사업주는 다음에 해당하는 작업을 하는 근로자에 대해서는 다음의 구분에 따라 그 작업조건에 맞는 보호구를 작업하는 근로자 수 이상으로 지급하고 착용하도록 하여야 한다.
1. 물체가 떨어지거나 날아올 위험 또는 근로자가 추락할 위험이 있는 작업 : 안전모
2. 높이 또는 깊이 2m 이상의 추락할 위험이 있는 장소에서 하는 작업 : 안전대
3. 물체의 낙하·충격, 물체에의 끼임, 감전 또는 정전기의 대전에 의한 위험이 있는 작업 : 안전화
4. 물체가 흩날릴 위험이 있는 작업 : 보안경
5. 용접 시 불꽃이나 물체가 흩날릴 위험이 있는 작업 : 보안면
6. 감전의 위험이 있는 작업 : 절연용 보호구
7. 고열에 의한 화상 등의 위험이 있는 작업 : 방열복
8. 선창 등에서 분진이 심하게 발생하는 하역작업 : 방진마스크
9. −18℃ 이하인 급냉동어창에서 하는 하역작업 : 방한모, 방한복, 방한화, 방한장갑
10. 물건을 운반하거나 수거·배달하기 위하여 이륜자동차를 운행하는 작업 : 승차용 안전모

42 냉동제조시설의 안전관리자 직무
㉠ 사업소 또는 사용신고시설의 시설·용기 등 또는 작업과정의 안전유지
㉡ 용기 등의 제조공정관리
㉢ 공급자의 의무이행 확인
㉣ 안전관리규정의 시행 및 그 기록의 작성·보존
㉤ 사업소 또는 사용신고시설의 종사자(사업소 또는 사용신고시설을 개수 또는 보수하는 업체의 직원을 포함)에 대한 안전관리를 위하여 필요한 지휘·감독
㉥ 그 밖의 위해방지조치

43 가연성 가스 냉매설비에 설치하는 방출관의 방출구는 지상으로부터 5m 이상의 높이에 설치한다.

44 압력방출장치는 매년마다 정기적으로 작동시험을 할 것

45 냉매설비에 부착하는 안전밸브는 점검 및 보수가 용이한 구조로 분리할 수 있도록 부착한다.

46 프로그램제어는 목표값이 미리 정해진 시간적 변화를 하는 경우 제어량을 변화시키는 제어이다.

47 ㉠ 직권전동기 : 권상기, 기중기, 전차용 전동기
㉡ 분권전동기 : 송풍기, 공작기계, 펌프, 인쇄기, 컨베이어, 권상기, 압연기, 공작기계, 초지기
㉢ 복권전동기 : 권상기, 절단기, 컨베이어, 분쇄기

48 $L=\frac{Vt}{\Delta I}=\frac{20\times0.01}{50-10}=5\times10^{-3}\text{H}=5\text{mH}$

49 논리식$=(\text{XZ}+\text{Y})\text{Z}=\text{XZ}+\text{YZ}=(\text{X}+\text{Y})\text{Z}$

50 $P=VI=\frac{V^2}{R}[\text{W}]$

$\therefore\ R=\frac{V^2}{P}=\frac{100^2}{40}=250\,\Omega$

51 ㉠ 비례제어(P동작) : 잔류편차(offset) 생김
㉡ 적분제어(I동작) : 적분값(면적)에 비례, 잔류편차 소멸, 진동 발생
㉢ 미분제어(D동작) : 오차예측제어
㉣ 비례미분제어(PD동작) : 응답속도 향상, 과도특성 개선, 진상보상회로에 해당
㉤ 비례적분제어(PI동작) : 잔류편차와 사이클링 제거, 정상특성 개선
㉥ 비례적분미분제어(PID동작) : 속응도 향상, 잔류편차 제거, 정상/과도특성 개선
㉦ 온-오프제어(=2위치제어) : 불연속제어(간헐제어)

52 $C(s)=R(s)\,G(s)-C(s)\,G_1(s)\,G_2(s)$
$C(s)[1+G_1(s)\,G_2(s)]=R(s)\,G_1(s)$
$\therefore\ G(s)=\frac{C(s)}{R(s)}=\frac{G_1(s)}{1+G_1(s)\,G_2(s)}$

참고 전달함수$(G(s))=\frac{C}{R}=\frac{\text{전향경로의 합}}{1-\text{피드백의 합}}$

53 SCR(실리콘정류기소자)은 단방향 사이리스터(thyristor)이다(역방향은 저지상태가 되는 소자).

54 ① $X(\overline{X}+Y)=X\overline{X}+XY=0+XY=XY$
② $X(X+Y)=XX+XY=X+XY=X(1+Y)$
$=X(1+0)=X$
③ $XY+X\overline{Y}=X(Y+\overline{Y})=X(1+0)=X$
④ $(X+Y)(X+\overline{Y})=XX+X\overline{Y}+XY+Y\overline{Y}$
$=X+X(\overline{Y}+Y)+0$
$=X+X(0+1)$
$=X+X=X$

55 방사성 위험물을 원격으로 조작하는 인공수에 사용되는 제어계는 서보기구이다.

56 자극의 세기$=\frac{\text{자극에 작용하는 힘}}{\text{자계의 세기}}=\frac{8\times10^{-3}}{100}$
$=8\times10^{-5}\text{Wb}$

57 ① 비교부 : 목표값과 제어량의 신호를 비교하여 제어동작에 필요한 신호를 만들어내는 부분
② 조절부 : 제어계가 작용을 하는데 필요한 신호를 만들어 조작부에 보내는 부분
③ 조작부 : 조작신호를 받아 조작량으로 변환

58 정상편차를 개선하고 응답속도를 빠르게(속응성 개선) 하며 오버슛을 감소시키는 동작은 비례적분미분(PID)동작이다.

59 $V=\frac{1}{\sqrt{2}}V_m=0.707V_m$

60 옴의 법칙(Ohm's law) : 도체를 흐르는 전류는 전위차(전압)에 비례하고, 저항에 반비례한다.
$I=\frac{V}{R}[\text{A}],\ V=IR[\text{V}],\ R=\frac{V}{I}[\Omega]$

61 배관용 보온재는 흡수성이 적을수록 좋다.

62 가스홀더의 종류 : 유수식, 무수식, 고압식

63 냉각레그는 증기주관보다 한 치수 작게 시공한다.

64 급수관에서 상향급수는 선단 상향구배로 하고, 하향급수에서는 선단 하향구배로 한다.

65 압력배관용 탄소강관(SPPS), 고압배관용 탄소강관(SPPF), 배관용 합금강관(SPA) 등은 두께를 나타내는 관이다.

참고 스케줄번호(SCH. No)$=\frac{P}{S}\times10$
여기서, P : 사용압력(N/cm^2)
S : 허용응력(MPa)

66 고가탱크급수방식
㉠ 일정한 높이까지 일정한 수압으로 공급할 수 있다.
㉡ 취급이 간단하며 대규모 급수설비에 적합하다.
㉢ 단수 시에도 일정량의 급수를 계속할 수 있다.
㉣ 저수시간이 길어지면 수질이 나빠지기 쉽다.

67 통기수직관은 배수수평주관보다 높은 위치에 연결해야 한다. 즉 배수수평지관보다 낮은 위치에 연결해야 한다.

68 관경 100A(100mm)인 강관을 수평주관으로 시공할 때 지지간격은 4m 이내로 한다.

69 공동현상(캐비테이션)은 흡입양정이 높을 때 발생된다.

70 방열기나 팬코일유닛에 가장 적합한 관이음은 스위블이음이다.

71 압축기 정지 중에 윤활유의 액화된 냉매의 역류를 방지하기 위하여 토출관의 입상(수직관)이 10m 이상일 경우 10m마다 중간트랩을 설치한다.

72 도시가스배관을 시가지의 도로 노면 밑에 매설하는 경우에는 노면으로부터 배관의 외면까지 1.5m 이상 거리를 유지한다. 다만, 방호구조물 안에 설치하는 경우에는 노면으로부터 그 방호구조물의 외면까지 1.2m 이상 거리를 유지한다.

73 배관의 보온재는 열전도율이 적을 것

74 하트포드는 환수관의 일부가 파손된 경우에 보일러수의 유출로 안전수위 이하가 되어 보일러가 빈 상태로 되는 것을 방지하기 위한 장치이다.

75 진공환수식 배관의 증기주관은 1/200~1/300 (1/250 정도) 이상 내림구배(순구배)로 한다.

76 냉동배관재료는 내식성이 커야 한다.

77 벤더로 관 굽힘 시 주름 발생원인
㉠ 굽힘형의 홈이 관지름보다 너무 크거나 작을 경우
㉡ 관의 바깥지름에 비해 두께가 얇을 경우
㉢ 관이 미끄러질 경우

78 온수난방에서 개방식 팽창탱크의 팽창관에는 밸브를 설치하지 않는다.

79 폴리에틸렌관(polyethylene pipe)
㉠ 가볍고 유연성이 좋으나 불에 약하고 인장강도가 작으며 약 90℃에서 연화된다.
㉡ 내충격성, 내한성, 내식성, 내약품성, 전기절연성이 우수하다.
㉢ 온돌난방, 급수위생, 농업 원예, 한랭지배관 등에 사용한다.
㉣ −60℃에서도 취화되지 않는다.
㉤ 내열성과 보온성이 염화비닐관보다 우수하다.

80 ㉠ 접속하고 있을 때 : ┼(접속점 ●)
㉡ 분기하고 있을 때 : ┬(접속점 ●)
㉢ 접속하지 않을 때 : ┼

모의 제2회 정답 및 해설

01	02	03	04	05	06	07	08	09	10	11	12	13	14	15	16	17	18	19	20
③	①	②	④	①	③	②	②	①	②	①	③	③	②	③	①	②	①	④	④
21	22	23	24	25	26	27	28	29	30	31	32	33	34	35	36	37	38	39	40
②	①	④	①	②	③	③	④	③	③	④	③	③	③	③	④	②	①	②	③
41	42	43	44	45	46	47	48	49	50	51	52	53	54	55	56	57	58	59	60
①	④	②	①	④	②	①	④	③	①	②	③	④	③	②	①	②	③	②	③
61	62	63	64	65	66	67	68	69	70	71	72	73	74	75	76	77	78	79	80
④	①	③	①	①	②	②	④	②	①	③	④	④	④	④	②	③	①	④	③

01 유인유닛방식은 1차 공기량을 다른 방식과 비교할 때 1/3 정도이며, 나머지 1/3의 실내환기는 유인되므로 덕트스페이스가 적다.

02 증기트랩 중 기계식 트랩의 종류에는 버킷(bucket)트랩, 플로트(float)트랩이 있다.

03 ㉠ 지역난방법 : 특정한 곳에 열원을 두고 열수송 및 분배망을 이용하여 한정된 지역에 난방하는 방법
㉡ 간접난방법 : 지하실 등의 특정 장소에서 신선한 외기를 도입하여 가열, 가습 또는 감습한 공기를 덕트를 통해서 각 방에 보내 난방하는 방법

04 덕트의 소음 방지대책
㉠ 덕트 도중에 흡음재 내장
㉡ 댐퍼 입·출구에 흡음재 부착
㉢ 송풍기 출구 부근에 플래넘챔버(plenum chamber) 장착
㉣ 덕트 도중에 흡음장치(플레이트, 셀형) 설치

(참고) 캔버스이음(canvas joint) : 송풍기에서 발생한 진동이 덕트에 전달되지 않도록 하는 이음

05 $t_m = \dfrac{m_1}{m}t_1 + \dfrac{m_2}{m}t_2 = \dfrac{1}{4}\times 32 + \dfrac{3}{4}\times 24 = 26℃$

06 일리미네이터는 결로수가 비산되는 것을 방지하기 위한 장치로 제적판이라고도 하며 지그재그로 굽힌 강판이 많이 사용된다.

07 열수분비$(U) = \dfrac{dh}{dx} = \dfrac{\text{비엔탈피(전열량)변화량}}{\text{절대습도(수증기)변화량}}$

08 조닝의 목적
㉠ 효과적인 실내환경 유지
㉡ 운전가동면에서 에너지 절약
㉢ 부하특성에 대한 대처 용이
㉣ 설비비 증가

09 aspect ratio(종횡비)는 최대 10 : 1 이하로 하고 4 : 1 이하가 바람직하다. 일반적으로 3 : 2이고 한 변의 최소 길이는 15cm로 억제한다.

10 전압기준 국부저항계수(ζ_T)

$= \text{정압기준 국부저항계수} + 1 - \left(\dfrac{\text{하류풍속}}{\text{상류풍속}}\right)^2$

$= \zeta_S + 1 - \left(\dfrac{v_2}{v_1}\right)^2$

11 냉·온풍덕트 내의 정압변동에 의해 송풍량이 예민하게 변화하지 않을 것

12 예열시간이 길지만 난방부하변동에 따른 온도조절이 용이한 것은 온수난방이다.

13 $Q = \dfrac{M}{C_i - C_o} = \dfrac{18\times 10^{-3}}{1\times 10^{-3} - 3\times 10^{-4}} = 25.71\text{m}^3/\text{h}$

14 습증기엔탈피=포화액엔탈피+건조도×증발잠열
∴ 과열증기열량(Q)
=증기량×[과열증기엔탈피−(포화액엔탈피+건조도×증발잠열)]
=100×[3,052−(759+0.89×2,018)]
=49,698kJ

15 유리를 통과하는 복사열은 현열부하이다.

16 $q_s = \rho Q C_p (t_2 - t_1)$[kJ/h]

$\therefore Q = \dfrac{q_s}{\rho C_p (t_2 - t_1)}$

$= \dfrac{6.5 \times 3,600}{1.2 \times 1.005 \times (30-20)} = 1,940.29\text{m}^3/\text{h}$

17 실용적(V)=20×7×4.3=602m³이므로 주어진 표에서 환기횟수(n)는 0.6회/h를 선택해 전체 필요환기량(Q)을 구한다.

$\therefore Q = nV = 0.6 \times 602 = 361.2\text{m}^3/\text{h}$

18 $Q_H = G\Delta h = \gamma Q(h_4 - h_3)$

$= 1.2 \times 25,000 \times (22.6 - 10.8)$

$= 354,000\text{kJ/h} = 98.33\text{kW}$

19 TAB은 최종적으로 설비계통을 평가하는 분야로 보통 설계가 80% 이상 완료 후 시작하며, 모든 장비 중 자동제어장치의 성능에 대한 확인도 적용범위에 해당한다.

20 임펠러에 많은 먼지가 부착된 경우가 확인되면 50℃ 온수로 세척한다.

21 $\eta_{tho} = \left[1 - \left(\dfrac{1}{\varepsilon}\right)^{k-1}\right] \times 100 = \left[1 - \left(\dfrac{1}{7}\right)^{1.4-1}\right] \times 100$

$= 54\%$

22 $\varepsilon_R = \dfrac{Q_e}{W_c} = \dfrac{46.4}{10} = 4.64$

23 $\varepsilon_H = 1 + \varepsilon_R = 1 + \dfrac{h_2 - h_1}{h_3 - h_2}$

열펌프 성적계수(ε_H)는 냉동기 성적계수(ε_R)보다 항상 1만큼 더 크다.

24 $\dot{m} = \rho A V = \left(\dfrac{P}{RT}\right) A V$

$= \dfrac{100}{0.287 \times (20+273)} \times \dfrac{\pi \times 0.1^2}{4} \times 0.2$

$= 0.0019\text{kg/s}$

25 $P_m = \sqrt{P_e P_c} = \sqrt{(100+101.3) \times (1,100+101.3)}$

$\fallingdotseq 491.75\text{kPa}$

26 착상이 되면 냉동능력당 전력소비량이 증가한다.

27 $\Delta S_{total} = \Delta S_1 + \Delta S_2 = Q\left(\dfrac{-1}{T_1} + \dfrac{1}{T_2}\right)$

$= Q\left(\dfrac{1}{T_2} - \dfrac{1}{T_1}\right) = Q\left(\dfrac{T_1 - T_2}{T_1 T_2}\right) > 0$

28 증기분사를 이용하는 냉동방법은 기계적 냉동방법이다.

29 $Q = \Delta U + W = (50-30) + 10 = 30\text{kJ}$

30 $\eta = \dfrac{3,600kW}{H_L m_f} \times 100 = \dfrac{3,600 \times 74}{43,470 \times 20} \times 100 = 31\%$

31 R-1234yf는 HFC냉매(R-134a)를 개선시킨 대체냉매로 제3세대 냉매(HFO계열)로 불리며, 오존파괴지수(ODP)는 0이고, 지구온난화지수(GWP)는 4 이하이다.

32 $Q_e = \dfrac{Vq_e}{v} = \dfrac{120 \times (1661.1 - 514.5)}{0.624} = 220,500\text{kJ/h}$

$(COP)_R = \varepsilon_R = \dfrac{q_e}{w_c} = \dfrac{1661.1 - 514.5}{1902.6 - 1661.1} \fallingdotseq 4.75$

$\therefore$ 소요동력 $= \dfrac{Q_e}{3,600\varepsilon_R} = \dfrac{220,500}{3,600 \times 4.75} \fallingdotseq 12.89\text{kW}$

33 용액순환비(f) $= \dfrac{\text{농용액농도}}{\text{농용액농도} - \text{희용액농도}}$

$= \dfrac{65}{65-50} = 4.3$

34 공기(불응축가스) 혼입 시 나타나는 현상

㉠ 응축기의 전열면적 감소로 전열불량
㉡ 응축기의 응축온도 상승
㉢ 토출가스온도 상승
㉣ 증발압력 상승
㉤ 압축비 증대
㉥ 체적효율 감소
㉦ 냉매순환량 감소
㉧ 소비동력 증가 및 냉동능력 감소
㉨ 고압측 압력 상승(응축압력)
㉩ 실린더 과열

35 ㉠ R-407C, R-410A : 비공비혼합냉매(400번대)
㉡ R-500, R-501, R-502 : 공비혼합냉매(500번대)

36 $(COP)_R = \dfrac{q_e}{w_c} = \dfrac{h_1 - h_4}{h_2 - h_1} = \dfrac{393-230}{440-393} = 3.47$

37 $P-h$선도에는 엔탈피, 절대온도, 건조도, 비체적, 엔트로피, 포화액, 압력, 임계점 등이 나타난다.

38 모세관의 압력 강하가 가장 큰 경우는 관의 직경이 가늘고 길수록 크다.

$$h_L = \frac{\Delta P}{\gamma} = f\frac{L}{d}\frac{V^2}{2g}\,[\mathrm{m}]$$

39

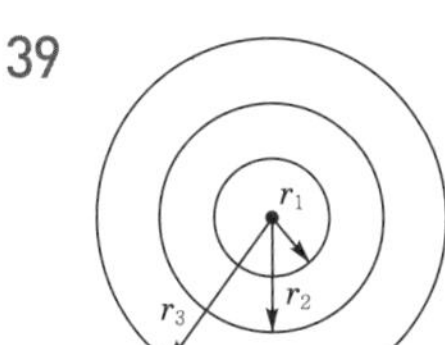

$$r_1 = \frac{d_1}{2} = \frac{20}{2} = 10\mathrm{mm} = 0.01\mathrm{m}$$

$$r_2 = r_1 + 1 = 10 + 1 = 11\mathrm{mm} = 0.011\mathrm{m}$$

$$r_3 = \frac{d_3}{2} = \frac{42}{2} = 21\mathrm{mm} = 0.021\mathrm{m}$$

∴ 단위길이당 열손실$\left(\frac{Q}{L}\right)$

$$= \frac{2\pi(t_r - t_a)}{\frac{1}{h_1 r_1} + \left(\frac{1}{k_1}\ln\frac{r_2}{r_1} + \frac{1}{k_2}\ln\frac{r_3}{r_2}\right) + \frac{1}{h_2 r_3}}$$

$$= \frac{2\pi \times (60-0)}{\frac{1}{2{,}000 \times 0.01} + \left(\frac{1}{50} \times \ln\frac{0.011}{0.01} + \frac{1}{0.02} \times \ln\frac{0.021}{0.011}\right) + \frac{1}{10 \times 0.021}}$$

$$= 10.15\mathrm{kW}$$

40 ① 압축비 상승
② 냉장실 내 온도 상승
④ 소요동력 증가

41 ㉠ 안전화
- 물체의 낙하·충격, 물체에의 끼임, 감전 또는 정전기의 대전에 의한 위험이 있는 작업 시 발을 보호하기 위해 사용
- 가죽제, 고무제, 정전기보호제, 발등안전화, 절연화, 절연장화

㉡ 귀마개
- 소음이 심한 장소에서 작업 시 청력을 보호하기 위해 사용
- 방음용 귀마개, 귀덮개

42 고압가스안전관리법에 따라 안전관리자를 해임하거나 퇴직한 때는 지체 없이 이를 허가 또는 신고관청에 신고하고, 그 날로부터 30일 이내에 다른 안전관리자를 선임해야 한다.

43 고압가스 냉동제조시설에서 가스설비의 내압시험압력기준은 설계압력의 1.5배 이상으로 한다. 단, 기체압력으로 내압시험을 할 경우는 1.25배 이상으로 한다.

44 재해의 원인
㉠ 직접원인 : 불안전한 행동, 불안전한 상태
㉡ 간접원인 : 기술적 원인, 교육적 원인, 신체적 원인, 정신적 원인, 관리적 원인

45 압축기 최종단에 설치한 안전장치는 1년에 1회 이상, 그 밖의 안전장치는 2년에 1회 이상 압력시험을 할 것

46 $R_{ab} = \frac{(r_1+r_2)(r_3+r_4)}{(r_1+r_2)+(r_3+r_4)}$

$$= \frac{(1+2)\times(1+2)}{(1+2)+(1+2)} = 1.5\Omega$$

별해 $R = \frac{R_1 R_2}{R_1 + R_2} = \frac{3\times3}{3+3} = 1.5\Omega$

47 감쇠비 $= \frac{\text{제2 오버슛}}{\text{최대 오버슛}}$

48 전달함수
㉠ 비례(P)요소 : K_P
㉡ 적분(I)요소 : $\frac{K_P}{s}$
㉢ 미분(D)요소 : $K_P s$
㉣ 비례적분(PI)동작 : $K_P\left(1+\frac{1}{sT_I}\right)$
㉤ 비례미분(PD)동작 : $K_P(1+sT_I)$
㉥ 비례적분미분(PID)동작 : $K_P\left(1+\frac{1}{sT_I}+sT_I\right)$

49 $N = \frac{120f}{P}(1-s)$

$$= \frac{120\times60}{4}\times(1-0.06) = 1{,}692\mathrm{rpm}$$

50 조작량은 제어요소가 제어대상에 주는 양으로 제어대상에 가한 신호로써, 이것에 의해 제어량을 변화시킨다.

51 ㉠ 분류기(shunt)는 전류의 측정범위를 확대하기 위해 사용한다.

$$\frac{I_o}{I} = 1 + \frac{R}{R_s}$$

㉡ 배율기는 전압의 측정범위를 확대하기 위해 사용한다.

$$\frac{V_o}{V}=1+\frac{R_m}{R}$$

52 교류에서 역률($\cos\theta$)이 클수록 무효전력보다 유효전력이 커진다.

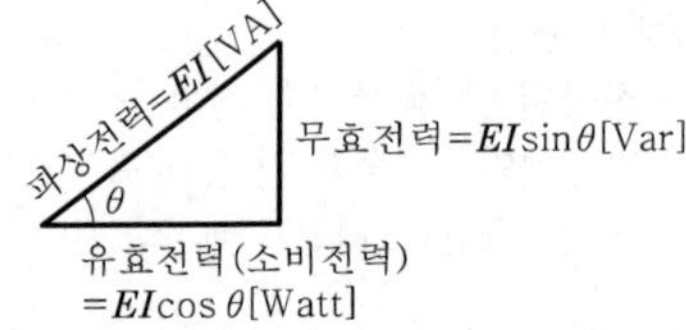

53 피드백제어의 특성
㉠ 정상상태 오차 개선
㉡ 정확도 개선
㉢ 시스템 복잡화 및 비용 증가
㉣ 외부조건의 변화에 대한 영향 감소
㉤ 대역폭 증가

54 $U=\frac{LI^2}{2}=\frac{100\times10^{-3}\times10^2}{2}=5\text{J}$

55 유효전력$(P_e)=\sqrt{3}\,VI\cos\theta$[W]

$\therefore V=\frac{P_e}{\sqrt{3}\,I\cos\theta}=\frac{28\times10^3}{\sqrt{3}\times50\times0.85}\fallingdotseq380\text{V}$

56 $f=\frac{1}{2\pi\sqrt{LC}}$

$\therefore C=\frac{1}{(2\pi f)^2L}=\frac{1}{(2\times3.14\times10)^2\times1{,}000}\times10^6$

$\fallingdotseq 2.533\mu\text{F}$

57 $(A+B)(A+C)=AA+AC+AB+BC$
$=A(1+C)+AB+BC$
$=A+AB+BC$
$=A+BC$

58 변압기에서 1차 및 2차의 전압과 권선수는 비례하고, 전류는 반비례한다.

$\frac{E_2}{E_1}=\frac{N_2}{N_1}=\frac{I_1}{I_2}$

59 $P=VI\cos\theta=I^2R=\frac{200}{\sqrt{2}}\times\frac{4}{\sqrt{2}}\times\cos60°=200\text{W}$

60 $L_{11}=2\times11=22,\ L_{21}=4\times8=32$

$G_1=1\times2\times4\times6=48,\ \Delta_1=1$

$\therefore G(s)=\frac{C(s)}{R(s)}=\frac{G_1\Delta_1}{\Delta}=\frac{G_1\Delta_1}{1-(L_{11}+L_{21})}$

$=\frac{48\times1}{1-(22+32)}=-\frac{48}{53}$

61 가스설비
㉠ 가스계량기는 전기개폐기로부터 0.6m 이상 이격하여 설치한다.
㉡ 가스배관은 전기콘센트로부터 30cm 이상 이격해야 한다.
㉢ 저압은 일반적으로 0.1MPa 미만의 압력을 말한다.

62 솟엘보의 곡률반경(R)=배관외경(mm)×1.0
=25×1.0=25mm

(참고) 엘보의 곡률반경(R)
=배관외경(mm)×1.5

63 도시가스계량기(30m³/h 미만)의 설치 시 설치높이는 바닥으로부터 1.6m 이상 2m 이내로 설치하는 것이 적합하다.

64 폴리에틸렌관의 이음방법 : 융착이음, 플랜지이음, 테이퍼이음 등

65 환수주관의 끝부분이나 보일러의 바로 앞에 진공펌프를 설치해서 환수관 내 응축수 및 공기를 흡입해서 환수관의 진공도를 100~250mmHg로 유지하므로 응축수를 빨리 배출시킬 수 있고 방열기 내 공기도 빼낼 수 있다.

66 고정장치 부착위치
㉠ 관지름 13mm 미만 : 1m마다
㉡ 관지름 13~33mm : 2m마다
㉢ 관지름 33mm 이상 : 3m마다

67 동관의 호칭직경이 20A(20mm)일 때 실제 외경은 22.22mm이다.

별해 동관의 외경(D)

$=\left(\text{호칭경(인치)}+\frac{1}{8}\text{(인치)}\right)\times25.4$

$=\left(\frac{3}{4}+\frac{1}{8}\right)\times25.4=22.22\text{mm}$

(참고)

호칭경		외경(D[mm])
A[mm]	B[inch]	
20	$\frac{3}{4}$	22.22
25	1	25.58
32	$1\frac{1}{4}$	34.92

68 관경을 축소할 때 사용하는 이음쇠는 리듀서이다.

69 브레이스는 기계의 진동, 수격작용, 지진 등 자중이나 열팽창 등 다른 하중에 의해 발생하는 변위 또는 진동을 억제시키기 위한 장치이다.

70 관의 두께 : K > L > M > N

71 냉매배관은 가능한 한 곡률반경을 크게 한다.

72 사이징툴이란 동관 끝을 원형으로 정형하는 공구이다.

73 지중 혹은 지하층 바닥에 매설하는 배수관의 구경은 50mm 이상으로 한다.

74 저압가스배관유량$(Q)=K\sqrt{\frac{D^5H}{SL}}$

여기서, S : 가스비중, H : 압력손실(mmH_2O)
K : 유량계수

75 펌프직송방식은 급수량의 변화에 따라 펌프의 회전수를 제어하여 급수압을 일정하게 유지할 수 있는 회전수제어시스템을 이용하는 방식이다.

76 지름이 20mm 이하의 동관(구리관)을 이음할 때 기계의 점검보수, 기타 관을 쉽게 분해하기 위해 이용하는 동관이음은 플레어접합(압축접합)이다.

77 리버스리턴방식(역환수방식)
㉠ 공급관과 환수관의 이상적인 수량의 배분과 입상관에서 정수두(마찰손실수두)의 영향이 없게 하기 위하여 채용한다.
㉡ 개방회로시스템은 아니다.

78 배수의 종류 : 오수(대소변기), 잡배수(주방, 세탁기, 세면기), 우수(빗물), 특수 배수(공장, 병원, 연구소) 등

79 ㉠ 리스트레인트(restraint) : 열팽창에 의한 배관의 이동을 구속·제한한다.
㉡ 앵커 : 배관을 지지점 위에 완전히 고정하는 지지구이다.
㉢ 스토퍼 : 배관의 일정 방향으로 이동과 회전만 구속하고 다른 방향은 자유롭게 이동한다.
㉣ 가이드 : 축과 직각방향의 이동을 구속한다. 파이프의 랙 위 배관의 곡관 부분과 신축이음 부분에 설치한다.

80 캐비테이션(공동현상)을 방지하려면 단흡입펌프인 경우 양흡입펌프로 바꾼다.

모의 제3회 정답 및 해설

01	02	03	04	05	06	07	08	09	10	11	12	13	14	15	16	17	18	19	20
①	③	③	①	③	②	④	②	①	④	④	②	③	③	②	③	①	①	③	④
21	22	23	24	25	26	27	28	29	30	31	32	33	34	35	36	37	38	39	40
③	③	②	①	②	④	②	②	④	④	②	②	④	②	③	①	②	②	②	④
41	42	43	44	45	46	47	48	49	50	51	52	53	54	55	56	57	58	59	60
①	③	④	②	③	②	④	④	④	②	③	①	②	②	②	④	②	①	②	③
61	62	63	64	65	66	67	68	69	70	71	72	73	74	75	76	77	78	79	80
③	④	①	②	②	①	④	③	②	③	④	③	②	③	①	①	③	④	③	①

01 유효온도(ET, 감각온도)는 온도, 습도, 기류의 영향을 하나의 온도감각으로 나타낸 것으로서, 상대습도 100%, 기류(속도) 0m/s의 온도로 Yaglou의 유효온도선도에서 유효온도(ET)를 읽을 수 있다.

(참고) 수정유효온도(CET) : 유효온도는 복사열의 영향을 고려하지 않으므로 건구온도 대신 글로브온도계(복사열의 영향)를 고려한 것

02 $Q = 60mC\Delta t = 60 \times 300 \times 4.2 \times 5 = 378{,}000\text{kJ/h}$

$\therefore$ 1시간당 LNG열량$= \dfrac{378{,}000}{43{,}961.4} \fallingdotseq 8.6\text{N}\cdot\text{m}^3/\text{h}$

03 증기난방방식

㉠ 예열시간이 짧고 열량조절이 어렵다.

㉡ 열매체(증기)의 온도가 높아 실내상하온도차가 크고 방열기 표면온도가 높아 화상의 위험이 있다.

㉢ 환수관 내부에서 부식이 발생되기 쉽다.

04 $LMTD = \dfrac{\Delta t_1 - \Delta t_2}{\ln\dfrac{\Delta t_1}{\Delta t_2}} = \dfrac{16-6}{\ln\dfrac{16}{6}} = 10.2℃$

05 난방부하 계산 시 인체부하는 거의 고려하지 않는다.

06 스플릿댐퍼(split damper)는 덕트의 분기점에서 풍량을 조절하기 위한 분기댐퍼이다.

07 취득열량$= \dfrac{\text{모터용량}\times\text{대수}\times\text{전동기 가동률}\times\text{전동기 부하율}}{\text{전동기 효율}}$

$= \dfrac{35 \times 12 \times 0.74 \times 0.92}{0.87} \fallingdotseq 329\text{kW}$

08 에어와셔(Air Washer) 단열가습($di = 0$) 시

효율$(\eta) = \dfrac{t_1 - t_2}{t_1 - t_{w1}}$

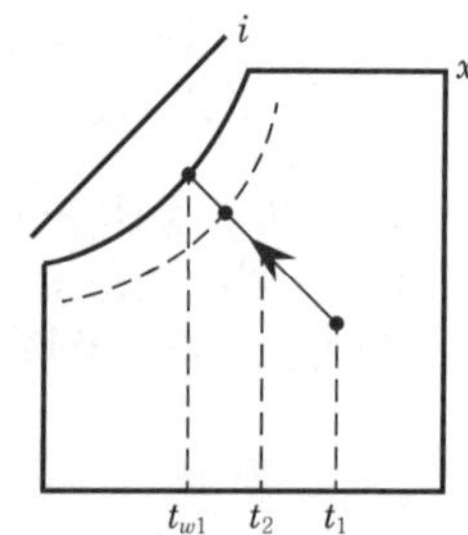

09 $w = 0.622\dfrac{P_w}{P - P_w} = 0.622\dfrac{\phi P_s}{P - \phi P_s}$

$\therefore\ \phi = \dfrac{w}{0.622}\dfrac{P_a}{P_s}$

10 증기난방은 온수난방에 비해 예열시간이 짧고 증기순환이 빠르며 열의 운반능력이 크다.

11 습공기의 가습방법 : 온수분무가습, 순환수분무가습(세정가습, 단열분무가습), 수증기분무가습

12 저압 증기난방배관은 상향공급식의 경우에는 하향공급식의 경우보다 배관경이 커야 한다.

13 외부에서 침입하는 열량은 외부공기뿐만 아니라 일사량에도 영향을 받는다. 그 일사량을 고려한 외기온도가 상당외기온도(t_e)이다.

(참고) 상당외기온도(t_e)

$=\text{외기온도} + \dfrac{\text{외벽의 흡수율}\times\text{일사량}}{\text{외기의 열전달률}}[℃]$

14 $Q=\rho Q(h_B-h_A)$
$$=1.2\times\frac{500}{3,600}\times(54.2-16)\fallingdotseq 6.43\text{kW}$$

15 보일러에서 스케일 생성물질은 경도성분(Ca^{2+}, Mg^{2+})과 실리카성분(SiO_2)이 포함된 것이다. 스케일을 방지하려면 경도가 낮은 물(연수)을 보일러수로 활용한다.

16 에어와셔는 순환수분무가습(단열가습, 세정분무가습)과정으로 상대습도는 높아지고, 건구온도는 낮아진다.

17 $Q=kI_{gr}A+KA(t_o-t_i)$
$$=0.56\times608\times10^{-3}\times40+(5.9\times10^{-3})\times40\times(33-27)$$
$$\fallingdotseq 15\text{kW}$$

18 증기난방

㉠ 증기를 가지고 증발잠열을 방출하여 난방하는 방식이다.
㉡ 방열기(라디에이터)는 차가운 외기(cold draft)의 영향을 많이 받는 창가에 설치한다.
㉢ 장치 내 보유수량이 적어 열용량이 작으므로 예열시간이 짧아 난방을 신속하게 할 수 있다.
㉣ 온도가 높아 방열면적이 작아도 된다.
㉤ 배관이 작아 설비비가 싸다(증기는 자체 압력으로 이동하므로 순환동력(펌프)이 없어도 된다).

참고 응축수가 신속히 배출되지 못하면 증기의 흐름을 방해하고 곡면부 등에 부딪혀 소음·진동을 일으키는데, 이것은 증기해머(steam hammer)이다.

19 댐퍼, 말단유닛, 터미널의 개도는 완전 개방되어야 한다.

20 암모니아설비 및 안전설비의 유지관리절차서는 암모니아설비 주변에 설치된 안전대책의 작동 및 사용 가능 여부를 최소한 분기별로 1회 확인하고 점검하여야 한다.

21 $P_1V_1^{\ n}=P_2V_2^{\ n}$
$$\frac{P_1}{P_2}=\left(\frac{V_2}{V_1}\right)^n$$
$$\ln\frac{P_1}{P_2}=n\ln\frac{V_2}{V_1}$$
$$\therefore\ n=\frac{\ln\frac{P_1}{P_2}}{\ln\frac{V_2}{V_1}}=\frac{\ln\frac{70}{800}}{\ln\frac{2}{12}}\fallingdotseq 1.36$$

22 냉동기에서 고압의 액체냉매와 저압의 흡입증기를 서로 열교환시키는 열교환기의 주된 설치목적은 냉매액을 과냉각시켜 플래시가스를 억제(감소)시키기 위함이다.

23 $Q_L=KA\left(t_c-\frac{t_1+t_2}{2}\right)$
$$\therefore\ A=\frac{Q_L(=kQ_e)}{K\left(t_c-\frac{t_1+t_2}{2}\right)}=\frac{1.3\times1\times3.86}{1.05\times\left(35-\frac{28+32}{2}\right)}=0.96\text{m}^2$$

24 **흡수식 냉동기의 냉매순환과정** : 증발기(냉각기) → 흡수기 → 재생기 → 응축기

25 플래시가스(flash gas)는 증발기가 아닌 곳에서 증발한 냉매증기로 주로 팽창밸브에서 교축팽창 시(압력 강하 시) 발생한다.

26 $Q=mC_v(t_2-t_1)\,[\text{kJ}]$
$$C_v=\frac{Q}{m(t_2-t_1)}=\frac{836}{1\times(100-20)}=10.45\text{kJ/kg}\cdot\text{K}$$
$$\therefore\ C_p=C_v+R=C_v+\frac{8.314}{M}=10.45+\frac{8.314}{2}$$
$$\fallingdotseq 14.61\text{kJ/kg}\cdot\text{K}$$

27 $Q_L=W_t+\dot{m}(h_e-h_i)+\frac{\dot{m}}{2}(v_e^{\ 2}-v_i^{\ 2})\times10^{-3}+\dot{m}g(z_e-z_i)\times10^{-3}$
$$-8.5=W_t+1.5\times(2,675.5-3,137)+\frac{1.5}{2}\times(200^2-50^2)\times10^{-3}+1.5\times9.8\times(3-6)\times10^{-3}$$
$$\therefore\ W_t=-8.5+692.25-28.125+0.0441=655.67\text{kW}$$

28 ㉠ $R=C_p-C_v=5-3=2\text{kJ/kg}\cdot\text{K}$
㉡ $PV=mRT$
$$\therefore\ m=\frac{PV}{RT}=\frac{3\times10^3\times0.4}{2\times(100+273)}\fallingdotseq 1.61\text{kg}$$

29 프레온냉동장치에서 사용되는 가용전(fusible plug)의 규격은 최소 안전밸브구경의 1/2 이상이어야

하고, 암모니아(NH_3)냉동장치에서는 가용합금이 침식되므로 사용하지 않는다.

30 $_1W_2 = P_1V_1\ln\frac{V_2}{V_1} = 2\times10^3\times0.1\times\ln\frac{0.3}{0.1} \fallingdotseq 220\text{kJ}$

31 압축기에서 클리어런스(clearance)가 커질 경우 피스톤의 체적배출량이 증가한다.

32 흡수식 냉동기의 냉매와 흡수제

냉매	흡수제
암모니아(NH_3)	물(H_2O)
물(H_2O)	브롬화리튬(LiBr)

33 $Q_e = m(C\Delta t+\gamma) = 90\times[4.2\times(20-0)+335]$
$= 37{,}710\text{kJ/h} \fallingdotseq 10.5\text{kW}$

34 $\varepsilon_R = \frac{T_2}{T_1-T_2} = \frac{240}{300-240} = 4$

35 $$\text{소요동력} = \frac{1}{\eta_{ad}}\left(\frac{k}{k-1}\right)P_1V_1\left[\left(\frac{P_2}{P_1}\right)^{\frac{k-1}{k}}-1\right]$$
$$= \frac{1}{0.8}\times\frac{1.4}{1.4-1}\times100\times0.01\times\left[\left(\frac{400}{100}\right)^{\frac{1.4-1}{1.4}}-1\right]$$
$$\fallingdotseq 2.13\text{kW}$$

36 $W_1 = P_1V_1\ln\frac{V_2}{V_1} = P_1V_1\ln2[\text{kJ}]$

$$\therefore\ W = \frac{1}{n-1}P_1V_1\left[1-\left(\frac{V_1}{V_2}\right)^{n-1}\right]$$
$$= \frac{1}{2}P_1V_1 = \frac{1}{2\ln2}W_1[\text{kJ}]$$

37 줄의 법칙 : 이상기체인 경우 내부에너지(U)는 온도만의 함수이다($U=f(T)$).

38 $W = P_1V_1\ln\frac{V_2}{V_1} = 100\times0.5\times\ln\frac{1}{0.5} \fallingdotseq 34.7\text{kJ}$

39 냉동사이클이 1-2-3-4-1에서 1-B-C-4-1로 변하는 경우 성적계수는 $\varepsilon_R = \frac{q}{w_c} = \frac{h_1-h_4}{h_2-h_1}$에서 $\varepsilon_R{}' = \frac{q'}{w_c{}'} = \frac{h_1-h_4}{h_B-h_1}$로 된다.

40 ① 열과 일은 모두 경로에 따라 변화하는 도정(과정)함수이다.
② 일량과 열량의 단위는 Joule(J=N·m)을 쓴다. Watt(W)는 동력(J/s)단위이다.
③ 열역학 제2법칙은 열과 일의 방향성을 제시해 준다.

41 ㉠ "충전용기"란 고압가스의 충전질량 또는 충전압력의 2분의 1 이상이 충전되어 있는 상태의 용기를 말한다.
㉡ "잔가스용기"란 고압가스의 충전질량 또는 충전압력의 2분의 1 미만)이 충전되어 있는 상태의 용기를 말한다.

42 기계설비의 착공 전 확인과 사용 전 검사의 대상 건축물 또는 시설물
㉠ 용도별 건축물 중 연면적 1만제곱미터 이상인 건축물
㉡ 에너지를 대량으로 소비하는 건축물
- 냉동·냉장, 항온·항습 또는 특수 청정을 위한 특수설비가 설치된 건축물로서 해당 용도에 사용되는 바닥면적의 합계가 500제곱미터 이상인 건축물
- 아파트 및 연립주택
- 해당 용도에 사용되는 바닥면적의 합계가 500제곱미터 이상인 건축물 : 목욕장, 놀이형 시설(물놀이를 위하여 실내에 설치된 경우로 한정한다), 운동장(실내에 설치된 수영장과 이에 딸린 건축물로 한정한다)
- 해당 용도에 사용되는 바닥면적의 합계가 2천제곱미터 이상인 건축물 : 기숙사, 의료시설, 유스호스텔, 숙박시설
- 해당 용도에 사용되는 바닥면적의 합계가 3천제곱미터 이상인 건축물 : 판매시설, 연구소, 업무시설

㉢ 지하역사 및 연면적 2천제곱미터 이상인 지하도상가(연속되어 있는 둘 이상의 지하도상가의 연면적합계가 2천제곱미터 이상인 경우를 포함한다)

43 기계설비법령에 따라 5년마다 기계설비발전 기본계획을 수립·시행해야 한다.

44 ㉢, ㉣ 1년 이하의 징역 또는 1천만원 이하의 벌금

45 유해위험방지계획서 제출대상
㉠ 다음의 어느 하나에 해당하는 건축물 또는 시설 등의 건설·개조 또는 해체(이하 "건설 등"이라 한다)공사
- 지상높이가 31미터 이상인 건축물 또는 인공구조물

- 연면적 3만제곱미터 이상인 건축물
- 연면적 5천제곱미터 이상인 시설 : 문화 및 집회시설(전시장 및 동물원·식물원은 제외), 판매시설, 운수시설(고속철도의 역사 및 집배송시설은 제외), 종교시설, 의료시설 중 종합병원, 숙박시설 중 관광숙박시설, 지하도상가, 냉동·냉장창고시설

㉡ 연면적 5천제곱미터 이상인 냉동·냉장창고시설의 설비공사 및 단열공사

㉢ 최대 지간(支間)길이(다리의 기둥과 기둥의 중심 사이의 거리)가 50미터 이상인 다리의 건설 등 공사

㉣ 터널의 건설 등 공사

㉤ 다목적댐, 발전용 댐, 저수용량 2천만톤 이상의 용수 전용 댐 및 지방상수도 전용 댐의 건설 등 공사

㉥ 깊이 10미터 이상인 굴착공사

46 냉동설비를 사용할 때 스톱밸브조작이 필요 없을 것

47 변경등록을 하지 않은 경우 행정처분기준

㉠ 1차 위반 : 시정명령

㉡ 2차 위반 : 업무정지 1개월

㉢ 3차 위반 : 업무정지 2개월

48 $W=VI=(IR)I=I^2R=5^2\times100=2{,}500\text{W}$

49 압력, 온도, 유량, 액위, 농도, 점도 등의 공업량일 때의 제어는 프로세스(process)제어이다.

(참고) 서보기구(추종제어) : 위치, 방위, 자세 등

50 NAND게이트는 AND게이트 뒤에 NOT게이트를 붙여 출력이 1이면 0, 출력이 0이면 1로 만들어준다.

51 ① $X(X+Y)=XX+XY=X+XY=X(1+Y)$
$=X(1+0)=X$

② $XY+X\overline{Y}=X(Y+\overline{Y})=X(1+0)=X$

③ $X(\overline{X}+Y)=X\overline{X}+XY=0+XY=XY$

④ $(X+Y)(X+\overline{Y})=XX+X\overline{Y}+XY+Y\overline{Y}$
$=XX+X(\overline{Y}+Y)+0$
$=X+X(0+1)=X+X=X$

52 목표값이란 궤환제어계에 속하지 않는 신호로서 외부에서 제어량이 그 값에 맞도록 제어계에 주어지는 신호를 말한다.

53 최대 3상 전력$=10\times\sqrt{3}=17.32\text{kVA}$

54 특성방정식은 $1+G(s)H(s)$이고, 이때 $G(s)$와 $H(s)$는 개루프 전달함수이다. 여기서 주어진 계가 개루프 전달함수일 때 특성방정식은 분모+분자=0이고, 전체 전달함수로 주어졌을 때는 전체 전달함수의 분모가 $1+G(s)H(s)$이므로 특성방정식은 분모가 0인 조건을 만족해야 한다. 그러므로 근의 부호는 같아야 하므로 -2, -3이다.

55 $R-L-C$ 직렬회로

위상각$(\theta)=\tan^{-1}\dfrac{X_L-X_C}{R}=\tan^{-1}\dfrac{2-8}{8}\fallingdotseq-37°$

즉 전류가 전압보다 약 37° 앞선다.

(참고) 전류가 전압보다 앞서기 위해서는 위상이 조건$(X_L<X_C)$을 만족해야 한다.

56 배율기의 저항(R_m)과 전압계의 저항(R)이 직렬연결이므로 전류(I)가 같다.

$$\frac{V_m}{R_m+R}=\frac{V}{R}$$

$$\therefore\ V_m=V\left(1+\frac{R_m}{R}\right)=100\times\left(1+\frac{50}{25}\right)=300\text{V}$$

여기서, V : 전압계의 전압

57 ㉠ 플레밍의 왼손법칙 : 전동기(자장)

㉡ 플레밍의 오른손법칙 : 발전기(유도기전력)

58 역률$(\cos\theta)=\dfrac{\text{유효전력}}{\text{피상전력}}$

$\therefore$ 피상전력$=\dfrac{\text{유효전력}}{\cos\theta}=\dfrac{80}{0.8}=100\text{kVA}$

59 $C=RG+GCH_1+GCH_2$

$C[1-GH_1-GH_2]=RG$

$\therefore\ G=\dfrac{C}{R}=\dfrac{G}{1-H_1G-H_2G}$

60 ㉠ 압력 → 변위 : 벨로즈, 다이어프램, 스프링

㉡ 변위 → 압력 : 노즐플래퍼, 유압분사관, 스프링

㉢ 변위 → 전압 : 퍼텐쇼미터, 차동변압기, 전위차계

㉣ 전압 → 변위 : 전자석, 전자코일

61 사용압력이 높은 순 : K관(두께가 가장 두껍다) > L관(두껍다) > M관(보통) > N관(두께가 얇다. KS 규격에는 없다)

62 급수배관에서 크로스커넥션을 방지하기 위하여 설치하는 기구는 버큠브레이커(vacuum breaker)로, 진공환수식 난방에서 탱크 내 진공도가

부록 II

필요 이상으로 높아지면 밸브를 열어 탱크 내에 공기를 넣는 안전밸브 역할을 하는 기기이다.

63 실내의 배관은 바닥과 접촉되지 않도록 시공한다.

64 $WC(t_2-t_1)=3{,}600KA\left(t_s-\frac{t_1+t_2}{2}\right)\eta$

$$\therefore\ A=\frac{WC(t_2-t_1)}{3{,}600K\left(t_s-\frac{t_1+t_2}{2}\right)\eta}$$
$$=\frac{2{,}000\times4.2\times(90-10)}{3{,}600\times1.28\times\left(110-\frac{10+90}{2}\right)\times0.8}$$
$$\fallingdotseq 3.04\text{m}^2$$

65 신축이음쇠의 종류 : 벨로즈형(주름통형), 루프(loop)형, 슬리브(sleeve)형, 스위블(swivel)형, 볼(ball)조인트형

66 A는 mm이고, B는 inch이다. 따라서 1B(인치)는 25A(mm)이다(25A : 1B).

67 ① 배관용 탄소강관 : SPP
② 저온배관용 탄소강관 : SPLT
③ 고압배관용 탄소강관 : SPPH

68 고압증기관의 권장 유속 : 30~50m/s

69 덕트의 경로는 가능한 최단거리로 설계하도록 한다.

70 중・고압가스배관의 유량

$$Q=K\sqrt{\frac{(P_1{}^2-P_2{}^2)d^5}{Sl}}\ [\text{m}^3/\text{h}]$$

여기서, K : 유량계수(52.31)

71 ① 규조토 : 500℃ 이하
② 암면 : 400~600℃
③ 펄라이트 : 650℃ 이하
④ 발포 폴리스티렌 : 70℃ 이하

72 보온재의 열전도율이 작아지는 조건
㉠ 재료의 두께가 두꺼울수록
㉡ 재질 내 수분이 작을수록
㉢ 재료의 밀도가 작을수록
㉣ 재료의 온도가 낮을수록

73 고정장치 부착위치
㉠ 관지름 13mm 미만 : 1m마다
㉡ 관지름 13~33mm : 2m마다
㉢ 관지름 33mm 이상 : 3m마다

74 펌프동력$=\frac{9.8QH}{\eta_p}=\frac{9.8\times\frac{60}{60}\times20}{0.6}\fallingdotseq 326.7\text{kW}$

75 하트포드접속법은 보일러의 빈 불때기를 방지하며 보일러의 안전수위를 확보하고 유지한다. 보일러의 최저안전수위 이상으로 환수배관을 접속한다.

76 냉각레그는 완전한 응축수를 회수하기 위해 사용한다.

77 청소구 설치위치
㉠ 가옥배수관과 부지하수관이 접속하는 곳
㉡ 배수 수직관의 최하단부
㉢ 가옥배수 수평주관 기점
㉣ 수평관 관경 100A 이하는 직진거리 15m 이내마다, 관경 100A 이상은 30m 이내마다 설치

78 급수배관에서 수격작용을 방지하려면 급폐쇄형 밸브 근처에 공기실(에어챔버)를 설치한다.

79 슬리브형 신축이음은 이음 본체 속에 미끄러질 수 있는 슬리브파이프를 넣고 석면을 흑연으로 처리한 패킹재를 끼워 넣은 신축이음으로 난방용 배관(급탕)에 많이 사용한다. 패킹재가 파손 우려가 있어 설치 시 유지보수가 가능한 장소에 설치하며, 배관의 곡관부에서 파손의 우려가 있다.

80 롤러서포트를 사용하여 배관을 지지하는 이유는 수축량을 흡수하여 신축을 허용하여 배관의 파손을 방지하기 위함이다.

모의 제4회 정답 및 해설

01	02	03	04	05	06	07	08	09	10	11	12	13	14	15	16	17	18	19	20
④	①	②	④	②	②	③	③	②	②	③	①	④	④	④	②	②	③	①	③
21	22	23	24	25	26	27	28	29	30	31	32	33	34	35	36	37	38	39	40
②	②	①	④	③	①	②	③	④	①	④	④	④	②	①	②	③	④	④	④
41	42	43	44	45	46	47	48	49	50	51	52	53	54	55	56	57	58	59	60
③	②	②	③	②	②	③	②	②	④	③	③	①	④	④	①	④	①	①	③
61	62	63	64	65	66	67	68	69	70	71	72	73	74	75	76	77	78	79	80
③	③	③	①	③	③	③	②	②	④	②	①	③	①	②	①	①	④	②	①

01 $h = 0.24t + (597.3 + 0.44t)x$[kcal/kg]

$= 1.005t + (2,501 + 1.85t)x$[kJ/kg]

$= 1.005 \times 30 + (2,501 + 1.85 \times 30) \times 0.017$

$≒ 74$kJ/kg

02 극간풍부하, 인체부하, 외기부하, 기구부하 등은 현열부하와 잠열부하를 모두 포함한다.

03 콜드 드래프트(cold draft)의 발생원인
㉠ 인체 주위의 공기온도가 너무 낮을 때
㉡ 인체 주위의 기류속도가 클 때
㉢ 주위 벽면온도가 낮을 때
㉣ 인체 주위의 습도가 낮을 때
㉤ 겨울철 창문의 틈새를 통한 극간풍이 많을 때

04 VAV(가변풍량방식)은 공기조화방식 중 에너지 절약에 가장 효과적이다(설비비를 고려하지 않는 조건에서).

05 냉수코일 설계 시 코일의 단수에 비해 유량이 많아지면 더블서킷(double circuit)으로 설계한다.

06 멀티존유닛방식은 공조기에서 냉·온풍을 혼합 댐퍼에 의해 일정한 비율로 혼합한 후 각 존 또는 각 실로 보내는 공조방식이다.

07 $q_s = \rho Q C_p \Delta t$

$\therefore\ Q = \dfrac{q_s}{\rho C_p \Delta t} = \dfrac{40,000}{1.2 \times 1.005 \times (26-12)}$

$= 2,369\text{m}^3/\text{s}$

08 $Q_c = \lambda A\left(\dfrac{t_1 - t_2}{L}\right) = 0.04 \times 1 \times \dfrac{200-50}{0.02} = 300\text{kW}$

09 $t_m = \dfrac{m_1}{m}t_1 + \dfrac{m_2}{m}t_2 = \dfrac{1}{3} \times 32 + \dfrac{2}{3} \times 26 = 28℃$

$\therefore t_o = t_s + BF(t_m - t_s) = 13 + 0.2 \times (28-13) = 16℃$

10 $Pv = RT$

$P = \rho RT$

$\therefore\ \rho = \dfrac{P}{RT} = \dfrac{100}{0.287 \times (20+273)} ≒ 1.19\text{kg/m}^3$

11 증기난방
㉠ 설비비와 유지비가 저렴하다.
㉡ 열의 운반능력이 크다.
㉢ 온수난방보다 방열면적을 작게 할 수 있으며, 관지름이 작아도 된다.
㉣ 온수난방보다 예열시간이 짧고, 증기순환이 빠르다.
㉤ 증기량제어가 어려워 방열량 조절이 어렵다.

12 ㉠ 20 : 섹션수
㉡ 5-650 : 5세주형, 높이 650mm
㉢ 25×20 : 유입관과 유출관의 지름(25mm×20mm)

13 복사난방은 매입배관(가열코일을 매설)으로 고장 시 수리 및 점검이 어려우며, 설비비가 비싸다.

14 1클래스(class)란 공기 1ft^3 속에 $0.5\mu\text{m}$ 크기의 미립자 수를 말한다.

15 온풍난방은 간접난방방식이다.

16 극간풍(틈새바람)을 방지하는 방법
㉠ 회전문 설치
㉡ 에어커튼(air curtain) 사용
㉢ 충분한 간격을 두고 이중문 설치
㉣ 이중문 중간에 강제 대류나 컨벡터 설치
㉤ 실내를 가압하여 외부압력보다 높게 유지

17 $LMTD=\dfrac{\Delta t_1-\Delta t_2}{\ln\dfrac{\Delta t_1}{\Delta t_2}}=\dfrac{13-5}{\ln\dfrac{13}{5}}=8.37℃$

18 $\Delta t_1=30-(7+5)=18℃$

$\Delta t_2=16-7=9℃$

$LMTD=\dfrac{\Delta t_1-\Delta t_2}{\ln\dfrac{\Delta t_1}{\Delta t_2}}=\dfrac{18-9}{\ln\dfrac{18}{9}}≒12.984℃$

$\therefore\ Q=KA(LMTD)=850\times2.5\times12.984≒27,592\text{W}$

19 ①은 쾌감용(보건용) 공기조화의 목적이다.

20 ① DDC(Direct Digital Control) : 디렉트디지털 컨트롤

② LCC(Life Cycle Cost) : 생애주기비용

④ TAC(Technical Advisory Committe) : ASHRAE의 공조자문역할을 하는 위원회명칭

참고
- TAC 2.5%의 설계외기온도는 냉방 시 2.5%에 해당하는 73시간은 냉방설계외기온도보다 초과하여 더울 수 있고, 난방 시 2.5%에 해당하는 73시간은 난방설계외기온도보다 초과하여 추울 수 있다.
- TAC의 %를 높게 하면 실내 거주자에 대한 쾌적도의 질은 낮을 수 있으나, 정부의 에너지절약정책과 세계의 환경보전정책에는 부합된다.

21 다기통 압축기의 시동 시 흡입밸브는 전폐하여 시동하고 시동 후 천천히 흡입밸브를 연다.

22 열역학적 상태량 : 엔탈피, 엔트로피, 내부에너지 등

참고 일과 열은 상태량이 아니다.

23 $\eta_R=\dfrac{w_{net}}{q_1}=\dfrac{w_t-w_p}{q_1}$

$=\dfrac{(830.6-626.4)-(69.4-68.6)}{830.6-69.4}\times100=26.7\%$

24 $v_2=44.72\sqrt{h_1-h_2}\ [\text{m/s}]$

$h_1-h_2=\left(\dfrac{v_2}{44.72}\right)^2=\left(\dfrac{200}{44.72}\right)^2=20\text{kJ/kg}$

$\therefore\ h_1=20+h_2=20+2,770=2,790\text{kJ/kg}$

25 강도성 상태량(성질)은 물질의 양과는 관계없는 상태량이다.

26 증발온도 일정 시 응축온도(압력)가 감소하면

㉠ 압축비 감소

㉡ 압축일 감소(압축가스 비동력 감소)

㉢ 체적효율 증가

㉣ 냉동기 성능계수 증가

27 냉매는 증발열이 크고, 증기의 비체적은 작을 것

28 $Q_R\propto T^4$

$\dfrac{Q_A}{Q_B}=\left(\dfrac{T_A}{T_B}\right)^4=\left(\dfrac{120+273}{80+273}\right)^4=1.54$

29 $\text{절대습도}(x)=\dfrac{\text{수증기 비중량}}{\text{건공기 비중량}}=\dfrac{\gamma_w}{\gamma_a}$

$=0.622\dfrac{\phi P_s}{P-\phi P_s}$

$=0.622\dfrac{P_w}{P-P_w}\ [\text{kg/kg}']$

30

냉매	흡수제	냉매	흡수제
암모니아 (NH_3)	물(H_2O)	물(H_2O)	브롬화리튬 (LiBr)

31 냉동장치 운전순서

㉠ 냉수(brine) 및 냉각수펌프 가동

㉡ 냉각탑 운전(공냉식인 경우 응축기 팬 운전)

㉢ 압축기 가동

32 ①, ②는 열역학 제1법칙, ③은 열역학 제3법칙에 대한 설명이다.

참고 열역학 제2법칙은 엔트로피 증가법칙($\Delta S>0$)으로 제2종 영구운동기관, 즉 효율이 100%인 기관은 제작이 불가능하다는 의미로서 비가역과정(방향성)을 제시한 법칙이다.

33 냉매의 구비조건

㉠ 물리적 조건
- 대기압 이상에서 쉽게 증발할 것
- 임계온도가 높아 상온에서 쉽게 액화할 것
- 응고온도가 낮을 것
- 증발잠열이 크고 액체의 비열은 작을 것
- 비열비 및 가스의 비체적이 작을 것
- 점도와 표면장력이 작고 전열이 양호할 것
- 인화점이 높고 누설 시 발견이 양호할 것
- 전기절연이 크고 전기절연물질을 침식하지 않을 것
- 패킹재료에 영향이 없고 오일과 혼합하여도 영향이 없을 것

㉡ 화학적 조건
- 화학적으로 결합이 안정하여 분해하지 않을 것
- 금속을 부식시키지 않을 것
- 연소성 및 폭발성이 없을 것

㉢ 기타
- 인체에 무해하고 누설 시 냉장물품에 영향이 없을 것
- 악취가 없을 것
- 가격이 싸고 소요동력이 작게 들 것

34 적상의 영향
㉠ 증발압력 저하
㉡ 냉동능력 감소
㉢ 압축비 상승
㉣ RT당 소요동력 증가
㉤ 액백(liquid back)의 우려(수동팽창밸브 사용 시)
㉥ RT당 소요동력 증가

35 $K=\frac{1}{R}=\frac{1}{\frac{1}{\alpha_i}+\frac{l}{\lambda}+\frac{1}{\alpha_o}}=\frac{1}{\frac{1}{20}+\frac{0.2}{16.74}+\frac{1}{40}}$
$=11.5\,\mathrm{W/m^2\cdot K}$

36 열통과율 : 7통로식 응축기 > 입형 셸 앤드 튜브식 응축기 > 증발식 응축기 > 공냉식 응축기

37 $K=\frac{1}{\frac{1}{\alpha_1}+\frac{l}{\lambda}+\frac{1}{\alpha_2}}$
$\therefore\ l=\lambda\left(\frac{1}{K}-\frac{1}{\alpha_1}-\frac{1}{\alpha_2}\right)$
$=0.05\times\left(\frac{1}{0.175}-\frac{1}{20}-\frac{1}{10}\right)$
$=0.278\mathrm{m}$

38 압축기 틈새(clearance)가 클 경우
㉠ 피스톤압출량 감소로 체적효율 감소
㉡ 냉동능력 감소 및 소요동력 증가
㉢ 실린더 과열로 토출가스온도 상승 등

39 응축온도 상승 시(증발압력 일정)
㉠ 응축압력(토출압력) 상승
㉡ 압축비 상승(압축일 증대)
㉢ 압축기 토출가스온도 상승
㉣ 냉동능력 감소(성적계수 감소)

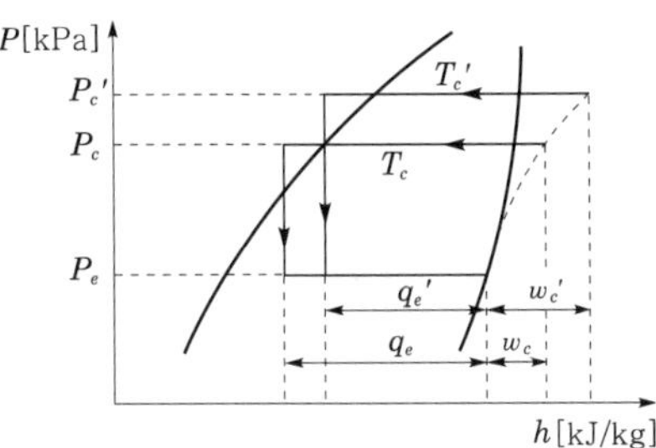

40 고속다기통압축기의 단점
㉠ 고속운전이 되므로 오일소비량이 많다.
㉡ 토출가스의 온도와 유온도가 높다.
㉢ 고속운전이 되므로 체적효율 저하, 능력이 감소한다.
㉣ NH_3용 고속다기통은 실린더 과열로 오일이 열화 및 탄화되기 쉽다.
㉤ 기계의 소음이 커서 고장 발견이 어렵다.
㉥ 부품의 호환성이 좋다.

41 $N=N_s(1-s)=\frac{120f}{P}(1-s)$
$=\frac{120\times60}{4}\times(1-0.06)\fallingdotseq1{,}700\mathrm{rpm}$

42 $I=\frac{\text{출력[W]}}{\sqrt{3}\,V\cos\theta\,\eta}=\frac{5{,}000}{\sqrt{3}\times200\times0.8\times0.9}=20\mathrm{A}$

43 $\mathrm{X=(A+B)(\overline{A}+B)=A\overline{A}+AB+\overline{A}B+BB}$
$\mathrm{=0+B(A+\overline{A})+B=B\cdot1+B=B}$

44 $W=\frac{1}{2}LI^2=\frac{1}{2}\times0.1\times10^2=5\mathrm{J}$

45 옴의 법칙 : 도체에 흐르는 전류의 크기는 전압에 비례하고, 도체의 저항에 반비례한다.
$I(\text{전류})=\frac{V(\text{전압})}{R(\text{저항})}[\mathrm{A}]$

46 $V_0=V\left(\frac{R_m}{R}+1\right)$
$\therefore\ R_m=R\left(\frac{V_0}{V}-1\right)=5{,}000\times\left(\frac{300}{100}-1\right)=10{,}000\,\Omega$

47 $R=R_1+\frac{R_2R_3}{R_2+R_3}=5+\frac{10\times20}{10+20}=\frac{35}{3}\,\Omega$
$\therefore\ I=\frac{E}{R}=\frac{35}{\frac{35}{3}}=3\mathrm{A}$

48 $R=R_0+\frac{R_1R_2}{R_1+R_2}=2.8+\frac{2\times3}{2+3}=4\,\Omega$
$I=\frac{V}{R}=\frac{200}{4}=50\mathrm{A}$
$\therefore\ I_1=I\left(\frac{R_2}{R_1+R_2}\right)=50\times\frac{3}{2+3}=30\mathrm{A}$

49 $\omega t=377t$
$2\pi ft=377t$
$\therefore\ f=\frac{377t}{2\pi t}=\frac{377}{2\times3.14}=60\mathrm{Hz}$

50 $W=\frac{1}{2}CV^2=\frac{1}{2}\times3\times10^{-6}\times4{,}000^2=24\text{J}$

51 유효전력(부하전력) $=\sqrt{\text{피상전력}^2-\text{무효전력}^2}$
$=\sqrt{60^2-36^2}=48\text{kW}$

52 커피자동판매기, 신호 등과 같이 미리 정해진 순서에 따라 순차적으로 제어하는 것은 시퀀스제어(개루프제어)이다.

53 논리식 $=XY+X\overline{Y}+\overline{X}Y$

54 $[R(s)-C(s)H(s)]G(s)=C(s)$
$R(s)G(s)-C(s)H(s)G(s)=C(s)$
$R(s)G(s)=C(s)+C(s)H(s)G(s)$
$R(s)G(s)=C(s)[1+G(s)H(s)]$
$\therefore\ \frac{C(s)}{R(s)}=\frac{G(s)}{1+G(s)H(s)}$

55 ① 벨로즈 : 압력 → 변위변환장치
② 노즐플래퍼 : 변위 → 압력변환장치
③ 서미스터 : 온도 → 임피던스변환장치

56 **냉동제조시설의 검사종류** : 중간검사, 정기검사, 완성검사, 수시검사

57 독성가스를 냉매로 하는 경우 수액기 방류둑의 설치기준은 내용적 10,000L 이상이다.

58 **보일러 안전장치의 종류** : 압력방출장치, 화염검출기, 압력제한스위치, 고·저수위조절장치

참고 **산업안전보건법상 크레인 방호장치의 종류** : 훅해지장치(인양물이 훅으로부터 이탈되는 것을 방지하기 위한 장치), 비상정지장치, 권과방지장치, 스토퍼, 과부하방지장치

59 **하인리히의 사고예방대책 기본원리 5단계**
㉠ 1단계 안전조직(관리조직)
㉡ 2단계 사실의 발견
㉢ 3단계 분석
㉣ 4단계 시정책 선정
㉤ 5단계 시정책 적용

60 **TWI(Training Within Industry, 산업 내 훈련)**
㉠ 미국에서 개발된 감독자훈련방식
㉡ 교육내용 : 작업방법훈련, 작업지도훈련, 인간관계훈련, 작업안전훈련

61 $l=2\pi r\frac{\theta}{360}=2\pi\times200\times\frac{120}{360}\fallingdotseq419\text{mm}$

62 $P_1=3+1.033=4.033\text{kg/cm}^2\text{ abs}$
$P_2=2+1.033=3.033\text{kg/cm}^2\text{ abs}$
$\therefore\ Q=K\sqrt{\frac{(P_1^{\ 2}-P_2^{\ 2})D^5}{SL}}$
$=52.31\sqrt{\frac{(4.033^2-3.033^2)\times30^5}{0.64\times500}}$
$=38{,}318.81\text{m}^3/\text{h}$

참고 • 절대압력 = 게이지압 + 표준 대기압
• 저압의 경우 $Q=K\sqrt{\frac{D^5H}{SL}}\ [\text{m}^3/\text{h}]$

63 $W_p=\frac{\gamma_w QH}{\eta_p}=\frac{9.8\times1\times20}{0.6}\fallingdotseq326.7\text{kW}$

64 ② 제2종 환기방식 : 기계급기 + 자연배기
③ 제3종 환기방식 : 자연급기 + 기계배기
④ 제4종 환기방식 : 자연급기 + 자연배기

참고 **제1종 환기방식** : 기계(강제)급기 + 기계(강제)배기

65 $l=L-2(A-a)=200-2\times(27-11)=168\text{mm}$

66 ① SPP : 배관용 탄소강강관(일명 가스관)
② SPA : 배관용 합금강강관
④ SPHT : 고온배관용 탄소강강관

67 증기난방배관에서 증기트랩은 관 내 증기와 응축수를 분리하기 위해 사용한다.

68 **유기질 보온재** : 코르크(안전사용온도 130℃ 이하), 펠트(100℃ 이하), 기포성 수지(80℃ 이하), 텍스류(120℃ 이하)

69 탄산마그네슘(안전사용온도 250℃)은 무기질 보온재이다.

참고 **유기질 보온재** : 펠트, 코르크, 기포성 수지, 텍스류 등

70 $P=P_1+P_2+P_3=70+25+50=145\text{kPa}$
여기서, P : 수도본관의 압력(kPa)
P_1 : 수도본관에서 최상층 급수기구까지의 높이에 상당하는 압력(플러시밸브의 소요압력)(70kPa)
P_2 : 배관의 마찰저항손실압력(25kPa)
P_3 : 최상층 기구의 최소 소요압력(50kPa)

71 하트포드접속법
㉠ 저압증기난방장치에서 보일러 주변 배관에 적용된다.
㉡ 증기압과 환수압과의 균형을 유지시키며 환수주관 내에 침적된 찌꺼기를 보일러에 유입시키지 않는다.

72 온수난방배관에서 온수의 유량분배를 균일하게 하기 위해 리버스리턴방식을 채택한다.

73 ③ 일반콕
(참고) ① 슬리브형, ② 벨로즈형, ④ 루프형

74 ② 땜이음의 줄임티
③ 플랜지이음의 줄임티
④ 턱걸이이음의 줄임티

75 팽창이음(가요성 이음장치)은 펌프와 배관 사이에 발생하는 상대 변위에 따른 파손 등을 저감시키기 위해 수평·수직방향으로 일정 변위를 허용하는 데 목적이 있다. 펌프 등의 회전으로부터 발생되는 진동이 배관으로 전달되는 것을 방지하고, 지진에 의한 진동이 전체 펌프시스템에 전달되지 않도록 하기 위함이다.

76 ② 게이트밸브 : 마찰저항이 가장 작은 밸브
③ 체크밸브 : 유로를 한쪽으로 유지할 때 사용, 유량조절 불가능
④ 볼밸브 : 화학공장이나 석유공장 등에서 상온의 유체에 많이 사용

77 분기부에는 원칙적으로 분기밸브를 설치할 것

78 $Q=AV=\frac{\pi d^2}{4}V$

$\therefore\ d=\sqrt{\frac{4Q}{\pi V}}=\sqrt{\frac{4\times 0.1}{\pi\times 2}}=0.252\text{m}=252\text{mm}$

여기서, $Q=100\text{L/s}=0.1\text{m}^3/\text{s}$

79 펌프의 상사법칙($D_1=D_2$) 적용

$\frac{Q_2}{Q_1}=\frac{N_2}{N_1}=\left(\frac{D_2}{D_1}\right)^3$

$\therefore\ Q_2=Q_1\left(\frac{N_2}{N_1}\right)=0.4\times\frac{1,500}{2,000}=0.3\text{m}^3/\text{min}$

80 ② 흡입측은 진공계를, 토출측은 압력계를 설치한다.
③ 수평관에서 관경을 바꿀 경우는 편심리듀서를 사용한다.
④ 흡입관은 되도록 짧게 하고 굴곡 부분도 가능한 적게 하여 공동현상을 방지한다.

모의 제5회 정답 및 해설

01	02	03	04	05	06	07	08	09	10	11	12	13	14	15	16	17	18	19	20
④	④	③	③	①	①	①	②	①	①	④	①	②	④	①	④	①	④	④	④
21	22	23	24	25	26	27	28	29	30	31	32	33	34	35	36	37	38	39	40
③	④	①	②	②	④	①	③	③	②	①	③	④	④	③	②	③	①	①	③
41	42	43	44	45	46	47	48	49	50	51	52	53	54	55	56	57	58	59	60
③	③	③	①	②	③	①	④	①	③	④	②	①	①	②	④	④	①	④	④
61	62	63	64	65	66	67	68	69	70	71	72	73	74	75	76	77	78	79	80
④	④	②	①	④	②	③	③	①	④	④	①	②	②	①	④	④	④	③	④

01 습공기를 노점온도까지 냉각시킬 때 절대습도(x)와 수증기분압(P_w)은 일정하다.

02 냉각탑의 보급수량은 순환수량의 3% 정도의 물을 항상 보충해야 한다.

참고 토출공기량에 비해 비산되는 수량은 1~2%이다.

03 $BF=\dfrac{t_o-ADP}{t_i-ADP}$

$\therefore\ t_o=ADP+BF(t_i-ADP)=7+0.1\times(27-7)$
$=9℃$

04 냉방부하 중 실내취득열량은 인체 발생열량, 조명 발생열량, 실내기구 발생열량 등이 있고, 송풍기에 의한 취득열량과 덕트로부터의 취득열량은 장치(기기)취득부하에 속한다.

05 ② 제2종 환기방식 : 강제급기+자연배기
③ 제3종 환기방식 : 자연급기+강제배기
④ 제4종 환기방식 : 자연급기+자연배기

06 열수분비$(u)=\dfrac{\text{엔탈피(전체 열량)변화량}(dh)}{\text{절대습도(수증기)변화량}(dx)}$에서

$dh=0$이면 $u=0$이다.

참고 $dx=0$이면 $u=\infty$이다.

07 펌프에서 공동현상(캐비테이션현상)은 흡입배관경이 작을 경우 발생한다(흡입양정이 클 경우).

08 $\dfrac{P_2}{P_1}=\left(\dfrac{N_2}{N_1}\right)^2$

$\therefore\ P_2=P_1\left(\dfrac{N_2}{N_1}\right)^2=300\times\left(\dfrac{2,000}{1,500}\right)^2=533.3\text{Pa}$

09 소요동력을 가장 경제적으로 할 수 있는 풍량제어 방법은 회전수제어>가변피치제어>스크롤댐퍼제어>베인제어>흡입댐퍼제어>토출댐퍼제어 순이다.

10 $x=0.622\dfrac{P_w}{P-P_w}=0.622\times\dfrac{9.5}{760-9.5}$
$=0.00787\text{kg/kg}'$

11 이중덕트방식
㉠ 2중덕트가 설치되므로 설비비가 높다.
㉡ 혼합상자에서 소음과 진동이 발생되며 냉온풍을 혼합하는데 따른 에너지손실(열손실)이 크다.

12 ㉠ $t=\dfrac{m_1t_1+m_2t_2}{m_1+m_2}=\dfrac{1\times(-10)+4\times20}{1+4}=14℃$

㉡ $x=\dfrac{m_1x_1+m_2x_2}{m_1+m_2}=\dfrac{1\times0.001+4\times0.008}{1+4}$
$=0.0066\text{kg}'/\text{kg}$

13 유인유닛방식(induction unit system)에서 1차 공기와 2차 공기의 비는 1 : (3~4)이고, 더블코일일 때는 1 : (6~7)이다.

유인비$=\dfrac{\text{2차 공기(합계공기)}}{\text{1차 공기(토출공기)}}$

14 공기조화설비의 구성
㉠ 공조기(AHU) : 송풍기, 에어필터, 냉각기, 가습기, 가열기
㉡ 열원장치(보일러, 냉동기) 및 보조기기
㉢ 열운반장치 : 덕트, 펌프, 배관
㉣ 자동제어장치(실내온습도 조정)

15 현열비$(SHF)=\dfrac{\text{현열량}}{\text{전열량}}=\dfrac{h_2-h_1}{h_3-h_1}$

16 냉온수코일 선정 시 일반사항

㉠ 유속이 커지면 마찰저항이 증가하므로 더블서킷으로 한다.

㉡ 공기냉각용으로 4~8열이 많이 사용된다.

㉢ 냉온수 겸용 코일인 경우 냉수코일을 기준으로 선정한다(냉수유량이 많기 때문에).

㉣ 코일 입출구수온차는 5℃ 전후로 한다.

17 하트포드배관이음은 보일러 내 안전수면을 유지(수위 저하 방지)하는 역할을 하는 배관설비이다.

18 $K=\dfrac{1}{R}=\dfrac{1}{\dfrac{1}{\alpha_i}+\dfrac{l}{\lambda}+\dfrac{1}{\alpha_o}}=\dfrac{1}{\dfrac{1}{5}+\dfrac{0.008}{0.65}+\dfrac{1}{10}}$

$=3.2\text{W/m}^2\cdot\text{K}$

19 매시간 환기량(Q)=환기횟수$(n)\times$실용적$(V)[\text{m}^3/\text{h}]$

$\therefore$ 환기횟수$(n)=\dfrac{\text{매시간 환기량}(Q)}{\text{실용적}(V)}=\dfrac{\text{m}^3/\text{h}}{\text{m}^3}=$회/h

20 TAB이란 Testing(시험), Adjusting(조정), Balancing(평가)의 약어로, 현장에 맞게 에너지 소비의 억제를 통해 경제성을 도모하여 최적화하는 것을 목적으로 한다.

21 열효율(η)

$=\dfrac{3,600\times\text{정격출력(kW)}}{\text{저위발열량}(H_L)\times\text{시간당 연료소비량}(m_f)}\times100\%$

$=\dfrac{3,600\times(100\times0.75)}{43,470\times20}\times100=31\%$

22 $PV^n=C$에서

㉠ $n=0$: 등압과정

㉡ $n=1$: 등온과정

㉢ $n=k$: 가역단열과정

㉣ $n=\infty$: 등적과정

23 $Q=\lambda A\left(\dfrac{t_1-t_2}{L}\right)\times60\times10^{-3}$

$=15\times1\times\dfrac{70-50}{0.01}\times60\times10^{-3}=1,800\text{kJ}$

24 $\eta_c=\dfrac{W_{net}}{Q_1}=1-\dfrac{T_2}{T_1}$

$\therefore\ W_{net}=\eta_c Q_1=\left(1-\dfrac{T_2}{T_1}\right)Q_1=\left(1-\dfrac{300}{500}\right)\times360$

$=144\text{kJ}$

25 이상적인 냉동사이클의 성능계수는 저온체(증발기) 온도(T_L)를 올리고, 고온체 온도(T_H)와 저온체 온도(T_L)의 차를 줄이면 성능계수는 향상된다.

26 ㉠ 강도성 상태량

- 계의 질량에 관계없는 성질
- 온도(t), 압력(P), 비체적(v) 등

㉡ 용량성 상태량

- 계의 질량에 비례하는 성질
- 체적, 에너지, 질량, 내부에너지(U), 엔탈피(H), 엔트로피(S) 등

27 $PV=mRT$

$\therefore\ P=\dfrac{mRT}{V}=\dfrac{200\times0.287\times(20+273)}{150}$

$=112\text{kPa}$

28 ① 열역학 제0법칙 : 열평형법칙, 온도계 원리를 적용한 법칙

② 열역학 제1법칙 : 에너지 보존의 법칙, 가역법칙

③ 열역학 제2법칙 : 엔트로피 증가법칙$(\Delta S>0)$, 비가역법칙(방향성 제시)

④ 열역학 제3법칙 : Nernst 열정리, 즉 자연계의 어떤 방법으로도 어떤 물질의 온도를 절대 0도(K)에 이르게 할 수 없다.

29 ㉠ 액배관계통에서 중요한 점은 적어도 0.5℃ 이상 과냉각된 상태로 팽창밸브에 도달하도록 운전하는 것이다. 액관 내에 플래시가스 또는 증기가 발생하면 팽창밸브의 능력은 현저히 감소한다.

㉡ 플래시가스의 발생이유

- 액관 내의 저항
- 드라이어나 필터의 막힘
- 열을 높은 곳으로 이동 시 액의 수압에 의한 압력 감소
- 전자밸브구경의 과소 등

(참고) 증기의 발생은 배관 도중의 열침입에 의한 것이 많다.

30 산소(O_2)는 산화제로 위험성이 크다.

31 유동점이란 액체(유체)가 유동할 수 있는 최저온도로 보통 응고점보다 2.5℃ 정도 높다.
유동점=응고점+2.5℃

32 열관류율이 작을수록 단열재(보온재)로 적당하다.

33 2단 압축(two stage compression)을 채택하는 경우는 압축비$\left(=\frac{\text{응축기 절대압력}}{\text{증발기 절대압력}}\right)$가 6 이상이거나 암모니아($NH_3$)용인 경우 증발기온도가 −35℃ 이하, 프레온(freon)용인 경우는 압축비가 9 이상이거나 증발기온도가 −50℃ 이하일 때 채택한다.

34 증기압축냉동사이클에서 교축과정(throttling)
㉠ $P_1 > P_2$
㉡ $T_1 > T_2$(줄−톰슨효과)
㉢ $h_1 = h_2$
㉣ $\Delta S > 0$(비가역과정으로 엔트로피는 증가한다)

35 CA냉장고(Controlled Atmosphere storage room)는 청과물 저장 시 주로 사용되며 보다 좋은 저장성을 확보하기 위해 냉장고 내의 산소를 3~5% 감소시키고 탄산가스를 3~5% 증가시켜 청과물의 호흡을 억제하여 냉장하는 냉장고이다.

36 $K=\frac{1}{R}=\frac{1}{\frac{1}{\alpha_i}+\Sigma\frac{l_i}{\lambda_i}+\frac{1}{\alpha_o}}$

$=\frac{1}{\frac{1}{6}+\frac{0.3}{0.116}+\frac{0.2}{0.058}+\frac{0.01}{0.233}+\frac{1}{18}}$

$\fallingdotseq 0.159\text{W/m}^2\cdot\text{K}$

$\therefore\ Q=KA\Delta t=KA(t_o-t_i)$

$=0.159\times20\times[30-(-20)]$

$=159\text{W}=0.159\text{kW}$

37 냉동사이클에서 응축온도를 일정하게 하고 증발온도를 상승시키면
㉠ 압축비 감소(압축일 감소)
㉡ 성적계수 증가
㉢ 토출가스온도 감소

38 방열재(단열재)의 선택요건
㉠ 열전도도가 작고 방습성이 클 것
㉡ 수축, 변형이 작을 것
㉢ 내압강도가 클 것
㉣ 흡수성이 없을 것
㉤ 다공성이고 가벼워 시공이 용이할 것
㉥ 불연성 및 난연성 재료일 것

39 증발압력조절밸브(EPR)는 증발기 내 냉매의 증발압력을 일정 압력 이하가 되게 해야 한다.

40 균압관은 냉매액의 흐름을 원활하게 하기 위해 응축기 상부와 수액기 상부에 연결한 관이다.

41 $N_s=\frac{120f}{P}(1-s)$

$\therefore\ P=\frac{120f}{N_s}(1-s)=\frac{120\times50}{600}\times(1-0.2)=8$극

42 $C(s)=R(s)G_1G_2-C(s)G_1G_2H$

$C(s)(1+G_1G_2H)=R(s)G_1G_2$

$\therefore\ \frac{C(s)}{R(s)}=\frac{G_1G_2}{1+G_1G_2H}=\frac{5\times2}{1+5\times2\times0.1}=5$

43 ① $(A+B)(A+\overline{B})=AA+A\overline{B}+AB+B\overline{B}$
$=A+A(\overline{B}+B)+0$
$=A+A(0+1)=A$

② $A(A+B)=AA+AB=A+AB$
$=A(1+B)=A$

③ $A+\overline{A}B=A(1+B)+\overline{A}B=A+AB+\overline{A}B$
$=A+B(A+\overline{A})=A+B(1+0)=A+B$

④ $AB+A\overline{B}=A(B+\overline{B})=A(1+0)=A$

44 $C(s)=R(s)G_1G_2-C(s)G_1G_2G_3G_4$

$C(s)(1+G_1G_2G_3G_4)=R(s)G_1G_2$

$\therefore\ \frac{C(s)}{R(s)}=\frac{G_1G_2}{1+G_1G_2G_3G_4}$

45 ㉠ 회로의 합성저항$(R)=R_0+\frac{R_1R_2}{R_1+R_2}$
$=4+\frac{10\times15}{10+15}=10\Omega$

㉡ 회로에 흐르는 전전류$(I)=\frac{V}{R}=\frac{100}{10}=10\text{A}$

㉢ 10Ω에 흐르는 전류$(I_1)=\frac{IR}{R_1}=\frac{I}{R_1}\left(\frac{R_1R_2}{R_1+R_2}\right)$
$=I\left(\frac{R_2}{R_1+R_2}\right)$
$=10\times\frac{15}{10+15}=6\text{A}$

46 $P=\frac{W}{t}=\frac{90,000}{3\times60}=500\text{W}$

47 금속도체는 일반적으로 온도의 상승에 따라 저항은 증가한다.
참고 반도체는 온도의 상승에 따라 저항은 감소한다.

48 $C_0=\frac{2C\times2C}{2C+2C}=\frac{4C^2}{4C}=C[\text{F}]$

49 파고율$=\frac{\text{최대값}}{\text{실효값}}=\frac{I_m}{\frac{I_m}{\sqrt{2}}}=\sqrt{2}$

50 $L = \frac{\phi}{I}$

$\therefore\ W = \frac{1}{2}LI^2 = \frac{1}{2}\phi I = \frac{1}{2} \times 4 \times 3 = 6\text{J}$

51 피드백제어(feedback control)는 목표값이 정해져 있고 입출력을 비교하여 신호전달경로가 반드시 폐루프(close feedback control)를 제어한다.

52 적분제어는 잔류편차(offset, 정상상태에서의 오차)를 제거할 목적으로 사용된다.

53 A+AB=A(1+B)=A・1=A

54 $G_1 = abcd,\ \Delta_1 = 1$(메이슨공식 이용)

$L_{11} = -ce,\ L_{21} = bcf$

$\Delta = 1 - (L_{11} + L_{21}) = 1 + ce - bcf$

$\therefore\ G = \frac{C}{R} = \frac{G_1\Delta_1}{\Delta} = \frac{abcd}{1 + ce - bcf}$

55 ① 프로그램제어 : 미리 정해진 프로그램에 따라 제어량을 변화시키는 것을 목적으로 하는 제어
③ 비율제어 : 목표값이 다른 것과 일정 비율관계를 가지고 변화하는 경우의 추종제어
④ 자동조정 : 전압, 전류, 회전속도, 주파수 등 전기적, 기계적 양을 주로 하는 제어

56 안전보건교육계획에 포함해야 할 사항
㉠ 교육의 종류
㉡ 교육대상
㉢ 교육과목 및 교육내용
㉣ 교육기간 및 시간
㉤ 교육장소
㉥ 교육방법
㉦ 교육담당자 및 담당강사

57 내압시험압력 : TP

58 안전관리의 목적은 안전사고를 미연에 방지하여 생명을 존중하고 사고에 따른 재산의 손실 방지 등을 목적으로 한다.

59 냉동능력 20톤 이상의 냉동설비의 압력계 눈금판은 기밀압력 이상으로 하고, 그 압력의 2배 이하로 한다.

60 고압가스안전관리법에 따라 안전관리자를 해임하거나 퇴직한 때는 지체 없이 이를 허가 또는 신고관청에 신고하고, 그로부터 30일 이내에 다른 안전관리자를 선임해야 한다.

61 차량이 통행하는 폭 8m 이상의 도로에서는 매설깊이를 지면으로부터 1.2m 이상으로 한다.

62 보온재의 구비조건
㉠ 내구성, 내열성, 내식성이 클 것
㉡ 물리적, 화학적, 기계적 강도 및 시공성이 있을 것
㉢ 열전도율이 작을 것
㉣ 온도변화에 대한 균열 및 팽창, 수축이 작을 것
㉤ 내구성이 있고 변질되지 않을 것
㉥ 비중이 작고 흡습성이 없을 것
㉦ 섬유질이 미세하고 균일할 것
㉧ 불연성이며 경제적일 것

63 복사난방설비는 매설배관이므로 준공 후의 보수・점검이 매우 불편하고 시공비가 많이 필요하다.

64 방열기(라디에이터)나 팬코일유닛(FCU)에 가장 적합한 신축이음은 스위블이음이다.

65 강관의 치수 표시는 A(mm), B(inch)로 나타내며, 주요 관지름을 A와 B로 나타내면 다음과 같다.

A(mm)	B(inch)	A(mm)	B(inch)
10	3/8	80	3
15	1/2	90	3 1/2
20	3/4	100	4
25	1	150	6
32	1 1/4	200	8
40	1 1/2	250	10
50	2	300	12
65	2 1/2	–	–

66 스케줄번호(Sch. No)가 클수록 두꺼운 관이다.

㉠ 공학단위일 때 Sch. No$= \frac{P\,[\text{kgf/cm}^2]}{S\,[\text{kgf/mm}^2]} \times 10$

㉡ 국제(SI)단위일 때 Sch. No$= \frac{P\,[\text{MPa}]}{S\,[\text{N/mm}^2]} \times 1{,}000$

여기서, P : 사용압력
S : 허용응력

67 플레어접합(압축접합)은 20mm 이하의 동관접합법으로 점검, 보수, 기타 관을 떼어내기 용이하다.

68 유니언은 배관 도중에 분기 증설할 때나 배관의 일부를 수리할 때 분해, 조립이 가능해 편리하며 주로 관지름 50A 이하의 소구경관에 사용하고, 그 이상의 대구경관에는 플랜지를 사용한다.

69 통기관의 설치목적
㉠ 트랩의 봉수를 보호하기 위해
㉡ 배수관 내의 압력변동을 흡수하여 배수흐름을 원활하게 하기 위해
㉢ 신선한 외기를 통하게 하여 배수관의 청결을 유지하기 위해

70 버너노즐의 카본 부착상태 점검은 보일러 점검항목이다.

71 $\Delta V = V\left(\frac{1}{\rho_2} - \frac{1}{\rho_1}\right) = V\alpha\Delta t$
$= 500 \times 0.5 \times 10^{-3} \times (80-50) = 7.5\text{L}$

72 $\lambda = l\alpha\Delta t = 10 \times 10^3 \times 6 \times 10^{-6} \times 150 = 9\text{mm}$

73 ① 플랜지이음의 90° 엘보
③ 턱걸이이음의 90° 엘보
④ 용접이음의 90° 엘보

74 ① 맞대기용접용 스트레이너
③ 플랜지용 스트레이너
④ 나사용 스트레이너

75 오스터는 강관의 나사절삭용 수동공구이다.

76 $Q = AV$

$$\therefore V = \frac{Q}{A} = \frac{\frac{30}{1,000}}{\frac{\pi}{4} \times 0.0276^2 \times 60} \fallingdotseq 0.84\text{m/s}$$

77 보온재의 선정조건
㉠ 중량이 가볍고 시공이 용이하며 열전달률이 작을 것
㉡ 불연성이며 경제성이 있을 것
㉢ 물리적, 화학적 강도가 클 것
㉣ 사용하는 온도에 대응하는 팽창률을 고려할 것
㉤ 보온 시공면에서 부식이나 붙는 일이 없을 것
㉥ 사용하는 온도에 충분히 견딜 것(사용온도범위가 넓을 것)

78 가스유량
㉠ 저압배관인 경우(폴공식)

$$Q = K\sqrt{\frac{D^5 H}{SL}}\ [\text{m}^3/\text{h}]$$

㉡ 중·고압배관인 경우(콕스공식)

$$Q = K\sqrt{\frac{D^5({P_1}^2 - {P_2}^2)}{SL}}\ [\text{m}^3/\text{h}]$$

여기서, D : 관지름(cm)
ΔP : 압력손실(mmAq)
S : 비중
L : 관의 길이(m))
K : 유량계수(저압 : 0.707, 중·고압 : 52.31)
H : 마찰손실수두(mmH_2O)

79 액체의 온도가 높을 경우 캐비테이션이 발생한다.

80 ㉠ 동관의 두께별 분류 : K>L>M
㉡ 얇은 두께(N)는 KS규격에 없다.

모의

제6회 정답 및 해설

01	02	03	04	05	06	07	08	09	10	11	12	13	14	15	16	17	18	19	20
③	④	①	③	④	②	②	④	④	②	①	①	④	①	③	②	②	③	④	③
21	22	23	24	25	26	27	28	29	30	31	32	33	34	35	36	37	38	39	40
①	③	④	③	②	④	①	①	②	④	①	②	④	②	④	④	①	④	①	②
41	42	43	44	45	46	47	48	49	50	51	52	53	54	55	56	57	58	59	60
②	①	③	②	②	④	③	③	②	④	④	②	③	④	①	②	③	②	②	②
61	62	63	64	65	66	67	68	69	70	71	72	73	74	75	76	77	78	79	80
③	①	①	③	①	④	④	①	③	④	④	①	④	③	①	③	③	②	④	③

01 흡수식 냉동기의 냉온수 발생기는 냉방 시에는 냉수, 난방 시에는 온수를 각각 공급할 수도, 필요에 따라 냉수 및 온수를 동시에 공급할 수도 있다.

02 $q_s = m\Delta h$
$= \rho Q(h_5 - h_2)$
$= 1.2\times(600\times60)\times(52-36)$
$= 691,200\text{kJ/h} = 192,000\text{W}$

03 정풍량 단일덕트(CAV)방식은 각 실의 실온을 개별적으로 제어할 수 없다.

04 $q_s = \rho Q C_p \Delta t$

$\therefore Q = \dfrac{q_s}{\rho C_p \Delta t} = \dfrac{40}{1.2\times1.005\times(26-12)}$
$= 2.369\text{m}^3/\text{s} ≒ 8,529\text{m}^3/\text{h}$

05 정밀측정실이나 반도체산업 등의 청정실을 산업용 클린룸(ICR)이라 하며, 부속품으로 HEPA필터나 ULPA필터를 사용한다.

06 정풍량방식
㉠ 실내부하가 감소될 경우에도 송풍량을 줄일 수 없다.
㉡ 가변풍량방식에 비하여 송풍기 동력이 커서 에너지소비가 많다.
㉢ 각 실의 부하변동이 서로 다른 건물에서는 각 실마다 온습도의 불균형이 생긴다.
㉣ 송풍량과 환기량을 크게 할 수 있어서 외기냉방을 할 수 있다.

07 노통연관식 보일러는 지름이 큰 동체를 몸체로 하여 그 내부에 노통과 연관을 동체축에 평행하게 설치하여 연소실에서 화염은 1차적으로 노통 내부에서 열전달을 한 후, 2차적으로 연소가스는 연관 속으로 흘러가면서 내부에 있는 보일수와 열전달을 한 후 연도로 배출되는 구조이다.

08 흡수식 냉동기는 압축기가 없고, 압축기 대용으로 흡수기와 재생기, 용액펌프 등이 있다.

09 회전수를 2배로 했을 경우 풍량은 2배, 정압은 4배, 소요동력(축동력)은 8배가 된다.

참고 송풍기 상사법칙($D_1 = D_2$일 때)
- 풍량 : 회전수에 비례
  $\dfrac{Q_2}{Q_1} = \dfrac{N_2}{N_1}$
- 정압 : 회전수의 제곱에 비례
  $\dfrac{P_2}{P_1} = \left(\dfrac{N_2}{N_1}\right)^2$
- 축동력 : 회전수의 세제곱에 비례
  $\dfrac{L_2}{L_1} = \left(\dfrac{N_2}{N_1}\right)^3$

10 $L_s = \dfrac{P_s Q}{\eta_s} = \dfrac{0.5\times\dfrac{16,000}{3,600}}{0.7} ≒ 3.17\text{kW}$

11 $h = C_{pa}t + x(\gamma + C_{pv}t)$
$= 1.01\times30 + 0.015\times(2,500 + 1.85\times30)$
$= 68.63\text{kJ/kg}$

12 ㉠ $t = \dfrac{m_1 t_1 + m_2 t_2}{m(=m_1+m_2)} = \dfrac{1\times30+2\times20}{3} = 23.3℃$

㉡ $x = \dfrac{m_1 x_1 + m_2 x_2}{m}$

$= \dfrac{1\times0.02+2\times0.01}{3} = 0.013\text{kg}'/\text{kg}$

13 ㉠ 전압=정압+동압=-300+200=-100Pa

㉡ 동압(P_d)$= \dfrac{\rho V^2}{2}$ [Pa]

$\therefore\ V = \sqrt{\dfrac{2P_d}{\rho}} = \sqrt{\dfrac{2\times200}{1.2}} = 18.3\text{m/s}$

14 ② 제2종 환기방식(압입식) : 강제급기+자연배기, 송풍기 설치, 반도체공장, 무균실, 창고에 적용

③ 제3종 환기방식(흡출식) : 자연급기+강제배기, 배풍기 설치, 화장실, 부엌, 흡연실에 적용

④ 제4종 환기방식(자연식) : 자연급기+자연배기

15 냉수코일 설계 시 코일 내 냉수속도는 1m/s 정도로 한다.

16 기압시험은 공기압축기 또는 시험기를 배수관 1개의 개구부에 접속하고 그 밖의 개구부를 밀폐시킨 후, 공기를 개구부에서 그 계통에 압송하고 기준치에 따라 배관의 누설 유무를 검사한다.

17 증기헤더의 필요한 증기밸브를 서서히 열고, 사용하지 않는 밸브는 잠겨 있는지 확인해야 한다.

18 콘크리트 양생은 30℃ 이상의 온도에서 2일(48시간) 이상 건조시킨다.

19 TAB 수행은 에너지 절감, 공사품질 향상, 실내환경 개선과 장비수명도 연장된다.

20 TAB작업 시 급수배관에서 워터해머(수격작용) 발생을 방지하는 작업은 일반적으로 포함되지 않는다.

21 $\varepsilon_R = \dfrac{Q_e}{W_c} = \dfrac{46.4}{10} = 4.64$

22 열의 이동 시 물체의 전체 엔트로피변화량은 증가한다($\Delta S>0$).

$\therefore\ \Delta S_t = \Delta S_1$(고온체 엔트로피 감소량)$+\Delta S_2$(저온체 엔트로피 증가량)

$= Q\left(\dfrac{-1}{T_1} + \dfrac{1}{T_2}\right) = \dfrac{Q(T_1-T_2)}{T_1 T_2}$ [kJ/K]

23 증기압축냉동사이클에서 엔트로피가 감소하는 구간은 응축구간이다.

24 ㉠ 20℃ 물을 0℃까지 냉각시키는 데 필요한 열량

$q_s = mC\Delta t = 500\times4.2\times(20-0) = 42{,}000\text{kJ/h}$

㉡ 0℃ 물을 0℃ 얼음으로 변화시키는 데 필요한 열량

$q_L = m\gamma_o = 500\times333.6 = 166{,}800\text{kJ/h}$

㉢ 0℃ 얼음을 -10℃ 얼음으로 냉각시키는 데 필요한 열량

$q_s{}' = mC\Delta t = 500\times2.1\times[0-(-10)] = 10{,}500\text{kJ/h}$

$\therefore$ 냉동능력$= \dfrac{\dfrac{42{,}000+166{,}800+10{,}500}{3{,}600}}{3.9}$

$= 15.62\text{RT}$

25 정적(등적)과정 시 가열량은 내부에너지변화량과 같다.

$\therefore\ U_2 - U_1 = m\,C_v(t_2-t_1)$

$= 1\times0.7315\times(160-10)$

$≒ 109.7\text{kJ}$

26 $\eta_B = \dfrac{m_a(h_2-h_1)}{H_L m_f}\times100$

$= \dfrac{380{,}000\times(3{,}230-830)}{32{,}000\times34{,}000}\times100 = 83.8\%$

27 가스퍼저는 응축기나 고압수액기의 상부에 설치하여 응축기에 체류하는 불응축가스를 냉매증기와 분리하여 배출한다.

28 ㉠ 일반(공통)기체상수

$\overline{R} = MR = 8.314\text{kJ/kmol}\cdot\text{K}$

$\therefore\ R = \dfrac{\text{일반기체상수}(\overline{R})}{\text{분자량}(M)}$

$= \dfrac{8.314}{44} = 0.189\text{kJ/kg}\cdot\text{K}$

㉡ 이상기체의 상태방정식

$PV = mRT$

$\therefore\ m = \dfrac{PV}{RT} = \dfrac{300\times52\times10^{-3}}{0.189\times(20+273)} ≒ 0.282\text{kg}$

29 $\eta_c = \dfrac{W_{net}}{Q_1} = 1 - \dfrac{T_2}{T_1}$

$\therefore\ W_{net} = \eta_c Q_1 = \left(1-\dfrac{T_2}{T_1}\right)Q_1$

$= \left(1-\dfrac{300}{500}\right)\times360 = 144\text{kJ}$

30 공기보다 가벼운 가스는 냉매가스가 노출될 경우 공기 중으로 확산되어 공기보다 무거운 가스보다 위험성이 적다.

31 $h=\dfrac{0.56t^2}{-t_b}$

$\therefore\ t=\sqrt{\dfrac{-t_b h}{0.56}}=\sqrt{\dfrac{-(-10)\times 48}{0.56}}\fallingdotseq 29.3\text{cm}$

이때 얼음두께(t)의 단위는 cm이다.

32 $PV=mRT$

$\therefore\ R=\dfrac{PV}{mT}=\dfrac{100\times 0.8}{1\times(30+273)}=0.264\text{kJ/kg}\cdot\text{K}$

33 $\eta_c=1-\dfrac{T_2}{T_1}=1-\dfrac{0+273}{100+273}=0.268=26.8\%$

34 $q_c=\lambda A\left(\dfrac{t_1-t_2}{L}\right)[\text{W}]$

$\therefore\ t_1=t_2+\dfrac{q_c L}{\lambda A}=100+\dfrac{1{,}000\times 0.01}{0.79\times 0.5}\fallingdotseq 125℃$

35 푸리에의 열전도법칙 $Q=\lambda A\dfrac{\Delta t}{L}[\text{W}]$

여기서, λ : 열전도계수(W/m・K), A : 단면적(m^2), Δt : 온도차(℃), L : 경로길이(두께)(m)

36 $PV^n=C$에서 **폴리트로픽지수(n)**

㉠ $n=0$: 정압과정

㉡ $n=1$: 등온과정

㉢ $n=\infty$: 등적과정

㉣ $n=k$: 가역단열과정(등엔트로피과정)

37 열역학 제2법칙(엔트로피 증가법칙=비가역법칙)은 열을 일로 변환시키는 것은 가능하다. 단, 100% 변환시키는 것은 불가능하다.

38 $PV=mRT$

$\therefore\ m=\dfrac{PV}{RT}=\dfrac{100\times 240}{0.287\times(25+273)}=280.6\text{kg}$

39 흡입증기의 과열도가 크게 되면 압축기는 과열운전이 된다.

40 독성가스를 사용하는 내용적이 10,000L 이상인 수액기 주위에는 액상의 가스가 누출될 경우에 그 유출을 방지하기 위한 조치를 마련할 것

41 정현파(sine wave) 교류의 실효값(V)은 최대값(V_m)의 $\dfrac{1}{\sqrt{2}}$ 배이다.

42 $Q=CV=10\times 10^{-6}\times 200=2\times 10^{-3}\text{C}$

43 $\text{Y}=\overline{\overline{\text{AB}}\cdot\overline{\text{CD}}}=\overline{\overline{\text{AB}}}+\overline{\overline{\text{CD}}}=\text{AB}+\text{CD}$

44 분류기(shunt)는 전류계와 병렬로 연결되어 전류계의 측정범위를 확대시켜 주는 계기이다.

45 프로세스제어(process control)는 온도, 유량, 압력, 액위, 농도, pH(수소이온농도), 효율 등 공업 프로세스의 상태량을 제어량으로 하는 제어이다.

46 **키르히호프의 제2법칙**

㉠ 하나의 루프에서 공급하는 기전력의 총합과 루프 내의 전압강하의 총합은 서로 같아야 한다.

㉡ 하나의 루프 내에서의 전압의 합은 반드시 0이 되어야 한다.

47 $G_1=1\times 2\times 4\times 6=48,\ \Delta_1=1$

$L_{11}=2\times 11=22,\ L_{21}=4\times 8=32$

$\Delta=1-(L_{11}+L_{21})=1-(22+32)=-53$

$\therefore\ \dfrac{C(s)}{R(s)}=\dfrac{G_1\Delta_1}{\Delta}=-\dfrac{48}{53}$

48 프로그램제어는 목표값이 미리 정해진 시간적 변화를 하는 경우 제어량을 변화시키는 제어로서 무인운전시스템이 이에 해당된다.

49 미분제어동작(D제어)은 제어편차가 검출될 때 편차가 변화하는 속도에 비례하여 조작량을 가감하도록 하는 제어로서 오차가 커지는 것을 미연에 방지하는 제어이다.

50 **비례적분미분동작(PID제어)**

㉠ 비례동작과 미・적분동작이 결합된 제어이다.

㉡ 오버슛을 감소시키고, 정정시간을 적게 하여 정상편차와 응답속도를 동시에 개선하는 가장 안정한 제어특성이다.

㉢ 전달함수는 $G(s)=K\left(1+T_d s+\dfrac{1}{T_i s}\right)$이다.

51 $P=VI=I^2R[\text{W}]$

$\therefore\ R=\dfrac{P}{I^2}=\dfrac{40}{0.4^2}=250\,\Omega$

52 $e=-N\dfrac{d\phi}{dt}=L\dfrac{di}{dt}[\text{V}]$

$\therefore\ L=e\dfrac{dt}{di}=20\times\dfrac{0.01}{20-10}=0.02\text{H}=20\text{mH}$

53 $\cos\theta=\dfrac{P}{S}=\dfrac{P}{\sqrt{P^2+Q^2}}=\dfrac{80}{\sqrt{80^2+60^2}}=0.8=80\%$

54 유도전동기의 속도제어법
㉠ 농형 유도전동기 : 주파수제어법, 전압제어법, 극수변환법
㉡ 권선형 유도전동기 : 2차 저항제어법, 2차 여자법, 종속법

55 $P=1,000\text{kW},\ \cos\theta_1=0.8,\ \cos\theta_2=0.95$일 때
$\sin\theta=\sqrt{1-\cos^2\theta}$ 이므로

$$\therefore\ Q_C=P\left(\frac{\sin\theta_1}{\cos\theta_1}-\frac{\sin\theta_2}{\cos\theta_2}\right)$$
$$=P\left(\frac{\sqrt{1-\cos^2\theta_1}}{\cos\theta_1}-\frac{\sqrt{1-\cos^2\theta_2}}{\cos\theta_2}\right)$$
$$=1,000\times\left(\frac{\sqrt{1-0.8^2}}{0.8}-\frac{\sqrt{1-0.95^2}}{0.95}\right)$$
$$=421\text{kVA}$$

56 SCR(Silicon Controlled Rectifier, 실리콘제어정류기)은 역방향은 저지하고, 순방향으로만 제어하는 단일방향성 사이리스터이다.

57 원인 계기의 원칙
㉠ 사고 발생과 원인의 관계는 반드시 필연적인 인과관계가 있다.
㉡ 일반적으로 사고 발생의 직접원인은 인적, 물적 원인으로 구분되며, 간접원인은 기술적, 교육적, 관리적, 신체적, 정신적, 학교교육적 원인 및 역사적, 사회적 원인으로 구분하고 있다.
㉢ 안전관리에 대하여 체계적이고 과학적인 예방대책을 수립하면 인적재해의 발생을 미연에 방지할 수 있다.

58 손실 우연의 법칙은 인적재해에 대한 Heinrich의 법칙으로, 사고와 상해 정도 사이에 항상 우연적인 확률이 존재한다는 이론이다.

59 독성가스 및 공기보다 무거운 가연성 가스를 취급하는 제조시설 및 저장설비에는 가스가 누출될 경우 이를 신속히 검지하여 효과적으로 대응할 수 있도록 하기 위하여 필요한 조치 중 연소장치는 거리가 멀다.

60 재해는 우연적 손실의 반복보다는 사고 발생의 예방대책으로 예방이 가능하다는 자세가 필요하며, 사고 발생 이후의 대책이 예방보다 더 중요할 수 없다.

61 유지보수공사는 에너지비용 등 각종 비용을 경제적으로 운용하는 것이 목적이지만 보수공사비용 자체를 최소화하는 것은 아니다.

62 급수배관 내 권장 유속은 2~3m/s 이하로 한다.

63 리버스리턴(역환수)방식은 각 배관의 길이를 같게 해서 온수를 균등하게 공급하는 것이 목적이다.

64 ㉠ 입구루버 : 입구공기의 난류를 정류로 만든다.
㉡ 플러딩노즐 : 일리미네이터에 부착된 먼지를 제거한다.
㉢ 일리미네이터(제수판) : 출구에 섞여 나가는 비산수를 제거한다.

65 냉매가스 속에 용해하고 있는 기름이 확실히 운반될 수 있게 횡형관에서는 약 3.5m/s 이상 되도록 할 것

66 트랩의 봉수는 위생기기를 장기간 사용하지 않을 때 증발작용으로 봉수가 파괴된다.

67 온수보일러에서 팽창탱크에 이르는 팽창관에는 되도록 밸브를 설치하지 않는다.

68 동관의 외경(D_o)=호칭경(인치)+1/8(인치)

69 $l=L-2(A-a)=200-2\times(27-11)=168\text{mm}$

70 냉매 충전 시 증발기로 충전하는 방법보다 수액기로 충전하는 방법을 일반적으로 사용한다.

71 액분리기와 압축기 사이 냉매배관은 1/200 정도로 압축기측 하향구배로 한다.

72 진공환수식은 진공펌프에 의해 강제 흡입순환하므로 증기난방배관설비의 응축수환수방법 중 증기의 순환이 가장 빠르다.

73 보온재는 비중이 작고(가볍고) 흡습성이 작을 것

74 중·고압가스배관의 유량
$P_1=0.3+0.1=0.4\text{MPa}$(절대압)
$P_2=0.2+0.1=0.3\text{MPa}$

$$\therefore\ Q=K\sqrt{\frac{(P_1^{\ 2}-P_2^{\ 2})D^5}{SL}}$$
$$=523.1\times\sqrt{\frac{(0.4^2-0.3^2)\times30^5}{0.64\times500}}$$
$$=38,138\text{m}^3/\text{h}$$

75 용어정의
㉠ 배관 : 본관, 공급관, 내관을 말함
㉡ 본관 : 도시가스제조사업소(액화천연가스의 인수기지를 포함)의 부지 경계에서 정압기에 이르는 배관
㉢ 공급관 : 공동주택, 오피스텔, 콘도미니엄, 그 밖에 안전관리를 위하여 산업통상자원부장관이 필요하다고 인정하여 정하는 건축물(이하 '공동주택 등')에 가스를 공급하는 경우에는 정압기에서 가스사용자가 구분하여 소유하거나 점유하는 건축물의 외벽에 설치하는 계량기의 전단밸브(계량기가 건축물의 내부에 설치된 경우에는 건축물의 외벽)까지 이르는 배관
㉣ 사용자공급관 : 공급관 중 가스사용자가 소유하거나 점유하고 있는 토지의 경계에서 가스사용자가 구분하여 소유하거나 점유하는 건축물의 외벽에 설치된 계량기의 전단밸브까지에 이르는 배관
㉤ 내관 : 가스사용자가 소유하거나 점유하고 있는 토지의 경계(공동주택 등으로서 가스사용자가 구분하여 소유하거나 점유하는 건축물의 외벽에 계량기가 설치된 경우에는 그 계량기의 전단밸브, 계량기가 건축물의 내부에 설치된 경우에는 건축물의 외벽)에서 연소기까지 이르는 배관

76 버너노즐의 carbon 부착상태 점검은 보일러의 점검항목이며, 스프레이(spary)노즐은 에어와셔의 구성요소이다.

77 팬코일유닛방식의 배관방식에 2관식, 3관식, 4관식이 있으며, 3관식은 냉온수를 공급하고(공급관 2개) 환수는 혼합하여 1개관으로 환수하므로 혼합손실이 발생한다.

78 고정장치 부착위치
㉠ 관지름 13mm 미만 : 1m마다
㉡ 관지름 13~33mm : 2m마다
㉢ 관지름 33mm 이상 : 3m마다

79 실내공기질 권고기준(실내공기질관리법 시행규칙 제4조)에서 규정하고 있는 오염물질항목에는 이산화질소, 라돈, 곰팡이, 총휘발성유기화합물이다.

80 산세정 중에는 탄산가스, 수소가스, 불산가스 등 유해가스가 발생하므로 화기에 주의하고 적절한 배출설비도 필요하다.

모의 제7회 정답 및 해설

01	02	03	04	05	06	07	08	09	10	11	12	13	14	15	16	17	18	19	20
③	③	②	②	②	①	②	②	④	③	①	②	④	①	③	②	①	③	③	②
21	22	23	24	25	26	27	28	29	30	31	32	33	34	35	36	37	38	39	40
③	①	③	②	③	③	③	③	③	①	④	②	③	③	②	②	④	④	③	④
41	42	43	44	45	46	47	48	49	50	51	52	53	54	55	56	57	58	59	60
③	①	②	③	①	①	③	③	③	③	③	①	①	①	④	④	③	③	④	③
61	62	63	64	65	66	67	68	69	70	71	72	73	74	75	76	77	78	79	80
④	④	②	③	④	①	③	④	①	②	①	②	②	②	③	④	③	④	①	②

01 냉각탑(cooling tower)에서 표준 냉각능력 산정의 일반적 기준은 순환수량 13L/min이다.

02 주철제보일러
㉠ 고압 대용량에는 부적합하다.
㉡ 저압으로 파열 시 피해가 적다.

03 $P_t = P_s + P_d = 980 + \frac{12 \times 20^2}{2} = 1,220\text{Pa}$

04 제시된 습공기선도는 외기 ①을 예열하여 ③으로 만든 후 실내공기 ②와 혼합하여 ④로 하고, 가열하여 ⑤로 만든 후 증기가습하여 ⑥으로 만들어 실내에 급기한다. 즉 예열-혼합-가열-증기가습(장치 출구)에서 실내로 현열비(SHF)의 기울기로 연결한다.

05 $EDR = \frac{\text{난방부하}}{\text{증기 표준 방열량}} = \frac{\frac{240,000}{3.6}}{756} \fallingdotseq 88.2\text{m}^2$

(참고) 1W=3.6kJ/h

06 각 층 유닛방식(step unit type)은 각 층에 공조실을 설치하고 공조기가 분산 설치되므로 공조기 수가 증가하여 설비비가 비싸진다.

07 냉수코일 설계 시 코일 내 물의 속도는 1m/s 이하로 한다.

08 송풍기 상사법칙을 적용하면 압력은 회전수의 제곱에 비례한다.

$\therefore P_2 = P_1\left(\frac{N_2}{N_1}\right)^2 = 300 \times \left(\frac{2,000}{1,500}\right)^2 = 533.3\text{Pa}$

09 원형 덕트의 상당직경$(d) = 1.3\left[\frac{(ab)^5}{(a+b)^2}\right]^{1/8}$ [mm]

10 유효온도(ET)
㉠ 각기 다른 실내온도, 습도, 기류에 따라 실내환경을 평가하는 척도로 사용된다.
㉡ 인체가 느끼는 쾌적온도로써 바람이 없는 정지된 상태에서 상대습도가 100%인 포화상태의 공기온도를 나타낸다.

11 $q_s = \rho Q C_p \Delta t$ [kJ/h]

$\therefore Q = \frac{q_s}{\rho C_p \Delta t}$

$= \frac{20,000}{1.2 \times 1.01 \times (26-15)}$

$= 1,500\text{m}^3/\text{h}$

12 제2종 환기방식은 기계급기(송풍기)+자연배기로써 보일러실, 반도체 무균실, 소규모 변전실, 창고 등에 적합한 환기법이다.

13 일반적으로 냉각탑(쿨링타워)으로의 보급수량은 순환수량의 2~3% 정도이다.

14 온풍난방은 외부의 공기를 가열하여 실내에 공급하여 난방하므로 간접난방에 속한다.

(참고)
- 직접난방 : 증기난방, 온수난방, 복사난방
- 간접난방 : 온풍난방, 공기조화기(AHU, 가열코일)

15 $L_s = \frac{\gamma_w QH}{\eta_p} = \frac{9.8 \times \frac{60}{3,600} \times 16}{0.6} \fallingdotseq 4.36\text{kW}$

16 ㉠ $BF = \frac{t_d - ADP}{t_r - ADP}$

$\therefore t_d = ADP + BF(t_r - ADP)$

$= 13.5 + 0.1 \times (26 - 13.5) = 14.75℃$

㉡ $Q = \frac{q_s}{\rho C_p \Delta t} = \frac{20,420}{1.2 \times 1.006 \times (26 - 14.75)}$

$= 1,503\text{L/s}$

17 세정실은 일리미네이터 앞에서 공기를 세정한다.

참고 일리미네이터는 냉각탑 출구에서 물방울이 기류와 함께 비산되는 것을 방지하는 장치이다.

18 TAB작업 시 팬, 펌프의 정상운전 시 전류, 전압, 전력 등은 측정하지만, 일반적으로 체절운전(밸브 폐쇄) 시 전력소비량은 측정범위가 아니다.

19 수직통기관은 우수수직관과 겸용하지 않도록 한다.

20 TAB란 냉난방설비의 공기분배계통, 공기조화용 냉온수 물분배계통 및 전체 공조시스템에 대한 시험(Testing), 조정(Adjusting)과 균형(Balancing)을 시행하는 것을 말한다.

21 전열기 발생열량(Q_H) $= 0.5 \times 60 = 30\text{kJ/min}$

물의 가열량(Q) $= mC(t_2 - t_1)$

$= 4 \times 4.18 \times (90 - 20) = 1170.4\text{kJ}$

∴ 소요시간 $= \frac{Q}{Q_H} = \frac{1170.4}{30} ≒ 39$분

22 $\delta Q = \Delta U + \delta W[\text{kJ}]$

$\therefore \Delta U = \delta Q - \delta W = -300 - (-400)$

$= 100\text{kJ}$(내부에너지 증가)

23 냉매는 점도가 작고 열전도성이 클 것

24 $K = \frac{1}{R} = \frac{1}{\frac{1}{\alpha_o} + \Sigma\frac{l}{\lambda} + \frac{1}{\alpha_i}}$

$= \frac{1}{\frac{1}{8} + \frac{0.1}{1.05} + \frac{0.2}{0.05} + \frac{0.01}{0.18} + \frac{1}{23}}$

$= 0.2315\text{W/m}^2 \cdot \text{K}$

$\therefore Q = KA\Delta t = 0.2315 \times 100 \times [35 - (-30)]$

$= 1504.75\text{W}$

25 증기압축식 냉동기는 압축기, 응축기, 증발기, 팽창밸브로 구성되어 있다.

26 이상적인 냉동사이클을 따르는 증기압축냉동장치에서 증발기를 지나는 냉매는 압력과 온도가 일정한 상태에서 엔탈피, 엔트로피, 건조도, 비체적은 증가한다.

27 $(COP)_R = \frac{q_e}{w_c} = \frac{630 - 462}{697 - 630} ≒ 2.5$

28 $\eta_o = 1 - \frac{q_1}{q_1} = 1 - \frac{T_4 - T_1}{T_3 - T_2} = 1 - \frac{1,029 - 300}{2,364 - 689}$

$= 0.565 = 56.5\%$

29 정압(등압)상태 시($P = C$) 엔트로피변화량

$\Delta S = mC_p \ln\frac{T_2}{T_1} = mC_p \ln\frac{V_2}{V_1}$

$= 5 \times 0.92 \times \ln\frac{0.6}{0.2} = 5.0536\text{kJ/K}$

30 흡수식 냉동기의 냉매순환과정

증발기(냉각기) → 흡수기 → 열교환기 → 재생기 → 응축기

31 $(COP)_R = \frac{T_2}{T_1 - T_2} = \frac{-10 + 273}{(35 + 273) - (-10 + 273)}$

$≒ 5.84$

32 클라우지우스의 적분값은 가역사이클인 경우는 등호(=), 비가역사이클인 경우는 부등호(<)이다.

$\oint \frac{\delta Q}{T} \le 0$

33 냉동능력(R) $= mq = \left(\frac{V\eta}{60v}\right)q[\text{kW}]$

34 $\frac{T_2}{T_1} = \left(\frac{V_1}{V_2}\right)^{k-1}$

$\therefore T_2 = T_1\left(\frac{V_1}{V_2}\right)^{k-1} = (8 + 273) \times \left(\frac{1}{1/5}\right)^{1.4-1}$

$= 535\text{K} - 273 = 262℃$

35 동일한 조건(기준냉동조건)일 경우 암모니아(NH_3, 1,126kJ/kg)가 R-22(169kJ/kg)보다 냉동효과가 크다.

참고 냉동효과(q_e)란 증발기에서 냉매 1kg이 증발(기화)하면서 흡수한 열량(빼앗은 열량)을 말한다.

36 냉동사이클 중 압축비가 작고 냉동효과(q_e)가 큰 사이클이 성적계수가 크다(c−d−h−i−c).

참고 압축비 $= \frac{\text{응축기 절대압력}}{\text{증발기 절대압력}}$

37 R-12(CCl_2F_2)는 CFC냉매(특정 냉매)로 현재 사용이 금지된 냉매이다. 현재 사용되고 있는 냉매로는 HCFC냉매(지정냉매), HFC냉매(대체냉매)가 사용되고 있다.

38 카르노(Carnot)사이클은 가역사이클로 2개의 등온과정과 2개의 단열과정(등엔트로피과정)으로 구성된 이상적인 사이클로써 실제로 작동은 불가능하다.

39 냉동기의 증발압력이 낮아지는 경우 압축비 증대로 토출가스온도(압력)가 상승한다.

40 이상기체를 가역단열팽창(등엔트로피)시키면 온도와 압력은 모두 강하한다.

41 피드백제어계는 입력과 출력 사이의 오차(error)가 감소하여 입력 대 출력비의 전체 이득 및 감도가 감소한다.

42 A=X(X+Y)=X(1+Y)=X(1+0)=X

43 프로세스제어(process control)는 압력, 온도, 유량, 액위, 농도, 점도 등의 일반 공업량을 제어하며 외관의 억제를 주목적으로 한다.

44 $G_1 = abcd,\ \Delta_1 = 1$(메이슨공식 이용)

$L_{11} = -ce,\ L_{21} = bcf$

$\Delta = 1-(L_{11}+L_{21}) = 1+ce-bcf$

$\therefore\ G = \frac{C}{R} = \frac{G_1\Delta_1}{\Delta} = \frac{abcd}{1+ce-bcf}$

45 $Y = \overline{\overline{AB}} = \overline{\overline{A}+B}$인 논리회로는 ①이다.

46 $R-L-C$ 병렬회로에서 병렬공진 시 합성전류는 최소가 된다.

47 ㉠ A=($\overline{1}$+1)・1=(0+1)・1=1・1=1

㉡ B=1・1=1

48 $G(s) = K_p\left(1+\frac{1}{T_i s}\right) = 5\times\left(1+\frac{1}{2s}\right) = \frac{1+2s}{0.4s}$

49 시퀀스제어계의 특징

㉠ 미리 정해진 순서 또는 일정 논리에 의해 정해진 순서에 따라 제어의 각 단계를 순차적으로 진행시켜 가는 제어이다(예 : 무인자판기, 컨베이어, 엘리베이터, 세탁기 등).

㉡ 구성하기 쉽고 시스템의 구성비가 낮다.

㉢ 개루프제어계로서 유지 및 보수가 간단하다.

㉣ 자체 판단능력이 없기 때문에 원하는 출력을 얻기 위해서는 보정이 필요하다.

㉤ 조합논리회로 및 시간지연요소나 제어용 계전기가 사용되며 제어결과에 따라 조작이 자동적으로 이행된다.

50 $P = \sqrt{3}\,VI\cos\theta\,\eta\,[\mathrm{W}]$

$\therefore\ I = \frac{P}{\sqrt{3}\,V\cos\theta\,\eta}$

$= \frac{5\times10^3}{\sqrt{3}\times200\times0.8\times0.9}$

$= 20\mathrm{A}$

51 ① $(A+B)(A+\overline{B}) = AA+A\overline{B}+AB+B\overline{B}$

$= A+A(\overline{B}+B)+0$

$= A(0+1)$

$= A$

② $A(A+B) = AA+AB$

$= A+AB$

$= A(1+B)$

$= A(1+0)$

$= A$

③ $A+\overline{A}B = (A+\overline{A})(A+B)$

$= 1(A+B)$

$= A+B$

④ $AB+A\overline{B} = A(B+\overline{B})$

$= A(1+0)$

$= A$

52 절연저항계(메거)는 절연저항을 측정하여 전기기기 및 전로의 누전 여부를 알 수 있는 계측기이다.

53 전력변환기기

㉠ 교류-교류변환 : 사이클로 컨버터

㉡ 직류-직류변환 : 초퍼

㉢ 직류-교류변환 : 인버터(역변환장치)

㉣ 교류-직류변환 : 컨버터(순변환장치)

54 다이오드(diode)와 반도체소자

㉠ 서미스터 : 온도보상용으로 이용

㉡ 바리스터 : 불꽃아크 소거용으로 이용

㉢ 제너다이오드 : 전원전압을 안정하게 유지하는데 이용

㉣ 버랙터다이오드 : 가변용량다이오드로 이용

55 줄의 발생열량$(Q) = I^2Rt\,[\mathrm{J}]$이므로 $Q \propto I^2$이다.

56 **대책 선정의 원칙** : 안전사고에 대한 예방책으로는 기술적(engineering), 교육적(Education), 관리적(Enforcement)의 3E를 모두 활용함으로써 효과를 얻을 수 있다.

57 **원인 계기의 원칙**

㉠ 사고 발생과 원인의 관계는 반드시 필연적인 인과관계가 있다.

㉡ 사고 발생의 직접원인은 인적, 물적 원인으로 구분되며, 간접원인은 기술적, 교육적, 관리적, 신체적, 정신적, 학교교육적 원인 및 역사적, 사회적 원인으로 구분하고 있다.

58 사업주는 소속 근로자에게 고용노동부령으로 정하는 바에 따라 정기적으로 안전보건교육을 하여야 한다.

59 가연성 가스설비 중 전기설비는 그 설치장소 및 그 가스의 종류에 따라 적절한 방폭성능을 가지는 구조일 것

60 **원인 계기의 원칙**

㉠ 사고 발생과 원인의 관계는 반드시 필연적인 인과관계가 있다.

㉡ 일반적으로 사고 발생의 직접원인은 인적, 물적 원인으로 구분되며, 간접원인은 기술적, 교육적, 관리적, 신체적, 정신적, 학교교육적 원인 및 역사적, 사회적 원인으로 구분하고 있다.

㉢ 안전관리에 대하여 체계적이고 과학적인 예방대책을 수립하면 인적재해의 발생을 미연에 방지할 수 있다.

61 증기트랩(steam trap)장치에 필요한 부속은 증기트랩, 게이트밸브, 스트레이너, 글로브밸브, 바이패스관 등이다. 이때 안전밸브(safety valve)는 필요하지 않다.

62 알루미늄 도료는 열을 잘 반사하여 방열기 표면 등의 도장용으로 쓰이며 현장에서는 일명 은분이라고도 한다.

63 토출부에 설치한 체크밸브는 서징현상 방지를 위해 펌프 토출측에 설치한다.

64 하트포드접속법은 증기난방설비에서 증기관과 환수관 사이에 균형관을 접속하여 환수관 누수 시 보일러수위가 안전수위 이하로 되는 것을 방지한다.

65 **저압배관의 가스유량공식**

$$Q = K\sqrt{\frac{HD^5}{SL}}$$

여기서, Q : 가스유량
K : 유량계수
H : 가스의 허용압력손실
S : 가스의 비중
D : 관의 내경
L : 관의 길이

66 암모니아(NH_3)냉매는 동관을 부식시키므로 주로 강관을 사용한다.

67 수격현상을 방지하기 위해서 밸브는 펌프 송출구 가까이 설치하고 천천히(서서히) 제어한다.

68 플라스턴용접은 플라스턴(Pb 60%+Sn 40%)을 232℃에서 녹여 접합하는 연납의 접합방법이다.

69 냉매배관 시 굽힘부의 굽힘반경(R)을 $6D$ 이상으로 크게 하여 저항을 줄인다.

70 ① 동관 확관용 공구 : 익스팬더(expander)

③ 동관의 끝을 나팔형으로 만드는 공구 : 플레어링 툴(flaring tool)

④ 동관 절단 후 생긴 거스러미를 제거하는 공구 : 리머(reamer)

71 ㉠ 오수 : 대소변기의 배수

㉡ 잡배수 : 세면기, 욕조 등의 배수

㉢ 특수 배수 : 실험실, 공장 등의 배수

72 $\lambda = L\alpha\Delta t = 1{,}000 \times 0.00012 \times 1 = 0.12\text{mm}$

73 **고정장치 부착위치**

㉠ 관지름 13mm 미만 : 1m마다

㉡ 관지름 13~33mm : 2m마다

㉢ 관지름 33mm 이상 : 3m마다

74 덕트는 층고가 허용하는 한 정사각형에 가깝게 하며 층고를 낮추기 위해서라도 종횡비를 4 : 1 이상으로 하지 않는 것이 좋다.

75 증발압력, 응축압력의 정상 여부 점검은 냉동기의 점검항목이다.

76 차량이 통행하는 폭 8m 이상의 도로에서는 지면에서 1.2m 이상 매설한다.

77 ㉠ 5A 상당관에서 대변기(25A)는 3.7, 소변기(20A)는 2, 세면기(15A)는 1이므로
∴ 총상당관수=3.7×6+2×7+1×4
=40.2
㉡ 동시사용률은 기구수 17대(=6+7+4)일 때 46%이므로
∴ 동시기구수=40.2×0.46
=18.5
㉢ 상당관표에서 15A, 18.5에서 50A를 선정한다.

78 하트포드접속법은 증기보일러 주변에서 보일러 수위 안전을 위한 균형관으로, 리프트피팅과는 관계없다.

79 축과 패킹 사이의 마찰면을 밀봉하는 축봉장치인 글랜드패킹은 유체기계(펌프)의 축봉에 주로 사용한다.

80 용어정의
㉠ 배관 : 본관, 공급관, 내관을 말함
㉡ 본관 : 도시가스제조사업소(액화천연가스의 인수기지를 포함)의 부지 경계에서 정압기에 이르는 배관
㉢ 공급관 : 공동주택, 오피스텔, 콘도미니엄, 그 밖에 안전관리를 위하여 산업통상자원부장관이 필요하다고 인정하여 정하는 건축물(이하 '공동주택 등')에 가스를 공급하는 경우에는 정압기에서 가스사용자가 구분하여 소유하거나 점유하는 건축물의 외벽에 설치하는 계량기의 전단밸브(계량기가 건축물의 내부에 설치된 경우에는 건축물의 외벽)까지 이르는 배관
㉣ 사용자공급관 : 공급관 중 가스사용자가 소유하거나 점유하고 있는 토지의 경계에서 가스사용자가 구분하여 소유하거나 점유하는 건축물의 외벽에 설치된 계량기의 전단밸브까지에 이르는 배관
㉤ 내관 : 가스사용자가 소유하거나 점유하고 있는 토지의 경계(공동주택 등으로서 가스사용자가 구분하여 소유하거나 점유하는 건축물의 외벽에 계량기가 설치된 경우에는 그 계량기의 전단밸브, 계량기가 건축물의 내부에 설치된 경우에는 건축물의 외벽)에서 연소기까지 이르는 배관

| 허원회 |

한양대학교 대학원(공학석사)
한국항공대학교 대학원(공학박사 수료)
현, 하이클래스 군무원 기계공학 대표교수
열공on 기계공학 대표교수
(주)금새인터랙티브 기술이사

- 목포과학대학교 자동차과 겸임교수 역임
- 인천대학교 기계과 겸임교수 역임
- 지안공무원학원 기계공학 대표교수 역임
- 수도철도아카데미 기계일반 대표교수 역임
- 배울학 일반기계기사 대표교수 역임
- 한성냉동기계기술학원 기계분야 공조냉동 대표교수 역임
- 고려기계용접기술학원 원장 역임
- 수도기술고시학원/덕성기술고시학원 원장 겸 기계 대표교수 역임
- (주)부원동력 기술이사 역임
- PHK 차량기계융합연구소 기술이사 역임
- 정안기계주식회사 기술이사 역임
- (주)녹스코리아 기술이사 역임

자격증

- 공조냉동기계기사, 에너지관리기사, 일반기계기사, 건설기계설비기사, 소방설비기사(기계분야, 전기분야) 외 다수

주요 저서

《알기 쉬운 재료역학》(성안당)
《알기 쉬운 열역학》(성안당)
《알기 쉬운 유체역학》(성안당)
《에너지관리기사[필기]》(성안당)
《7개년 과년도 에너지관리기사[필기]》(성안당)
《에너지관리기사[실기]》(성안당)
《7개년 과년도 일반기계기사[필기]》(성안당)
《공조냉동기계산업기사[필기]》(성안당)
《공조냉동기계기사[실기]》(성안당)
《일반기계기사[필기]》(일진사)
《일반기계기사 필답형[실기]》(일진사)
《일반기계공학 문제해설 총정리》(일진사)
《건설기계설비기사 필기 총정리》(일진사) 외 다수

동영상 강의

- 알기 쉬운 재료역학
- 알기 쉬운 열역학
- 알기 쉬운 유체역학
- 에너지관리기사[필기] / 실기[필답형]
- 일반기계기사[필기] / 실기[필답형]
- 공조냉동기계기사[필기] / 실기[필답형]
- 공조냉동기계산업기사[필기]

| 박만재 |

국민대학교 자동차전문대학원(공학박사)
현, 서정대학교 스마트자동차과 전임교수
PHK 차량기계융합연구소 소장
ISO 국제심사위원
대한상사중재원 중재인
자동차소비자보호원 심사위원
한국산업기술평가원 심사위원
한국산업기술진흥원 심사위원
국가과학기술인 등록

- 쌍용자동차 4WD설계실 선임연구원 역임
- 동양미래대학교 기계과 조교수 역임
- 경기과학기술대학 신재생에너지과 조교수 역임
- 수원과학대학교 자동차과 조교수 역임
- 국민대학교 자동차과 강사 역임
- 인천대학교 자동차과 강사 역임

자격증

- 차량기술사, 기계제작기술사, 기술지도사

주요 저서

《알기 쉬운 열역학》(성안당)
《7개년 과년도 일반기계기사[필기]》(성안당)
《공조냉동기계산업기사[필기]》(성안당)

공조냉동기계기사 필기

2023. 1. 11. 초 판 1쇄 발행
2025. 1. 22. 개정증보 2판 2쇄 발행

지은이 | 허원회, 박만재
펴낸이 | 이종춘
펴낸곳 | BM (주)도서출판 성안당
주소 | 04032 서울시 마포구 양화로 127 첨단빌딩 3층(출판기획 R&D 센터)
10881 경기도 파주시 문발로 112 파주 출판 문화도시(제작 및 물류)
전화 | 02) 3142-0036
031) 950-6300
팩스 | 031) 955-0510
등록 | 1973. 2. 1. 제406-2005-000046호
출판사 홈페이지 | **www.cyber.co.kr**
ISBN | 978-89-315-1168-0 (13550)
정가 | 37,000원

이 책을 만든 사람들
기획 | 최옥현
진행 | 이희영
교정·교열 | 문 황
전산편집 | 이지연
표지 디자인 | 박원석
홍보 | 김계향, 임진성, 김주승, 최정민
국제부 | 이선민, 조혜란
마케팅 | 구본철, 차정욱, 오영일, 나진호, 강호묵
마케팅 지원 | 장상범
제작 | 김유석

※ 잘못된 책은 바꾸어 드립니다.